国家出版基金项目
NATIONAL PUBLICATION FOUNDATION

"十三五"国家重点图书出版
规划项目

陈晓阳 ◎ 主编

中国灌木林资源

SHRUBBERY RESOURCES OF CHINA

中国林业出版社
CF PH China Forestry Publishing House

图书在版编目（CIP）数据

中国灌木林资源／陈晓阳主编. —北京：中国林业出版社，2021.6

"十三五"国家重点图书出版规划项目

ISBN 978-7-5219-0971-5

Ⅰ. ①中…　Ⅱ. ①陈…　Ⅲ. ①灌木林–森林资源–中国　Ⅳ. ①S718.54

中国版本图书馆 CIP 数据核字(2020)第 269852 号

责任编辑： 于界芬　刘香瑞　李　敏　何　鹏　于晓文　王　越　徐梦欣　王美琪

出版发行： 中国林业出版社(100009　北京市西城区德内大街刘海胡同 7 号)

　　　　　E-mail：36132881@qq.com　电话：(010)83143542

　　　　　http://www.forestry.gov.cn/lycb.html

印　　刷： 北京中科印刷有限公司

版　　次： 2021 年 6 月第 1 版

印　　次： 2021 年 6 月第 1 次印刷

开　　本： 889mm×1194mm　1/16

印　　张： 38.5　　彩插 32 面

字　　数： 960 千字

定　　价： 386.00 元

序一

  灌木通常具有耐干旱、抗风沙、耐瘠薄、天然更新快、萌发能力强、根系发达等特点，是中国造林绿化的重要树种，特别是西北地区防沙治沙和一些特殊自然地理区植被建设的重要树种选择。天然灌木林是我国森林资源的一类重要生态系统类型，也有着其生长、分布的地带性，有着自身的起源、演替规律。灌木林作为薪炭林、饲料林、工业原料林和景观观赏林在我国森林生态系统中具有重大生态效益，同时在全面绿化国土、保障人民生活、农民增收、农村产业结构调整和地方经济发展等方面发挥重要作用。但是，相对我国对乔木树种为优势的森林群落、森林植被的研究来说，总体上灌木林研究薄弱很多。《中国灌木林资源》研究成果显然比较全面系统地对我国灌木林资源有着很好的总结。

  《中国灌木林资源》一书概述了灌木、灌丛及灌木林的概念、分类及利用现状等，系统介绍了黄土高原、青藏高原、东北和华北地区、秦岭—大巴山地区、石质山地区、西南干热河谷地区及其他地区灌木林，并着重论述了困难立地灌木林营造关键技术、灌木林经营管理和灌木林监测技术。此外，还对灌木林资源的资产价值、生态服务功能及灌木林资源利用做了必要的介绍。

  该书的出版为我国灌木树种分类学工作者和资源地方志编写以及从事灌木林的所有研究者提供了极大方便，为合理开发利用森林资源提供了极为重要的基础信息和科学依据，还对陆地生态系统研究起到重大促进作用，经济、社会效益较为显著。

中国科学院院士

2020 年 12 月

序二

在森林生态系统中，灌木林是重要植物群落和重要组成部分。灌木林在我国分布很广，资源相当丰富，特别是在西部地区，灌木林因其种类繁多、耐瘠薄且具有较高的抗旱性，在生态建设中发挥着重要作用，是当地抵御自然灾害、防止土地退化的重要生物屏障。而在我国生态建设中灌木林的研究和发展长期被忽视。

20世纪90年代以来，随着我国综合国力的提高和国民生态意识的增强，生态建设得到党和国家的空前重视，生态文明建设正加快推进，绿色发展取得明显成效。灌木林的研究和建设也逐步得到了应有的重视，进入了一个快速发展时期。

为大力发展灌木林，充分发挥灌木林在生态建设和构筑生态屏障中的优势，中国林业出版社精心组织策划了《中国灌木林资源》一书，并获批为"十三五"国家重点图书出版规划项目、国家出版基金资助项目。该书的出版，对全社会充分认识灌木林在生态建设中的重要地位和作用，促进人与自然和谐发展具有现实意义。

《中国灌木林资源》全面系统地介绍了我国灌木林资源种类、生态系统、利用发展等内容，不仅摸清了我国的灌木林资源，为合理开发利用灌木林资源提供了极为重要的基础信息和科学依据。该书将对陆地生态系统研究起到有力的促进作用，必将在提高公众生物多性认知等方面发挥巨大作用。

中国工程院院士

2020 年 12 月

前言

灌木林是由无明显主干，从近地面的地方就开始丛生出的枝干，植株一般比较矮小，不超过 5 m，多年生，一般为阔叶植物，也有一些针叶树种。根据我国第九次森林资源清查结果（2014—2018），全国灌木林平均高度为 1.5 m，灌木林面积 7384.96 万 hm²，其中特灌林 5515.30 万 hm²，占 74.68%；一般灌木林 1869.66 万 hm²，占 25.32%。全国特灌林面积中，经济特灌林 1602.67 万 hm²，占 29.06%；分布在年均降水量 400 mm 以下地区的特灌林 2174.59 万 hm²，占 39.43%；在乔木分布（垂直分布）线以上的特灌林有 1013.96 万 hm²，占 18.38%；在热带亚热带岩溶地区、干热（干旱）河谷地区的特灌林达 72408 万 hm²，占 13.13%。与我国第八次森林资源清查结果（2009—2013）相比较，全国灌木林面积增加了 1794.96 万 hm²，其中，国家特灌林面积增加了 1753.63 万 hm²。

灌木林是森林资源的重要组成部分，是生态系统的重要类型之一。其种类多样，分布广阔，与针叶林、阔叶林、竹林共同组成我国森林四大类型，本身具有森林资源特殊的生态功能。灌木根系分布深且广，具有很强的抗旱能力，在乔木树种难以适应的高山、湿地、干旱、荒漠地区常能形成稳定的灌木群落。特别是在西北地区防沙治沙和一些特殊的自然地理区域，是植被建设的重要森林群落，在林业生产和经营中具有不可替代的地位。灌木是我国造林绿化的重要树种，是很多野生动物的重要栖息地，是生物多样性的一种重要形式。灌木林还是重要的果树林、油料林、能源林、饲料林、药材林、工业原料林和景观林，是经济效益很高的商品林。近 20 年来，全国各地各具特色的灌木林基地、灌木林产业的兴起，使灌木成为地方经济新的增长点。随着我国生态文明建设的稳步推进，大力发展灌木林，充分发挥灌木林在生态建设、生态安全、生态文明建设中的优势，已成为我国森林可持续发展的迫切需要。

本书是对我国灌木研究的总结，共 18 章，介绍灌木特点与生态类型、灌木区域分布与资源情况、困难立地灌木林营造技术、灌木林经营与管理、灌木林监测和资源评估、灌木林生态服务功能和对生态环境的影响、灌木林资源利用等内容，旨在为保护我国灌木资源和合理开发利用灌木资源提供基础信息和科学依据。

本书是团队集体努力的成果。参与本书编撰工作的作者（单位排名不分先后）分别来自华南农业大学、北京林业大学、东北林业大学、西南林业大学、西北大学、内蒙古农业大学、内蒙古师范大学、贵州师范大学、西北农林科技大学、广西师范大学、沈阳农业大学、青海大学、甘肃农业大学、河北农业大学、云南大学、北华大学、新疆师范大学、杨凌职业技术学院、中国科学院新疆生态与地理研究所、中国科学院西北生态环境资源研究院、中国科学院西北高原生物研究所、中国科学院西双版纳热带植物园、中国科学院华南植物园、中国林业科学研究院林业研究所、中国林业科学研究院资源昆虫研究所、中国林业科学研究院热带林业研究所、中国林业科学研究院森林生态环境保护研究所、中国林业科学研究院亚热带林业研究所、中国农业科学院草原研究所、国家林业和草原局西北调查规划设计院、内蒙古自治区林业监测规划院、内蒙古自治区林业科学研究院、山西省林业科学研究院、甘肃省治沙研究所、甘肃省祁连山水源涵养林研究院、贵州省林业科学研究院、四川省林业科学研究院、陕西省西安植物园、宁夏农林科学院、内蒙古自治区自然资源厅等政府部门、高校和科研机构，特此致谢。本书也得到了中国科学院西北生态环境资源研究院李新荣研究员、中国科学院植物研究所谢宗强研究员认真审读，并提出了宝贵意见，在此一并表示衷心感谢！

本书为"十三五"国家重点图书出版规划项目、国家出版基金项目。希望本书能够为我国灌木林资源的利用和开发提供参考，对维护区域生态平衡和促进区域经济社会可持续发展起到积极推动作用。由于编写时间和作者水平有限，本书定有不少疏漏和不足之处，恳望读者批评指正。

编　者

2020 年 10 月

第1章
灌木、灌丛及灌木林

1.1 基本概念

1.1.1 灌 木

灌木(shrub)是指没有明显主干的木本植物,植株一般比较矮小,不超过 5 m,从近地面的地方就开始丛生出枝干,多年生,一般为阔叶植物,也有一些针叶树种是灌木。灌木与草本植物的区别在于草本植物不在地面以上形成永久的木质组织(Ford-robertson,1971);有的植物的茎上部为草质,下部为木质,这种植物称半灌木或亚灌木(subshrub)。在高寒地区,半灌木越冬时地面部分枯死,但根部仍然存活,翌年继续萌生新枝,如一些蒿类植物,也是多年生木本植物,但冬季枯死。灌木一般丛生,但有时也有明显主干,如麻叶绣球(*Spiraea cantoniensis*)、牡丹(*Paeonia suffruticosa*)等。根据灌木接近地面枝条生长形态,可划分为直立灌木(erect shrub)、垂枝灌木(drooping shrub)、蔓生灌木(overgrown shrub)和攀援灌木(climbing shrub)。

关于灌木的树体高度的定界目前说法不一,有的定为低于 3.5 m,有的定为低于 5 m,也有定为不超过 6 m。由于植物的生长受环境的影响,因此有学者认为灌木高度没有精确的定界(Francis,2004)。某些灌木在大部分地区树体不超过 5 m,但在有利生境中,树高可能超过 5 m,而有些乔木树种生长在严酷的生境,树高往往低于 5 m,甚至呈丛生状。

1.1.2 灌 丛

关于灌丛,学者们历来有不同的看法。吴征镒(1980)在《中国植被》中提出,灌丛包括一切以灌木占优势所组成的植被类型,群落高度一般在 5 m 以下,盖度大于 30%~40%。灌丛既包括原生性植被,还包括一些在人为因素和其他因素影响下较为长期存在的相对稳定的次生植被。在我国,温带荒漠植被的建群植物以超旱生的小半灌木与灌木的种类最为普遍,它们适应于荒漠中的各种严酷条件,构成多样的荒漠植物群落。

灌丛的分布较乔木林广泛,在生态条件严酷、森林难以生存的地方,也往往有灌丛出现。在非洲南部、智利和澳大利亚西部和南部也有相似类型出现,如非洲西南端开普敦的一种山龙眼科的密灌丛及澳大利亚西部和南部由灌木状桉(*Eucalyptus* spp.)组成的密灌丛。另外,在极地也分布有灌木群落。大西洋沿岸的西欧和北欧分布有大面积的石楠灌丛区，石楠群落是由于长期人为作用而形成的一种灌丛类型，至今已成为难以恢复现状的准地带性植被了。灌丛在我国植被水平空间分布中，除红树林外，并未占有显著地位和形成一定的地带，但在山地垂直结构中，常有原生的灌丛分布并可以形成一定的垂直带和亚带。另一方面，我国在长期的经济活动影响下，产生了许多次生性灌丛类型。

1.1.3 灌木林

由灌木树种或因生境恶劣矮化成灌木型的乔木树种组成的林地称灌木林地(shrub land)，由灌木组成的群落称为灌木林(shrubbery)。按起源，灌木林可分为原生灌木林和次生灌木林。原生灌木林是各个气候带内特殊生境下，形成的稳定的灌木植物群落，即属于该地带气候顶极植被的一类。次生灌木林则是森林被采伐或破坏后未及时更新而退化发生的灌木植物群落，这类灌木林是植被演替的一个阶段，若能加以保护，部分可以恢复成林。在植被分类和林学著作中，灌丛通常与灌木林混称，林业上从林地角度划分的灌木林，实际上包括了灌丛。在林业上，植被分类上的荒漠也包括在灌木林中。荒漠由旱生、超旱生灌木、半灌木组成，覆盖度极低，广泛分布于干旱区荒漠地带。

在森林形成的历史过程中，灌木林通常是森林的初期阶段。而当环境条件不宜于乔木生长时，以灌木为主的森林阶段常能在较长的时间维持相对稳定状态。从时间的演进和空间的消长上看，森林是以木本植物为主体的生物群体及环境的综合体，而这个综合体在其发生发展的运动过程中，灌木林总是先驱阶段，也是森林中木本植物群体的主要组成部分。这是由灌木在自然界长期发展过程中形成众多的种属，而且具有各式各样突出的抗逆性所决定的。

灌木林地的划分标准可追溯到20世纪70年代初。1973年全国林业调查工作会议召开后，当时的农林部发布了《全国林业调查主要技术规定(试行稿)》，在第五条的土地种类划分中，首次明确了灌木林的划分标准。此后，分别在1978年的《全国森林资源连续清查主要技术规定》、1982年的《森林资源调查主要技术规定》、1994年的《国家森林资源连续清查主要技术规定》、1996年和2003年的《森林资源规划设计调查主要技术规定》、2004年的《国家森林资源连续清查技术规定》、2009年的《林地分类》行业标准(LY/T1812—2009)、2010年的《森林资源术语》国家标准(GB/T26423)以及2014年的《国家森林资源连续清查技术规定》中，都对灌木林地有明确定义。经过50年的发展，灌木林地的定义也在不断变化和完善，其中，盖度标准的变化，从80年代以前的40%以上，调整为90年代后的30%以上(曾伟生 等，2018)。

国际上灌木林通常不包括在森林中，不列入森林覆盖率统计。我国为贯彻执行《中华人民共和国森林法》和《中华人民共和国森林法实施条例》，保护生态环境，加快生态建设步伐，确保森林覆盖率计算的科学性和权威性，2004年1月29日，国家林业局对《中华人民共和国森林法实施条例》中"国家特别规定的灌木林地"做出如下规定："国家特别规定的灌木林地"特指分布在年均降水量400 mm以下的干旱(含极干旱、干旱、半干旱)地区，或乔木分布(垂直分布)上限以上，或热带亚热带岩溶地区、干热(干旱)河谷等生态环境脆弱地带，专为防护用途，且覆盖度大于30%的灌木林地，以及以获取经济效益为目的进行经营的灌木经济林地。

1.1.4 灌木群落

灌木群落(shrub community)是由灌木类型植物为建群种(或优势种，有时为标志种)的植被类型，是灌木与环境相互作用的产物，其特征由群落组成结构、物种多样性和优势种等构成，处于不同演替阶段的群落表现出不同的结构层次分化和空间异质性。广义上灌木群落包括荒漠和灌丛两种植被类型，狭义的灌木群落就是指灌丛(周华荣，1991)。

灌木群落的适应性和生态效益在干旱区的作用更为显著。灌木群落的构成因素有群落的整体外貌、空间结构、能量流动和物质循环，而群落的最基本构成因素就是群落的物种组成，也是反映物种的生长和生存受到群落环境影响的重要因素。群落的物种组成也揭示了群落演替、群落物种共存及生物多样性的维持机制等重要信息。

在国际上也有人提出灌木地的概念，列为植被型，包括演替系列灌丛、原生灌丛乃至荒漠(史密斯，1988)。该概念在景观生态学研究上有所应用。

(执笔人：中国科学院新疆生态与地理研究所 周华荣；华南农业大学 陈晓阳)

1.2　灌木群落(灌木林)分类

在中国植被分类上，灌丛已经被定义为与森林和草原具相同分类地位的植被类型。对于灌丛的具体研究，往往放在草原学和林学研究下的从属地位，近年来对灌丛的大量单独研究(程瑞梅 等，2000；李裕红，2000；金自学，2001；李毅 等，2002；刘国华 等，2003；刘文胜 等，2003；王志泰，2004；李军玲 等，2004；王发国 等，2005；杨钦周，2007)，包括灌丛植被 CO_2 释放的研究(徐世晓 等，2004；李东 等，2005；胡会峰 等，2006)，说明了灌丛的这种分类地位的回归。

灌丛分类是灌丛和灌木林研究的基础和关键，但人们有所忽视。在灌丛分类方法上，《中国植被》(中国植被编辑委员会，1980)提出了初步的灌丛分类方案；在一些地区的灌丛分类中，根据灌丛的特点，韩也良等曾提出对次生灌丛根据群落成员的生活形态和层次结构(贝科夫著，傅子祯译，1957)进行类型划分的原则，如真灌丛、杂木灌丛、稀树灌丛、草灌丛等，其中真灌丛是指灌木层为唯一的优势层，主要由灌木组成的灌丛类型(韩也良 等，1963)；朱志诚(1981)将动态关系作为类型划分的依据之一，如先锋灌丛、后期灌丛的划分；周华荣(1991)在秦岭南坡的灌丛研究中，综合考虑灌木种类的生活形态、层次结构和动态关系，提出了自己的灌丛分类方案，并对其垂直地带性分布规律进行了探讨。灌木植被是在自然和人为压力下形成的一种隐域性植被类型，类似湿地，是一种存在于交错带且有着较为明显边界的景观，它存在于森林、草原、草甸、荒漠和沼泽等植被类型之中或边缘。

在灌丛分类的研究上，对于灌木地概念的涉及较少。但在实际的应用和研究实践上，已有此概念的雏形，如对灌丛沙堆、荒漠灌丛的研究(何维明 等，2001；贾宝全 等，2002；肖生春 等，2004；岳兴玲 等，2005；李志忠 等，2007)。宗召磊等(2015)对新疆灌木地景观生态分类进行了初步探讨。

灌木林的类型十分复杂，不仅种类很多，而且分布地的生境条件也多样，这给归类带来一定困难。依据《中国植物区系与植被地理》将灌丛群落划分为 5 种植被型，分别为落叶灌丛、常绿针叶灌丛、常绿革叶灌丛、灌丛荒漠和竹灌丛，共包括 195 个群系类型。其中，落叶灌丛为主要植被型(柴永福 等, 2019)。有的耐阴灌木可以生长在乔木下面, 有的地区由于各种气候条件影响(如多风、干旱等), 灌木是地面植被的主体, 形成灌木林。沿海的多数红树林也是一种灌木林。我国灌木树种众多, 仅三北地区就有 2000 多种, 群落种类多样, 其划分方式也不尽相同。根据分布的气候带和生境条件, 可分为旱生、中生、湿生和高寒四大类(中国森林编辑委员会, 2000)。胡会峰等(2006)根据灌木的地域分布特点将之概括为 8 大类, 即: ①热带海滨硬叶常绿阔叶灌丛、矮林; ②温带、亚热带落叶灌丛、矮林; ③温带、亚热带亚高山落叶灌丛; ④亚热带、热带石灰岩具有多种藤本的常绿、落叶灌丛、矮林; ⑤亚热带、热带酸性土常绿、落叶阔叶灌丛、矮林和草甸结合; ⑥亚热带高山、亚高山常绿革质叶灌丛、矮林; ⑦温带高山矮灌木苔原; ⑧温带、亚热带高山垫状矮半灌木、草本植被。李清河等(2006)根据灌木林通常生长分布的生境条件, 将其划分 4 类, 即: 干旱荒漠区灌木林、草原牧场地灌木林、盐碱地灌木林、森林区次生灌木林, 但任何一种划分均存在着交叉和重叠。

(执笔人: 中国科学院新疆生态与地理研究所 周华荣; 华南农业大学 陈晓阳)

1.3 灌木群落(物种)多样性

群落多样性是生物多样性的一个重要组成部分, 灌木在植物多样性方面具有重要作用, 它增加物种生产力的来源, 提高了生态稳定性(李新荣, 2000), 并且极大地丰富了自然界植物群落的多样性。一般物种多样性可以从两个方面来进行理解: 一方面是指在一定的范围内, 所包含的所有生物种类, 一般对物种多样性的研究从生物地理学和分类学上来进行探究, 所以也可以叫做区域物种的多样性; 另一方面是在一定区域内物种的分布疏密程度, 不同于区域物种多样性是在群落的水平来进行探究的。群落物种多样性的发生和维持具有内外两方面的原因, 内因是物种生物学和生态学特性的差异, 外因是群落生境具有小尺度的差异, 即具有生境异质性。内因通过生境资源利用的分化与互补, 使多物种在同一生境下的共存成为可能, 外因为多物种的共存提供条件。物种丰富度一般从低纬度到高纬度、从低海拔到高海拔而逐渐减少。在较低纬度和底海拔的环境下, 由于温度较高、水分充足, 群落物种的多样性较大。关于灌木群落多样性, 还应包括基因多样性、生态系统多样性、景观多样性(宗召磊 等, 2015)。

物种多样性是群落结构和功能复杂性的量度(王伯荪, 1996; 岳明, 1999), 是生物多样性的一个重要组成部分, 是生态系统能量和物质的主要提供者(Lomolino, 2001), 体现了群落的结构类型、组织水平、发展阶段、稳定程度和生境差异(Burton, 2001), 是衡量一定地区生物资源丰富程度的一个客观指标。在群落物种多样性的研究中, 诸多学者针对某一地区分别计算乔木层、灌木层和草本层物种多样性指数并加以对比分析, 从而研究该地区的植物群落特征、结构和多样性(季淮, 2017; 何斌, 2019)。灌木在维护生物多样性和生态系统稳定性等方面均发挥着重要作用。对灌木群落的结构和物种多样性进行分析和研究, 有助于揭示灌木群落的更新、稳定性及演替规律; 同时, 可为灌木林资源的保护和资源持续利用提供理论依据。

1.3.1 灌木群落物种多样性的测度

灌木群落物种多样性常用的测度方法包括 Shannon-Wiener 多样性指数(SW)、Simpson 多样性指数（SP）、丰富度（S）、均匀度（E）、生态优势度（C）等（Magurran，1988；郑元润，1998）。同时，有其他学者在均匀度方面提出测度方法，包括基于 Shannon-Wiener 指数的均匀度指数（Jsw）、基于 Simpson 指数的均匀度指数（Jsi），与优势度关系密切的 Alatalo 均匀度指数等（张建宇，2018）。

上述灌木群落物种多样性测度方法从不同角度对区域生态环境特征进行多样性评估，除了揭示灌木群落中客观存在的物种丰富度和相对多度及结构多样性特征外，亦可通过结构与功能间的相关关系间接揭示灌木群落的功能多样性，对研究灌木群落物种多样性发挥了重要作用（马克平，1993）。向琳（2019）通过研究井冈山地区鹿角杜鹃（*Rhododendron latoucheae*）群落灌木层植物的物种多样性、功能多样性、环境因子特征及其相互之间的关系，证明了鹿角杜鹃群落灌木层植物的物种多样性和功能多样性的相互关系及其对环境变化的响应特征共同决定了群落的生态系统功能。相关研究表明，将基于功能性状的功能多样性与基于物种的物种多样性结合研究，能更好地认识和了解灌木群落物种多样性与生态系统功能的关系（Ruiz，2014）。

1.3.2　灌木群落物种多样性的影响因素

灌木群落物种多样性的影响因素较多，可分为宏观尺度的影响因素和局域尺度的影响因素。对灌木群落物种多样性的研究多侧重于选取不同的测度方法与各类生态因子或环境因子相结合，可实现对灌木群落物种多样性的影响因素进行定量分析。张和钰（2016）在宏观尺度探讨了灌木植物在干旱区"山地—荒漠—绿洲"景观构型下的群落物种组成和多样性变化规律以及灌木林地景观特点，证明了随着海拔升高，多样性指数、均匀度指数和丰富度指数变化均呈单峰分布格局。胡文杰（2019）在局域尺度采用多元逐步回归、因子分析和典型相关分析等方法，分上林层、中林层和下林层，研究了林分结构对灌木层物种多样性的影响。张荣（2020）在局域尺度研究了不同坡向、坡位对夹金山灌丛群落结构和物种多样性的影响。在坡位影响下，灌木层多样性指数均表现为下坡位高于中坡位，坡向对灌丛群落多样性指数的影响大于坡位。

在灌木群落中，虽已有一些研究探讨了物种多样性与宏观尺度生态因子和环境因子的关系，但关于局域环境因子（如盖度）、物种性状（如生活型）和人为干扰相对作用大小的研究仍较缺乏。同时，除景观构型和生境条件对灌木群落物种多样性的影响研究外，鲜见针对气候条件的影响研究。孙岩（2018）通过人工增减雨措施对研究区的降水量进行人为调控，探究了极端干旱、干旱和降水增加等条件对荒漠灌木群落物种多样性和生物量的影响，认为灌木的物种多样性对不同水分控制条件表现出的差异不显著，并推测灌木的丰富度和多度的响应可能存在"滞后效应"，仍需要长期定位观测才能得出确切结论。

1.3.3　灌木群落物种多样性的区域特点

目前，对于灌木群落物种多样性的研究关于干旱区、半干旱区的地带性灌丛植被的最多，国内主要集中于内蒙古、新疆、甘肃和宁夏等地区。灌木是干旱荒漠区植被的主要组成部分，在维持荒漠生态系统的生物多样性、生态服务功能及稳定性等方面具有重要作用。有学者研究了降水对沙漠灌木物种多样性的影响，得出降水量与区域灌木群落的物种数、丰富度指数、均匀度指数、多样性指数均呈正相关关系的结论（辛智鸣，2015；黄雅茹，2015）。袁蕾（2014）基于乌鲁木齐典型灌木群落野外样地调查数据，采用 TWINSPAN 分类方法将样地划分为 10 个灌木群落类型，对典型灌木群落结构特征及其多样性进行分析，结果表明，乌鲁木齐地区典型灌木群落多样性指数偏低，群落之间水平差异显著。属于灌丛植被类型的灌木群落，其物种多样性指数为草本层>灌木层；属于荒漠植被类型的灌木群落，其物种多样性空间结构为灌木层>草本层。罗勇(2014)分析了广东省不同气候带灌木植物的物种组成及其多样性，认为中亚热带、南亚热带人工林和天然林灌木的丰富度指数和多样性指数相差不大；人工林灌木物种的丰富度指数和多样性指数随纬度的降低而减小，均匀度指数随纬度降低表现出缓慢增加趋势。

1.3.4　不同灌木群落的物种多样性研究

在灌木物种多样性研究中，荒漠地区灌木种占大多数，诸多学者利用物种多样性指标比较不同灌木物种间的指数大小，进而评价该地区的灌木群落物种多样性，常见的研究物种有四合木(*Tetraena mongo-lica*)、白刺(*Nitraria tangutorum*)、忍冬(*Lonicera japonica*)、锦鸡儿(*Caragana sinica*)和红砂(*Reaumuria soongarica*)等。黄雅茹(2018)采用野外调查及采样测定的方法，选择4个物种多样性测度指标对乌兰布和沙漠东北部典型灌木群落多样性和土壤理化特征及其相关关系进行了分析，结果表明，驼绒藜(*Krascheninnikovia ceratoides*)群落、霸王(*Zygophyllum xanthoxylon*)群落、四合木群落、油蒿(*Artemisia ordosica*)群落的均匀度指数均大于白刺群落，且均与白刺群落差异显著；四合木群落的丰富度指数最高；Shannon-Wiener多样性指数与Simpson多样性指数变化规律一致：四合木群落>驼绒藜群落>霸王群落>油蒿群落>白刺群落。董雪(2020)研究了乌兰布和沙漠8个典型灌木群落多样性，Shannon-Wiener指数和丰富度指数排名前四的依次均为：沙冬青群落>白刺群落>红砂群落>油蒿群落，白刺的重要值和生态位宽度均最大，其适应能力强，分布范围大。除干旱地区的荒漠植被外，王金兰(2019)以东祁连山高山杜鹃(*Rhododendron lapponicum*)灌丛为研究对象，探讨了高山杜鹃及其灌丛植物群落特征和物种多样性在垂直梯度上的变化规律，认为高山杜鹃灌丛的高度、密度和生物量均随海拔升高呈先增加后降低的单峰变化趋势。

（执笔人：西南林业大学 张超；中国科学院新疆生态与地理研究所 周华荣；华南农业大学 陈晓阳）

1.4　中国灌木林资源及利用现状

1.4.1　灌木的生态价值和经济价值

灌木林是森林资源的重要组成部分，是生态系统的重要类型之一。其种类多样，分布广阔，与针叶林、阔叶林、竹林共同组成我国森林的四大类型，本身具有森林资源的特殊生态功能。灌木具有萌蘖力强、成林早的特性，具有很强的复壮更新和自然修复能力。在植被自然恢复中，灌木林是在环境条件严酷，其他植物很难生存的干旱阳坡、半阳坡地区最早产生的，而且是持续时间最长的木本植物。在干旱地区，栽种一株灌木，3~5年就能形成庞大的灌丛。如柠条(*Caragana korshinskii*)贴地丛生，枝叶繁茂，5年生的柠条每亩有120余丛，覆盖度可达

80% 以上。一丛柠条可以固土 23 m³，截流雨水 34%，减少地面径流 78%，减少地表冲刷 66%。正所谓"地上一把伞，地下一张网"。灌木林地不仅可以吸收降雨，而且还可以调节地表径流，控制和调节土壤内渗流的速度和性质。相对乔木来说，灌木虽植株矮小，但生命力强，自我繁殖快，地上枝条茂密，地下根系盘根错节，在表层土壤中形成网状结构，把土层紧紧包裹起来，具有很强的固土能力。灌木最适应在坡陡沟深、沟壑纵横、植被稀疏地的造林，可改善飞沙走石、水土流失严重的恶劣环境；而且凋落后的枯枝落叶覆盖在土壤表层，能很好地保持水土中的水分，显示出极强的水土保持功能，能有效发挥固沙保土、涵养水源、美化环境、调节气候等作用。

旱生灌木所消耗的水分只有乔木树种的 1/10~1/5；超旱生的灌木，如梭梭能在地表温度 60 ℃ 的土地上生长，柽柳等能生长在重盐碱地上，有些灌木强大的根系能穿透较厚的钙质层，不少灌木能在高寒地区生存。灌木根系分布深且广，具有很强的抗旱能力，在乔木树种难以适应的高山、湿地、干旱、荒漠地区常能形成稳定的灌木群落。特别是在三北防护林建设区，年降水量不足 400 mm 的地区大约占 3/4，部分地区年降水量甚至不足 200 mm，大部分属于荒漠半荒漠地带，土地贫瘠，气候干旱，自然条件严酷，这在很大程度上限制了乔木林的发展。而灌木树种具有耐干旱、耐高寒、耐盐碱、耐风蚀的特点，在不少地方营造灌木林取得成功。

经济灌木的种类很多，其用途大致可以分为如下几大类。一是粮油类，如油茶（*Camellia oleifera*）、花椒（*Zanthoxylum bungeanum*）、木豆（*Cajanus cajan*）等；二是果品类，如蓝莓（*Vaccinium* spp.）、毛榛（*Corylus mandshurica*）、山杏（*Armeniaca sibirica*）等；三是保健品类，如沙棘（*Hippophae rhamnoides*）、枸杞（*Lycium chinense*）、刺五加（*Eleutherococcus senticosus*）等；四是药用类，如二色胡枝子（*Lespedeza bicolor*）、肉苁蓉（*Cistanche deserticola*）、五味子（*Schisandra chinensis*）等。灌木林产业的发展，对调整农村产业结构、增加农民收入、拓宽致富门路、开辟新产业具有重要的现实意义。我国丰富的灌木种类，发展灌木经济潜力巨大，前景广阔。近 20 年来，全国各地各具特色的灌木林基地、灌木林产业的兴起，使灌木成为地方经济新的增长点。例如，目前宁夏枸杞种植面积达 64 万亩[①]，青海沙棘林面积达 230 万亩，辽宁大果榛子林面积达 20 多万亩。内蒙古已有山杏仁、沙棘、枸杞、苁蓉等食品、药品加工企业 30 多家，年创产值 10 亿元以上。

一般来说，灌木树种的萌蘖能力都很强。如果不平茬会抑制灌木生长，甚至使灌木生长衰退；平茬适当，既有利于灌木的生长，又可获得较多的生物产量。花棒（*Hedysarum scoparium*）、杨柴（*Corethrodendron fruticosum* var. *mongolicum*）、柠条锦鸡儿（*Caragana korshinskii*）的最佳平茬年龄为 3~4 年，乌柳（*Salix cheilophila*）、毛柳（*Salix lanata*）的最佳平茬年龄为 1~2 年，圆头蒿（*Artemisia sphaerocephala*）和油蒿 1 年平茬 1 次。这些平茬枝条已经木质化，含有较高的纤维素，半纤维素和木质素含量低于红松，密度约为 0.568 g/cm³，灰分和冷热水抽出物含量低于麦秸、稻草等非木材纤维原料，可以作为生产人造板的原料，有利于缓解木材资源紧缺的状况，对于增加牧区的牧民收入、保护我国西部的生态环境具有重要意义。我国的沙生灌木人造板在 20 世纪 90 年代初期已形成了产业化生产技术，第一条沙柳刨花板生产线在内蒙古农业大学林业工程学院的支持下于 1991 年建成投产，并取得了良好的经济效益和社会效益。

---

① 1 亩 = 0.0667 hm²。

灌木、半灌木所含的营养物质十分丰富，青绿期长，利用年限长，生物产量高，同等面积上饲料林的产量比草本高 3~4 倍(靖德兵 等，2003)。发展灌木、半灌木饲料广开了饲料来源。天然牧草一般只有一个生长季节，难以满足牲畜反复啃食的需求。而灌木由于根系发达，储存养分充足，在啃食后能够多次生长，可以长期提供饲草。2008 年阿勒泰地区遭遇 50 年不遇的大旱，在没有灌木的牧区，牛羊中毒死亡事件多次发生，而灌木林较多的牧场，不但牲畜死亡少，而且膘情远远好于其他区域(袁凤莲，2009)。

一些灌木种子或枝干含碳氢化合物量高，可以生产生物柴油。如小桐子(*Jatropha curcas*)，又称"麻疯树"，是一种灌木，其种子含油量高达 40%~60%，油的成分近似柴油，通过改性，可达到欧洲柴油 0 号标准。又如绿玉树(*Euphorbia tirucalli*)，含大量的白色乳汁，100 kg 绿玉树茎就可提取 8 kg 的燃料。再如希蒙得木(*Simmondisa chinensis*)，是生长在沙漠中的一种灌木，树高达 4~5 m，寿命长达 150 年，其坚果含油量高达 50%，提取出的油脂燃烧时会释放大量的能量。一些灌木生物量高、纤维素含量高，可以生产燃料乙醇，如二色胡枝子，播种苗当年高 2~3 m，亩产干重可达 1500 kg，而且耐刈割，一次栽种，多年收获。一些灌木能量密度大，可以生产压缩成型燃料。如云南和贵州石漠化地区栽培的车桑子(*Dodonaea viscosa*)，非常耐干旱和土壤贫瘠，繁殖能力强，枝干硬，可通过生物质压缩成型，生产燃料块。

灌木作为园林植物种类繁多，有观花的，也有观叶和观果的，还有花果或果叶兼美者。在园林植物群落中属于中间层，起着乔木与地面、建筑物与地面之间的连贯和过渡作用。在现代园林设计的植物造景中，灌木凭借其尤为独特的外观造型和特定的生物学特性，而得到了越来越广泛的推广运用。与此同时，灌木作为园林植物群落的重要组成部分，其树种的选择、配置，对于城市绿化水平的提升具有十分重要的意义。尤其在山区，漫山遍野的杜鹃等花灌木林、黄栌等彩叶灌木林形成独特壮美的风景区。如贵州百里杜鹃景区内有马缨杜鹃(*Rhododendron delavayi*)、树型杜鹃(*Rhododendron arboreum*)、美容杜鹃(*Rhododendron calophytum*)、大白花杜鹃(*Rhododendron decorum*)等，被誉为"世界上最大的天然花园"，有"世界级的国宝精品"之美称。

1.4.2　中国灌木林资源现状及利用情况

根据我国第九次森林资源清查结果(2014—2018)，全国灌木林面积 7384.96 万 hm²，其中特灌林 5515.30 万 hm²、占 74.68%，一般灌木林 1869.66 万 hm²、占 25.32%。全国特灌林面积中，经济特灌林 1602.67 万 hm²、占 29.06%，分布在年均降水量 400 mm 以下地区的特灌林 2174.59 万 hm²、占 39.43%，在乔木分布(垂直分布)线以上的特灌林 1013.96 万 hm²、占 18.38%，在热带亚热带岩溶地区、干热(干旱)河谷地区的特灌林 72408 万 hm²、占 13.13%。全国灌木林面积按起源分，天然灌木林 5310.91 万 hm²、占 71.92%，人工灌木林 2074.05 万 hm²、占 28.08%。全国灌木林面积按林木所有权分，国有 304600 万 hm²、占 41.25%，集体 1640.87 万 hm²、占 22.22%，个人 2698.09 万 hm²、占 36.53%。全国灌木林面积按林种分，防护林 4835.56 万 hm²、占 65.48%，特用林 7824 万 hm²、占 10.59%，用材林 1.28 万 hm²、占 0.02%，薪炭林 163.21 万 hm²、占 2.21%，经济林 1602.67 万 hm²、占 21.70%。

全国灌木林面积按优势树种(组)排名，位居前 10 位的为杜鹃、栎灌、柳灌、锦鸡儿、油茶、荆条(*Vitex negundo* var. *heterophylla*)、茶叶(*Camellia sinensis*)、山杏、柠条锦鸡儿、柽柳，面积合计 2496.57 万 hm²，占全国灌木林面积的 33.81%。全国天然灌木林面积按优势树种（组）排名，位居前 10 位的为杜鹃、栎灌、柳灌、黄荆条（*Vitex negundo*）、锦鸡儿、白刺、柽柳（*Tamarix chinensis*）、金露梅（*Potentilla fruticosa*）、竹灌、绣线菊（*Spiraea salicifolia*），面积合计为 201.85 万 hm²，占全国天然灌木林面积的 41.46%。全国人工灌木林面积按优势树种（组）排名，位居前 10 位的为油茶、茶叶、柑橘（*Citrus reticulata*）、柠条锦鸡儿、苹果（*Malus pumila*）、桃（*Prunus persica*）、锦鸡儿、山杏（*Armeniaca sibirica*）、核桃（*Juglans regia*）、荔枝（*Litchi chinensis*）面积合计为 1183.10 万 hm²、占全国人工灌木林面积的 57.04%。

全国灌木林平均覆盖度 54%。全国灌木林面积按覆盖度等级分，覆盖度 30%～40% 的 2109.89 万 hm²、占 28.57%，40%～60% 的 214428 万 hm²、占 29.04，60% 以上的 3130.79 万 hm²、占 4239%。全国灌木林各覆盖度等级面积见表 1-1。

表 1-1　全国灌木林各覆盖度等级面积

覆盖度等级	合计		天然灌木林		人工灌木林	
	面积（万 hm²）	比率（%）	面积（万 hm²）	比率（%）	面积（万 hm²）	比率（%）
合计	7384.96	100.00	5310.91	100.00	2074.05	100.00
30%～40%	2109.89	28.57	1529.46	28.80	580.43	27.99
40%～60%	2144.28	29.04	1509.00	28.41	635.28	30.63
≥60%	3130.79	42.39	2272.45	42.79	858.34	41.38

注：引自《中国森林资源报告（2014—2018）》。

全国灌木林平均高度为 1.5 m。全国灌木林面积按高度等级分，小灌林（0.5 m 以下）782.11 万 hm²、占 10.59%，中灌林（0.5～2.0 m）4050.20 万 hm²、占 54.84%，大灌林（2.0 m 以上）2552.65 万 hm²、占 34.57%。全国灌木林各高度等级面积见表 1-2。

表 1-2　全国灌木林各高度等级面积

灌木高度等级	合计		天然灌木林		人工灌木林	
	面积（万 hm²）	比率（%）	面积（万 hm²）	比率（%）	面积（万 hm²）	比率（%）
合计	7384.96	100.00	5310.91	100.00	2074.05	100.00
小灌林	782.11	10.59	683.77	12.87	98.34	4.74
中灌林	4050.20	54.84	3126.92	58.88	923.28	44.52
大灌林	2552.65	34.57	1500.22	28.25	1052.43	50.74

内蒙古、四川、西藏、新疆、云南、青海和甘肃的灌木林面积较大，7 省份灌木林面积合计 4459.32 万 hm²、占全国灌木林面积的 60.38%。北京、江苏、黑龙江、海南、吉林、天津和上海的灌木林面积较小，各省份灌木林面积不足 40 万 hm²。各省份灌木林面积见表 1-3。

与我国第八次森林资源清查结果（2009—2013）相比较，全国灌木林面积增加了 1794.96 万 hm²，其中，国家特别规定的灌木林面积增加了 1753.63 万 hm²。历次森林资源清查特殊灌木林面积见表 1-4。

表1-3　各省份灌木林面积

分级(万 hm²)	省份数量(个)	灌木林面积(万 hm²)
≥500	4	内蒙古 896.20，四川 879.33，西藏 855.26，新疆 593.06
200~500	8	云南 437.60，青海 423.43，甘肃 374.44，广西 352.65，陕西 283，河北 24941，山西 224.70，湖南 213.96
100~200	8	贵州 192.66，辽宁 181.68，湖北 162.55，广东 141.01，山东 25.92，江西 122.89，重庆 122.60，浙江 103.14
50~100	4	河南 96.97，福建 96.96，安徽 65.43，宁夏 50.90
<50	7	北京 36.95，江苏 28.49，黑龙江 26.41，海南 21.94，吉林 17.74，天津 4.76，上海 22.2

注：引自《中国森林资源报告(2014—2018)》。

表1-4　特殊灌木林面积变化

各项面积(万 hm²)	第六次清查(万 hm²)	第七次清查(万 hm²)	第八次清查(万 hm²)	第九次清查(万 hm²)
现存总量	2032.73	3386.06	3761.67	5515.30
实际增量	2032.73	1353.33	375.61	1753.63

注：第六次到第八次全国森林清查数据引自王孝康、侯晓巍(2014)。

1.4.3　中国灌木林资源利用中存在的问题

近20年来，特别是三北防护林建设、退耕还林还草工程，我国灌木林面积大幅度增加，灌木林质量也得到改善，取得了显著的生态效益和经济效益，但存在一些问题。

（1）对灌木林的重视不够

虽然自20世纪90年代以来，各级政府加大了对灌木林的保护力度，但是人们对灌木的认识只限于作为饲料和燃料方面，对它的生态和经济价值认识不够。一些地方认为灌木林效益低，价值小，存在"重乔轻灌"思想，对如何发展灌木，措施不多；有些地方忽视适地适树原则，造林树种中乔木比重偏大，导致林分质量较差；有的地方灌木林管护工作相对滞后，影响了灌木林造林成果巩固、功能效益发挥。为此，要加大宣传教育，让各级政府和民众充分认识灌木林资源的作用，充分认识灌木林生态系统的多样性、独特性、珍稀性等特点。

（2）树种结构有待优化

例如，三北五期工程灌木造林面积与比重逐步扩大，对完善树种结构、提高建设质量发挥了重要作用。然而，工程灌木造林中也存在着树种选择范围有限、乡土树种研究不足、配套适用技术推广滞后等问题，尤其是生态经济效益俱佳的优良灌木树种的研究、发展和利用工作有待加强。

（3）经营管理粗放

一些地方灌木林呈自然生长状态，由于受自然条件限制，全区90%的灌木林生长缺少必要的抚育和管护措施，个别地方甚至发生了病虫鼠兔灾害。例如，内蒙古全区的灌木林，树体低于0.5 m的占70%，低于1.0 m的占79%。灌木林覆盖度低于50%的占74%(陈新云，2019)。有的地区虽然制定了封山禁牧规定，但仍存在执行不严、管理不善的问题，牲畜啃食灌木林现象仍时有发生。为此，对于乔木生长上限以上立地条件较差的区域、年降水量200 mm以下的地区分布的灌木林，应严格管护，实施禁伐、禁垦、禁牧；在立地条件较好、降水量较大的区域，实行封山育林，严禁滥伐、樵采和放牧，并进行林分抚育管理和林分改造，逐步增加乔木树种的比重。

(4)灌木林资源及利用科学研究不够

目前，灌木林培育与利用的科研项目一直较少，科技成果不多，科技成果储备不足。企业对灌木林的加工利用、产品开发研究滞后、加工规模小、档次低、效益差，没有形成产业链、产业群，直接导致灌木林的生态效益和经济效益不能充分发挥。为此，应加大灌木资源的良种选育、科学栽培与管理，鼓励在工业原料、生物质能源、灌木饲料等方面的科学研究，将资源优势转化为产业优势，促进灌木资源的转化增值，大幅度提升灌木林生产力、资源利用率和综合效益，促进乡村振兴和农民致富。

（执笔人：华南农业大学 陈晓阳）

1.5　灌木群落(灌木林)研究现状及展望

1.5.1　灌木植物地理(群落)学研究

灌木植被的群落地理学研究是灌丛/灌木地景观地理学研究的基础。包括灌木地的定义、植物区系、类型划分、地理地带性分布规律及其生态特征。从大量的研究成果和生产实践看，明确界定和突显灌丛的植被地理学地位，是理论创新和实际应用的需要。

灌木植被分布及格局研究，一直以来是植物/景观地理学研究的重要内容(《中国植被》及各省份植被专著都有论述)，群落格局也有许多研究(要少于草地和林地的研究)(苏爱玲 等，2010)。重新引入灌木地(史密斯，1988；宗召磊 等，2015)定义，以此进行全新的灌丛分类研究，对整合不同植被科学的灌丛研究(在资源科学领域，资源保护和利用角度分类，可与草地、林地并列)，建立灌丛学或灌木地科学理论与方法体系极为有利，特别是在植物地理学基础上建立景观地理学的灌木地研究范式。

我国许多学者对灌木群落的结构、功能、多样性、生态效益和灌木资源利用等方面进行了研究(周华荣，1995；谢晋阳 等，1997；李霞 等，2006；韩刚，2010；孙涛 等，2011)。赵振勇等(2006)对天山南麓山前平原柽柳灌丛地上生物量进行了研究，通过样方调查和实验分析揭示了柽柳地上生物量的分布规律，结果表明，不同地貌的柽柳灌丛密度不同生物量也不同，其主要影响因子是地下水埋深。张光富和宋永昌(2001)通过野外样地调查和分析，对浙江天童地区灌丛群落的种类组成、结构和功能进行了研究，同时还对灌丛生态恢复的功能进行了讨论。赵艳云等(2005)通过分析不同整地方式、不同地形及降雨量对柠条锦鸡儿生长形态的影响，对宁夏固原柠条锦鸡儿进行了研究，结果表明不同坡位、降雨量对株高、根深、分布影响显著。王惠等(2007)通过利用 Hurlbert、Pianka 和 Levins 生态位指数法，对长白山阔叶红松林主要灌木种群进行了研究，分析了在采伐干扰下，伐后不同年度资源维上的生态位动态特征，讨论了采伐后主要灌木种之间的竞争关系及其生态适应性。周华荣(1995)从植被资源植物及其品位的角度对秦岭南坡旬河流域灌丛进行了研究。

1.5.2 灌木群落学方法研究

灌木地的研究方法，一直以来是人们探讨的问题。由于灌木从其生物学形态上介于乔木和草本之间，对其样地设置、取样方法和分类技术，多借用森林和草地调查的方法，而实际上往往缺乏适宜性和操作性。关于取样方法，早在20世纪60年代就有人进行过探讨（宋永昌 等，1965）；周华荣在秦岭灌丛研究中也有所涉及（周华荣，1991），提出灌丛调查中可用"分枝率"作为群落数量指数，并加以应用。在分类和区划技术上，人们大量采用聚类和排序的方法进行灌丛植被的类型划分和分区（康慕谊，1988；张金屯，1985；许鸿川，2000）。灌木地景观的监测模式（宋学峰 等，2000）研究也是极为必要的，还包括试验、遥感和计算机模拟等。遥感技术的应用，也极大地提升了灌丛植被或灌木地景观研究的技术含量和研究范围（陈桂琛 等，2001）。

1.5.3 灌丛植被生态功能和干扰效应研究

灌丛植被生态功能和干扰效应的热点研究，在国内主要集中于草灌丛（灌丛草地）的研究，放牧干扰的研究成果为多（周华坤 等，2004），而国外对林区和农区灌木的研究较多（徐振，2007；Urquiza-Haas et al.，2007；Kirkl et al.，2007；李衍青 等，2010；杜建会 等，2010）。特别是沃岛（肥岛）或资源岛效应的研究（熊小刚，2003；张宏 等，2001），引起人们对灌丛在草地、林地和荒漠景观中的生态功能和作用的不同认识。人们普遍认为（张宏 等，2001），周期性气候干旱和过度放牧是天然草地灌丛化的原因，伴随灌木入侵而出现的草地土壤水分和养分的空间异质性，是造成生态系统水分和养分流失，以及土壤加速侵蚀的原因之一。因此，半干旱地区天然草地的灌丛化应得到一定的控制，使群落中灌丛保持适宜的密度，以避免生态系统水分和养分的损失。也有研究认为（张一弓，2007），一般将草地的灌丛化作为草原生态系统的退化标志，但由于灌丛斑块下沃岛的存在，系统中土壤养分和水分等资源得以保留，并被植物吸收利用，生态系统的基本功能包括生物量的初级生产和养分等物质循环仍然得以保持较高的效率。因此，从生态系统的角度来看，这种发生在干旱、半干旱地区的灌丛化过程，与干旱地区的荒漠化存在显著区别。过度放牧下草原灌丛化过程中沃岛的出现和发育，避免了重度放牧下生态系统结构和基本功能的丧失，灌丛及其沃岛的存在使得灌丛化草原的基本生态功能得以维持，灌丛化是生态系统退化后的一种自我重建，是生态系统的自我调节，同时也是草地生态系统的自动恢复过程。

由此看来，灌木地景观功能和干扰效应研究多集中于草地生态系统，而对干旱区灌丛（包括灌木荒漠）整体生态功能和干扰效应的研究则处于开始阶段，如灌丛沙堆的研究即涉及于此，其中对柽柳的研究较多，包括其生态功能的研究（Alaie，2001；贾宝全 等，2002；岳兴玲 等，2005；李志忠 等，2007）。另外，近年来开始有对灌丛生态水文过程、降雨截留特征、生态系统碳平衡等研究论文出现（徐振，2007；苏爱玲 等，2010；李东 等，2010）。

1.5.4 灌木地生态效益及保护与恢复研究

草地灌丛化及恢复，尽管对其认识不同，但实际上它是灌丛植被对自然和人工干扰的一种响应。研究中人们多从草地或林地的利用功能考虑，而对灌丛生态系统本身的生态功能考虑较少。同样灌丛或灌木植被在干旱区荒漠、河岸林地、湿地和草甸中的作用，也有必要进行进一步的综合研究，加以重新认识。旱生、超旱生灌木，作为形成荒漠景观的优势植物，也有大量的研究成果，包括红砂、合头草等。大量的干扰机理和效益评价研究成果（姜凤歧 等，1988；索爱民 等，2004；李华 等，2005；陈泓 等，2007）和景观多功能评价的"竞争—共生原理"实践（宋学峰 等，2000；刘新伟 等，2005；周华荣，2007），为此提供了坚实的基础。

经济开发中大量工程建设对灌木地植被的干扰破坏（砍伐、碾压、践踏等），随处可见，应引起人们的关注和重视。而灌木地恢复和重建，应是干旱区生态恢复的主要形式和内容。通过对灌丛（灌木地）效益的评价与退化机理（张宏 等，2001；张德罡 等，2003；任金旺，2005；曾绮微 等，2007）的研究，更多的研究者关注灌木地本身的保护恢复，以及对"母地"生态保护和恢复途径的研究，包括林地恢复（周华荣，1991）、农田与草地水土保持（姜凤歧 等，1989；Lesny et al.，2007；Dzwonko et al.，2007）、城市和旅游区景观建设（王志强 等，2005；陈红锋 等，2005）以及定向培育（卫书平 等，2000）。

1.5.5　景观尺度的灌丛、灌木群落研究

国外从景观尺度上对灌丛、灌木群落研究主要集中在对灌木林空间结构与空间分布的研究，如对景观中灌木林的景观单元空间配置关系、分布格局及异质性和灌木林景观格局指数等方面（Alldredge et al.，2001；Okin et al.，2001；Nowak et al.，2006）。Campagne 等（2006）以山地丘陵地区灌木林为研究对象，通过计算灌木林景观异质性指数和单元特征指数，讨论分析了灌木林景观结构组成特征及其空间配置关系。Viedma 等（1999）利用遥感和 GIS 技术，对西班牙东部地中海的灌木林空间格局变化情况进行了研究，文章对不同类型的灌木林景观划分了景观单元并且通过空间统计方法建模模拟了不同环境条件下的灌木类型。Goslee 等（2000）为研究半干旱区灌丛入侵草地的问题，利用 10 个分辨率很高的遥感影像，对新墨西哥州 75 hm^2 的土地 1936—1996 年的景观格局进行分析。Stow 等（2008）利用高空间分辨率影像，通过识别和提取灌木林动态变化信息，对研究区内灌木林总体的覆盖度变化进行了监测。

国内从景观尺度上对灌丛、灌木群落研究也相对较少。国内的研究主要集中在灌木林景观空间异质性和空间配置格局等方面。其中，章皖秋等（2003）对天目山自然保护区内包括灌木林在内的 8 种植被类型的空间分布规律进行了研究，总结了研究区各植被类型的空间分布规律，并定量描述了各植被类型分布的坡度、坡向特征和高程。陈玉福等（2000）通过野外样方调查，统计各个样方植被盖度，利用半方差分析法对灌木植被盖度的等级斑块结构和多尺度变异进行了研究。

以灌木地植被或景观为对象，研究不同景观中灌丛的生态景观多功能性，为灌木地研究打开了新的研究思路，对草地和湿地恢复、林地重建和荒漠保护中灌丛的重要作用提供科学依据，为建立灌丛学或灌木地科学理论和方法体系奠定基础；同时，对开拓多功能景观研究的领域，以及完善多功能景观评价的理论与方法具有实践意义。

（执笔人：中国科学院新疆生态与地理研究所 周华荣）

第 2 章
灌木林生态类型

2.1 旱生灌木林

旱生灌木林是主要以旱生、超旱生灌木、半灌木为建群种或优势种的旱生植被，是我国西北干旱、半干旱区主要林地类型（汪愚，1983；张新时，1994；Li，2001；国家林业和草原局，2019；李愿会 等，2020）。旱生灌木林分布区由于降水稀少、日照强烈、蒸发力超强，地下水埋藏较深不能被植物吸收利用，土壤极度干旱成为植物生长的最主要限制因子，因此，植被盖度一般较低，结构较为简单（李新荣，2000；温敦 等，2004；Li et al.，2004a，2009）。植物种组成上，以耗水量少、耐干旱、耐瘠薄、耐盐碱、抗风蚀、沙埋和能抵御强烈日照的旱生、超旱生植物为主；灌木层片的结构和盖度相对较稳定；草本层片也主要是由具有旱生结构的植物种组成，不同的季节和年份，由于降水的变化而造成的季相或年际差异十分显著。如：在特殊多雨的季节或年度，短生植物或一年生夏秋植物发育十分茂盛，而在少雨的季节或年份，它们可以全然不出现（李新荣 等，1999；Li et al.，2004b）。

旱生灌木林虽然结构比较稀疏，材积量不高，但其广泛分布在我国生态脆弱的西北荒漠区和山地干旱地带，在水土保持和荒漠化防治中发挥着至关重要的作用。在全球变化背景下干旱将不断加剧，具有抗旱能力的灌木在未来的区域乃至全球生态系统中将发挥越来越重要的作用（王亚林 等，2019）。

2.1.1 主要类型和分布

我国的旱生灌木群落大部分分布在处于大陆性干燥气团控制下的中纬度地带的温性荒漠、草原化荒漠和荒漠化草原带。除干旱外，局部特殊的气候、地貌和土壤条件，如：多风与尘暴，风蚀或沙积，土壤瘠薄，盐分、水分等的变化可以造成生态条件的重大差异，从而形成了多样的旱生灌木为主的植被类型，并且不同类型复合或镶嵌出现的现象较为明显（李新荣 等，1999a；Li et al.，2009）。该区的旱生灌木植被类型主要有灌木荒漠，半灌木、小半灌木荒漠和旱生灌丛及半灌丛几个类型。灌木荒漠包括 3 个旱生植物群系组：典型灌木荒漠、草原化灌木荒漠和沙生灌木荒漠；半灌木、小半灌木荒漠包括两个旱生植物群系组：盐柴类半灌木、小半灌木荒漠和蒿类半灌木、小半灌木荒漠。它们基本上是由超旱生、中温、叶退化或特化的落叶

(或落枝)半灌木、灌木所构成的稀疏植被,群落的层片结构较为简单,植被生产力较低,但在水分稍好的局部地区有的群落盖度也可达到 20% 以上,甚至更高;这种灌木群落在我国干旱、半干旱荒漠区占有重要地位,特别是一些人工旱生灌木群落,在沙区发挥着及其重要的防护作用(张新时,1994;李新荣,2000)。旱生灌丛及半灌丛则主要分布在荒漠化草原区,以沙地灌丛及半灌丛群系组为主,盖度相对较高,大都成林。其次,在我国西部山地的干旱区域,分布着种类多样的由旱生有刺灌木组成的山地旱生落叶阔叶灌丛和少数种类旱中生的常绿针叶灌丛。此外,在气候干燥的大陆性高山和高原上,由于其高寒和极度干旱条件的叠加,分布有高山植被中最干旱和强度大陆性的植被类型——垫状小半灌木荒漠。最后,在我国西部亚热带与热带区域,如四川、云南、贵州一带受焚风影响的干热河谷还普遍分布着具有明显旱生特征的肉质刺灌丛和个别种类的落叶阔叶灌丛(中国植被编辑委员会,1980)。

2.1.1.1　山地旱生落叶阔叶灌丛群系组

山地旱生落叶阔叶灌丛是由旱生有刺灌木组成的植物群落。它广泛分布于我国西部山地:阿尔泰山、天山和青藏高原、秦岭、太行山、陕北黄土高原及云南高原。在青藏高原的东部边缘至秦岭、太行山,因受季风影响,气候比较湿润、山地旱生落叶阔叶灌丛通常分布在石灰岩裸露、水土流失严重或是山地中生落叶阔叶灌丛或森林遭受多次破坏的地段;在高原中部及其北部毗邻的山地,季风影响甚微,气候干冷,山地旱生落叶阔叶灌丛常常与草原植被构成复合体,或单独分布于生境干燥地段。这类灌丛盖度一般在 30%~50%,最大可达 75%。群落的成层结构明显,通常有灌木层和草本层,前者主要由冬季落叶的灌木组成,后者多为草甸草原成分。

主要群系有:多叶锦鸡儿(*Caragana pleiophylla*)灌丛、黄刺条(*Caragana frutex*)灌丛、新疆锦鸡儿(*Caragana turkestanica*)灌丛、印度锦鸡儿(*Caragana gerardiana*)灌丛、变色锦鸡儿(*Caragana versicolor*)灌丛、川西锦鸡儿(*Caragana erinacea*)灌丛、砂生槐(*Sophora moorcroftiana*)灌丛、白刺花(*Sophora davidii*)灌丛和金丝桃叶绣线菊(*Spiraea hypericifolia*)灌丛。

2.1.1.2　沙地灌丛及半灌丛群系组

在我国温带地区的沙区,如:毛乌素沙地、库布齐沙漠(东段)、腾格里沙漠、呼伦贝尔沙地、科尔沁沙地等,分布着多样的沙地灌丛和半灌丛。草原带沙地灌丛及半灌丛的分布具明显的地带性规律。草原带水分条件较好,沙地多已固定,灌丛类型是以中生灌丛为主,如黄柳(*Salix gordejevii*)灌丛和山荆子+稠李(*Malus baccata+Padus avium*)灌丛。而在荒漠化草原地带的沙地上,已看不到中生性灌木,这里的固定、半固地沙地上生长了由几种锦鸡儿(*Caragana korshinskii*, *C. intermedia*, *C. pygmaea*)组成的旱生灌丛,以及由油蒿、圆头蒿等组成的半灌丛。盖度一般在 30%~50%,灌丛下草本层发育较好。

该群系组中属于旱生类的群系主要有:油蒿半灌丛、圆头蒿半灌丛、盐蒿(*Artemisia halodendron*)半灌丛。

2.1.1.3　典型灌木荒漠群系组

由旱生、超旱生的灌木和小灌木为建群种的植物群落是我国荒漠区占优势的地带性植被类型。

典型的灌木荒漠群系组,是亚洲中部荒漠中生境最严酷的石或碎石质石膏戈壁上的稀疏灌木荒漠类型,是极端干旱(干燥度>10,降水量不足 100 mm)荒漠区的代表植被。建群种为超旱生、叶特化或退化的灌木。包括膜果麻黄(*Ephedra przewalskii*)群系、霸王群系、泡泡刺(*Nitraria sphaerocarpa*)群系、裸果木(*Gymnocarpos przewalskii*)群系和塔里木沙拐枣(*Calligonum roborowskii*)群系。主要分布在阿拉善高平原、河西走廊、柴达木盆地、噶顺戈壁、诺敏戈壁、哈密盆地、塔里木盆地、准噶尔盆地以及天山南坡东部、昆仑山北麓等。群落的种类组成贫乏,一般不超过10种,甚至仅由1~2种组成。群落结构简单,盖度低,最高可达到30%。

特别需要说明的是:梭梭(*Haloxylon ammodendron*)和白梭梭(*Haloxylon persicum*)是小乔木,但以其为建群种的群落,高度一般在1.5~3.5 m,丛属层片灌木、半灌木组成丰富,外观和组成上也更加接近灌木林,也有文献将其归入灌木林范围(汪愚,1983;刘晋,2006;张春梅 等,2013;王多泽 等,2014);鉴于其特征和在我国荒漠区的重要防护地位(贾志清 等,2008;宁虎森 等,2017;王彦武 等,2019),也将其归入此类介绍。梭梭主要分布在我国新疆的盆地、戈壁、阿拉善高平原、柴达木盆地;白梭梭主要分布在沙漠中,而梭梭在沙漠和戈壁上均有广泛分布;梭梭灌木林有"荒漠森林"之称。

2.1.1.4 草原化灌木荒漠群系组

东阿拉善—西鄂尔多斯高原一带的草原化荒漠区,分布着由一系列该地区的特有种:沙冬青(*Ammopiptanthus mongolicus*)、绵刺(*Potaninia mongolica*)、四合木、半日花(*Helianthemum songaricum*)以及一些由草原真旱生的种类演化形成的几种锦鸡儿为建群种的灌木群落。主要群系:沙冬青群系、绵刺群系、四合木群系、半日花群系、柠条锦鸡儿群系、毛刺锦鸡儿(*Caragana tibetica*)群系。

这一类型群落的结构较复杂,植被盖度可达30%~40%;群落的层片结构一般较明显,灌木层片、小灌木层片、小半灌木层片种类组成较丰富,草本层种类也较多,有的群落有相当数量的草原成分。

2.1.1.5 沙生灌木荒漠群系组

沙生灌木荒漠群系组包括由叶退化、以绿色小枝进行光合作用的沙拐枣属的几个种和以银砂槐(*Ammodendron bifolium*)为建群种的群系,它们是典型的沙质荒漠植被。主要有沙拐枣(*Calligonum mongolicum*)群系、淡枝沙拐枣(*Calligonum leucocladum*)群系、红皮沙拐枣(*Calligonum rubicundum*)群系、银砂槐群系。

这一类型主要分布于腾格里沙漠、巴丹吉林沙漠、河西走廊西戈壁与哈顺戈壁、新疆古尔班通古特沙漠、准噶尔盆地、塔里木盆地以及伊犁地区西部,并出现于柴达木盆地。生境为沙漠或沙质地段,在水分含量较好的固定和半固定沙地,群落盖度可达到20%~40%。群落具有明显层片结构,灌木、半灌木层片伴生种较多,如:木贼麻黄(*Ephedra equisetina*)、膜果麻黄、泡泡刺、驼绒藜等,草本层片沙生草类也较为丰富。

此类群落具有良好的固沙作用,亦可作为沙漠放牧场。

2.1.1.6 盐柴类半灌木荒漠群系组

这类群落是由于干旱和土壤中含有相对较高的盐分相叠加而形成的特殊植被类型。建群层片通常由不超过50 cm高的超旱生、中温小半灌木组成,主要是藜科的假木贼属(*Anabasis*)、猪毛菜属(*Salsola*)、驼绒藜属(*Krascheninnikovia*)、合头草属(*Sympegma*)、戈壁藜属(*Iginia*)、小蓬属(*Nanophyton*)以及柽柳科的红砂属(*Reaumuria*)等植物。这类植物生态幅相近、生活型相同,西北群众习称"盐柴",故而得名;草本层片的组成成分有藜科、菊科、十字花科等的一年生或多年生草本植物。这类群落盖度一般较低，为 5%～30%，但在某些区域盖度也可达到 30%～40%，可归入旱生灌木林一类。

主要群系有：红砂群系、驼绒藜群系、珍珠猪毛菜（*Salsola passerina*）群系、蒿叶猪毛菜（*Salsola abrotanoides*）群系、合头草（*Sympegma regelii*）群系、小蓬（*Nanophyton erinaceum*）群系、无叶假木贼（*Anabasis aphylla*）群系、盐生假木贼（*Anabasis salsa*）群系。

这类群落遍布于温带荒漠区岩石低山和砾石戈壁，土壤中含有一定量的石膏、碳酸钙和盐分的地区。如：宁夏河东沙区、鄂尔多斯西部、阿拉善、河西走廊、柴达木盆地、哈顺戈壁、准噶尔和塔里木盆地、天山南坡、昆仑山北坡、西藏阿里西部山地等。

2.1.1.7　蒿类荒漠群系组

旱生蒿类半灌木、小半灌木群落广泛分布在温带荒漠区的沙地、沙丘（如：巴丹吉林沙漠、乌兰布和沙漠、毛乌素沙地、阿拉善和新疆的准噶尔盆地、伊犁谷地、塔里木盆地的沙区和荒漠区）、低山、冲积、洪积扇上（如：阿拉善中部雅布赖山山麓洪积扇、山前洪积冲积平原和邻近的石质低山）；有的群系也可上升到寒区的荒漠，如：灌木亚菊群系还分布于西藏西部阿里地区海拔 4600 m 以下的低山山坡与宽谷中。此类群落发育的基质为沙土、黄土状壤质土和沙砾质、石质的棕色荒漠土。基质与水分条件稍好，土壤含碳酸钙较高，但不含石膏或盐分。

此类群系的建群层片由中温、旱生而多茸毛的蒿属、短舌菊属、紫菀木属的小半灌木植物组成。主要群系有：圆头蒿+沙鞭（*Psammochloa villosa*）群系、光沙蒿（*Artemisia oxycephala*）群系、戈壁短舌菊（*Brachanthemum gobicum*）群系、中亚紫菀木（*Asterothamnus centrali-asiaticus*）群系、灌木亚菊（*Ajania fruticulosa*）群系。

2.1.1.8　垫状小半灌木荒漠群系组

垫状小半灌木（高寒）荒漠，属高寒荒漠典型植被，是高山植被中最耐干旱的植被类型。建群植物的生活型为垫状的小半灌木，颇耐高寒、干旱的大陆性高原气候，群落中的植物种类十分稀少，盖度一般较低，在湿度条件较好的山坡上可达到 25%。

该植被亚型主要群系有垫状驼绒藜（*Krascheninnikovia compacta*）群系和西藏亚菊（*Ajania tibetica*）群系。它们集中分布的地带是昆仑山内部山区、青藏高原西北部与帕米尔高原的高山带；此外，垫状驼绒藜群系还局部出现在羌塘高原北部的湖盆周围和阿尔金山、祁连山西段的高山带。

2.1.1.9　肉质刺灌丛群系组

肉质刺灌丛是主要以肉质、具刺的仙人掌和大戟属植物组成的灌丛。在某一个具体地带上肉质刺灌丛虽然并不占据很大面积，但在我国西南地区干热河谷中分布却较普遍，是这个地区所特有的植被类型。主要分布在四川西部、云南、贵州南部和西藏东南部的干热河谷，如金沙江、元江、南盘江、北盘江、红水河两岸及石灰岩山地的干热河谷，包括木里、会理、丽江、元谋、元江、兴义、红河、望谟、罗甸和赤水等地，向北可以延伸到大渡河谷的泸定一带。

肉质刺灌丛分布区属于热带、亚热带季风气候，以干热为特征，群落植物组成中以热带的科属为主，主要是仙人掌科、大戟科、豆科。灌木层优势种如：单刺仙人掌、霸王鞭（*Euphorbia royleana*）等；伴生种也以肉质或半肉质灌木为主。主要种类高度可达 3 m，成小乔木丛林状，盖度达 70%～90%。地面草本层稀疏，高仅在 8 cm 左右，盖度为 10%～20%，组成种类也是肉质、多刺和有浆汁的耐旱植物。

该植被亚型在我国只有一个群系,为单刺仙人掌+霸王鞭肉质刺灌丛群系。

2.1.2 典型群系

如上所述,旱生灌木林群落类型非常多样,此处仅对几种较为典型、分布范围较广或具有特殊防护用途、大面积用于造林的旱生灌木群系进行举例说明。

2.1.2.1 梭梭群系(Form. *Haloxylon ammodendron*)

梭梭是超旱生的叶退化的小乔木,高度一般 1.5~3.5 m,最高可达 5~7 m。梭梭构成的荒漠群系有"荒漠森林"之称。在我国,它广布于准噶尔盆地、塔里木盆地东部、哈顺戈壁、诺敏戈壁、阿拉善高平原与柴达木盆地。梭梭地理分布广,生态幅度宽,群落中植物种类组成较丰富,但在不同生境群落中差异甚大,可多达 20 余种,少至 4~5 种,甚至形成梭梭的单种群落。

分布在河相或古湖相沉积的壤质或沙壤质土上的梭梭群落,生长发育良好。梭梭高度可达 3~5 m,群落中的植物种类组成较丰富,一般可有 10~15 种,覆盖度达 30%~50%。在盐渍化土上,群落中常有各种耐盐或盐生灌木加入,在阿拉善地区为白刺、小果白刺(*Nitraria sibirica*)、黑果枸杞(*Lycium ruthenicum*)等,伴生的小半灌木有盐爪爪(*Kalidium foliatum*)、细枝盐爪爪(*Kalidium gracile*)。草本层有多年生草类芦苇(*Phragmites australis*)、黄花补血草(*Limonium aureum*)等;在准噶尔与塔里木盆地边缘盐渍化土上的梭梭群落则有多种柽柳(*Tamarix ramosissima*,*T. laxa*,*T. elongata*,*T. hispida*)伴生。其他的半灌木和草类成分亦较丰富,如:红砂、盐爪爪、盐生草(*Halogeton glomeratus*)、浆果猪毛菜(*Salsola foliosa*),钠猪毛菜(*Salsola nitraria*)等。壤质土上的梭梭群落在荒漠植被中具有最高的生物量,梭梭材重可达 5~13 t/hm²。

在沙漠中,固定或半固定沙丘、丘间沙地与沙漠湖盆边缘沙地上广泛分布的梭梭群落发育也较好。梭梭高度 3~4 m,盖度 10%~30%,群落中伴生的沙生灌木、半灌木与草类也较丰富,种类可达 20 种以上。在阿拉善地区沙漠梭梭群落中的伴生灌木主要是沙拐枣;沙生草类有沙鞭、沙蓬(*Agriophyllum squarrosum*)、碟果虫实(*Corispermum patelliforme*),还有寄生于梭梭根上的肉苁蓉。在准噶尔沙漠边缘,梭梭群落中的沙丘上常混生有白梭梭,或由丘间沙地的梭梭群落与沙丘上的白梭梭群落形成复合的沙生植被。群落中的伴生植物主要有沙生灌木:沙拐枣(*Calligonum leucocladum*,*C. flavidum*,*C. macrocarpum*,*C. junceum*)、木贼麻黄,一年生沙生草类:沙蓬、对节刺、猪毛菜(*Salsola collina*),短命植物:圆根大戟(*Euphorbia rapulum*)、涩荠(*Malcolmia africana*)等。沙漠梭梭群落的生物量可达 2~4 t/hm²。

在砾石戈壁上的稀疏梭梭荒漠群落,在荒漠区分布最为广泛。群落盖度在 10% 以下,结构十分简单,伴生种为超旱生的灌木或半灌木,如:膜果麻黄、泡泡刺、霸王、红砂、珍珠猪毛菜、合头草、戈壁藜(*Iljinia regelii*)等。

梭梭树干材质坚硬重实,为优良的薪炭材,嫩枝可供骆驼采食。梭梭群落中的许多草类为羊所喜食,可供放牧。沙地梭梭根上寄生的肉苁蓉为名贵的中药材。梭梭耐旱耐盐,生长迅速,在年降水量 100~150 mm 地区和沙层含水量不低于 2% 的沙地上无需灌溉即可成活生长,因而作为重要的固沙树种广泛用于我国新疆、河西走廊、内蒙古等地荒漠区的防护林建设,取得了较好的防护效益和经济效益(贾志清 等,2008;冯达 等,2010;王彦武 等,2019;郑夏明 等,2019;宁虎森 等,2017)。

2.1.2.2　柠条锦鸡儿群系 (Form. *Caragana korshinskii*)

柠条锦鸡儿常称作柠条，为强旱生、沙生的豆科落叶灌木，株高 1.5~2 m，最高可达 4 m；丛径 2 m 左右；根系发达，沙埋后可由茎干多层分根，生长愈加旺盛。柠条锦鸡儿群系属于东阿拉善—西鄂尔多斯草原化荒漠的沙生灌木荒漠类型，在荒漠化草原地带的沙地上也有分布，呈灌丛型。天然柠条锦鸡儿群落主要分布于库布齐沙漠西段、腾格里沙漠西北部、乌兰布和沙漠与宁夏河东沙地。生境主要为半固定和流动沙丘，沙下基质较为坚实，沙层中往往有小砾石；也见于沙地以外的生境。

柠条锦鸡儿群落结构较为简单，有由柠条锦鸡儿组成的单优群落，也有与其他灌木、半灌木共同组成的群落，一般发育有草本层片。荒漠区柠条锦鸡儿群落盖度一般在 10%~20%，结构比较简单，物种较少；在水分状况稍好的草原区，其盖度较高，可达到 40%，草本层物种也较为丰富。群落灌木与半灌木层片的伴生种主要有霸王、沙冬青、油蒿、泡泡刺、猫头刺 (*Oxytropis aciphylla*)、驼绒藜、沙拐枣等，草本层片中主要有沙生针茅 (*Stipa caucasica* subsp. *glareosa*)、蒙古韭 (*Allium mongolicum*)、碟果虫实、刺沙蓬 (*Salsola tragus*) 等。

柠条锦鸡儿是优良的固沙植物，以柠条锦鸡儿+油蒿为建群种的无灌溉人工灌木林在包兰铁路沙坡头段的铁路防沙中取得了巨大成效，特别是固沙植被建立初期的 20 年，柠条锦鸡儿占据很大优势，发挥重要防护作用，并且，该群落在无人工后期抚育的情况下可以很好的自然演替；随着建植时间增长，柠条锦鸡儿种群出现衰退，而草本层和结皮层发育良好，沙面成土过程也在逐渐进行，群落向草原化荒漠类型发展，形成一个人工与天然相结合的稳定系统，长期发挥固沙效益 (Li *et al*., 2004b; Li *et al*., 2007; 李新荣 等, 2016)。

此外，柠条锦鸡儿枝叶可做燃料、饲料和绿肥，具有一定的经济价值。因此，在我国北方荒漠区造林中得到大力推广和广泛应用 (蒋齐 等, 1998; 牛西午, 1999; 李愿会 等, 2020)；关于人工柠条锦鸡儿林建设、经营管理以及林分结构动态和稳定性的研究也非常之多。这些研究均表明，柠条锦鸡儿林具有较高适应性和生产力 (张晓磊 等, 2012; 洪光宇 等, 2019)。还有研究预测，在未来不同的温室气体排放情景下，柠条锦鸡儿的适宜生境均有不同幅度的扩大，那么柠条锦鸡儿人工林适用范围还会相应地增大 (邓迪 等, 2020)。

2.1.2.3　油蒿群系 (Form. *Artemisia ordosica*)

油蒿群系为温带南部草原和荒漠草原区沙地上的优势类型，并进入荒漠区东部边缘的沙地，分布面积很大，在我国大约有 267 万 hm²。从分布地区来看，该群系为鄂尔多斯高原及其邻近地区所特有。群落分布区为干旱半干旱地区，年降水量 100~400 mm。它一般分布在固定、半固定沙地，有时在沙砾质的土壤上也有出现。

油蒿组成的单优群落是该群系分布最广的植被类型。植被发育良好，总盖度 30%~50%。油蒿呈丛状均匀分布，丛径 50~70 cm，高 50~90 cm，有时可达 100 cm 左右。植物种类较为丰富，群落层片有灌木层、草本层，在老固定沙地上，地表往往形成由隐花植物组成的结皮层。伴生植物东、西部有所不同，东部草原地区多伴生糙隐子草 (*Cleistogenes squarrosa*)、冰草 (*Agropyron cristatum*)、白草 (*Pennisetum flaccidum*)、针茅 (*Stipa capillata*) 等禾草及多种杂类草，如苦豆子 (*Sophora alopecuroides*)、甘草 (*Glycyrrhiza uralensis*)、草木犀 (*Melilotus officinalis*)、黄芪 (*Astragalus mongholicus*) 等；西部荒漠草原以至草原化荒漠地区主要伴生沙生针茅、无芒隐子草 (*Cleistogenes songorica*)、蒙古韭、木蓼 (*Atraphaxis frutescens*)、猫头刺、沙拐枣、灌木亚菊、蒙古莸(*Caryopteris mongholica*)等。

油蒿也与其他灌木、半灌木共同组成群落(Li *et al.*，2004a；李新荣 等，2016)。如：

油蒿+蒙古莸群落，主要出现在流动和半固定沙地，植被总盖度为10%~20%。随沙面固定，油蒿生长旺盛，蒙古莸生长逐渐衰退，群落的发展将为油蒿群落所代替。伴生植物有沙鞭、沙蓬、芦苇、小花棘豆(*Oxytropis glabra*)等。

油蒿+沙鞭群落，常为油蒿群落破坏后所形成，植被总盖度为10%左右。群落中油蒿和沙竹生长发育均良好。伴生植物有沙蓬、赖草(*Leymus secalinus*)和芦苇等。

油蒿+沙拐枣群落，生境为沙层较厚较干旱的地方，常呈片断分布，伴生植物有白沙蒿(*Artemisia blepharolepis*)、沙鞭、沙蓬等。

油蒿+驼绒藜群落，生境为固定沙地及老固定沙地，且多为硬梁地积沙所致。群落盖度20%~40%，伴生植物有沙生针茅、戈壁针茅(*Stipa tianschanica* var. *gobica*)和红砂等。

油蒿+蒙古扁桃(*Amygdalus mongolica*)群落，生境为谷地、山麓及干河床的沙砾质地。油蒿的生长与生境的覆沙有密切关系，一般植被较为稀疏，总盖度为10%~15%，或更低。伴生种有戈壁针茅、红砂和猫头刺等。

油蒿+猫头刺群落，生境为山前平原，多属沙砾质地。油蒿的出现决定于地表的积沙情况。油蒿生长发育一般正常，而猫头刺则发育良好，多形成灌丛沙堆。植被总盖度为30%~40%。伴生植物有沙生针茅、戈壁针茅、砂蓝刺头(*Echinops gmelinii*)和阿尔泰狗娃花(*Aster altaicus*)等。

油蒿+白刺群落，为旱生系列与湿生系列的交叉，而油蒿的出现又是流沙侵入湖盆的结果。白刺常积沙而形成白刺沙堆，植被盖度一般在50%以上，伴生植物有芨芨草(*Achnatherum splendens*)、披针叶野决明(*Thermopsis lanceolata*)、赖草和芦苇等。

油蒿耐干旱、耐贫瘠、耐沙埋，并且耐地表温度的极端变化。这些特点使它能够在沙地上定居并发展，发挥重要的固沙作用。在流动沙丘上，油蒿群落一般很难天然发育起来。但进行人工栽植，或者在设有沙障的流动沙丘上进行播种，油蒿能迅速发育，生长繁茂，形成油蒿林。油蒿林靠种子繁殖或分株繁殖，能天然更新。在我国生物固沙措施中，人工种植油蒿成为最有效的手段之一。而且，油蒿群落是沙区冬春季节良好的放牧场。

2.1.2.4　红砂群系(Form. *Reaumuria soongarica*)

红砂群系是我国荒漠地区分布最广的地带性植被类型之一。它东起鄂尔多斯西部，经阿拉善、河西、北山地区、柴达木盆地、哈顺戈壁，西到准噶尔和塔里木盆地。分布区生境特点为：山地丘陵、剥蚀残丘、山麓淤积平原、山前沙砾质和砾质洪积扇等；土壤类型一般为灰棕荒漠土、棕色荒漠土、荒漠灰钙土，并出现在盐化和强盐化土上，有的土壤富含石膏。

建群种红砂，是柽柳科超旱生、盐生的矮半灌木。植株被沙埋后遇有水分枝条上即可生出不定根，在不良的气候条件下，茎干从根际劈裂，进行独特的无性繁殖。红砂群系的群落结构一般比较简单，往往只有半灌木层，草本层发育不明显，植被盖度10%~40%，植物种类组成也比较简单。

红砂群系分布范围广，在不同地区和不同生境条件下，群落的组成特点也不同。

在砾质或沙砾质山前洪积平原、戈壁及石质低山丘陵上，红砂常与一些超旱生灌木、半灌木组成群落。如：红砂+珍珠猪毛菜和红砂+绵刺群落，是阿拉善东部及河西走廊东部典型的地带性植被；红砂+泡泡刺群落，主要分布在阿拉善西部及诺敏戈壁；红砂+膜果麻黄群落，分布在天山南麓；纯红砂群落，分布在天山南麓洪积扇、哈顺戈壁与河西。在这些戈壁地区，红砂群落极其稀疏，层片结构一般不明显，种类组成也很简单，伴生种很少。

在准噶尔盆地古老冲积平原及沙丘间平地的壤土或黏壤质荒漠灰钙土上，红砂与多种生活型的植物组成多样的群落。主要有红砂与分枝或丛生草本，如四齿芥（*Tetracme quadricornis*）、齿稃草（*Schismus arabicus*）、胎生鳞茎早熟禾（*Poa bulbosa* subsp. *vivipara*）等组成的群落，红砂与一年生盐生草本植物如：叉毛蓬（*Petrosimonia sibirica*）、散枝猪毛菜（*Salsola brachiata*）、紫翅猪毛菜（*Salsola affinis*）、角果藜（*Ceratocarpus arenarius*）等组成的群落，红砂与矮半灌木无叶假木贼组成的群落，红砂与小乔木梭梭组成的群落等。群落总盖度一般达 10%～30%，植物种类组成比较丰富，群落层片结构明显。

在准噶尔盆地冲积平原及河西、乌兰布和沙漠的盐渍化或强盐渍化黏壤土及沙壤土上，红砂与细枝盐爪爪（*Kalidium gracile*）、里海盐爪爪（*K. caspicum*）、圆叶盐爪爪（*K. schrenkianum*），红砂与大白刺（*Nitraria roborowskii*）、小果白刺（*N. sibirica*）、白刺（*N. tangutorum*），红砂与多枝柽柳（*Tamarix ramosissima*）、刚毛柽柳（*T. hispida*）、短穗柽柳（*T. laxa*），红砂与囊果碱蓬（*Suaeda physophora*）、小叶碱蓬（*Suaeda microphylla*）等组成各类群落。

在东天山北麓的巴里坤盆地与天山南坡的低山带的砾石—沙壤质土上，红砂群落中有较多的旱生草原丛生禾草，如沙生针茅、东方针茅（*Stipa orientalis*）等加入，形成旱生禾草层片。

2.1.2.5　白刺花群系（Form. *Sophora davidii*）

白刺花群系，是山地旱生落叶阔叶灌丛群系组中典型群系之一，广泛分布于河南西北部、山西东南部、河北西南部的太行山南部低山区、陕北黄土高原和秦岭北坡，云南高原以及青藏高原区的金沙江、澜沧江、怒江及其较大的支流河谷。本群系分布幅度较广，不同地区的种类组成也不同。

分布在太行山南端和陕北黄土高原的白刺花灌丛群落物种组成比较相近。生境特点，前者地表常有石灰岩裸露，碎石较多，后者土层深厚，有水土流失现象。灌丛覆盖度 30%～75%，建群种白刺花高 1.5～2 m，生长良好。伴生灌木以荆条为主，土庄绣线菊（*Spiraea pubescens*）、麻叶绣线菊（*Spiraea cantoniensis*）、黄栌（*Cotinus coggygria*）、酸枣（*Ziziphus jujube* var. *spinosa*）、胡枝子和蕤核（*Prinsepia uniflora*）等次之。草本层相当发育，可分为高草亚层和低草亚层。主要种类有黄背草（*Themeda triandra*）、白羊草（*Bothriochloa ischaemum*）、大披针薹草、白头翁（*Pulsatilla chinensis*）、长芒草（*Stipa bungeana*）、地榆（*Sanguisorba officinalis*）等。

分布在青藏高原的金沙江、澜沧江和怒江三大河谷的白刺花灌丛，灌木层可分为两个亚层，第一亚层高 1～2 m，由白刺花、锦鸡儿、皱叶醉鱼草（*Buddleja crispa*）和丁香（*Syringa* spp.）等组成，第二亚层高 30～50 cm，由星毛角柱花（*Ceratostigma griffithii*）、棘豆（*Oxytropis* spp.）等组成。其他伴生灌木，在 30°N 以南有丝毛瑞香（*Daphne holosericea*）、鞍叶羊蹄甲（*Bauhinia brachycarpa*）、云南土沉香（*Excoecaria acerifolia*）等；在 30°N 以北有清香木（*Pistacia weinmanniifolia*）、小叶荆（*Vitex negundo* var. *microphylla*）、微柔毛花椒（*Zanthoxylum pilosulum*）、冬麻豆（*Salweenia wardii*）等。草本层相当发育，可分为高草亚层、低草亚层和垫状草本亚层。第一亚层高 40～60 cm，由毛莲蒿（*Artemisia vestita*）、灰苞蒿（*Artemisia roxburghiana*）、兰香草（*Caryopteris incana*）等组成。第二亚层由狗娃花（*Heteropappus* spp.）、白草、狼毒（*Stellera chamaejasme*)、早熟禾(*Poa* spp.)等组成；第三亚层由卷柏(*Selaginella tamariscina*)、圆枝卷柏(*Selaginella sanguinolenta*)、卷丝苣苔(*Corallodiscus kingianus*)等组成。

云南高原的白刺花灌丛，伴生种多为川梨(*Pyrus pashia*)、小叶栒子(*Cotoneaster microphyllus*)、火棘(*Pyracantha fortuneana*)、华西小石积(*Osteomeles schwerinae*)(多见于金沙江峡谷山地)、毛叶蔷薇(*Rosa mairei*)(多见于丽江一带)、多种悬钩子(*Rubus* spp.)、扁核木(*Prinsepia utilis*)、大黄连刺(*Berberis pruinosa*)等。草本种类混杂，多见的有白茅(*Imperata cylindrica*)、毛蕨(*Pteridium revolutum*)等。

白刺花灌丛主要是由于森林遭到严重破坏后，长久不能恢复，致使环境日益干旱，而形成的比较稳定的群落，在防止水土流失方面具有重要意义。建群种白刺花属喜光树种，耐旱，对土壤要求不严，土石山地的阳坡半阳坡均可造林，是水土保持树种之一。

(执笔人：中国科学院西北生态环境资源研究院 冯丽)

2.2 中生灌木林

中生灌丛主要指热带、亚热带地方季风性雨林、常绿阔叶林、石灰岩季节性雨林、石灰岩常绿落叶阔叶混交林、山地常绿落叶阔叶混交林、温性落叶阔叶林、暖温性落叶阔叶林等遭受严重破坏后形成的一个演替阶段，属于次生灌丛。若停止干扰和破坏，在保护较好的情况下，该类型灌丛会慢慢演变成为原来的顶极森林群落类型，逐步趋于稳定。

中生灌丛群落主要是由中生灌木组成的植物群落。广泛分布于大兴安岭、天山、阿尔泰山直到秦岭淮河一线的温带森林区域，以及亚热带、热带常绿阔叶林区域的山地，青藏高原的一些山地也有分布(中国植被编辑委员会，1980；陈灵芝 等，2014)。通常这些山地因受季风影响，气候比较湿润。中生灌丛盖度一般比旱生灌丛大，通常75%左右，最高可达到95%。其群落结构也比旱生灌丛要复杂，一般情况下在灌木层和草本层中，还可以分出亚层。灌木层主要由冬季落叶阔叶的中生灌木或者常绿阔叶的中生灌木组成；草本层多为禾草及薹草组成，杂类草往往种类较多，但优势度不大。

2.2.1 主要类型和分布

本类型灌丛分布地域广，面积大，地形、气候等环境条件差异明显，同时原生森林植被类型的差异，都会孕育出类型丰富的中生灌丛，所以在不同的生态地理区域、中生灌丛类型存在着明显差异。根据生境和建群种特点，可将中生灌丛划分为常绿阔叶灌丛和落叶阔叶灌丛。

2.2.1.1 常绿阔叶灌丛

常绿阔叶灌丛是热带、亚热带常绿林和灌草丛之间的一种过渡类型(中国植被编辑委员会，1980)。群落组成一般以常绿乔木幼树和灌木组成，也常混有落叶阔叶植物。群落的生态外貌一般都保持终年常绿，结构相对落叶阔叶灌丛简单一些，基本只有两层，木本层和草本层。这类灌丛基本都是次生类型，当干扰和破坏停止，其灌丛会逐步演变成常绿阔叶森林，但如果干扰和破坏继续加剧，可能使现有灌丛演变成灌草丛或者草丛。根据群落生境和建群种特点可将该类型灌丛划分以下几个植被亚型：

(1) 暖性常绿阔叶灌丛

本植被亚型主要分布在四川、云南、贵州、浙江、安徽、福建、湖南、江西等地山丘、四川盆地、三江流域等区域，类型较多，灌丛种类组成相对比较复杂，常见灌丛有：南烛（*Vaccinium bracteatum*）、檵木（*Loropetalum chinense*）、杜鹃（*Rhododendron simsii*）、山胡椒（*Lindera glauca*）、鼠刺（*Itea chinensis*）等灌丛。群落外貌呈现深绿色，植株高低差异明显，林相不够整齐。灌木层高度一般在 1 m 左右，盖度 30%～60%（中国植被编辑委员会，1980），植物种类以檵木、乌饭、映山红、山胡椒、鼠刺等为优势种，其他伴生种有油茶、米饭花（*Vaccinium sprengelii*）、杨桐（*Adinandra millettii*）、白檀（*Symplocos paniculata*）等。同时也常混有落叶阔叶种类，如亮叶桦（*Betula luminifera*）、木姜子（*Litsea pungens*）、珍珠花（*Lyonia ovalifolia*）等。

(2) 暖干性常绿阔叶灌丛

本植被亚型大多分布在长江以南与云贵高原各省份的石灰岩地区，这类植被型灌丛种类组成复杂，类型相对较多。常见灌丛有：火棘+马桑（*Coriaria nepalensis*）灌丛，灌木层高度一般 2 m 左右，群落盖度 70%～85%，主要优势种为火棘、马桑，伴生种中有不少落叶阔叶种类，如盐肤木（*Rhus chinensis*）、构树（*Broussonetia papyrifera*）等；刺叶栎（*Quercus spinosa*）灌丛，灌木高度一般在 3～6 m，群落盖度一般在 50%～65%，刺叶栎为主要优势种，伴生种有不少落叶阔叶种类，如中华绣线菊（*Spiraea chinensis*）、峨眉蔷薇（*Rosa omeiensis*）、桦叶荚蒾（*Viburnum betulifolium*）等；铁仔（*Myrsine africana*）灌丛，群落高 0.5～1 m，盖度 15%～25%，其优势种主要以铁仔为主，常见伴生种有竹叶花椒、黄芦木（*Berberis amurensis*）、灰栒子（*Cotoneaster acutifolius*）等；红背山麻杆（*Alchornea trewioides*）+浆果楝（*Cipadessa baccifera*）灌丛，群落高度 1～1.8 m，盖度一般大于 70%，其优势种以红背山麻杆、浆果楝为主，常伴生黄连木（*Pistacia chinensis*）、冻绿（*Rhamnus utilis*）、铜钱树（*Paliurus hemsleyanus*）（中国植被编辑委员会，1980）等。

(3) 偏热性常绿阔叶灌丛

本植被亚型大多分布在福建、广东、广西、贵州等地的酸性土丘陵地区。常见的灌丛群落有：桃金娘（*Rhodomyrtus tomentosa*）灌丛，该类灌丛多分布地势开阔平坦、阳光充足的区域，群落外貌绿色，高度在 1 m 左右，盖度为 40%～60%，其优势种以桃金娘为主，伴生常见种有银柴（*Aporosa dioica*）、野牡丹（*Melastoma malabathricum*）、坡柳（*Salix myrtillacea*）、黑面神（*Breynia fruticosa*）等（吴征镒 等，1980）；黄牛木（*Cratoxylum cochinchinense*）+银柴+水绵树（*Wendlandia uvariifolia*）灌丛，常见伴生种有漆（*Toxicodendron vernicifluum*）、山乌桕（*Triadica cochinchinensis*）、珍珠花等（陈灵芝 等，2015）。

(4) 偏热干性常绿阔叶灌丛

本植被型主要分布在福建、广东、广西、贵州等地的石灰岩丘陵地区。这类植被型灌丛常见的灌丛群落有：清香木+黄杞（*Engelhardia roxburghiana*）灌丛，多分布在黑色石灰土，并有大量岩石裸露的环境，因而群落盖度相对较低，一般不足 50%，除了建群种清香木和黄杞以外，常见伴生种有盐肤木、荚蒾（*Viburnum dilatatum*）、马桑等（吴征镒 等，1980；陈灵芝 等，2015）；五瓣子楝树（*Decaspermum parviflorum*）+青篱柴（*Tirpitzia sinensis*）灌丛，除了建群种五瓣子楝树和青篱柴以外，常伴生物种有马桑、盐肤木等（陈灵芝 等，2014）。

（5）热性常绿阔叶灌丛

本植被型主要分布在台湾南部、广东东部等地丘陵地带，这类灌丛种类组成相对比较简单。常见灌丛有：岗松（*Baeckea frutescens*）+山芝麻（*Helicteres angustifolia*）灌丛，群落高度 0.5～1 m，盖度 35%～75%，优势种以岗松和山芝麻为主，伴生种类较多，有银柴、桃金娘、白檀、漆等（吴征镒 等，1980）；破布叶（*Microcos paniculata*）+黄牛木灌丛，除了建群种外，常伴生有银柴、马桑、水绵树、九节（*Psychotria asiatica*）等（陈灵芝 等，2014）。

（6）热干性常绿阔叶灌丛

本植被型主要分布在桂西南石灰岩丘陵地区，本类型灌丛分布环境一般相对比较干旱，主要在一些石灰岩丘陵地带。常见灌丛类型有：番石榴灌丛（Form. *Psidium guajava*），该类灌丛分布在较为平缓的厚层土地域，群落高度一般 1 m 左右，盖度在 50% 左右，种类组成简单，以番石榴为主，常伴生灌木有云实（*Caesalpinia decapetala*）、羽叶金合欢（*Acacia pennata*）、朴树（*Celtis sinensis*）、构树、黄荆等（吴征镒等，1980）；假鹰爪（*Desmos chinensis*）灌丛，该类灌丛生长土层比较薄，多生长在岩石缝隙间。群落高度一般 1.5 m 左右，盖度可以达到 60% 以上。灌木层优势种有假鹰爪、红背山麻杆等，其他伴生种有番石榴、云实、老虎刺（*Pterolobium punctatum*）、鱼尾葵（*Caryota maxima*）、圆叶乌桕（*Triadica rotundifolia*）、蛇藤（*Colubrina asiatica*）等；茶条木（*Delavaya toxocarpa*）灌丛，群落物种组成较多，除了建群种以外，伴生种常有任豆（*Zenia insignis*）、斜叶榕（*Ficus tinctoria* subsp. *gibbosa*）、海红豆（*Adenanthera microsperma*）等（吴征镒 等，1980）。

2.2.1.2 落叶阔叶灌丛

落叶阔叶灌丛是以冬季落叶的灌木种类为优势种的群落，该类型灌丛基本都分布在森林遭受破坏后相对缺乏乔木树种或者乔木树种还在幼苗期的区域。群落灌木层高度一般不超过 5 m，盖度一般大于 30%（陈灵芝 等，2014）。落叶阔叶灌丛主要分布在我国温带、暖温带和亚热带的山地、丘陵等地。由于该类型在我国分布范围较广，各地气候、土壤等条件差异性较大，导致落叶阔叶灌丛种类繁多，根据落叶阔叶灌木对环境条件的要求和适应，将落叶阔叶中生灌丛划分以下几个植被亚型。

（1）温带落叶阔叶灌丛

本植被型是以温性落叶灌木为建群种所组成的植被类型，我国北方各省份均有分布，向南至亚热带北部边缘的江苏、安徽等，西至青藏高原，东至黄海之滨。该类型灌丛主要分布在暖温带森林区域，分布面积巨大，灌木类型较为丰富（陈灵芝 等，2015）。组成这类型灌丛的物种极为丰富，主要集中在溲疏属（*Deutzia*）、蔷薇属（*Rosa*）、绣线菊属（*Spiraea*）、柳属（*Salix*）、黄栌属（*Cotinus*）、胡枝子属（*Lespedeza*）、胡颓子属（*Elaeagnus*）、醉鱼草属（*Buddleja*）等中生灌木。该类型灌丛草本层以禾本科和莎草科为优势种的较多。灌丛群落一般为 1～3 m，盖度 30%～70%。该类型灌丛是中生灌丛里类型最为丰富、分布最广的一类。常见灌丛类型有：杭子梢（*Campylotropis macrocarpa*）灌丛，该灌丛多呈单优势种群落，其盖度一般 10%～40% 之间（雷明德 等，2011），群落内伴生灌木成分虽较多，但其个体数量较少，常见伴生种有栓翅卫矛（*Euonymus phellomanus*）、陕西绣线菊（*Spiraea wilsonii*）、秦岭米面蓊（*Buckleya graebneriana*）、多花木蓝（*Indigofera amblyantha*）、绣线梅（*Neillia thyrsiflora*）、短梗胡枝子（*Lespedeza cyrtobotrya*）等。群落中的其他灌木种类有胡颓子（*Elaeagnus pungens*）、盐肤木等，还可以见到黄花柳（*Salix ca-*

prea)、喜阴悬钩子(*Rubus mesogaeus*)、野蔷薇(*Rosa multiflora*)、微毛樱桃(*Cerasus clarofolia*)、白檀、华北绣线菊(*Spiraea fritschiana*)等；胡颓子灌丛，分布在海拔 1800 m 以下，面积不大，多呈小块状(雷明德 等，2011)。一般分布在缓坡、山间平地和低矮平坦山梁。灌丛所在土壤条件相对较好，土层厚度一般都超过 30 cm。胡颓子在本灌丛中占据优势，盖度 30%~80%(雷明德 等，2011)，其他灌木伴生种有黄栌、杭子梢、胡枝子、棣棠花(*Kerria japonica*)、盐肤木等。

（2）暖性落叶阔叶灌丛

本类型植被型主要分布在亚热带区域，基本都是次生灌丛。在我国主要分布区域是秦岭—淮河以南，至云贵高原、四川、广西等地。主要分布在中低山区和丘陵地区。常见灌丛类型为原生栎类林遭受破坏后形成的萌生灌丛，主要包括有白栎(*Quercus fabri*)、栓皮栎(*Quercus variabilis*)、枹栎(*Quercus serrata*)、麻栎(*Quercus acutissima*)等(中国植被编辑委员会，1980；陈灵芝 等，2014)。

（3）石灰岩山地落叶阔叶灌丛

石灰岩山地属于中生偏干环境，当原生森林遭受破坏后，由于石灰岩山地水土流失严重，土地变得更加贫瘠和干旱，因此该类型灌丛一般相对耐干旱、喜钙。常见灌丛有：荆条灌丛，主要生长于山坡路旁，该类型灌丛受放牧和樵采的影响，生长低矮不良，灌木主要伴生成分为黄蔷薇(*Rosa hugonis*)、小叶悬钩子(*Rubus taiwanicola*)和杜梨(*Pyrus betulifolia*)等；马桑灌丛，群落盖度 35%~75%，高度可以达到 2~4 m，群落优势种主要是马桑，有部分地段还有火棘、构树、弓茎悬钩子(*Rubus flosculosus*)等优势种，其他伴生种还有野蔷薇、盐肤木、多花木蓝、胡枝子。

2.2.2　典型群系

如上所述，中生灌木林群落类型非常多样，此处仅对几种较为典型、分布范围较广中生灌丛做简单介绍。

2.2.2.1　绣线菊群系组(Form. Group *Spiraea*)

绣线菊类灌丛主要分布在河北、辽宁、陕西、山西和河南等地区。大部分都是落叶阔叶林遭受破坏后形成次生灌丛。常见灌丛类型有：中华绣线菊灌丛、陕西绣线菊灌丛、欧亚绣线菊(*Spiraea media*)灌丛(雷明德 等，2011)等。绣线菊灌丛群落高度基本在 1~2 m，盖度 30%~50%，其伴生灌木在海拔较高处有野海棠(*Bredia hirsuta* var. *scandens*)、卫矛(*Euonymus alatus*)、蓪梗花(*Abelia uniflora*)、毛樱桃(*Cerasus tomentosa*)、山梅花(*Philadelphus incanus*)等，在海拔较低处则有黄栌、盐肤木、连翘(*Forsythia suspensa*)、胡枝子、美丽胡枝子(*Lespedeza thunbergii* subsp. *formosa*)、杭子梢，有时也可见到卫矛、灰栒子、野海棠、山荆子等。草本层也生长茂盛，种类繁多，以柯孟披碱草(*Elymus kamoji*)和羊胡子草(*Eriophorum scheuchzeri*)为主，其次有地榆、牛蒡(*Arctium lappa*)、薄雪火绒草(*Leontopodium japonicum*)等数十种(雷明德 等，2011)。

2.2.2.2　火棘群系(Form. *Pyracantha fortuneana*)

火棘主要分布于我国黄河以南及广大西南地区。火棘灌丛在秦岭南坡也较为多见，分布在海拔 750~1200 m。灌木层高度 2 m 左右，盖度 70%~85%，火棘、马桑、盐肤木常为群落主要优势种，主要群落类型有：火棘+盐肤木灌丛和火棘+马桑灌丛。伴生种有双盾木(*Dipelta floribunda*)、山莓、胡枝子、臭牡丹(*Clerodendrum bungei*)、构树等；草本层盖度 20%~45%，结构成分较为复杂，优势种不明显，主要有瓦韦（*Lepisorus thunbergianus*）、长梗山麦冬（*Liriope longipedicellata*）、牛尾蒿（*Artemisia dubia*）、白茅、野棉花（*Anemone vitifolia*）等（王宇超，2012）。

2.2.2.3 悬钩子群系组（Form. Group *Rubus*）

悬钩子类灌丛广泛分布在我国各地，主要在森林破坏后荒坡和路边生长。常见群落有：高梁泡（*Rubus lambertianus*）灌丛、陕西悬钩子（*Rubus piluliferus*）灌丛、弓茎悬钩子灌丛等。分布海拔在 800~1500 m，群落盖度一般在 50%~90%，灌木层常形成单一优势种，伴生种较少，也有和火棘、马桑一起形成优势种的灌丛。草本层盖度 10%~40%，主要分布有冷水花（*Pilea notata*）、如意草（*Viola arcuata*）、活血丹（*Glechoma longituba*）、茴芹（*Pimpinella anisum*）、牛尾蒿、牡蒿（*Artemisia japonica*）、大披针薹草、截叶铁扫帚（*Lespedeza cuneata*）、夏枯草（*Prunella vulgaris*）、隐子草（*Cleistogenes serotina*）等。

2.2.2.4 胡枝子群系组（Form. Group *Lespedeza*）

以胡枝子属植物为优势的灌丛广布于全国。该类型灌丛往往是森林遭受破坏后形成的，随着演替发展，胡枝子属植物会逐步发展成为林下灌木。常见灌丛类型有：美丽胡枝子灌丛、短梗胡枝子灌丛、截叶铁扫帚灌丛、胡枝子灌丛等。这些类型在秦巴山区广泛分布，主要分布在海拔 1000~1800 m，群落总盖度 50%~75%，常见伴生灌木有胡颓子、榛（*Corylus heterophylla*）、中华绣线菊、华北绣线菊、多花胡枝子（*Lespedeza floribunda*）、茅莓（*Rubus parvifolius*）、光叶高丛珍珠梅（*Sorbaria arborea* var. *glabrata*）、野蔷薇、刚毛忍冬（*Lonicera hispida*）、连翘、秦岭米面翁及陕西山楂（*Crataegus shensiensis*）等。草本层盖度 30%~50%，大披针薹草常常占据优势，还有大油芒（*Spodiopogon sibiricus*）、墓头回（*Patrinia heterophylla*）等（雷明德 等，2011；柴永福 等，2019）。

2.2.2.5 黄栌群系（Form. *Cotinus coggygria*）

黄栌灌丛主要分布在河南、河北、山东、山西、陕西等地的中、低山地。灌丛所在地的生境条件较差，土壤比较瘠薄干旱，地表常有裸露地面，是一种次生植被。分布在海拔 1000~1500 m，常出现大面积分布。常形成类型有：黄栌灌丛、黄栌+白刺花、黄栌+锐齿槲栎（*Quercus aliena* var. *acutiserrata*）（萌生灌木）灌丛等。群落外貌秋季呈现红色，与其他群落明显区别。群落总盖度 50%~60%，灌木层伴生种较多，主要有陕西荚蒾（*Viburnum schensianum*）、照山白（*Rhododendron micranthum*）、胡枝子、杭子梢、榛等（雷明德 等，2011）。草本层较为稀疏，盖度一般 20%，偶有达 50%，生活力较为一般，层高约 0.3 m。优势种多为大披针薹草，偶有与野青茅（*Deyeuxia pyramidalis*）组成共优种者，其他伴生种有地榆、草木犀、三脉紫菀（*Aster trinervius* subsp. *ageratoides*）等。

中生灌丛由于分布地域广，类型丰富多样，篇幅所限不一一陈述，现将主要中生灌丛类型进行列表如表 2-1。

表 2-1　我国中生灌丛主要类型

编号	灌丛名称
1	胡枝子灌丛（Form. *Lespedeza bicolor*）
2	美丽胡枝子灌丛（Form. *Lespedeza thunbergii* subsp. *formosa*）
3	短梗胡枝子灌丛（Form. *Lespedeza cyrtobotrya*）
4	绿叶胡枝子灌丛（Form. *Lespedeza buergeri*）

（续）

编号	灌丛名称
5	截叶铁扫帚灌丛（Form. *Lespedeza cuneata*）
6	杭子梢灌丛（Form. *Campylotropis macrocarpa*）
7	陕西悬钩子灌丛（Form. *Rubus piluliferus*）
8	高粱泡灌丛（Form. *Rubus lambertianus*）
9	弓茎悬钩子灌丛（Form. *Rubus flosculosus*）
10	秀丽莓悬钩子灌丛（Form. *Rubus amabilis*）
11	中华绣线菊灌丛（Form. *Spiraea chinensis*）
12	柔毛绣线菊灌丛（Form. *Spiraea pubescens*）
13	陕西绣线菊灌丛（Form. *Spiraea wilsonii*）
14	欧亚绣线菊灌丛（Form. *Spiraea media*）
15	溲疏灌丛（Form. *Deutzia scabra*）
16	灰栒子灌丛（Form. *Cotoneaster acutifolius*）
17	水栒子灌丛（Form. *Cotoneaster multiflorus*）
18	秦岭小檗灌丛（Form. *Berberis circumserrata*）
19	小果蔷薇灌丛（Form. *Rosa cymosa*）
20	黄荆灌丛（Form. *Vitex negundo*）
21	马桑灌丛（Form. *Coriaria nepalensis*）
22	胡颓子灌丛（Form. *Elaeagnus pungens*）
23	刺叶栎灌丛（Form. *Quercus spinosa*）
24	黄栌灌丛（Form. *Cotinus coggygria*）
25	秦岭柳灌丛（Form. *Salix alfredii*）
26	大叶醉鱼草灌丛（Form. *Buddleja davidii*）
27	黄花柳灌丛（Form. *Salix caprea*）
28	筐柳灌丛（Form. *Salix linearistipularis*）
29	榛灌丛（Form. *Corylus heterophylla*）
30	连翘灌丛（Form. *Forsythia suspensa*）
31	荆条灌丛（Form. *Vitex negundo* var. *heterophylla*）
32	南烛灌丛（Form. *Vaccinium bracteatum*）
33	鼠刺灌丛（Form. *Itea chinensis*）
34	黄牛木灌丛（Form. *Cratoxylum cochinchinense*）
35	桃金娘灌丛（Form. *Rhodomyrtus tomentosa*）
36	清香木灌丛（Form. *Pistacia weinmanniifolia*）
37	破布叶灌丛（Form. *Microcos paniculata*）
38	番石榴灌丛（Form. *Psidium guajava*）
39	山胡椒灌丛（Form. *Lindera glauca*）
40	海南龙血树灌丛（Form. *Dracaena cambodiana*）
41	假鹰爪灌丛（Form. *Desmos chinensis*）
42	火棘灌丛（Form. *Pyracantha fortuneana*）
43	盐肤木灌丛（Form. *Rhus chinensis*）
44	五瓣子楝树灌丛（Form. *Decaspermum parviflorum*）

（执笔人：陕西省西安植物园　王宇超、岳明）

2.3 湿生灌木林

2.3.1 概　述

湿生灌木林主要分布在常年有积水低洼地上以灌木或乔木为主的沼泽环境中，即沼泽灌木林。

我国幅员辽阔，自然条件复杂，沼泽植被分布十分广泛，总面积约 10 万 km²。以温带地区及青藏高原分布面积最大，东北三江平原、若尔盖高原，即红军长征经过的"草地"是我国著名的沼泽分布区，其面积分别为 1700 万亩和 400 万亩。亚热带地区只有零星分布。除分布在长江中下游及各大湖区外，在山间盆地或冰蚀谷地等负地貌上，发育着小片沼泽，如在江西省南昌西山、井冈山，湖南省雪峰山，四川省大、小凉山，贵州省雷公山等处均有沼泽分布。热带地区较少，主要分布在沿海一带。

沼泽灌木林分布范围较广，在东北大兴安岭、小兴安岭、长白山有广泛分布，在西部的横断山中部及青藏高原以及海南岛东南部以及大陆南部沿海一带均有沼泽灌木林的存在。

在东北地区分布的沼泽灌木林从低海拔至海拔 1200 m 山地均有大面积分布，主要见于平坦谷地和河漫滩。分布地的地下水位高，土壤黏重，土层下有多年冻土层，从而造成地表过湿或滞水。此外，在森林和采伐迹地，由于沼泽化的过程加剧而退化，沼泽植物逐渐侵入，形成灌木沼泽。

本地区的沼泽灌木林以多种桦木，如柴桦（*Betula fruticosa*）、油桦（*Betula ovalifolia*）、扇叶桦（*Betula middendorfii*）分别为建群种，尤以柴桦沼泽灌木林分布最广。见于山地寒温针叶林带中海拔 700~1100 m 低湿地。油桦灌木林通常分布在山地寒温针叶林带的下部海拔 600 m 以下低湿地。扇叶桦沼泽分布在海拔 900~1200 m 的沼泽地上，是大兴安岭特有的沼泽灌木林。此外，还有沼柳（*Salix rosmarinifolia* var. *brachypoda*）、细叶沼柳（*Salix rosmarinifolia*）、绣线菊分别占优势的沼泽灌木林。东北地区的沼泽灌木林通常分布在海拔 1000 m 以下的河漫滩、阶地和河谷中，土壤为泥炭土或泥炭沼泽土，低洼地土层薄。多年冻土层距地面很近，致使地表过湿。灌木伴生种有杜香（*Ledum palustre*）、越橘（*Vaccinium vitis-idaea*）和杜鹃等。草本层优势种以膨囊薹草（*Carex lehmannii*）为主，并有大叶章（*Deyeuxia purpurea*）、多种薹草（*Carex* spp.）、羊胡子草（*Eriophorum* spp.）以及老鹳草（*Geranium* spp.）、地榆（*Sanguisorba* spp.）、沙参（*Adenophora* spp.）等多种杂草类。藓类和地衣构成的地被层或藓丘散生在沼泽中。

在滇西北横断山中部的冰蚀湖盆、雪蚀洼地及宽谷也有灌木沼泽的分布。主要有大箭竹（*Yushania brevipaniculata*）-泥炭藓（*Sphagnum palustre*）沼泽，狭叶杜鹃（*Rhododendron lapetiforme*）-泥炭藓沼泽和多枝杜鹃（*Rhododendron polycladum*）-泥炭藓沼泽。这几类沼泽灌木林均分布在气候寒冷、具多年冻土、海拔 3000~4000 m 的高山。灌木都生长在由多种薹草形成的微隆草丘上。伴生草本植物有多种嵩草（*Kobresia myosuroides*）、马先蒿（*Pedicularis* spp.）、虎耳草（*Saxifraga stolonifera*）、珠芽蓼（*Polygonum viviparum*）、毛茛（*Ranunculus japonicus*）、荸荠（*Eleocharis dulcis*）、驴蹄草（*Caltha palustris*）等。藓类植物主要生长在灌木下的草丘上。

在青藏高原海拔 4500 m 左右高山上分布有川西锦鸡儿、藏北嵩草（*Kobresia littledalei*）沼泽灌木林。灌木生长低矮，高 20~30 cm，盖度较大。

在海南岛的东南部以及大陆南部沿海一带。分布有岗松沼泽灌木林。

2.3.2　主要类型和分布

2.3.2.1　杜香群系（Form. *Ledum palustre*）

这是一种温带林间灌丛类型。主要分布在大、小兴安岭林区的宽阔河谷、平缓山坡的低洼地段。地表常年积水或过湿，地下具岛状永冻层基质为酸性岩，主要为花岗岩和石英斑岩，地表水与地下水均呈酸性。pH 值 5~5.5，土壤为泥炭沼泽土，泥炭层厚 1 m 左右。沼泽地面多具草丘。本类灌丛所处的沼泽类型约占大、小兴安岭面积 10% 以上。

本类灌木林中有兴安落叶松（*Larix gmelinii*）渗入，构成兴安落叶松–杜香–泥炭藓林，其中兴安落叶松孤立状生长，不成林，树高 10 m 左右，病腐严重，枯梢。土壤为暗棕壤。群落中有时混生东北桤木（*Alnus mandshurica*）、辽东桤木（*Alnus sibirica*），在沼泽边缘，偶尔混进白桦（*Betula platyphylla*）、春榆（*Ulmus davidiana* var. *japonica*）、色木枫（*Acer pictum*）、山杨（*Populus davidiana*）、水榆花楸（*Sorbus alnifolia*）等。这些树种呈现出在该生境不适应状况。灌木层高 0.5~2 m，盖度 20%~40%，随着林下阴湿程度增加，灌木层以毛榛（*Corylus mandshurica*）、兴安杜鹃（*Rhododendron dauricum*）、紫花忍冬（*Lonicera maximowiczii*）、花楷槭（*Acer ukurunduense*）和笃斯越橘为优势种，其他还有山刺玫（*Rosa davurica*）、暴马丁香（*Syringa reticulata* subsp. *amurensis*）、东北山梅花（*Philadelphus schrenkii*）、长白蔷薇（*Rosa koreana*）等，它们在不同生境下有少量分布。草本层在不同生境下发育程度不同，其优势种也因林下阴湿程度不同而有所变化，在湿度递增的条件下，大披针薹草、红花鹿蹄草（*Pyrola asarifolia* subsp. *incarnata*）占优势，其他伴生性草本与原生性森林相似。

2.3.2.2　笃斯越橘+杜香群系（Form. *Vaccinium uliginosum* + *Ledum palustre*）

主要分布在小兴安岭北部，多见于海拔 350~500 m 河漫滩、阶地或谷地，地表有季节性积水，局部地段有常年积水，地下有多年冻土层，土壤类型为泥炭土或泥炭沼泽土。本类灌木木分灌木、草本、苔藓三层。盖度主要以笃斯越橘、杜香为优势种。混生有柴桦、绣线菊、沼柳和细叶沼柳，偶见有生长不良的辽东桤木。草本层分两个亚层，第一亚层是由在草甸中常见种，如齿叶风毛菊（*Saussurea neoserrata*）、单穗升麻（*Cimicifuga simplex*）、短瓣金莲花（*Trollius ledebourii*）、多种老鹳草（*Geranium* spp.）、沙参（*Adenophora* spp.）、马先蒿（*Pedicularis* spp.）等杂类草组成；第二层优势种为瘤囊薹草（*Carex schmidtii*）和灰脉薹草（*Carex appendiculata*），混生有少量的沼生植物，如驴蹄草、沼委陵菜（*Comarum palustre*）、沼地马先蒿（*Pedicularis palustris*）、三花龙胆（*Gentiana triflora*）等。苔藓层盖度低，主要由多种泥炭藓和金发藓（*Polytrichum commune*）组成。

2.3.2.3　柴桦+高山杜鹃群系（Form. *Betula frutico* + *Rhododendron lapponicum*）

本类型为兴安岭山地典型沼泽灌木林。见于山地寒温针叶林带中部海拔 700~1100 m 低湿地。特别在大兴安岭北部的山缓坡、宽谷、阶地及分水岭鞍部广泛发育，与寒温性针叶林呈镶嵌分布，构成独特的灌丛沼泽景观。这类沼泽的分布区大部处于寒温带，具有寒冷、潮湿和地下有冰冻层的生境特点。灌木以柴桦和高山杜鹃占优势，伴生有笃斯越橘、越橘柳（*Salix myrtilloides*）、沼柳、细叶沼柳等。草本层主要由瘤囊薹草为优势的莎草科植物组成的密丛型点状草丘，丘高 20~50 cm，直径 20~40 cm，草丘密度 50%左右。丘间洼地季节性积水，水深 5~20 cm。土壤为泥炭沼泽土或腐殖质沼泽土，前者泥炭层厚 1 m 左右，后者具 0.3~0.4 m 草根层，地下 0.6 m 左右见冰冻层。草丘上混生有常绿的小灌木和草本如宽叶杜香、笃斯越橘、地桂(*Chamaedaphne calyculata*)、小果红莓苔子及红花鹿蹄草等。

2.3.2.4　柴桦+沼柳群系(Form. *Betula frutico* + *Salix rosmarinifolia* var. *brachypoda*)

见于海拔 300~450 m 河漫滩地、平地和沟谷地段，土壤为泥潭沼泽土。本类灌木林分灌木、草本两层。灌木层以柴桦为优势种，其次为沼柳，混生有珍珠梅(*Sorbaria sorbifolia*)、绣线菊、蓝果忍冬(*Lonicera caerulea*)、越橘柳等。草本层可分为两个亚层：第一亚层多为草甸植物，如多种地榆、金莲花(*Trollius chinensis*)、独活(*Heracleum hemsleyanum*)、缬草(*Valeriana officinalis*)等；第二亚层以瘤囊薹草为优势种，其次有灰脉薹草、白毛羊胡子草(*Eriophorum vaginatum*)等。在几种薹草边缘，有不少湿生和沼生植物，在有些地段见多种泥炭藓和金发藓。

2.3.2.5　油桦+笃斯越橘+杜香群系(Form. *Betula ovalifolia* + *Vaccinim uliginosum* + *Ledum palustre*)

分布在长白山熔岩台地地表过湿的地段上。有黄花落叶松(*Larix olgensis*)为建群种的黄花落叶松沼泽，一般分乔木、灌木、草本和藓类 4 层。乔木层以黄花落叶松为建群种，偶见白桦；灌木层通常由油桦、笃斯越橘、杜香为优势种，并生长有蓝果忍冬、绣线菊、越橘、越橘柳、地桂和金露梅等；草本层植物种类繁多，通常以瘤囊薹草和白毛羊胡子草形成草丘，小白花地榆(*Sanguisorba tenuifolia* var. *alba*)、大叶章、翻白蚊子草(*Filipendula* × *intermedia*)、大花老鹳草(*Geranium himalayense*)生长在草丘边缘。丘间过湿地有喜湿的驴蹄草、锦地罗(*Drosera burmanni*)、芦苇等。其他草本植物有舞鹤草(*Maianthemum bifolium*)、北极花(*Linnaea borealis*)、红莓苔子(*Vaccinium oxycoccus*)以及多种羊胡子草和薹草等。藓类植物发达，可形成高低不一的藓丘，主要由多种泥炭藓组成。

2.3.2.6　油桦+绣线菊群系(Form. *Betula ovalifolia* + *Spiraea salicifolia*)

在长白山一带分布面积较小，主要由柴桦和绣线菊为建群种，伴生有灌木沼柳。密丛型的瘤囊薹草在草本层形成草丘，乌拉草(*Carex meyeriana*)、小白花地榆在草本层较常见。

2.3.2.7　细叶沼柳群系(Form. *Salix rosmarinifolia*)

分布于大兴安岭山地北段东西两麓，多出现在山地林线以下的坡地、河谷阶地上，土壤主要是山地草甸土、淋溶黑钙土。灌木片层发育良好，主要有细叶沼柳、兴安柳(*Salix hsinganica*)、欧亚绣线菊、山刺玫、刺蔷薇(*Rosa acicularis*)、大黄柳(*Salix raddeana*)、黄花柳、双刺茶藨子(*Ribes diacanthum*)等。草本层主要有地榆、唐松草(*Thalictrum aquilegiifolium* var. *sibiricum*)、白头翁、蓍(*Achillea millefolium*)、小黄花菜(*Hemerocallis minor*)、野豌豆(*Vicia sepium*)、裂叶蒿(*Artemisia tanacetifolia*)、伪泥胡菜(*Serratula coronata*)、线叶菊(*Filifolium sibiricum*)、狼针草(*Stipa baicalensis*)、问荆(*Equisetum arvense*)等，草群高度 50~60 cm，盖度多在 90%以上。

2.3.2.8　杜鹃群系组(Form. Group *Rhododendron*)

本类灌丛分布在滇西横断山半湿润常绿阔叶林西部，为云南省内横断山纵谷区大部分，以高山深谷相间并列南下为十分突出的地貌特点。海拔高度在 3000~3800 m，乔木层以长苞冷杉(*Abies georgei*)为主，混生有中甸冷杉(*Abies ferreana*)，下部有苍山冷杉(*Abies delavayi*)出现，伴生 7~10 m 的杜鹃小乔木和箭竹(*Fargesia spathacea*)。海拔高度在 3700~4000 m 为高山杜鹃灌丛，一般在迎风坡和风口多为高约 30~50 cm 的垫状杜鹃灌丛，在背风坡和洼地则发育成 3~5 m 的密生杜鹃灌丛。

2.3.2.9　箭竹群系组（Form. Group *Sinarundinaria*）

在海拔 2800~3100 m，箭竹层发达，约 3200 m 以上冷杉出现。在常绿阔叶林和中山湿性常绿阔叶林分布的海拔范围内常萌生灌丛；海拔 3000 m 以上的山地则多见亚高山箭竹和杜鹃灌丛。

2.3.2.10　岗松群系（Form. *Baeckea fratescens*）

本类沼泽灌丛为东南亚热带沼泽植被类型，在婆罗洲（加里曼丹岛）常形成沼泽林，在我国主要分布在海南岛的东南部以及大陆南部沿海一带。群落外貌灰绿色，结构可分 2 层。上层为灌木占据，以岗松为建群种，高 1.2 m 左右，盖度为 4%~8%，边缘盖度较大。下层为草本植物，高度在 1 m 以下，覆盖度 70%~90%，以多年生根茎植物鳞子莎为建群种。在草层中常混生矮小灌木野牡丹、大叶算盘子（*Glochidion* sp.）等。

（执笔人：西南林业大学　张超）

2.4　高寒灌木林

高寒地区是指海拔高、常年低温、土壤下有多年冻土层的地区。高寒地区的特点，一是气候比较冷凉，植物生长期间有效积温低。在第五积温带 ≥10 ℃ 活动积温仅有 1900~2100 ℃，第六积温带则在 1900 ℃ 以下，不少地方甚至只有 1700~1800 ℃；二是生育期短，霜来得早，一般气候好的地方无霜期仅 110~120 天，较差的地方仅有 80~90 天；三是小气候明显，同一小环境不仅山上山下气候大不一样，而且就同一地块而言，南坡北坡气温亦有很大差异；四是低温早霜危害比较频繁，一般 3~4 年就有 1 次低温早霜。总体来说，高寒地区昼夜温差大，平均温度低，无霜期短，紫外线强度高，污染较少，部分高寒地区较干旱。我国高寒地区较多的地域有西藏、新疆、甘肃、青海、四川、云南部分地区及黑龙江北部地区。

高寒地区生态环境极端脆弱，生物生产能力低下，许多地方乔木树种无法生存生长，而灌木生长茂密，是经过长期生物自然演替过程中形成的最稳定的植物群落。高寒地区的灌木林主要分布于海拔 3000 m 以上、年降水量在 400 mm 左右地区，其分布面积大、盖度高，苔藓和腐殖质层发达深厚，有涵养水源、保持水土的生态功能，灌木林地发挥着巨大的生态效益，维护着高寒地区的生态安全。灌木林一旦遭受破坏，生态安全体系将会崩溃，给下游地区社会经济发展带来不利影响，并且恢复十分困难（马沛龙，2019）。

2.4.1　主要类型和分布

由于高寒地区灌木林种类较多，使得每种类型的灌木林分布存在较大差异，并且每个区域的水热条件不同，导致灌木林的生长状况有所不同。高寒地区灌木林类型主要分为高寒常绿针叶型、高寒常绿革叶型和高寒落叶阔叶型。

（1）高寒常绿针叶型

多分布于大陆性高山与高原内部，其生境特点是：土壤瘠薄，含石砾多，或多岩石露头。灌丛间的草本层常由草原或草甸植物种类组成。建群种中，针叶树种有圆柏属（*Sabina*）及西伯利亚刺柏（*Juniperus sibirica*）、偃松（*Pinus pumila*）等。

（2）高寒常绿革叶型

主要建群种由杜鹃花属（约20种）组成。我国除新疆外，各地均有分布，而以西南高山地区为最多，成为杜鹃花属世界分布的中心。多见于阴坡和半阴坡，其海拔随纬度的递降而渐升，年降水量在400 mm以上。喜酸性土，群落结构简单。地上部分分层较明显，一般只分灌木层（上层）及苔藓或草本层（下层），下层较薄弱；地下部分根系浅，层次不明显。

（3）高寒落叶阔叶型

由耐寒的中生或旱中生落叶阔叶灌木组成，灌丛高度在1.5 m以下，覆盖度约0.5，此种类型的灌木种较为耐寒，植株丛生，固土持水力相对较强，具有顽强的生命力，存活率较高（胥彦，2018）。分布于我国西北高山，如阿尔泰山、天山、秦岭和西藏高原，其生境介于高寒常绿针叶型与高寒常绿革叶型之间，但较前者凉湿，比后者寒冷。建群种有圆叶桦（*Betula rotundifolia*）、柳属（*Salix*）及锦鸡儿属（*Caragana*）的耐寒种。

2.4.2　典型群系

2.4.2.1　偃松群系（Form. *Pinus pumila*）

偃松属寒温性常绿针叶灌木，是我国东北山地森林的上限树种，具有重要的保土作用，其形成的特殊环境又是紫貂、熊、鹿和松鼠等森林动物良好的栖息场所。

（1）分布与生境

偃松集中分布于欧亚大陆东部和日本富士山以北各列岛。其范围东起白令海沿（180°E），西迄贝加尔湖附近（115°E），北自勒拿河入海口（70°31′N），向南伸至40°N的朝鲜北部；此外，日本富士山（35°20′N）以北各列岛亦有分布。在我国，偃松仅分布于大、小兴安岭和长白山及高纬度地段，其分布范围南到吉林省长白山白云峰（42°N），西迄内蒙古大兴安岭阿尔山天池（120°E）。虽跨黑龙江、吉林和内蒙古3省份，但纯林和以偃松为优势的林分面积不大，其中黑龙江和内蒙古的大兴安岭北部山地分布数量最多。根据调查，内蒙古大兴安岭林区偃松林分布面积达20.9万 hm²。偃松生境的特征是土层瘠薄，山地石质性极强，通常地表多为碎石块，仅石块间隙有山梁的粗骨土壤，养分贫乏，水分状况随降水而变化悬殊，积水与干燥相互交替，适应低温、大风（韩思远，2008）。

（2）组成与结构

生境条件使偃松灌丛的组成成分和结构外貌十分简单，通常仅有灌木层和苔藓地衣层，草本植物发育不良，有时伴生少量的乔木树种。在大兴安岭伴生的乔木树种只有兴安落叶松和岳桦（*Betula ermanii*）。在小兴安岭和长白山除岳桦外，尚有臭冷杉（*Abies nephrolepis*）、鱼鳞云杉（*Picea jezoensis* var. *microsperma*）、硕桦（*Betula costata*）和花楸（*Sorbus pohuashanensis*）。灌木种类在大兴安岭有14种之多，包括岩高兰（*Empetrum nigrum*）、北极果（*Arctous alpinus*）等极地灌木，但只见于个别高峰。常见的有兴安杜鹃、西伯利亚刺柏、兴安圆柏（*Juniperus davurica*）、杜香。在小兴安岭和长白山尚有花楷槭和青楷槭（*Acer tegmentosum*）。石质冷湿生境使地衣苔藓极盛，附生在石块上的地衣苔藓有黑石耳（*Dermatocarpon miniatum*）、塔藓（*Hylocomium splendens*）等。

2.4.2.2　地盘松群系（Form. *Pinus yunnanensis* var. *pygmaea*）

地盘松是云南松在特殊环境条件（如贫瘠干旱的土壤、频繁的火烧或过度砍伐等）下形成的，是环境对杂合性种群起直接选择作用而产生的生态小种，在植物分类学已定名为云南松的一个变种（彭鉴，1984）。地盘松作为先锋植物群落能够在不良生境增加植被覆盖度，保持水土，改善环境，对川西南攀西大裂谷中原始群落的建立和反逆向演替驱动力研究具有重要意义（敖建华 等，2010）。

（1）分布与生境

地盘松灌丛分布于四川西南部、云南西北部及中部，与云南松林的分布区基本一致。在四川的木里、盐源、昭觉、喜德、冕宁、西昌、盐边、攀枝花（管中天，1982），云南的永胜、永仁、宾川、大姚、武定、禄劝、保山、楚雄、安宁、昆明、陆良、石屏等地（云南森林编委会，1986）均有成片分布。垂直分布主要在云南中部海拔 1800~2400 m、四川西南部海拔 2200~3200 m。多见于多风和日照较强、土壤干燥贫瘠的阳坡、半阳坡。分布区受西南季风气候的影响，表现为干、湿季节分明，冬暖夏凉，年温差较小，日温差大，日照充足而多风等气候特点。分布区气候受地形变化和海拔高度的影响较为显著，在山体上部、山顶、山脊等处，因温差大、多风、冬季寒冷干燥，其他树木难以生长，地盘松则以独特的生态型适应此类生境。地盘松灌丛下的土壤主要为山地黄壤。此类土壤有机质含量低，土层浅薄，地表岩石多露头，地盘松常扎根于岩缝。

（2）组成与结构

地盘松灌丛所形成的景观较为独特，常形成大面积的绿色毯状覆盖，远望如绿波荡漾。若遇人为活动干扰，则丛冠疏密不均，间有草地出现，使外貌斑驳镶嵌。地盘松基部分枝多，主干不明显，丛高 1~2 m，每丛株数 2~5 株，多达 20 余株，冠幅 0.8~1.5 m，最高可达 2.5 m，枝条在地表匍匐而生，形成盘状故而得其名。该灌丛中，植物种类的区系成分不尽相同，数量上亦相差显著。将昆明西山与西昌燕麦的地盘松灌丛中存在度Ⅱ级以上的植物分为灌木层和草本层统计比较：①昆明西山地盘松灌丛中蕨类以上的高等植物共 104 种，但存在度Ⅰ级以上的植物仅 29 种，占 27.9%，Ⅳ级以上灌丛的区系成分保存着亚热带常绿阔叶林组成复杂的特点，该地区阔叶林的植物种类在灌丛中较多，如厚皮香（*Ternstroemia gymnanthera*）、光叶柯（*Lithocarpus mairei*）、白柯（*Lithocarpus dealbatus*）、鄂西箬竹（*Indocalamus wilsonii*）、细齿叶柃（*Eurya nitida*）、冬青（*Ilex* sp.）、滇野山茶（*Camellia pitardi* var. *yunnanensis*）、苞叶姜（*Pyrgophyllum yunnanense*）、求米草（*Oplismenus undulatifolius*）等。②西昌燕麦地盘松灌丛的种类数量不足昆明的 50%，多是该地区灌丛草坡的常见植物。灌丛中蕨类以上的高等植物仅 47 种，但存在度Ⅰ级以上的就达 24 种占 51.1%，植物种类分布较均匀，植物群落具有较大的稳定性。灌木层中，存在度等级高，盖度系数大的种类有地盘松、金丝梅（*Hypericum patulum*）、乌鸦果（*Vaccinium fragile*）等，草本层以禾本科植物为优势，翻白草（*Potentilla discolor*）、香青（*Anaphalis sinica*）、华火绒草（*Leontopodium sinense*）、毛蕨菜（*Callipteris esculentum*）和棘豆等较常见，组成植物多为耐旱耐寒，适生于贫瘠土壤的种类。

2.4.2.3 越橘群系组(Form. Group *Vaccinium vitis-idaea*)

(1)分布与生境

越橘为我国东北大兴安岭林区落叶松林冠下地被物的特征灌木之一。越橘生长环境常见于落叶松、白桦林下，高山草原或水湿台地，海拔900~3200 m，常成片生长。生于高山沼地、针叶林、亚高山牧场和北极地区的冻原，通常生于稍干燥的生境，但也生于相当潮湿的泥炭土。在长白山海拔1200 m以上的落叶松林、云冷杉林及海拔2000 m以上的高山冻原带灌丛、新疆阿尔泰山海拔1900~2350 m的暗针叶林带及内蒙古均有分布(中国植被编辑委员会，1980)。越橘灌丛的天然分布区在我国以寒温带针叶林带的大兴安岭山地为主，其生境气候严寒而干燥，冬季长达7~8个月，无霜期仅80~100天，年均气温-2~4 ℃，年降水量350~500 mm。土壤主要为山地棕色针叶林土，谷地为沼泽土，土层薄，石质多，有机物分解缓慢。

(2)组成与结构

越橘是兴安落叶松林冠下常见的优势地被物和特征种，在高山灌丛群落中是一个建群种。林分的上层林木组成以兴安落叶松占优势，并有少量白桦或樟子松混生。灌木种类较少，分布稀疏，主要有兴安杜鹃、柴桦、东北桤木等。地被物除越橘、笃斯越橘、黑果越橘(*V. myrtillus*)为主之外，还有杜香、红花鹿蹄草等，种类较多，盖度达70%~90%，苔藓植物点状分布，有曲尾藓(*Dicranum scoparium*)、赤茎藓(*Pleurozium schreberi*)等，盖度10%~20%。在长白山海拔2000 m以上的高山冻原带，越橘亦为主要成分，常与牛皮杜鹃(*Rhododendron aureum*)、叶状苞杜鹃(*Rhododendron redowskianum*)、仙女木(*Dryas octopetala*)、松毛翠(*Phyllodoce caerulea*)、笃斯越橘等一起，盘根错节，高10~12 cm，夹杂有块状分布的苔藓和地衣植物，呈现高山冻原灌丛的特点。

2.4.2.4 金露梅群系组(Form. Group *Potentilla fruticosa*)

(1)分布与生境

金露梅灌丛广布于我国北方和西南各地，包括黑龙江、吉林、辽宁、内蒙古、山西、河北、陕西、甘肃、新疆、四川、云南和西藏，是高寒灌丛的重要组成部分。地貌以山地为主，海拔高度1000~5000 m。气候属高寒气候、温凉潮润或寒湿，年均气温-4.8~5 ℃。最暖月均气温可达6.4 ℃，年降水量272~800 mm，生态适应幅度广。金露梅多生于半阴坡及山麓和河谷的平缓地段，半阳坡和阳坡亦有分布，但密度和高度均较阴坡和滩地低(王占林，2014)。土壤多系高山灌丛草甸土，厚50~100 cm。

(2)组成与结构

金露梅的变种很多，植物种类丰富，在不同地区和不同立地条件下，组成了许多不同的灌丛类型。金露梅一般株高40~100 cm，随海拔高度的升高而变矮，青藏高原上株高通常为20~50 cm，有些地方(羌塘)则成垫状，株高约10 cm。灌木层盖度通常为40%~80%，高海拔地区降至20%以下，甚至呈散生的斑点状。在灌木层中，金露梅一般处于绝对优势，有时为纯林。伴生灌木多为高寒灌丛成分，如高山柳类(山生柳 *Salix oritrepha*、硬叶柳 *Salix sclerophylla* 等)、鬼箭锦鸡儿(*Caragana jubata*)、二色锦鸡儿(*Caragana bicolor*)、窄叶鲜卑花(*Sibiraea angustata*)、高山绣线菊(*Spiraea alpina*)、千里香杜鹃(*Rhododendron thymifolium*)、头花杜鹃(*Rhododendron capitatum*)、粉紫杜鹃(*Rhododendron impeditum*)、岩生忍冬等。草本层以高山草甸成分为主，盖度50%~70%，最高可达90%，常见种有高山嵩草(*Kobresia pygmaea*)、矮生嵩草(*Ko-*

bresia humilis）、喜马拉雅嵩草（*Kobresia royleana*）、四川嵩草（*Kobresia setchwanensis*）、线叶嵩草（*Kobresia capillifolia*）、暗褐薹草（*Carex atrofusca*）、青藏薹草（*Carex moorcroftii*）、喜马拉雅早熟禾（*Poa himalayana*）、喜巴早熟禾（*Poa hylobates*）、滨发草（*Deschampsia littoralis*）、发草（*Deschampsia cespitosa*）、穗三毛（*Trisetum spicatum*）、双叉细柄茅（*Ptilagrostis dichotoma*）、太白细柄茅（*Ptilagrostis concinna*）和草玉梅（*Anemone rivularis*）等。

2.4.2.5　圆叶桦群系（Form. *Betula rotundifolia*）

（1）分布与生境

圆叶桦是南西伯利亚山地特有的高山灌木，在我国仅分布于阿尔泰山西北部。圆叶桦是高寒地带的中生植物种。在喀纳斯山地，圆叶桦灌丛在海拔 2300 m 的森林上限的亚高山草甸分布较多，生长旺盛，成为亚高山带的一种典型植被。在森林上限水分条件较好的新疆落叶松、新疆五针松疏林下和亚高山草甸中密集分布。继续向上延伸至海拔 2700 m，与高山草甸相结合，并达山地藓类地衣冻原的边缘。圆叶桦灌丛下的土壤是弱度灰化的高山草甸土。较之邻近的小片疏林，石质化程度小，但较之处于同一高度带坡地上的亚高山草甸地段，腐殖质层发育较弱。

（2）组成与结构

圆叶桦灌丛在亚高山带常表现为单一种，混有个别的柳类，在石质化地带有时混有西伯利亚刺柏和新疆方枝柏（*Juniperus pseudosabina*），高可达 1.5 m，在土壤条件较好处形成盖度达 90% 的密集丛林。丛下草本植物稀少，丛间有高原早熟禾（*Poa pratensis* subsp. *alpigena*）、高山梯牧草（*Phleum alpinum*）、著、珠芽蓼、光蓼（*Polygonum glabrum*）、伞花繁缕（*Stellaria umbellata*）等。在高山草甸带，植丛变稀，低矮，仅 0.2～0.5 m，丛内混生低矮的灰蓝柳（*Salix glauca*）、蔓柳（*Salix turczaninowii*）、北极柳（*Salix arctica*）。丛间草本植物有高原早熟禾、高山梯牧草、细果薹草（*Carex stenocarpa*）、黑花薹草（*Carex melanantha*）、斜升秦艽（*Gentiana decumbens*）、高山地榆（*Sanguisorba alpina*）、东北点地梅（*Androsace filiformis*）、风毛菊（*Saussurea latifolia*）等。在高山冻原带，圆叶桦则分布于地表，更加稀疏、矮化，高仅 0.1～0.2 m。由于具较强的营养繁殖能力，植丛逐渐扩展，呈斑状分布。草本植物有大花耧斗菜（*Aquilegia glandulosa*）、细果薹草、阿尔泰堇菜（*Viola altaica*）、互叶獐牙菜（*Swertia obtusa*）、亚中兔耳草（*Lagotis integrifolia*）等。地衣、藓类层发达，盖度可达 30%。

2.4.2.6　山生柳群系组（Form. Group *Salix oritrepha*）

（1）分布与生境

山生柳系中国特有种，以本种为优势种或建群种组成的灌木林，是高寒灌丛的主要类型之一，分布于青藏高原东北部边缘的山地上部，包括青海的东部和南部、甘肃中部、四川西部及西藏东部的广大地区，介于 90°30′～103°30′E、29°50′～38°40′N。地貌以山地为主，高原面上的山原地带也有，海拔由北向南逐渐升高，在祁连山地为 2960～3900 m，西倾山地为 3200～4400 m，阿尼玛卿山、巴颜喀拉山和横断山脉北端为 3600～4500 m，西藏东部为 3900～4400 m。山生柳在乔木林线以上形成断续状的灌丛带，在分布区南部常与大果圆柏（*Juniperus tibetica*）疏林处于同一带上，本类型多处于阴坡和半阴坡，上部接连高寒草甸、高山流石坡或直达雪线附近。适生气候属高原高寒类型，寒冷湿润，降水集中，辐射强而风大，生长期短，年均气温 -3.3～3.0 ℃；年降水量 400～790 mm，无霜期不足 60 天。土壤类型为高山灌丛草甸土，厚度

30~80 cm，土壤或沙壤，常有季节冻层或永冻层。

（2）组成与结构

组成山生柳灌丛的植物有 50 余种，既有亚洲山地广布成分，亦有我国西南高山成分。灌丛一般为两层，即灌木层和草本层，在阴湿条件下才出现苔藓层。灌木层以山生柳占优势，多呈单优结构，高度 0.7~1.2m，最高达 2 m，盖度 60%~80%，最低不小于 40%。山生柳呈密集丛状，伴生头花杜鹃、千里香杜鹃、烈香杜鹃（*Rhododendron anthopogonoides*）、陇蜀杜鹃（*Rhododendron przewalskii*）、鬼箭锦鸡儿、高山绣线菊、金露梅、刚毛忍冬、华西忍冬（*Lonicera webbiana*）、青山生柳（*Salix oritrepha* var. *amnematchinensis*）、窄叶鲜卑花等。草本层种类多属高山草甸成分，种类较少，总盖度 30%~70%，主要有线叶嵩草、矮生嵩草、暗褐薹草、珠芽蓼、圆穗蓼（*Polygonum macrophyllum*）、钝苞雪莲（*Saussurea nigrescens*）、丽江风毛菊（*Saussurea przewalskii*）、中国欧式马先蒿（*Pedicularis oederi* var. *sinensis*）、绵穗马先蒿（*Pedicularis pilostachya*）、甘肃马先蒿（*Pedicularis kansuensis*）、山地虎耳草（*Saxifraga sinomontana*）、黑化虎耳草（*Saxifraga atrata*）、山羊臭虎耳草（*Saxifraga hirculus*）、五脉绿绒蒿（*Meconopsis quintuplinervia*）、全缘叶绿绒蒿（*Meconopsis integrifolia*）、紫花碎米荠（*Cardamine tangutorum*）、甘青报春（*Primula tangutica*）、小大黄（*Rheum pumilum*）、矮垂头菊（*Cremanthodium humile*）、盘花垂头菊（*Cremanthodium discoideum*）、叠裂银莲花（*Anemone imbricata*）、叠裂黄堇（*Corydalis dasyptera*）、藏异燕麦（*Helictotrichon tibeticum*）、双叉细柄茅等。苔藓层多呈不连续的小片状分布，盖度 10%~40%，厚 3~5 cm，常见种有墙藓（*Tortulla subulata*）、泽藓（*Philonotis fontana*）、对叶藓（*Distichium capillaceum*）、红蒴真藓（*Bryum atrovirens*）等。

2.4.2.7 奇花柳群系组（Form. Group *Salix atopantha*）

（1）分布与生境

奇花柳分布于四川西北部及甘肃南部、西藏东部、青海东南部的高山高原地区，垂直分布为海拔 3700~4100 m。常位于山体上部的阴坡、半阴坡，山顶及山脊，立地环境高寒、阴湿，多强风。林地土壤为山地草甸森林土，土层厚约 50 cm，质地中壤，湿润，地表有 1 cm 厚的枯枝落叶层，腐殖质层厚达 10 cm 以上，土壤呈黄棕色。分布区内气候高寒，年均气温低于 5 ℃，极端最低温达-30 ℃以下，7 月平均气温仅 10 ℃左右，霜雪全年可见，寒冬长达 6 个月以上。雨量偏少，5~10 月降水量占全年 80% 以上，冬季气候干燥。分布于高寒山地，常呈小片位于阴向潮湿地段，因立地条件恶劣，乔木一般不适于生长，故本灌丛常能保持稳定性。

（2）组成与结构

灌丛总盖度 80%~90%，种类组成及结构均较简单，分灌木层和草本层，常见伴生种有窄叶鲜草本层发育较显著，盖度达 80%。组成种类主要为禾本科和莎草科植物，常见有嵩草、羊茅（*Festuca ovina*）、薹草、早熟禾、珠芽蓼、火绒草（*Leontopodium hayachinense*）、异伞棱子芹（*Pleurospermum franchetianum*）、风毛菊（*Saussurea japonica*）、高山龙胆（*Gentiana algida*）、野葱（*Allium chrysanthum*）、川贝母（*Fritillaria cirrhosa*）等。

2.4.2.8 杜鹃群系组（Form. Group *Rhododendron*）

（1）分布与生境

杜鹃灌丛占分布区内灌丛类型的半数以上，且分布面积广大，是高寒地带主要的植被类型。每当春夏花开，满山绚丽夺目，除供观赏外，植株丛生密集，对高山水土保持、水源涵养发挥重要作用，且常分布于林缘或乔木线以上，对防止森林垂直带的下移作用显著。杜鹃灌丛分布区年均气温多低于 5 ℃，极端最低温低于-30 ℃，冬季较长，积雪初终间日数达 200 天左右，年降水量 400~800 mm，冬季降水偏少。气候变化较大，多雾、强风和雷雹，日照辐射较强。属湿润、半湿润寒冷气候型。杜鹃灌丛发育的土壤多为高山灌丛草甸土，母岩多为板岩、片岩、页岩等，呈微酸性反应，土壤有机质含量较高，冬季土壤多冻结。分布或靠近阴暗针叶林带的灌丛，林地土壤有山地灰化土、山地灰棕壤、山地棕壤、山地红棕壤等类型。组成杜鹃灌丛的种类常具有独特的适应特征：叶面角质层发达，叶片厚革质，被毛或具鳞片，反卷，许多种类叶片细小，植株矮化，丛生或呈垫状以及地下根发达等形态，这些形态特征均有利于抗寒、抗旱、抗风。许多高山种类亦能进行根蘖繁殖。高原杜鹃适生于寒冷湿润气候，生于山地寒温性针叶林带以上的阴坡、半阴坡，与分布在阳坡和半阳坡的高寒草甸构成高山灌丛草甸带，下接糙皮桦(*Betula utilis*)或冷杉林带，上接高山草甸带或直接过渡到高山流石坡稀疏植被带，是具有垂直地带性的、比较稳定的原生植被类型(黄清麟 等，2011)。杜鹃灌木林虽有耐寒喜温的共同特点，但仍存在显著差异：钟花杜鹃等中型叶类灌木更喜温喜湿，小型叶类杜鹃则相对喜冷耐干；在小叶类杜鹃中，毛花杜鹃、刚毛杜鹃和髯花杜鹃较偏温偏湿，而微毛樱草杜鹃则相对偏冷偏干；雪层杜鹃具有较宽的温度、水分生态适应特征。

（2）组成与结构

杜鹃花属共 850 余种，广布于亚洲、欧洲及北美洲的温带地区。中国有杜鹃花 542 种，占全世界杜鹃花种类的 54.2%，西南山地为杜鹃花在我国的分布中心，云南、四川、西藏 3 省份有 403 种之多(马长乐 等，2009)，据《中国植物志》记载，云南有 374 种，其中大部分种类分布于横断山区(方瑞征，1999)。能形成大面积杜鹃灌丛的常见有如下类型：①小型叶矮型灌丛类型：鳞鸪杜鹃(*Rhododendron zheguense*)灌丛、毛蕊杜鹃(*Rhododendron websterianum*)灌丛、粉紫杜鹃灌丛、川西淡黄杜鹃(*Rhododendron flavidum*)灌丛、毛喉杜鹃(*Rhododendron cephalanthum*)灌丛、千里香杜鹃灌丛、豆叶杜鹃(*Rhododendron telmateium*)灌丛、隐蕊杜鹃(*Rhododendron intricatum*)灌丛、密枝杜鹃(*Rhododendron fastigiatum*)灌丛、腋花杜鹃(*Rhododendron racemosum*)灌丛等。②中型叶高型灌丛类型：陇蜀杜鹃灌丛、雪山杜鹃(*Rhododendron aganniphum*)灌丛、凝毛杜鹃(*Rhododendron phaeochrysum* var. *agglutinatum*)灌丛、宽钟杜鹃(*Rhododendron beesianum*)灌丛、两色杜鹃(*Rhododendron dichroanthum*)灌丛、大白花杜鹃灌丛、亮叶杜鹃(*Rhododendron vernicosum*)灌丛、川滇杜鹃(*Rhododendron traillianum*)灌丛、头花杜鹃灌丛、牛皮杜鹃灌丛等。

2.4.2.9　鬼箭锦鸡儿群系组(Form. Group *Caragana jubata*)

（1）分布与生境

鬼箭锦鸡儿分布于我国北方山地和青藏高原周围，以鬼箭锦鸡儿为优势的灌丛主要分布于高山和亚高山地带，海拔 1000~4700 m，气候兼有寒温带和高寒气候特征，寒冷阴湿，年均气温-3.3~5.0 ℃，年降水量 300~900 mm，少数还分布于较干旱地区，生态适应幅度大。土壤多为高山和亚高山灌丛草甸土，湿润、疏松。

（2）组成与结构

在分布区的南部多组成单优纯林，北部则多为混交林，通常分为灌木和草本 2 层，苔藓多呈不连续团状分布，不成层次。灌木层一般高 40~70 cm，最高可达 1.2 m，随海拔的升高而矮化，在 4000 m 以上的高寒灌丛上缘，株高仅有 20~30 cm，且呈丛状，无明显主干，盖度通常为 40%~60%。伴生灌木主要有山生柳、杯腺柳（*Salix cupularis*）、硬叶柳、金露梅、高山绣线菊、毛花绣线菊（*Spiraea dasyantha*）、拱枝绣线菊（*Spiraea arcuata*）、鲜卑花（*Sibiraea laevigata*）、窄叶鲜卑花、鸡骨柴（*Elsholtzia fruticosa*）、绢毛蔷薇等。草本层种类较多，盖度 40%~80%，高度 10~50 cm，主要有高山蒿草、矮生蒿草、喜马拉雅蒿草、甘肃蒿草（*Kobresia kansuensis*）、细柄茅（*Ptilagrostis mongholica*）、双叉细柄茅等。

2.4.2.10 高山柏群系组（Form. Group *Juniperus squamata*）

（1）分布与生境

高山柏灌丛主要指由高山柏（*Juniperus squamata*）、香柏（*Juniperus pingii* var. *wilsonii*）等为建群种的高山常绿针叶林。这类灌丛分布范围广，各建群种的区域分布亦不相同。如高山柏主要分布于西藏喜马拉雅山及四川、云南、贵州、陕西、甘肃南部、青海东部、湖北西部、安徽黄山及福建、台湾的高山地带，缅甸也有分布；香柏主要分布于秦岭中段南北坡、甘肃南部、湖北西部、四川、云南和西藏等省份；高山香柏则主要分布于青藏高原的亚高山地带，常见于四川西部的雅砻江、金沙江一带的亚高山山地。由于这些树种均是喜光树种，所以一般均分布在阳坡、半阳坡、平缓的山脊与山隘，各地分布的海拔幅度大。高山柏灌丛所处的立地条件较差，大部分林地岩石裸露，土壤浅薄，石质化。在纬度偏南山地分布的高山圆柏林下，土壤多为黄棕壤，土层较瘠薄。在该类灌木林下，地表枯枝落叶层为高山柏等针叶，厚度在 5~10 cm，分解不良。此外，气候条件也较恶劣，寒冷、大风是分布区的主要气候特征。

（2）组成与结构

高山柏灌丛主要以圆柏属的高山柏和香柏为单优势组成，与其伴生的其他灌木种往往因地、因优势建群种不同而异。灌丛垫状或朝一方倾斜，盖度 30%~60%。以高山圆柏为单优势的灌木林，在云南山地伴生的树种有黄背栎（*Quercus guyavifolia*）、木帚枸子（*Cotoneaster dielsianus*）、平枝枸子（*Cotoneaster horizontalis*）、金花小檗（*Berberis wilsoniae*）、昆明木蓝（*Indigofera pampaniniana*）、长叶溲疏（*Deutzia longifolia*）等。在喜马拉雅山地区，伴生种则为伞花小檗（*Berberis umbellata*）、小叶枸子、西藏忍冬等，而在贵州一带伴生的灌木有云南冬青（*Ilex yunnanensis*）、冷箭竹（*Arundinaria faberi*）、齿缘吊钟（*Enkianthus serrulatus*）、杜鹃（*Rhododendrom* sp.）、华西花楸（*Sorbus wilsoniana*）等。由于高山柏所处的环境条件限制，特别是高山区的寒风、雪（雪凌）、强辐射的影响，以及瘠薄的土壤条件等，使高山圆柏的生长十分缓慢，植株发育亦较奇特，枝干苍老虬劲。许多植株的根系直接暴露，交织穿插、树形弯曲扭折，主干斜卧或呈垫状。在生长较密集的地区，盖度可达 60%~90%，平均高 0.5~0.8 m，在山脊山顶部平均高仅 0.2~0.4 m，个别为 0.6 m 左右。有的地段分布的高山香柏灌丛，由于立地条件较好，平均高可达 1 m 左右，少数可达 2~3 m。

2.4.2.11 鲜卑花群系组（Form. Group *Sibiraea*）

（1）分布与生境

鲜卑花为优势的阔叶灌丛分布于中国西部高山，在森林与草地之间形成大片灌丛，是我国高山灌丛中独特的、具有代表性的类型。鲜卑花见于青海的海晏、西宁，甘肃的岷县、西固及西藏的索县。该植物在我国共 3 种，即窄叶鲜卑花、鲜卑花、毛叶鲜卑花（*Sibiraea tomentosa*），后 2 种分布区域较窄。鲜卑花垂直分布为海拔 3000~4000 m，成片分布主要见于海拔 3500~

4000 m。分布地段多为支沟尾部的宽谷山坡，山坡中上部的阴坡、半阴坡，在宽谷阶地上亦常见大片生长。鲜卑花灌丛的分布地带属寒温带气候类型，表现出气温低、温差大、日照充足、干燥等气候特点。灌丛发育的土壤为高山草甸土，土层较深厚、湿润。鲜卑花耐寒力强，常密集丛生。枝条细长，叶在短枝上簇生，在当年生枝上互生，深绿色，入秋后变成暗红色并逐渐凋落，以适应严冬季节。根系为浅根性水平根型，平阶潮湿地，根系主要分布于 20 cm 以上的土层中；坡地上，土壤比较干燥，根系则主要分布于 30 cm 的土层中。灌丛地径较粗大，多头分枝；直根粗状，分布浅；水平根发达，多数侧根呈水平型生长或放射状逐渐向下斜伸。鲜卑花根系还具有校强的根蘖繁殖能力，部分侧根伸出上面，萌生新的灌丛，使鲜卑花灌丛保持着群丛的稳定性，形成有性与无性繁殖相结合的大面积灌丛。

（2）组成与结构

鲜卑花灌丛为单一成片或与柳、金露梅等高山灌木混合生长。灌丛高通常 1.0~1.5 m，总覆盖度 50% 左右，河谷阶地较为密集，最大可达 90%。灌丛结构简单，分灌木层和草本层。伴生灌木种类较为稀少，常见有山柳、高山绣线菊、小叶金露梅（*Potentilla parvifolia*）、红花岩生忍冬（*Lonicera rupicola* var. *syringantha*）、川西锦鸡儿等，一些伴生种常能在灌丛中形成小片优势。草本植物种类较丰富，且能形成显著层片，层片高约 30 cm，盖度 80%~90%。常见植物有早熟禾、羊茅、薹草、坚杆火绒草（*Leontopodium franchetii*）、铃铃香青（*Anaphalis hancockii*）、条纹龙胆（*Gentiana striata*）、椭圆叶花锚（*Halenia elliptica*）、宜昌东俄芹（*Tongoloa dunnii*）、细叶亚菊（*Ajania tenuifolia*）、风毛菊、珠芽蓼、大瓣紫花山莓草（*Sibbaldia purpurea* var. *macropetala*）、丽江獐芽菜（*Swertia delavayi*）、野葱等。林地及灌丛干基有少量提灯藓及其他藓类植物生长，盖度达 10%~20%。

（执笔人：西南林业大学　张超）

2.5　盐碱地灌木林

2.5.1　盐碱地分布

全世界盐碱地面积达 9.55 亿 hm²，分布在从寒带、温带到热带的各个地区，从美洲、欧洲、亚洲到大洋洲，遍及各个大陆及亚大陆 100 多个国家和地区（孙兆军，2017）。我国是盐碱地大国，在盐碱地面积排前 10 名的国家中位居第三。我国盐碱土的分布比较广，由于统计的口径不一，导致它的说法、面积不一样，但是多数人认为我国盐碱土的面积约 1 亿 hm²，相当于我国 18 亿亩的耕地面积，主要分布在西北、东北、华北及滨海地区在内的 17 个省份。一般分为 5 大区，即西北内陆盐碱区、黄河中游半干旱盐碱区、黄淮海平原半干旱半湿润盐碱区、东北平原半湿润半干旱盐碱区和沿海半湿润盐碱区。

2.5.2　盐碱地植物和盐碱地灌木林

2.5.2.1　盐碱地植物

盐碱地中生长着众多耐盐碱植物，世界上共有 6000 多种。根据现在的统计、科学调查与记录，我国耐盐碱植物种类 600 种左右，赵可夫等（2002）调查统计，共有 502 种（变种），隶属 71 科 218 属。根据耐盐植物类型，分为热带常绿阔叶林、盐生灌丛、盐生荒漠、盐生草甸、盐生沉水盐生植被；按生态环境类型，分为水生、中生、旱生和热带盐生植物；按生理类型，分为泌盐生植物、真盐生植物和假盐生植物。耐盐碱植物主要作用如下：

①可改良盐碱土，这样的植物可作为先锋树种使用。试验结果表明，每公顷盐碱地的碱蓬和碱爪爪每年可以从盐碱土中分别吸收 2294.6 kg 和 2792.7 kg 的盐分（NaCl）。白刺可以降低土壤表层盐分 50% ~ 70%。

②可回收盐碱土壤中的盐分。如碱蓬种植密度为 15 株/m² 和 30 株/m²，则每年每亩地 0 ~ 60 cm 土层中 Na⁺ 含量将分别减少 83 kg 和 128 kg。

③可减少土壤蒸发，阻止耕作层盐分积累，改良土壤肥力。种植一年后，耕作层（60 cm）的含盐量减少，有机质含量增加。与对照相比，盐碱土中氮含量增加了 50% ~ 100%，磷含量增加了 28% ~ 150%，钾含量增加了 14% ~ 24%。

2.5.2.2　盐碱地灌木林

盐碱地灌木林是盐碱地植物中由耐盐灌木组成、盖度大于 30% ~ 40% 的灌丛。主要分布在温带落叶阔叶林、草原和荒漠区域内。东自海滨，向西经华北平原黄河沿岸低地、河西走廊、柴达木盆地、塔里木盆地，直至准噶尔盆地，呈不连续的带状分布。这些地区除海滨外，常常是气候干燥，蒸发量大于降水量，同时地下水位较高（2 ~ 3 m），以致盐分积累，土壤含盐量较高，pH 值 7.5 ~ 9.0。在这种环境里，一般植物不能生长，只有耐盐碱植物可以生长发育，形成盐生植物灌丛（赵可夫 等，2002）。组成灌丛的植物主要有藜科、怪柳科、菊科、蒺藜科、禾本科和豆科等植物。

2.5.3　盐碱地主要灌木林类型

2.5.3.1　盐爪爪群系组（Form. Group *Kalidium*）

盐爪爪灌丛主要分布于欧洲东南部，亚洲中部及西部，如蒙古、西伯利亚、哈萨克斯坦、中亚、高加索。我国产于黑龙江、内蒙古、河北北部、甘肃北部、宁夏、青海、新疆。生于盐碱滩、盐湖边，特别是洪积扇扇缘地带及盐湖边的潮湿盐土、盐化沙地、砾石荒漠的低湿处和胡杨（*Populus euphratica*）林下，常常形成盐土荒漠及盐生草甸。盐爪爪秋季产草量最高，植株为肉质多汁含盐饲草，是骆驼的主要饲草，马、羊也会少量采食（王晓娟 等，2015）。

里海盐爪爪（*Kalidium caspicum*）灌丛主要在新疆分布；尖叶盐爪爪（*Kalidium cuspidatum*）灌丛分布于内蒙古、河北、陕西、宁夏、甘肃、青海、新疆；盐爪爪灌丛是一个分布很广的盐生植物林分，它是欧亚荒漠、荒漠草原和草原带内潮湿及蓬松盐土上的植物。新疆主要分布在准噶尔、吐鲁番盆地及塔里木盆地的北半部。所处生境与盐节木（*Halocnemum strobilaceum*）灌丛相似，但耐盐性稍逊，并且适宜生长在比较干燥的地方，地下水位 1 ~ 3m，强矿化。细枝盐爪爪灌丛在内蒙古、新疆有分布；变种黄毛头（*Kalidium cuspidatum* var. *sinicum*）灌丛在宁夏、甘肃、青海有分布。

柴达木盆地盐爪爪灌丛主要分布在荒漠戈壁中，由多种盐爪爪属植物构成。里海盐爪爪密度 0.0175 株/m²，平均地上植物量 0.126 kg/m²，平均地下植物量 0.163 kg/m²，灌幅直径 159.23 cm，平均株高 58.76 cm。其他主要伴生的有木本猪毛菜（*Salsola arbuscula*）、盐节木、合头草等(绍麟惠，2007)。在乌兰布和沙漠和腾格里沙漠，盐爪爪常与柽柳、白刺、芦苇等植物形成灌丛，稀见纯林。在盐分较重的土壤条件下，被细枝盐爪爪、尖叶盐爪爪所代替，则形成盐爪爪荒漠群落。盐爪爪灌丛季相变化明显，一般成丛生长盖度较大，基部常常积成小沙堆。但积沙超过 20~50 cm 时，往往造成盐爪爪的死亡。

甘肃以盐爪爪为建群种的荒漠草地近 70 万 hm²，占全省荒漠半荒漠草地面积的 15%，广泛分布于甘肃黄土高原北部及河西走廊冲积扇缘和丘间低地，以盐湖盆地覆沙地段最为典型。在干河谷和河谷阶地重盐渍化地段与柽柳、白刺等灌木组成盐生灌木草地(孙斌 等，2016)。

2.5.3.2　盐穗木群系(Form. *Halostachys caspica*)

盐穗木灌丛分布于欧洲南部、亚洲西部。俄罗斯、伊朗、阿富汗、蒙古也有分布。我国的新疆、甘肃有盐穗木天然灌丛。生于盐碱滩、河谷、盐湖边。盐穗木灌丛分布很广，但大多在盐爪爪分布较南的地区，新疆境内主要见于塔里木、焉耆及吐鲁番盆地，准噶尔盆地南部也有少数分布。盐穗木的耐盐性较盐节草、盐爪爪为弱，生长在盐渍化较弱的盐土上，土壤含盐量 20%~25%，地下水深 2~4 m，矿化度 10~20 g/L，或稍高。经常与各种柽柳或盐节木、盐爪爪等组成灌丛，覆盖度 30%~50%。但当地下水位低于 3 m 时，林分稀疏而且生长不良，覆盖度 10%~20%(王荷生，1964)。

2.5.3.3　盐节木群系(Form. *Halocnemum strobilaceum*)

盐节木灌丛自然分布于欧洲南部、亚洲西部及北部、非洲北部，俄罗斯、蒙古、阿富汗、伊朗也有分布，广泛分布在哈萨克斯坦及我国新疆的荒漠和半荒漠带内，向东显著减少。我国甘肃河西走廊西部及蒙古准噶尔戈壁仅有局部出现。生于盐湖边、盐土湿地，具有较强的抗盐碱能力。盐节木灌丛是盐生荒漠中分布最广的植物群落，新疆普遍见于南、北疆平原的适宜条件下，尤其在塔里木盆地北部和阿尔金山山前—台特马湖平原有大面积分布，常形成特殊的盐漠景观。盐节木是最耐盐的盐生小半灌木，生长在盐湖滨、滨湖平原、冲积—洪积扇缘带及一些洼地底部的氯化物典型盐土或沼泽盐土上。盐渍化极强，0~30 cm 土层的含盐量 10%~40%，或稍高，0~100 cm 的含盐量也达 6%~8%。地下水矿化度 20~40 g/L，或者更高，可达 150 g/L 以上。地下水位自数十厘米至 2 m 左右，最适宜是在高水位比较潮湿的条件下。在最适宜的条件下常成为纯林，生长旺盛而密集，覆盖度达 60%~80%。随着地下水位降低，林分逐渐稀疏和生长不良，并常进入盐爪爪、盐穗木和多枝柽柳等混交灌丛(王荷生，1964)。

2.5.3.4　柽柳群系组(Form. Group *Tamarix*)

柽柳灌丛主要分布于亚洲大陆和北非，部分分布于欧洲的干旱和半干旱区域，沿盐碱化河岸滩地到森林地带，间断分布于南非西海岸。大约分布在 10°W 到 145°E，北半球 50°~20°N，南半球 55°~12°S(非洲)。我国主要分布于西北、内蒙古及华北。

柽柳灌丛抗旱、抗盐、抗热、喜沙、喜水，主要生长在干旱、半干旱地区的冲积、淤积盐碱化平原和滩地上。大多数种类生长在平原上，少数种类可生长在山区(天山 1200~2000 m)，见于沿河和泉水露头的地方。除固沙外，亦供观赏。在西北、东北、华北及我国北部海滨常见柽柳灌木纯林。新疆共有柽柳林 123.29 万 hm²，其中巴音郭楞蒙古自治州的低盖度柽柳林面积最大，阿克苏地区高盖度和中盖度柽柳林面积最大(宁虎森 等，2019)。主要类型如下：

(1)柽柳灌丛

野生于辽宁、河北、河南、山东、江苏(北部)、安徽(北部)等省份，栽培于我国东部至西南部各省份。喜生于河流冲积平原，海滨、滩头、潮湿盐碱地和沙荒地。日本、美国也有栽培。在温带海滨河畔等处湿润盐碱地、沙荒地常见纯林。

（2）多花柽柳（*Tamarix hohenackeri*）灌丛

产于新疆、青海（柴达木）、甘肃（河西）、宁夏（北部）和内蒙古（西部）。生于荒河岸林中，荒漠河、湖沿岸沙地广阔的冲积淤积平原上的轻度盐渍化土壤上。俄罗斯、中亚、伊朗和蒙古也有分布。

（3）多枝柽柳灌丛

产于西藏西部、新疆、青海（柴达木）、甘肃（河西）、内蒙古（西部至临河）和宁夏（北部）。东欧、苏联（欧洲部分东南部到中亚、小亚）、伊朗、阿富汗和蒙古也有分布。多枝柽柳灌丛是分布最广的盐生灌丛之一，大面积出现在塔里木盆地周围山前平原、塔里木河、玛纳斯河等大河流冲积平原，零星见于焉耆、哈拉俊等山间盆地及嘎顺戈壁。生于河漫滩、河谷阶地上，沙质和土质盐碱化的平原上，沙丘上常形成风蚀沙包。

所处生境的变化很大，最适宜的土壤是盐土型的柽柳林土，其他还有典型盐土、残余盐土及盐化荒漠化草甸土，最大含盐量可达30%。地下水位2~8 m，甚至更深，弱-强矿化度（王荷生，1964）。内蒙古杭锦后旗柽柳人工林林龄8~12年平均树高1.2~1.7 m，覆盖度31%~38%；灌木天然林林龄15~20年平均树高11.7 m，覆盖度32%~40%（王玉龙 等，2004）。此柽柳灌丛是分布最广的一种柽柳林，常与多花柽柳等发生天然杂交。

（4）甘蒙柽柳（*Tamarix austromongolica*）灌丛

产于青海（东部）、甘肃（秦岭以北，乌鞘岭以东）、宁夏和内蒙古（中南部和东部）、陕西（北部）、山西、河北（北部）及河南等省份。生于盐渍化河漫滩及冲积平原，盐碱沙荒地及灌溉盐碱地边。青海省同德县有大面积乔木状甘蒙柽柳林分布。柴达木盆地甘蒙柽柳灌木林平均种群密度0.183 株/m²，盖度50.23%~61.06%，灌幅直径173.25 cm，平均株高80.8 cm，分枝数50.2 个/株。伴生的植物种有盐爪爪、芦苇等（绍麟惠，2007）。

甘蒙柽柳喜水，也能耐干旱、盐碱和霜冻，为黄河中游半干旱和半湿润地区、黄土高原及山坡的主要水土保持林和用柴林造林树种。

（5）长穗柽柳灌丛

分布于我国新疆、甘肃（河西）、青海（柴达木）、宁夏（北部）和内蒙古（从西部到临河）。中亚到俄罗斯西伯利亚和蒙古也有分布。生于荒漠地区河谷阶地、干河床和沙丘上。土壤高度盐渍化或为盐土。可以在地下水深5~10 m的地方生长，多与其他柽柳形成混交林。

2.5.3.5 白刺群系组（Form. Group *Nitraria*）

白刺灌丛分布于亚洲、欧洲、非洲和澳大利亚。我国主要分布于西北各地，生于盐渍化沙地。甘肃河西地区是天然白刺林的主要分布区，总面积达18.6万 hm²（郭普 等，1993）。乌兰布和沙漠也有大面积天然白刺灌丛分布。

（1）白刺（*Nitraria tangutorum*）灌丛

白刺，俗名唐古特白刺，分布于陕西北部、内蒙古西部、宁夏、甘肃河西、青海、新疆及西藏东北部。生于荒漠和半荒漠的湖盆沙地、河流阶地、山前平原积沙地、有风积沙的黏土地。青海柴达木盆地有大面积白刺灌丛分布，主要分布在草原与荒漠砾石滩之间或者盐碱地。天然白刺灌丛密度0.045 株/m²，盖度30%~50.26%，冠幅直径72 cm，地上植物量0.028 kg/m²，地下植物量 0.1528 kg/m²；主要伴生种有枸杞、芨芨草、芦苇等(绍麟惠，2007)。

（2）大白刺(*Nitraria roborowskii*)灌丛

分布于内蒙古西部、宁夏、甘肃河西、新疆、青海各沙漠地区。生于湖盆边缘、绿洲外围沙地。蒙古也有分布。果实在本属中最大，且酸甜适口，有沙樱桃之称。有时高达 20 余米。

（3）小果白刺灌丛

分布于我国沙漠地区，华北及东北沿海沙区也有分布。蒙古、中亚、西伯利亚也有分布。生于湖盆边缘沙地、盐渍化沙地、沿海盐化沙地。我国北部沿海常见人工林。耐盐碱和沙埋，适于地下水位 1~2 m 深的沙地生长。沙埋能生不定根，积沙形成小沙包。对湖盆和绿洲边缘沙地有良好地固沙作用。

（4）泡泡刺灌丛

分布于内蒙古西部、甘肃河西、新疆。生于戈壁、山前平原和砾质平坦沙地，极耐干旱。蒙古也有分布。我国泡泡刺灌丛的分布东起乌兰布和沙漠，西到塔里木盆地。广泛分布于内蒙古西部阿拉善高平原、甘肃河西走廊和新疆东部及南部。哈密戈壁有纯林分布，河西走廊中部临泽绿洲边缘有大面积分布(周海 等，2017)。

2.5.3.6　红砂群系组(Form. Group *Reaumuria songarica*)

红砂灌丛主要分布在亚洲大陆、南欧和北非。生于荒漠、半荒漠和干旱草原区域内。红砂灌丛是我国草原化荒漠、温带荒漠和荒漠草原地区的主要植被类型之一，在整个亚洲中部荒漠区，红砂是最基本的重要群落类型。我国分布于准噶尔、塔里木、柴达木、中央戈壁及阿拉善等地，往东沿着盐湖外围及河岸盐化低地可深入到蒙古高原草原区的荒漠草原亚区和极典型草原亚带，跨越了典型荒漠、荒漠草原、典型草原等多个植被气候带(李园园，2014)。

（1）红砂灌丛

产于新疆、青海、甘肃、宁夏和内蒙古，直到东北西部。蒙古、俄罗斯和中亚等国也有分布。红砂灌丛生于荒漠地区的山前冲积、洪积平原上和戈壁侵蚀面上，亦生于低地边缘，基质多为粗砾质戈壁，也生于壤土上。土壤都有不同程度的盐渍化，富含石膏。在盐土和碱土上可以延伸到草原区域。红砂的株高一般较低，仅在 10~45 cm，根深，其覆盖度也较小，一般在 10%~30%，其生物量干重 5~65 g/(m²·年)，一般在 20~40 g/(m²·年)，可作为骆驼和羊的天然放牧场。在腾格里沙漠常与柽柳等形成混交林。

（2）黄花红砂(*Reaumuria trigyna*)灌丛

产于内蒙古(与贺兰山接邻的巴彦淖尔盟、鄂尔多斯西部和阿拉善东部)及其毗连的宁夏和甘肃北部。生于草原化荒漠的沙砾地、石质及土石质干旱山坡。

2.5.3.7　驼绒藜群系(Form. *Ceratoides latens*)

驼绒藜灌丛在中国主要分布于新疆、西藏、青海、甘肃和内蒙古等省份。国外分布较广，在整个欧亚大陆(西起西班牙东至西伯利亚，南至伊朗和巴基斯坦)的干旱地区均有分布。适生在固定沙丘、沙地、荒地或山坡上。分别在气候干旱，湿润系数 0.13~0.30，干燥度 3~5，≥10 ℃的生物学活动积温 2200~3300 ℃，年降水量 100~200 mm 的区域。土壤为棕钙土及漠钙土；海拔为 1000~1400 m。

驼绒藜是高产、优质的半灌木优良牧草。因其主侧根均发达，既可吸收土壤表层的水分，也可吸收深层水分。当土层中平均含水量在 2% 时仍能正常生长。其具返青早、枯黄晚、不掉叶的特点，生长期可达 180~210 d。产草量高而稳定，单株产量 1 kg 左右，优于草本植物；旱年、雨水充沛年产量变幅小，也优于草本植物。

2.5.3.8 白滨藜群系(Form. *Atriplex cana*)

白滨藜灌丛主要分布于我国新疆北部，哈萨克斯坦、俄罗斯西伯利亚也有分布，生于干旱荒坡、半荒漠、湖滨等处。在新疆主要见于准噶尔盆地南部和北部古老平原的洼地中，土壤是草甸型的盐化和碱化荒漠土或牛荒漠土，地下水位较深。常成纯林，或混生盐生假木贼和短命植物(*Cappula spinocarpa*)等；或混生有盐爪爪、木地肤(*Kochia prostrata*)和囊果碱蓬等。地面覆盖地衣，分层明显。有时随小地形起伏与耐盐假木贼和囊果碱蓬组成混交林。

2.5.3.9 木本猪毛菜群系(Form. *Salsola arbuscula*)

木本猪毛菜灌丛在我国分布于内蒙古、甘肃、宁夏、青海、新疆；哈萨克斯坦、土库曼斯坦、伊朗及欧洲东南部均有分布。在柴达木盆地的南缘，以伴生种地位出现在麻黄、梭梭、驼绒藜荒漠群落中，也有时形成优势的荒漠群落。与其混生的有膜果麻黄、梭梭、驼绒藜、中亚紫苑木，几乎见不到草本植物。柴达木盆地分别着大面积猪毛菜+盐爪爪灌丛，木本猪毛菜平均密度 1.43 株/m²，灌幅直径 36.0 cm，平均地上植物量 0.172 kg/m²，平均地下植物量 0.271 kg/m²，株高 13.70 cm，地径 0.88 cm，分枝数 6.70 个/株；盐爪爪平均密度 0.09 株/m²，地上植物量 0.011 kg/m²，地下植物量 0.019 kg/m²，灌幅直径 32.78 cm，平均株高 14.44 cm，平均地径 0.69 cm，分枝数 3.11 个/株。其他主要伴生的有黄花红砂、合头草、刺沙蓬等(绍麟惠，2007)。在新疆的准噶尔盆地北部、东部和中部戈壁耐盐小半灌木梭梭荒漠中，木本猪毛菜以亚优势种或主要伴生种出现在荒漠或草原化荒漠群落中。主要伴生植物有梭梭、霸王、盐生假木贼、短叶假木贼(*Anabasis brevifolia*)。在古尔班通古特沙漠边缘至吐鲁番盆地接近干旱沙地和草原带，常与禾草、蒿属形成草原化荒漠类型，与其共生的有沙生针茅、驼绒藜、沙拐枣(*Calligonum* spp.)、刺旋花(*Convolvulus tragacanthoides*)等。在固定沙丘和半固定沙丘荒漠中，以主要伴生种出现在光沙蒿、白梭梭群落中。

2.5.3.10 罗布麻群系组(Form. Group *Apocynum venetum*)

罗布麻灌丛分布于新疆、青海、甘肃、陕西、山西、河南、河北、江苏、山东、辽宁及内蒙古等省份。天然罗布麻灌丛主要生长在盐碱荒地和沙漠边缘及河流两岸、冲积平原、河泊周围及戈壁荒滩上。部分地区有引种栽培驯化的人工林。罗布麻灌丛在塔里木盆地几大河流冲积扇中下部及河谷平原分布很普遍，土壤是 SO_4-Cl 草甸盐土或氯化物典型盐土，含盐量 2%~5%，地下水深 1.5~4 m。罗布麻的耐盐性强，并有适沙的特性，所处土壤的沙质性较强，并在盐化沙地上与花花柴(*Karelinia caspia*)等形成混交灌丛(王荷生，1964)。

2.5.3.11 霸王群系组(Form. Group *Zygophyllum*)

霸王灌丛分布于亚洲中部，我国有 2 种类型。

(1)霸王灌丛

自然分布于宁夏西北部、甘肃西部、青海北部、新疆、内蒙古。在中亚和俄罗斯西伯利亚也有分布。生于沙丘上、盐碱土荒漠、河边沙地等处，抗盐碱能力强。在石羊河下游主要分布于霸王坑和北板滩井两地的典型荒漠带，生境为半固定沙地、积沙洼地、沙砾质戈壁和剥蚀残丘上，是灌木荒漠的典型代表，能够形成稀疏灌丛。在半固定沙地上、积沙的洼地和沙漠外围可形成纯林灌丛，而在沙砾质戈壁上与其他荒漠植物组成混交灌丛(胡生新 等，2012)。

（2）喀什霸王（*Zygophyllum kaschgaricum*）灌丛

自然分布于中亚和我国新疆。生长于低山冲蚀沟边，具有一定抗盐碱能力。

2.5.3.12　假木贼群系组（Form. Group *Anabasis*）

藜科假木贼属（*Anabasis*）植物全世界大约有 30 个种，我国有 8 种。分布于地中海至中亚地区和欧洲的干旱区域，是世界荒漠区具有代表性的类群之一，中亚地区是其分布和多样化中心。我国的假木贼灌丛分布范围在 75°～106°E 之间，集中分布于新疆准噶尔盆地的北端，资源丰富。具有强大的根系，能吸收土壤深层水分，对寒冷、干旱、盐碱土等不良环境具有高度的适应性。大多数物种为荒漠植被的优势种和建群种，构成了绿洲强大的天然生态屏障。

（1）盐生假木贼灌丛

分布在高加索、蒙古、哈萨克斯坦、西伯利亚以及我国新疆等地。生长于海拔 440～1900 m的地区，一般生长在戈壁和盐碱荒漠，尚未人工引种栽培。

（2）无叶假木贼灌丛

产于内蒙古西部、宁夏、甘肃西部及新疆。蒙古及俄罗斯西伯利亚、哈萨克斯坦也有分布。

2.5.3.13　骆驼刺群系（Form. *Alhagi sparsifolia*）

骆驼刺灌丛分布于内蒙古、甘肃、青海和新疆。哈萨克斯坦、乌兹别克斯坦、土库曼斯坦、吉尔吉斯斯坦和塔吉克斯坦也有分布。生长在荒漠地区的沙地、河岸、农田边。耐旱，耐盐碱，抗涝，适应力很强。骆驼刺灌丛在吐鲁番盆地干三角洲的硝酸盐残余盐土上有大面积分布，地下水深 7～8 m 以下，土壤剖面干燥，而且含盐量高，0～30 cm，10%～30%，0～100 cm内也达 8%～20%（王荷生，1964）。

2.5.3.14　戈壁藜群系（Form. *Iljinia regelii*）

戈壁藜灌丛产奇台和布克赛尔、塔城、奎屯、精河、伊犁、新源、伊吾、哈密、和硕、和静、库尔勒、伦台、阿图什、喀什等地。常常以优势种群落，形成较大面积的戈壁藜灌丛。

戈壁藜灌丛在内蒙古阿拉善盟额济纳旗，4 月初开始返青，7～8 月开花，8～9 月结实，10月末枯黄。其分布区的生境条件极端恶劣，常出现于剥蚀低山残丘、平缓山坡、风化碎屑普遍堆积并有岩石裸露、几乎没有土壤发育的地方。在有土壤发育之处，其土层也极薄，土壤为砾质或沙砾质的石膏棕色荒漠土，或为石膏灰棕色荒漠土。年平均气温为 8 ℃ 左右，≥10 ℃ 的年积温 3200～3600 ℃；年降水量在 50 mm 以下。地下水埋藏很深，地表水缺乏的环境多见。在新疆戈壁藜荒漠戈壁藜灌丛盖度不及 10% 或少到 1%，种类组成亦很贫乏。在天山以北戈壁藜的伴生植物有梭梭、膜果麻黄、木贼麻黄、针裂叶绢蒿（*Seriphidium sublessingianum*）、毛足假木贼（*Anabasis eriopoda*）、泡果沙拐枣（*Calligonum junceum*）、大叶补血草（*Limonium gmelinii*）等；在天山以南则有红砂、圆叶盐爪爪、合头草、拐轴鸦葱（*Scorzonera divaricata*）等。戈壁藜在内蒙古西部额济纳旗波罗乌拉北部石质残山地区与松叶猪毛菜（*Salsola laricifolia*）组成戈壁藜、松叶猪毛菜放牧场。该类草地的盖度一般在 5% 以下，生产力很低。

2.5.3.15　小蓬群系组（Form. Group *Nanophyton erinaceum*）

小蓬灌丛分布于新疆。蒙古、俄罗斯西伯利亚、哈萨克斯坦、乌兹别克斯坦、吉尔吉斯斯坦、塔吉克斯坦、土库曼斯坦也有分布。生长在戈壁、石质山坡及干燥的灰钙土地区。

以小蓬为单优势种的灌丛分布最广。它多处在海拔 600～900 m 低山、山麓洪积扇和河岸古老阶地上。种类组成从 10 余种少到 1~2 种。伴生种有骆驼刺、木地肤、盐生假木贼、角果藜等。

在新疆乌伦古河以北和北塔山一带，海拔 1200 m 的山麓冲积扇上，小蓬与超旱生半灌木或小半灌木形成灌丛。从属植物有红砂、盐生假木贼。小蓬高 10 cm。总盖度 20%~30%，组成植物 6~8 种，伴生种有驼绒藜、金钮扣(*Acmella paniculata*)、沙生针茅；在我国伊犁谷地、博乐谷地和阿尔泰山南麓海拔 500 m 左右和低山砾质化仍很强的土壤上，常与草原禾草形成草原化荒漠群落。从属草本层片有沙生针茅、针茅、寸草(*Carex duriuscula*)等。总盖度 10%~15%，组成植物 6~8 种，伴生种有博乐蒿(*Artemisia boratalensis*)、碱韭(*Allium polyrhizum*)等。

2.5.3.16 枸杞群系组(Form. Group *Lycium*)

枸杞灌丛主要分布在南美洲，少数种类分布于欧亚大陆温带，我国主要分布于西北、华北、东北各地。在土壤含盐量 0.5%时生长正常；在硫酸盐为主的盐碱地，土壤含盐量达 1%时也能生长。

(1)黑果枸杞灌丛

分布于陕西北部、宁夏、甘肃、青海、新疆和西藏；中亚、高加索和欧洲亦有。耐干旱，常生于盐碱土荒地、沙地或路旁。黑果枸杞根系发达，最长可达 1 m，可作为水土保持的灌木。果实营养丰富，目前已研制出多种健康营养品。黑果枸杞特别适合在盐碱度高的沙漠地带生长。黑果枸杞灌丛在柴达木盆地比较常见，多为盐碱化程度较高的地区(甘青梅 等，1997；刘桂英 等，2016)。主要分布在都兰、香日德、诺木洪、德令哈、格尔木等海拔 2800~3000 m 的盆地沙漠地带(雷玉红 等，2018)。

(2)宁夏枸杞(*Lycium barbarum*)灌丛

原产我国北部的河北北部、内蒙古、山西北部、陕西北部、甘肃、宁夏、青海、新疆。由于果实入药而栽培，现在除以上省份有栽培外，我国中部和南部不少省份也已引种栽培，尤其是宁夏及青海地区栽培多、产量高。人工栽培在我国有悠久的历史。现在欧洲及地中海沿岸国家则普遍栽培并成为野生。常生于土层深厚的沟岸、山坡、田埂和宅旁，耐盐碱、沙荒和干旱，因此可作水土保持和造林绿化的灌木。宁夏有大面积人工林分布。

果实中药称枸杞子，性味甘平，有滋肝补肾、益精明目的作用。根据理化分析，它含甜菜碱(betaine)、酸浆红色素(physalein)以及胡萝卜素(维生素 A)、硫胺素(维生素 B$_1$)、核黄素(维生素 B$_2$)、抗坏血酸(维生素 C)，并含烟酸、钙、磷、铁等人体所需的多种营养成分，因此作为滋补药畅销国内外。另外，根皮中药称地骨皮也作药用；果柄还是猪、羊的良好饲料。

(3)枸杞灌丛

分布于我国东北、河北、山西、陕西、甘肃南部以及西南、华中、华南和华东各省份；朝鲜、日本、欧洲有栽培或为野生。常生于山坡、荒地、丘陵地、盐碱地、路旁及村边宅旁。在我国除普遍野生外，各地也有作药用、蔬菜或绿化栽培。

2.5.3.17 紫穗槐群系(Form. *Amorpha fruticosa*)

紫穗槐灌丛在我国东北、华北、西北及山东、安徽、江苏、河南、湖北、广西、四川等省份均有分布。栽植于河岸、河堤、沙地、山坡及铁路沿线，有护堤防沙、防风固沙的作用。

2.5.3.18 沙冬青群系组(Form. Group *Ammopiptanthus*)

沙冬青灌丛共 2 种，产于我国内蒙古、宁夏、甘肃、新疆。蒙古和中亚地区也有分布。大面积沙冬青灌丛分布在内蒙古西部库布齐沙漠、乌兰布和沙漠、狼山山前，宁夏北部贺兰山前、腾格里沙漠东部、中卫、灵武一带（中国植被编辑委员会，1980；中国科学院兰州冰川冻土沙漠研究室，1972；中国科学院治沙队，1958），沙冬青灌丛常见于山前洪积平原、山麓洪积坡地，基质为砾质、沙质或黏土质。蒙古沙冬青种子在 NaCl 溶液浓度为 1.2% 以下可以正常萌发；新疆沙冬青种子在 NaCl 溶液浓度为 0.75% 以下可以正常萌发（王烨 等，1991）。

（1）沙冬青灌丛

分布于内蒙古、宁夏和甘肃，蒙古南部也有分布。生于沙丘、河滩台地，为天然的防风固沙林。甘肃省景泰县的沙冬青人工林平均树高 27 cm，密度 2090 株/hm²。

（2）小沙冬青灌丛

产于新疆西部喀什地区。生于砾质山坡。天山地区西部也有分布。为荒漠地区重点保护植物，具有较高观赏价值。

2.5.3.19　花棒群系（Form. *Hedysarum scoparium*）

花棒灌丛在我国主要分布在甘肃、内蒙古、新疆、宁夏等省份，从巴丹吉林沙漠、腾格里沙漠、河西走廊沙地和青海柴达木东部，往西至古尔班通古特沙漠。从地理分布范围来说，最北到 50°N 的蒙古国乌布苏湖一带，向南向东至 37°30′N、105°E 的宁夏地区，西至 87°E 准噶尔盆地，巴丹吉林沙漠为其分布中心。也分布于哈萨克斯坦额尔齐斯河沿河沙丘和蒙古南部。常见于半荒漠的沙丘或沙地，荒漠前山冲沟中的沙地。

地处毛乌素沙地西缘的宁夏平罗县陶乐治沙林场有花棒人工林 3000 多 hm²（金红宇 等，2018）。

2.5.3.20　沙棘群系组（Form. Group *Hippophae*）

沙棘灌丛沙棘灌木林分布于亚洲和欧洲的温带地区。我国有 4 种和 5 亚种，产于北部、西部和西南地区。

沙棘根系发达，根蘖性强，生长迅速，干旱或潮湿的地方均能生长，为防风固沙、防治水土流失的优良树种，特别在黄土高原，沙棘就是固定土壤的重要树种。

（1）西藏沙棘（*Hippophae tibetana*）灌丛

产于甘肃、青海、四川和西藏；生于海拔 3300~5200 m 的高原草地河漫滩及岸边。由于适宜于干燥寒冷、风大的高原气候特点，一般植株矮小，分布在海拔 5000 m 以上的高寒地区的植株。高仅 7~8 cm。

西藏沙棘果实较大，多汁，微酸而甜香，当地群众喜欢生食，可提取维生素 A 和 C，藏北群众还用以治肝炎。幼嫩枝叶和果实又是马和羊的饲料。

（2）中国沙棘（*Hippophae rhamnoides* subsp. *sinensis*）灌丛

产于河北、内蒙古、山西、陕西、甘肃、青海、四川西部。常生于海拔 800~3600 m 温带地区向阳的山脊、谷地、干涸河床地或山坡，多砾石或沙质土壤或黄土上。我国黄土高原、西藏甘南藏族自治州合作扎油沟及南山，肃南裕固族自治县马蹄区及水关有大面积中国沙棘天然灌丛分布（陈学林 等，1996）。辽宁、内蒙古、新疆具有大面积中国沙棘人工林。

（3）中亚沙棘（*Hippophae rhamnoides* subsp. *turkestanica*）灌丛

分布于我国新疆以及吉尔吉斯斯坦、塔吉克斯坦、乌兹别克斯坦、哈萨克斯坦、蒙古西部、阿富汗西部。常生长于河谷阶地、河漫滩和开阔山坡。新疆和田河沿岸的中亚沙棘资源十分丰富，常形成大面积灌丛(路端正，1995)。

2.5.3.21 梭梭群系(Form. *Haloxylon ammodendron*)

梭梭灌丛自然分布于宁夏西北部、甘肃西部、青海北部、新疆、内蒙古。生于沙丘上、盐碱土荒漠、河边沙地等处。中亚和俄罗斯西伯利亚也有分布。柴达木盆地梭梭灌丛平均密度0.0125 株/m²，灌幅直径为110.5 cm，地上生物量为0.023 kg/m²，地下生物量0.036 kg/m²，平均株高120 cm，平均地径3.04 cm。主要伴生植物种有驼绒藜、白刺、盐爪爪等(绍麟惠，2007)。梭梭的耐盐(耐盐临界范围可达4%~6%)和耐干旱贫瘠(在土壤含水量13.2~26.0 g/kg时，能正常生长)的能力很强，其垂直根系一般深为5 m，水平根系伸展达10 m，常可形成盐生和戈壁荒漠灌丛。新疆准噶尔盆地是我国梭梭灌丛分布最为集中的区域，在准噶尔盆地南缘沙漠边缘的绿洲与荒漠过渡地带营造了大量人工梭梭防护林(吉小敏 等，2016)。在乌兰布和沙漠、腾格里沙漠也营造了大面积梭梭灌木纯林。

新疆甘家湖梭梭林保护区、古尔班通古特沙漠西部、内蒙古阿拉善吉兰泰地区有大面积梭梭灌丛分布(马婕 等，2012)。民勤人工梭梭林面积约为9.0 万 hm²，主要分布在民勤绿洲边缘的泉山林场、勤峰滩、东湖镇、三角城林场、大滩、西沙窝等地(陈芳 等，2010)。巴丹吉林沙漠东缘阿拉善盟阿拉善右旗现存珍贵天然梭梭林面积达21.5 万 hm²(侯娜 等，2018)。新疆梭梭林总面积为139.04 万 hm²，不同地州市梭梭林面积在1.42 hm² 和395470.39 hm² 之间。94.52%分布在北疆，4.24%分布在东疆，仅有1.24%分布在南疆地区(宁虎森 等，2017)。

2.5.3.22 小叶锦鸡儿群系(Form. *Caragana microphylla*)

小叶锦鸡儿灌丛主要分布于东北、华北及山东、陕西、甘肃等地，蒙古、俄罗斯也有分布。晋西北小叶锦鸡儿林总面积近66.7 万 hm²(郭晓燕，2013)。

2.5.3.23 沙柳群系(Form. *Salix cheilophila*)

沙柳灌丛分布于内蒙古、河北、山西、陕西、甘肃、青海、四川、西藏等地，多生于海拔750~3000 m 的河谷溪边湿地。目前在库布齐沙漠、腾格里沙漠、浑善达克沙地、科尔沁沙地有大面积沙柳灌木人工林。

2.5.3.24 文冠果群系(Form. *Xanthoceras sorbifolium*)

文冠果灌丛自然分布于中国北部和东北部。西至宁夏、甘肃，东北至辽宁，北至内蒙古，南至河南。野生于丘陵山坡等处，各地也常栽培。内蒙古赤峰市、甘肃庆阳子午岭林区、陕北志丹县等，有文冠果灌木灌丛10 多万亩。

文冠果耐干旱、贫瘠、抗风沙，在石质山地、黄土丘陵、石灰性冲积土壤、固定或半固定的沙区均能成长，是我国北方很有发展前途的木本油料植物，近年来已大量栽培。

2.5.3.25 沙拐枣群系组(Form. Group *Calligonum*)

沙拐枣灌丛分布于亚洲、欧洲南部和非洲北部等荒漠及盐碱土地区。我国沙拐枣灌丛自然分布于内蒙古、甘肃、宁夏、青海和新疆等地，其中以新疆最多，约占4/5。沙拐枣灌丛具有耐干旱、耐盐碱、抗风蚀沙埋、耐贫瘠及具有枝条茂密、萌蘖力强、根系发达等特性，能适宜条件极端严酷的干旱荒漠区，是荒漠区典型植被，幼枝为荒漠地区牲畜饲料。

乌兰布和沙漠沙拐枣常与柽柳、花棒、梭梭等树种形成灌木混交林，也常有纯林分布。

2.5.3.26 山杏群系(Form. *Armeniaca sibirica*)

山杏灌丛自然分布于黑龙江、吉林、辽宁、内蒙古、甘肃、河北、山西等地。蒙古东部和东南部、俄罗斯远东和西伯利亚也有分布。生于干燥向阳山坡上、丘陵草原或与落叶乔灌木混生，海拔 700~2000 m。目前辽宁西部、河北承德和张家口地区有大面积山杏人工林。

山杏耐寒(可达-50 ℃低温)，适应性强，喜光，根系发达，深入地下，具有耐寒、耐旱、耐瘠薄的特点。在-40~-30 ℃的低温下能安全越冬生长，在 7~8 月干旱季节，当土壤含水率仅达 3%~5%时，山杏却叶色浓绿，生长正常。在深厚的黄土或冲积土上生长良好；在低温和重度盐渍化土壤上生长不良，具有一定抗盐碱能力。定植 4~5 年开始结果，10~15 年进入盛果期，寿命较长。花期遇霜冻或阴雨易减产，产量不稳定。常生于干燥向阳山坡上、丘陵草原或与落叶乔灌木混生，海拔 700~2000 m。

(执笔人：中国林业科学研究院荒漠化研究所　郭浩)

2.6　海洋滩涂浅滩灌木林

2.6.1　红树林概念

在热带和亚热带地区，陆地与海洋交界的海岸潮间带滩涂上生长的由木本植物组成的乔木和灌木林统称为红树林(mangroves)。涨潮时红树林被海水部分淹没或完全淹没，退潮时则完全露出水面，所以被称为"海底森林"。通俗地说，红树林是可被海水间歇性浸泡的森林。

由于我国红树林分布区地处热带北缘地带，红树林分布的多数沿海地区缺乏自然生长的嗜热性真红树植物如海桑、红茄苳、正红树等，加上沿海地带人为干扰频繁，我国红树林多数处于低矮的灌木状。

2.6.2　红树林(含红树林灌丛)的主要效益(作用)

红树林作为一种独特的湿地植被类型，为鸟类、鱼类和其他海洋生物提供了丰富的食物和良好的栖息环境，在抵御海潮、风浪等自然灾害，维护和改善海湾、河口地区生态环境，维护近海渔业的稳产高产，保护沿海湿地多样性等方面具有不可替代的重要作用。

2.6.2.1　生态效益

防风消浪，促淤护岸：红树林是海岸生态防护林的第一道屏障，主要通过消浪、缓流、促淤三大功能实现防浪护岸的效应。据测算，林带覆盖度大于 40%、宽 100 m、高 2.5 m(小潮差海岸)或 4 m(大潮差海岸)的红树林的消浪系数可达 80%以上；红树林对水流的阻碍作用使林区流速仅为潮沟流速的 1/10；红树林滩地淤积速度是附近裸滩的 2 倍，可促使沉积物中粒径小于 0.01 mm 的颗粒的含量增加，红树林还以其枯枝落叶直接参与沉积。

维持生物多样性：红树林维持生物多样性的功能是通过红树林(有林地)、林外滩涂、浅水水域、潮沟等作为一个整体而实现的，而生境的多相性和丰富的食物来源则是基础。红树林特殊的生境也蕴藏了独特的生物多样性，许多生物种类如真红树植物、海蛙等仅在红树林湿地中出现。

凡是有红树林分布的地区，都保持着较高的鸟类生物多样性。我国的红树林是东半球候鸟迁徙的"加油站""歇脚点"。每年 11 月到翌年 3 月，数以万计的候鸟停留在广州南沙湿地补充能量或越冬，漫天飞羽，蔚为壮观。

净化环境：红树林长期适应潮汐及洪水冲击，形成独特的支柱根、气生根、发达的通气组织等形态特征，能过滤陆地径流和内陆带出的有机物和污染物，净化空气和海水，大量吸收水体中的重金属和有机污染物，避免这些物质通过食物链向其他海洋生物及人类传递。

2.6.2.2 社会效益

红树林是最具特色的湿地生态系统，兼具陆地生态和海洋生态特性。其特殊的环境和生物特色使之成为自然的生态研究中心，对科普教育和生态旅游业发展都有积极作用。

2.6.2.3 经济效益

红树林用途较广，大部分红树植物可以作薪炭，部分可作建筑材料。有些红树植物可用作药材、香料，果实可食用或酿酒，从树皮中提取的单宁可作染料。

红树林区有丰富的饵料、良好的净化和环境稳定作用以及近海岸等优势，是不可多得的天然海水养殖场。国际上把红树林区作为海洋经济动物的养殖和育苗的商品基地。红树林水道风浪小、饵料丰富，是贝类吊养、网箱养鱼的基地；基围(指在红树林内部分区域人工建造的养殖浅塘)养殖是林内滩涂生态养殖的典范，如香港米埔的基围虾塘；而外滩涂养殖则是目前最主要的养殖活动，围养和管护贝类的"螺场"星罗棋布。

另外，由于红树植物(如桐花树灌丛)花多、花期长，所以红树林还可以成为放养蜜蜂的理想区域。

2.6.3 我国红树林主要灌丛

我国学者一般认同红树植物仅是指红树林内的木本植物，包括真红树植物(true mangrove)和半红树植物(semi-mangrove)，而不包括草本、藤本和附生植物(即不包括伴生植物类)。真红树植物是专一性地生长在热带、亚热带低能海洋潮间带的木本植物。真正的红树植物要求海水含盐浓度一般为 0.1% ~ 0.35%。半红树植物是既能生长在热带、亚热带低能海岸大潮平均高潮位或中潮高潮位的木本植物，又能生长在海岸边的两栖木本植物。目前中国有 37 种红树植物，另外还有 2 种从国外引进的红树植物无瓣海桑和拉关木，合计 39 种，其中红树林灌丛植物主要有 8 种，即：老鼠簕(*Acanthus ilicifolius*)、小花老鼠簕(*Acanthus ebracteatus*)、桐花树(*Aegiceras corniculatum*)、瓶花木(*Scyphiphora hydrophyllacea*)、苦朗树(*Clerodendrum inerme*)、阔苞菊(*Pluchea indica*)、伞序臭黄荆(*Premna serratifolia*)、水芫花(*Pemphis acidula*)等。

2.6.3.1 老鼠簕

爵床科老鼠簕属植物。常绿直立灌木，高 0.5 ~ 1.5 m，最高可达 2 m；茎粗，圆柱状，半木质化，上部有分枝，下部有不定根。叶长圆形或长圆状披针形，先端急尖，基部楔形，全缘或有浅刻，浅刻叶缘和顶端有尖锐硬刺。穗状花序顶生，苞片对生，宽卵形，花冠白色或淡紫蓝色，长 3 ~ 4 cm。塑果椭圆形，长 2 ~ 3 cm，内有种子 4 枚，种子扁平，圆肾形，淡黄色。花果期：几乎全年。

分布：海南、广西、广东、福建、台湾、香港和澳门。

习性：喜光植物，具有一定的耐阴能力，叶片具泌盐功能，抗寒能力和抗盐能力均较强。主要生长于中、高潮带林缘或疏林地内。老鼠簕群落外貌呈矮灌丛状，墨绿色，结构单层密集，常在河道红树林带前沿密集生长，或散生于高大的乔木林下。

繁殖方式：种子或扦插繁殖。

2.6.3.2　小花老鼠簕

爵床科老鼠簕属植物。常绿直立亚灌木，高 1~2 m；有不定根，多数。单叶对生，革质，长圆形，基部有一对硬刺状托叶，叶片先端常截平，并具 2 刺状凸尖；叶缘有羽状分裂，裂片顶端有一硬刺。穗状花序顶生；苞片阔卵形至近圆形，开花前脱落，花瓣白色。蒴果长圆形，有光泽，每果含种子 2 枚，种子近扁平状卵圆形。花果期：几乎全年。

分布：海南和广东，广西有少量分布。

习性：半耐阴植物，主要生长于潮位较高河道边或疏林内。小花老鼠簕群落外貌呈矮灌丛状，结构单层密集，常在河道红树林带前沿密集生长，或散生于高大的乔木林下。

繁殖方式：扦插繁殖为主，亦可种子繁殖。

2.6.3.3　桐花树

紫金牛科桐花树属植物。常绿灌木丛，高度一般小于 2~3 m（三亚最高可达 5 m）；属红树林先锋树种。树皮平滑，红褐色至灰黑色，基部有皮孔。单叶互生，全缘，革质，倒卵形或椭圆形，先端微凹；叶片正面在强光高温下常见有盐晶体分泌。伞形花序，1~11 朵小花着生于小枝顶端；花萼 5 片，浅绿色；花瓣 5，白色。果柱状微弯，呈月牙形，隐胎生。花期在 3~5 月间；果期在 7~9 月。

分布：海南、广东、广西、福建、台湾、香港和澳门。浙江有人工引种。

习性：喜光植物，具一定的耐阴能力。抗寒能力和抗盐能力较强，在 30‰海水盐度的区域可进行自然更新。生长于海岸边高、中、低潮带的淤泥质滩涂上。群落外貌呈密集灌丛，树冠整齐，一片黄绿色，群落结构较简单，基部分枝多，通常仅 1 层，由桐花树单优构成，有时伴生秋茄、海桑等树种。

繁殖方式：胚轴繁殖。

2.6.3.4　瓶花木

茜草科瓶花木属植物。常绿灌木，高 2~4 m；全株光滑无毛，树皮灰白色；小枝有明显隆起的节，节间短。单叶对生，全缘，革质，倒卵圆形或阔椭圆形，基部楔形，叶片正面有光泽，侧脉明显。多朵小花形成聚伞花序腋生，小花白色。核果小，有明显的纵棱 6~8 条。花期：7~11 月，果期：8~12 月。

分布：天然分布较窄，主要分布于海南岛的文昌、陵水和三亚。

习性：喜光植物，抗盐能力较强，抗寒能力较差。种子后熟现象明显，种胚小，小苗木不耐淹，种子繁殖难度大。主要生长于高潮带的沙质或沙泥质滩涂上。瓶花木群落外貌呈绿色，常与习性、大小比较相近的榄李混生。

繁殖方式：无性繁殖。

2.6.3.5　苦朗树

马鞭草科桢桐属植物。常绿攀援灌木，高 1~2 m，树皮灰绿色。单叶对生，全缘，革质，在高盐度生境下叶片近肉质，卵形、倒卵形、椭圆形或长椭圆形。聚伞花序顶生或腋生，每花序有小花 3~7 朵；花冠筒长；花瓣 5，白色；花丝细长，基部淡紫色，中上部紫色；雄蕊与花柱外展。核果球形或卵圆形。花果期：在海南岛几乎全年。

分布：福建以南的沿海地区。

习性：喜光植物，有一定耐阴能力。在海岸滩涂潮水少浸淹或不浸淹到的区域均有分布。苦朗树群落外貌呈灰绿色，多为密集、低矮、紧贴地面状，结构为纯林居多。

繁殖方式：种子繁殖为主，亦可扦插。

2.6.3.6 阔苞菊

菊科阔苞菊属植物。常绿灌木，高 1~1.5 m。幼枝被柔毛。单叶互生，厚纸质，倒卵形或阔倒卵形，稀椭圆形，基部渐狭成楔形，顶端浑圆，边缘具较密锯齿，两面被短卷柔毛。头状花序在枝顶组成伞房花序，粉红色或白色。瘦果。花果期：全年。

分布：福建以南沿海各省份。

习性：喜光植物，有一定耐阴能力。主要生长于泥质或沙质基质，生存能力强，可在园林绿化中用于低矮绿篱。阔苞菊群落外貌呈黄绿色居多，密集状态，粗生，早期多处于翠绿色，后期黄褐色。

繁殖方式：种子繁殖、扦插或分株繁殖。

2.6.3.7 钝叶臭黄荆

马鞭草科臭黄荆属植物。攀援状灌木或小乔木，高 1~3 m；在西沙群岛最高可达 5 m。老枝有圆形至椭圆形黄白色皮孔，嫩枝有短柔毛。单叶对生，厚纸质；叶片长圆状卵形、倒卵形至近圆形，顶端钝圆或短尖，基部阔楔形或圆形，全缘，两面沿脉有短柔毛。聚伞花序在枝顶组成伞房状；花萼两面疏生黄色腺点，外面有细柔毛；花冠淡黄色，外面疏被柔毛。核果球形或倒卵形，成熟时紫黑色。花果期：3~11 月。

分布：海南(含西沙群岛)、广东、广西、福建、台湾和香港等地。

习性：喜光植物，具较强的生命力，主要生长于海水少淹及或不淹及的海岸泥质地、沙质地、石砾地或海边岩石缝间。钝叶臭黄荆群落多为密集低矮状。

繁殖方式：种子繁殖。

2.6.3.8 水芫花

千屈菜科水芫花属植物。常绿匍匐或直立灌木，高 1~3 m。小分枝、嫩叶及花序都有小柔毛。单叶对生，革质，盐度高的生境叶肉质，椭圆形或长椭圆形。花单朵生于叶腋；花瓣白色或淡红色；花萼浅绿色，浅 6 裂，外被毛；花瓣 6，边缘波浪状。蒴果，成熟后与花萼筒愈合成长，长椭圆柱状，每果含种子多数。花果期：3~11 月。

分布：海南和台湾。

习性：喜光植物，不耐阴，小苗不耐涝，抗盐能力强。适合生长于沙质或沙石砾滩地或石缝间。水芫花群落外貌呈浅绿色，单优低矮群落，在我国沿海分布不多。

繁殖方式：种子繁殖或无性(如高空压条、扦插)繁殖。

(执笔人：中国林业科学研究院热带林业研究所 廖宝文)

第 3 章
黄土高原灌木林

3.1 内蒙古南部地区

3.1.1 概 述

位于内蒙古地区的黄土高原由阴山山地及其南麓丘陵和鄂尔多斯高原组成，是内蒙古高原向黄土高原的过渡区域。地形多以丘陵和低山为主，海拔 800~1500 m，地表覆盖深厚的黄土，经流水侵蚀与切割，形成黄土梁峁、沟谷和塬面相间的地貌景观。气候类型为暖温带干旱半干旱大陆性气候，冬季寒冷、春季多风，年平均气温 5~8 ℃，≥10 ℃年积温 2600~3200 ℃，年平均降水量 250~500 mm，湿润度 0.2~0.5（中国科学院内蒙古宁夏综合考察队，1985）。地带性土壤为栗褐土和栗钙土，还有一定面积的盐渍土、草甸土等非地带性土壤的分布。由于本地区农业活动历史长久，土壤受到严重侵蚀，原生的土壤类型早已消失殆尽，现普遍为风沙土和黄绵土（田相 等，2018）。

本地区灌木资源以旱生、旱中生和中生的灌木、小半灌木为主，亚洲中部分布型和相当数量的达乌里—蒙古分布型居主导地位，蒙古成分、戈壁—蒙古成分、东亚成分、华北成分也起着重要作用，植物区系组成具有非常明显的过渡特征（马毓泉，1998）。阴山山地为东西走向的山脉，包括大青山、蛮汉山和乌拉山，主要以山地中生落叶灌丛为主，最常见的有虎榛子（*Ostryopsis davidiana*）灌丛、绣线菊（*Spiraea* spp. ）灌丛、黄刺玫（*Rosa xanthina*）灌丛、山刺玫灌丛、长梗扁桃（*Amygdalus pedunculata*）灌丛、蒙古扁桃灌丛、酸枣灌丛以及杂木灌丛等（郭金海，2006；陈龙，2016）。山麓地带和山地下部的地带性植被是长芒草草原，但由于长久的农业垦殖和严重地水土流失，耐风蚀、耐践踏的小半灌木百里香（*Thymus mongolicus*）逐渐取代了长芒草的优势地位，成为了当地的主要植被类型，形成了百里香+长芒草群丛、百里香+冷蒿（*Artemisia frigida*）群丛、百里香+达乌里胡枝子（又称兴安胡枝子，*Lespedeza davurica*）群丛等，广泛分布于梁峁平缓处；强烈剥蚀的石质丘陵坡地上，半灌木白莲蒿（*Artemisia stechmanniana*）群落广泛分布（中国科学院内蒙古宁夏综合考察队，1985）。在鄂尔多斯高原地区，小半灌木冷蒿和茖状亚菊（*Ajania achilleoides*）逐渐取代了短花针茅（*Stipa breviflora*）和沙生针茅的优势地位，形成了次生群落；覆沙地上，沙生半灌木油蒿群落非常发达。

本地区农田开垦强度较大，防护林缺乏，水土流失严重，是近年来生态建设的重点区域。

目前，通过人工造林已取得了显著的水土保持效果，但人工林树种单一，纯林多，防护效益相对较低。建议大力营造以灌木为主的水土保持林，优化、修复人工纯林，形成以灌木为主、乔灌结合、灌草结合的半自然生态系统，同时积极推进农田防护林建设和退耕还林还草工作，退耕地可适度营造沙棘、山杏、榛等经济灌木，以保障退耕工作的长期稳定和持续健康发展。

3.1.2　主要灌木群落

（1）虎榛子灌丛（Form. *Ostryopsis davidiana*）

虎榛子是华北山地常见的落叶灌木，根系发达、萌生能力强、较耐瘠薄，主要分布在陕北黄土高原、大兴安岭南部山地、阴山山脉和贺兰山地等。以虎榛子为主要优势种的灌丛是本地区广泛分布的类型。因其根系具有很强的分蘖萌发能力，可由一个个体发展成一大片，因而常形成单纯的虎榛子群落（邹厚远 等，1980）。随生境条件的不同，虎榛子灌丛的种类组成亦有所不同，分布在中山带水分条件较好的灌丛，盖度可达80%，伴生种有土庄绣线菊、蒙古荚蒾（*Viburnum mongolicum*）、黄刺玫、长梗扁桃等灌木，草本层由山丹（*Lilium pumilum*）、野豌豆、地榆、铃兰（*Convallaria majalis*）、黄精（*Polygonatum sibiricum*）、藜芦（*Veratrum nigrum*）、歪头菜（*Vicia unijuga*）、龙芽草（*Agrimonia pilosa*）等组成；分布在低山带的灌丛，生境水分条件较差，常伴生长梗扁桃、小叶鼠李（*Rhamnus parvifolia*）、小叶锦鸡儿、小叶忍冬（*Lonicera microphylla*）等灌木，线叶菊、碱菀（*Tripolium pannonicum*）、冷蒿、鸦葱（*Scorzonera austriaca*）等杂类草，以及狼针草、糙隐子草、冰草和羊草（*Leymus chinensis*）等禾草。虎榛子灌丛具有一定的稳定性，在受到保护的情况下，可以向山杨林或栎林发展，在本地区起着极其重要的改良土壤和水土保持作用，其叶子还可作为猪的优质饲料。

（2）绣线菊灌丛（Form. *Spiraea*）

绣线菊灌丛包括以绣线菊属（*Spiraea*）几种植物为建群种组成的群落类型，是温带落叶灌丛中最典型的群落之一（中国植被编辑委员会，1980）。本地区最常见的和主要的建群种类是三裂绣线菊（*Spiraea trilobata*）、土庄绣线菊和蒙古绣线菊（*Spiraea mongolica*）等，主要分布在阴山山地及其南麓丘陵。以三裂绣线菊为主要优势种的灌丛郁闭度不高，0.3～0.5，高度30～50 cm，其生境随海拔的变化而变化，在海拔1500 m左右时多生长在石质山地的阳坡，海拔低于1300 m时，则转到半阳坡至阴坡，与土庄绣线菊、黄刺玫等灌木混生在一起，草本层覆盖度小于30%，由线叶菊、溚草（*Koeleria macrantha*）、寸草、防风（*Saposhnikovia divaricata*）等组成，半灌木白莲蒿常成局部优势。以土庄绣线菊为主要优势种的灌丛多分布在与草原接壤的低山丘陵上，并具有明显的草原化特点，高40～60 cm，盖度达60%，一般分布在虎榛子灌丛上部，草本层中草原植物占优势，如线叶菊、尖叶铁扫帚（*Lespedeza juncea*）、委陵菜（*Potentilla chinensis*）、白莲蒿等。以蒙古绣线菊为主要优势种的灌丛较上述几类灌丛旱生性明显增强，群落一般分两层，灌木层比较稀疏，盖度在30%左右，伴生灌木有旱榆（*Ulmus glaucescens*）、蒙古栒子（*Cotoneaster mongolicus*）、小叶忍冬、黄刺玫、狭叶锦鸡儿（*Caragana stenophylla*）、小叶金露梅、白莲蒿等，草本层以草原植物为主，如长芒草、冰草、细叶鸢尾（*Iris tenuifolia*）、阿尔泰狗娃花、瓦松（*Orostachys fimbriata*）等，盖度为15%～20%。

（3）黄刺玫灌丛（Form. *Rosa xanthina*）

黄刺玫是华北区系成分的旱中生灌木，具有喜暖、耐干旱等特性，主要分布在我国东北、华北等地区(马毓泉,1989)。以黄刺玫为主要优势种的灌丛主要分布在本地区阴山山地的低山带,以阳坡为主。黄刺玫灌丛群落常分为两层,灌木层由楼斗菜叶绣线菊(*Spiraea aquilegiifolia*)、蒙古绣线菊、小叶忍冬、蒙古枸子、灰枸子、小叶鼠李、西伯利亚小檗(*Berberis sibirica*)、甘蒙锦鸡儿(*Caragana opulens*)、狭叶锦鸡儿等组成,但大都比较稀疏。草本层以长芒草、西北针茅(*Stipa sareptana var. krylovii*)、阿尔泰狗娃花、达乌里胡枝子、龙蒿(*Artemisia dracunculus*)等植物为主,盖度为 20%~30%。半灌木白莲蒿有时可形成层片,但分布不均,多成丛状(中国科学院内蒙古宁夏综合考察队,1985)。

(4)山刺玫灌丛(Form. *Rosa davurica*)

山刺玫是一种较耐寒、喜湿润的中生落叶灌木,枝条密生、树冠开展,耐瘠薄,主要分布在我国东北、华北地区。以山刺玫为主要优势种的灌丛主要分布在本地区阴山山脉中部山地的阴坡、半阴坡,多与水枸子(*Cotoneaster multiflorus*)、黑果枸子(*Cotoneaster melanocarpus*)、沙棘、土庄绣线菊、美丽茶藨子(*Ribes pulchellum*)、辽宁山楂(*Crataegus sanguinea*)、薄叶山梅花(*Philadelphus tenuifolius*)等组成灌木层。草本层有地榆、委陵菜、小黄花菜、北乌头(*Aconitum kusnezoffii*)、达乌里秦艽(*Gentiana dahurica*)、线叶菊等(中国科学院内蒙古宁夏综合考察队,1985)。山刺玫灌丛具有很好的保持土壤能力,对于增加土壤有机质含量、防止水土流失具有重要作用,其果实营养丰富,可作保健饮料、果汁、果酒和果酱等食品,花和种子可提取精油等(马毓泉,1989)。

(5)长梗扁桃灌丛(Form. *Amygdalus pedunculata*)

长梗扁桃是一种生于丘陵地区向阳石砾质坡地或坡麓的中旱生灌木,也见于干旱草原或荒漠草原(中国科学院中国植物志编辑委员会,1986),具有抗旱、抗风蚀、固沙等特性,是蒙古高原特有树种。以长梗扁桃为主要优势种的灌丛主要分布在本地区阴山山地低海拔地段及其南麓丘陵,海拔 1100~1500 m,可与虎榛子、土庄绣线菊、三裂绣线菊、黄刺玫、小叶鼠李、酸枣等灌木组成不同的群落。半灌木层片以蒙古莸、多花胡枝子、牛尾蒿、达乌里胡枝子等为主,在一些覆沙地或熔岩台地上半灌木层以百里香为优势。草本层由短花针茅、戈壁针茅、白羊草、糙隐子草、丛生隐子草(*Cleistogenes caespitosa*)、地蔷薇(*Chamaerhodos erecta*)、星毛委陵菜(*Potentilla acaulis*)、硬质早熟禾(*Poa sphondylodes*)、阿尔泰狗娃花等组成,盖度为 10%~30%(陈龙,2016)。长梗扁桃是重要的水土保持、园林绿化树种,其种仁可代"郁李仁"入药。

(6)蒙古扁桃灌丛(Form. *Amygdalus mongolica*)

蒙古扁桃是一种生长在低山丘陵坡麓、石质坡地上的落叶灌木,具有耐旱、耐瘠薄等特性。以蒙古扁桃为主要优势种的灌丛分布区生境严酷,干旱少雨,基岩裸露,植被稀疏,常与狭叶锦鸡儿、叉子圆柏(*Juniperus sabina*)、荒漠锦鸡儿(*Caragana roborovskyi*)、冷蒿、蓍状亚菊等灌木或小半灌木以及丛生小禾草短花针茅组成不同的群落,盖度为 20%~30%。在水分条件稍好的坡地上,灌木层多以金露梅、酸枣、小叶忍冬、小叶鼠李等植物组成;在生境干旱的坡地上,由狭叶锦鸡儿、油蒿、猫头刺等灌木或小半灌木组成。草本层有银灰旋花(*Convolvulus ammannii*)、糙隐子草、蒙古韭、芨芨草、白草、短花针茅、野鸢尾(*Iris dichotoma*)等(中国科学院内蒙古宁夏综合考察队,1985)。蒙古扁桃是国家Ⅱ级保护植物,灌丛下层具有多种牧草,在冬春季节具有较大的放牧利用价值,但应注意植被的保护,其种仁可入药(马毓泉,1989)。

（7）酸枣灌丛（Form. *Ziziphus jujuba* var. *spinosa*）

酸枣是一种较耐旱的灌木，广泛分布在我国的东北、西北、华北和西南地区。以酸枣为主要优势种的灌丛主要分布在海拔 1000 m 以下的向阳干燥平原、丘陵及山谷等地，灌丛高度 1~1.5 m，盖度 40%~60%。灌木层常由荆条、黄刺玫、小叶鼠李、山杏、绣线菊、虎榛子、达乌里胡枝子等植物组成。草本层主要有白羊草、远志（*Polygala tenuifolia*）、糙隐子草、委陵菜、狗尾草（*Setaria viridis*）、碱菀、长芒草等。酸枣常作为果树栽培，在水土流失地区，可作固土、固坡的水土保持树种。经济价值较多，如花富含蜜汁，为良好的蜜源植物，种子、树皮、根皮可入药，叶可作猪的饲料等（马毓泉，1989）。

（8）沙棘灌丛（Form. *Hippophae rhamnoides*）

沙棘是华北北部和西北地区常见的旱中生灌木，多生长在山地、丘陵、河谷地带，是落叶灌丛中较耐旱的类型（《中国植被》编辑委员会，1980）。以沙棘为主要优势种的灌丛在阴山山地及其南麓丘陵和鄂尔多斯高原均有分布。沙棘灌丛高 1~2 m，盖度 60%~80%，伴生灌木有黄刺玫、虎榛子、水栒子、葱皮忍冬（*Lonicera ferdinandi*）、达乌里胡枝子等。草本层常见种有白莲蒿、火绒草、白羊草、西伯利亚远志（*Polygala sibirica*）、墓头回、阿尔泰狗娃花、地榆等。沙棘生长迅速、分枝繁多，耐火烧，在黄土高原地区起着重要的改良土壤和水土保持作用，同时也是一种重要的经济植物，可酿酒、入药等，近年来被广泛开发利用（马毓泉，1989）。

（9）百里香灌丛（Form. *Thymus mongolicus*）

百里香是一种匍匐状的旱生小灌木，具有耐干旱、抗风蚀、风积等特性，广泛分布于欧亚草原区的典型草原地带。以百里香为主要优势种的灌丛是本地区分布面积最广、类型最丰富的植被类型，因原生植被长芒草草原受到抑制和破坏，能够适应风蚀的小半灌木百里香便会成为群落的建群种，演替为次生的百里香草原，常与长芒草、冷蒿、达乌里胡枝子、白莲蒿等形成不同的群落类型（中国科学院内蒙古宁夏综合考察队，1985）。灌木层常由小叶锦鸡儿、多花胡枝子、猫头刺等植物组成，小半灌木层以冷蒿为群落优势种、达乌里胡枝子为伴生种。草本层植物种类相对较为丰富，如长芒草、短花针茅、克氏针茅、戈壁针茅、大针茅（*Stipa grandis*）、糙隐子草、羊草、白草、沙芦草（*Agropyron mongolicum*）等禾草，阿尔泰狗娃花、拐轴鸦葱、草木犀状黄耆（*Astragalus melilotoides*）、花苜蓿（*Medicago ruthenica*）、星毛委陵菜、二裂委陵菜（*Potentilla bifurca*）、远志、黄芩（*Scutellaria baicalensis*）、达乌里秦艽等杂类草。此外，在局部土壤盐渍化和放牧过重的地区，常有大面积的寸草繁生。百里香灌丛在本地区起着重要的水土保持作用，还可作饲料、香料、药材等（马毓泉，1993）。

（10）白莲蒿灌丛（Form. *Artemisia stechmanniana*）

白莲蒿是一种可生长在砾石性基质山地的旱生半灌木，广泛分布于我国各地（马毓泉，1993）。以白莲蒿为主要优势种的灌丛主要分布在本地区阴山山地及其南麓丘陵，常与冷蒿、百里香、隐子草等组成不同的群落，盖度约为 30%~45%。分布在白莲蒿斑块之间的常见小半灌木有冷蒿、百里香、达乌里胡枝子、尖叶铁扫帚等。草本层有糙隐子草、多叶隐子草（*Cleistogenes polyphylla*）、羊草等禾草，乳白黄耆（*Astragalus galactites*）、远志、防风、白萼委陵菜（*Potentilla betonicifolia*）、轮叶委陵菜（*Potentilla verticillaris*）等杂类草（中国科学院内蒙古宁夏综合考察队，1985）。白莲蒿灌丛可作饲料，一般作为羊的夏季牧场。

（11）冷蒿+菨状亚菊灌丛（Form. *Artemisia frigida+Ajania achilleoides*）

冷蒿是泛北极区系成分的旱生小半灌木，具有更新能力强、耐旱、耐牧等特性，广泛分布在内蒙古高原、鄂尔多斯高原和黄土高原。以冷蒿为主要优势种的灌丛主要分布在本地区的鄂尔多斯高原，在侵蚀作用的影响下，短花针茅群落、沙生针茅群落受到抑制，被冷蒿灌丛所取代形成次生群落，耐旱、耐贫瘠的小半灌木菨状亚菊成为群落的亚优势成分，盖度为 15%～20%。群落植物种类组成单一，伴生的小半灌木有达乌里胡枝子、木地肤等，草本层由沙生针茅、戈壁针茅、无芒隐子草等组成（中国科学院内蒙古宁夏综合考察队，1985）。冷蒿全株可入药，还可作为营养价值良好的牲畜饲料。

（12）油蒿灌丛（Form. *Artemisia ordosica*）

油蒿是以鄂尔多斯高原为分布中心的特有种，是一种多分枝的旱生沙生半灌木，其分布区跨越了典型草原、荒漠草原和草原荒漠，常见于半固定和固定沙丘、山麓洪积扇径流线和山间盆地沙地（马毓泉，1993）。以油蒿为主要优势种的灌丛主要分布在本地区的阴山南麓丘陵和鄂尔多斯高原，盖度可达 20%～30%，群落结构简单，种类组成比较贫乏，常见的伴生种有圆头蒿、沙拐枣、阿拉善沙拐枣（*Calligonum alashanicum*）、沙木蓼（*Atraphaxis bracteata*）、白茎盐生草（*Halogeton arachnoideus*）、小画眉草（*Eragrostis minor*）、雾冰藜（*Bassia dasyphylla*）、沙生针茅、蒙古韭、无芒隐子草等（中国科学院内蒙古宁夏综合考察队，1985）。油蒿是一种优良的固沙植物，也是家畜冬春的主要饲草。

（执笔人：内蒙古师范大学 马少薇）

3.2 青海东部地区

3.2.1 概 述

青海东部地区位于青藏高原和黄土高原的过渡地区，主要包括河湟流域地区和部分黄河流域地区。行政辖区包括海东市、西宁市，海北藏族自治州海晏县、门源回族自治县及黄南藏族自治州尖扎县和同仁县。该地区的年降水量在 400 mm 以下，属于黄土丘陵区，海拔 2200～4000 m，生态环境恶劣。地势西高东低，自西向东分别为部分黄河流域地区及河湟流域地区，东部气候条件较西部好，灌木树种属于本地区的主导植被类型，大约有 200～300 种，占全省灌木树种总数的 70%～80%。灌木植被类型及其种类的组成表现出规律性的变化趋势，其主要分布在河湟地区中上游地带，在河湟流域地区东西呈现水平分布规律，也有明显的垂直分布规律，而东西向的水平分布隐于垂直分布之中（彭敏 等，1989）。灌丛是青海省东部地区山地中重要的植被类型，类型比较稳定，对涵养水源、保持水土具有十分重要的意义（陈桂琛 等，2001）。

由于本区地处青藏高原与黄土高原的交错地带，青藏高原的隆起和存在导致和形成了众多的生态界面或地理边缘，从而引起复杂交错的边缘效应（张新时，1990）。高原边缘山地森林灌丛植被是青藏高原生态地理边缘效应的产物和重要标志之一。本地区森林灌丛植被分布多集中于黄土低山丘陵与中高山地形接合地带。植被类型表现出一定的过渡与边缘特征，东部为黄土高原过渡区，有许多黄土高原植被类型的渗透与延伸；西部为共和盆地沙漠，南部则逐渐过渡到青藏高原高寒植被。本区则以青藏高原的各类高寒植被占据绝对优势，如杜鹃属植物起源中心为横断山区，并在高原进一步分化发展（河湟地区生态环境保护与可持续发展课题组，2012）。该地区灌丛主要类型如下。

3.2.1.1　温性灌丛

温性灌丛以耐旱生、盐生的柽柳属（*Tamarix*）、小檗属（*Berberis*）、锦鸡儿属（*Caragana*）为主。构成该类植被的主要灌木有鲜黄小檗（*Berberis diaphana*）、匙叶小檗（*Berberis vernae*）、唐古特忍冬（*Lonicera tangutica*）、沙棘、蔷薇（*Rosa* sp.）、蒙古绣线菊、锦鸡儿等温带常见灌木种，主要分布于大通河谷及湟水谷地海拔 2100～2800 m 的河谷及坡麓地区的林缘、林间空地及局部山地坡麓，呈斑块状或条带状，循化南部海拔 2800～3100 m 的山地阴坡也有分布。伴生草本植物常见的有糙喙薹草（*Carex scabrirostris*）、高原早熟禾、垂穗披碱草（*Elymus nutans*）等。群落总盖度为 80%～98%。

3.2.1.2　高寒山地灌丛

可分为高寒山地常绿灌丛、高寒落叶阔叶灌丛和高寒河谷灌丛 3 个类型。

（1）高寒山地常绿灌丛

高寒山地常绿灌丛以杜鹃花属（*Rhododendron*）、锦鸡儿属为主，多生于山地寒温性针叶林带上限的阴坡和半阴坡。主要分布于互助北山海拔 2800～3400 m 的山地阴坡（陈桂琛 等，1994a），隆务河流域南部林线以上海拔 2800～3600 m 的山地阴坡（陈桂琛 等，1994b）。以千里香杜鹃、头花杜鹃和长管杜鹃（*Rhododendron tubulosum*）为主要建群种。多密集连片生长，灌木层盖度 55%～85%。其他常见的伴生灌木有陇蜀杜鹃、烈香杜鹃、鬼箭锦鸡儿等。

（2）高寒落叶阔叶灌丛

高寒落叶阔叶灌丛是由耐旱性的中生或旱生落叶阔叶灌木建群种所组成，如柳属、杜鹃属、金露梅属（*Potentilla*）、锦鸡儿属、绣线菊属和鲜卑木属（*Sibiraea*）等。多分布于本区海拔 3000～3900 m 的山地阴坡、半阴坡或沟谷地带的阴、阳坡。群落主要灌木种有金露梅、鬼箭锦鸡儿、高山绣线菊、窄叶鲜卑花、矮生忍冬（*Lonicera rupicola* var. *minuta*）等，覆盖度 40%～50%，灌木下层以多年生耐寒中生草本植物为主。灌丛树种均表现为耐旱性，植株丛生，根系发达，固土持水能力强。鬼箭锦鸡儿灌丛多分布于高海拔地区的山地阴坡或半阴坡，金露梅植株高度相对矮小，亦可在滩地及山地缓坡形成优势群落。群落总盖度 80%～95%。

（3）高寒河谷灌丛

主要分布在大通河、湟水、黄河等干流海拔 3200～3600 m 的滩地，多处于天然林区边缘和乔木林分布界线下的山地，呈条带状或斑块状。主要类型有柳灌丛、中国沙棘灌丛、水柏枝灌丛、绣线菊灌丛和锦鸡儿灌丛等。优势种有具鳞水柏枝（*Myricaria squamosa*）、肋果沙棘（*Hippophae neurocarpa*）等。肋果沙棘灌丛分布的海拔高于具鳞水柏枝灌丛。

3.2.2　主要灌木群落

（1）杜鹃灌丛（Form. *Rhododendron* spp.）

杜鹃灌丛是青海省主要的高山灌木林类型之一。在青海东部山区垂直分布的海拔高度为 3100～3700 m，分布于山地寒温性针叶林带以上的阴坡和半阴坡，适生于寒冷湿润气候。一般杜鹃灌木层中约有杜鹃属树种 20 余种，群落结构简单，地上部分分层较明显，上层为灌木层，下层为草本及苔藓层。常见的有千里香杜鹃、头花杜鹃、陇蜀杜鹃和长管杜鹃，多为单优群落。而青海杜鹃（*Rhododendron qinghaiense*）、烈香杜鹃、密枝杜鹃、樱草杜鹃（*Rhododendron primuliflorum*）和黄毛杜鹃（*Rhododendron rufum*）则多混生，主要的伴生树种有鬼箭锦鸡儿、山生柳、金露梅、高山绣线菊等。灌木层盖度多为 60%～85%，最密者可达 90% 以上。灌木层下苔藓层发育良好，分布均匀，层盖度在 70%～80%。

（2）金露梅灌丛（Form. *Potentilla fruticosa*）

金露梅灌丛是青海高原灌木林中资源面积较大的类型之一，主要分布在海拔高于 2800 m 的高山峡谷或高原面上以及山顶，其分布区具有气候寒冷、水热同季、日照长、辐射强、温差大等特点。金露梅灌丛垂直分布幅度大，多与其他灌丛和高山草甸镶嵌分布，无独立的垂直分布带。金露梅灌丛一般仅有灌木和草本两层，在较阴湿的条件下，也常有苔藓分布。在灌木层中，以金露梅或小叶金露梅为优势种，但单优群落甚少见，大都组成以金露梅为优势种的混交灌丛。伴生种主要有高寒山生柳、高山绣线菊、鬼箭锦鸡儿、鲜卑花、窄叶鲜卑花、秦岭小檗（*Berberis circumserrata*）、红花岩生忍冬和岩生忍冬（*Lonicera rupicola*）等。金露梅灌丛灌木层平均高度为 25～60 cm，盖度一般在 40%～60%，并呈现出随海拔高度的上升植株高度趋于矮化的趋势。

灌木层下以草本层为主，多属高山草甸成分，种类比较丰富。主要有矮生嵩草、珠芽蓼、蕨麻（*Potentilla anserina*）、披碱草（*Elymus dahuricus*）、垂穗披碱草、草原早熟禾（*Poa pratensis*）、针茅和高山唐松草（*Thalictrum alpinum*）等，草本层盖度在 60%～70%。

（3）鬼箭锦鸡儿灌丛（Form. *Caragana jubata*）

鬼箭锦鸡儿主要分布在青海省东部的冷凉阴湿的阴坡，分布海拔高度为 3200～3800 m，主要以混交林形式存在。灌丛高度一般为 0.3～0.6 m，最高可达 1 m 以上，灌丛平均高度随海拔升高逐渐降低。鬼箭锦鸡儿灌丛多为混交灌丛，与头花杜鹃、千里香杜鹃和山生柳等灌丛镶嵌分布，伴生灌木树种主要有山生柳、高山绣线菊、金露梅、高山杜鹃、小檗（*Berberis* sp.）和鲜卑花等。草本层以矮生嵩草占优势，还有珠芽蓼、草玉梅、蓝花棘豆（*Oxytropis caerulea*）和唐古特岩黄蓍（*Hedysarum tanguticum*）等。灌草植被盖度多为 70% 以上。

（4）枸杞灌丛（Form. *Lycium* spp.）

青海东部河湟谷地主要分布的为北方枸杞（*Lycium chinese* var. *potaninii*）和宁夏枸杞灌丛，主要生于土层深厚的沟岸、山坡、田埂，在山麓坡积台地还分布有少量片状疏林。湟水河流域半干旱山地，天然分布有枸杞，也是枸杞栽种的适生区。宁夏枸杞栽培种种源基本来自于宁夏回族自治区，始栽于 20 世纪 60 年代初。近些年来，随着退耕还林工程的实施，部分枸杞灌丛已成为青海省东部地区重要的经济、绿化树种。

（5）沙棘灌丛（Form. *Hippophae rhamnoides*）

沙棘灌丛是青海省重要的灌木林之一，分布范围十分广泛。天然沙棘灌丛多见于河漫滩、低阶地、洪积扇和山麓，可在阴坡和半阴坡上形成较大面积的林分。在青海省东部黄土丘陵区主要为人工营造的沙棘灌丛，其面积已经超过天然林。

中国沙棘灌丛具有较大的生态适应幅度，分布范围宽广，主要分布在河湟流域的河漫滩上，以及东部浅山地区，常与乌柳等混生，一般生长良好。在少数立地条件好的地段，中国沙棘常长成小乔木状，高度可达 10 m 以上。主要伴生灌木植物有筐柳(*Salix linearistipularis*)、具鳞水柏枝、鲜黄小檗、短叶锦鸡儿(*Caragana brevifolia*)、红花岩生忍冬和小叶金露梅等。草本层主要有垂穗披碱草、草原早熟禾、甘青青兰(*Dracocephalum tanguticum*)和甘青老鹳草(*Geranium pylzowianum*)等。中国沙棘人工林主要分布在青海省东部浅山地带和河谷滩地，尤其是在东部黄土丘陵区，其适生立地条件为海拔 2400 m 以上，年降水量大约 400 mm，土壤为冲积土、暗栗钙土和栗钙土的河滩、沟谷和山坡阴地。尤其是近些年，中国沙棘已经成为东部干旱地区营造水土保持林、薪炭林和经济林最重要的造林树种之一。

肋果沙棘灌丛主要分布于青海省东部，生于海拔 2700～3900 m 的河流沿岸、河漫滩及山坡，灌丛高度可达 1.4～3.0 m，植株随海拔高度升高而趋于矮化，盖度达 60%～70%，由于盖度较大，灌丛下伴生灌草植物很稀少，其中伴生灌木植物有球花水柏枝(*Myricaria laxa*)、乌柳和岩生忍冬等，草本植物有草原早熟禾、珠芽蓼、黄花棘豆(*Oxytropis ochrocephala*)和鹅绒委陵菜等。

近些年来，人工营造的沙棘灌木林面积正逐年扩大，正成为一种重要的生态经济树种。

(6)乌柳灌丛(Form. *Salix cheilophila*)

乌柳主要分布在青海省东部的部分县市，如西宁、大通、乐都、互助等地，分布在海拔 1700～3800 m 的河谷、山坡溪流边。它是优良的防风固沙、护岸保土的生态树种。

(7)柽柳灌丛(Form. *Tamarix chinensis*)

柽柳主要分布在青海东部的黄河谷地，对土壤要求不严，能耐干旱瘠薄、盐碱和潮湿。在河漫滩或夏季河床地，与水柏枝混生，盖度达 40%～60%。历史上黄河两岸阶地有大面积的柽柳灌木林，如贵德县红柳滩、共和县的曲沟、贵南县的茶那河沙沟、兴海县的尕马羊曲和唐乃亥、同德县的军功等地。由于区内热量、水肥条件好，大部分地区已开垦为农田，保存的天然林较少，但保存的柽柳往往长成小乔木，偶尔能见到高达 10 m 的甘蒙柽柳。主要伴生树种有白刺、枸杞(*Lycium* spp.)、白麻(*Apocynum pictum*)和柴达木沙拐枣(*Calligonum zaidamense*)等。柽柳灌丛是一种适应性广、抗性强的水土保持和防沙治沙树种(王占林 等，2018)。

(8)匙叶小檗灌丛(Form. *Berberis vernae*)

匙叶小檗主要分布在东部的河湟流域各林区沟谷、坡地、河滩及山坡林缘灌丛中。生于海拔 2400～3900 m。温凉湿润环境，耐寒也耐旱，不耐水涝，喜光也耐阴，萌发力强，能适应多种土壤环境，根系发达，植株健壮，一般具有很强的耐寒和耐旱性。主要伴生灌木植物有红花岩生忍冬、短叶锦鸡儿等，灌木层下草本主要有黄花棘豆、珠芽蓼、鹅绒委陵菜和草玉梅等。小檗灌丛既是水土保持和水源涵养林建设的优良树种，也是具有观赏、药用和食用价值的经济树种。

(执笔人：青海大学 张登山、向前胜、高林、王丽、王丽慧、张政)

3.3　甘肃中东部地区

3.3.1　概　述

　　甘肃中东部地区主要包括兰州、白银、定西、临夏、天水、平凉、庆阳等地，地处黄土高原的陇西高原和陇东高原。其中甘肃省中部的陇西高原又称陇中高原，位于西秦岭、太子山以北，六盘山以西，甘、宁两省份界及乌鞘岭以南，甘、青省界以东的黄土丘陵沟壑区，属盆地型高原，海拔 1275~3321 m，大部分地区 1400~2000 m，地形破碎，多梁、峁、沟谷、垄板地形。本区属于北部冷温带半干旱、干旱气候，年降水量 110~352 mm，年蒸发量 2101 mm，气候干燥，日夜温差大，光照充足(陆佩毅，2011)。甘肃省东部的陇东黄土高原地势大致由东、北、西三面向东南部缓慢倾斜，海拔 1200~1600 m，西部最高达 2000 m 以上，最低在南部泾河谷地不到 1000 m。黄土高原由于受到河流的长期侵蚀切割，被分割为大小不等的塬、梁、峁和纵横深切的沟壑等地形。东部子午岭由南—北延伸的山岭以及沟谷与梁峁等地形组成，西部关山海拔在 2000 m 以上，其东侧的太统山和崆峒山海拔均在 2000~2300 m。本区属温带半湿润气候，年平均气温 8~10 ℃，1 月平均气温-4 ℃，7 月平均气温 20 ℃，无霜期 130~180 天，年平均降水量 400~700 mm，东部降水多于西部且多集中在 6~9 月。地带性土壤以黑垆土为主，但在海拔较高的山岭和石质山地以山地灰褐土为主(《甘肃森林》编辑委员会，1998)。

　　甘肃中东部黄土高原地区因其特殊的地理环境和气候条件，在灌丛植被的种类、分布方面也表现出一定的区域特征。主要包括有常绿阔叶灌丛，如青海杜鹃和黄毛杜鹃灌丛；落叶阔叶灌丛，如白刺花灌丛、山桃灌丛；荒漠灌丛，如锦鸡儿灌丛等。其中灌木种类丰富，分布面积较广的灌木群落约 14 类，水平分布区域广泛，且主要分布在陇西高原和陇东高原的低山地带，常成片状或带状分布，适应生境能力较强，部分灌丛在海拔梯度的分布差异在 500 m 以上，均表现出较强耐土壤瘠薄、耐寒耐旱的特点。这些灌丛在发育过程中林地面积发生了变化，群落结构也经历了复杂的演替变化。如陇东崆峒山区灌木林地由 1996 年的 3216 hm² 增加到 2015 年的 3865 hm²，群落结构在阳坡和阴坡间明显不同，阳坡主要分布白刺花、山桃(*Amygdalus davidiana*)和沙棘等耐旱抗瘠薄树种，阴坡物种明显多于阳坡，且生长茂盛，覆盖度高。阳坡以白刺花为建群种；半阳坡以沙棘为建群种；半阴坡和阴坡均以虎榛子为建群种。从阳坡到阴坡基本呈喜光耐旱树种白刺花到中性或偏耐阴的树种虎榛子的变化特征。在不受外界扰动情况下，灌木群落的演替始于裸露荒地，期间大致经历天然草地、灌草混生、灌木群落、亚灌木群落，并最终向乔木群落演替(李珍存，2015)。

　　甘肃中东部地区灌木林建设随着不同的历史时期，经历了不同的发展阶段。在新中国成立初期，主要栽植以柠条锦鸡儿和山桃为主的灌木树种来改善生产、生活环境，从而使灌木林面积较新中国成立初期有了大幅度增长。此后的 20 年间，由于历史的原因，对灌木林的保护与建设逐渐弱化，开垦种粮、过度放牧等使许多灌木林地惨遭破坏(李广，2005)。1998 年以后，随着天然林资源保护、退耕还林等国家重点林业生态工程的全面启动，该地区灌木林建设步入了快速发展的新阶段。在突出对现有灌木林资源保护的基础上，按照分类施策、分区突破的方针，进行科学合理的规划，并落实到了山头地块，灌木林面积不断扩大。在水土流失的丘陵区种植柠条锦鸡儿灌木林，可减少地表径流，减少径流中含沙量。许多灌木林都可作饲料、肥料、燃料、工业原料，有些地方已经建立了一批以山杏、沙棘为原料的加工企业。但该区对于灌木林的利用只是初级阶段，其潜在的经济效益远远没有开发出来。因此，在大力发展灌木林的同时，应积极兴办灌木林产业，在获取生态效益的同时，尽可能地创造更好的经济效益。如大力营造白刺花、沙棘、山桃、柠条锦鸡儿等耐旱灌木，立地条件较好的地方可以营造虎榛子，扩大资源规模，保证资源利用的永续性和灌木群落良性发展和演替（张龙生 等，2020）。

3.3.2 主要灌木群落

（1）白刺花灌丛（Form. *Sophora davidii*）

白刺花为豆科槐属灌木或小乔木，广泛分布于甘肃黄土高原，形成片状灌丛，主要分布于子午岭林区，关山东侧的崇信、灵台南部的小片林区和小陇山北坡低山地带（《甘肃森林》编辑委员会，1998）。白刺花灌丛分布的海拔高度在 1250～1600 m，生长于阳坡中上部或河谷以及基岩裸露的陡坡，分布区属陇东黄土丘陵沟壑区的温带半湿润区，年平均气温 7～12 ℃，极端最高气温 38 ℃，年降水量 500～800 mm。土壤为粗骨褐土或碳酸盐褐土，土层薄，多有页岩裸露，地表水土流失严重，所以造成灌丛分布地段生境干燥，有的由于中生落叶灌丛、森林植被（如侧柏林）遭受严重破坏，林地更趋于干旱化。

白刺花夏季盛开白色花或蓝白色花，秋季着捻珠状荚果，形成群落的特有景观。在陇东黄土丘陵沟壑区，有些地段白刺花灌丛的灌木层比较稀疏，长势也较差，灌木层覆盖度一般为25%～50%，有些地段覆盖度较大、高度 0.5～1 m。白刺花灌丛种类组成除优势种白刺花外，混生的常有柳叶鼠李（*Rhamnus erythroxylum*）、文冠果、黄蔷薇、紫丁香（*Syringa oblata*）、酸枣、葱皮忍冬等。零星可见有花叶海棠（*Malus transitoria*）、茅莓、胡颓子等十余种。草本层覆盖度50%左右，高度 0.1～0.4 m，优势种类白草覆盖度 20%～25%，其他主要种还有细裂叶莲蒿（*Artemisia gmelinii*）、萎蒿（*Artemisia selengensis*）、翻白草（*Potentilla discolor*）、白头翁等（李珍存 等，2015）。其次还有禾本科（Poaceae）的大油芒、黄背草和山野豌豆（*Vicia amoena*）、远志等十余种。此外，部分立地条件较好地段散生有杜梨、山杏、榆树（*Ulmus pumila*）、蒙古栎（*Quercus mongolica*）、臭椿（*Ailanthus altissima*）等幼苗幼树。本灌丛生境干燥，乔木林难以发育生长，其他中生性灌丛亦不能形成优势种，所以耐旱的白刺花所形成的群落比较稳定。

（2）山桃灌丛（Form. *Amygdalus davidiana*）

山桃是蔷薇科桃属常见的观赏植物，其自然分布区域广泛，甘肃境内自然分布区为陇东黄土高原关山林区两侧的华亭、庄浪等地和陇中黄土丘陵沟壑区南部（《甘肃森林》编辑委员会，1998）。

山桃灌丛在植被分类系统中属于山地中生落叶阔叶灌丛类型，在甘肃分布区的平均海拔高度为 1400～1700 m，其中关山中段高达 2000～2200 m，生长于阳坡、梁脊及阳向沟谷西侧陡坡地。其分布区呈现出温带湿润—半湿润、冬冷夏暖的气候特征。在陇东地区年均气温 7.9～9.7 ℃，极端最低和最高温度分别为 -19.9 ℃ 和 34.8 ℃。降水多集中于 7～9 月，年降水量 517～619 mm，平均相对湿度 65%～70%。土壤为黄土母质发育的典型褐土和山地褐土，呈中性至微碱性，碳酸钙含量 10% 以下，一般较湿润肥沃、陡坡植被覆盖度低的地段，水土流失较严重，土壤干燥贫瘠。

山桃灌丛结构有灌木层和草本层，组成种类简单，且大多都是原森林群落或林缘常见的种类，灌木层高度 1.0~2.5 m，总覆盖度 40%~80%，山桃覆盖度 30%~50%。其他灌木主要有黄蔷薇、紫丁香、短柄小檗（*Berberis brachypoda*）、胡枝子、木梨（*Pyrus xerophila*）、三裂绣线菊，部分地段还有沙棘、榛子、文冠果、白刺花、山杏等。草本层覆盖度 50%~70%，高度 0.2~0.6 m，优势种和主要种类为白毛羊胡子草、宽叶薹草（*Carex siderosticta*）、长芒草、细裂叶莲蒿，其次有臭蒿（*Artemisia hedinii*）、牡蒿、阿尔泰狗娃花以及北柴胡（*Bupleurum chinense*）、狼毒、远志等。

生长于地势较缓、生境条件较好的地段的山桃灌丛内常散有萌生的蒙古栎、山杨、白桦、杜梨等乔木树种。

山桃的生态适应性强，既喜湿润肥沃土壤，亦能耐旱、耐寒、耐贫瘠，容易更新成活。其幼树有明显主干，随着树龄增大，常从基部萌发侧枝。

（3）沙棘灌丛（Form. *Hippophae rhamnoides*）

沙棘属胡颓子科沙棘属落叶性灌木，是一种适应能力很强的灌木。沙棘天然林在甘肃的陇东地区广泛分布，主要分布在定西、天水、平凉等地，定西、天水 2 市分布在 1.30 万 hm² 以上，平凉分布有 0.66 万~1.30 万 hm²。其垂直分布从海拔 700 m 的沟谷地带，到海拔 3600 m 的山坡或梁峁顶均可见到（陶雪松，2003）。在林区多成小片状分布于树木稀少的阳坡和林缘，林木茂密的阴坡只有零星分布。在非林区，阳坡一般分布较少，且生长差，阴坡分布多而生长较好。沙棘对土壤的适应性也很强，水分要求也不高，在 0~40 cm 土层，不论含水量 5% 左右的梁峁顶部和含水量达 15% 以上的沟谷地带，均可生长，但在黏性土壤上生长较差。天然沙棘在缓坡地带一般 3 年生开始挂果，6~8 年为第 1 个盛果期，13~15 年为第 2 个盛果期，25 年后花少果稀，逐渐进入老龄阶段。

沙棘常占绝对优势形成单优群落，沙棘的叶子具有银灰色状鳞毛，外貌呈灰绿色。灌丛的组成随地区不同而有差异，平均覆盖度在 60% 以上，平均高在 1.5~3.0 m。较常见的其他灌木有榛、黄蔷薇、胡颓子、水枸子、甘肃山楂（*Crataegus kansuensis*）等。有些灌丛内还散生有山杨、白桦、红桦（*Betula albosinensis*）、杜梨、蒙古栎、山杏等乔木树种（《甘肃森林》编辑委员会，1998）。

沙棘叶较细小，覆盖不密，阳光易透过，所以下层植物较密，半灌木层和草本层的覆盖度一般在 75% 以上，其种类组成视邻近的半灌木和草本群落而定。出现较多的有白颖薹草（*Carex duriuscula* subsp. *rigescens*）、羊胡子草、细裂叶莲蒿、甘草、龙胆（*Gentiana scabra*）、火绒草、白羊草、中国马先蒿（*Pedicularis chinensis*）、远志、大火草（*Anemone tomentosa*）、前胡（*Peucedanum praeruptorum*）、北柴胡、地榆、紫菀（*Aster tataricus*）、蒲公英（*Taraxacum mongolicum*）、毛秆野古草（*Arundinella hirta*）、败酱（*Patrinia scabiosifolia*）、鹿蹄草（*Pyrola calliantha*）、芨芨草、北艾（*Artemisia vulgaris*）、旋覆花（*Inula japonica*）、刺儿菜（*Cirsium arvense* var. *integrifolium*）、冰草等。

（4）锦鸡儿类灌丛（Form. *Caragana* spp.）

锦鸡儿为豆科锦鸡儿属，是暖温带和高寒湿润区森林草原种、荒漠侵入种、地区特有种与古老的原始种共同构成兰州地区主要的落叶阔叶灌丛和草原地带的灌木层（王玉霞，2018）。野生锦鸡儿类灌丛在陇中黄土高原兰州地区广泛分布，其中广泛分布种主要有荒漠锦鸡儿和白毛锦鸡儿(*Caragana licentiana*)，这两种锦鸡儿除在降水量 350~400 mm 的部分地带形成优势群落外，在 260~350 mm 的草原地带主要以灌丛形式出现。在榆中定远、皋兰忠和、永登毛茨岘子、兰州市郊荒山都有分布，皋兰南部大砂沟流域、永登毛茨岘子均能看到 0.03~0.2 hm² 的荒漠锦鸡儿残存灌丛。阳坡以超旱生灌木红砂、珍珠猪毛菜、合头草等为主，草本层以一年生植物为主，盖度 5%~35%。阴坡以短花针茅等多年生草本为主，灌木层散生红砂，覆盖度 55%~75%，地面有生物土壤结皮。有些灌丛的草本层是以禾本科(Poaceae)的长芒草、冰草，莎草科的香附子(*Cyperus rotundus*)、菊科的灌木亚菊、紫菀等多年生草本植物或小半灌木为主，阳坡覆盖度 60%~80%，阴坡覆盖度 90%~95%。

（5）虎榛子灌丛(Form. *Ostryopsis davidiana*)

虎榛子属桦木科虎榛子属，特产于我国。在甘肃陇东地区主要分布于华亭、张家川、庄浪、崆峒山等黄土丘陵沟壑区，形成矮灌丛，是温带地区的落叶阔叶灌丛，为森林破坏后的次生类型(《甘肃森林》编辑委员会，1998)。虎榛子是华北植物区系种类，耐干旱、耐寒，常形成密集的单优势种群落，随生境的不同，群落高低，疏密程度也极不一致，组成成分也各异。分布区内人为活动频繁，常间断分布在阴坡或阳坡。

在水分条件较好的林缘及阳坡，灌丛覆盖度可达 80%，高度 0.8~1.5 m。其组成种类以虎榛子为优势种，与其混生的有少量的黄蔷薇、沙棘、土庄绣线菊、水栒子等。草本层有细裂叶莲蒿、墓头回、硬质早熟禾、牡蒿、隐子草、山丹、地榆、白羊草、长芒草、纤毛披碱草(*Elymus ciliaris*)等。在林缘群落中可见一些残留矮生乔木树种如山杨、蒙古栎(*Quercus mongolica*)、山荆子等。在黄土丘陵干旱区，虎榛子常沦为矮生灌丛，高度 0.5 m 左右，在偏辟地方星散出现。由于生境干旱，草原成分侵入，灌木有多花胡枝子、鼠李(*Rhamnus davurica*)、花木蓝(*Indigofera kirilowii*)等，半灌木有细裂叶莲蒿、萎蒿等。灌木层盖度 60%，高 20~50 cm。草本种类有远志、柴胡(*Bupleurum*)、节节草(*Equisetum ramosissimum*)、针茅、糙隐子草)、截叶铁扫帚、冰草、三脉紫菀、地榆、蓝盆花(*Scabiosa comosa*)等。藤本植物有南蛇藤(*Celastrus orbiculatus*)、蛇葡萄(*Ampelopsis glandulosa*)、铁线莲(*Clematis florida*)等。在崆峒山的半阴坡建群种虎榛子的重要值为 195.11，伴生种西北栒子(*Cotoneaster zabelii*)、华北香薷(*Elsholtzia stauntonii*)和金银忍冬(*Lonicera maackii*)的重要值分别为 7.76、3.31 和 1.97。在崆峒山的阴坡主要形成以虎榛子占绝对优势的单优群落，建群种虎榛子重要值达 220.61，优势种为胡枝子和蒙古栎重要值分别为 23.97 和 22.57，伴生种重要值均较低。以上建群种、优势种和伴生种在不同局部环境下各自组成主要构成虎榛子+蒙古栎、胡枝子+西北栒子、华北香薷、金银忍冬等群落。

（6）沙冬青灌丛(Form. *Ammopiptanthus mongolicus*)

沙冬青为豆科沙冬青属常绿灌木，属古地中海残遗种，也是迄今为止我国温带荒漠的唯一珍贵常绿灌木。沙冬青分布区的自然条件严酷，风大沙多，干旱缺水，植被稀少。

沙冬青成片或断续小片分布于甘肃中东部的景泰、皋兰等县，其中一条山的红砂砚、红卫火车站一带分布的天然灌丛林面积达 2660 余 hm²，且较集中。从水平分布来看，沙冬青呈断续、零散的分布趋势，其垂直分布范围大致介于海拔 1000~2000 m 之间。分布区地形复杂，于山前冲积洪积砾石质准平原、沙砾质硬梁、石质山地、侵蚀沟沿、基岩裸露的低山石缝、固定半固定沙地以及干旱的黄土丘陵顶上均见生长。

沙冬青常与旱生或超旱生植物如小叶锦鸡儿、盐蒿、白刺、红砂、柠条锦鸡儿、沙蓬、甘肃锦鸡儿(*Caragana kansuensis*)、骆驼蓬(*Peganum harmala*)及霸王等混生，以沙冬青为主组成群落、植被覆盖度25%~30%(《甘肃森林》编辑委员会，1998)。

沙冬青的适应性很强，除在地下水位过高的盐渍化地上未见分布外，在其他各种土地上均能正常生长。一般在黏土、沙土、石质山地、砾质沙地上生长较好，10年生植株可高达1~1.5 m，平均冠幅可达1.5~2.0 m，年均增高量在15 cm左右。生长在地下水位较高的固定、半固定沙地的沙壤、壤质土上时，可高达1.5~2.5 m，甚至更为高大，平均冠幅可达2.5~3.3 m，年生长量25 cm以上，长势旺。

(7)青海杜鹃和黄毛杜鹃灌丛(Form. *Rhododendron qinghaiense*+*Rhododendron rufum*)

青海杜鹃和黄毛杜鹃是杜鹃花科杜鹃属常绿小灌木，灌丛主要分布在甘肃省榆中县境内的兴隆山和马衔山海拔2900~3000 m的阴坡，群落生境比较湿润、温暖(《甘肃森林》编辑委员会，1998)。

该灌丛基本上是原生植被，但也有少量由于亚高山暗针叶林被破坏后出现的次生群落。群落覆盖度达90%左右，组成群落的植物约20种。灌木层的伴生植物有烈香杜鹃、刚毛忍冬、太白花楸(*Sorbus tapashana*)、杯腺柳等。苔藓层植物有山羽藓(*Abietinella abietina*)、毛尖羽藓(*Thuidium plumulosum*)、三洋藓(*Sanionia uncinata*)、无疣墙藓(*Tortula mucronifolia*)、刺叶真藓(*Bryum lonchocaulon*)、黄色真藓(*Bryum pallescens*)、赤茎藓、毛尖藓(*Cirriphyllum piliferum*)、大羽藓(*Thuidium cymbifolium*)、云南红叶藓(*Bryoerythrophyllum yunnanense*)等。草本植物较少，不形成层次，其主要的草本植物有高山冷蕨(*Cystopteris montana*)、冷蕨(*Cystopteris fragilis*)、鹿蹄草、珠芽蓼等。

林下灌木层的主要优势种有白刺花、多花胡枝子、土庄绣线菊、虎榛子等，常见种有黄蔷薇、胡颓子、圆叶鼠李(*Rhamnus globosa*)等。

(8)茅莓灌丛(Form. *Rubus parvifolius*)

茅莓属蔷薇科悬钩子属木本落叶灌木。甘肃省的茅莓资源主要分布于天水、平凉、庆阳等地市(刘黎君，2013)。茅莓灌丛丛高1 m，枝条呈弓形弯曲，近平卧，长2~3 m，具针状倒生皮刺，小枝被灰白色短柔毛和细刺覆盖。

在陇东黄土高原沟壑区，茅莓一般是无人工栽培的纯林，在自然状态下多为零星散生为主，能形成单独群丛。在亚高山和中山上部，多生于阳坡、半阳坡、沟谷或林缘；在低山丘陵和中山下部，常见于阴坡、半阴坡、沟谷或林下，在自然条件较好的地方以优势种或伴生种与山桃、胡颓子等组成多种不同的群落。

(9)毛榛灌丛(Form. *Corylus mandshurica*)

毛榛是桦木科榛属灌木植物，灌丛在甘肃陇东地区主要分布于华亭、张家川、庄浪、子午岭及小陇山林区，呈小片分布，出现于阴坡、半阴坡(《甘肃森林》编辑委员会，1998)。毛榛灌丛所生长的土壤多为褐色土。灌丛高度为1.5 m左右，外貌整齐，覆盖度70%~90%。灌木层混生种有甘肃山楂、毛樱桃、葱皮忍冬、黄蔷薇、山刺玫、三裂绣线菊、珍珠梅等。草本层有紫菀、唐松草、山野豌豆、升麻(*Cimi-cifuga foetida*)、芒(*Miscanthus sinensis*)、狼毒、远志等，此外还有低矮草本层，如羊胡子草、草莓(*Fragaria* × *ananassa*)等。藤本有南蛇藤、葛(*Pueraria montana*)等，常在毛榛灌丛中遇到杜梨、山荆子、山杨、蒙古栎等乔木树种，有时还混有箭竹，这充分显示出毛榛灌丛是从森林破坏后的迹地发展起来的。

（10）美丽胡枝子灌丛（Form. *Lespedeza thunbergii* subsp. *formosa*）

美丽胡枝子属豆科蝶形花亚科胡枝子属植物，主要分布在甘肃省庆阳、天水、平凉、兰州等地区，为林下的主要灌木，生于海拔 2800 m 以下的山坡、林缘、路旁及灌丛中（马彦军，2009）。在天水小陇山林区普遍分布在海拔 1400~1800 m 的山脊，山坡的上、中、下各部，但阳坡较少见，高度 1~2 m，覆盖度在 80% 以上。伴生灌木种类较多的有榛、中华绣线菊、多花胡枝子、胡颓子、珍珠梅等。草本层有大披针薹草、龙芽草、歪头菜、牡蒿、唐松草、蓝头回、牛至（*Origanum vulgare*）、前胡、返顾马先蒿（*Pedicularis resupinata*）、北柴胡、地榆等。

（11）花叶丁香灌丛（Form. *Syringa persica*）

花叶丁香是木犀科丁香属小灌木，灌丛在北秦岭北坡的天水、甘谷、武山，关山南端的清水、张川等县的林缘成间断性的片状分布，它常生长于海拔 1800 m 以下的低山丘陵坡麓的半阴坡、半阳坡（《甘肃森林》编辑委员会，1998）。土壤为红砂岩或沙砾含量多的褐色土，较干燥瘠薄。在北秦岭南，花叶丁香多见于石灰岩母质的土壤上，呈散生状态。

花叶丁香灌丛高度 1.5~3.0 m，覆盖度 60% 左右。群落结构可分为灌木层和草本层。灌木层除丁香外还有白刺花、紫丁香、卫矛、木蓝（*Indigofera tinctoria*），半灌木有细裂叶莲蒿、艾（*Artemisia argyi*）、红花岩黄芪（*Hedysarum multijugum*）等。草本层有柯孟披碱草、芒、隐子草、地角儿苗（*Oxytropis bicolor*）、远志、红直獐牙菜（*Swertia erythrosticta*）、鹅绒藤（*Cynanchum chinense*）、茜草（*Rubia cordifolia*）等。

（12）狼牙刺灌丛（Form. *Sophora viciifolia*）

狼牙刺是豆科槐属半常绿落叶灌木树种，灌丛分布于甘肃境内小陇山林区的南北坡的地区和宽的沟谷地的向阳处，土质多为典型褐色土或碳酸盐褐色土（毛学文，2005）。高度 1.5~2 m，生长良好，与其共生的灌木有荆条、酸枣、黄栌、鼠李、胡枝子、绣线菊、多花胡枝子等。草本层有白羊草、薹草（*Carex* spp.）、白头翁、委陵菜、翻白草、北柴胡、二裂叶委陵菜、香青等。

（13）连翘灌丛（Form. *Forsythia suspensa*）

连翘是木犀科连翘属植物，灌丛分布于甘肃境内小陇山林区海拔 1000~1500 m 的浅山区，主要分布在东岔、太录、麦积、李子、麻沿、江洛、榆树及林场的沿途（毛学文 等，2005）。其灌丛多生于坡麓、沟谷两岸的荒地及空旷地，土壤多为褐色土，透水性强。群落高度 1.0~1.5 m，覆盖度为 60%~80%。伴生的灌木有榛、灰栒子、黄蔷薇、虎榛子、砂生槐、盘腺樱桃（*Prunus discadenia*）等。草本有牡蒿、漏芦（*Rhaponticum uniflorum*）、白头翁、歪头菜等。藤本植物有南蛇藤、卵果蔷薇（*Rosa helenae*）等。

连翘灌丛是山地落叶阔叶林砍伐后形成的次生植被，适应性强，喜光、耐寒、耐涝、耐贫瘠，分布的土壤以棕壤土、褐土为主。连翘作为落叶阔叶灌丛演替后期的优势种，在维护灌丛群落稳定性中作用比较大。

（14）胡颓子灌丛（Form. *Elaeagnus pungens*）

胡颓子灌丛分布于甘肃境内小陇山海拔 1800 m 以下平坦的梁脊、缓坡、山间平坦的向阳处，高度 1~1.5 m，覆盖度 30%~80%（毛学文 等，2005）。与其共生的灌木有美丽胡枝子、榛等。草本层薹草占优势，还有龙芽草、薄雪火绒草、漏芦、乳白香青（*Anaphalis lactea*），还有少量的前胡、北柴胡、防风、狼尾花（*Lysimachia barystachys*）、大戟（*Euphorbia pekinensis*）等。

胡颓子灌丛冬季或春夏季开淡白色或金黄色的小型花，常密集下垂，秋季或春夏季结成粉红色下垂的果实。

（执笔人：甘肃农业大学 种培芳）

3.4 宁南六盘山地区

3.4.1 概 述

六盘山黄土高原地区位于宁夏南部，横跨固原、隆德、泾源 3 个县区；山脉整体为南北走向，南端为宁夏与甘肃的行政区划线，北端为固原北部地区。由于西侧的平行山脉组成了六盘山的山体主体，所以六盘山可被分为东西两个部分。东部地区以秋千架为主，气候温暖，漆树、膀胱果等暖温带植物生长在该区域。西部地区以 2500 m 以上的高山为主，气温较低。六盘山属于典型的大陆性季风气候区，冬季寒冷干燥，夏季高温多雨；7 月平均气温为 17 ℃，1 月平均气温为-7 ℃；年降水量在 700 mm 左右。极端的最高温达到 30 ℃，极端低温 ≤ -25 ℃。六盘山地区的年温差与日温差较大，无霜期在 90~100 天(张源润 等，2000)。

六盘山灌木资源丰富，植物区系复杂，类型多样。该地区的灌木主要分为 3 种类型：一是与乔木林生长在一起，形成上下层的结构类型，由于灌木生长常常受高大乔木树冠的影响，光照严重不足，生长速度缓慢；二是部分灌木生长在乔木与乔木之间的空斑地区，虽然生长不受光照的影响，水热条件优越，但是品种单一，种间竞争能力不强；三是森林破坏后及林缘聚集生长的灌木类型，生长密集，物种丰富，根系如网，密集盘结生长，不仅可直接固定土壤，防止侵蚀，并对天然降雨起到了缓冲与过滤的作用，也具有重要的涵养水源的作用(程积民 等，1989)。

据统计，宁南六盘山地区的灌木种类包括了 26 科植物，涵盖了 52 属 186 种，种类极为丰富。在六盘山分布的 26 科灌木树种中，含 30 种以上的科只有蔷薇科(Rosaceae) 1 科，含 13 属 63 种，分别占六盘山地区灌木总科数、总属数、总种数的 3.85%、25%、33.87%；含 10~19 种的科有 4 科 14 属 69 种，分别占六盘山地区灌木总科数、总属数、总种数的 19.23%、26.92%、37.10%；含 5~9 种的科共 3 科 6 属 24 种，分别占六盘山灌木总数的 11.54%、11.54%、12.90%；含 2~4 种的科共 7 科 9 属 20 种，分别占六盘山灌木总科数、总属数、总种数的 26.92%、17.31%、10.75%；只含有 1 种植物的科共 10 科 10 属 10 种，占总科数的 38.46%、总属数的 19.23%、总种数的 5.38%。综合数据可知，六盘山地区灌木以蔷薇科、小檗科(Berberidaceae)、虎耳草科(Saxifragaceae)、豆科(Fabaceae)、卫矛科(Celastraceae)、忍冬科(Caprifoliaceae)为优势科。六盘山灌木的 52 属中，包含物种种数在 10~19 的属共 6 属 75 种，分别占六盘山灌木总属数、总种数的 11.54%、40.32%；含 5~9 种的属共 6 属 42 种，分别占六盘山灌木总属数、总种数的 11.54%、22.58%；含 2~4 种的属共 17 属 46 种，分别占总属数、总种数的 32.69%、24.73%；只含有 1 种植物的属共 23 属 23 种，分别占总属数的 44.23%、12.37%。综合数据得知有小檗属(Berberis)、茶藨子属(Ribes)、栒子属(Cotoneaster)、蔷薇属

（*Rosa*）、卫矛属（*Euonymus*）、忍冬属（*Lonicera*）是六盘山灌木的优势属。

六盘山的地理位置与气候条件都较为特殊，它位于温带草原地区的森林草原地带。灌木是该地区木本植物的重要组成，灌木占木本植物的比重达到 25% 左右（程积民 等，1989）。同时，宁南六盘山地区复杂的地貌类型，使木本植被的垂直分布受海拔高度的影响差异明显，主要木本植被类型的垂直分布明显。从我国的植被气候带分布来看，六盘山属草原区域范围，但在黄土高原西部则处于典型草原向森林草原或草甸草原的过渡地带。因此，该山系植被的垂直分布具有温带半湿润区植被组合的特点和规律（宁夏农业勘查设计院，1988）。

3.4.2 主要灌木群落

根据《宁夏森林》（《宁夏森林》编辑委员会，1990）、《宁夏通志》（《宁夏通志》编纂委员会，2008）的介绍，六盘山地区主要灌木群落如下：

（1）箭竹灌丛（Form. *Fargesia spathacea*）

箭竹灌丛仅分布在海拔 1900～2000 m 以上的阴坡、半阴坡和半阳坡。土壤为普通灰褐土和淋溶灰褐土。群落总盖度 70%～90%。结构简单，分层明显，一般只有灌木层和苔藓层。灌木层盖度 50%～70%，高度 1～2 m。箭竹占绝对优势，分盖度达 40%～50%。次优势种为小叶柳、中华柳等，常见种有甘肃山楂、水枸子、鞘柄菝葜、扁刺蔷薇、土庄绣线菊、唐古特忍冬。

（2）沙棘灌丛（Form. *Hippophae rhamnoides*）

本区沙棘灌丛分布较广，一般见于山地海拔 1600～2400 m 的阴坡和阳坡。但阳坡分布较少，生长较差；阴坡分布较多，生长较好，尤其以沟底、路边和梁脊最为密集。群落外貌呈灰绿色，夏季结果时则呈红黄绿相间，季相十分明显。群落总盖度 80%～90%，其中，灌木层盖度 50%～60%，高度 1～3 m。沙棘占绝对优势，分盖度达 40%～50%，常见种有水枸子、土庄绣线菊、牛奶子。草本层盖度 50%～70%，高度 20～50 cm，优势种为白莲蒿和华北米蒿，次优势种是短柄草和薹草，常见种有东方草莓、大火草、阿尔泰狗娃花、多茎委陵菜、甘菊等。根据草本层优势种类及生境特点，将本区的沙棘灌丛分为两个群丛。

沙棘-白莲蒿+华北米蒿群丛主要分布在阴坡或半阴坡森林边缘，灌木层平均高度 1.5～2 m，盖度 70%～80%，其中沙棘盖度达 50%～60%。伴生种有胡枝子、针刺悬钩子、川滇小檗等。草本层盖度 50%～60%，以白莲蒿和华北米蒿为主，其余常见种有狼毒、泡沙参、白羊草、薹草、东方草莓等。

沙棘-短柄草+薹草群丛主要分布在半阴坡，生境较前一群落干旱。群落盖度较小，沙棘生长没有阴坡好，但形成单优群落。草本层常见有蔓草、短柄草、白莲蒿、细叶亚菊、华北蓝盆花等。

（3）虎榛子灌丛（Form. *Ostryopsis davidiana*）

在六盘山地区，它分布在山地海拔 700～2200 m 的阴坡、半阴坡和半阳坡，少数见于阳坡，多呈小块状分布。其中：

虎榛子-白莲蒿+华北米蒿群丛总盖度 70%～90%，其中灌木层盖度 50%～70%，高度 0.5～1 m。除建群种虎榛子外，伴生种有水枸子、沙棘、牛奶子、甘肃小檗等。草本层盖度 30%～50%，高度 20～40 cm，优势种为白莲蒿和华北米蒿，常见种有蔓草、歪头菜、薄雪火绒草、东方草莓、墓头回等。

虎榛子–短柄草+薹草群丛主要分布在 2100~2200 m 的阴坡。灌木层总盖度 60%~70%，其中虎榛子占绝对优势，偶见有土庄绣线菊、白毛银露梅（*Potentilla glabra* var. *mandshurica*）、小叶柳、灰栒子、扁刺蔷薇等。草本层种类较丰富，主要为短柄草和薹草。此外，还有贝加尔唐松草、淫羊藿、地榆、日本续断、穗花婆婆纳、歪头菜、狼毒、黄毛棘豆、柳叶亚菊、狼针茅、白莲蒿、滇黄芩等。

（4）榛灌丛（Form. *Corylus heterophylla*）

本区榛灌丛分布在海拔 2000 m 以下的山地阴坡、半阴坡和半阳坡。群落总盖度 70%~80%，其中灌木层盖度 50%~60%，高度 1~2 m。除建群种榛外，次优势种为甘肃山楂和毛榛，常见种有土庄绣线菊、水栒子、甘肃小檗、胡枝子等。草本层盖度 40%~50%，高度 20~50 cm，优势种为薹草和大火草，次优势种为白莲蒿和华北米蒿，常见种有短柄草、淫羊藿、狼毒、委陵菜属、甘菊等。

（5）峨眉蔷薇灌丛（Form. *Rosa omeiensis*）

本区分布在山地海拔 2300~2700 m 的阳坡、半阴坡和半阳坡。本区峨眉蔷薇灌丛可分为两个群丛。其中：

峨眉蔷薇–短柄草群丛总盖度 60%~80%，其中灌木层盖度 50%~60%，高度 0.5~1 m。峨眉蔷薇占绝对优势，分盖度达 30%~40%。次优势种为箭竹、中华柳和秦岭小檗，但在海拔 2600 m 以上次优势种为红花岩生忍冬；常见种有甘肃山楂、白毛银露梅、稠李、黄瑞香、冰川茶藨子等。草本层盖度 40%~50%，高度 20~30 cm，优势种为短柄草，次优势种为蕨、白莲蒿；常见种有东方草莓、贝加尔唐松草、歪头菜、火绒草等。

峨眉蔷薇–白莲蒿群丛分布在半阴坡，生境较上一群丛干旱。灌木层盖度 50%~60%，高度 0.5~0.8 m。以峨眉蔷薇为主，盖度达 30%~40%，次优势种有华北珍珠梅，常见种有红花岩生忍冬、白毛银露梅、甘肃山楂、灰栒子。草本层盖度 40%~50%，以白莲蒿为主，常见种有翼茎风毛菊、短柄草、东方草莓、瓣蕊唐松草等。

（6）秦岭小檗灌丛（Form. *Berberis circumserrata*）

本区见于山地海拔 2700~2800 m 的阳坡和半阳坡，多属糙皮桦林破坏后形成的次生灌丛。土壤为山地淋溶灰褐土。群落总盖度为 80%~90%，其中灌木层盖度 70%~80%，高度 0.5~0.8 m，以秦岭小檗为主，盖度达 50%~60%。伴生种有峨眉蔷薇、白毛银露梅、红花岩生忍冬、土庄绣线菊等。草本层盖度 40%~50%，高度 10~20 cm，优势种为细叶亚菊，次优势种为柳叶风毛菊和紫穗披碱草，常见种有香青、火绒草、紫苞雪莲、胭脂花等。

（7）灰栒子灌丛（Form. *Cotoneaster acutifolius*）

本区分布在山地海拔 1700~2000 m 的阴坡和半阴坡，少数见于半阳坡。土壤为暗灰褐土。本区灰栒子灌丛可分为两个群丛。

灰栒子–白莲蒿群丛总盖度 70%~80%，其中灌木层盖 50%~60%，高度 1~1.5 m。除优势种灰栒子外，常见种为水栒子、土庄绣线菊、葱皮忍冬、牛奶子、陕西荚蒾、扁刺峨眉蔷薇。草本层盖度 30%~40%，高度 30~50 cm，优势种为白莲蒿，次优势种为蛛毛蟹甲草和华北米蒿，常见种有火绒草、短柄草、东方草莓、薹草、长柄唐松草、三脉紫菀、甘菊、淫羊藿等。

灰栒子–蛛毛蟹甲草十三脉紫菀群丛分布于雪山林场海拔 1850 m。群落优势种为灰栒子，次优势种为葱皮忍冬，伴生种有土庄绣线菊、陕西荚蒾、短柄稠李、刺蔷薇等。草本层优势种有蛛毛蟹甲草和三脉紫菀，伴生种有淫羊藿、东方草莓、白莲蒿等。

（8）陇东海棠灌丛（Form. *Malus kansuensis*）

分布在阳坡和半阴坡，其中，以二龙河林场南台沟南坡最为典型，土壤为暗灰褐土。群落总盖度80%~85%，其中灌木层盖度35%~40%。陇东海棠高2~4 m，盖度达20%。灌木层伴生种多，有细枝枸子、针刺悬钩子、毛药忍冬等。草本层不发育，偶见东方草莓、薹草细根茎黄精等，但在阳光充足的地方草本层盖度可达80%~90%。短柄草为优势种，分盖度40%~50%。常见种有华北米蒿、甘菊、东方草莓、薹草等。

（9）高山绣线菊灌丛（Form. *Spiraea alpina*）

本区高山绣线菊灌丛主要分布在海拔2700 m以上，生境风大，温带较低。群落总盖度85%~95%，灌木层盖度60%~70%，优势种为高山绣线菊，伴有峨眉蔷薇、白毛银露梅、秦岭小檗等。灌木层高度10~20 cm，显示亚高山灌丛特有的性质。草本层盖度40%~50%，高度10~20 cm，优势种为紫羊茅，伴有珠芽蓼、紫苞雪莲、歪头菜、柳叶亚菊、大苞鸢尾、高山韭等。

（10）秀丽莓灌丛（Form. *Rubus amabilis*）

见于米缸山海拔2800 m左右的山顶，生境湿润。群落总盖度70%~85%，灌木层盖度60%~70%，秀丽莓占绝对优势，伴生种有糖茶藨子、峨眉蔷薇、红花岩生忍冬等。草本层盖度20%~30%，主要有蔓草、羊茅，常见种有胭脂花、条裂黄堇、垂头蒲公英等。

（11）岩生忍冬灌丛（Form. *Lonicera rupicola*）

见于海拔2600~2900 m的高山地区，生境湿润。群落总盖度80%~90%，灌木层盖度50%~60%，高度30~50 cm。岩生忍冬占绝对优势，有少量糖茶藨子。草本层以风毛菊属植物为主，其次为短柄草。

（12）糖茶藨子灌丛（Form. *Ribes himalense*）

见于海拔2600~2900 m的高山地区，生境湿润。群落总盖度70%~80%，灌木层盖度40%~50%，高度0.8~1.5 m。糖茶藨子占绝对优势，伴生有少量岩生忍冬和秦岭小檗。草本层以风毛菊属植物占优势，其次为条裂黄堇，伴生有胭脂花、疏齿银莲花等植物。

（13）银露梅灌丛（Form. *Potentilla glabra*）

见于海拔2800 m以上的山顶草甸，生境湿润。群落总盖度80%~90%，灌木层盖度70%~80%，高度30~50 cm。银露梅占绝对优势，伴生有高山绣线菊和少量秦岭小檗。草本层以风毛菊属植物为主，其次为疏齿银莲花。

（执笔人：宁夏农林科学院 左忠）

3.5 子午岭—吕梁山间地区

3.5.1 概 述

子午岭—吕梁山间在地貌类型上主要属于黄土高原的丘陵沟壑区，在气候带上位于暖温带的半湿润半干旱地区，在植被带上属于森林向草原过渡的地带（吴征镒，1995）。夏季炎热，冬季寒冷干燥。延安地区多年均气温约8.8 ℃，多年平均降水量523 mm，6~9月降水量占据全年降水量的70%以上（李国庆 等，2020），土壤类型主要为黄绵土（李国庆 等，2008）。

过去该地区由于人类干扰强烈和土壤侵蚀严重，植被退化非常严重。自1999年开始在该地区实施退耕还林（草）工程以来，使得植被恢复程度较高。同时，21世纪初完成了中国林业分类经营之后（张蕾，2007），该地区大量森林被划入到生态公益林经营管理区，历经20多年封禁管理后，目前该地区的灌木林得到较好的恢复，植被覆盖度得到显著提高。

除了国家林业政策对该地区植被发展影响外，陕西子午岭国家级自然保护区、黄龙山褐马鸡国家级级自然保护区、神木县红碱淖国家级自然保护区、陕西黄龙山天然次生林省级自然保护区、陕西延安柴松省级自然保护区、陕西黄河湿地省级自然保护区等13个国家级、省级和县级保护区的建立（环境保护部自然生态保护司，2012），也对该地区的灌木资源起到了较好的保护作用。根据《陕西植被》记载（雷明德，1999），子午岭—吕梁山间地区的灌木群落主要为山地次生落叶阔叶灌丛，种类达30多种，其中有很多灌木资源经济价值较高，已经被开发成饮料等商业产品，例如沙棘、山杏等（土小宁，2012；王艳兵，2020）。下面详细介绍该地区典型10种灌木群落。

3.5.2　主要灌木群落

（1）绣线菊灌丛（Form. *Spiraea salicifolia*）

绣线菊是山地林下植物，群落出现于陕北子午岭、黄龙山和关山等地。群落所在地气温较低，湿度大。绣线菊群落主要是从破坏的栎林下发展起来的，山杨林会逐渐侵入绣线菊群落，最终取而代之。

绣线菊群落优势种包括中华绣线菊、土庄绣线菊、陕西绣线菊、欧亚绣线菊等，其平均高1.5~2.0 m，覆盖度40%，伴生灌木黄栌、盐肤木、连翘、胡枝子、杭子梢，有时也可见到卫矛、灰栒子、野海棠、山荆子、忍冬等。草本层生长茂盛，种类繁多，以黄背草、柯孟披碱草和羊胡子草（*Eriophorum* spp.）为主，其次有地榆、柴胡（*Bupleurum* spp.）、牛蒡、薄雪火绒草、蒿类（*Artemisia* spp.）、铁线莲（*Clematis* spp.）、凤仙花（*Impatiens* spp.）、委陵菜、翻白草、苍术（*Atractylodes lancea*）、桔梗（*Platycodon grandiflorus*）等数十种。

（2）小叶锦鸡儿灌丛（Form. *Caragana microphylla*）

小叶锦鸡儿是典型的旱生草原小灌木，在陕北草原及森林草原地带分布较为普遍，阴坡、阳坡、半阴或半阳坡以及受到严重土壤侵蚀的干旱陡坡上和基岩出露的风蚀梁地上均有出现，沙区的固定、半固定沙地也有分布。与小叶锦鸡儿混生的其他灌木有扁核木、草麻黄（*Ephedra sinica*）及其他锦鸡儿属植物。

组成灌丛的其他草本及半灌木种类有长芒草、冷蒿、碱菀、白羊草、茵陈蒿（*Artemisia capillaris*）、华北米蒿（*Artemisia giraldii*）、百里香、达乌里胡枝子，在陕北沙地上则主要是油蒿、牛皮消（*Cynanchum auriculatum*）、杠柳（*Periploca sepium*）、沙蓬、猪毛菜等。

（3）白刺花灌丛（Form. *Sophora davidii*）

白刺花是分布较广的一种次生灌丛，其共同特征是次生、耐旱。在陕北黄土高原上以延安地区最为集中，它是本地区森林植被消失后次生演替而来的常见灌丛之一，分布在海拔 1000~1400 m 的丘陵山地，大多在阳坡和半阳坡，坡度 20°~40°。

群落盖度一般 60% 左右，建群种以外的伴生灌木有黄刺玫、柳叶鼠李、互叶醉鱼草(*Buddleja alternifolia*)、文冠果、紫丁香、北京丁香(*Syringa reticulata* subsp. *pekinensis*)、酸枣、矮小忍冬(*Lonicera humilis*)、多花胡枝子、大果榆(*Ulmus macrocarpa*)、怪柳等。草本层很发达，盖度有时可达 65%，平均高约 60~70 cm，占优势的是白羊草，常可组成白刺花–白羊草群落，此外还有碱菀、华北米蒿、达乌里胡枝子、翻白草、白头翁、长芒草等。

（4）山杏灌丛(Form. *Armeniaca sibirica*)

山杏灌丛主要分布在陕北延河、洛河和泾河上游和中游黄土高原海拔 600 m 以上的山地阳坡。灌丛所在地的土壤为薄层棕色森林土、淋溶褐色土和粗骨褐色土，一般较为干燥脊薄，多粗沙碎石裸露。

群落建群种为山杏，株高一般 2~3 m，在子午岭林区还发育成小乔木状，株距 2~3 m 灌木层覆盖度为 50%~70%，伴生灌木以大花溲疏、土庄绣线菊为主、大果榆、小叶鼠李、山桃、雀儿舌头(*Leptopus chinensis*)、三裂绣线菊。草本层以矮生薹草(*Carex humilis*)占优势，其次有黄背草、大油芒、隐子草、碱菀、北柴胡、翻白草、毛杆野古草、鸦葱、白羊草等。

（5）水栒子灌丛(Form. *Cotoneaster multiflorus*)

水栒子灌丛在陕北铜川、耀县、旬邑和子午岭南段均有出现，分布在海拔 900~1400 m 左右的阴向缓坡上。灌丛所在地多为林缘、林隙或无林的山坡，呈丛生状态。群落外貌不整齐，盖度 25%~30%。水栒子灌丛是山地森林破坏后形成的次生植被，如进行封闭管理或合理经营，这种灌丛就极易被森林所代替。

建群植物为水栒子和灰栒子，植株般高 1.5~2.5 m，也有 3.0 m 以上者。伴生灌木有绣线菊、扁担杆(*Grewia biloba*)、卫矛、胡枝子、榛、黄栌、白檀、盐肤木、木蓝、鼠李、山梅花和少量的山胡椒、胡颓子等。草本层植物种类繁多，以禾本科草类占优势，其次有薄荷(*Mentha canadensis*)、牛至、委陵菜、翻白草、长毛黄葵(*Abelmoschus crinitus*)、苍术、桔梗等。

（6）虎榛子灌丛(Form. *Ostryopsis davidiana*)

虎榛子主要分布在陕北子午岭林区、黄龙山及其周围、劳山及延河上游均有出现。以林隙和林缘较多分布。土壤为山地棕色森林土和褐色土。虎榛子灌丛是具有相对稳定性的群落在受到保护的情况下，可以向杨林或栎林方向发展。

建群种除虎榛子外，伴生种有黄蔷薇、北京丁香、胡颓子、矮小忍冬、水栒子、沙棘、甘肃小檗(*Berberis kansuensis*)、茅莓、多花胡枝子、鼠李和土庄绣线菊等。草本层随生境条件的差异，其种类组成也有所不同，一般在水分条件较好的地段，草本植物生长茂盛，绝大部分为中生植物，如皱果薹草(*Carex dispalata*)、山丹、野豌豆、地榆、铃兰、黄精、藜芦、歪头菜、龙芽草和野罂粟(*Papaver nudicaule*)等；在生境较为干旱的地段，有中旱生成分侵入，如碱菀蒿、冷蒿、北柴胡、远志和鸦葱等杂类草，此外还有糙隐子草、冰草、洽草和羊草等。

（7）胡枝子灌丛(Form. *Lespedeza bicolor*)

胡枝子在陕北延安地区各县及铜川市各县区较为集中。海拔 1000~1500 m 间的山顶、阴坡和半阴坡即可见到。大致上其所在地都是落叶阔叶林区的山地和丘陵的空旷地带，无林地段群聚成丛，与森林和草丛镶嵌分布。群落总盖度 50%~80%，胡枝子的分盖度为 30%~60%，高度

50~80 cm。本群落多系油松（*Pinus tabuliformis*）、蒙古栎白桦、山杨等森林砍伐后，在森林迹地上发展起来的，本可向原生森林植被类型发展。

除建群种胡枝子外，其伴生灌木有黄蔷薇、榛、连翘、紫丁香、三裂绣线菊、土庄绣线菊、六道木（*Zabelia biflora*）、虎榛子、北京丁香、忍冬、栓翅卫矛、杭子梢等，灌木层高 1~1.5 m。草本盖度为 70%~80%，优势种为九里香（*Murraya exotica*）、唐松草，前者分盖度可及50%，其他还有黄背草、大油芒、碱菀、翻白草、牡蒿、北柴胡、无芒隐子草、落草、糙苏（*Phlomis umbrosa*）、细叶沙参（*Adenophora capillaries* subsp. *paniculata*）、野菊（*Chrysanthemum indicum*）、地榆、黄花乌头（*Aconitum coreanum*）、大戟（*Euphobia pekiensis*）、三脉紫菀、支柱蓼（*Polygonum suffultum*）、狗尾草、地榆、鸡腿堇菜（*Viola acuminata*）、卷叶黄精（*Polygonatum cirrhifolium*）、风毛菊、北京隐子草（*Cleistogenes hancei*）、墓头同、裂叶堇菜（*Viola dissecta*）、香茶菜（*Isodon amethystoides*）、雀儿舌头等，一般高均在 30 cm 以内。

（8）连翘灌丛（Form. *Forsythia suspensa*）

以连翘为建群种的灌丛分布极为普遍，尤以陕北黄龙山、子午岭等山地最为集中。延安地区南部海拔 1000~1600 m 都有出现在山坡中下部或荒山缓坡、石质荒坡上。连翘灌丛是山地次生植被，常出现于林间隙地林缘或附近荒山坡地，封山造林可较快地恢复到森林群落。

建群种以外的伴生灌木有白刺花、黄蔷薇、虎榛子、胡枝子、栓翅卫矛、金银忍冬、北京丁香、内蒙野丁香（*Leptodermis ordosica*）、山桃、山杏等。草本层盖度 50%~70%，优势种因环境而异，在阳坡和半阳坡以白羊草和黄背草为优势种；在阴坡和半阴坡则以河北薹草（*Carex tangii*）和黄背草为优势种，其他草本植物有碱菀、华北米蒿、苍术、大火草、大丁草（*Leibnitzia anandria*）、漏芦、长芒草、少花米口袋（*Gueldenstaedtia verna*）、白头翁、桔梗、丹参（*Salvia miltiorrhiza*）、委陵菜、歪头菜、翻白草、纤毛披碱草等。

（9）沙棘灌丛（Form. *Hippophae rhamnoides*）

沙棘主要分布在陕北的梁脊、山坡、山麓、沟底、撂荒地和路旁等最为常见，垂直分布在海拔 1000 m 以上。沙棘喜光，对气候和土壤要求不严耐旱、耐水湿、盐碱和高温，因此阳坡、阴坡、沙土、壤土、石砾土、盐碱土、沙土、河漫滩中积土等均可适应。沙棘灌丛大多是由草本或半灌木群落演替而来。由于沙棘生长迅速分枝繁多，加之根芽能够繁殖，且耐火烧，故一经定植，便很快郁闭成灌丛。群落总覆盖度达 80% 以上，灌木层的盖度为 60% 以上，沙棘居绝对优势高 1.5~2.5 m。

其他伴生灌木有黄蔷薇、茅莓，偶可见北京丁香、紫丁香、绒毛绣线菊（*Spiraea velutina*）、忍冬、铁线莲、胡颓子、甘肃山楂等。草本半灌木层，主要有毛秆野古草、白羊草、羽茅（*Achnatherum sibiricum*）、长芒草、落草、纤毛披碱草、隐子草、达乌里胡枝子、碱菀、华北米蒿、火绒草、白头翁、翻白草、甘草、红纹马先蒿（*Pedicularis striata*）、前胡、墓头回、狼尾花、北柴胡、阿尔泰狗娃花、小叶唐松草（*Thalictrum elegans*）等。

（10）荆条灌丛（Form. *Vitex negundo* var. *heterophylla*）

荆条系落叶灌木或小乔木，萌生能力极强，主要分布在陕北子午岭、黄龙山等地的黄土沟坡上，海拔 1050 m 以下分布较为广泛。荆条灌丛受放牧和樵采的影响，生长低矮不良，高仅0.6~0.8 m，总盖度 70% 以上。荆条灌丛是森林植被破坏后形成的灌丛再继续经受强烈影响，灌木种类则继续减少而产生的单优势种灌木群落，因此该群落显示向灌草丛群落逐步退化的发展趋势。

伴生种有黄蔷薇、少脉雀梅藤(*Sageretia paucicostata*)、鄂北荛花(*Wikstroemia pampaninii*)、小叶悬钩子和杜梨等矮小状灌木散生,构成灌木层。草本小半灌木层的种类虽达 33 种,但分布稀疏,盖度只有 25%,基本高度 0.35 m,其中北艾和河北木蓝(*Indigofera bungeana*)较多,分盖度 5%,其他尚有碱菀、多花胡枝子、中华芨芨草(*Achnatherum chinense*)、白羊草、毛秆野古草等。

除了以上 10 种典型灌丛外,子午岭—吕梁山间地区还有一些其他山地次生落叶阔叶灌丛,如甘蒙锦鸡儿灌丛、柠条锦鸡儿灌丛、矮锦鸡儿(*Caragana pygmaea*)灌丛、白刺花-黄蔷薇灌丛、白刺花-酸枣-荆条-少脉雀梅藤灌丛、黄蔷薇灌丛、黄蔷薇-连翘灌丛、黄蔷薇-虎榛子灌丛、榛灌丛、杭子梢灌丛、黄栌灌丛、黄栌-黄蔷薇-连翘-虎榛子灌丛、秀丽莓灌丛、胡颓子灌丛、酸枣灌丛、筐柳灌丛、簸箕柳(*Salix suchowensis*)灌丛、文冠果灌丛、木蓝灌丛、柽柳灌丛等。

(执笔人:西北农林科技大学 李国庆)

3.6 吕梁山以东地区

3.6.1 概　述

吕梁山以东黄土高原地区位于黄河中游东岸,海河上游,东邻河北省,西隔黄河与陕西省相望,南接河南省,北连内蒙古自治区。属于华北台地的一级构造单元、境内复杂的山脉交错分布,山地、丘陵台地、盆地等各种地貌类型应有尽有,整个地势东北高、西南低,东西两面为山地,中部自北向南是间隙性的断陷盆地。山地面积占 40%,丘陵面积占 40.3%,盆地占19.7%。境内黄土广泛沉积,不少地方黄土覆盖厚度达数十米至 100 m,海拔一般在 1000 m 以上(奥小平 等,2007),最高五台山北台顶 3058 m,素有"华北屋脊"之称;最低处位于垣曲沿黄河谷地,海拔 245 m,相对高差 2813 m。

境内地形复杂,山峦起伏,河流纵横。主要山脉东部太行山(包括恒山)和西部吕梁山,均为东北西南走向,构成了高原地形的主体框架。东部山脉从南到北分别为中条山、太行山、太岳山、五台山、恒山;西部吕梁山脉主要是关帝山、管涔山、黑茶山等。

吕梁山以东黄土高原地区处于我国东部温湿季风区和西北半干旱地区之间的过渡地带,为明显的温带大陆性季风气候。除雁门关以北地区属于中温带外,大部分地区属于暖温带。按干湿度分类,大部分地区属半干旱气候,仅中高山区和晋东南地区属半湿润气候。冬季寒冷干燥,夏季炎热多雨,各地温差悬殊,地面风向紊乱,风速偏小,日照充足,光、热资源丰富。年平均气温在 13.8~37 ℃,水平分布的一般规律为由北向南递增;7 月平均气温为 19.3~27.3 ℃。平均无霜冻期为 80~205 天,分布趋势由南向北、由盆地向山区递减。大部分地区年降水量均值介于400~600 mm 之间。

该区大部分地区为黄土掩盖,长期的地质演变和外力作用的结果,将高原切割和侵蚀成千沟万壑，支离破碎，表现在地形上特别复杂。一般地说，东部为太行山形成的高原区，为许多东北—西南走向的山脉所环抱，内部夹杂着许多小盆地。这些盆地土层较厚，是农业发展集中的地方。中部主要由一连串的断层陷落盆地所构成，盆地内地势平坦、水源丰富、土地肥沃，是主要农业区；西部是以吕梁山为主的山地高原区，覆盖有很厚的黄土，由于晋西雨水侵蚀切割和水土流失的结果，黄土地貌发育得很完善。

吕梁山以东黄土高原地区南北长，跨约 7 个地理纬度，东北高，西南低，有山地、丘陵、高原、盆地等地貌类型。现已查明种子植物计 134 科 628 属 1694 种（包括种下等级）（奥小平等，2007），其中灌木树种共有 38 科 70 属 279 种（郝向春，2008）。

本区现有灌丛植被类型大多数是落叶阔叶林或针叶林破坏后发展起来的次生群落，是植被演替系列中的一个阶段。由于人为影响和立地生态条件的限制，大多处于相对稳定状态。根据组成灌丛的优势种或建群种的生态特性及在区内各地分布的特点分析，各类灌丛具有明显的地带性和区域性（赵金荣 等，1994）。

吕梁山以东黄土高原地区南部，包括山西晋东南、运城、临汾地区以及晋中东山地区，是以次生落叶阔叶灌丛为主，组成群落的优势种或建群种主要有荆条、酸枣、黄栌、连翘、白刺花、野皂荚（*Gleditsia microphylla*）、牛奶子等灌木。在灌木植物区系中有不少热带和亚热带成分，如异叶榕（*Ficus heteromorpha*）、竹叶花椒、一叶萩（*Flueggea suffruticosa*）、勾儿茶（*Berchemia sinica*）、扁担杆等，同时构成了这些种类在本区的分布北缘，并使之有别于其他地带（《山西森林》编辑委员会，1992）。

吕梁山以东黄土高原地区中部，包括除上述外的北暖温带落叶阔叶林亚地带的全部。灌丛的优势种和建群种发生了一些变化，以荆条、酸枣、黄刺玫、虎榛子、沙棘、蚂蚱腿子（*Myripnois dioica*）、胡枝子、绣线菊等为主。在关帝山、五台山、管涔山的林线以上出现了南部山地没有的鬼箭锦鸡儿、金露梅、高山绣线菊等较为优势的寒温性灌丛。该地带内热带和亚热带灌木种类大大减少，温带、暖温带成分占主导地位。

吕梁山以东黄土高原地区北部及西北部属温带草原地带，与内蒙古草原相邻接，是我国草原的一部分。灌丛植被主要分布在森林草原亚地带，主要以沙棘、三裂绣线菊、虎榛子为主，西部还分布有柠条锦鸡儿灌丛，恒山一带广泛分布有革叶荛花（*Wikstroemia scytophylla*）灌丛，在个别立地生态条件较好的地段还残存着一些暖温带灌木种类，如荆条、杠柳、文冠果等。温带草原亚地带的灌木成分相对贫乏，主要灌丛是沙棘灌丛（奥小平 等，2007）。

3.6.2　主要灌木群落

（1）鬼箭锦鸡儿+金露梅+银露梅灌丛（Form. *Caragana jubata*+*Potentilla fruticosa*+*Potentilla glabra*）

主要分布在关帝山、五台山和管涔山，海拔 2400~2700 m 的亚高山地带，即华北落叶松（*Larix gmelinii* var. *principis-rupprechtii*）林，或桦林与亚高山草甸之间的地段，土壤为亚高山草甸土。群落分布面积不大，群落覆盖度在 90% 以上，最高达 100%。灌木层高度 0.3~0.8 m。灌木层伴生种贫乏，有高山绣线菊、山柳（*Salix pseudotangii*）、虎榛子、刚毛忍冬等。草本层植物种类丰富，以亚高山草甸成分为主，盖度 80%~100%。优势种为薹草（*Carex* spp.），伴生有灵香草（*Lysimachia foenum-graecum*）、蓝花棘豆、火绒草、地榆、龙胆、歪头菜、银莲花

（*Anemone cathayensis*）等（马子清，2001）。

（2）毛黄栌灌丛（Form. *Cotinus coggygria* var. *pubescens*）

毛黄栌是暖温带阔叶栎类林严重破坏后形成的次生植被，广泛分布在山西南部的中条山、太行山南段、太岳山和吕梁山南段，海拔700～1450 m，干旱瘠薄的阳坡和半阳坡，多系林边和林间空地。土壤为山地褐土，深秋季节，整个群落外貌呈红色。

灌丛覆盖度40%～95%。建群种毛黄栌高0.8～2 m。其中常见的灌木有荆条、连翘、陕西荚蒾、胡枝子、黄刺玫，其次是虎榛子、灰栒子、三裂绣线菊、白刺花、小叶鼠李，还有蚂蚱腿子、少脉雀梅藤、照山白、华北香薷、牛奶子等。草本层的覆盖度20%～50%，在生长条件较好的地段可达95%。常见的草本植物有羊胡子草、翻白草、碱菀、白羊草。其次还有北柴胡、白头翁、毛俭草（*Mnesithea mollicoma*）、三脉紫菀、沙参（*Adenophora stricta*）、薹草等。黄栌可与其他灌木种结合共同组成群落的建群层片，主要有毛黄栌群丛组，毛黄栌、荆条群丛组，毛黄栌、连翘群丛组等。

毛黄栌的树皮、枝可提制栲胶；含芳香油，可作香料；嫩叶可食用；木材可提取黄色素等，有较高的经济价值。由于深秋季节，毛黄栌呈现红色，因此，植被景观宜人，又可作城市园林绿化树种，有较高的观赏价值。

（3）连翘灌丛（Form. *Forsythia suspensa*）

连翘分布在太原以南的太行山中南部和中条山、太岳山、吕梁山南部，海拔800～1600 m的土石山区和石质山地，在阴坡和半阴坡生长较好，形成群落。土壤为山地褐土或棕色森林土。阳坡也可生长，但枝短叶小，生长不良。在半阳坡的山下部，土壤较厚的地段，生长相对比较好，一般呈散生和丛状分布。连翘灌丛是山地落叶阔叶林砍伐后形成的次生植被，群落盖度为80%～90%。建群种连翘的分盖度35%～50%，萌生能力强，生长迅速，春季先叶开花，群落外貌呈现金黄色景观。伴生灌木有盘叶忍冬、金花忍冬、胡枝子、黄刺玫、毛黄栌、土庄绣线菊、陕西荚蒾等。草本层盖度为40%～60%。优势种为羊胡子草，伴生种有黄背草、白羊草、鸦葱、苍术、山白菊、拟鼠麹草（*Pseudognaphalium affine*）、荩草（*Arthraxon hispidus*）等。

连翘是山西省具有重要经济价值的植物资源之一，其枝条细长而柔软，可作编织的材料。叶子可以制茶，果实为著名中药，种子可作香皂和油漆的原料。应对该群落进行合理利用，科学管理，集约经营，提高产量（裴红宾 等，2006）。

（4）牛奶子灌丛（Form. *Elaeagnus umbellata*）

牛奶子分布在太行山的中、南部，吕梁山南部，中条山和太岳山等地，海拔1500 m以下的阳坡或半阳坡，也生长于林缘和沟坡平缓地段，土壤为山地褐土。群落为50%～70%，牛奶子高1～2 m，分盖度30%～40%。灌木种类较为丰富，常与沙棘、黄刺玫、荆条、毛黄栌混生，还可见到虎榛子、栒子木、甘肃山楂。灌丛下的草本植物，以薹草为主，还有蒿类（*Artemisia*）、歪头菜、龙牙草、涝草、野豌豆、火绒草、黄精等。牛奶子灌丛是落叶阔叶栎林破坏后形成的次生灌丛类型。封山育林，还可能逐渐形成森林植被。

（5）酸枣+荆条灌丛（Form. *Ziziphus jujuba* var. *spinosa*+*Vitex negundo* var. *heterophylla*）

酸枣、荆条灌丛主要分布在灵丘、五台山以南，海拔400～1200 m的低山丘陵的阳坡及山麓地带，土壤为山地褐土。在黄土丘陵区的沟壑边缘、村庄附近，生长也较为普遍。常与农田镶嵌分布，可以形成0.6～1.5 m的密灌丛。群落总盖度为40%～70%，酸枣、荆条高为0.6～

1.5 m，多以酸枣较高。荆条分枝多，冠幅大。伴生灌木有野皂荚、河朔荛花（*Wikstroemia chamaedaphne*）、扁核木、枸杞（*Lycium* spp.）等。草本层中，常见的优势种为蒿类、白羊草、黄背草、狗尾草等。

酸枣、荆条灌丛是植被演替中的一种类型，如继续破坏，则形成灌草丛或草丛。应采取措施，加强保护和利用，控制水土流失。另一方面，该群落建群种酸枣用途较广，可食用、药用、作饮料，经济价值较大。现在广大农区开展酸枣接大枣，加大枣产业化的发展，又加快该植物群落的演替，逐渐向枣群落的方向发展，以产生更大的经济效益。

（6）荆条灌丛（Form. *Vitex negundo* var. *heterophylla*）

荆条灌丛是暖温带落叶阔叶林反复破坏后形成的次生植被。荆条是喜暖、耐旱，根系发达，萌芽能力强，适应性广，抗逆性强的灌木树种。既能在肥厚的山地褐土上生长，又能在岩石裸露的部位形成群落。

本群落是植被演替的一个阶段，在山西的分布具有明显的水平地带性界限。其分布北界大体在东部的灵丘、五台山中部、恒山山脉、西部的菅涔山和紫金山以南的广大地区。集中分布于山西中南部的中条山、太行山、太岳山、吕梁山以及五台山，海拔 700~1300 m 的低山丘陵地区。此外，晋西北的河曲、保德的黄河谷亦有少量分布（马子清，2001）。

群落盖度 25%~50%，灌丛一般高 0.6~1.5 m，最高可达 3 m。在干旱向阳、土壤贫瘠的石灰岩山地上，荆条灌丛生长不良，高度只有 0.4 cm，盖度 10%~20%。在环境条件较好、人为破坏不多的地段可形成 1 m 以上的群落，覆盖度可达 80%~90% 的密灌丛。由于南北差异和生境条件不同而不同，常见的伴生灌木是酸枣、三裂绣绕菊。其他灌木则有明显不同，除荆条单优势群落外，常和其他灌木组合形成复合群落。如荆条+酸枣灌丛、荆条+白刺花灌丛、荆条+黄刺玫灌丛，或荆条+河朔荛花灌丛。

（7）翅果油树灌丛（Form. *Elaeagnus mollis*）

翅果油树是山西省特有的植物，主要分布在翼城县的甘泉、二曲，乡宁县的安汾、官王庙、崖下、光华、台头，河津县的下花，平陆县的三门，闻喜的石门，绛县的续鲁峪等地，其次在稷山的马家沟也有片状分布。生长在山地丘陵海拔 600~1300 m 之间的阴坡、阳坡、沟谷地段，以阴坡及沟谷生长较好，土壤为山地褐土。

翅果油树灌丛以翅果油树为建群种，群落总盖度为 80%~95%，翅果油树高 3~4 m。主要伴生种有白刺花、牛奶子、甘肃山楂、黄刺玫、毛叶水栒子、毛樱桃、六道木等（张殷波 等，2012）。其中黄刺玫、牛奶子在个别地段与翅果油树共同组成灌丛的优势层片。草本层植物主要有白羊草、黄背草、荩草、薹草、墓头回及蒿类等。在翅果油树灌丛中有时还残存着辽东栎等乔木树种（徐燕 等，2011）。

翅果油树灌丛是辽东栎林破坏后发展起来的次生植被，本身也受到或继续受到人为的干扰，其自然分布面积趋向于不断缩小，已处于频临绝灭的境地。翅果油树是重要的木本油料资源（杨青珍 等，2006），因此，应加强管理，合理保护和开发利用，且可辅之以人工措施，科学经营，引种栽培，充分发挥其生态、经济和社会效益。

（8）白刺花灌丛（Form. *Sophora davidii*）

白刺花分布在太行山中、南部，以及太岳山、吕梁山南部的低山丘陵的阳坡，海拔 600~1300 m 之间，土壤为山地褐土。群落盖度为 30%~80%，白刺花高 0.6~1.5 m，生长良好，盛花期形成该群落特有的白色景观。伴生灌木以荆条为主，还有黄栌、三裂绣线菊、杠柳、蚂蚱腿子、黄刺玫等。草本层覆盖度为35%～50%，主要有白羊草、羊胡子草、碱菀，其次为达达乌里胡枝子、阿尔泰狗娃花、红柴胡（*Bupleurum scorzonerifolium*）、岩败酱（*Patrinia rupestris*）、草木犀状黄耆、黄芩等。

白刺花灌丛是森林植被严重破坏后形成的较稳定的群落，白刺花是优质蜜源植物和天然高蛋白饲料。白刺花根系发达，分枝分蘖力强，耐瘠薄、干旱，是水土保持的优良植物。

（9）沙棘灌丛（Form. *Hippophae rhamnoides*）

沙棘系胡颓子科沙棘属植物，落叶小乔木，或大灌木，高1～2 m，是山西省的主要灌木树种。沙棘灌丛分布广，面积大，适应性强，在山西境内从南到北各山地、丘陵、沟谷均有分布，由北到南逐渐减少。集中分布在山西中部的关帝山、吕梁山南部、太岳山、太行山等地，在中条山和晋东南地区只有零星分布。人工栽培植被较少，主要在分布在晋西北地区。垂直分布高度为海拔800～2400 m，尤以海拔1200～2000 m的土石山地和黄土丘陵坡地最多。在海拔较高的关帝山青杆、华北落叶松林的林缘及林间空地，也有茂密的沙棘灌丛分布。沙棘常以单优势种形成植物群落，在不同地域也可与虎榛子、黄刺玫组成植物群落（上官铁梁 等，1996）。

以单优势种形成的沙棘灌丛，沙棘高度一般为1～2 m。在破坏严重、生境条件较差的地带高度则为0.4～0.9 m，群落外貌呈灰绿色。沙棘灌丛的总盖度达70%～90%，灌木层的分盖度可达50%以上。草本层盖度20%～30%，以蒿类、薹草为主，其中恒山以南不常有委陵菜、白羊草、野豌豆等；而雁北的广大丘陵、山地则是针茅、野菊、百里香、狼毒大戟（*Euphorbia fischeriana*）、糙隐子草等（上官铁梁 等，2004）。

沙棘具有宝贵的经济价值，系多用途的植物资源。利用沙棘资源开发的产品按原料种类可划分为沙棘果（汁）系列产品、沙棘油系列产品和沙棘叶产品三大类别（陶小工 等，2002），应加强保护，扩大发展，加强研究，合理利用。

（10）三裂绣线菊灌丛（Form. *Spiraea trilobata*）

三裂绣线菊主要分布在太行山、太岳山、五台山、吕梁山，以及晋北广大地区，由北向南逐渐减少，多生长在海拔900～1500 m的阴坡或半阴坡。沟谷也能生长，但生长低矮。有些地段在石质山地阳坡也有分布，但生长不良。群落盖度一般30%～60%，晋北丘陵山地为20%～30%。建群种三裂绣线菊高50～100 cm，最高达2 m，分盖度30%～50%。伴生灌木有黄刺玫、紫丁香、蚂蚱腿子、虎榛子、沙棘等。草本层以碱菀、羊胡子草、白羊草、薹草为主。伴生种为糙隐子草、达乌里胡枝子、针茅、百里香、柴胡、防风、毛秆野古草、蓝花棘豆、地榆等。

在晋北温带干草原地区和在干旱瘠薄环境条件下，乔木不能生长，或不能形成稳定的群落，则被三裂绣线菊灌丛所占据，形成比较稳定的灌丛。在暖温带落叶阔叶林地区海拔较低的地方，由于人为活动的不断干扰也形成相对稳定的灌丛，三裂绣线菊灌丛一般是森林被破坏后发展起来的。

三裂绣线菊花色洁白，花序密集，初夏花开，银花铺盖，景色宜人。灌丛中有防风、柴胡等多种药材。三裂绣线菊还是一种蜜源植物。

（11）土庄绣线菊灌丛（Form. *Spiraea pubescens*）

土庄绣线菊在山西各山地分布较为普遍，多见于海拔1300～1700 m的山地阴坡或半阴坡，土壤为山地褐土和棕壤。土庄绣线菊灌丛总覆盖度 40%~70%，建群种土庄绣线菊高 0.4~1.0 m，分盖度 30%~60%。伴生灌木有胡枝子、山梅花、蚂蚱腿子、虎榛子、茶藨子（*Ribes janczewskii*）、黄刺玫、六道木等。草本层覆盖度为 20%~40%，以蒿属、臺草占优势，伴生种有镰荚棘豆（*Oxytropis falcata*）、防风、歪头菜、羊胡子草、野菊、山丹、薄雪火绒草、北柴胡等。

土庄绣线菊灌丛是山地落叶阔叶林和针叶林被破坏后，在干旱生境条件下发展起来的类型，是植被演替中的一个阶段。在发育较好的情况下，灌丛能演替为落叶阔叶林或针叶林。

（12）蚂蚱腿子灌丛（Form. *Myripnois dioica*）

蚂蚱腿子为菊科蚂蚱腿子属小灌木，特产于我国。以蚂蚱腿子为建群种形成的灌丛，主要分布于吕梁山中部、太行山中部和北部、五台山南坡。其中，以太行山中部和北部，以及太原东西山最为集中，常出现在海拔 700~1400 m 的低山丘陵区，土壤主要为山地褐土。

群落总盖度 40%~80%，最高可达 95%，建群种蚂蚱腿子高 30~60 cm，分盖度 30%~70%，伴生灌木主要有三裂绣线菊、虎榛子、荆条、小叶鼠李、多花胡枝子等。其中以三裂绣线菊数量最多，往往成为该群落的次优势种。受局部小环境的影响，其他种有时也可成为次优势种。此外，常见的灌木还有河北木蓝、河朔荛花、沙棘、薄皮木（*Leptodermis oblonga*）、野皂荚、雀儿舌头等。草本层以白羊草、蒿类、臺草为优势，常见有羊胡子草、柴胡、异叶败酱、远志、沙参等。蚂蚱腿子是防治山地水土流失的灌木群落之一，对山地环境有一定的标识作用。

（13）榛灌丛（Form. *Corylus heterophylla*）

榛灌丛是森林被破坏后形成的次生植物群落，分布在山西南北各山区海拔 1000~1800 m 的半阴、半阳坡，多出现在林缘和林间空地。面积不大，土壤为山地褐土或棕壤。

灌木层盖度为 50%~90%。建群种榛子高度 0.8~1.5 m，覆盖度 30%~70%，伴生灌木为虎榛子、照山白、土庄绣线菊等，高度与榛子一致。草本层的植物主要有羊胡子草、野豌豆、地榆、大披针臺草、荩草等。榛灌丛除具有改良土壤和保持水土的作用外，果实可供食用也是一种木本油料，榛叶可作猪饲料。

（14）二色胡枝子灌丛（Form. *Lespedeza bicolor*）

二色胡枝子灌丛是落叶阔叶林被破坏后形成的次生灌丛，主要分布在太行山、吕梁山中南部、中条山、太岳山、万荣稷王山，海拔 1000~1600 m 的山地阳坡，与森林镶嵌分布。二色胡枝子喜暖耐旱，一般在向阳陡坡的山地褐土或山地棕壤上生长发育。群落总盖度 40%~60%，最大可达 85%~95%。在灌丛中可见到一定数量的乔木种类，如蒙古栎、山杨、桦树（*Betula* spp.）、杜梨等，说明胡枝子灌丛是由森林破坏后发育起来的次生群落。二色胡枝子一般高 0.4~1.5 m。伴生灌木有土庄绣线菊、虎榛子、照山白、陕西荚蒾、毛榛、三裂绣线菊等。草本层主要有野古草、黄背草、白羊草、蒿类、臺草等，其次还有唐松草、蒙古风毛菊（*Saussurea mongolica*）、蓬子菜（*Galium verum*）、火绒草等。

胡枝子群落是森林遭到破坏后处于恢复演替阶段的植物群落，只要加强抚育，会恢复其森林植被类型。胡枝子的 N 含量为 2.08%~2.70%，是天然蛋白优质饲料，又是蜜源植物和优质的纺织原料，有较好的经济价值，是山西省重要植物资源之一。

（15）照山白灌丛（Form. *Rhododendron micranthum*）

照山白为杜鹃花科杜鹃花属植物，半常绿灌木，高 1 m 左右。以照山白为建群种组成的植物群落，是暖温带及温带落叶林和温性针叶林被破坏后形成的次生灌丛，主要分布在山西省中、南部山地森林边缘及采伐迹地上，海拔1000~1800 m的半阴坡和阳坡，适应性强，生态幅度大，在土壤瘠薄、岩石裸露的恶劣环境中也可生长，土壤为山地褐土或山地棕壤。

群落中见有蒙古栎、山杨、油松等树种及其幼苗，说明了该群落处于正向演替方向。照山白，群落总覆盖度为15%~75%，照山白高0.5~1.5 m。其他灌木主要有虎榛子、土庄绣线菊、沙棘、薄皮木、蚂蚱腿子、六道木、山桃、木蓝等，在较高海拔地段还有金露梅。草本植物层覆盖度变化较大，一般为20%~40%，优势种为薹草、白羊草和蒿属等。

照山白在不同的生境中，可与其他灌丛结合，共同形成群落的建群层片，组成不同的群丛组，如照山白、虎榛子群丛组，照山白、绣线菊群丛组，照山白、沙棘群丛组，照山白、碱菀群丛组，照山白、薄皮木群丛组，照山白、金露梅群丛组等。

照山白初夏季节，白花竞相开放，景观优美，极有观赏价值，可引种作为庭园栽培植物。其枝叶可入药，有止咳、祛风、通络之功效，但幼叶有毒。照山白群落采取封山育林措施，依靠自然演替可恢复成林。

（16）黄刺玫灌丛（Form. *Rosa xanthina*）

黄刺玫主要分布在中条山、太行山、太岳山、吕梁山，海拔1000~1700 m的山地及丘陵地区，土壤为山地褐土。灌丛总覆盖度为40%~70%。黄刺玫高一般为1~2 m，分盖度为30%~80%。伴生灌木有白刺花、虎榛子、毛黄栌、土庄绣线菊、三裂绣线菊、小叶鼠李、荆条、陕西荚蒾等。草本层盖度40%~60%，主要有白羊草、羊胡子草、达乌里胡枝子、黄背草等。在个别地段也可与其他灌木组成共建群层片，如黄刺玫、三裂绣线菊群丛组，黄刺玫、荆条群丛组，黄刺玫、虎榛子群丛组等。

（17）虎榛子灌丛（Form. *Ostryopsis davidiana*）

虎榛子系桦木科虎榛子属植物，为我国特有属。虎榛子为建群种形成的植物群落，主要分布在中条山、太行山、太岳山、吕梁山、恒山、五台山海拔1000~1800 m的中山地带，以及晋西、晋北黄土丘陵地区的阴坡和半阴坡，生态幅度较大，尤以海拔1300~1600 m最为常见。亦可生长在阳坡、半阳坡，土壤为山地褐土、山地棕壤和灰褐土。

虎榛子灌丛总盖度达50%~80%，或80%以上，高度0.3~1.2 m，破坏严重的地段覆盖度降至20%~30%。在山地落叶林和针阔叶混交林被破坏后均能形成虎榛子密灌丛，以虎榛子占绝对优势，破坏较轻的群落中还残存少量乔木种类。伴生灌木主要有三裂绣线菊、黄刺玫、沙棘、土庄绣线菊、二色胡枝子、照山白等。草本层覆盖度20%~40%，以碱菀、薹草为主（马子清，2001）。

虎榛子灌丛随着生境条件的不同，其种类组成亦有差异。在中条山中部、太行山中南段、吕梁山中段、芦芽山、云中山和紫金山等，海拔1000~1600 m的阴坡或半阴坡，虎榛子与黄刺玫共同成为群落的优势层片。伴生灌木常见有水栒子、三裂绣线菊、土庄绣线菊等。草本层以碱菀、薹草为主，其次还有菊花（*Dendranthema morifolium*）等。在太行山北段和晋北丘陵山地，虎榛子与三裂绣线菊共同成为群落的优势层片，广泛生长在半阳坡和阳坡。伴生灌木常见有沙棘、蚂蚱腿子、小叶鼠李、河朔荛花等。草本层以碱菀、薹草为主，其次有长芒草、翻白草、沙参、毛秆野古草、隐子草、百里香，达乌里胡枝子、地榆等。

虎榛子具有极强的生活力，串根性能好，具有改良土壤和保持水土的作用，是黄土高原丘陵沟壑区营造杨桦和栎林的先锋植物。此外，虎榛子种子油可食用或制肥皂，叶子是一种优良猪饲料。

（18）小叶鼠李灌丛（Form. *Rhamnus parvifolia*）

小叶鼠李系多刺灌木，其灌丛主要分布在太行山的左权、和顺、黎城和吕梁山南部，海拔 1000～1400 m 的阳坡、半阳坡，以及山麓地带，面积不大，群落立地条件较差。土壤为山地褐土。群落总覆盖度 30%～50%、小叶鼠李分盖度 40%、高 1.4 m。主要伴生灌木为荆条、小叶锦鸡儿，还有木蓝、木本香薷、三裂绣线菊、黄刺玫等。草本层盖度 30% 左右，以白羊草、蒿类为主，还有羊胡子草、鼠麹草、异叶败酱、柴胡、野豌豆等。本类型多为油松林等破坏后形成的次生类型，有保持水土的重要作用。

（19）六道木灌丛（Form. *Abelia biflora*）

六道木主要分布在灵丘南部山地海拔 1200～1800 m 的阴坡、半阴坡。其中在 1500 m 以上，群落长势较好，土壤为山地棕壤。群落总覆盖度为 50%～70% 或以上，六道木高 1～2 m，分盖度 30%～50%。次优势种为土庄绣线菊，高 0.5～1.7 m，分盖度 10%～30%。伴生灌木为二色胡枝子、沙棘、照山白等。灌丛中偶见乔木种有山杨、蒙古栎、白桦、鹅耳枥（*Carpinus turczaninowii*），高度 2～3 m。草本层以碱菀、薹草占优势，伴生种有苍术、蓬子菜、野菊、地榆、细叶鸢尾等。本群落为森林破坏后的次生植被类型。加强抚育，可恢复成森林植被。

（20）野皂荚灌丛（Form. *Gleditsia microphylla*）

野皂荚为豆科野皂荚属，多刺灌木。主要分布在太行山中、南部海拔 650～1300 m 的低山丘陵、沟壑地带，吕梁山西部及太岳山也有分布。常出现在阳坡和半阳坡。在土质干旱瘠薄、局部岩石裸露部也可生长。土壤为山地褐土。野皂荚灌丛总覆盖度 50%～70%，分盖度 30%～60%，灌木层高 1.2～3 m。伴生灌木有三裂叶绣线菊、小叶鼠李、少脉雀梅藤、荆条、黄刺玫、河朔荛花、蚂蚱腿子等，有的部位和其他灌木组成共建种，而形成野皂荚、荆条群落和野皂荚、蚂蚱腿子群落。草本层主要由白羊草、羊胡子草、碱菀、达乌里胡枝子、翻白草等组成，次为远志、北柴胡、华北米蒿、黄芩、阿尔泰狗娃花等（连俊强 等，2008）。

在生境干旱、土壤瘠薄、富含钙质土地带，野皂荚灌丛可形成较为稳定的群落。如果不注意保护，进一步破坏，将会发展为灌草丛，或者白羊草草丛。野皂荚群落是我国暖温带灌丛的主要类型之一，野皂荚灌丛对水土保持有重要作用。由于人类干扰严重，致使其结构简单，物种丰富度低，野皂荚群落进一步发展将受到威胁。因此，要使野皂荚群落物种丰富度长期保存与资源可持续利用，充分认识野皂荚群落特征，加强科研和管理力度是目前面临的非常迫切的任务（闫明 等，2003）。

山西省有野皂荚天然林约 200 hm²，近年来，山西省林业科学研究院皂荚研究团队致力于野皂荚灌木林嫁接改造研究，取得了较好成果并得以大面积推广，每亩可获得 3000 多元的收益，为山区农民开辟了一条可喜的致富之路。

（21）白蜡叶荛花灌丛（Form. *Wikstroemia ligustrina*）

白蜡叶荛花主要分布在山西北部恒山一带，以及大同、平鲁、朔州等地，海拔 1200～1400 m 的丘陵山地阳坡、半阳坡。阳曲县境内也有分布。白蜡叶荛花灌丛总盖度 30%～50%，白蜡叶荛花高为 30～90 cm，分盖度 20%～40%。伴生灌木有三裂绣线菊、沙棘等。草本层以蒿属占优势，其次是达乌里胡枝子、长芒草、百里香、沙参等。

白蜡叶荛花抗寒耐旱，是该区荒山绿化山坡的先锋灌木。在改良土壤和保持水土方面有极其重要的作用，也是山西省稀有群落类型，应加强保护。

（22）柠条锦鸡儿灌丛(Form. *Caragana korshinskii*)

柠条锦鸡儿属蝶形花科锦鸡儿属，落叶灌木，高可达 2.5 m 以上。抗风沙，耐干旱，是沙地和黄土丘陵区营造防风固沙林的主要灌木树种。本区的天然柠条锦鸡儿灌丛很少，主要是人工栽培灌丛。天然柠条锦鸡儿在管涔山、关帝山、吕梁山、中条山均有分布，有的生长在林缘和疏林地，多与其他灌木混生。与乔木混生，生长不良。在乔木郁闭度大时，则逐渐死亡。

形成群落的柠条锦鸡儿灌丛，主要分布在山西西北部的五寨、神池、河曲、偏关、保德等黄土丘陵坡地上，多属人工栽培，土壤为灰褐土。柠条锦鸡儿灌丛的总覆盖度为 60%~80%，为单优势群落。柠条锦鸡儿株高 0.7~1.2 m，分盖度为 30%~50%，草本层种类比较贫乏，常见的有蒿类、隐子草、少花米口袋、百里香、黄芪、鸡眼草(*Kummerowia striata*)、披针叶黄华等。

柠条锦鸡儿具耐寒抗旱性，有非常发达的根系，伸长快，侧根多，根的分蘖能力强，常在地下形成一个密集的网络。其根又具有发达的根瘤，因而对改良土壤、保持水土有极其重要的作用，是黄土丘沟壑区绿化的先锋灌木。柠条锦鸡儿深加工，可以用作饲料、编织、造纸的原料以及医药用品、保健品等多产品开发(李联地 等，2015)。

（执笔人：山西省林业科学研究院 郝向春）

第4章
青藏高原灌木林

4.1 藏北高原

藏北高原又称"羌塘高原",位于西藏冈底斯山和念青唐古拉山以北的广阔地区,是青藏高原的主体和核心(贺东北 等,2014),西至阿里地区的日土县东部高地,东至那曲地区的巴青县县城以东(念青唐古拉山脉西端)。地处 78.39°~94.77°E、27.80°~36.48°N,东西长约 1500 km,南北宽约 1000 km。覆盖的行政区域范围包括除西藏昌都、林芝全部及山南、日喀则、那曲部分有林县外的 44 个县(区),面积约占西藏总面积的 70%,平均海拔约 4500 m(张超 等,2011a)。

4.1.1 概 述

(1)地形地貌

藏北高原为世界屋脊——青藏高原的主体,周围高山环抱,分布着一系列东西走向连绵起伏的山脉。总的地势由西北向东南倾斜,依其大地构造单元和地貌形态可分为昆仑山地区、北部羌塘高原湖盆区、南羌塘大湖区、冈底斯—念青唐古拉山地和喜马拉雅北麓湖盆区等 5 个地貌单位。高原内部地势波状起伏,众多的低山、丘陵纵横交织,将整个地区分割为数以千计的网格状盆地(刘波 等,2013)。

(2)土壤分布

藏北高原第四纪残积、湖积和风积等沉积物质广布,成为其主要成土母质。土壤有强烈的石灰质反应,钙积层显著,含碎石砾质,以沙嘎土、高山漠土为主要类型,表现为类型结构简单、土壤质地粗糙、有机质含量低、土壤生草过程微弱等特征。藏北高原地域辽阔,高海拔山地多,海拔差异大,从而形成了显著的土壤水平地带性和垂直性分布规律,从东至西分布着从温带到高寒边缘环境的各种土壤类型,从东至西依次为山地棕壤、山地漂灰土、亚高山灌丛草地土、高山灌丛草甸土、高山草甸土、高山草原草甸土、高山草原土、高山荒漠草原土和高山寒冻土(张伟娜,2015)。

(3)水文特征

藏北高原湖泊星罗棋布,是世界上海拔最高、面积最大的内流区,大部分流域面积不大,通常在数十至数百千米,主要包括扎加藏布、波仓藏布、江爱藏布、惹多藏布和措勤藏布等,流域总面积约为 60 万 km²。内流河多为季节河，呈向心状从湖盆四周山坡汇集到大小盆地底部，形成星罗棋布的湖泊，如纳木错、色林错、唐古拉攸木错和扎日南木错等，内流河形成的湖泊周围常发育开阔的湖成平原和阶梯式湖相阶梯(朱雪林 等，2010)。

(4)气候特征

藏北高原深居大陆内部，地势高亢，加之南部的喜马拉雅山和冈底斯山阻隔了北上的印度洋暖湿气流，全区气候复杂多变，寒冷而干燥，最冷可达−40℃以下，多属高原亚寒带干旱、半干旱气候区，是青藏高原大范围的寒冷中心和冻土层广布区域，素有"生命禁区"之称。年均气温为 0.2 ℃，年降水量 247~514 mm，受大气环流和地形的影响，降水总体呈现为由东向西、由南向北递减之趋势。受水平与垂直地带性的影响，区域间的气候与水热条件差异显著。在上述气候条件下，地表流水侵蚀作用微弱，而寒冷机械风化与干旱作用强烈，该区大陆性气候特征强烈，冬季多风，是青藏高原旱季大风续期最长、风力最强的地区。夏季比较湿润，日照时间长，蒸发强烈(刘波 等，2013)。

(5)灌木资源

藏北高原因海拔高、气候干旱少雨，森林植被以灌木林植被占绝对优势，灌木林建群种简单、优势种明显，处于顶极群落状态，具有独特的高原生态特征(张超 等，2011)，植物群落组成树种为单一树种的面积约占 70%，生物多样性不丰富。同时，藏北高原是西藏土地沙漠化、荒漠化分布面积最大、类型最多、危害程度最高的区域，亦为长江、怒江和澜沧江等江河发源地。现存灌木林资源主要为高寒性灌木和荒漠性灌木，在保持水土、涵养水源、防止地表沙化和荒漠化以及为高原野生动植物提供栖息地等方面意义重大，其所处的生态地位和发挥的生态功能是无法替代的(黄清麟 等，2010)。

根据 2013 年西藏自治区第二次森林资源规划设计调查结果(杨秀海 等，2011)，藏北高原国土总面积 8520.75 万 hm²，森林覆盖率 3.92%，林地面积 364.21 万 hm²，有林地面积 7.63 万 hm²，灌木林地面积 337.52 万 hm²。灌木林地中，国家特别规定灌木林地面积 326.38 万 hm²。藏北高原覆盖 44 个县(区)范围，灌木林地面积以札达县为最多(38.64 万 hm²)，申扎县最少(仅约10 hm²)。灌木林面积在 20 万 hm² 以上的县有札达县、日土县、普兰县和墨竹工卡县等 4 县，灌木林面积在 10 万~20 万 hm² 的县有仲巴县、噶尔县、南木林县、林周县、桑日县、萨嘎县和昂仁县等 7 县，灌木林面积在 5 万~10 万 hm² 的县有谢通门县、巴青县、当雄县、萨迦县、扎囊县、贡嘎县、乃东县、拉孜县、浪卡子县、桑珠孜区和达孜县等 11 县(区)，灌木林面积在 1 万~5 万 hm² 的县有曲松县、江孜县、曲水县、措美县、那曲县、堆龙德庆县、岗巴县、尼木县、白朗县、仁布县、琼结县、革吉县和康马县等 13 县，灌木林面积在 1 万 hm² 以下的县有措勤县、改则县、班戈县、尼玛县、城关区、双湖县、聂荣县、安多县和申扎县等 9 县(区)。

灌木林优势树种(树种组)达 40 余种，常见的优势树种(树种组)包括锦鸡儿、金露梅、柏木(*Cupressus funebris*)、杜鹃、砂生槐、高山柳、驼绒藜、蔷薇、川滇野丁香(*Leptodermis pilosa*)、小檗、枸子、小蓝雪花(*Ceratostigma minus*)、沙棘、水柏枝、毛叶绣线菊(*Spiraea mollifolia*)，总面积约 336 万 hm²，占灌木林面积的 99.6%。以锦鸡儿所占面积为最多(约 122 万 hm²)，占灌木林总面积的 36.0%。

4.1.2　主要灌木群落

（1）矮锦鸡儿灌丛（Form. *Caragana pygmaea*）

矮锦鸡儿属落叶阔叶灌木，主要见于藏北东部索县及林周、拉萨、日喀则、拉孜至昂仁等地的阳坡或坡麓，海拔在 3800~4400 m，生境一般较干燥，地表多砾石，土层较瘠薄。

在以矮锦鸡儿为主要优势种的群落中，常见的伴生种有鬼箭锦鸡儿、金花小檗、拉萨小檗（*Berberis hemsleyana*）、砂生槐、木帚枸子、紫金标和小叶枸子等，伴生种的种类和数量随生境的差异而不同，一般群落中常见的伴生种数量为 1~3 种。矮锦鸡儿灌丛灌层一般高 1.0 m 以下（最低 0.2 m），盖度多小于 50%。矮锦鸡儿灌丛群落稳定，根系发达，群落密集，对高原生态稳定和水土保持具有重要作用。

（2）小叶金露梅灌丛（Form. *Potentilla parvifolia*）

小叶金露梅属落叶灌木，在西藏的分布相当普遍，从藏东到阿里，自藏南谷地至羌塘高原均有分布。具有耐高寒、萌生力强、根系发达和群落稳定等特征。作为建群种组成的小叶金露梅灌丛，主要分布于佩枯错以西的雅鲁藏布江上游地区，常占据干旱宽谷、高的河滩、山麓洪积台地和平缓的山坡；在日喀则一带的错拉山、卡惹拉、定日觉悟拉及阿里南部山地亦有分布，海拔在 4200~5100 m。

小叶金露梅灌丛群落类型较为简单。一般在宽谷、河滩、洪积台地和山坡下部（海拔 4700 m 以下），建群种小叶金露梅常与优势草本植物组成群落；在海拔较高的羌塘高原南部、雅鲁藏布江源头及阿里南部高山地区，群落盖度降低，常与草本和垫状植物组成群落。常见的伴生种有雪层杜鹃（*Rhododendron nivale*）、髯花杜鹃（*Rhododendron anthopogon*）、小蓝雪花和拱枝绣线菊等。小叶金露梅灌丛没有明显的分层现象，灌层一般高 0.2~0.4 m，盖度较小，一般在 30% 左右。小叶金梅灌丛是青藏高原和周围山地生态系统的主要组成成分，在水源涵养、护覆高山地带和高原暴露面上具有特殊的生态作用。

（3）香柏灌丛（Form. *Juniperus pingii* var. *wilsonii*）

香柏属矮小灌木。香柏灌丛是西藏常绿针叶灌木林中分布最广泛、海拔最高的一个类型。香柏灌丛在西藏主要分布于海拔 2600~4900 m 的山区。一般生长于气候较为干冷，年均气温约 3 ℃ 以下；土层较薄，含有较多砾石的高山灌丛草甸土的阳坡、半阳坡、平缓的山脊与山隘地区。

香柏灌丛群落物种组成较为简单，常伴有大果圆柏、峨眉蔷薇、鬼箭锦鸡儿、棘枝忍冬（*Lonicera spinosa*）、金花小檗、拉萨小檗、小叶金露梅、小叶枸子和柱腺茶藨子等组成不同群落。香柏灌丛冠层高 0.5 m 左右，盖度一般为 50%~60%，平均株密度约 1100 株/hm²。香柏灌丛的水土保持性能良好，特别是其具有极其耐寒、抗风、耐瘠薄的适应性，对防治草原扩张有良好的防护效益（李文华 等，1985）。

（4）杜鹃灌丛（Form. *Rhododendron* spp. ）

杜鹃属常绿革叶灌木，是西藏灌木林重要的组成类型之一，种类繁多，分布广泛。该类型广布于藏东北、藏东南和藏南森林区及其外缘地带。在西藏分布的西界，沿喜马拉雅山脉南坡止于吉隆贡当一带，沿念青唐古拉山—冈底斯山脉南坡伸至南木林仁堆地区。垂直分布高度一般在 3800~4800 m，最高可达 5200 m，并与其他高山灌木林一起构成明显的、垂直幅度宽厚的高山灌木林带或高山灌木林草甸带，下接糙皮桦或冷杉（*Abies* spp.）林带，上接高山草甸带或直接过渡至高山流石坡稀疏植被带，是具有垂直地带性的、稳定的原生植被类型。

在杜鹃灌丛中，主要建群种有小叶类的髯花杜鹃、雪层杜鹃、毛嘴杜鹃（*Rhododendron trichostomum*）、弯柱杜鹃（*Rhododendron campylogynum*）、草莓花杜鹃（*Rhododendron fragariiflorum*）、鳞腺杜鹃（*Rhododendron lepidotum*）、毛花杜鹃（*Rhododendron hypenanthum*）、刚毛杜鹃（*Rhododendron setosum*）、毛冠杜鹃（*Rhododendron laudandum*）、微毛樱草杜鹃（*Rhododendron primuliflorum* var. *cephalanthoides*）和中叶类的钟花杜鹃（*Rhododendron campanulatum*）和宏钟杜鹃（*Rhododendron wightii*）等。在生态型上，杜鹃灌丛虽有耐寒喜温的共同特点，但仍存在显著差异：钟花杜鹃等中叶类灌木更喜温喜湿，小叶类杜鹃则相对喜冷耐干；在小叶类杜鹃中，毛花杜鹃、刚毛杜鹃和髯花杜鹃较偏温偏湿，而微毛樱草杜鹃则相对偏冷偏干；雪层杜鹃具有较宽的温度、水分生态适应特征。

主要伴生植物有刚毛杜鹃、岩须（*Cassiope* spp.）、奇花柳、小叶金露梅和川西锦鸡儿、拉萨小檗和小叶金露梅、刚毛杜鹃、扫帚岩须（*Cassiope fastigiata*）、绣线菊、山生柳、黄花垫柳（*Salix soulici*）、鬼箭锦鸡儿等。杜鹃灌丛冠层高 1.0 m 左右，盖度一般为 50%～80%，平均株密度为 1500～2800 株/hm²。杜鹃灌丛的植株丛生密集，对高山地区的水土保持、水源涵养发挥了重要作用（李文华 等，1985）。

（5）蔷薇灌丛（Form. *Rosa* spp.）

蔷薇灌丛是西藏森林区外缘地带和灌丛草甸、灌丛草原地带较为常见的一种类型。性喜温暖，较耐干，常是枸子、小檗群落的重要伴生成分，有时可成为共建种。以蔷薇为优势的灌丛仅小片零散分布于拉萨河流域及念青唐古拉山脉北坡比如等地的沟谷、河岸、坡麓和阳坡下部，海拔 3800～4200 m，生境较干燥，地面多岩块碎砾。

蔷薇灌丛群落中的常见建群种主要有川西蔷薇（*Rosa sikangensis*）、峨眉蔷薇、绢毛蔷薇（*Rosa sericea*）和藏边蔷薇（*Rosa webbiana*）等；除建群种外，另有有棱小檗、高山柏、匍匐枸子（*Cotoneaster adpressus*）、拱枝绣线菊和线叶百里香等；草木层发育微弱，盖度 10%～20%的群落中混生有东方茶藨子（*Ribes orientale*）、鬼箭锦鸡儿、棘枝忍冬、金花小檗、拉萨小檗、匍匐枸子、沙棘和铁线莲及多种草本植物。灌丛灌层高约 1.3 m。蔷薇灌丛是岩溶山地的主要灌木类型，对水土保持具有一定作用。

（6）小檗灌丛（Form. *Berberis* spp.）

小檗灌丛主要分布于念青唐古拉山东段南侧皮康和拉萨河流域，在喜马拉雅山脉隆子、聂拉木地区亦有分布。常占据山地阳坡和半阳坡，海拔 3900～4500 m，生境较干燥，地表多碎石，土壤主要以石灰岩为基质的亚高山灌丛草原土为主。

小檗灌丛群落外貌呈灰黄绿丛状，秋季随着小檗等灌木的叶子变红，季相呈褐红色。群落内植物生长稀疏，盖度 30%～40%。可分灌木和草本二层：灌木层高 0.5～1.0 m，盖度 30%左右，小檗为主要成分；有些地段绢毛蔷薇数量亦较多，甚至可成为灌木层的亚优势种。建群种小檗和群落伴生植物常因地段而异：在拉萨河流域及其以东的皮康、太昭等地的阳坡山地，以金花小檗、锡金小檗（*Berberis sikkimensis*）、拉萨小檗、无粉刺红珠（*Berberis dictyophylla* var. *epruinosa*）等为优势种，伴生的灌木常见有伏毛金露梅（*Potentilla fruticosa* var. *arbuscula*）、香柏和少量的棘叶忍冬和水枸子。在聂拉木附近阳坡，以有棱小檗、变绿小檗（*Berberis virescens*）等为优势种，群落中常见伴生灌木有匍匐枸子、高山柏和少量的绣线菊、西藏忍冬、藏麻黄（*Ephedra saxatilis*）和线叶百里香等。此外，在藏东森林区海拔 3000~3900 m 的河谷阳坡和半阳坡，每因森林被砍伐或破坏，常有小檗与多种枸子组成的次生灌丛，其群落特点和组成成分与枸子灌丛基本相同。

（7）枸子灌丛（Form. *Cotoneaster* spp.）

西藏枸子属植物种类较多，枸子灌丛是在西藏东部和东南部森林砍伐或遭破坏后发展起来的一类次生灌丛，分布广泛，多占据海拔 3000~3900 m 之间的阳坡和半阳坡，生境较温暖。外貌呈灰绿色，到秋季，枸子等多种灌木叶色由绿变红、红果累累，较为独特，与周围的森林群落形成明显对照。随着海拔的升高和干旱强度的加剧，枸子逐渐减少，小檗数量逐渐增多，逐渐过渡为小檗群落。

组成枸子灌丛的主要建群种有木帚枸子、匍匐枸子、红花枸子（*Cotoneaster rubens*）、细枝枸子、水枸子、钝叶枸子（*Cotoneaster hebephyllus*）和散生枸子等多种，每因生境的差异而在不同地段显示优势度的交替。常见伴生物种有小檗、峨眉蔷薇、甘青锦鸡儿、甘蒙锦鸡儿、绣线菊（*Spiraea mongolica*，*S. bella*，*S. alpina*）、甘青鼠李、白毛金露梅（*Potentilla fruticosa* var. *albicans*）和零散的密枝圆柏（*Juniperus convallium*）等。枸子灌丛是一个地带性的高山植被类型，是长期适应高寒山地形成的一种稳定的高山灌丛，对于维持高寒地区的生态环境稳定起着重要作用（黄清麟 等，2011）。

（8）西藏沙棘灌丛（Form. *Hippophae tibetana*）

西藏沙棘属矮小灌木，广布于青藏高原及其周围地带，西端自西藏日土（班公湖盆）起，南达定日，东止甘肃的迭部、碌曲，北到祁连山北坡，集中分布区在西藏、青海二地区。以西藏沙棘为主要优势种的灌木分布于山原、河谷、山坡、流石坡及高原面上的滩地，多呈小片状，海拔 2800~5200 m。

西藏沙棘常与山生柳、硬叶柳、匍匐水柏枝、金露梅、岩生忍冬等，草本常与灌丛同层，种类主要有矮嵩草、小嵩草、钉柱委陵菜（*Potentilla saundersiana*）、银叶火绒草（*Leontopodium souliei*）、矮火绒草（*Leontopodium nanum*）、滨发草、裂银莲花、西藏棱子芹（*Pleurospermum hookeri* var. *thomsonii*）、女娄菜（*Silene aprica*）、乳白香、柔软紫苑、星状雪兔子（*Saussurea stella*）、小米草（*Euphrasia pectinata*）等组成不同的群落类型。一般灌丛灌层高度多为 20~30 cm，海拔5000 m 以上地区仅高 7~10 cm，稀疏，盖度多 50% 以下。西藏沙棘灌丛所处环境严酷，对高原生态环境起着重要的水土保持和水源涵养作用。

（执笔人：西南林业大学 张超）

4.2　藏南谷地

藏南谷地素有"西藏江南"之美称，位于西藏"一江两河"中部流域地区（雅鲁藏布江中部、拉萨河、年楚河），沿雅鲁藏布江近东西向延伸，西起阿里萨噶县，东至林芝米林县。地处84.10°~95.53°E、27.10°~30.50°N，东西长达 1200 km，南北宽约 300 km。行政隶属区主要包括拉萨、林芝、山南和日喀则，海拔 2500~4200 m。

4.2.1 概　述

（1）地形地貌

藏南谷地位于青藏高原南部喜马拉雅山脉与冈底斯山脉之间的东西纵长地带，包括喜马拉雅主脉的高山及其北翼高原湖盆和雅鲁藏布江中上游谷地。总的地势基本呈西高东低，整个地貌基本呈网格状结构，由山体组成的网格之间分布着髋骨、高原和湖盆，并包含有河流、山地、峡谷、冰川、冰缘和风沙等各种地貌类型。大的地貌单元有喜马拉雅山地、冈底斯—念青唐拉山地和藏南谷地（古格·其美多吉 等，2013）。

（2）土壤分布

藏南谷地地势变化较大，土壤发育的环境非常复杂，主要以山地灌丛草原土和高山草原土为主，土体中黏粒含量低，碳酸钙集聚明显，但山地灌丛草原土具灰棕色腐殖质层，与石灰强烈反应并形成富含碳酸钙新生体的钙积层。

（3）水文特征

藏南谷地山河稠密，湖泊密布。全区水系密集，水流湍急，主要河流有雅鲁藏布江、彭曲、拉萨河、年楚河、雅砻河、温区河和彭曲等。其中贯穿藏南谷地的雅鲁藏布江不仅是西藏高原上流域面积最大、流量最大（年径流量占全区年径流总量的 42.4%）的河流，且支流众多，仅长度超过 100 km 以上的支流就有 14 条，拉萨河和年楚河是极其重要的支流。藏南谷地除河流众多外，还有高原湖泊数十个，主要有拉错新错、普莫雍错和羊卓雍错等。

（4）气候特征

藏南谷地地处中低纬度地区，受纬度和地形的影响，属高原温带季风半湿润、半干旱气候，最冷月平均气温-12~2 ℃，最暖月平均气温 10~18 ℃。其中，宽谷盆地最暖月平均气温 10~16 ℃，冬季最冷月月均气温-12~0 ℃。中部喜马拉雅山脉的气候屏障作用明显，北翼高原湖盆年降水量仅 200~300 mm，形成干旱的"雨影带"。在雅鲁藏布江中上游谷地，降水量由东而西递减，年降水量 300~500 mm，日照丰富，太阳辐射强。

（5）灌木资源

藏南谷地在西藏植被区划中属于藏南河流高山灌丛草原区，其代表性植被为草原灌丛。一般在海拔 4000 m 以下的干旱宽谷、盆地和山坡下部，广泛发育着喜温的亚高山草原和落叶灌丛及河谷沼泽草甸，构成河谷地区植被垂直分布系列的基带。随着海拔的升高，出现有适应高寒的草原群落和高山常绿针叶灌丛、高山阔叶灌丛和高山草甸等，并分布有零散但却常见的垫状植物群落。在植被的组成中，常见种包括：禾本科的三刺草（*Aristida triseta*）、狼尾草（*Pennisetum alopecuroides*）、固沙草（*Orinus thoroldii*）、针茅等，菊科的蒿属，豆科的槐、棘豆、锦鸡儿等属，蔷薇科的蔷薇、委陵菜、绣线菊等属，小檗科的小檗属，柏科的圆柏属，莎草科的嵩草和薹草属，报春花科的点地梅属，石竹科的蚤缀属，玄参科的马先蒿属。以上科、属形成了本区不同植被类型的建群种、优势种和常见种。拉萨河、年楚河与雅鲁藏布江沿岸湿地发育有由江孜沙棘、左旋柳、筐柳、卧生水柏枝（*Myricaria rosea*）等组成的河滩湿地灌丛群落。

4.2.2　主要灌木群落

（1）鬼箭锦鸡儿灌丛（Form. *Caragana jubata*）

鬼箭锦鸡儿灌丛主要见于藏东南和中喜马拉雅山脉森林区外缘向高原过渡的高山灌木林草甸地带，亦分布于森林区外林线以上的高山地区，以索县、洛隆、八宿、吉塘、嘉黎、林周、当雄、错那和洛扎等地区分布较多，并由此往西沿念青唐古拉山—冈底斯山脉可到南木林、昂仁北部，沿喜马拉雅山脉至吉隆贡当地区，一般不见于草原区（仅在浪卡子卡惹拉等少数高山有片断分布）。海拔多在 3800～4800 m 之间，常占据山地阴坡，亦见于半阳坡、阳坡和坡麓洪积锥。从其生态地理分布和生境看，鬼箭锦鸡儿基本属喜冷凉湿润的灌木种类，但其生态适应幅度较广，具有较强的耐干旱瘠薄能力。

鬼箭锦鸡儿灌丛群落外貌呈灰棕色，盖度 70%～80%，可分灌木和草本二层。灌木层以鬼箭锦鸡儿占绝对优势，盖度约 30%，高 0.2～1.0 m，最高可达 1.5 m；此外，还见有伏毛金露梅、奇花柳、越橘叶忍冬（*Lonicera angustifolia* var. *myrtillus*）、岩生忍冬、毛叶绣线菊、拱枝绣线菊、雀儿豆及常绿革叶小灌木毛花杜鹃等；在较干旱贫瘠的生境下，鬼箭锦鸡儿生长较为低矮，伴生灌木种见有绢毛蔷薇和小檗等。草本层较发育，生长茂密，盖度达 40%～70% 或更高。草本层主要由适寒的中生草甸成分组成，有些地段覆盖有苔藓及灰白色叶状地衣。鬼箭锦鸡儿灌丛比较稳定，地处高寒，根系发达，群落密集，对水土保持、涵养水源的作用。

（2）沙棘灌丛（Form. *Hippophae rhamnoides*）

沙棘是一种速生灌木种，在生态环境较适宜的情况下，生长高大者可达 7.0～8.0 m 甚至 10余米，且繁殖较容易，适应性广，在灌木林草原地区是值得推广的一种河滩地造林树种。沙棘灌丛是藏南、藏东及阿里西南部河谷卵石滩上较常见的灌木群落类型之一，多呈片状零散分布，海拔一般在 4100 m 以下。

沙棘灌丛群落多呈丛状，在阿里西部什布奇附近的马阳河谷海拔 3000～5000 m，沙棘与秀丽水柏枝（*Myricaria elegans*）、坚果密穗柳（*Salix pycnostachya* var. *oxycarpa*）一起组成沿河谷分布的走廊状灌木林。沙棘灌丛多呈单优结构，冠层密集，郁闭度大，通常只有灌木和草本二层，偶见的伴生种和数量均少，常见的有小叶栒子和奇花柳、水栒子、匍匐栒子、小叶金露梅和西藏忍冬等。沙棘灌丛层次简单。灌丛灌层一般高度 1.5～2.0 m，盖度 60%～80%。沙棘灌丛的生态幅度宽广，生长迅速，易于造林且抗寒、耐瘠薄和大气干旱，对水土保持、固氮改土、防风固沙均有重要作用。

（3）卧生水柏枝灌丛（Form. *Myricaria rosea*）

卧生水柏枝属于卧生灌木，在西藏主要分布于东南部地区。以卧生水柏为优势种的灌丛一般生于海拔 2600～4600 m 的砾石质山坡、沙砾质河滩草地及高山河谷冰川冲积地。

卧生水柏枝灌丛结构简单，常与沙棘、肋果沙棘、西藏沙棘、乌柳等形成不同的群落类型。卧生水柏枝灌丛灌层高度一般约 1.0 m，盖度 30%～60%。卧生水柏枝具有种子和根蘖两种繁殖功能，根系发达，扩展快，在河滩上能迅速成丛。但常被沙棘、乌柳等更替，在重湿地段常形成相对稳定的灌丛，在固土护岸、改良河滩土壤方面具有重要作用（吴中伦 等，2000）。

（4）白刺花灌丛（Form. *Sophora davidii*）

白刺花为多年生矮灌木，具有耐干旱、耐贫瘠、耐火烧、耐践踏和耐割刈等特性，根系深而强大，萌蘖能力强等优良的生态特性。白刺花灌丛主要分布于雅鲁藏布江中游泽当至拉孜段的宽谷、两侧低山及拉萨河、年楚河和南木林曲（香曲）等主要支流宽谷内，海拔3500~4100 m。气候温暖、干燥，年均气温5~9℃，年降水量300~450 mm，地表多风化碎石，土壤砾沙质强，多有碳酸盐反应。河谷中常有风成沙地或沙丘，使喜干暖、抗风沙、耐瘠薄的白刺花得以大量生长，成为干暖河谷灌木林的主要代表植物。

白刺花灌丛群落结构简单，常为单优群落，偶见伴生灌木，常见的伴生灌木见有小角柱花、山岭麻黄（*Ephedra gerardiana*）、绢毛蔷薇、拉萨小檗、栒子（*Cotoneaster adpressus*，*C. submultiflora*）、薄皮木、醉鱼草（*Buddleja alternifolia*，*B. tsetangensis*，*B. crispa*）和锦鸡儿（*Caragana spinifera*，*C. maximovicziana*）等。白刺花灌木具有极强的抗逆性，因而在保持土壤水分、减沙、固持、改良土壤等方面有较高的生态效益。

（5）奇花柳灌丛（Form. *Salix atopantha*）

奇花柳是高寒山地的一种低矮灌木，在西藏广泛分布于昌都、拉萨等地，垂直分布为3500~4000 m。通常位于山体上部的阴坡、半阴坡、山顶及山脊，立地环境高寒、阴湿、多强风。常与小叶类杜鹃等灌丛镶嵌分布，占据亚高山针叶林以上的高山带阴坡和半阴坡，海拔在3800~4900 m之间，面积远较杜鹃灌丛小。

奇花柳灌丛群落一般外貌呈灰褐色，远观与杜鹃灌丛相似；在春末夏初杜鹃盛花期和秋末奇花柳枯黄时，其外貌差异显著。分布地的生境一般均较冷湿，土壤疏松、土层稍厚、色暗、富含有机质，属高山灌丛草甸土。奇花柳灌丛群落组成种类稀少，常与髯花杜鹃、锡金小檗、小叶金露梅和雪层杜鹃等组成不同群落。灌层结构简单，疏密程度表现不一，一般灌层高度约1.0 m，盖度30%~80%。奇花柳灌丛分布于高寒地带，但其地上部分多枝丛生，地下根系发达，根幅大于冠幅，根系的分布深度与地上高度基本一致，灌丛稳定，具有良好的水土保持和水源涵养功能。

（6）越橘忍冬灌丛（Form. *Lonicera myrtillus*）

越橘忍冬属落叶多枝灌木，具有耐高寒、萌生力强、根系发达和丛生等习性。在西藏分布于南部、东南部，如阿里、昌都、拉萨、林芝和日喀则等地海拔2400~4700 m的山坡、溪旁疏林及河谷滩地石砾上。

越橘忍冬灌丛群落的物种组成较为复杂，常与大黄檗（*Berberis francisci-ferdinandi*）、柱腺茶藨子和小叶金露梅等形成不同类型的群落。越橘忍冬灌丛群落分层明显，一般分为灌木层和草本层二层，灌木层高度约2.0 m，盖度30%~70%。越橘忍冬灌丛生活力强，种子、根蘖均可繁殖，在自然条件下群落稳定，多出现于水源地带，对水土保持和水源涵养作用显著。

（7）乌柳灌丛（Form. *Salix cheilophila*）

乌柳是草原地带典型的多年生落叶灌木，分布于西藏拉萨、日喀则和山南等地，具有生命力强、耐风蚀、沙埋、盐渍和耐旱抗寒的生长特性。一般生长于海拔1700~3800 m的丘陵山坡、荒地山谷和河谷滩地等地带。

乌柳灌丛群落的物种组成较为简单，常见的伴生种有大果圆柏、拉萨小檗、矮锦鸡儿、小叶栒子和狼牙刺等。乌柳灌丛灌层高度一般约2.0 m，盖度30%~50%。乌柳灌丛的生态幅度宽阔，萌芽能力强，耐旱、耐寒、耐贫瘠，生长速度快，对于防风固沙、水土保持、改善环境具有重要意义（李焱 等，2018）。

（8）小蓝雪花灌丛（Form. *Ceratostigma minus*）

小蓝雪花属落叶灌木，分布于西藏南部、东部，如日喀则、山南等地，具有体态矮小、耐旱、耐寒等生态特性，多生于海拔 3600~3950 m 的向阳石质山坡和沙质地上。

小蓝雪花灌丛群落结构简单，常为单优群落，伴生种较少，常见有小叶金露梅和狼牙刺等。外貌上常呈稀疏灌草丛景观。小蓝雪花灌丛无明显分层现象，灌层高 0.1~0.3 m，盖度 20%~30%。紫金标灌丛喜欢生长于半干旱、温暖的干热河谷地区，是研究当地气候和植物地理的重要指示性植物（吴征镒 等，1985）。

（执笔人：西南林业大学 张超）

4.3　柴达木盆地

柴达木盆地是我国青藏高原北部边缘的内陆盆地，地处青海省西北部，北至甘肃省，西达新疆维吾尔自治区，东接青海省海北、海南藏族自治州，是新疆、西藏、甘肃、青海 4 省份的中心地带，介于 90°16′~99°16′E、35°00′~39°20′N，海拔 2676~6860 m，总面积约 25 万 km²。盆地略呈三角形，东西长约 800 km，南北宽约 300 km，是我国的四大盆地之一。四周高，中间低。在行政区划上，柴达木盆地跨 3 省份的 5 个地区，区内有青藏铁路、109 国道、215 国道、315 国道，交通便利（王晓林，2012）。

4.3.1　概　述

（1）地形地貌

柴达木盆地位于青藏高原东北缘，四面环山，西北、东北、南、东分别为阿尔金山、祁连山、昆仑山和鄂拉山。盆地内部有许多大小不等的山间盆地，主要有尕斯库勒湖、马海、大柴旦、小柴旦、德令哈和乌兰等次级盆地，有柴达木盆地中部的山峦分割，形成了盆中有盆的特殊地貌景观。总体的地势特点是南北高、中间低，从盆地的边缘到内陆中心依次发育高山、丘陵、山前洪积平原、冲洪积平原、冲湖积平原、湖积平原和湖沼等地貌形态。山区的平均海拔在 400 m 以上，最高点位于布喀达坂峰，海拔 6529 m，盆地最低点在达布逊湖南缘，海拔 2676 m。具有明显的垂直地带性，高原山区地貌成层结构明显，自上而下有极高山、高山、中山、丘陵和平原。极高山区普遍发育冰川，冰川作用强烈；高山地区分布广泛，以冰缘作用为主，同时亦有流水作用；中山和丘陵区是流水作用的强烈发生地区；平原区以流水作用为主，并伴生风成作用、盐湖作用和风化作用。

（2）土壤分布

柴达木盆地边缘的洪积平原由第四纪沙砾组成。盆地东部土壤为棕钙土，富含钙质；盆地中西部为灰棕荒漠生，含有大量的石膏和易溶盐。香日德和德令哈以东的低山地带多为薄层第四纪风成黄土，土壤为碱性的山地栗钙土。

（3）水文特征

柴达木盆地水系属青海省内陆水系之一，盆地平原区内虽然降水稀少，但山区降水相对较多，雪线以上的山峰和沟谷终年有积雪和冰川覆盖，河流较发育。整个盆地有大小河流 79 条，其中季节性河流 42 条。夏季进入丰水期，冬季降水少，河流枯水或干涸。常年有水的较大河流有 37 条。河流均发源于四周山区，以冰雪融水、大气降水和地下水补给为补给来源，通过河流向盆地中部汇集，形成以盆地内部湖泊为中心的聚合状分布河流，属于典型的高原内陆河流。大多数河流在山前平原区入渗补给地下水，至细土地带地下水涌出地表，形成带状分布的泉，构成泉集河。多数河流的长度不超过 1000 km，汇水面积小于 5000 km²，山区河流落差大，水量亦较大，具有丰富的水能资源。柴达木盆地内湖泊众多，星罗棋布，成因复杂。大部分湖泊位于盆地中心的低洼地带，是晚中生代到新生代的产物，由昆仑和祁连地块的抬升造成盆地中间沉降而成。柴达木盆地内共有大小湖泊 64 个，山区湖泊 15 个，平原湖泊 49 个。淡水湖 16 个，总面积 4769 km²，其余为微咸至盐湖，以盐湖居多，总面积 1491 km²。柴达木盆地的高山地区分布有现代冰川，主要分布在海拔 4800 m 以上的昆仑山北坡、阿尔金山南坡东段及海拔 5400 m 以上的祁连山。规模较大的冰川有昆仑山区的布喀达坂峰、塔鹤托坂日、阿青岗欠日旧等和祁连山的喀克图蒙克冰川，这些冰川厚度较大，分布面积大于 50 km²，多属于山岳冰川和山谷冰川。

（4）气候特征

柴达木盆地属于内陆极干旱高寒气候，盆地中部的平原区海拔 2676~3000 m，中间地势低洼，四面环山，从而阻碍了暖湿气流进入，降水稀少，水汽含量少，日照时间长，太阳辐射强，造成气温较高，蒸发量大，气候干燥，相对湿度在 40% 左右，年平均日照数一般为 3000 h。降水量变化大，从东到西、从南到北，年降水量逐渐变小。据气象站多年降水资料，多年平均降水量 16~190 mm，最低年降水量出现在冷湖（3.2 mm），最高年降水量出现于乌兰（326.9 mm）。降水量随季节不同也有很大差异（李林 等，2015），月平均降水量 4~44 mm，降水多集中于 4~10 月，7 月最高，占年降水量的 87%~94%。

（5）灌木资源

柴达木盆地共有林地面积 228.63 万 hm²，灌木林地面积 110.74 万 hm²，占林地面积的 48.4%。柴达木盆地森林主要分布于江河源森林生长极限地带（李含英，1989；杜庆 等，1990），主要有常绿针叶林、落叶阔叶林和荒漠灌丛林 3 类（钟泽兵 等，2014）。落叶阔叶灌木林包括山生柳群系、多花柽柳与长穗柽柳群系、梭梭群系与白刺群系。

4.3.2　主要灌木群落

（1）多花柽柳+长穗柽柳灌丛（Form. *Tamarix hohenackeri*+*Tamarix elongata*）

多花柽柳+长穗柽柳灌丛集中分布于诺木洪至格尔木之间，沿山前戈壁边缘的冲积、洪积平原的细土带，地下水位 5~9 m 深的盐化荒漠土上呈带状分布。多花柽柳和长穗柽柳高 1~2 m，叶卵状斜方形并具有极强的泌盐能力；根系发达粗壮，随着沙丘的堆积，老枝茎上分新枝，继续向上生长，根系固沙作用形成基部堆积高大的沙包，称为红柳包或柽柳包。沙包一般高 1~2 m，基部直径 3~6 m，常常相连而成丘岗状。伴生种有白刺、大白刺（*Nitraria roborowskii*）、细枝盐爪爪等（党婧文，2020）。

（2）梭梭灌丛（Form. *Haloxylon ammodendron*）

原始状态的梭梭灌丛分别生长在诺木洪北部的爱姆尼克山及托素湖东部的粗沙黏性盐土、

沙丘、砾石戈壁及山前洪积扇等地。梭梭的生态位较宽，分布于爱姆尼克山的梭梭生长比较茂密，一般高 2.5~3.0 m，最高达 5.0 m，最低不足 1.0 m，主茎秆基部直径 20~30 cm，总盖度 10%，伴生种有西柏利亚滨藜(*Atriplex sibirica*)、小果白刺等。在条件较差的生境，梭梭生长比较低矮，高一般不超过 1 m，呈灌木状。梭梭林种类组成贫乏，伴生种仅有超旱生的膜果麻黄和沙拐枣等。

(3)白刺灌丛(Form. *Nitraria* spp.)

白刺灌丛分为大白刺和小果白刺灌丛。大白刺灌丛主要分布于巴隆、托勒南山山麓戈壁下缘的细粉沙地带，处于荒漠草原和盐生草甸之间。群落结构简单，株丛高 30~50 cm，伴生种有合头草和薄翅猪毛菜(*Salsola pellucida*)等。小果白刺灌丛主要分布于巴音河下游戈壁农场和德令哈农场之间及可鲁克湖北岸的局部地段，灌丛密集并高达 2 m，冠幅 3~4 m，盖度约 70%，呈丛状塔形生长，外貌独特，伴生种类较少，常见有细枝盐爪爪等，一般呈团状或片状生长于白刺之间的空地，高 10~25 cm，还常见锁阳寄生于小果白刺根之上。

(执笔人：中国科学院西北高原生物研究所 周华坤)

4.4 祁连山地

祁连山地处青藏、蒙新、黄土三大高原的过渡带，介于 97°24′~103°46′E、36°43′~39°42′N，东起乌鞘岭的松山，西至当金山口，北临河西走廊，南靠柴达木盆地，跨越青海、甘肃 2 省，长达千余千米，是我国干旱地区的主要山地水源区，自然环境独特，属高寒干旱半干旱山地森林草原气候，森林资源丰富。

4.4.1 概　述

(1)地形地貌

祁连山地区地貌特征十分复杂且具有明显的特殊性。山地西部深入欧亚大陆腹地，山系南北两翼具有明显的不对称性，南坡地势变化相对和缓，北坡陡峭，海拔落差大。此外，山间盆地和纵谷广泛发育。整体地势由东向西逐渐抬升。祁连山脉西段由走廊南山、黑河谷地、托莱山、托莱河谷地、托莱南山、疏勒河谷地、疏勒南山、哈拉湖盆地、党河南山、喀克吐郭勒谷地、赛什腾山、柴达木山、宗务隆山等一系列山脉与宽谷盆地组成。祁连山脉东段有冷龙岭、大通河谷地、大通山、大坂山。在一系列平行山地中，南北两侧和东部相对起伏较大，山间盆地和宽谷海拔一般在 3000~4000 m，谷地较宽，两侧洪、冲积平原或台地发育。疏勒南山以东的北大河、黑河、疏勒河、大通河和布哈河等 5 河之源所在的宽谷盆地海拔高达 4100~4200 m。祁连山海拔 4500~5000 m 以上的高山区现代冰川发育，现代冰川和古冰川作用的地貌类型均较丰富。祁连山区由于多年冰土的下界海拔一般为 3500~3700 m 之间，使大多数山地和一些大河的上游均发育着冰缘地貌。在冻土带以下的地貌作用中，东部以流水作用为主，西部风成作用较为明显。

（2）土壤分布

祁连山东部有山地棕钙土、山地栗钙土、山地草原土、山地灰褐土和山地草甸土，局部有高山荒漠石质土和高山冰沼土。西部除山地灰褐土外，上述其他土壤均有分布。土壤总的特征是土层薄、质地粗，以粉沙块为主；成土母质主要为泥炭岩、砾岩和紫红色沙页岩等；有机质含量中等，pH 值 7.0~8.0。

（3）水文特征

祁连山南部水资源主要集中于海北州大通河和湟水流域，蕴藏有极为丰富的水利资源，地表水年流量 58.2 亿 m³。海拔最大高差 3000 m，自然落差大，水流湍急。外流水系和内陆水系水电理论蕴藏约 148 万 kW。祁连山北部多为内陆河，以黑河流域可能开发的水能资源为最多。

（4）气候特征

受大陆性荒漠气候及高山地貌的强烈影响，年均气温-0.6~2.0 ℃，极端最高气温 28 ℃，极端最低气温-36.0 ℃，活动积温 200~1130 ℃，7 月平均气温 10~14 ℃。年降水量在 300~600 mm，其中 60%以上集中于 6、9 月，年相对湿度 50%~70%。年蒸发量约 1200 mm，无霜期90~120 天，年均日照时数 2131 h，日照百分率 48%。该区年内气温变化剧烈，夏季炎热，冬季寒冷，升降急剧，温差大。地域宽广，地貌复杂，气候差异较大。林区东部降水较多，主要集中于夏季，西部则降水少、气温低。随着海拔高度的不同，水热条件发生规律变化。山区内的土壤和植被类型随气候差异呈现垂直地带性。

（5）灌木资源

祁连山地处青藏高原的东北边缘，是重要的水源涵养林区。在青海、甘肃一带的祁连山地区，山地森林主要由云杉林和灌木林组成。祁连山灌木林面积 41.26 万 hm²，占整森林面积的68%，是云杉林面积的 2.3 倍。因此，灌木林是祁连山主要的植被群落类型，在维系区域水域平衡中发挥着重要作用，蓄涵水总量远超云杉林（约 3 亿 m³ 以上），在水土保持、调节和稳定河川径流等方面均较云杉林大。祁连山区森林生态圈主要是由青海云杉林、祁连圆柏林、高山灌丛林和中低山阳性灌木林等 4 个森林生态系统组成。灌丛群落是祁连山区生态系统中的一个重要生态类型，不仅在群落演替过程中发挥重要作用，亦是重要的水源涵养林组成成分。祁连山区灌木林生态系统在涵养水源、水土保持、调节稳定河川径流和防风固沙等方面具有重要生态学意义。近年来，我国西北地区生态形势日趋严峻，灌木林的价值日益凸显，灌木林不仅是重要的生态林，而且是经济效益很高的商品林。大力发展灌木林，已成为社会经济发展的迫切需要。

4.4.2 主要灌木群落

（1）高山柳灌丛

高山柳灌丛包括杯腺柳灌丛和山生柳灌丛等。高山柳灌丛分布于高度潮湿的环境，在凹地和山沟常形成条条涓流。高山柳灌丛常由高山柳、箭叶锦鸡儿和金露梅等组成，高山柳占绝对优势。灌丛盖度一般为 40%~50%，高者可达 80%以上。灌丛下层常生长有大量莎草科及禾本科草本植物和高山蓼（*Polygonum alpinum*）、苔藓等，其总盖度最高可达 90%以上。

（2）杜鹃灌丛（Form. *Rhododendron* spp.）

杜鹃灌木林主要有青海杜鹃灌丛、头花杜鹃灌丛、百里香杜鹃灌丛、烈香杜鹃灌丛、山光杜鹃(*Rhododendron oreodoxa*)灌丛 等。组成群落的植物 13~18 种;常与山柳、鬼箭锦鸡儿、金露梅等组成群落。灌丛下层生长有地衣、苔藓层和杂草类,株丛高 50~150 cm,盖度达 60%~90%。灌丛具有强大的水源涵养功能,亦可做冬春辅助草场。

(3)金露梅灌丛(Form. *Potentilla fruticosa*)

组成群落的主要种有金露梅、白毛银露梅、小叶金露梅、沙棘、禾草、冰草、紫花针茅(*Stipa purpurea*)等。灌丛高 30~60 cm,灌丛下层草高 3~10 cm,盖度 20%~50%。

(4)鬼箭锦鸡儿灌丛(Form. *Caragana jubata*)

鬼箭锦鸡儿灌木林广布于青海东部各地,但以青海南部高原居多,分布区北起祁连山,南至澜沧江,垂直分布高度由北向南逐渐升高。鬼箭锦鸡儿系落叶矮灌木,主要生长于冷凉阴湿的阴坡,阳坡分布较少。鬼箭锦鸡儿灌木林的适应幅度大,植物组成常随地域和生境的变化而不同,为高寒山地的主要水源涵养灌木林。在祁连山地鬼箭锦鸡儿灌木林主要分布于海拔3200~3800 m,以混交林形式存在,伴生灌木常见有山生柳、高山绣线菊、金露梅、小叶型杜鹃、小檗和鲜卑花等。鬼箭锦鸡儿高度一般为 30~60 cm,最高可达 1 m 以上,随着海拔的增加,鬼箭锦鸡儿平均高度逐渐降低。草本层的植物种类比较丰富,多为草甸成分,以嵩草、薹草、火绒草、风毛菊、羊茅(*Festuca* spp.)、披碱草、异燕麦、鹅观草、马先蒿、珠芽蓼和香青等为主。灌草植被盖度较大,多在 70% 左右。

(执笔人:中国科学院西北高原生物研究所 周华坤)

第 5 章
内蒙古高原灌木林

　　内蒙古高原为蒙古高原的一部分，位于北山山系、阴山山脉和大兴安岭所构成的隆起带以北地区。广义的内蒙古高原还包括阴山以南的鄂尔多斯高原(岳秀贤，2011)。内蒙古高原由东北向西南长约 3000 km，南北最宽约 540 km(王慧，2019)。其海拔高度在 700~1400 m，地势由南向北、从西向东逐渐倾斜下降。在地貌结构上，大体由外缘山地逐渐向浑圆的低缓丘陵与高平原依次更替。高原地面开阔平坦，起伏缓和，分割轻微，缓穹岗阜与宽广浅盆地、平地相间分布，并有不同时期形成和高度不等的夷平面，构成的层状和波状高平原。境内风沙广布，由东向西依次分布有库布齐、乌兰布和、巴音温都尔、腾格里、巴丹吉林五大沙漠和科尔沁、呼伦贝尔、乌珠穆沁、浑善达克、毛乌素五大沙地。

　　内蒙古高原处在亚洲中纬度的内陆地区，具有明显的温带大陆性气候特征。内蒙古高原的气温、积温均呈由北向南逐渐递增的趋势，呼伦贝尔高原地区年平均温度多在 0 ℃以下，≥10 ℃的积温 1500~1800 ℃；锡林郭勒高原地区，年均温 1~4 ℃，≥10 ℃的积温 1800~2400 ℃；乌兰察布高原，年均温上升到 3~6 ℃，≥10 ℃的积温 2200~2600 ℃；河套平原、阿拉善高原及鄂尔多斯高原地区，年均温 6~9 ℃，积温 3000~3600 ℃；西辽河平原地区年均温 5~8 ℃，≥10 ℃的积温达 3000~3200 ℃。各地全年日照总时数大约是 2500~3400 h。

　　内蒙古高原的降水量呈自东向西逐渐减少的趋势，西辽河流域、阴山南麓的山前平原和丘陵区、鄂尔多斯高原的东部等地区降水量一般不少于 400 mm。大兴安岭以西，呼伦贝尔、锡林郭勒高原和鄂尔多斯高原中部降水一般只有 300 mm，由此往西，则逐渐下降到 200~250 mm。东阿拉善地区则低于 150 mm，西阿拉善地区全年只有几十毫米的降水。蒸发量约 1200~3000 mm，最高可达 4600 mm。

　　内蒙古高原区的大部分属于内流区域，河流稀少，流量也很小，除东部的克鲁伦河、乌拉盖河、锡林河为常年河流外，其他多系间歇性河流。内蒙古地区湖泊星罗棋布，湖泊多成为矿化度较高的盐碱湖。从东至西依次分布有呼伦湖、贝尔湖、达里诺尔湖、黄旗海、岱海、乌梁素海、居延海等。广大的高平原上，由于地质构造复杂，含水层不稳定，地下水的区域间差异很大，总的来说是属于地下水较少的地区，除湖盆与河流附近而外，一般地下水位多在 20~30 m 以下。

　　内蒙古高原主要土壤类型有地带性土壤棕壤、暗棕壤、白浆土、棕色针叶林土、褐土、灰褐土、黑土、灰色森林土、黑钙土、栗钙土、栗褐土、黑垆土、棕钙土、灰钙土、灰漠土、灰棕漠土、棕漠土等；非地带性土壤黄绵土、红黏土、新积土、龟裂土、风沙土、粗骨土、石质土、草甸土、潮土、林灌草甸土、山地草甸土、沼泽土、泥炭土、草甸盐土、漠境盐土、碱土等。此外，还分布有灌淤土、灌漠土等人为土壤类型。

内蒙古高原的各个自然地带因大气水热组合以及生态地理环境的分异，在内蒙古高原的各山地、高原、沙地和隐域性的低湿地、盐渍地等生境中演化形成了种类繁多的中生、沙生、盐生、旱生、强旱生的灌丛群落，构成了错综复杂的灌丛植被组合。在广阔的草原上，分布着由小叶锦鸡儿、中间锦鸡儿（*Caragana liouana*）、狭叶锦鸡儿、矮锦鸡儿等灌木及冷蒿、百里香、木地肤等半灌木组成的灌丛化草原群落。沟谷、河滩等低湿地上灌丛植被比较发达，主要有兴安柳、细叶沼柳、蒿柳（*Salix schwerinii*）、小红柳（*Salix microstachya* var. *bordensis*）、山荆子、稠李、油桦、柴桦、绣线菊、珍珠梅、东北桤木等组成的灌丛植被。盐湿低地上，可出现红砂、珍珠猪毛菜、盐爪爪等灌木群落。草原区内沙地广布，因沙地植被不再受土壤钙积层的限制，沙地灌丛植被较为发达。能够形成优势群落的沙地灌木、半灌木有黄柳、北沙柳（*Salix psammophila*）、小红柳、乌柳、小叶锦鸡儿、中间锦鸡儿、狭叶锦鸡儿、油蒿、圆头蒿、盐蒿、光沙蒿、乌丹蒿（*Artemisia wudanica*）、盐蒿、塔落山竹子（*Corethrodendron lignosum* var. *laeve*）、细枝山竹子（*Corethrodendron scoparium*）、叉子圆柏、沙木蓼、东北木蓼（*Atraphaxis manshurica*）、草麻黄、楔叶茶藨（*Ribes diacantha*）、大果榆、山杏、山刺玫、山荆子、稠李等。

在广袤的荒漠中，植被由适应干旱与冬寒气候的超级旱生植物所建群，以矮化的木本和肉质化植物为主，形成稀疏的植物群落。能够形成优势种的荒漠植物主要有灌木红砂、绵刺、半日花、毛刺锦鸡儿、柠条锦鸡儿、霸王、四合木、裸果木、膜果麻黄、泡泡刺、唐古特白刺、大白刺、沙拐枣、阿拉善沙拐枣、沙冬青、猫头刺、刺旋花、鹰爪柴（*Convolvulus gortschako-vii*）、蒙古扁桃等，半灌木珍珠猪毛菜、松叶猪毛菜、蒿叶猪毛菜、短叶假木贼、合头草、驼绒藜、戈壁短舌菊、薹状亚菊、中亚紫菀木等；此外，由梭梭为优势种组成的小乔木荒漠，是在荒漠区选择演化形成的特殊植物生活型，在分布区内的梭梭植株大多矮化呈灌木状，因此本章将梭梭组成的荒漠植被类型视为灌木荒漠。在盐渍化低地上常见有红砂、小果白刺、多枝柽柳、珍珠猪毛菜、盐爪爪等组成的灌木、半灌木群落。荒漠地带沙漠广布，能够形成优势群落的植物种有梭梭、小果白刺、圆头蒿、柠条锦鸡儿、沙拐枣、阿拉善沙拐枣、塔落山竹子、细枝山竹子、柳叶鼠李、蒙古扁桃、沙木蓼等。

内蒙古高原外缘山地主要有大兴安岭山地、冀北山地北部、阴山山地、贺兰山、龙首山、马鬃山等，除贺兰山、龙首山两个较小的山区最高海拔达 3000 m 以上外，其余山地都是中山和低山。由于山地的大气、水热等气候因素随海拔高程及坡向、坡度的不同而发生明显差异，山地植被也表现出垂直分布和地形分割而造成的分布格局，因而，山地植被是由不同植被类型组合而成的植被复合系列。内蒙古高原山地灌丛植被主要由虎榛子属（*Ostryopsis*）、绣线菊属（*Spiraea*）、锦鸡儿属（*Caragana*）、榛属（*Corylus*）、柳属（*Salix*）、蔷薇属（*Rosa*）、委陵菜属（*Potentilla*）木本种、鼠李属（*Rhamnus*）、沙棘属（*Hippophae*）、桦木属（*Betula*）、枸子属（*Cotoneaster*）、桃属（*Amygdalus*）、圆柏属（*Sabina*）植物所建群，组成多种群落类型。其中分布于贺兰山和龙首山的高寒灌丛群落主要有高山柳灌丛、鬼箭锦鸡儿灌丛、小叶金露梅灌丛。分布于大兴安岭西麓森林草原带的山地灌丛主要有柳灌丛、柴桦灌丛、榛灌丛、绣线菊灌丛、胡枝子灌丛、狭叶杜香灌丛、西伯利亚杏灌丛、兴安杜鹃灌丛、大叶蔷薇灌丛等。分布于草原区的山地灌丛主要有虎榛子灌丛、绣线菊灌丛、白莲蒿灌丛、黄刺玫灌丛、长梗扁桃灌丛、叉子圆柏灌丛、大果榆灌丛、百里香灌丛、沙棘灌丛等。此外文冠果、刺榆（*Hemiptelea davidii*）、酸枣、小花溲疏（*Deutzia parviflora*）、荆条等灌木、半灌木组成的群落在科尔沁草原区较为常见，但一般分布面积不大。

5.1 内蒙古高原草原

草原是在温带半湿润–半干旱和干旱气候条件下发育起来的，由低温旱生多年生草本植物（主要是丛生禾草，或为根茎禾草、杂类草）和小半灌木组成的一种植被类型（中国科学院内蒙古宁夏综合考察队，1985）。

内蒙古的草原集中分布于中东部，为欧亚大陆草原区亚洲中部亚区的组成部分。北自 51°N，南抵 38°N，南北纬度跨 13°。东起西辽河平原，西达鄂尔多斯高原，是我国连片分布面积最大的草原区，也是我国畜牧业发展的重要基地。水平地带性草原植被分布的海拔高度自东向西逐渐抬升，草原类型依次为森林草原、草甸草原、典型草原和荒漠草原，分别为呼伦贝尔草原、科尔沁草原、锡林郭勒草原、乌兰察布草原、乌拉特草原和鄂尔多斯草原。年平均气温为 $-8 \sim -3$ ℃，年降水量为 $150 \sim 500$ mm，$\geqslant 10$ ℃ 的积温为 $1700 \sim 3200$ ℃。气温由北向南和由东向西而递增，降水量则由南向北和由东向西而递减，但不同地区水热因素综合的有效率均适宜地带性草原植被的发育。水热综合构成的湿润度指标为 $0.11 \sim 0.74$。

在草原植被长期发展的历史过程中，不仅选择了适合生活于草原气候的一些特殊的植物种，而且也创造出了一些能适应草原气候的生活型。草原植被的主要生活型是能适应大气干旱和冬季低温的地面芽和地下芽植物，同时在特定情况下也混有少量的高位芽植物和地上芽植物（马毓泉，1998）。乔木属高位芽植物。这是森林植被特有的生活型，仅在与森林相邻近的草原地带，间或散生着稀疏的比较耐旱的乔木树种，它们在沙地上与草原结合形成"疏林"景观。这种现象可以看作是乔木树种循着适宜的生境向草原植被中的渗透；灌木和小灌木属矮高位芽植物和地上芽植物。在草原地区起重要作用的是旱生的锦鸡儿属（*Caragana* spp.）植物。它们是草原区沙地灌丛的主要成分，在草原群落中往往形成明显的层片，构成景观独特的灌丛化草原。自典型草原亚带向西可以见到锦鸡儿属的不同植物种的生态替代现象，如小叶锦鸡儿见于典型草原亚带，狭叶锦鸡儿出现在典型草原亚带—荒漠草原亚带，中间锦鸡儿、矮锦鸡儿分布在荒漠草原亚带，短脚锦鸡儿（*Caragana brachypoda*）和毛刺锦鸡儿是草原化荒漠亚带的成分，旱中生灌木山杏在大兴安岭西麓的森林草原带中形成特有的灌木层片；半灌木和小半灌木属地上芽植物。这是干旱地区特有的一种生活型，它们在荒漠植被中起主导作用，草原中的半灌木和小半灌木成分相对较少些。而且大多出现于旱生性更强的草原中，具重要意义的有草原广旱生的冷蒿和旱生的达乌里胡枝子，在强砾质化生境和过度放牧的地段，这两个种常具优势作用，构成草原的小半灌木层片。另一小半灌木百里香在风蚀和砾质生境上的作用较为明显，向荒漠草原过渡，旱生小半灌木作用增强，并开始出现薯状亚菊、女蒿（*Ajania trifida*）、中亚紫菀木等荒漠草原的特征植物，组成小半灌木层片，或是由这些植物种组成的草原次生群落。进入荒漠草原亚带的西部和草原化荒漠亚带时，还出现冷蒿的生态地理替代种——内蒙古旱蒿（*Artemisia xerophytica*）。在接近荒漠的池区，荒漠超旱生灌木和小半灌木，如红砂、珍珠猪毛菜、驼绒藜等亦经常渗透到草原群落中，构成荒漠草原的半灌木层片。此外，达乌里胡枝子、白莲蒿等是典型草原地带常见的伴生成分或优势成分。本区的草原沙地上，经常出现一些高大的蒿类半灌木，自东而西分布着盐蒿、油蒿和圆头蒿等，它们都是沙地的建群植物，构成草原区沙地上特有的半灌木植被。

广袤的内蒙古高原处于亚洲大陆的半干旱与干旱区内，使显域地境的植被以草原植被和荒漠植被为主体，山地植被与其相比，不仅植物种类和植被类型丰富得多，而且植被组合也复杂得多。山地的存在使内蒙古的自然条件和自然资源都更为错综复杂。内蒙古的山地，从东向西依次有纵贯本区东部的大兴安岭，位于西辽河以南的冀北山地(北部)，横亘于本区中部的阴山山脉(包括大青山、蛮汗山、乌拉山、狼山)以及高居于本区西部阿拉善高原的贺兰山、龙首山与马鬃山等。山地灌丛植被是内蒙古各山地植被类型的重要组成部分。它们既有同种植物形成的优势灌丛，如虎榛子灌丛等，又具有区域特征性灌丛。从大兴安岭的兴安杜鹃灌丛、山刺玫灌丛、榛灌丛到阴山山地绣线菊(*Spiraea* spp.)灌丛、黄刺玫灌丛、长梗扁桃灌丛、蒙古扁桃灌丛，再到贺兰山的小叶金露梅灌丛、鬼箭锦鸡儿灌丛，充分体现着每一座山地的灌木资源的独特性。

5.1.1　呼伦贝尔草原

5.1.1.1　概　述

呼伦贝尔草原是呼伦贝尔高原的一部分，位于由大兴安岭西麓的低山丘陵、宽阔丘间谷地与高平原组成的内蒙古高原东北部，海拔高度约 600~800 m，拥有享誉世界的天然牧场，总面积约 10 万 km²，其中天然草场面积达到总面积的五分之四，为世界四大草原之一。呼伦贝尔草原地处温带-寒温带气候区，具有纬度高和辐射量少的特点，区域气候和降雨差异明显。四季气候变化剧烈分明，春季干燥、多大风，夏季温和短促，秋季气温骤降，冬季寒冷、周期长，降雨期为 6~9 月。年平均气温在-3.7~3.9 ℃，无霜期较短(80~150 天，农区最长、林区最短)，日照充足(日照时数 2500~3000 h)，年平均降水量 231~563 mm。土壤类型以黑土、暗棕壤、黑钙土和草甸土为主。呼伦湖是北方第一大淡水湖泊，总面积 2330 km²；以海拉尔河为上源的额尔古纳河是中俄界河，全长 1666 km，额尔古纳河和海拉尔河同呼伦湖相联，盛水期湖水北流注入额尔古纳河，枯水期额尔古纳河水倒灌回流呼伦湖，水源互相补给，孕育着丰腴壮美的草原和大片的湿地。呼伦贝尔草原区北连俄罗斯，东北边缘属于内陆华夏系沉降带，东部边缘毗邻大兴安岭西北麓低山丘陵区，西南与蒙古国相交界。行政区涉及新巴尔虎左旗、鄂温克族自治旗、新巴尔虎右旗、牙克石市、陈巴尔虎旗、海拉尔区、满洲里市、额尔古纳市、和扎赉诺尔区共四旗三市二区(朱晓昱，2020)。

呼伦贝尔草原灌木林主要分布在林草交错地区的大兴安岭林区和半牧区的低地草甸、山地草甸和沼泽植被中。以旱中生、中生、湿中生的灌木、半灌木为主，以达乌里植物区系成分和东西伯利亚植物区系成分为主，亚洲中部草原成分也占相当重要的地位。植物区系组成较为丰富，植被组合也较为复杂，生物多样性较高。从海拔 200~1450 m 均有灌丛分布，一般面积不大，也不甚普遍。但是生境类型差异较大，既有在特定生境条件下发育的原生类型，也有在人为或林火影响下衍生的次生类型；分布在大兴安岭林区草甸的灌木林，生长在平坦低湿地，多为原生植被，不十分普遍，组成以中生植物或湿中生植物为主，并混有湿生植物。生境湿润，常年积水或偶有季节性积水。主要分布在较低海拔地带，即山地下部寒温性针叶林亚带及相邻的山地中部寒温性针叶林亚带。一般沿河、溪流两岸或山谷平坦低湿地段，成带状或小片状镶嵌在沼泽或森林间；分布在大兴安岭林区的沼泽灌木林，自低海拔至高海拔 1200 m 左右的广阔地带均有大面积分布。大多由以兴安落叶松为主的森林或迹地长期自然沼泽化而形成，多发生在不同海拔高度的平坦沟谷和河漫滩。这些地段地势低洼、平坦，地下水位较高，水分容易聚集，加之土质黏重不易渗水，又有永冻层形成隔水板，造成地表过湿或滞水，引起沼泽植物不断渗入。

分布在低山丘陵阴坡森林片段的外围的灌丛有柳灌丛和绣线菊灌丛，局部地段上还见有榛灌丛、胡枝子灌丛、杜香灌丛等；分布在阳坡及低缓漫岗上常见有山杏灌丛、兴安杜鹃灌丛、大叶蔷薇(*Rosa macrophylla*)、大果榆灌丛、白莲蒿半灌丛等。分布在沟谷、河滩等低湿地上的河岸灌丛植被比较发达，主要有兴安柳、细叶沼柳等组成的柳灌丛及山荆子、稠李、油桦、柴桦、绣线菊、珍珠梅、东北桤木等组成的灌丛。分布在高平原中部沙地上的灌丛有山刺玫、山荆子、稠李、山杏、黄柳、小叶锦鸡儿、楔叶茶藨子、盐蒿、木山竹子(*Corethrodendron lignosum*)、冷蒿等灌木、半灌木群落。分布在呼伦湖和贝尔湖周围的盐化低地上的灌丛则有红砂、盐爪爪等耐盐灌木与半灌木群落。

5.1.1.2 主要灌木群落

（1）榛灌丛(Form. *Corylus heterophylla*)

榛，又称平榛，中生灌木，西伯利亚—东亚北部区系成分。榛灌丛分布于大兴安岭北部山地、河北山区、陕北黄土高原和秦岭北坡。由于这类灌丛分布幅度较大，故它的种类组成在不同地区有所变化。在大兴安岭北部山地东麓一直延伸到黑龙江省境内，榛灌丛一般分布在海拔 300~500 m 之间的林缘和林间隙地，是原生的蒙古栎林、落叶松林遭破坏后，经蒙古栎林或黑桦林，再遭破坏后而衍生生成的次生植被。秦岭北坡可上升到海拔 1000~2000 m。榛灌丛分布广泛，除上述地区外，四川、湖北以及西南各省份也有出现。建群种发生明显的地理替代现象。土壤多为肥沃的棕色森林土(中国植被编辑委员会，1980)。

在森林草原带的榛灌丛，灌木层高 1.0~1.5 m，盖度 70%~80%。草本层高度 41~67 cm，盖度 40%~85%。灌木层主要有榛、胡枝子、大叶蔷薇、土庄绣线菊等。草本层植物种类较丰富，主要有小花野青茅(*Deyeuxia neglecta*)、大披针薹草、裂叶蒿、大叶野豌豆(*Vicia pseudo-orobus*)、铃兰、东方草莓(*Fragaria orientalis*)、轮叶沙参(*Adenophora tetraphylla*)、大油芒、肾叶白头翁(*Pulsatilla patens*)、大花杓兰(*Cypripedium macranthos*)、桔梗、唐松草、委陵菜、薹草等。

榛灌丛在为冀北山地分布在低海拔地区，建群种榛高 1.5 m 左右，覆盖度约为 50%~70%。灌木层种类组成比较复杂，伴生灌木有胡枝子、三裂绣线菊、荆条、蚂蚱腿子、大花溲疏、土庄绣线菊等。草本层一般高 20~30 cm，盖度约 30%，薹草为优势种，主要伴生种有大油芒、野青茅、莓叶委陵菜(*Potentilla fragarioides*)、线叶菊、白莲蒿、翻白草、白头翁、兔儿伞(*Syneilesis aconitifolia*)等。

榛灌丛除具有改良土壤和保持水土的作用外，榛的果实(即称榛子)可供食用，也是一种木本油料植物。

（2）二色胡枝子灌丛（Form. *Lespedeza bicolor*）

二色胡枝子，为西伯利亚—东亚区系成分的林下耐阴中生灌木，也是防风、固沙及水土保持植物，为营造防护林及混交林的伴生树种。在我国分布于黑龙江、吉林、辽宁、河北、内蒙古、山西、陕西、甘肃、山东、江苏、安徽、浙江、福建、台湾、河南、湖南、广东、广西等省份。在呼伦贝尔草原区主要分布于大兴安岭西麓森林草原带，在夏绿阔叶林区常成为栎林下灌木层的优势种，也可在山地阴坡与榛共同组成林缘灌丛。分布区海拔为 300~500 m，土壤为棕色森林土。在华北地区，森林破坏后，常与蒙古栎、黑桦（*Betula dahurica*）、白桦、山杨等相混生，形成优势的灌木丛。灌木层一般高度 1~3 m，盖度为 15%~30%，草本层一般高度 0.1~0.5 m，盖度通常在 30%~90%（宋福春，2005）。

灌木层以胡枝子为主，并伴生有兴安柳、兴安杜鹃、石生悬钩子（*Rubus saxatilis*）、大叶蔷薇等。林下草本层茂密，种类组成十分丰富，主要有柄状薹草（*Carex pediformis*）、地榆、野豌豆、凸脉薹草、毛杆野古草、线叶菊、羊茅、狼针草、唐松草、轮叶沙参、委陵菜、矮山黧豆（*Lathyrus humilis*）、小黄花菜、白头翁、银莲花（*Anemone* spp.）、七瓣莲（*Trientalis europaea*）、白莲蒿等。胡枝子灌丛为落叶阔叶林破坏后形成的次生灌丛。灌丛下的土壤条件好，只要适当保护或人工造林，很容易恢复为森林植被。

（3）绣线菊灌丛（Form. *Spiraea salicifolia*）

绣线菊是北温带—北极区系成分的湿中生灌木。喜光，稍耐庇荫，耐寒，也耐水湿，喜肥沃湿润土壤。在我国主要分布在黑龙江、吉林、辽宁、内蒙古、河北。绣线菊灌丛是呼伦贝尔草原区山地灌丛的重要成分，分布区海拔约 1000 m，也是沼泽化灌丛的建群种，见于河滩沼泽化草甸。土壤为生草灰化土或淋溶黑钙土，土层深厚，腐殖质含量高。山地灌丛乔木层以山杨和白桦为主，多系蒙古栎林、兴安落叶松林采伐迹地或火烧迹地上形成的次生树种。沼泽化灌丛则以绣线菊、蒿柳、小叶章（*Deyeuxia angustifolia*）为建群种，其他优势种有粉枝柳（*Salix rorida*）、蚊子草（*Filipendula palmata*）等。灌木层分为两层，第一亚层高 3.5~7 m，第二亚层高 1~1.5 m，总盖度达 60%~90%。

灌木层发达，主要有绣线菊、红瑞木（*Cornus alba*）、柴桦、高山杜鹃、笃斯越橘、细叶沼柳、蒿柳、粉枝柳等，偶有甜杨（*Populus suaveolens*）混入。草本层稀疏，主要组成种是蚊子草、小花风毛菊（*Saussurea parviflora*）、草玉梅，灰背老鹳草（*Geranium wlassovianum*）、兴安藜芦（*Veratrum dahuricum*）等，在低洼积水河漫滩则混有紧穗三棱草。

（4）柳灌丛（Form. *Salix* spp.）

该类灌丛的组成植物主要有兴安柳、细叶沼柳、沼柳，耐水湿，又能适应湿沙地生长。在我国主要分布在黑龙江、辽宁、吉林东部林区、甘肃及内蒙古海拉尔市。在内蒙古发育在中东部草甸和干草原区的河泛地上。由于地势较低，每年除受大气降水补给外，还多次接受阶地汇集的地表径流，有时呈沼泽化，土壤湿润，有机质含量丰富，多为草甸土或沼泽土。该灌丛植物种类丰富，生长茂密。常与羊草、芦苇、大叶章、荻（*Miscanthus sacchariflorus*）、毛杆野古草、巨序剪股颖（*Agrostis gigantea*），伴生种为披碱草、薹草、扁穗牛鞭草（*Hemarthria compressa*）、路边青（*Geum aleppicum*）、裂叶蒿、蒲公英、草原早熟禾、看麦娘（*Alopecurus aequalis*）、拂子茅（*Calamagrostis epigeios*）、唐松草形成不同的群落类型，盖度为 10%~30%。

灌木层常由兴安柳、细叶沼柳、沼柳、欧亚绣线菊等植物组成不同群落。在大兴安岭山地林线以下坡底与沟谷地上，土壤为淋溶黑钙土与草甸土，主要分布有兴安柳、细叶沼柳、欧亚绣线菊，并混生一些山刺玫、刺蔷薇、大黄柳、黄花柳、楔叶茶藨等灌木。草本层植物种类丰富，主要有柄状薹草、丛薹草（Carex cespitosa）、地榆、伪泥胡菜、景天（Sedum spp.）、裂叶蒿、野豌豆、多枝柳叶菜（Epilobium fastigiatoramosum）、问荆等，草层高度 33~85 cm，总盖度 75%~90%。在大兴安岭山地北段东麓的阿荣旗境内海拔 300~500 m 之间地形较和缓地带，灌木丛除兴安柳、欧亚绣线菊为优势种外、又引入了榛、胡枝子等植物。草本层常由地榆、裂叶蒿、野豌豆、柄状薹草、大油芒、委陵菜、轮叶沙参、唐松草等植物组成，草层高度 50~65 cm，盖度高达 90%。

（5）兴安杜鹃灌丛（Form. Rhododendron dauricum）

兴安杜鹃是东西伯利亚—环北极区系成分的山地中生植物。较耐寒，喜生于酸性土壤。在我国分布在黑龙江（大兴安岭）、内蒙古（锡林郭勒盟、满洲里）、吉林。兴安杜鹃为山地森林及林缘灌丛的建群植物种类，多分布于大兴安岭森林区，生于山地落叶松林、桦木林下或林缘。分布在海拔为 600~1000 m 地带的阴坡、半阴坡。林下生境较干冷，土壤多为砾质棕色泰加林土。伴生有樟子松（Pinus sylvestris）或兴安落叶松、白桦。乔木层可分为两个亚层，第一亚层高 20~28 m，兴安落叶松占优势，并混有一定数量的白桦。第二亚层 8~20 m，白桦所占比例较大，同时混生少量山杨、黑桦、蒙古栎。灌木层发育，高度 0.5~1.5 m，总盖度 70%。草本层层高 40~100 cm，总盖度 20%~40%。

灌木层植物为兴安杜鹃、欧亚绣线菊、绢毛绣线菊（Spiraea sericea）、兴安蔷薇、石蚕叶绣线菊（Spiraea chamaedryfolia）、东北桤木、水榆花楸、谷柳（Salix taraikensis）、大黄柳。草本-灌木层发育不良，主要由大叶章、矮山黧豆、裂叶蒿、大叶柴胡（Bupleurum longiradiatum）、柳兰（Chamerion angustifolium）、北野豌豆（Vicia ramuliflora）、蚊子草、宽叶山蒿（Artemisia stolonifera）、杜香、单花鸢尾（Iris uniflora）、山牛蒡（Synurus deltoides）、黄花菜（Hemerocallis citrina）、长白沙参（Adenophora pereskiifolia）、齿叶风毛菊等组成。

（6）大叶蔷薇灌丛（Form. Rosa macrophylla）

大叶蔷薇是北温带区系成分的中生耐寒灌木。喜光，耐寒，耐旱，也耐水湿。在我国主要分布在西藏、云南（西北部）。大叶蔷薇灌丛是呼伦贝尔草原区针叶林地带及较高山地的中生耐寒灌木，散生于林下、林缘和山地灌丛中，分布海拔 3000~3700 m。土壤为生草灰化土或淋溶黑钙土。乔木层为山杨、白桦、蒙古栎。

灌木层建群种为大叶蔷薇，伴生有兴安柳、兴安杜鹃、石生悬钩子。草本层主要有大油芒、毛杆野古草、羽茅、风毛菊、直穗鹅观草（Roegneria turczaninovii）、野青茅及多种薹草属植物。草层高度 90 cm，盖度 85%以上。

（7）油桦灌丛（Form. Betula ovalifolia）

油桦是湿中生灌木，灌丛主要分布在小兴安岭山区，在大兴安岭不甚普遍。在我国分布于黑龙江南部及东南部、吉林长白山和内蒙古呼伦贝尔市。集中分布在低海拔 600 m 以下的河漫滩、阶地和河谷中。生境地势平坦，地下水位较高，土壤为泥炭沼泽土。该灌丛结构较复杂，群落组成丰富，以油桦、沼柳、瘤囊薹草建群种，其他优势种还有草甸植物大叶章、短瓣金莲花（Trollius ledebouri）等。油桦灌丛分层明显。灌木层高为 0.7~2 m，总盖度为 60%~85%，甚至可高达 90%。草本层高度为 30~75 cm，盖度随灌丛密度而变化，在灌丛密度大的地段，草本层盖度为 5%~25%；在灌木稀疏的地段草本层总盖度可达 50% 上，最高可达 90%。

灌木层常以落叶阔叶矮高位芽植物层片为优势层片，主要组成种为油桦、沼柳，此外还混有笃斯越橘、绣线菊、蓝靛果忍冬（*Lonicera caerulea* var. *enulis*）、越橘柳等。草本层可分为两个亚层：第一亚层高 50~75 cm，主要组成是草本地面芽植物层片，常见种有大叶章、大白花地榆（*Sanguisorba stipulata*）、黑水缬草（*Valeriana amurensis*）、短瓣金莲花、毛穗藜芦（*Veratrum maackii*）、兴安藜芦、羽叶风毛菊（*Saussurea maximowiczii*）等，这些植物均属草甸植物，多生长在薹草形成的草丘上或草丘边缘。第二亚层高 15~50 cm，以草本地上芽植物层片为优势层片，组成中以瘤囊薹草、灰脉薹草为优势种，这些密丛型植物形成草丘，高一般为 30~40 cm，直径为 20~40 cm，在草丘上或草丘边缘还常生有草本地面芽植物毛水苏（*Stachys baicalensis*）、细叶繁缕（*Stellaria filicaulis*）、蔓茎蝇子草（*Silene repens*）、驴蹄草等，见于丘间低洼处。同时还常混有草本地下芽植物，如七瓣莲、草问荆（*Equisetum pratense*）、手党参（*Gymnadenia conopsea*）、沼沙参（*Adenophora palustris*）等，多见于草丘上及边缘。此外，在草丘上或灌丛下排水良好处还生有少数的常绿地上芽植物杜香、越橘、红花鹿蹄草等。

（8）柴桦灌丛（Form. *Betula fruticosa*）

柴桦是东西伯利亚区系成分的湿中生灌木，喜生于老林林缘的沼泽地或水甸子，在落叶松被采伐后，常形成较密的灌丛。在我国主要分布在大兴安岭及小兴安岭北部。自海拔 700~1150 m 地带常形成灌丛，为大兴安岭分布最广泛的草甸沼泽类灌丛。分布区地表为季节性积水，局部为常年积水，土壤为泥炭土和泥炭沼泽土。植物组成较丰富，以柴桦、高山杜鹃、瘤囊薹草为建群种，并以典型草甸植物小叶章为优势植物。灌木生长良好，高 1~1.5 m，总盖度 80%~90%，最高达 95%。草本层高 10~50 cm，总盖度为 20%~80%，最高可达 90%。

灌木层以落叶阔叶矮高位芽植物层片为优势层片，主要构成种除柴桦、小叶杜鹃外，还有笃斯越橘、越橘柳、沼柳等以及混生有少量的细叶沼柳等。由于灌木繁茂，抑制了灌丛下草本植物的生长。草本层分为两个亚层，第一亚层高 50~80 cm，盖度为 20%~50%，主要由草本地面芽和草本地下芽植物层片构成。主要构成种有草本地上芽植物大叶章、歪头菜、大白花地榆、柳兰、兴安老鹳草（*Geranium maximowiczii*）等和草本地下芽植物短瓣金莲花、轮叶沙参等，这些为中生的草甸植物，多生长在薹草形成的草丘上或草丘边缘，在排水较好灌丛稀疏稍高，可繁茂生长；第二亚层高 20~50 cm，盖度 30%~60%，地上芽植物层片为优势层片，优势种为瘤囊薹草，其他还混有灰脉薹草等密丛型植物，形成高 30~40 cm、直径为 20~40 cm 的草丘，时还常混生有一定数量的半灌木常绿地上芽植物杜香、越橘、地桂、毛蒿豆（*Vaccinium microcarpum*）和少数的中生常绿地上芽植物红花鹿蹄草，此外还混生有少量的草本地面芽植物沼地马先蒿和生于积水处的驴蹄草等，以及草本地下芽植物七瓣莲、舞鹤草、扇叶荫地蕨（*Botrychium lunaria*）与溪木贼（*Equisetum fluviatile*）等。

（9）珍珠梅灌丛（Form. *Sorbaria sorbifolia*）

珍珠梅为东亚—北美间断分布的区系成分的中生灌木。珍珠梅喜光、耐寒，耐半阴，耐修剪，在排水良好的沙质壤土中生长较好。在我国分布于东北地区，生于山地林缘，有时也可形成群落片段，也有少量见于林下、路旁、沟边及林缘草甸。常与扇叶桦、兴安杜鹃、大叶蔷薇、薹草、荨麻（*Urtica* spp.）等植物伴生。灌木生长良好，一般在林分密度不高、林冠开阔度较大地方，珍珠梅的密度较大，盖度较大，形成灌木层的优势层片（王丽霞，2013），对林下草本层的发育形成抑制。灌木层可分两个亚层：第一亚层高 50~100 cm，盖度 20%~50%。第二亚层高 20~50 cm，盖度 30%~50%，灌木层较发育，以落叶阔叶矮高位芽植物层片为优势层片，常见种有珍珠梅、扇叶桦、兴安杜鹃、蓝靛果忍冬。草本植物-灌木层较发育，总盖度变化很大，在灌丛发育的地段，其盖度只有 40%，在灌木稀疏的地段其盖度可达 80%~90%。可分两个亚层：第一亚层以半灌木常绿地上芽植物层片为优势，组成以杜香为优势种，草本地面芽与地下芽植物层片为重要组成，常见种有草本地面芽植物灰背老鹤草、大叶章、大白花地榆、黑水缬草等，伴生有草本地下芽植物兴安藜芦、蹄叶橐吾（Ligularia fischeri）、小叶独活（Czernaevia laevigata）、欧洲唐松草（Thalictrum aquilegifolium）、东北穗花（Pseudolysimachion rotundum subsp. subintegrum）、细叶乌头（Aconitum macrorhynchum）等；第二亚层以草本地面芽植物层片为主要组成成分，以草本地上芽植物瘤囊薹草为优势种，混生的其他常见伴生植物有草本地面芽植物沼生繁缕（Stellaria palustris）、沼地早熟禾（Poa palustris）等及草本地下芽植物狭叶黄芩（Scutellaria regeliana）、草问荆等。

5.1.2 科尔沁草原

5.1.2.1 概 述

科尔沁草原地处内蒙古东部、大兴安岭南坡、松辽平原西端，范围包括兴安盟北部到赤峰南部的南北纵向地带（田梒，高润宏，2018）。科尔沁草原现大部分已变为农耕地以及部分沙地，与目前科尔沁沙地分布范围相当，故也有称之为科尔沁沙地。科尔沁草原处于西拉木伦河西岸和老哈河之间的三角地带，西高东低，绵亘 400 km，面积约 4.23 万 km²。属温带大陆性季风气候，受大气环流和地理位置的影响，四季明显，春季气温回升快，空气干燥，降水量较少，多大风天气；夏季炎热短暂，雨热同期，降雨高度集中；秋季气温下降较快，降雨较少，霜冻来临较早；冬季漫长寒冷，空气干燥。年均气温 6.4 ℃，≥10 ℃ 的年有效积温为 3125 ℃，年均降水量在 358~483 mm。科尔沁草原东部和东北部有少量黑钙土分布，西部大兴安岭山前冲积扇上主要为栗钙土；南部黄土丘陵山地主要是褐土、黑垆土。沙质平原广泛分布，其中风沙土是主要土壤。西部和西北部主要分布栗钙土。

科尔沁草原为典型草原植被类型，沙地植被与低湿滩地植被镶嵌分布，在沙坨地上广泛分布着榆树疏林和稀疏或稠密的灌丛群落，其中，分布最普遍的是小叶锦鸡儿灌丛和达乌里胡枝子（Lespedeza davurica）灌丛，并在一定区域形成灌丛化草原。疏林和灌丛常见的种类还有较为珍贵且呈灌丛状生长的刺榆，中国特有油料植物文冠果，具有极高经济与生态效益的沙棘灌丛，以及沙蒿（Artemisia spp.）群落等。疏林和灌丛中常见草本植物有糙隐子草、冰草、委陵菜、虫实（Corispermum spp.）和蒿属（Artemisia spp.）的一些种类。在沙坨地之间的低湿滩地中，植被类型呈环状分布，依次可见到沼泽、草甸以及向沙地过渡的草原群落等类型，常见的植物有藨草（Scirpus spp.）、薹草、灯心草（Juncus effusus）、芦苇、碱茅（Puccinellia distans）、羊草、狼针草和大针茅等。

燕山北部山地位于科尔沁草原的西南部，赤峰市南部地区，由七老图山和努鲁儿虎山组成，呈"V"字形。平均海拔 1000~1600 m，最高 2100 m，属暖温型湿润气候，年降水量 420~510 mm，年均温 2.0~6.8 ℃，≥10 ℃ 积温高于 3000 ℃。处于东亚阔叶林区西北部边缘，主要地带性植被为夏绿阔叶林，还有较丰富的山地中生灌丛。如虎榛子灌丛、榛灌丛、沙棘灌丛、白莲蒿群落及次生的长芒草群落最为常见。

科尔沁草原历史上曾为河川众多、水草丰茂之地。古时自然条件是"地沃宜耕植，水草便畜牧"。因辽河上游地区滥垦、森林砍伐以及移民等诸多因素，导致下游水源严重破坏，生态平衡遭到严重破坏，曾号称"平地松林八百里"的赤峰以北而今已成茫茫沙地。由于人类对草原的不合理利用，甸子地不断缩小，坨子地扩大，沙化面积急剧增加，最终形成了大片沙地。

5.1.2.2　主要灌木群落

(1)山杏灌丛(Form. *Armeniaca sibirica*)

山杏又称西伯利亚杏，是西伯利亚—东亚北部区系成分的旱中生灌木。生于干燥向阳山坡上、丘陵草原和森林草原地带，海拔 700~2000 m(中国科学院中国植物志编辑委员会，1986)。具有喜光、抗寒、耐旱、耐瘠薄、耐风沙等生态特性，同时又具有萌蘖力强、生长快、繁殖容易、根系发达等生长特性。在我国还分布于黑龙江、吉林、辽宁、甘肃、河北、山西等地，蒙古、俄罗斯也有分布。

在典型草原区，山杏群落中，灌木层主要有荆条、多花胡枝子、三裂绣线菊、达乌里胡枝子等。灌木层的高度一般在 0.6~1.2 m，覆盖度在 20%~40%。草本层常以丛生隐子草、多叶隐子草和薹草为主，混生有知母(*Anemarrhena asphodeloides*)、北柴胡、猪毛菜、长芒草、委陵菜、白头翁、华北鸦葱(*Scorzonera albicaulis*)、玉竹(*Polygonatum odoratum*)等。在局部的地面上，有时有成片的中华卷柏分布。草本层一般高度 0.3~0.4 m，盖度通常在 30%~60%。

在大兴安岭东南麓森林草原地带及邻近的夏绿阔叶林地带的边缘，在海拔 900 m 以下的向阳陡坡上，山杏灌丛可形成优势灌丛。灌木层高 1~1.5 m，盖度达 50%左右。草本层高 20~80 cm，盖度可达 70%~80%。灌木层除西伯利亚杏外，伴生有半灌木达乌里胡枝子、尖叶铁扫帚、白莲蒿。草本层有大油芒、溚草、羊草、羽茅、野古草、朝阳隐子草(*Cleistogenes hackelii*)、线叶菊、红柴胡、细叶沙参、南牡蒿(*Artemisia eriopoda*)、山蚂蚱草(*Silene jenisseensis*)、阿尔泰狗娃花、黄芩等。

在浑善达克沙地东部沙丘迎风坡上，存在榆树+山杏+羊草群丛，伴生灌木种有黄柳、小红柳、黄芦木、圆叶茶藨子(*Ribes heterotrichum*)、楔叶茶藨子、三裂绣线菊、灰栒子、胡枝子、冷蒿等，草本层片常见植物有羊草、雾冰藜、沙米、猪毛菜、叉分蓼、藜、老鹳草(*Geranium wilfordii*)、反枝苋(*Amaranthus retroflexus*)、展枝唐松草、星毛委陵菜、地榆、地蔷薇、多裂叶荆芥(*Nepeta multifida*)、大籽蒿、苦苣菜(*Sonchus oleraceus*)、线叶菊、黄花蒿(*Artemisia annua*)、地梢瓜、狼毒、狗尾草、隐子草、兴安天门冬(*Asparagus dauricus*)、碱韭等，灌木层高度 1~3 m，层盖度 20%~50%，草本层高 0.1~0.6 m，层盖度 10%~40%(刘慧，2016)。

山杏是重要的经济生态型灌木，不仅具有水土保持的功能，还具有重要的药用价值。山杏仁营养丰富，药食两用。

(2)沙棘灌丛(Form. *Hippophae rhamnoides*)

沙棘为旱中生灌木，温带分布成分。沙棘属植物在欧亚大陆分布广泛。我国沙棘属植物资源丰富，拥有世界上 90%左右的野生沙棘资源，是世界上沙棘属植物类群分布最多的国家，也是沙棘面积和沙棘资源蕴藏量最大的国家。沙棘资源在我国广泛分布于 70°32′~121°45′E、27°44′~48°35′N，东从大兴安岭的西南端开始，西到天山山麓，南起喜马拉雅山的南坡，直到北方的阿尔泰山地区，垂直生于海拔 420~5200 m，主要分布在黄土高原、青藏高原以及新疆维吾尔自治区，遍及西北、华北、西南、东北地区，包括甘肃、河北、辽宁、宁夏、内蒙古、青海、四川、西藏、陕西、山西、新疆、云南等12个省（自治区），分布范围正好处于我国三大植被区的过渡地带，即东南部的湿润森林区和西北部的草原荒漠区以及青藏高寒植被区（李燕南，2012）。

沙棘适应能力很强，在黄土高原地区除了过分荫蔽的林内之外，不论海拔的高低坡向的南北、土壤的肥瘠、环境的干湿以及山涧水边、石砾沙地上皆有分布，特别是沟底、路边和梁脊尤多。常为单优势群落。建群种沙棘是2~3 m高的灌木或小灌木，高的可达10 m，但常呈1~2 m高的灌丛，茎具棘刺，根分蘖能力强。外貌呈灰绿色，在不同地区群落种类组成各异。黄土丘陵的沙棘灌丛高1~2 m，盖度60%~80%，伴生灌木有黄刺玫、虎榛子、达乌里胡枝子等。草本层常见种有白莲蒿、火绒草、白羊草、阿尔泰狗娃花等。丘间低湿地灌木层常伴有中生柳灌丛，灌木层高1~3 m，草本层常见有芦苇、拂子茅等。在山谷路旁，沙棘灌丛的植物种类除上述外，尚有较喜湿的灌木种类，草本层有达乌里秦艽、龙芽草、地榆、平车前（Plantago depressa）、艾和寸草等喜湿种类。

沙棘适应性强，对土壤要求不高，耐干旱、耐贫瘠、耐盐，侧根发达，根蘖性与空间拓展能力极强，能迅速成林，具有较强的水土保持效益和防风固沙作用。同时根部生有根瘤菌，可显著改善土壤结构，起到改良土壤的作用。在某些特定条件下（如砂岩区），沙棘几乎是可采用的唯一树种，因此成为荒漠化、半荒漠化地区用于水土保持、防风固沙的"生态先锋树种"。在北方沙棘也常作为夏观叶、冬观果的园林绿化树种。沙棘的枝叶含有丰富的活性物质，是很多牲畜喜食的木本饲料，其营养价值高于常规饲料，例如柠条锦鸡儿、紫花苜蓿（Medicago sativa）、草木犀等。沙棘同时也是一种具有极高经济效益的树种，其根、茎、叶、花、果、种子都含有丰富的营养物质和生物活性物质，广泛用于食品、医药、轻工等产业的加工，特别是沙棘果实中含有大量的维生素，素有"维生素宝库""维生素C之王""第3代水果"等美称（谢嗣荣等，2015）。

（3）刺榆灌丛（Form. *Hemiptelea davidii*）

刺榆为榆科刺榆属植物，在典型草原疏林植被型中起建群作用。刺榆灌丛是科尔沁沙地独特的森林植被类型。在我国辽宁、吉林和华北各省份的山麓、林缘及路旁有少量分布，但均未构成群落，多散生为其他群落的伴生种。《中国植被》和《内蒙古植被》均未收录该群落。但在科尔沁沙地内形成群落，以建群种存在，是该区的地带性森林植被，也是该区域珍稀乡土树种，在维护区域生态平衡及保护生物多样性等方面起着重要作用（白云鹏 等，2008）。自然分布集中分布在通辽市科左后旗吉日嘎郎镇、库伦旗南部下扣河子村、科左中旗乌斯吐林场也有分布（包哈森高娃 等，2018）。地带性土壤类型为风沙土。刺榆具有抗旱、抗寒、抗病虫害等优良特性，是理想的固沙和防护林先锋树种。因萌蘖性强，多成簇生长而呈灌木状。刺榆幼树枝条和萌蘖枝通常具坚实枝刺，刺一般长3~10 cm。幼年期刺长4~8 cm，直径2~4 mm；经过多年生长（6~8年），刺长可达14~18 cm，此时刺榆根直径在1 cm以上。自然环境下它分枝能力强，秋后枝条长而柔，株丛基部可发育300~500条枝条，灌丛直径6~8 m左右，经过修枝打杈后，数年可长成高大主干，自然高度8~10 m，材质坚硬。地带性土壤类型为风沙土。

刺榆植株的幼树多呈灌丛化生长，成株多呈单株生长。群落木本层的发育不完善，乔木层低矮，呈灌层化。群落垂直结构可划分为2个亚层，上、下层高度分别为4.05~7.86 m和

2.05～3.20 m。除建群种刺榆外，仅伴生少量榆树、桑（*Morus alba*）、白杜（*Euonymus maackii*）和鼠李，层间植物有乌头叶蛇葡萄（*Ampelopsis aconitifolia*）。草本层初步记录高等植物 32 种，隶属 13 科 27 属、11 个分布区型、3 个水分生态类型和 6 个植物生活型。在科组成上以禾本科种类最多，其次为菊科和豆科。在种类构成上以狗尾草、马唐（*Digitaria sanguinalis*）、灰绿藜（*Chenopodium glaucum*）和猪毛菜占优势，伴生种为虎尾草（*Chloris virgata*）、糙隐子草和芨芨草等。分布区型以蒙古—东北—兴安—华北分布区型种类为主，水分生态类型以中生种类为主。

刺榆嫩叶可食，是当地蒙古族老乡喜欢的美味野蔬。因有坚而长的枝刺，老乡们常用它做绿篱或牲畜围栏。

（4）文冠果灌丛（Form. *Xanthoceras sorbifolium*）

文冠果为落叶灌木或小乔木，我国特有的单型种（吴征镒，1979），是无患子科最北分布的物种。文冠果为华北成分，起源于第三纪（王荷生，1999），历经冰川期而存活下来，因此被称为"孑遗种"、被子植物的"活化石"。文冠果分布区约在 73°20′～120°25′E、28°34′～47°20′N。分布区处于大陆性气候区内，稍呈东北—西南走向，包括北京、内蒙古、陕西、山西、河北、河南、新疆、甘肃、宁夏、山东、安徽、辽宁、青海、西藏等 14 个省份（万群芳，2010；王青，2019）。文冠果垂直分布在 300～1500 m 的丘陵及荒山坡，其中海拔 800～1800 m 的黄土丘陵沟壑区分布最多，少量生长在地势比较平坦的平原地区（如山东的青岛、济宁、河北的唐山等），海拔只有几十米甚至几米，而在海拔达 2300 m 西藏察隅也能生长（牟洪香，2006）。在黄土高原及丘陵区是文冠果集中分布的区域，多呈小斑块状分布于部分县区，常见于坡度较大排水良好的阳坡（南坡）或半阳坡（东南、西南坡）和山坡中上部的悬崖峭壁上，在排水不良的低洼地未见分布。

天然分布的文冠果几乎看不到较大的乔木。但是作为佛教寺庙的"菩提树"之一，我国北方许多千年古寺（有的寺庙已经遭到破坏，但古树得以保存）却保留了许多文冠果古树。文冠果灌丛的灌木层伴生植物有土庄绣线菊、细叶小檗（*Berberis poiretii*）、山刺玫等，半灌木有冷蒿、百里香、银灰旋花等，草本层有披针叶野决明、砂引草（*Tournefortia sibirica*）、蚓果芥（*Neotorularia humilis*）、细叶鸢尾、长芒草、糙隐子草、赖草、披碱草、狼毒等。文冠果人工林地被层主要物种有冰草、沙蓬、地锦（*Parthenocissus tricuspidata*）、草地早熟禾、砂引草等（朱仁斌，2016；杨东华，2010）。

文冠果具有较强的抗旱、抗寒、抗盐碱能力和适应性，是珍贵药食两用油料植物和观赏树种，同时也是防风固沙、水土保持的优良树种。其大多处于半野生状态，类型混杂，产量低，经济效益不高。文冠果种仁含油量高达 66.39%，具有极高经济价值，被称为我国的"北方油茶"，被认为是下一代生物燃料替代作物之一（王青，2019）。其所榨油脂中的不饱和脂肪酸、亚油酸、油酸等含量分别高达 94%、36.9%、57.16%，含量均高于其他油料作物，如核桃油、橄榄油等。由于该物种受到过度开发和栖息地退化的影响，其濒危状况在中国物种保护工作中得到了高度重视。

（5）达乌里胡枝子灌丛（Form. *Lespedeza davurica*）

达乌里胡枝子，为旱中生小半灌木，属华北区系成分，主要生长于森林草原和草原地带的荒山坡、丘陵坡地，是森林草原与黄土高原草原地带的主要优势种或建群种。达乌里胡枝子具有耐寒冷、耐干旱、耐贫瘠、根系发达的特性，广泛分布于我国东北、华北、西北、华中至云南(张亚妮，2019)。

在科尔沁草原区的长芒草草原上，达乌里胡枝子为主要优势植物，形成不同群落类型，如达乌里胡枝子-长芒草+糙隐子草群丛，这是长芒草群系中具有代表意义的类型。它在科尔沁草原的低山丘陵区比较常见，一般海拔在600~850 m之间。该群丛分布的地段，常有冷蒿-糙隐子草群落、百里香-长芒草+糙隐子草群落的出现。该群落大部分是曾经开垦过的农地，由于严重的水土流失以致土层菲薄，砾石裸露，不能继续农作，经放荒以后又恢复起来的植被。目前多作为牧业用地，因此一般盖度在15%~25%，最高可达30%~35%；其中，小半灌木覆盖度在1%~10%；草本层一般在10~15 cm，最高不超过20 cm，种类贫乏，每平方米为6~13种，地上部分鲜物质产量较低(每亩88~130斤)等特点。草本层种类较少，且在群落中作用较低，有早熟禾和羊草等，杂类草以伴生种出现，如阿尔泰狗娃花、糙叶黄芪(*Astragalus scaberrimus*)、银灰旋花、少花米口袋、火媒草(*Olgaea leucophylla*)、砂珍棘豆(*Oxytropis racemosa*)、远志和栉叶蒿(*Neopallasia pectinata*)等。白莲蒿+达乌里胡枝子-长芒草群丛，当达乌里胡枝子-长芒草+糙隐子草群丛在向更高处的石质丘陵区过渡时，或向阴坡转移时，群落中出现多量的成丛状的中旱生的半灌木白莲蒿和冷蒿。并有一些石生植物如苍术、漏芦参加，这就形成了本群丛。这一群丛的生境较前者湿润，凉爽，种类组成较为丰富，种的饱和度，每平方米12~26种。并有某些山地植物种出现，如紫花野菊(*Chrysanthemum zawadskii*)、火绒草、知母、山丹山丹、柴胡(*Bupleurum* spp.)、细叶鸢尾和展枝唐松草(*Thalictrum squarrosum*)等。有时还有少量的中华卷柏(*Selaginella sinensis*)，覆盖度可增到35%(朱乐，2020)。

达乌里胡枝子是重要的水土保持、防风固沙和饲用植物，其蛋白质含量高、营养成分全面，作为药用植物含黄酮类化合物及脂肪醇等，还可用于食品添加剂、化妆品等方面。因此具有较高的开发利用价值，发展潜力巨大。

(6)白莲蒿灌丛(Form. *Artemisia stechmanniana*)

白莲蒿，别名为铁杆蒿、万年蒿，为多年生中旱生-石生半灌木，东亚区系成分。抗旱能力较强，比较喜暖，而且具有一定耐阴性。因此，它既可作为草原的重要建群种，又能在夏绿阔叶林区广泛分布，甚至可生长于林下。在森林草原和典型草原地带十分普遍，少量也进入森林和荒漠区，但很少进入蒙古高原，常生于砾石质陡坡、向阳坡地，也可下降到浅沟底部和干河床边缘(张昊 等，2001)。主要分布于大兴安岭东麓及南部山地、燕山北部、辽河平原、西辽河平原、辽西黄土丘陵、东阿拉善、贺兰山，我国东北、华北、西北等地以及俄罗斯的西伯利亚及远东地区、蒙古、朝鲜、日本亦有分布。

白莲蒿草原是我国温带南部森林草原地区的一种半灌木草原类型，可伸入夏绿阔叶林区域成为森林破坏后最重要的次生类型之一。白莲蒿灌丛在黄土高原分布比较集中，并在黄土高原的森林草原区与长芒草草原存在。在内蒙古以白莲蒿建群的群落在山地植被中作用较明显的是在大兴安岭南段山地，其次是冀北山地和大青山，在桌子山、贺兰山只是局部有分布。

在大兴安岭南段山地，白莲蒿群落主要分布于山地东南麓的石质低山和丘陵，见于阳坡、半阴坡以及小丘陵的顶部，其下土壤一般为栗钙土，质地虽为壤质，但混有较多的砾石和石块。其分布自赤峰市南部翁牛特旗，沿山地由西南向东北，经林西、巴林右旗，直至通辽的扎鲁特旗，作用减小并逐渐被西伯利亚杏灌丛所代替。在山地植被垂直分布系列中，白莲蒿群落往往分布于山地森林灌丛带的下部。在大兴安岭南段山地所见到的白莲蒿群落的主要类型有，白莲蒿+贝加尔针茅群落、白莲蒿+冷蒿群落、白莲蒿+百里香群落，白莲蒿+达乌里胡枝子群落、白莲蒿+糙隐子草群落。其中，白莲蒿+糙隐子草群落分布比较广，白莲蒿+百里香群落不仅在岭南见到，而且是冀北山地主要的白莲蒿群落类型，在冀北山地，白莲蒿群落还见于灌丛被破坏的山地阳坡。除上述种类外，灌木层常见伴生种有山杏、虎榛子、长梗扁桃、达乌里胡枝子、冷蒿等，一般高度 50~150 cm，盖度 20%~30%；草本层常见有柄状薹草、大披针薹草、龙蒿及其他杂类草等，高度 15~40 cm，盖度 30%~40%。

5.1.3　锡林郭勒草原

5.1.3.1　概　述

锡林郭勒草原区位于内蒙古高原中部，东接大兴安岭南段山脉西麓，南抵阴山山地北麓，西至集二线铁路与乌兰察布草原分界，北为中国与蒙古国边界。地势南高北低，自西南向东北倾斜，区域内大小盆地、干河谷、低洼地交错排列，形成起伏平缓的波状平原。海拔为 800~1800 m。气候属中温带大陆气候，风大、干旱、寒冷。年平均气温 0~3 ℃，平均降水量 295 mm，由东南向西北递减。最大降水量 628 mm（太仆寺旗，1959 年），最小降水量 83 mm（二连浩特市，1966 年）。锡林郭勒草原地带性土壤有栗钙土、棕钙土，隐域性土壤有风沙土和盐化潮土（中国科学院内蒙古宁夏综合考察队，1985）。

锡林郭勒草原是欧亚大陆草原区亚洲草原亚区保存较完整的原生草原部分。锡林郭勒草原主体属典型草原类型，由典型旱生性多年生草本植物组成的草原植被，最有代表性的灌木、半灌木主要有小叶锦鸡儿、冷蒿、百里香、达乌里胡枝子等。小叶锦鸡儿灌丛化的克氏针茅草原以及含有冷蒿或荒漠草原成分的克氏针茅草原都比较常见。冷蒿草原是典型草原放牧退化演替的变型，也是草原旱生化的群落类型。目前在内蒙古高原典型草原带分布很多，群落组成比较单一，群落类型多以演替进程而有分化，构成冷蒿群落的动态序列。对草原植被实行封育保护条件下，冷蒿草原可以恢复演替为大针茅草原等群落。

东部森林草甸草原的灌木资源主要有虎榛子，出现在散生于草原上的次生白桦林，山地、丘陵草原还分布有欧李（*Cerasus humilis*）灌丛。西北部的荒漠草原主要灌木有中间锦鸡儿、驼绒藜、冷蒿等。北部苏尼特左旗和苏尼特右旗的草原化荒漠，主要灌木有狭叶锦鸡儿、红砂等，并有长梗扁桃灌丛集中分布，植被盖度明显小于荒漠草原。

在植被类型的生态组合中，还有许多非地带性生境所发育的群落类型。河滩、沟谷、丘间洼地、盐化低地等低湿地生境中，有各种草甸与沼泽植被的分布。锡林郭勒草原上分布着浑善达克沙地与乌珠穆沁沙地两大沙地，沙生植被发达。沙生灌木群落，如沙蒿（*Artemisia desertorum*）灌丛、黄柳灌丛、锦鸡儿灌丛及沙地榆树疏林等。石质丘陵与低山为草原砾石生群落变型及山地灌丛的发育创造了适宜的条件。常见的群落类型有山蒿（*Artemisia brachyloba*）群落、百里香群落、耧斗菜叶绣线菊灌丛、黄刺玫灌丛、长梗扁桃灌丛等。

本区域是半干旱区，年降水与积温偏低且不稳定，不宜大规模进行旱作农业，应该以草原畜牧业为主体，将其建设成为以牧为主、以草地生产为基础的生产体系。

5.1.3.2　主要灌木群落

（1）小叶锦鸡儿灌丛（Form. *Caragana microphylla*）

小叶锦鸡儿是典型草原和荒漠草原广泛分布的地带性旱生落叶灌木，区系成分为达乌里–

蒙古种。具有喜光、耐寒、耐旱、耐瘠薄、根系发达、繁殖力强等习性。在我国主要分布于内蒙古、河北北部和西部、河南西北部、山东、江苏西北部、山西、陕西北部和东南部、宁夏北部(中国科学院中国植物志编辑委员会，1993)。

小叶锦鸡儿在典型草原植被中具有重要景观作用，随着基质的沙质化与砾石化，典型草原上的大针茅草原及克氏针茅草原，常不同程度的混生小叶锦鸡儿，成为灌丛化的针茅草原，次生的冷蒿群落也常有这种灌丛化的群落类型。小叶锦鸡儿-大针茅群丛是灌木草原的一种重要类型，主要分布于锡林郭勒盟东乌珠穆沁旗一带及呼伦贝尔高原中部的波状平原上。其灌丛比较矮小、细弱，发育上明显不及偏西部的大针茅草原和克氏针茅草原的良好，因此，可以看作是其最东部的一种偏向中生化的类型。群落总盖度一般在35%~40%，最高可达60%~70%，最低在20%~25%。灌木层盖度一般为2%~13%，大针茅盖度一般在4%~40%。群落明显地分为三层，上层以小叶锦鸡儿和大针茅为优势，第二层以溚草、冰草、黄囊薹草(*Carex korshinskyi*)、葱类等为主，第三层以糙隐子草、达乌里芯芭(*Cymbaria daurica*)、阿尔泰狗娃花和银灰旋花等为主。小叶锦鸣儿-大针茅+羊草+冰草+麻花头群丛是分布于锡盟西乌珠穆沁旗、正银白旗、阿巴嘎旗一带起伏丘陵坡地和波状高平原上的一种灌木草原。在灌木层片中还出现了更耐旱的狭叶锦鸡儿。灌木的郁闭度、密度增加，发育良好，在群落中的景观作用更加明显，盖度为15%~20%。群丛分布于丘陵坡中部，其上部为小叶锦鸡儿-大针茅+百里香群落，丘顶为线叶菊+百里香群落，其下部为大针茅+羊草群落和羊草+大针茅群落。小叶锦鸡儿-克氏针茅群丛常见于内蒙古高平原地区，克氏针茅草原灌丛化的现象较之大针茅草原更为普遍，它可以发生于各种不同类型的克氏针茅草原之中，灌木层的组成，以小叶锦鸡儿为主，其次为狭叶锦鸡儿，有时遇到少量的矮锦鸡儿。锦鸡儿的灌丛，一般都高于草本植物，平均高约50 cm。

目前在内蒙古高原地区，草原灌丛化的现象有扩大发展的趋势，这是草场植被放牧影响的一种表现，因为草原灌丛化的加剧，对于牲畜的放牧和割草都有较大的影响，虽然小叶锦鸡儿的当年生绿色枝叶是牲畜可食的饲用部分，但因枝条具刺，所以牲畜的采食有一定的限制。在养羊的牧场上，由于小叶锦鸡儿的植丛高度和羊体高度相仿，所以枝条上往往挂落了不少羊毛。在割草场上，如果灌丛化程度较高，则机械化割草作业也受阻碍，而且灌丛化的发展，又往往与利用相联系，这在当前草原改良当中是一个现实问题。

(2)小红柳灌丛(Form. *Salix microstachya* var. *bordensis*)

小红柳为中生灌木，是内蒙古典型草原上分布最广的一类柳属植物。小红柳以树皮暗红色，小枝常为灰紫褐色而得名。生于丘间低地、河流两岸或水沟旁。分布于通辽市、赤峰市、锡林郭勒盟、巴彦淖尔市、阿拉善盟，在我国黑龙江、吉林、辽宁、宁夏、甘肃及内蒙古也有分布。喜水湿，根系发达，生长迅速。适应性强，可防风固沙，枝条细软，韧性好(王生军 等，2006；李佃勇，1983)。

小红柳在典型草原低湿地可以形成单优群落，灌丛高度一般在2~3 m，盖度为30%~60%。草本层一般高0.2~0.3 m(一般不超过0.3 cm)，盖度10%~40%。主要有毛茛、梅花草(*Parnassia palustris*)、水杨梅(*Geum chiloense*)、鹅绒委陵菜、野火球(*Trifolium lupinaster*)、欧亚旋覆花(*Inula britannica*)、莲座蓟(*Cirsium esculentum*)、巨序剪股颖、水麦冬(*Triglochin palustris*)、灰脉薹草、灯心草等。在沙地丘间低地还存在小红柳+沙棘+黄柳群丛，小红柳和沙棘位于灌丛的中心位置，而黄柳在灌丛的外围分布，这种群丛往往处于沙地固定或活化的时期。黄柳实生苗在丘间低地生长，由于其耐干旱、耐沙埋的特性，沙丘的移动和固定使得外围的黄柳进行快速的无性繁殖，形成明显的优势。灌木层片中还会出现楔叶茶藨、细叶小檗等。灌木层一般在 1~3 m，盖度为 20%~40%。草本层片常出现兴安虫实（*Corispermum chinganicum*）、小花花旗杆（*Dontostemon micranthus*）、砂蓝刺头、狗尾草、雾冰藜、羊草、展枝唐松草、寸草、芦苇、花苜蓿、猪毛菜、瓣蕊唐松草（*Thalictrum petaloideum*）、芹叶铁线莲（*Clematis aethusifolia*）、长叶碱毛茛（*Halerpestes ruthenica*）、叉分蓼、鹅绒委陵菜、披针叶野决明、风毛菊、拂子茅等。草本层一般高 0.2~0.3 m，盖度 10%~30%。

小红柳枝叶营养含量高，是牛、羊、驼的好饲料，而且每亩产干柳达到 5000 kg 左右，小红柳又是编柳笆、插篱墙的上好原料，大面积更新复壮小红柳林，生态和经济效益明显。

（3）长梗扁桃灌丛（Form. *Amygdalus pedunculata*）

长梗扁桃也称柄扁桃、长柄扁桃、土豆子、山樱桃，中旱生灌木，是内蒙古高原分布的扁桃类灌木种类之一，是蒙古高原特有树种。长梗扁桃常零星地散生于草原、草原化荒漠及黄土丘陵的石质阳坡或山沟中，也进入沙地，有时也可形成面积不大的单优长梗扁桃灌丛，长梗扁桃呈丛状生长（赵一之，2012；马毓泉，1989）。长梗扁桃与蒙古扁桃形成地理上的替代分布，二者以阴山山地乌拉山中段的小庙沟为分界，以东为长梗扁桃，以西为蒙古扁桃。长梗扁桃灌丛在乌拉山开始向东延伸到赤峰、通辽、锡林郭勒盟的山地和丘陵，在内蒙古鄂尔多斯市乌审旗到陕西北部长城沿线的毛乌素沙地（顶板、榆林、神木）也有分布，除此之外，在我国的宁夏及蒙古和苏联西伯利亚也有分布（中国科学院中国植物志编辑委员会，1986）。

内蒙古阴山山脉的长梗扁桃灌丛，主要分布在乌拉山、大青山、蛮汉山山地及沿山脉的浅山区。在阴山山脉南坡主要见于海拔 1100~1500 m 的山地阳坡，而在北坡可上到海拔 1700 m 的位置。沿山脉的浅山区，东西走向长 400 km，宽 100 km 的范围内分布。其中以锡林郭勒盟苏尼特右旗的赛罕塔拉分布面积最大，也最为集中，目前已建立都呼木长梗扁桃自治区级保护区。长梗扁桃在此处形成了灌丛化荒漠草原景观，优势种为小针茅，亚优势种为蒙古韭和糙隐子草，除长梗扁桃外灌木层还有猫头刺和小叶锦鸡儿，草本层的常见种还有草木犀状黄耆、拐轴鸦葱、大针茅和矮韭（*Allium anisopodium*）等。内蒙古阴山山地长梗扁桃可以与虎榛子、土庄绣线菊和小叶鼠李分别组成优势群落，碱菀常作为半灌木层片，糙隐子草或长芒草为草本层优势种。生境海拔为 1184~1548 m，坡度为 15°~43°，砾石较多的半阳坡。长梗扁桃在上述地区生长在海拔 1300~1600 m 的石质山坡、丘陵地带和沙地，多分布在山地的东、西、南坡上，北坡少（崔石林，2015）。

长梗扁桃具有适应范围广、抗旱、固沙、抗风蚀能力强等优良特性，对我国西北干旱、半干旱地区山地和沙漠地带保土固沙具有重要意义。种仁可代"郁李仁"入药，且含油量较高，可达 45%~58%，既可食用，又可工业用，具有很高的经济价值。

（4）欧李灌丛（Form. *Cerasus humilis*）

欧李为矮生灌木，是我国特有的一种生态经济型树种。生于山地灌丛、林缘坡地以及丘陵草原，也见于固定沙丘、农田边，常形成小群落。主要分布于内蒙古、山西、黑龙江、吉林、辽宁、河北等13个省份，集中分布于内蒙古的通辽、兴安盟、赤峰、蛮汉山、大青山山区以及山西的左权、武乡、代县等地（安旭军 等，2013）。欧李喜光，耐寒，喜湿润肥沃土壤，对生存环境适应性强，在气候干旱、寒冷（-40 ℃），土壤瘠薄甚至盐碱区（pH 值 8.5 以下）均可生存。

株高多集中在 0.2~0.6 m。根系发达呈网状结构，种植 3 年后保水率和保土率分别可达 25% 和 80%，一年生实生苗垂直根深度可达 40 cm 以上，主要分布于 20~40 cm 深的土层内，水平根可达 15~20 cm，是防风固沙的优良树种。

欧李植株矮小，密集丛生，花色繁多，广泛应用于园林建设及城市绿化之中。由于它耐寒和抗旱能力强，并有极强的耐贫瘠能力，所以也是保持水土、荒山造林的良好树种。欧李风味酸甜，肉厚汁多，香气浓郁，果实富含蛋白质、维生素和矿物质，具很高的营养价值，尤其是钙元素的含量高于其他水果，故其被称为为"钙果"。果实也可以进一步深加工，如加工成欧李果汁、果酒、果脯等食品，具有特殊香味。种仁可入药或榨欧李油。

（5）冷蒿灌丛（Form. *Artemisia frigida*）

冷蒿是泛北极区系成分的旱生小半灌木，具有多数开展的木质化的短枝，全株密被白色绢毛，叶线形，枝条呈匍匐状，营养枝基部有丰富的更新芽，生根及萌蘖能力很强，这种营养繁殖特性使其具有耐践踏和适应土壤侵蚀的特点。在我国分布于黑龙江、吉林、辽宁、内蒙古、河北、山西、陕西、宁夏、甘肃、青海、新疆、西藏等省份；东北、华北地区分布在海拔 1000~2500 m，西北地区分布在海拔 1000~3800 m，西藏分布在海拔 4000m 附近。由于其在典型草原中可以成为优势成分，常与大针茅、克氏针茅、长芒草或羊草组成群落。冷蒿又是一种广幅旱生植物，从半湿润的森林草原到干旱的荒漠草原都有分布，它不仅以建群种构成冷蒿草原，而且经常以亚建群种或优势种成分，组成各种不同的草原类型。冷蒿草原分布的东界为西辽河流域的森林草原地带，也是冷蒿草原在欧亚草原区分布的东界，往西广布于蒙古高原中、东部和鄂尔多斯高原的典型草原和荒漠草原地带。

组成冷蒿草原的高等植物约有 143 种，区系成分较为丰富，这些种分属于 32 科 93 属。作用最显著的是禾本科的针茅属、隐子草属、冰草属和羊草属，它们为冷蒿草原的优势种或共建种，其他依次是菊科的蒿属，豆科的黄芪属、棘豆属，蔷薇科的委陵菜以及百合科的葱属。灌木层片一般高 25~30 cm，草本层片除建群种外往往会出现栉叶蒿、猪毛菜、雾冰藜、阿尔泰狗娃花、北芸香（*Haplophyllum dauricum*）、冬青叶兔唇花（*Lagochilus ilicifolius*）、银灰旋花、糙叶黄芪、达乌里芯芭、细叶韭（*Allium tenuissimum*）、小画眉草等，草本层一般高 10~20 cm（一般不超过 30 cm）。

冷蒿草原分布区内自然环境条件变化较大，总体可分成两类：一类是分布于蒙古高原中、东部的冷蒿草原，属半干旱的典型草原，土壤以暗栗钙土和栗钙土为主，典型的地带性植被为大针茅草原和克氏针茅草原，有些地段由于长期过度放牧、啃食和践踏，抑制了禾草及其他一些草本植物的生长，群落的建群种针茅、羊草以及不耐践踏的一些成分，逐渐减少甚至消失。而抗旱性强又耐啃食和践踏的冷蒿，却能适应这种条件，生长发育良好，并逐渐代替了原来的建群种而形成冷蒿草原。另一类是分布于鄂尔多斯砂砾质高平原中、西部的冷蒿草原，属干旱荒漠草原，土壤以棕钙土和淡棕钙土为主，典型的地带植被为戈壁针茅、短花针茅和沙生针茅草原。在地表侵蚀作用较强的地区，针茅草原常因不耐侵蚀而被冷蒿群落所取代。在长期放牧利用较重的草原上，也往往演替而成冷蒿占优势的次生群落，但当其群落处于重度放牧退化阶段时，冷蒿在群落中也不复存在。冷蒿平均高度在 4~15 cm，盖度为 30%~80%，草本层一般高度 0.1~0.2 m，盖度通常在 50%~80%（万勤琴，2008）。

冷蒿还可以渗入羊草草原，形成羊草-冷蒿群丛。这是羊草草原的放牧演变型，在典型草原地带出现的较多。因长期放牧影响的程度不同，而表现出不同演替阶段的群落差异。放牧影响程度相对较轻的群落会出现克氏针茅、糙隐子草，随着放牧影响程度的加剧，则出现了星毛委陵菜。沿着这一演替方向发展就会形成冷蒿群落，其中最极端的群落类型是冷蒿-星毛委陵菜群落。在控制放牧、加以保护的条件下，退化群落也会演变为羊草+克氏针茅草原以至羊草+大针茅草原。对这一类草原的放牧利用应合理控制和注意保护，以利于生产力的恢复提高。

5.1.4 乌兰察布草原

5.1.4.1 概 述

乌兰察布草原位于内蒙古高原中部，东至集二线，与锡林郭勒草原相接，南达阴山北麓丘陵，西至乌拉特草原，北至中蒙边境。本区域主体为荒漠草原植被类型，是典型草原向草原化荒漠的过渡区域，拥有典型草原植被、荒漠草原植被、草原化荒漠植被及山地植被(本书将阴山山脉支脉大青山山地植被归于该区)。本区属中温带半干旱大陆性季风气候，海拔为 900~2338 m。年平均气温约 2~5 ℃，≥10 ℃积温 2000~3000 ℃。年平均降水量在 150~424.6 mm，湿润度 0.15~0.3。源出于阴山山地的间歇性河流，由南向北汇流，在中蒙国境带形成较大面积的盐渍低地，孕育了盐化草甸和盐土荒漠植物。土壤分布从北向南水平带谱为棕钙土和栗钙土，下层有 20~40 cm 厚度不等的钙积层，在湖泊周围低洼地、河流两岸阶地及地下水位较高、地势平坦的河漫滩地分布有草甸土、沼泽土和盐碱土等非地带性土壤。该区域生态环境脆弱，土壤养分较低，一些自然条件相对较好的隐域环境，如草甸、湖泊较多作为耕地、饲草基地，加之现代农业的进驻，使原本脆弱的生态环境更加脆弱(田相 等，2018)。

乌兰察布草原区灌木资源以旱生、超旱生的灌木、半灌木为主，以亚洲中部分布型和戈壁—蒙古分布型居主导地位，与旱生性较强的多年生矮小草本共同组成半郁闭荒漠草原植被，植物区系组成比较贫乏，植被组合也比较单一，生物多样性不高，但拥有一组特征植物种属。冷蒿在强砾质化生境和过度放牧地段上构成层片，锦鸡儿属的小叶锦鸡儿、中间锦鸡儿、狭叶锦鸡儿和矮锦鸡儿在一部分针茅群落中可形成明显的上层层片，从而构成荒漠草原中具有独特景观的"灌丛化荒漠草原群落"。它们的草本层片主要包括石生针茅、沙生针茅、短花针茅，均为亚洲中部荒漠草原种，组成了亚洲中部特有的小针茅荒漠草原。还有少量的荒漠成分沿着盐化低地和砾石质丘陵侵入到本区，如红砂、珍珠猪毛菜、驼绒藜、毛刺锦鸡儿、小果白刺和盐爪爪等，呈现出局部地段的荒漠景观。除此之外，还有达乌里胡枝子、女蒿、长梗扁桃、细枝山竹子、猫头刺、薔状亚菊等荒漠草原伴生成分或特征植物。

阴山支脉大青山山地植被以东亚成分和温带成分为主。由于山地相对高差相差 1000 余米，降水、气候条件发生明显变化，植被呈现垂直分布特征。灌丛在海拔 1100~1800 m 的范围内均有分布，主要以山地中生落叶阔叶灌丛为主，包括阴坡较多分布的虎榛子灌丛、土庄绣线菊灌丛、三裂绣线菊灌丛和阳坡的黄刺玫灌丛、小叶鼠李、长梗扁桃灌丛、蒙古扁桃灌丛、酸枣灌丛、蒙古绣线菊以及杂木灌丛、绣线菊灌丛也有少量分布。在该地区，山地灌丛植被的主体为绣线菊灌丛和虎榛子灌丛，白莲蒿半灌丛在山地植被垂直分布系列中，往往分布于山地森林和灌丛带的下部(李全基，2014)。

5.1.4.2 主要灌木群落

(1)狭叶锦鸡儿灌丛(Form. *Caragana stenophylla*)

狭叶锦鸡儿为亚洲中部草原及荒漠的特征植物,为旱生小灌木。狭叶锦鸡儿是锦鸡儿灌丛化草原的主要类型之一,从典型草原到荒漠化草原,再到草原化荒漠区都有其分布,尤其在小针茅、短花针茅和戈壁针茅荒漠草原(卫智军 等,2013)。具有抗旱、耐瘠薄、繁殖性强等特点,为半干旱至极干旱水分生态型。其具有广泛的生态幅度,是蒙古高原锦鸡儿属植物分布面积最大、数量最多的物种之一(关林婧 等,2016)。

在西部荒漠草原带的覆沙梁地,狭叶锦鸡儿占据绝对优势并形成灌丛,呈斑块状出现在丘陵坡地、过牧、放牧地和居民点附近。灌木层高度15~70 cm。草本层一般高度0.5~1.0 m,盖度通常在9%~20%(张建华 等,2011)。在小针茅荒漠草原,主要形成狭叶锦鸡儿-小针茅+无芒隐子草群丛,群落总盖度为8%~11%。在短花针茅荒漠草原,狭叶锦鸡儿是其主要灌丛类型之一,可以形成狭叶锦鸡儿-短花针茅+无芒隐子草群丛,覆盖度在20%~25%,灌丛矮小,高度为25~30 cm,冠幅为20 cm×30 cm,但与低矮的草本层(8~10 cm)相比,仍然居于上层。建群层片中,除去短花针茅和无芒隐子草之外,还有少量的其他禾草,如糙隐子草、克氏针茅、戈壁针茅以及羊草。小半灌木层片的优势种为半匍匐状的冷蒿,常见种为木地肤。杂类草层片中以阿尔泰狗娃花、兔唇花和细叶韭较为常见,并以糙叶黄耆、细叶鸢尾为伴生,寸草则仅于地势稍洼地表盐渍化的情况下出现。在戈壁针茅荒漠草原中,狭叶锦鸡儿也常出现,但优势度不高,因而构不成大面积以狭叶锦鸡儿为建群种的戈壁针茅草原,相比狭叶锦鸡儿,在戈壁针茅荒漠草原群落中的小叶锦鸡儿灰色变种(*Caragana microphylla* var. *linerea*)、中间锦鸡儿、矮锦鸡儿狭叶变种、毛刺锦鸡儿分布较为普遍,由它们形成的灌木草原具有重要的景观作用。在阴山山脉的大青山山地植被中,也存在着狭叶锦鸡儿-白莲蒿-针茅群丛和狭叶锦鸡儿-白莲蒿+冷蒿群丛,主要位于海拔1750 m左右有砾石覆盖的半阳坡。

狭叶锦鸡儿为主的小灌木层片,还出现了荒漠灌木刺旋花、短脚锦鸡儿、红砂和驼绒藜,群落的旱生性增加。灌木层常由毛刺锦鸡儿、狭叶锦鸡儿、冷蒿、短花针茅等植物组成。草本层植物种类相对较为丰富,常由糙隐子草、蒺藜、白草、达乌里胡枝子、蓍状亚菊、细叶鸢尾和兴安天门冬等植物组成。

(2)虎榛子灌丛(Form. *Ostryopsis davidiana*)

虎榛子系桦木科虎榛子属中生灌木,为华北—横断山脉分布种,是我国特有树种。主要分布于青海(互助、化隆、乐都、湟中和大通)、宁夏、甘肃、陕西、辽宁、吉林、内蒙古、黑龙江、河北、河南、山西和四川等地。在内蒙古高原分布于贺兰山和阴山山脉的狼山、色尔腾山、乌拉山、大青山、蛮汗山、苏木山一带,大兴安岭南部山地的罕山、克什克腾也有大量分布。分布的生境多为石质山坡、土壤为薄层山地灰色森林土或山地灰色灌木林土(冀北山地)。虎榛子是中生喜温落叶阔叶灌木,常常于森林草原带和草原带的山地阴坡及半阴坡及林缘形成密集的虎榛子灌丛,在低山区常呈单优群落状态,分布于阴坡和半阴坡,在中山地带水分条件较好时,生长高大繁茂。虎榛子灌丛盖度一般在80%以上,单优群落的虎榛子40~129株/m²,高70~140 cm(陈龙,2016)。

阴山山脉虎榛子灌丛主要见于东段的大青山的阴坡、半阴坡,是大青山山地阴坡灌丛的主要类型,其分布的海拔范围较大,从海拔1100 m一直可以上升到海拔1900 m的位置。据样方调查，阴山山脉虎榛子灌丛共发现维管植物 64 种，隶属于 24 科 52 属。优势科为禾本科（11 种）、菊科（10 种）、蔷薇科（9 种），其次豆科（5 种）、百合科（4 种）、毛茛科（3 种），含有 2 个种的科为唇形科、忍冬科、紫草科、石竹科，其余均为只有 1 种的科，如败酱科、报春花科、桦木科、景天科、马鞭草科等。

阴山山脉虎榛子灌丛包括 5 个群丛类型。虎榛子灌丛在阴山山脉南、北坡均有分布，且主要见于阴坡、半阴坡，群落灌木层覆盖度均普遍较大，而由于虎榛子遮荫作用的影响群落草本盖度偏低，且物种组成多以耐阴的旱中生、中生植物为主。随着生境的变化，其物种组成也有差别，分布于阴山北坡的虎榛子灌丛耐寒、耐旱物种居多，如灌木层伴生种长梗扁桃、土庄绣线菊、小叶锦鸡儿等，草本层的长芒草、阿拉善披碱草（*Elymus alashanicus*）、紫穗披碱草（*Elymus purpurascens*）、小红菊（*Chrysanthemum chanetii*）等。而南坡较北坡相对偏暖，低海拔段灌木层伴生种有三裂绣线菊、黄刺玫、蒙古荚蒾、小叶鼠李、小叶忍冬、灌木铁线莲（*Clematis fruticosa*）等，随着海拔的升高，逐渐被更耐寒的土庄绣线菊占据优势。草本层主要是柄状薹草、羽茅等植物为优势种，并常常伴生一些中生的植物，如小红菊、菊叶委陵菜（*Potentilla tanacetifolia*）、地榆、裂叶蒿等。

虎榛子+土庄绣线菊灌丛是虎榛子灌丛向土庄绣线菊灌丛过渡的一个中间类型。其生境为略带石质化的阴坡，灌丛郁闭度变化不大，在 60%～80%，灌木层物种组成除共优种虎榛子和土庄绣线菊外，还伴生有黄刺玫、蒙古荚蒾、小叶鼠李、灰栒子、辽宁山楂等，半灌木层主要为白莲蒿，但优势度较低，不能形成层片。草本层盖度较低，在 10%～30% 之间，优势种主要为日荫菅，伴生种较为复杂，既包括中生植物，如裂叶蒿、山丹、裂叶堇菜、地榆、蓬子菜、费菜（*Phedimus aizoon*）、球果堇菜（*Viola collina*）、黄精等，也包括旱生、中旱生的草原成分，如羽茅、渐狭早熟禾（*Poa attenuata*）、阿拉善披碱草、薄鞘隐子草（*Cleistogenes festucacea*）、达乌里胡枝子、乳浆大戟（*Euphorbia esula*）、粗根鸢尾（*Iris tigridia*）等。

（3）绣线菊灌丛（Form. *Spiraea* spp.）

内蒙古由绣线菊属构成的灌木林主要有土庄绣线菊、三裂绣线菊和蒙古绣线菊（田桕 等，2018）。

土庄绣线菊是蔷薇科绣线菊属的植物，为东蒙古—华北—满洲分布种，以其为建群种形成的土庄绣线菊灌丛，在内蒙古主要分布于中东部山地，如大兴安岭南部山地、冀北山地、阴山山地。土庄绣线菊灌丛一般分布于虎榛子灌丛上部，其耐寒、喜湿的程度较虎榛子强，但耐石质性不及虎榛子，因此，土庄绣线菊灌丛在阴山山脉主要见于海拔 1500 m 以上的阴坡，同时土庄绣线菊也是高海拔段森林类型灌木层片的优势物种。土庄绣线菊是耐寒、喜湿的灌木，主要分布于阴山山脉的大青山、蛮汉山的山地阴坡，且主要见于中高海拔段，常与虎榛子、长梗扁桃和三裂绣线菊伴生于海拔 1300 m 以下的阴坡。主要群丛有土庄绣线菊+黄刺玫+白莲蒿群丛、土庄绣线菊+白莲蒿。灌丛郁闭度变化较大，在覆土良好的条件下，土庄绣线菊长势较好，盖度较大，草本层以耐阴的日阴菅为优势种，常常伴生一些中生植物。由于其耐石质性程度较差，因此在生境覆土较薄，或石质化程度较高的地段，群落盖度较低，草本层优势种变为羊草、长芒草等草原成分。

三裂绣线菊属华北区系成分种。在华北地区一些山地，如燕山、山西五台山、河北小五台山等，广为分布。在内蒙古高原分布以大青山、蛮汗山和冀北山地为主，在大青山山地多出现在 1500 m 左右的石质山地阳坡，海拔下降至 1300 m 以下，则转到半阳坡至阴坡。灌丛郁闭度不高，约 0.3~0.5，高度 30~50 cm，混生在一起的有土庄绣线菊、黄刺玫等，其下草本多为山地草原成分，如线叶菊、狼针草、苔草、隐子草（Cleistogenes sp.）、防风等，半灌木的白莲蒿常成局部优势，草本层覆盖度小于 30%。

蒙古绣线菊为山地旱中生灌丛，主要分布于我国西北内蒙古西部山地。大体以阴山山脉为界，向西逐渐增高。内蒙古大青山山地主要有以下两种蒙古绣线菊群丛：蒙古绣线菊+金露梅-白莲蒿群丛，灌木层由蒙古绣线菊、金露梅、胡枝子组成，半灌木为白莲蒿、百里香，草本层有小龙胆（Gentiana parvula）、火绒草、羊草、菊叶委陵菜等；主要分布于海拔 2250 m，坡度为 18°的阳坡。蒙古绣线菊+土庄绣线菊-白莲蒿群丛，灌木层由蒙古绣线菊、土庄绣线菊组成，半灌木为白莲蒿，草本层有达乌里秦艽、裂叶荆芥（Nepeta tenuifolia）、火绒草、麻花头（Klasea centauroides）、线叶菊等；主要分布于海拔 1801 m 左右、坡度为 30°的半阳坡。

（4）黄刺玫灌丛（Form. Rosa xanthina）

黄刺玫系蔷薇科蔷薇属的中生灌木，为华北分布种。黄刺玫灌丛是山地中生灌丛的一个类型，分布于苏木山、蛮汉山、大青山、乌拉山、狼山和贺兰山，主要出现在这些山地的低山带，以阳坡为主，在桌子山、贺兰山，则主要出现在沟谷和半阳坡。与蔷薇属其他种相比，它比较喜暖和更耐干旱，因此阳坡的黄刺玫长势较好，灌丛郁闭度较高，在阴山山脉南坡黄刺玫主要占据海拔 1100~1400 m 的阳坡，向上逐渐被长梗扁桃、绣线菊灌丛所代替，另外它与山刺玫（Roga daourica）有明显交替现象，黄刺玫总出现在低山和阳坡，山刺玫则在中山和阴坡。在阴坡、半阴坡也可见到黄刺玫的分布，但郁闭度相对较低，群落内草本层随着生境的改变，变化较大。在阴山山脉北坡，黄刺玫可分布到海拔 1800m 的位置，草本层主要以克氏针茅为优势种（陈龙，2016）。

据样方调查，黄刺玫灌丛共出现维管植物 81 种，隶属于 25 科 56 属。优势科为禾本科（19种）、菊科（9 种）、蔷薇科（9 种）、百合科（7 种）、豆科（7 种）、藜科（5 种），含有 3 种及以下的科为唇形科、莎草科、十字花科、石竹科、榆科、报春花科、堇菜科、卷柏科、龙胆科、马鞭草科、茜草科、瑞香科、鼠李科、小檗科、玄参科、鸢尾科、远志科、紫草科。其中，禾本科在群落中占据绝对优势，这体现出黄刺玫灌丛主要分布于草原区山地低海拔段的特点，同时从科数的多少来看，也体现出由于黄刺玫灌丛的存在，增加了其分布区的物种多样性。

阴山山脉黄刺玫灌丛可分为 5 个群丛类型。黄刺玫灌丛主要见于大青山、蛮汉山、乌拉山低海拔段的阳坡。灌木层的伴生种随着经度的改变，变化也较大，从东往西，长梗扁桃、灌木铁线莲逐渐被更耐旱的蒙古扁桃、小叶鼠李、准噶尔枸子（Cotoneaster soongoricus）等代替，层片中还常出现楼斗叶绣线菊、蒙古绣线菊、小叶忍冬、蒙古枸子、灰枸子、西伯利亚小檗、细叶小檗、甘蒙锦鸡儿、狭叶锦鸡儿等，但比较稀疏。在其分布的下界，由于受到基带草原的影响，群落内半灌木白莲蒿生长较好，有时可以形成层片，但分布不均，多成丛状。草本层完全体现出基带草原的一般特征，常常以喜暖的短花针茅、长芒草为优势种，在阴坡偶尔也能见到黄刺玫灌丛的分布，其草本层常以甘青针茅占据优势，伴生种多以草原成分为主，如京芒草（Achnatherum pekinense）、无芒隐子草、硬质早熟禾等。随着海拔的上升，群落草本层白羊草逐渐占据优势，形成黄刺玫-白羊草群丛。分布于大青山及乌拉山北坡的黄刺玫灌丛，其草本层主要以克氏针茅为优势种，当石质化程度加剧，戈壁针茅逐渐占据优势，在一些覆沙地段，百里香可以形成层片。草本层盖度 20%~30%。

（5）小叶鼠李灌丛（Form. *Rhamnus parvifolia*）

小叶鼠李系鼠李科鼠李属的旱中生植物，为东古北极分布种，生于森林草原带及草原带的向阳石质山坡、沟谷、沙丘间地及灌木丛中。阴山山脉小叶鼠李常常以伴生种的形式出现在以黄刺玫、虎榛子、长梗扁桃等为建群种的灌丛中。偶尔也可以见到以小叶鼠李为建群种的灌丛，大都出现在低海拔段，生境相对干旱的阳坡、半阳坡，且群落灌木层常常伴生一些其他的灌木，如甘蒙锦鸡儿、黄刺玫、灌木铁线莲、山桃，半灌木主要为白莲蒿、蒙古蒿、华北驼绒藜（*Krascheninnikovia arborescens*）等，且可以形成层片，草本层多以白羊草为优势种，伴生有丛生隐子草、达乌里胡枝子、金花远志（*Polygala triflora*）、长芒草、细叶葱、大针茅、戈壁针茅、猪毛菜等。

小叶鼠李+长梗扁桃灌丛是常见于大青山北坡，阴坡高海拔段的一个类型，灌丛郁闭度在30%~40%，灌木层伴生有土庄绣线菊、小叶锦鸡儿等，半灌木层以蒙古蒿为优势种，白莲蒿、百里香以伴生种的形式出现，草本层盖度在 25% 左右，优势种为羊茅、克氏针茅，伴生种主要为硬质早熟禾、冰草、灰叶黄耆（*Astragalus discolor*）、狼毒、轮叶委陵菜、达乌里芯芭、金花远志等。

（6）灌木铁线莲灌丛（Form. *Clematis fruticosa*）

灌木铁线莲系毛茛科铁线莲属旱生小灌木，为华北—蒙古南部分布种。生于荒漠草原带及荒漠区的石质山坡、沟谷、干河床中，也可见于山地灌丛中，多零星散生。分布于锡林郭勒盟西部、乌兰察布市、呼和浩特市、包头市、巴彦淖尔市、鄂尔多斯市、阿拉善盟，我国华北、西北和蒙古也有分布。阴山山脉主要见于大青山、蛮汉山海拔 1200~1500 m 的石质向阳山坡。形成的灌木铁线莲灌丛，郁闭度在 40% 左右，主要的伴生种有土庄绣线菊、长梗扁桃、黄刺玫、小叶鼠李等，半灌木有蒙古蒿、牛尾蒿、白莲蒿等，但不能形成层片，草本层盖度在10%~30%，优势种为戈壁针茅，主要的伴生种为多叶隐子草、香青兰（*Dracocephalum moldavica*）、柄状薹草、南牡蒿、糙隐子草、红柴胡、大针茅、羽茅、地蔷薇等。

（7）女蒿灌丛（Form. *Ajania trifida*）

女蒿为强旱生小半灌木，生于沙壤质棕钙土，为荒漠草原的建群种及小针茅草原的优势种。这是亚洲中部具有特征意义的一类矮禾草–小半灌木草原，为蒙古高原荒漠草原地带所特有，其分布的东部界线与干草原带和荒漠草原带的交界线吻合，而西界又基本上和草原区与荒漠区的交界线一致，所以它的分布是自然区划的一个参考依据（中国科学院内蒙古宁夏综合考察队，1985）。

戈壁针茅–女蒿荒漠草原，在外貌上与戈壁针茅–冷蒿草原十分相似，在营养前期（6、7月）均呈现一片灰绿色的季相，但到了生长旺季（8月），当女蒿黄色头状花序开放的时候，使草原呈现黄色的季相。在荒漠草原带的中部地区，这两类草原的分布区域有一定重叠现象，但随着大气湿润度的进一步降低，戈壁针茅–冷蒿群落则明显地被戈壁针茅–女蒿群落所替代。二者的空间交替现象在"集二线"范围内从南向北表现得十分明显，大致在赛汗塔拉以南，戈壁针茅–冷蒿群落占优势，赛汗塔拉近郊两种类型的群落均能相遇，但在齐哈日格图以北直到二连中蒙国境一带，则主要分布着戈壁针茅–女蒿草原。同理，由东向西过渡，也表现着同样的交替分布，但是在荒漠草原带内最干旱的西部，女蒿在戈壁针茅草原中的共建优势作用，则往往被著状亚菊所替代，形成戈壁针茅-亚菊草原，两者的分布界线大致与女蒿和著状亚菊两个种的分布区界基本吻合，但在荒漠草原带的中部又存在着重叠和交叉现象。戈壁针茅-女蒿草原的种类成分除荒漠草原的一般常见种外，有时在东部地区还可渗入一些干草原成分，例如在四子王旗西拉木伦苏木(大庙)附近的石质丘陵坡地上所记载的这种群落样地中，就出现了戈壁针茅、知母、柴胡(Bupleurum spp.)等。戈壁针茅-女蒿荒漠草原是利用价值较高的放牧场，适合于各类小畜全年利用，由于女蒿的枝条能在冬季保持较好，也增加了冬季放牧利用的价值。

石生针茅-女蒿群丛和石生针茅-冷蒿群落经常出现在同一个生态序列上，但占据着砾石性更为强烈的凸起的小地形部位，抗侵蚀耐干旱能力更强的女蒿替代了冷蒿成为石生针茅草原的共建种。与此同时，伴生成分也发生了更替，除白花点地梅(Androsace incana)、灰毛庭荠(Alyssum canescens)等石生植物为两个群落的共有成分外，在这里又出现了一些新的石竹科杂类草：老牛筋(Arenaria juncea)、石竹(Dianthus chinensis)、草原石头花(Gypsophila davurica)，还有景天科的瓦松生长也很旺盛。草本植物变得更加低矮、稀疏，最高 7 cm，平均 5 cm 左右，总盖度 7%~8%。因此，可以说这是石生针茅草原中旱生性更强的一个砾石生变体。

5.1.5　乌拉特草原

5.1.5.1　概　述

乌拉特草原北与蒙古国接壤，南靠阴山，西连阿拉善盟，东临包头市(本书包含阴山山地乌拉山、色尔腾山和狼山)。从植物区系划分角度看，位于亚洲荒漠植物区东阿拉善荒漠植物省东阿拉善植物州。从植被地带性角度看，属于中温型草原带中荒漠草原亚带，具有强烈的大陆性气候特点，海拔 1200~1800 m，阴山最高峰位于此，海拔 2364 m。年平均气温 2~5 ℃，≥10 ℃积温 2200~2500 ℃，年平均降水量 150~250 mm。源于阴山山脉的几条间歇性河流由南向北汇流，草原整体呈南部高北部低的地势特征，同时也在高平原上形成许多狭小的干河道和小型盐湖，为盐渍化草甸、盐生植物的发育提供了条件。

乌拉特草原主要以短花针茅为主的荒漠草原植被类型，灌木层片相对发达，如毛刺锦鸡儿、狭叶锦鸡儿、小叶锦鸡儿等。在一些干旱地区，则以沙生针茅为主，同时生长有红砂和珍珠猪毛菜等灌木。其中 86.6%属于荒漠半荒漠草场，是内蒙古自治区九大集中分布的天然草场之一，天然草原面积辽阔，草场资源丰富，但是由于地理分布，生长季节及年度变化的不平衡使天然草场的饲草供应极不稳定，给草原畜牧业的发展带来极大的脆弱性。作为荒漠化草原，本区植被呈现出明显的荒漠化趋向，荒漠化成分比重大。控制放牧强度，维持珍稀濒危植物现有生境，维护草原生态平衡，对保存草原与荒漠过渡区域脆弱生境具有深远意义。

乌拉山地处阴山山脉中段，从植物地理区划上属于欧亚草原植物区的黄土高原草原植物省阴山州，为镶嵌于荒漠草原类型中的垂直地带性植被，是森林向草原的过渡地带。形成了兼有东亚成分、华北成分及达乌里—蒙古成分的山地植被垂直分布。南坡自下而上为荒漠草原和典型草原、森林灌丛，北坡自下而上则为荒漠草原、典型草原、森林灌丛和草甸草原。乌拉山地处于荒漠草原区，基带主要为小针茅草原、短花针茅草原，随着海拔的升高，阳坡耐旱的蒙古扁桃灌丛逐渐占据优势。在海拔 1200~1500 m，阳坡主要为侧柏(Platycladus orientalis)林，其他树种还有圆柏(Juniperus chinensis)、杜松(Juniperus rigida)、旱榆等。阴坡及沟内侧多为蒙椴(Tilia mongolica)、稠李、山楂(Crataegus pinnatifida)等树种。随着海拔的升高，在海拔 1700 m

以上的阴坡,开始出现了虎榛子、蒙古绣线菊等灌丛,阳坡主要有黄刺玫等灌丛。在山地东段的山谷溪旁散生的灌丛有黄刺玫、蒙古扁桃等。

色尔腾山和狼山地处阴山山脉西段,植物区系属于亚非荒漠区亚洲中部亚区阿拉善荒漠植物省东阿拉善州,起源古老,且均为旱生或强旱生植物;植物区系地理成分相对丰富,以北温带和温带分布种类最多;区内单种科属和特有种较多;植物区系的生活型十分独特(灌木和半灌木植物是最基本的生活类型)。西段山地由于气候干旱,加之山体孤立,相对高度较低,周围多被荒漠草原、荒漠所包围,乔木林已不能形成带,呈现山地草原和疏乔灌木草原景观。山地自下而上植被垂直分布为:荒漠草原,为西段山地的主要类型,主要由短花针茅、沙芦草和石生针茅组成,狼山山前也偶尔可见片段化的酸枣灌丛;山地草原,分布于海拔 2000 m 以上地带,以克氏针茅、大针茅草原为主;山地森林草原,该带森林不多,主要为中生灌木,如蒙古绣线菊灌丛。干燥山坡有杜松,在石质阳坡顶部有叉子圆柏灌丛。山地草甸草原,该类型呈断片状分布于阴坡顶部,但不能形成明显的植被垂直带。

5.1.5.2　主要灌木群落

(1)蒙古扁桃灌丛(Form. *Amygdalus mongolica*)

蒙古扁桃是亚洲中部戈壁荒漠区特有的旱生落叶灌木,是古地中海孑遗植物,被列为国家 Ⅱ 级保护野生植物(《国家重点保护野生植物名录(第一批)》,1999),濒危等级为易危(汪松,2004)。生于荒漠带及荒漠草原带的低山丘陵坡麓、石质坡地及干河床。阴山山脉蒙古扁桃从东段的大青山五一水库一直可以分布到西段狼山,并且是狼山唯一可以形成群落的落叶灌木。蒙古扁桃灌丛主要分布在低海拔段的阳坡及半阳坡,在狼山部分山地阴坡也有分布。

据样方调查,阴山山脉蒙古扁桃灌丛共出现维管植物 49 种,隶属于 16 科 38 属。前三大科为禾本科(12 种)、豆科(8 种)、菊科(6 种),含有 3 种的科为蔷薇科、藜科、百合科,含有 2 种的科为旋花科、鼠李科、十字花科、蒺藜科,其余的科均含 1 种植物,它们是远志科、榆科、毛茛科、马鞭草科、萝藦科、景天科。该群落物种数虽然不多,但科的组成较为分散,既有草原的成分如禾本科、豆科、菊科等,而且也出现了荒漠区系的成分,如藜科、蒺藜科、旋花科等。这也体现出蒙古扁桃灌丛较宽的生态适应性。

阴山山脉从东至西,随着经度的变化,水分生态因子的限制性越强,因此,蒙古扁桃荒漠依次形成了如下 4 个群丛类型。

分布于阴山山脉东段的蒙古扁桃荒漠,基本表现为完整的灌木层和草本层,部分发育较好的群落还可见半灌木形成的层片。灌丛郁闭度基本在 50%~60%,灌木层常伴生有黄刺玫、灌木铁线莲等,半灌木层主要的植物为多花胡枝子、白莲蒿、牛尾蒿、蒙古莸等。草本层受基带草原的影响较大,主要以白羊草、隐子草属的植物为主,部分石质化山坡,草本层以戈壁针茅为优势种,伴生种也基本以草原成分为主,如朝阳芨芨草(*Achnatherum nakaii*)、中华草沙蚕(*Tripogon chinensis*)、长芒草、细叶韭、金花远志等。西段乌拉山、狼山,蒙古扁桃荒漠郁闭度逐渐下降,在 30%~40%,半灌木层完全消失,草本层盖度在 5% 左右,主要是一些一二年生的草本植物,如九顶草(*Enneapogon desvauxii*)、三芒草(*Aristida adscensionis*)、狗尾草等占优势,偶见戈壁针茅、中亚细柄茅(*Ptilagrostis pelliotii*)、胀萼黄耆(*Astragalus ellipsoideus*)等,但往往在 1 m² 内只有 1 或 2 丛出现,且丛幅较小,不能形成优势。

（2）酸枣灌丛（Form. *Ziziphus jujube* var. *spinosa*）

酸枣系鼠李科枣属旱中生灌木，为华北分布变种。喜生于草原带低海拔段的向阳干燥平原、丘陵、山麓、山沟处，常可形成酸枣灌丛。阴山山脉酸枣灌丛主要分布于东段（大青山、乌拉山）海拔 1000~1150 m 的向阳石质山坡或坡麓地段，另外在狼山山前也偶尔可见片段化的酸枣灌丛。群落植物区系组成较为简单，据样方调查，酸枣灌丛共出现维管植物 39 种，隶属于 17 科 31 属。其中禾本科（10 种）、菊科（6 种）、蔷薇科（4 种）占优势，其次含有 3 种的科为豆科、藜科，含有 2 种的科为旋花科，含有 1 种的科较多，它们是百合科、唇形科、大戟科、蒺藜科、景天科、马鞭草科、牻牛儿苗科、石竹科、鼠李科、鸢尾科、远志科。

酸枣灌丛垂直结构包括灌木层和草本层，在一些发育较好的群落也可见半灌木层片。阴山山脉酸枣灌丛可分布酸枣-长芒草和酸枣-白羊草这两个基本群丛，生境类型基本相似，在相对偏干的地段更容易发育为酸枣-白羊草群丛，在水分相对较好的地段容易形成酸枣-长芒草群丛。灌木层常常伴生有黄刺玫、西伯利亚杏、狭叶锦鸡儿等，半灌木层片在水分相对较好的东段主要以牛尾蒿、蒙古茵为主，越往西随着干旱度的加剧，刺旋花逐渐占据优势地位成为该层优势种。草本层受基带草原类型的影响较明显，主要以长芒草和白羊草为优势种，并常伴生丛生隐子草、戈壁针茅、细叶鸢尾、金花远志、细叶韭、猪毛菜、中华草沙蚕等。

（3）叉子圆柏灌丛（Form. *Juniperus sabina*）

叉子圆柏，系柏科刺柏属旱中生匍匐灌木，为古地中海分布种。叉子圆柏是常绿、匍匐性丛生灌木，萌蘖力很强，常形成密集的集群，疏密度随地形条件而异，植丛高度在 1 m 以下。叉子圆柏在山地主要分布于具有花岗岩的山体上，在内蒙古主要分布于贺兰山、狼山北部的乌拉特中旗和达尔罕茂明安联合旗境内。

阴山山脉叉子圆柏最东可以分布到乌兰察布四子王旗笔架山一带。其组成的灌丛主要见于狼山海拔 1800 m 以上的石质山坡，但群落面积不是太大，呈斑块状分布，一般灌丛郁闭度在 70%左右，伴生灌木还有蒙古扁桃、小叶忍冬等，群落内草本层植物有戈壁针茅、阿拉善鹅观草、短花针茅、灰毛庭荠、蓍状亚菊、兴安天门冬、细叶韭、远志等。

叉子圆柏除山地类型外，还存在沙地类型，以毛乌素沙地为集中分布，其次是浑善达克沙地，主要分布于毛乌素的乌审旗和浑善达克的阿巴嘎旗、克什克腾旗和正蓝旗。叉子圆柏的使用范围较广，在内蒙古城市绿地建设和固沙植被恢复已有大面积的推广。

（4）蒙古绣线菊灌丛（Form. *Spiraea mongolica*）

蒙古绣线菊为山地旱中生灌木，主要分布于我国西北内蒙西部山地。大体以阴山山脉为界，向西逐渐增高。在贺兰山低山带，居优势地位（中国植被编辑委员会，1980）。

贺兰山出现在 2400 m 以下山地的阳坡。群落一般分两层，灌木层比较稀疏，盖度在 30%左右，除蒙古绣线菊外，尚可见到旱榆（*Ulmus glaucescens*）、蒙古栒子、小叶忍冬、黄刺玫、狭叶锦鸡儿，上部可见小叶金露梅，下层有半灌木的白莲蒿、刺旋花、针枝芸香（*Haplophyllum tragacanthoides*），草本层以草原植物为主，如早熟禾（*Poa annua*）、长芒草、冰草、偃麦草（*Elytrigia repens*）、细叶鸢尾、阿尔泰狗娃花、掌叶大黄（*Rheum palmatum*）、瓦松等，草本层盖度 15%~20%。

（5）毛刺锦鸡儿灌丛（Form. *Caragana tibetica*）

毛刺锦鸡儿，又称藏锦鸡儿，为旱生垫状矮灌木，戈壁蒙古成分。主要分布在青藏高原东麓、河西走廊东部、贺兰山南麓、鄂尔多斯高原西部、乌兰察布高原西部、蒙古东戈壁南部。在内蒙古高原上，毛刺锦鸡儿主要出现在荒漠草原地带向荒漠过渡的区域，形成一条宽约20 km、长约 500 km 的条带，面积约为 11609 km²，是主要的牧草场。在干旱区生态系统中，毛刺锦鸡儿常分布在地带性生境中，对薄层覆沙的生境适应性很高，常生于波状高平原上，种群扩散表现出群聚性的特征，常为群落的建群种。毛刺锦鸡儿群落的生态学和群落学特征表现明显的双重性，在植被区划中，毛刺锦鸡儿群落常被作为良好的指标群落。在荒漠化草原与荒漠的过渡带上，典型的环境特征是风蚀活动频繁、剧烈，并且沙源丰富（如巴丹吉林沙漠、腾格里沙漠、乌兰布和沙漠、巴音温都尔沙漠、亚玛雷克沙漠）。由于分枝密集和近半球状的垫状特性，使得毛刺锦鸡儿能够聚集风沙、降低风速，减小土壤侵蚀。在此过程中毛刺锦鸡儿常常形成非常醒目的高达 15~60 cm 的灌丛沙堆，景观特征非常明显（中国科学院内蒙古宁夏综合考察队，1985）。

　　毛刺锦鸡儿灌丛为乌拉特草原重要的群系之一。从分布来看，毛刺锦鸡儿不进入亚洲中部荒漠区的中心，而是沿着阴山山脉西段的狼山北麓高平原、鄂尔多斯高原西部的桌子山东麓以及贺兰山南段外围，略呈"S"形条带状断续分布。在狼山北大致沿 42°N 分布，并向北进入蒙古南戈壁东缘，然后越过狼山和河套平原，进入鄂尔多斯高原西部桌子山东麓。在狼山北麓海拔1150~1200 m 的范围分布（中国科学院内蒙古宁夏综合考察队，1985；张璞进，2011）。

　　毛刺锦鸡儿灌丛中分布最广的一类为毛刺锦鸡儿+冷蒿群落，这是毛刺锦鸡儿为建群种群落在荒漠草原地带的替代类型，从乌兰布高原到鄂尔多斯高原均有它的分布。建群种的生活力十分旺盛，伴生草本成分发育良好。尤其在毛刺锦鸡儿自身所创造的小环境中（即小沙土包中）可以遇到不少长势突出的一二年生植物，如猪毛菜、猪毛蒿、雾冰藜、骆驼蓬等，这些都是土壤水分有效性显著提高的证明。这种群落还见于鄂尔多斯高原西南部（哈拉哈腾以南），但受暖温型草原的影响，组成中经常可遇到长芒草、短花针茅、白草等喜暖禾草，这是与乌兰察布高原的同类群落的一个区域性差异。

　　毛刺锦鸡儿基本灌丛还有毛刺锦鸡儿+沙生针茅群落，分布在鄂尔多斯高平原西北部的沙砾质淡棕钙土上。种类组成上出现了一些喜沙成分，如沙生针茅、猫头刺、油蒿、白山蓟以及根茎禾草白草等。毛刺锦鸡儿+短花针茅群落，分布范围在鄂尔多斯高平原西部，主要出现在短花针茅草原群系与本群系分布区交错的地区。毛刺锦鸡儿+蓍状亚菊群落，主要分布在西尔多斯高原中部硬梁地缓坡中部的淡钙土上，地面覆沙较薄，一般厚度小于 10 cm，砾石含量中度。旱生小半灌木蓍状亚菊的比重显著升高，而沙生针茅则沦为次优势成分，伴生成分中现了刺旋花、驼绒藜等，一年生小禾草层片也较发达。毛刺锦鸡儿+冷蒿群落，这种群落是上一群落在荒漠草原地带的替代类型，草本层有长芒草、短花针茅、白草等喜暖禾草。毛刺锦鸡儿+鄂尔多斯蒿群落，主要分布在库布齐沙带西南部边缘和毛乌素沙地的西北边缘，随着覆沙层的减薄，该群落则会被地带性的荒漠化小针茅草原所替代。这类毛刺锦鸡儿群落的基质稳定性差，作为牧场利用要注意防止土地沙化。此外，本群系中还存在毛刺锦鸡儿–旱生灌木、小灌木草原化荒漠、毛刺锦鸡儿–葱类、蒿禾草类草原化荒漠群落类型，面积相对较小，分化程度较低。

　　(6) 蓍状亚菊灌丛 (Form. *Ajania achilleoides*)

　　蓍状亚菊为戈壁—蒙古成分的小半灌木，在荒漠草原带的砾石质棕钙土上常作为建群植物与石生针茅共同组成小半灌木群落，或在小针茅草原群落中成为伴生种或亚优势种，也可混生于某些荒漠植被中。蓍状亚菊主要见于荒漠草原带的西部，特别是在鄂尔多斯高原荒漠草原带的西北部分布最多。它的群落外貌特点和戈壁针茅-女蒿草原十分相近。但因生态地理条件更为干旱，在群落组成上常含有一些荒漠植物，例如红砂、毛刺锦鸡儿、蝎虎驼蹄瓣（*Zygophyllum mucronatum*）等。这种群落类型的牧场价值也和上述群落类似，是小畜的常年牧场。

在狼山西南段，海拔 1600 m 左右的西北麓石质山坡，分布着石生针茅+蓍状亚菊群落，在某种意义上是石生针茅-女蒿草原的西部变型。群落约有 18 种高等植物，每平方米平均 8~9 种。石生针茅的优势度明显（31 丛/m²），伴生禾草有沙芦草和无芒隐子草。小半灌木植物中蓍状亚菊为共建种，另外，猫头刺的数量也很多，是群落的重要优势成分。杂类草成分中数量较多的有乳白黄芪和小车前（*Plantago minuta*）两种，其他如单叶黄芪（*Astragalus efoliolatus*）、阿尔泰狗娃花、砂蓝刺头、硬阿魏（*Ferula bungeana*）、戈壁天门冬（*Asparagus gobicus*）、黄花补血草、细叶鸢尾等虽然也稳定出现，但数量都不太多。一二年生植物中常见的成分有栉叶蒿、猪毛蒿（*Artemisia scoparia*）和猪毛菜等。这里放牧利用较轻，植物都能保持正常的高度，基本叶层平均 10 cm 左右，盖度 10%~12%，禾草类和小半灌木各占 1/2。受地带位置的制约，石生针茅-蓍状亚菊草原总是和草原化的荒漠群落同处在一个生态序列当中，这也就反映了这类群落是石生针茅草原中旱生化程度最高的一个类型。

5.1.6　鄂尔多斯草原

5.1.6.1　概　述

鄂尔多斯草原区西、北以黄河为界，东至伊金霍洛旗，南与陕西以长城为界，西与宁夏、乌海市、阿拉善盟相邻，北隔黄河与巴彦淖尔市、包头市相望，主要包括鄂托克旗、鄂托克前旗、乌审旗和杭锦旗。本区属温带半干旱至干旱大陆性气候，地势总体是西北高、东南低，海拔在 1200~1600 m。年平均气温 5.5~9 ℃，≥10℃ 的年积温为 2729.0 ℃。年平均降水量 160~450 mm。

鄂尔多斯草原植物区划属于内蒙古高原草原植物省鄂尔多斯高原州及亚洲荒漠植物区阿拉善荒漠植物省东阿拉善植物州。多个植物区系成分都汇集在本区，从而大大丰富了这个地区的区系地理成分。初步统计，共有 21 种区系分布型的植物出现，成为研究植物区系历史的一个关键区域。该区植物以东亚成分、亚洲中部成分、戈壁成分为主，并混有东阿拉善成分、蒙古植物区系成分等。

由于水分条件的差异，本区的植被类型主要以荒漠草原与草原化荒漠为主，孕育了丰富的灌木资源。柠条锦鸡儿是鄂尔多斯草原主要灌丛之一，占据着鄂尔多斯西部和阿拉善南部地区。中间锦鸡儿也由蒙古高原的荒漠草原区和鄂尔多斯黄土高原的典型草原区渗入至此，成为优势灌丛。本区还是川西锦鸡儿的集中分布区之一，形成独特的景观类型。鄂托克地区主要为荒漠草原植被类型，建群种主要以短花针茅为主，伴生灌木有四合木、绵刺、狭叶锦鸡儿、沙冬青、蒙古扁桃等；西部山地及山前冲积平原为草原化荒漠，主要有毛刺锦鸡儿、红砂、白刺等，还分布有古地中海子遗植物四合木、绵刺、沙冬青、蒙古扁桃、半日花、革苞菊（*Tugarinovia mongolica*）、裸果木等。鄂尔多斯草原大部分为库布齐沙漠和毛乌素沙地，沙生植被占较大优势，地带性植被分布不明显。主要沙生植物包括北沙柳、油蒿、柠条锦鸡儿、叉子圆柏等。

西部山地及山前冲积平原区域即西鄂尔多斯地区，在内蒙古植物区划中属于亚洲荒漠植物区阿拉善荒漠植物省东阿拉善植物州。本区分布有国家Ⅱ级以上保护野生植物 4 种，特有种、古老子遗种及其他濒危植物共约 72 种，其中四合木、半日花、绵刺、沙冬青等植物的珍稀濒危程度尤为突出（田梢 等，2018）。

由于黄河围绕，并与黄土高原形成交错，地形上决定了该区域双重的生态脆弱性。该区域还面临的主要生态问题是土地沙化、植被退化、矿产开采、地下水位下降、湿地萎缩等，需要加大退耕还林还草、限牧、休牧力度及整治矿产资源开采，减轻植被消耗压力，增加土壤肥力，修复生态环境。

由于本区域的西鄂尔多斯地区植被从植物区系成分上属于东阿拉善植物州，从植被类型上分析属于草原化荒漠，两个方面上都与东阿拉善植物形成高度的相似性，因此，本书将该西鄂尔多斯地区的灌木荒漠在西鄂尔多斯—东阿拉善草原化荒漠部分论述。

5.1.6.2　主要灌木群落

（1）柠条锦鸡儿灌丛（Form. *Caragana korshinskii*）

柠条锦鸡儿又叫白柠条，为旱生灌木，南阿拉善—西鄂尔多斯分布种（赵一之，2005）。分布范围北起狼山以南，南至河西走廊东段北部，西达巴丹吉林沙漠南缘，中经腾格里沙漠区，东至鄂尔多斯高原的西部地区，占据着鄂尔多斯西部和阿拉善南部地区。比较集中的分布在库布齐沙漠西部、乌兰布和沙漠、腾格里沙漠及其外围、巴丹吉林沙漠南缘。在鄂尔多斯市的东部及锡林郭勒盟浑善达克沙地、赤峰市科尔沁沙地均有大量的引种栽培，生长良好（吕荣 等，2005）。柠条锦鸡儿适合生长于海拔 900~1300 m 的阳坡、半阳坡，是喜沙的旱生植物。环境适应性高，耐寒、耐盐碱、耐瘠薄、抗热及抗旱性都很强，根系发达并有根瘤菌，具有良好的生态改善作用。同时具有很强的耐沙埋、抗风蚀能力。

柠条锦鸡儿株丛高大，高度可达 3~5 m，树皮金黄色且有光泽，枝条向上伸展，小叶狭而密被白色伏毛，荚果质厚而宽短等，也是锦鸡儿属中少有的高大灌木。该种野生生长的植丛比较少见，一般多呈零星小片出现，现在看到的大多是栽培植丛。相对而言，该种的适应生境比较一致，适应于荒漠区少雨、高温干旱严酷的大陆性气候，是一个典型的荒漠种。柠条锦鸡儿灌丛的灌木层一般高 1.5~2.5 m，盖度为 40% 左右，冠幅 1.1 m × 0.8 m，常见半灌木白莲蒿和牛枝子（*Lespedeza potaninii*）等；草本层一般高 10~20 cm，盖度为 25% 左右，植物主要有长芒草，无芒隐子草、乳白黄芪、砂珍棘豆等。

柠条锦鸡儿枝条中含有油脂，是良好的薪炭材。花朵茂盛、花冠鲜艳、花期长，属优良的蜜源植物资源。种子可用于提炼润滑油，干馏的种子油脂具有良好的疥癣治疗效果。根、花和种子具有滋阴养血、通经及镇静等功能而常作为中医药原料。柠条锦鸡儿的枝叶、花、果实及种子均富含营养，因而一年四季均可放牧利用，其嫩枝、叶富含氮素，是沤制绿肥的好原料，是草原建设、牧场改良必不可少的优质饲料树种。柠条锦鸡儿根系发达，主根入土深，且具根瘤，除防风固沙、减少地表径流和冲蚀外还有肥土作用，是治理水土流失和退化沙化草场的先锋植物（张晓芹，2018）。

（2）乌柳灌丛（Form. *Salix cheilophila*）

乌柳是鄂尔多斯草原区低湿地分布的一种灌木柳，与其他灌木、根茎型禾草、莎草类、蘸草类、轴根型杂类草等植物共同组成的灌丛群落，是一个十分独特的景观类型，当地称为"柳湾林"（旭日，2020）。原始景观植被为灌丛、草甸植被，镶嵌分布，其空间异质性较强，但由于放牧、开垦及人类不合理的开发利用，使原有的生态系统发生不同程度的植被退化和旱化，中生灌丛的退化程度尤为突出。因此，该类型灌丛成为沙地中的一种重要植被类型，成为沙丘-丘间地复合系统中最重要的自然植被类型之一，也是一种重要的湿地资源。柳湾林分布不均匀性随着气候干燥梯度，自东南向西北逐渐增加，植被类型和群落分布也发生相应的变化，中部和东部属典型草原区，柳湾林面积90%以上；西部属荒漠草原，面积不到10%。柳湾林是鄂尔多斯草原与沙地特有的生态系统，它的健康发展是该区生态系统健康的重要指示。柳湾林的动态演替是流动沙丘向固定沙丘演变的重要过程，在防风固沙、改良土壤、调节气候、维持区域生物多样性等方面起着不可替代的作用。

随着水位梯度的降低，柳湾林群丛类型由乌柳+沙棘群丛向北沙柳群丛过渡，分别为乌柳+沙棘群丛、乌柳+北沙柳群丛、北沙柳+乌柳群丛及北沙柳群丛，群落的物种多样性、生物量和土壤有机质含量逐渐下降。在柳湾林群落形成的早期，北沙柳在群落中占绝对优势。随着北沙柳群落发展、土壤盐分的积累，更耐盐的乌柳在群落中逐渐增加，同时靠动物传播种子的沙棘在群落中凭借强的无性繁殖能力，在成熟群落中数量也不断增加。所以在成熟期或衰退期的柳湾林丘间地群落中常可以看到这三种植物共建群落或各自的单优群落。

在乌柳灌丛所在的柳湾林群落中，共记录维管植物126个种（含种下单位），隶属于34科84属。蕨类植物仅含1科1属，节节草1种；被子植物有125种，隶属于33科83属，其中包括单子叶植物8科29属46种，双子叶植物25科54属79种。物种组成最丰富的前5大科有禾本科（16属）、菊科（13属）、豆科（10属）、莎草科（5属）及藜科（5属），共占植物总数的60%。柳湾林群落和草甸群落植物种类所含物种的前5大科由大到小的顺序是一样的。灌木层除乌柳、沙棘和北沙柳外，还存在宽叶水柏枝（*Myricaria platyphylla*）、油蒿、塔落山竹子等，一般盖度为20%～60%，高度2～3.5 m。草本层主要有芦苇、歧序剪股颖（*Agrostis divaricatissima*）、假苇拂子茅（*Calamagrostis pseudophragmites*）、鹤甫碱茅（*Puccinellia hauptiana*）、中华苦荬菜（*Ixeris chinensis*）、兴安虫实、寸草、灰脉薹草、乌苏里藨草（*Eleocharis ussuriensis*）、扁秆荆三棱（*Bolboschoenus planiculmis*）等，一般盖度为20%～40%，高度15～60 cm。

（3）驼绒藜灌丛（Form. *Krascheninnikovia ceratoides*）

驼绒藜是强旱生半灌木，并有一定的耐寒性，属中温带荒漠建群种。因此，在亚洲中部荒漠区内多出现在海拔较高的山麓地带和高原荒漠生境中，中温带的准格尔荒漠中驼绒藜也占有较重要的地位。在我国分布于新疆、西藏、青海、甘肃和内蒙古等省份；在整个欧亚大陆（西起西班牙，东至西伯利亚，南至伊朗和巴基斯坦）的干旱地区均有分布。

驼绒藜灌丛是本区沙质荒漠的主要群系之一，在鄂尔多斯西部的沙质高平原上分布较多。从鄂托克旗的白音敖包到杭锦旗的旧杭盖庙西部有较大面积的分布。阿拉善荒漠区东北部也有一些较大面积的分布。由此往西，多零星片状分布。所占据的地形部位多在低山残丘的坡麓和沙质、沙砾质平原上。

本区的驼绒藜荒漠以草原化的群落居多，驼绒藜为主的半灌木层片在群落中占明显的优势。下层有丰富的草本和矮小半灌木植物。主要的草本植物有无芒隐子草、沙生针茅、戈壁针茅、蒙古韭及寸草等。草原小半灌木层片以冷蒿、菴状亚菊为代表，其他杂类草常有灰毛庭荠、砂蓝刺头、戈壁天门冬等。一年生植物层片往往也较发达，以禾本科的小画眉草、九顶草最为多见，其次是刺沙蓬、小车前等。这种草原化的驼绒藜沙质荒漠群落是郁闭程度较高的类型。总盖度可达 20%~30%。在靠近毛刺锦鸡儿草原化荒漠的地区，可遇到驼绒藜+毛刺锦鸡儿草原化荒漠群落。它的组成中增加了比较发达的小灌木层片，蓍状亚菊的作用也有增强，其他成分与前一类群落相近。

驼绒藜组成的典型荒漠在内蒙古出现的较少，一般只有零星小片分布。贺兰山西麓、狼山北麓与乌拉山等山麓的沙质、沙砾质山前平原上以及山间谷地中有小面积的出现。群落中草原植物的种类和数量很少，不能形成层片，但荒漠灌木与半灌木的种类较多，作用明显，经常混生的种类有霸王、沙冬青、绵刺、红砂、狭叶锦鸡儿、猫头刺、刺旋花等。一年生植物层片在多雨年份也比较发达。群落总盖度一般达 10%~20%。

（4）猫头刺灌丛（Form. *Oxytropis aciphylla*）

猫头刺，别名鬼见愁、刺叶柄棘豆，是具刺的旱生小半灌木，区系地理属戈壁—蒙古分布。主要分布于在荒漠草原及草原化荒漠地带，是草原与荒漠植被的重要组成部分。猫头刺株高 10~15 cm。根粗壮，根系发达；茎多分枝开展，整体呈球状株丛。双数羽状复叶，有小叶 4~6 片，叶轴宿存，木质化，呈硬刺状。猫头刺在陕西、甘肃、宁夏、青海和新疆等地有分布，俄罗斯西西伯利亚和蒙古南部也有分布。猫头刺是荒漠草原带的标志植物之一，在干燥的沙地上可形成猫头刺占优势的荒漠群落，是一种重要的固沙植物。在初级生产力中占很大份额，是食物链中必不可少的环节。猫头刺可为荒漠动物提供食源，春季绵羊、山羊采食猫头刺的花和小叶，驼和马采食一些嫩枝叶，发芽时马刨食其根。猫头刺具有很强的固氮能力，可形成荒漠地区的猫头刺灌丛"沃岛效应"。

猫头刺是荒漠草原的伴生植物，有些可达次优势地位，组成小半灌木层片。往西进入荒漠区的东部，在干燥的覆沙地上可形成猫头刺占优势的小面积荒漠群落。生于海拔 1300~2000 m 的砂石质山坡、沙丘、盐碱土地。在沙质与沙砾质霸王荒漠和沙冬青荒漠中，猫头刺常作为次优势成分出现，同时还有驼绒藜、绵刺、红砂、木蓼、泡泡刺等荒漠植物分别组成混生群落。以其为建群种形成的猫头刺荒漠是阴山山脉狼山段基带沙质荒漠类型的重要组成部分。群落灌木层基本以猫头刺为单优势种，偶尔可见有刺旋花混生其中，盖度为 10%~15%，草本层盖度在 5% 左右，以一二年生的杂类草为主，如蒺藜（*Tribulus terrestris*）、九顶草、三芒草、刺沙蓬、猪毛蒿、虫实、雾冰藜等，虽然也能见到多年生的沙生针茅、蒙古韭等，但仅零星分布，不能形成优势。

（执笔人：内蒙古农业大学 刘冠志、刘果厚；中国农业科学院草原研究所 刘慧娟；内蒙古自治区自然资源厅 刘博）

5.2 内蒙古高原沙地

内蒙古高原自东向西分布着四大沙地，分别为呼伦贝尔沙地、科尔沁沙地、浑善达克沙地和毛乌素沙地，位于东北平原西部，贺兰山以东，长城沿线以北。四大沙地横跨半湿润区、半干旱和干旱区，分别镶嵌在内蒙古高原草原区，是一类特异性生境，形成了不稳定的沙生植被，包含着一组沙生植物生态类群，多在植物演替系列上具有先锋植物和半先锋植物的特性。

沙地气候干旱多风，地表物质松散，水土流失严重，抗干扰能力差，对外界扰动敏感，是典型的生态脆弱带。

沙地生境的发展根据沙生植物群落演替的时期和沙丘固定的程度可以划分为流动、半固定、固定三个阶段。最先出现在流动性裸露沙地上的是一些一二年生的沙生先锋植物，分布最广泛的有藜科、十字花科和菊科的一些代表植物，如兴安虫实、沙蓬、雾冰藜、猪毛菜、沙芥（*Pugionium cornutum*）、百花蒿（*Stilpnolepis centiflora*）等。根茎型禾草主要有沙鞭、白草、拂子茅等。根蘖型杂类草主要有砂引草、华北白前（*Cynanchum mongolicum*）、砂珍棘豆等。

沙地灌丛植被是内蒙古各沙地植被的重要组成部分，分布广泛，类型相对较多。其中有锦鸡儿属为代表的旱生具刺灌丛，如小叶锦鸡儿灌丛、中间锦鸡儿灌丛、狭叶锦鸡儿灌丛等；有起先锋固沙作用的柳属植物灌丛，如黄柳灌丛、北沙柳灌丛、小红柳灌丛及乌柳灌丛；一些由半灌木构成的优势植物灌丛，如豆科岩黄耆属的塔落山竹子灌丛、细枝山竹子灌丛、木山竹子灌丛等；以及由菊科蒿属构成的先锋灌丛，如光沙蒿灌丛、盐蒿灌丛、乌丹蒿灌丛、油蒿灌丛、圆头蒿灌丛等；还有中生阔叶杂木灌丛，如东北木蓼灌丛、大果榆灌丛、山荆子灌丛、山刺玫灌丛、小叶鼠李灌丛、稠李灌丛、沙棘灌丛等。除此之外，还有叉子圆柏形成的沙地常绿灌丛，以及一些盐生灌丛，如小果白刺灌丛、盐爪爪灌丛等。沙地灌丛不仅具有重要的防风固沙作用，而且有些类型还具有珍贵的资源价值（中国科学院内蒙古宁夏综合考察队，1985）。

5.2.1 呼伦贝尔沙地

5.2.1.1 概 述

呼伦贝尔沙地位于呼伦贝尔高原中东部，地理位置为 117°07′~120°37′E、47°25′~49°33′N，海拔 545~800 m，沙地东接大兴安岭西麓丘陵，西至达赉湖东岸—乌尔逊河一线，南至新巴尔虎左旗南部中蒙边界，北至乌拉尔河。东西长 25.6 km，南北宽约 22.5 km，总面积近 10000 km²。呼伦贝尔沙地境内较平坦开阔，微有波状起伏。地势由东向西逐渐降低，且南部高于北部。沙丘大多分布在冲积、湖积平原上。呼伦贝尔沙地的气候类型属于温带半湿润、半干旱区，具有明显的过渡特点。年平均气温较低，为 -2.5~0 ℃，≥10 ℃年积温 1800~2000 ℃，年日照时数 2900~3200 h，无霜期 90~100 天。该区域降水量自东向西递减，东部年降水量在 350~300 mm，西部年降水量 250~200 mm，年蒸发量 1500~1900 mm，年平均风速 3.7 m/s。呼伦贝尔草地风蚀沙化地成土母质为第四纪湖河相沉积沙，机械组成变化较大，质地较粗，物理性沙粒（>0.01 mm）占 75%~80%，其中主要以中沙和细沙为主，土层厚度可达 400~900 m。沙地地带性土壤有黑钙土、栗钙土、淡栗钙土，隐域性土壤有风沙土、草甸土、沼泽土和盐碱土等，其中风沙土为主要土种，集中分布于沙化带及其外围沙质草地。固定风沙土中发育着有机质含量较高的黑沙土。在河及湖泊周围有草甸土、碱土及盐土等。土壤中含沙量较大，一般多为中、细沙，但在西南部出现砾面化现象。呼伦贝尔沙地以固定沙地为主，约占沙地面积的 80%，半固定沙地约占沙地总面积的 4%，流动沙地和沙化耕地均不足 1%，露沙地约占 6%，其他非沙化土地约占沙地总面积的 8%。

呼伦贝尔沙地主要集中分布在海拉尔河流域的中上游地区，处于大兴安岭西麓草甸草原向典型草原过渡的地带。樟子松林的广泛分布是呼伦贝尔高原海拉尔河流域东部沙地植被的一个典型特征，因此这片沙地又称为松林沙地。通常，樟子松林多生长在矮丘低岗背阴坡地的中上部位，并与丘岗中下部位的山杨-白桦林、中生杂木灌丛以及丘间平地和向阳坡地上的羊茅、线叶菊、贝加尔针茅等形成异型复合结构，呈典型的沙地森林草原景观。向西过渡，大气湿度逐渐下降，樟子松林亦逐渐稀疏化形成疏林，山杨-白桦林和中生杂木灌丛逐渐消退，被榆树疏林替代，羊茅、线叶菊、贝加尔针茅草原作用也随之下降，被更为耐旱的冰草、落草、隐子草丛生禾草草原替代，呈现沙地榆树疏林-半干旱沙生草原景观。接近沙地的西部边缘，仅仅偶尔可见樟子松和榆树的个别孤立单株，星点状的散生在半干旱沙生丛生禾草草原和沙蒿、冷蒿群落的背景上，木本群落优势已为锦鸡儿草原灌丛(以小叶锦鸡儿为主)占据，呈典型的半干旱沙地草原景观。

5.2.1.2　主要灌木群落

(1)茶藨子灌丛(Form. *Ribes janczewskii*)

茶藨子是北半球温带至寒带地区广泛分布的落叶直立灌木。生长习性喜光、耐寒。在我国主要广泛分布于黑龙江(大兴安岭、齐齐哈尔、哈尔滨、阿城、尚志、海林)、内蒙古(大兴安岭、额尔古纳旗、喜桂图旗)、新疆(哈巴河、阿勒泰、阿尔泰、青河、福海)。生于湿润谷底、沟边或坡地云杉林、落叶松林或针、阔混交林下。适宜在中国北方寒冷地区培植。茶藨子喜凉爽湿润土壤。温度适宜控制在 30 ℃以下，一般高温下 3~5 天叶片便会有烧灼现象。据调查，此种最适宜温度一般在 17~20 ℃，不同时期适宜温度也会不同。常与鸡树条(*Viburnum opulus* subsp. *calvescens*)、榛、刺五加、东北山梅花、金银忍冬、修枝荚蒾(*Viburnum burejaeticum*)、鼠李等混生于山杨林、春榆水曲柳林、落叶松林，植被盖度在 30%~90%，一般高度 1~2 m，草本层一般高度 0.1~0.5 m，盖度通常在 30%~90%(李芯妍，2017；孙元发，2005)。

灌木层常由杜香、兴安杜鹃、越橘和蒙古栎等水土保持植物。草本层植物种类相对较为丰富，常由藜芦、鹿药(*Maianthemum japonicum*)、兴安繁缕(*Stellaria cherleriae*)、五福花(*Adoxa moschatellina*)、大叶章、乌苏里薹草(*Carex ussuriensis*)、白花碎米荠(*Cardamine leucantha*)、贝加尔(*Thalictrum baicalense*)、山茄子(*Brachybotrys paridiformis*)等植物组成。

群落中除了灌木层和草本层主要优势种外，还有许多呼伦贝尔沙地特征种，包括北野豌豆、大叶柴胡、兴安石防风、羊须草、东方草莓、兴安柴胡、红花鹿蹄草、铃兰、小黄花菜等。茶藨子灌木丛在呼伦贝尔沙区起着重要的水土保持和水源涵养作用。

(2)稠李灌丛(Form. *Padus racemosa*)

稠李为落叶乔木或灌木状，具有喜光耐阴、抗寒和萌蘖力极强等习性。分布于我国黑龙江、吉林、辽宁、内蒙古、河北、山西、河南、山东等地，朝鲜、日本、俄罗斯也有分布。生长于海拔 880~2500 m 的山坡、山谷或灌丛中。在肥沃湿润、排水良好的沙质土壤上生长良好；萌蘖力极强，病虫害少；不耐干旱瘠薄，微惧积水涝洼，在各种土壤及各种恶劣气候下能正常生长。常与山荆子、榛子、红瑞木、绣线菊、蔷薇、鼠李等混生于山杨林、春榆水曲柳林、落叶松林。灌木层一般高度 1~3 m，盖度为 15%~50%。草本层一般高度 0.1~0.5 m，盖度通常在 50%~90%。

稠李群落仅钻天柳-稠李沼泽群落 1 种。该群落沿河岸呈狭带状分布，土壤为冲积性草甸土。乔木层以钻天柳(*Chosenia arbutifolia*)为优势种，常伴生有甜杨、大青杨(*Populus ussuriensis*)；灌木层发育较好，常见有稠李、红瑞木、绣线菊、蔷薇(*Rosa* sp.)等；草本层常见有薹草，形成低矮小草丘，伴生有小叶章、东方草莓、蚊子草、唐松草、舞鹤草、莎草等。地表有少量苔藓植物，呈小块状分布。

（3）山荆子灌丛（Form. *Malus baccata*）

山荆子广泛分布于我国东北、西北以及华北地区，为落叶灌木。具有喜光、耐寒性极强（有些类型能抗−50 ℃的低温）、耐瘠薄、不耐盐和深根性等习性。在我国主要分布于辽宁、吉林、黑龙江、内蒙古、河北、山西、山东、陕西、甘肃。生山坡杂木林中及山谷阴处灌木丛中，海拔50~1500 m。山荆子除盐碱地以外的山丘及平原地区，在不同的生态条件下，各地又有各自的适宜类型。常与稠李、红瑞木、绣线菊、蔷薇、鼠李等混生于山杨林。灌木层一般高度1.5~4 m，盖度为30%~70%，草本层一般高度0.5~1 m，盖度通常在30%~90%（闫宝龙等，2017）。

灌木层常由山荆子、红瑞木、兴安蔷薇、楔叶茶藨、鼠李、忍冬等植物组成。草本层植物种类相对较为丰富，常由薹草形成低矮小草丘，伴生有小叶章、莎草、蚊子草等植物。

群落中除了灌木层和草本层主要优势种外，还有许多呼伦贝尔沙地特征种，包括北野豌豆、兴安石防风、羊须草、东方草莓、兴安柴胡、红花鹿蹄草、小黄花菜等。山荆子灌木丛在呼伦贝尔沙区起着重要的水土保持和水源涵养作用。

（4）山刺玫灌丛（Form. *Rosa davurica*）

山刺玫分布于我国东北、华北、西北的丘陵山区，以东北三省资源最为丰富，为蔷薇科蔷薇属直立落叶灌木。具有喜暖、喜光、耐旱、忌湿、耐寒等习性。好生于疏松、排水良好的沙质土。在我国主要分布在大兴安岭、小兴安岭和长白山区（郭金海，2006）。山刺玫灌丛在大青山、蛮汗山分布在阴坡、半阴坡。伴生的灌木有水栒子、黑果栒子、沙梾（*Cornus bretschneideri*）、土庄绣线菊、辽宁山楂，有时还能见到薄叶山梅花等。山刺玫灌木丛群落分层明显。灌木层一般高度1.0~2.0 m，盖度为30%~60%，草本层一般高度0.1~0.5 m，盖度通常在50%~70%。

灌木层常由山刺玫、黄花柳、山荆子、土庄绣线菊、兴安杜鹃、胡枝子和虎榛子等植物组成。草本层植物种类相对较为丰富，常由薹草、地榆、蒿属、萝藦（*Metaplexis japonica*）、五味子、广布野豌豆（*Vicia cracca*）、老鹳草、铁线莲等植物组成。

群落中除了灌木层和草本层主要优势种外，还有许多呼伦贝尔沙地特征种，包括卫矛、兴安石防风、东北茶藨子（*Ribes mandshuricum*）、东方草莓、刺五加、红花鹿蹄草、小黄花菜和东北山梅花等。山刺玫灌木丛在呼伦贝尔沙地起着重要的水土保持和水源涵养作用。

5.2.2 科尔沁沙地

5.2.2.1 概　述

科尔沁沙地位于内蒙古自治区的东南部，地理位置为118°35′~123°37′E、42°41′~45°15′N，海拔180~800 m，沙地地处大兴安岭南段山地、燕山余脉七老图山、努鲁尔虎山和辽河平原间，沿西拉木伦河和西辽河两岸。该区域同时是我国北方农牧交错区，东西长约464 km，南北宽约334 km，总面积5.06万 km²。科尔沁沙地地貌为半封闭式环形盆地，南北隆起，西高东低。南部和北部是燕山北部和大兴安岭南端的丘陵地带，两山地于西部沙地的克什克腾旗会接，形成高原区；西辽河水系从西向东穿越沙地中部，形成了冲积平原。内蒙古科尔沁沙地属于温带大陆性季风气候，年均气温6.4 ℃，最冷月平均气温−13 ℃，最热月平均气温约23 ℃，无霜期

140 天。≥10℃ 的年积温为 3125 ℃，年降水量 358~483 mm。雨量分布不均，多集中在夏季，年蒸发量可达 1883.4 mm。科尔沁沙地东部和东北部有少量黑钙土分布，沙地西部大兴安岭山前冲积扇上主要为栗钙土；南部黄土丘陵山地主要是褐土、黑垆土。沙质平原广泛分布。其中，风沙土是主要土壤，是科尔沁沙地的基本土类，分布在固定、半固定、流动沙地和丘间低平地。栗钙土型风沙土主要分布在科尔沁沙地西部和西北部，有钙积层和盐酸反应。

科尔沁沙地处于半干旱森林草原和典型草原带，各物种之间及物种与环境之间的依存关系十分密切和敏感，植被一旦遭到破坏，很容易形成次生荒漠化，生态环境十分脆弱。科尔沁沙地的植被类型复杂，以稀树草原和典型草原为主，其中草原和草甸草原所占比重较大，约占沙地总面积的 46%。西辽河上游老哈流域有沙黄土堆积，植被以虎榛子灌丛和油松人工林为主。在沙丘上形成的植被有小叶锦鸡儿、黄柳、东北木蓼、草麻黄、山杏、鼠李大果榆等沙生灌丛，以及乌丹蒿、盐蒿、光沙蒿等沙蒿半灌木群落等。

5.2.2.2　主要灌木群落

（1）东北木蓼灌丛（Form. *Atraphaxis manshurica*）

东北木蓼为蓼科木蓼属植物，是半湿润地区广泛分布的多分枝的旱生灌木或小灌木，具有耐干旱、耐寒、喜沙埋、根系发达和丛生等习性。在我国主要分布于辽宁、河北、内蒙古、宁夏及陕西。生长于海拔 1200~1350 m 的沙丘、干旱沙质山坡及沙漠地带（董雪 等，2019；黄伟华 等，2007）。东北木蓼适生于沙质和粗骨性土壤上。在草地植被中，它不是建群种，经常作为伴生种出现于盐蒿、木岩黄芪以及黄柳等群落中，特别是在固定沙地和覆沙丘陵的褐沙蒿群落中，东北木蓼的频度常在 90% 以上，相对盖度达 7%~8%，相对重量（鲜重）占 4%~10%，成为其恒有伴生种。灌木层一般高度 0.7~1.5 m，盖度为 5%~10%，草本层一般高度 0.5~1 m，盖度通常在 50%~70%。

灌木层常由褐沙蒿、盐蒿、木岩黄芪、胡枝子、杠柳、木地肤以及黄柳等植物组成。在草本层植物种类相对较为丰富，常由麻黄、野麦子、山马料、虫实、冷蒿、扁蓿豆、展枝唐松草、糙隐子草、沙芦草、藜芦、沙生冰草（*Agropyron desertorum*）和达乌里胡枝子等植物组成。

群落中除了灌木层和草本层主要优势种外，还有许多科尔沁沙区特征种如小叶锦鸡儿、百里香、沙冬青、白刺、金刚鼠李、小叶鼠李、蒙古柳和虎榛子等。东北木蓼灌木丛在科尔沁沙区起着重要的水土保持和防风固沙作用。

（2）百里香灌丛（Form. *Thymus mongolicus*）

百里香广泛分布于非洲北部、欧洲及亚洲温带较高纬度地区，为多年生矮小半灌木状草本。百里香属植物具有较高的耐寒、耐旱、耐瘠薄、抗病虫能力，以及生长快速、花量大、花期长、具愉悦的香味等特性。在我国百里香属植物主要分布于黄河以北的新疆、甘肃、青海、宁夏、陕西、内蒙古、山西、山东、安徽、河北、辽宁、黑龙江等地的干旱及半干旱山区砾石坡地及草地（尹思 等，2020），常与冷蒿、长芒草、大针茅、早熟禾、风毛菊、阿尔泰狗娃花、火绒草等形成不同的群落类型（胡艳莉 等，2015）。灌木层一般高度 1~2.5 m，盖度为 15%~30%，草本层一般高度 0.5~1 m，盖度通常在 50%~70%。在生境脆弱地区，特别是土壤退化严重的地区，百里香可以与其他优势物种形成混生群落或独自形成单优群落，在荒漠化过程中的草原群落组成及生态演替中发挥着重要的生态功能。

灌木层常由百里香、野菊、蚂蚱腿子、绣线菊等植物组成（史晓晓，2015）。百里香属的出现是草原退化的标志，尤其是在极度退化的草原群落往往成为优势种和建群种，形成百里香灌丛，这类区系成分中，草本植物占优势。草本层植物种类相对较为丰富，常由星毛委陵菜、冷蒿、寸草薹、糙隐子草、画眉草、黄蒿、狗尾草等植物组成（曲瑞芳 等，2013）。

群落中除了灌木层和草本层主要优势种外，还有许多科尔沁沙区特征种，主要有小叶锦鸡儿、山杏、沙冬青、白刺、金刚鼠李、小叶鼠李和蒙古柳等。百里香灌木丛在科尔沁沙区起着重要的水土保持和防风固沙作用。

（3）草麻黄灌丛（Form. *Ephedra sinica*）

草麻黄是亚洲、美洲、欧洲东南部及非洲北部等干旱、荒漠地区广泛分布的小灌木。具有耐干旱、耐寒、根蘖能力强等习性。适宜于温凉、干燥的气候环境，生于海拔 800~1500 m 的干旱山地及荒漠中。在沙地上常有聚生的小片群落，对土壤要求以碱性为宜，特别是富含有机质的沙质土壤，常形成单优群落（邵永久 等，1999）。草麻黄在我国地理分布较广。东北、内蒙古、河北、河南西北部、山西、陕西、甘肃等地区均有分布。科尔沁草地是我国草麻黄资源最富集地区，其分布面积最大、产量最多，被誉为我国的"麻黄之乡"（宁宝军，1995）。

草麻黄灌丛常见群丛有草麻黄+糙隐子草+猪毛蒿群丛、草麻黄+盐蒿+ 1 年生杂类草群丛、黄柳−草麻黄+达乌里胡枝子群丛、小叶锦鸡儿−草麻黄+糙隐子草群丛、草麻黄+冷蒿+白草群丛，其中草麻黄+糙隐子草+猪毛蒿群丛分布面积最大，其次为草麻黄+盐蒿+ 1 年生杂类草草地。上述群丛的灌木层常见植物有小叶锦鸡儿、黄柳、盐蒿、达乌里胡枝子、猪毛蒿、冷蒿等，草本层主要有白草、糙隐子草、三芒草、狗尾草、沙生冰草、猪毛菜、沙蓬、花苜蓿、虫实（*Corispermum* sp.）、画眉草（*Eragrostis pilosa*）等。每平方米有植物一般不超过 10 种，植被盖度 50%~60%、草群高度 18~25cm，高者达 44 cm。

草麻黄集良好的饲用特性、宝贵的药用价值和顽强的生命力于一体，具有丰富的资源优势和重要的经济生态价值。

（4）盐蒿灌丛（Form. *Artemisia halodendron*）

盐蒿，别名差不嘎蒿、褐沙蒿等，为典型沙生灌木。喜湿，耐盐，耐旱，耐沙埋，主要分布在浑善达克沙地、科尔沁沙地和海拉尔河中、上游松林沙地，向北延伸可进入蒙古北部和外贝加尔南部，是森林草原和典型草原过渡地带沙地上的一个特有群系。在我国分布于黑龙江西部、吉林西部、辽宁西部、内蒙古、河北北部、山西北部、陕西北部、宁夏、甘肃北部及新疆东部（中国科学院中国植物志编辑委员会，1991；马毓泉，1993；吴新宏，2003）。

在科尔沁沙地盐蒿群系在动态演替系列中处于过渡性居间位置，其群落类型既有和先锋阶段保持联系者，亦有与更高级的灌木阶段相关联者，一般有盐蒿+一二年生先锋植物群丛、黄柳+盐蒿+叉分蓼群丛、小叶锦鸡儿−盐蒿群丛。盐蒿+一二年生先锋植物群丛，位于流动沙地上。从组成成分来看，中主要有先锋种类，如沙米、虫实、沙芥、山竹子（*Corethrodendron fruti-cosum*）、叉分蓼（*Polygonum divaricatum*）、小黄柳等，结构还不十分严密，稀疏松散，盖度 15%~25%；在后两个群落中，随着基质稳定性的增强，成分显著改变，沙生先锋植物显著消失，出现了许多广幅生态种和喜沙的草原种，如羊草、冰草、薹草、白草等禾草；蓝盆花、扁蓿豆等杂类草以及百里香、达乌里胡枝子、东北木蓼、华北驼绒藜、麻黄、小叶锦鸡儿等小半灌木、小灌木和灌木等。层片结构趋向明显地复杂化，盖度也显著提高，平均达 30% 以上，最高可达 50%。这类群落若无外力的干扰和破坏，极有可能发展成为更高级的草原化灌丛的沙生变型(尹航 等，2006)。

根据优势种的生态差异，盐蒿灌丛可划分为三类型：半湿润型、半干旱型和干旱型(中国科学院内蒙古宁夏综合考察队，1985)。半湿润型的主要分布在稳定性较低的沙丘顶部和落沙坡，是紧接流沙先锋植物之后先期形成的蒿类群落。除建群种盐蒿外，以叉分蓼为代表的轴根性杂类草层片起着显著的作用。此外，冰草也起一定作用，先锋阶段的根茎禾草沙鞭，依然残存。植株稀疏，盖度小于 20%。半干旱型的分布在沙地中部的固定沙丘上，分布有广泛的盐蒿+冷蒿灌丛，这种类型的特点主要表现在除建群种外，小半灌木层片的作用明显地增强了，在盐蒿灌丛中普遍分布着冷蒿，也出现木地肤、百里香、木岩竹子等作为伴生成分。丛生禾草中，羊茅的作用下降，沙生冰草、沙芦草的比重有所增加。灌丛盖度为 25% 左右。干旱型的分布在浑善达克沙地西部地区，常见类型如盐蒿+小叶锦鸡儿+窄叶矮锦鸡儿灌丛，组成成分还有半灌木冷蒿、蒙古荛等，草本层片常见的沙芦草、砂蓝刺头、戈壁天门冬、细叶鸢尾、沙生针茅、白颖薹草等。

(5)乌丹蒿灌丛(Form. *Artemisia wudanica*)

乌丹蒿是生长在流动、半流动及半固定沙地的旱生半灌木。具有耐干旱、抗风、根系发达等习性。在我国乌丹蒿主要分布于内蒙古东南部西辽河中下游赤峰市和通辽市之间的科尔沁沙地，为沙地的先锋植物。乌丹蒿群落在流动沙地呈一小片线状分布，周围均是流沙；在半固定沙地，位于背风坡，个体较多，呈带状分布，两种生境乌丹蒿群落只有少量的沙米。外貌上常呈稀疏灌丛景观。乌丹蒿灌木丛群落分层明显。灌木层一般高度 0.5~1 m，盖度 20%~50%。在水分条件较好的沙区，高度可达 2.5 m，盖度可达 60%；草本层一般高度 0.2~0.5 m，盖度通常在 20%~50%。

灌木层常由乌丹蒿、白沙蒿、柠条锦鸡儿和塔落山竹子等植物组成。草本层植物种类相对较为丰富，常由烛台虫实、沙米、草木犀状黄耆、狗尾草、沙柳、地梢瓜、虎尾草等构成。乌丹蒿随着环境条件的变化，做出相应的生理性调节，生理指标的变化主要受温度、水分的影响。白沙蒿、柠条锦鸡儿和塔落山竹子对乌丹蒿均有一定程度的化感作用，主要表现为抑制乌丹蒿的生长。乌丹蒿灌木丛在科尔沁沙区起着重要的水土保持和防风固沙作用。

5.2.3　浑善达克沙地

5.2.3.1　概　述

浑善达克沙地位于内蒙古高原东部，地理位置为 112°22′~117°57′E、41°56′~44°24′N，海拔 1100~1300 m，沙地东起内蒙古自治区赤峰市克什克腾旗，西至锡林郭勒盟苏尼特右旗，东西长 340 km，南北宽 50~300 km，总面积 710 万 hm²，横贯锡林郭勒草原(中国科学院《中国自然地理》编辑委员会，1983；董建林，2000)。沙地东端深入大兴安岭南段西麓，为草甸草原带，中部广大地带属于半干旱草原带，即典型草原带，西端进入荒漠草原地带。年平均气温 1.2~5.0 ℃，1 月平均气温−17 ℃，极端最低温−41.5 ℃，7 月平均气温 18.7 ℃，极端最高温 41.1 ℃；>10 ℃积温为 2000~2600 ℃，无霜期 100~110 天。各地降水量分布不均匀，年降水量由东南向西北递减，东南部年降水量 350~400 mm，西北部为 100~200 mm。年蒸发量为 1680~2940 mm，干燥度 1.2~2(王晓莉，2008；张存厚，2004)。土壤类型以栗钙土为主，其次为棕钙土。因地理位置、气候环境等因素的影响，土壤的形成发育具有明显的地带性分异规律。东部为草甸栗钙土和暗栗钙土，向西逐渐演变为淡栗钙土，到西北部则过渡为棕钙土。土壤区域性分布除带有地带性因素外，更直接受非地带性因素的支配。境内风沙土是主要的非地带性土壤，还有草甸或盐化草甸土，局部地段有盐碱土和沼泽土等（陈有君 等，2000）。

受环境等因素影响，沙地东北部植被带有大兴安岭山地和燕山北部山地的残留痕迹，物种丰富，多样性比较高，主要为森林和草甸植被，代表性的植被类型为沙地榆树疏林和中生杂木灌丛；沙地中部植被为典型草原，常绿针叶木本群落、沙地中生灌丛相继消退，灌木成分中旱生植物的比重增加；沙地西部主要以荒漠草原植被为主（王晓莉，2008）。

从植被的结构上来看，浑善达克沙地是由沙生系列和水生系列的植物群落共同构成的一个大型复合体。浑善达克沙地灌木林资源主要集中于杨柳科（Salicaceae）、豆科（Fabaceae）、菊科（Compositae）、蔷薇科（Rosaceae）、藜科（Chenopodiaceae）、忍冬科（Caprifoliaceae）和鼠李科（Rhamnaceae）等科中。常见的优势灌丛有叉子圆柏灌丛（Form. *Sabina vulgaris*）、木山竹子灌丛（Form. *Hedysarum lignosum*）、土庄绣线菊灌丛（Form. *Spiraea pubescens*）、山杏灌丛（Form. *Armeniaca sibirica*）、楔叶茶藨子灌丛（Form. *Ribes diacantha*）、山荆子灌丛（Form. *Malus baccata*）和欧李灌丛（Form. *Cerasus humilis*）等；沙地中部植被为典型草原，常绿针叶木本群落、沙地中生灌丛相继消退，灌木成分中旱生植物的比重增加，常见的优势灌丛有黄柳灌丛（Form. *Salix gordejevii*）、小红柳灌丛（Form. *Salix microstachya* var. *bordensis*）、小叶锦鸡儿灌丛（Form. *Caragana microphylla*）、塔落山竹子灌丛（Form. *Hedysarum lignosum* var. *laeve*）、盐蒿灌丛（Form. *Artemisia halodendron*）、白刺灌丛（Form. *Nitraria tangutorum*）等；沙地西部主要以荒漠草原植被为主，优势灌丛有盐蒿灌丛、长梗扁桃灌丛（Form. *Amygdalus pedunculata*）、杨柴灌丛（Form. *Corethrodendron fruticosum* var. *mongolicum*）等（王晓莉，2008）。

5.2.3.2 主要灌木群落

(1) 黄柳灌丛（Form. *Salix gordejevii*）

黄柳，是达乌里—蒙古成分的旱中生灌木，生于森林草原及干草原的固定、半固定沙地（马毓泉，1990；赵一之，2012）。具有较强的耐寒冷、耐高温、耐干旱、耐贫瘠、耐沙埋等特点，根系发达，垂直根深可达 3.5 m，水平根可延伸 20 m 以上，在沙地上萌蘖能力强，萌发早，喜平茬，具沙地先锋群落的性质，为沙地灌丛的优势种或主要伴生种。在沙丘顶部生长较单纯，以单株密集生长为主，出现小片状分布，生长高度 2~3 m，最高可达 5 m。而在沙丘底部以丛状混交为主，纯林面积较小（吴新宏，2003；刘冠志，2017）。在我国分布于黑龙江南部、吉林西部、辽宁西部、内蒙古中东部；蒙古东部、俄罗斯也有分布（中国科学院中国植物志编辑委员会，1984）。

黄柳在不同立地类型中多与盐蒿、小叶锦鸡儿、塔落山竹子、小红柳和沙地榆等构成盐蒿+黄柳群落（Ass. *Artemisia halodendron* + *Salix gordejevii*）、小叶锦鸡儿+塔落山竹子+黄柳群落（Ass. *Caragana microphylla* + *Corethrodendron lignosum* var. *laeve* + *Salix gordejevii*）、小叶锦鸡儿+沙地榆+黄柳群落（Ass. *Caragana microphylla* + *Ulmus pumila* var. *sabulosa* + *Salix gordejevii*）、小红柳+黄柳群落（Ass. *Salix microstachya* var. *bordensis* + *Salix gordejevii*）。群落灌木层片中多出现柠条锦鸡儿、中国沙棘、山刺玫、楔叶茶藨子等，草本层片常出现兴安虫实、小花花旗杆、砂蓝刺头、狗尾草、叉分蓼、雾冰藜、羊草、展枝唐松草、寸草、芦苇、花苜蓿等，灌木层高度 1~2 m，层盖度 20%~40%，草本层一般高 0.1~0.2 m（一般不超过 0.3 cm），盖度 10%~30%。

一般来说，黄柳灌丛仅在流沙时期生长旺盛，但经风蚀露根后则生长不良，甚至死亡。沙丘成半固定以后，黄柳生长受到抑制，流沙时期的伴生植物也逐渐减少，而代以蒿属半灌木为主的沙地半灌丛（中国植被编辑委员会，1980；刘冠志，2017）。黄柳在沙区具有多种用途，如固沙、编织、薪柴、饲料、防风等，深受群众欢迎（吴新宏，2003）。

（2）小红柳灌丛（Form. *Salix microstachya* var. *bordensis*）

小红柳，中生灌木，树皮暗红色，小枝灰紫褐色或灰绿色。以有性更新为主，繁殖容易，萌蘖力强，生长迅速，枝叶茂密，适应性强，可防风固沙，枝条细软，韧性好，耐弯曲，可供编筐等用，枝叶营养含量高。花期 5~6 月可产出大量饱满种子，种子具白色冠毛，随风大范围散布于浑善达克沙地各处，在水分条件良好的区域大量萌发出苗。由于小红柳喜水湿，韧性好，枝叶营养含量高，使得其成为浑善达克沙地中不可缺少的保水、保土、防风和固沙树种，具有重要的生态价值和经济价值。小红柳在草原及森林草原带的固定沙丘间低湿地或河岸边成丛生长，河岸滩地有零星分布。在我国分布于内蒙古、黑龙江、吉林、辽宁西部、河北、宁夏、甘肃（中国科学院内蒙古宁夏综合考察队，1985；马毓泉，1990；中国科学院中国植物志编辑委员会，1984）。

小红柳为沙地丘间低地的建群植物，常与灌木或半灌木如黄柳、细叶小檗、牛枝子、褐沙蒿、冷蒿以及百里香等组成灌丛，草本层常见植物有麻叶荨麻（*Urtica cannabina*）、猪毛菜、灰绿藜、蒙古虫实（*Corispermum mongolicum*）、刺沙蓬、展枝唐松草、瓣蕊唐松草、芹叶铁线莲、长叶碱毛茛、西伯利亚蓼、叉分蓼、朝天委陵菜（*Potentilla supina*）、鹅绒委陵菜、砂珍棘豆、披针叶野决明、鹤虱、牻牛儿苗（*Erodium stephanianum*）、车前、海乳草、龙蒿、阿尔泰狗娃花、山苦荬、蒲公英、冷蒿、风毛菊、芦苇、西伯利亚剪股颖（*Agrostis stolonifera*）、拂子茅、冰草、水麦冬、止血马唐（*Digitaria ischaemum*）、细叶鸢尾、马蔺（*Iris lactea*）等，灌木层高度 1~2 m，层盖度 20%~50%，草本层高 0.1~0.3 m，层盖度 40%~60%。小红柳是良好的固沙植物资源，为羊和骆驼的良好饲料，也是优质沙障建植材料（刘冠志，2017）。

（3）小叶锦鸡儿灌丛（Form. *Caragana microphylla*）

小叶锦鸡儿，旱生灌木，华北—蒙古成分，喜光植物，根系发达，根上有根瘤，萌芽力很强，且耐寒、耐旱、耐高温和变温，也耐瘠薄土壤和风蚀沙埋，是干草原、荒漠草原地带性旱生灌丛（赵一之，2012；马毓泉，1989）。黄土高原丘陵地、石质山地浅坡地、流动沙地、丘间低地以及固定沙地均能正常生长（吴新宏，2003）。在沙砾质、沙壤质或轻壤质土壤的针茅草原群落中形成灌木层片，并可成为亚优势成分，在群落外貌上十分明显，成为草原带景观植物。在乌珠穆沁沙地，常组成榆树+小叶锦鸡儿+沙鞭群丛（Ass. *Ulmus pumila* + *Caragana microphylla* + *Psammochloa villosa*），或大针茅+瓣蕊唐松草+小叶锦鸡儿群落（Ass. *Stipa grandis* + *Thalictrum petaloideum* + *Caragana microphylla*）。在我国分布于内蒙古、河北北部和西部、河南西北部、山东、江苏西北部、山西、陕西北部和东南部、宁夏北部；蒙古东部和北部及东南部、俄罗斯也有分布（中国科学院中国植物志编辑委员会，1993）。

小叶锦鸡儿是分布在浑善达克沙地中部一带的主要沙地灌丛。依生态地理环境不同，植株高度、叶片大小、颜色以及花的大小、花梗长短等都有很大的变异，一般在半固定沙地上生长势最旺盛，高可达 1 m 以上，最高可达 2 m，丛径 1~1.5 m，作为灌木层优势种存在。随着沙地固定程度的提高，株高和丛径都相应地降低和缩小，生长势表现下降趋势。在半固定沙地上伴生植物为塔落山竹子、木山竹子、黄柳、小花花旗杆、叉分蓼、砂珍棘豆、沙蓬等。在固定程度较高的沙地上，上列植物部分消失，部分优势度和生活力下降，草原旱生植物的数量明显增加。在这里常见的有雾冰藜、华北驼绒藜、鹤虱、达乌里胡枝子、斜茎黄耆（*Astragalus laxmannii*）、百里香、唐松草、防风、北芸香、狼毒、大籽蒿（*Artemisia sieversiana*）、冷蒿、砂蓝刺头、冰草、羊草、沙鞭、羽茅、大针茅、糙隐子草、寸草、虎尾草、戈壁天门冬等。灌木层高度 0.4~0.6 m，层盖度 10%~20%；草本层高 0.4~0.7 m，层盖度 20%~70%，草本层盖度 15%~40%。小叶锦鸡儿是浑善达克沙地固定沙地群落的重要组成物种，同时作为豆科固氮功能型植物，对群落生态系统的稳定性起着重要的作用（中国科学院内蒙古宁夏综合考察队，1985；刘海江，2004）。小叶锦鸡儿为良好的固沙、水保、饲料、薪柴及旱地草场和农田防护植物。

（4）土庄绣线菊灌丛（Form. *Spiraea pubescens*）

土庄绣线菊，别名布柔毛绣线菊、蚂蚱腿子、小叶石棒子、石蒡子、土庄花，中生灌木，多生于山地林缘及灌丛，也见于草原带的沙地，有时可以成为优势种，一般零星生长。在我国分布于黑龙江、吉林、辽宁、内蒙古、河北、河南、山西、陕西、甘肃、山东、湖北、安徽；蒙古、苏联和朝鲜也有分布（马毓泉，1989；中国科学院中国植物志编辑委员会，1974）。

在浑善达克沙地东部背风坡上，种群结构为榆树+土庄绣线菊+羊草灌丛（Ass. *Ulmus pumila + Spiraea pubescens + Leymus chinensis*），常见灌木植物有三裂绣线菊、虎榛子、细叶小檗、山刺玫、蒙古荚蒾、黄花忍冬等，草本层常见植物有猪毛菜、虫实、叉分蓼、藜（*Chenopodium album*）、展枝唐松草、羊草、针茅、大针茅、苔草、糙隐子草、沙生冰草等。灌木层高度 1~2 m，层盖度 30%~50%；草本层高 0.1~0.5 m，层盖度 20%~60%。该地区还有少量乔木分布，榆树在这一地区的乔木中占主导地位，形成了榆树疏林景观，其次为山荆子、白桦、蒙古栎、山楂等（刘慧，2016）。

（5）羊柴属灌丛（Form. *Corethrodendron* spp.）

木山竹子（*Corethrodendron lignosum*），俗名木岩黄耆，喜湿耐寒，分布在森林草原带的沙地，如呼伦贝尔沙地、科尔沁沙地和浑善达克沙地的东部等沙地（马毓泉，1989；中国科学院中国植物志编辑委员会，1998）。灌木层常见植物有楼斗叶绣线菊、土庄绣线菊、小叶锦鸡儿、褐沙蒿等，草本层常见植物有兴安虫实、狼毒、细叶韭、羽茅、斜茎黄耆、地梢瓜、苦荬菜（*Ixeris polycephala*）、草原早熟禾、达乌里胡枝子、麻花头、知母、野韭（*Allium ramosum*）、石竹、车前（*Plantago asiatica*）、猪毛菜、火绒草、披针叶野决明、蒲公英、马蔺、苔草、麦瓶草（*Silene conoidea*）、细叶鸢尾、无芒雀麦、风毛菊等。灌木层高度 0.6~2 m，层盖度 10%~40%；草本层高 0.1~0.3 m，层盖度 10%~30%（侯健，2010）。木山竹子是良好的饲料和固沙植物。

塔落山竹子（*Corethrodendron lignosum* var. *laeve*），俗名羊柴、塔落岩黄耆、踏郎，半灌木（马毓泉，1989）。沙生喜光植物，抗逆性强，耐旱不耐水湿，能在干旱贫瘠的流动沙地上正常生长。在我国分布于宁夏东部、陕西北部、内蒙古南部和山西最北部的各类山坡、草地、流动沙地、半固定沙地及固定沙地（中国科学院中国植物志编辑委员会，1998）。在浑善达克沙地和乌珠穆沁沙地上多与柠条锦鸡儿、黄柳、盐蒿、山刺玫等构成灌丛，草本层片常见植物有小花花旗杆、叉分蓼、无芒雀麦（*Bromus inermis*）、多色苦荬（*Ixeris chinensis* subsp. *versicolor*）、地梢瓜（*Cynanchum thesioides*）、百蕊草（*Thesium chinense*）、冰草、鸢尾（*Iris tectorum*）、画眉草等。

灌木层高度 0.4~2 m，层盖度 10%~40%；草本层高 0.1~0.3 m，层盖度 10%~40%（王树力等，2017）。塔落山竹子具有生物固氮、根系发达、根蘖繁殖旺盛、喜沙压、抗风蚀和积沙能成灌丛等特点，是沙地极好的防风固沙、保持水土植物。其嫩枝叶适口性好，是家畜的良好饲料（吴新宏，2003）。

（6）楔叶茶藨子灌丛（Form. *Ribes diacantha*）

楔叶茶藨子，中生灌木，在森林草原带及草原带的山地和沙地灌丛中常为重要的伴生种，有时在沙地灌丛植被中多度增高，可成为优势种。也常散生于河岸林下，河谷冲积沙地上或山地与丘陵的砾石质坡积物的基岩露头上。在我国分布于大兴安岭北部山地、大兴安岭东麓、西辽河平原、大兴安岭南部山地、大兴安岭西麓、蒙古高原东部。蒙古、朝鲜、西伯利亚也有分布（中国科学院内蒙古宁夏综合考察队，1985；马毓泉，1989）。

在浑善达克沙地东部的迎风坡、背风坡及丘间低地都有分布。在迎风坡上常与黄柳、三裂绣线菊、山杏等构成灌丛，草本层片常见植物有羊草、雾冰藜、叉分蓼、藜、洽草、展枝唐松草、地梢瓜、碱蒿、大针茅、针茅、麻花头、扁蓿豆、冰草、兴安天门冬等；灌木层高度 0.5~2 m，层盖度 10%~50%；草本层高 0.1~0.5 m，层盖度 10%~50%。在背风坡上常与小叶茶藨、灰栒子、黄芦木等构成灌丛，草本层片常见植物有羊草、叉分蓼、藜、展枝唐松草、地榆、老鹳草、多裂叶荆芥、菊叶委陵菜、山蚂蚱草等；灌木层高度 0.7~2 m，层盖度 10%~60%；草本层高 0.1~0.4 m，层盖度 20%~60%。在丘间低地上常与土庄绣线菊、木地肤、三裂绣线菊等构成灌丛，草本层片常见植物有洽草、羊草、石竹、灰莲蒿（*Artemisia gmelinii* var. *incana*）、山韭（*Allium senescens*）、糙隐子草、黄花蒿、大籽蒿等；灌木层高度 0.4~2 m，层盖度 30%~50%；草本层高 0.1~0.4 m，层盖度 20%~50%（刘慧，2016）。楔叶茶藨子可以作观赏灌木、水土保持植物，种子含油脂，果实可食用。

5.2.4　毛乌素沙地

5.2.4.1　概　述

毛乌素沙地位于鄂尔多斯高原与黄土高原之间的湖积冲积平原凹地上。地理位置为 107°20′~111°30′E，37°27.5′~39°22.5′N，海拔 1100~1300 m，西北部稍高，达 1400~1500 m，个别地区可达 1600 m 左右，东南部河谷低至 950 m。东临黄河及吕梁山，西经黄河宁夏平原，南接黄土丘陵沟壑地区，北部为鄂尔多斯台地，共涉及内蒙古、宁夏和陕西三省（自治区），总面积 9.2 万 km²，地势自西北向东南倾斜，地貌景观以固定、半固定、流动沙丘与湖盆滩地相间为主。毛乌素沙地处于干旱、半干旱过渡地带，大部分属于中温带大陆性季风气候，年平均温度 6.0~8.5 ℃，东西部降水差异较大，东部年降水量 400~440 mm，西部 250~320 mm，均集中于 7~9 月，占全年降水量的 60%~75%，尤以 8 月最多。毛乌素沙地地带性土壤东北部为淡栗钙土，西北为棕钙土和灰钙土，东南为黄土高原淡黑沪土，地带性土壤以淡栗钙土为主体，土质普遍偏沙。沙地景观上呈现出以沙丘为主，河谷阶地、湖泊、下湿地相间分布的特点，其间，耕地、人工草地等镶嵌其中，景观破碎度较高。整体上沙地固定沙丘、半固定沙丘和流动沙丘相互交错分布，也分布着大面积的平漫沙地。沙地沙丘形态类型呈现出固定、半固定的沙垄、抛物线沙丘，灌丛沙堆，流动的新月形沙丘和沙丘链等，整体呈固定状态。

毛乌素沙地地处于暖温型草原带半干旱草原亚带向暖温型干旱草原过渡位置，内部地貌又有梁滩交替、丘甸结合的特点，植被的空间结构类型十分复杂多样。东部半干旱草原地带固定沙地植被由含杂草类的油蒿群落为主体构成，局部地段还保留着叉子圆柏-黑格兰灌丛。西部干旱草原地带，油蒿群落的优势仍然很高，但组成中杂草类被半灌木替代，中间锦鸡儿灌丛的作用非常明显。在半固定和半流动沙地上东西部沙地的差异不明显，多以柳灌丛和一二年生先锋植物为主。主要的灌木林资源有北沙柳灌丛（Form. *Salix psammophila*）、油蒿灌丛（Form. *Artemisia ordosica*）、圆头蒿灌丛（Form. *Artemisia sphaerocephala*）、柠条锦鸡儿灌丛（Form. *Caragana korshinskii*）、狭叶锦鸡儿灌丛（Form. *Caragana stenophylla*）、猫头刺灌丛（Form. *Oxytropis aciphylla*）、塔落山竹子灌丛（Form. *Hedysarum laeve*）、沙冬青灌丛（Form. *Ammopiptanthus mongolicus*）、驼绒藜灌丛（Form. *Ceratoides latens*）、草麻黄灌丛（Form. *Ephedra sinica*）、叉子圆柏灌丛（Form. *Sabina vulgaris*）、盐爪爪灌丛（Form. *Kalidium foliatum*）、白刺灌丛（Form. *Nitraria tangutorum*）等。草本层常见植物有戈壁针茅、沙生针茅、冷蒿、沙蓬、沙鞭、芦苇、华北白前、寸草、碱茅、芨芨草、马蔺、假苇拂子茅等。

5.2.4.2 主要灌木群落

（1）北沙柳灌丛（Form. *Salix psammophila*）

北沙柳是广泛分布于毛乌素沙地的沙生灌木，具有抗逆性强、耐旱、抗风沙、耐严寒和酷热等特点。在我国主要分布在内蒙古、陕西、宁夏等地，是沙荒地区造林面积最大的树种之一，是沙区和黄土丘陵区造林的重要树种。以沙柳为主要优势种的灌木丛是毛乌素沙地海拔1100~1300 m的流动、半流动沙地上分布面积最广、类型最丰富的植被类型。沙柳常与油蒿、虫实、蒺藜、狗尾草、雾冰藜等组成群落。群落层次分化明显，所有灌木均呈丛状分布，疏密不均，高1~2.2 m，盖度40%~80%；草本层次不整齐，高10~50 cm不等，盖度60%~80%（李志熙，2005）。

灌木层常由北沙柳、乌柳和沙棘等植物组成。草本层植物种类相对较为丰富，常由拂子茅、碱茅、蒙古蒿（*Artemisia mongolica*）、醉马草（*Achnatherum inebrians*）、天蓝苜蓿（*Medicago lupulina*）、野大麦、芦苇、长芒草、短花针茅、西北针茅、石生针茅、戈壁针茅、大针茅、百里香等植物组成。

群落中除了灌木层和草本层主要优势种外，还有许多毛乌素沙区特征种，包括沙蒿、柠条锦鸡儿、塔落山竹子、中间锦鸡儿、沙棘及细枝山竹子等。沙柳灌木丛在毛乌素沙区起着重要的水土保持和防风固沙作用。

（2）叉子圆柏灌丛（Form. *Juniperus sabina*）

叉子圆柏，别名沙地柏、臭柏、爬柏、砂地柏、双子柏、天山圆柏、新疆圆柏（马毓泉，1998），主要分布于我国西北、华北地区的干旱石质山坡以及毛乌素成片生长于固定和半固定沙地，为旱中生灌木。具有耐旱、耐沙埋、萌芽力和萌蘖力强等特点。早期群落的物种丰富度较高，后期下降形成纯灌丛林。在我国分布于新疆天山、阿尔泰山、贺兰山、祁连山北坡和甘肃、青海东北部、陕西北部、内蒙古中东部。毛乌素沙地天然臭柏群落多以灌丛的形式分布在固定沙地的沙丘上，老年灌丛主要出现在沙丘的顶部，灌丛相互连结成片，灌丛间无明显的界线。青年灌丛多分布在沙丘与滩地相连接的沙丘坡脚处，灌丛相互独立界线明显（张国盛，2004）。灌木层高度0.3~1 m，盖度一般为70%~85%；草本层一般高度0.1~0.5 m，盖度通常在50%~70%。

与叉子圆柏伴生植物有黑沙蒿、细叶薹草(*Carex duriuscula* subsp. *stenophylloides*)、华北白前、远志、早熟禾、红柴胡、黄芩、香青兰、瓦松、砂韭(*Allium bidentatum*)、苦荬菜等，共计109 种，分属于 88 属 35 科，其中灌木 13 种，草本 96 种；旱生植物 10 种，湿生、中生植物 99种，占总数的 90.89%，所以叉子圆柏群落中水分条件较好。叉子圆柏群落外貌近似于纯的叉子圆柏灌丛片林，但是其林下仍然荫蔽着一些林下植物，如茜草、小花鬼针草(*Bidens parviflora*)、砂珍棘豆、地锦、早熟禾等，在稳定的叉子圆柏群落中，常有荫蔽植物伴生，其生态作用极其微弱。叉子圆柏为重要的资源植物，枝叶含挥发油，并可作药用，尤为重要的是它具有良好的防风固沙功能，宜在森林草原带和半干旱草原带沙区公路、铁路两侧、居民点周围作为良好的治沙材料。

(3)柠条锦鸡儿灌丛(Form. *Caragana korshinskii*)

柠条锦鸡儿为世界欧亚草原区的典型旱生灌木，具有喜光，耐旱、耐寒、耐高温和抗高温等习性(徐荣，2004)。在我国分布于内蒙古、宁夏、甘肃，生长于半固定和固定沙地，常为优势种。以柠条锦鸡儿为主要优势种的灌木丛适生于海拔 900~1300 m 的阳坡、半阳坡。常与短花针茅、短花针茅、白草和无芒隐子草等丛生小禾草形成不同的群落类型。灌木层一般高度0.5~2 m，盖度为 15%~30%；草本层一般高度 0.1~0.5 m，盖度通常在 30%~50%。

柠条锦鸡儿群落的结构组成除高大的灌木建群层片外，以沙生-沙砾生荒漠灌层片为主要附属成片，成分有沙冬青、霸王、沙拐枣等，其次是沙生半灌木层片，有驼绒藜、猫头刺、圆头蒿、油蒿等。多年生丛生禾草层片只在丘间平沙地、薄层覆沙地才能看到，以沙生针茅为代表成分，有时有无芒隐子草参加。一年生层片主要是沙生系列的猪毛菜、虫实和小禾草，有时还有二年生的沙芥。杂类草可见到变异黄芪、甘草、火绒草等。

柠条锦鸡儿灌木荒漠大体上可分为三个群落类型：①半固定沙丘上的柠条锦鸡儿群落：伴生植被较少，有零星的荒漠灌木和一年生植物，盖度为 20%~40%；②丘间平沙地上的柠条锦鸡儿群落：伴生植物中多年生草本起明显作用，沙生针茅、无芒隐子草均匀生长在灌木丛间，给群落以微弱草原化的特征，盖度 20%~40%；③覆沙戈壁和硬梁沙地上的柠条锦鸡儿群落：伴生植物较丰富，可以同时见到荒漠灌木和半灌木层片、一年生植物层片，有时还见到多年生禾草层片和杂类草层片，盖度 15%~50%。

群落中除了灌木层和草本层主要优势种外，还有许多毛乌素沙区特征种，包括沙柳、旱柳(*Salix matsudana*)和沙木蓼等。柠条锦鸡儿灌木丛在毛乌素沙区起着重要的水土保持和防风固沙作用。

(4)中间锦鸡儿灌丛(Form. *Caragana intermedia*)

中间锦鸡儿为锦鸡儿属旱生灌木，为东戈壁—鄂尔多斯高原—黄土高原北部分布种。分布于蒙古高原的荒漠草原区、鄂尔多斯高原的典型草原区和荒漠草原区、黄土高原北部典型草原区和森林草原区(赵一之，2005)，形成了锦鸡儿属植物在内蒙古高原的替代分布，是典型草原种小叶锦鸡儿和草原化荒漠及典型荒漠种柠条锦鸡儿的中间过渡替代种。中间锦鸡儿具有抗旱、抗寒、耐瘠薄、繁殖性强等特点，多生于海拔 900~1300 m 的荒漠、荒漠草原地带上的固定、半固定沙地，在流动沙地、覆沙戈壁或丘间谷地、干河床边亦有生长。中间锦鸡儿在流动沙丘上的生长尤为旺盛。在我国天然分布于内蒙古西北部的阿拉善盟、鄂尔多斯市、巴彦淖尔市和陕西西北部、山西西北部、宁夏、甘肃以及新疆等地；蒙古国也有分布。

中间锦鸡儿在毛乌素沙地形成中间锦鸡儿+油蒿优势群落，此外，塔落山竹子在该群落中也占有优势地位，中间锦鸡儿灌木层高度一般在 80~120 cm，草本层主要有砂珍棘豆、华北白前、狗尾草、火媒草等。在荒漠草原区，分布着中间锦鸡儿-小针茅+短花针茅群落，中间锦鸡儿灌木层平均高度 150 cm。草本层除小针茅和短花针茅外，还有多裂骆驼蓬(Peganum multisectum)、小车前等。在典型草原区覆沙地上中间锦鸡儿可与长芒草组成优势群落，即中间锦鸡儿-长芒草群丛，中间锦鸡儿灌木层平均高度 50~100 cm。同时在浑善达克沙地西部组成的沙地灌丛，平均高度在 70~80 m，高者可达 2 m，一般郁闭度不高，不超过 0.3~0.4，群落组成比较复杂，并表现明显地草原化特征。灌丛草本层常见的植物有碱蓬(Suaeda glauca)、硬阿魏、乳浆大戟、白前(Cynanchum glaucescens)、砂珍棘豆、甘草、田旋花(Convolvulus arvensis)、独行菜(Lepidium apetalum)、赖草、蒙古冰草、白草、砂蓝刺头、二色补血草(Limonium bicolor)、阿尔泰狗娃花、中华苦荬菜、狗尾草、芨芨草、鹤虱(Lappula myosotis)等。中间锦鸡儿为良好的药用、饲用和固沙植物(吴新宏，2003)。

中间锦鸡儿沙区起着重要的水土保持和防风固沙植物，亦是重要的饲用灌木。

(5)油蒿灌丛(Form. Artemisia ordosica)

油蒿，又名黑沙蒿，是亚洲中部干旱半干旱地区主要树种，一种多分枝的半灌木植物。具有耐干旱、耐沙埋、耐土壤贫瘠特性。在我国分布于内蒙古、河北、陕西(榆林地区)、山西(西部)、宁夏、甘肃(河西地区)。分布区跨越了典型草原、荒漠化草原、半荒漠三个自然地带，而在同一个自然带内，它又可以生长在不同类型的沙土生境上，从半固定沙丘到固定沙丘，从草甸性沙地到覆沙梁坡地到处都能生长，所以可以和沙区内各种不同生活型的植物形成多种多样的群落组合。油蒿是气候条件下的沙土基质环境中植物界生存斗争的优胜者，也是一个相当稳定的建群种。油蒿群落高度为 0.5~1.5 m，草本高度为 10~30 cm，盖度为 5%~9%(王科鑫，2019；佘维维，2018)。

半干旱草原型的油蒿群落有油蒿+羊草群丛、油蒿+白草群丛、油蒿+达乌里胡枝子+长芒草群丛、油蒿+盘泽草-真藓(Bryum argenteum)群丛、油蒿+华北白前+银叶真藓群丛、小叶锦鸡儿-油蒿群丛、柳叶鼠李-油蒿群丛。

干旱草原型的油蒿植被有油蒿+沙竹群丛，成分比较复杂，除优势种外，常见草本植物有白草、狗尾草、画眉草、雾冰藜、长穗虫实(Corispermum elongatum)等。油蒿+甘草群丛，并常和油蒿+麻黄群丛交替出现，常见成分除共建种外，常见植物有砂蓝刺头、白山蓟、黄花补血草、阿尔泰狗娃花、达乌里胡枝子等。油蒿-短叶扭口藓群丛、油蒿+冷蒿-短叶扭口藓群丛、油蒿+冷蒿+沙芦草群丛、油蒿+冷蒿+沙生针茅群丛、油蒿+冷蒿+短花针茅群丛、油蒿+山竹岩黄芪群丛，这些类型多见于毛乌素沙地南部半固定沙地，优势种的植丛间还存在着不少先锋阶段的成分，如圆头蒿、沙竹、沙米、虫实等中间锦鸡儿-油蒿群丛，这种类型在鄂尔多斯高原中部固定、半固定沙地和砂砾质硬梁地上分布十分广泛。

半荒漠型油蒿植被有油蒿+圆头蒿群丛、油蒿+旱蒿群丛、油蒿+猫头刺群丛、柠条锦鸡儿-油蒿群丛、毛刺锦鸡儿-油蒿群丛、麻黄-油蒿群丛、沙冬青-油蒿群丛。

(6)白沙蒿灌丛(Form. Artemisia blepharolepis)

白沙蒿是我国北方温带荒漠和草原地带沙漠化的主要半灌木。具有耐干旱、耐寒、耐沙埋和根系发达等习性。主要分布于内蒙古、河北(北部)及山西(北部)，现陕西(北部)、宁夏、甘肃(中部、西部)及新疆(东部、北部)有引种，多分布于海拔 1500 m 以下的荒漠与半荒漠地区的流动与半流动沙丘或固定沙丘上，也生长在干草原与干旱的坡地上，在荒漠与半荒漠地区常组成植物群落的优势种或主要伴生种。在沙地的生草过程中，白沙蒿是演替初期的先锋植物，发育良好的白沙蒿群落，常成小片状分布。白沙蒿的灌木层一般高度 0.3~0.8 m，盖度 10%~50%，在土壤和水分条件较好的区域，高度可达 1 m，盖度可达 60%；草本层一般高度 0.1~0.5 m，盖度通常在 3%~20%。

灌木层常由白沙蒿、沙拐枣、枇杷柴、白梭梭等植物组成。草本层植物种类相对较为丰富，常由华北白前、苦荬菜、赖草、沙米、乳浆大戟、角茴香、狗尾草、西伯利亚冰草、沙蓝刺头、羽状三芒草及防风等植物组成。

群落中除了灌木层和草木层主要优势种外，还有许多毛乌素沙地特征种，包括沙柳、塔落山竹子、锦鸡儿等。白沙蒿灌木丛在沙区起着重要的水土保持和防风固沙作用。

(7)沙冬青灌丛(Form. *Ammopiptanthus mongolicus*)

沙冬青是豆科沙冬青属常绿灌木，分布于我国内蒙古、宁夏、甘肃。抗旱性、抗热性强，耐寒、耐盐、耐贫瘠，保水性强，在极度缺水的情况下仍能正常生长。常与柠条锦鸡儿、霸王、沙蒿、沙生针茅、糙隐子草、短花针茅、细叶鸢尾等组成不同的群落类型。灌木层一般高度 1.5~2 m，盖度为 15%~30%；草本层一般高度 0.2~0.5 m，盖度通常在 20%~30%。

沙冬青常与柠条锦鸡儿、沙蒿、霸王组成共建的群落，群落多呈小片状分布。其伴生植物是锦鸡儿、柠条锦鸡儿、猫头刺等。沙冬青作为一个草原化荒漠类型，绝大部分群落均具有草原化特征。在群落的结构上，上层由常绿的超旱生灌木建群种——沙冬青构成，同它混生在一起的有落叶的超旱生肉质叶灌木，如霸王、四合木等；中层由半灌木(如猫头刺、驼绒藜)或小灌木(如红砂、狭叶锦鸡儿、绵刺层片)构成。下层则是丰富的次优势的小灌木(亚菊、蒿类)和多年生丛生禾草(小针茅、细柄茅、隐子草)或葱属植物层片。

群落中除了灌木层和草本层主要优势种外，还有许多毛乌素沙区特征种，包括塔落山竹子、沙柳、柠条锦鸡儿和沙木蓼等。沙冬青灌木丛在毛乌素沙区起着重要的水土保持和防风固沙作用。

(8)塔落山竹子灌丛(Form. *Corethrodendron lignosum* var. *laeve*)

塔落山竹子，又称羊(杨)柴、塔落岩山竹子，为沙质荒漠和半荒漠地区多年生落叶半灌木。具有耐寒、耐旱、耐贫瘠、抗风沙的特点，故能在极为干旱贫瘠的半固定、固定沙地上生长。在我国主要分布在陕北榆林和宁夏东部沙区以及内蒙古的毛乌素沙地、库布齐沙漠东部、乌兰布和沙漠以及浑善达克沙地西部。以塔落山竹子为主要优势种的灌木丛是海拔 900~1400 m 的流动、半流动沙地上分布面积最广、类型最丰富的植被类型。野生形式多与柠条锦鸡儿、木蓼、黑沙蒿等草本植物组成复合群落，也有成片的单独群丛。人工林多以油蒿、圆头蒿、沙打旺、细枝山竹子和沙拐枣进行飞播造林。塔落山竹子的主根圆锥形，入土深达 2~3 m，侧根主要分布在 15~70 cm 土层内，上面着生根瘤。群落层次分化明显，灌木呈均匀分布，高 0.3~1.5 m，盖度为 40%~80%；草本层高 0.1~0.6 m，盖度在 60%~80%(李志熙，2005)。

灌木层常由塔落山竹子、油蒿、沙柳、细枝山竹子和圆头蒿等植物组成。草本层植物种类相对较为丰富，常由小画眉、九顶草、苦荬菜、绵蓬、沙珍棘豆、列当、雾冰藜、狗尾草、达乌里胡枝子等植物组成。经飞播的参与发展成为杨柴占绝对优势的(盖度≥60%)、油蒿和大量一年生植物，如小画眉、九顶草、苦荬菜等草本植物组成的杨柴群落，仍属于演替的前期阶段，随着演替的进一步深入，杨柴在群落中的主导地位逐渐被竞争力强的油蒿所代替，群落朝着盖度相对较低的(40%~60%)油蒿、一年生和多年生草本组成的群落发展，而后被侵入的蒙古莸、柳叶鼠李、柠条锦鸡儿、叉子圆柏等其他灌木群落所代替(李新荣 等，1999c)。

群落中除了灌木层和草本层主要优势种外，还有许多毛乌素沙区特征种，包括沙柳、柠条锦鸡儿、中间锦鸡儿、沙棘及细枝山竹子等。杨柴灌木丛在毛乌素沙区起着重要的水土保持和防风固沙作用。

(9)细枝山竹子灌丛(Form. *Corethrodendron scoparium*)

细枝山竹子为亚洲中部荒漠和半荒漠广泛分布的耐旱落叶灌木，具有耐热、耐旱、抗风蚀、喜沙埋和根系发达等习性。细枝山竹子生长在干热的环境中，是沙荒地固沙造林的优良先锋树种(郭跃，2011)。在我国分布于内蒙古、宁夏、甘肃、新疆等省(自治区)的乌兰布和、腾格里、巴丹吉林、古尔班通古特等沙漠。多生于海拔900~1300 m的固定和半固定沙丘上。细枝山竹子和沙柳、沙蒿等沙生植物等形成不同的群落类型。外貌上常呈密集型或者游击型景观。细枝山竹子灌木丛群落分层明显。灌木层一般高度0.8~3 m，盖度为15%~30%，草本层一般高度0.1~0.5 m，盖度通常在20%~50%。

灌木层常由塔落山竹子、沙蒿、白刺、油蒿、沙冬青、沙拐枣、梭梭、锦鸡儿等植物组成。草本层植物种类相对较为丰富，常由小画眉草、刺蓬、牛枝子、沙蓬、雾冰藜、虫实、反枝苋、猪毛菜、画眉草、鹅绒藤等植物组成(马全林 等，2020)。

群落中除了灌木层和草本层主要优势种外，还有许多毛乌素沙区特征种，包括小红柳、旱柳、柠条锦鸡儿和沙木蓼等。细枝山竹子灌木丛在毛乌素沙区起着重要的水土保持和防风固沙作用。

(执笔人：内蒙古农业大学 洪光宇、兰庆、刘冠志)

5.3 内蒙古高原荒漠

内蒙古荒漠区又称为"阿拉善荒漠区"，位于我国荒漠区的东部，北部毗邻蒙古国，南抵祁连山下的河西走廊，东到内蒙古草原区，西至新疆天山东部。主要包括中央戈壁高平原、阿拉善高平原以及鄂尔多斯沙砾质高平原的西北部。境内由沙漠、湖盆、丘陵、山地、剥蚀低山、砾石戈壁等多样的环境组成。区域内气候受蒙古高压反气旋强烈影响和控制，冬季寒冷多风，夏季高温降水极少，只有东部靠近草原区的部分能受到东南季风的微弱影响，略有少量降水。东阿拉善、西鄂尔多斯地区降水可达100~150 mm，西部额济纳旗只有30~50 mm，湿润度约0.16~0.04，平均气温约为7.5 ℃，≥10 ℃的积温为3100~3500 ℃，平均蒸发量为2943 mm左右。土壤类型主要有地带性土壤灰漠土、灰棕漠土和非地带性土壤风沙土、石质土、粗骨土、潮土、盐土、漠境盐土。

5.3.1　西鄂尔多斯—东阿拉善荒漠区

5.3.1.1　概　述

该区域位于雅布赖山分水岭以东的鄂尔多斯西北部、黄河河套平原及东阿拉善地区。境内地形条件比较复杂，除沙质、沙砾质高平原外，还有库布齐、乌兰布和、腾格里、巴音温都尔等四大沙漠以及狼山、桌子山、雅布赖山、龙首山和贺兰山西坡等干燥剥蚀山地。高平原的海拔一般在 1000~1400 m，山地海拔以贺兰山、龙首山为最高，达 3000 m 以上，其余山地均在 1800~2000 m。年降水量 150 mm 左右，全年平均温度 6.0~9.0 ℃，≥10 ℃的积温为 3000~3500 ℃。

该区域内荒漠类型主要有毛刺锦鸡儿荒漠、红砂荒漠、珍珠猪毛菜荒漠、绵刺荒漠、霸王荒漠、沙冬青荒漠、四合木荒漠、半日花荒漠、松叶猪毛菜荒漠、木旋花荒漠、合头草荒漠、白刺荒漠、大白刺荒漠、膜果麻黄荒漠、裸果木荒漠、梭梭荒漠、沙拐枣荒漠、柠条锦鸡儿荒漠、木岩黄芪荒漠、圆头蒿荒漠、盐爪爪荒漠、蒿叶猪毛菜荒漠、中亚紫菀木荒漠、戈壁短舌菊荒漠、蒙古扁桃荒漠等。这些荒漠群系的群落组成中一般都均匀地伴生着多种荒漠草原的常见成分，有沙生针茅、短花针茅、戈壁针茅、无芒隐子草、沙生冰草、中亚细柄茅、白草、碱韭、蒙古韭、阿尔泰狗娃花、冬青叶兔唇花、拐轴鸦葱、银灰旋花、戈壁天门冬等，使荒漠群落带有明显的草原化特点。此外，夏雨型一年生植物也是草原化荒漠群落的基本成分，但随年度降水量的变动作用有所不同。一些荒漠草原的小半灌木薹状亚菊、猫头刺等也常出现在荒漠群落中，成为伴生植物。

沙漠中植被是不能郁闭的，而且稳定性很差，大多是流动和半流动沙丘，甚至有许多大面积的裸沙。常见的植物群落有稀疏的柠条锦鸡儿-沙拐枣荒漠、木岩黄耆荒漠、圆头蒿荒漠等，在局部较好的固定、半固定沙地中可见到油蒿群落的出现。湖盆外围的固定沙地上分布有梭梭群落；湖盆洼地外部常形成较大面积的白刺盐湿荒漠群落，某些盐分较重的生境还出现有盐爪爪盐生荒漠。

5.3.1.2　主要荒漠类型

（1）毛刺锦鸡儿荒漠（Form. *Caragana tibetica*）

毛刺锦鸡儿是草原化荒漠区内分布在水分条件较为优越地段的夏绿矮灌木。具有旱生性、繁殖能力强（不定根繁殖、根、茎劈裂繁殖）、显著的群集性、分枝密集、近半球状垫状的特点。在我国断续分布在乌兰察布高原西部、狼山北麓高平原、鄂尔多斯西部、贺兰山南麓、腾格里沙漠南缘、河西走廊东部一直延伸到青藏高原东麓地区（张璞进，2011）。荒漠区毛刺锦鸡儿灌丛对环境条件的选择比较严格，对水分要求较高，在分布上不进入荒漠腹地，常常分布于山地缓坡中下部位、山前洪积扇缘地带径流线等水分较好的生境中，常呈群聚性分布（中国科学院内蒙古宁夏综合考察队，1985）。灌木层一般高度 0.5~1.5 m，盖度为 15%~30%，草本层一般高度 0.1~0.5m，盖度通常在 20%~50%。依据与毛刺锦鸡儿共建成分的不同，划分成三种群落类型。

①毛刺锦鸡儿-旱生禾草草原化荒漠。该类型群落是草原化程度最高的一个类型，形成了旱生灌木荒漠层片和旱生小禾草层片相结合的镶嵌状群落结构。该类群主要见于鄂尔多斯高原

西北部沙砾质地和地表覆沙地上，以及库布齐沙漠边缘和腾格里沙漠南缘地带。依群落共建成分的不同，该类型可划分为毛刺锦鸡儿-短花针茅、毛刺锦鸡儿-小针茅、毛刺锦鸡儿-沙生针茅、毛刺锦鸡儿-白草、毛刺锦鸡儿-无芒隐子草5个群丛。群落的垂直结构分为两层，毛刺锦鸡儿灌木层片不能构成连续的"幕片"，常见的灌木、半灌木有狭叶锦鸡儿、达乌里胡枝子、蓍状亚菊、沙木蓼等。在贺兰山西麓，荒漠成分的比重有所提高，在伴生的灌木层片中可遇到霸王、沙冬青、珍珠猪毛菜、白刺、驼绒藜、猫头刺等。群落总盖度30%，其中灌丛盖度20%，草本层盖度10%。

②毛刺锦鸡儿-灌木、半灌木草原化荒漠。该类型群落是以旱生灌木层片与旱生小灌木、半灌木层片为主体的荒漠群落。该类群主要见于鄂尔多斯高原西部，桌子山前洪积扇及贺兰山西麓覆盖着风积沙的洪积平原上，以及库布齐沙漠边缘和腾格里沙漠南缘地带。依群落共建成分的不同，该类型可划分为毛刺锦鸡儿+霸王、毛刺锦鸡儿+狭叶锦鸡儿、毛刺锦鸡儿+红砂、毛刺锦鸡儿+荒漠锦鸡儿、毛刺锦鸡儿+油蒿、毛刺锦鸡儿+白沙蒿、毛刺锦鸡儿+驼绒藜、毛刺锦鸡儿+冷蒿、毛刺锦鸡儿+蓍状亚菊9个群丛。灌木层优势种除毛刺锦鸡儿外，霸王、狭叶锦鸡儿、红砂、荒漠锦鸡儿、油蒿、圆头蒿、驼绒藜、蓍状亚菊可成为灌木层的亚优势层片。这些灌木周围形成大小不等的小丘阜，使群落的水平结构表现明显的镶嵌特性。在灌木丛镶嵌体之间通常稀疏生长着一些喜沙的旱生杂类草等。

③毛刺锦鸡儿+葱类草原化荒漠。该类群主要见于表层覆沙地上，呈环状分布在地面径流停滞可溶盐聚集的洼地外缘坡地上。依群落共建成分的不同，该类型可划分为毛刺锦鸡儿+蒙古韭、毛刺锦鸡儿+碱韭2个群丛，其中蒙古韭在毛刺锦鸡儿群落中的优势度与沙质土息息相关。灌木层由毛刺锦鸡儿组成，草本层优势种主要有蒙古韭、碱韭等，群落中的常见伴生种有冷蒿、无芒隐子草、糙隐子草等。

（2）红砂荒漠（Form. *Reaumuria songarica*）

红砂是亚洲荒漠区分布最广、面积最大的落叶肉质灌木。具有耐干旱、耐盐碱、繁殖能力强（兼具种子繁殖和分株繁殖）、根系发达等习性。在我国主要分布于准噶尔、塔里木、柴达木、中央戈壁及阿拉善等地区。以红砂为主要优势种的荒漠是荒漠区最为重要的基本群落类型之一，并能适应所有土壤机质，形成纯一的群落。也常与其他灌木、半灌木、草本等形成不同的群落类型，随这些种的生态特性而出现在不同的植被群落中。依据与红砂共建成分的不同，将红砂荒漠划分为两种群落类型。

①红砂草原化荒漠。该类型荒漠是最具代表性的荒漠类型，出现在鄂尔多斯、阿拉善东部、贺兰山山麓，狼山以北的蒙古高原地区，以及荒漠草原的一些低地上。群落组成中灌木、半灌木及多年生草本植物均能形成优势层片。灌木层优势种常见有绵刺、短脚锦鸡儿、狭叶锦鸡儿、蓍状亚菊、女蒿、束伞亚菊（*Ajania parviflora*）、冷蒿等；在盐渍化低地上，红砂常与耐盐灌木、半灌木组成盐湿荒漠，常见有白刺、大白刺、细枝盐爪爪、盐爪爪、尖叶盐爪爪等。草本层优势种常见有沙生针茅、戈壁针茅、短花针茅、石生针茅、无芒隐子草、碱韭、蒙古韭、细叶韭、芨芨草、碱蓬等。伴生植物有珍珠猪毛菜、合头草、短叶假木贼、泡泡刺、冬青叶兔唇花、骆驼蓬、蝎虎驼蹄瓣、戈壁天门冬、黄花补血草、碱蒿（*Artemisia anethifolia*）、锋芒草（*Tragus mongolorum*）、雾冰藜、滨藜（*Atriplex patens*）、盐生草、虎尾草等。灌木层高约10～

25 cm；草本层高 5~10（15）cm。群落总盖度变幅较大，5%~40%不等。

②红砂+旱生、超旱生灌木荒漠。该群落组成中出现了旱生、超旱生灌木层片，红砂群落极度稀疏，结构极为简单，通常只有红砂一种植物形成群落，几乎无伴生植物，只有在靠近其他群落的边缘可见到相邻群落的植物种。如泡泡刺、沙拐枣、膜果麻黄、霸王等，有时可成为次优势种，其中红砂与泡泡刺组成的群落是较为常见的沙砾质荒漠，在北阿拉善、西阿拉善及额济纳均有大面积分布；与霸王组成的群落主要出现在石质残丘上；与沙拐枣和膜果麻黄组成的两种群落分布较少，主要见于额济纳河以西的中央戈壁荒漠区，多零星分布在沙砾质荒漠中。伴生植物有梭梭、珍珠猪毛菜、驼绒藜、合头草以及一年生猪毛菜（*Salsola* ssp.）类及蒿类植物。群落盖度 1%~5%，最多不超过 10%。

（3）珍珠猪毛菜荒漠（Form. *Salsola passerina*）

珍珠猪毛菜是亚洲中部荒漠区东翼广泛分布的肉质叶小半灌木。具有强旱生性、萌生力强和根系发达等习性。在我国珍珠猪毛菜荒漠主要以阿拉善荒漠区为分布中心，往北至国境线，往南至河西走廊的祁连山（东部）与龙首山的低山带也有不少分布，并沿着山麓向西一直分布到甘肃疏勒河下游的山前洪积戈壁上，向东可沿湖盆低地伸入到荒漠草原带内，大体上以集二铁路线温都尔庙为界。珍珠猪毛菜荒漠是荒漠区内分布最广、面积最大的群系之一，常与红砂、绵刺、合头草、短叶假木贼、泡泡刺、盐爪爪、猫头刺等形成不同的群落类型。这些植物在不同地带、不同生境中与建群种珍珠猪毛菜共同组成多种群落类型。外貌上呈现稀疏灌丛景观。依据与珍珠猪毛菜共建成分的不同，将珍珠猪毛菜荒漠划分为两种群落类型。

①珍珠猪毛菜草原化荒漠。该类型荒漠多出现在珍珠猪毛菜荒漠分布区的最东部。群落组成中，短花针茅、著状亚菊、米蒿（*Artemisia dalai-lamae*）、碱韭、寸草薹成为亚优势成分。群落伴生成分有红砂、合头草、四合木、盐爪爪等；丛生禾草可继续形成层片，主要由短花针茅、沙生针茅、无芒隐子草等组成，葱类植物稀少；一年生植物层片主要有猪毛菜、碱蒿、黑翅地肤（*Kochia melanoptera*）、白茎盐生草等。

②珍珠猪毛菜+灌木、半灌木荒漠。分布在阿拉善中北部，常以大面积的群落出现，珍珠猪毛菜常形成单优种群落，该群落中其他植物种类和数量均很少，偶见红砂、短叶假木贼、合头草的零星植丛，高 10~25 cm，群落盖度约 2%~15%。珍珠猪毛菜还常与红砂、绵刺、猫头刺、星毛短舌菊（*Brachanthemum pulvinatum*）、合头草等组成优势群落。

群落伴生成分随生境的不同而有所消长，最常见的有短叶假木贼、霸王、著状亚菊、戈壁短舌菊、中亚紫菀木、泡泡刺、驼绒藜、刺旋花等。草本伴生植物常有沙生针茅、无芒隐子草、短花针茅、碱韭、蒙古韭、阿尔泰狗娃花、钝基草（*Achnatherum saposhnikovii*）、砂蓝刺头、翼果驼蹄瓣（*Zygophyllum pterocarpum*）、戈壁天门冬、细柄茅、蝎虎驼蹄瓣、驼蹄瓣（*Zygophyllum fabago*）以及一年生植物猪毛菜、画眉草、九顶草、雾冰藜、白茎盐生草等。群落盖度一般约 10%~20%。

（4）绵刺荒漠（Form. *Potaninia mongolica*）

绵刺是亚洲中部荒漠区最东部阿拉善荒漠区特有的具刺小灌木，被列为国家 I 级重点保护野生植物（《国家重点保护野生植物名录（第一批）》，1999），濒危等级为易危（汪松，2004）。绵刺对干旱气候具有高度适应性，它常以"假死"的休眠状态度过最干旱的季节和年份。具有强旱生性、繁殖能力极强、根系(侧根)发达和集群生长等习性。在我国主要分布于鄂尔多斯高原西北部向西至巴丹吉林沙漠以北的哈日别力格,北至国境线,南达腾格里沙漠南缘的通湖山。以绵刺为主要优势种的荒漠是草原化荒漠区最为重要的基本群落类型之一,常与其他灌木、半灌木、小灌木、小半灌木、多年生草本及一年生草本等形成不同的群落类型。依据与绵刺共建成分的不同,将绵刺荒漠划分为两种主要群落类型。

①绵刺–丛生禾草草原化荒漠。主要分布在阿拉善东北部及鄂尔多斯地区,一般不呈大面积的分布,常沿着丘陵的冲沟和泾流线尾端以及斜平原的沙质斜坡地上形成"树枝状"分布。群落组成中,多年生丛生小禾草占次优势地位,其中主要有沙生针茅、短花针茅、无芒隐子草等。常见的群丛有绵刺+沙生针茅荒漠、绵刺+沙生针茅+葱类荒漠、绵刺+沙生针茅+无芒子草荒漠以及绵刺+无芒隐子荒漠等。这几种群丛都是种类成分比较丰富的绵刺荒漠。

②绵刺+旱生灌木、半灌木荒漠。该类型荒漠地表覆盖的风积沙层较厚,群落中绵刺占明显优势,旱生半灌木驼绒藜、猫头刺形成次优势层片,驼绒藜的作用尤为突出。多年生小禾草、葱类及一年生杂类草的数量也较多。由于伴生种的不同,常形成绵刺+驼绒藜+刺叶柄棘豆群丛、绵刺+驼绒藜+沙生针茅群丛、绵+驼绒藜+霸王群丛、绵刺+驼绒藜+短脚锦鸡儿群丛等。随着地表覆沙的进一步增厚,这类绵刺荒漠将会逐渐被驼绒藜荒漠所代替。

在东阿拉善地区山前平原、风蚀洼和山间谷地薄层覆沙的灰棕色漠土上,以绵刺占绝对优势的荒漠,广泛分布,其他植物的数量很少,一般不能形成明显的层片。霸王在群落上层常稀疏而均匀的散布,保持一定的多度,形成附属层片。其他常见的伴生植物尚有红砂、珍珠猪毛菜、合头草等,因生境不同分化出不同的群丛。在巴丹吉林沙漠以北的戈壁风蚀洼地上,群落多呈条带状、片状出现在珍珠猪毛菜、红砂荒漠与红砂、泡泡刺荒漠中间,共同形成交替分布的复合结构。绵刺在这类荒漠中,生长良好,并占明显优势。伴生的其他小灌木也多在植丛下形成小丘状风积沙堆。旱生性很强的泡泡刺成为次优势成分,霸王、红砂、木本猪毛菜、刺旋花等均为伴生种。多年生草本植物在荒漠类型极为稀少,一年生草类也难以形成很发达的层片。群落结构均较稀疏,盖度一般在10%上下,代表性群丛有绵刺+泡泡刺荒漠和绵刺+泡泡刺+红砂荒漠两种。

在阿拉善高原中部和北部的低山残丘间平原谷地,土壤表面无明显覆沙,常具有少量粗沙石砾、细土较多。绵刺在群落中的优势作用减弱,而珍珠猪毛菜的作用则比较明显,可组成亚建群层片。常见的伴生植物有合头草、短叶假木贼、红砂等,霸王的数量减少,但仍稀疏可见。常见的群丛有:绵刺+珍珠猪毛菜群丛、绵刺+珍珠猪毛菜+短叶假木贼群丛、绵刺+珍珠猪毛菜+著状亚菊群丛、绵刺+珍珠猪毛菜+碱韭群丛、绵刺+短叶假木贼群丛等。这些群丛是向砾石戈壁荒漠过渡的群落类型。

(5)霸王荒漠(Form. *Zygophyllum xanthoxylon*)

霸王是亚洲中部荒漠区零星片状分布的超旱生肉质叶灌木。具有超旱生、耐盐碱等习性。在我国主要分布于阿拉善荒漠的东部、南部和鄂尔多斯西部,东至二连戈壁,在鄂尔多斯高原东至鄂尔多斯高原中部,西达额济纳中央戈壁区,南到甘肃中条山附近,北至阿拉善戈壁南部。霸王荒漠的发生与石质、沙砾质、沙质荒漠土壤生境类型保持着密切的联系(李德禄 等,2013)。霸王荒漠是发生在特殊基质上的植物群落类型,一般面积不大,多呈零星片状分布。

在草原化荒漠带主要形成以下两种群落类型。

①霸王草原化荒漠。这种群落主要零星分布在东阿拉善、西鄂尔多斯、狼山以北蒙古高原一带。生境是碎石质至沙砾质坡地、积沙风蚀低地和湖滨沙地。在荒漠中多年生草本植物大量出现，形成亚优势层片，主要由两组植物组成：一组是葱属植物（如蒙古韭等），另一组是丛生禾草植物，如沙生针茅、戈壁针茅、无芒隐子草等。小半灌木亚菊和蒿类不甚发育。但在某些群落中，薔状亚菊和冷蒿可形成层片，灌木种类主要是一些分布较广的荒漠种，如驼绒藜、猫头刺、红砂以及狭叶锦鸡儿等。一年生植物也很发达，主要是猪毛菜类，有时是小禾草和黄花蒿。群落盖度 10%～25%。

②霸王+旱生、超旱生荒漠。霸王能够独自形成许多群落类型，尤其是在中央戈壁荒漠区的石质荒漠中，它是灌木荒漠的典型代表，能够形成极为稀疏的群落。具体表现：在积沙的洼地和沙漠外围可形成单纯群落，灌木层高 50～60 cm，最高可达 100 cm，群落盖度 10%～25%；在半固定沙地、积沙洼地、沙砾质戈壁上与其他荒漠植物组成多种混合群落，灌木层高 50～60 cm，常见的群落类型有霸王+白刺群丛、霸王+红砂+驼绒藜群丛、霸王+绵刺群丛、霸王+猫头刺群丛等，草本层可见到蒙古韭、砂蓝刺头、沙生针茅、无芒隐子草等，一年生草本较多，以阿拉善单刺蓬（Cornulaca alaschanica）、虫实（Corispermum ssp.）等为主，群落盖度 8%～20%，变幅较大；在中央戈壁荒漠区的剥蚀残丘上，群落极度稀疏，零星的霸王个体，散布在漆黑色的岩石上，只有小浅沟上植物个体才略多一些。群落盖度一般低于 5%，有时只有 1%。霸王呈矮丛状，枝条强烈弧曲，高 20～40 cm，伴生植物很少，可见到中亚紫菀木、合头草、裸果木等，草本植物可见到石生霸王、大花霸王、翼果霸王、荒漠细柄茅、小甘菊（Cancrinia discoidea）等石生种类。

（6）沙冬青荒漠（Form. Ammopiptanthus mongolicus）

沙冬青是阿拉善荒漠区特有的常绿灌木，被列为国家Ⅱ级重点保护野生植物（《国家重点保护野生植物名录（第一批）》，1999），濒危等级为易危（汪松，2004）。沙冬青在我国分布于阿拉善荒漠的东部、南部和鄂尔多斯西部，东至鄂尔多斯高原中部，西达额济纳的雅干低山丘陵，南到甘肃中条山附近，北至阿拉善戈壁南部。沙冬青常常在低山带或山前、山间谷地形成条带状或团块状群落，沿沙漠外缘与砾质荒漠之间形成带状沙冬青群落。沙冬青荒漠很少进入条件比较严酷的典型荒漠带深处，只是在北阿拉善一些低山残丘间的干河床内可以见到零星植丛。常单独或与霸王、四合木、薔状亚菊、油蒿等形成不同的群落类型，外貌上常呈稀疏的灌草丛景观。依群落共建成分的不同，该类型可划分为三种主要群落类型。

①沙冬青-禾草草原化荒漠。该类型荒漠常见于碎石质低山丘陵向阳地的中下部位或基岩裸露的丘陵坡地的中上部位，沙冬青分布均匀，密度较大，伴生灌木种类较多，有喜砾石生境的蒙古莸、灌木铁线莲、狭叶锦鸡儿、猫头刺；小半灌木有薔状亚菊、冷蒿等；草本层荒漠细柄茅、沙生针茅数量很多，可形成次优势成分。木本植物中可以见到星散分布的霸王、木蓼、松叶猪毛菜等。群落盖度 15%～20%，沙冬青约占 8%～12%。

②沙冬青+灌木荒漠。该群落类型是典型的荒漠群落之一，分布比较广泛，常见于阿拉善东部地区，在腾格里、乌兰布和、巴音温都尔沙漠外缘和内部的低山残丘上经常可以遇到。沙冬青和霸王共同形成优势层片，伴生植物也是一些荒漠灌木、半灌木，如蒙古扁桃、白刺、柠

条锦鸡儿、驼绒藜、红砂、猫头刺、沙木蓼、沙拐枣，有时还可见到圆头蒿。多年生草本植物很少；一年生植物在多雨年份发育较好。群落盖度波动在15%～20%。

③沙冬青-小半灌木荒漠。该类群落主要分布于鄂尔多斯高原西部、桌子山麓至黄河阶地间的山前平原、狼山西段低山间的谷地上以及阿拉善东部和南部起伏的沙质平原。地表被坡积-残积物和风积物所覆盖。风积沙中常含有碎石和小石砾。沙冬青下层小针茅的作用减弱，小半灌木亚菊（主要是菴状亚菊）和猫头刺增多。在覆沙厚的地段还可见到零星分在的油蒿，局部还可形成沙冬青-油蒿的过渡性群落。灌木层下部的草本以蒙古韭为主，其他还有石生针茅等，小禾草较为丰富。群落盖度不均衡，为10%～25%。

（7）四合木荒漠（Form. *Tetraena mongolica*）

四合木为肉质落叶强旱生小灌木，是亚洲中部荒漠区内古老残遗植物，为中国特有植物，被列为国家Ⅱ级重点保护野生植物（《国家重点保护野生植物名录（第一批）》，1999），濒危等级为易危（汪松，2004）。在我国主要分布在鄂尔多斯高原西北部、库布齐沙漠以南，桌子山（阿拉巴素山）的山麓地带少量的延伸到相邻的乌达低山残丘区。多数群落处在地形部位较高沙砾质平原上，地表多砾石，有时也见有少量薄层覆沙，个别群落可上升至石质低山残丘。一部分群落进入山间盆地的壤质土壤上，对碱土有一定程度的适应。四合木在西鄂尔多斯高原常与绵刺荒漠、霸王荒漠和半日花荒漠呈复合形式出现。四合木荒漠草原化的特征比较明显，几乎所有荒漠均有不同程度的草原化现象。在四合木的建群作用下，小半灌木亚菊、多年生丛生禾草、葱属植物均能形成从属层片，达到亚优势地位。一年生植物层片也很发达，尤其蒿类、小禾草以及猪毛菜类均较丰富；有时还能见到超旱生的灌木、小灌木和盐柴类小半灌木层片。四合木荒漠可划分为两种主要群落类型：

①四合木草原化荒漠。在沙质高平原或山麓平原的斜坡上，地表具碎石石砾，有时有少量覆沙，分布着四合木大小不均的株丛，伴生少量的红砂、黄花红砂、绵刺、驼绒藜、狭叶锦鸡儿等灌木。多年生丛生禾草形成亚优势成分，主要代表有无芒隐子草、沙生针茅等。在砾质高平原或山前倾斜高平原的较高部位，在地表多砾石地带，形成的群落以四合木为建群种，均匀地分布在群落上层，其下是星散的黄花红砂、红砂、驼绒藜、珍珠猪毛菜等小灌木和半灌木，再下层是以菴状亚菊为代表的草原小半灌木，小半灌木层片中菴状亚菊多度最高，其分盖度可达2%～8%。群落总盖度10%～20%。鄂尔多斯高原西北部乌加庙和桌子山东西两麓的沙砾质高平原，草本层片优势明显减弱，旱生灌木、半灌木优势增强，霸王参与四合木为主的灌木层，有时还有沙冬青。特别是在石质-砾质的丘坡上，形成了以超旱生灌木为优势的四合木+半日花+菴状亚菊群丛、四合木+长叶红砂+菴状亚菊群丛、四合木+红砂+长叶红砂+菴状亚菊群丛，有时还能见到四合木+绵刺+菴状亚菊+无芒隐子草群丛。小灌木在中层相当丰富多样，其下小半灌木亚菊构成亚优势层片。有时还有相当数量的丛生禾草，如无芒隐子草、沙生针茅等。群落盖度10%～15%。

②四合木盐湿荒漠。多出现在桌子山山间盆地，地形比较低平，地表无砾石或少砾石，土壤比较紧实，有发育较好的假结皮，有时还能见到轻度龟裂，土壤碱化。四合木植丛较大而密集。灌木层下部是盐柴类小半灌木珍珠猪毛菜，形成亚优势成分，其间经常混有红砂的零星个体。最下层是多年生草本层，以无芒隐子草为主，有时出现碱韭、沙生针茅等，有时还可见到

薹草。一年生草本极为丰富。群落盖度 20%~30%。

（8）半日花荒漠（Form. *Helianthemum songaricum*）

半日花是亚洲中部荒漠特有的落叶强旱生矮小灌木，为古地中海古老残遗植物，被列为国家 II 级重点保护野生植物（《国家重点保护野生植物名录（第一批）》，1999），濒危等级为濒危（汪松，2004）。在我国主要分布于新疆的准噶尔和内蒙古鄂尔多斯西部的桌子山（阿拉巴素山）山麓及其邻近地区，呈岛状残遗分布，群落面积一般都不大。以半日花建群的群落仅见于鄂尔多斯的桌子山山麓的石质残丘上。地形为起伏高差 10~50 m 的山麓石质残丘。组成半日花荒漠群落的基本层片有以下几种。建群层片是强旱生垫状具刺小灌木层片，以半日花为主，并有灌木旋花（*Convolvulus fruticosus*）参加。强旱生灌木层片类，只出现在某些半日花群落中，常与地表沙质有一定联系，组成这类层片的植物有四合木、霸王或沙冬青等。旱生小半灌木层片多由薯状亚菊组成。多年生旱生小禾草层片是以细柄茅为主要成分，并常有短花针茅等参加。旱生杂类草层片的典型代表植物是革苞菊、棉毛鸦葱（*Scorzonera capito*）等。一年生小禾草及杂类草的作用微弱。

半日花荒漠可分为两个群丛组：典型的半日花荒漠和石质—沙质化半日花荒漠。典型的半日花荒漠，具有强度石质化的生境特点，地表几乎全被碎石所覆盖。石块大小比较均匀，碎石间尚有土壤发育，但无地表覆沙，多见于桌子山南麓及东南麓。群落中除半日花占优势外，灌木旋花常居于次优势地位，伴生植物也是一些典型石生植物，草原化特征也比较明显。这种群落往往还延伸分布到山前波状平原上，地表遭受强烈侵蚀的突起部位，在这种局部为碎石—砾石覆盖的地段与红砂+小针茅草原化荒漠群落形成复合分布格局。石质—沙质化半日花荒漠多出现在桌子山西南麓，地表由残积物组成。石块覆盖不均，大小也不一致，地表很不平整。隆起的顶部基岩出露，背风部位有风积沙覆盖。群落多处于西北坡的中上部，坡下部的覆沙地段上发育着沙蒿荒漠。在群落组成中，半日花起着建群作用，灌丛常混生着比较高大的其他荒漠灌木种，其他伴生植物以旱生性丛生禾草为主，缺乏典型半日花荒漠群落的一些石生植物。

（9）松叶猪毛菜荒漠（Form. *Salsola laricifolia*）

松叶猪毛菜是草原化荒漠区的石质低山残丘上分布的肉质叶小半灌木。具有强旱生性。在我国主要分布于鄂尔多斯高原西部阿拉巴素山，阿拉善东缘的狼山，南部的雅布赖山、贺兰山北部低山等地，并零星出现在荒漠化草原的剥蚀残丘及典型荒漠带的个别山地。松叶猪毛菜荒漠群落类型比较简单，在内蒙古范围内可见到以下两种群落类型：

①松叶猪毛菜+石生针茅草原化荒漠。该群落是最常见的群落类型之一，出现在鄂尔多斯高原西部的阿拉巴素山、狼山等低山带的干燥石质山坡上，松叶猪毛菜的多度较高，但分布很不均匀。草本层的主要成分是石生针茅（*Stipa tianschanica* var. *klemenzii*）、沙生针茅、无芒隐子草等。小半灌木层片中薯状亚菊最为多见，束伞亚菊的数量较少。其他伴生植物种类不多，可少量见到细柄茅、阿尔泰狗娃花等。其他灌木也有稀疏生长，如蒙古扁桃、木蓼、狭叶锦鸡儿等。植丛高 20~40 cm，群落总盖度约 8%~15%。

②含有霸王的松叶猪毛菜+石生针茅草原化荒漠。该类型旱化程度较前种稍高，分布也偏西，多见于阿拉善南部的雅布赖山，并可伸入到典型荒漠带的一些低山残丘上。群落中形成了以霸王为主的灌木层片，因植丛较高大，居于群落上层。松叶猪毛菜仍组成建群层片，但居于

灌木层片之下。伴生植物中还增加了其他一些灌木、半灌木种类，如红砂、中亚紫菀木、合头草、短叶假木贼等。草本植物层片仍以石生针茅为主，但层片的作用有所减弱。群落总盖度约5%~8%，大部分地面为黑褐色裸岩。

（10）木旋花荒漠（Form. *Convolvulus* spp.）

木旋花荒漠主要由旋花属灌木旋花及鹰爪柴两种植物组成，均为砾石质荒漠中的具刺半灌木。具有旱生和强旱生习性。在内蒙古主要分布于西鄂尔多斯—东阿拉善荒漠区内。在干河床、干沟的砂砾质地段及砾石质丘陵坡地上组成小面积的局部荒漠片段，或散生于山坡石隙间。在西鄂尔多斯桌子山山地，也见于半日花荒漠群落中，并可形成优势种。木旋花群落中尚有稀少的中亚紫菀木、蒙古扁桃、沙冬青、大花雀儿豆（*Chesneya macrantha*）、拐轴鸦葱、三芒草、九顶草等植物伴生，群落盖度5%~10%。

（11）合头草荒漠（Form. *Sympegma regelii*）

合头草（俗名黑柴）是亚洲石质荒漠广泛分布的肉质叶半灌木。具有强旱生性。在我国广泛分布在阿拉善、中央戈壁、柴达木和塔里木等荒漠区的石质山地与剥蚀残丘上。也可出现在山麓及干谷的沙砾质、沙质与沙壤质的棕色荒漠土上，在龙首山、马鬃山可分布到海拔2000 m左右的山地。常与伴生种形成不同的群落类型。群落外貌单调，种类成分也比较贫乏。

在阿拉善及中央戈壁荒漠区，特别是龙首山的低山带形成合头草单优种群落，此类型在荒漠中广泛分布。其群落的组成和结构极为简单，除合头草外，其他植物极少。合头草植丛分布比较均匀，一般高20~30 cm，盖度约10%，最高可达15%。

在阿拉善东部和南部的石质低山与残丘上，群落组成中合头草占明显的优势，但其伴生植物种类较多，主要有霸王、红砂、中亚紫菀木、松叶猪毛菜、珍珠猪毛菜、短叶假木贼、蓍状亚菊、戈壁短舌菊灌木形成群落，冲刷沟内还可见到蒙古扁桃与裸果木，多年生草本植物常有细柄茅、沙生针茅、碱韭、翼果驼蹄瓣、蝎虎驼蹄瓣、石生霸王（*Zygophyllum rosowii*）等。群落盖度变幅很大，最低的只有3%~4%，最高可达15%。

在阿拉善北部和中央戈壁的石质低山残丘上，岩石大面积裸露，黑色荒漠岩漆发育明显，群落只能断断续续沿着干谷径流线分布。群落的水平结构呈树枝状，除合头草与短叶假木贼为主要成分外，其他植物更为稀少，只能见到个别的中亚紫菀木、拐轴鸦葱、翼果霸王、小甘菊等。盖度十分稀疏。

（12）白刺荒漠（Form. *Nitraria tangutorum*）

白刺是亚洲中部荒漠区广泛分布的肉质叶荒漠灌木。具有强旱生性、萌生力强、根系发达和丛生等习性。在我国主要分布于阿拉善地区、鄂尔多斯高原和乌兰察布高原北部、河西走廊、青海柴达木、新疆准噶尔和塔里木。白刺荒漠是典型荒漠区盐化荒漠的主要群落类型之一，常在湖盆外围呈环形分布，并与糊盆底部的盐生草甸、盐爪爪群落以及其他盐生植物群落等排列成同心圆式的生态分布格局。

在湖盆外围的盐化沙地或沙丘上，以白刺为主要优势种的灌丛通常形成风积沙堆，构成"灌丛堆"。外貌上呈坟墓状，构成了荒漠低地的一种特殊的灌丛景观，白刺形成的"灌丛堆"高0.5~3 m，盖度30%~50%，灌丛堆间伴生有中亚滨藜（*Atriplex centralasiatica*）、西伯利亚滨藜、雾冰藜、白茎盐生草、猪毛菜等多种一年生草本；多年生草本常有砂引草、披针叶野决明、砂蓝刺头、骆驼蓬及赖草、芨芨草、芦苇等稀疏分布。

在干涸的湖盆底部和低山残丘间的宽谷地上，白刺植丛不形成明显隆起的沙堆，群落组成中，白刺占绝对优势，多匍匐或半匍匐生长，植丛高度 30~50 cm，伴生植物稀少，几乎成为"纯"群落。多雨年份，一年生草本植物较为发达，由虎尾草、九顶草、小画眉草、锋芒草、黑翅地肤、白茎盐生草、滨藜等组成，盖度在 20%~30%。

在山麓洪积扇缘及河谷阶地上，因地表风蚀和风积作用的强度不同，白刺植丛下的沙堆时存时无，很不稳定。植丛高度 30~80 cm，伴生植物种类较多，最主要的是一些荒漠旱生灌木及半灌木，如霸王、驼绒藜、红砂、梭梭等，一年生植物有猪毛菜、虫实（*Corispermum* ssp.）、雾冰藜、黄花蒿等。多年生植物有沙生针茅、无芒隐子草、砂蓝刺头等。群落盖度波动于 10%~40%。

（13）大白刺荒漠（Form. *Nitraria roborowskii*）

大白刺（俗称齿叶白刺）是亚洲中部荒漠区盐湿荒漠中常见的落叶灌木，具有潜水旱生的特性。在我国主要分布在阿拉善南部、河西走廊和新疆南部，只限于典型荒漠地带所分布的一类荒漠植被，其典型生境也是湖盆盐湿低地和盐化沙地。由于耐盐性更强，所以成为盐湿荒漠的代表群系，按其生境与组成的差异，可分为大白刺-盐生植物盐湿低地群落，常见的半灌木和灌木种类有细枝盐爪爪、盐穗木、黑果枸杞、柽柳以及白刺等。多年生禾草常有芨芨草、赖草、芦苇等；大白刺-白刺沙地群落，这种类型发育在湖盆低地外围的固定和半固定沙丘上，经常与白刺构成混合群落，但大白刺占绝对优势的群落。伴生植物还有一年生杂类草滨藜、猪毛菜、白茎盐生草、雾冰藜、黄花蒿等以及多年生草类芨芨草、赖草、披针叶野决明、骆驼蓬、砂引草等。群落的密度很不均一，在半固定沙地上，大白刺占明显优势的"纯"群落，结构比较松散稀疏。

（14）梭梭荒漠（Form. *Haloxylon ammodendron*）

梭梭是亚非荒漠区北部广泛分布的小乔木或灌木。具有强旱生性。在我国主要分布于内蒙古乌拉特中旗北部的东加干及杭锦旗西部的岱庆召附近以西，柴达木盆地东部以北的荒漠区。以梭梭为主要优势的灌木丛在荒漠区较松散的土壤基质和较浅地下水位的荒漠上分布面积最广，类型最为丰富。梭梭群落一般有一两个层片，只有很少的群落类型由两个以上层片构成，甚至有许多梭梭群落几乎成为单种群落。依据梭梭荒漠所分布区域的土壤基质，将梭梭荒漠群落划分为两种群落类型。

①沙化、盐渍化梭梭荒漠。在西鄂尔多斯—东阿拉善荒漠区北部的银根低地壤土上，形成几乎为梭梭单优种群落，这一群落组成非常简单，梭梭植丛下形成 2~4 m 直径的小土丘，植丛一般高达 2~3 m，伴生植物只有零星稀少的红砂、翼果霸王、蒙古沙拐枣等。在这种群落生境的边缘部位以及湖盆外围的覆沙地上，具有明显的盐化现象，常与白刺形成共优群落，梭梭植丛一般高 1.5~2.5 m。丘间低地还可见到零星的盐爪爪、盐穗木一类的盐生半灌木。在径流畅通的低地上靠近柽柳灌丛及芦苇沼泽化草甸的地方，尚有梭梭+柽柳、梭梭+芦苇的特殊群落组合。

西鄂尔多斯-东阿拉善荒漠区固定沙地边缘和沙漠与湖盆相接的地段，或为湖盆低地的厚层覆沙地上。山丘呈半固定状态，地下水位较深，沙丘间无盐化地段，群落中的灌木层片不甚发达，伴生的灌木及半灌木星散分布有大白刺、木蓼、蒙古沙拐枣等。以梭梭为寄主的肉苁蓉、锁阳(*Cynomorium songaricum*)生长良好，数量往往较多。而一年生沙生草本植物层片往往发育较好。这种群落中的梭梭一般都很高大，多数可达 2~4(5) m。群落总盖度 20%~30%，梭梭分盖度约 15%~25%。

②沙砾质梭梭荒漠。这一群落类型在低地向台地、坡地过渡的地形部位上，或干河床上零散分布，面积不大，而且群落外貌也不甚整齐，梭梭植丛往往高低不等，大小不一。群落总盖度只有 5%~10%。因生境条件错综复杂，所伴生的植物也相对比较丰富，随着这些伴生植物的数量、作用不同，也常分化成不同的群落类型。常见的伴生灌木有泡泡刺、霸王、白刺、红砂、绵刺、珍珠猪毛菜、短叶假木贼、圆头蒿等。

在额济纳河中下游的邻近地区，土壤盐化程度较高，地表砾石具荒漠漆皮，梭梭群落呈大面积分布。梭梭在这种严酷的生境中生长受到强烈抑制，群落稀疏、低矮，盖度通常在 5% 以下，甚至只有 1%~2%，梭梭高度一般 1 m 左右。几乎成为单种梭梭荒漠，伴生植物只能见到很少的红砂、泡泡刺、膜果麻黄、霸王、沙拐枣等灌木。在马鬃山低山残丘下的洪积坡上，荒漠漆皮明显，土壤表层石膏晶屑，梭梭只生长在这些洪积坡的小干沟中，呈条带状分布。群落盖度小于 1%，伴生植物更为稀少，只有偶见的戈壁藜、白茎盐生草。这是最严酷条件下的梭梭群落。

(15)柠条锦鸡儿荒漠(Form. *Caragana korshinskii*)

柠条锦鸡儿属于亚洲中部荒漠的阿拉善地方种，是阿拉善地区沙质荒漠中常见的灌木荒漠类型之一。具有强旱生性。在我国主要分布在西鄂尔多斯-东阿拉善草原化荒漠中，在库布齐沙漠、乌兰布和沙漠、腾格里沙漠、巴音温都尔沙漠、巴丹吉林沙漠及其外围分布相当普遍，一般多呈零星小片出现。以柠条锦鸡儿为优势的灌木群落主要分布在固定沙丘、丘间平沙地或覆盖在各种基质上的薄层沙地以及沙岩风化物上。半固定沙丘上的柠条锦鸡儿群落，伴生植物较少，有零星的荒漠灌木和一年生植物，盖度为 20%~40%。丘间平沙地上的柠条锦鸡儿群落，伴生植物中多年生草本起明显作用，沙生针茅、无芒隐子草均匀生长在灌木丛间，给群落以微弱的草原化特征，盖度 20%~40%。覆沙戈壁和硬梁沙地上的柠条锦鸡儿群落：伴生植物较丰富，可以同时见到荒漠灌木和半灌木层片、一年生植物层片，有时还见到多年生丛生禾草层片和杂草类层片。盖度为 15%~50%。

群落的结构组成除高大的灌木建群层片外，以沙生-沙砾生荒漠灌木层片为主要附属层片，成分有沙冬青、霸王、沙拐枣等，其次是沙生半灌木层片，有驼绒藜、猫头刺、圆头蒿、油蒿等。多年生丛生禾草层片只在丘间平沙地、薄层覆沙地才能见到，以沙生针茅为代表成分，有时有无芒隐子草参加。一年生层片主要是沙生系列的猪毛菜猪毛菜、虫实(*Corispermum* ssp.)和小禾草[小画眉草(*Eragrostis minor*)、九顶草、三芒草等]。有时还有二年生的沙芥。杂类草可见到甘草、砂蓝刺头(*Echinops gmelini*)等。

(16)山竹子荒漠(Form. *Corethrodendron* spp.)

山竹子群落主要由塔落山竹子和细枝山竹子两种豆科岩黄耆属植物组成，主要分布于荒漠区的库布齐沙漠、乌兰布和沙漠、腾格里沙漠、巴音温都尔沙漠。具有耐寒、耐旱、耐贫瘠、抗风沙等习性。野生群落可形成单优种群落，或与柠条锦鸡儿、沙木蓼、油蒿等形成复合群落；人工林主要与北沙柳、圆头蒿、柠条锦鸡儿、沙拐枣、草木犀和斜茎黄耆等植物种形成混生群落。群落中常见的沙区原生植被有白刺、沙冬青、沙拐枣、梭梭、短脚锦鸡儿、狭叶锦鸡儿、油蒿、画眉草、九顶草、苦荬菜、沙蓬、雾冰藜、虫实、猪毛菜等。灌木层一般高 0.8 ~ 3 m，盖度为 15% ~ 30%，草本层一般高度 0.1 ~ 0.5 m，盖度通常在 20% ~ 50%。

(17) 圆头蒿荒漠(Form. *Artemisia sphaerocephala*)

圆头蒿荒漠是流动或半固定沙地上常见的半灌木群落。具有超旱生、耐沙埋的特性。主要分布于亚洲中部荒漠区和荒漠草原区。在我国内蒙古主要分布于库布齐沙漠、乌兰布和沙漠、腾格里沙漠、巴音温都尔沙漠、巴丹吉林沙漠的流动或半固定沙地上。以圆头蒿为优势种的群落常与油蒿、山竹子、沙鞭组成优势群落，并可组成单优种群落，群落中常见的伴生灌木、小灌木和半灌木有霸王、沙拐枣、白刺、柠条锦鸡儿、沙木蓼等，伴生草本植物主要有沙蓬、虫实(*Corispermum* ssp.)、蒙古韭、雾冰藜、画眉草、三芒草、九顶草等。圆头蒿群落高度为 0.5 ~ 1.5 m，草本高度为 10 ~ 30 cm，盖度为 3% ~ 10%。

(18) 盐爪爪荒漠(Form. *Kalidium* spp.)

盐爪爪荒漠是由盐爪爪属植物为优势种或建群种的荒漠植被，在内蒙古高原盐爪爪属共有 4 种，全为盐生小半灌木，是盐湿荒漠的建群种。盐爪爪与细枝盐爪爪的分布范围较广，除荒漠与荒漠草原带为主要分布区以外，也可进入典型草原带的盐渍低地。尖叶盐爪爪则集中分布在荒漠与荒漠草原带。这几个种在各地带的盐渍低地上不但可以形成密集的单优种荒漠群落，而且也常与珍珠猪毛菜、红砂、白刺以及盐生草甸成分芨芨草等组成不同的混合群落。在干旱、半干旱区的盐渍低地上，由盐生小半灌木及盐生一年生植物组成的群落类型具有很强的适应盐土的特性。这些盐生群落也属于隐域性的盐湿荒漠植被。一年生盐生植物群落主要由碱蓬、阿拉善碱蓬(*Suaeda przewalskii*)、肥叶碱蓬(*Suaeda kossinskyi*)、盐地碱蓬(*Suaeda salsa*)、角果碱蓬(*Suaeda corniculata*)、平卧碱蓬(*Suaeda prostrata*)及盐角草(*Salicornia europaea*)、盐生草、白茎盐生草等组成。

(19) 中亚紫菀木荒漠(Form. *Asterothamnus centrali-asiaticus*)

中亚紫菀木是荒漠区东部分布的半灌木，具有强旱生的特性。在我国主要分布于内蒙古高原的荒漠及荒漠草原区以及新疆天山南部戈壁荒漠区。以中亚紫菀木为优势的荒漠植被主要分布在浅洼地与干河道的砾石质冲积土上，可形成群落片段。在芨芨草盐化草甸也可形成建群种，见于鄂尔多斯西部(荒漠区)的一些干河沟中，地表组成物质为冲积性的石块与砾石。中亚紫菀木群落成分十分贫乏，结构也很稀疏，总盖度一般只有 20% ~ 30%。零星出现的伴生植物有驼绒藜、红砂、小果白刺、箸状亚菊、圆头蒿、油蒿、毛刺锦鸡儿等荒漠成分。

(20) 戈壁短舌菊荒漠(Form. *Brachathemum gobicum*)

戈壁短舌菊是较高大的强旱生半灌木。被列为国家 Ⅱ 级重点保护野生植物(《国家重点保护野生植物名录(第一批)》，1999)。在我国主要分布于阿拉善荒漠的东北部，南至吉兰泰盐湖，西至巴丹吉林沙漠边缘，北至蒙古国东戈壁，多为零星分散的小面积群落。以戈壁短舌菊为主要优势种的荒漠主要分布于沙砾质或沙质土壤上，或表层覆沙，而且土壤中往往含有碎石块。生境多为缓丘坡地，及洼地的外围，在丘陵坡麓也常常形成面积不大的群落。戈壁短舌菊群落组成比较单纯，主要的亚优势种和伴生种有绵刺、霸王、驼绒藜、红砂、短脚锦鸡儿、狭叶锦鸡儿、猫头刺、菁状亚菊、灌木亚菊、旱蒿(*Artemisia* ssp.)等。多年生草本植物沙生针茅、戈壁针茅、无芒隐子草、荒漠细柄茅、蒙古革苞菊、蒙古韭、砂蓝刺头、小甘菊等，也可成为伴生成分。一年生植物，猪毛菜、黄花蒿、小画眉草、九顶草等，也常有出现。最常见的群落类型有戈壁短舌菊群落、戈壁短舌菊+绵刺群落、戈壁短舌菊+菁状亚菊群落、戈壁短舌菊+沙生针茅群落等。除少数单纯的戈壁短舌菊群落外，均有不同程度的草原化特征，群落盖度一般为5%~15%。

(21)蒙古扁桃荒漠(Form. *Amygdalus mongolica*)

蒙古扁桃具有喜光、耐寒、耐瘠薄、耐旱等习性。在我国主要分布于内蒙古的乌兰察布西部、阴山(大青山西段、乌拉山、狼山)、鄂尔多斯(桌子山)、东阿拉善、西阿拉善、贺兰山、龙首山以及甘肃的河西走廊中部、宁夏的贺兰山等地(马松梅 等，2015)。以蒙古扁桃为主要优势种的灌木丛主要分布于海拔1000~2400 m荒漠、荒漠草原区的山地、丘陵、坡麓、石质坡地、山前洪积平原及干河床等地，在荒漠区常沿地表径流线生长，形成局部的小面积群落(金山 等，2009；红雨 等，2010)。常常形成单优种群落。蒙古扁桃群落的垂直结构很简单，分化又很明显，只有灌木层和草本层，灌木层常见植物有中亚紫菀木、柠条锦鸡儿、沙冬青、合头草、黄刺玫、小叶锦鸡儿、细裂叶莲蒿、牛尾蒿等，草本层常见植物有石生针茅、无芒隐子草、地蔷薇、腺毛委陵菜(*Potentilla longifolia*)、狗尾草、冰草、芨芨草、蒲公英(*Taraxacum* ssp.)、中华草沙蚕、车前等。随着组成群落植物种的生态特性而出现在不同的生境中，形成不同的群落类型。群落盖度一般10%~60%。蒙古扁桃群落中偶见分布旱榆、毛果旱榆(*Ulmus glaucescens* var. *lasiocarpa*)和杜松三种乔木，但很稀疏，盖度很低，不形成乔木层。

(22)山生柳灌丛(Form. *Salix oritrepha*)

山生柳是我国特有的高山中生落叶灌木，分布于亚高山阴坡和半阴坡，具有生长茂密、喜光、耐干旱、耐寒、耐湿冷、耐盐碱等习性(佘道平 等，2013)。在我国主要分布于秦岭、甘南、川西、贺兰山、龙首山等地，位于海拔2800~3200 m亚高山带的沟谷、阴坡及半阴坡地带(周春梅 等，2019)。常形成大面积的杯腺柳灌丛，因亚高山地区常年风大，温度低，高山柳分枝多，生长矮小，呈匍匐状(中国植被编辑委员会，1980)。群落总盖度达40%~80%，结构简单，明显分为灌木和草本二层。灌木层高1~1.5 m，盖度达70%左右，常与阳坡的鬼箭锦鸡儿、刚毛忍冬灌丛同时出现，下层植物由珠芽蓼、嵩草(*Kobresia myosuroides*)、薹草(*Carex* ssp.)为主，其他还有点地梅(*Androsace umbellata*)、紫花碎米荠、发草(*Deschampsia cespitosa*)、轮叶马先蒿(*Pedicularis verticillata*)、橙黄虎耳草(*Saxifraga aurantiaca*)、零余虎耳草(*Saxifraga cernua*)、马先蒿(*Pedicularis* ssp.)、高山唐松草、红北极果(*Arctous ruber*)、洼瓣花(*Lloydia serotina*)等耐高寒植物。

(23)小叶金露梅灌丛(Form. *Potentilla parvifolia*)

小叶金露梅为亚高山落叶旱中生灌木，具有喜湿、耐干、耐寒的习性。在我国，主要分布于青藏高原、甘南、川西海拔3500~4000 m；在祁连山分布海拔为3000~3700 m，占据着半阴坡和半阳坡平缓的坡地、坡麓和河谷地区，在华北高山、秦岭、云南西北部也有小片分布；在内蒙古主要分布在贺兰山海拔2200 m以上的山地，以石质阳坡为主，有时也出现在较陡的半阳坡。常与银露梅混生，组成共有群落，群落比较稀疏，组成简单，除上述两种优势种以外，还可见到圆柏、绣线菊、栒子(*Cotoneaster* spp.)、忍冬(*Lonicera* spp.)、库页悬钩子(*Rubus sacha-linensis*)等，半阳坡圆柏数量明显增多，海拔近 2900 m 处，鬼箭锦鸡儿增多。草本植物有垫状点地梅(*Androsace tapete*)、小花草玉梅(*Anemone rivularis* var. *flore-minore*)、龙胆、羊茅、双叉细柄茅、委陵菜(*Potentilla* spp.)、棘豆(*Potentilla* spp.)、黄芪(*Astragalus* spp.)、大黄(*Rheum* spp.)、薹草、早熟禾等。群落高 25~100 cm，分盖度达 20%~40%，草本植物盖度低于 20%。

(24)鬼箭锦鸡儿灌丛(Form. *Caragana jubata*)

鬼箭锦鸡儿是我国西北高山区典型落叶多刺灌木。具有耐寒、喜高山冷凉阴湿环境，耐干旱瘠薄、繁殖能力强等习性。在我国，主要分布于青藏高原东部地区，青海的黄南、果洛、玉树的东部，川西，甘南，祁连山和天山、贺兰山等地；在内蒙古主要分布于荒漠区东缘的贺兰山海拔 2900 m 以上的高山，在山地阳坡分布于亚高山灌丛以上，在阴坡则分布于杯腺柳灌丛的上部，随着分布海拔的升高，植株逐渐变矮。群落结构分层明显，灌木层以鬼箭锦鸡儿占绝对优势，盖度达 30%~50%，灌木层高度为 45~60 cm。伴生种有杯腺柳、金露梅、银露梅等。草本层的植物组成较丰富，一般盖度达 90%，高度 20~30 cm。常见的伴生草本有矮生嵩草、珠芽蓼、薹草、华北剪股颖、早熟禾、羊茅、披碱草、蒙古细柄茅、聚花马先蒿(*Pedicularis conferti-flora*)、草玉梅、钝裂银莲花(*Anemone obtusiloba*)、矮火绒草、委陵菜、蒙古黄耆(*Astragalus mongholicus*)、老芒麦(*Elymus sibiricus*)等。

5.3.2 西阿拉善—中央戈壁荒漠区

5.3.2.1 概 述

西阿拉善—中央戈壁荒漠区位于西阿拉善地区和额济纳地区，东起雅布赖分水岭，西至新疆天山东部，北抵戈壁阿尔泰山，南到河西走廊，境内由沙漠、湖盆、丘陵、山地、砾石戈壁等多样的环境组成。年降水量不足 100 mm，≥10 ℃的积温为 3100~3500 ℃。额济纳河以东地区沙化特征显著，以西地区裸岩残石遍地，戈壁砾岩发达，加之砾岩表面氧化，形成黑色荒漠漆皮，土壤石质化严重，故有"黑戈壁"之称，戈壁特征明显。

该区域的植被主要是在干旱气候条件下发育而成，气候严重干旱限制了草原植物成分的渗入，因此这里的荒漠植被没有明显的草原化特点，其植物退化为以超旱生、旱生的低矮木本、半木本或肉质植物、耐盐植物为主，植株普遍矮化，群落组成十分单调，群落结构稀疏，一般盖度在 30% 以下，且分布不均。土壤钙化、石膏化、盐碱化、石漠化强烈，地表物质的剥蚀与堆积现象明显。区域北部为浩瀚的戈壁，南部是茫茫的巴丹吉林沙漠，北部国境一带有戈壁阿尔泰山南麓的低山残丘。辽阔的戈壁滩上分布着霸王、泡泡刺、沙拐枣、裸果木、膜果麻黄、红砂、绵刺、珍珠猪毛菜、蒿叶猪毛菜、合头草、短叶假木贼等灌木与半灌木形成的稀疏群落。梭梭分布在湖盆外围的覆沙地上。额济纳河冲积平原及湖盆地区分布有白刺荒漠、盐爪爪荒漠，沿岸及湖盆周围盐渍土壤上分布有多枝柽柳大灌丛。巴丹吉林沙漠是区域内面积最大，条件最严酷的沙漠。植被极为稀少，绝大部分都是流动沙丘，甚至堆积成高大裸露沙山，因而形成极为荒凉的自然景观。沙漠中所能遇到的植物十分贫乏，而且零星散生，主要的种类有沙拐枣、圆头蒿、山竹子。沙漠中的湖盆外围生长有白刺和梭梭。

5.3.2.2 主要灌木群落

(1) 膜果麻黄荒漠(Form. *Ephedra przewalskii*)

膜果麻黄是典型荒漠区广泛分布的叶片退化、小枝常绿的灌木,具有强旱生、根系发达和丛生等习性。在我国主要分布于阿拉善高原西部、北部和额济纳地区南疆塔里木盆地外围、中央戈壁(嘎顺戈壁、河西走廊)和柴达木盆地,在准噶尔盆地的艾比湖东岸也有小片分布。膜果麻黄是亚洲中部荒漠的典型群落,群落的形成通常与洪积物有关。在西阿拉善—中央戈壁荒漠区的群落多出现在山前碎石质、砾质戈壁坡麓的中下部位,伴生植物很少,偶尔有霸王、梭梭、沙拐枣、裸果木等少数荒模植物。在阿拉善地区多分布在干河床上,一般所占面积均不太大。膜果麻黄、所组成的群落结构比较简单、稀疏,盖度 1%~8%。伴生植稍有增加,除以上物种外,还可遇到沙蒿、中亚紫菀木、红砂、灌木铁线莲及雾冰藜、白茎盐生草、阿拉善单刺蓬等。

(2) 裸果木荒漠(Form. *Gymnocarpos przewalskii*)

裸果木为超旱生小灌木,是亚洲中部荒漠区的特征植物,亦是起源于地中海旱生植物区系的第三纪古老残遗成分。被列为国家Ⅰ级重点保护野生植物(《国家重点保护野生植物名录(第一批)》,1999)。裸果木在我国分布于新疆天山、哈密盆地、北塔山,甘肃河西走廊,青海北部及内蒙古西部阿拉善荒漠区的冲积平原、洪积扇、石质残丘及戈壁上(巴哈尔古丽 等,2005)。裸果木是石质荒漠植被的重要群落之一。在西阿拉善—中央戈壁荒漠区的群落分布面积较小,多呈零星的群落片断出现在石质山丘的干谷和较陡的石质山坡上。群落组成十分贫乏。裸果木经常和霸王、红砂、合头草、松叶猪毛菜等荒漠植物混生在一起,有时在残丘上偶而还能见到矮生的旱榆,而几乎看不到草原植物的任何痕迹。一年生草本可见到画眉草、三芒草、九顶草、刺蓬、盐生草、雾冰藜、蒙古虫实、猪毛菜等。裸果木群落灌木层一般高 30~50 cm,群落盖度 3%~10%。

(3) 泡泡刺荒漠(Form. *Nitraria sphaerocarpa*)

泡泡刺是亚洲中部荒漠区广泛分布的肉质叶荒漠灌木。具有强旱生、根系发达和丛生等习性。在我国广泛分布于阿拉善、中央戈壁、塔里木等荒漠地区,但在柴达木和西鄂尔多斯数量较少。泡泡刺在排水良好的戈壁高平原上,在覆沙 10 cm 的典型荒漠生境下,常常形成大面积的"纯"群落。表土砾石质增多时,通常形成泡泡刺+红砂群落。在中央戈壁荒漠区的砾石戈壁和石质残丘的坡地上泡泡刺荒漠偶有出现。泡泡刺荒漠群落的外貌极为单调,一般是在黄色的细沙或黑色戈壁的背景上,星散地分布着稀疏的黄绿色的灌木小丛。灌木层一般高 20~50 cm,盖度波动在 1%~8%。结构极为简单,多数只有泡泡刺形成的单一灌木层片。有时还有泌盐小灌木红砂层片,伴生植物有膜果麻黄、裸果木、沙拐枣、木本猪毛菜、驼绒藜、合头草、刺旋花、中亚紫菀木,有时在上层还稀疏分布少数梭梭。一年生植物发育微弱,只可以见到无芒隐子草、黄花补血草、盐生草、雾冰藜、白茎盐生草、沙蓬、虫实等。

(4) 蒿叶猪毛菜荒漠(Form. *Salsola abrotanoides*)

蒿叶猪毛菜是亚洲中部荒漠区西部山地广泛分布的肉质叶小半灌木。具有强旱生性、根系发达等习性。在我国主要分布于柴达木盆地外围的山地荒漠中,部分分布到新疆天山、昆仑山以及内蒙古马鬃山。以蒿叶猪毛菜为主要优势种的灌木丛主要是亚洲中部荒漠区山地中的山间盆地、洼地或山前洪积扇上的主要植被类型。这一群系的群落类型和群落组成均比较简单。单独或与红砂、合头草、尖叶盐爪爪等组成群落，少量伴生的植物常有泡泡刺、膜果麻黄、霸王等。在水分条件较好的地段，群落有微弱的草原化特征，草本植物有碱韭、沙生针茅、无芒隐子草、黄花补血草等，有时还可见到小半灌木植物薯状亚菊、旱蒿（*Artemisia* ssp.）等混生。一年生植物有盐生草、白茎盐生草、雾冰藜等。蒿叶猪毛菜荒漠群落的盖度，一般在 5%~10%，草原化的群落可达 15%~20%。

（5）短叶假木贼荒漠（Form. *Anabasis brevifolia*）

短叶假木贼是亚洲石质荒漠广泛分布的肉质化小半灌木。具有强旱生性，常表现为石质荒漠的类型。在我国主要分布于阿拉善和中央戈壁地区，虽分布较多，但很少见到大面积的群落，也出现在鄂尔多斯高原西北部的桌子山边缘。在典型荒漠区中它多在阿拉善北部和额济纳西部的干燥石质低山残丘上，呈零星团块状分布，短叶假木贼零散生长在石缝或小干沟内，构成最稀疏、低矮、贫乏的石质荒漠群落、地面上大面积岩石裸露。在一些水分条件较好的生境地段，短叶假木贼群落中尚有稀少的合头草、中亚紫菀木、大花驼蹄瓣（*Zygophyllum potaninii*）、小甘菊、拐轴鸦葱等植物伴生，群落盖度可达 2%~3%。

（6）沙拐枣荒漠（Form. *Calligonum* spp.）

沙拐枣荒漠是由沙拐枣属植物组成的群落类型，是亚非荒漠区典型的沙漠植被。具有强烈耐寒和适应流沙的生态特性，固沙性能好。在我国广泛分布于阿拉善、中央戈壁、柴达木、准噶尔东部及塔里木的东北部等地区。以蒙古沙拐枣建群的荒漠群落主要出现在巴丹吉林沙漠与腾格里沙漠北部，也可出现在北阿拉善和额济纳的戈壁复沙地段上。以阿拉善沙拐枣建群的荒漠群落主要出现在库布齐沙漠最西部的流动沙地上。

① 蒙古沙拐枣荒漠。蒙古沙拐枣荒漠主要有以下两种群落类型：巴丹吉林沙漠的高大沙丘和波状起伏的流动沙地上，形成流动沙丘上的蒙古沙拐枣荒。它是占面积最大的群落类型。群落结构十分稀疏，但比较均匀，蒙古沙拐枣是建群植物。其他植物稀少地混生在群落中，如膜果麻黄、木蓼、圆头蒿等偶有出现。有些年份，沙蓬等一年生的沙地先锋植物生长较多，群落总覆盖度一般可达到 5%~7%。在腾格里沙漠北部的新月形沙丘和蜂窝状沙丘上，蒙古沙拐枣群落也有不少分布，其中，细枝山竹子常有较多的混生，并且还伴生了圆头蒿、油蒿以及根茎型禾草沙鞭等沙生植物。一年生沙地先锋植物除沙米、虫实以外还有二年生的沙芥（*Pugionium* spp.）等。群落盖度常不均匀，一般约 10%~15%。在阿拉善北部的银根盆地西南部及额济纳河以西中央戈壁荒漠区的复沙戈壁上形成另一种覆沙戈壁上的蒙古沙拐枣荒漠。蒙古沙拐枣植丛可高达 1 m 以上，使群落外貌呈稀疏的灌丛状。伴生植物很少，偶而可见到一些老年梭梭的枯株和少量的泡泡刺等。群落盖度约 10%。

② 阿拉善沙拐枣荒漠。阿拉善沙拐枣是与蒙古沙拐枣相近似的一种沙生半灌木。由阿拉善沙拐枣组成的荒漠群落极为稀疏，伴生植物主要有柠条锦鸡儿、木蓼、杨柴、圆头蒿等。草本先锋植物也极少见，形成荒凉的沙漠景观。

（7）红柳荒漠（Form. *Tamarix* spp.）

红柳荒漠是荒漠区各河流沿岸及湖盆周围盐渍土上常见的大灌丛。具有强旱生、繁殖能力强、耐盐碱等习性。在我国广泛分布于塔里木盆地和准噶尔盆地，向东经河西走廊至阿拉善地区，南达柴达木盆地。它适生于河漫滩、低阶地和扇缘地下水溢出带，在地下水位深 2~3 m 处生长最好，5~7 m 深处生长受到抑制，深于 10 m 则濒于死亡，但在夏季有洪水波及的地段，虽无地下水补给，亦能生长。在重盐渍土的生境上，红柳生长良好，在沙漠边缘的古河床或地下水位较浅的地段，它随沙埋而继续生长，并能生长不定根，形成高达 10 m 以上的"红柳包"。在额济纳河和弱水河沿岸，地下水位深 2~4 m，并有短期洪水漫灌的地段，伴生灌木有铃铛刺（*Halimodendron halodendron*），红柳灌丛十分旺盛，高度 2~6 m，覆盖度达 40%~70%。个别地段有残留稀少的胡杨、长穗柽柳、细穗柽柳和多花柽柳。这些种常随地下水矿化度增加而增多，成为次建群种。草本层覆盖度达 10%~30%，常见种类有芦苇、假苇拂子茅、小獐毛（*Aeluropus pungens*）、苦豆子、花花柴、拐轴鸦葱、鹅绒藤等。

在荒漠区各河流下游、乌兰布和沙漠北部的湖盆周围，地下水位深 0.5~3（4）m 的重盐渍化土上，生长稍差。伴生植物除稀疏的刚毛柽柳外，常见的还有盐节木、盐穗木、尖叶盐爪爪、黑果枸杞、小果白刺等，其覆盖度在 5%~50%。草本植物极少，常见有碱蓬、盐生草、赖草和芦苇等。在额济纳河下游低阶地草甸盐土上，红柳灌丛生长较好，总盖度达 40%~60%。伴生植物有黑果枸杞、花花柴、苦豆子、骆驼刺和芨芨草等。

（执笔人：内蒙古自治区林业监测规划院 岳秀贤；内蒙古自治区林业科学研究院 赵丽；内蒙古农业大学 刘冠志、刘果厚；内蒙古自治区自然资源厅 刘博）

第 6 章
新疆干旱、半干旱荒漠化地区灌木林

新疆地处欧亚大陆腹地，远离海洋，是温带和暖温带干旱和极干旱荒漠区，拥有典型的大陆性荒漠气候。它是阿尔泰山、天山、昆仑山、帕米尔高原、阿尔金山、藏北高原几大地理单元的接触地区；在植物地理上处于欧亚森林亚区、欧亚草原亚区、中亚荒漠亚区、亚洲中部荒漠亚区和中国喜马拉雅植物亚区的交汇。独特的地理位置，加之复杂的地貌单元和巨大的地势高差使得该区域内土壤和植被类型丰富。在极端干旱气候的条件下，地带性土壤荒漠土在新疆平原广泛发育，随着盆地中河流、湖泊以及扇缘的泉水溢出，沼泽土、草甸土和盐土等隐域性的水成土壤得到发育，随着山地垂直气候的变化，山地土壤垂直结构完整。新疆干旱、半干旱荒漠化地区分布着典型的荒漠植物群落，由于水域和山地湿岛垂直气候带的作用，新疆干旱、半干旱荒漠化地区孕育了从极地到暖温带的各种自然景观带(沼泽、草甸、草原及森林)及其生态系统。它是亚-非荒漠生态系统的有机组成和典型代表，具有维系生态系统稳定、保障欧亚大陆生态系统健康、承载区域生物多样性安全的巨大功能。

依据纬度地带差异，以我国天山为界，新疆干旱、半干旱荒漠化地区分为温带干旱地区(带)和暖温带干旱地区(带)两个大地区(带)。在两个大自然地区(带)的基础上，依据水分和植被的差异，新疆干旱、半干旱荒漠化地区又被划分为 6 个自然区：阿尔泰、准噶尔以西山地半干旱地区、准噶尔盆地温带干旱荒漠地区、伊犁—巴尔鲁克中天山地区、哈密(戈壁)荒漠地区、吐鲁番盆地荒漠地区、塔里木盆地暖温带极端干旱荒漠地区。新疆干旱、半干旱化荒漠地区地域辽阔，生态环境恶劣，环境异质性大，植被一旦受到破坏极难恢复。

据不完全统计，新疆灌木植物共 416 种(包括 20 个变种)，隶属于 35 科 109 属。其中裸子植物 2 科 2 属 15 种(含 2 个变种)，被子植物 33 科 107 属 401 种(含 18 个变种)，被子植物在新疆灌木植物区系中占有很大的优势。新疆灌木植物地理成分多样，区系性质以温带为主。在科级水平上，除去世界分布科，温带分布科占 80%。在属级水平上，北温带分布、旧世界温带分布和温带亚洲分布共有 54 属，占新疆灌木植物非世界属的 56.25%；植物区系的种类趋向于集中在有限的少数科内，单种属和寡种属居多，区系的优势现象比较明显；在属的水平上，北温带成分和地中海成分占优势，分别占总属数的 37.5% 和 23.96%，无中国特有成分，这表明新疆灌木植物区系与本地所处的北温带和古地中海地理位置是一致的。

6.1 阿尔泰、准噶尔以西山地半干旱地区

6.1.1 概 述

本区位于中国干旱区西北隅，西邻哈萨克斯坦共和国，北连俄罗斯，东与蒙古国接壤，南与乌伦古河至准噶尔西部山地东部和南部山脚线为界。区内主要由阿尔泰山、准噶尔西部山地及其山间盆地和山麓平原组成，总面积 13.0 万 km²。本区山体和山前平原以大断裂为界，具有明显的的阶梯层状地貌。受北冰洋和大西洋冷湿气流的影响，加上山体的隆升使得针叶灌丛、山地落叶阔叶灌丛、山地河谷落叶阔叶灌丛在此地区的山地广泛发育；在各山系的前山带，发育了旱生、中旱生的灌木、半灌木、小半灌木荒漠；在雨影地区的砾石戈壁上分布有小面积的第三纪以前形成的膜果麻黄和戈壁藜荒漠。

近百年来随着区域内的无序开发，内部河流、湖泊面积锐减，草原退化、河谷林破坏、土地沙漠化、次生盐渍化日趋严重，使得区域内分布的灌丛、灌木、小半灌木荒漠群落结构及分布格局也产生了一定的变化。例如，塔城库鲁斯台草原由于草原的退化部分区域出现了荒漠草原向小半灌木荒漠演替的趋势。随着生态文明建设的推进，阿尔泰、准噶尔以西山地半干旱地区已建立各类型的自然保护区 7 个(巴尔鲁克山、科克苏湿地、哈纳斯、两河源头、金塔斯山地草原、额尔齐斯河科克托海湿地、布尔根河狸)，国家湿地公园 12 处(新疆乌齐里克河源、新疆阿勒泰克兰河、新疆和布克赛尔、新疆乌伦古湖、新疆塔城五弦河、新疆额敏河、新疆青河县乌伦古河、新疆富蕴可可托海、新疆吉木乃高山冰缘区、新疆布尔津托库木特、新疆哈巴河阿克齐、新疆生产建设兵团第十师丰庆湖)，国家森林公园 4 处(新疆贾登峪、新疆白哈巴、新疆阿尔泰山温泉、新疆哈巴河白桦)，国家沙漠公园 3 处(布尔津萨尔乌尊、和布克赛尔江格尔、乌伦古湖)，对该区域内的生物多样性及其植被起到了很好的保护。在保护的同时，新疆维吾尔自治区林业和草原局和各地方政府对该区域内的植被退化区域也积极地实施了一系列的三北防护林、退耕还林、退牧还草、矿山修复工程等植被恢复工作，使得该区域内的植被得到了较好的修复。在植被修复中山地灌木林(茶藨子、沙棘)和山前小灌木林(驼绒藜)的营造不仅给该区域带来了生态效益和经济效益，也推动了当地特色小浆果产业链的发展。

6.1.2 主要灌木群落

(1)西伯利亚刺柏灌丛(Form. *Juniperus sibirica*)

西伯利亚刺柏是典型的北方区系成分，耐寒、抗旱，是欧洲俄罗斯、亚洲西伯利亚等山地的高山上部的水土保持树种。该灌丛在我国只分布于阿尔泰山、准噶尔西部山地和伊犁地区的中山-亚高山带的半阳坡。在山地垂直自然带中通常处于森林草原和高山、亚高山草甸带之间。群落的郁闭度高，盖度 50%~60%，高度一般为 0.5~1 m。群落的种类组成因不同山系和不同地形条件而有很大的差异。在中山带以上的北坡或其他较湿润的坡地上，常与新疆方枝柏、湿生禾草、杂类草草甸以及其他中生灌木形成群落。群落层片结构清晰，灌木层由西伯利亚刺柏、新疆方枝柏、刚毛忍冬、圆叶茶藨子、刺蔷薇、单花栒子(*Cotoneaster uniflorus*)等植物组成。草本层禾类草主要有大看麦娘(*Alopecurus pratensis*)、毛轴异燕麦(*Helictotrichon pubescens*)、

无芒雀麦、草原早熟禾、紫羊茅（*Festuca rubra*）等；杂类草主要有野罂粟、紫苞鸢尾（*Iris ruthenica*）、山地糙苏（*Phlomis oreophila*）、白花老鹳草（*Geranium albiflorum*）等。

在向阳的石质化坡地，则和中生、中旱生小灌木组成草原化灌丛群落。该群落的盖度较低，常见伴生灌木有金丝桃叶绣线菊、小叶忍冬、阿尔泰醋栗（*Ribes aciculare*）等。常见的伴生草本植物有硬尖神香草（*Hyssopus cuspidatus*）、糙枝金丝桃（*Hypericum scabrum*）、针茅、羽叶婆婆纳羽叶穗花（*Pseudolysimachion pinnatum*）、长距柳穿鱼（*Linaria longicalcarata*）等。

（2）叉子圆柏灌丛（Form. *Juniperus sabina*）

叉子圆柏是干旱、半干旱地区防风固沙和水土保持的优良树种。它是亚洲内陆大陆性气候山地特有的旱生疏林植被类型。广泛分布于阿尔泰山、准噶尔西部山地、天山山地的干旱石质坡地。喜光，耐寒、耐旱、耐瘠薄，萌生力和适应性强，生态幅宽，其分布海拔为 1000~3000 m。在向阳坡地，叉子圆柏常形成单优势种群落，群落内的常有小叶忍冬、金丝桃叶绣线菊、白皮锦鸡儿（*Caragana leucophloea*）等灌木零星分布，草本植物主要有中败酱（*Patrinia intermedia*）、全缘叶青兰（*Dracocephalum integrifolium*）、垂花青兰（*Dracocephalum nutans*）、蓬子菜、贯叶连翘（*Hypericum perforatum*）等；在针叶树或针阔混交林的林窗处，群落内常常伴生大花银莲花（*Anemone sylvestris*）、钟萼白头翁（*Pulsatilla campanella*）、林地乌头（*Aconitum nemorum*）、堇菜（*Viola* spp.）等；在林缘上限，群落内常见的伴生植物有高山龙胆、勿忘草（*Myosotis alpestris*）、珠芽蓼、野罂粟、棘豆属（*Oxytropis* spp.）、大苞石竹（*Dianthus hoeltzeri*）等。

（3）圆叶桦灌丛（Form. *Betula rotundifolia*）

圆叶桦是阿尔泰山珍贵的保土树种，生长快、萌芽性强，耐寒。呈块状间断分布于海拔 2500~2700 m 的阿尔泰高山林缘至冻原，或林缘沼泽高山地区。在喀纳斯地区，受西伯利亚湿气流的影响，其分布也下降到海拔 2300 m，构成一条与林限相接触的窄带。灌丛高度一般为 1~1.5 m，低矮的圆叶桦常枝干交错，形成密丛，群落盖度可达 80%~90%。丛内有时混有皱纹柳（*Salix vestita*）、灰蓝柳、西伯利亚刺柏、新疆方枝柏等小灌木。丛间散生高山草甸草，主要有高山早熟禾（*Poa alpina*）、新疆猪牙花（*Erythronium sibiricum*）、林生顶冰花（*Gagea filiformis*）、蝶须（*Antennaria dioica*）、黑花薹草、高山梯牧草、斜升秦艽、东北点地梅、高山地榆等。群落内地衣–藓类层较发达，盖度可达 30%。

（4）密刺蔷薇灌丛（Form. *Rosa spinosissima*）

密刺蔷薇灌丛主要分布在阿尔泰山、准噶尔西部山地海拔 1300~1800 m 的阴坡和半阴坡上，尤其在塔尔巴哈台山南坡最为发达。该群落适生的土壤类型为山地灰褐土。灌木层片发达，常形成密丛，高 1.5~2 m，盖度 50%~70%。草本层一般高 0.5~1 m，盖度在 30%~60%。群落的伴生灌木种类丰富，主要有金丝桃叶绣线菊、黑果枸子、茶藨子（*Ribes nigrum*，*R. heteotrichum*、*R. meyeri*）、异果小檗（*Berberis heteropoda*）、新疆忍冬、刺蔷薇等。丛间草甸草类繁多，主要有路边青、金黄柴胡（*Bupleurum aureum*）、新疆党参（*Codonopsis clematidea*）、薯、假梯牧草（*Phleum phleoides*）、鸭茅（*Dactylis glomerata*）、蓬子菜、无芒雀麦等。在西坡或草原带的阴坡，多刺蔷薇灌丛常发生草原化，群落中常混生有金丝桃叶绣线菊、黄刺条、华丽豆（*Calophaca chinensis*）等旱生灌木；针茅、沿草、雀麦（*Bromus japonicus*）、贯叶连翘等。

（5）刺蔷薇灌丛（Form. *Rosa acicularis*）

刺蔷薇群落仅小面积分布于密刺蔷薇群落的上部。灌木层片高 1~1.5 m，草本层高 0.3~

0.7 m。丛内伴生灌木主要有密刺蔷薇、刚毛忍冬、黑果枸子等；草本层片主要伴生植物有毛轴异燕麦、短柄草(*Brachypodium sylvaticum*)、椭圆叶蓼(*Polygonum ellipticum*)、丘陵老鹳草(*Geranium collinum*)等。

(6)石蚕叶绣线菊灌丛(Form. *Spiraea chamaedryfolia*)

该类型仅见于阿尔泰山山地森林带内的林间空地、林缘和河谷。大叶绣线菊常构成群落的单优势种，或丛内混生有少量的多刺蔷薇、黑果枸子。群落的草本层常由柄状薹草构成草本成片的优势种，并伴生有白喉乌头(*Aconitum leucostomum*)、地榆、柳兰、新疆风铃草(*Campanula stevenii* subsp. *albertii*)、垂花青兰等。

(7)金丝桃叶绣线菊灌丛(Form. *Spriaea hypericifolia*)

金丝桃叶绣线菊群落是温带落叶阔叶灌丛的最典型的群落之一，也是新疆北疆山地分布最广泛的灌丛。具有喜光、抗寒耐旱的特性，可将其强大的根系伸入含有较多水分的风化母岩层，从而能与草原的旱生植物相抗衡，并构成稠密的灌丛。该群落的分布海拔随山地的不同而异，在阿尔泰山和塔尔巴哈台山分布在海拔 1000~1800 m，在天山北部其分布海拔上升至 1400 m 以上。常分布于草原带内凹形坡和森林带内的石质化薄层土的阳坡上。灌木丛高度一般在 0.5~1.5 m，盖度 40%~60%。群落内的伴生灌木种类丰富，阿尔泰山以密刺蔷薇、刺蔷薇、小叶忍冬、白皮锦鸡儿等为主，天山以疏花蔷薇(*Rosa laxa*)、弯刺蔷薇(*Rosa beggeriana*)、矮小忍冬为主，塔尔巴哈台山则以天山樱桃(*Cerasus tianshanica*)、矮扁桃(*Amygdalus nana*)为主。草本层多由中生、中旱生的山地草原植物为主，主要有无芒雀麦、蓬子菜、杂交费菜(*Phedimus hybridus*)、全叶青兰、南苜蓿(*Medicago polymorpha*)、洽草、针茅、窄颖赖草(*Leymus angustus*)、中败酱等。

(8)矮扁桃(野巴旦)灌丛(Form. *Amygdalus nana*)

野巴旦杏又名野扁桃，为蔷薇科扁桃属植物。野巴旦杏属于第三纪子遗植物，由于第四纪多次冰川的影响，使其分布区收缩呈孤立岛状，在我国境内塔城山间盆地周围低山地段仍有残遗分布，其西北部延伸到东部哈萨克斯坦，东北延到阿勒泰地区的哈巴河河谷地段。目前在塔城巴尔鲁克山已设有新疆野巴旦杏保护区，面积约 3200 hm²。保护区的建立，使野巴旦杏这一面临濒危的子遗物种得到了有效的保护。

该群落主要分布于塔城巴尔鲁克山，其次在塔尔巴哈台山、托里老风口、伊犁巩留、阿尔泰哈巴河流域的山麓有零星分布，海拔 900~1200 m。野巴旦杏对土壤基质的适应幅度较宽，可在砾石堆中生存，但以平缓坡面有一定厚度的表土层，通常在 10~30 cm，此层含水量达 10% 左右的区域，生长最为繁茂。在碎石坡上，野巴旦杏植株生长势较差，常呈低矮而疏落的小丛，高仅 50 cm，冠幅 20 cm × 30 cm，此区植被总覆盖度在 10% 以下，与耐旱的天山樱桃、中麻黄(*Ephedra intermedia*)、木贼麻黄、绿叶木蓼(*Atraphaxis laetevirens*)、二刺叶兔唇花(*Lagochilus diacanthophyllus*)、蒿(*Artemisia* spp.)、针茅等低矮旱生植丛相间而生，成为山地砾漠灌丛的组成成分。土层发育较好地段，植丛生长势变得繁茂。通常高 1.1~1.7 m，且呈单优的聚生密丛，植丛面积由数平方米到数百平方米连片。在野巴旦杏为主体的单优丛块周围，常由蔷薇(*Rosa laxa*, *R. acicularis*, *R. spinosissima*)、忍冬(*Lonicera microphylla*, *L. heterophylla*, *L. tatarica*)、狭叶锦鸡儿、金丝桃叶绣线菊、广西野豌豆、蓬子菜、蓍、块根糙苏(*Phlomis tuberosa*)等形成的植丛呈镶嵌分布，群丛内有数量较多的块根芍药(*Paeonia intermedia*)、贝母(*Fritillaria* spp.)散布。当海拔上升到1200 m地段，由于海拔效应，温度随而改善，植丛显得更加茂密，野巴旦杏植株的生长势亦显茂盛，但其多度渐趋下降。在植被的组成中，其地位显著下降，其他种类在此间渐变成植丛主体，并随海拔的继续上升，野巴旦杏渐行消失。

(9) 黄刺条灌丛 (Form. *Caragana frutex*)

黄刺条群落成块状镶嵌分布在阿尔泰山和准噶尔西部山地的前山草原带。它处在山地草原与荒漠草原的过渡地带，群落内的物种组成丰富，伴生灌木有多刺蔷薇、金丝桃叶绣线菊、小叶忍冬、金露梅等；伴生草本有针茅、沟叶羊茅(*Festuca valesiaca* subsp. *sulcata*)、冰草、落草、蓬子菜、块根糙苏等。在该灌丛分布带的下部，群落内会混生旱生、中旱生的荒漠小灌木，如驼绒藜、膜果麻黄、小蓬等。

(10) 盐生假木贼荒漠(Form. *Anabasis salsa*)

盐生假木贼荒漠是北疆荒漠植被中具有重要作用的显域性植被类型。它大面积分布在准噶尔盆地北部的额尔齐斯河与乌仑古河之间的古老阶地，并向南扩展到乌仑古河以南的第三纪高平原。小面积出现于天山北麓的山前洪积扇和低丘地。土壤为盐化或碱化的沙质或沙砾质棕钙土或灰棕荒漠土。

盐生假木贼群落高5~20 cm，群落总盖度15%~35%。群落种类组成约10种。伴生植物随地形和土壤基质的变化有所不同，在砾质戈壁上伴生植物主要有展枝假木贼(*Anabasis truncata*)、蛇麻黄(*Ephedra distachya*)、木地肤、博洛塔绢蒿(*Seriphidium borotalense*)、白茎绢蒿(*Seriphidium terrae-albae*)、木本猪毛菜、小蓬、驼绒藜、翼果驼蹄瓣、叉毛蓬、盐生草等；在强盐化土上伴生植物有纤细绢蒿(*Seriphidium gracilescens*)、博洛塔绢蒿、木碱蓬(*Suaeda dendroides*)和白滨藜；在沙质地上盐生假木贼与较多的一年生植物和短生植物形成群落，这些植物有小甘菊、尖喙牻牛儿苗(*Erodium oxyrhinchum*)、东方旱麦草(*Eremopyrum orientale*)、抱茎独行菜(*Lepidium perfoliatum*)等。

(11) 小蓬荒漠(Form. *Nanophyton erinaceum*)

小蓬荒漠在新疆分布于阿尔泰山南麓、准噶尔盆地西部山地东麓、天山北麓、北塔山南麓和伊犁谷地内。它总是成小面积出现于海拔高度较高的山麓洪积扇或河旁古老阶地上。适应的土壤是棕钙土、灰钙土或灰棕荒漠土。

小蓬常形成单优势种群落，分布于海拔600~900 m的山麓洪积扇或河旁古老阶地上。小蓬在群落中形成高5 cm左右的稀疏小半灌木层片，群落总盖度10%~30%。群落的种类组成较少，1~2种至10余种。伴生植物多为旱生小灌木驼绒藜、纤细绢蒿、盐生假木贼、木地肤等，灌丛内常有稀疏的旱生草本植物，沙生针茅、角果藜、散枝猪毛菜、盐生草、庭荠(*Alyssum desertorum*)、小车前等。

在乌仑古河以北和北塔山一带海拔1200 m以上的山前洪积扇上，可以见到小蓬与超旱生半灌木或小半灌木形成的群落。这类群落适应的土壤具有明显的盐化特征。常由小蓬形成优势层片，红砂、盐生假木贼、纤细绢蒿形成从属层片。小蓬高10 cm左右，群落总盖度20%~30%。群落种类组成6~8种。伴生植物有驼绒藜、小甘菊、沙生针茅等。

在伊犁谷地、博乐谷地和阿尔泰山南麓海拔1000 m左右的砾石低山上，小蓬与草原禾类草形成草原化荒漠。小蓬高5~10 cm，群落总盖度10%~15%。从属层片禾草为沙生针茅、针茅。群落种类组成6~8种。伴生植物有纤细绢蒿、博洛塔绢蒿、沟叶羊茅等。

（12）盐爪爪荒漠（Form. *Kalidium foliatum*）

盐爪爪荒漠喜生于潮湿的盐土，常分布在新疆乌仑古河下游平原、天山南北麓山前平原、吐鲁番盆地的洪积扇和河西走廊低湿地。随地下水变化，盐爪爪荒漠的组合出现差异。

在天山北麓和吐鲁番盆地，地下水在 30~100 cm 的低地，盐爪爪与潜水旱生灌木组成群落。这类荒漠群落的从属层片由多枝柽柳、刚毛柽柳组成，群落总盖度 30%。伴生植物有褐翅猪毛菜（*Salsola korshinskyi*）、小叶碱蓬、小果白刺、黑果枸杞、小獐毛、芦苇、骆驼刺等。

在乌仑古河河岸阶地和天山南麓，地下水位 50~200 cm，盐爪爪与小獐茅、赖草组成比较稀疏的群落，总盖度 10%~20%。它们随着小地形的变化与芨芨草或小獐茅盐生草甸有规律的交替分布。

（13）囊果碱蓬荒漠（Form. *Suaeda physophora*）

囊果碱蓬荒漠分布在天山北麓扇缘低地、乌仑古河下游盐池周围的盐土上。

囊果碱蓬与盐生假木贼、红砂分别形成群落。群落总盖度 10%~15%。伴生植物有盐爪爪、里海盐爪爪、盐穗木、纵翅碱蓬（*Suaeda pterantha*）、小果白刺、红砂、大叶补血草等。

（14）白滨藜荒漠（Form. *Atriplex cana*）

白滨藜荒漠分布于额尔齐斯河和乌仑古河两河间小洼地内、盐池周围和准噶尔盆地南部。土壤为比较干燥的碱化草甸型淡棕钙土和灰棕荒漠土。白滨藜常形成单优势种群落，群落高 25~30 cm，群落总盖度 30%左右。群群中混生稀少的盐生假木贼、短叶假木贼、多伞阿魏（*Ferula feruloides*）。

（15）樟味藜荒漠（*Camphorosma lessingii*）

樟味藜荒漠分布于阿尔泰山南麓、乌仑古河下游盐池周围及玛纳斯河河谷平原。樟味藜常与白滨藜群落和囊果碱蓬群落组成覆合体。此群落处在盐化碱化较轻的地段。群落中常混生各种耐盐的禾草和杂类草。伴生植物主要有芦苇、海韭菜（*Triglochin maritima*）、大叶补血草、多枝柽柳、铃铛刺等。群落总盖度 20%~50%。

（执笔人：中国科学院新疆生态与地理研究所 曹秋梅、周华荣）

6.2 准噶尔盆地温带干旱荒漠地区

6.2.1 概 述

准噶尔盆地温带干旱荒漠地区位于阿尔泰山和天山之间，西侧为准噶尔西部山地，东至北塔山，面积 13.2 万 km²。准噶尔盆地是我国第二大盆地，沙漠约占其面积的 30%。盆地地貌分为北部平原、南部平原、古尔班通古特沙漠三部分。其中北部平原北起阿尔泰山南麓，南至沙漠北缘，风蚀地貌明显，发育了大片的草原和荒漠草原；南部平原南起天山北麓，北至沙漠南缘，是主要的农业区；中部的古尔班通古特沙漠以固定、半固定沙丘为主。

灌木林是准噶尔盆地温带干旱荒漠地区的地带性植被。在阿尔泰山和天山之间的准噶尔盆地发育着以梭梭、白梭梭为建群种的小乔木荒漠，并伴生着短命、类短命草本植物层片；在荒漠周边及其外缘受山地气候和积雪融水的影响，发育了以驼绒藜、假木贼(*Anabasis* sp.)、绢蒿(*Seriphidium* sp.)类等小灌木和半灌木荒漠，在该荒漠中夹杂着丛生禾类草针茅(*Stipa* sp.)，形成了草原化荒漠草地。受准噶尔盆地内部地势的影响，在其内部由发育了一定面积的以盐穗木、盐爪爪、盐节木等为建群种的多枝木本盐柴类荒漠。

准噶尔盆地是我国西部重要的能源基地，其富饶的灌溉绿洲是西部重要的工、农业分布密集地区，也是新疆维吾尔自治区重要的农牧业生产基地。人类活动干扰频繁，资源开发利用程度高，使得盆地近年来土地资源利用类型发生了较大的变化。近年来，良好的自然社会环境极大地推动了盆地区域社会经济发展，但人为不合理的开发活动也使得经济带内土地资源利用结构不尽合理，盆地内总体水土资源不平衡，土多水少，制约着土地资源的有效开发利用，同时农田开垦与撂荒并存，对宜垦荒地资源及荒漠草原破坏较大，绿洲外围受到沙漠威胁。其次，公路建设、油气和煤炭资源的勘探开发和其他重大工程行为，使得区域内植被遭到破坏，并诱发半固定、固定沙丘活化的现象时有发生，对绿洲生态稳定造成了一定的威胁。

为了保护该区域内的脆弱荒漠生态系统及其生态系统内的动植物资源，准噶尔盆地温带干旱荒漠地区内已建立各类型的自然保护区 8 个(卡拉麦里山、天池博格达峰、奇台荒漠类草地、夏尔西里、艾比湖湿地、温泉北鲵、奎屯河流域湿地、甘家湖梭梭林)，国家湿地公园 10 处(新疆乌鲁木齐柴窝堡湖、新疆玛纳斯河、新疆沙湾千泉湖、新疆呼图壁大海子、新疆温泉博尔塔拉河、新疆天山北坡头屯河、新疆阜康特纳格尔、新疆照壁山、疆吉木萨尔北庭、新疆生产建设兵团第七师胡杨河)，国家森林公园 8 处(新疆天山大峡谷、新疆天池、新疆江布拉克、新疆哈密天山、新疆哈日图热格、新疆乌苏佛山、新疆塔西河、新疆乌鲁木齐天山)，国家沙漠公园 9 处(昌吉北沙窝、昌吉木萨尔、阜康梧桐沟、呼图壁马桥子、精河木特塔尔、玛纳斯土炮营、木垒鸣沙山、奇台硅化木、沙湾铁门槛)，保护了准噶尔盆地最重要的生态系统和90%以上的野生动植物物种。

6.2.2　主要灌木群落

(1)多枝柽柳灌丛(Form. *Tamarix ramosissima*)

多枝柽柳群落分布于塔里木盆地和准噶尔盆地南部的河漫滩和三角洲、河旁阶地、盐土平原及沙丘上。是耐盐喜湿润的灌木种类，分布区的土壤为盐化草甸土、盐土及龟裂型土。地下水位一般2~3 m最适，5~7 m受抑，低于10 m则濒于死亡。该类型通常是荒漠河岸胡杨林破坏后形成的次生灌丛，并随地下水位、盐分等变化而朝不同方向演替。如果地下水含盐量上升，表层土含盐达15%~20%，其演化趋势是盐化荒漠；如果地下水位下降，土壤极端干旱，则向超旱生荒漠演替。

由于生境多样，可形成不同类型的群落。群系种类组成较丰富，有60余种，除建群种多枝柽柳外，其他占优势的有盐穗木、盐节木、红砂、圆叶盐爪爪、黑果枸杞、白茎绢蒿、芦苇、胀果甘草(*Glycyrrhiza inflata*)、苦豆子、花花柴、拐轴鸦葱等。群落盖度30%~60%。

(2)铃铛刺灌丛(Form. *Halimodendron halodendron*)

铃铛刺群系分布在塔里木河谷平原、玛纳斯河、乌伦古河及布克赛河的河岸和三角洲。它的分布有局限性，适生于水分条件良好、轻度盐渍化的沙质和沙壤质盐化草甸土上，地下水深2~4 m。

在准噶尔盆地乌伦古河、玛纳斯河、和布克赛尔河的河旁阶地及三角洲上，铃铛刺常与耐盐中生多年生草类形成群落。土壤十分湿润，地下水深 1~3 m。常见的禾类草有赖草、芨芨草、柯孟披碱草等，杂类草主要有二裂委陵菜、苦豆子、甘草等，群落常成密丛状，总盖度 50%~90%。而在乌伦古河中游河旁阶地上，地下水位降低至 5~6 m，灌木层下禾草及杂类草变得稀少，而被一年生盐柴类叉毛蓬所代替，形成较密的低草层，覆盖度 30%~40%。群落中并混生白滨藜、角果藜、二裂委陵菜等。

在塔里木河上游高河浸滩，地下水深 2 m 左右，铃铛刺和假苇拂子茅、芦苇组成稀疏群落，覆盖度 30%~40%，混生少许的白麻、苦豆子等。在河流下游及河间平原一些草甸盐土或荒漠化草甸土上，地下水深 4 m 以下，群落内的伴生种多为耐盐中生杂类草，如大叶白麻、胀果甘草、花花柴等。群落内常混有黑果枸杞、芦苇等，群落总盖度 20%~35%。

（3）小果白刺灌丛（Form. *Nitraria sibirica*）

小果白刺（西伯利亚白刺）灌丛分布于天山南麓山前平原、开都河和玛纳河下游三角洲及吐鲁番盆地的结皮盐土和龟裂盐土上。地下水位 2~5 m。小果白刺是具有深根和匍匐枝条的灌木，叶肉质，根具有适应沙埋而再生不定根的能力，因此植株下常堆积 50~70 cm 高的沙堆，形成特殊的白刺包自然植被景观。

小果白刺与多汁木本盐柴类形成的群落成带状分布在库车以西的天山南麓山前冲积洪积扇扇缘。群落内的土壤类型为龟裂型盐土，植物物种组成较单一，常与盐爪爪组成共优群落，群落内偶见无叶假木贼，总盖度为 20%~30%。

小果白刺与耐盐中生多年生草本植物形成的群落见于芨芨草盐化草甸复合体中，处在芨芨草草丛分布范围内起伏较高的部位，地下水位 2~2.5 m。小果白刺在此形成比较密集的群落，总覆盖度达 40%~50%，主要伴生植物有黑果枸杞、芨芨草、芦苇等。

（4）梭梭荒漠（Form. *Haloxylon ammodendron*）

梭梭荒漠在中亚干旱区起着重要的防风固沙作用。梭梭群系大面积分布在准噶尔盆地，零星分布于塔里木盆地北缘、东南部以及嘎顺戈壁。具有较宽的生态幅度，由其所形成的群落，生于荒漠区的湖盆低地外缘固定、半固定沙丘、沙砾质、碎石沙地、砾石戈壁。

地理分布广，生态幅度宽，植物种类组成丰富，这就使梭梭群系的类型学特征复杂化。梭梭可以成单优势种群落，也可以与超旱生灌木、超旱生半灌木、超旱生小半灌木、超旱生多年生草本植物、超旱生一年生草本植物、多年生类短命植物、短命植物形成多种多样的植物群落。

在壤土上，梭梭高达 1.5~5 m，群落总盖度因土壤不同而异，龟裂土上，伴生植物较少，仅有 5 种左右，盖度小于 10%；壤土、沙土上，伴生物种较多，群落盖度为 30%~40%。伴生植物多为一年生盐柴类，如盐生草、散枝猪毛菜、角果藜、叉毛蓬等。

在砾质戈壁上，梭梭高度一般不超过 1 m。群落总盖度 5%~10%，群落种类组成贫乏，伴生植物多为超旱生灌木或超旱生半灌木，常见的有膜果麻黄、木蓼、红砂、驼绒藜、戈壁藜、合头草等。

在准噶尔盆地的玛纳斯河、乌伦古河下游河旁阶地或沙漠边缘的盐化沙壤质土壤上，发育着梭梭与多枝柽柳、刚毛柽柳、长穗柽柳、铃铛刺等耐盐潜水超旱生灌木组成的群落。

在准噶尔盆地和塔里木盆地的固定、半固定沙丘上，梭梭与超旱生灌木沙拐枣形成不同的群落。梭梭高 1~1.5 m，群落盖度 10%~30%。共优种沙拐枣的种类因地而异，准噶尔盆地为淡枝沙拐枣和泡果沙拐枣；在塔里木盆地为沙拐枣。准噶尔盆地的主要伴生植物有对节刺、钠猪毛菜、侧花沙蓬（Agriophyllum lateriflorum）、驼蹄瓣、狭果鹤虱（Lappula semiglabra）、尖喙牻牛儿苗等；塔里木盆地的主要伴生植物有驼蹄瓣、沙蓬、骆驼刺等。

在准噶尔盆地，梭梭还与超旱生灌木、半灌木、小半灌木、一年生草本、多年生类短命、短命植物形成不同的群落。梭梭和超旱生盆地东南部和嘎顺戈壁的石膏砾质或石质土壤上。由膜果麻黄、泡泡刺构成群落的从属层片。群落总盖度不超过 10%。群落种类组成极贫乏，只有 2~7 种。伴生植物有盐生草、猪毛菜等。梭梭和超旱生半灌木群落常发育于中度盐化土壤、龟裂土或覆薄沙沙壤土上。由红砂、驼绒藜、无叶假木贼构成群落的从属层片。群落总盖度为 15%~30%。草本层物种组成丰富，主要由角果藜、钠猪毛菜、叉毛蓬、小车前等。梭梭和超旱生小半灌木形成的群落常发育于沙、沙壤土或含石膏的砾沙质土壤。由白茎绢蒿、盐生假木贼、纤细绢蒿构成群落的从属层片。草本层主要有角果藜、东方旱麦草、独尾草、尖喙牻牛儿苗、齿稃草等。梭梭与一年生草本植物群落常发育于盆地西南部沙漠边缘的薄沙地上，由对节刺、盐生草、钠猪毛菜等构成一年生草本层片。群落盖度 20%~30%。梭梭与多年生类短命、短命植物形成的群落常发育于乌仑古河以南的沙漠边缘地区的薄沙土上。草本层优势物种为尖喙牻牛儿苗、独尾草、齿稃草、四齿芥；伴生物种主要有角果藜、黄花软紫草（Arnebia guttata）、小甘菊、条叶庭荠（Alyssum linifolium）、播娘蒿（Descurainia sophia）等。在玛纳斯河下游一带该群落内常有黑色的地衣层片发育。

（5）白梭梭荒漠（Form. Haloxylon persicum）

白梭梭荒漠是典型的沙生植被类型，只分布于准噶尔盆地的古尔班通古特沙漠和艾比湖东部的沙漠中；零星分布于乌仑古河和额尔齐斯河两岸的沙地上。主要生长在沙漠地区的半固定或固定沙丘上部，小面积出现于半流动沙丘。土壤为灰棕荒漠土型沙土，表面形成 1~3 mm 的褐色生物结皮，无盐化现象。植被生长所需水分靠大气降水与沙层凝结水供给。

白梭梭在群落中高在 1.5~3 m，群落总盖度 10%~30%，群落种类组成相当丰富，以沙生植物为主，可达 100 多种，常与超旱生灌木、半灌木、小半灌木、多年生禾草、一年生沙生草本、多年生短生植物和类短生植物形成群落。常见种类在半固定沙丘顶部有多种沙拐枣（Calligonum leucooladum、C. aphyllum）、羽毛针禾（又名羽毛三芒草，Stipagrostis pennata）、准噶尔无叶豆（Eremosparton songoricum）、倒披针叶虫实（Corispermum lehmannianum）、沙蓬、对节刺、角果藜、刺沙蓬等。在半固定沙丘两侧的基质较稳定，白梭梭生长良好，与淡枝沙拐枣、一年生短命植物构成较为稳定的群落。常见的植物种类有倒披针叶虫实、沙蓬、对节刺、猪毛菜、角果藜、东方旱麦草、尖喙牻牛儿苗、狭果鹤虱、小花荆芥（Nepeta micrantha）、卷果涩荠（Malcolmia scorpioides）等。在固定沙丘顶部或沙地上，白梭梭呈衰退阶段，而一些超旱生灌木、小半灌木和多年生草本、一年生短命植物则生长茂盛，成为优势层片。常见的种类有驼绒藜、沙漠绢蒿（Seriphidium santolinum）、白茎绢蒿、蛇麻黄、倒披针叶虫实、对节刺、东方旱麦草、尖喙牻牛儿苗、粗柄独尾草（Eremurus inderiensis）、狭果鹤虱、砂蓝刺头等。

（6）红皮沙拐枣荒漠（Form. Calligonum rubicundum）

红皮沙拐枣类型分布很窄，主要分布在准噶尔盆地哈巴河、吉木乃和布尔津县境内的古尔班通古特沙漠东缘的流动沙丘和额尔齐斯河南岸的流动沙丘和半固定沙丘上。

红皮沙拐枣在流动沙丘上高 1.5 m，形成十分稀疏的单优群落。群落总盖度不超过 10%。伴生植物很少，群落中偶见有羽毛针禾、准噶尔无叶豆。

在河岸半固定沙丘上，红果沙拐枣与驼绒藜或蛇麻黄形成不同群落。群落层片结构明显，总盖度可达 20%~40%。伴生植物较多，主要有：木地肤、倒披针叶虫实、沙生针茅、光沙蒿、沙漠绢蒿等。

（7）淡枝沙拐枣荒漠（Form. *Calligonum leucocladum*）

淡枝沙拐枣是亚欧大陆广泛分布的落叶灌木。具有萌蘖性强、耐风蚀和沙埋等习性。在我国分布于准噶尔盆地的古尔班通古特沙漠北部的固定、半固定和沙丘间沙地上。常与蛇麻黄、白茎绢蒿、沙漠绢蒿或光沙蒿形成不同的群落。白杆沙拐枣高 30~50 cm，在群落中形成稀疏的半灌木层片。盖度 30%~40%。群落结构明显，种类组成不丰富。草本层常由细叶鸢尾、囊果薹草（*Carex physodes*）、异翅独尾草（*Eremurus anisopterus*）等。

在半固定沙丘的向风坡下部，淡枝沙拐枣和沙生一年生草本植物形成群落。群落总盖度不超过 20%。草本层片主要由倒披针叶虫实、对节刺、羽毛针禾、刺沙蓬、沙蓬、准噶尔无叶豆、东方旱麦草等组成。

淡枝沙拐枣荒漠是典型的半流动沙丘植物群落，是沙漠的先锋群落，对维持沙漠的稳定和群落的演替具有重要的作用。

（8）红砂荒漠（Form. *Reaumuria songarica*）

红砂（俗名琵琶柴）是温带地区广泛分布的落叶小灌木。具有抗旱、适应性强的习性。是荒漠植被中分布最广、面积最大的地带性类型。它广布于我国准噶尔盆地、塔里木盆地、柴达木盆地、嘎顺戈壁、河西走廊、河拉善高原和鄂尔多斯高原西部地区。在新疆大面积分布于准噶尔盆地西南部的山麓淤积平原、沙漠边缘的沙间平地。在天山南坡分布在海拔 1500~2000 m 的山麓洪积扇上部和前山低山带的山坡、山间谷地及洪积锥上；在昆仑山北坡上升到海拔 1600~2400 m 的洪积扇上部；在阿尔金山分布在海拔 3200 m 的山地。红砂单纯群落分布于天山南坡洪积扇和嘎顺戈壁的准平原残丘丘间平地上，群落极其稀疏，总盖度仅 5%~10%，群落种类组成极贫乏。

在准噶尔盆地红砂可与超旱生灌木、小半灌木、多汁盐生灌木、一年生草本、多年生类短命、短命植物形成不同的群落。红砂与柽柳（*Tamarix ramosissima*、*T. hispida*、*T. laxa*）形成的群落，分布于准噶尔盆地，群落总盖度 9%~12%，伴生植物有：纵翅碱蓬、浆果猪毛菜、囊果碱蓬、长刺猪毛菜（*Salsola paulsenii*）等；与梭梭形成的群落，分布于准噶尔盆地西南部古老淤积平原上，群落总盖度 12%~20%，种类组成比较简单。伴生植物有：纵翅碱蓬、叉毛蓬、肥叶碱蓬、柔毛盐蓬（*Halimocnemis villosa*）、无叶假木贼、里海盐爪爪、小果白刺；与无叶假木贼形成的群落，分布于准噶尔盆地奎屯河与玛纳斯河一带。群落总盖度为 10%~20%，种类组成简单。伴生植物有：散枝猪毛菜、紫翅猪毛菜、驼绒藜、柔毛盐蓬等；与多汁叶盐生半灌木形成的群落只分布于准噶尔盆地西南部的山前淤积平原上的强盐化土壤上。盐生半灌木植物有：囊果碱蓬、小叶碱蓬、盐爪爪、里海盐爪爪。群落总盖度 10%，伴生植物有：纵翅碱蓬、小果白刺、浆果猪毛菜。与耐盐超旱生一年生草本植物形成的群落只分布于准噶尔盆地西南部平原地区。一年生草本植物主要有：叉毛蓬、散枝猪毛菜、肥叶碱蓬、紫翅猪毛菜、角果藜等。群落总盖度为 10%~30%，种类组成比较丰富。伴生植物有：小果白刺、梭梭、柽柳（*Tamarix ramo-*

sissima、*T. hipida*）、白茎绢蒿；与短命植物形成的群落，分布于准噶尔盆地西南部山前淤积平原及沙丘间平地上。短命植物主要有：四棱芥、抱茎独行菜、胎生鳞茎早熟禾等。群落总盖度为 10% 左右，种类组成较丰富。伴生植物有：散枝猪毛菜、叉毛蓬、黄花软紫草、大叶补血草、离子芥（*Chorispora tenella*）等。

（9）驼绒藜荒漠（Form. *Krascheninnikovia ceratoides*）

驼绒藜是欧亚大陆广泛分布的落叶阔叶灌木。在我国广泛分布在阿拉善高原、河西走廊、柴达木盆地西部、准噶尔盆地、天山南坡、昆仑山北坡、西藏阿里地区的西部和西北部。驼绒藜是强旱生半灌木，又具有一定的耐寒性，因此，它具有较大的生态适应能力，其分布海拔高度，从准噶尔盆地西部 200~300 m 的平原，到天山南坡 1800~2000 m、昆仑山北坡 3500 m、阿里地区 3000~5150 m 的山地都有分布。其环境条件相当严酷，气候干燥，多占据强度石质化的干旱山坡、砾质的宽谷和平原、沙质高原。

驼绒藜单优势种群落，分布于天山南、北坡的低山干谷中，形成较密的群落。在昆仑山北坡海拔 2500 m 左右的策勒河谷阶地上也有分布。伴生植物有黄花红砂、肉叶雾冰藜（*Bassia sedoides*）、刺沙蓬、盐生草等。

驼绒藜与蒿类、短生植物形成的群落广泛分布于准噶尔盆地沙漠边缘、伊犁谷地沙丘和额尔齐斯河河旁阶地上的沙丘上，蒿类植物有白茎绢蒿、沙漠绢蒿、油蒿，多年生短生植物为囊果薹草、粗柄独尾草。群落总盖度 25%~55%，群落种类组成较丰富，伴生植物有：蛇麻黄、角果藜、沙拐枣、沙穗（*Eremostachys moluccelloides*）、猪毛菜等。

驼绒藜与盐柴类小半灌木、半灌木形成的荒漠群落广泛分布于诺明戈壁地区、博乐谷地、阿尔泰山南麓、北塔山和天山南麓。处于山麓洪积扇或低山上。土壤为砾质性较强的盐化土。群落总盖度只有 15%~20%。形成从属层片的盐柴类随地区不同而各异，天山以北为小蓬、东方猪毛菜（*Salsola orientalis*）、盐生假木贼，天山以南为合头草、戈壁藜和无叶假木贼。群落种类组成简单。伴生植物在天山以北为木蓼、灌木旋花、蛇麻黄、木地肤等，在天山以南为膜果麻黄、木霸王、天山猪毛菜（*Salsola junatovii*）、泡泡刺、锦鸡儿（*Caragana* spp.）等。

驼绒藜与草原禾草形成草原化群落，分布在准噶尔盆地北部山地，群落总盖度为 20%~30%。草原禾草为沙生针茅、东方针茅或固沙草。群落种类组成不丰富。伴生植物在天山以北有博洛塔绢蒿、针裂叶绢蒿、木本猪毛菜等，天山以南为膜果麻黄、木霸王等。

（10）东方猪毛菜荒漠（Form. *Salsola orientalis*）

东方猪毛菜荒漠在我国仅分布在准噶尔盆地内。小面积出现在玛依尔山东坡、北塔山南麓和博乐谷地的山麓洪积扇上，土壤为沙砾质或砾质灰棕荒漠土。

东方猪毛菜常形成单优群落，群落高 30~35 cm。群落总盖度 10%~15%。群落种类组成贫乏，只有 4~15 种。伴生植物有博乐塔绢蒿、盐生假木贼、无叶假木贼、红砂、灌木旋花、角果藜、叉毛蓬、散枝猪毛菜、刺沙蓬、四棱芥、东方旱麦草等。

（11）无叶假木贼荒漠（Form. *Anabasis aphylla*）

无叶假木贼荒漠分布在准噶尔盆地西南部古湖盆区、天山南坡、昆仑山北坡和帕米尔高原东坡。在天山南坡和昆仑山北坡低山洪积扇，土壤为砾质棕色荒漠土，无叶假木贼与裸果木、刺旋花、戈壁藜、圆叶盐爪爪、膜果麻黄和红砂等组成群落，植物生长十分稀疏，群落覆盖度为 1%~5%。

在帕米尔高原东坡 1600~1700 m 洪积扇上部，无叶假木贼成单优群落，盖度为 8%；同一地区海拔 1600~1800 m 的低山，假木贼与粗糙假木贼（*Anabasis pelliotii*）、盐生草组成群落，群落盖度达 5%~8%，伴生植物有红砂和木本猪毛菜等。

在准噶尔盆地西南部大湖盆区，土壤为黏质龟裂型壤土，无叶假木贼常形成单优种群落，盖度为 15%~30%，但在降水较多的年份，群落中大量出现一年生植物：浆果猪毛菜、紫翅猪毛菜、叉毛蓬、柔毛盐蓬、盐生草等。

此外，在天山东段奇台至木垒海拔 1110~1240 m 的冲积平原，无叶假木贼与博洛塔绢蒿、叉毛蓬组成群落，伴生种有角果藜、红砂、锐枝木蓼等。

（执笔人：中国科学院新疆生态与地理研究所 曹秋梅、周华荣）

6.3 伊犁—巴音布鲁克中天山地区

6.3.1 概 述

中天山山系主要分布在伊犁河和开都河之间，成为狭长的分水岭地带。这个地区包括阿吾拉勒山、乌孙山、比依克山、那拉特山、阿拉沟山、艾尔宾山、包尔图乌拉山等。山地高度不大，一般不超过 4000 m，现代冰川作用微弱。本区地处天山山脉中部，三面高山环绕，形成一个向西开敞的山间谷地。受西风带来的海洋湿润气流的影响，本区域是我国温带干旱区最为温和、湿润的气候环境和最丰足的水利资源区域，具有典型的中亚细亚西部荒漠气候特征。丰富的降水、冬季逆温，使得本区域植被类型丰富，成为很多植物的避难所，孑遗物种较多。保留了大面积的第三纪古温带阔叶林（新疆野苹果林、樱桃李林、野胡桃林、小叶白蜡林），发育了地带性蒿类荒漠。蒿类荒漠发育于山麓倾斜平原灰钙土上；在砾质阶地上发育有小面积的小蓬荒漠；在谷地河旁的沙漠土上发育了驼绒藜、银砂槐、油蒿等灌木、半灌木荒漠。为了保护本区域多样的生态系统，建立了各类型的自然保护区 6 个（巴音布鲁克、伊犁小叶白蜡、霍城四爪陆龟、巩留野核桃、西天山、巩乃斯天山中部山地草甸草地），国家湿地公园 9 处（新疆伊犁那拉提沼泽、新疆霍城伊犁河谷、新疆伊宁伊犁河、新疆尼勒克喀什河、新疆昭苏特克斯河、新疆天山阿合牙孜、新疆察布查尔伊犁河、新疆特克斯、新疆伊犁雅玛图），国家森林公园 6 处（新疆那拉提、新疆巩乃斯、新疆唐布拉、新疆科桑溶洞、新疆巩留恰西、新疆夏塔古道）。本区域内开展了适应全球气候变化的生物工程——伊犁野果林保护工程、巴音布鲁克（尤尔都斯）草原保护工程。保护区的建立和生物保护工程的开展以及一系列的天山北坡谷地森林植被的恢复工程，使得区域内植被得到了较好的保护与恢复，是我国西北干旱区的重要的生态资本和种质基因库。

6.3.2 主要灌木群落

（1）新疆方枝柏灌丛（Form. *Juniperus pseudosabina*）

新疆方枝柏耐寒、丛生，常自成群落，是分布区内主要的水土保持树种。在我国仅分布于新疆。广布于北疆各山地针叶林带以上的向阳石质坡上。它所形成的匍匐灌丛与亚高山草甸、高山草甸或高山芜原相结合。灌丛高 50~70 cm，冠幅 5~10 m，盖度 25%~40%。丛间草本植物有细果薹草、西伯利亚早熟禾（*Poa sibirica*）、东北羊角芹（*Aegopodium alpestre*）、假报春（*Cor-*

tusa matthioli）等。

（2）鬼箭锦鸡儿灌丛（Form. *Caragana jubata*）

鬼箭锦鸡儿生态适应幅度较大，既喜冷湿的环境，又具较强的耐旱、耐瘠薄的能力。以它为群建种组成的类型，多呈斑片状分布在山地的阴坡，也见于阳坡和半阳坡。该类型分布于天山森林带以上的冰碛物或岩屑堆上。土壤类型为亚高山灌丛草甸土。鬼箭锦鸡儿高达 1.5 ~ 2 m，群落盖度达 70% ~ 80%，群落外貌具灰棕色色调，分灌木、草本两层。草本层多由高山草甸和高山芜原的种类组成，如线叶嵩草、珠芽蓼、高山龙胆、虎耳草（*Saxifraga cernua*、*S. hirculus*）、山蓼（*Oxyria digyna*）等。

（3）宽刺蔷薇灌丛（Form. *Rosa platyacantha*）

该类型广泛发育于天山北坡草原带的阴坡，常形成密丛，群落盖度在 60% 以上。群落内的主要土壤类型为山地灰褐色土。在博格达山海拔 1500 m 处，宽刺蔷薇常高 1.5 ~ 1.7 m，盖度 60% ~ 80%。丛中常混生少量的刚毛忍冬、黑果枸子和金丝桃叶绣线菊。草本层主要由草甸草原植物构成，盖度 20% 左右。主要草本植物有黄唐松草（*Thalictrum flavum*）、草原早熟禾、丘陵老鹳草、北地拉拉藤（*Galium boreale*）、块根糙苏、阿尔泰狗娃花等。

（4）金丝桃叶绣线菊灌丛（Form. *Spriaea hypericifolia*）

具体内容见"阿尔泰、准噶尔以西山地半干旱地区"。

（5）多叶锦鸡儿灌丛（Form. *Caragana pleiophylla*）

多叶锦鸡儿灌丛分布在天山北坡前山草原带的石质坡地。灌木层高约 0.8 ~ 1 m，盖度 50% ~ 60%。丛间常伴生有草原和荒漠植物，如沟叶羊茅、冰草、木地肤、驼绒藜、蒿（*Seriphidium transiliense*、*S. borotalense*）等。多叶锦鸡儿灌丛具有保持水土、防止侵蚀的作用。

（6）沙棘灌丛（Form. *Hippophae rhamnoides*）

沙棘灌丛，在新疆广泛分布于平原和山地，海拔 400 ~ 3500 m 皆有分布，主要集中分布在海拔 700 ~ 1900 m 的山前洪积冲积扇及低山带河谷阶地和农田边。在北疆河岸阶地沙棘灌丛内常有镰叶锦鸡儿（*Caragana aurantiaca*）、灰柳（*Salix cinerea*）、准噶尔柳（*Salix songarica*）、五蕊柳（*Salix pentandra*）等灌木柳，在南疆的河漫滩常与灰胡杨（*Populus pruinosa*）组成沙棘-灰胡杨群落。沙棘群落非常喜光，喜欢分布于排水良好的草甸土和沙砾质湿润土壤上。从北部的额尔齐斯河谷一直分布到帕米尔高原，能够耐受-30 ℃以下的严寒和 40 ℃以上的高温，其耐干旱、耐盐碱、耐水淹及耐贫瘠土壤，在防风固沙、改良土壤、维护沙漠生态平衡中有着重要作用。

（7）木蓼荒漠（Form. *Atraphaxis frutescens*）

在天山北坡前山、低山带的砾质卵石洪积扇上和干河床中常常发育有木蓼荒漠。该类型呈块状镶嵌分布，群落面积都不大，但是分布非常广泛。在天山北坡前山、低山带的砾质卵石洪积扇上和干河床中常常可以见到它们的分布。在达板城谷地及博格达山南坡的砾质山坡上成小面积出现。其建群种多为木蓼、拳木蓼（*Atraphaxis compacta*）和帚枝木蓼（*Atraphaxis virgata*）。植丛高 30 ~ 50 cm，群落总盖度 10% ~ 20%。群落中伴生植物不多，常见的有驼绒藜、北疆粉苞菊（*Chondrilla leiosperma*）、草原绢蒿（*Seriphidium schrenkianum*）等。

（8）银砂槐荒漠（Form. *Ammodendron bifolium*）

银砂槐具有垂直根较深，水平根发达，地上部分生长比根系发育缓慢，能有效地获得生长所需的水分和养分的特性，是我国沙漠地区稀有珍贵的沙生灌木植物，也是优良的固沙植物。

银砂槐自然分布区狭窄，仅分布在哈萨克斯坦的沙漠和我国的伊犁霍城县西南部的塔克尔莫乎尔沙漠中，生于固定、半固定沙丘、沙坡地和平沙地上。在固定和半固定沙丘上生长良好，群落总盖度可达15%~50%。经常与密刺沙拐枣（*Calligonum densum*）、无叶沙拐枣（*Calligonum aphyllum*）、梭梭、心叶驼绒藜、骆驼刺等形成复合分布格局，常见的伴生植物种类有扁果木蓼、铃铛刺、羽毛针禾、细叶鸢尾、对节刺、角果藜等。

（执笔人：中国科学院新疆生态与地理研究所 曹秋梅、周华荣）

6.4 哈密（戈壁）荒漠地区

6.4.1 概 述

哈密（戈壁）荒漠地区位于新疆维吾尔自治区东端的哈密市，西南接巴音郭楞蒙古自治州若羌县，西邻吐鲁番市鄯善县，东北部与甘肃省酒泉地区的肃北蒙古自治县的马鬃山镇、敦煌市接壤。地域跨越天山最东段南麓与库鲁克塔格、觉罗塔格北麓之间的哈密盆地，地处亚洲大陆腹地，是世界上距主要水汽来源（海洋）最远的地区和我国极端干旱区。

哈密（戈壁）荒漠区属于内陆干旱荒漠区，由于山地与平原高差悬殊，气候、土壤、水文条件等都存在极大差异，使其植物群落也不同。平原区为极干旱区，在山前冲积倾斜平原和河床带，广泛分布着荒漠地带性的乔木、灌木自然植被。在河床与河滩地上，发育着次生柽柳、蔷薇、沙棘等次生河谷灌木丛。在其山地发育着完整的山地垂直自然带。人们对哈密绿洲的开发历史久远，长期的开发使得荒漠绿洲水土资源开发失衡，水资源开发不合理，地下水资源利用达到极限，生态环境退化严重。为了合理开发利用自然资源及生态恢复，区域内建立了新疆哈密天山国家森林公园、新疆哈密河国家湿地公园，实施了封育保护工程，全面禁牧，使荒漠植被得到了大面积的复状更新，维持了绿洲生态平衡。

6.4.2 主要灌木群落

（1）膜果麻黄荒漠（Form. *Ephedra przewalskii*）

该类型是灌木荒漠中最大的一个类型，大面积分布于嘎顺戈壁、库鲁塔克山、天山南麓、帕米尔东麓、昆仑山及阿尔金山北麓，小面积见于艾比湖西岸、北岸和北塔山南麓。它多处于山麓洪积扇上，而在干旱的昆仑山和阿尔金山北麓则处于河谷阶地、洪积扇的冲沟中或覆盖沙层的地段上。它适应于砾质石膏棕色荒漠土和砾质石膏灰棕荒漠土，土壤中含有大量可溶性盐和石膏晶体。在天山南麓也见于前山带石质山坡或碎石坡积物上。在博斯腾湖北岸的沙丘上也有分布。

膜果麻黄为中温超旱生常绿灌木，分布的生境复杂，所以类型比较多。可形成单优群落，也可与沙拐枣、霸王、刚毛柽柳、红砂、合头草、新疆绢蒿（*Seriphidium kaschgaricum*）等超旱生和耐盐潜水灌木、小灌木、半灌木组成不同的群落类型。灌木层高度一般为40~60 cm，盖度10%左右。在土壤和水分条件较好的区域，高度可达1~1.5 m，盖度可达20%。

灌木层常由泡泡刺、戈壁藜、灌木旋花、合头草、准噶尔铁线莲（*Clematis songorica*）、裸果木、天山猪毛菜、短叶假木贼、灌木紫菀木（*Asterothamnus fruticosus*）等植物组成。草本层多由三芒草、刺沙蓬、盐生草、雾冰藜、骆驼刺、拐轴鸦葱等植物组成。

（2）泡泡刺荒漠（Form. *Nitraria sphaerocarpa*）

泡泡刺荒漠广泛分布于阿拉善高原、河西走廊、嘎顺戈壁东部和塔里木盆地，为本地区最常见的地带性植被类型之一。在新疆占据着东疆和南疆的准平原化的石质残丘、山麓洪积扇和山间平地以及干河谷。泡泡刺生长极为稀疏，基部常有积沙堆。植丛高 20～60 cm，丛径 40～50 cm。耐强风和极旱。由泡泡刺为单优势种形成的群落。见于昆仑山北麓的桑株巴扎地区、柯坪南山的山前平原、焉耆盆地、库米什盆地、嘎顺戈壁、哈密盆地等地区。

泡泡刺与超旱生常绿灌木膜果麻黄形成的群落，分布于嘎顺戈壁山间干旱河谷两旁的沙砾质洪积物上，群落总盖度 2%～5%，群落种类组成贫乏。伴生植物有沙拐枣、裸果木、红砂、合头草；泡泡刺与合头草形成的群落分布于柯坪南山山前平原和阿图什、乌帕以西地区，面积不大。泡泡刺高 40 cm 左右，群落总盖度 3%～5%。群落种类组成很贫乏。伴生植物有无叶假木贼、圆叶盐爪爪、红砂、盐生草等。

（3）裸果木荒漠（Form. *Gymnocarpos przewalskii*）

裸果木荒漠是石质化荒漠的主要代表类型，分布于甘肃河西走廊西部，向西伸延到新疆嘎顺戈壁与哈密盆地，在塔里木盆地东北一带的戈壁也有零星分布。其生境为强度石质化的洪积扇和剥蚀残丘。土壤为石质性很强的石膏棕色荒漠土。属我国珍稀、濒危物种。

裸果木生长矮小，株高 20～40 cm，分枝多而密集，常形成单优势种群落，群落总盖度 3%～5%。在新疆哈密盆地周边的剥蚀山地，裸果木与霸王组成群落。群落盖度 10%～15%。伴生物种较少，主要伴生植物有短叶假木贼、盐生草、膜果麻黄等。

（4）沙拐枣荒漠（Form. *Calligonum mongolicum*）

这一荒漠群系分布于库鲁塔格山和觉罗塔克山东端的山麓洪积扇上覆薄沙的地段。在嘎顺戈壁的山间沙质干谷中也见到它的分布。

在觉罗塔格山北坡托克拉克泉地区，因地势高，有地表径流补给土壤水分，所以沙拐枣生长较密。盐生草可形成从属层片。群落总盖度达到 8%～10%。伴生植物有膜果麻黄、红砂、刺沙蓬、雾冰藜等。在面向罗布泊的觉罗塔格山南坡和嘎顺戈壁的中部，因气候极端干旱，沙拐枣只能在洪积扇的干沟中稀疏地生长，不足以形成群落。在嘎顺戈壁，沙拐枣在积沙地段密集生长而高大。群落总盖度可达 10%。伴生植物有膜果麻黄、泡泡刺和戈壁藜。

（5）戈壁藜荒漠（Form. *Iljinia regelii*）

戈壁藜荒漠在我国仅分布于哈密盆地、伊吾地区、喀什地区、库尔勒、轮台、和布克谷地、艾比湖西岸等地的平原和山前洪积扇上。它是石膏荒漠的指示植被型。

戈壁藜常形成单优势种群落，覆盖度 1%～10%。群落种类组成很贫乏。伴生植物在天山以北为梭梭、膜果麻黄、蛇麻黄、针裂叶绢蒿、毛足假木贼、泡果沙拐枣、簇枝补血草（*Limonium chrysocomum*）等，天山以南为红砂、无叶假木贼、喀什霸王、裸果木、圆叶盐爪爪、合头草等。

（执笔人：中国科学院新疆生态与地理研究所 曹秋梅、周华荣）

6.5 吐鲁番盆地荒漠地区

6.5.1 概 述

吐鲁番盆地位于新疆中部，天山山脉南坡。盆地三面环山，北部为天山山脉的博格达山，西部为喀拉乌成山，南部为觉罗塔格山且大部分与噶顺戈壁相连。它是天山山地东中段南部边缘的一个巨大山间断陷盆地，是一个极端干旱的内陆盆地。地带性土壤为棕漠土，是在暖温带半灌木和灌木荒漠下发育的土壤。地带性植被由超旱生、强旱生灌木、半灌木或盐生、旱生的肉质半灌木类植物组成。

吐鲁番盆地地表植被稀疏，是我国最典型的荒漠区之一。生态环境十分脆弱，盆地整体的环境容量不高，承载力低下，且自然环境灾害的频发，对当地经济的发展构成明显的制约。为了保护该区域内脆弱的生态环境，建立了新疆吐鲁番艾丁湖国家湿地公园和吐鲁番艾丁湖国家沙漠公园，保护了当地的荒漠植被。

6.5.2 主要灌木群落

（1）小果白刺灌丛（Form. *Nitraria sibirica*）

具体内容见"准噶尔盆地温带干旱荒漠地区"。

（2）黑果枸杞灌丛（Form. *Lycium ruthenicum*）

黑果枸杞灌丛分布十分局限，较集中地分布在吐鲁番和七角井盆地的底部，阿克苏河三角洲下部及喀什噶尔河以及塔里木河下游。土壤盐渍化强烈而干燥，为盐化荒漠草甸土，地下水深一般 3~4 m，强矿化。大多数的植物在该地段上死亡，仅有抗旱抗盐性强的黑果枸杞，但其生长也受到限制，群落稀疏，灌木层片高 20~40 cm 或 80~100 cm。覆盖度为 10%~15%。群落中伴生有稀少的刚毛柽柳、多枝柽柳、盐穗柽柳、花花柴、疏叶骆驼刺、小獐茅和矮生的芦苇等。

（3）刺山柑荒漠（Form. *Capparis spinosa*）

刺山柑群落见于吐鲁番盆地的西北部的砾石戈壁和吐鲁番植物园附近的风蚀地上。其生存的基质环境，总是与干旱生境中比较原始或年青的荒漠土壤相联系，显示出该植物耐干旱、耐贫瘠、耐风蚀，适应严酷生态环境的生态学特性，除在吐鲁番火焰山乡西北部有数千亩的分布面积外，一般多呈小面积零星分布。群落的生态外貌低矮（20~40 cm）而稀疏，覆盖度通常在3%~35%，很少觅见超过 40% 的植被片断。层次结构极其简化，少见群落垂直分层现象。

（4）盐爪爪荒漠（Form. *Kalidium foliatum*）

具体内容见"6.1 阿尔泰、准噶尔以西山地半干旱地区"。

（执笔人：中国科学院新疆生态与地理研究所 曹秋梅、周华荣）

6.6　塔里木盆地暖温带地区

6.6.1　概　述

塔里木盆地暖温带地区位于我国新疆维吾尔自治区南部，紧邻青藏高寒区。北部为天山山脉；南部为喀喇昆仑山、昆仑山与阿尔金山；东北部与吐鲁番—哈密盆地相连；西部与帕米尔高原接壤，总面积102万 km²，是我国最大的内陆盆地。地形轮廓呈菱形，地势西高东低，为向北倾。它深居欧亚大陆腹地，山盆地貌骨架明显，干旱气候环境典型，有我国境内最大的流动沙漠，我国最大的内陆河水系，构成我国干旱区最大的自然区，保存了比较完好的世界胡杨绿色走廊。荒漠植被稀疏，具有国际代表性。受干旱气候的强烈影响，天山、昆仑山之间的塔里木盆地塔河周缘发育了以多枝柽柳、刚毛柽柳为建群种的杜加依灌丛。在塔里木盆地的外缘发育了以超旱生的膜果麻黄、木霸王、泡泡刺、塔里木沙拐枣为建群种的小半灌木荒漠。在其山地发育了垫状驼绒藜、新疆方枝柏高寒荒漠。随着区域内荒漠绿洲农业的无序发展，使得当地的水环境恶化、土壤盐渍化、沙漠化加剧。由于本自然区地理位置特殊，境内高山、平原、沙漠、河流等自然环境孕育了森林、草原、灌丛、草甸、沼泽、湿地、绿洲等多样的植被景观和珍稀濒危物种，具有极高的种质资源价值和科学意义。区域内已建立各类型的自然保护区7个(叶儿羌河中下游湿地、塔什库尔干野生动物、托木尔峰、帕米尔高原湿地、中昆仑、阿尔金山、塔里木胡杨)，国家湿地公园18处(新疆阿克苏多浪河、新疆博斯腾湖、新疆尼雅、新疆拉里昆、新疆泽普叶尔羌河、新疆英吉沙、新疆于田克里雅河、新疆乌什托什干河、新疆麦盖提唐王湖、新疆疏勒香妃湖、新疆莎车叶尔羌、新疆帕米尔高原阿拉尔、新疆巴楚邦克尔、新疆尉犁罗布淖尔、新疆和硕塔什汗、新疆阿合奇托什干河、新疆叶城宗朗、新疆生产建设兵团第二师恰拉湖)，国家森林公园2处(新疆金湖杨、新疆巴楚胡杨林)，国家沙漠公园12处(博湖阿克别勒库姆、库车龟兹、轮台依明切克、罗布淖尔、洛浦玉龙湾、麦盖提、且末、莎车喀尔苏、叶城恰其库木、伊吾胡杨林、英吉沙萨罕、岳普湖达瓦昆)，保护了塔里木盆地最重要的生态系统和90%以上的野生动植物物种。

6.6.2　主要灌木群落

(1)新疆方枝柏(昆仑方枝柏)灌丛(Form. *Juniperus pseudosabina*)

新疆方枝柏灌丛分布在天山南坡和昆仑山西段亚高山带的阳坡和半阳坡，尤其在昆仑山西端雪岭云杉(*Picea schrenkiana*)林带上部海拔3300 m的半阳坡上，新疆方枝柏构成密丛，丛冠高达2~3 m，盖度60%~70%。伴生植物有小叶忍冬、蔷薇(*Rosa laxa*、*R. albertii*)、天山茶藨子(*Ribes meyeri*)；丛间草本植物群落茂密，盖度70%，常见的有乳突拟耧斗菜(*Paraquilegia anemonoides*)、沟叶羊茅(*Festuca valesiaca* subsp. *sulcata*)、喜马拉雅沙参(*Adenophora himalay-ana*)、黄花委陵菜(*Potentilla chrysantha*)、森林勿忘草(*Myosotis sylvatica*)等；地面有发达的藓类层。

昆仑西段高山带下部草原化的新疆方枝柏群落，主要分布在向阳石质坡上，盖度20%~30%，伴生种以亚高山草原或荒漠草本和半灌木为主，如银穗草(*Leucopoa albida*)、沟叶羊茅、高山绢蒿(*Seriphidium rhodanthum*)、黄白火绒草(*Leontopodium ochroleucum*)等,甚至还有高山垫状植物鳞叶点地梅(*Androsace squarrosula*)。

(2)新疆锦鸡儿灌丛(Form. *Caragana turkestanica*)

新疆锦鸡儿灌丛分布于天山南坡的哈雷克套山的亚高山带。在山地南坡常形成密丛,丛冠高0.8~1.2 m,盖度在50%~60%。丛内偶见新疆方枝柏、冰草、座花针茅(*Stipa subsessiliflora*)、二裂委陵菜、异燕麦(*Helictotrichon hookeri*)等。其群落的上部常与高山芜原相接,丛内发育了大量的嵩草(*Kobresia* spp.)、薹草(*Carex* spp.)、银穗草(*Leucopoa* spp.)与火绒草(*Leontopodium* spp.)等高山草类。

(3)匍匐水柏枝灌丛(Form. *Myricaria prostrata*)

匍匐水柏枝灌丛,主要分布于东昆仑山海拔3800~5200 m的山间盆地。匍匐水柏枝具有抗寒适冰雪、耐旱抗风蚀并适度耐盐的特性。由匍匐水柏枝为建群种的高寒矮灌丛在阿尔金山以南的库木库里盆地的阿其克库勒、鲸鱼湖、卡尔洞北部、皮提勒克河、明布拉克等湖边冲积性沙砾地和季节性河床的弱盐化草甸土上发育的比较好。在湖边潮湿的盐化草甸土上常形成盐化草甸灌丛,群落盖度达40%~60%。在离湖稍远或季节性河床上匍匐水柏枝常以单优势呈团块状匍地而生,冠幅0.5~1.2 m不等,群落盖度在15%~45%。匍匐水柏枝群落是在青藏高原隆升过程中适应高原气候而发生和发展起来的年轻种群和特殊群落类型,该类型在新疆仅分布于东昆仑山山间盆地,库木库里盆地是其在新疆分布的最北界。由它为建群种所组成的群落是新疆的特有类型,因而具有很重要的科学研究价值。另外匍匐水柏枝具有非常好的水土保持作用,应给予保护。

(4)刚毛柽柳灌丛(Form. *Tamarix hispida*)

刚毛柽柳群落主要分布在天山南麓诸大河流冲积扇下部、山前冲积平原、塔里木河南岸及艾比湖平原的局部地段。所处土壤是典型的盐土,地下水一般3 m左右,矿化度大于10g/L。刚毛柽柳比多枝柽柳具有更强的耐盐性,因此占据强盐渍化的生境,并且群落中经常具有多汁盐柴类植物组成的次要层片,实际上刚毛柽柳群落是向多汁盐柴类荒漠过渡的类型。在比较潮湿的条件下,刚毛柽柳与芦苇等耐盐中生多年生草本植物组成群落,覆盖度40%~50%。灌木层高80~100 cm,草本层高20~30 cm,盖度40%~50%。群落中混生一些喜湿的一年生多浆盐柴类植物:盐角草和碱蓬(*Suaeda* spp.)等。生境比较干燥时,群落中则出现盐穗木层片,高40~70 cm,而盐角草等则从群落中消失。群落总盖度40%左右。若地下水降低至5~6 m,生境更为干燥,则成为纯的刚毛柽柳群落,覆盖度仅10%左右。群落中伴有稀少的盐穗木、盐节木、黑果枸杞、花花柴和芦苇等。

(5)多枝柽柳灌丛(Form. *Tamarix ramosissima*)

在塔里木河岸、安的尔河新三角洲及昆仑山中段和阿尔金山北麓诸冲积扇中下部的砂壤质土壤上,多枝柽柳常形成纯林。该区域地下水位3~4 m,土壤盐渍化不明显,多枝柽柳生长旺盛,高3~4 m,甚至达5m,分枝发达,直径达5~10 m。群落覆盖度40%~70%。群落内的物种单一,或散生胡杨、芦苇、假苇拂子茅、骆驼刺等。在冲积扇中下部,地下水位深达6~7m,灌丛则比较稀疏,覆盖度20%~30%。群落内常伴生几种柽柳(*Tamarix leptostachya*、*T. hohenackeri*、*T. elongata*),群落内草本植物匮乏。

在塔里木盆地各大河流高河漫滩、河间低地及冲积-洪积扇缘带,多枝柽柳常与耐盐中生多年生草本植物形成向盐化草甸过渡的群落类型。生境比较潮湿，地下水深 2~4 m，洪水期间可能承受短期水漫。土壤是盐化草甸土、荒漠化草甸土，部分为草甸盐土。群落发育良好，总盖度 40%~60%，有的达 80%，灌木层高 2~3 m，盖度 20%~40%。在塔里木河高河漫滩及河岸，灌木层片常混生铃铛刺。灌木层下草本植物丰富，优势种为苦豆子、胀果甘草、小獐毛、骆驼刺；伴生种有白麻、丝路蓟（*Cirsium arvense*）、花花柴、喀什牛皮消（*Cynanchum kaschgaricum*）等，盖度 10%~30%。在盐渍化较强的扇缘带，灌木和草本层有稀疏的多浆半灌木层片，由盐穗木组成，盖度 10% 左右。

在天山南麓和阿尔金山北麓的山前冲积平原，塔里木河、叶尔羌河、和田河等下游地段，以及艾比湖滨湖平原的结皮盐土上，多枝柽柳常与多枝木本盐柴类植物形成群落。群落发育受到限制，灌木层高 1.5~2.0 m，覆盖度 15%~25%。灌木层时常混有刚毛柽柳，灌木层下多枝木本盐柴类植物占优势，主要有盐穗木、盐节木、小果白刺、黑果枸杞、盐爪爪等，覆盖度 5%~50%。草本植物极少，仅有蒙古鸦葱（*Scorzonera mongolica*）及矮生型的芦苇。

在天山南、北麓冲积洪积扇的下部，在柯坪山前及库尔勒—轮台一带，多枝柽柳与超旱生小半灌木、半灌木形成的群落成带状分布。灌木层下的小半灌木或半灌木组成稀疏层片，高 30~50 cm，覆盖度 10%~20%。其伴生植物因地而异，天山南麓常见的有圆叶盐爪爪、红砂、合头草、盐生草等；天山北麓的物种组成较丰富，常见的有红砂、白茎绢蒿、小车前、四棱荠（*Goldbachia laevigata*）、丝叶芥（*Leptaleum filifolium*）等。

（6）雌雄麻黄荒漠（帕米尔麻黄）（Form. *Ephedra fedtschenkoae*）

雌雄麻黄荒漠是一个比较特殊的群系，仅见于昆仑山西端和帕米尔一带的高山谷地内。其所处海拔为 3200~3300 m。在被冰水稍侵蚀的洪积锥上见到雌雄麻黄形成的稀疏群落，群落结构简单，种类单一，总盖度只有 5%~7%。群落中伴生有大叶驼蹄瓣（*Zygophyllum macropodum*）、骆驼蓬、矮生二裂委陵菜（*Potentilla bifurca* var. *humilior*）。

（7）霸王荒漠（Form. *Zygophyllum xanthoxylon*）

霸王群系广布于诺明戈壁区的低山丘陵、托克逊西北的低山、和硕—库尔勒的山前洪积扇上。托克逊西北的低山、和硕—库尔勒的山前洪积扇上，面积相当大。而在嘎顺戈壁的低山、残丘间的谷地中，也见到它的分布，但面积不大。其生境土壤中多棱角砾石，即使下层土壤也仅于碎石中夹有细土；土层中含有大量石膏。

霸王形成的群落总盖度为 10%~20%。它在诺明戈壁和嘎顺戈壁生长矮小，高不过 15~20 cm；但在托克逊西北、和硕—库尔勒一带，因处于山麓洪积扇下部，夏季能接受较多的地表径流水，所以生长高大，可达 1 m 左右。群落种类组成贫乏，最多在 100 m² 内只有 5 种。群落中伴生植物有木旋花、膜果麻黄、短叶假木贼、塔里木沙拐枣、泡泡刺、盐生草，在诺明戈壁区的低山上还可以见到多刺锦鸡儿（*Caragana spinosa*）。

（8）泡泡刺荒漠（Form. *Nitraria sphaerocarpa*）

具体内容见"哈密（戈壁）荒漠地区"。

（9）大白刺荒漠（Form. *Nitraria roborowskii*）

大白刺群落分布在昆仑山北麓的合头草荒漠带内，常于河谷阶地上出现该群落。其生境是湖盆低湿地和盐化沙地，土壤为石膏灰棕荒漠土、普通灰棕荒漠土和盐土。地表具结皮层。这种植物生长高达 1m 以上，形成特殊的景象。

在湖盆低地，地下水位约 1~2 m，大白刺高约 0.5~1.0 m，呈半匍匐半直立状态。以它为建群种的群落，盖度 20%~30%，伴生种较多，但多为盐生植物和盐生草甸成分。常见的有盐爪爪、细枝盐爪爪、黑果枸杞、盐穗木、小果白刺、柽柳（Tamarix spp.）、花花柴、苦豆子、苦马豆（Sphaerophysa salsula）、赖草、芦苇、小獐毛等。

在山前洪积平原，地表物质组成以沙砾为主的地段，生境比较干燥，大白刺生长不良，而且十分稀疏，种类组成贫乏，常见伴生种有红砂、珍珠猪毛菜等。

（10）塔里木沙拐枣荒漠（Form. Calligonum roborowskii）

塔里木沙拐枣荒漠分布于塔里木盆地、帕米尔东麓、昆仑山北麓的洪积扇下部。土壤为沙质或沙砾质。塔里木沙拐枣是新疆特有种，在沙质土壤上生长高大，可达 1.5~2 m，在沙砾质土壤上高仅 30~50 cm。常形成单优势种群落，群落总盖度 2%~5%。伴生植物极贫乏，有盐生草、泡泡刺、红砂、拐轴鸦葱等。

（11）小沙冬青（新疆沙冬青）荒漠（Form. Ammopiptanthus nanus）

小沙冬青是新疆干旱区唯一一种常绿阔叶灌木，是第三纪古亚热带常绿阔叶林的孑遗植物。该类型分布于新疆西南部克孜勒苏自治州乌恰县境内的康苏、托云和阿克陶县等地。这里是天山与昆仑山的结合部，在海拔 1800~2500 m 的中低山带，该植物长期适应干旱少雨的气候和石质化强烈、土壤瘠薄的基质环境，使其向旱生化方向发展，并逐渐塑造成为一种荒漠种类。覆盖度多在 5%~15%，通常不超出 20%。群落主要伴生灌木有驼绒藜、灌木紫菀木、中麻黄、蓝枝麻黄；主要伴生草本有沙生针茅、黄花软紫草、石生霸王、帚枝鸦葱、折枝天门冬等。

（12）灌木紫菀木荒漠（Form. Asterothamnus fruticosus）

灌木紫菀木荒漠分布在天山南麓的塔里木盆地，昆仑山西端北坡海拔 1760 m 的山麓洪积扇上。灌木紫菀木构成群落的建群种，群落内的土壤含大量卵石，可达 85%，靠暂时地表径流供应土壤水分。群落中植物很稀疏，总盖度 7%~8%，种类组成也很贫乏，偶见裸果木。

（13）五柱红砂（五柱琵琶柴）荒漠（Form. Reaumuria kaschgarica）

五柱红砂荒漠分布于帕米尔、昆仑山到阿尔金山的北麓，由西向东处于海拔 1600~1800 m、1800~2100 m、1800~2400 m。发育于山前倾斜平原的上部和低山带的下部，土壤为石膏棕色荒漠土。

五柱红砂是强旱生垫状小灌木。群落的建群层片由五柱红砂及膜果麻黄、驼绒藜、泡泡刺、塔里木沙拐枣、霸王、松叶猪毛菜、木本猪毛菜和猫头刺等组成，建群层片高 40~60 cm。群落内草本植物极少，仅见盐生草。

（14）黄花红砂荒漠（Form. Reaumuria trigyna）

黄花红砂荒漠分布于帕米尔、昆仑山到阿尔金山的北麓，海拔 1440~2330 m 的山麓洪积扇上。黄花红砂形成的单优势种群落处于砾质土壤上，砾石含量达 50%~60%。群落总盖度 1.5%~5%，有达 15% 的。黄花红砂高达 20~30（40）cm。群落组成极贫乏，仅有 1~3 种。伴生植物均为荒漠种：膜果麻黄、塔里木沙拐枣。黄花红砂与泡泡刺、膜果麻黄形成的群落处于砾沙质土壤上，土壤含细沙达 60%。黄花红砂高达 50~60 cm。群落总盖度为 6%~8%，种类组成 3~5 种。伴生植物有塔里木沙拐枣、盐生草、霸王。黄花红砂与盐生草形成的群落处于海拔 2000~2300 m 的山间谷地或阶地上，土壤砾石性强，砾石含量达 50%~60%。群落高 30~80 cm。群落总盖度 5%~8%。未见伴生植物。

（15）合头草荒漠（Form. *Sympegma regelii*）

合头草荒漠是荒漠地区分布最广的类型之一。从兰州黄河以北，直至新疆、青海和内蒙古西部都有分布。在新疆广泛分布于天山南坡、帕米尔东坡、昆仑山北坡，是山地荒漠中最占优势的植被之一。其分布海拔因地而异，在天山南坡焉耆以西直到帕米尔东坡是由东向西逐渐升高，下限为海拔 1400~1700 m，上限为海拔 1800~2100 m；在昆仑山北坡则由西向东逐渐升高，下限为海拔 1800~2000 m，上限为海拔 2100~2900 m。土壤为砾质或沙砾质棕色荒漠土。

合头草常以单优势种形成群落，总盖度达 15%~18%，群落种类组成简单。伴生植物在昆仑山北坡有黄花瓦松（*Orostachys spinosa*）、盐生草、雾冰藜等；在天山南坡有无叶假木贼、膜果麻黄、裸果木、盐生草、喀什霸王等。

（16）圆叶盐爪爪荒漠（Form. *Kalidium schrenkianum*）

圆叶盐爪爪荒漠分布于天山南坡和硕以西海拔 1600~1900 m，在阿克苏处于海拔 1700~2400 m，在帕米尔东坡处于海拔 1900~2400 m，而在昆仑山北坡则处于海拔 2700 m 以上。出现于山前倾斜平原上部、山间盆地及干旱剥蚀低山、中山带的洪积锥和坡积物上。土壤为砾石性很强的棕色荒漠土。

圆叶盐爪爪与超旱生半灌木盐生木、合头草、红砂形成的群落，大面积分布于天山南坡、帕米尔东坡和昆仑山北坡。群落总盖度 3%~12%。群落种类组成贫乏。伴生植物有无叶假木贼、盐生草、黄花瓦松、展枝假木贼、天山猪毛菜、膜果麻黄、喀什霸王等。圆叶盐爪爪与无叶假木贼形成的群落见于喀什地区的山麓洪积扇上。群落总盖度为 3%~5%。群落种类组成很贫乏，有时伴生有少量的红砂。草原化圆叶盐爪爪荒漠群落见于天山南坡局部海拔较高处。形成从属层片的草原禾草有沙生针茅、东方针茅、中亚细柄茅。群落总盖度可达 15%，群落种类组成并不丰富。伴生植物有木贼麻黄、灌木紫菀木、红砂、天山猪毛菜等。

（17）天山猪毛菜荒漠（Form. *Salsola junatovii*）

该类型分布于天山南坡的焉耆盆地到喀什之间的中山带，处于海拔 2000 m 左右的山坡上。它适应于强砾质的石膏棕色荒漠土和多碎石的土壤。常与多年生禾草群落，天山猪毛菜形成高 25~35 cm 的层片，从属层片常由沙生针茅、中亚细柄茅、西北针茅组成。群落总盖度 15%，群落种类组成为 9~12 种。伴生植物有木贼麻黄、鹰爪柴、灌木紫菀木、展枝假木贼等。

（18）盐节木荒漠（Form. *Halocnemum strobilaceum*）

盐节木群落是新疆境内分布最广的一个群系，普遍见于各地的盐土低地，尤其在天山南麓山前平原和罗布泊平原有大面积分布，往往延伸达数十公里。

盐节木是一种最耐盐的肉质小半灌木，根系具有耐水淹的特性，因此经常出现在盐湖滨、扇缘和洼地底部的潮湿盐土上。冲积平原的结壳盐土上也有它的分布。土壤为潮湿的盐土或结皮盐土，土壤地表常具 5~10 cm 的盐壳，0~30 cm 土层含盐量达 10%~20%。地下水位深 0.2~1 m 或深达 2~3 m，矿化度可达 10~30 g/L。随地下水位深浅变化，群落结构和组成有不同的变化。

单优势种的盐节木群落是最典型的多汁木本盐柴类荒漠，种类组成贫乏，只有一个层片。其生长状况随土壤的湿润程度或地下水的深度而变化。在地下水接近地表的潮湿盐土上，它生长密茂，植株高达 30~40 cm，覆盖度可达 50%~60%，甚至达 80%~90%。伴生植物有多枝柽柳、刚毛柽柳、芦苇大叶补血草等。这些物种因为土壤的强烈盐渍化而生长不良。当地下水降至 1.5~2 m 时，群落变得稀疏，覆盖度 10%~30 %。伴生植物有盐穗木、刚毛柽柳、多枝柽柳、小果白刺、花花柴、芦苇等。在若羌北部台特玛湖滨湖平原，地下水深达 3~4 m，地表有 5~15 cm 厚的坚实的矿质盐壳，盐节木的生长显著受到抑制，植株高只 10~20 cm，丛径 20~25 cm，群落盖度 5%~10%。

盐节木与潜水超旱生灌木形成的群落经常出现在若羌和库尔勒冲积扇下部壤质的结皮盐土上。地下水深达 2~3 m，矿化度 10~20 g/L。盐节木层中散生着稀疏刚毛柽柳、多枝柽柳，高 1.5~1.8 m，覆盖度 5%~10%。伴生植物有芦苇、骆驼刺、花花柴、胀果甘草和盐穗木。

盐节木与芦苇形成的群落出现在阿尔金山北麓、吐鲁番盆地的扇缘低地和玛纳斯湖湖滨的湿盐土上。它是芦苇盐化沼泽草甸向盐节木荒漠的过渡类型。密集的盐节木层中还保留稀疏的芦苇层片。其覆盖度为 5~15%。此外，混生个别的刚毛柽柳、盐穗木和黑果枸杞。

(19)盐穗木荒漠(Form. *Halostachys caspica*)

盐穗木群系主要分布在塔里木盆地和焉耆盆地，土壤为结皮盐土和龟裂盐土。地表具 2~5 cm 的薄层盐结皮，0~30 cm 土层含盐量 10%，地下水位 2~4 m。盐穗木依土壤含盐量的多少与地下水位深浅组成不同的群落。

在地下水位 2.5~4 m 的地区，盐穗木与刚毛柽柳、多枝柽柳、长穗柽柳等潜水旱中生灌木组成群落。覆盖度 30%。伴生植物有盐爪爪、黑果枸杞、小果白刺、花花柴、疏叶骆驼刺、胀果甘草、芦苇等。

当地下水位下降到 3.5 m 以下或土壤盐积化加强，盐穗木形成单优群落，盖度只有 10%~15%。伴生植物有刚毛柽柳、黑果枸杞、芦苇和戟叶鹅绒藤(*Cynanchum acutum* subsp. *sibiricum*)等。

此外，由于小地形变化，盐穗木群落多呈小块状分布，常与盐爪爪群落，或与盐角草群落，或与盐节木群落形成复合体。

(20)垫状驼绒藜荒漠(Form. *Krascheninnikovia compacta*)

垫状驼绒藜荒漠是高寒荒漠中分布最广的类型之一。广泛分布在喀喇昆仑山和昆仑山之间海拔 4500~5500 m 的高原湖盆、宽谷与山地下部的石质坡地，并局部出现在羌塘高原北部的湖盆周围和阿尔金山、祁连山西段的高山带。在新疆垫状驼绒藜荒漠间断分布于昆仑山、阿尔金山以南高原上的石质山坡上。土壤为沙壤质或碎石质沙壤。垫状驼绒藜为垫状小半灌木，高仅 8~15 cm，整个植株伏于地表，形如小丘，直径为 20~40 cm。群落种类组成贫乏，植丛稀疏，覆盖度 10%~12%。在垫块之间长有低矮的垫状植物：青藏薹草、簇芥(*Pycnoplinthus uniflora*)、冰川棘豆(*Oxytropis proboscidea*)等。

(执笔人：中国科学院新疆生态与地理研究所 曹秋梅、周华荣)

第 7 章
东北和华北地区灌木林

7.1 大兴安岭

7.1.1 概 述

大兴安岭自海拔 200~1450 m 均分布有灌丛，一般面积不大，其生境与类型差异较大，既有在特殊生境条件下发育的原生类型，又有在人为或林火影响下衍生的次生类型。

大兴安岭的针叶灌丛是以常绿针叶树为建群种，主要有偃松灌丛及兴安圆柏灌丛。这两类灌丛在我国主要分布在大兴安岭、小兴安岭和长白山地区，一般面积不大，其中偃松灌丛较普遍，而兴安圆柏灌丛仅在高海拔（1200 m 以上）地带局部地段有小片分布。

大兴安岭的阔叶灌丛集中分布在海拔 500 m 以下，建群种不多，分布也不甚普遍，仅有 3 个灌丛：蒿柳灌丛断续分布于河岸，一般为原生性质；山杏灌丛和榛灌丛是蒙古栎林或黑桦林经人为采伐后形成，属于次生植被类型，二者的生境在大兴安岭是两个极端，前者最恶劣，后者最优越。

在本区有一类由多种耐湿小灌木桦树，如油桦、柴桦、扇叶桦形成的灌丛，有时根据其生境与分布规律作为灌木沼泽，在本书中简要介绍。

根据建群种的不同，本区灌丛可分为 8 个群系：偃松灌丛（Form. *Pinus pumila*）、兴安圆柏灌丛（Form. *Juniperus davurica*）、山杏灌丛（Form. *Armeniaca sibirica*）、榛子灌丛（Form. *Corylus heterophylla*）、蒿柳灌丛（Form. *Salix schwerinii*）、油桦群系（Form. *Betula ovalifolia*）、柴桦群系（Form. *Betula fruticosa*）、扇叶桦群系（Form. *Betula middendorfii*）。

7.1.2 主要灌木群落

（1）偃松灌丛（Form. *Pinus pumila*）

偃松在我国主要分布在大兴安岭、小兴安岭和长白山，由于生长在不同生境，其习性也有变化。其分布在海拔约 1240 m 以上、地势高、风力强、气候严寒而干旱的地方，树干则伏卧地面匍匐生长，蜿蜒长达 10 m 以上，仅树冠倾斜上升，形成偃松矮曲林；分布在较低海拔，则呈灌木状；生于兴安落叶松疏林下，或独立成偃松灌丛。根据植物组成、结构、分布规律，偃松灌丛可分为 2 个群丛：偃松-岩高兰灌丛（Ass. *Pinus pumila-Empetrum nigrum*）和偃松-高山笃斯越橘灌丛（Ass. *Pinus pumila-Vaccinium uliginosum* var. *alpinum*）。

偃松-岩高兰灌丛在我国仅大兴安岭有分布，甚少见，仅小面积分散分布在个别高峰上，海拔在 1200~1450 m。其生境气候严寒，风力强，土层多石块，为粗沙壤土或粗沙土，乔木已难生长，一般仅有偃松成矮曲林。植物组成简单，常见植物约 34 种，建群植物为偃松、岩高兰，其他优势植物多为高山及极地植物区系成分，如高山蓼、高山笃斯越橘、砂藓（*Racomitrium canescens*）、高山砂藓（*Racomitrium sudeticum*）等。由于生境严寒，植物发生生理性干旱，不仅种类较少，而且多具有一定的旱生形态特征。生活型以矮高位芽植物种类最丰富，为群落的优势生活型。地面芽植物在群落的组成中也有重要作用，大高位芽植物仅有个别出现。苔藓植物和地衣在群落组成中占有相当地位。

偃松-越橘灌丛在大兴安岭一般分布在 900~1300 m，较偃松-岩高兰灌丛普遍，面积也较大，常由偃松、落叶松疏林遭破坏衍生而成。土壤为薄层生草灰化土，或在坡度大或高海拔地带常为碎石滩（坡），当地称为"蛤蜊塘"（长白山区称为"跳石塘"或"乱石窖"）上也有分布。组成植物常见约 39 种，以偃松、越橘为建群种，其他优势种有扇叶桦、高山蓼等。生活型以高位芽植物种类最丰富，且高度高。地上芽植物在群落结构中也有重要作用，以小灌木地上芽植物为主。苔藓植物和地衣种类居第二位，但盖度较小，在群落中仅占有一定的地位。

偃松灌丛对保持山地水土、防止岩石裸露有良好的生态作用，同时又能为紫貂、灰鼠等动物提供栖息、觅食之地。偃松种子含油量高，可供食用，故应加强保护和合理开发。

（2）兴安圆柏灌丛（Form. *Juniperus davurica*）

兴安圆柏为东西伯利亚植物区系成分，在我国分布于大兴安岭、小兴安岭及长白山高海拔山顶部，但仅在大兴安岭能形成独立的灌丛。此类灌丛仅有一个群丛，即兴安圆柏-砂藓灌丛（Ass. *Juniperus davurica - Racomitrium canescens*）。

此类兴安圆柏灌丛分布在海拔 1200~1300 m，岩石裸露的迎风坡，生境风力强、严寒，土层瘠薄。组成植物较简单，常见植物约 41 种，以兴安圆柏、砂藓为建群种，其他优势种有偃松、鹿蕊等。生活型谱的特点是以地面芽植物的种类最丰富，但群落的优势生活型为地上芽植物，并以小灌木地上芽植物为主。矮高位芽小灌木在群落中也占有重要的地位。地面芽植物、地下芽植物虽种类较多，但数量较少，在群落中处于附属地位。苔藓植物与地衣数量很大，在群落组成中占有相当重要地位。

此类灌丛通常为紫貂、灰鼠等动物栖息地，但由于生境土层薄，且多石块，故对土壤保护颇为重要，应加强保护以发挥其水土保持的生态作用。

（3）山杏灌丛（Form. *Armeniaca sibirica*）

山杏为东西伯利亚植物区系成分，在我国主要分布在北方草原区，属草原植物，喜光，耐寒，耐干燥瘠薄土壤。山杏灌丛组成植物基本与大兴安岭相邻的松嫩草原和呼伦贝尔草原相近，成为大兴安岭植被中的一个特点。大兴安岭的山杏灌丛仅有 1 个群丛，即山杏-线叶菊灌丛（Ass. *Armeniaca sibirica - Filifolium sibiricum*）。

此类灌丛应为草原的植被类型，在林区仅大兴安岭特有，主要分布在海拔 900 m 以下向阳陡坡上，坡度一般为 25°~35°。由于原生森林植被遭严重破坏，造成恶劣小生境。土壤瘠薄，非常干燥，甚至岩石裸露，一切乔、灌木很难生长，仅由毗邻的耐干旱草原植物占据，衍生成山杏–线叶菊灌丛。组成植物以喜光、耐旱的旱生或中旱生草原植物占优势，常见植物约有 61 种，以山杏为建群种，线叶菊为标志种。生活型谱的特点是高位芽植物种类居第三位，但盖度很大，为群落的优势生活型，决定群落的外貌。地面芽植物种类最多，地下芽植物居第二位，地上芽植物处附属地位。一年生植物与藤本植物较少，大体与草原植被的生活型谱相近。组成植物的叶型单一，以小叶型物占绝对优势，中叶型植物占有一定的比例，并有少量的微叶型植物，反映出其生境干旱而恶劣的特点。

此类灌丛在组成中虽有多种经济植物，如白藓（*Leucomium strumosum*）、远志、山丹等为药用植物，但是开发利用时，应考虑生态效益，否则，一经破坏则很难再恢复植被，造成地表裸露。

（4）榛灌丛（Form. *Corylus heterophylla*）

榛为东北植物区系成分，主要分布在东北东部山区（小兴安岭—长白山区），甚为普遍，属温带灌木，性喜光，适生于深厚、肥沃、排水良好的土壤，但也耐干旱瘠薄土壤。榛在大兴安岭是其分布的最北界，仅生长在海拔 600 m 以下地带。原生的蒙古栎、兴安落叶松林，遭破坏后，经蒙古栎林或黑桦林，再遭破坏而衍生成的次生植被。大兴安岭的榛灌丛仅有一个群丛，即榛–乌苏里薹草灌丛（Ass. *Corylus heterophylla* – *Carex ussuriensis*）。

此类灌丛在大兴安岭常分布在阳坡山麓，生于坡度平缓、排水良好、深厚而肥沃的土壤。植物组成较丰富，常见植物可达 100 种。榛与乌苏里薹草为建群种，另外还有胡枝子、毛莲蒿、白藓为优势植物。生活型谱特点是高位芽植物种类虽较少，但盖度大，成为群落的优势生活型；草本地面芽植物种类最丰富，地下芽植物居第二位；藤本植物种类有所增加，反映其生境较优越。组成植物中以小叶型为主，中叶型占有相当比例，微叶型植物极少，叶的总面积与其他灌丛相比有增加的趋势，反映出其生境的水、热条件较好。灌木层高 1.0～1.5 m，盖度可达 70%～80%，以落叶阔叶矮高位芽物层片为优势层片，组成植物以榛为主，据调查每公顷可达 8 万～15 万株，还常混有胡枝子和少量的达乌里胡枝子。在灌木层偶有少量的落叶阔叶大高位芽植物山杨或蒙古栎的幼树。

榛果仁含油量为 51.6%，可食，也可榨油，并有止咳的功效；榛的干材质坚硬致密，可做手杖或伞柄；嫩叶可晒干贮存，做家畜饲料，所以此类灌丛有较高的经济价值。尤其在以针叶林为主的大兴安岭具有特殊意义，应保存，但在开发利用时，须注意改善榛的密度，提高结实量。

（5）蒿柳灌丛（Form. *Salix schwerinii*）

蒿柳是广布欧亚大陆北半球山区的灌丛，为温带喜光树种，耐水湿。在大兴安岭仅分布在海拔 700 m 以下地带，沿河流支流或溪流两岸水湿地，形成灌丛。大兴安岭的蒿柳灌丛仅有一个群丛，即蒿柳+大叶章+绣线菊灌丛（Ass. *Salix schwerinii* + *Deyeuxia angustifolia* + *Spiraea salicifolia*）。

此类灌丛在大兴安岭不甚普遍，仅沿河流支流或溪流两岸水湿地分布，一般春泛时遭水淹，形成狭带状分布，生长旺盛。适生土壤为富含腐殖质的草甸土。植物组成较简单，约有 50 种，以蒿柳、绣线菊、大叶章为建群种，其他优势种有粉枝柳、扁秆荆三棱、蚊子草等。生活型谱的特点是高位芽植物为优势生活型；地面芽植物虽种类较多，但植株较少；地下芽植物的种类虽居第三位，但因植株不多，仅为群落的从属成分；地上芽植物较少，仅在局部地段可形成优势。

此类灌丛有护岸作用，又有多种蜜源植物，如蒿柳、毛水苏等，并可利用其枝条开发编织业，因此虽然面积不大，但在生态和经济上均有很大意义，应加以保护及合理利用。

(6) 油桦灌丛 (Form. *Betula ovalifolia*)

油桦群系仅油桦-沼柳-瘤囊薹草沼泽灌丛 (Ass. *Betula ovalifolia – Salix rosmarinifolia* var. *brachypoda – Carex schmidtii*) 一种。此类沼泽分布于高阶河漫滩，地下水位较高地段，土壤为泥炭沼泽土，泥炭层较薄，一般为 30~40 cm。群落结构分两层：灌木层以油桦为优势种，常伴生有绣线菊、笃斯越橘、蓝靛果忍冬等；草本层以瘤囊薹草为优势种，形成草丘，草丘上伴生有大叶章、小白花地榆、黑水缬草、短瓣金莲花等，草丘间湿洼地季节性积水，生长有湿生植物膜叶驴蹄草 (*Caltha palustris* var. *membranacea*)、溪木贼等。

(7) 柴桦灌丛 (Form. *Betula fruticosa*)

柴桦群系仅有柴桦-小叶杜鹃-瘤囊薹草沼泽灌丛 (Ass. *Betula fruticose – Rhododendron lapponicum*) 一种。此类沼泽广泛分布于高阶河漫滩、地表季节性积水地段，局部常年积水。土壤为泥炭土和泥炭沼泽土，泥炭层的厚度一般为 30~50 cm，局部可达 1 m。群落结构分两层：灌木层以柴桦为优势种，小叶杜鹃为亚优势种，常伴生有油桦和沼柳；草本层以瘤囊薹草为优势种，形成草丘。草丘上伴生有小叶章、小白花地榆、黑水缬草、短瓣金莲花、兴安藜芦等。草丘间季节性积水，生长有薄叶驴蹄草，草丘边缘常生长有毛水苏、细叶繁缕等。

(8) 扇叶桦灌丛 (Form. *Betula middendorfii*)

扇叶桦群系仅有扇叶桦-油桦-瘤囊薹草沼泽灌丛 (Ass. *Betula middendorfii – Betula fruticose – Carex schmidtii*) 一种，为大兴安岭特有沼泽类型。一般分布在海拔 800~1200 m 地带的沟坡、局部低洼地段。土壤永冻层发育为泥炭沼泽土，泥炭层较薄，仅 20~30 cm。植物群落可分两层：灌木层以扇叶桦为优势种，油桦为亚优势种，伴生有兴安杜鹃、蓝靛果忍冬。小灌木层有杜香和少量笃斯越橘；草本层以瘤囊薹草为优势种，形成草丘，草丘上伴生有小叶章、小白花地榆、蹄叶橐吾、欧洲唐松草 (*Thalictrum aquilegiifolium*) 和越橘等。地表苔藓植物较多，但未形成地被物，常见有截叶泥炭藓 (*Sphagnum angstroemii*)、粗叶泥炭藓 (*Sphagnum squarrosum*)、塔藓等。

7.2 小兴安岭

7.2.1 概 述

灌丛在小兴安岭分布较广泛，但群系简单，面积不大，呈零散分布，镶嵌在森林植被之间，见于各种坡向上，多数是由于森林植被经人为反复破坏后，特别是强度择伐或皆伐后而形成的次生植被。柳丛多分布于河谷地带，一般为原生性质。按分布生境和群落组成上的差异，小兴安岭的灌丛基本上有胡枝子、榛和蒿柳灌丛三个群系。高山笃斯越橘-杜香-瘤囊薹草灌丛 (Form. *Vaccinium uliginosum* var. *alpinum-Ledum palustre – Carex schmidtii*)、柴桦-沼柳-瘤囊薹草灌丛 (Form. *Betula fruticose – Salix rosmarinifolia* var. *brachypoda – Carex schmidtii*)，属沼泽灌丛范畴，在此仅作简述。

7.2.2　主要灌木群落

（1）蒿柳灌丛（Form. *Salix schwerinii*）

小兴安岭柳树种类很多，此群系组成以蒿柳为主，蒿柳为阳性树种，极耐水湿，过湿地段生长旺盛，形成灌丛，分布很广，涉及欧亚大陆。小兴安岭的蒿柳灌丛较稳定，仅有一个群丛，即蒿柳-大叶章灌丛（Ass. *Salix schwerinii – Deyeuxia angustifolia*）。

此类灌丛分布于小兴安岭低山、丘陵地带，河流沿岸、河滩地及林地沼泽中的曲流边。由于活水浸渍，其他树种无法生长，只有多种柳树沿河生长，形成柳丛。其土壤为层状冲积性草甸土或潜育化草甸土。群落外貌简单，几无特殊优势种，常见种植物有 60 种，高位芽植物 14 种，盖度人，决定了群落的外貌特征。草本地面芽与地下芽植物种类最多，分别居第一、二位，是草本层片的重要成分。一年生植物较多，达 9 种。

群落高达 2~4 m，盖度在 90% 以上。灌木层以蒿柳为主，常见的还有多种柳树，如细柱柳（*Salix gracilistyla*）、卷边柳（*Salix siuzevii*）、三蕊柳（*Salix nipponica*）等灌木柳形成丛生型的柳丛。有时也混有个别乔木状的柳树，如朝鲜柳（*Salix koreensis*）和粉枝柳，在某些排水良好的地段上，还有谷地森林的组成种，如香杨（*Populus koreana*）、春榆等大乔木及其下稠李和暴马丁香，也侵入本群丛内，呈点状分布。在有季节性积水的地方，偶有辽东桤木（*Alnus hirsuta*）混生。本群落内草本稀疏，盖度为 10%~20%，往往在柳丛中间旷地或边缘地带有较密集的草本层，多由湿生或中湿生的草本地面芽植物组成，以大叶章为标志种，其他常见的有蒌蒿、兴安薄荷（*Mentha dahurica*）、旋覆花、单穗升麻（*Cimicifuga simplex*）、驴蹄草、扯根菜（*Penthorum chinense*）、细叶地榆（*Sanguisorba tenuifolia*）、风花菜（*Rorippa globosa*）、点地梅、毛水苏、茴茴蒜（*Ranunculus chinensis*）、石龙芮（*Ranunculus sceleratus*）以及矮桃（*Lysimachia clethroides*）等。并有些杂类草草甸中的草本植物侵入此群落内，如绒背蓟（*Cirsium vlassovianum*）、轮叶穗花（*Pseudolysimachion spurium*）、翅果唐松草等。在长期积水的地方还有毒芹（*Cicuta virosa*）、蛇床（*Cnidium monnieri*）等水生植物。某些地段还有瘤囊薹草形成塔头。

此类灌丛在居民点附近常遭樵采，但又能迅速形成柳树灌丛，具有相当的稳定性。有些当地居民割柳条编织各种器具，特别是蒿柳和三蕊柳，当地统称"白条柳"，是编织用的优良枝条。此外，柳树灌丛对护岸防冲刷也有很大意义，并可作早春蜜源植物。

（2）榛灌丛（Form. *Corylus heterophylla*）

小兴安岭榛灌丛只有榛-大披针薹草灌丛（Ass. *Corylus heterophylla – Carex lanceolata*）。分布较普遍，通常位于海拔 350 m 以下，开阔的阳坡或半阳坡的缓坡山麓、阶地或冲积扇，或低山带中的山腹和浅丘上，分布于低山山麓的榛灌丛被当地群众称为"榛柴岗"或"榛子棵"，分布于浅丘上的榛灌丛称为"榛子包"。此类灌丛的分布地带坡度平缓，排水良好，水分适中，土层深厚，腐殖质含量高，呈团粒结构，是小兴安岭土壤最肥沃地带之一。其土壤类型为暗棕壤土。

榛灌丛是羊须草（*Carex callitrichos*）、榛、蒙古栎矮林或大披针薹草、榛、蒙古栎林进一步受到破坏转变而形成，或属中缓坡阔叶红松（*Pinus koraiensis*）林次生演替的产物。因土层深厚肥沃，常垦为农田，有些经过撂荒，退化为以蒿子（*Artemisia* spp.）为优势的群落，然后经自然演替再恢复到榛灌丛。在有种源的情况下，仍然可以演替为阔叶红松林。

该群落高达 1.5 m，总盖度为 80%～100%。植物组成较为丰富，常见植物有 96 种。按生活型分析，高位芽植物有 10 种，居群落组成第三位，但频度与盖度均较高，决定了群落的外貌特征。草本地面芽与地下芽植物种类最多，是草本层的重要组成成分。草本地上芽植物仅有 4 种，但频度高，是草本层的主要层片。一年生与藤本植物处于附属地位。

灌木层以榛为优势种，高 1.5～2 m，盖度占 50%～80%，频度为 100%，混生少量的大黄柳、绢毛绣线菊、山刺玫。在北部地区，较旱的山坡地带还见混有胡枝子、短节百里香（*Thymus mandschuricus*）。

草本层高达 0.5～1 m，层盖度为 80%。以凸脉薹草为标志种，其他还有毛莲蒿、猴腿蹄盖蕨（*Athyrium multidentatum*）为优势。此外，较为常见的植物是一些耐旱植物，如石竹、委陵菜、山蚂蚱草、多裂叶荆芥、翻白草、岩败酱、白藓、裂叶蒿、大叶柴胡、箭头唐松草（*Thalictrum simplex*）、漏芦、桔梗和聚花风铃草（*Campanula glomerata* subsp. *speciosa*）等。

层外藤本植物只有大叶铁线莲（*Clematis heracleifolia*）、褐毛铁线莲（*Clematis fusca*）、棉团铁线莲（*Clematis hexapetala*）和蝙蝠葛（*Menispermum dauricum*）以及穿龙薯蓣（*Dioscorea nipponica*）。

（3）胡枝子灌丛（Form. *Lespedeza bicolor*）

胡枝子为东北与东西伯利亚植物区系成分，广泛分布在我国东北各山区，向南可达华北等地区，此外，朝鲜、日本、俄罗斯远东地区及东西伯利亚也有分布。性喜光、耐干旱瘠薄及寒冷，根系发达，萌芽性很强，速生，常生于山坡阔叶林下，但是常由于森林一再被破坏，生境变干旱瘠薄，则常由胡枝子形成灌丛，为森林演替的先锋阶段。此群系较稳定，仅有 1 个群丛，即胡枝子-乌苏里薹草灌丛（Ass. *Lespedeza bicolor - Carex ussuriensis*）。

此类灌丛在小兴安岭各地均有分布。常位于岗脊、山梁南向或西南向陡坡和急陡坡地带，作为蒙古栎林进一步干燥化的指示群落。在地表常有岩石裸露现象，土壤为极薄层山地暗棕壤。它是由于乌苏里薹草、胡枝子、蒙古栎林再破坏后而形成的，如能封山育林，在有种源的情况下，还可以恢复胡枝子、蒙古栎林，最后演变为蒙古栎、红松林。在低山丘陵地带，胡枝子灌丛常被榛灌丛所包围，有被更替的趋势。

此灌丛高达 1.5 m，总盖度为 70%左右。植物组成较单纯，常见植物约有 78 种，多为中旱生或旱生植物。按生活型分析，高位芽植物有 8 种，是决定群落外貌特征的主要成分。草本地面芽与地下芽植物种类最多，分别居第一、二位，是草本层的重要成分。草本地上芽植物虽只有 4 种，但频度大，是构成草本层的主要成分。其他生活型均处于附属地位。

胡枝子灌丛有很好的水土保持作用。其根部虽有根瘤，但改良土壤作用不如榛灌丛。在水分条件较好地段，终会被榛、蒙古栎林所更替。胡枝子枝条可编筐，嫩叶可作饲料，花为蜜源，是小兴安岭较好的蜜源植物资源。

（4）高山笃斯越橘-杜香-瘤囊薹草灌丛（Form. *Vaccinium uliginosum* var. *alpinum-Ledum palustre-Carex schmidtii*）

此类灌丛主要分布在小兴安岭北部地区，是一种较为常见的灌木沼泽，多分布在海拔 350～500 m 间的河漫滩、阶地或谷地，地表除有季节性积水外，局部地段有常年积水，1 m 左右以下有永冻层，土壤为泥炭土或泥炭沼泽土，呈酸性反应，并有潜育层。

植物组成较丰富，常见植物有 81 种。按生活型分析，高位芽植物有 14 种，居第三位，盖度较大，决定了群落的外貌。草本地面芽和地下芽植物种类最多，居第一、二位，但盖度小，频度低，成为草本层的重要组成，也反映群落环境冷湿的特点。地上芽植物种类虽少，居第四位，但盖度及频度均较高，决定了群落的性质，苔藓植物仅在局部有分布。群落高达 1.2 m，总盖度为 95%～100%，可分为灌木、草本和苔藓三层。灌木层高 55～120 cm，层盖度为 40%～80%，主要以笃斯越橘、杜香为优势种，混有柴桦、绣线菊、细叶沼柳和沼柳，有时还可见个别大高位芽植物毛赤杨，但生长发育不良。

此类沼泽生长不少资源植物，而且分布集中，贮量大，可以开发利用，如瘤囊薹草既是较好的饲草植物，又是较好的纤维原料，笃斯越橘、北悬钩子（*Rubus arcticus*）等的果实可以食用或制作饮料，杜香叶子可提取芳香油等。

（5）柴桦–沼柳–瘤囊薹草灌丛（Form. *Betula fruticose* – *Salix rosmarinifolia* var. *brachypoda* – *Carex schmidtii*）

此类灌丛在小兴安岭北部有分布，约在 47°N 以北多年冻土地带内，在海拔 300～450 m 的河漫滩、低平地和沟谷地段，或有潜水溢出的地段形成灌木沼泽景观。常有季节性积水，地下水位较高，一般不超过 70 cm，水质微酸性，土壤为泥炭沼泽土。

此类灌丛植物组成较丰富，据统计约有 98 种。按生活型分析，高位芽植物种类比例虽然不太高，仅为 12.3%，但为优势层片，决定了群落的外貌特征。草本地面芽植物种类比例最高，为 38.8%，其次是草本地下芽植物。草本地上芽植物主要以丛生薹草为主，种类不多，但盖度大，决定了草本层的外貌特征。一年生植物与苔藓植物种类较少，呈小片分布。群落高达2 m，总盖度为 95%～100%，可分为两层，第一层为灌木层，高为 50～200 cm，盖度为 40%～60%，柴桦为优势种，其次为沼柳，并混生有珍珠梅、绣线菊、蓝靛果忍冬等，有时在不同地段呈小群聚分布；第二层为草本层，高 15～100 cm，盖度为 25%～70%，变动幅度较大，随灌木密度而变化。草本层可以分为两亚层：第一亚层高 60～100 cm，多为草甸植物，常见的植物有地榆、小白花地榆、黄莲花（*Lysimachia davurica*）、长瓣金莲花（*Trollius macropetalus*）等；第二层高 15～60 cm，以瘤囊薹草为优势，其次为灰脉薹草和宽叶羊胡子草（*Eriophorum latifolium*）。

此灌丛内有一些资源植物，如地榆、黄莲花、长瓣金莲花等。

7.3 长白山

7.3.1 概　述

灌丛在长白山地区分布较广泛，但群落结构简单，面积不大，呈零散分布，镶嵌在森林植被之间，多数是由于森林植被经人为反复破坏后，特别是强度择伐或皆伐后而形成的次生植被。灌丛占长白山森林面积的 5%，大约在 15～20 hm²，多分布于阳坡，且大多在近山区和人为活动较多的地方。按分布的生境和群落组成上的差异，长白山地区的灌丛主要有胡枝子、柳、榛、一叶萩和偃松 5 个群系。5 个群系分布的生态序列由低到高依次为柳灌丛–一叶萩灌丛–榛灌丛–胡枝子灌丛–偃松灌丛。柳灌丛多分布于河谷地带，一般为原生性质。长白山向西南延伸至辽宁东部，受气候条件影响，还有一些灌丛，例如兴安圆柏灌丛（Form. *Juniperus davurica*）、牛皮杜鹃灌丛（Form. *Rhododendron aureum*）、东北刺人参灌丛（Form. *Oplopanax elatus*）、红丁香灌丛（Form. *Syringa villosa*）、库页悬钩子灌丛（Form. *Rubus sachalinensis*）、迎红杜鹃灌丛（Form. *Rhododedron mucronulatum*）、毛果绣线菊灌丛（Form. *Spiraea trichocarpa*）。

7.3.2 主要灌木群落

（1）榛灌丛（Form. *Corylus heterophylla*）

榛在长白山地区主要有两种，一种为榛子，又称平榛；另一种为毛榛子，俗名胡榛子，均为产区内著名的野生小坚果与油料树种。榛喜光，植株较矮，一般高 1~3 m，在长白山地区内垂直分布较低，一般为海拔 300~600 m，多见于阳坡灌丛，可形成单优或共优的榛灌丛，俗称"榛柴岗"，有时也见于林下；毛榛较耐阴，植株较榛略高，垂直分布较高，常可达海拔 1200 m 左右，多生于林下，其居群呈团块状分布于阔叶杂木林下，俗称"榛棵"，很少生于林缘和单独形成灌丛。因此，本节所述的榛灌丛仅指由榛（平榛）形成的榛子灌丛。

榛灌丛的群落结构通常较为简单，在岗嵴附近群落较纯。在坡地群落略稀疏时有羊须草，或更稀疏时在灌丛间有较多的杂草生长，从而形成二层结构。上层组成以榛为主，其间有时伴有生长矮曲的山杨、春榆、蒙古栎等乔木树种或其幼树，常有山楂、鼠李、茶条枫（*Acer tataricum* subsp. *ginnala*）、卫矛、刺玫果、金银忍冬等小乔木或灌木树种生长。草本层主要有羊须草、凸脉薹草、委陵菜、线叶菊、潮风草（*Cynanchum acuminatifolium*）等。

从生活型构成上，植物组成最丰富的榛丛以地面芽和地下芽植物为优势，其次为高位芽，地面芽与一年生植物比例较小。

根据地被植物构成不同将榛灌丛划分成三个群丛：榛单优灌丛（Ass. *Corylus heterophylla*）、榛-羊须草灌丛（Ass. *Carex callitrichos* - *Corylus heterophylla*）和杂草榛灌丛（Ass. *Corylus heterophylla* - Grass）。

榛单优灌丛多见于荒山漫岗地带或山顶大林窗中，土壤为山地暗棕壤，土壤厚度在 15~18 cm。植株生长甚密，株高 1.5 m 左右，群落结构单一。除榛外，丛隙间常混生有山杨、山里红、鼠李、刺玫蔷薇、卫矛等，但组成比例不高，基本没有地被，只在林缘附近有时会出现羊须草。该类型群落结构较为稳定，不遇大的破坏可缓慢地向榛蒙古栎林或阔叶杂木林方向演替。此类型榛丛作为经济林经营以生于漫岗地者为佳，但密度过大，需要人为进行改造。生于大林窗中的榛丛，结实量更低，尤其分布在蒙古栎林林窗中的榛丛受病虫危害极其严重，不宜作为经济林经营。

榛-羊须草灌丛通常分布于平缓坡地、台地或漫岗地带，独立形成群落或与森林接壤。土壤多为较肥沃的暗棕壤，土层深 18~22 cm 或更深些。植株生长较密集，株高 1.5~2 m。群落分为两层，上层以榛为优势种类占 50%~80%，其次为金银忍冬、鼠李、山荆子、山里红、胡枝子、刺五加等，有时有猕猴桃（*Actinidia* spp.）、五味子等藤本植物；在灌丛间常混有乔木树种蒙古栎、春榆、紫椴（*Tilia amurensis*）等，也偶见有胡桃楸（*Juglans mandshurica*）、白桦等。其中，乔木树种的高度、年龄和比重常常显示出了该植被类型被破坏的程度或已恢复的程度。草本层不很发达，以羊须草为主，尚有少量桂皮紫萁（*Osmundastrum cinnamomeum*）、球子蕨（*Onoclea sensibilis*）、地榆等。群落结构稳定性一般，加以保护则较易恢复到阔叶林类型，遭到破坏则逐渐演替成杂草榛丛。此类型榛丛作为经济林经营较有前途，生产力较高，且相对容易改造，可顺势改造成榛园，或兼作生态经济林经营，或封山育林恢复原生结构。

杂草榛灌丛多见于平缓的坡地或台地，土壤为暗棕壤或白浆化暗棕壤或白浆土。水平结构上表现了草地与榛丛的镶嵌分布，且随破坏程度的增加，榛丛的比例减小。垂直结构上可分为两层。主林层与羊须草–榛灌丛更为相似，但地被层草本植物组成丰富，且较复杂，难以分出明显优势种类或优势种类随小地形变化极为频繁又缺乏规律性。主要包括凸脉薹草、羊须草、委陵菜、翻白委陵菜、白藓、万年蒿、裂叶蒿、歪头菜、大油芒、狼毒大戟、线叶菊、桔梗、尖叶白前等。该类型很不稳定，稍加破坏即可能发生逆向演替；封山育林或人为的栽针保阔可加速其向阔叶杂木林或针阔混交林的恢复。

由于榛丛分布稀疏，榛果总产量较低，经济意义不大，但生态价值较高，不宜进一步开发或作为经济林经营，一旦继续受到破坏极可能演替为草原甚至荒漠而难以恢复，因此必须首先考虑保护。榛为产区木本粮食和木本油料树种，是国际坚果市场主要品种之一。其种子营养丰富，种仁部分含油量 47%~68%，蛋白质 23%，淀粉 6.6%。榛油油色浅黄，是优良的食用油和工业用油。榛仁可生食、炒食或制成榛粉、糖果、糕点等食品，味道鲜美。油粕可作饲料、肥料。果壳、总苞、叶片含单宁，可制栲胶。此外，榛耐干瘠，又是产区荒山绿化结合生产的首选树种。

（2）胡枝子灌丛（Form. *Lespedeza bicolor*）

长白山地区胡枝子灌丛主要分布于海拔 800 m 以下的低山丘陵地带。胡枝子为长白山林区蒙古栎林的伴生灌木种之一，为蒙古栎林屡遭破坏后逆向演替为榛丛，再由榛丛遭到破坏而退化为胡枝子灌丛，所以生境条件比榛丛的生境更为退化，表现出土层较薄，地表岩石裸露。胡枝子多为萌芽更新，从榛灌丛到胡枝子灌丛约需 3~5 年的时间。

胡枝子灌丛结构单纯，种类少，在干旱瘠薄生境下，一般可以分为灌木层和草本层。灌木层常为胡枝子或少量的兴安杜鹃、榛、牛叠肚（*Rubus crataegifolius*）组成。在水热条件好的生境下，常混有石蚕叶绣线菊、土庄绣线菊和卫矛等；草本层为羊须草、宽叶山蒿、毛莲蒿、轮叶沙参、苍术、北柴胡和菴闾（*Artemisia keiskeana*）等。

长白山地区分布较广的为胡枝子–羊须草灌丛（Ass. *Lespedeza bicolor - Carex callitrichos*）。此种灌丛主要分布于岗脊的南向或西南向的陡坡和急陡坡地带，一般被认为最终将被蒙古栎林所取代。生长区域内的地表多岩石裸露，土壤为山地暗棕壤，土层薄。

此灌丛高可达 1.6 m，总盖度约 75%，植物层次单纯，多为旱生或半旱生植物组成。灌木层的层盖度为 30%~50%，灌丛稀疏，以胡枝子为优势种，盖度为 30%，草本地面芽与地下芽植物种类系数最高，分别居第一、二位，成为优势层片。其他生活型处于从属地位。分布少量的刺五加、卫矛、榛，在山脊处混生有兴安杜鹃或丛生状的蒙古栎及土庄绣线菊。

草本层以羊须草为优势种，此外混生有一些耐旱植物如毛莲蒿、宽叶山蒿、柴胡、关苍术、轮叶沙参、山罗花（*Melampyrum roseum*）、山韭、委陵菜、紫菀、莓叶委陵菜、桔梗、岩败酱、费菜。在岩石缝间有耳羽岩蕨（*Woodsia polystichoides*）、过山蕨（*Asplenium ruprechtii*）和乌苏里石韦（*Lepisorus ussuriensis*）等。

该群丛由蒙古栎林–胡枝子–羊须草（Ass. *Quercus mongolica -Lespedeza bicolor - Carex callitrichos*）破坏后而形成的。如能封山育林在有种源的情况下，便可以恢复为胡枝子蒙古栎林，最后演变为蒙古栎红松林。在低山丘陵地带，胡枝子灌丛带被榛灌丛所包围，有被更替的趋势。

群丛内的资源植物较多，如药用其根的轮叶沙参、关苍术等；食用其花的黄花菜；食用其果的东方草莓；地上部分作饲料的胡枝子、大叶野豌豆等。

胡枝子灌丛具有保持水土的作用。其根具根瘤，可改良土壤，但其改良土壤的作用不如榛灌丛。胡枝子灌丛在自然状态下易为蒙古栎林更替，形成胡枝子-蒙古栎林，如经常刈割灌丛，将成为比较稳定的群落。

（3）一叶萩灌丛（Form. *Flueggea suffruticosa*）

一叶萩为大戟科白饭树属的一种灌木，俗称狗杏条子，主要生于南坡，多形成以一叶萩为主的单优灌丛或与其他稀疏乔木混生而组成的群丛。

该灌丛层次较为简单，垂直结构可分为灌木层和草本层。灌木层以一叶萩为主，还混生有达乌里胡枝子、尖叶铁扫帚、土庄绣线菊、毛樱桃等。而草本植物层主要有白藓、羊须草、大叶石头花（*Gypsophila pacifica*）、山罗花、白头翁、兔儿伞等草本植物，种类较多，但盖度较小。在其他地区则与其他物种混生，形成以一叶萩为主的混交林分。一叶萩灌丛主要分为两个群丛，即一叶萩单优灌丛（Ass. *Flueggea suffruticosa*）和一叶萩-宽叶山蒿灌丛（Ass. *Flueggea suffruticosa – Artemisia stolonifera*）。

一叶萩单优灌丛主要分布在土壤瘠薄的山脊上或山坡上，分为灌木和草本两个层次。灌木层以一叶萩为主，此外混生有达乌里胡枝子、细叶胡枝子、绒毛胡枝子（*Lespedeza tomentosa*）、土庄绣线菊、毛樱桃、托盘、刺玫蔷薇等。草本层种类较多，但盖度较小，主要有细梗石头花、轴藜（*Axyris amaranthoides*）、兴安白头翁（*Pulsatilla dahurica*）、羊须草、铃兰、龙须菜（*Asparagus schoberioides*）、苦荬菜、尖裂假还阳参（*Crepidiastrum sonchifolium*）、关苍术、毛莲蒿、委陵菜、蓬子菜、鸡眼草、紫苞鸢尾、南玉带（*Asparagus oligoclonos*）、宽叶薹草、丛生隐子草、火绒草、大丁草等。

一叶萩-宽叶山蒿灌丛主要分布在海拔约 400 m、坡度为 25°～40° 的阳坡，群落外貌不整齐，郁闭度 0.4，植物种类单纯，群丛垂直结构主要分为 3 个层次，即乔木层、灌木层和草本层，但乔木层比较稀疏，主要由蒙古栎、山楂、东北鼠李（*Rhamnus schneideri* var. *manshurica*）、东北杏（*Armeniaca mandshurica*）、五角枫（*Acer pictum* subsp. *mono*）、水榆花楸、花曲柳（*Fraxinus chinensis* subsp. *rhynchophylla*）组成。灌木层主要以一叶萩为优势种构成灌丛，同时伴生少量的胡枝子、托盘、早花忍冬（*Lonicera praeflorens*）、刺玫蔷薇、榛、栓翅卫矛、瘤枝卫矛、卫矛、山葡萄（*Vitis amurensis*）等。草本层主要以宽叶山蒿为主，同时混生有丝引薹草（*Carex remotiuscula*）、辣蓼铁线莲（*Clematis terniflora* var. *mandshurica*）、种阜草（*Moehringia lateriflora*）、羊须草、关苍术、菱叶藜（*Chenopodium bryoniifolium*）、穿龙薯蓣、山罗花、东方草莓、朝鲜苍术、球果堇菜、玉竹、翅果唐松草、土三七、铃兰、轮叶沙参等。该灌丛的资源植物有编织用的胡枝子；食用其果的毛樱桃、刺玫蔷薇、榛、山葡萄、东方草莓；药用的关苍术、轮叶沙参、土三七、石防风、穿龙薯蓣、朝鲜苍术；食用其根的桔梗；香料植物铃兰等。

（4）柳灌丛（Form. *Salix* spp.）

长白山地区的柳灌丛主要分布的生境为河流两岸、水湿地、沟谷地和排水不良的缓坡和漫岗等。垂直分布海拔约 400～700 m。此外，在长白山海拔 2000～2500 m 的苔原带上还分布有柳丛群落。柳属植物喜光、喜水，多生于低湿、地下水位较高或带有积水和土层较厚的土壤上。土壤为中厚层腐殖质的冲积土、草甸土、沼泽土，在台地及坡麓处多为白浆土。柳树更新多为萌蘖，年高生长快的可达 2 m。但在高山冻原带一般生长较弱。

　　柳灌丛有两种不同的结构，一般在人类活动频繁和水湿比较严重的地区形成以蒿柳、细柱柳、三蕊柳等为优势种的比较稳定的群落。由于柳丛的萌芽力极强，在经过人们的反复破坏后仍可以不断进行萌芽更新；而在积水比较严重的地方，其他乔木、灌木树种很难侵入生长，于是形成了相对稳定的顶极群落。此类柳丛多分布于河流两岸的沼泽土和草甸土上。群落内植物种类少，垂直结构简单，一般可以分为灌木层和草本层。另一种是在水湿程度较轻的坡地、漫岗等地，形成以杞柳（Salix integra）为优势种的柳丛，由于一些阔叶树和落叶松更新幼树的侵入，往往上层形成稀疏的乔木层，层次结构可分为乔木层、灌木层和草本层；该类型的群落随着时间的推移，将被乔木植物群落所替代。不论是相对稳定的柳丛，还是上层混有稀疏乔木的柳丛，草本层的植物种类基本相似，多为一些喜湿的种类如灰脉薹草、地笋（Lycopus lucidus）、大叶章、蚊子草、轮叶婆婆纳等。柳灌丛群系根据层片组成，可以进一步划分为以下 5 个群丛类型：蒿柳–小叶章灌丛（Ass. Salix schwerinii–Deyeuxia angustifolia）、杞柳–灰脉薹草灌丛（Ass. Salix viminalix–Carex appendiculata）、多腺柳灌丛（Ass. Salix nummularia）、多腺柳灌丛–三洋藓（Ass. Salix nummularia–Sanionia uncinata）、长圆叶柳–小叶章灌丛（Ass. Salix divaricata var. metaformosa–Deyeuxia angustifolia）。

　　蒿柳–小叶章灌丛多分布于长白山地区中东部的低山、丘陵地、河流两岸、河滩地及林地沼泽中的溪流边，由于溪水浸渍，其他树种无法生长，只有柳树沿河生长，形成柳丛，其土壤为层状冲击性草甸土或潜育化草甸土。群落结构简单，植物种类成分单纯，群落高达 2～4 m，盖度在 90% 以上。灌木层以蒿柳为优势种，另外常伴生的有细叶蒿柳（Salix viminalis var. angustifolia）、细柱柳、卷边柳、三蕊柳、司氏柳（Salix skvortzovii），还混生有少量筐柳等灌木柳形成丛生的柳丛，有时混生有个别乔木状的朝鲜柳和粉枝柳。在某些排水良好的谷地，还有一些高大乔木树种如白桦、水曲柳、大青杨、香杨、春榆等和一些亚乔木如稠李和暴马丁香，它们也侵入该群丛内，成点状分布。在有季节性积水的地方，偶有毛赤杨混生。群丛内草本层稀疏，盖度为 10%～20%，但在柳丛之间旷地或边缘地带常有较密集的草本层，这些草本层多由湿生或中生草本地面芽植物组成，以小叶章为标志种，其他常见的有地瓜苗、光叶蚊子草（Filipendula palmata var. glabra）、水蒿、兴安薄荷、单穗升麻、驴蹄草、扯根菜、小白花地榆、点地梅、毛水苏，并有草甸杂草类物种侵入此群落内，如绒背蓟、轮叶婆婆纳、翅果唐松草等，在长期积水地有毒芹、蛇床等水生植物。该群丛在居民点附近常遭樵采，但又能迅速萌蘖为柳丛，具有稳定性。有些居民用称为"白条柳"的蒿柳和三蕊柳枝条编织各种器具。另外，柳丛具有护岸、保土、保水等功能，并可作为早春蜜源植物。该群丛在各河岸立地上组成相似，组成中有少量资源植物如柳树（Salix spp.）和毛水苏；药用其根的有细叶乌头和蛇床；饲料纤维用的小叶章等。

　　杞柳–小叶章灌丛分布于台地和平缓坡地，以杞柳为优势的植物群落，有时夹杂其他一些柳树，如朝鲜柳、五蕊柳、崖柳（Salix floderusii）、茶条枫等。该群落结构简单。在水湿较轻地，漫岗群丛，常有一些其他阔叶树如山杨、白桦、水曲柳、长白落叶松侵入其中，形成稀疏乔木层；灌木层主要以杞柳为优势种，同时混生有朝鲜柳、五蕊柳、崖柳、榛、瘤枝卫矛、卫矛；草本层以小叶章占优势，并混有风毛菊、地瓜苗、地榆、白屈菜（Chelidonium majus）、路边青、和尚菜（Adenocaulon himalaicum）等。该群丛多为杨桦林砍伐后生长起来的群落，天然更新以阔叶树为主，有山杨、白桦、香杨、春榆、色木槭等，在自然演替过程中多为阔叶杂木林取代；而在人为活动频繁、经常割灌地区，由于其萌芽力强、生长快，而成为相对稳定的柳丛。

圆叶柳灌丛广泛分布于长白山苔原带，海拔为 2400 m 以上天池火山口的附近，地表多由直径为 0.5~2 cm 的石砾组成的碎石层，植物种类单纯，只有几种植物，总盖度一般在 90% 以上。种子植物中以多腺柳（*Salix nummularia*）为优势种，盖度约为 89%，高 2~3 cm，并形成单优群丛；建群种为圆叶柳，它匍匐生长在碎石层表面，同时混生有云间地杨梅（*Luzula wahlenbergii*）、高岭风毛菊（*Saussurea tomentosa*）、大苞柴胡（*Bupleurum euphorbioides*）、长白棘豆（*Oxytropis anertii*）、珠芽蓼。苔藓地衣植物非常少，主要种类有白边岛衣（*Cetraria laevigata*）等，总盖度小于 1%。

多腺柳-钩枝镰刀藓灌丛分布于长白山冻原、年积雪时间较长的平坦地段。植物种类为 10 余种，其盖度高达 100%。群落垂直结构明显地分为灌木草本层和苔藓地衣层两层，其中灌木草本层的盖度为 85%~90%，优势种为多腺柳，其盖度为 75%，高约 5 cm，其次为草本植物的珠芽蓼，其盖度为 18%，高约 12 cm；其他种子植物有高山红景天（*Rhodiola cretinii* subsp. *sinoalpina*）、云间地杨梅和北极早熟禾（*Poa arctica*）等。苔藓地衣层盖度达 100%，高约 2 cm，优势种为钩枝镰刀藓，此外还有白齿泥炭藓（*Sphagnum girgensohnii*）、丝瓜藓（*Pohlia nutans*）等。

长圆叶柳-小叶章灌丛分布于长白山冻原带，海拔为 1950~2100（2250）m 处的小干沟内，群落由 15 种植物组成，植被总盖度为 100%，群落内枯枝落叶层厚约 2 cm，草灌层发达，盖度达 100%。建群种为长圆叶柳，其盖度为 85%~90%，高约 50 cm，小叶章为主要伴生种，其盖度约为 10%，高约 50~90 cm，其他种子植物还有长白乌头（*Aconitum tschangbaischanense*）、大白花地榆等。苔藓植物层不发达，盖度不及 1%，常常分布在长圆叶柳的茎基部。

筐柳灌丛（Ass. *Salix linearistipularis*）分布于长白山地区西部较低湿的草甸及沙丘边缘低湿处，面积不大，常与羊草杂类草群落、牛鞭草（*Hemarthria sibirica*）群落、拂子茅群落及薹草草甸群落等交替出现，形成群落生态复合体。生境湿润，水分和营养状况较好，土壤通常为草甸土或苏打盐化草甸土，土质比较肥沃，为丰富的杂类草的生长发育创造了条件。建群种蒙古柳成丛状分布，高度可达 50 cm 以上。群落每平方米约 15~20 种。种类组成有毛秆野古草、牛鞭草、羊草、拂子茅、芦苇、光稃茅香（*Anthoxanthum glabrum*）、糙隐子草、五脉山黧豆（*Lathyrus quinquenervius*）等。群落总盖度 50%~70%。可分为 2 层，第一层盖度 40%~60%，高度 40~55 cm，除建群种蒙古柳外，以野古草和牛鞭草为主，并伴生有拂子茅、羊草、五脉山黧豆、山野豌豆、水蒿、细叶地榆、水苏（*Stachys japonica*）、地瓜苗、千屈菜（*Lythrum salicaria*）等。第二层植物稀疏，盖度仅 10%~15%，高度 12~15 cm，主要由寸草、匍枝委陵菜（*Potentilla flagellaris*）、苦荬菜、裂叶堇菜等组成，其中寸草薹多度最大。该群落面积小，经济价值不大，其建群种蒙古柳是良好的编织用纤维植物。

（5）偃松灌丛（Form. *Pinus pumila*）

长白山的偃松灌丛多呈孤岛状分布于高峰顶部，成为森林植被垂直分布的上限，其分布下限的海拔高度自南向北逐渐降低。如长白山南坡白头山的高度约为 1900~2000 m 分布有偃松灌丛。

（6）兴安圆柏灌丛（Form. *Juniperus davurica*）

仅见于辽东山地宽甸白石砬子和桓仁老秃顶子和花脖山海拔 1100 m 以上的中山上部。

兴安圆柏呈匍匐状生长，在石质向阳坡地形成小片的密灌丛，高 20~30 cm，盖度 80%~90%，很少有其他伴生植物。

（7）牛皮杜鹃灌丛（Form. *Rhododendron aureum*）

牛皮杜鹃主要分布在我国东北长白山海拔 1800 m 以上的高山上部，或为岳桦林下的灌木层优势种，或在岳桦林和云冷杉林间形成小片的灌丛；在辽东山地桓仁牛毛大山东北坡海拔 1100~1200 m 的中山上部，在无填充物的乱石窖云冷杉林间形成小片灌丛。建群种牛皮杜鹃高 20~50 cm，群落盖度 90%~100%。灌丛中伴生灌木有宽叶杜香（*Ledum palustre* var. *dilatatum*）、兴安杜鹃、库页悬钩子等。

灌木下砾石岩面被苔藓植物包覆，苔藓层厚 10~20 cm，盖度 70%~80%。主要的苔藓有钩枝镰刀藓、尖叶绢藓（*Entodon acutifolius*）、长枝褶叶藓（*Okamuraea hakoniensis*）和金发藓（*Polytrichum alpinum*）。

（8）东北刺人参灌丛（Form. *Oplopanax elatus*）

东北刺人参在国内主要分布东北东部山地，国外主要分布在俄罗斯远东和朝鲜北部山地。长白山自然景观带之岳桦林带上部和高山苔原带下部，在辽宁东部东北刺人参多在海拔 1000~1200 m 的中山上部有填充物的乱石窖上形成小片灌丛。海拔 560 m 的低山沟谷中发现有零星的东北刺人参分布。

东北刺人参一般高 0.5~2.5 m，群落盖度 60%~70%，其伴生植物有红丁香。灌丛下苔藓层厚 10~20 cm，盖度 90%~100%。

（9）红丁香灌丛（Form. *Syringa villosa*）

红丁香灌丛分布在千山山脉北段和龙岗山山脉海拔 1000 m 的中山上部，在风力强大的山顶形成密灌丛。

建群种红丁香高 3~4 m，盖度 90%~100%。伴生灌木有栓翅卫矛和紫花忍冬。草本植物主要有山尖子（*Parasenecio hastatus*）、山茄子、短果茴芹（*Pimpinella brachycarpa*）和乌头（*Aconitum carmichaelii*）等。

（10）库页悬钩子灌丛（Form. *Rubus sachalinensis*）

库页悬钩子灌丛主要分布在辽宁省东北部山地针阔混交林的采伐迹地上，海拔一般在 700~900 m，总盖度在 90%~100%。

建群种库页悬钩子高 0.5~0.8 m。灌丛中混生少量的东北山梅花和天女木兰（*Oyama sieboldii*）。

灌丛中下草本覆盖度<10%，主要有粗茎鳞毛蕨（*Dryopteris crassirhizoma*）、猴腿蹄盖蕨、假茴芹、柳兰和管花腹水草（*Veronicastrum tubiflorum*）等。

灌丛中尚有不少的幼树，如红松、杉松（*Abies holophylla*）、冷杉、硕桦和核桃楸等。

（11）迎红杜鹃灌丛（Form. *Rhododedron mucronulatum*）

该灌丛分布在辽东山地海拔 400~500 m 的低山丘陵石质山顶，或海拔 500~700 m 的无填充物乱石窖上，是乱石窖植被演替过程中的一个阶段，有时亦可出现在海拔 1000 m 以上的中山石质山坡。

灌丛高 2.0~2.5 m，盖度 90%~100%，常常形成密灌丛。除建群种迎红杜鹃（*Rhododendron mucronulatum*）外，常常伴生辽东丁香（*Syringa villosa* subsp. *wolfii*）和土庄绣线菊。

草本植物层盖度 20%~40%，只见有东北多足蕨(*Polypodium virginianum*)和吉林费菜(*Phedimus middendorffianus*)。下覆的苔藓层厚 6~8 cm，盖度 90%~100%，赤茎藓、东亚万年藓(*Climacium japonicum*)及枝状地衣等组成。

分布在低山丘陵石质山脊的迎红杜鹃灌丛下部的草本植物层优势种为凸脉薹草和矮生薹草，伴生有长蕊石头花(*Gypsophila oldhamiana*)、草沙蚕(*Tripogon bromoides*)、关苍术和中华卷柏等。

（12）毛果绣线菊灌丛(Form. *Spiraea trichocarpa*)

该灌丛以毛果绣线菊为建群种，是辽东山地山坡下腹摺荒地上的先锋植物群落，一般海拔 300~400 m。因长期耕种，水土流失严重，土壤瘠薄。

毛果绣线菊高 0.8~1.5 m，盖度 50%~80%，其中伴生早锦带花(*Weigela praecox*)、小叶鼠李、刺玫蔷薇和毛莲蒿等。

草本植物层盖度 10%~20%，优势种有白头翁、牡蒿、山扁豆(*Chamaecrista mimosoides*)、龙牙草、酢浆草(*Oxalis corniculata*)、车前和土三七等。

7.4 华北山地

7.4.1 概　述

华北山地为暖温带湿润或半湿润气候区的山地丘陵，其灌丛属于暖温性灌丛。≥10 ℃年积温均在 3200 ℃以上，年均降水量为 500~800 mm；土壤为棕壤性土和褐土性土。组成灌丛的植物多属华北植物区系，亦有部分华中植物区系成分。落叶灌丛为该区的主要植被类型，在各地区均有分布。华北地区分布广的灌丛群系有荆条灌丛(Form. *Vitex negundo* var. *heterophylla*)、虎榛子灌丛(Form. *Ostryopsis davidiana*)和酸枣灌丛(Form. *Ziziphus jujuba* var. *spinosa*)，且这些灌丛的海拔分布范围也较广，分别为 70~1497 m、612~1965 m 和 1907~2645 m，表明这些灌丛的建群种对温度和水分变化有较强的适应能力。常绿革叶灌丛类型相对较少，主要分布于河南、山西和陕西等地的高山地带和亚高山地带，主要类型有金背杜鹃灌丛(Form. *Rhododendron clementinae*)、迎红杜鹃灌丛和头花杜鹃灌丛(Form. *Rhododendron capitatum*)。另外，辽西低山丘陵和辽东半岛西部、千山山脉西麓，以及环渤海、黄海海岛还分布有其他类型小面积灌丛，如花木蓝灌丛(Form. *Indigofera kirirowi*)、三裂绣线菊灌丛(Form. *Spiraea trilobata*)、土庄绣线菊灌丛(Form. *Spiraea pubescens*)、大叶华北绣线菊灌丛(Form. *Spiraea fritschiana* var. *angulata*)、朝阳丁香灌丛(Form. *Syringa dilatata*)、齿叶白鹃梅灌丛(Form. *Exochorda serratifolia*)、山花椒灌丛(Form. *Zanthoxylum schinitolium*)、欧李灌丛(Form. *Prunus humilis*)、尖叶铁扫帚灌丛(Form. *Lespedeza juncea*)、多花胡枝子灌丛(Form. *Lespedeza floribunda*)、细梗胡枝子灌丛(Form. *Lespedeza virgata*)、柴荆芥(华北香薷)灌丛(Form. *Elsholtzia stauntonii*)、毛莲蒿灌丛(Form. *Artemisia vestita*)、红花锦鸡儿灌丛(Form. *Caragana rosea*)、金州锦鸡儿灌丛(Form. *Caragana litwinowi*)、达乌里胡枝子灌丛(Form. *Lespedeza davurica*)、百里香灌丛(Form. *Thymus dahuricus*)、山蒿灌丛(Form. *Artemisia brachyloba*)、刺旋花灌丛(Form. *Convolvulus tragacanthoides*)等，在此不详述。

7.4.2 主要灌木群落

（1）荆条灌丛（Form. *Vitex negundo* var. *heterophylla*）

荆条适应性强，生态幅广，喜暖、喜光、极耐干旱、耐贫瘠，既能在比较肥厚的棕壤和褐土生长成高大的密灌丛，又能在贫瘠的石灰岩山地上形成低矮灌丛。华北地区降水相对较少且不均，长久以来频繁的人为活动严重干扰到森林植被的完整性。荆条灌丛是森林植被破坏后生境干旱化情况下形成的次生群落。

以荆条为建群种的荆条灌丛是华北山地分布较广的灌丛，向东南到辽东半岛过碧流河以东已基本绝迹。荆条灌丛分布的北界大致在北票和阜新的北部，向东北经彰武的东北部、法库县东北部、康平的西南部，此线也是荆条灌丛在我国东北分布的北界。

由于荆条分布地域广，其生境类型多，组成群落的植物的生态特性各有不同，因此荆条灌丛的类型较多。按着生境和灌丛中优势植物的生态特性，荆条灌丛分为 5 个群丛，即荆条-北京隐子草灌丛（Ass. *Vitex negundo* var. *heterophylla* – *Cleistogenes hancei*）、荆条-黄背草灌丛（Ass. *Vitex negundo* var. *heterophylla* – *Themeda triandra*）、荆条-白羊草灌丛（Ass. *Vitex negundo* var. *heterophylla* – *Bothriochloa ischaemum*）、荆条-朝阳隐子草灌丛（Ass. *Vitex negundo* var. *heterophylla* – *Cleistogenes hackelii*）、荆条-披针薹草灌丛（Ass. *Vitex negundo* var. *heterophylla* – *Carex lancifolia*）。

荆条-北京隐子草灌丛主要分布在 39.53°N 以北，主要集中在北京、天津、河北等地。主要生长在土层瘠薄的干燥向阳坡地上。荆条高度仅有 15~25 cm，盖度 30%~40%。主要伴生灌木有达乌里胡枝子和万年蒿。北京隐子草为草本植物层的优势种，高度 5~10 cm，盖度 20%~30%。

荆条-黄背草灌丛一般分布在纬度在 37.3°N 以南，主要集中在山东、山西、河南、陕西等地。灌木层高 30~60 cm，盖度 30%~90%。除建群种荆条外，常见伴生灌木有多花胡枝子、尖叶铁扫帚、毛莲蒿、三裂绣线菊等。草本植物层优势种为黄背草，高 30~50 cm，盖度 30%~40%。伴生有火绒草、南玉带、大油芒和地榆等植物。

荆条-白羊草灌丛是华北山地分布较为广泛的一个群丛，在海拔 50~300 m 的阳坡几乎全被白羊草-荆条群丛所占据，最高可分布到海拔 780 m 的低山上部。群丛高度因生境而异，高者可达 1.0 m，低者仅 20~30 cm，盖度从 20%~30% 到 80%~90%。该类群丛约有植物 81 种，其中灌木 15 种、草本植物 66 种。灌木层中除建群种荆条外，还有多花胡枝子、达乌里胡枝子、毛莲蒿、尖叶铁扫帚和酸枣等。草本植物层优势种为白羊草，高度 8~40cm，盖度 30%~40%。伴生植物有黄背草、委陵菜，其次有多叶隐子草、火绒草和白头翁等。地面常覆盖中华卷柏。

荆条-中华隐子草灌丛多分布于 37.3°~39.53°N，主要集中在山东、山西等地海拔 50~500 m 的山丘阳坡，土层较厚、水分条件较好的地段。约有植物 73 种，其中灌木 22 种、草本植物 51 种。灌木层高 40~80 cm，盖度 30%~90%。除建群种荆条外，伴生灌木有多花胡枝子、酸枣和花木蓝。朝阳隐子草为草本层中优势植物，其次有亚柄薹草（*Carex lanceolata* var. *subpediformis*）和黄背草。草本植物层高 20~30 cm，盖度 20%~40%。

荆条-披针薹草灌丛与荆条-中华隐子草灌丛类似，主要分布于 37.3°~39.53°N，集中在山东、山西等地海拔 100~500 m 的低山丘陵的阴坡和偏阳坡，其土层较厚和湿润。约有植物 60 种，其中灌木 19 种、草本植物 41 种。灌木层高 30~60 cm，盖度 30%~90%。除建群种荆条外，常见伴生灌木有多花胡枝子、尖叶铁扫帚、万年蒿、三裂绣线菊、虎榛子、雀儿舌头和齿叶白鹃梅（*Exochorda serratifolia*）等。草本植物层优势种为披针薹草，高 10~15 cm，盖度 30%~40%。伴生有黄背草、火绒草、南玉带、大油芒和地榆。

在华北山地东部及辽宁西部松岭山脉以西的中低山丘陵地区、辽东半岛西部、还有小面积荆条-结缕草灌丛（Form. *Vitex negundo* var. *heterophylla–Zoysia japonica*）、荆条-毛秆野古草灌丛（Form. *Vitex negundo* var. *heterophylla–Arundinella hirta*）、荆条-长芒草灌丛（Form. *Vitex negundo* var. *heterophylla–Stipa bungeana*）、荆条-大针茅+贝加尔针茅灌丛（Form. *Vitex negundo* var. *heterophylla–Stipa grandis+Stipa baicalensis*），在此不作叙述。

（2）虎榛子灌丛（Form. *Ostryopsis davidiana*）

虎榛子灌丛主要分布在松岭山脉以北和努鲁儿虎山脉海拔 250~900 m 的山地阴坡，土地为棕壤性土和淋溶褐土，该灌丛系由栎林或杂木林被破坏后形成的密灌丛。该类型灌丛约有植物90 种，其中灌木 33 种、草本植物 52 种、乔木 5 种。灌丛高 0.8~1.2 m，盖度 70%~80%。虎榛子为建群种，伴生灌木有花木蓝、三裂绣线菊、土庄绣线菊、大叶华北绣线菊、毛莲蒿和紫丁香等。在破坏较轻的地段，尚残存着蒙古栎、油松、山杨、黑桦、蒙椴等。在石灰岩山地上常伴生小叶梣（*Fraxinus bungeana*）。草本植物层优势种为凸脉薹草，高 10~15 cm，盖度 20%~30%。伴生植物有苍术、野古草、柴胡、玉蝉花（*Iris ensata*）和松蒿（*Phtheirospermum japonicum*）等。

（3）荆条+酸枣灌丛（Form. Ass. *Vitex negundo* var. *heterophylla+Ziziphus jujuba* var. *spinosa*）

荆条+酸枣灌丛主要分布在山东、辽西等地，主要是由森林和灌丛植被破坏后形成的次生植被。该类灌草丛的植物种类比较贫乏，建群种和优势种仅集中于几种植物，灌木层为荆条和酸枣，主要草本植物为黄背草和白羊草。

（4）酸枣灌丛（Form. *Ziziphus jujuba* var. *spinosa*）

酸枣灌丛主要分布在山东、北京、河北，直至辽西低山丘陵和辽东半岛西部、沿千山山脉西麓向北可达铁岭附近。其生境多为海拔 100~500 m 低山丘陵山麓坡脚土质肥厚地段，可形成高 1.0~1.5 m 的密灌丛。在辽西凌源和努鲁儿虎山东麓水热条件较好地段，尚残存着小面积的酸枣矮林，高 5~12 m，胸径达 30~40 cm。因此，酸枣原为乔木或小乔木，只是在反复破坏后形成灌丛。本类型灌丛有植物约 97 种，其中灌木 29 种、草本植物 62 种、小乔木 6 种。酸枣灌丛的高度多在 1.0~1.5 m，盖度 40%~60%。伴生灌木主要有万年蒿、多花胡枝子、达乌里胡枝子和兴安百里香等。根据灌丛中草本植物的优势种及其生态学特性，将酸枣灌丛分为酸枣-白羊草灌丛（Ass. *Ziziphus jujuba* var. *spinosa – Bothriochloa ischaemum*）、酸枣-低矮薹草灌丛（Ass. *Ziziphus jujuba* var. *spinosa – Carex humilis*）、酸枣-黄背草灌丛（Ass. *Ziziphus jujuba* var. *spinosa – Themeda triandra*）、酸枣-长蕊石头花灌丛（Ass. *Ziziphus jujuba* var. *spinosa – Gypsophila oldhamiana*）、酸枣-丛生隐子草灌丛（Ass. *Ziziphus jujuba* var. *spinosa –Cleistogenes caespitosa*）、酸枣-长芒草灌丛（Ass. *Ziziphus jujuba* var. *spinosa–Stipa bungeana*）。

（执笔人：沈阳农业大学 曲波、张丽杰）

第 8 章
秦岭—大巴山地区灌木林

广义的秦岭包括岷山以北，甘肃陇南洮河及天水、关中、渭河以南，汉江与嘉陵江支流——白龙江以北的地区，向东可达豫西的伏牛山、熊耳山，延伸至豫、鄂、皖交界处的桐柏山和大别山，长约1500 km。秦岭以南属亚热带气候，以北属暖温带气候，是我国南北地理分界线。秦岭—大巴山以汉江为界，是陕西、四川、湖北三省交界地区山地的总称，东西绵延500 km，是嘉陵江和汉江的分水岭。习惯上以任河为界，其西为米仓山，其东称为巴山。秦巴山地沟谷纵横、峰峦叠嶂、植被茂盛、地形复杂，孕育了丰富而又复杂的植被类型（沈茂才 等，2010）。

秦岭山地植被类型以暖温带落叶阔叶林为优势，是典型的华北植物区系种类组成的植被类型。由于长期人类活动的干扰，秦岭山地自然植被留存较少，现有植被大多是次生和人工植被类型。在这些次生植被中，次生灌丛占据较大份额，主要集中在秦岭山地中低山区分布，群落稳定性较差，随着天保工程、退耕还林等工程的实施，大量次生灌丛逐步演替成为森林植物群落。此外，在秦岭山区高海拔区域还保留着一些原始亚高山灌丛。这些灌丛高度一般不超过4 m，盖度多数在30%~50%。秦岭以南大巴山地区植被类型以北亚热带常绿阔叶林为优势，与秦岭有着较大差异。亚热带植被类型其结构和物种组成更加复杂，中间常绿植物占比较大。巴山地区中低海拔地区常绿阔叶林破坏后多形成常绿阔叶灌丛，中高海拔原生植被则是与秦岭类似的落叶栎林与桦林以及巴山冷杉（*Abies fargesii*）林，其采伐迹地上形成的灌丛也与秦岭类似，为落叶阔叶灌丛。

本区域灌丛群落既有常绿的，但更多为落叶阔叶的。中低海拔区域多系森林破坏后的次生植被类型，而中高海拔（一般2500 m以上）则发育有一些原生的灌丛。本章根据灌丛起源，将秦巴山区主要灌丛分为原生灌丛和次生灌丛。

8.1 原生灌丛

秦巴山区原生灌丛基本上都属于该地区亚高山灌丛，该类型灌丛基本都是由耐寒冷的中生或旱中生常绿或落叶灌木构成的灌丛，其主要分布在秦巴山区的高海拔区域，作为山地寒温性针叶林的上限构成亚高山灌丛草甸带，或分布于高寒草原无林的干旱山坡（雷明德 等，2011；朱志诚，1991）。一般认为亚高山灌丛是原生植被类型，属于相对稳定的气候顶极群落。主要灌丛类型有亚高山常绿针叶灌丛和亚高山常绿革叶灌丛。

8.1.1 亚高山常绿针叶灌丛

香柏灌丛（Form. *Sabina pingii* var. *wilsonii*）

香柏为匍匐灌木或灌木，枝条直伸或斜展，枝梢常向下俯垂，若成乔木则枝条不下垂。本变种的叶形、叶的长短、宽窄、排列方式及其紧密程度，叶背棱脊明显或微明显，基部或中下部有无腺点或腺槽，均有一定的变异。而以叶为刺形、三叶交叉轮生、背脊明显，生叶小枝呈六棱形最为常见，但亦有刺叶较短较窄、排列较密，或兼有短刺叶（可呈鳞状刺形）及鳞叶（在枝上交叉对生、排列紧密，生叶小枝呈四棱形）的植株。

该类型灌丛主要分布于我国西藏、云南、贵州、四川、甘肃南部、陕西南部、湖北西部、安徽黄山、福建及台湾等省份。缅甸北部也有分布。生长在海拔1600~4000 m高山地带，在上段常为灌木丛，在下段常发展成为冷杉类、落叶松类等针叶林林内灌木（陈灵芝 等，2015）。香柏灌丛在秦岭山区主要分布中段海拔2600 m以上山坡，其所在地一般位于第四纪冰川遗址上，大量岩石裸露，生境较为恶劣。

灌木层高度可以达到1.1 m左右，盖度一般在20%~45%。香柏灌丛主要伴生种为秀雅杜鹃（*Rhododendron concinnum*），也常伴有唐古特忍冬、陕西悬钩子、陕西绣线菊、小叶忍冬等。

草本层盖度50%~65%，其优势种主要为早熟禾等，伴生种有珠光香青（*Anaphalis margaritacea*）、翅茎风毛菊（*Saussurea cauloptera*）、埃氏马先蒿（*Pedicularis artselaeri*）、羊茅等。

香柏灌丛是高山地带阳向干燥山坡的先锋木本群落，常被秦岭红杉和牛皮桦林演替（朱志诚，1981）。

8.1.2 亚高山常绿革叶灌丛

分布于高山地区以耐寒冷的常绿革叶灌木为建群种的灌丛。

（1）太白山杜鹃灌丛（Form. *Rhododendron taibaiense*）

太白山杜鹃为常绿灌木或小乔木，高2~6 m；幼枝被微柔毛或近于无毛；老枝粗壮，灰色至黑灰色。芽鳞多少宿存。叶革质，长圆状披针形至长圆状椭圆形，上面暗绿色，具光泽，无毛，下面淡绿色，无毛。顶生总状伞形花序；花冠钟形，淡粉红色或近白色。蒴果圆柱形，微弯，疏被柔毛或近于无毛。花期5~6月，果期7~9月。

太白山杜鹃主要分布陕西西南部和东南部、甘肃南部和河南西部等地。该类型灌丛在秦岭山区主要分布在海拔2000~2800 m，以太白山最为典型，多为高大的灌木林，高度3~5 m。常见于阴坡或半阴坡，并有巨块岩石露头，土层瘠薄，但湿度较大，地被层一般较厚（任毅 等，2006；朱志诚，1981）。

灌木层以太白杜鹃为绝对优势，覆盖度可达70%~80%，其伴生灌木物种较少，常有峨眉蔷薇、白毛银露梅、高山绣线菊、长刺茶藨子等，但所占比重较少。

草本层成分也很少，常见有七叶鬼灯檠（*Rodgersia aesculifolia*）、假冷蕨（*Athyrium spinulosum*）、单枝灯心草（*Juncus potaninii*）等。

本灌丛是原生裸地先锋灌木群落，进一步发展，有可能被附近的糙皮桦和红桦为优势的桦木林所演替，但更多的情况下作为高山稳定群落而存在（雷明德 等，2011；朱志诚，1981；中国植被编辑委员会，1980）。

（2）陇蜀杜鹃灌丛（Form. *Rhododendron przewalskii*）

陇蜀杜鹃为常绿灌木，高 1~3 m；幼枝淡褐色，无毛；老枝黑灰色。叶革质，常集生于枝端，叶片卵状椭圆形至椭圆形。顶生伞房状伞形花序，花冠白色至粉红色，筒部上方具紫红色斑点。蒴果长圆柱形，花期 6~7 月，果期 9 月。

陇蜀杜鹃主要分布在陕西、甘肃、青海及四川等地。生于海拔 2900~4300 m 的高山林地。该类型灌丛在秦岭山区主要分布在海拔 3000~3400 m 间的高山区，常分布在阴坡和半阴坡上，喜欢湿润环境，常分布水流旁边，分布面积一般较小，一般分布盖度为 40%~70%。陇蜀杜鹃为主要优势种，其灌木伴生种较少，主要有刚毛忍冬等。

草本层常有大叶碎米荠（*Cardamine macrophylla*）、太白韭（*Allium prattii*）、展毛银莲花（*Anemone demissa*）、臭党参（*Codonopsis foetens*）、轮叶马先蒿等，大都优势度很小，仅大叶碎米荠在各群落中尚不时可见，还偶见有鹿蹄草、太白龙胆（*Gentiana apiata*）、细辛（*Asarum heterotropoides*）、点叶薹草（*Carex hancockiana*）、嵩草等。

本群落基本上为原生灌木群落，部分处在林线以下的可被秦岭红杉（*Larix potaninii* var. *chinensis*）林所演替，演替后的陇蜀杜鹃灌丛常作为林下灌木层优势种或其组成成分而存在。

（3）头花杜鹃灌丛（Form. *Rhododendron capitatum*）

头花杜鹃为常绿小灌木，高 0.5~1.5 m，分枝多，枝条直立而稠密。幼枝短，黑色或褐色。叶近革质，芳香，椭圆形或长圆状椭圆形，上面灰绿或暗绿色，下面淡褐色。花序顶生，伞形，有花 2~5 朵；花冠宽漏斗状，长 13~15 mm，淡紫或深紫，紫蓝色。蒴果卵圆形。花期 4~6 月，果期 7~9 月。

头花杜鹃灌丛主要分布在陕西、甘肃、青海及四川。该类型灌丛在秦岭山区主要分布在海拔 2800 m 以上的高山地带，建群种头花杜鹃受高山寒冷、湿润、大风、紫外线辐射强度大等的影响多呈矮小的团状分布，高度一般不超过 1 m，常成匍匐状，总盖度 70%~90%（王宇超，2012；岳明 等，1999a）。灌木层除优势种头花杜鹃外，杯腺柳次之，并有高山绣线菊、白毛银露梅、香柏、高山柏等灌木种类（任毅 等，2006；李保国 等，2007；刘诗峰 等，2003；李家骏 等，1989）。

草本层分布种类相对较多，主要优势种有嵩草、珍芽蓼，其次有太白龙胆、甘青乌头（*Aconitum tanguticum*）、山地虎耳草、拳参（*Polygonum bistorta*）、假水生龙胆（*Gentiana pseudoaquatica*）、五脉绿绒蒿、丝叶薹草（*Carex capilliformis*）、獐牙菜（*Swertia bimaculata*）、高山唐松草、湿生扁蕾（*Gentianopsis paludosa*）等多种杂类草。由于灌木层盖度比较大，该类型灌丛有一个比较显著特点，苔藓植物比较发达，主要种类为湿地藓（*Hyophila javanica*）、真藓、葫芦藓（*Funaria hygrometrica*）等（刘诗峰 等，2003）。

头花杜鹃灌丛是高山裸地的先锋木本群落，也是具有垂直地带性的相对稳定的原生植被类型，居高山生态系统中重要地位（雷明德 等，2011；中国植被编辑委员会，1980）。

（4）金背杜鹃灌丛（Form. *Rhododendron clementinae* subsp. *aureodorsale*）

金背杜鹃是杜鹃花科的一类常绿植物，生长高度可达 3 m。老枝灰白色至棕褐色，幼枝黄色，有短柔毛。叶常为宽椭圆形，基部不呈心形，下面上层毛被薄，黄棕色，由短分枝毛组成，不具表膜，花白色，长 2.5~2.8 cm。

金背杜鹃灌丛主要分布在甘肃中部和西部山区。该类型灌丛在秦岭山区主要分布在中段北坡的东、西太白山和光头山，南坡佛坪等地，海拔 2500～3200 m 间的地区（雷明德 等，2011；朱志诚，1981）。该类型灌丛常分布在阴坡和半阴坡上，喜欢湿润环境，多在水流旁边，面积一般较小，盖度为 70% 左右。金背杜鹃为主要优势种，其灌木伴生种较少，主要有刚毛忍冬（朱志诚，1981）等。

草本层成分较少，主要有蜀侧金盏花（*Adonis sutchuenensis*）、独叶草（*Kingdonia uniflora*）、鸡腿堇菜等少数几种。大多数群落由于灌层盖度较大，林下阴暗，草本层基本没有发育（雷明德 等，2011；朱志诚，1981；中国植被编辑委员会，1980）。

金背杜鹃灌丛常由白毛银露梅群落发展而来，而其本身又常被糙皮桦林和巴山冷杉林所演替，也可能被秦岭红杉林更替，这些从其林内的幼树、幼苗较为多见可得到证明（雷明德 等，2011；朱志诚，1981）。

（5）秀雅杜鹃灌丛（Form. *Rhododendron concinnum*）

秀雅杜鹃为灌木，高 1.5～3 m。幼枝被鳞片，叶长圆形、椭圆形、卵形、长圆状披针形或卵状披针形，上面或多或少被鳞片。花序顶生或同时枝顶腋生，2～5 花，伞形着生；花冠宽漏斗状，略两侧对称，长 1.5～3.2 cm，紫红色、淡紫或深紫色，内面有或无褐红色斑点。蒴果长圆形，长 1～1.5 cm。花期 4～6 月，果期 9～10 月。

秀雅杜鹃主要分布在陕西南部、河南、湖北西部、四川、贵州（水城）、云南东北部等地。该类型灌丛在秦岭山地主要分布在南坡 1900～2700 m 的中高山地区，群落所在之处有的地势险峻，裸石嶙立，山风剧烈，气温较低，昼夜温差大，周围无高大森林，群落阳光充足。土壤是由花岗岩风化物发育的弱质化棕色森林土。此类型灌丛在宁陕、洋县、太白等地均有成片分布。群落盖度 35%～45%，秀雅杜鹃为群落优势种，伴生种常有高山柏、陕西悬钩子、杯腺柳、陕西绣线菊、小叶忍冬等。

草本层盖度 50%～68%，早熟禾、苍耳（*Xanthium strumarium*）为优势种，伴生种有珠光香青、翅茎风毛菊、藓生马先蒿（*Pedicularis muscicola*）、羊茅等。

秀雅杜鹃分布环境较差，其他物种较难侵入，故其群落相对稳定。

8.1.3 亚高山落叶阔叶灌丛

（1）杯腺柳灌丛（Form. *Salix cupularis*）

杯腺柳是杨柳科柳属植物，小灌木。小枝紫褐色或黑紫色，老枝发灰色，节突起，十分明显。芽狭长圆形，长约 4 mm，棕褐色，有光泽。蒴果，长约 3 mm。花期 6 月，果期 7～8 月上旬。

杯腺柳灌丛主要分布在秦岭、甘南、川西等地，位于山地寒温针叶林带以上。该类型灌丛在秦岭分布在 2800～3500 m 高寒山地，常与头花杜鹃灌丛、高山绣线菊灌丛和高山草甸共同组成高山灌丛草甸带（雷明德 等，2011；任毅 等，2006；朱志诚，1981；李家骏 等，1989）。其生境与头花杜鹃灌丛、细枝绣线菊（*Spiraea myrtilloides*）灌丛相似。群落总盖度 40%～80%，结构相对简单。由于高山风大，杯腺柳生长矮小、分枝较多。灌木层主要伴生种有高山绣线菊、细枝绣线菊、头花杜鹃等。

草本层成分相对较多，主要优势种为有嵩草，其他伴生种有川滇薹草（*Carex schneideri*）、紫苞风毛菊（*Saussurea purpurascens*）、轮叶马先蒿、太白韭、太白龙胆、太白银莲花（*Anemone taipaiensi*)、圆穗蓼、密叶虎耳草（*Saxifraga densifoliata*)、细叶蓼（*Polygonum taquetii*)、臭党参等。

杯腺柳灌丛主要分布在林线以上，其他高大灌木也很难侵入，若分布在林线以下常被秦岭红杉所演替（朱志诚，1981）。

（2）伏毛金露梅灌丛（Form. *Potentilla fruticosa* var. *arbuscula*）

伏毛金露梅是蔷薇科委陵菜属灌木，高可达 2 m，树皮纵向剥落，小枝红褐色。羽状复叶，叶柄被绢毛或疏柔毛；小叶片长圆形、倒卵长圆形或卵状披针形，两面绿色；托叶薄膜质。单花或数朵生于枝顶，花梗密被长柔毛或绢毛；萼片卵圆形，顶端急尖至短渐尖；花瓣黄色，宽倒卵形，顶端圆钝，比萼片长；花柱近基生。瘦果褐棕色近卵形，6~9 月开花结果。

伏毛金露梅灌丛是青藏高原广泛分布的类型之一，在华北高山、秦岭、云南西北部有零星分布。该类型灌丛在秦岭山区主要分布在海拔 2600~3300 m，秦岭西段分布较多，多生长在阳坡、山梁顶或流失滩地，土层极薄（朱志诚，1981）。

该群落由于高寒风大，建群种伏毛金露梅生长矮小，又多分枝，群落覆盖度多在 30% ~70%，伴生灌木种类较少，主要有蒙古绣线菊、高山绣线菊（朱志诚，1981）。

草本层在高海拔区域主要以嵩草为主，其他有五脉绿绒蒿、密叶虎耳草、秦岭景天（*Sedum pampaninii*）等；在阴坡常有莎草科、灯心草科及禾本科一些略偏湿性的种类出现。

本灌丛为高山石质原生裸地植物群落演替的先锋木本群落，有条件时可被糙皮桦林、巴山冷杉林、秦岭红杉林所演替，但在局部石质陡坡或山脊梁顶由于气候，尤其是风的作用，也可以成为稳定群落（朱志诚，1981）。

（3）高山绣线菊灌丛（Form. *Spiraea alpina*）

高山绣线菊为蔷薇科绣线菊属灌木，高 0.5~1.2 m；枝条直立或开张，小枝有明显棱角，幼时红褐色，老时灰褐色；冬芽卵形，通常无毛，有数枚外露鳞片。叶片多数簇生，线状披针形至长圆倒卵形。伞形总状花序具短总梗，花瓣倒卵形或近圆形，白色。蓇葖果开张，无毛。花期 6~7 月，果期 8~9 月。

高山绣线菊灌丛主要分布在陕西、甘肃、青海、四川、西藏等高山区域。该类型灌丛在秦岭山地分布在海拔 2800~3600 m 地带，为秦岭亚高山灌丛草甸植被组成之一（朱志诚，1979a）。高山绣线菊灌丛群落灌木层优势种是高山绣线菊、蒙古绣线菊、杯腺柳等，灌木层盖度 40% 左右，主要伴生种有毛樱桃、山梅花、秦岭箭竹（*Fargesia qinlingensis*）等。因本灌丛处于低温多风的高寒地带，而建群种多为矮生，枝叶成簇，覆盖度较大（李保国 等，2007；朱志诚，1981）。

草本层以莎草科和禾本科植物为主，其覆盖度分别可达 15% ~40%，其次为假报春、陕西紫堇（*Corydalis shensiana*）、早熟禾、黄背草、丝叶薹草、高山唐松草、牛蒡、如意草、大叶碎米荠、嵩草、太白韭、太白龙胆、北柴胡、委陵菜、翻白草、圆穗蓼等（李保国 等，2007；朱志诚，1981）。

本灌丛为原生裸地植被形成过程中的先锋木本群落，在林线以上是稳定的，林线以下可能被秦岭红杉林和巴山冷杉林演替（朱志诚，1979b）。

（4）蒙古绣线菊灌丛（Form. *Spiraea mongolica*）

蒙古绣线菊为蔷薇科绣线菊属灌木，高可达 3 m；小枝细瘦，冬芽长卵形，叶片长圆形或椭圆形，先端圆钝或微尖，上面无毛，下面色较浅，有羽状脉；叶柄极短，伞形总状花序具总梗，有花无毛；苞片线形，萼筒近钟状，萼片三角形，花瓣近圆形，白色；子房具短柔毛，蓇葖果直立开张，5~7月开花，7~9月结果。

蒙古绣线菊主要分布在内蒙古、河北、河南、山西、陕西、甘肃、青海、四川、西藏。生于山坡灌丛中或山顶及山谷多石砾地。该类型灌丛在秦岭主要分布在秦岭北坡2500~3400 m，所处地段往往有20~30 cm以上土层覆盖，岩石裸露的山脊梁顶少见（任毅 等，2006；李家骏 等，1989；朱志诚，1981）。

蒙古绣线菊高0.5~1 m，覆盖度40%~60%，伴生灌木主要有秦岭小檗、华西忍冬、红脉忍冬、伏毛金露梅等，这些成分数量很少，甚至仅有个别植株，但生活力较强。草本层种类较多，主要以早熟禾为优势种，其他易见种类有大花韭（Allium macranthum）、三脉紫菀、伞花繁缕等。该灌丛有原生和次生两个类型，前者是伏毛金露梅、高山绣线菊等对环境要求不苛的种类，在裸地上先形成群落，在先锋灌丛的作用下，土壤有一定发育之后，蒙古绣线菊才侵入并形成优势群落，后者往往是巴山冷杉和秦岭红杉林火毁或以其他方式摧残之后形成的次生灌丛。原生和次生蒙古绣线菊灌丛的进一步发展，均可能被秦岭红杉或巴山冷杉林演替（李家骏 等，1989；朱志诚，1981）。

8.2 次生灌丛

次生灌丛是落叶阔叶林或常绿阔叶与落叶阔叶混交林分布范围内的次生的不稳定的植被类型。陕西省的大巴山、秦岭山区分布极为普遍，一般分布在海拔2500 m以下，所有森林分布的地方，它都可能在森林破坏过程中或破坏后广泛存在。其所在的水热等自然条件均较优越，故很早就为人类所开发。在人类生活和生产过程中，森林受到强烈砍伐，部分垦为农田或垦为农田后耕垦一段时期又撂荒停耕。这些森林砍伐迹地或撂荒地便成为各种灌木、草本植物的新的繁衍地，因而便形成了多种多样的次生灌丛。

8.2.1 次生常绿灌丛

（1）火棘灌丛（Form. Pyracantha fortuneana）

火棘是蔷薇科火棘属常绿灌木，高达3 m；侧枝短，先端成刺状，嫩枝外被锈色短柔毛，老枝暗褐色，无毛；芽小，外被短柔毛。叶片倒卵形或倒卵状长圆形，长1.5~6 cm，宽0.5~2 cm，先端圆钝或微凹，有时具短尖头，基部楔形，下延连于叶柄，边缘有钝锯齿，齿尖向内弯，近基部全缘，两面皆无毛；叶柄短，无毛或嫩时有柔毛。

火棘主要分布于我国黄河以南及广大西南地区。火棘灌丛在本区多见于秦岭南坡和巴山地区，分布海拔750~1200 m，在佛坪、洋县、镇安、镇坪、岚皋等区域均有成片分布。灌木层高度2 m左右，盖度70%~85%，火棘为群落主要优势种，伴生种有马桑、双盾木、山莓、盐肤木、胡枝子、臭牡丹、构树等。

草本层盖度20%~45%，结构成分较为复杂，优势种不明显，主要有瓦韦、长梗山麦冬、牛尾蒿、白茅、野棉花等。

火棘灌丛多生长在阳坡上，或者路旁，该群落是森林遭到破坏后自然演替形成的植物群落，其稳定较差，随着演替发展逐步被喜光小乔木所替代。

（2）刺叶栎灌丛（Form. *Quercus spinosa*）

刺叶栎是壳斗科栎属常绿灌木或小乔木，高 3~6 m；幼枝有黄色星状毛，后渐脱净。叶倒卵形至椭圆形，稀近圆形，长 2.5~5 cm，宽大 1.5~3.5 cm，先端圆形，基部圆形至心形，边缘有刺状锯齿或全缘，幼时上面疏生星状绒毛，老时仅在下面中脉基部有暗灰色绒毛，叶脉在上面凹陷，叶面绉折，侧脉 4~8 对；叶柄长 2~3 mm；托叶脱落。

刺叶栎主要分布在陕西、甘肃、湖北、四川和云南等地。刺叶栎灌丛在秦岭山区主要分布海拔 1800~2000 m 高山地区，一般喜欢分布在山梁一侧，林下环境比较干燥，土层较薄。该类型灌丛在佛坪、洋县、宁陕县等地均有较大面积分布。群落总盖度 50%~65%，刺叶栎为主要优势种，伴生种常有秦岭箭竹、中华绣线菊、峨眉蔷薇、溲疏、桦叶荚蒾等（王宇超，2012）。

草本层盖度较低，只有 13%左右，其优势种主要有大披针薹草，伴生种主要有七叶一枝花（*Paris polyphylla*）、沿阶草（*Ophiopogon bodinieri*）、花莛驴蹄草（*Caltha scaposa*）等。

刺叶栎灌丛多分布在海拔较高、土壤环境较差的山梁上，也常作为林下灌木，在铁杉（*Tsuga chinensis*）、华山松（*Pinus armandii*）林下分布。该群落一般生长年限较高，群落稳定，很难被其他群落所替代（王宇超，2012）。

（3）铁仔灌丛（Form. *Myrsine africana*）

铁仔为紫金牛科铁仔属灌木，高 0.5~1 m；小枝圆柱形，叶柄下延处多少具棱角，幼嫩时被锈色微柔毛。叶片革质或坚纸质，通常为椭圆状倒卵形，有时成近圆形、倒卵形、长圆形或披针形；花 4 数，基部微微连合或近分离，萼片广卵形至椭圆状卵形，两面无毛。果球形，直径达 5 mm，红色变紫黑色，光亮。花期 2~3 月，有时 5~6 月，果期 10~11 月，有时 2 或 6 月。

铁仔灌丛主要分布在滇中、滇东高原山地。该类型灌丛在秦巴山区主要分布于海拔 1500~2400 m 的道路两侧，生长环境相对比较干旱，喜欢阳坡生长。群落盖度相对较低，只有 15%~25%，其优势种主要以铁仔为主，常伴有竹叶花椒、黄芦木、灰栒子等（雷明德 等，2011）。

草本层盖度有 10%~15%，主要以大披针薹草为优势种，伴生种有碎米荠（*Cardamine hirsuta*）、蛇莓（*Duchesnea indica*）、牛尾蒿、四川婆婆纳（*Veronica szechuanica*）、路边青、落新妇（*Astilbe chinensis*）等。

8.2.2　次生落叶阔叶灌丛

（1）白刺花灌丛（Form. *Sophora davidii*）

白刺花是豆科槐属灌木，高可达 2 m，枝多开展。羽状复叶，托叶钻状，宿存；小叶片形态多变，一般为椭圆状卵形或倒卵状长圆形，上面几无毛，下面中脉隆起。总状花序着生于小枝顶端；花小，花萼钟状，蓝紫色，萼齿圆三角形；花冠白色或淡黄色，旗瓣倒卵状长圆形，柄与瓣片近等长，翼瓣与旗瓣等长，倒卵状长圆形，龙骨瓣比翼瓣稍短，镰状倒卵形，子房比花丝长，荚果非典型串珠状，种子卵球形，深褐色。花期 3~8 月，果期 6~10 月。

白刺花灌丛广泛分布于河南西北部、山西东南部、河北西南部的太行山南部低山区，陕北黄土高原和秦岭北坡，云南高原及青藏高原区的金沙江、澜沧江、怒江及其较大的支流河谷。白刺花是我国分布较广的一种次生灌丛，秦岭北坡较为常见，其共同特征是次生、耐旱。

该灌丛分布在海拔 1200 m 以下，秦岭主要分布在北坡东段的低山和山麓地带，南坡及巴山北坡也有分布。多分布于由于人为活动剧烈，土地反复开垦，导致水土流失严重，土壤相对贫瘠干旱的地段。白刺花灌丛高度一般0.5~1.3 m，盖度一般30%~50%，灌木层伴生种有酸枣、麻叶绣线菊、黄栌、扁担杆等（雷明德 等，2011；中国植被编辑委员会，1980）。

草本层种类相对较少，主要为白草、黄背草、北柴胡、委陵菜等，其中白草相对比较占据优势（雷明德 等，2011；中国植被编辑委员会，1980）。

白刺花灌丛主要在森林破坏后，森林生态系统没有得到恢复，环境变得较为干旱时，白刺花逐步定居而形成，植物群落相对较为稳定。

（2）峨眉蔷薇灌丛（Form. *Rosa omeiensis*）

峨眉蔷薇是蔷薇科蔷薇属落叶灌木，高2~3 m或者更高。羽状复叶具9~13(17)小叶。花单生叶腋，花直径2.5~3.5 cm，花瓣4枚，白色。果梨形或者倒卵球形，颜色橙红色至亮红色，直径8~15 mm；成熟时期果柄肥大，与果体同色，中国特有的植物。

峨眉蔷薇灌丛主要分布于秦岭西端北坡，海拔一般在1800~2800 m，多分布于山坡中下部，山脊梁顶较少，坡度一般稍缓，湿度较大，土层略厚（张锋锋，2008；岳明 等，1999b；朱志诚，1981）。群落盖度一般在40%~50%，群落中峨眉蔷薇占绝对优势，伴生种较少，常出现的有匙叶柳（*Salix spathulifolia*）、黄刺玫、华北绣线菊、蒙古绣线菊、陕西绣线菊、红脉忍冬、秦岭蔷薇、冰川茶藨子、陕甘花楸、黄芦木等（王宇超，2012；刘诗峰 等，2003；朱志诚，1981）。

草本层优势种有大花糙苏（*Phlomis megalantha*）、假冷蕨、远东羊茅（*Festuca extremiorientalis*）等。其他常见有团穗薹草（*Carex agglomerata*）、山地早熟禾（*Poa versicolor* subsp. *orinosa*）、翅茎风毛菊、膨囊薹草、三脉紫菀、太白银莲花、野青茅、老芒麦、硬杆地杨梅（*Luzula multiflora* subsp. *frigida*）、异伞棱子芹（*Pleurospermum heterosciadium*）、缬草、红纹马先蒿、黄精、升麻等（刘诗峰 等，2003；王宇超，2012；雷明德 等，2011；朱志诚，1981）。

峨眉蔷薇灌丛的出现，大多为红桦、糙皮桦破坏后植被恢复的灌木阶段，但有时在水蚀槽谷中常因水分条件较优而成为原生演替的灌木阶段。条件进一步改善，将被糙皮桦和红桦所取代。

（3）陕甘花楸灌丛（Form. *Sorbus koehneana*）

陕甘花楸是蔷薇科花楸属灌木，株高可达4 m。小枝圆柱形，暗灰色或黑灰色，具少数不明显皮孔，无毛。冬芽长卵形，先端急尖或稍钝，外被数枚红褐色鳞片，无毛或仅先端有褐色柔毛。

陕甘花楸灌丛主要分布在陕南、湖北西北部、四川西部和青藏高原东部的山地。该类型灌丛在秦岭南北坡均有出现，一般分布在海拔2000~3000 m的山坡中下部，山梁分布较少（朱志诚，1981；张锋锋，2008）。

陕甘花楸灌丛以陕甘花楸为建群种，分布很广，但大都呈小片状出现，大面积连片分布极少见，群落覆盖度70%~85%，陕甘花楸分盖度40%~50%，株高1.5~3.0 m，生长茂盛（雷明德 等，2011）。优势种有湖北花楸（*Sorbus hupehensis*）、峨眉蔷薇，其他常见伴生灌木有华北绣线菊、唐古特忍冬、青荚叶（*Helwingia japonica*）、秦岭小檗、匙叶小檗等。

草本层优势种有糙野青茅、粟草（*Milium effusum*）、多鞘早熟禾（*Poa polycolea*）等，其他常见的有签草（*Carex doniana*）、大舌薹草（*Carex grandiligulata*）、团穗薹草等，混生其中而又较少见的有缬草、红纹马先蒿、玉簪叶山葱（*Allium funckiifolium*）等。

陕甘花楸灌丛基本上都是云杉、铁杉、桦木林遭到破坏后形成的次生灌丛，但是在其生存条件相对较差，有大量碎石裸露，其他乔木和灌木较难取代的地段，群落结构相对稳定（雷明德 等，2011；中国植被编辑委员会，1980）。

（4）水栒子灌丛（Form. *Cotoneaster multiflorus*）

水栒子是蔷薇科蔷薇属落叶灌木，高 2~4 m，小枝细长，幼时有毛，后变光滑，紫色。叶卵形，长 2~5 cm，先端常圆钝，基部广楔形或近圆形。花白色，径 1~1.2 cm，花瓣开展，近圆形，6~21 朵成聚伞花序。果近球形或倒卵形，径约 8 mm，红色。花期 5 月，果熟期 9 月。

水栒子广泛分布于东北、华北、西北和西南地区。该类型灌丛广布于秦岭山地，东段可分布至伏牛山，西段可达甘肃宕昌、舟曲、临潭等地，多分布于海拔 900~1400 m 的阴向缓坡上。

灌丛所在地多为林缘、林隙或无林的山坡，呈丛生状态。群落盖度 25%~30%（雷明德 等，2011）。建群植物为水栒子和灰栒子，植株一般高 1.5~2.5 m，也有 3.0 m 以上者。伴生灌木有绣线菊、扁担杆、卫矛、胡枝子、连翘、榛、黄栌、白檀、盐肤木、木蓝、鼠李、山梅花和少量的山胡椒、胡颓子等。

草本层植物种类繁多，以禾本科草类占优势，其次有牛至、委陵菜、翻白草、黄精、桔梗等（雷明德 等，2011；中国植被编辑委员会，1980）。

水栒子灌丛是山地森林破坏后形成的次生植被，如予以封闭管理或合理经营，这种灌丛就极易被森林所更替（中国植被编辑委员会，1980）。

（5）秦岭小檗灌丛（Form. *Berberis circumserrata*）

秦岭小檗是小檗科小檗属落叶灌木，高达 1 m。老枝黄色或黄褐色；茎刺三分叉。叶薄纸质，倒卵状长圆形或倒卵形，偶有近圆形；花黄色簇生；花梗无毛；外萼片长圆状椭圆形，内萼片倒卵状长圆形，花瓣倒卵形；浆果椭圆形或长圆形，红色。花期 5 月，果期 7~9 月。

秦岭小檗灌丛主要分布于秦岭北坡海拔 2000~3000 m 的地带，多出现于土壤瘠薄或基岩裸露的阳向山坡及林缘、林隙等森林破坏后的迹地上，与前述峨眉蔷薇灌丛分布地的环境条件相比较则明显较差（张锋锋，2008；朱志诚，1981；中国植被编辑委员会，1980）。

本灌丛由于分布环境条件较差，其群落盖度一般较小，优势种主要以秦岭小檗为主，伴生种较少。草本层主要由喜光中生的禾本科、莎草科植物以及其他杂草类所组成（中国植被编辑委员会，1980）。

秦岭小檗灌丛很多是属于阳坡糙皮桦和红桦林破坏后，植被恢复过程中的灌丛阶段，但在岩石裸露的阴向陡坡及山脊梁顶，也常为原生演替的灌木时期。本灌丛在上述地带内，常被桦木林所演替，由于秦岭小檗属性喜光，因而在乔木定居之后，则被逐渐演替（雷明德 等，2011）。

（6）榛灌丛（Form. *Corylus heterophylla*）

榛又名榛子，世界上四大干果（核桃、扁桃、榛子、腰果）之一。为山毛榉目桦木科榛属灌木或小乔木，树皮灰色；枝条暗灰色，无毛。叶为矩圆形或宽倒卵形，顶端凹缺或截形，中央具三角状突尖，边缘具不规则的重锯齿；叶柄疏被短毛或近无毛。雄花序单生；果苞钟状，密被短柔毛兼有疏生的长柔毛，上部浅裂，裂片三角形，边缘全缘；序梗密被短柔毛。坚果近球形，无毛或仅顶端疏被长柔毛。

榛灌丛主要分布在大兴安岭北部山地、河北山区、陕北黄土高原和秦岭北坡。由于此类灌丛分布幅度较大，故它的组成成分在不同区域有较大差异。该类型灌丛在秦岭北坡较为常见，主要集中出现在海拔 800~2000 m 的山坡和梁顶，过低的山麓地带和高山地带比较少见。

榛在灌木层占据了绝对优势，但有时美丽胡枝子等优势度也很大，甚至成为亚优势种。群落高度一般约 1~2 m，盖度 40%~70%，有时可达 80% 以上。其他灌木成分有胡颓子、陕西山楂、中华绣线菊、蒙古绣线菊、秦岭米面蓊等。

草本层常以大披针薹草为优势种，有时亦见芒显示优势。大披针薹草高约 0.15~0.2 m，覆盖度在 20%~40%。其他较常见的种类有大火草、北柴胡、大油芒、歪头菜、变豆菜（Sanicula chinensis）、泥胡菜（Hemistepta lyrata）、毛连菜（Picris hieracioides）、夏枯草等，其优势度均甚小，覆盖度大都在 1%~5%，甚至更小。

本灌丛是栎林或其他乔木林破坏后形成的次生灌木群落，随着人为干扰降低，该类型灌丛逐步被周围森林类型所取代，逐步演变成林下主要灌木（雷明德 等，2011；朱志诚，1981；中国植被编辑委员会，1980）。

（7）美丽胡枝子灌丛（Form. Lespedeza formosa）

美丽胡枝子是豆科胡枝子属直立灌木，高 1~2 m。多分枝，枝伸展，被疏柔毛。托叶披针形至线状披针形。总状花序单一，腋生，比叶长，或构成顶生的圆锥花序。花期 7~9 月，果期 9~10 月。

美丽胡枝子灌丛广布在秦岭山区，多见于海拔 1000~1800 m 左右山坡、山脊和梁顶。群落土壤则因空间位置不同而有较大的差异，但一般呈酸性（朱志诚，1981；吴征镒 等，1980）。

美丽胡枝子灌丛多为落叶阔叶林破坏后植被恢复的先锋灌丛阶段，美丽胡枝子的优势度常随演替阶段而变异，在演替的早期阶段常占据优势，伴生灌木有胡颓子、榛、中华绣线菊、华北绣线菊、多花胡枝子、茅莓、光叶高丛珍珠梅、野蔷薇、川鄂小檗（Berberis henryana）、秦岭米面蓊及陕西山楂等。在这些成分中以榛、陕西山楂和胡颓子比较普遍。

草本层伴生种有大披针薹草、狼尾草、龙芽草、大油芒、歪头菜、牡蒿、东亚唐松草（Thalictrum minus var. hypoleucum）、墓头回、前胡、牛至、大戟、大丁草、白莲蒿、北柴胡、地榆、大火草、野菊、马兰（Aster indicus）等。在这些成分中，大披针薹草为优势种，盖度多在 10%~50%，其余种类除狼尾草、北柴胡、大油芒、大戟、秋唐松草等尚较易见外数量均很少（雷明德 等，2011；朱志诚，1981；中国植被编辑委员会，1980）。

本灌丛多属落叶阔叶林破坏后植被恢复的灌木阶段，因而群落稳定性相对较差，随着演替进行，常被榛、胡颓子、黄栌等灌丛所替代，在此以后便有青麸杨（Rhus potaninii）、白桦等先锋乔木物种进入，逐步形成散生的杂木林时期（朱志诚，1981）。

（8）绿叶胡枝子灌丛（Form. Lespedeza buergeri）

绿叶胡枝子是豆科落叶灌木，高 1~3 m。枝灰褐色或淡褐色，小叶卵状椭圆形，三叶生，叶面深绿色，叶背浅灰色似豆叶。总状花序腋生，在枝上部者构成圆锥花序；花萼钟状，5 裂至中部，裂片卵状披针形或卵形，花冠淡黄绿色，子房有毛，花柱丝状，稍超出雄蕊，柱头头状。荚果长扁多节状会粘衣裤，花期 6~7 月，果期 8~9 月。

绿叶胡枝子灌丛广泛分布在中国多省份。该类型灌丛在秦岭南北坡广泛分布，尤以东部为多，主要分布海拔为 1000~1800 m，在梁顶、沟谷、坡面均可见。土壤质地多为壤质沙土或壤土（雷明德 等，2011；刘诗峰 等，2003）。

灌丛群落外貌夏季呈绿色和黄绿色，结构较为杂乱，特别发育到后期，种类成分繁杂，往往灌木和乔木达几十种。群落总盖度 60%~75%，高度 1.5~2.0 m（雷明德 等，2011；刘诗峰 等，2003）。绿叶胡枝子灌丛盖度一般 40%~60%，绿叶胡枝子常居优势，在不同地段其伴生种有较大的差异，较为常见的有：陕西荚蒾、沙棘、湖北山楂（Crataegus hupehensis）、刚毛忍冬、胡颓子、尖叶栒子（Cotoneaster acuminatus）、连翘、多花木蓝、桦叶荚蒾、盐肤木、卫矛、榛等。群落中有时还出现山核桃（Carya cathayensis）、华山松、锐齿槲栎、漆等乔木的幼苗及幼树。

草本层盖度 30% 左右，大披针薹草常占据优势，其盖度可达 10%~15%，除此之外，还有大油芒、墓头回、防风、风毛菊、东亚唐松草、龙芽草、沙参、草木犀、大火草、多花落新妇（Astilbe rivularis var. myriantha）等出现（雷明德 等，2011；刘诗峰 等，2003）。

本灌丛为落叶阔叶林破坏后，次生恢复演替过程中的先锋灌丛群落，很不稳定，易被其他群落替代。

（9）杭子梢灌丛（Form. Campylotropis macrocarpa）

杭子梢是豆科杭子梢属灌木，高 1~3 m。小枝贴生或近贴生短或长柔毛，嫩枝毛密，少有具绒毛，老枝常无毛。羽状复叶具 3 小叶；托叶狭三角形、披针形或披针状钻形。总状花序，花序连总花梗长 4~10 cm 或有时更长。荚果长圆形、近长圆形或椭圆形，先端具短喙尖，边缘生纤毛。花果期 6~10 月。

杭子梢灌丛广泛分布在中国多省份。该类型灌丛在秦岭和大巴山地区较为常见，多分布于海拔 1700 m，一般面积较小，呈小块分布（陈灵芝 等，2015；朱志诚，1981）。

杭子梢灌丛多呈单优势种群落，其盖度一般 10%~40%，群落内伴生灌木成分虽较多，但期数量较少，常见伴生种有栓翅卫矛、陕西绣线菊、秦岭米面蓊、绿叶胡枝子、黄芦木、长芽绣线菊（Spiraea longigemmis）、多花木蓝、绣线梅、短梗胡枝子等（朱志诚，1981；吴征镒 等，1980）。

草本层优势种常见者为大披针薹草，盖度都在 10%~40%，生活力较强。其他伴生种有黄背草、北柴胡、大油芒、牡蒿、草木犀、龙芽草、唐松草、沙参、白头婆（Eupatorium japonicum）、火绒草、野艾蒿（Artemisia lavandulifolia）、苍术、贝加尔唐松草、淫羊藿（Epimedium brevicornu）、细叶沙参等，它们的优势度均不等大（朱志诚，1981；吴征镒 等，1980）。

杭子梢灌丛也是落叶阔叶林遭受破坏以后的次生灌丛，群落结构相对不够稳定，演替后期会进入一些大型灌木成分，如黄栌、西北栒子、胡颓子等，再后被栎林或其他乔木替代。

（10）黄栌灌丛（Form. Cotinus coggygria）

黄栌别名红叶、红叶黄栌、黄道栌、黄溜子；漆树科黄栌属落叶小乔木或灌木，高可达 3~8 m，树冠圆形，木质部黄色，树汁有异味。单叶互生，宽 2.5~6 cm，叶片全缘或具齿，叶柄细，无托叶，叶倒卵形或卵圆形。圆锥花序疏松、顶生，花小、杂性，仅少数发育；不育花的花梗花后伸长，被羽状长柔毛，宿存；核果小，干燥，肾形扁平，绿色，侧面中部具残存花柱。外果皮薄，具脉纹，不开裂；内果皮角质；种子肾形，无胚乳。花期 5~6 月，果期 7~8 月。

黄栌灌丛主要分布在河南、河北、山东、山西、陕西等省份的中、低山地，秦巴山区广布。灌丛所在地的生境条件较差，土壤比较瘠薄干旱，地表常有裸露地面，是一种次生植被。

该类型灌丛在秦岭南北坡均有分布，南坡相对较为集中，分布海拔 1000~1500 m，常出现大面积分布(陈灵芝 等，2015；雷明德 等，2011；朱志诚，1981；刘诗峰 等，2003)。

群落外貌秋季呈现红色，与其他群落明显区别。群落总盖度 50%~60%，高度 1.5~2.0 m，有高逾 4 m 者，灌木层伴生种较多，主要有陕西荚蒾、照山白、胡枝子、杭子梢、榛、扁担杆、灰栒子、卫矛、山杏等。另可见有华山松、锐齿槲栎、栓皮栎、山杨、华椴(Tilia chinensis)等的幼苗。

草本层较为稀疏，盖度一般 15%左右，偶有达 50%，生活力较为一般，层高约 0.3 m 左右。优势种多为大披针薹草，偶有与野青茅组成共优种者，层盖度不大，其他种类有大火草、地榆、草木犀、前胡、牡蒿、三脉紫菀、马兰、翻白草、毛莲蒿、苍术、铃铃香青、鸡眼草、金丝梅、大油芒、北柴胡、芒、野菊、异叶败酱、天名精(Carpesium abrotanoides)、防风、淫羊藿等(雷明德 等，2011；刘诗峰 等，2003；朱志诚，1981；中国植被编辑委员会，1980)。

本群落为次生演替灌丛，为栎林或其他森林破坏后植被恢复的重要灌木阶段。起源于采伐迹地或撂荒地上的胡枝子灌丛、杭子梢灌丛或牡蒿灌丛，黄栌也常为乔木群落中的优势灌木种类。在路旁陡崖处可见到相对稳定的较稀疏的黄栌灌丛。

(11)秀丽莓灌丛(Form Rubus amabilis)

秀丽莓是蔷薇科悬钩子属植物。落叶灌木，高 1~3 m。枝紫褐色或暗褐色，无毛，具稀疏皮刺。花枝短，具柔毛和小皮刺。小叶 7~11 枚，卵形或卵状披针形。花单生于侧生小枝顶端，下垂。果实长圆形稀椭圆形，红色，幼时具稀疏短柔毛，老时无毛，可食；核肾形，稍有网纹。花期 4~5 月，果期 7~8 月。

秀丽莓分布于辽宁、山东、安徽、江苏、浙江、湖北、陕西、甘肃、河南、山西、湖北、四川、青海等地(陈灵芝 等，2014)。该类型灌丛在秦巴山区广泛分布，尤其秦岭南坡较为多见，主要分布在山谷、荒坡、路旁，海拔 800~2500 m(雷明德 等，2011)。由于秀丽莓分枝能力较强，原生植被破坏后，秀丽莓可以迅速生长，占领地面，一定程度上阻止了其他植物的进入和生长，很快形成群落，且多呈单优势种群落，其盖度可以达到 60%~80%。群落中其他灌木种类极少，偶见卫矛、胡枝子等(雷明德 等，2011)。

草本层盖度可达 20%以上，主要种类有东北羊角芹、川赤芍(Paeonia anomala subsp. veitchii)、刺柄南星(Arisaema asperatum)、贯叶连翘、四川沟酸浆(Mimulus szechuanensis)等(雷明德 等，2011)。

本灌丛为森林过度砍伐后形成的次生灌丛。由起源于采伐迹地上的伞房草莓、山羊角芹等草甸群落逐步发展而来，系先锋灌丛群落。

(12)连翘灌丛(Form. Forsythia suspensa)

连翘是木犀科连翘属落叶灌木。连翘早春先叶开花，花开香气淡艳，满枝金黄，艳丽可爱，是早春优良观花灌木，株高可达 3 m，枝干丛生，小枝土黄色，拱形下垂，中空。叶对生，单叶或三小叶，卵形或卵状椭圆形，缘具齿。花冠黄色，1~3 朵生于叶腋。果卵球形、卵状椭圆形或长椭圆形，先端喙状渐尖，表面疏生皮孔；果梗长 0.7~1.5 cm。花期 3~4 月，果期 7~9 月。

连翘灌丛广泛分布在山西中南部、河北南部、河南西部及北部、陕西秦岭南北坡及陕北黄土高原。该类型灌丛在秦岭山区主要分布在北坡海拔 800~1900 m 的荒坡上，土壤主要是淋溶褐土和山地棕壤。群落总盖度65%~80%，连翘的分盖度30%~40%，枝条柔细而横曲，春夏之交花先叶而开放，呈现一片金黄色景观(雷明德 等，2011；吴征镒 等，1980)。建群种以外的伴生灌木在秦岭北坡有胡枝子、黄栌、榛、黄栌、马桑、灰栒子、白刺花、山梅花、盐肤木、杭子梢、土庄绣线菊等(雷明德 等，2011；中国植被编辑委员会，1980)。

草本层盖度40%~70%，优势种因环境而异，在阳坡和半阳坡以白羊草和黄背草为优势种；在阳坡和半阴坡则以黄背草为优势种，其他草本植物有毛莲蒿、华北米蒿、苍术、大火草、大丁草、漏芦、长芒草、少花米口袋、白头翁、桔梗、丹参、委陵菜、歪头菜、翻白草、柯孟披碱草等。除此之外，群落还常有葛、五味子等藤本植物出现。此外，在秦岭北坡连翘灌丛中还出现藤本植物葛藤、南蛇藤等(雷明德 等，2011；中国植被编辑委员会，1980)。

连翘灌丛是山地森林破坏后次生灌木林，常出现于林间隙地、林缘或附近荒山坡地上，群落相对不够稳定，逐步被取代。

（13）胡颓子灌丛(Form. *Elaeagnus pungens*)

胡颓子为胡颓子科胡颓子属常绿直立灌木，高3~4 m，具刺，刺顶生或腋生；幼枝微扁棱形，密被锈色鳞片，老枝鳞片脱落，黑色，具光泽。叶革质，椭圆形或阔椭圆形，稀矩圆形，两端钝形或基部圆形，边缘微反卷或皱波状，上面幼时具银白色和少数褐色鳞片，成熟后脱落，具光泽，干燥后褐绿色或褐色，下面密被银白色和少数褐色鳞。果核内面具白色丝状棉毛。花期9~12月，果期翌年4~6月。

胡颓子灌丛主要分布在秦岭山区，分布海拔1800 m以下，面积不大，多呈小块状。一般分布在缓坡、山间平地和低矮平坦山梁。灌丛所在地土壤条件相对较好，土层厚度一般都超过0.3 m。胡颓子在本灌丛中占据优势，盖度可到30%~80%，其他灌木伴生种有黄栌、杭子梢、胡枝子、棣棠花、山莓、盐肤木等(陈灵芝 等，2014；雷明德 等，2011；朱志诚，1981；中国植被编辑委员会，1980)。

草本层优势种常为大披针薹草，盖度30%~70%，其他常见伴生种类有鸡腿堇菜、败酱、龙芽草、牛尾蒿、祁州漏芦、黄背草、大油芒、短柄草等，其优势度均较小，还有一些成分为前胡、纤毛披碱草、狼尾花、变豆菜、百合(*Lilium brownie* var. *viridulum*)、石竹、黄瓜假还阳参(*Crepidiastrum denticulatum*)、毛连菜、翠雀(*Delphinium grandiflorum*)、北柴胡、野棉花、大戟等，其数量都很少。

本灌丛为森林破坏后植被恢复的灌木阶段，大约15年以后，山杨、葛罗枫(*Acer grosseri*)、毛梾(*Cornus walteri*)、栗(*Castanea mollissima*)等相继侵入，形成仍不稳定的杂木林时期。

（14）陕西悬钩子灌丛(Form. *Rubus piluliferus*)

陕西悬钩子是蔷薇科悬钩子属落叶灌木。枝拱曲，圆柱形，幼时被柔毛。小叶3~5枚，卵形、菱状卵形或卵状披针形，顶生小叶顶端尾状渐尖，侧生小叶急尖至短渐尖。花5~15朵成伞房花序；总花梗和花梗均被带黄色柔毛；苞片与托叶相似；花萼外面被柔毛；花瓣浅红色，近圆形，基部有长爪。果实近球形，密被白色短绒毛。花期5~6月，果期7~8月。

陕西悬钩子主要分布于我国陕西、甘肃、湖北、四川等地。该类型灌丛在秦岭南北坡均有分布，主要生长在海拔1000~1400 m阳坡、林缘及村庄周围。群落外貌灰绿色，结构成分较为复杂。灌木层盖度30%~50%，高2~3 m，其优势种为陕西悬钩子，其他常见成分有胡颓子、马桑、火棘等(雷明德 等，2011)。

草本层盖度为 40%~60%，高 0.2~0.6 m，有毛莲蒿、大油芒、矮蒿（*Artemisia lancea*）、牛尾蒿、牡蒿、大披针薹草、截叶铁扫帚、夏枯草、如意草、隐子草等。

本灌丛为森林破坏后形成的次生灌丛群落，稍加保护即可自然恢复成森林，自然演替将经过一个杂木林时期，并逐步恢复到栎林。

（15）高粱泡灌丛（Form. *Rubus lambertianus*）

高粱泡是蔷薇科悬钩子属半落叶藤状灌木，高可达 3 m。单叶宽卵形，稀长圆状卵形，顶端渐尖，基部心形，上面疏生柔毛或沿叶脉有柔毛，下面被疏柔毛，叶柄具细柔毛或近于无毛，有小皮刺；托叶离生。圆锥花序顶生，生于枝上部叶腋内的花序常近总状；苞片与托叶相似；萼片卵状披针形，顶端渐尖。果实小，近球形。花期 7~8 月，果期 9~11 月。

高粱泡主要分布在我国河南、湖北、湖南、安徽、江西、江苏、浙江、福建、台湾、广东、广西、云南。日本也有分布。生于低海拔山坡、山谷或路旁灌木丛中阴湿处或生于林缘及草坪。该类型灌丛在秦岭主要分布在南坡，海拔 1000~1500 m 的沟谷、河岸边等湿润地。群落盖度非常高，可达到 90% 以上，灌木层常形成单一优势种，伴生种较少。

草本层盖度较低，只有 5%~10%，主要物种有冷水花、如意草、活血丹、茴芹等。

该群落经常分布山体沟谷里，其生存环境很不稳定，经常受到洪水的扰动，故其群落稳定性较差，所以随着演替发展，逐步会被周围森林发展成为林下物种。

（16）酸枣灌丛（Form. *Ziziphus jujuba* var. *spinosa*）

酸枣为鼠李科枣属植物，是枣的变种，常为灌木，也有的为小乔木。树势较强。枝、叶、花的形态与普通枣相似，但枝条节间较短，托刺发达，除生长枝各节均具托刺外，结果枝托叶也成尖细的托刺。叶小而密生，果小、近球形或短矩圆形、果皮厚、光滑、紫红或紫褐色，肉薄，味大多很酸，核圆或椭圆形，核面较光滑，内含种子 1~2 枚。

酸枣灌丛广泛分布多省份，在陕西多分布在渭北和黄土高原地区。该类型灌丛在秦岭北麓也常有分布，大多在阳坡上。其垂直分布在海拔 600~1600 m，尤以海拔 900~1300 m 最为集中。群落所在地一般坡度较大、土壤瘠薄，多为坚硬的黄土母质，有的地方基岩裸露或地势高亢，生境极具干旱征象，其所在地的土壤多为沙砾质褐土性土（周杰 等，2019；雷明德 等，2011；朱志诚，1981）。

灌木层高度 0.4~0.8 m，盖度 20%~30%，除建群种酸枣外，伴生灌木有河北木蓝、扁担杆、探春花（*Jasminum floridum*）、荆条、白刺花、山莓、小叶锦鸡儿、扁核木、多花胡枝子、杠柳等。

草本层盖度 20%~40%，主要种类有华北米蒿、白羊草、毛莲蒿、阿尔泰狗娃花、中华荩草、西山委陵菜（*Potentilla sischanensis*）、苦荬菜、远志、长芒草、大披针薹草、野菊、狗尾草、牛尾蒿、茵陈蒿、黄背草、小花鬼针草、异叶败酱、中华苦荬菜等（周杰 等，2019；雷明德 等，2011；朱志诚，1981）。

酸枣灌丛为植被恢复过程中重要灌木群落之一，进一步演变常为侧柏疏林或其他杂木林所代替。

（17）荆条灌丛（Form. *Vitex negundo* var. *heterophylla*）

荆条是马鞭草科牡荆亚科植物，是黄荆的一个变种。落叶灌木或小乔木，高可达 2~8 m，地径 7~8 cm，树皮灰褐色，幼枝方形有四棱；掌状复叶对生或轮生，小叶 5 或 3 片，小叶边缘有缺刻状锯齿，上面深绿色具细毛，下面灰白色，密被柔毛。花序顶生或腋生，先由聚伞花序集成圆锥花序，核果球形，果径 2~5 mm，黑褐色，外被宿萼。花期 6~8 月，果期 9~10 月。

荆条主要分布于我国辽宁、河北、山西、山东、河南、陕西、甘肃、江苏、安徽、江西、湖南、贵州、四川，日本也有分布，常生长于山坡路旁。该类型灌丛在秦岭山区主要分布在南坡 600~1100 m 荒坡上，巴山北坡也有分布。荆条灌丛常受放牧和樵采的影响，生长低矮不良，高仅 0.6~0.8 m，总盖度 70% 以上，但荆条的分盖度 30% 左右，分布尚称均匀，伴生成分为黄蔷薇、雀梅藤(*Sageretia thea*)、小叶悬钩子和杜梨等，矮小状灌木散生，构成灌木层(唐丽丽，2019；柴永福 等，2019；雷明德 等，2011)。

草本层组成成分复杂种，但分布稀疏，盖度只有 25%，高度 0.35 m 左右，其中华北米蒿较多，分盖度 5%，其他尚有毛莲蒿、多花胡枝子、中华落芒草、白羊草、毛秆野古草等(唐丽丽 等，2019；雷明德 等，2011)。

荆条灌丛是森林植被破坏后形成的灌丛，再继续经受强烈影响，灌木种类则继续减少而产生的单优势种灌木群落。

(18)大叶醉鱼草灌丛(Form. *Buddleja davidii*)

大叶醉鱼草是玄参科醉鱼草属灌木，高可达 5 m。小枝外展而下弯；叶片膜质至薄纸质，狭卵形、狭椭圆形至卵状披针形；总状或圆锥状聚伞花序，顶生，小苞片线状披针形，花萼裂片披针形，膜质；花冠淡紫色。种子长椭圆形，两端具尖翅。花期 5~10 月，果期 9~12 月。

大叶醉鱼草分布在我国陕西、甘肃、江苏、浙江、江西、湖北、湖南、广东、广西、四川、贵州、云南和西藏等省份，日本也有分布。生于海拔 800~3000 m 山坡、沟边灌木丛中。大叶醉鱼草灌丛在秦巴山地分布较为广泛，秦岭山地西段南坡的滑水流域海拔 900 m 以下低山地区和秦岭西东段南坡旬河流域海拔 1000 m 以下的河漫滩地、山坡路旁地势平坦处均有较多出现(雷明德 等，2011)。

灌丛群落外貌呈绿色或灰绿色，花期紫色花序引人注目，群落结构稀散零乱，总盖度 45%~60%，建群种大叶醉鱼草高度 1.4 m 左右，有伴生种火棘、山莓等。

草本层盖度可达 60%~70%，高度 0.2~0.7 m，基本都属于蒿类，主要有华北米蒿、白莲蒿、牛尾蒿、毛莲蒿等(雷明德 等，2011)。

本灌丛在基质不变的情况下，群落相对稳定，多为蒿类群落演替而来。

(19)马桑灌丛(Form. *Coriaria nepalensis*)

马桑是马桑科马桑属灌木，高 1.5~2.5 m，分枝水平开展，小枝四棱形或成四狭翅，幼枝疏被微柔毛，后变无毛，常带紫色，老枝紫褐色；芽鳞膜质，卵形或卵状三角形。叶对生，纸质至薄革质，椭圆形或阔椭圆形。总状花序生于二年生的枝条上，雄花序先叶开放。果球形，果期花瓣肉质增大包于果外，成熟时由红色变紫黑色，径 4~6 mm；种子卵状长圆形。

马桑灌丛在秦巴山区分布较为普遍，尤其在秦岭南坡和巴山区域有较大面积分布，西秦岭成县、武都也多见。主要分布海拔在 1500 m 以下的低山区域。群落盖度 35%~75%，高度可以达到 2~4 m，群落优势种主要是马桑，有部分地段还有火棘、构树、弓茎悬钩子等优势种，其他伴生种还有野蔷薇、盐肤木、多花木蓝、中国旌节花(*Stachyurus chinensis*)、荆条、扁担杆、小叶女贞(*Ligustrum quihoui*)、探春花、竹叶花椒、山莓、木姜子、粘毛忍冬(*Lonicera fargesii*)、长柄山蚂蝗、胡枝子等(王宇超，2012；刘诗峰 等，2003；中国植被编辑委员会，1980)。

草本层盖度 17%~40%，以大披针薹草为共同优势，另有大火草、香茶菜、荩草、薄雪火绒草、白莲蒿、求米草、茜草、香青、截叶铁扫帚、野棉花等。层间植物常有葛藤、短梗菝葜（*Smilax scobinicauli*）、三叶木通（*Akebia trifoliata*）、杠柳及卵叶茜草（*Rubia ovatifolia*）等。

马桑灌丛在秦岭南坡及巴山山区低海拔区域广泛分布，其发展后期种类组成增加。一般为撂荒地起源，由木蓝灌丛发展而成，随着人为干扰逐步减弱，马桑也逐步会被喜光小乔木所取代（雷明德 等，2011）。

（20）秦岭柳灌丛（Form. *Salix alfredii*）

秦岭柳是杨柳科柳属的植物，为中国的特有植物。灌木或小乔木，高约 4.5 m。小枝细，一年生枝无毛，幼果期褐紫色，有光泽。

秦岭柳主要分布于我国青海、甘肃、陕西等地，生长于海拔 1100~3800 m 的地区，一般生于山坡。该类型灌丛在秦岭山地分布较为广泛，主要分布在海拔 2100~2600 m 的山地沟谷湿润处，坡度一般相对较缓。生境地下水位较高、土壤相对比较潮湿（雷明德 等，2011）。

群落外貌灰绿色，多呈块状分布于沟口底部，周围常被草本群落所围，但灌丛内草本层盖度较小。群落盖度可达 80%~90%，高度 2 m 左右，基本上为单优势群落，其他常见伴生种有卫矛、细枝绣线菊、黄瑞香等，优势度远小于秦岭柳，且多分布于群落边缘。

草本层盖度 25% 以下，问荆为优势种，其次为大披针薹草、毛茛、糙叶黄耆、蓍、千里光（*Senecio scandens*）、牛尾蒿等（雷明德 等，2011）。

本灌丛生境相对比较特殊，其他物种不易进入，其群落相对比较稳定，可视为区域顶极群落。

（21）筐柳灌丛（Form. *Salix lineariscipularis*）

筐柳是杨柳科柳属植物。灌木或小乔木，高可达 8 m。小枝细长。芽卵圆形，淡褐色或黄褐色，无毛；花先叶开放或与叶近同时开放，无花序梗。花期 5 月上旬，果期 5 月中旬至下旬。

筐柳主要分布于河北、山西、陕西、河南、甘肃等地。生长于平原低湿地，河、湖岸边等，常见栽培。筐柳灌丛在秦岭山区主要分布在南坡的旬河流域的海拔 1000~1600 m 的谷地、洼地沟边平坦地上均有分布。土壤质地为壤质或沙质。灌丛群落外貌灰绿色，结构较为整齐，株丛呈浑圆状。群落总盖度 50%~70%，高度 2.5 m 左右，筐柳在群落中占据优势地位，其伴生种常有小叶柳、黄花柳、杭子梢、栓翅卫矛等。

草本层盖度 30%~50%，小糠草为优势种，盖度可达 10%~15%，另有披碱草、荩草、隐子草、黄腺香青（*Anaphalis aureopunctata*）、蛇莓、太白山橐吾（*Ligularia dolichobotrys*）、贯叶连翘、鼬瓣返顾马先蒿（*Pedicularis resupinata* subsp. *galeobdolon*）、菊三七（*Gynura japonica*）、毛连菜、窃衣（*Torilis scabra*）等（雷明德 等，2011；刘诗峰 等，2003）。

本灌丛为森林迹地或撂荒地上次生恢复演替之结果，由胡枝子、杭子梢等先锋灌丛起源，在人工保护和抚育下可逐步发展成为森林（雷明德 等，2011）。

（22）黄花柳灌丛（Form. *Salix caprea*）

黄花柳是杨柳科柳属灌木或小乔木。小枝黄绿色至黄红色，有毛或无毛。蒴果长可达 9 mm。花期 4 月下旬至 5 月上旬，果期 5 月下旬至 6 月初。

黄花柳灌丛在秦岭主要分布在海拔 1000~2800 m 坡度平缓、土层显厚、湿度较大的地域，在华山山地较为常见（朱志诚，1981）。

黄花柳灌丛属高大灌木群落，木本植物种类较杂，群落外貌很不整齐，总覆盖度常达 90% 以上。黄花柳盖度 45%~80%，灌木层内常出现一些乔木树种，如华山松、五角枫、山杨、糙皮桦、红桦等，其数量分布很少。伴生灌木种类较多，有川康栒子（Cotoneaster ambiguus）、峨眉蔷薇、山刺玫、甘肃山楂、梾木（Cornus macrophplla）、千金榆（Carpinus cordata）等，但优势度都相对较小（雷明德 等，2011；朱志诚，1981；中国植被编辑委员会，1980）。

草本层中一般优势种不明显，较常见者有东方草莓、宽叶薹草、黄腺香青等少数种类，其他许多成分如地榆、龙芽草、野青茅、广布野豌豆、小糠草、石防风（Peucedanum terebinthaceum）等（雷明德 等，2011；朱志诚，1981；中国植被编辑委员会，1980）。

本灌丛多为山坡中、下部或者沟谷的森林遭受破坏后演变的次生群落，其群落稳定性较差，不久会演替成杂木林。

（23）皂柳灌丛（Form. Salix wallichiana）

皂柳是杨柳科柳属灌木或乔木。小枝红褐色、黑褐色或绿褐色。叶披针形、长圆状披针形、卵状长圆形、狭椭圆形。花序先叶开放或近同时开放。花果期 4~5 月。

皂柳主要分布在我国西藏、云南、四川、贵州、湖南、湖北、青海南部、甘肃东南部、陕西、山西、河北、内蒙古、浙江（天目山）等地。该类型灌丛在秦岭山区主要分布在海拔 1200~2000 m，亦见华北山地。皂柳灌丛多出现在沟谷和湿度较大平缓的山坡上，与黄花柳生境较为相似，一般皂柳灌丛定居之地比黄花柳要湿润一些。由于生境的相似，造成其群落组成也与黄花柳接近，无论是灌木层还是草本层都有很大相似之处。

本灌丛是周围栎林和桦木林遭到破坏后自然恢复的次生灌木丛，随着演替发展，该灌丛会逐步被其他物种所取代，最终再次演替成为森林群落（雷明德 等，2011；朱志诚，1981；中国植被编辑委员会，1980）。

（24）鸡树条灌丛（Form. Viburnum opulus subsp. calvescens）

鸡树条（俗名鸡树条荚蒾）是忍冬科荚蒾属落叶灌木，高可达 4 m。冬芽卵圆形，有柄，无毛，叶片轮廓圆卵形至广卵形或倒卵形，复伞形聚伞花序，周围有大型的不孕花，总花梗粗壮，果实红色，近圆形。花期 5~6 月，果熟期 9~10 月。

鸡树条主要分布于黑龙江、吉林、辽宁、河北北部、山西、陕西南部、甘肃南部、河南西部、山东、安徽南部和西部、浙江西北部、江西、湖北和四川等地。日本、朝鲜和俄罗斯西伯利亚东南部也有分布。该类型灌丛在秦巴山地主要分布在秦岭东段南坡及巴山北坡海拔 1500 m 以上山地。群落盖度一般在 20%~30%，高 1.2~2.0 m，鸡树条作为优势种，其伴生种有绣线菊、灰栒子、卫矛、忍冬等（雷明德 等，2011）。

草本层覆盖度可达 85%，以野古草、羊胡子草为主，其次有鳞叶龙胆（Gentiana squarrosa）、红花龙胆（Gentiana rhodantha）、獐牙菜、早熟禾、柯孟披碱草、糙苏等（雷明德 等，2011）。

本群落是一种不能稳定的次生植被，是由破坏后的栎类森林发育起来的，若无干扰则会被原有的森林植被逐步替代（雷明德 等，2011）。

（25）唐古特忍冬灌丛（Form. Lonicera tangutica）

唐古特忍冬是忍冬科忍冬属落叶灌木，高达可达 4 m。冬芽顶渐尖或尖，外鳞片卵形或卵状披针形。叶纸质，倒披针形至矩圆形或倒卵形至椭圆形；总花梗生于幼枝下方叶腋，纤细，稍弯垂，苞片狭细。果实红色；种子淡褐色，卵圆形或矩圆形。花期 5~6 月，果期 7~8 月。

唐古特忍冬分布于我国陕西、宁夏和甘肃的南部、青海东部、湖北西部、四川、云南西北部及西藏东南部。生长在海拔 1600~3900 m 的云杉(*Picea asperata*)林、栎林等林下或混交林中及山坡草地，或溪边灌丛中。该类型灌丛在秦岭分布较为广泛，在南坡较为集中出现，分布海拔在 1600~3000 m 左右。群落盖度多在 60%~80%，唐古特忍冬在群落优势度较为明显，主要伴生种有陕甘花楸、辽东丁香、华西忍冬、美丽胡枝子、卫矛等(雷明德 等，2011；岳明 等，1999a)。

草本层盖度为 30% 左右，主要以大披针薹草为主，其他常见物种有大叶堇菜(*Viola diamantiaca*)、茜草、裂叶茶藨子(*Ribes laciniatum*)等(雷明德 等，2011)。

本灌丛为周围森林砍伐后逐步恢复形成的次生灌丛，群落不够稳定，随着演替发展，该灌丛逐步演变成为周围森林林下灌木层。

(26)小果蔷薇灌丛(Form. *Rosa cymosa*)

小果蔷薇别名小金樱，常绿蔓生灌木，高 2~5 m；小枝圆柱形，无毛或稍有柔毛，有钩状皮刺。小叶 3~5，叶片卵状披针形或椭圆形。花多朵成复伞房花序；花瓣白色，倒卵形。果球形，红色至黑褐色，萼片脱落。花期 5~6 月，果期 7~11 月。

小果蔷薇灌丛广泛分布于亚热带海拔 1200 m 以下石灰岩山地山坡上。该群落类型主要分布区为巴山南北坡区域。群落分布环境相对瘠薄、干旱，多为森林砍伐后恢复次生灌丛。群落盖度一般在 50%~65%，高 1~2 m(雷明德 等，2011；中国植被编辑委员会，1980)。小果蔷薇和火棘常为群落主要优势种，其他伴生种有菝葜(*Smilax china*)、竹叶花椒、弓茎悬钩子等(雷明德 等，2011；中国植被编辑委员会，1980)。

草本层常优势种不明显，主要物种有贯众(*Cyrtomium fortunei*)、委陵菜、白茅、狗尾草、野青茅、瓦韦等(雷明德 等，2011；中国植被编辑委员会，1980)。

(执笔人：陕西省西安植物园 岳明、王宇超)

第 9 章
石质山地区灌木林

9.1 太行山石质山地区

太行山地处我国第二阶梯东沿，跨华北腹地，西临黄土高原，东接华北平原，是我国东部地区的重要山脉之一，也是东部地区一条重要的地理分界线。太行山在定义上有狭义和广义之分，狭义太行山指由北京西山延伸至黄河北岸中条山的主脉区域；广义太行山北达燕山，南至秦岭，西临山西高原，东至华北平原，行政区域涵盖山西、北京、河北、河南 4 省份 108 个县区，总面积约为 13.6 万 km²。

太行山历经多期次的地质构造过程，多变的地形和巨大的海拔高差使区域内环境条件丰富多样，具有多种多样的生态系统。然而，由于长期的战乱和不合理地樵垦，原始森林早被破坏殆尽。加之自然条件复杂，季节性干旱频发，使得水资源紧缺成为当地生态脆弱的主要表现，并限制了农林业生产和植被恢复。太行山石质山区的生态环境尤为恶劣，主要表现在土薄石厚（大部分阳坡、半阳坡土厚平均在 20~30 cm），土壤瘠薄，植被稀疏，森林覆盖率低。灌木林由于根系分布深、耐旱性强、水分利用效率高，对土壤性状的改良作用也优于乔木和草本，在太行山石质山区生态系统中发挥着重要作用。

太行山石质山区灌木林由于所在的生态环境不同，群落有显著差异。常见各由荆条、酸枣、三裂绣线菊、榛、胡枝子、山杏、鬼箭锦鸡儿、虎榛子、小叶鼠李、野皂荚等为优势种组成的群落，多是森林破坏以后形成的次生植被类型，群落中生长着旱生和中生植物。

主要灌丛类型包括以下几种。

（1）荆条灌丛（Form. *Vitex negundo* var. *heterophylla*）

荆条为唇形科牡荆属灌木。该种抗旱耐寒，为喜光树种；对土壤要求不严，在褐土、黏土、石灰岩山地的钙质土以及山地棕壤上都能生长；萌蘖力强，根系发达。在我国广泛分布于中部和北部。以荆条为主要优势种的灌木丛是太行山石质山区低海拔（200~1000 m）区域干旱阳坡分布面积最广、类型最为丰富的植被类型。荆条的水分生态幅很宽，各种坡向、坡位均有分布，甚至在山间谷地、河漫滩亦可见到荆条灌丛。

荆条灌丛分层明显，灌木层平均高 1.5 m 左右，有时可达 3 m；总盖度 50%~90%，有时高达 100%。由于荆条生态幅较宽，在不同的生境下，亚优势种或伴生种会有较大的差异。在干旱阳坡的低海拔地段常见有酸枣等伴生；随着海拔升高，山杏、山桃、暴马丁香、三裂绣线菊、扁担杆、小叶鼠李、河朔荛花、多花胡枝子等逐渐取代酸枣而成为亚优势种或主要伴生种。阴坡则多伴生有蚂蚱腿子、虎榛子、土庄绣线菊等。

草本层发育不良，多以喜光、耐旱的植物为主，高度多为30~50 cm，盖度为30%左右。有白莲蒿、野青茅、阿拉伯黄背草、白羊草、隐子草属(Cleistogenes spp.)、硬质早熟禾、北柴胡、小红菊、中华卷柏等。

(2)野皂荚灌丛(Form. Gleditsia microphylla)

野皂荚为豆科皂荚属灌木，喜光、耐寒、耐干旱瘠薄、抗病虫害，有较强的生态适应性和抗逆性。根系发达，主根可沿岩石缝隙深入地下5~6 m的地方，水平根系分布也远，露出地面的根系上又能生出新株，从而形成纵横交错的地下根系，能有效地固结土壤，具有较高的水土保持效益，还可改良土壤结构，增加其通透性。该种分布于我国河北、山东、河南、山西、陕西、江苏和安徽，常生长于海拔150~1300 m的山坡阳处或路边。在太行山石质山区主要见于中、南部区域环境干旱、土壤瘠薄的石灰岩山地。

野皂荚群落结构比较简单，主要由灌木层和草本层组成。群落总盖度为50%~90%。灌木层高1.2~3.0 m，盖度40%~80%。灌木层除野皂荚外，常见的伴生种有荆条、小叶鼠李、三裂绣线菊、小花扁担杆(Grewia biloba var. parviflora)、少脉雀梅藤、黄刺玫、毛黄栌等。

草本层优势种也主要以旱生草本为主，如冰草、细叶薹草、荩草、白莲蒿、委陵菜和白羊草等，地被层有中华卷柏，层间植物有黄花铁线莲(Clematis intricata)等。

野皂荚群落受自然及人为因素的干扰，其群落既表现相对稳定又出现一定的生态脆弱性。野皂荚在太行山石质山区分布广、适应性强、种群寿命长，应充分发展和利用，发挥其在水土保持、防风固沙、改良土壤方面的生态作用。

(3)山杏灌丛(Form. Armeniaca sibirica)

山杏是蔷薇科杏属植物，别名野杏。该种适应性强，喜光，根系发达，深入地下，具有耐寒、耐旱、耐瘠薄的特点，是绿化荒山、保持水土的重要树种。产自我国黑龙江、吉林、辽宁、内蒙古、甘肃、河北、山西等地；蒙古国和俄罗斯远东及西伯利亚也有。山杏在太行山石质山区主要分布于海拔600~1500 m的干旱阳坡，常为灌木状的小乔木，高2~4 m，有时呈小乔木状，高达8~10 m，胸径可达10 cm。山杏既可作为优势种形成山杏灌丛，亦可以亚优势种或伴生种混生于干旱阳坡的其他类型的灌丛中。

山杏灌丛的灌木层的盖度为30%~60%，高度2~4 m。伴生物种主要山桃、暴马丁香、大花溲疏、大果榆、小叶鼠李、三裂绣线菊、达乌里胡枝子、红花锦鸡儿(Caragana rosea)、荆条等。此外，花曲柳、蒙古栎等耐旱乔木的幼苗、幼树等也常出现在群落中。

草本层盖度为30%~50%，高度在20~50 cm，以旱中生的种类占优势。主要有白莲蒿、野青茅、大披针薹草、早熟禾属(Poa spp.)、西伯利亚远志、贝加尔唐松草、大油芒、隐子草属、北柴胡、鸦葱、石竹等。

(4)三裂绣线菊灌丛(Form. Spiraea trilobata)

三裂绣线菊为蔷薇科绣线菊属小灌木，喜光、耐寒、耐旱、耐盐碱、耐瘠薄，对土壤要求不严。在我国主产东北、华北和西北，俄罗斯西伯利亚也有分布。在太行山石质山区，以三裂绣线菊有优势种的灌丛多生于海拔450~1500 m的向阳坡地，为该区域常见的植被类型。本灌丛在防治水土流失方面的生态效益显著，对生态环境的保护具有重要意义。

灌木层以三裂绣线菊为建群种，高度在1~1.5 m，盖度可达50%以上。伴有极少的山杏、山桃、荆条、胡枝子、华北香薷（Elsholtzia stauntonii）、小叶鼠李和大花溲疏等。

草本层发育不良，混生在灌木间，高度在10~30 cm，盖度仅有10%左右。常见植物有野青茅、大油芒、小红菊、阿尔泰狗娃花、粗根老鹳草（Geranium dahuricum）、北柴胡、麻花头、委陵菜、白莲蒿、大披针叶薹草、龙牙草、石竹、中华卷柏等。

（5）虎榛子灌丛（Form. Ostryopsis davidiana）

虎榛子隶属桦木科虎榛子属，为我国特有种。该种为耐阴植物，主要分布在阴坡、半阴坡或林下，在半阳坡以至阳坡均能生长，且多见于坡度很陡的陡坡地或破碎陡崖地，具有较强的抗旱和耐瘠薄能力，能在空旷的无林地、林间隙地和森林采伐迹地形成大片茂密灌丛，也能在林冠下生长，成为山杨林、白桦林、侧柏林、辽东栎林和油松幼林下的优势灌木之一。虎榛子在我国主要分布于华北和西北地区，为黄土高原的优势灌木。在太行山石质山区西部区域，虎榛子在森林遭受破坏后的干旱山坡上普遍生长，一般形成单优群落，亦可与其他灌木混生，多呈片状生于海拔600~1500 m的阴坡。

灌木层高1.5 m左右，群落郁闭，覆盖度在70%~90%，局部达100%。除虎榛子为建群种外，伴生种因生态环境而异，常见的种类有水枸子（Cotoneaster multiflorus）、黄刺玫、胡枝子、红花锦鸡儿、荆条、暴马丁香、三裂绣线菊、河蒴荛花、山杏、大果榆、蚂蚱腿子、小叶椴、陕西荚蒾等。

草本层的盖度在20%左右，但种类较丰富，如蒙古风毛菊、银背风毛菊、白莲蒿、毛秆野古草、大油芒、小红菊、北柴胡、远志、玉竹、地梢瓜、大披针叶薹草、中华卷柏、斑叶堇菜（Viola variegata）等。

（6）榛灌丛（Form. Corylus heterophylla）

榛隶属榛科榛属。该种喜光、根蘖繁殖能力强、耐寒、耐瘠薄，适应能力强，为东北和华北地区常见的灌木树种。榛灌丛在太行山石质山区主要分布在较高海拔800~1500 m的林缘或林间空地，为森林破坏后形成的次生类型。在光照充足、土壤肥沃、排水良好的丘陵地带可连片集中分布。

群落灌木层盖度为70%~95%，高度1.2~2.5 m。榛占绝对优势，伴生的灌木主要有胡枝子、牛叠肚、山杏、三裂绣线菊、土庄绣线菊、照山白等。该群落中常混生有蒙古栎、花曲柳、黑桦、白桦、元宝槭（Acer truncatum）等落叶阔叶林优势种的幼苗和幼树等。若采取适当的抚育措施，榛灌丛会很快恢复成林。

草本层发育不良，盖度一般在30%以下。常见种有蕨（Pteridium aquilinum var. latiusculum）、白莲蒿、棉团铁线莲、大油芒、野青茅、龙牙草、地榆、苍术、北柴胡、小红菊和茜草等。

（7）鬼箭锦鸡儿灌丛（Form. Caragana jubata）

鬼箭锦鸡儿为豆科锦鸡儿属伏地灌木，耐旱、耐寒，是典型的亚高山植物，在我国主产华北、西北和西南等高海拔地区。鬼箭锦鸡儿灌丛在太行山石质山区仅分布于海拔1800 m以上的山脊或山顶，常组成单优群落，高约50 cm，总盖度40%~60%，灌丛多呈半球形。

灌木层除鬼箭锦鸡儿外还有少量的金露梅、银露梅和硕桦等树种生长。由于受风大的影响，群落低矮，但外貌较为整齐。

草本层发育良好，高约 30 cm，总盖度 70%~90%。种类丰富，其组成与相邻的亚高山草甸相似，主要有大披针叶薹草、地榆、秦艽（*Gentiana macrophylla*）、小红菊、紫苞雪莲（*Saussurea iodostegia*）、早熟禾属植物、落草、火绒草、野罂粟、胭脂花（*Primula maximowiczii*）、毛蕊老鹳草（*Geranium platyanthum*）、蓝盆花等。

（8）金露梅灌丛（Form. *Potentilla fruticosa*）

金露梅为蔷薇科委陵菜属小灌木，生性强健，耐寒，喜湿润，但怕积水，耐干旱，喜光，土壤要求不严，喜肥而较耐瘠薄，是北温带高海拔地区常见的灌木之一。金露梅分布于我国东北、华北、西北和西南地区；日本、蒙古国、俄罗斯西伯利亚地区、欧洲、北美也有分布。在太行山石质山区，金露梅灌丛主要见于海拔 1600 m 以上的山脊、山坡上部及林缘。

群落盖度在 70%~85%，高度 30~60 cm。灌木层几乎全为金露梅占据，偶有鬼箭锦鸡儿、银露梅、红丁香混生其间。

草本层多由耐寒耐旱草本组成，如白莲蒿、路边青、翠菊（*Callistephus chinensis*）、小红菊、卷耳（*Cerastium arvense*）、雪白委陵菜（*Potentilla nivea* var. *elongata*）、细叶藁本（*Ligusticum tenuissimum*）、大披针叶薹草、蒲公英、地榆、翠雀、野罂粟、瓣蕊唐松草、蓬子菜、狭苞橐吾（*Ligularia intermedia*）等。

（执笔人：北京林业大学 张钢民）

9.2 西南喀斯特石漠化地区

"喀斯特"一词源于南欧巴尔干半岛国家斯洛文尼亚的一个叫 Karst 的碳酸盐岩高原地带，是指对碳酸盐、硫酸盐和其他盐类等可溶性岩类的溶蚀过程，以及由此产生的地貌等现象的总称，即我们常说的岩溶（袁道先，1997）。喀斯特是在一定的地质、气候和水文等条件下，地下水和地表水对可溶性岩石（主要是碳酸盐岩）溶蚀、侵蚀和改造作用下形成的地貌，是由高溶解度的岩石和充分发育的次生孔隙度相结合产生的一类拥有特殊水文和地形的地质景观（袁道先，1994）。喀斯特地貌占据全球陆地面积的 12%~15%，从热带到寒带的大陆和海岛均有喀斯特地貌发育，主要分布在中国、东南亚国家（如越南、泰国、印度尼西亚等）、地中海沿岸国家（如法国、意大利、斯洛文尼亚等）、美洲国家（如美国、墨西哥、加拿大等）等（Zhang *et al.*，2016）。

喀斯特地貌特别受岩性为主的地质背景及气候为主导的地理环境的控制。其基本类型按岩性分为碳酸盐岩喀斯特、石膏和盐喀斯特；按存在形式分为裸露型、覆盖型和埋藏型喀斯特；按发育程度分为全喀斯特、半喀斯特或流水喀斯特；按气候地貌分为热带、亚热带、温带和寒带喀斯特；按垂直动力带分为渗流（充气）带、浅潜带（饱水）带和深部喀斯特。喀斯特地貌特殊性又在于它不仅有地表的，而且有与其成因联系的地下喀斯特形态——洞穴。喀斯特地貌是长期发育的产物。其基本特征分为地表形态和负地形两类。其中，地表形态类型属正地形的主要有峰丛、峰林、孤峰、残丘、喀斯特丘陵和石芽。负地形主要类型有落水洞、漏斗、竖井、盲谷、干谷、喀斯特洼地、披立谷、喀斯特平原、喀斯特峡谷、溶沟和溶隙等。地表正、负地形间及地表与地下喀斯特类型间常有成因联系，构成一定的地貌组合(周英虎 等，2006)。

我国是世界上喀斯特分布面积最广的国家，达 344.3 万 km²，占国土面积的 35.93%，其中碳酸盐岩出露面积约 90.7 万 km²(苑涛 等，2011)。我国大陆的喀斯特主要分布在西南地区以及北方的山西、山东、河南、河北一带，其中前者以贵州高原为中心连带成片，形成西南喀斯特地区(96°50′~117°18′E、20°06′~34°12′N)，成为世界三大喀斯特区之一，也是世界喀斯特研究重点地区。西南喀斯特地区主要包括贵州、云南、四川、重庆、湖北、湖南、广西、广东八省份，喀斯特面积约为 51.36 万 km²，占 8 省份总面积的 26.51%，占我国国土面积的 5.35%(袁道先，2008；Jiang et al.，2014)。该地区地势西高东低，呈阶梯状分布，地形破碎，地貌类型多样，具有高度的景观异质性，东西两侧海拔高度差异较大(刘璐 等，2010)。大部分地区属亚热带季风气候，年均气温 15 ℃以上，年均降水量大于 1100 mm，雨热同期(袁道先，2008)。土壤类型有黄棕壤、红壤、石灰土等，土壤松散易侵蚀，富钙、偏碱性。喀斯特生态系统的基岩主要由纯碳酸盐岩(25%)和不纯碳酸盐岩(23%)组成，而其余地区的基岩则由碎屑岩组成(袁道先，1999)。受地球内动力、强烈的地质运动、高温多雨的气候等因素的影响，喀斯特石漠化成为这一地区最为严重的环境问题，威胁着西南喀斯特地区的生态安全和经济社会发展(王世杰 等，2003；白晓永 等，2009；吕妍 等，2018)。

受气候、土壤、地形、生物等自然因素及人为因素的综合影响，喀斯特地区植被地理分布错综复杂，植被区域各具特色。西南喀斯特区的气候特征为温暖湿润的亚热带季风气候，其接受的太阳辐射能量较高，降水充沛，水热条件比较匹配，有益于植被生长。另一方面也由于降水量相对集中，年内变化大，分布不均匀，尤其在夏季易成暴雨和特大暴雨而发生洪涝灾害；同时喀斯特作用强烈，地表喀斯特发育，溶痕、溶沟、溶隙、溶孔、溶洞纵横交错，又因其坡度大，形成的水流对于地表本来就贫瘠的土壤侵蚀更为迅速，水土流失严重。由于喀斯特系统双层空间结构的存在，降雨时地表水常沿溶蚀裂痕、落水洞等很快向地下漏失。有的峰丛山区旱季地下水位埋深超过 100 m，加上土层薄，岩石裸露，地表蒸发强烈。因此，即使在降水量比较充沛的西南喀斯特区，森林覆盖率也较低。大部分地区呈现岩石裸露、土层浅薄且不连续、成土速率低、土壤蓄水能力弱、土壤贫薄、喀斯特干旱、植被恢复缓慢等生态系统脆弱特征，形成特殊的石漠化过程(朱守谦，2003)。

西南喀斯特区的岩溶洼地，往往同地下排水系统有密切关系。雨季地下河水反馈导致洼地底部年复一年被洪水淹没，加上洼地底部气温较低，植被很难在这里生长，因此在这些洼地中，植被最茂密的部分常分布在山坡的中上部，但是那里土层薄，地下水位深，树木需要有很深的根系，穿过几十米厚的坚硬岩石以吸取水分。因此，即使在雨量比较丰富的地区，也会出现"喀斯特干旱"现象，这使得当地植被表现出不同程度的旱生性。由于喀斯特地区土层一般很薄，因而其植被也常具有石生特点(李镇清 等，2008)。

西南喀斯特植被的顶极群落为常绿落叶阔叶混交林，其他植被类型均为常绿落叶混交林演替过程中的次生林。通过对古植被的研究发现，原始的喀斯特地区因亚热带季风的影响，雨量充沛，森林十分茂密。不过这种森林生态系统建立在裸露的岩石之上，因此十分脆弱。由于当地特殊的地质(如喀斯特发育、山地、河谷等)、气候条件以及人类活动的干扰，灌丛、灌木草丛和草丛(草甸)等成为现状植被的主要类型。森林覆盖率表现出东、西部高，而中部的滇东、桂西、黔、渝、西川盆地低，中部森林覆盖率低与其喀斯特集中分布存在一定的联系。灌丛高密度分布区则主要与喀斯特分布区，尤其是喀斯特石漠化严重的滇东、桂西和贵州存在较好的对应关系。灌木草丛和草丛高密度分布区主要出现在川、贵、滇，以及渝、桂西、湘西、鄂西（李镇清 等，2008）。

（执笔人：广西师范大学 马姜明）

9.2.1　贵州石漠化地区

贵州处于世界三大连片喀斯特发育区之一的东亚片区中心，即以贵州为中心连接桂北、滇东、湘西及川西南等地连成一片的地区，所占面积最大，超过 55 万 km²，是世界最大、最连片的喀斯特区，也是世界上发育最典型、最复杂、景观类型最多的一个片区。喀斯特地貌出露面积为 10.91 万 km²，占全省总面积的 61.9%（邓晓红 等，2004），碳酸岩总厚度达 6200~11000 m，占沉积盖层总厚度的 70%。贵州 95% 的县（市）有喀斯特分布，其中喀斯特面积占所在县土地面积 50% 以上者，占全省的 75%。据调查贵州省石漠化土地面积已达 32480 km²，约占全省土地总面积的 18.44%，而且每年以 3.5%~6% 的速度递增。贵州省中度以上石漠化占 7.49%；轻度以上石漠化占全省 20.39%（高贵龙 等，2003）。全省分布在岩溶地区的县（市）有 72 个，其中有 32 个县（市）的土地石漠化面积大于全省平均水平，有 14 个县（市）的土地石漠化面积大于 30%，有 8 个县（市）的石漠化状况非常严重。

喀斯特植被地域性比较强，形成了自己相对独特的植被类型。贵州喀斯特植被，不仅受气候的影响，使其在外貌上具有同气候带地带性植被相似的特征。同时，这种地带性植被发生在岩溶环境上，它的形成又受喀斯特环境的影响，在植被外貌、种类组成上与非喀斯特环境下形成的同一个气候带的植被类型比，又具有自己的特点。石漠化灌丛是轻、中、重度等各石漠化程度生境上分布面积最大的一类植被，该植被类型是植物群落逆行演替的产物。在喀斯特地区，由于基岩裸露，岩石裂隙透水、漏水，保水性差，加之土被不连续，土层浅薄，因此形成了干燥、贫瘠的特殊环境。由于喀斯特特殊的环境特征，在此环境中生长发育的植物常常多具石生、旱生、喜钙等生态特点，形成的植被也具有鲜明的独特性（谢双喜 等，2001）。根据研究，贵州喀斯特生态系统有植物多种，是全国植物多样性最高的省份之一。植物多样性仅排在云南、广西、西藏和四川之后。这些独特性主要是由于喀斯特环境生境的异质性，生态系统具有丰富的植物多样性。

喀斯特石漠化的实质是裸岩面积扩大，生产力下降。生境裸岩率大，不仅减少了土地有效使用面积，而且是石质山地石漠化的自然基础。据统计，石山（灌木盖度不足 40%，裸岩面积占 70%）和半石山（裸岩面积占 30%~70%）面积共 13466.7 km²，占全省土地面积的 7.6%，占喀斯特总面积的 12.4%（高贵龙 等，2003）。在石漠化的过程中，植被种类组成从高大乔木向典型的小灌木退化，并随着环境干旱程度的加剧向旱生化演替；植被退化的趋势依次为次生乔林—乔灌林—灌木林或藤刺灌丛—稀灌草坡或草坡—稀疏灌草丛，但优越的气候条件仍保持了该区较高的物种多样性；群落密度先增加后下降，群落高度和盖度随环境退化降低明显，形成稀疏植被覆盖的荒漠景观（王德炉，2003）。

经杨成华等（2007）统计，石漠化地段常见植物种类有 70 科 110 属 345 种，出现较多的科有蔷薇科、紫金牛科、夹竹桃科、萝藦科、豆科、榆科、大戟科、芸香科、菊科、菝葜科、桑科、漆树科、百合科、禾本科、毛茛科、小檗科、无患子科、葡萄科、荨麻科、鼠李科、兰科、唇形科、壳斗科，出现较多的属有蔷薇属、悬钩子属、青檀属、栎属、鼠李属、朴树属、旌节花属、木姜子属、南蛇藤属、葡萄属、榕属、山胡椒属、枸子属、菝葜属、火棘属、花椒属、毛茛属、水麻属、楼梯草属、冷水花属、悬竹属、兰属、兜兰属、羊蹄甲属、小檗属、栎属、十大功劳属、乌头属、铁线莲属、樱属、黄连木属、雀梅藤属等。

研究表明(屠玉麟 等，1995)，贵州喀斯特灌丛植物区系地理成分类型中，温带性质的属数量稍多，占 55.64%，大于热带性质的属，后者仅占 44.36%。贵州喀斯特灌丛植物区系中的世界分布型共有 24 属，如悬钩子属(*Rubus*)、鼠李属(*Rhamnus*)、金丝桃属(*Hypericum*)、志远属(*Polygala*)、车前属(*Plantago*)、毛茛属(*Raranculus*)等，世界分布型的植物借助于多种多样的传播能力广泛传播，其中人为活动的影响更加剧了其传播的空间范围。其中悬钩子属种类多，生长势旺，在喀斯特灌丛中占重要地位。总体而言，喀斯特灌丛的植物区系具有温带植物区系和热带、亚热带植物区系并重的特点。

喀斯特灌丛群落类型多样，根据"植物群落学—生态学"原则(中国植被编辑委员会，1980；黄威廉，1988)，贵州喀斯特灌丛群落根据其组成群落的优势种类和种类的积算优势度，主要划分为山地常绿灌丛、山地常绿落叶藤刺灌丛、山地落叶灌丛和山地肉质多浆灌丛等 4 个植被型。其中，喀斯特山地常绿灌丛有分布于黔中地区的月月青灌丛、黔南一带的龙须藤、樟叶英蒾灌丛和黔西北高原的金花小檗、平枝枸子灌丛。喀斯特山地常绿落叶藤刺灌丛则在全省都有分布，主要是由常绿成分金花小檗、火棘和小果蔷薇、悬钩子等落叶成分混杂组成，由于优势种的组合不同而形成多种类型。喀斯特山地落叶灌丛主要由圆果化香、马桑等落叶成分为主构成，分布于喀斯特极其发育、地势较陡的坡位(屠玉麟 等，1995)。

贵州省石漠化灌木林主要分布区域除黔东南雷山、剑河、锦屏、黎平、从江、榕江非喀斯特县外，其余各县均有分布。特别在喀斯特地貌为主的普安、晴隆、关岭、六枝、普定、贞丰、盘县、兴仁、水城等地，森林覆盖率较低，石漠化灌丛发育。本节主要选取了贵州省不同石漠化区喀斯特轻、中、强度石漠化 10 种常见灌丛群落，对其分布、生境、群落物种组成、群落结构特征等进行了相关描述。

9.2.1.1　黔西南—黔南

(1)龙须藤+鞍叶羊蹄甲灌丛(Form. *Bauhinia championii* + *Bauhinia brachycarpa*)

龙须藤为豆科羊蹄甲属植物，是热带和亚热带地区较广泛分布的常绿灌木，具有适应性强、耐干旱瘠薄、根系发达、穿透力强等习性，在我国主要分布于西南部、南部至东南部。鞍叶羊蹄甲为豆科羊蹄甲属多年生落叶灌木，有着很强的抗逆性，分布于我国的中南部、西南部、西部等地。两种植物都有祛风除湿、活血止痛等功效，有着较高的药用价值。

以龙须藤和鞍叶羊蹄甲为主要优势种的灌木丛多位于黔南的荔波、罗甸、平塘、独山、黔西南的兴义、安龙、望漠以及关岭县等地，该灌丛生境特征是热量条件优越，气温较高且碳酸盐岩出露多，受人为破坏较大。地势相对较低，海拔在 400～2000 m。灌木层一般高度 1～2 m，盖度为 35%～50%，草本层一般高度 0.5～1 m，盖度通常在 25%～45%。

草本层多由黄茅(*Heteropogon contortus*)、黄背草、大菅(*Themeda gigantea*)、竹叶草(*Oplismenus compositus*)、火绒草、天南星(*Arisaema heterophyllum*)以及铁线蕨(*Adiantum capillus-vener-*

is)等植物组成。

灌木层主要种类有龙须藤、鞍叶羊蹄甲、来江藤（*Brandisia hancei*）、竹叶花椒、酸藤子（*Embelia laeta*）、石岩枫（*Mallotus repandus*）、白刺花、浆果楝、圆叶乌桕等。该类灌丛的原生性较强，由于热量条件良好，在较少人为活动的干扰影响后，易恢复为喀斯特森林，所以在喀斯特地区具有重要的生态学意义。

（2）野桐+红背山麻杆灌丛（Form. *Mallotus tenuifolius* +*Alchornea trewioides*）

野桐为大戟科野桐属落叶灌木或小乔木，在我国分布较广，主要集中于南方地区；其种子可作为油漆、润滑油等工业原料。红背山麻杆为大戟科山麻杆属落叶灌木，多分布于长江以南至东南亚地区；可治疗痢疾、外伤出血等，具有较高的药用价值。两者都为岩溶地区的常见种，对喀斯特生境适应较强。

以野桐和红背山麻杆为主要优势种的灌木丛多分布于贵州南部、西南部热量条件较好的罗甸、荔波、平塘、册亨、贞丰等地，主要分布于河谷。地势相对较低，海拔在 450~1500 m。该生境岩石裸露率较高(>50%)，土壤不成片，但热量资源丰富，因而植物具有耐旱性和岩生性以及热带性特征。灌木层一般高度 1~2 m，盖度为 15%~30%，草本层一般高度 0.5~1 m，盖度通常在 25%~50%。

草本层多由黄茅、黄背草、荩草、竹叶草、铁线蕨、一年蓬（*Erigeron annuus*）、肾蕨（*Nephrolepis cordifolia*）、铁角蕨（*Asplenium trichomanes*）、鬼针草（*Bidens pilosa*）以及石韦（*Pyrrosia lingua*）等植物组成。

灌木层主要种类有野桐、红背山麻杆、构树、仙人掌（*Opuntia dillenii*）、箭竹、粗糠柴（*Mallotus philippensis*）、八角枫（*Alangium chinense*）、来江藤、石岩枫等。野桐和红背山麻杆是喜光植物，以二者为主的先锋植物灌丛，可指示喀斯特的生境变化，为植物演替提供基础信息。而该灌丛具有干热河谷特征，对喀斯特河谷地区的水土保持和水源涵养起着重要作用。

（3）八角枫+粗糠柴+构树灌丛（Form. *Alangium chinense+Mallotus philippensis+Broussonetia papyrifera*）

八角枫又名瓜木，为山茱萸科八角枫属落叶灌木或乔木，高 4~5 m。具有一定耐寒性，萌芽力强，耐修剪，根系发达，适应性强。八角枫生于海拔 1800 m 以下的山地或疏林中，常见于溪边、旷野及山坡阴湿杂林中，为蜜源植物。主要分布在世界热带地区，在我国主要分布于南部广大地区。不同石漠化等级间群落盖度存在差异。灌木群落一般高度 1~3 m，群落覆盖度 15%~50%；强度石漠化地区，稀疏灌草丛盖度通常为 15%~30%。常与粗糠柴、构树、红背山麻杆、野桐、仙人掌、一年蓬、荩草等形成不同的群落类型，群落各层次差异不显著。

强度石漠化地区主要为稀疏灌草丛，植被类型主要有八角枫、粗糠柴、构树、红背山麻杆、野桐、仙人掌、一年蓬、荩草。常见种有构树、清香木、圆叶乌桕、广西密花树（*Myrsine kwangsiensis*）、浆果楝等。

（4）灰毛浆果楝+石岩枫灌丛（Form. *Cipadessa cinerascens+Mallotus repandus*）

浆果楝为楝科浆果楝属灌木或小乔木，通常高 1~4 m，主要分布于我国四川、贵州、广西及云南等地，生于海拔 160~2400 m 的季雨林、常绿阔叶林、山坡灌丛和灌丛草地。石岩枫为大戟科野桐属植物，产于陕西、甘肃、四川、贵州、湖北、湖南等地，生于海拔 300~600 m 山地疏林中或林缘。群落各层次差异不显著，不同石漠化等级间群落存在差异。灌丛高度一般为

1~3 m，一般盖度 60%~80%；草灌层盖度通常在 40%~60%；稀疏灌草丛盖度通常为 15%~30%。常与构树、清香木、圆叶乌桕、八角枫、粗糠柴、红背山麻杆、野桐、广西密花树、香叶树（*Lindera communis*）、朴树、锈色蛛毛苣苔（*Paraboea rufescens*）等植物形成不同的群落类型。

覆盖度较高的灌丛常混生有构树、石岩枫、野桐、红背山麻杆、菅草、八角枫、广西密花树等植物。而稀疏灌丛中由粗糠柴、一年蓬、菅草等低矮草本植物组成。

（5）白刺花+雀梅藤灌丛（Form. *Sophora davidii* +*Sageretia thea*）

白刺花为豆科槐属灌木或小乔木，高可达 2 m，分布于我国华北、陕西、甘肃、河南、江苏、浙江、湖北、湖南、广西、四川、贵州、云南、西藏。生长在海拔 2500 m 以下河谷沙丘和山坡路边的灌木丛中。白刺花属阳性树种，喜光、耐旱，对土壤要求不严，土石山地的阳坡、半阳坡均可造林。耐旱性强，是贵州喀斯特区水土保持树种之一。

雀梅藤为鼠李科雀梅藤属藤状或直立灌木。分布于我国安徽、江苏、浙江、江西、福建、台湾、广东、广西、湖南、湖北、四川和云南；印度、越南、朝鲜和日本也有分布。常生于海拔 2100 m 以下的丘陵、山地林下或灌丛中。性喜温暖湿润的空气环境，在半阴半湿的地方生长最好。适应性好，耐贫瘠干燥，对土壤要求不严，在疏松肥沃的酸性、中性土壤都能适生。适应于我国水热条件较好的南方地区，是贵州省喀斯特高原峡谷地区灌丛林中的常见灌木物种之一。

在贵州黔西南喀斯特石漠化地区，白刺花与雀梅藤成为该区域灌草丛的主要物种之一。群落林分垂直结构单一，无乔木或有少数乔木层，主要以自然灌木林为主。常与火棘、鼠刺形成不同的群落类型。外貌上常呈稀疏灌草丛景观。灌木丛群落分层明显。灌木层一般高 0.6~1.4 m，地径 1~2.5 cm，覆盖度 15%~25%，林下枯枝落叶层厚度 0.5~1.0 cm，盖度 5%~15%，频度 10%~40%；在土壤和水分条件较好的区域，高度可达 2 m，盖度可达 30%。草本层一般高度 0.5~1.0 m，盖度通常在 30%~90%。

灌木层常由火棘、鼠刺、勾儿茶、石海椒（*Reinwardtia indica*）、小果蔷薇等植物组成。草本层植物种类以五节芒（*Miscanthus floridulus*）较多，也有铁线莲、菅草、井栏边草（*Pteris multifida*）等。群落中除了灌木层和草本层主要优势种外，还有许多高原峡谷特征种，包括化香树（*Platycarya strobilacea*）、杜鹃、荚蒾、三叶木通、金丝桃（*Hypericum monogynum*）、缫丝花（*Rosa roxburghii*）、十大功劳（*Mahonia fortunei*）等。

此外，花江峡谷地区还与其他的灌草丛共生存在。灌木植物主要有构树、珍珠荚蒾（*Viburnum foetidum* var. *ceanothoides*）、悬钩子（*Rubus* spp.）等；草本植物主要为白茅、皇竹草（*Pennisetum sinese*）等。白刺花与雀梅藤在黔西南区植被恢复起着重要的作用，为喀斯特地区生态环境的改善发挥了较大的功能。

9.2.1.2　黔中—黔北

（1）鼠李+铁仔灌丛（Form. *Rhamnus* spp. +*Myrsine africana*）

鼠李（*Rhamnus* spp.）由鼠李科鼠李属多种植物组成，包括异叶鼠李（*Rhamnus heterophylla*）、冻绿、薄叶鼠李（*Rhamnus leptophylla*）等，该属是世界广泛分布的灌木或小乔木；鼠李有适应性强、耐寒、耐旱、耐瘠薄等生态习性；主要分布于黔中、黔北、黔西南石灰岩山荒坡，石灰岩山林中藤灌丛，石灰岩山坡及疏林中，海拔 1700~2600 m，有较好的药用和观赏价值。铁仔为报春花科铁仔属植物，常绿灌木；花期 2~3 月，有时 5~6 月，果期 10~11 月，有时 2 月或 6

月；有向阳、喜干燥等习性，主要分布在贵州中部、北部、西北部，常生长于海拔 1000~3600 m 的石山坡、荒坡疏林中或林缘，向阳干燥的地方。该灌木丛群落分层不明显，灌木层一般高度 1~2 m，盖度 15%~60%，土层条件较好区域盖度可达 80%。草本层高度 0.5~1.0 m，盖度在 30%左右。

以鼠李和铁仔为主要优势种的灌木丛分布在贵州中部喀斯特石漠化地区，该区域以次生灌木林为主，常和滇鼠刺（*Itea yunnanensis*）、楝（*Melia azedarach*）、小果蔷薇、西南栒子（*Cotoneaster franchetii*）、豆梨（*Pyrus calleryana*）组成不同的群落类型。

鼠李和铁仔是黔中喀斯特海拔 1000~1400 m 荒漠化地区植被演替恢复阶段的优势物种，灌木层常伴生火棘、六月雪（*Serissa japonica*）、黄荆、小果蔷薇、化香树、滇鼠刺、野扇花（*Sarcococca ruscifolia*）、竹叶花椒、异叶鼠李、菝葜、铁仔、朝鲜淫羊藿（*Epimedium koreanum*）等。草本层植物种类丰富，主要由黄背草、大披针薹草、对马耳蕨（*Polystichum tsus-simense*）、矛叶荩草（*Arthraxon lanceolatus*）、硬秆子草（*Capillipedium assimile*）、臭根子草（*Bothriochloa bladhii*）、大丁草、牡蒿、如意草、爵床（*Justicia procumbens*）、假俭草（*Eremochloa ophiuroides*）等组成。

（2）月月青灌丛（Form. *Itea ilicifolia*）

月月青是广泛分布于喀斯特石质山地的主要常绿灌木树种，主要生长于海拔 100~800 m 的山坡、沟边林中；主要分布于湖北、云南、贵州、四川等地；常以无性生殖更新增加种群的数量，是典型的无性系植物，月月青种群和其他种群一样存在种群的侵入阶段、增长阶段、稳定阶段和种群的衰退阶段这 4 个阶段。月月青的特有生物生态学特性即对干旱小生境有很强的适应性，其种子具有宿存萼片的特点决定了其可借助风作散布动力，因而分布面广；同时月月青的种子一经形成幼苗就通过地下的根繁殖形成丛状，还可通过根蘖繁殖生长，该树种营养繁殖能力强。烟管荚蒾（*Viburnum utile*）为忍冬科荚蒾属常绿灌木；在北温带广泛分布，常生长于海拔 500~1800 m 山坡林缘或灌丛中；在我国陕西西南部、湖北西部、湖南西部至北部、四川及贵州东北部均有分布，但大多分布在西南地区。烟管荚蒾又是重要药用植物，其根、茎、叶、花均可入药。主要分布于贵州中部、北部，外貌上常呈稀疏灌草丛景观，灌木层一般高 2~2.5 m，灌木层盖度在 10%~60%之间，草本层一般高度在 0.5~1 m，盖度在 30%~70%。

月月青和烟管荚蒾都属于喜钙植物，常在典型的喀斯特生境中繁衍，生长势旺盛，成为喀斯特灌丛的主要成分，常和黄背草、火棘、白茅、三毛草（*Trisetum bifidum*）组成不同的群落类型。

灌木层常由胡颓子、女贞（*Ligustrum lucidum*）、马桑、花椒、毛黄栌、火棘、小果蔷薇等组成。草本层由喀斯特灌草五节芒、阿拉伯黄背草、大披针薹草、千里光、阔叶山麦冬（*Liriope muscari*）、降龙草（*Hemiboea subcapitata*）、求米草、十字薹草（*Carex cruciata*）和舌叶薹草（*Carex ligulata*）等组成。

月月青对喀斯特石质山地的适应性极强，同时具有较强的无性生殖及固土保土能力，是在喀斯特石质山地进行封山育林时应加以保护利用的树种之一。在喀斯特地区，烟管荚蒾的生长和存活竞争力较其他种更强，对喀斯特环境具特殊的适应能力，是石漠化区域灌木丛的优势树种及群落演替的先锋树种，也是石漠化治理的理想植物。野外调查证实，在生境恶劣的强度石漠化样地，烟管荚蒾数量明显增多，而且石面生境的分布数量也明显高于其他生境。所以以月月青和烟管荚蒾为主的灌草丛在黔中喀斯特石漠化地区有着重要的生态恢复意义。

（3）火棘灌丛（Form. *Pyracantha fortuneana*）

火棘为蔷薇科火棘属亚热带常绿灌木，高度可达 3 m，喜强光、耐贫瘠、抗干旱、耐寒；分布于我国陕西、江苏、浙江、福建、湖北、湖南、广西、四川、云南、贵州等省份。小果蔷薇为蔷薇科蔷薇属常绿灌木，高 2~5 m；暖温带至亚热带落叶或半常绿灌木，常分布于我国江西、江苏、浙江、安徽、湖南、四川、云南、贵州、福建、广东、广西、台湾等省份；多生于向阳山坡、路旁、溪边或丘陵地，海拔 250~1300 m。山莓为蔷薇科悬钩子属植物，高 1~3 m；我国除青海、新疆、西藏外，全国均有分布；多生于向阳山坡、溪边、山谷、荒地和疏密灌丛中潮湿处；海拔 200~2200 m。这三种植物常混生在一起，成为贵州高原喀斯特石山区植被退化后常见的藤刺灌丛。

火棘、小果蔷薇和悬钩子灌丛是贵州喀斯特灌丛中分布很广的一种类型，在黔中、黔北、黔南、黔东、黔西南都有分布。常发育在喀斯特丘陵山地、峰丛洼地、石灰岩山地。原生植被受人为干扰影响，形成典型次生灌丛。生境中岩石裸露率在 50% 左右，高者可达 70%。土层较薄，仅在石缝中有少量钙质土分布，致使群落具有明显的喜钙、旱生的生态特征。该群落分层较好，火棘多为群落上层，高度多为 2~4 m，小果蔷薇和悬钩子位于群落第二层，高度多在 1~2 m，群落盖度 30%~80%。

群落物种组成较为复杂，且多藤刺灌丛，如蔷薇属、悬钩子属等植物，群落外貌具有特殊的藤状枝条相互交错，缠绕攀援，枝上皮刺明显。常见物种除火棘、小果蔷薇、山莓外，还分布有竹叶花椒、平枝栒子、菝葜、悬钩子、香花鸡血藤、铁仔、毛黄栌、钝萼铁线莲、鸡矢藤（*Paederia foetida*）、金佛山荚蒾（*Viburnum chinshanense*）、香叶树、野蔷薇、湖北算盘子（*Glochidion wilsonii*）等。草本层的发育因立地条件不同而有较大差异，在岩石裸露较高的生境，草本层发育不良，种类较少；在岩石裸露较低的生境，草本层则相对发育较好。常见的草本植物有矛叶荩草、荩草及多种豆科、菊科类。此类灌丛分布于受人为活动干扰严重的地区，生态环境恶化。

9.2.1.3　黔西北

（1）栒子灌丛（Form. *Cotoneaster* spp.）

在贵州省西部毕节地区广泛分布有栒子（*Cotoneaster* spp.）群落灌木层，包含西南栒子、平枝栒子、匍匐栒子、小叶栒子、粉叶栒子（*Cotoneaster glaucophyllus*）、矮生栒子（*Cotoneaster dammeri*）。其中，西南栒子是该区喀斯特高原山地灌丛中优势种之一，在灌木层、针叶林、灌丛、灌草丛中均有分布。灌丛高度一般为 1~2 m，群落较大，一般盖度可达 60%~80%。

西南栒子为蔷薇科栒子属半常绿灌木。主要产于贵州、四川、云南。生长在多石向阳山地灌木丛中，海拔 2000~2900 m。常与金丝桃、杜鹃、山莓、火棘、皱叶荚蒾（*Viburnum rhytidophyllum*）等形成不同的群落类型。草本植物主要有狗尾草、千里光、荨麻（*Urtica fissa*）、马唐、蒿类（*Artemisia*）、鬼针草、灯笼草（*Clinopodium polycephalum*）、白车轴草（*Trifolium repens*）、黑麦草（*Lolium perenne*）、紫花苜蓿等。西南栒子属于半常绿灌木，枯落物储量极少，因其叶面积较小，且盖度不大，叶片的持水能力也不高，其水源涵养、固碳释氧的能力较低。相较于原群落林下灌木，西南栒子对喀斯特高原山地的适应力更强，且具有一定改良土壤养分的功能。此外，在潜在-轻度石漠化、轻度-中度石漠化草灌群落配置选择中，西南栒子在以亮叶桦为优势种的群落中均有少量分布，表明其与亮叶桦或银白杨（*Populus alba*）可共存，以增大群落的生物多样性，增强群落的稳定性。

枸子群落灌草丛中，枸子物种可与火棘、金丝桃、扁刺峨眉蔷薇（*Rosa omeiensis f. pteracantha*）、古宗金花小檗（*Berberis wilsoniae var. guhtzunica*）、贵州小檗（*Berberis cavaleriei*）、滇榛（*Corylus yunnanensis*）、莢蒾、胡颓子、素馨花（*Jasminum grandiflorum*）、截叶铁扫帚、扁核木、云南杨梅（*Myrica nana*）、乌鸦果、南烛、锦绣杜鹃（*Rhododendron × pulchrum*）共生，是黔西北石漠化地区生态修复与治理过程中的重要灌木群落之一。

（2）化香树灌丛（Form. *Platycarya strobilacea*）

化香树为胡桃科化香树属植物，落叶灌木至小乔木，产于广东、广西和贵州。常生于海拔450~1200 m 的山顶或林中，形成灌木林，局部恢复良好地段，甚至成为喀斯特森林建群种。

该群落是贵州省喀斯特地区常见的灌丛群落之一，分布较为普遍，尤以黔西北、黔中、黔南一带较多。生境多为喀斯特峰林、峰丛和喀斯特山地的中上部，立地坡度较大，石沟、石芽极为发育，岩石裸露较多，裸岩率一般可达 40%~50%，局部地段多达 70%。土壤为黑色石灰土或黄色石灰土，土层较浅，土壤贫瘠，生境十分干旱。由于群落组成种类中以落叶成分为主，故群落的季相变化明显。群落的覆盖度不高，常在 30%~45% 之间，少数地段也达 50% 左右。

群落的种类组成较为复杂，在灌木层中以圆果化香占绝对优势，植株高 1~2 m，种覆盖度可达 25%~35%。此外，常见种类还有火棘、全缘火棘（*Pyracantha atalantioides*）、小果蔷薇、多种悬钩子、勾儿茶、球核莢蒾、金佛山莢蒾、铁仔、野扇花、冻绿、盐肤木、竹叶花椒等。草本层发育较差，层覆盖度在 15%~25% 之间，种类较少，以耐旱种类如矛叶荩草、荩草、牡蒿等占优势。

（执笔人：贵州师范大学 容丽）

9.2.2　广西喀斯特地区

广西位于我国的南部，104°28′~112°04′E、20°54′~26°24′N，行政区域土地面积 23.76 万 km²，地处我国热带亚热带地区，地跨北热带、南亚热带和中亚热带 3 个地带，北回归线贯穿全区中部。自然条件优越而复杂，植被类型多样，是全国少数几个植被类型最丰富的省份之一。

广西地处云贵高原东南边缘，地形复杂，地势自西北向东南倾斜，山脉连绵，岭谷相间，河流交错，地形复杂，四周多山脉，中间地势较低，从而形成了广西特有的盆地"缺口"性的谷地地貌（如桂东北、桂东和桂南沿江一带的谷地）（周英虎 等，2006）。海拔 800m 以上的山地占全区总面积的 34.8%；海拔 250~800 m 的低山和山丘占 29.1%；山地总面积占全区总面积的63.9%；若加上海拔 250m 以下的丘陵台地则比例更大，而平原仅占 14.4%。这一地形特点决定了植被生境气候的复杂性，往往一山之隔，降水和气温常有显著差异，这也是广西植物种类丰富，植被类型分化和地理分布复杂的重要原因（蒋黎明，1993）。

广西境内有两类山体对植被生境气候有较大影响。第一类是东西走向的南岭山脉的一部分，平均海拔在 1000 m 左右，起着阻挡寒流南下的作用，加上日照充足，太阳辐射量大，使广西成为我国热量最丰富的地区之一，年平均气温在 17~22 ℃，最冷月平均气温 6~15 ℃，最热月平均气温达 23~28 ℃，热量分布由北向南递增，山地的热量分布则随海拔升高而减少。第二类是东北西南走向的山脉，如大瑶山、勾漏山、十万大山和云开大山等，这类山脉与夏季风成正交或斜交，常成为多雨中心。就整个广西来说，年降水量大多在 1250~1750 mm。但广西降雨的时空分布不均，桂北集中在 4~8 月，桂西和桂南集中在 5~9 月，雨量桂东大于桂西，山区大于河谷平原，迎风（夏季风）坡面大于背风坡面（蒋黎明，1993）。

广西是整个地球上喀斯特地貌发育最充分、最典型的地方。碳酸盐岩发育成的地貌与砂页岩发育成的流水侵蚀地貌在特征上完全不同，它有峰丛洼地、峰林谷地、孤峰平原、洞穴、地下河等一系列地貌类型。峰丛洼地主要分布在桂中与桂西；峰林谷地主要分布在桂北、桂东、桂中、桂西、桂西南部分地区；孤峰平原主要分布在贵港市及柳州至来宾之间的地区。

广西境内的成土母岩在热带、亚热带气候条件和生物因子长期作用下，形成多种类型的土壤。27°7′N 以南为砖红壤，27°7′~23°5′N 为赤红壤，23°5′N 以北为红壤，在海拔 700 m 以上山地，一般是黄壤或黄棕壤，为山地酸性土类型（pH 值 4.5 左右）。石灰岩母质发育的土壤类型在广西有大量分布，其中在桂北、桂东北一带多雨环境下常发育为红色石灰土，在桂西北、桂西南多为棕色石灰土黄褐石灰土（蒋黎明，1993）。

（1）檵木灌丛（Form. *Loropetalum chinense*）

檵木为金缕梅科檵木属木本植物，分布于我国中部、南部及西南各省份，在广西主要分布于桂中、桂北一带，无论是石灰岩或砂页岩山地都有广泛分布。喜生于向阳的丘陵及山地，亦常出现在马尾松林及杉林下，是一种常见的灌木，惟在北回归线以南则未见其踪迹。在景观上通常能形成以檵木为优势种的天然林斑块。檵木常与红背山麻杆、子楝树（*Decaspermum gracilentum*）、小巴豆（*Croton tiglium* var. *xiaopadou*）、龙须藤、火棘、黄连木、黄荆、化香树等形成不同的群落。外貌上常呈浓密灌丛景观，檵木灌木丛群落分层不明显。灌木层一般高度 1.0~3.0 m，盖度 60%~90%；草本层一般高度 0.2~0.5 m，盖度通常在 10%~30%。

灌木层常由檵木、小花扁担杆、火棘、竹叶花椒、白马骨（*Serissa serissoides*）、扁片海桐（*Pittosporum planilobum*）、皱叶雀梅藤（*Sageretia rugosa*）、亮叶鸡血藤（*Callerya nitida*）、山槐（*Albizia kalkora*）、小果蔷薇、一叶萩、石岩枫、香花鸡血藤、柱果铁线莲（*Clematis uncinata*）、毛柱铁线莲（*Clematis meyeniana*）、麻叶绣线菊、薄叶鼠李、铜钱树、亮叶素馨（*Jasminum seguinii*）、鲫鱼藤（*Secamone elliptica*）等植物组成。草本层植物种类较为简单，常由蔓生莠竹（*Microstegium fasciculatum*）、细柄草（*Capillipedium parviflorum*）、荩草、野雉尾金粉蕨（*Onychium japonicum*）、斜方复叶耳蕨（*Arachniodes amabilis*）、细锥香茶菜（*Isodon coetsa*）、狭穗薹草（*Carex ischnostachya*）、庐山香科科（*Teucrium pernyi*）、阔叶沿阶草（*Ophiopogon platyphyllus*）、江南卷柏（*Selaginella moellendorffii*）、野菊、海金沙、斑茅（*Saccharum arundinaceum*）等植物组成。

檵木群落中除了灌木层和草本层主要优势种外，还有其他喀斯特石山特征种，包括广西鼠李（*Rhamnus kwangsiensis*）、刺叶冬青（*Ilex bioritsensis*）、矮小天仙果（*Ficus erecta*）、浆果楝等。檵木灌木丛在喀斯特石山的水土保持和水源涵养等方面起着重要的作用，尤其对于生境的植被恢复具有非常重要的意义。

（2）红背山麻杆灌丛（Form. *Alchornea trewioides*）

红背山麻杆为大戟科山麻杆属木本植物，分布于广东、广西、海南、福建南部和西部、江西南部、湖南南部。生于海拔 15~400(~1000) m 沿海平原或内陆山地矮灌丛中或疏林下或石灰岩山灌丛中。在广西各地均有分布，常见于村边或山坡灌丛中，尤以石灰岩石山坡脚最常见。红背山麻杆常与了哥王(*Wikstroemia indica*)、黄荆、竹叶花椒、子楝树、小花扁担杆、火棘、麻叶绣线菊、一叶萩、龙须藤等形成不同的群落。外貌上常呈浓密灌丛景观，檵木灌木丛群落分层不明显。灌木层一般高度 0.8~1.5 m，盖度 60%~80%；草本层一般高度 0.1~0.3 m，盖度通常在 10%~20%。

灌木层常由红背山麻杆、薄叶鼠李、小果蔷薇、青篱柴、朴树、石岩枫、白马骨、亮叶鸡血藤、鲫鱼藤等植物组成。草本层植物种类相对简单，常由荩草、细柄草、水蔗草(*Apluda mutica*)、蔓生莠竹、肾蕨、槲蕨(*Drynaria roosii*)、青绿薹草(*Carex breviculmis*)等植物组成。

红背山麻杆群落中除了灌木层和草本层主要优势种外，还有其他喀斯特石质山特征种，包括华南云实(*Caesalpinia crista*)、长叶柞木(*Xylosma longifolia*)、樟叶荚蒾(*Viburnum cinnamomifolium*)等。由于红背山麻杆具有克隆繁殖特性，能快速覆盖裸露岩石生境，对喀斯特石山植被恢复具有重要意义。

(3)华夏子楝树灌丛(Form. *Decaspermum esquirolii*)

华夏子楝树为桃金娘科子楝树属木本植物，分布于我国广西、广东及贵州南部，常见于低海拔至中海拔的森林中。广泛分布于广西的喀斯特石山，为喀斯特灌丛主要物种之一。华夏子楝树常与火棘、红背山麻杆、麻叶绣线菊、铜钱树、化香树、黄荆、檵木等形成不同的群落。外貌上常呈浓密灌丛景观，华夏子楝树灌丛群落分层不明显。灌木层一般高度 1.0~2.0 m，盖度 80%~90%；草本层一般高度 0.2~0.3 m，盖度通常在 10%~20%。

灌木层常由细梗女贞(*Ligustrum tenuipes*)、尼泊尔鼠李(*Rhamnus napalensis*)、鲫鱼藤、龙须藤、矮棕竹(*Rhapis humilis*)、刺叶冬青、赶山鞭(*Hypericum attenuatum*)、花椒簕(*Zanthoxylum scandens*)、三叶薯蓣(*Dioscorea arachidna*)等植物组成。草本层植物种类相对简单，常由斑鸠菊(*Vernonia esculenta*)、爵床、荩草、蔓生莠竹等植物组成。

华夏子楝树群落中除了灌木层和草本层主要优势种外，还有其他喀斯特石质山特征种，包括铁榄(*Sinosideroxylon pedunculatum*)、毛果巴豆(*Croton lachnocarpus*)、黄连木、光叶海桐(*Pittosporum glabratum*)、野漆(*Toxicodendron succedaneum*)等。

(4)小果蔷薇灌丛(Form. *Rosa cymosa*)

小果蔷薇为蔷薇科蔷薇属攀援灌木，分布于我国广西、江西、江苏、浙江、安徽、湖南、四川、云南、贵州、福建、广东、台湾等省份。多生于向阳山坡、路旁、溪边或丘陵地，海拔 250~1300 m。在广西分布于桂东、桂北、桂东北，生于山坡灌丛、山谷疏林和荒地灌丛中。小果蔷薇常与火棘、麻叶绣线菊、黄荆、檵木、红背山麻杆等形成不同的群落。外貌上常呈浓密灌丛景观，小果蔷薇灌丛群落分层不明显。灌木层一般高度 1.0~1.5 m，盖度 50%~90%；草本层一般高度 0.2~0.3 m，盖度通常在 20%~30%。

灌木层常由小果蔷薇、黄连木、构树、冻绿、盐肤木、矮棕竹、薄叶鼠李、网络鸡血藤(*Callerya reticulata*)等植物组成。草本层植物种类相对简单，常由类芦、五节芒、细柄草、射干(*Belamcanda chinensis*)、白茅、荩草、蔓生莠竹、斑茅等植物组成。

小果蔷薇群落中除了灌木层和草本层主要优势种外，还有其他喀斯特石质山特征种，包括楔叶豆梨(*Pyrus calleryana* var. *koehnei*)、赶山鞭、马桑等。较大盖度的小果蔷薇群落常常盘根错节，不利于乔木树种的幼苗生长，应采取人工措施降低其覆盖度，为其他木本植物提供生态位。

（5）黄荆灌丛（Form. *Vitex negundo*）

黄荆为马鞭草科牡荆属木本植物，分布于长江以南各省份，北达秦岭淮河，在广西常分布于桂东北、桂中、桂西北，生于山坡路旁或灌丛中。黄荆常与红背山麻杆、浆果楝、火棘、竹叶花椒、龙须藤等形成不同的群落。外貌上常呈较密灌丛景观，黄荆灌丛群落灌木层一般高度1.5~2.0 m，盖度 50%~90%；草本层一般高度 0.2~0.5 m，盖度通常在 20%~30%。

灌木层常由黄荆、截叶铁扫帚、白瑞香（*Daphne papyracea*）、算盘子（*Glochidion puberum*）、胡枝子、马甲子、了哥王等植物组成。草本层植物种类相对简单，常由臭根子草、千里光、芒、鞭叶铁线蕨（*Adiantum caudatum*）、人戟、兰香草等植物组成。

黄荆群落中除了灌木层和草本层主要优势种外，还有其他喀斯特石质山特征种，包括菜豆树（*Radermachera sinica*）、九里香、柘（*Maclura tricuspidata*）、齿叶黄皮（*Clausena dunniana*）、清香木等。黄荆灌丛通常是喀斯特常绿落叶阔叶林遭受轻度或中度的砍伐薪柴、火烧、开垦、放牧等干扰后发展起来的。

（6）马桑灌丛（Form. *Coriaria nepalensis*）

马桑为马桑科马桑属木本植物，分布于西南各省份至陕甘地区中低海拔的灌丛中，在石灰岩和砂页岩均有分布。在广西大多集中在桂西北一带。马桑常与醉鱼草（*Buddleja lindleyana*）等形成不同的群落。外貌上常呈较密灌丛景观，马桑灌木丛群落灌木层一般高度 1.0~1.5 m，盖度60%~80%；草本层一般高度 1.0~1.5 m，盖度通常在 20%~30%。

灌木层常由马桑、穿鞘菝葜（*Smilax perfoliata*）、小果蔷薇、老虎刺等植物组成。草本层植物种类相对简单，常由五节芒、渐尖毛蕨（*Cyclosorus acuminatus*）、蜈蚣凤尾蕨（*Pteris vittata*）、顶芽狗脊（*Woodwardia unigemmata*）、打破碗花花（*Anemone hupehensis*）等植物组成。

马桑群落中除了灌木层和草本层主要优势种外，还有其他喀斯特石质山特征种，包括尼泊尔桤木（*Alnus nepalensis*）、盐肤木等。

（7）矮棕竹灌丛（Form. *hapis humilis*）

矮棕竹为棕榈科棕竹属植物，产自我国南部至西南部，在广西分布于桂东北、桂西南、桂西北地区，常生于石灰岩山林中，常占据岩石裸露、环境干旱的严酷生境。矮棕竹常与细梗女贞、美丽胡枝子、纤序鼠李、光叶海桐、麻叶绣线菊、红背山麻杆、浆果楝等形成不同的群落。外貌上常呈较密灌丛景观，矮棕竹灌丛群落灌木层一般高度 1.0~1.5 m，盖度 70%~90%；草本层稀疏，一般高度 0.2~0.5 m，盖度通常在 10%~20%。

灌木层常由矮棕竹、竹叶花椒、钝叶黑面神（*Breynia retusa*）、球核荚蒾（*Viburnum propinquum*）、南蛇藤等植物组成。草本层植物种类相对简单，常由牛耳朵（*Chirita eburnea*）、石油菜、二形鳞薹草（*Carex dimorpholepis*）、拟金茅（*Eulaliopsis binata*）、肾蕨、黄茅、薄叶卷柏（*Selaginella delicatula*）、槲蕨等植物组成。

矮棕竹群落中除了灌木层和草本层主要优势种外，还有其他喀斯特石山特征种，包括临桂石楠（*Photinia chihsiniana*）、铁榄、青冈栎、圆叶乌桕、乌冈栎（*Quercus phillyreoides*）等乔木树种的幼树。

（8）浆果楝灌丛（Form. *Cipadessa cinerascens*）

浆果楝为楝科浆果楝属植物，分布于广西、四川、贵州、云南等省份，多生长在山地疏林或灌木林中。在广西除了东北部以外各地均产，尤以西南部的灌木丛中常见。浆果楝常与假鹰爪、毛果扁担杆（*Grewia eriocarpa*）、八角枫、红背山麻杆等形成不同的群落。外貌上常呈繁茂灌丛景观，浆果楝灌木丛群落灌木层一般高度 1.0~1.5 m，盖度 70%~90%；草本层稀疏，一般高度 0.2~0.5 m，盖度通常在 5%~10%。

灌木层常由浆果楝、千斤拔（*Flemingia prostrata*）、鸡仔木（*Sinoadina racemosa*）、翻白叶树（*Pterospermum heterophyllum*）、毛果巴豆、广西密花树、光萼小蜡（*Ligustrum sinense* var. *myrianthum*）、南岭柞木（*Xylosma controversa*）、紫弹树（*Celtis biondii*）、猴耳环（*Archidendron clypearia*）、羽叶金合欢、老虎刺、华夏子楝树等植物组成。草本层植物种类相对简单，常由荩草、蔓生莠竹、黄茅、肾蕨、假俭草、橘草（*Cymbopogon goeringii*）、五节芒等植物组成。

浆果楝群落中除了灌木层和草本层主要优势种外，还有其他喀斯特石质山特征种，包括茶条木、假黄皮、任豆、苹婆（*Sterculia monosperma*）等。

（9）假鹰爪灌丛（Form. *Desmos chinensis*）

假鹰爪为番荔枝科假鹰爪属植物，分布于广东、广西、云南和贵州，生于丘陵山坡、林缘灌木丛中或低海拔旷地、荒野及山谷等地。在广西从北热带一直延伸到中亚热带南缘，无论酸性土或石灰岩山地都可以见到，但由它占优势所构成的灌丛主要在北热带石灰岩山地。假鹰爪常与浆果楝、八角枫、地桃花（*Urena lobata*）、红背山麻杆等形成不同的群落。外貌上常呈繁茂灌丛景观，假鹰爪灌木丛群落灌木层一般高度 1.0~1.5 m，盖度 80%~90%；草本层稀疏，一般高度 0.5~1.0 m，盖度通常在 10%~20%。

灌木层常由假鹰爪、黄牛木、木奶果（*Baccaurea ramiflora*）、华南云实、秋枫（*Bischofia javanica*）、假木豆（*Dendrolobium triangulare*）、花椒簕、铁包金（*Berchemia lineata*）、黄荆等植物组成。草本层植物种分布相对稀疏，常由荩草、肾蕨、蔓生莠竹、假俭草、类芦、五节芒、马鞭草（*Verbena officinalis*）等植物组成。

假鹰爪群落中除了灌木层和草本层主要优势种外，还有其他喀斯特石山特征种，包括广西澄广花（*Orophea polycarpa*）、蚬木（*Excentrodendron tonkinense*）、番石榴、白叶瓜馥木（*Fissistigma glaucescens*）等。

（10）茶条木灌丛（Form. *Delavaya toxocarpa*）

茶条木为无患子科茶条木属植物，分布于广西、云南大部分地区（金沙江、红河、南盘江河谷地区常见），在广西主要分布于西部和南部。在石灰岩季节性雨林遭受破坏后，常常大片繁殖，形成大面积灌丛。茶条木常与斜叶澄广花、浆果楝、喙果皂帽花（*Dasymaschalon rostratum*）、野黄皮、圆叶乌桕、红背山麻杆、矮棕竹、樟叶荚蒾、纤序鼠李等形成不同的群落。外貌上常呈繁茂灌丛景观，茶条木灌丛群落灌木层一般高度 1.5~2.0 m，盖度 80%~90%；草本层稀疏，一般高度 0.5~1.0 m，盖度通常在 10%~20%。

灌木层常由毛果扁担杆、假鹰爪、余甘子（*Phyllanthus emblica*）、黄杨（*Buxus sinica*）、龙须藤、羽叶金合欢、华夏子楝树、粗糠柴、广西紫麻（*Oreocnide kwangsiensis*）、黄牛木等植物组成。草本层植物种分布相对稀疏，常由长茎沿阶草（*Ophiopogon chingii*）、鞭叶铁线蕨、藤麻（*Procris crenata*）、砂仁（*Amomum villosum*）、干花豆（*Fordia cauliflora*）、广东万年青（*Aglaonema modestum*)、肾蕨、槲蕨、荩草、芒等植物组成。

茶条木群落中除了灌木层和草本层主要优势种外，还有其他喀斯特石质山特征种，包括铁榄、粉苹婆(*Sterculia euosma*)、毛果巴豆、叶轮木(*Ostodes paniculata*)、翻白叶树、九里香、齿叶黄皮等。

(11)番石榴灌丛(Form. *Psidium guajava*)

番石榴为桃金娘科番石榴属植物。番石榴原产南美洲，常见有逸为野生种，北达四川西南部的安宁河谷，生于荒地或低丘陵上。在广西主要分布于桂南的石灰岩地区。番石榴常与黄荆、土密树(*Bridelia tomentosa*)、浆果楝、大沙叶(*Pavetta arenosa*)、无柄扁担杆(*Grewia sessili-flora*)、黑面神、雀梅藤等形成不同的群落。外貌上常呈繁茂灌丛景观，番石榴灌丛群落灌木层一般高度 1.5~2.0 m，盖度 80%~90%；草本层稀疏，一般高度 0.5~1.0 m，盖度通常在 20%~30%。

灌木层常由冻绿、野蚂蝗、余甘子、红背山麻杆、地桃花、粗糠柴、潺槁木姜子(*Litsea glutinosa*)、雀梅藤、勾儿茶、黄连木、乌桕(*Triadica sebifera*)、石岩枫、羽叶金合欢、龙须藤、钩刺雀梅藤(*Sageretia hamosa*)、亮叶素馨等植物组成。草本层植物种分布相对稀疏，常由黄茅、荩草、臭根子草、白茅、野香茅(*Cymbopogon goeringii*)、水蔗草、金发草(*Pogonatherum paniceum*)、狗牙根(*Cynodon dactylon*)、山菅(*Dianella ensifolia*)、兰香草、马唐等植物组成。

番石榴群落中除了灌木层和草本层主要优势种外，还有其他喀斯特石质山特征种，包括海南蒲桃(*Syzygium hainanense*)、岩柿(*Diospyros dumetorum*)、南岭柞木、樟叶荚蒾等。

(执笔人：广西师范大学 马姜明)

9.2.3　云南石漠化地区

云南省是全国石漠化最严重的省份之一。第三次全国石漠化监测结果显示，截至 2016 年年底，全省石漠化土地面积 235.2 万 hm²，占全省岩溶土地面积的 29.6%，涉及文山州、曲靖市、昭通市、丽江市、红河州、迪庆州、临沧市、昆明市、玉溪市、保山市和大理州 11 个州(市) 65 个县(市、区)695 个乡(镇)。主要分布在文山州和曲靖市，面积分别为 64.7 万 hm² 和 42.7 万 hm²，分别占全省石漠化土地总面积的 27.5% 和 18.1%；以下依次为昭通市、丽江市、红河州、迪庆州、临沧市、昆明市、玉溪市、保山市和大理州。按流域来看，长江流域、珠江流域石漠化土地分布较广，面积分别为 88.7 万 hm² 和 83.0 万 hm²，分别占石漠化土地总面积的 37.7% 和 35.3%。其次是红河流域 45.5 万 hm²，占 19.4%；怒江流域 12.3 万 hm²，占 5.2%；澜沧江流域 5.7 万 hm²，占 2.4%。按程度来看，轻度石漠化土地面积为 113.1 万 hm²，占石漠化土地总面积的 48.1%；中度石漠化土地面积为 97.3 万 hm²，占 41.4%；重度石漠化土地面积为 19.1 万 hm²，占 8.1%；极重度石漠化土地面积为 5.7 万 hm²，占 2.4%。全省石漠化土地以轻、中度石漠化土地为主，两者合计占全省石漠化土地总面积的 89.5%。

云南省石漠化区主要划分为四个区，分别是断陷盆地石漠化区、峰丛洼地石漠化区、中高山石漠化区和岩溶峡谷石漠化区。岩溶断陷盆地石漠化区位于滇东至四川攀西盐源地区的盆地区域，峰丛洼地石漠化区主要位于滇东南云贵高原向广西盆地过渡的斜坡地带，中高山石漠化区位于滇西北的中高山区域，岩溶峡谷石漠化区位于滇东北、滇西南的金沙江、澜沧江等大江、大河的两岸。

云南喀斯特石漠化区以湿润多雨的亚热带气候为特征，气候温暖湿润，干湿季节明显，热量条件较好，大部分地区年均气温处于 14~24 ℃，降水量大多在 800~1200 mm，平均约在 1000 mm。但其分布不甚均匀，在云南省东南、西南方边沿的迎湿季风来向的山前局部多雨区，年降水量高达 2200 mm 以上，而高原内的局部少雨区，年降水量却不到 700 mm，其间悬殊很大。一般以 5~10 月为湿季(雨季)，11 月至翌年 4 月为干季。湿季的降水量占年总降水量的 80%~90%，而持续达半年以上的干季雨量稀少。其中，尤其是冬季(12 月和翌年 1、2 月)三个月降水量最少，一般仅占年降水量的 5%左右，常有整月无降水的情况。每年春季的 3~4 月因温度增高，降水又很少，为最干旱的时期。

云南石漠化区植被类型具有明显的亚热带性质，主要有季雨林、常绿阔叶林、常绿落叶阔叶混交林、暖性针叶林、灌木林和灌草丛。喀斯特环境下发育的群落多为非地带性植被类型，具有旱生性、石生性和喜钙性的特点，种质资源丰富，生物多样性指数较高，珍贵、稀有与特有种类众多。岩溶区灌丛多为人为破坏后的次生植被，在干旱生境下，本类灌丛在生态表现上一般都有以下几个特点：①灌木丛生，枝多弯曲，个别也有沿岩石表面匍匐的；②灌木以小叶型植物为常见，多刺的灌木也多；③在灌木和草本植物中常见具毛、具臭、卷叶、根系发达等旱生生态特点。

(1)竹叶花椒灌丛(Form. *Zanthoxylum armatum*)

竹叶花椒为灌木或小乔木，高 1~4 m，产自我国山东以南，南至海南，东南至台湾，西南至西藏东南部。见于低丘陵坡地至海拔 2200 m 山地的多类生境，石灰岩山地亦常见。日本、朝鲜、越南、老挝、缅甸、印度、尼泊尔也有。竹叶花椒常与小果蔷薇、雀梅藤、刺异叶花椒(*Zanthoxylum dimorphophyllum* var. *spinifolium*)等形成不同的群落类型。竹叶花椒灌丛群落分层较为明显，灌木层一般高度 1~3 m，盖度 50%~80%，草本层一般高度 0.1~0.7 m，盖度通常在 20%~60%。

灌木层常由小果蔷薇、薄叶鼠李、牛筋条(*Dichotomanthes tristaniicarpa*)、小叶女贞、雀梅藤、铁仔、沙针(*Osyris quadripartita*)等植物组成群落。草本层常由细柄草、黄茅、西南菅草(*Themeda hookeri*)、滇须芒草(*Andropogon yunnanensis*)等植物组成。竹叶花椒根、茎、叶、果及种子均用作草药，祛风散寒，行气止痛，治风湿性关节炎、牙痛、跌打肿痛，又用作驱虫及醉鱼剂。

(2)铁仔灌丛(Form. *Myrsine africana*)

铁仔为灌木，高 0.5~1 m，广泛分布于我国甘肃、四川、湖南、台湾、广西、贵州、湖北、云南、西藏，在印度、阿拉伯半岛、亚速尔群岛经非洲等地也均有分布。铁仔常与假杜鹃(*Barleria cristata*)、鞍叶羊蹄甲、蛇藤、假虎刺(*Carissa spinarum*)、清香木、铁橡栎(*Quercus coccifaeroides*)等形成不同的群落类型。铁仔灌木丛群落分层较为明显，灌木层一般高度 0.3~1.6 m，盖度 30%~70%；草本层一般高度 0.1~0.7 m，盖度通常在 20%~60%。

灌木层常由铁橡栎、假虎刺、菝葜、华西小石积、铁线莲、镰叶西番莲(*Passiflora wilsonii*)等植物组成。草本植物层常由黄茅、硬秆子草、刺芒野古草(*Arundinella setosa*)、荩草等植物组成。铁仔具有收敛止血、清热利湿之功效；全草主治痢疾、便血、腹泻、泄泻、肺痨咳血、牙痛等病症；叶可外用于烧烫伤。

（3）盐肤木灌丛（Form. *Rhus chinensis*）

盐肤木为漆树科盐肤木属落叶小乔木或灌木，高可达10 m。在我国除东北、内蒙古和新疆外，其余各省份均有分布，印度、中南半岛、马来西亚、印度尼西亚、日本和朝鲜亦有分布。生于海拔170~2700 m的向阳山坡、沟谷、溪边的疏林或灌丛中。适应性强、耐寒。对土壤要求不严，在酸性、中性及石灰性土壤乃至干旱瘠薄的土壤上均能生长。根系发达，根萌蘗性很强，生长快。可与云南松（*Pinus yunnanensis*）、木荷（*Schima superba*）、马鞍叶、黄背草、橘草、短梗苞茅（*Hyparrhenia diplandra*）等形成不同的群落类型。整体外貌上呈现乔木林或者稀疏灌草丛景观。盐肤木灌丛群落分层明显。灌木层一般高度0.5~1.5 m，盖度15%~30%，立地条件好的地区，高度可达2.5 m，盖度也可更高；草本层一般高度0.2~0.5 m，盖度通常在10%~30%。

灌木层常由华西小石积、铁仔、余甘子、假杜鹃等植物组成。草本层植物种类相对较为丰富，由香薷（*Elsholtzia ciliata*）、假虎刺、拟金茅、算盘子等植物组成。盐肤木可作为经济树种，可供制药和作工业染料的原料。其皮部、种子还可榨油；根、叶、花及果均可入药。

（4）清香木灌丛（Form. *Pistacia weinmanniifolia*）

清香木为漆树科黄连木属灌木或小乔木，高2~8 m；树皮灰色，小枝具棕色皮孔，幼枝被灰黄色微柔毛。产自我国云南、西藏、四川、贵州、广西；生于海拔580~2700 m的石灰山林下或灌丛中。在缅甸掸邦有分布。清香木为喜光树种，但亦稍耐阴，喜温暖，萌发力强，生长缓慢，寿命长，但幼苗的抗寒力不强。常与短梗苞茅、铁橡栎、栓皮栎、假虎刺、薄叶鼠李等形成不同的群落类型。外貌上呈现较为稀疏灌草丛景观。清香木灌木丛群落分层较为明显，灌木层一般高度0.5~2 m，盖度30%~50%；草本层一般高度0.1~0.5 m，盖度通常在10%~20%。

清香木原为乔木，多因石漠化影响，成灌丛状，灌木层常由鞍叶羊蹄甲、菝葜、铁仔、华西小石积、白枪杆（*Fraxinus malacophylla*）等植物组成。草本层植物种类主要由天南星、地桃花、拟金茅、荩草、茜草等植物组成。清香木叶可提芳香油，民间常用叶碾粉制"香"。叶及树皮供药用，有消炎解毒、收敛止泻之效。

（5）白刺花灌丛（Form. *Sophora davidii*）

白刺花为豆科槐属灌木或小乔木，高一般为1~4 m，枝多开展，小叶一般有5~9对，形态多变，一般呈椭圆状卵形或倒卵状长圆形。广泛分布于我国陕西、江苏、湖南、华北、云南、广西、西藏、河南、甘肃、四川、贵州、湖北、浙江等地。常与车桑子、华西小石积、川滇羊蹄甲（*Bauhinia comosa*）、刺芒野古草等形成不同的群落类型。外貌上呈现稀疏灌草丛景观。白刺花灌木丛群落分层较为明显，灌木层一般高度0.5~1.6 m，盖度40%~70%；草本层一般高0.1~0.5 m，盖度通常在10%~20%。

灌木层常由车桑子、华西小石积等植物组成。草本植物层常由荩草、刺芒野古草、酢浆草等植物组成。白刺花的根、叶、花、果实及种子都可作为中药材。

（6）车桑子灌丛（Form. *Dodonaea viscosa*）

车桑子为无患子科车桑子属小乔木或常绿灌木，一般高1~3 m或更高，广泛分布于全世界热带和亚热带地区。具有根系发达、耐干旱、耐瘠薄、喜光、萌生力强和丛生等习性，能够在石灰岩裸露的荒山生长，在海拔1800 m左右的干燥山坡、稀疏或河谷的灌木林中生长良好，能够起到很好的水土保持作用。在我国主要分布于东南部、西南部和东南部等地区。车桑子常与紫茎泽兰(*Ageratina adenophora*)、刺芒野古草、烟管头草(*Carpesium cernuum*)、野茼蒿(*Crassocephalum crepidioides*)、鬼针草等形成不同的群落类型。外貌上呈现稀疏灌丛或者灌草丛景观。车桑子灌木丛群落分层较为明显,灌木层一般高度0.5~2 m,盖度35%~60%;草本层一般高度0.1~0.6 m,盖度通常在30%~60%。

灌木层常由白刺花、铁仔、铁橡栎等植物组成。草本层常由刺芒野古草、毛叶草、野茼蒿、鬼针草等植物组成。车桑子耐干旱,萌生力强,根系发达,又有丛生习性,是一种良好的固沙保土树种,可作为石漠化治理的先锋树种。种子油可作肥皂和供照明。全株含微量氢氰酸,叶尚含生物碱和皂苷,食之可引起腹泻等症状。

(7)沙针灌丛(Form. *Osyris quadripartita*)

沙针为檀香科沙针属灌木,产于我国西藏、四川、云南、广西。生长于海拔600~2700 m灌丛中。斯里兰卡、印度、尼泊尔、不丹、缅甸、越南、老挝、柬埔寨也有分布。常与车桑子、铁橡栎、栓皮栎、干香柏(*Cupressus duclouxiana*)、薄叶鼠李等形成不同的群落类型。外貌上呈现稀疏灌草丛景观。群落分层较为明显,灌木层一般高度0.5~1.6 m,盖度40%~70%;草本层一般高度0.1~0.5 m,盖度通常在10%~20%。

灌木层常由铁仔、菝葜、余甘子、华西小石积、假虎刺、假杜鹃等植物组成。草本层植物种类主要由西伯利亚远志、紫花地丁(*Viola philippica*)、拟金茅、荩草等植物组成。干檀香可作为中药材。

(8)华西小石积灌丛(Form. *Osteomeles schwerinae*)

华西小石积为蔷薇科小石积属落叶或半常绿灌木,一般高1~3 m,产自我国四川、云南、贵州、甘肃。生于山坡灌木丛中或田边路旁向阳干燥地,海拔1500~3000 m。常与云南羊蹄甲、假杜鹃、刺芒野古草、车桑子、东北蛇葡萄(*Ampelopsis glandulosa* var. *brevipedunculata*)、白刺花和假虎刺等形成不同的群落类型。外貌上呈现稀疏灌草丛景观。华西小石积灌丛群落分层较为明显,灌木层一般高度0.5~3.0 m,盖度30%~60%;草本层一般高度0.1~0.4 m,盖度通常在10%~30%。

灌木层常由车桑子、菝葜、假虎刺等植物组成。草本层常由刺芒野古草、荩草、千里光、鬼针草等植物组成。

(9)火棘灌丛(Form. *Pyracantha fortuneana*)

火棘为蔷薇科火棘属常绿灌木,高可达3 m,产自我国陕西、河南、江苏、浙江、福建、湖北、湖南、广西、贵州、云南、四川、西藏。生于山地、丘陵地阳坡灌丛草地及河沟路旁,海拔500~2800 m。常与麻栎、栓皮栎、小果蔷薇和白刺花等植物形成不同的群落类型。外貌上呈现紧密的灌草丛景观。火棘群落分层明显,灌木层一般高度0.8~2 m,盖度可达80%;草本层一般高度0.3~0.5 m,盖度30%左右。

灌木层常由白刺花、川梨、多种悬钩子等植物组成。草本层常由白茅、蕨、毛轴蕨(*Pteridium revolutum*)、香青(*Anaphalis* spp.)、火绒草(*Leontopodium* spp.)等植物组成。火棘在我国西南各省份田边习见栽培作绿篱,果实磨粉可作代食品。

(10)薄叶鼠李灌丛(Form. *Rhamnus leptophylla*)

薄叶鼠李为鼠李科鼠李属灌木,高可达5 m,为我国特有种,广泛分布于陕西、河南、山东、浙江、广东、广西、湖南、云南、贵州等省份。常见于海拔1700~2600 m的山坡、山谷、路旁灌丛中或林缘。常与云南松、车桑子、铁仔、余甘子、龙须草等植物形成不同的群落类型。外貌上呈现紧密的灌草丛景观。薄叶鼠李群落分层明显，灌木层一般高度 0.8~2 m，盖度可达 80%；草本层一般高度 0.3~0.5 m，盖度 30%左右。

灌木层常由盐肤木、华西小石积、木荷等植物组成。草本层常由竹叶草、假地蓝（Crotalaria ferruginea）、刺芒野古草等植物组成。薄叶鼠李全草可药用，具有清热、解毒、活血的功效。

（执笔人：北京林业大学 周金星、中国林业科学研究院 刘玉国）

第 10 章
西南干热河谷地区灌木林

10.1 概　述

　　干热(干旱)河谷是我国西南地区高山峡谷地貌下形成的一种独特自然景观类型。相对于同纬度高原平面而言,该区域气候特征表现为既干又热。根据各地区热量条件的差异,学术研究上常将干热河谷划分为干热、干暖、干温、干凉 4 种类型(刘伦辉,1989),但在当地常被统称为"干坝子""干热坝子""干热河谷"或"干旱河谷"。关于干热河谷的分布范围和面积大小,不同学者采用不同的研究方法得出的结果存在较大差异。一般认为,我国西南干热河谷区最北端应是位于 34°N 左右的白龙江流域。从北至南依次为白龙江、岷江、大渡河、雅砻江、金沙江、澜沧江、怒江和元江,呈带状连续或间断分布格局(张荣祖,1992;范建容 等,2020)。而干热河谷的总长度约为 6911.15 km,总面积约为 26451.61 km²。其中,金沙江流域面积最大,其次分别为元江流域、澜沧江流域、怒江流域、大渡河流域、白龙江流域,岷江流域面积最小(范建容 等,2020)。

　　干热河谷气候总的特征是炎热、干燥、降水量少而蒸发量大,但不同流域在气候特点上也存在着较大差异。其中,27°N 以南的金沙江、元江、怒江和澜沧江及其支流的河谷区热量较高,气候上表现为既干又热;27°N 以北、区域位置偏北的各流域河谷区热量相对较低,气候上表现为干旱的特点比较突出。以热量较高的干热河谷区(27°N 以南)为例,通常,年均气温 18~23 ℃,最冷月平均气温>12 ℃,最暖月平均气温 24~28 ℃,≥10 ℃年平均积温>7000 ℃,持续天数>350 天;全年几无霜日;年平均降水量 500~800 mm,年平均蒸发量达 2750~3850 mm,年平均干燥度 3.0~5.0(金振洲 等,2000)。在区域气候形成原因上,主要有两种观点,即"焚风效应"和"山谷风局地环流效应"。但实际上,干热河谷气候的形成可能是众多因素综合作用的结果,其中包括大气环流、区域性环流和局地环流 3 种不同尺度环流系统的各有关因素,在不同地区,主导因素及其与其他因素的关系可能不同(张荣祖,1992)。但总的来说,与我国西南高原地理纬度偏低以及地表切割、起伏较大密切相关。

　　根据局地干热程度的差异,干热(干旱)河谷可在干热、干暖、干温、干凉 4 种类型基础上又进一步划分为 3 个亚类型,即年干燥度 1.5~2.0、雨季干燥度<1.0 的划为半干旱偏湿;年干燥度 2.1~3.4、雨季干燥度 1.0~1.4 的划为半干旱;年干燥度 3.5~5.0、雨季干燥度 1.5~3.0

的划为半干旱偏干 3 个亚类型(张荣祖，1992)。根据温度和干旱程度这两种分类指标的实际组合，可将干热(干旱)河谷具体划分为各种类型。其中，白龙江流域干热河谷纬度偏北，属于干温河谷干旱亚类型；岷江流域干、支流干热河谷属于干温河谷类型；大渡河丹巴县城以下的干、支流属于干暖河谷类型；雅砻江流域干热河谷大部分属于干暖河谷半干旱偏湿亚类型，仅牙衣河乡、孜河乡至八衣绒乡、麻郎错乡的干流段及雅江段属于干温河谷的半干旱亚类型；金沙江干热河谷由于分布区域广、面积大，涵盖了干热、干暖和干温的各种亚类型，其中，以干热和干暖两类型为主；澜沧江干热河谷南部属于干暖河谷半干旱偏湿亚类型，北部属于干温河谷半干旱偏干亚类型；怒江干热河谷南部属于干热河谷半干旱偏湿亚类型，北部属于干温河谷半干旱偏干亚类型；元江干热河谷南部属于干热河谷半干旱偏湿亚类型，上游礼社江的南涧坝子则为干暖河谷半干旱亚类型。

　　干热河谷植被具有独特的群落特征和植物区系组成，是我国西南河谷地区特有的植被类型，也是全球萨王纳植被、地中海马基植被在我国西南地区的残余和替代类型(金振洲 等，1998；沈泽昊 等，2016)。同时，由于西南干热河谷区分布范围广、面积大，在纬度上跨度较大，加之局地气候、土壤环境的不同，各河谷区的植被特征也存在一定差异。从植被外貌上看，在热量较高的干热河谷区，多数为"稀树灌草丛"状，即以中草的禾草为背景构成的大片草地植被，在此草丛上散生稀疏的乔木(高 2~5 m 为主)和灌木(高 0.5~2.0 m 为主)由于人为干扰可成"稀树草丛""稀灌草丛""灌草丛"或"草丛"等外貌状态。少数为含禾草草丛和灌木的"稀树林"(乔木层盖度在 30% 以上)、含禾草草丛的"稀灌丛"(灌木层盖度在 30% 以上)和以肉质多浆植物为主的"肉质多刺灌丛"，而"密林"和"密灌"只在局部偏湿地区(绿洲)出现(金振洲，2002)。在群落结构上，多数分乔、灌、草三层，或灌、草两层，各层常见的层盖度依次为 5%~20%、5%~20%、60%~90% 或 5%~20%、60%~90%，明显以草本层为群落的优势层。在此基础上，由于人为干扰而常有不同的层盖度变化，但上小下大的特征不变。少数"稀树林"或"稀灌丛"群落，其层盖度常上大、中小、下大，或上大、下大，草本层也常为优势层，但外貌上已不显著。群落中的植物种类独特而多样。多数为热带性(或热带起源)耐干旱的种类，或耐干热种。通常，乔木和灌木种具有常绿或落叶、扭曲、变矮、革叶、小叶、毛叶、多刺等特征，草本植物具有丛生、狭叶、硬叶、毛叶、旱生等特征(张荣祖，1992；金振洲，1999)。常见的乔木种主要有木棉(*Bombax ceiba*)、滇榄仁(*Terminalia franchetii*)、锥连栎(*Quercus franchetii*)、厚皮树(*Lannea coromandelica*)、豆腐果(*Buchanania latifolia*)、火绳树(*Eriolaena spectabilis*)、诃子(*Terminalia chebula*)、毛叶黄杞(*Engelhardia spicata* var. *colebrookeana*)等。小乔木或灌木种主要有余甘子、岩柿、清香木、疏序黄荆(*Vitex negundo* f. *laxipaniculata*)、三叶漆(*Terminthia paniculata*)、虾子花(*Woodfordia fruticosa*)、金合欢(*Acacia farnesiana*)、假杜鹃、假黄皮、车桑子、灰毛豆(*Tephrosia purpurea*)、滇刺枣(*Ziziphus mauritiana*)等；常见草本植物种主要有黄茅、孔颖草(*Bothriochloa pertusa*)、双花草(*Dichanthium annulatum*)、苞茅(*Hyparrhenia newtonii*)、芸香草(*Cymbopogon distans*)、扭鞘香茅、毛臂形草(*Brachiaria villosa*)、拟金茅、类雀稗(*Paspalidium flavidum*)、茅根(*Perotis indica*)等；在肉质多刺植物方面，主要有霸王鞭和仙人掌。

　　在热量较低的干热河谷区，主要植被类型是小叶刺灌丛。从植被外貌上看，仅在每年 7~9 月的雨季呈现绿色，其余时间均处于干枯休眠状态，呈灰褐色。群落以平均高 1.0~1.5 m、盖度 30%~50% 的旱生灌丛为背景，偶尔散生 5.0~8.0 m 高的侧柏、干香柏、云南松等耐旱常绿针叶树构成稀疏灌丛景观（刘伦辉，1989）。这种类型植被的突出特点是以小型、落叶、具刺或被毛的阔叶灌木为主，草本植物稀少。灌木种主要有鞍叶羊蹄甲、黄栌、滇藏方枝柏（*Juniperus indica*）、野丁香（*Leptodermis potaninii*）、白刺花、少脉雀梅藤、矮探春（*Jasminum humile*）、川甘亚菊（*Ajania potaninii*）、金露梅，以及多种锦鸡儿（*Caragana* spp.）和绣线菊（*Spiraea* spp.）；草本植物主要有卷柏、西藏珊瑚苣苔（*Corallodiscus lanuginosus*）、刺旋花。干热河谷植被下发育的土壤通常具有土体偏干、淋溶较弱、有碳酸钙残留、呈碱性反应等旱成土的特征，自南而北随着温度条件的不同分别发育着燥红土、红褐土、褐土及暗褐土等（张荣祖，1992）。

从干热河谷所处的地理位置来看，通常分布在我国西南地区的高山峡谷区。它是防止高山区冲刷下来的泥沙进入江河的最后一道防线，原本应该是耸立于江河两岸的两道绿色长廊。但事实上，在恶劣气候环境和人为干扰作用下，这一区域的生态系统在许多方面已经到了濒临崩溃的边缘。原有的天然植被资源受到了严重破坏，基本丧失了防护功能；土壤侵蚀极为严重，成为江河水中泥沙的主要来源地。目前，西南干热河谷均面临着相同的生态环境问题：天然植被生态系统功能、结构均濒临崩溃；植被稀疏，森林萎缩，生态功能低下；水土流失严重，土地资源丧失，土壤侵蚀剧烈，地力衰退，低产林地增加；大量的泥沙下移、淤积使水利工程效益降低，寿命缩短；环境日益恶化，自然灾害日趋频繁，水害旱灾不断，泥石流盛行，危及城镇、村庄、农业厂矿、水利水电、水陆交通和居民的生命安全。生态恶化的后果使该区环境容量下降，土地承载能力降低，严重制约着该区域的社会、经济发展。

（执笔人：中国林业科学研究院资源昆虫研究所 李昆）

10.2 金沙江干热河谷地区

金沙江发源于青海省，在四川省宜宾市三江口汇入长江，全长 2316 km，流域面积约 50 万 km²，位于我国第一大河——长江的上游。根据地貌特征可以将金沙江分为上、中、下 3 段，其中上段为峡宽相间河谷段，中段为深切峡谷段，下段为峡谷间窄谷段。从青海省玉树巴塘河口至云南省丽江市石鼓镇止为金沙江上段，河长约 965 km，落差 1720 m，平均坡降 1.78‰。从云南省丽江市石鼓镇至四川省宜宾市屏山县新市镇为金沙江中段，河长约 1220 km。金沙江过石鼓后，流向由原来的东南向，急转成东北向，形成奇特的"U"形大弯道，成为长江流向的一个急剧转折，被称为"万里长江第一弯"。从四川省宜宾市屏山县新市镇至宜宾市岷江口为金沙江下段，河长 106 km。江水过新市镇转向东流，进入四川盆地，经绥江、屏山、水富、安边等地。右岸汇入金沙江最后一条支流横江，再流 28.5 km 到达宜宾市，过岷江口始称长江。

金沙江干热河谷从干流流域来说，大致处于云南省鹤庆县中江乡到下游的四川省布拖县的对坪镇之间的河谷地段，河谷底部海拔 700~1200 m，海拔上限 1600 m，全长 850 km，总面积近 1.5 万 km²（金振洲 等，2000）。其中，典型的干热河谷地段包括云南省宾川县、永胜县期纳镇、元谋县、鹤庆县黄坪镇、巧家县、东川县；四川省的攀枝花市、米易县、雷波县、金阳县等地。这些河谷区海拔大多在 1000 m 左右，与周围云贵高原的高原平面海拔差达 1000 m。河谷区与高原平面区域在气候上存在显著差异。高温度、高蒸发量、低降水量、干湿季分明、降水高度集中是河谷区气候的最大特点。通常，金沙江干热河谷区年均温比附近不是河谷的地区高出 2~6 ℃。例如，处于云贵高原平面上的昆明市年均温为 15.9 ℃，而位于河谷区且纬度较昆明市偏北的金沙江干热河谷区的年均温明显高于昆明市，如宾川县年均温 17.9 ℃，元谋县年均温 21.9 ℃，东川县年均温 20.1 ℃，米易县年均温 19.4 ℃，巧家县年均温 21.1 ℃，宁南县年均温 19.3 ℃（欧晓昆，1994）。另一方面，金沙江干热河谷区年降水量 600~800 mm，年蒸发量为年降水量的 3~6 倍，如攀枝花市的年蒸发量与降水量的比值为 3.20，元谋县为 5.80，东川县为 5.20，巧家县为 3.42，宾川县为 4.46；干季（11 月至翌年 5 月）降水量仅为全年的 10.0%~22.2%，而蒸发量却为降水量的 10~20 倍以上，如每年 3~5 月，攀枝花市的年蒸发量与降水量的比值为 17.10，元谋县为 27.20，东川县为 14.35，巧家县为 10.02，宾川县为 21.63（柴宗新，2001）。

稀树灌草丛是金沙江干流干热河谷最为典型的植被类型。其外貌特征类似于稀树草原，结构通常稳定。在河谷区的多数地段上，植被发育以草本层为主要层次，茂密均匀，大面积伸展，灌木种植物成丛状不均匀分布，乔木稀疏。在沟谷谷地及阴坡下部、半阴坡等水肥条件好的局部地方，有一定的旱生稀树林植被分布。河谷区植物种类组成以热带植物区系成分为主（热带分布的属约占 72.3%），仅有少量的温带成分（温带分布的属约占 26.4%），特有成分较多（周跃，1987）。自然植被中乔木层发育欠佳，灌草发育较好，草本植物尤为发达，盖度可达 90% 以上。通常，草本植物以热带耐旱、耐瘠薄、耐火烧的禾本科（Gramineae）、莎草科（Cyperaceae）和菊科（Compositae）为主。常见植物种有黄茅、丛毛羊胡子草（Eriophorum comosum）、拟金茅、三芒草、黄背草、孔颖草等。灌木种类多以喜光、耐旱植物为主，如车桑子、余甘子、西南杭子梢（Campylotropis delavayi）、黄荆、仙人掌、牛角瓜（Calotropis gigantea）、金合欢等。乔木种稀少，主要有木棉、滇榄仁、酸豆（Tamarindus indica）、山槐、铁橡栎等。河谷区土壤类型有燥红土、褐红壤、赤红壤、紫色土等，以燥红土为主，抗蒸发能力弱。据报道（黄成敏 等，1995；柴宗新 等，2001），各类燥红土的含水土壤蒸发 75 h 后，土壤失水比（蒸发量与有效水储量之比）都大于 1.0，有效水储量已经耗尽（174.2~285.0 g/kg）；蒸发历时 300 h 后，土壤失水比达 1.36~1.53，极为干旱。另一方面，雨季的高温高湿，土壤有机质分解极快，如得不到补充，3 个月可分解殆尽；加之干热河谷土壤侵蚀严重，基本上是心土耕作，土壤有机质含量极低，往往不足 3 g/kg，林下枯落物极少。

特殊的"干""热"气候特征和高山峡谷的地理环境，以及过度的人为干扰，导致金沙江干热河谷区生态环境相比其他地区更为脆弱和恶劣，生态恢复也更为困难。天然植被退化和面积减少以及土壤退化和水土流失是该区域生态环境退化的主要表现。据 20 世纪 50~90 年代长江上游主要支流泥沙资料，长江上游平均每年流失的土壤达 15.68 亿 t，相当于每年损失 30 cm 厚的土壤 38.7 万 hm²，其中，金沙江每年输入 2.4 亿 t 以上，占宜昌站年输沙量（5.3 亿 t）的 45.28%。占长江总长度 1/3 的金沙江水域，1949~1976 年以来的 27 年中，每立方米江水中含沙量增加 0.2 kg，1976—1981 年的 5 年内每立方米江水中含沙量便增加了 0.2 kg，1982—1985 年含沙量增加了 0.4 kg（杨万勤 等，2001）。这与金沙江干热河谷区的水土流失强度和面积密切相关。其中，贯穿金沙江干热河谷典型地域——元谋县境的龙川江年均含沙量从 20 世纪 60 年代的 4.47 kg/m³ 增加到 1990 年的 6.86 kg/m³。而元谋干热河谷盆地上发育的冲沟，其溯源侵蚀速度每年平均达 50 cm，最大可达 200 cm；沟谷密度大，一般为 3~5 km/km²，最大达 7.4 km/km²，平均沟谷密度为 5.7 km/km²，远高于黄土高原沟壑区平均 4.2 km/km² 的沟谷密度（第宝锋 等，2006）。地表形态破碎不堪，成为难以开发利用的侵蚀劣地，而且大量泥沙冲压农田农地，使地下水位下降，人畜饮水日趋困难，严重制约了金沙江干热河谷地方经济社会的发展。

由于金沙江干热河谷位于长江上游地区，地理位置较特殊，其生态环境的优劣直接影响到整个长江流域的生态安全。因此，金沙江干热河谷植被研究和生态恢复一直是我国长江中上游地区生态综合治理的重点。主要灌丛类型包括以下几种。

（1）车桑子灌丛（Form. *Dodonaea viscosa*）

车桑子是无患子科车桑子属植物，是全世界热带和亚热带地区广泛分布的常绿灌木。具有耐干旱、萌生力强、根系发达和丛生等习性。在我国主要分布于西南部、南部至东南部。以车桑子为主要优势种的灌木丛是金沙江干热河谷区海拔 900~1700 m 干旱山坡上分布面积最广、类型最丰富的次生植被类型。由于人为干扰程度和立地条件的差异，群落外貌、结构和物种组成变化较大。常与黄茅、孔颖草、黄背草、橘草、短梗苞茅、鞍叶羊蹄甲等形成不同的群落类型。外貌上常呈稀疏灌草丛景观。车桑子灌丛群落分层明显。灌木层一般高度 1.0~2.0 m，盖度 15%~60%，在土壤和水分条件较好的区域，高度可达 3 m，盖度可达 80%；草本层一般高度 0.5~1.0 m，盖度通常在 30%~90%。

灌木层常由车桑子、余甘子、沙针、华西小石积、大叶千斤拔（*Flemingia macrophylla*）、假杜鹃、一把香（*Wikstroemia dolichantha*）等植物组成。在金沙江干热河谷区，部分车桑子灌丛中引入了剑麻（*Agave sisalana*）、龙舌兰（*Agave americana*）等水土保持植物。草本层植物种类相对较为丰富，常由土丁桂、独穗飘拂草（*Fimbristylis ovata*）、灰毛豆、三点金（*Desmodium triflora*）、丁癸草（*Zornia gibbosa*）、翅茎草（*Pterygiella nigrescens*）、拟金茅、茅根、卷柏等植物组成。

群落中除了灌木层和草本层主要优势种外，还有许多干热河谷特征种，包括灰色木蓝（*Indigofera franchetii*）、疏序黄荆、毛果扁担杆、土瓜狼毒（*Euphorbia prolifera*）、棕茅（*Eulalia phaeothrix*）等。车桑子灌木丛在金沙江干热河谷地区起着重要的水土保持和水源涵养作用。

（2）小桐子灌丛（Form. *Jatropha curcas*）

小桐子为大戟科麻疯树属落叶灌木或小乔木。高 2~5 m。原产美洲热带；现广布于全球热带地区。在我国南方广泛栽培并逸为野生。小桐子喜光、喜暖热气候；具有很强的抗旱、耐贫瘠的特性，能在石砾质土、粗质土、石灰岩裸露地生长。处于野生状况的小桐子生长迅速，生命力强，在原始栖息地可以生成连片的森林群落。在金沙江干热河谷海拔 1000~1700 m 的向阳山坡或江河沙质滩地常呈块状分布的灌丛，是人工种植后逸为野生状态并能自然更新繁殖的一类植物群落。

小桐子虽然适应性强，分布广，但以村寨附近、沟渠道路两旁、江河两岸冲积地、箐沟谷地及山坡下部等地多见，土壤板结地及山坡地分布少。小桐子作为外来树种，种子较大，动物、水力、风力搬运繁殖数量甚微且种子富含油脂容易变质霉烂，有效传播只有通过人力。所以，小桐子灌丛分布状况与人类活动有非常明显的关系，呈现出村寨附近的斑块状和沿江河干支流及沟渠道路两旁的行状或带状相结合的分布格局，在偏僻山区或人为活动较少的地区附近的山坡中上部荒山荒地内少见（刘泽铭 等，2008）。

小桐子灌丛外貌上呈灰绿色，丛冠较为整齐，植株稀疏或密集，盖度 50%～80%，以小桐子占绝对优势，株高 0.8～2.0 m，分布不均匀。灌木层中其他植物种类较少，有车桑子、黄荆、鞍叶羊蹄甲、金合欢、岩柿、野丁香、毛桐(*Mallotus barbatus*)等零星分布；林下较为空旷，草本植物种类很少，主要有黄茅、芸香草、小酸模(*Rumex acetosella*)、狗尾草、黄背草、柠檬草(*Cymbopogon citratus*)、野青茅、拟金茅等稀疏分布，部分地区地表裸露，不足以形成盖度。在金沙江岸边河滩地的小桐子灌丛中还有车桑子、牛角瓜等植物种类；草本层有白草、黄茅、丛毛羊胡子草、锋芒草等。

（3）滇榄仁灌丛(Form. *Terminalia franchetii*)

滇榄仁是使君子科诃子属落叶乔木。高达 4～10 m。主要分布于我国四川省西南部和云南省西北部海拔 1100～2600 m 的干燥灌丛和杂木林中。是金沙江干热河谷重要的生态标志植物之一，其根系发达，皮厚，叶被毛，干季即落叶，对干热环境有着很强的适应能力。在金沙江干热河谷海拔 1100～1700 m 平缓的干旱山坡上，受人为干扰作用后常呈灌木状或萌生成灌木林，是该区域比较有特色的一种灌丛类型。

滇榄仁灌丛高 1～2.5 m，个别植株可达 3.5 m，总盖度 50%～90%。丛冠参差不齐，植株分布不均匀。灌木层盖度 30%～50%，相对较低，主要优势种滇榄仁的分布较为稀疏，灌丛之间的间距 2～3 m，伴生种有车桑子、疏序黄荆、沙针(灰毛豆、木蓝等；由于灌木层盖度相对较低，草本层植物种类较为丰富，盖度 50%～80%，相对较高，主要植物种类有黄茅、南莎草(*Cyperus niveus*)、香薷(*Elsholtzia* spp.)、三芒草、垫状卷柏(*Selaginella pulvinata*)、狭叶卷柏(*Selaginella mairei*)、独脚金(*Striga asiatica*)、地皮消(*Pararuellia delavayana*)、荛花(*Wikstroemia canescens*)、黄珠子草(*Phyllanthus virgatus*)、白花蛇舌草(*Hedyotis diffusa*)、野草香(*Elsholtzia cyprianii*)等(王小庆 等，2011)。

滇榄仁灌丛林下植物种类组成较为简单。其中，禾本科植物居多；蝶形花科次之；单科单属单种植物较多。黄茅、矛叶荩草(*Arthraxon prionodes*)、卷柏、拟金茅及叶下珠(*Phyllanthus urinaria*)等耐旱植物在不同类型群落均存在，但优势程度不同。

（4）余甘子灌丛(Form. *Phyllanthus emblica*)

余甘子是大戟科叶下珠属乔木树种，高可达 23 m。在金沙江干热河谷区，一般高度为 1～3 m。在人为干扰作用下，常呈灌木状或萌生的低矮灌木。广泛分布于亚洲热带和亚热带地区海拔 200～2300 m 的山地疏林、灌丛、荒地或山沟向阳处。极喜光，耐干热瘠薄环境，萌芽力强，根系发达。分布地区多属于干热或干旱的气候，土壤为红壤、山地红壤或红褐土。有机质含量低，且大都冲刷严重。其他植物难以生长，而余甘子却能适应这种严酷的条件。

在金沙江干热河谷区，余甘子灌丛主要分布于海拔 1300(1500) m 以下的干旱山坡，尤以元谋、巧家、攀枝花等坝区四周山坡较为典型。群落外貌呈散生灌木状，局部地段成片生长，呈黄绿色，旱季时多落叶，一般高 1～1.5 m，总盖度 50%。群落结构简单，种类组成比较单纯(张荣祖，1992)。整个群落以耐旱禾草黄茅、芸香草、拟金茅、蔗茅(*Saccharum rufipilum*)等组成茂密的主要层次，盖度 60% 以上。散生的木本植物种类少，个体数量也不多，主要是一些萌生能力较强的旱生种，如余甘子、异色柿(*Diospyros philippensis*)、华西小石积、山黄麻(*Trema tomentosa*)、锥连栎、滇榄仁等，盖度仅 10 % 左右。在不少坝区四周，因人为影响，木本植物几乎绝迹，出现大片荒草坡。另外，在村寨附近或坝区田边多有木棉、番石榴、滇刺枣、红椿（*Toona ciliata*）等落叶树种生长。

灌木层中，余甘子占绝对优势，其他零星可见的种类有西南杭子梢、清香木、车桑子、黄荆、椭圆叶木蓝（*Indigofera cassioides*）、毛果扁担杆、中华水锦树（*Wendlandia uvariifolia* subsp. *chinensis*）、银柴、山芝麻、毛叶黄杞、光叶山黄麻（*Trema cannabina*）、华西小石积等。

草本层植物以耐旱的禾本草最繁茂，一般盖度 30%~60%，常见的种类是黄茅、拟金茅、旱茅（*Schizachyrium delavayi*）、芸香草、双花草等种类。其他常见的有狼毒、飞扬草（*Euphorbia hirta*）、美花狸尾豆（*Uraria picta*）等。

（5）假杜鹃灌丛（Form. *Barleria cristata*）

假杜鹃是爵床科假杜鹃属小灌木，高达 2 m 左右。广泛分布于亚洲热带和亚热带地区路旁或疏林边缘处，也可生于干燥草坡或岩石中。假杜鹃灌丛是金沙江干热河谷中、下游海拔 800~1800 m 干旱山坡上分布极为广泛的群落类型，常在元谋县、攀枝花市、巧家县等县市的河谷阶地及山地斜坡上呈连续、大面积分布，以致于在总体外貌上基本控制了当地的植被景观。这一灌丛也典型地反映着金沙江河谷中、下游地段的干热环境。同时，在云南省东北部东川县、禄劝县等县市的金沙江干热河谷区还存在假杜鹃的一个变种——禄劝假杜鹃（*Barleria cristata* var. *mairei*）。与假杜鹃在形态上的主要区别是，禄劝假杜鹃的叶片较小、花冠较短，小苞片变成了叉开的硬刺。禄劝假杜鹃在其分布区也常常形成连续的灌丛，但其外貌特征与假杜鹃没有较大区别。

从外貌上看，假杜鹃灌丛的主要层次是草本层，其盖度可高达 90%（以禾本科中、低草为主），少数耐干旱、火烧的矮小灌木散生于草层之上。灌木层高 1.5~1.8 m，盖度较小，20%~30%，主要由车桑子、余甘子、假杜鹃、截叶铁扫帚、大叶千斤拔、白刺花等组成（曹敏 等，1989）。这些灌木种类都具有十分明显的旱生生态特征，车桑子叶片能分泌油脂状物在表面以防止体内水分的过量损失，余甘子、截叶铁扫帚、白刺花、假杜鹃的叶片都很小，且被毛或较厚的角质层，大叶千斤拔则以落叶形式度过干旱期。草本层高 0.8 m 左右，其分布连续而密集，盖度一般为 70%~80%，以黄茅为主要优势种，其次可见孔颖草、拟金茅、双花草、丰花草（*Spermacoce pusilla*）等，这些植物都能忍受严酷的燥热环境。

（6）锥连栎灌丛（Form. *Quercus franchetii*）

锥连栎是分布于我国云南省和四川省海拔 800~2600 m 山地的常绿乔木，高可达 15 m。在金沙江干热河谷区常呈灌木状，或在人为干扰作用下萌生成灌木林，是金沙江干热河谷中、下游地区两岸坡地海拔 800~1700 m 区域常绿阔叶林的代表类型，是构成河谷景观的重要组成部分。分布不连续，常被石灰岩坡地所间隔。本种在滇中高原地区也有分布，主要在海拔 1200~2600 m 区域成小面积纯林或生于云南松林下。分布区气候干热，土壤为红壤至红褐土，母质砂页岩为主。

锥连栎灌丛为干热河谷稀树灌木草丛的北部类型，具有亚热带南部的性质；群落中草丛以中等高度的耐旱禾草黄茅为优势，稀树和灌木则以锥连栎和车桑子为标志。旱季时，林下草本植物多枯死，林下显得比较空旷。雨季时，在成片的绿色草丛上散生着粗矮的灌木状乔木或萌生灌木，一般高 1.5~5 m，树干弯曲，上部多分枝，树冠呈半球形（张荣祖，1992）。常见树种中植株较高的植物除锥连栎外，还有毛叶黄杞、清香木、滇榄仁、铁橡栎、余甘子、岩柿等。

植株较低的植物种类十分稀少，常见仅有车桑子、假杜鹃、杭子梢植物（*Campylotropis* sp.）、云南山蚂蝗（*Desmodium yunnanense*）、野丁香等。

草本层为主要层，高 30~90 cm（8~10 月时，高度可达 1 m 以上），层盖度 60%~80%，个别区域可达 90% 以上。主要为禾本科种类，分布较为密集，优势种为黄茅，其次有丛毛羊胡子草、芸香草、裂稃草（*Schizachyrium brevifolium*）、黄背草、莛草、孔颖草、短梗苞茅、双花草、垫状卷柏、卷柏等。群落中有一些金沙江干热河谷特有成分，如圆茎翅茎草（*Pterygiella cylindrica*）、箭叶大油芒（*Spodiopogon sagittifolius*）等。在海拔较高区域，草本层中常混入一些高海拔山地植物成分，如云南兔儿风（*Ainsliaea yunnanensis*）、牡蒿、杏叶茴芹（*Pimpinella candolleana*）、苍山红百合（*Lilium amoenum*）等。藤本植物也只见一些比较低矮的小型藤本植物，混生于草本层中，如蔓草虫豆（*Cajanus scarabaeoides*）、粘山药（*Dioscorea hemsleyi*）、毛木防己（*Cocculus orbiculatus* var. *mollis*）、金雀马尾参（*Ceropegia mairei*）等。

锥连栎灌丛是金沙江干热河谷区一类经常受人为干扰的次生植被，其原生性植被为锥连栎、铁橡栎等硬叶栎类常绿树种与落叶树种构成的混交林。

（7）金合欢灌丛（Form. *Acacia farnesiana*）

金合欢是含羞草科金合欢属灌木或小乔木。高 1.0~4.0 m。原产热带美洲，现广布于热带和亚热带地区。多生于阳光充足，土壤较肥沃、疏松的地方。金合欢灌丛常分布于雅砻江、安宁河以及大渡河等干热河谷区海拔 1800 m 以下的区域，多出现在碎石陡山坡上，土壤主要为山地红褐土及部分山地褐土（虞泽荪，1980）。

群落中以金合欢为优势种，清香木、雾水葛（*Pouzolzia zeylanica*）等较常见，在稍平缓地段，时常见清香木大量萌生，由金合欢与清香木形成共优群落；在大石块多的山坡上雾水葛有所增加。金合欢也可与疏序黄荆、仙人掌、霸王鞭等形成共优群落，并常伴生铁扫帚、毛桐、野丁香、鞍叶羊蹄甲、铁仔、醉鱼草（*Buddleja* sp.）、小蓝雪花、华西小石积、杭子梢、扁担杆等灌木树种。总体来说，灌木层植株比较稀疏，总盖度 30%~40%，丛冠高 1.5~2.0 m。由于金合欢多枝、多刺，因此，该灌丛很少受到人为破坏。

草本层以芸香草、黄茅、垫状卷柏为优势，其次是拟金茅、旱茅、丛毛羊胡子草、飞扬草、刺苋（*Amaranthus spinosus*）、马齿苋（*Portulaca oleracea*）、香附子、黄背草、黄细心（*Boerhavia diffusa*）等。在金合欢灌丛分布区海拔更高处一般为含铁橡栎的云南松疏林及白刺花、少脉雀梅藤等干旱河谷灌丛，或接农耕地并与农耕地镶嵌分布。金合欢灌丛为该区域干热河谷灌丛各类型中最适于干热气候的类型之一。

（8）西南杭子梢灌丛（Form. *Campylotropis delavayi*）

西南杭子梢是蝶形花科杭子梢属灌木。高 1.0~3.0 m。主要分布于四川省和云南省海拔 400~2200 m 的干热河谷两岸山坡、灌丛、向阳草地等处。西南杭子梢灌丛常分布于雅砻江、安宁河以及大渡河等干热河谷海拔 1800 m 以下区域。灌丛分布极不均匀，丛间距相隔较远，丛冠参差不齐，色调以灰白色和灰绿色为主。灌丛中，植物种类的组成成分主要属于热带、亚热带性质的，这与所处的地理位置及特异的谷地气候都有密切关系。

灌木层高 1.5~2.0 m，个别灌木植株可达 2.5 m，盖度 30%~40%，每丛灌木直径在 1.0~1.5 m。灌木层优势种除了西南杭子梢外，常常还有沙棘、金花小檗、截叶铁扫帚、光萼猪屎豆（*Crotalaria trichotoma*）、羊耳菊（*Duhaldea cappa*）、雅致雾水葛（*Pouzolzia sanguinea* var. *elegans*)、山蓼等。不同优势种常形成共优植物群落。

草本层高 30~60 cm，偶见有 1.0 m 以上的大型禾草，层盖度 40%~60%，主要集中在灌木丛的间隙处。优势种包括须芒草(*Andropogon virginicus*)、黄茅、小菅草(*Themeda minor*)、毛臂形草、心叶山土瓜(*Merremia cordata*)、艾、高羊茅(*Festuca elata*)、芸香草、飞扬草、马齿苋、黄背草等。物种组成以耐旱、耐瘠薄、耐火烧的植物为主。

藤本植物极少，主要为葛、崖爬藤(*Tetrastigma obtectum*)。在受人为干扰较大的群落中，灌木种白马骨、盐肤木、雅致雾水葛有所增加，草本植物狗尾草、金荞麦(*Fagopyrum dibotrys*)等有所增加。

(9)云南山蚂蝗灌丛(Form. *Desmodium yunnanense*)

在云南和四川等地，山蚂蝗属植物的种类很丰富，多数为喜热耐旱的种类，在滇南一带的荒地和次生灌丛中，或山地的稀树灌木草丛中都有着星散的分布，但单独以此属的植物为优势组成的灌丛则较为少见。

云南山蚂蝗灌丛以云南山蚂蝗为优势种或标志种。它也是云南金沙江河谷的特有植被之一，分布于滇北、滇西北金沙江及其支流，分布范围比矮黄栌(*Cotinus nana*)灌丛要广泛一些。

灌木群落主要分布于滇北金沙江及其支流普渡河河谷两侧的坡面上，海拔 1400~1600 m。处于干热河谷的上边缘，向上延伸至 1700 m 左右与云南松相连接，群落分布地多数为陡坡，坡度一般 30°~40°，地面多砂页岩碎石(云南植被编写组，1987)。所在地的土壤母质为砂页岩和石灰岩的坡积物，地表多碎石，生境很干旱，加以坡度大，冲刷严重，以及放牧等人为影响，更促成本群落的形成。

云南山蚂蝗灌丛群落的种类较丰富。有学者曾调查了本群落 12 个 400 m² 样地，共记录了 205 种数以上的高等植物，各样地的种数变动在 53~75 种之间(金振洲 等，2000；金振洲，2005)。

在生长季内，群落呈一片黄绿色的灌丛外貌。灌丛上层以云南山蚂蝗为优势，伴生多种灌木和小乔木。灌木层高 2.5~4.5 m，层盖度一般 50%~60%，由高灌木和小乔木的上部植冠枝叶所构成，层的厚度也大，故多少带有丛林的结构。组成种类中，还有楷叶梣(*Fraxinus retusifoliolata*)、云南豆腐柴(*Premna yunnanensis*)、烟管荚蒾、三叶梣(*Fraxinus trifoliolata*)、滇榄仁、异色柿、毛叶黄杞(*Engelhardtia colebrookiana*)、粉背黄栌(*Cotinus coggygria* var. *glaucophylla*)、清香木、车桑子、余甘子、小花扁担杆、小檗裸实(*Maytenus berberoides*)、假烟叶树(*Solanum erianthum*)、滇刺枣、疏序黄荆、浆果楝、密花荚蒾(*Viburnum congestum*)、间序豆腐柴(*Premna interrupta*)、西南杭子梢、野拔子(*Elsholtzia rugulosa*)、短柄铜钱树(*Paliurus orientalis*)、铁橡栎、帚枝鼠李(*Rhamnus virgata*)、绒毛野丁香(*Leptodermis potaninii* var. *tomentosa*)、带叶石楠(*Photinia loriformis*)、茶条木、密蒙花(*Buddleja officinalis*)、栌菊木(*Nouelia insignis*)、鞍叶羊蹄甲等，并有滇黔黄檀(*Dalbergia yunnanensis*)、木棉等小树散生。

灌木下层高 0.5~1.5 m，层盖度 25%~30%，种类也多。常见种类还有车桑子、西南杭子梢、间序豆腐柴、短柄铜钱树等，没有明显的优势种。

草本层高 20~40 cm，层盖度 10%~20%，种类多而盖度小。常见的种类有灰苞蒿、砖子苗(*Mariscus sumatrensis*)、竹叶草、小兔儿风(*Ainsliaea nana*)、黑足金粉蕨(*Onychium cryptogrammoides*)、黄花香茶菜(*Isodon sculponeatus*)、茜草、云南兔儿风、小红参(*Galium elegans*)、箭叶

大油芒、裂稃草、肿足蕨（*Hypodematium crenatum*）、滇紫草（*Onosma paniculatum*）等。

乔灌木中干暖河谷植被的植物或过渡性植物也较多，除云南山蚂蝗外，还有密花荚蒾、云南豆腐柴、间序豆腐柴、西南杭子梢、野拔子、三叶栒、短柄铜钱树、粉背黄栌、铁橡栎、寻枝鼠李、绒毛野丁香、带叶石楠，茶条木、密蒙花、栌菊木、鞍叶羊蹄甲等，显示向干暖河谷植被过渡的特征也较明显。

群落内藤本植物有干热河谷常见的种类如头花银背藤（*Argyreia capitiformis*）、薄荚羊蹄甲（*Bauhinia delavayi*）、月叶西番莲（*Passiflora altebilobata*）、白叶藤（*Cryptolepis sinensis*）等，也有干暖河谷植被分布的绣球藤（*Clematis montana*）、鸡矢藤、粘山药、木防己（*Cocculus orbicula-tus*）、矮探春、茅瓜（*Solena heterophylla*）、毛茛铁线莲（*Clematis ranunculoides*）、飞蛾藤（*Dinetus racemosus*）等种类。

从本群落的总体特征看，云南山蚂蝗灌丛虽然有明显干热河谷向干暖河谷植被的过渡性质，但仍属于金沙江干热河谷植被范围的主要灌丛植被类型之一。因云南山蚂蝗适应性强，生长快，粗蛋白含量高，氨基酸含量丰富，钙磷比适宜，富含多种微量元素，可将其作为蛋白补充料与粗饲料配合饲喂动物，也是一种很好的植物性蛋白饲料资源。

（10）矮黄栌灌丛（Form. *Cotinus nana*）

矮黄栌是漆树科黄栌属矮小灌木，高 0.5~1.5 m；小枝圆柱形，幼枝紫褐色。产自云南西北部海拔 1500~2500 m 的石灰山灌丛中。

以矮黄栌为主组成的灌丛，仅见分布于云南金沙江中游河谷地区。所在区为金沙江中游，河面海拔约 1700 m，它的两侧均为高山，一为玉龙雪山，一为哈巴雪山，为两大高山的深切河谷，著名的虎跳峡就在附近。黄栌属植物的种类很少，在滇西北仅见矮黄栌组成群落，而粉背黄栌则只见分散生长于沟箐边的其他群落中。

以矮生灌木矮黄栌为优势种的灌丛，分布的地域非常局限，本群落分布于滇西北丽江和中甸之间的金沙江峡谷底部，为峡谷河流两侧 2~3 级阶地上常见的旱生灌丛。矮黄栌灌丛分布地为河谷底部的平缓阶地，海拔 1800~2000 m，母质为大理石、石灰岩胶结而成的砾岩，土壤贫薄，地表很干旱。

群落外貌为稀散的矮灌丛，呈团块状均匀分布，丛冠较平整，色调以褐黄和灰绿为主，颇为荒凉单调。

群落高一般 0.8~1 m，个别可达 1.2 m，总盖度 50%~80%。分 2 层，以灌木层为主。灌木层的盖度一般在 50% 左右，每丛灌木的丛间距离约为 1.2 m，丛幅直径在 1~1.5 m，丛间地面为草本覆盖或多裸岩。组成的灌木种类以矮黄栌为优势种，三点金（*Desmodium triflorum*）和灰毛莸（*Caryopteris forrestii*）也较多。其次，灌木常见的种类还有滇虎榛（*Ostryopsis nobilis*）、滇榄仁、丁茜（*Trailliaedoxa gracilis*）、车桑子、皱叶醉鱼草、鞍叶羊蹄甲、细瘦六道木（*Abelia forrestii*）、云南豆腐柴等。

草本层高一般 2~50 cm，层盖度 30% 左右，主要集生于灌木丛的间隙阳处。草本层组成种类以耐干旱的植物为主，常见黄茅、细柄草、华须芒草（*Andropogon chinensis*）、毛臂形草、小菅草、双花草、荩草、棒毛马唐（*Digitaria jubata*）、芸香草、旱茅等禾本科植物，还有狭叶卷柏、木柄杜根藤（*Justicia xylopoda*）、美叶青兰（*Dracocephalum calophyllum*）、细裂叶松蒿（*Phthei-rospermum tenuisectum*）、柔毛山黑豆（*Dumasia villosa*）、杜氏翅茎草（*Pterygiella duclouxii*）、灰叶珍珠菜(*Lysimachia glaucina*)、西藏珊瑚苣苔、松林马先蒿(*Pedicularis pinetorum*)、小野荞麦(*Fagopyrum leptopodum*)、大独脚金(*Striga masuria*)、滇麻花头(*Archiserratula forrestii*)等。

这一灌丛中的灌木和草本一般都具有耐旱的生态特征,即叶片小而坚硬,叶缘常反卷,常具银白色或灰白色绒毛等,而有刺植物却不太多。

(11)戟叶酸模灌丛(Form. *Rumex hastatus*)

戟叶酸模是蓼科酸模属小灌木。产云南、四川及西藏东南部沙质荒坡、山坡阳处,海拔一般600~2500 m。以戟叶酸模为优势形成的灌丛主要分布于我国金沙江干热河谷,属干热河谷区典型代表植被类型之一。尤其在四川攀枝花市倮果雅袭江河谷山坡、云南巧家县巧家坝,以及四川宁南县等的金沙江河谷山坡,海拔700~1000 m的地段,坡度一般30°~40°偏陡坡的地区,通常构成戟叶酸模的单优势群落,有时盖度可达90%以上。

戟叶酸模灌丛群落总盖度一般45%~80%,主要在45%~70%之间,较密。群落分两个结构层,即灌木层和草本层。灌木层高度一般0.6~1.5 m,主要在1.0~1.5 m,其层盖度20%~60%,主要在20%~40%,偏稀。草本层高0.4~0.5 m,层盖度常10%~70%,主要在10%~30%,较稀。群丛特征种尤其以牛角瓜和灰毛莸为标志。

群落在不同的地段,盖度及物种组成略有一些不同。其中,灌木物种除戟叶酸模外,常见伴生有白刺花、车桑子、牛角瓜、假杜鹃、异色柿、灰毛莸、白背枫(*Buddleja asiatica*)、狭叶山黄麻(*Trema angustifolia*)、单叶木蓝(*Indigofera linifolia*)、地果(*Ficus tikoua*)、地桃花、小花扁担杆、九叶木蓝(*Indigofera linnaei*)、麻疯树等种类。

草本植物则主要以黄茅为优势种。伴生种类主要有华须芒草、黄背草、丛毛羊胡子草、鬼针草、荩草、牛筋草(*Eleusine indica*)、四方蒿(*Elsholtzia blanda*)、香薷、野茼蒿、百日菊(*Zinnia elegans*)、苍耳、垫状卷柏、飞扬草、贵州卷柏(*Selaginella kouytcheensis*)、还阳参(*Crepis rigescens*)、棕茅、橘草、孔颖草、六棱菊(*Laggera alata*)、茅叶荩草、双花草、黄细心、万丈深(*Crepis phoenix*)、白背苇谷草(*Pentanema indicum* var. *hypoleucum*)、豨莶(*Sigesbeckia orientalis*)、狭叶香茶菜(*Isodon angustifolius*)、狭叶野丁香(*Leptodermis potaninii* var. *angustifolia*)、小花琉璃草(*Cynoglossum lanceolatum*)、小苦荬(*Ixeridium dentatum*)、野拔子、野草香、夜香牛(*Vernonia cinerea*)、长柄野荞麦(*Fagopyrum statice*)、长节耳草(*Hedyotis uncinella*)、中亚苦蒿(*Artemisia absinthium*)、竹叶草、破坏草等。

在云南楚雄、玉溪等一些地区,偶见当地居民将戟叶酸模的嫩叶做蔬菜食用。具酸味,据说有开胃解暑、润肺止咳之功效。

(12)主要濒危灌丛

①栌菊木灌丛(Form. *Nouelia insignis*)

栌菊木,又名树菊,是菊科管状花亚科帚菊族(Mutisieae)的单种属植物,也是菊科中极为罕见的灌木或小乔木。它是我国西南金沙江河谷及其支流雅砻江、安宁河等河谷和南盘江流域海拔1000~2800 m区域特有的珍稀濒危植物。目前,以栌菊木为主要优势种形成的灌丛在金沙江干热河谷区呈小块状零散分布。

栌菊木灌丛在群落外貌呈散生疏灌丛状,远望呈亮灰白色。灌丛小斑块状均匀分布在坡面上,灌丛之间为丛生草本植物。灌丛结构一般分为两层,即灌木层和草本层。灌木层高度1.5~2.5 m,盖度为50%~60%;草本层高度0.4~0.6 m,盖度为30%~40%。灌丛中植物种类较多的科分别为禾本科、蝶形花科、菊科、唇形科、茜草科、卷柏科、大戟科、爵床科、莎草科等。从生活型来看，群落内以草本植物居多，共占 58.8%，木本植物相对较少，共占 41.2%；在功能型方面，1 年生植物所占数量相对较少，共占 36.8%，而多年生植物数量较多，占所有植物种类的 63.2%。

灌木层中优势种除了栌菊木以外，常见植物还有车桑子、余甘子、清香木、柳叶斑鸠菊（Vernonia schreber）、异色柿、滇榄仁、鞍叶羊蹄甲、疏序黄荆、荛花、薄皮木和小叶灰毛莸（Caryopteris forrestii var. minor）等。

草本层中主要优势种有黄茅、拟金茅、黄背草和孔颖草等。常见植物包括单叶木蓝、兔耳一枝箭（Gerbera piloselloides）、野拔子、白花蛇舌草、土丁桂（Evolvulus alsinoides）、卷柏、滇紫草、黄细心、独脚金、苦蒿（Eschenbachia blinii）、白背苇谷草、丁葵草和酢酱草等。

群落中藤本植物较少，主要有云南鸡矢藤（Paederia yunnanensis）、蔓草虫豆、盾叶薯蓣（Dioscorea zingiberensis）等。

②攀枝花苏铁灌丛（Form. Cycas panzhihuaensis）

攀枝花苏铁是 1981 年在四川攀枝花金沙江支流河谷发现的苏铁科苏铁属植物（周林 等，1981）。以攀枝花苏铁为优势种形成的灌木林，属棕榈状簇生叶类灌丛（Fasciculate-leaved shrubland）典型代表类型之一。主要分布于我国四川攀枝花市的把关河、格里坪，凉山彝族自治州宁南县碧鸡河畔、德昌县雅砻江河谷，以及云南禄劝普渡河、元谋龙江、华坪等金沙江支流的河谷坡地（周立江 等，1985；金振洲 等，2000）。群落分布海拔一般为 1100~2000 m，集中分布于海拔 1100~1300 m 的石灰岩山地，属金沙江干热河谷或干热河谷向干暖河谷过渡的地区。分布区河谷"焚风效应"明显，年平均气温 20.5 ℃，绝对最低气温 0 ℃以上，绝对最高气温 40.4 ℃，年降水量仅 800 mm 左右，年蒸发量 2500 mm（远大于降水量），年平均相对湿度 59%，气温日较差大、年较差小，四季不分明，为干湿季极为明显的气候（周立江 等，1985）。攀枝花苏铁灌丛分布区的植被类型具有干热河谷植被向干暖河谷植被过渡的特点。

灌丛群落结构分 3 层，乔木层盖度较小，植物稀疏低矮，层高一般 3~7 m，无优势种。主要种类铁橡栎、滇榄仁、野漆、三叶栎、蒙桑（Morus mongolica）、清香木、锥连栎、黄毛青冈（Cyclobalanopsis delavayi）、木棉、香合欢（Albizia odoratissima）、栎叶枇杷（Eriobotrya prinoides）等常见。

灌木层和草本层盖度均大于乔木层。灌木层高 0.5~2.5 m，以攀枝花苏铁最具优势，棕榈状苏铁成丛分布。伴生灌木植物较常见的有车桑子、疏序黄荆、余甘子、鞍叶羊蹄甲、西南杭子梢、异色柿、帚枝鼠李、铁仔、短柄铜钱树、沙针、华西小石积、假杜鹃、羽状地黄连（Munronia pinnata）、桦叶荚蒾、刺果卫矛（Euonymus acanthocarpus）、臭荚蒾（Viburnum foetidum）、云南山蚂蝗等。

草本植物种类繁多，以禾本科草本为优势，生长茂盛。主要种类有黄茅、芸香草、拟金茅、西南菅草、旱茅、箭叶大油芒、鬼针草、宽羽毛蕨（Cyclosorus latipinnus）、垫状卷柏、山珠南星（Arisaema yunnanense）、翠云草（Selaginella uncinata）、翠雀、石莲（Sinocrassula indica）、团羽铁线蕨（Adiantum capillus-junonis）、银毛土牛膝（Achyranthes aspera var. argentea）等，以及多见高海拔分布的竹叶草、东紫苏（Elsholtzia bodinieri）、小叶荩草（Arthraxon lancifolius）、肿足蕨、沿阶草、旱蕨（Cheilanthes nitidula）等。

藤本植物主要有地不容(*Stephania epigaea*)、多毛青藤(*Illigera cordata* var. *mollissima*)和绒毛蛇葡萄(*Ampelopsis tomentosa*)等。

一般认为,苏铁类植物,最早出现在距今两亿多年的古生代二叠纪,中生代晚三叠迭纪至早白垩纪为繁盛时期,是当时植物区系中的主要建群植物,到晚白垩纪则强烈减少,进入新生代又经第三纪造山运动及第四纪冰期气温下降影响,更进一步减退,仅有少数种类保留下来、繁衍至今。

攀枝花苏铁是目前为止发现的该属植物分布的最北界。它的发现,对于研究我国横断山脉植物区系的发生和发展,研究古气候、古地理和地质、冰川等方面都有很大意义,也是对我国灌木林类型和金沙江干热河谷植被类型的一种重要补充。目前,在我国四川省攀枝花市建立攀枝花苏铁国家级自然保护区,是以攀枝花苏铁这一珍稀濒危植物及其生态环境为主要保护对象的野生植物类型自然保护区,也是目前我国唯一苏铁类植物国家级保护区。

(执笔人:中国林业科学研究院资源昆虫研究所 刘方炎、郎学东)

10.3 元江干热河谷地区

元江干热河谷是我国西南地区最为典型的干热河谷,受到地形封闭和局部小气候综合作用,形成独特的干热河谷气候。根据中国科学院西双版纳热带植物园元江干热河谷生态站(23°28′N、102°10′E,海拔481 m)的气象监测(2012—2019年),该地区干湿季分明,每年的5~10月为雨季,11月至翌年4月为干季。年平均气温24.9 ℃,极端最高气温45.0 ℃,极端最低气温3.6 ℃,多年平均降水量732.8 mm,雨季的降水量大约占80%,日照时数2350 h,潜在蒸发量1750 mm。该地区由于高温少雨,河谷坡面的表土丧失,出现大范围的裸土和裸岩地,土层浅薄。该地区土壤主要有燥红壤和赤红壤两种类型,表层土壤pH值在6.63~7.75,土壤氮含量在0.055%~0.12%,土壤磷含量在0.055%~0.12%,土壤钾含量1.601%~1.737%(Wang *et al.*,2020)。在这种干热气候条件下,该地区发育而成的典型植被为稀树灌草丛,又称为河谷型萨王纳植被,它是世界萨王纳植被的河谷残存者,有重要的研究价值(许再富 等,1985;金振洲 等,2000)。元江干热河谷的植被的植物区系地理的研究表明,该河谷的植物属种,以泛热带分布属比例最高,占到所有属的33.05%,暗示了元江干热河谷植被的古老性(Zhu *et al.*,2020)。

(1)厚皮树稀树灌草丛(Form. *Lannea coromandelica*)

以厚皮树为主要优势乔木树种的稀树灌草丛是元江干热河谷地区广泛分布的灌草丛类型,也是该地区海拔300~1100 m的元江干热河谷两侧分布面积最广、类型最丰富的植被类型。群落保存较为完好,受人为干扰比较小,群落外貌上常呈稀树灌草丛景观,乔木层高度3~5 m,乔木树种主要有厚皮树和细基丸(*Polyalthia cerasoides*),盖度10%~20%。大乔木树种还有清香木、心叶木(*Haldina cordifolia*)、异序乌桕(*Falconeria insignis*)、余甘子等,小乔木树种还有云南柿(*Diospyros yunnanensis*)、西南杭子梢等,另外,干热河谷常见的光叶滇榄仁也广泛分布。

灌木层高度在0.5~2.0 m,盖度在45%~65%。由干热河谷常见植物虾子花、宿萼木(*Stro-*

phioblachia fimbricalyx）、鞍叶羊蹄甲、疏序黄荆、白皮乌口树（*Tarenna depauperata*）、假黄皮、华西小石积等组成。群落灌木层除了主要优势种外，还有许多干热河谷特有种，如瘤果三宝木（*Trigonostemon tuberculatus*）、希陶木（*Tsaiodendron dioicum*）、元江素馨（*Jasminum yuanjiangense*）等。同时，灌木层还分布有肉质多刺植物霸王鞭等。

草本层高度在 10~120 cm，雨季草本层盖度在 60%~80%，主要以黄茅和孔颖草最为优势。草本层植物种类丰富，常见的草本植物由飞扬草、九叶木蓝、土丁桂、黄细心、独穗飘拂草、灰毛豆等植物组成，同时还有复苏植物卷柏和锈色蛛毛苣苔等。

厚皮树稀树灌草丛中还有大量的层间植物，草质藤本有蔓草虫豆、元江绞股蓝（*Gynostemma yuanjiangensis*）等。层间植物还有大量的木质藤本植物，如土蜜藤（*Bridelia stipularis*）、亮叶素馨，南山藤（*Dregea volubilis*）、灰毛白鹤藤（*Argyreia osyrensis* var. *cinerea*），吊山桃（*Secamone sinica*）、美丽相思子（*Abrus pulchellus*）、古钩藤（*Cryptolepis buchananii*）等，还有大型木质藤本大叶白粉藤（*Cissus repanda*）。

（2）狭叶山黄麻稀树灌草丛（Form. *Trema angustifolia*）

狭叶山黄麻稀树灌草丛是元江干热河谷地区生态系统遭受严重人为破坏后的，通过次生演替后逐渐形成的稀树灌草丛类型。狭叶山黄麻稀树灌草丛群落受人为干扰大，群落破碎，群落外貌上呈稀树灌草丛景观，以先锋种狭叶山黄麻为主要的优势种，干热河谷地区耐旱的速生植物银合欢（*Leucaena leucocephala*）、金合欢也伴生在该稀树灌草丛中。

灌木层高度在 0.5~1.5 m，盖度在 30%~60%。灌木层由假杜鹃、疏序黄荆、假黄皮、长梗黄花稔（*Sida cordata*）、赛葵（*Malvastrum coromandelianum*）、云南沙地叶下珠（*Phyllanthus arenarius* var. *yunnanensis*）、小果叶下珠（*Phyllanthus reticulatus*）等组成。在一些群落地段，还有人为种植的芦荟（*Aloe vera*）、剑麻等，高度在 0.3~0.5 m。

草本层高度在 10~100 cm，盖度在 40%~50%。草本层植物以灰毛豆、羽芒菊（*Tridax procumbens*）、黄细心、土牛膝（*Achyranthes aspera*）、牛筋草等为主。另外，还伴有入侵植物飞机草（*Chromolaena odorata*）。

（3）牛角瓜灌丛（Form. *Calotropis gigantea*）

牛角瓜灌丛主要分布于 300~600 m 海拔范围内的向阳山坡、旷野地及江边，牛角瓜灌丛在我国西南地区元江、金沙江、怒江和澜沧江的干热河谷地区也有广泛分布。牛角瓜灌丛分布有稀疏的乔木树种，主要为散生的大乔木，常见的乔木树种有酸豆和木棉等，均分布于水分条件比较好的元江江边上，木棉高度高达 20 m。

灌木层以牛角瓜为绝对优势，牛角瓜单种的盖度高达该灌丛的 70% 以上。牛角瓜灌丛主要分布于江边的河漫滩，受到河流水位涨落的影响，其他的灌木种类不多，主要由虾子花、鞍叶羊蹄甲、黄花稔（*Sida acuta*）等植物组成。牛角瓜灌丛较少有草本植物分布，一方面由于受到河流水位的影响，草本植物的种子和幼苗很难定植；另一方面，受到河漫滩沙地的影响，夏季表层温度非常高。

（4）疏序黄荆灌丛（Form. *Vitex negundo* f. *laxipaniculata*）

在元江干热河谷地区，海拔 350~1100 m 的范围内，由于河谷坡面的表土丧失严重，在土层浅薄的裸岩地，常常发育出疏序黄荆灌丛。该灌丛缺少明显的乔木树种，群落内以疏序黄荆为绝对优势，疏序黄荆的盖度高度 50% 以上，群落外貌上呈稀疏灌草丛景观，灌丛高度在 1~2 m。

灌木层除了疏序黄荆外，常由华西小石积、假杜鹃、鞍叶羊蹄甲、火绳树、黑面神、假黄皮、细基丸、九里香等组成。

疏序黄灌丛具有明显的草本层，高度在 10~100 cm，盖度在 20%~50%。草本层植物由飞蛾藤、蔓草虫豆、灰毛豆、羽芒菊、土牛膝等草本植物组成。该灌丛还分布有少量的藤本植物，如南山藤、吊山桃和美丽相思子等。

（执笔人：中国科学院西双版纳热带植物园 张树斌）

10.4 怒江干热河谷地区

怒江干热河谷位于横断山的西南部、纵向岭谷区的中西部，自北向南纵贯于碧罗雪山山脉和高黎贡山山脉之间，包括怒江州六库县至龙陵县勐兴镇之间的主干流河段海拔 1000 m 以下地区，全长约 220 km（金振洲 等，2000；刘方炎 等，2010；杨济达 等，2016）。怒江干热河谷东边有怒山山脉、澜沧江、云岭山脉平行斜贯，西边除高黎贡山纵贯外，外侧有龙川江河谷和固永高尖山，两层高山山脉阻挡了来自孟加拉湾的暖湿西南季风，形成河谷"雨影"及"焚风效应"，在河谷下部形成干热河谷气候（金振洲 等，2000）。

怒江干热河谷是典型的高山峡谷地貌，海拔 670~1300 m，由山麓冲积扇、冲积堆及阶地组成，地形下陷、深切，河西的高黎贡山和河东的怒山与谷底的相对高差都在 2000 m 左右（曹永恒 等，1993；金振洲 等，2000）。

怒江干热河谷气候为南亚热带向热带过渡的干热河谷气候，河谷海拔较低，"焚风效应"明显，热量偏高（金振洲 等，2000）。西风南支急流和西南季风的更迭造成区域的季节性干旱，深陷封闭的地形所产生的"雨影"作用，"焚风效应"和"辐射效应"使得干燥更趋严重。以潞江坝气候为例，区域年总辐射量为 138 kcal/（年·cm^2），年均温 21.5 ℃，最冷月均温 13.9 ℃，最热月均温 26.4 ℃，多年极端最低温 0.2 ℃，极端最高温 40.4 ℃，>10 ℃ 积温 780 ℃；年降水量 751.4 mm，雨季降水量 618.6 mm，占年降水量的 82%，干季降水量 132.8 mm，只占年降水量的 18%，年均干燥度 1.9（曹永恒 等，1993）。

怒江干热河谷相对高差大，地貌类型多样，生物气候复杂，土壤呈垂直分布，由河谷至山顶依次出现各类土壤，主要有水稻土、红壤、黄壤、棕壤、草甸土等（中国科学院青藏高原综合科学考察队，2000）。河谷在热量高、雨量少、旱季长等气候特点的影响下，其成土过程弱，矿物风化程度低，土壤的脱硅富铝化作用不明显，且因蒸发量大，淋溶作用弱，酸性土壤盐基饱和度高，土层呈红褐色，其主要分布土壤为红褐土，也即燥红土（曹永恒 等，1993；赵琳 等，2006；杨济达 等，2016），冲积洪积土主要分布在河谷两岸，多数已被开垦为农田（欧晓昆，1994；金振洲 等，2000）。

金振洲等（2000）依据 Braun-Blanquet 植被分类学的分类原则和方法，把怒江干热河谷区域取样调查得到的 166 个样地记录逐级归类，建立群纲 1 个群目 1 个群属 3 个群丛 19 个。通过与世界同类植被的对比研究，发现怒江干热河谷气候与世界典型萨王纳气候基本近似，高山峡谷地貌深刻地影响了气候，而气候又影响了植被，形成了河谷型的半萨王纳植被（曹永恒 等，1993）。怒江干热河谷植被的群落外貌基本为稀树灌木草丛状，乔木和灌木稀散生长在以中草和禾草草丛为背景的大片草地中，在人为干扰下可成为"稀树草丛""稀灌草丛"和"草丛"外貌，具体可以分为稀树灌草丛类型和肉质刺灌丛类型；群落结构主要以乔、灌、草 3 层或灌、草 2 层形式组成，群落在河谷坡上为断续带状分布，群落层次结构单一，外貌随干湿季节交替变化明显，植物多是中生种类，旱生形态突出（杨济达 等，2016）。

怒江干热河谷是世界植被中萨王纳植被的干热河谷残存者，有其自身特有的群落特征和植物区系组成，植被结构和植物种类组成多样，多数植物具有多样的形态与生态适应性。由于河谷地区农业开发、陡坡开垦造成的植被破坏、水土流失以及生物入侵等的影响（许玥 等，2016），导致怒江干热河谷当前植被次生现状及其群落类型多样，既有以木棉和黄茅及柯子和黄茅为优势、结构典型的半萨王纳植被，也有萨王纳林和灌木丛萨王纳的植被景观（金振洲 等，2000）。区域形成了以灌木丛为主的自然植被景观，人为干扰强度的大小是导致怒江干热河谷灌木丛类型多样的主要原因。由于人为干扰和不适的环境条件，河谷原生的季雨林早已不在，坡地干热河谷植被生态系统业已严重退化，结构与功能濒临崩溃，严重制约了区域经济社会的可持续发展，如果没有有力的生态恢复措施，生态恢复较难实现。

主要灌丛类型包括以下几种。

（1）余甘子灌丛（Form. *Phyllanthus emblica*）

余甘子产于江西、福建、台湾、广东、海南、广西、四川、贵州和云南等省份，生于海拔 200~2300 m 山地疏林、灌丛、荒地或山沟向阳处。印度、斯里兰卡、中南半岛、印度尼西亚、马来西亚和菲律宾等地也有分布。具有极喜光、耐干热瘠薄环境、萌生力强、根系发达、可保持水土等习性，可作为分布区荒山荒地酸性土造林的先锋树种。余甘子灌木丛是怒江干热河谷稀树灌木草丛破坏后形成的干热灌丛类型，分布区海拔低于 1500 m。土壤为燥红壤，土壤瘠薄，地表石砾较多，母质为砂岩、砂页岩。

余甘子灌木丛群落外貌黄绿色，稀疏，在旱季时落叶，以余甘子、虾子花为共建种。群落结构简单，分为 2 层，灌木层一般高度 1.5~2.5 m，层盖度 15%~35%，以 20% 为主。草本层高 0.2~0.4 m，盖度通常在 35%~75%，以 55% 为主。灌木层以余甘子、虾子花为优势种，其他还有大叶千斤拔、清香木、银柴等。草本层较稀疏，以黄茅、裂稃草、拟金茅、黄背草、长波叶山蚂蝗（*Desmodium sequax*）等为主。余甘子果实中含有丰富的维生素 C、维生素 B_1、维生素 B_2、维生素 A 和维生素 P 等（刘延泽 等，2013），供食用，可生津止渴，润肺化痰，治咳嗽、喉痛，解河豚鱼中毒等。初食味酸涩，良久乃甘，故名"余甘子"。

（2）霸王鞭灌丛（Form. *Euphorbia royleana*）

怒江干热河谷海拔 680~1100 m 分布着霸王鞭–仙人掌群落，这一植被类型是滇川干热河谷最具代表性植被肉质多刺灌丛的代表群落，属怒江干热河谷植被的典型群落。霸王鞭属肉质灌木，具有丰富乳汁，分布于广西（西部）、四川和云南，在印度北部、巴基斯坦及喜马拉雅地区诸国亦有分布。常与白饭树（*Flueggea virosa*）、仙人掌、金合欢、龙须藤、滇榄仁、叶苞银背藤（*Argyreia mastersii*）等形成不同的群落类型。

霸王鞭灌丛群落总盖度 85%~100%，群落有 2 个结构层，即乔灌层与草本层。乔灌层高度

2.5~4.0 m，主要是霸王鞭的高度，层盖度 45%~85%，较密。草本层高度 0.4~0.5 m，为低草层，层盖度 10%~80%，疏密不一。土壤为砖红壤或燥红壤，基质多石、土壤缺水、地表灼热。群落外貌呈半萨王纳的肉质多刺灌草丛群落外貌。霸王鞭是典型的耐高温植物，该群落与仙人掌灌丛是干热河谷植被中最耐干旱的类型。

（3）仙人掌灌丛（Form. *Opuntia dillenii*）

仙人掌灌丛与霸王鞭灌丛均属于怒江干热河谷肉质多刺灌丛的代表群落。仙人掌为肉质灌木或小乔木，原产巴西、巴拉圭、乌拉圭及阿根廷，世界各地广泛栽培，在热带地区及岛屿常逸生。我国各省份有引种栽培，在云南南部及西部、广西、福建南部和台湾沿海地区归化。分布区海拔在 1500 m 以下，尤以 1000 m 以下的低海拔河谷地带更为常见。土壤为砖红壤或燥红壤，基质多石、土壤缺水、地表灼热。

仙人掌灌丛群落并非普遍存在，而是断断续续地呈小片、小团块状出现，且特征成分肉质多刺。以仙人掌为建群种，或以仙人掌和霸王鞭为共建种，构成该群落类型。群落一般高 2 m 左右，最高可达 4 m。灌木层常见种类有仙人掌和霸王鞭，伴生植物有金合欢、浆果棟、细叶黄皮（*Clausena anisum-olens*）、白饭树、龙须藤、滇榄仁、叶苞银背藤等；草本层不发达，高度约 0.08 m，层盖度仅 10%~20%，主要为禾本科低草，还有旋蒴苣苔（*Boea hygrometrica*）、落地生根（*Bryophyllum pinnatum*）等；藤本植物更不发达，多作小藤状，如圆叶西番莲（*Passiflora henryi*）、亮叶茉莉等。

怒江干热河谷的肉质多刺灌丛在群落的形成和发展上具有次生性质，群落中除特征种霸王鞭和仙人掌外，几乎所有其他种都是其他稀树灌木草丛的组成成分。群落大多由河谷季雨林、干燥疏林或萨王纳植被破坏或退化后形成。过度砍伐、过度放牧和火烧是导致和加速这种退化的直接原因，特别是在土壤瘠薄多石之处，肉质多刺灌丛更易发生。

（4）虾子花灌丛（Form. *Woodfordia fruticosa*）

虾子花灌丛是云南亚热带南部地区具有南亚热带性质的灌丛类型。在怒江干热河谷地区分布海拔为 1000~1300 m。虾子花耐干热，喜酸性土壤，土壤肥瘦不甚苛求，但以肥沃、阳光充足之处生长较为粗壮和迅速，常与清香木等组成特有灌丛。

虾子花灌丛群落外貌色调浅绿至灰绿色，丛冠波状起伏，属较耐旱的次生灌丛类型。常伴生清香木、羊耳菊等。群落高度 1.5~1.8 m，分为 2 层，总盖度 70%~80%。灌木层以虾子花、清香木、羊耳菊占优势，其他还有浆果棟、绒毛算盘子（*Glochidion heyneanum*）、沙针等，层高 1.5~2.5 m，层盖度 50%~60%，不太密。草本层以黄茅、孔颖草占绝对优势，其他还有石芒草（*Arundinella nepalensis*）、细柄草、白茅等，层高 0.3~0.5 m，层盖度 30%~50%，不太密。整个群落呈现出半萨王纳的乔灌较密的疏树灌草丛外貌。

（5）浆果棟灌丛（Form. *Cipadessa cinerascens*）

浆果棟为棟科浆果棟属灌木或小乔木，产广西、四川、贵州、云南等省份。浆果棟灌丛是亚热带南部地区南亚热带性质的缓坡地带典型灌丛类型，多为季风常绿阔叶林遭反复破坏后出现的相对稳定的次生类型。广泛分布在怒江干热河谷海拔 900~1400 m 的河岸坡地。

浆果棟灌丛群落总盖度 80% 左右，丛冠起伏较大，色调也不尽相同。以浆果棟、绒毛算盘子或浆果棟、虾子花为共建种。群落高 0.5~1.5 m，分为 2 层。灌木层以浆果棟和绒毛算盘子占优势，其他还有清香木、野拔子、余甘子等。草本层主要有艾蒿（*Artemisia* spp.）、孔颖草、石芒草、破坏草等。

（6）清香木灌丛（Form. *Pistacia weinmanniifolia*）

清香木为漆树科黄连木属常绿灌木或小乔木，分布于我国云南、西藏、四川、贵州、广西等地。清香木灌丛是云南干热、干暖河谷广泛分布的暖温性灌丛类型。在怒江干热河谷主要分布于海拔 600~1100 m 的范围。常与虾子花等形成不同的群落类型。整个群落呈现出半萨王纳的乔灌较密的疏树灌草丛外貌。

清香木灌丛群落高度 2~3 m，分为 2 层。灌木层以清香木为优势，其他还有虾子花、浆果楝、皱叶黄杨（*Buxus rugulosa*）、马鞍叶羊蹄甲、迎春花（*Jasminum nudiflorum*）、毛叶合欢（*Albizia mollis*）、华西小石积等，层高 1.5~2.5 m，层盖度 50%~60%。草本层盖度极低，以黄茅、孔颖草占绝对优势，其他还有石芒草、细柄草、白茅等，层高 0.3~0.5 m。

（执笔人：云南大学 王文礼、欧晓昆）

10.5　澜沧江干热河谷地区

我国西南的干旱河谷是一类具有干燥炎热特点的独特河谷景观，张荣祖（1992）将其分为干热和干温两种类型。刘伦辉（1998）根据气候条件，将横断山区干旱河谷分为干热、干暖、干温、干凉 4 种类型。杨兆平和常禹（2007）在前人基础上将其分为干热、干暖、干温 3 种类型。云南的干旱河谷主要是干热河谷与干暖河谷，干热河谷分布在元江、怒江、金沙江中下游和澜沧江中游等地，而干暖河谷仅分布在金沙江和澜沧江中上游干热河谷的山坡上部和纬度偏北河谷下部德钦、中甸、丽江等地（金振洲 等，2000）。干暖河谷以小叶灌丛为主要植被类型，具有硬叶、疏生、矮生、小叶等特征，是区域特有的灌木丛类型。本节在探讨澜沧江干热河谷灌木丛的同时，也对其干暖河谷灌木丛类型进行了介绍，以期了解澜沧江河谷地区灌木丛的全貌。

澜沧江干热河谷分布范围很小，仅见于大理州南涧县与临沧市凤庆县接壤的澜沧江主干流河段两侧山地，全长约 50 km，河谷底部海拔 800~900 m，海拔上限 1300 m（金振洲 等，2000；刘方炎 等，2010；杨济达 等，2016）。由于河谷西南部层层高山对西南季风暖流的阻挡作用，造成河谷底部局部干旱（金振洲 等，2000）。澜沧江干暖河谷位于云南境内澜沧江上游及支流河段，从德钦县云岭乡至芒康县曲孜卡乡，分布于两岸海拔 2000~2600 m 范围（金振洲 等，2000）。

澜沧江干热、干暖河谷区均是典型的高山峡谷地貌，无平坝及较平坦的河岸，河谷两岸山地坡度陡峭，土壤多砂石。干热河谷地理位置处于云贵高原的中西部，其东北方有无量山脉斜贯，其西南方向为怒山山脉斜贯，为两侧中山和高山下部深陷的峡谷。干暖河谷位于流域北部，南北走向，河谷深陷，其西侧为怒山山脉的碧罗雪山，其东侧为云岭山脉的主体，北有白马雪山（金振洲 等，2000）。

澜沧江干热、干暖河谷气候为南亚热带性的河谷气候，前者偏干热，后者向干温气候过渡。由于河谷西南部层层高山对西南季风暖流的阻挡作用，造成河谷底部局部干旱（金振洲 等，2000）。澜沧江干暖河谷区由于纬度更偏北，水汽无法到达，区域干旱更严重，海拔 2400 m 以下的地区，年均气温在 10~16 ℃，年降水量 200~600 mm；海拔 2400~2800 m 的地区，年均气温在 7~10 ℃，降水量 450~700 mm（普建明，2004）。

澜沧江干热、干暖河谷区域相对高差大，地貌类型多样，生物气候复杂，土壤呈垂直分布，由河谷至山顶依次出现各类土壤，主要有水稻土、红壤、黄壤、棕壤、草甸土等。河谷在热量高、雨量少、旱季长等气候特点的影响下，其成土过程弱，矿物风化程度低，土壤的脱硅富铝化作用不明显，且因蒸发量大，淋溶作用弱，酸性土壤盐基饱和度高，土层呈红褐色，其主要分布土壤为红褐土，也即燥红土（杨济达 等，2016）。

澜沧江干热河谷植被属于半萨王纳植被，灌木具有扭曲、矮化、小叶、毛叶、多刺等特点（金振洲 等，2000）。代表植物有木棉、厚皮树等乔木，车桑子、三叶漆等灌木，孔颖草、双花草、芸香草等草本（金振洲，1999，2002）。干暖河谷植被以疏生的小叶灌丛为主，在河谷坡面常呈半荒漠状外貌，近河谷底部有耐干旱的乔木散生，岩坡常有硬叶栎类灌丛分布。代表植物有鞍叶羊蹄甲、小叶荆、白刺花等。

澜沧江干热、干暖河谷植被是我国珍稀濒危的植被类型（金振洲 等，2000）。澜沧江河谷地带的地理特点及其干热特性，加上开发利用中的过度砍伐、过重耕种等的影响，使得河谷地带的自然环境呈现出持续恶化的发展趋势，这一地区的植被破坏有所加重，随之而来的是土地荒漠化及其水土流失等的多发，所有这些都使得原本脆弱的生态环境更为恶劣，其结果将会制约区域经济社会的可持续发展，如果没有有力的生态恢复措施，生态恢复较难实现。

主要灌丛类型包括以下几种。

（1）华西小石积灌丛（Form. *Osteomeles schwerinae*）

华西小石积为蔷薇科小石积属落叶或半常绿灌木。分布于四川、云南、贵州、甘肃等地。主要生长在山坡灌木丛中或田边路旁向阳干燥地。分布海拔 1300~1600 m。常与小叶栒子、余甘子等形成不同的群落类型。整个群落呈现出半萨王纳的乔灌较密的疏树灌草丛外貌。

华西小石积灌丛是一类耐干旱的植被类型。土壤为燥红壤且瘠薄，表土流失严重。群落外貌呈灰黑色，夹杂黄绿色的斑块。以华西小石积为建群种，或以华西小石积和小叶栒子为共建种，构成该群落类型。群落高 0.5~0.8 m，分 2 层。灌木层盖度 40%~50%，常见种类有华西小石积、小叶栒子，余甘子、水锦树（*Wendlandia uvariifolia*）等；草本层盖度 30% 左右，以黄茅为优势，其他有裂稃草、黄背草、金色狗尾草（*Setaria pumila*）等。

（2）疏序黄荆灌丛（Form. *Vitex negundo* f. *laxipaniculata*）

疏序黄荆为唇形科牡荆属小乔木或灌木，分布在云南、四川等地，在澜沧江流域河谷主要分布于山坡海拔 1000~1500 m 范围内。常与滇榄仁等形成不同的群落类型。整个群落呈现出半萨王纳的乔灌较密的疏树灌草丛外貌。

疏序黄荆灌丛属旱生灌丛类型。土壤为砖红壤或红壤，所在地为干热河谷底部的河岸附近坡积地上，土壤一般都发育在坡积物上，地表多小石块。群落外貌呈浅绿色，以疏序黄荆为建群种，或以疏序黄荆、滇榄仁为共建种，构成该群落类型。群落高矮比较一致，约 3 m。群落层次结构不明显。灌木上层的盖度 65%~85%，以疏序黄荆为主，其次为滇榄仁、余甘子等；灌木下层高 0.5~1.5 m，层盖度 15%，常见种类有蛇婆子（*Waltheria indica*）、侧花木兰（*Indigofera subsecunda*）等；草本层高 0.24~0.4 m，层盖度 15%~25%，分散而无优势种。常见种类有箭叶大油芒、黄茅、单叶拿身草（*Desmodium zonatum*）、旱蕨等；藤本植物不发达，常见种类有葛、薄荚羊蹄甲、三叶崖爬藤（*Tetrastigma hemsleyanum*）等。

（3）白刺花灌丛（Form. *Sophora davidii*）

白刺花为豆科苦参属灌木或小乔木，分布于我国华北、陕西、甘肃、河南、江苏、浙江、湖北、湖南、广西、四川、贵州、云南、西藏等地。在澜沧江干暖河谷区主要分布于河谷低海拔 2000 m 至中海拔 2500 m 的区域。常与小叶荆、鞍叶羊蹄甲、小叶灰毛莸、革叶荛花、小蓝雪花等形成不同的群落类型。该类型在整个澜沧江干暖河谷中是优势分布的群落，常生长于由冲积形成的深厚的土壤、但夹杂很多大石块的生境。放牧干扰程度通常较重。

白刺花灌丛常呈半荒漠状外貌。灌木层盖度 10%~30%，高度 0.5~2 m，主要灌木种类包括白刺花、小叶荆、鞍叶羊蹄甲、小叶灰毛莸、革叶荛花、小蓝雪花等。草本层盖度 1%~5%，高度 0.5 m，主要种类有白草、糙毛阿尔泰狗娃花（*Heteropappus altaicus* var. *hirsutus*）、猪殃殃（*Galium spurium*）、疏穗小野荞麦（*Fagopyrum leptopodum* var. *grossii*）、怒江蒿（*Artemisia nujianensis*）、狗尾草、栉叶蒿、地锦草（*Euphorbia humifusa*）等。白刺花耐旱性强，此类灌木丛在澜沧江干暖河谷地区起着重要的水土保持和水源涵养作用。

（4）鞍叶羊蹄甲灌丛（Form. *Bauhinia brachycarpa*）

鞍叶羊蹄甲为豆科羊蹄甲属灌木，分布于我国湖北、四川、云南、甘肃、西藏等地。在澜沧江干暖河谷区主要分布于河谷低海拔 2150 m 至中海拔 2600 m 的区域。常与小叶荆、白刺花、小叶灰毛莸、革叶荛花、小蓝雪花等形成不同的群落类型。该类型在整个澜沧江干暖河谷中是优势分布的群落，常生长于由冲积形成的深厚的土壤、但夹杂很多大石块的生境。放牧干扰程度通常较重。

鞍叶羊蹄甲灌丛常呈半荒漠状外貌。灌木层盖度 10%~30%，高度 0.5~2 m，重要种类有鞍叶羊蹄甲、白刺花、小叶荆、小叶灰毛莸、革叶荛花、小蓝雪花等。草本层盖度 1%~5%，高度 0.5 m，主要种类有白草、糙毛阿尔泰狗娃花、猪殃殃、疏穗小野荞麦、怒江蒿、狗尾草、栉叶蒿、糙毛阿尔泰狗娃花、地锦草等。

（5）云南土沉香灌丛（Form. *Excoecaria acerifolia*）

云南土沉香为大戟科海漆属灌木，分布于云南和四川。在澜沧江干暖河谷区主要分布于海拔 1600 m 以下的区域。区域气候温暖干燥，属暖热性干旱气候。土壤为红壤或燥红壤，分布于多石土层。

云南土沉香灌丛是旱生生态特点明显的暖性灌丛类型。群落灌木丛生，枝多弯曲；灌木以小叶型植物为常见；灌木和草本植物中常见一些旱生生态特点，陡峭地段有少量仙人掌。群落以云南土沉香为建群种。群落高 1.1~2.5 m，分为 2 层。灌木层以云南土沉香为优势种，其他还有清香木、锈鳞木犀榄（*Olea europaea* subsp. *cuspidata*）、茶条木、黄连木等。草本层主要有云南娃儿藤（*Tylophora yunnanensis*）、毛莲蒿、荩草、画眉草、天名精。

（6）刺叶石楠灌丛（Form. *Photinia prionophylla*）

刺叶石楠为蔷薇科石楠属灌木。主要分布于云南西北部，金沙江、澜沧江上游地区，在澜沧江干暖河谷区主要分布于河谷海拔 2500 m 左右的区域。常与清香木、紫药女贞（*Ligustrum delavayanum*）、黄背栎、华西小石积等形成不同的群落类型。

刺叶石楠灌丛是季节雨林、半常绿季雨林、落叶季雨林经反复破坏后的产物。群落密集，外貌整齐，虽次生性强，但是相对稳定，属暖温性灌丛。群落以刺叶石楠为建群种。群落总高度 2 m，总盖度 90%，分 2 层。灌木层高 2 m，盖度 80%，主要种类有刺叶石楠、清香木、紫药女贞、黄背栎、华西小石积等；草本层高 0.5 m，盖度 30%，主要种类有芸香草、黄茅、野拔子、须弥茜树(*Himalrandia lichiangensis*)等。

(执笔人：云南大学 王文礼、欧晓昆)

10.6　红水河干热河谷地区

干热河谷是一种独特的河谷荒漠生态景观，在我国西南地区的云南、四川、贵州等地分布极广，在贵州主要集中于北盘江、红水河等江河流域，沿河谷两岸呈带状分布。主要特点是降水量少，蒸发量大，整个区域气候又干又热。由于原生森林植被遭到破坏，干热河谷地区植被群落结构单一，多以菊科、仙人掌科以及景天科等旱生植物为主，河谷坡面呈现为荒漠化景观。贵州省是一个多山的高原省份，全境地势由西北向东南呈梯级下降，在海洋性气候和大陆性气候的共同作用下，具有湿润亚热带气候特征(杨云，1980)。就灌丛植被的水平分布来说，独特的气候环境条件决定了灌丛植被在贵州森林植被中并不占据显著地位，贵州省灌丛，以次生性的更为普遍，多分布在人口稠密、森林稀少或已遭破坏的地段。

红水河发源于云南省沾益县马雄山西北麓，经宣威至格都流入贵州境内，称为南盘江，后又经茅口、盘江桥、百层等地至望谟蔗香双江口合北盘江称红水河(周政贤，1992)；涉及威宁、水城、盘州、六枝、镇宁、安顺、关岭、紫云、晴隆、普安、兴仁、安龙、贞丰、册亨、望谟等 15 个县市。区域热量条件优越，温度较高，局部深切和东西走向的河谷地段雨量充沛，湿度较大，冷暖气流因受河谷两侧山体所阻，加之沟谷焚风增温作用的影响，干热季节较长而湿热季节短，具有北亚热带气候区冬温夏热的气候特征。该气候区形成和分布的地带性土壤为砖红壤性红壤、赤红壤性土(谢静 等，2015)。贵州高原干热河谷主要分布在北盘江的中下游地区(北起毛口河，下沿关岭、晴隆两县的边境南下，直到望谟县的遮香，此外，北盘江的支流打棒河、麻布河等也有干热河谷分布带)，以及樟江、濛江流域的高山峡谷地带。区域包括今贵州省的六盘水市、晴隆县、关岭县、贞丰县、镇宁县、望谟县、册亨县等。这一河流流经的地区目前一半以上地段已经呈现出干热河谷景观，是贵州境内连片分布面积最广的干热河谷灾变带，海拔高度从 1200 m 起直达谷底，原生的藤蔓丛林彻底消失，退变为稀疏草丛，仙人掌科和景天科的植物成优势物种。

主要灌丛类型包括以下几种。

(1)余甘子灌丛(Form. *Phyllanthus emblica*)

余甘子为大戟科叶下珠属植物，喜温暖干热气候，生长于海拔 200~2300 m 山地疏林、灌丛、荒地或山沟向阳处；其根系发达，耐干旱瘠薄，可保持水土，可作庭园风景树。这是一类适应于干热河谷气候的特殊群落。在我国主要分布于云南、四川、广西及贵州等省份。在贵州、广西，主要见于海拔 400 m 以下干热河谷，在四川，本类型分布的海拔较高。贵州主要分布于兴义、安龙、册亨、望谟、罗甸等地的南、北盘江、红水河干热河谷地带。

分布地区纬度位置偏南，接近北回归线，且地势较低，河谷地带一般在海拔 600 m 以下，受寒湖影响小，且印度洋西南季风越过云南高原自高处下沉，形成焚风，增加了这一地区的干热程度。因而，这里气候的特征是炎热干燥，年均气温为 20.5~21.59 ℃，最冷月均温 129 ℃，年降水量在 1100 mm 左右，多集中在 5~10 月，有较明显的干湿季。

分布区的土壤为红壤或为砖红壤性红壤（如罗甸海拔 240~500 m 一带），呈酸性反应，pH 值为 4.5~5.5。由于土壤中有机质含量低，且大都冲刷严重，其他植物难以生长，而余甘子却能适应这种严酷的条件。

本群落外貌呈散生灌木状，局部地段成片生长，呈黄绿色，旱季时大多落叶，植株一般高 1~2 m，余甘子有的可高达 5 m。覆盖度因各地受人为破坏程度不一，悬殊较大，一般为 50%~80%。群落结构可分为灌木层和草本层。灌木层以余甘子占绝对优势，总的覆盖度最高可达 60%，其他种类有麻栎、秧青（Dalbergia assamica）、虾子花、柏拉木（Blastus cochinchinensis）、西南杭子梢、小雀花（Campylotropis polyantha）、白背算盘子（Glochidion wrightii）、红算盘子（Glochidion coccineum）、革叶算盘子（Glochidion daltonii）、白栎等。

草本层植物主要以耐旱的禾本草生长最繁茂，层覆盖度一般约为 40%，常见的种类有芒、黄茅、刚莠竹（Microstegium ciliatum）、华须芒草、宿根画眉草（Eragrostis perennans）、酢浆草、华南紫萁（Osmunda vachellii）等。

藤本植物主要有小叶海金沙（Lygodium microphyllum）、海金沙（Lygodium japonicum）、曲轴海金沙（Lygodium flexuosum）、藤黄檀（Dalbergia hancei）、狭叶黄檀（Dalbergia stenophylla）等。

（2）浆果楝灌丛（Form. Cipadessa cinerascens）

浆果楝为楝科浆果楝属灌木或小乔木，通常高 1~4 m，很少达 8~10 m；主要分布于广西、四川、贵州、云南等省份，大多生长在山地疏林或灌木林中。本群落主要分布于南盘江下游及南、北盘江交汇处一带河谷两岸的山地斜坡上，海拔 500~800 m。群落生境的特点是气温高、湿度小、土壤干燥瘠薄，有机质含量低，水土流失严重，并且人为活动频繁。本群落分布地区经常受山火和放牧的影响，植被遭到较大破坏，不少地区已成为林木稀疏的灌丛高草地，植被稀少，冲刷严重的地区常有基岩裸露。在贞丰县白层地区海拔 800 m 一带的山地，本类群落保存较好，这里坡度一般 30°左右，土壤为发育在砂页岩上的红壤，pH 值为 6.5。该群落层次结构明显，主要分为灌木层、草本层。

灌木层的高度一般在 3 m 以下，优势种有浆果楝、山麻杆（Alchornea davidii）、红背山麻杆、假烟叶树、小叶五月茶（Antidesma montanum var. microphyllum）、圆叶乌桕、地桃花、尾叶铁苋菜（Acalypha acmophylla）、苘麻叶扁担杆（Grewia abutilifolia）、扁担杆、黄麻叶扁担杆（Grewia henryi）、桃金娘、贵州水锦树（Wendlandia cavaleriei）、水晶棵子（Wendlandia longidens）、水锦树、细齿山芝麻（Helicteres glabriuscula）、剑叶山芝麻（Helicteres lanceolata）、虾子花、大叶紫珠（Callicarpa macrophylla）、中平树（Macaranga denticulata）、羊耳菊、火筒树（Leea indica）等。

层间层优势种有古钩藤、鞍叶羊蹄甲、龙须藤、粉叶羊蹄甲（Bauhinia glauca）、黔南羊蹄甲（Bauhinia quinnanensis）、囊托羊蹄甲（Bauhinia touranensis）、火索藤（Bauhinia aurea）、茅莓、毛木通（Clematis buchananiana）、小果微花藤（Iodes vitiginea）等。

草本植物在群落中生长得高大茂密，使群落类似于稀树草原的景观。草本层的覆盖度一般可达 65%~85%，草本层优势种有黄背草、九头狮子草（Peristrophe japonica）、黄茅、棕叶芦（Thysanolaena latifolia）等。

（3）芦竹灌丛（Form. *Arundo donax*）

芦竹为禾本科芦竹亚科芦竹属的多年生高大苇状草本，具发达根状茎。该种广泛分布于亚洲、非洲、大洋洲热带地区，我国主要分布于东南至西南地区。其耐干旱、耐贫瘠，分蘖能力强，生物产量高，且纤维质量好，常用于造纸、固堤等用途。本群落主要分布在黔西南及黔南。季雨林遭受破坏的地区，分布面积较广，占季雨林分布地区的50%~60%。在兴义、安龙、册亨、贞丰、望谟、罗甸等县均有分布。这是一类季雨林群落遭到破坏后形成的次生植被类型。

群落主要由禾本科的高草为优势种所组成，一般高1.5~3 m，层覆盖度在85%以上，群落亦可分为灌木层、草本层，层间植物不发达。

其群落常见的草本植物除优势种芦竹、类芦（*Neyraudia reynaudiana*）、棕叶芦、卡开芦（*Phragmites karka*）、韦菅（*Themeda arundinacea*）、中华菅（*Themeda quadrivalvis*）、菅（*Themeda villosa*）外，尚有斑茅、甜根子草（*Saccharum spontaneum*）、金猫尾（*Saccharum fallax*）、白茅、台蔗茅（*Saccharum formosanum*）、蔗茅、五节芒、石芒草等物种，其中的菅、斑茅、甜根子草等往往可高达3~4 m，成丛生长，每丛茎可多达数十根，形成高大草丛。棕叶芦多散生在黄茅成片的草丛中，石芒草、五节芒成片段分布，往往布满一个个小的山坡。

群落其他伴生植物有密蒙花、硬秆子草、鬼针草、如意草、地桃花、黄细心、狗牙根等。此种高草丛久经火烧，在土壤黏重或较肥沃的撂荒地上，则形成大片白茅草坡，达到暂时稳定的演替阶段。而在土壤瘠薄干旱的地区，多黄茅分布，此外尚见有金茅（*Eulalia speciosa*）、拟金茅、四脉金茅（*Eulalia quadrinervis*）、细毛鸭嘴草（*Ischaemum ciliare*）等。

本群落中散生有少量乔木，如化香树、南酸枣（*Choerospondias axillaris*）、木棉、木蝴蝶（*Oroxylum indicum*）、羽脉山黄麻（*Trema levigata*）、余甘子、云南黄杞（*Engelhardia spicata*）、贵州水锦树、柳叶水锦树（*Wendlandia salicifolia*）、水锦树、大叶紫珠、金腺莸（*Caryopteris aureoglandulosa*）等，其中有不少种类属耐山火或落叶的种类。草丛中亦混生有少数喜光小灌木，如南天竹（*Nandina domestica*）、清香木、地果、火棘、白刺花等。

（4）黄荆灌丛（Form. *Vitex negundo*）

黄荆为马鞭草科牡荆属落叶灌木或小乔木，性喜光，能耐半阴，好肥沃土壤，但亦耐干旱、耐瘠薄和寒冷。黄荆灌丛是我国亚热带地区石灰岩山地以及河岸边坡地上较为普遍的一种植物群落。贵州省黄荆灌丛主要分布于海拔800 m以下的河谷地带，如赤水河谷、红水河谷等。分布于地表较为干燥的石灰岩山地或河谷两边的河漫滩及砾石堆积层上，土壤多为钙质土或中性土壤，有一定的水湿条件。由于河谷深切，地势较低凹，分布区热量条件较好。年均温在16℃以上，>10℃的活动积温约在4500℃以上，无霜期长于300天。河谷南侧夏半年气流下沉，降水较少，年降水量一般低于900 mm。

黄荆灌丛种类成分不复杂，除马鞭草科植物黄荆外，常伴有蔷薇科、芸香科等有刺灌木、紫金牛科、豆科小叶植物，以及忍冬科、菊科的多毛植物，草本植物以耐旱的多年生禾本草占优势。秋季，黄荆开花，灌丛的绿色背景中夹着片片紫色的斑块。本群落是一种次生性的植物群落，在石灰岩山坡上地带性的森林受到严重破坏后，或河谷两边新生的河漫滩上，由于黄荆具有喜光、嗜钙、耐旱瘠薄和寒冷的适应特性，常能迅速形成黄荆灌丛。黄荆灌丛群落的演替发展，将不断改变地表过于干旱的现象，并使一些落叶的小乔木或乔木树种得以繁育生长，从而转变成以落叶阔叶树为主的乔木林，但过于频繁的人为破坏或自然灾害，亦会使黄荆灌丛退化为草坡，甚至裸地。

灌木层高 1 m，覆盖度在 80% 以上。建群种黄荆优势明显，覆盖度可高达 70%，平均高 1 m，最高有 1.6 m，平均基径 1.0 cm，最大者 2.0 cm。此外，有火棘、小果蔷薇、金樱子(Rosa laevigata)、竹叶花椒、石山花椒(Zanthoxylum calcicola)、飞龙掌血(Toddalia asiatica)、打铁树(Myrsine linearis)、铁仔、密花树(Myrsine seguinii)、截叶铁扫帚、细梗胡枝子、缫丝花、猬莓(Rubus calycacanthus)、粗叶悬钩子(Rubus alceifolius)、椭圆叶木蓝、深紫木蓝(Indigofera atropurpurea)、黔桂悬钩子(Rubus feddei)、攀枝莓(Rubus flagelliflorus)、桦叶荚蒾、南方荚蒾(Viburnum fordiae)、羊耳菊、大乌泡(Rubus pluribracteatus)、珊瑚树(Viburnum odoratissimum)、浆果楝等。

草本层稀疏，主要有白健秆(Eulalia pallens)、四脉金茅、宽叶兔儿风(Ainsliaea latifolia)、假俭草、鱼眼草(Dichrocephala integrifolia)、青蒿(Artemisia caruifolia)、旋叶香青(Anaphalis contorta)、鳢肠(Eclipta prostrata)、林泽兰等物种。

此外，黄荆灌丛对于河谷的水土保持具有一定作用，亦能在一定程度上改变石灰岩山地的裸露地表。但其仅处于植被演替的一个前期阶段，比较脆弱，应禁止烧山、铲灰。

(5)龙须藤灌丛(Form. Bauhinia championii)

龙须藤为豆科羊蹄甲属植物，带卷须木质藤状灌木。本群落主要分布在黔南的三都、荔波、罗甸，黔西南兴义、安龙、望谟等地气温较高、石灰岩露头较多、人为破坏较大之地区，海拔在 400~800 m。其群落环境特点主要表现为水分缺乏、水分易渗漏，土少石多等石灰岩山地河谷。群落的种类成分很复杂，多系一些灌木及具刺的藤本，草本植物较少，以肉质种类占优势。

龙须藤占较大优势，植株高 1~1.5 m，基径 2~3 cm。龙须藤为藤状灌木，所以覆盖度较大，一般可达 40%~60%。常与浆果楝、齿叶黄皮、圆叶乌桕、雀梅藤、山麻杆等树种形成不同群落类型。群落常可分为灌木层和草本层，层间植物较为发达。

此外伴生种类较多，也较复杂，常见的有白花油麻藤(Mucuna birdwoodiana)、宽序鸡血藤(Callerya eurybotrya)、小果微花藤、瘤枝微花藤(Iodes seguinii)、苹婆、广西来江藤(Brandisia kwangsiensis)、大叶紫珠、白花酸藤果(Embelia ribes)、鲫鱼胆(Maesa perlarius)、粉背菝葜(Smilax hypoglauca)、大果山香圆(Turpinia pomifera)、黔桂鱼藤(Derris cavaleriei)、大果爬藤榕(Ficus sarmentosa var. duclouxii)、小乔木紫金牛(Ardisia garrettii)、假木豆、大叶山蚂蝗(Desmodium gangeticum)、火筒树、一文钱(Stephania delavayi)、砚壳花椒(Zanthoxylum dissitum)、广西花椒、两面针(Zanthoxylum nitidum)、华南云实、棕竹(Rhapis excelsa)、大老鼠耳(Berchemia hirtella var. glabrescens)、石岩枫、越南楤木(Aralia vietnamensis)、扁核木、纤齿罗伞(Brassaiopsis ciliata)等。

草本层主要分布一些蕨类、萝摩科、兰科等植物种类。有长根金星蕨(Parathelypteris beddomei)、长叶远志(Polygala longifolia)、蓼叶远志(Polygala persicariifolia)、长叶苞叶兰(Brachycorythis henryi)、银兰(Cephalanthera erecta)、地耳蕨(Tectaria zeilanica)、三叉蕨(Tectaria subtriphylla)、抱石莲(Lemmaphyllum drymoglossoides)、槲蕨、虎尾铁角蕨(Asplenium incisum)、石生铁角蕨(Asplenium saxicola)、岩凤尾蕨(Pteris deltodon)等。

此外，层间主要分布一些具有热带性质的藤本植物。如常见种类石柑子（*Pothos chinensis*）、百足藤（*Pothos repens*）、爬树龙（*Rhaphidophora decursiva*）、狮子尾等。

（6）柳叶水锦树灌丛（Form. *Wendlandia salicifolia*）

柳叶水锦树为茜草科水锦树属常绿灌木。产广西东兰，贵州关岭，云南红河、屏边等地，常见于山谷溪边。该群落主要分布于南、北盘江、红水河及其支流的两岸和河漫滩上的狭长地区，多出现于季雨林下部近河岸的沙质河漫滩和砾石沙滩上。凡值雨季洪水期河流泛滥时，本群落多遭洪水淹没，旱季时则露出于河水外，此时还受到河风影响，生境变得较干燥。本类河滩灌丛由于流水的冲击，植物多为叶小且狭长的种类，并且，由于越接近水面，植株受水浸泡的机率越高，因此群落也越稀疏，近河面卵石处则最稀疏。

群落中的植株一般高 1~1.5 m，大多成丛生长，丛间距离疏密不等，1~3 m，沿河呈狭条带状分布。河流涨水时，常随水流带来许多漂流物，如植物的枝叶、草丛等，往往挂在河滩灌丛的枝条上，而灌丛基部则因对水流有阻滞作用常堆积有许多泥沙。离河水面越远，沙滩堆积越高，植株浸水机会越少，因此植物生长得更加繁茂，植株高度大多超过 1.5 m，且灌木的种类亦逐渐增加，间有小乔木分布。近河岸的山坡阶地，则逐渐过渡到沟谷季雨林的植被类型，垂柳（*Salix babylonica*）、硬叶柳、四子柳（*Salix tetrasperma*）、枫杨（*Pterocarya stenoptera*）等树种逐渐增多，木棉亦有出现。

本群落常见的种类，除优势种柳叶水锦树外，尚有贵州水锦树、壶托榕（*Ficus ischnopoda*）、球穗千斤拔（*Flemingia strobilifera*）、轮叶蒲桃（*Syzygium grijsii*）、山鸡椒（*Litsea cubeba*）、木姜子叶水锦树（*Wendlandia litseifolia*）、赤楠（*Syzygium buxifolium*）、水边油柑、中华蚊母树（*Distylium chinense*）、小叶蚊母树（*Distylium buxifolium*）、窄叶蚊母树（*Distylium dunnianum*）、小叶五月茶、黔南石楠（*Photinia esquirolii*）、窄叶石楠（*Photinia stenophylla*）、艾纳香（*Blumea balsamifera*）、红丝线（*Lycianthes biflora*）、竹叶榕（*Ficus stenophylla*）、歪叶榕（*Ficus cyrtophylla*）、楔叶榕（*Ficus trivia*）、假烟叶树、小叶杜茎山（*Maesa parvifolia*）等。

草本植物常见的有金丝草（*Pogonatherum crinitum*）、叉柱岩菖蒲（*Tofieldia divergens*）、硬果薹草（*Carex sclerocarpa*）、高节薹草（*Carex thomsonii*）、砖子苗等，有的地段见有成片高大的甜根子草。此外，在石滩上常有苦苣苔科之种类，如旋蒴苣苔、旋苞隐棒花（*Cryptocoryne crispatula*）等。

（7）霸王鞭灌丛（Form. *Euphorbia royleana*）

霸王鞭为大戟科大戟属肉质灌木。分布于广西（西部）、四川和云南，在云南、四川的金沙江、红河河谷常成大片植物群落。

本群落主要分布于黔西北习水县土城区赤水河谷沿岸及黔西南红水河及南北盘江谷一带海拔 400 m 以下的向阳坡地带，生境极干旱。

在赤水河一带，本群落分布区的土壤，为发育在紫色页岩上的紫色土，土层十分干燥，在植被稀疏、表土露出的地方，有风时，尘土飞扬。

群落植冠的总覆盖度为 90%~95%，结构较简单，仅分为灌木层和草本层。灌木层覆盖度 75%，又可分两个亚层，上层主要是优势种霸王鞭，高 3~4.5 m，生长良好；下层株高 1.5 m，主要植物有牡荆（*Vitex negundo* var. *cannabifolia*）、枣、南酸枣、竹叶花椒、美丽胡枝子等。

由于灌木层种类较简单，如金叶子（*Craibiodendron stellatum*）、毛叶黄杞等，覆盖度不太高，故草本层发育良好，植株生长得高大茂密。根据植株高度，草本层亦可分为两个亚层。上层高 0.7~1.2 m，其高度与灌木下层相当。主要植物有黄花蒿、魁蒿、土牛膝等物种，均为耐干旱、种子传播力强、分布广泛的植物种类，下层高在 0.7 m 以下，常见的有一年蓬、马唐、宽叶鼠麹草、黄茅等。

此外，群落中尚有藤本植物攀援于灌木上，常见的有鸡矢藤、三裂蛇葡萄（*Ampelopsis dela-vayana*）、毛乌蔹莓（*Cayratia japonica* var. *mollis*）、云贵铁线莲（*Clematis vaniotii*）、叉须崖爬藤（*Tetrastigma hypoglaucum*）等。

（8）清香木灌丛（Form. *Pistacia weinmannifolia*）

清香木为漆树科黄连木属常绿灌木至乔木，高 2~8 m，稀达 10~15 m，胸径可达数十厘米。贵州主要分布于黔西南、黔南、安顺、六盘水及遵义（习水、仁怀）等地海拔 500~1350 m 的山地阔叶林及灌木林中。该树种在微碱性、中性和微酸性土壤中均能生长，性喜光，耐干旱瘠薄，根系发达，抗性强。由于其耐干旱贫瘠土壤，萌发能力强，为石灰岩地区典型钙生植物，而本区山体中岩石裸露率高，其他物种难以定居，形成了山体中上部坡度大于 50° 地段小团状清香木灌丛。盖度达 90%，平均地径 1~3 cm，平均高度 2 m，优势物种有滇青冈、独山石楠等，组成物种有异叶花椒、鹅耳枥、水丝梨等。

常与山麻杆、麻楝（*Chukrasia tabularis*）、马甲子（*Paliurus ramosissimus*）、扁担杆、金丝桃、南天竹、浆果楝等形成不同的群落类型，外貌上常呈灌丛或灌草丛景观。清香木灌木丛群落分层明显。灌木层一般高度 0.8~2.5 m，盖度 45%~85%，在土壤和水分条件较好的区域，高度可达 3 m，盖度可达 95%；草本层一般高度 0.2~1.0 m，盖度通常在 20%~60%。

灌木层常由清香木、大叶千斤拔、扁担杆、皱叶雀梅藤、小黄构（*Wikstroemia micrantha*）、浆果楝、滇鼠刺、狭叶海桐（*Pittosporum glabratum* var. *neriifolium*）、厚果崖豆藤（*Millettia pachy-carpa*）、金丝桃、化香树、菝葜、多花长尖叶蔷薇（*Rosa longicuspis* var. *sinowilsonii*）、杭子梢、竹叶花椒、柱果铁线莲等组成。

草本层植物种类相对较为丰富，常由丝叶薹草、金茅、苦苣菜、黄茅、芒、白茅、小蓬草（*Erigeron canadensis*）、三毛草、破坏草、求米草、牛膝（*Achyranthes bidentata*）、竹叶茅（*Microstegium nudum*）、千里光、铁线蕨等组成。

群落中除了灌木层和草本层主要优势种外，还有许多干热河谷特征种，包括远志木蓝（*Indigofera squalida*）、多花木蓝、黄荆、毛果扁担杆、黄背草等。清香木灌丛在红水河干热河谷地区的蓄水保土和固碳释氧等生态服务功能方面发挥重要作用。

清香木自然树形美观，春夏翠绿，秋冬转红，叶片层次感好，果呈红色，根系发达，耐干旱瘠薄，萌蘖能力强且寿命长，虫害率低，易造型，适合作为临时性干旱频繁的喀斯特地区尤其是干热河谷地带的造林先锋树种和城市园林绿化观赏及主要薪炭用材树种；叶揉碎气味清香，皮和叶可提取芳香油，民间用作香料；枝叶及树皮可消炎解毒、收敛止泻；茎干可制作生活用品等而具有多种食用、药用功能，具有广阔的开发前景。

（9）假苹婆灌丛（Form. *Sterculia lanceolata*）

假苹婆为梧桐科苹婆属常绿乔木，在北盘江流域由于立地条件限制，多呈灌木状生长。贵州主要生长于海拔 1000 m 以下热量条件好的河谷底部，主要分布于兴义、兴仁、册亨、望谟、安龙、罗甸等地。该种适应能力强，果形奇特，是良好的园林绿化树种。

常与假通草（*Euaraliopsis ciliata*）、苞叶木（*Rhamnella rubrinervis*）、青檀、麻楝、中华野独活（*Miliusa sinensis*）、浆果楝、大叶斑鸠菊（*Vernonia volkameriifolia*）、毛桐、对叶榕（*Ficus hispida*）、岩生厚壳桂（*Cryptocarya calcicola*）、歪叶榕（*Ficus cyrtophylla*）、木蝴蝶、倒吊笔（*Wrightia pubescens*）、个溥（*Wrightia sikkimensis*）、土连翘（*Hymenodictyon flaccidum*）等组成不同的群落外貌。

灌木层常见物种主要有短穗鱼尾葵（*Caryota mitis*）、中华野独活、序叶苎麻（*Boehmeria clidemioides* var. *diffusa*）、小乔木紫金牛、九里香、大叶云实（*Caesalpinia magnifoliolata*）、蒙桑、清香木等。

草本层常见伴生物种主要有肾蕨、野芋（*Colocasia antiquorum*）、硬叶兰（*Cymbidium mannii*）、锈色蛛毛苣苔、铁线蕨、疏帽卷瓣兰（*Bulbophyllum andersonii*）、卷柏、象头花（*Arisaema franchetianum*）等。

层间主要分布有球兰（*Hoya carnosa*）、小果微花藤、古钩藤等种类。

（执笔人：贵州省林业科学研究院 袁丛军）

10.7 岷江干热河谷地区

岷江是长江上游重要支流。岷江干旱河谷在行政区划上隶属于阿坝藏族羌族自治州的松潘县、茂县、黑水县、理县和汶川县；分布范围主要为松潘县镇江关以下，经茂县凤仪镇至汶川县绵虒的岷江干流，以及黑水河、杂谷脑河等干流，一般分布于海拔1200~2200 m（庞学勇 等，2008）。干旱河谷由于高山峡谷阻挡了来自太平洋东南季风的温暖气团和来自印度洋西南季风气流，致使河谷内产生"焚风效应"，造成河谷海拔1200~2200 m地带的植被是稀疏灌丛的自然景观。

该区地处川西平原与青藏高原的过渡地带。气候具有干湿季明显、日温差小等特点。最高极温32~34 ℃，最低极温8.6~11.6 ℃，最热月平均气温20.0~21.9 ℃，最冷月平均气温0.4~2.4 ℃，年平均气温11.2~12.9 ℃；平均空气相对湿度62.8%，≥10℃年积温在3293.3~4030.1 ℃，全年日照时数1200~2000 h；平均风速1.8 m/s；年平均降水量500~700 mm，并主要集中在5~9月，年平均蒸发量1400~2000 mm，蒸发量为降水量的2~4倍；土壤水分严重亏缺，年干燥度1.6~3.0（庞学勇 等，2008）。冬无严寒，夏无酷暑。冬季内陆气候盛行，干燥多风，降水稀少。按照河谷热量条件，岷江干旱河谷在类型上属于干温河谷（蔡凡隆 等，2009）。

岷江干旱河谷区的土壤属灰褐土。它是在旱生灌丛下，由千枚岩、云母岩、页岩等风化的坡积母质或老冲积黄土母质上形成的。灰褐土多具粗骨性，pH值7.4~8.4，多数全剖面有碳酸盐反应。有机质含量少，没有层次和结构，长期干旱使表层积累了丰富的碳酸盐。干旱河谷干湿季交替明显，旱季长，湿季降水集中，加之，谷坡陡峭，土壤质地细腻，植被稀少。因此，地表径流强烈，降水后的再分布使流失、蒸散（蒸腾）多而土壤渗吸少，土体十分干燥。据测定：0~1 m土层内的平均绝对含水量，旱季为6.73%，雨季为7.14%，8月伏旱期间为4.79%，有效水分较少。

区域植被为了适应干旱河谷气候环境，植物多丛生、根深、叶小、具刺、被毛、肉质、低矮或匍匐等性状，以便于吸收地下水分和降低蒸腾作用而减少水分散失。植被外貌随着季节交替变化明显：春夏呈绿色，秋季以红黄色为主，色彩斑斓，冬季枯黄。植物群落层次和组成结构单一，灌丛群落只具有灌木层和草本层。灌木层高度在一般 0.15~1.5 m，盖度通常为 30%~60%；近年来通过封山育林管护，部分区域灌木高度可达到 2.0 m，盖度达到 85%。草本层高度一般在 0.6 m 以下，盖度通常 10%~40%；苔藓和地衣覆盖度 5% 以下。群落植物主要有白刺花、莸（*Caryopteris* spp.）、小蓝雪花、鞍叶羊蹄甲、亚菊（*Ajania* spp.）、青海固沙草（*Orinus kokonorica*）、碱菀等耐旱喜热物种。近年来，通过干旱河谷生态综合治理等项目，在立地条件相对较好的部分地区，引入了以岷江柏（*Cupressus chengiana*）、辐射松（*Pinups radiata*）、刺槐（*Robinia pseudoacacia*）等乔木树种。

岷江干旱河谷区位于长江上游生态屏障区，具有重要生态系统服务功能。区域内的岷江是成都平原的主要水源，关系到成都平原乃至四川盆地数千万人口的生活生产用水安全。该区域地形地貌复杂，是世界生物多样性保护热点地区与我国生物多样性保护的关键区域，是岷江柏、岷江百合（*Lilium regale*）、四川牡丹（*Paeonia decomposita*）等珍稀物种的主要栖息地。近年来随着人口的急剧增长，土地压力增大，使该区域的植被和森林遭受严重破坏，过度放牧，毁林开荒，尤其全球气温变暖等因素的综合影响，使干旱河谷的范围向上、向下不断扩展（杨兆平 等，2007）。加之该区域地层破碎，坡度大，频繁的滑坡、泥石流等地质灾害，导致该区域适宜植物种较少，植被成活率、保存率较低，植被恢复难度大，使干旱河谷具有高度的生态脆弱性，在人为与自然干扰作用下山地生态系统易于失衡而退化。该区主要灌丛类型包括以下几种。

（1）白刺花灌丛（Form. *Sophora davidii*）

白刺花，我国特有种，灌木或小乔木。具有喜光、耐旱、耐贫瘠、耐火烧、耐践踏、耐刈割，根系较发达，萌蘖能力强等习性。自华北至西南及华东均有分布，主要生于干旱的山坡或河谷沙地。以白刺花为主要优势种的灌丛，是川西高山峡谷干旱河谷区海拔 1300~2400 m 的优势种，也是干旱河谷灌丛各类型中分布面积最大的植被类型。白刺花常与小蓝雪花、刺旋花、光果莸（*Caryopteris tangutica*）、鞍叶羊蹄甲、扁核木等形成不同的群落类型。灌丛呈片状分布或者丛状生长。灌木层一般高度 0.2~1.0 m，盖度 40%~75%，在土壤和水分条件较好的区域，高度可达 2 m，盖度可达 80%；草本层一般高度 0.4~0.8 m，盖度通常在 25% 以下，呈团状分布。

灌木层常由白刺花、鞍叶羊蹄甲、小蓝雪花、毛黄栌、川甘亚菊、云南绣线菊（*Spiraea yunnanensis*）、多苞蔷薇（*Rosa multibracteata*）、探春花、四川黄栌（*Cotinus szechuanensis*）、刺旋花等植物组成。在岷江干旱河谷区，部分白刺花灌丛中引入了剑麻、龙舌兰等水土保持植物。草本层植物较为丰富，常由矛叶荩草、细裂叶莲蒿、金仙草（*Pulicaria chrysantha*）、黄背草、委陵菜、小红菊、火绒草、戟叶垂头菊（*Cremanthodium potaninii*）、茵陈蒿等植物组成。

群落组成中既有热带性的小蓝雪花、鞍叶羊蹄甲等植物，也有温带性的中亚紫菀木等物种，还有旱生型的垫状卷柏等蕨类植物。白刺花灌丛在岷江干旱河谷地区起着重要的水土保持和水源涵养作用。

（2）莸灌丛（Form. *Caryopteris* spp.）

莸属（*Caryopteris*），分布于亚洲中部和东部，15 种，我国 13 种 2 变种及 1 变型，广布于南北各地，四川 6 种，多为散生，一般不为群落优势种，在岷江上游海拔 1350~2100 m 范围的粘叶莸(*Caryopteris glutinosa*)和三花莸(*Caryopteris terniflora*)是优势种，形成河谷矮灌丛。具有喜光，极耐旱、耐寒，萌蘖性强等特性。常与白刺花、小叶杭子梢(*Campylotropis wilsonii*)、鞍叶羊蹄甲、岷谷木蓝(*Indigofera lenticellata*)、中亚紫菀木、白刺等形成不同群落类型。从植物种类和外貌，反映出气候干燥而温暖的特点。莸灌丛成团状或均匀状分布，没有明显的分层现象。灌丛一般高度 0.2~0.5 m，盖度 40%~70%，在土壤和水分条件较好的区域，高度可达 3.0 m，盖度可达 85%；草本层一般高度 0.3~1.0 m，盖度通常在 30%~40%。

灌木层常由粘叶莸、三花莸、白刺花、小叶杭子梢、甘川紫菀(*Aster smithianus*)、岷谷木蓝、中亚紫菀木、矮探春等组成。草本层主要有橘草、细柄草、荩草、山蓼、橘草、画眉草、绵枣儿(*Barnardia japonica*)、金荞麦等。

群落中的粘叶莸是岷江上游干旱河谷特有种，与北方的蒙古莸和常见于金沙江干热河谷的灰毛莸是近缘种。莸灌木丛在岷江干旱河谷地区起着重要的水土保持和水源涵养作用。

（3）小蓝雪花灌丛(Form. *Ceratostigma minus*)

小蓝雪花为落叶灌木，我国特有种。分布于四川西部和西藏东部，南至云南中部，北达甘肃文县。垂直分布海拔为 1900~2600 m。在严重干旱、贫瘠的立地上，多表现出矮化、深根等特殊适应性状。常与杭子梢、小雀花、鞍叶羊蹄甲等形成不同的群落类型。小蓝雪花灌丛多呈片状分布。在四川西北部干旱河谷区，与杭子梢组成具有代表性的杭子梢-小蓝雪花灌丛。在生境极为干旱贫瘠的流沙滩上，呈稀疏灌丛分布。外貌上常呈灰绿色稀疏灌草丛景观，夏秋季节，小蓝雪花的蓝色花冠簇生枝梢，呈片状分布，表现出较为独特的景观。小蓝雪花灌木丛群落分层不明显。灌木层一般高度 1.0~5.0 m，盖度 15%~60%；草本层一般高度 0.5~0.8 m，盖度通常在 60%左右。

组成小蓝雪花灌丛的灌木种类较为丰富，常有小蓝雪花、杭子梢、多花胡枝子、鞍叶羊蹄甲、白刺花、小叶金露梅、香薷、圆锥山蚂蝗(*Desmodium elegans*)、木蓝、匍匐葡子、华西小石积。群落中草本植物主要有细柄草、矛叶荩草、须芒草、艾、石砾唐松草(*Thalictrum squamiferum*)、角蒿(*Incarvillea sinensis*)等。

（4）川甘亚菊灌丛(Form. *Ajania potaninii*)

川甘亚菊为菊科亚菊属落叶小灌木，我国特有植物。具有喜光、耐旱、耐贫瘠等特性。主要分布于陕西西南部、甘肃东南部及四川北部和中部。亚菊类植物种类繁多，但多散生于其他灌丛中，在海拔 1500~2200 m 的川西高山峡谷干旱河谷区的川甘亚菊形成优势种群。川甘亚菊常与岷谷木蓝、小蓝雪花、白刺花、刺旋花、金仙草等形成不同的群落类型。外貌上常呈稀疏灌草丛景观。川甘亚菊灌丛群落分层不明显。灌木层高度通常在 0.3 m 以下，盖度通常在 50%以下，在土壤、水分条件较好且没有牲畜践踏、啃食等破坏的区域，高度可达 0.6 m，盖度可达 80%；草本植物稀疏，高度一般 0.1~0.2 m，盖度一般 10%~20%。

组成川甘亚菊灌丛的灌木主要有川甘亚菊、中亚紫菀木、白刺花、多花胡枝子、小蓝雪花、岷谷木蓝、刺旋花、甘川紫菀、对节木、光果莸、三花莸等。草本植物主要有橘草、细柄草、矛叶荩草、火绒草、青海固沙草等。

（5）小叶滇紫草灌丛(Form. *Onosma sinicum*)

小叶滇紫草为紫草科滇紫草属半灌木状草本，我国特有种。主要分布于四川北部至甘肃南部。以小叶滇紫草为主要优势种的灌丛是岷江干旱河谷海拔 1500~2100 m 分布面积较大、分布区域较广的植被类型。常与白刺花、三花莸、鞍叶羊蹄甲、黄蔷薇等形成不同的群落类型。小叶滇紫草灌丛群落分层明显。灌木层高度一般 0.2~0.5 m，盖度通常 20%~50%；草本层高度一般 0.1~0.4 m，盖度通常 20%~40%。

　　组成小叶滇紫草灌丛的灌木主要有小叶滇紫草、白刺花、小马鞍羊蹄甲、三花莸、粘叶莸、黄蔷薇、多花胡枝子、华北驼绒藜等。草本植物主要有细柄草、矛叶荩草、小红菊、绵枣儿、猪毛菜、银叶委陵菜（*Potentilla leuconota*）、臭蒿、拟金茅等。

（执笔人：四川省林业科学研究院 黎燕琼）

第 11 章
其他地区灌木林

11.1　海南岛

11.1.1　红树林灌丛（植被型）

11.1.1.1　真红树林灌丛（群系组）

（1）桐花树灌丛（Form. *Aegiceras corniculatum*）

桐花树灌丛是海南红树林植被中最常见的类群。除东方市外，几乎在有红树林分布的市县都有分布。例如，文昌罗豆农场的桐花树群落位于海滩前缘，土壤是细粉沙质软泥，表层黏软，深约 5 cm，下层沙质黏土，较坚实。群落黄绿色，树冠平整而稠密，覆盖度达 90%。结构简单，仅一层，以桐花树占绝对优势。据调查，在 60 m² 调查样地里，共有 5 种 119 株植物被记录。其中，以桐花树的个体数最多，有 85 丛，相对密度高达 70% 以上，重要值为 38.31。群落结构简单，仅一层，以桐花树为主，有时混生角果木（*Ceriops tagal*）等种类，呈灌丛状分布。

海口三江镇的桐花树灌丛分布在细沙质壤土中。桐花树常生长于受风浪吹打的海滩前沿。群落组成成分以桐花树占绝对优势，约占 90%。高度 0.8~1.0 m，地径一般 5 cm，冠幅 50 cm×50 cm，树冠常相连，基部有板状根，群落结构简单，只有一层，郁闭度 0.9 以上，偶尔有海莲幼树混生，但不构成层。此外，群落中还有卡开芦（*Phragmites karka*）混生；靠近岸边则有海漆（*Excoecaria agallocha*）、榄李（*Lumnitzera racemosa*）等生长；在稀疏林冠下，有时尚有卤蕨散生，群落天然更新力较强。总体来看，植物群落组成与结构比较复杂多样，但局部的优势种比较明显，优势植物为桐花树，常见的植物种类有海榄雌（*Avicennia marina*）、卤蕨、海漆、榄李等，植被覆盖度约 75%。其他地区的桐花树，多片断分布，如万宁神州半岛的桐花树群落主要分布于老爷海南岸海湾处及陵水新村港北岸外，均因建设鱼虾塘等原因，人为破坏很严重，桐花树种群数量不多，面积较小，呈片断分布。

（2）海榄雌（白骨壤）灌丛（Form. *Avicennia marina*）

海榄雌（白骨壤）灌丛是海南分布较广的红树林类群之一，植物群落组成与结构变化较多样，有海榄雌（白骨壤）单优势的群落，有混合优势的植物群落。例如，在东方市境内的红树林是清一色的海榄雌单一植物群落，以四更镇面前海湾、东方盐场的植物群落最为典型。又如，在儋州、临高境内的海榄雌植物群落呈密生灌木状，以长带块状或小斑块状分布在高潮位的滩涂上，植株矮小。特别是儋州峨曼盐丁村沿海的海榄雌植株几乎发育不起来，而且多呈单株分布，表现出对该环境的不适应性，但仍能存活。在海口东寨港的海榄雌群落对土壤适应性较强，从淤泥至细沙壤土均能生长，树冠常扩展呈帐篷状，基部周围密布呼吸根。群落结构简单，一般只一层，偶尔有少量桐花树或其他树种混交而呈稀疏的两层结构。澄迈红树林主要分布在美浪（花场村）港淤泥海岸带区域，可以发现红树林群落外貌整齐，为灌木型。以海南东北部的红树林为例，植物群落组成与结构还是比较复杂多样，但局部的优势种比较明显，常见的植物种类有海榄雌、红树（*Rhizophora apiculata*）、卤蕨、海漆、桐花树、榄李、水黄皮、海杧果、苦郎树、黄槿、阔苞菊、卡开芦和厚藤等，植被覆盖度约 75%，其中以海榄雌、红树为优势，角果木、桐花树为伴生种，海漆多分布在淤泥与岸边砖红壤的过渡带。

在三亚的青梅港、三亚河沿岸、铁炉港等地均有海榄雌灌丛分布。它们对土壤中盐分的调节能力较强。它的枝叶平展，抗风浪能力较强。群落结构简单，一般仅一层，伴生种偶尔有少量红树、杯萼海桑（*Sonneratia alba*）幼树生长其间，呈稀疏的两层结构。林下草本植物贫乏，仅尖叶卤蕨一种丛生。林下天然更新不良，平均仅有海榄雌幼苗 4 株/m²，高 2~10 cm。此外，群落附近还有苦郎树（许树）、榄李、黄槿等植株散生。

在清澜港，海榄雌也多呈单一优势，有时海榄雌分别与杯萼海桑或角果木混合优势，整体上形成海榄雌、杯萼海桑、角果木群落。整个群落结构并不很复杂，乔木主要以海榄雌、杯萼海桑占优势；林中混生有海莲、红海兰（榄）、红树、海桑（*Sonneratia caseolaris*）、海漆。灌木层主要以角果木占优势，混生有榄李、瓶花木、秋茄树（*Kandelia obovata*）等。外围海岸上还分布有一些半红树物种，如黄槿、苦郎树（许树）、海杧果、榄仁树（*Terminalia catappa*）等。

（3）角果木灌丛（Form. *Ceriops tagal*）

角果木灌丛主要分布在海口和文昌境内，澄迈、临高和儋州有分布，但不典型。在文昌清澜港保护区角果木灌丛较为典型，多分布在中、高潮线内，土壤为坚实的黏性沙质土，动物洞穴多。本群落以角果木为优势，红海兰（*Rhizophora stylosa*）、海莲（*Bruguiera sexangula*）等伴生其中，只分布在群落的最外缘，常见的混生物种还有海莲、海漆、桐花树、海榄雌、秋茄树和榄李等。在儋州可发现该类型植被主要以角果木、海莲为主，群落常绿、森林密集，种群发育正常，高度参差不齐，呈不规则的波状起伏，覆盖度在 80%~90%，群落可分两层，上层乔木主要以海莲为主，间有红树和海榄雌；灌木层主要以角果木占优势，同时混生有少量的桐花树。植株密集。海岸植物有苦槟、阔苞菊等。在演丰东寨港塔市分布有较好的角果木灌丛，且连成片，群落所在地为港湾内滩稍高地段，土壤为黏性沙质壤土，群落外貌黄绿色或间杂小块深绿色，植物群落树冠较整齐，群落结构简单，在不同潮间带，角果木植物群落的组成与结构有一定的差异。三亚的角果木灌丛主要分布于亚龙湾青梅港。植物群落呈深绿色，树冠高低不平，林中空地较多，总郁闭度约 0.70。群落仅一层，伴生种仅有榄李一种零星分布于群落外缘，不形成树冠层。种类以角果木占绝对优势，群落密度大，林下植物种类较少，除盐地鼠尾粟（*Sporobolus virginicus*）一种外，其余均为角果木幼树幼苗，林下天然更新良好。

（4）榄李灌丛（Form. *Lumnitzera racemosa*）

榄李灌丛为海南红树林较常见的灌丛类型之一，在海口、文昌、琼海、三亚、儋州、临高和澄迈均可见其分布，群落多生长于海水高潮时可到达、但不易浸淹、紧靠海岸边的海滩上，土壤为细粉沙质软泥。例如，在海口东寨港可发现其主要分布于港湾内滩后缘较高处，大潮时海水仍可到达，土壤为略黏的沙质壤土。群落组成以榄李为主，约占80%，其余为角果木与海莲。群落外貌青绿色，群落结构仅一层，但由于植株发育阶段不同，树冠高度参差不齐，造成层次凌乱。群落内林木、草本植物贫乏，仅靠近岸边有苦郎树、黄槿、水黄皮、铺地黍（*Panicum repens*）等植株零星或成片分布。在琼海博鳌环内海湾可发现，榄李灌丛分布于近海的农村边缘。榄李与非红树林植物，如椰子（*Cocos nucifera*）、荔枝等构成一种特殊的植被类型。植物群落结构与组成都比较简单，群落外貌终年常绿，群落覆盖度达75%~80%。分布在村庄边缘的植物群落结构可分为3层：乔木层、灌木层和草本层。非红树林植物群落的优势植物为椰子树、荔枝和榄李，常见的植物有倒吊笔、对叶榕、土坛树（*Alangium salviifolium*）、槟榔（*Areca catechu*）、龙眼（*Dimocarpus longan*）、波罗蜜（*Artocarpus heterophyllus*）、山黄麻、楝、木麻黄（*Casuarina equisetifolia*）等。

在三亚的青梅港也有榄李灌丛分布。植物群落深绿色，树冠广小伞形，侧枝发达，盖度达90%以上。结构简单，立木仅一层，以榄李占绝对优势，植株密度2.78株/m²，植株平均高3.2 m。除榄李幼苗外，林下尚有卤蕨等散生；群落附近陆地上则有露兜树（*Pandanus tectorius*）、苦郎树（许树）、酒饼簕（*Atalantia buxifolia*）等植物生长。在海南很多有红树林分布的地方，经常看到小片榄李灌丛。文昌清澜的榄李灌丛群落深绿色，低矮，植株侧枝发达，树冠广伞状，覆盖度达80%以上，林冠高度为0.5~1.5 m，最高可达2.5 m。群落结构简单，立木仅一层，主要以榄李为主。林下草本层较为发达，除榄李幼苗之外，还有绢毛飘拂草（*Fimbristylis sericea*）、海马齿（*Sesuvium portulacastrum*）、鱼藤（*Derris trifoliata*）、蛇尾草（*Ophiuros exaltata*）等。

（5）水椰灌丛（Form. *Nypa fruticans*）

水椰灌丛是海南较为特殊的红树林类型之一，主要分布在万宁与陵水交界处，石梅湾与香水湾之间，另外在海口的东寨港塔市、文昌清澜港有少量分布，琼海的长坡镇欧村、上截塘村有零星分布，三亚的海棠湾在2010年前也曾有少量分布。分布在万宁与陵水交界处的水椰群落，为单优势种群落，组成成分常见的有桐花树、海榄雌、黄槿、海杧果、卤蕨、老鼠簕、苦郎树、须叶藤（*Flagellaria indica*）等十多种植物，群落总覆盖度达60%。常与水椰群落并存的植物群落还有黄槿+红厚壳（*Calophyllum inophyllum*）+海杧果群落、草海桐（*Scaevola taccada*）+露兜树群落和青梅（*Vatica mangachapoi*）群落等。在水椰群落边缘还见到鱼藤、假老虎簕（*Caesalpinia crista*）、海马齿、南方碱蓬（*Suaeda australis*）、沟叶结缕草（*Zoysia matrella*）和盐地鼠尾粟等盐生性湿生植物种类。

11.1.1.2　半红树林灌丛（群系组）

苦郎树（许树）灌丛（Form. *Clerodendrum inerme*）

苦郎树（许树）灌丛在海南也是较常见的类型之一，在沿海地区经常会出现以苦郎树为优势的灌丛。常见的伴生种有黄槿、鱼藤、海马齿、水黄皮，还有一些非红树林植物伴生，如在文昌沿海地区可发现假泽兰（*Mikania cordata*）、马缨丹（*Lantana camara*）、榄仁树、红厚壳、露兜树、木麻黄、飞机草、假臭草（*Praxelis clematidea*）、厚藤与苦郎树（许树）伴生。植物群落覆盖度达50%~70%。

11.1.2　陆生灌丛

11.1.2.1　高海拔灌丛(群系组)

猴头杜鹃+红脉珍珠花灌丛(Form. *Rhododendron simiarum*+*Lyonia ovalifolia* var. *rubrovenia*)

该植物群落主要分布在海拔 1700~1867 m 地段及山顶,是海南分布海拔最高的植物群落,如在五指山主要分布在山顶上。植物群落终年常绿,但由于长期受较大的风影响,树长得比较矮,呈灌木状。群落物种组成成分较简单,高 1.5 m 以上的立木仅十余种,它们是南华杜鹃、红脉珍珠花、崖柿(*Diospyros chunii*)、鹅掌柴(*Schefflera heptaphylla*)、铁冬青(*Ilex rotunda*)、长柄杜英(*Elaeocarpus petiolatus*)、五列木(*Pentaphylax euryoides*)、卷边冬青(*Ilex tamii*)等,其中以南华杜鹃、红脉珍珠花占优势。群落结构简单,仅一层结构,群落高度在 4 m 以下,植物胸径在 10 cm 以下、高 1.5 m 以下的小树不发达。

11.1.2.2　中海拔(石灰岩)灌丛(群系组)

海南大戟灌丛(Form. *Euphorbia hainanensis*)

该灌丛是海南目前中山(海拔 1100~1200 m)山顶灌丛研究较为深入的一个类群,以海南大戟为优势。该类群主要分布在海南西部石灰岩地区俄贤岭地区山顶(张荣京 等,2007),为海南石灰岩地区中海拔、高海拔山顶灌丛的特殊类型,海南特有种成分较高。植物群落结构特征表现:乔木层不连贯,灌木层中有明显的优势种,其中海南大戟在群落中的个体数量最多,出现的频率也最大,该种分枝多,适应性强,在群落中有重要作用,为优势种。其次为鹅掌藤(*Schefflera arboricola*),出现的频率同海南大戟,但其分布数量少,而且成丛分布。再次为扭肚藤(*Jasminum elongatum*)和雀梅藤,其重要值也较高,该两种植物往往呈藤状灌木状生长。过去的文献记载鹅掌藤生于低海拔潮湿林中,扭肚藤分布在海拔 850 m 以下,雀梅藤在丘陵、山地林下或灌丛中都有分布。张荣京(2007)调查研究结果说明了鹅掌藤、扭肚藤和雀梅藤在海南分布跨海拔较大,可从低海拔分布到高海拔区域。

11.1.2.3　低海拔(海岸、河岸丛林)(群系组)

(1)仙人掌+变叶裸实灌丛(Form. *Opuntia dillenii*+*Gymnosporia diversifolia*)(群系)

该灌丛为海南岛海岸较常见的灌丛,从峨蔓、洋浦地区直到三亚的几乎整个西海岸都有分布,东海岸有时可见其分布,但不及西海岸的典型。本群落由有刺灌木组成,以仙人掌为优势,形成海岸的主要次生灌丛。例如,分布于八所到黄流一带沙堤背海面,生境干旱,灌丛覆盖度达 60%~80%,常见的植物有变叶裸实、酒饼簕、鹊肾树(*Streblus asper*)、牛筋果(*Harrisonia perforata*)、绿玉树、翼叶九里香(*Murraya alata*)、刺桑(*Streblus ilicifolius*)、铁线子(*Manilkara hexandra*)等。又如,分布于儋州、洋浦等地区海岸的仙人掌、变叶裸实灌丛也较为典型和多样,可发现仙人掌+变叶裸实群落、仙人掌+绿玉树+阔苞菊群落、鹊肾树+变叶裸实+仙人掌群落等。在该地区还分布有小面积的草海桐片丛,面积较小的草海桐与仙人掌和露兜树混生在一起。

(2)绿玉树灌丛(Form. *Euphorbia tirucalli*)

绿玉树本身没有刺,但与它一起构成这一灌丛的主要伴生种较多都有刺,所以归入有刺灌丛。该植物群落主要分布在海南西部地区,以儋州峨蔓地区较为典型。这一植被类型群丛外观上看,多数为有刺植物,但与仙人掌为优势的灌丛明显不同。

（3）露兜树灌丛（Form. *Pandanus tectorius*）

这一灌丛在海南也较为常见，特别是在东海岸，非海岸地区也有分布，但较少形成大面积分布。灌丛茂密常绿，不同地区与露兜树一起生长的伴生种类变化较大。例如，海口东海岸的露兜灌丛，除优势种露兜外，常见植物有打铁树、黄杨叶箣柊（*Scolopia buxifolia*）、大青（*Clerodendrum cyrtophyllum*）、白茅、水蔗草、铺地黍、暗褐飘拂草（*Fimbristylis fusca*）；文昌铜鼓岭海岸边露兜灌丛，除优势种露兜外，常见植物有苦郎树、海南山姜（*Alpinia hainanensis*）、蟛蜞菊（*Sphagneticola calendulacea*）、马缨丹、白茅、林泽兰（*Eupatorium lindleyanum*）等；非海岸边缘的露兜树灌丛，除优势种露兜树外，常见植物有贡甲（*Maclurodendron oligophlebium*）、九节、山小橘（*Glycosmis pentaphylla*）、鸡矢藤、豆腐柴（*Premna microphylla*）、腺果藤（别名避霜花，*Pisonia aculeata*）、柄果木（*Mischocarpus sundaicus*）、破布叶、蛇莓、光枝勾儿茶（*Berchemia polyphylla* var. *leioclada*）、鹰爪花（*Artabotrys hexapetalus*）、林泽兰、飞龙掌血、龙珠果（*Passiflora foetida*）、刺葵（*Phoenix loureiroi*）等。

（4）黄杨叶箣柊灌丛（Form. *Scolopia buxifolia*）

该灌丛在海南东岸市县及南部的三亚等海岸均有分布，优势植物不明显，黄杨叶箣柊（别名海南箣柊）、槌果藤属（*Capparis*）植物较常见。在非三亚地区，常见植物主要还有九节、刺葵、猪肚木（*Canthium horridum*）、山石榴（*Catunaregam spinosa*）、厚皮树和变叶裸实等；在三亚地区海岸，该灌丛茂密，常见种类有槌果藤属植物及酒饼簕、赛金莲木（*Campylospermum striatum*）、了哥王、鸦胆子（*Brucea javanica*）、牛筋果、鼎湖血桐（*Macaranga sampsonii*）、绿玉树、翼叶九里香、榕（*Ficus* spp.）、刺桑、铁线子、厚皮树和海檀木（*Ximenia americana*）等。这里的乔木多矮化，常在3 m以下，而基径可达30 cm。

（5）草海桐灌丛（Form. *Scaevola taccada*）

草海桐灌丛是海南岛海岸及各小岛屿普遍分布的植被类群。在海南岛东部海岸较为典型，西部海岸有分布，但不典型，如澄迈、临高和儋州都有分布，但面积都较小。有时，草海桐也可称为半红树林植物，因此，分布在淤泥与沙质土壤过渡区的草海桐灌丛也归入半红树林里。海南岛海岸及其周边小海岛受台风的影响较为严重，沙质土壤贫瘠，适合既能抗风又能在沙壤土生长的草海桐生长与发育。但不同的地段该灌丛的伴生树种变化较大，例如，分布在文昌铜鼓岭地区的草海桐+黄槿+刺葵群落，组成虽然较为简单，但还是可发现较多的伴生种，如红厚壳、鱼尾葵、露兜树、变叶裸实、箣柊（*Scolopia chinensis*）、刺篱木（*Flacourtia indica*）、海南山姜、破布叶、对叶榕、鸦胆子、火索麻（*Helicteres isora*）、桃金娘、紫玉盘（*Uvaria macrophylla*）、野牡丹、菜豆树、黄牛木和打铁树等。在澄迈花场村，草海桐与红树林混生，但数量不多。

（6）柄果木灌丛（Form. *Mischocarpus sundaicus*）

本类型主要分布于海南岛东南部沿海地区的小山丘上，有时可分布到沿海沙质环境中。植物群落中柄果木、毛柿（*Diospyros strigosa*）、小叶九里香（*Murraya microphylla*）和滨木患（*Arytera littoralis*）等为优势种，常见的植物有飞机草、刺桑、雁婆麻（*Helicteres hirsuta*）、白茅、基及树（*Carmona microphylla*）、赤才（*Lepisanthes rubiginosa*）、九节和海南龙血树（*Dracaena cambodiana*）等。植物群落覆盖度为60%~80%。

（7）打铁树+黑面神灌丛（Form. *Myrsine linearis*+*Breynia fruticosa*）

打铁树为优势或主要伴生树的灌丛，主要分布在文昌、琼海等市（县）。该灌丛主要分布于木麻黄等人工林边缘，或弃荒的沙质农用地上，有时亦发现其分布在沿海沙质环境中，呈小块状分布。不同地区的灌丛其组成与结构略有一些差异，有的以打铁树、露兜树、黑面神、潺槁木姜子为优势种，主要伴生植物有华南毛蕨（*Cyclosorus parasiticus*）、井栏边草、假鹰爪、潺槁木姜、落地生根、粪箕笃（*Stephania longa*）、土牛膝、海南莿柊（*Scolopia buxifolia*）、了哥王、腺果藤、黄细心、野牡丹、破布叶、黄花稔、黑面神、土蜜树、含羞草（*Mimosa pudica*）、鹊肾树、酒饼簕、鸦胆子、糙叶丰花草（*Spermacoce hispida*）、红凤菜（*Gynura bicolor*）、飞机草、野茄（*Solanum undatum*）等热带滨海沙生灌丛植物，群落覆盖度 30%～45%。有的群落呈带状分布，灌木植物种类较为丰富，以打铁树、黑面神、酒饼簕为优势，主要伴生植物有桃金娘、野牡丹、叶被木（*Streblus taxoides*）、柄果木、鸦胆子、海南茄（*Solanum procumbens*）、少花龙葵（*Solanum americanum*）、变叶裸实、猪笼草（*Nepenthes mirabilis*）、无根藤（*Cassytha filiformis*）、了哥王、无柄蒲桃（*Syzygium boisianum*）、酒饼簕、鸦胆子、猪肚木、九节、贡甲等热带滨海沙生灌丛植物，群落覆盖度 70%～80%。但不同的地区，该类群也有一定的变化，如在海口西海岸可发现以打铁树、弯管花和厚皮等为优势的灌丛，在三亚、乐东、东方、昌江到儋州等市（县）可发现赛木患（*Lepisanthes oligophylla*）、翼叶九里香为优势的灌丛。

（8）小露兜灌丛（Form. *Pandanus fibrosus*）

该群落在海南分布区域相对窄小，多分布在河沟边次生林旁或浅水中，当然有时也分布于小池塘边。环境湿度较大，常见水翁蒲桃（*Syzygium nervosum*）、水柳、水油甘等亲水植物与小露兜伴生，但不同地区的灌丛植物组成有一定的差异，如在琼中县平乡分布的小露兜灌丛，除常见的水翁蒲桃、水柳（*Homonoia riparia*）、水油甘（*Phyllanthus rheophyticus*）外，还常见露兜草（*Pandanus austrosinensis*）、金钱蒲（*Acorus gramineus*）、黑桫椤（*Alsophila podophylla*）等多种植物。在该群落周边的次生林中，常见的植物有鹅掌柴、枫香树（*Liquidambar formosana*）、山乌桕、五列木、木棉、中平树、翻白叶树、白楸（*Mallotus paniculatus*）、白背叶（*Mallotus apelta*）、假苹婆、刺桑、叶被木、马钱子（*Strychnos nux-vomica*）、菝葜和山猪菜（*Merremia umbellata* subsp. *orientalis*）等。

（9）水柳灌丛（Form. *Homonoia riparia*）

水柳灌丛为海南溪流、河沟常见的一种淡水湿生植被类型，但在一般植被调查中多被忽视。灌丛普遍低矮多枝，群落组成种类简单，该灌丛是一个较为稳定的类型，未来较难发生较大的变化。群落覆盖度一般为 30%～40%，河道中间，由于石头较多，植物较少，个体也较小。总体上看这一类型灌木植物和草本植物还是比较发达，水柳、水油甘、狭叶蒲桃（*Syzygium tsoongii*）占优势，岸边常见有水翁蒲桃分布，常见的植物还有密脉蒲桃（*Syzygium chunianum*）、水石榕（*Elaeocarpus hainanensis*）、乌毛蕨（*Blechnum orientale*）、小露兜、卡开芦、井栏边草、散穗黑莎草（*Gahnia baniensis*）、割鸡芒（*Hypolytrum nemorum*）、崖姜（*Aglaomorpha coronans*）、粗叶耳草（*Hedyotis verticillata*）等。

（10）风箱树灌丛（Form. *Cephalanthus tetrandrus*）

风箱树灌丛是海南较为特殊的、常年生长在湖泊中的淡水灌丛，有明显的季节变化，冬季落叶。该灌丛与水柳灌丛不同之处是水柳灌丛是分布在河道中及河滩上，一年四季有水位的变化，干旱季节没有水的淹没。而风箱树灌丛是常年生长在湖泊水中。该群落分布区较小，面积也不大。灌木层只见优势种风箱树，平均高度 6.5 m，风箱树成丛分布，各丛之间间隔稀疏；水生草本层覆盖度可达 60%，主要是分布在风箱树丛的间隙，优势种为红鳞扁莎（*Pycreus sanguinolentus*）和荸荠，其他伴生植物还有金银莲花（*Nymphoides indica*）、南亚稷（*Panicum humile*）、刺子莞（*Rhynchospora rubra*）、复序飘拂草（*Fimbristylis bisumbellata*）和畦畔莎草（*Cyperus haspan*）。琼中湾岭的风箱树灌丛面积小，但个体密度较大，为风箱树单一群落；而在临高的风箱灌丛个体密度较小，群落优势植物并不明显，常见的灌木、藤本与草本植物有荸荠、小叶海金沙、井栏边草、风箱树、菊柊、刺篱木、细基丸、暗罗（*Polyalthia suberosa*）、潺槁木姜子、粪箕笃、牛眼睛（*Capparis zeylanica*）、黑面神、基及树、光叶巴豆（*Croton laevigatus*）、牛筋果、飞机草、叶被木和菊科（Asteraceae）的一些植物，灌丛所在地的植被覆盖度一般为 40%左右。

（11）鹊肾树+苦郎树+露兜灌丛（Form. *Streblus asper+Clerodendrum inerme+Pandanus tectorius*）

在海南这一类群植物主要分布在河口边缘，或受海潮影响的感潮河段沿岸，或泻湖边缘，这些区域受海水潮位的影响，呈带状分布，如南渡江河岸。在海口市境内有较多的苦郎树分布，直到定安境还有少量许树植株分布。在澄迈金江河岸，可发现鹊肾树较多。在临高沿文澜江两岸，河岸为沙质河岸，植被稀疏，由于滨河风较大，植物总体生长较矮小，主要以鹊肾、苦郎、露兜树为优势。当露兜较多时，或外来入侵植物光荚含羞草（*Mimosa bimucronata*）较多时亦可称之为有刺灌丛。有时苦郎树会成片分布，形成单优的植物群落。常见的植物有阔苞菊、小果叶下珠、马缨丹、假蒟、麻疯树、飞龙掌血、疏刺花椒（*Zanthoxylum nitidum*）、鸦胆子、竹节草（*Chrysopogon aciculatus*）等植物。植被覆盖度不高，一般为 40%～50%。有的河段可见小果叶下珠较多，常见的植物还有光荚含羞草、飞机草、乌毛蕨和白饭树等。在海南的东部河岸边，如南渡江、万泉河等，或一些短小入海的河沟，有时还发现有黄槿、水黄皮或滑桃树（*Trevia nudiflora*）等小片乔木林分布。

11.1.3　森林被破坏后形成的灌丛

11.1.3.1　有刺灌丛

（1）叶被木+鹊肾树+刺桑灌丛（Form. *Streblus taxoides+Streblus asper+Streblus ilicifolius*）

该类群是海南较常见的灌丛类群，多分布在沿海沙质土壤至砖红壤的过渡区及到海南中部丘陵地区。不同地区这一类型的优势种可能会发生一些变化，但总体组成与结构都较为相似。例如，分布在海口羊山地区的这一类型，有的地段优势种为叶被木、鹊肾树、刺桑，有的地段是叶被木、鹊肾、酒饼簕等。在海口羊山地区主要分布在距村落较远的荒地，属于自然植被。群落覆盖度可达 60%以上，没有乔木层，或零散分布有楝、乌墨（*Syzygium cumini*）、重阳木（*Bischofia polycarpa*）、山楝（*Aphanamixis polystachya*）等，高度多在 5～6 m。植物群落灌木层较为复杂，个体密度较大，平均高度为 4 m，优势种为叶被木、鹊肾、刺桑、酒饼簕、白饭树、毛柿、山油柑（*Acronychia pedunculata*），常见植物有破布叶、九节、山石榴、黄牛木和猪肚木；草本层较稀疏，覆盖度只有 30%左右，以牛筋草和弓果黍（*Cyrtococcum Patens*）为优势。常见的草本植物有飞机草、海康钩粉草（*Pseuderanthemum haikangense*）和少花龙葵等；藤本植物较丰富，主要有小叶海金沙、薜荔（*Ficus pumila*）、鸡矢藤和樟叶素馨（*Jasminum cinnamomifolium*）等。

（2）海南榄仁+银叶巴豆+牛筋果灌丛（Form. *Terminalia nigrovenulosa*+*Croton cascarilloides*+*Harrisonia perforata*）

这一类型灌丛主要分布在昌江、东方和乐东及三亚西部地区，由于土壤环境相对贫瘠，海南榄仁和厚皮树发育不良，呈灌木状，为典型的季雨林被破坏后形成的灌丛类群。这类灌丛主要分布在大山的山脚下，或小山丘上，与甘蔗园地及草地镶嵌分布。群落覆盖度一般为 75%~80%，生物量为 3~6 kg/m²。以海南榄仁、银叶巴豆、牛筋果等植物为优势，常见植物有厚皮、广东箣柊（*Scolopia saeva*）、黄杨叶箣柊、鹊肾树、刺桑、鱼藤、叶被木、酒饼簕、基及树、土坛树、马缨丹、海金沙等多种，零星分布有黑嘴蒲桃（*Syzygium bullockii*）、乌墨、楝、黄豆树（*Albizia procera*）等乔木。

（3）黄槿+刺桑灌丛（Form. *Hibiscus tiliaceus*+*Streblus ilicifolius*）

黄槿、刺桑群落为海南岛东、东南海岸等基岩岸段丘陵和周边一些海岛上的主要灌丛类型之一。例如，在大洲岛、分界洲、陵水、三亚海岸及沿海一些农村周边都有分布。这一类型乔木种类较多，但多矮化，呈灌丛状。又如，分布在分界洲岛的西南坡、西北坡和两峰的夹谷地带的灌丛，以斑块的形式镶嵌在草地中间，群落覆盖度约为 25%，其中西南坡向的发育较好，乔灌木生产良好。优势植物为黄槿、刺桑、美叶菜豆树（*Radermachera frondosa*）。常见的植物有刺桐（*Erythrina variegata*）、菜豆树、毛茶（*Antirhea chinensis*）、黄牛木、破布叶、牛筋果、榕属（*Ficus*）植物、飞机草、刺桑、井栏边草、华南毛蕨、假鹰爪、潺槁木姜子、粪箕笃、广州山柑（*Capparis cantoniensis*）、土牛膝、腺果藤、海南大风子（*Hydnocarpus hainanensis*）、广东箣柊、箣柊、糙点栝楼（*Trichosanthes dunniana*）、棒花蒲桃（*Syzygium claviflorum*）、细叶谷木（*Memecylon scutellatum*）、榄仁树、假苹婆、银柴、蛇泡筋（*Rubus cochinchinensis*）、草海桐、龙须藤和露兜树等 200 多种。群落总覆盖度达 80%。其中，较有特色的植物有刺桐、毛茶、草海桐、假苹婆、海南菜豆树、菜豆树等。

（4）刺葵灌丛（Form. *Phoenix loureiroi*）

刺葵在海南分布较广，为强喜光植物，2014 年，在昌江县保梅岭的人工松树林下调查到大量枯死的刺葵。刺葵可在沙质土壤、砖红壤等环境中分布，在一些小区域可形成以它为优势的灌丛。例如，在文昌铜鼓岭地区，该群落主要分布在海拔 90~100 m 地段，群落面积小，以刺葵为优势，高度 2~3 m，伴有露兜树和海南山姜等植物，有该群落分布的地方覆盖度为 80%左右。

11.1.3.2　无刺灌丛（植被型）

（1）厚皮香+黄牛木灌丛（Form. *Ternstroemia gymnanthera*+*Cratoxylum cochinchinense*）

该群落为海南常见的灌丛之一，在海南分布较广，为热带雨林和季雨林被破坏后形成的次生植被类型。分布在人类生活活动区域的灌丛与分布在人类生产活动区域内的灌丛，其组成与结构上有一定的差异。植物群落外貌终年常绿，群落覆盖度达 45%~65%。该地区的灌丛群落结构比较简单，一般可分为一层散生的乔木层、一层灌木和一层草本植物。乔木植物主要有木麻黄、楝、窿缘桉（*Eucalyptus exserta*）、土蜜树和潺槁木姜子等十多个种。在灌木层中，优势种厚皮、黄牛木等发育矮小，呈灌木状，其他常见的植物有马缨丹、细基丸、光滑黄皮（*Clausena lenis*）、竹叶花椒、野牡丹、黑面神、刺篱木、桃金娘和假鹰爪等；草本植物比较发达，100 m²有 29 个种，常见的有飞机草、小蓬草和地胆草等菊科植物，白茅、竹节草等多种禾草，以及其他科的草本植物。又如，分布在万宁市南燕湾的南北两个山丘上及一些低海拔的山坡上的群落中，灌木占 80%～90%，其中北面山丘灌木约占 60%。优势植物为厚皮、黄牛木、破布叶；常见的植物有牛筋果、榕属植物、飞机草、刺桑、雁婆麻、白茅、柄果木、滨木患、棕竹（*Rhapis excelsa*）、打铁树、九节、假鹰爪、锡叶藤（*Tetracera sarmentosa*）、簕欕、膜叶脚骨脆（*Casearia membranacea*）、白楸、钩枝藤（*Ancistrocladus tectorius*）、黑嘴蒲桃、野牡丹、岭南山竹子（*Garcinia oblongifolia*）、黑面神、猴耳环和龙须藤等 340 多种；总覆盖度达 80%。

（2）桃金娘+野牡丹灌丛（Form. *Rhodomyrtus tomentosa*+*Melastoma malabathricum*）

以桃金娘、野牡丹或紫毛野牡丹（*Melastoma penicillatum*）等为优势的灌丛在海南分布较广，几乎每一市（县）都有其分布，但由于环境条件不一样，或恢复的程度不一样，其组成与结构上有一定的差异。例如，在五指山地区，该灌丛主要分布在低地雨林的边缘，与草地或次生林镶嵌分布。灌木植物比较发达，以桃金娘、野牡丹为优势，常见的植物有土蜜树、马缨丹、光滑黄皮、竹叶花椒、黑面神、刺篱木、九节、铜盆花（*Ardisia obtusa*）等。在群落中乔木的小树较多，常见的种类有美叶菜豆树、中平树、枫香树、黄牛木、山乌桕、木棉、大果榕（*Ficus auriculata*）、青果榕（*Ficus variegata*）等；常见的草本植物有飞机草、小蓬草、白花地胆草（*Elephantopus tomentosus*）、芒、白茅、五节芒、竹节草等。桃金娘灌丛在琼中县什运乡、鹦哥岭海拔 1100 m 以下地区有分布，在海拔 500 m 左右区域分布面积较大，为低地雨林被破坏后形成的演替过渡类型，不同的地段其植物组成有一定的差异，除桃金娘外，常见的植物有紫毛野牡、九节、枫香、黄豆树、厚皮、黄牛木、算盘子（*Glochidion* sp.）、土蜜树、重阳木等。

（3）厚皮+中平树+破布叶灌丛（Form. *Lannea coromandelica*+*Macaranga denticulata*+*Microcos paniculata*）

该灌丛主要分布在海南中部山区的中海拔区域，灌木植物和小乔木植物发达，常见与野生芭蕉一起分布，以厚皮树、中平树、破布叶、野牡丹和银柴占优势，常见的植物有白楸、对叶榕、山黄麻、楝、台湾相思（*Acacia confusa*）、细齿叶柃、棒花蒲桃、火索麻、黑面神、芒萁（*Dicranopteris pedata*）、乌毛蕨、飞机草、小蓬草、白茅、斑茅、苍白秤钩风（*Diploclisia glaucescens*）、广州山柑、锡叶藤、壮丽玉叶金花（*Mussaenda antiloga*）、猪菜藤（*Hewittia malabarica*）、多花山猪菜（*Merremia boisiana*）和山猪菜等。

（4）贡甲+海南大风子+柄果木灌丛（Form. *Maclurodendron oligophlebium*+*Hydnocarpus hainanensis*+*Mischocarpus sundaicus*）

本灌丛为海南东海岸基岩环境分布的主要植被类型之一，也是被研究较为详细的灌丛类型。据《海南植被志》，2011 年在文昌龙楼镇铜鼓岭石头公园边缘设固定样地，共调查面积 25600 m²，调查的植物种类有 129 种，隶属 48 科 103 属。其中，乔木 68 种，灌木 26 种，木质藤本 35 种。裸子植物有 1 科 1 属 1 种，被子植物 128 种，隶属 47 科 102 属。其中，海南特有种 4 个，体现出一定的地区特性。种类较多的有大戟科（9 属 10 种）、茜草科（8 属 8 种）、芸香科（6 属 8 种）、无患子科（6 属 7 种），这几个科占此次调查全部物种的 25%。该样地主要是以贡甲、海南大风子、柄果木、猪肚木、粗脉紫金牛（*Ardisia crassinervosa*）等为优势种，小乔木贡甲优势相对明显一些，在灌丛中还分布有小乔木海南大风子，但总体上还是以灌木类植物为主，植物群落高度相对较矮，平均高度 3.5 m 左右，仍然属灌木林类型。

（5）羽脉山麻杆+九节灌丛（Form. *Alchornea rugosa*+*Psychotria asiatica*）

该灌丛主要分布在海南北部、东北部地区相对湿润的环境中，为低地雨林被破坏后形成的次生植被类型，现在在农村周边和林缘或坡地最为常见，植物群落的组成变化较大，优势种不是很明显，主要以羽脉山麻杆、九节、白楸、白背叶、银柴等植物为优势，在林缘或弃荒农用地发育过来的灌丛，除了优势种之外，常见的植物有桃金娘、竹叶花椒、厚皮树、野牡丹、银柴、芒萁、了哥王、大青、飞机草、刺葵、水蔗草等；在农村周边保留下来的灌丛，除了优势种之外，常见的植物主要有叶被木、白饭树、裸花紫珠（*Callicarpa nudiflora*）、马缨丹、对叶榕、鹊肾树、酒饼簕、基及树、小果葡萄（*Vitis balansana*）、倒地铃（*Cardiospermum halicacabum*）、藿香蓟（*Ageratum conyzoides*）、假蒟（*Piper sarmentosum*）、海芋（*Alocasia odora*）、贡甲、鱼尾葵、假苹婆、破布叶、暗罗、薜荔、紫金牛（*Ardisia* spp.）、鸦胆子、椰子、波罗蜜、杨桃（*Averrhoa carambola*）、楝、槟榔、龙眼、辣椒（*Capsicum annuum*）等。

（6）毛柿+厚皮香+变叶裸实灌丛（Form. *Diospyros strigosa*+*Ternstroemia gymnanthera*+*Gymnosporia diversifolia*）

主要分布在距村落较近的农用弃荒地，属于自然植被。灌木层覆盖度为 50%，平均高度为 2.5m，主要优势种有毛柿、厚皮香和变叶裸实，常见植物有破布叶、酒饼簕、光荚含羞草、九节、车桑子和叶被木等；草本层以芒和白茅为优势，除此之外还有落地生根（*Kalanchoe pinnata*）、飞机草和肾蕨等，藤本植物相对较少，可发现鸡矢藤的分布。

（7）银柴+黄牛木灌丛（Form. *Aporosa dioica*+*Cratoxylum cochinchinense*）

这一灌丛类群主要分布在一些小山丘上。在海南中部及中部偏西的一些山坡上，是森林被砍伐后形成的次生自然植被类型之一，植被覆盖度一般为 80%~90%。灌木植物和小乔木植物发达，以银柴、黄牛木、黄毛榕（*Ficus esquiroliana*）、中平树和山猪菜为优势，常见的草本植物有深绿卷柏（*Selaginella doederleinii*）、乌毛蕨、飞机草、小蓬草、白花地胆草、芒、白茅、斑茅、五节芒、割鸡芒和粽叶芦等；常见的灌木有大叶蕘花（*Wikstroemia liangii*）、细齿叶柃、棒花蒲桃、紫毛野牡丹、火索麻、羽脉山麻杆、红背山麻杆、黑面神、锈毛野桐（*Mallotus anomalus*）、刺桑；常见的乔木有大花五桠果（*Dillenia turbinata*）、山杜英（*Elaeocarpus sylvestris*）、长柄银叶树（*Heritiera angustata*）、白楸、对叶榕、厚皮树、黄杞、毛叶猫尾木（*Markhamia stipulata* var. *kerrii*）和美叶菜豆树；常见的藤本植物有海南海金沙（*Lygodium circinnatum*）、小叶买麻藤（*Gnetum parvifolium*）、毛瓜馥木（*Fissistigma maclurei*）、苍白秤钩风、小刺山柑（*Capparis micracantha*）、锡叶藤、趾叶栝楼（*Trichosanthes pedata*）、钩枝藤、蛇泡筋、壮丽玉叶金花、猪菜藤和多花山猪菜等，表现出较丰富的植物种类。

（8）赤才+厚皮+余甘子灌丛（Form. *Lepisanthes rubiginosa*+*Ternstroemia gymnanthera*+*Phyllanthus emblica*）

该类群主要分布在儋州市、昌江县等稍干旱地区的人工林林缘，或小片状分布在弃荒地上。植物群落覆盖度为 70% 左右。灌木一般高 0.5~1 m，灌木优势植物为赤才、厚皮香、余甘子，常见的植物有白背黄花稔（*Sida rhombifolia*）、假黄皮、假地豆（*Desmodium heterocarpon*）、牛筋果、乌墨、潺槁木姜子等。有的地段，草本层植物较发达，飞机草和山芝麻的覆盖度较高，可达群落的 60% 左右，常见的草本植物还有白茅、短颖马唐（*Digitaria setigera*）、夜香牛、土丁桂、一点红（*Emilia sonchifolia*）、散穗弓果黍（*Cyrtococcum patens* var. *latifolium*）等，藤本植物有掌叶鱼黄草（*Merremia vitifolia*）和鸡矢藤（符国瑷，1995）。

(9)车桑子(别名坡柳)+基及树灌丛(Form. *Dodonaea viscosa+Carmona microphylla*)

在干旱地区常见，植物群落高度1 m左右，最高也不超过1.5 m，整个群落覆盖度较小，为40%左右，以车桑子和基及树为优势。因透光度大，一些喜光耐旱禾草乘机侵入，如黄茅、扭鞘香茅等。尽管如此，群落中植物种类仍然较多，常见的植物有小叶海金沙、芒萁、粪箕笃、青皮刺(*Capparis sepiaria*)、刺篱木、水黄皮、黄杨叶箣柊、草海桐、广东箣柊、棒花蒲桃、黑叶谷木(*Memecylon nigrescens*)、黄牛木、矮紫金牛(*Ardisia humilis*)、潺槁木姜子、桃金娘、刺桑、基及树、喜光花(*Actephila merrilliana*)、刺桐、黑柿(*Diospyros digyna*)、黑面神和短穗鱼尾葵等。

(10)白楸+白背叶灌丛(Form. *Mallotus paniculatus+Mallotus apelta*)

该类群在海口南渡江东岸区郊区演丰、三江、云龙、红旗等镇的砖红壤地区，文昌、琼海和万宁常有分布，主要分布在沿路两旁、村庄植被的外围和人工林林缘，特别是橡胶林、木麻黄林和桉树林的林缘常见这一群落类型。其中，白楸为小乔木，白背叶为灌木类，植物群落总体多呈灌木状，优势植物不明显，或因不同的原因，优势种有九节、羽脉山麻杆、厚皮树、红背山麻杆、黑面神、山石榴、猪肚木、潺槁木姜子、假鹰爪、苍白秤钩风、细圆藤(*Pericampylus glaucus*)、粪箕笃、蒌叶(*Piper betle*)、牛眼睛、土牛膝、白花苋(*Aerva sanguinolenta*)、扭鞘香茅、竹节草、白茅、刺苋、了哥王、中华粘腺果(*Commicarpus chinensis*)、腺果藤、龙珠果、蓟罂粟(*Argemone mexicana*)、小叶海金沙、华南毛蕨、井栏边草、铁线莲、芒萁、半边旗(*Pteris semipinnata*)等100多种。

(11)闭花木+叶被木灌丛(Form. *Cleistanthus sumatranus+Streblus taxoides*)

该灌丛主要分布于陵水、三亚一带沿海地区的基岩山丘陵上，为该地区较为常见的植被类型之一。现以陵水南湾猴岛为例说明。在南湾猴岛可发现，该森林群落发育得很密，覆盖度为90%~95%，人畜都较难进入。群落高度一般为4.5~5.5 m，可称之为次生林，或为灌丛演替到森林的过渡类型，仍然属灌丛。植物群落结构比较复杂，分层不明显。据调查分析，上层以闭花木占优势，其重要值最大，同时还混生有厚皮树、潺槁木姜子、土蜜树、银柴、破布叶、乌心楠(*Phoebe tavoyana*)等，同时分布有不少的有刺植物，如最常见的叶被木，同时还有刺桑、山石榴、刺篱木、多毛山柑(*Capparis dasyphylla*)等。此外，林下还有皂帽花(*Dasymaschalon trichophorum*)、矮紫金牛、异萼木(*Dimorphocalyx poilanei*)、白茶树(*Koilodepas hainanense*)、云南巴豆(*Croton yunnanensis*)、羽脉山麻杆、九节等。

(12)越南巴豆+破布叶+银柴灌丛(Form. *Croton kongensis+Microcos paniculat+Aporosa dioica*)

在乐东、东方分布有以越南巴豆(*Croton kongensis*)、破布叶、银柴为优势的灌丛，该灌丛较分散，多分布在坡地作物的边缘。群落内常见的灌木种还有黄牛木、刺桑、叶被木、了哥王、野牡丹、火索麻、红背山麻杆、刺篱木、黑叶谷木、厚皮树、山芝麻、光荚含羞草、黄花稔、锈毛野桐和粗叶榕(*Ficus hirta*)等；常见的藤本植物有蛇泡筋、海金沙、锡叶藤、山猪菜、粪箕笃、龙须藤等；还分布有个体较多的乔木，它们是杧果(*Mangifera indica*)、木棉、楝、鹧鸪麻(*Kleinhovia hospita*)等。

(13)中平树+野龙眼+余甘子类群(Form. *Macaranga denticulata+Dimocarpus longan+Phyllanthus emblica*)

分布于东方天安水库一带，优势或常见植物有中平树、龙眼、余甘子、赤才、棕叶芦等，群落郁闭度 0.65，盖度 90%，灌木盖度 50%，平均高度 1 m；草本层盖度 65%，凋落物盖度 60%。

（14）竹节树+山潺+九节类群（Form. *Carallia brachiata*+*Beilschmiedia appendiculata*+*Psychotria asiatica*）

分布于东方天安及三亚中部和西南部，为遭破坏后恢复中的疏林灌丛，土壤为棕色壤。优势或常见植物有竹节树、山潺、琼楠（*Beilschmiedia appendiculata*）、九节、黄牛木、破布叶等，群落总盖度约 85%，凋落物盖度 60%，灌木物种丰富，平均盖度 70%，平均高 1.3 m。草本植物稀少，盖度约 30%，藤本植物有蛇王藤（*Passiflora cochinchinensis*）、鸡矢藤等。

（15）厚皮树+余甘子+赤才类群（Form. *Lannea coromandelica*+*Phyllanthus emblica*+*Lepisanthes rubiginosa*）

该群落分布于三亚中部、西南部及白沙南部，优势或常见植物有厚皮树、余甘子、赤才、藤竹（*Dinochloa multiramora*）、斑茅等，群落总覆盖度约 80%，森林郁闭度 0.6，凋落物盖度约 50%，灌木层盖度 20%，草本层盖度 80%，藤本植物有葛。

（16）催吐萝芙木灌丛（Form. *Rauvolfia vomitoria*）

催吐萝芙木灌丛为万宁市长丰镇、东和农场和兴隆华侨农场一带分布的特殊植被类型，是当地人曾种植的催吐萝芙木逸为野生后发育形成的，亦可说是在特定区域内形成的入侵植物群落。该群落主要分布在这一带的路边、人工林林缘，尤其是在橡胶树（*Hevea brasiliensis*）林的林缘较多。群落植被覆盖度 80%~90%，外貌常绿，层次结构比较简单，高度为 2~3 m，群落植物主要以催吐萝芙木、羽脉山麻杆、裸花紫珠、破布叶、白背叶、白楸、潺槁木姜子、绒毛润楠（*Machilus velutina*）为主，其他常见的植物有白树（*Suregada multiflora*）、海南山小橘（*Glycosmis montana*）、倒吊笔等多种；下层草本植物种类相对较为简单，以飞机草、翠云草为优势，其他常见的草本植物还有丰花草、黄花稔、地胆草（*Elephantopus scaber*）及一些禾本科、蝶形花科植物等。

（执笔人：海南大学 杨小波）

11.2　南海诸岛

南海诸岛包括东沙、西沙、南沙和中沙群岛，它们均属热带海洋珊瑚岛，由 200 多个岛屿、沙洲、礁滩组成。南海诸岛的灌木林植被类型主要包括珊瑚岛常绿灌木林、珊瑚岛常绿有刺灌木林，主要分布在成岛时间较长的岛屿上。南海诸岛高温高盐且缺乏泥质海湾和海滩，一些在我国南部海边常见的物种如黄槿、海杧果等都极难存活，只有草海桐、银毛树（*Messerschmidia argentea*）、海滨木巴戟（*Morinda citrifolia*）、海人树（*Suriana maritima*）等少数种类能适应这种恶劣的环境，由此造就了南海诸岛独特的珊瑚岛灌木林类型。

南海诸岛的灌木林中，由于各优势种的习性相近，因此几乎均可相互混生，容易形成多优势种群落，同时由于习性的略微差异以及物种定植的情况不一，有时也会形成单优势种群落。

11. 2. 1 珊瑚岛常绿灌木林（植被型）

（1）草海桐灌丛（Form. *Scaevola taccada*）

主要分布于西沙永兴岛、东岛、赵述岛、北岛、南岛、琛航岛、甘泉岛、晋卿岛和南沙洲等。东沙岛、太平岛也有。

大多为纯林，郁闭度几乎达到 1.0，约 120 丛/100 m²。群落高 1.5~6 m，盖度 75%左右，常分布于岛的外缘，成带状分布。群落中混有少量银毛树和海岸桐（*Guettarda speciosa*）、海滨木巴戟，林下主要有海滨大戟（*Euphorbia atoto*）、蒭雷草（*Thuarea involuta*）等，另有管花薯（*Ipomoea violacea*）等藤本，在林缘沙地有厚藤、海刀豆（*Canavalia rosea*）等。

位于东岛的海岸灌丛 20 m×20 m 样方中，主要优势种为草海桐，其次是银毛树，伴生少量海人树，伴生草本主要是细穗草（*Lepturus repens*），盖度约 10%，另有少量铺地刺蒴麻（*Triumfetta procumbens*）。

在鸿麻岛上，草海桐群落植物植株矮小，无根藤常攀于树冠上。

（2）银毛树灌丛（Form. *Tournefortia argentea*）

广泛分布于西沙群岛的各岛屿，海岸沙堤、沙滩常见。

银毛树为优势种，多为单优群落，群落高 1~2.5 m，盖度 55%左右。通常与草海桐群落交错混生，其他伴生植物还有海滨木巴戟和海岸桐。另有黄细心和锥穗钝叶草（*Stenotaphrum micranthum*）等，寄生有无根藤。东岛的一片银毛树纯林中，伴生草本为细穗草。另一片离海岸稍远的银毛树纯林中，主要伴生草本则为锥穗钝叶草。

在东岛，银毛树有时形成单优的稀疏草地，高约 1.6 m，盖度 30%，伴生物种有粗根茎莎草（*Cyperus stoloniferus*）60%、圆叶黄花稔（*Sida alnifolia* var. *orbiculata*）1%、羽芒菊 0.5%、土牛膝 1%、锥穗钝叶草 5%，偶伴有极少数海滨木巴戟。

（3）水芫花灌丛（Form. *Pemphis acidula*）

主要分布于西沙的东岛，另在金银岛、琛航岛、晋卿岛、赵述岛、广金岛和西沙洲有小片或零星分布。

水芫花常形成单优群落，伴生树种较少。群落高 0.7 m 左右，盖度达 85%以上。

东岛一片 10 m×10 m 水芫花群落，其中水芫花高 1.6 m，盖度约 50%，伴生种有伞序臭黄荆（高 1.3 m，盖度 2%），海岸桐（高 1.4 m，盖度 0.7%），伴生草本有圆叶黄花稔、羽芒菊、细穗草。

东岛另一片生于磷块岩上的 20 m×20 m 水芫花群落，水芫花密生形成低矮灌丛，高约 30 cm，盖度约 55%，伴有 2 株草海桐，伴生草本为佛焰苞飘拂草（*Fimbristylis cymosa* var. *spathacea*）。

（4）伞序臭黄荆灌丛（Form. *Premna serratifolia*）

仅见分布于西沙东岛北部与西北部。

伞序臭黄荆通常为单优势群落，有时与海滨木巴戟、海岸桐、银毛树等伴生；群落高度 1.0~2.5 m，郁闭度约 50%。25 m² 的样方中平均有伞序臭黄荆 16 株。草本层很稀少，偶尔生长一些海滨大戟、细穗草、圆叶黄花稔、管花薯等。

（5）海人树灌丛（Form. *Suriana maritima*）

主要分布于西沙东岛东南部海边沙滩上，另在永兴岛、北岛、南岛、广金岛等岛上也有小片或零星分布。东沙岛也有。

海人树是较为典型的珊瑚岛分布的树种，在南海诸岛中亦分布数量稀少，是我国的珍稀植物。海人树一般生于珊瑚礁岛海岸灌丛的最外层，高 1~1.5 m，常与银毛树、草海桐、海滨木巴戟混生，伴生树种有海滨大戟、细穗草、铺地刺蒴麻等。偶尔形成单优的海人树群落，有时在沙滩上散生。

（6）海滨木巴戟灌丛（Form. *Morinda citrifolia*）

主要分布于西沙的东岛和琛航岛，永兴岛及晋卿岛也有少量分布；东沙岛和太平岛有分布。

灌木层优势种为海滨木巴戟。群落高约 3 m，混生有海岸桐、榄仁树、红厚壳、露兜树等。

11.2.2　珊瑚岛常绿有刺灌木林（植被型）

刺果苏木灌丛（Form. *Caesalpinia bonduc*）

分布于西沙金银岛、琛航岛、赵述岛。刺果苏木常为单优种。群落高 1~1.5 m，盖度 90% 以上，林下基本无其他植物。刺果苏木-草海桐灌丛，该类型灌丛郁闭度高，林下伴生物种少，主要伴生物种为龙珠果。

（执笔人：中国科学院华南植物园 王发国、邓双文、邢福武）

11.3　台湾岛

11.3.1　滨海灌丛

11.3.1.1　红树林灌丛

（1）秋茄树灌丛（Form. *Kandelia obovata*）

秋茄树在我国台湾分布较广，通常与其他红树林植物相伴而生，其单优势群落主要见于北部淡水河泥滩中，面积较大，群落高度通常为 2.5 m，伴生植物有芦苇、双穗雀稗（*Paspalum distichum*）、铺地黍、茳芏（*Cyperus malaccensis*）、香蒲（*Typha orientalis*）等。此外，新竹红毛港新丰溪的出海口，有一片面积达 8.5 hm² 的红树林，其通常与海榄雌混生，其林相发育完整。此外，彰化芳苑乡潮间带湿地目前也有少量秋茄灌丛的分布，但林冠比较低矮。如今的淡水河和红毛港等地的红树林，自然生态优美，沿岸设有栈道、凉亭，成为人们在这里散步、骑行和游览的好去处。

（2）红树+榄李灌丛（Form. *Rhizophora gymnorrhiza+Lumnitzera racemosa*）

红树和榄李灌丛在我国台湾主要分布于高雄和台南等地，群落高度通常为 4 m，目前在台南安南区四草湿地有该群落的分布，虽然其分布面积不大，但红树林种类较多，伴生的种类主要有海漆、红海兰、海榄雌、秋茄等。四草红树林局部保留了老龄的红树林，有些树高达 7 m

以上，茎粗40多cm，河道两旁，密密生长着干粗叶茂的红树林，树冠高低错落，相映成趣，蔚然形成红树林绿色隧道，被誉为"袖珍亚马孙"的美称，成为远近闻名的红树林旅游景点。该群落在台湾的分布面积日趋减少，过去在高雄海边分布着大片面积的红树林，但高雄港扩建后，原先有分布的角果木、红海榄等已经很难找到，其中角果木可能在台湾已绝迹。

（3）白骨壤灌丛（Form. *Avicennia marina*）

白骨壤群落在我国台湾各地河口泥滩中最为常见，其单优势群落主要分布在台南、屏东等地，群落高度通常为3 m，目前在台江湿地等局部地带还可见到单优势的白骨壤群落，伴生树种主要有秋茄、榄李等。此外，在屏东林边溪也零星分布着单优势的白骨壤群落，伴生的植物主要有许树（*Clerodendrum inerme*）、海马齿等。

（4）水黄皮+滨玉蕊灌丛（Form. *Pongamia pinnata*+*Barringtonia asiatica*）

水黄皮和滨玉蕊为优势种组成的半红树植物群落主要分布于恒春半岛等地，尤其香蕉湾的群落最具代表性。所在地礁石裸露，局部土层较薄，其群落高度达5 m，主要的伴生植物包括桑科的垂叶榕（*Ficus benjamina*），柿树科的毛柿、象牙树（*Diospyros ferrea*）和海边柿（*Diospyros maritima*），茜草科的海滨木巴戟、海岸桐和台湾新乌檀（*Neonauclea truncata*）；其他的伴生植物包括黄槿、银叶树、鹊鸲麻、桐棉（*Thespesia populnea*）、咬人狗（*Dendrocnide meyeniana*）、山椒（*Aglaia elaeagnoidea*）、海滨异木患（*Allophylus timoriensis*）、大叶肉托果（*Semecarpus longifolius*）、台湾胶木（*Palaquium formosanum*）、草海桐、台湾厚壳树（*Ehretia resinosa*）、伞序臭黄荆等，层间植物有藤榕（*Ficus hederacea*）、三星果（*Tristellateia australasiae*）等。

台湾东北部基隆和宜兰等海边也有半红树植物组成的群落，主要以玉蕊（*Barringtonia racemosa*）占优势，伴生的植物包括鱼木（*Crateva religiosa*）、芫花（*Daphne genkwa*）、五瓣子楝树、厚叶石斑木（*Rhaphiolepis umbellata*）等。

11.3.1.2　滨海岩生植被

（1）水芫花灌丛（Form. *Pemphis acidula*）

该群落分布于屏东鹅銮鼻和台东沿海等地的滨海礁石上，水芫花通常形成单优势群落，高度约1.5 m，主要伴生树种有滨海珍珠菜（*Lysimachia mauritiana*）、脉耳草（*Hedyotis vestita*）等。

（2）伞序臭黄荆灌丛（Form. *Premna serratifolia*）

该群落主要分布于鹅銮鼻海边的礁石上，以伞序臭黄荆为优势种，主要的伴生植物主要有海岸桐、黄槿、草海桐、恒春厚壳树、露兜树、水芫花等。

（3）山猪枷灌丛（Form. *Ficus tinctoria*）

山猪枷群落主要分布于鹅銮鼻的礁石上，高度达4.5 m，伴生的植物主要有鹅銮鼻榕（*Ficus pedunculosa* var. *mearnsii*）、棱果榕（*Ficus septica*）、海岸桐、黄槿、草海桐、恒春厚壳树、露兜树、红柴、伞序臭黄荆、台湾山柚（*Champereia manillana*）、艳山姜（*Alpinia zerumbet*）等。

11.3.1.3　滨海沙生植被

（1）刺葵+露兜树灌丛（Form. *Phoenix hanceana*+*Pandanus tectorius*）

该群落多分布于屏东和台东海岸地带，尤以垦丁风吹沙等地的灌丛最为典型，所在地经雨水和风力长期的侵蚀而成为特殊的地形景观。刺葵与露兜树在沙地上顽强地生长，具有防风固沙、保水的功能，对洼地、沙河、沙丘的相对稳定起到重要作用，其群落高度约3 m，主要以刺葵、露兜树为优势种，伴生的植物主要有许树、蔓荆（*Vitex trifolia*）、草海桐、马缨丹、海刀豆、绒毛槐（*Sophora tomentosa*）、孪花菊（*Wollastonia biflora*）、无根藤、老鼠芳（*Spinifex lit-toreus*）、海滨大戟、狭叶尖头叶藜（*Chenopodium acuminatum* subsp. *virgatum*）、土丁桂、绢毛飘拂草、假厚藤（*Ipomoea imperati*）、卤地菊（*Melanthera prostrata*）、蒭雷草、一点红、假还阳参（*Crepidiastrum lanceolatum*）、海滨异木患等。该群落也分布于我国台湾的西南部海岸，其伴生的种类还有绿玉树、黄槿、山樣子（*Buchanania arborescens*）等。

（2）草海桐灌丛（Form. *Scaevola taccada*）

该灌丛分布于我国台湾海岸各地，通常形成单优群落，群落高度约 2 m，主要的伴生植物有银毛树、番杏（*Tetragonia tetragonioides*）、过江藤（*Phyla nodiflora*）、厚藤、孪花菊、假厚藤等。

（3）榄仁树灌丛（Form. *Terminalia catappa*）

该群落主要分布于台东等地海岸，通常形成单优的榄仁树群落，主要的伴生植物有露兜树、伞序臭黄荆、绒毛槐、许树、艳山姜，以及种植的银合欢、椰子、木麻黄等。

11.3.2　丘陵山地灌丛

11.3.2.1　丘陵低山灌丛

（1）黄荆灌丛（Form. *Vitex negundo*）

该群落只要分布于恒春半岛西南部丘陵地带，由于受气候与人类活动的影响，该地向阳坡地比较干燥，生长着以黄荆为优势种的耐旱灌丛。伴生的主要植物有小刺山柑、变叶裸实、酒饼簕、恒春皂荚（*Gleditsia rolfei*）等有刺植物，其他的伴生种主要有鹪鹋麻、疏花鱼藤（*Derris laxiflora*）、台湾山柚、雀梅藤、假黄皮、基及树、红柴、萝芙木（*Rauvolfia verticillata*）等。

（2）厚壳桂灌丛（Form. *Cryptocarya chinensis*）

该群落主要分布于台湾北部丘陵山谷地带，主要以厚壳桂为优势种，伴生的植物主要有海桐（*Pittosporum tobira*）、水东哥（*Saurauia tristyla*）、桃金娘、馒头果（*Cleistanthus tonkinensis*）、艾胶算盘子（*Glochidion lanceolarium*）、香港算盘子（*Glochidion zeylanicum*）等，其他灌木主要有台湾榕（*Ficus formosana*）、水同木（*Ficus fistulosa*）、九丁榕（*Ficus nervosa*）、白肉榕（*Ficus vasculosa*）、秤星树（*Ilex asprella*）、风箱树等。

（3）乌药灌丛（Form. *Lindera aggregata*）

该群落主要分布于台湾西南部，主要以乌药为优势种，伴生的植物主要有独行千里（*Capparis acutifolia*）、天料木（*Homalium cochinchinense*）、全缘绣球（*Hydrangea integrifolia*）、秀柱花（*Eustigma oblongifolium*）、茵芋（*Skimmia reevesiana*）、鸦胆子、山樣子、红木水锦树（*Wendlandia Erythroxylon*）等。

（4）砖红杜鹃灌丛（Form. *Rhododendron oldhamii*）

砖红杜鹃群落分布于北部山区，群落高度约 4 m，以杜鹃花属植物为主，主要有红星杜鹃（*Rhododendron rubropunctatum*）、中原氏杜鹃（*Rhododendron nakaharai*）等，伴生的树种有朱砂根（*Ardisia crenata*）、密花树、葡匐九节（*Psychotria serpens*）、珍珠花、马醉木（*Pieris japonica*）、桃叶珊瑚（*Aucuba chinensis*）等。

（5）大头茶+红淡比灌丛（Form. *Polyspora axillaris*+*Cleyera japonica* var. *mori*）

该群落主要分布于新北市猴山岳等地，群落高度约 4m，以大头茶（*Gordonia axillaris*）和红淡比(*Cleyera japonica*)为主，伴生的植物主要有台湾马醉木、砖红杜鹃、红楠(*Machilus thunbergii*)、小花鼠刺(*Itea parviflora*)、阿里山女贞(*Ligustrum pricei*)、山露兜(*Freycinetia formosana*)等、草本植物主要有深绿卷柏、芒萁、双扇蕨(*Dipteris conjugata*)等。

(6)台湾杨桐+细叶山茶灌丛(Form. *Adinandra formosana+Camellia tenuifolia*)

该群落主要分布于台湾北部大屯山等地，群落高度4.5 m，主要以台湾杨桐和细叶山茶较为常见，伴生的植物主要有十大功劳、柃木(*Eurya japonica*)、多花马鞍树(*Maackia tashiroi*)、老鼠刺(*Itea formosana*)、黄杨等。

(7)台湾越橘+峦大越橘灌丛(Form. *Vaccinium merrillianum+Vaccinium randaiense*)

该群落分布于中央山脉海拔1500～1700 m的山坡林缘，局部地区形成以越橘属植物为优势种的灌丛群落，群落较低矮，尤以台湾越橘、峦大越橘、凹顶越橘(*Vaccinium emarginatum*)、台湾扁枝越橘(*Vaccinium japonicum* var. *lasiostemon*)等最为常见，伴生有台湾虎刺(*Damnacanthus angustifolius*)、虎刺(*Damnacanthus indicus*)、峦大紫珠(*Callicarpa randaiensis*)等。

11.3.2.2　高山灌丛

(1)珍珠花+台湾马醉木灌丛(Form. *Lyonia ovalifolia+Pieris taiwanensis*)

本群落主要分布于中央山脉海拔1800～2400 m的山坡上，以珍珠花和台湾马醉木较为常见。伴生的植物有黄色着生杜鹃(*Rhododendron kawakamii* var. *flaviflorum*)、光叶山矾、白珠树(*Gaultheria leucocarpa* var. *cumingiana*)、高山白珠(*Gaultheria borneensis*)、华参(*Sinopanax formosanus*)、珍珠莲(*Ficus sarmentosa* var. *henryi*)、刺叶冬青、台中鼠李(*Rhamnus nakaharae*)、蔓胡颓子(*Elaeagnus glabra*)、阿里胡颓子(*Elaeagnus morrisonensis*)、台湾黄檗(*Phellodendron silsonii*)、玉山竹(*Yushania niitakayamensis*)等。

(2)台湾小檗灌丛(Form. *Berberis kawakamii*)

该群落分布于中央山脉海拔1800～2400 m的针叶树林缘，主要以有刺的灌木为主，尤以台湾小檗较为常见，伴生的植物有高山蔷薇(*Rosa transmorrisonensis*)、高山悬钩子(*Rubus rolfei*)、黄泡(*Rubus pectinellus*)、假李叶绣线菊(*Spiraea pruniflolia* var. *pseudoprunifolia*)、喜阴悬钩子(*Rubus mesogaeus*)等。

(3)台湾绣线菊+玉山绣线菊灌丛(Form. *Spiraea formosana+Spiraea morrisonicola*)

该群落主要分布于中央山脉2400～3000 m的针叶林边缘地带，群落高度3 m，主要以台湾绣线菊和新高山绣线菊较为常见，伴生植物主要有台湾马桑(*Coriaria intermedia*)、台湾茶藨子(*Ribes formosanum*)、红果树(*Stranvaesia davidiana*)、棘刺卫矛(*Euonymus echinatus*)、蔓胡颓子、玉山杜鹃(*Rhododendron morii*)、红毛杜鹃和玉山竹等。

(4)阿里山杜鹃灌丛(Form. *Rhododendron pseudochrysanthum*)

该群落主要分布于台湾中央山脉3000～3500 m或以上的针叶林边缘，尤以玉山等地较为常见，以玉山杜鹃占绝对优势，伴生植物主要有香青、玉山小檗(*Berberis morrisonensis*)、台湾小檗等组成的高山灌丛群落，伴生植物主要有玉山柳(*Salix morrisonicola*)、台湾栒子(*Cotoneaster morrisonensis*)、玉山忍冬(*Lonicera kawakamii*)等。

(执笔人：中国科学院华南植物园　邢福武、王发国)

第 12 章
困难立地灌木造林

12.1　西北干旱沙区造林

　　我国西北干旱区地理范围广阔，面积占全国陆地面积的 22.8%，包含了新疆、甘肃西北部、宁夏、内蒙古西部 4 个地区。地形地貌包括昆仑山脉和祁连山脉以北、贺兰山脉和阴山山脉以西的广阔地区。西北干旱区位于国家"两屏三带"生态安全战略格局的北方防沙带，是国家"一带一路"的重点建设区域。区域气候干旱，地表水贫乏，河流欠发育，流水作用微弱，物理风化和风力作用显著，因此形成大片戈壁和沙漠；植被稀少，大部分为荒漠，其次为草原；土壤发育差，平地多疏松的沙质沉积物；大风日数多，且集中在冬春干旱的季节，从而为风沙活动创造了有利条件。我国西北干旱区深居内陆，远离海洋，水汽难以到达，同时，由于高山环绕盆地地形，加之青藏高原隆起，阻隔了水汽的进入，区域气候异常干旱，为全球同纬度地区降水量最少、干旱程度最高的地带，因此水是农业发展的决定性因素，也是区域治沙造林的限制因子。

12.1.1　干旱沙区立地条件与立地类型

12.1.1.1　干旱沙区立地条件

　　造林地也称宜林地，是人工林生存的外界环境。在造林地上凡是对林木生长发育有直接影响的环境因子的综合体统称为立地条件，简称立地。立地条件主要包括地形、土壤、生物、水文和人为活动等五大环境因子(何健 等，2012)。

　　(1)地　形

　　西北干旱区地形复杂，既横亘有海拔 3000 m 以上的山脉，也有海拔在 −154~500 m 的内陆盆地(赵求东 等，2020)。区域地形地貌空间格局的典型模式是山地—倾斜平原—冲积平原—沙漠—湖盆，被称为山盆系统(倪健 等，2005)。山地划分出高山、中山、低山带，倾斜平原又可以划分出洪积扇中上部和扇缘带，冲积平原则可以划分为砾质土、壤质土、沙漠、湖泊等区域。北山以西的新疆境内准噶尔盆地、塔里木盆地、吐鲁番—哈密盆地和柴达木盆地完全呈现为四周山地、中间沙漠湖盆的结构。在北山以东、贺兰山以西和祁连山以北地区地势总体北倾，由于低山较多，分隔出多片沙漠和居延海等多个低洼地区，又由于多西北风等原因，地表物质由西北向东南呈现出砾石戈壁、沙漠和少量黄土依次分布的现象。由于地处欧亚大陆中心，距海较远，境内四周又有阿尔泰山、天山、昆仑山和祁连山一系列巨大山脉的阻隔，海洋湿润水汽很难到达，气候十分干旱，年平均降水量小于 200 mm，使干旱沙区立地造林更为困难。

（2）土　壤

土壤的形成与气候条件和地质地貌存在密切关系。沙区平原气候干燥，荒漠植物稀疏，主要发育了各种类型的荒漠土、风沙土，地带性荒漠土包括灰棕漠土、灰漠土和棕漠土，同时在盆地周边还发育了砾质荒漠土和戈壁（倪健 等，2005）。土壤资源性能在灌耕、风沙及盐碱化条件下发生显著变化，在干旱区广为分布的荒漠土壤多数具有显著的中深部盐化表现和易于沙化的条件。

在干旱平原区，绝大多数土壤类型如灰棕漠土、灰漠土、灰钙土、草甸土等自然含盐量较高，灌耕后极易导致土壤盐分表聚，使土壤产生次生盐碱化，这是干旱区水土资源开发利用后最普遍的生态环境问题之一（王根绪 等，1999）。另外，土壤沙漠化的结果，将造成土壤贫瘠化、粗粒化。在我国西北干旱及半干旱地区，近年来由于过渡放牧、农田开垦等人为原因，造成大面积植被破坏，土壤因失水而变得干燥，土壤黏性降低，土粒分散。而在风力减弱地段，风沙颗粒逐渐堆积于土壤表层而使土壤沙化。因此，土壤沙化过程包括土壤的风蚀过程及较远地段的风沙堆积过程，土壤沙化会使土壤贫瘠化、粗粒化，相应的土地演变成荒地（许世龙 等，2015）。可见，土壤盐碱化和沙漠化是干旱沙区十分普遍的也是最严重的生态退化问题，也是限制沙区经济发展和生态恢复最主要的因素之一。

（3）生　物

西北干旱区植被类型丰富多样，以灌丛、草原、荒漠、草甸植被型为主。其中，荒漠为主要植被类型，建群种主要是强旱生、超旱生的小半乔木、半灌木、小半灌木和灌木群落，并存在夏雨型一年生草本，春雨型短命植物几乎全然不育。荒漠植被占据了几乎所有盆地的沙地、冲积平原、宽广台地、山前洪积扇和前山与低山区。草原、灌丛和各类草甸植被等主要分布在降水量较多的山地和径流水分积聚的荒漠区河流两侧、扇缘水分溢出带与湖泊周围低洼地（倪健 等，2005）。

西北干旱区生物资源分布不均。如陕西南部、甘肃南部是我国亚热带的西北隅，地形复杂，以山地为主，气候温暖湿润，蕴藏着丰富的动植物种类，约占全区 80%以上。而处于干旱荒漠地区的新疆，自然条件严酷，植被稀疏，大面积为戈壁和荒漠，并且生态系统脆弱，食物链简单，生物种类相对单一。但该区生物种类大多为干旱荒漠地区所特有，蕴藏着丰富的抗旱、耐瘠薄基因资源，如膜果麻黄、霸王、泡泡刺、裸果木、沙冬青等植物，在维持生态系统平衡中发挥着重要的作用。动物中的高鼻羚羊（*Saiga tatarica*）和野马（*Equus przewalskii*）在我国仅产于准噶尔盆地。塔里木兔（*Lepus yarkandensis*）、南疆沙蜥（*Phrynocephalus forsythii*）在世界上只分布于塔里木盆地（张文辉 等，2000）。

（4）水　文

西北干旱区河流均发源于山区，主要有高山区的冰（川）雪融水、中山森林带的降水和低山带的基岩裂隙水等，多元构成，组分复杂，它们在山区汇流，共同构成了干旱区地表水资源。长期以来，西北干旱区水资源依靠自然界独特的水分循环过程保持着脆弱的平衡关系（陈亚宁等，2014）。

气候变暖引起的水资源变化，将会使得西北干旱区在资源开发利用过程中生态维护与经济发展的矛盾更加突出。在西北干旱区，河川径流对冰川的依赖性强，冰川的变化已经对水资源量及年内分配产生重要影响，部分河流已经出现冰川消融拐点。在全球气候变化背景下，西北干旱区极端水文事件的频度和强度都在增加，水系统安全受到影响，水资源脆弱性和不确定性将加剧。这也使得沙区造林更加困难（倪健 等，2005）。

（5）人为活动

西北干旱区自然生态系统受人类活动的强烈影响。人类对山地森林生态系统的影响主要是大量的砍伐和相对不足的造林，造成了森林资源的不断减少。山地草原和草甸主要受过度放牧的影响，导致物种组成发生变化，植被生产力下降，严重影响到区域可持续发展。盆地天然绿洲受到人类活动的影响主要是大量开垦农地和水资源的过度开发，导致许多常年河断流，如国内最大的内流河塔里木河下游约 300 km 断流，塔河上游多条支流汇集到塔河干流的水分不断减少，以致多条支流的河水多年来都消失在原来的河道，河水不再与塔河相连。河水的大量开发还导致地下水位不断下降、湖泊萎缩甚至干枯，如罗布泊、居延海、艾丁湖、艾比湖、玛纳斯湖等，进而使依靠地下水的大量绿洲优势植物的生存受到严重影响甚至大面积消亡。另外，对矿产资源的开发也一定程度上影响了生态环境（倪健 等，2005）。

12.1.1.2 干旱沙区立地类型划分

根据我国干旱区水热条件、地貌和土壤等特点，采用四级区划体系，选择主导环境因子进行干旱沙区立地类型划分（赵良平，2015）。

（1）立地类型区域

一级区划为立地类型区域，依据气候干旱状况及冷暖差异进行划分，气候干旱状况以干燥度指数作为主导因子，并辅以降水量因子加以修正，同时综合考虑空间完整性和连续性进行立地类型区划。以此将西北干旱区划分为极干旱区域和干旱区域两个气候区。区域间反映我国干旱区气候干旱程度明显差异特征，区域内反映气候干旱程度相对一致（表 12-1）。

极干旱区域立地类型区包括新疆的塔里木盆地东南部、吐哈盆地、阿尔金山、昆仑山北麓、青海柴达木盆地西部、甘肃河西走廊西端、马鬃山及其以北，以及内蒙古阿拉善高原的西北部。

干旱区域立地类型区包括新疆准噶尔盆地、塔里木盆地西北部、天山东部、昆仑山西部、青藏高原北部、青海柴达木盆地中部、甘肃河西走廊、宁夏北部以及内蒙古高原中西部。

表 12-1 一级、二级立地类型区划分指标及标准

气候区	干燥度指数	降水量（mm）	温度带	≥10℃的天数（天）	1月平均气温（℃）	7月平均气温（℃）
极干旱区域	AI>20	100	中温带	100~170	−30~−12	16~24
			暖温带	171~220	−12~0	>24
			高原温带	50~180	−10~0	12~18
干旱区域	3.5<AI≤20	100~250	中温带	100~170	−30~−12	16~24
			暖温带	171~220	−12~0	>24
			高原温带	50~180	−10~0	12~18

（2）立地类型带

二级区划为立地类型带，依据气候冷暖差异，以日均气温≥10 ℃的天数为主要参照指标，1月平均气温和7月平均气温为辅助指标进行识别，按照温度带对一级区的进一步区划，可划分为中温带、暖温带和高原温带3个温度带，二级区区间冷暖程度差异明显，区内冷暖程度相对一致。

极干旱区域立地类型区划分为极干旱暖温带、极干旱中温带和极干旱高原温带3个立地类型带。其中，极干旱暖温带涉及甘肃和新疆，分布有沙漠、山麓、戈壁和绿洲，土壤类型主要有风沙土、棕漠土、灰漠土、盐土，植被主要为旱生、超旱生灌木、半灌木，河谷分布有天然胡杨林和柽柳灌木林，低山坡簏、戈壁冲沟分布有稀疏的梭梭、柽柳、合头草等灌木丛。极干旱中温带区涉及内蒙古、甘肃、新疆3省份，区域沙漠、戈壁、绿洲、裸岩石山镶嵌分布，植被主要以胡杨、柽柳、沙枣（ *Elaeagnus angustifolia* ）、梭梭等天然乔木和灌木为主，伴有沙棘、骆驼刺、苦豆子、芦苇等植物。该区域是我国主要天然荒漠林分布区之一，如额济纳绿洲近3.0万 hm^2 胡杨林（孟华，2013），马鬃山以北近5.3万 hm^2 梭梭灌木林（冯建森 等，2013）。极干旱高原温带涉及新疆、甘肃、青海3省份。区域沙漠、戈壁、山地、湖泊均有分布，林木植被主要为温带半灌木和矮灌木。

干旱区域立地类型区划分为干旱暖温带、干旱中温带、干旱高原温带3个立地类型带。其中，干旱暖温带涉及新疆，区域沙漠、戈壁、绿洲、山地毗连分布，绿洲人口密集，水资源供需矛盾突出，河流上游持续绿洲化和下游持续荒漠化形成鲜明对比，绿洲下游天然荒漠林面积减少，土地盐渍化、沙化加剧，同时，天山南坡山前坡地，由于过度放牧、樵采等造成植被破坏和退化，风蚀、水蚀加剧。干旱中温带涉及内蒙古、甘肃、宁夏及新疆等省份，区域沙漠、戈壁、绿洲、草原、山地交错分布，土壤类型主要有棕钙土、灰漠土、风沙土、灰棕漠土，典型植被为温带草原、温带荒漠草原、天然灌木广泛分布，山地及绿洲分布有大量的天然乔木林和人工林。干旱高原温带涉及甘肃、新疆、青海3个省份，为高原干旱荒漠区，干旱少雨、海拔高、植被稀疏、人口稀少，区域土壤类型有棕钙土、灰棕漠土、盐土等，植被为温带荒漠草原。

（3）立地类型区

三级区划为立地类型区，依据西北干旱区大的地形地貌空间格局——山盆系统进行分区，并结合区域土地利用方式、生态规划与产业发展方向进行区域生态功能区划，将西北干旱区划分为荒漠盆地保育区、洪积扇缘绿洲生产区和山地水源涵养林区，区间反映了土地利用及生态功能的明显差异（倪健 等，2005）。

荒漠盆地保育区包括新疆准噶尔盆地、伊利谷地、吐哈盆地、塔里木盆地、青海柴达木盆地、甘肃河西走廊、内蒙古阿拉善高原荒漠区。

洪积扇缘绿洲生产区涉及新疆阿尔泰山、昆仑山、天山及塔城盆地、伊利谷地、吐哈盆地山前洪积扇缘绿洲、河谷区，甘肃祁连山、宁夏贺兰山山前洪积扇缘绿洲、盐沼荒漠区。

山地水源涵养林区涵盖阿尔泰山地森林草原、准噶尔西部山地森林草原、天山北坡山地森林草原、天山南坡山地草原、昆仑山山地荒漠、祁连山北坡山地森林草原及贺兰山西坡山地森林草原区。

（4）立地类型小区

四级区划为立地类型小区，在对三级立地类型区的基础上，依据类型区土壤基质、植被类型为主要指标进行划分。依次将荒漠盆地保育区划分为砾质荒漠(砾漠)、沙质荒漠(沙漠)、壤质荒漠(壤漠)、盐沼荒漠(盐漠)、荒漠河岸林、戈壁雅丹 6 个小区；将洪积扇缘绿洲生产区划分为砾石戈壁潜水涵养、盆地潜水涵养、洪积扇缘潜水溢出带、山前绿洲、荒漠绿洲过渡带、河谷绿洲、河谷盐沼荒漠 7 个小区；山地水源涵养林区划分为高山草甸、高山草甸草原、中山森林草原、中山灌丛草原、中山草原、低山荒漠、河谷草原、盆地草原 8 个小区(表 12-2)。

表 12-2　三级、四级立地类型类型分类系统

三级立地类型区	四级立地类型小区
荒漠盆地保育区	砾质荒漠(砾漠)小区
	沙质荒漠(沙漠)小区
	壤质荒漠(壤漠)小区
	盐沼荒漠(盐漠)小区
	荒漠河岸林小区
	戈壁雅丹小区
洪积扇缘绿洲生产区	砾石戈壁潜水涵养小区
	盆地潜水涵养小区
	洪积扇缘潜水溢出带小区
	山前绿洲小区
	荒漠绿洲过渡带小区
	河谷绿洲小区
	河谷盐沼荒漠小区
山地水源涵养林区	高山草甸小区
	高山草甸草原小区
	中山森林草原小区
	中山灌丛草原小区
	中山草原小区
	低山荒漠小区
	河谷草原小区
	盆地草原小区

12.1.2　西北干旱沙区灌木造林关键技术

干旱是西北困难立地造林的限制因子，抗旱物种选育及抗旱造林技术研究应用已是干旱沙区造林成功的关键，同时，风沙灾害也是该区域造林所考虑的又一重要方面。区域风沙灾害严重，营造防风固沙林固然是一项持续有效的风沙危害治理措施，但植物治沙技术应用必须有工程措施的辅助，否则不但起不到防沙治沙的作用，反而大量消耗地下水，成为植被退化、土壤风蚀、环境恶化的隐性因素。因此，沙区造林首先要控制沙害，稳定沙面，为植物的扎根生长提供先决条件。

12.1.2.1　沙障固沙技术

中国科学院治沙队在 20 世纪 50 年代，为保证包兰铁路顺利通车，在宁夏中卫沙坡头开始了流沙治理方面的研究和实践，研发了"草方格沙障"，遴选出耐风蚀耐沙埋的旱生灌木。通过

在流动沙丘群迎风面扎设防沙、输沙的阻沙栏，在沙面扎设草方格沙障，沙障中按一定比例建植人工植被，形成了"以固为主、固阻结合"的沙害治理模式，在沙丘高大、流动性极强的腾格里东南前沿筑起一道"绿色屏障"，确保了包兰铁路多年来的安全畅通（李新荣，2021）。1959年民勤治沙综合试验站成立后，将草方格沙障引进民勤。同时，在总结当地群众"土埋沙丘""泥漫沙丘"的基础上，研制黏土沙障固沙技术，通过应用"风力拉沙""固身削顶""截腰分段""平沙堆集""引沙拉沙"等工程治沙措施，建立了多个治沙样板（常兆丰，2007）。可见，沙障是最早应用于防治风沙危害的技术之一，是植物治沙的前提和保证。

随着治沙工程的深入，沙障类型及其固沙技术也不断地更新发展。高立式沙障多为阻沙型沙障，沙障高度在 50 cm 以上，设于主风向前沿阻沙区，制作材料有尼龙网、塑料网、芦苇、树枝、竹条笆、木板和玉米等作物的秸秆，在阻止沙丘前移和阻滞过境风沙流上具有一定的优势。沙障高度 10~50 cm 称为半隐蔽式沙障，具有固定沙面、增大下垫面粗糙度、降低近地表输沙量等作用，半隐蔽式沙障属固沙型沙障，其应用最为广泛，如柴草沙障、黏土沙障、砾石沙障、塑料沙障等，一般布设于固沙区（带），可配置为行列式、方格状、羽状、Z 形或不规则形等。研究发现，方格沙障治沙是一种风沙蚀积平衡过程（孙显科 等，1999；王振亭 等，2002），风沙流经过方格沙障后可形成稳定的凹形曲面，风速降低，近地表沙粒沉积，为植物提供稳定的生长环境，植物成活后沙障逐渐分解又能为植物提供养分。隐蔽式沙障高度小于 10 cm，在实践中很少应用。平铺式沙障是在总结群众土埋沙丘的基础上，应用柴草、砾石和黏土等材料全部覆盖沙面，随后又研究应用了化学固沙剂来固定沙面，隔断了风或风沙流与松散沙面的相互作用，改变风沙流的结构，平铺式沙障适宜于风沙活动剧烈而必需防护的区域，其固沙成本高，不宜大面积推广应用。

12.1.2.2　灌木固沙造林技术

固沙造林技术源始于插风墙、护柴湾等民间活动。插风墙是甘肃河西沙区劳动人民沿用了200 多年的一种防沙办法，即用枝条、柴草等在风沙口或流动沙丘上插设直立式风墙，削弱风速，减少风沙流载沙能力，沙子在风墙前后堆积。护柴湾是绿洲风沙线上天然生长红柳、白刺等灌木和杂草的固定、半固定沙地，经严格封护和抚育而生长起来的天然灌木林（丁峰 等，1999）。

20 世纪 50~60 年代，甘肃河西沙区开展了群众性的造林治沙活动，成功引种梭梭进行沙丘造林，并通过机械沙障进行压沙（常兆丰 等，2006）。首先在流动沙丘先设置沙障，待沙面稳定后在障间造林，造林前期机械沙障起固定流沙、保护幼苗成林的作用，待梭梭成林后，彻底将流沙固定，形成了流沙改造一条龙模式，解决了干旱区治沙的技术关键（王继和 等，2002）。具体做法是造林前在流动沙丘上，按照 1 m×1 m 或 2 m×2 m 的规格划好施工方格网线，将修剪均匀整齐的麦草、稻草、芦苇等材料横放在方格线上，用板锹置于铺草料中间，用力下插入沙层内约 15 cm，使草的两端翘起，直立在沙面上，露出地面的高度 25~50 cm，再用铁锹壅沙埋掩沙障的根基部，使之牢固，然后在草方格内栽植苗木。

20 世纪 70~80 年代，民勤治沙综合试验站设计建成了全国第一个固沙样板——民勤西沙窝固沙样板，随后在河西沙区推广应用铺设黏土沙障与营造梭梭灌木林相结合的固身削顶、截腰分段的固沙造林技术，移植推广了半隐蔽式带状草沙障和多种灌木造林（李嘉珏 等，1999）。

到 20 世纪 80 年代梭梭固沙林已衰退死亡，沙障逐渐解体，防护功能大幅度降低，需要重新考虑传统造林模式的优化改进。首先流沙上固沙造林要考虑降低梭梭造林密度，增加浅根型植物种，丰富物种组成，优化群落结构，在流动沙丘上设置 1 m×1 m 的草方格沙障固定流沙，障内进行梭梭植苗造林、沙拐枣扦插造林及半灌木沙蒿撒播造林，优化防护体系结构，增强防风固沙能力。同时，对于退化的梭梭林应考虑其功能性恢复，即在梭梭活化沙丘上设置规格为 1 m×1 m、高度为 20 cm 的塑料沙障，使沙面稳定，且不形成沙结皮，促使植物生长和更新，并辅助于人工干预，雨季障内撒播沙蒿，撒播量为 1000 g/hm^2，增加植被盖度，促使退化梭梭林功能性恢复（王继和 等，2003；马全林 等，2006）。

12.1.2.3　灌丛活体沙障建植技术

利用灌木植物体组建沙障，是兼顾生物造林与机械高立沙障综合防治流沙侵害的一项实用技术。灌木植物活体沙障不仅针对干旱区风沙越境危害，通过层组设防形式，阻挡并沉积过境流沙，同时减少障间沙地的水分消耗，维护原有植被自然恢复能力，灌木植物活沙障技术在我国三北风沙区得到普遍认可，并广泛引用（张大彪 等，2016）。经过近 20 年风沙防治实践和技术探索，活沙障建植水平及实用技术得到了全面提升，且在我国沙地治理及铁路、公路沙害治理等方面发挥着重要作用（丁新辉 等，2019）。

自 20 世纪 80 年代以来，甘肃省治沙研究所先后对甘肃河西荒漠区活体沙障树种选择、建植技术及其应用方面进行了研究。经过多年抗性与应用表明：奇台沙拐枣（*Calligonum klementzii*）作为最为理想的活沙障建植物种，可应用于高大沙丘的沙障建植，一般在沙丘顶部距沙脊线 2 m 处进行活体沙障扦插造林。造林前 1~2 年，在造林部位上风 1~2 m 处设置 1 条孔隙度 40%~50% 的高立式沙障，待造林地段沙丘趋于稳定后再开始扦插造林。造林苗木插穗必须经过 24 h 水浸泡，扦插后应及时灌水，造林密度为 12 株/m^2，株行距为 25~50 cm（张风春 等，1997；刘世增 等，1997）。另外，通过甘肃河西风沙危害治理与实践应用，选择当地梭梭、沙拐枣、细枝山竹子等 8 种优良沙旱生植物进行活沙障建植试验，以保存率、冠幅、抗病虫害、株高、分枝数、根系扩展、抗逆性 7 个指标的基础调查分析认为：沙拐枣与梭梭能适生风沙地域环境，具有较高的抗逆性，沙障建植当年成活率可达 79.5% 以上，3 年期保存率维持在 33.5%~42.5%，是甘肃河西沙化区活沙障建植首选灌木种和建植有效防护障体的植物树种。通过人工简易的辅助措施，利用沙拐枣与梭梭组建活沙障，能够满足防风阻沙高立障体的高度与致密度要求，对越境风沙流起到阻挡并沉积的作用，为极干旱风沙区流沙侵害防治提供一种理想的生态治理模式（张大彪 等，2016）。

12.1.2.4　灌草飞播造林治沙技术

沙区利用飞播技术治沙是一项有效的治沙措施，是沙化土地植被重建与恢复的重要途径（漆建忠，1998）。中国大面积的飞播试验始于 1958 年，首次在陕西榆林沙区飞播，随后在内蒙古、甘肃流动沙地和半固定沙地上实施，并逐步辐射 15 个省份（赵晓彬，2017）。20 世纪 60 年代中期，榆林沙区飞播细枝山竹子取得成功，1974 年继续进行综合性的多学科试验，飞播的杨柴、细枝山竹子和白沙蒿相继取得成功。内蒙古伊克昭盟 1978 年在毛乌素沙区飞播试验获得成功之后，1983 年又开始在年降水量 270 mm 以下的库布其沙漠东部进行试验，也取得了成功。内蒙古阿拉善左旗从 1988 年开始在年降水量只有 60~200 mm 的腾格里沙漠东南缘飞播治沙建设灌丛草场获得成功，飞播保存率 53.3%，甘肃省古浪县 1988 年在腾格里沙漠西缘飞播成功。新疆 1984 年在古尔班通特沙漠西南缘南戈壁飞播梭梭获得成功（马静荣，1995）。

飞播造林具有更强的季节性,飞播种子发芽成苗不仅需要一定的温度,而且还需要适度的覆沙和降雨等条件。早播等因春季沙区风沙大,播下种子因位移沙埋而不能成苗,晚播进入雨季,往往因种子来不及覆沙,遇到降雨而闪芽。因此,正确的选定飞播期是提高飞播造林成败的一项关键技术(李想 等,2014)。据多年的飞播实践证明,榆林沙区最适宜的飞播期为5月上中旬,阿拉善沙区最佳飞播期为6月下旬至7月初,新疆的北疆沙区飞播选择在积雪融化前的2月(李庚堂 等,2011;田永祯 等,2010;刘东波,1995)。

正确选择飞播植物种也是飞播成功的主要因素之一。沙区理想的飞播物种应具备耐干旱、抗风蚀、耐沙埋、生长快、自繁能力强、固沙能力强的优良特性。经反复试验比较,榆林沙区选用细枝山竹子、杨柴、沙蒿、斜茎黄耆等为主要树种,并采用不同植物种混播方式,细枝山竹子、杨柴播种量不少于 5.25 kg/hm²,沙蒿、斜茎黄耆播种量不少于 3.75 kg/hm²(马保林,1998);东北浑善达克、科尔沁沙地飞播植物种主要有锦鸡儿、白沙蒿、杨柴、柠条锦鸡儿、沙打旺、草木犀等,最佳播种量单播时锦鸡儿 7.5~15 kg/hm²、草木犀 4.5 kg/hm²、沙打旺 7.5 kg/hm²,混播锦鸡儿+草木犀+沙打旺时,最佳播种量为(7.5+4.5+3) kg/hm²(刘东波,1995)。

飞播造林的种子质量应达到国家二级以上(含二级)质量标准,飞播前要对种子进行处理,包括种子消毒、在种子外表采用黏着胶、药剂以及其他添加剂等包衣、丸粒化处理,或对硬皮、蜡质种子进行破壳、脱蜡、去翅、脱芒、筛选等机械处理,以增加种子粒径和重量、减少种子漂移和鸟鼠危害,促进种子发芽(国家市场监督管理总局,中国国家标准化管理委员会,2018)。

飞播作业应按设计要求进行,地形起伏高差较大时,可适当提高飞行高度,但必须保持航向,并根据风向、风速和地面落种情况及时调整侧风偏流、移位及播种器开关,确保落种准确、均匀。侧风风速大于 5 m/s 或能见度小于 5 km 时,应停止作业。飞播后播区应严格封护,封育管护期限 5~7 年后要进行播区成苗调查,未达到成苗合格标准的播区应适时进行补植补播(国家市场监督管理总局,中国国家标准化管理委员会,2018)。

飞播造林效果因沙区立地条件不同也存在差异。榆林沙区至1974年以来,20多年已飞播造林 9 万 hm²,植被覆盖度由 5%~7%增加到 35.2%~69.1%(李庚堂 等,2011)。阿拉善沙区从1984—2006年飞播造林 11.068 万 hm²,植被覆盖度为 5%~10%的地表粗糙度提高至裸地的3.83倍,输沙量削弱84%;植被覆盖度在 20%~30%的地表粗糙度提高至裸地的34.24倍,输沙量削弱97%,飞播固沙造林经济生态及社会效益显著(田永祯 等,2010)。新疆精河沙区飞播梭梭11年后植被总盖度增加25%,梭梭平均盖度7.15%,播区以砾质沙荒地梭梭更新恢复效果最好,梭梭覆盖度达到12.45%(刘东波,1995)。

"十五"期间,我国西部省份共完成飞播造林 267.3 万 hm²,占全国飞播造林面积的85.8%(温浩江 等,2006)。目前,榆林沙区经过60多年的治理,榆林流动沙地面积由 57.33 万 hm² 减少到0.35 万 hm²,沙区林草植被覆盖度达到40%以上(朱建军 等,2017)。内蒙古在腾格里沙漠东南缘、乌兰布和沙漠西南缘连续32年实施飞播造林,累计 31.18 万 hm²,在腾格里沙漠东南缘形成了长 250 km、宽 3~10 km 的阻沙带,有效阻止了腾格里沙漠的前移(贾薇,2017)。

12.1.2.5 集雨整地造林技术

可产生径流的山坡地、丘陵、平地,造林前采取人工或机械集雨整地,使降水汇集产生的径流补给到林木生长的土壤中,满足林木成活和生长对水分的需求。依据地形及土层的差异可

选用穴状、鱼鳞坑、反坡集雨整地(赵良平,2015)

(1)穴状集雨整地

穴状集雨整地适用于地形破碎、土层较薄的平地整地。挖穴口径 0.3~1.0 m,穴深 0.3~
0.6 m。挖坑后,以坑为中心,将坑周围修成 120°~160°的边坡,形成一个面积 4~6 m² 的漏斗
状方形或圆形坡面集水区,并将坡面拍实或铺膜。

(2)鱼鳞坑集雨整地

鱼鳞坑集雨整地适用于地形破碎、土层较薄的坡地整地,呈"品"字形排列。一般随自然坡
形,沿等高线,按一定的株距挖近似半月形的坑,坑底低于原坡面 30 cm,保持水平或向内倾斜
凹入。坑长径 0.8~1.5 m,短径 0.6~1.0 m,坑下沿深度不小于 0.4 m,外缘半环型土埂高不
小于 0.5 m。沿等高线自上而下开挖,先将表土堆放在两侧,底土作埂,表土回填坑内,在下坡
面加筑成坡度为 30°~40°的反坡。

(3)反坡水平阶(沟)集雨整地

反坡水平阶集雨整地适用于坡面完整、坡度在 10°~20°的坡面整地。根据地形,自上而下,
里切外垫,沿等高线开挖宽 1~1.5 m 的田面,田面坡向与山坡坡向相反,田面向内倾斜形成
8°~10°的反坡梯田。反坡水平沟集雨整地用于坡面较整齐,坡度小于 30°,土层深厚的坡地,
采取人工或机械沿等高线连续开挖出长度不限的沟槽。

12.1.2.6　节水灌溉造林技术

(1)滴灌造林技术

滴灌造林技术是在生物治沙造林中配套滴灌节水设备,在干旱荒漠区有显著的优越性。滴
灌是将水加压、过滤,必要时连同可溶性化肥、农药一起通过管道输送至滴头,以水滴(渗流、
小股射流等)形式给树木根系供水分和养分。由于滴灌仅局部湿润土体,而树木行间保持干燥,
又几乎无输水损失,能把株间蒸发、深层渗漏和地表径流降低到最低限度。根据试验,滴灌比
土渠灌溉节水 82.8%,是沙区理想的节水灌溉技术,在沙地造林中能极大地提高苗木成活率、
保存率,造林成活率可达 95% 以上,造林效果优于任何一种灌溉方式(张玉斌 等,2005;刘康
等,2001)。在沙漠公路两侧、油气田和矿区周围,可利用沙漠地区丰富的地下咸水资源进行
滴灌造林,不仅水资源利用率高,而且可防止咸水聚盐对林木的危害,但需要定期清除盐结层
以防盐害,即当地表形成盐结层时应实施人工清除。

(2)引洪落种灌溉造林技术

流经旱区盆地、绿洲的季节性河流两岸及其周围区域,将春夏季高山融雪和降雨形成的洪
水引导到绿洲外围,通过天然下种或人工落水播种,进行造林和促进植被恢复。

在洪水来临前,在靠近林区胡杨、怪柳的宜林荒沙地,开渠堵坝,洪水来时自由下落的种
子随洪水漂移着床。在缺少天然下种的宜林荒沙地,将土地分成 10 hm² 大小的地块,平整打
埂,开深 50 cm 的引水沟,洪水来时人工在渠首往水里撒播种子,种子随水着床(赵良平,
2015)。

(3)低压水冲扦插造林技术

沙漠或沙地中的流动、半固定沙丘上,以地下水或河水为水源,以柴油机为动力,带动水
泵将水通过胶皮水管送到用空心钢管做成的冲击水枪,直接射入沙丘中形成栽植孔,然后将插
条如乌柳、怪柳等插入栽植孔,再用水枪将插条周围的沙土冲入空隙,填满压实,一次完成栽

植和灌溉(任天忠 等，2012)。

12.1.2.7 免灌造林技术

(1)湿沙层水造林技术

我国东部沙地及北疆古尔班通古特沙漠，可在秋末冬初第一场雪前，利用当年降水产生的悬湿沙层，在沙丘实施灌木免灌造林，加上冬季有一定量的降雪补给水，翌年春季土壤墒情较好，可大大提高造林成活率。

在土壤冻结前，选择土壤水分条件较好的沙丘(阴坡、背风坡)，挖坑至湿沙层，随即将苗木植入坑中踩实。适宜此方法的主要灌木树种有梭梭、柽柳、锦鸡儿等，造林苗木不易过大，以2年生为宜(李生宇 等，2013)。

(2)无灌溉管件防护造林技术

梭梭是干旱荒漠区固沙造林面积最大的建群树种，近年来面积大量萎缩，梭梭天然自我更新时幼苗极易受荒漠地表高温影响。无灌溉管件防护梭梭幼苗荒漠造林技术是将PVC管竖立埋入沙中，将梭梭幼苗栽植在管中央。这样可避免幼苗因温度过高被烫死，且管内沙子可保持一定的湿度和温度，保证幼苗生长需要，使用期可达5年以上。该技术可有效控制地表层温度，降低贴地风沙、老鼠对梭梭幼苗的伤害，不需要灌溉，可直播也可移栽。目前，该技术在吉木萨尔县古尔班通古特沙漠216国道边及甘肃、内蒙古等地推广示范3000亩，梭梭幼苗移栽成活率达85%以上，提高梭梭年生长量20%以上(麻浩 等，2014)。

(3)截干或深栽造林技术

将苗木截去地上大部枝干后栽植，以减少地上部分在成活发芽过程中的水分蒸腾，使水分、养分集中在近地面的2~3个芽上，植苗成活初期，保证根系萌发对土壤水分、养分的吸收，使地上部分耗水较少，达到收支平衡，有利苗木成活生长。截干高度一般为地上部分的1/3或2/3，留干长度距根颈20~25 cm，截植时留干距地高度以10~15 cm为好。另外，沙区大部分灌丛萌枝能力较强，可采用平茬措施进行灌木复壮(刘诚，2014)。

深栽造林是柴达木盆地高海拔区独创的旱作造林治沙技术，选取易萌发灌木，截取近1.5 m枝条，经沙地1 m深度扦插后，枝条从地表至栽桩底8 cm范围长出侧根，侧根使树干有效吸收水分固定沙丘，同时树木在生长过程中根系盘结交错，在地表附近形成自然方格沙障。随着树木生长，根系不断延伸，使这种自然沙障连为一个整体，从而有效阻止沙丘挪移，生长起来的树冠还可有效阻止沙粒悬移(殷显森，2018)。内蒙古沙区采用萌发力强的旱柳、沙柳灌木进行高杆造林，在流动沙地造林通常用于有适度积沙又不至埋压过度的缓起伏沙地，或高度3 m以下的流动沙丘，背风坡脚和丘间低地，地下水位深不到2 m的沙地，深栽0.8~1 m；地下水深大于2 m的沙地，深栽1~1.2 m，随挖坑随栽，用湿土分两层埋，再用锹捣实，为防止沙埋后再出现风蚀，每隔10 m再栽2行沙柳灌木带，以提高固沙作用(卢志跃 等，2002)。

12.1.2.8 节水保水造林技术

(1)固体水抗旱造林技术

应用高新技术将普通水固化，使水的物理性质发生巨大变化，变成不流动、不挥发的固态物质，这种固态物质在生物降解作用下能够缓慢释放出水分，被植物吸收利用。在严重缺水的干旱、半干旱地区及季节性干旱地区，应用固体水并配合其他集水蓄水保墒技术，既可以保证长时间地供给植物水分，维持植物的正常生长，又可以减少水分的无效蒸发及渗漏，达到节约用水、水分高效利用的目的(刘红民 等，2010)。

(2)吸水剂抗旱造林应用技术

吸水剂是一种吸水力大、保水性强的高分子物质，可大量吸收土壤甚至空气中水分并将其保存起来，其吸水倍率可达到自身重量的几百倍甚至上千倍，吸收的水分一般不能通过简单的物理方法挤出，可供植物根部缓慢吸收利用，而且能反复吸收和释放水分。在干旱区用吸水剂造林可有效提高成活率，造林方法简单，用定量的吸水剂拌土或吸水后拌土，也可配成一定浓度蘸根、侵种后造林，在林业生产中有广阔的应用前景(尹国平 等，2001)。

(3)荷兰 Groasis 保水节水技术引进与应用

Groasis 保水节水技术是一种由抗老化环保型高聚合物材料制成的集储水、自然水收集与毛细渗灌供水系统及附属物一起应用于困难立地条件下保水节水造林器及其技术。苗木造林后利用造林时储存和降水收集的水，通过毛细纤维渗灌系统，给已播种的种子或造林幼苗根系直接供水，并随着苗木的生长，其根系深入地下，最终能够凭借自身根系获得地下土壤中的水分，实现自然生长。该技术不受水源、地域限制，融储水、集水、保水与节水于一体，改善造林苗木周围的微环境，确保水分微量下渗供苗木生长，同时，可防止风沙、高低温损伤幼苗(严子柱 等，2017；张芝萍 等，2015)。

(4)"三水"造林技术

"三水"造林是指集收雨水、覆膜保水和根部注水于一体的抗旱造林技术的简称。在造林时，首先采用鱼鳞坑、水平沟等方式实施集雨整地，造林后再在树坑上覆盖地膜，其后在苗木生长过程中遇干旱时在树苗根部注水补墒，即通过收集雨水、减少蒸发、灌溉补水提高造林成活率(赵良平，2015)。

12.1.3 不同立地类型带灌木造林

12.1.3.1 极干旱暖温带

气候极度干旱，年降水量不足 100 mm，区域内沙漠、戈壁、绿洲镶嵌分布，绿洲受风沙危害非常严重，有沙埋绿洲势头，水资源严重短缺，生态环境极为脆弱。由于毁林开垦、不合理利用水资源、乱砍滥伐、过度放牧等人为影响，叶尔羌河、和田河中下游的灰杨林和胡杨林大面积减少，抵御风沙危害的生态服务功能大大减小，昆仑山北坡及吐哈盆地绿洲受到风沙危害。

(1)营林树种

灌木林营造以沙地、山地、戈壁、盐碱地造林为主。其中，沙地造林树种为梭梭、白梭梭、柠条锦鸡儿、柽柳、沙拐枣等，山地、戈壁宜选用梭梭、沙拐枣、红砂、猪毛菜进行造林；盐碱地造林有梭梭、柽柳、枸杞、柠条锦鸡儿等。

(2)造林密度与配置

灌木造林每亩控制在20~60株，乔灌混交林20~40株。依据风沙危害情况，沿外围荒漠区到绿洲内部进行防护林体系建设，绿洲外围配置灌木固沙林，绿洲边缘配置乔灌阻沙林，绿洲内建立乔木护田林网。外围防风固沙林可根据地下水、小地形和土壤，营造多树种混交的灌木林，团状、块状混交，以达到最佳防风固沙效果。

（3）造林方法

适宜植苗、直播灌溉造林，不适宜飞播造林、大面积乔木造林。植苗造林要深栽，栽植深度大于 50 cm，造林季节一般为春季，直播造林以洪水季的拦洪造林为主。树种配置，防风固沙林为灌草型，盐碱地以栽植耐盐灌木为主，并实施排盐措施。

12.1.3.2 极干旱中温带

区域炎热、干燥、多风，大部分地区年降水量不足 60 mm，年蒸发量在 2500~3700 mm。区域自然生态环境脆弱，由于上游河水量的不断减少，破坏了植被生长对水的供需平衡，加之人为破坏和过度放牧，天然荒漠林枯死，森林面积减少，湿地萎缩，植被退化严重，绿洲生态环境趋于恶化。

（1）造林树种

区域大部分为戈壁、沙漠、裸岩，不适宜人工造林，只有在绿洲、河湖岸边、山沟、河床谷地水分条件较好的地区可实施人工造林。灌木林营造以沙地、山地、戈壁、河谷地、盐碱地造林为主。其中，沙地造林树种为梭梭、白梭梭、柠条锦鸡儿、柽柳、沙拐枣等，山地、戈壁宜选用梭梭、沙拐枣、红砂、猪毛菜进行造林；河湖岸边等地下水位较浅地区适宜的树种有柽柳、胡杨、梭梭、旱柳等；荒沙地及盐碱地造林有梭梭、柽柳、枸杞、柠条锦鸡儿等。

（2）造林密度及配置

灌木造林每亩控制在20~60株，乔灌混交林20~40株。沙地、山地、戈壁、盐碱地造林以灌木树种为主，采用多树种带状、块状混交造林；河湖岸边造林，最好营造乔灌结合的混交林，并根据土壤、水分条件，采取块状、带状、团状混交造林。

（3）造林方法

适宜植苗灌溉造林，造林时植苗要深栽，栽植深度大于 50 cm，荒沙地、较远的地方要采用容器苗造林，造林季节一般为春季造林，水要灌足。

12.1.3.3 极干旱高原温带

区域年降水量不足 100 mm，柴达木盆地西部年降水量不足 50 mm，仅昆仑山与阿尔金山西部交汇处的山区降水量可达到 150 mm。近几十年来，地区植被遭到一定的破坏，土地退化和沙化问题较为突出，20 世纪 50 年代主要是开垦草原和樵采，80 年代主要是开矿和盗挖甘草，近几年则主要是野蛮采摘野生黑果枸杞。

（1）造林树种

灌木林营造以沙地、盐碱地造林为主。其中，沙地造林灌木以梭梭、柠条锦鸡儿、柽柳、黑果枸杞、枸杞、沙拐枣、沙蒿等为主；盐碱地造林树种有胡杨、梭梭、柽柳、枸杞、柠条锦鸡儿等。另外，柴达木盆地黑果枸杞人工栽培也获得成功，可在盐碱程度低、水分条件较好的地方营造枸杞和黑果枸杞经济防护林。

（2）造林密度与配置

灌木造林每亩控制在20~60株，乔灌混交林20~40株，经济防护林可按每亩60~100株定植，防风固沙林可根据地下水、小地形和土壤，营造多树种混交的灌木林，团状、块状混交，以达到最佳防风固沙效果。树种配置防风固沙林为灌草型，盐碱地以栽植耐盐灌木为主，并实施排盐措施。经济防护林按照 4~5 m 带间距整地造林。

（3）造林方法

适宜植苗、直播灌溉造林，不适宜飞播造林、大面积乔木造林。植苗造林要深栽，栽植深度大于 50 cm，造林季节一般为春季，直播造林以洪水季的拦洪造林为主。经济林防护林可采用植苗造林、扦插造林和分蘖造林，植苗造林以春季为佳；扦插和压条造林春秋季均可，以枸杞为例，方法是取 0.5～1 cm 粗生长的枸杞枝条浸泡 2～3 天后，剪成长 30～50 cm 插穗扦插即可；分蘖繁殖是在 2 年生的枸杞根颈以上将干截去，第 2 年便可萌发许多幼枝，或将枸杞主根截断，即从截断的主根两端萌发出许多幼枝，截根时间春季最佳。

12.1.3.4　干旱暖温带

区域地处欧亚大陆深处，气候干燥，降水分布不均，年降水量由西北部天山脚下的 250 mm，向东南塔克拉玛干沙漠腹地递减到不足 100 mm。区域内沙漠、戈壁、绿洲、山地毗连分布，绿洲人口密集，水资源供需矛盾突出。河流上游持续绿洲化和下游持续荒漠化形成鲜明对比，沿塔里木河流域上游及各支流持续扩大的土地开垦，加速了水资源的供需矛盾，造成下游断流、植被枯死、湖泊干涸，下游绿洲受到风沙危害的威胁，地下水位下降，天然荒漠林面积减少，土地盐渍化、沙化加剧；而天山南坡山前坡地，由于过度放牧、樵采等造成植被破坏和退化，风蚀、水蚀加剧。

（1）造林树种

以沙地、山地丘陵、湖盆盐碱地灌木造林为特征。其中，沙地造林灌木以梭梭、白梭梭、沙拐枣、柠条锦鸡儿、锦鸡儿、柽柳、黑果枸杞、枸杞等为主；山地丘陵造林灌木有梭梭、沙拐枣、红砂、猪毛菜；盐碱地造林树种有胡杨、梭梭、柽柳、枸杞、柠条锦鸡儿等。

（2）造林密度

造林密度根据造林区域水资源情况及造林树种而定，湖盆绿洲造林密度可大一些，绿洲外围荒漠区、低山丘陵区要小一些。乔灌混交造林每亩控制在 40～60 株，灌木造林每亩控制在 28～70 株。

（3）造林方法

风沙口造林采用乔灌混交方式，用耐旱的乔木如榆树、沙枣等和灌木如沙拐枣、柽柳等营造防风阻沙林带，外围迎风面为 5～6 行灌木，后为 3～5 行乔木；绿洲外围利用洪水、农闲水灌溉沙地，通过栽植或撒播种子，营造以灌木如梭梭、锦鸡儿、柽柳、沙拐枣等为主的防风固沙林；在水分条件较好的流动沙地上，利用沙柳、柽柳等灌木枝条，截成 1 cm 左右的插条，春秋季节实施扦插造林，水分条件较差的沙地，可利用低压水冲扦插造林技术，灌溉扦插造林；山前坡地丘陵区，采用容器苗植苗造林；山谷、河流流域区域区利用洪水溢出和洪滞效应，沿沟谷两侧植树种草。

12.1.3.5　干旱中温带

区域降雨量稀少，气候干燥，年降水量 100～250 mm。典型植被为温带草原、温带荒漠草原，天然灌木广泛分布，山地及绿洲分布有大量的天然乔木林和人工林。区域人工绿洲外围及内陆河流上游持续开垦和荒漠植被的砍伐和樵采，加速了水资源的供需矛盾及天然林的破坏和衰败，上游水资源的不合理利用加速了绿洲内土壤次盐渍化的发生，绿洲外开垦与绿洲内弃耕并存，下游持续过度开采地下水，导致绿洲周围防护林大面积死亡、草场严重退化，草原地区过度放牧导致土地退化、沙化，风沙危害严重。

（1）飞播造林

适宜飞播区域为年降水量100~200 mm的沙漠边缘地带，主要包括巴丹吉林沙漠东缘、库布其沙漠、腾格里沙漠南缘、乌兰布和沙漠东南缘的流动沙地和半固定沙地。飞播造林以灌木为主，灌草结合，适宜的造林树种有沙蒿、沙拐枣、细枝山竹子、杨柴、小叶锦鸡儿、沙打旺等（田永祯 等，2010）。

适宜的播种期选择在5月下旬至7月初。播种区一般有植被盖度10%~15%最好，流动沙丘播前要采取机械固沙等人工处理措施。一般采用在沙丘坡面搭设各种形式的障蔽如草方格沙障，或组织羊群在坡面上踩踏，改善坡面落种、播种条件。

飞播采用不同物种混播方式，灌灌型如细枝山竹子或杨柴与白沙蒿混播，灌草型如白沙蒿与沙打旺混播，播种量一般每亩0.5~0.6 kg。飞播种子采用黏合剂、有机和无机微肥、保水剂、无机矿物质和植物纤维素等材料对种子进行大粒化处理，使其能在飞播后稳定着地、吸水膨胀、快速发芽。

沙区飞播造林要结合封沙育林育草，实施全面严格的保护措施，特别是飞播后的前3年，禁止放牧和一切人为活动，并根据出苗和成苗情况，对缺苗、少苗区进行补播。

（2）人工灌木林营造

沙漠、沙地造林要结合机械固沙，植苗或直播沙生、旱生树种，采用丘间集水、堆雪融渗、深栽等集水抗旱措施造林；浅山坡地丘陵区要实施集雨整地、抗旱保苗措施造林；河岸谷地造林要充分利用水资源的优势，实施灌溉造林。

区域沙地防风固沙林选用梭梭、沙拐枣、柽柳、锦鸡儿、细枝山竹子、柠条锦鸡儿、枸杞、黄柳、沙柳、沙棘等。山地、丘陵、荒地造林以沙枣、沙棘、柽柳、梭梭、柠条锦鸡儿、山杏、山桃、杯腺柳、金缕梅（*Hamamelis mollis*）、锦鸡儿等。

古尔班通古特沙漠、腾格里沙漠梭梭造林每亩42株左右，其他地区灌木造林每亩控制在42~60株之间。在河湖岸边、山地阴坡等条件较好的地区营造防风固沙林和水土保持林应进行乔灌草混交，亦可团状、块状混交；山前坡地、沙地、盐碱地等，实施灌草混交，可带状、行间混交。绿洲外围防风阻沙防护林营造，用耐旱的乔木与灌木营造乔灌混交林，外围迎风面为2~3行灌木，后为3~5行乔木。

造林整地实施穴状、鱼鳞坑、带状集雨整地，提前一个雨季或一年整地。沙土地造林原则不提前整地，随整地随造林。区域无灌溉条件下适宜营造灌木林，水资源条件允许的地方进行乔木灌溉造林。栽植深度大于50 cm，乔木灌溉造林一般在春季造林，无灌溉灌木造林春季、雨季和秋季均可。同时，可采取直播造林，既可春季灌溉直播造林，也可雨季灌木直播造林，或秋季大粒种子直播造林。

此外，在古尔班通古特沙漠、巴丹吉林沙漠、腾格里沙漠等，建立以梭梭+肉苁蓉、白刺+锁阳的生态经济林。在大面积次生盐渍化退耕地上可适宜发展枸杞经济林，既可增加农民收入，又可起到生态防护功能。

12.1.3.6 干旱高原温带

区域主要为高原干旱荒漠区，干旱少雨、海拔高、植被稀疏、人口稀少。大部分区域年降水量100~250 mm，个别区域能达到300 mm。植被类型为温带荒漠草原。区域主要是过度放牧、樵采对灌木植被的破坏，引起的山区水土流失、风沙对绿洲和矿区的危害。尤其是对柴达木盆地大面积的黑果枸杞灌木林破坏最为严重，近几年野蛮采摘、滥挖等行为非常猖獗，致使野生黑果枸杞灌木林遭到毁灭性破坏。

（1）宜林灌木

区域灌木造林以防风固沙林、水源涵养林为主，采用无灌溉灌木造林，有条件的地方可进行灌溉造林。防风固沙林树种以梭梭、锦鸡儿、柽柳、沙拐枣等；水源涵养林树种有沙枣、高山柳、柽柳、长蕊柳（Salix longistamina）、班公柳（Salix bangongensis）、沙棘、宽苞水柏枝（Myricaria bracteata）、锦鸡儿等。

（2）造林密度及配置

山区及绿洲灌木造林每亩控制在 42~75 株，荒漠区灌木造林每亩 48 株。防风固沙林及水源涵养林为灌草型配置，一般乔、灌、草搭配比例为 5：3：2，阴坡应加大针叶树比例，阳坡应加大灌木树种比例。混交方式主要以块状为主。

（3）造林方法

区域防风固沙林一般不提前整地，随整地随造林，其他土地类型实施穴状，山坡地带状集雨整地。整地一般在前一年的雨季进行，在水蚀、风蚀严重的地区采取鱼鳞坑整地，平缓坡地带可采取带状水平沟整地。区域适宜无灌溉造林，绿洲水资源条件允许的地方进行灌溉造林；栽植深度大于 50 cm，造林季节一般为春季、秋季造林。

12.1.4　干旱沙区灌木林抚育管理

12.1.4.1　沙地灌木林

沙地灌木造林要依据需要设置沙障，沙障应在造林头年秋季或初冬布设，沙生灌木栽植在迎风坡的中下部沙障网格内，造林后应及时浇水，死苗要及时补植。造林灌木当年应人工浇水 1~2 次，有河水灌溉条件的地区可栽前灌水，造林后每年或隔年灌水 1 次。沙地灌木造林后要加强造林地沙害防治，幼林期管护人员需及时巡查，发现造林灌木根系风蚀外露要及时填沙埋根，有风沙流吹坏沙障时应及时补修。沙地灌木鼠害较为严重，灌木枝条易遭啃食，鼠洞可使灌木根系外露，势必影响灌木造林成活率，需要加强林地看护管理，以减少沙鼠对灌木林的危害。对于飞播造林沙地，实行封沙育林管理无疑是一项非常奏效的措施。

12.1.4.2　山地丘陵灌木林

山地丘陵荒地生境恶劣，立地条件类型复杂，水分条件差，风蚀严重，营造灌木林生长缓慢，除加强常规的水肥管理外，宜采取封育管护措施，促使造林灌木生长发育，促进了天然植被自然更新、增加了植物生长量和植物种数、密度和覆盖度，增强防风固沙功能。同时，可对封育灌木进行平茬，促使萌枝复壮，以提高林分质量，发挥更大的防护作用。

12.1.4.3　盐碱地灌木林

盐碱地造林后要随时整修围梗，平整土地，使雨水分隔贮存，淋洗盐碱，降低盐分。造林后 1~3 年内，最好在春季返盐时灌水压碱以保证幼林生长；春旱降雨和灌水后及时松土除草，切断毛细管，减少水分蒸发，抑制盐分上升；同时加强灌木整形修枝和病虫害防治等。

12.1.4.4　河岸林

河湖岸边等地下水位较浅区适宜灌木较多，区域水分条件较好，林木抚育密度过大，会出现林木结构不良，林分质量和生态功能也会明显下降。因此，河岸林抚育管理以人工修枝间伐为主，修枝可在冬末春初树木休眠期进行，不仅可以改善林内通风与光照及林木生长条件，还可防止病虫害蔓延。间伐依据营林目的不同而不同，当林分郁闭后，林分密度大，林木受光不足，出现营养空间竞争、林木开始分化或开始受到其他杂草压抑时，需要进行抚育透光伐；生长伐则是伐除生长过密和生长不良的林木，合理调整林木密度，使其保留较好的营养空间而采取的间伐方式；当林木遭受病虫害、火灾及风沙危害时，对林内卫生条件较差的林分进行间伐，目的是改善林内卫生状况，减少病虫害和火灾发生，促进林木健康生长。

12.1.4.5 生态经济林

生态经济林不仅发挥着生态防护作用，同时还兼有经济效益。因此，生态经济林抚育管理要做到精细、精准、科学、合理，以利于早产、丰产、优产。生态经济林幼林阶段抚育管理属营养生长期管理，土壤耕作及水肥管理至关重要，要做到精细化管理，也可利用经济林株行距空隙种植绿肥是增加土壤有机质、改良土壤结构、提高土壤肥力减少冲刷、经济而效果好的土壤管理方法。同时，及时中耕除草可疏松土壤，防止土壤板结，改善土壤结构，有利于幼林生长。

（执笔人：甘肃省治沙研究所 张锦春）

12.2 黄土高原沟壑地带造林

12.2.1 黄土高原沟壑地带造林的意义

黄土高原地势西北高，东南低，自西北向东南呈波状下降。以六盘山和吕梁山为界把黄土高原分为东、中、西三部分：六盘山以西的黄土高原西部，海拔2000～3000 m，是黄土高原地势最高的地区。六盘山与吕梁山之间的黄土高原中部，海拔1000～2000 m，是黄土高原的主体。吕梁山以东的黄土高原东部，地势降至500～1000 m，河谷平原占有较大比例。据此可将黄土高原分为山地区、黄土丘陵区、黄土塬区、黄土台塬区、河谷平原区。

黄土高原沟壑区位于黄土高原南部，主要包括陇东黄土高原沟区(简称陇东区)、渭北黄土高原沟区(简称渭北区)和晋陕黄河峡谷高原沟区(简称晋区)介于34°23′～37°04′N、106°22′～111°08′E间，处在略呈西南—东北向的狭长地带内，东西跨甘肃、陕西、山西三省，总面积3.27万 km²。处于我国东南季风和西南季风影响的边缘区，从而使降水量自东南向西北或自西南向东北递减。黄土高原南北地跨亚热带、暖温带、温带3个温度带；东西跨半湿润、半干旱和干旱等干湿地带，气候的地域差异性和过渡性十分显著。位于季风的尾闾区，干旱与半干旱范围大，降水不稳定，干旱、风沙频繁，天然草地与旱作农业生产能力低且不稳定。

气候的干旱与降水不稳定、黄土及风沙物质的不稳定相结合，使得本区生态环境十分脆弱。土地利用受降水波动和历史上农耕、游牧民族交替控制的影响，在农牧交错地带表现为有农有牧、时农时牧的变动，导致土地退化加剧，严重的水土流失，严重制约着该区域社会经济的可持续发展，造成当地生态环境恶化、群众贫困、经济落后，同时，给下游防洪安全构成了极大威胁。

近年来，随着退耕还林、天然林资源保护、三北防护林等林业重点工程建设的相继开展，该区域森林覆盖率不断提高，生态环境得到了极大改善，群众的生产生活条件不断提高，进一步拓宽了当地群众的致富门路。但由于该区域自然条件差，水土流失严重、干旱缺水，生态环境仍未实现根本转变，造林工作仍然任重道远。

12.2.2　黄土高原沟壑地带的特点

12.2.2.1　地形特点

黄土高原经流水长期强烈侵蚀，逐渐形成千沟万壑、地形支离破碎的特殊自然景观。沟壑纵横，山地与断谷、盆地相间分布。地势西北高，东南低，起伏大，远看起来不平整，支离破碎。黄土高原沟壑纵横的原因是自然界流水侵蚀的作用，由于黄土土质疏松、土壤颗粒小、垂直节理发育，加之降水集中、多暴雨和植被破坏严重、稀少，无法蓄积水土。

12.2.2.2　气候特点

半干旱大陆性季风气候区，暖温带半干旱、半湿润气候，年平均气温 8～10 ℃，年降水量 300～500 mm，由于气温较高，相对湿度较小。气温年较差、日较差大，降水稀少，温带季风气候，夏季高温多雨，冬季寒冷干燥。极端天气较多，主要灾害性天气有干旱、连阴雨、冰雹、大风、暴雨、霜冻和干热风等。

12.2.2.3　土壤特点

黄土高原主要土壤类型为黄绵土和黑垆土，腐殖质的积累和有机质含量不高，腐殖质层的颜色上下差别比较大，上半段为黄棕灰色，下半段为灰带褐色，黑垆土是被埋在下边的古土壤。除少数石质山地外，黄土厚度在 50～80 m 之间，最厚达 150～180 m。pH 值 6.5～7.8。

黄土的形成除了水、风等外营力将周围物质搬运堆积外，最重要的，也是形成黄土必不可少的一个条件是黄土物质堆积后必需要有一个风化过程，即黄土化过程。

黄土质地疏松，垂直节理发育，干燥时坚如岩石，遇水则容易溶解，富含氮、磷、钾等养分，自然肥力高，适于耕作，为当时生产力落后的社会提供了理想的基本生产资料，孕育了黄河中游地区的古代文明。黄土的又一个特点是垂直节理发达，直立性很强，为当地居民提供了凿窑洞而居的便利条件，陕北有着悠久的窑洞文化。黄土最大的弱点是对流水的抵抗力弱，易受侵蚀，一旦土面天然植被遭受破坏和大面积土地被开垦，土壤侵蚀现象就会迅速漫延发展，使原来平坦而连片的土地变成为一个个孤立的塬、垛等地形，出现千沟万壑、支离破碎的地面。

12.2.2.4　主要植被

沟壑地带木本群落大部分属暖温带半湿润落叶阔叶林带，灌木主要有沙棘、胡颓子、酸枣、马蹄针、枸杞、胡枝子、黄蔷薇等，草本主要有羊胡子草、早熟禾、蒿草、白草、蒿类等，盖度 20%～60%。

12.2.2.5　水土流失的特点

（1）侵蚀强度大

侵蚀模数大于 15000 t/km² 以上的水蚀面积达 3.67 万 km²，局部地区侵蚀模数高达 3 万～5 万 t/km²。

（2）时空分布集中

6~9月，产沙量占年产沙量的80%以上。水土流失最为严重的区域，主要集中在黄河中游7.86万km²的多沙粗沙区，该区域面积仅占总面积的12.3%，年产沙量却达11.82亿t，占同期黄河输沙总量的62.8%。其中粒径大于0.05 mm的粗泥沙3.19亿t，占粗泥沙输沙总量的72.5%。

（3）泥沙主要来自沟道侵蚀

沟壑发育，沟道侵蚀十分严重，崩塌、滑塌、泻溜等重力侵蚀十分活跃，沟谷面积虽占总面积的40%左右，而产沙量却占总产沙量的60%以上。造成的主要危害有恶化生态环境，制约经济社会发展；泥沙淤积下游河床，威胁黄河防洪安全；影响水资源合理和有效利用。

近年来，该区域坚持以小流域为单元，以县为基本单位，采取水平梯田、沟坝地、造林种草、雨水集流工程、集雨节水灌溉、制止破坏林草植被、保护水土和林草资源等措施，使该区域的环境治理取得了较好的效果，极大改善了当地的生态环境。但相比其他地区，该区域的生态环境还极其脆弱，需要进一步加大环境治理力度，大力实施造林种草，保持水土，以期达到区域环境彻底改善。

12.2.3 黄土高原沟壑地带造林技术

12.2.3.1 造林树种选择

根据黄土高原沟壑区造林地自然条件和造林经验，结合各树种生物学、生态学特性，按照"适地适树"和"抗逆性强"，以及生态、经济、社会效益兼顾等原则，宜乔则乔、宜灌则灌、宜草则草、提倡乔灌草结合，以乡土树种为主，优先选择在本区生长良好、根系发达、根蘖性强、耐干旱瘠薄、适应昼夜温差的剧烈变化、抗逆性强、易成活、生长快，能短期内郁闭成林或显著增加地表覆盖度的树种。可选择主要树种有刺槐、杨树、油松、柠条锦鸡儿、沙棘、紫穗槐、榆树、旱柳、桑树、山杏、山桃、杜梨、红枣、苹果、泡桐、刺柏、槐树、臭椿、楸树、侧柏、华北落叶松、梨树、花椒、核桃、柿树等。

黄土高原沟壑区总体来说比较干旱，但是由于坡向、坡位和小气候影响，各种立地类型上的土壤水分和肥力不尽相同。一般情况下，在土壤水分不足，干旱阳坡，应选用侧柏、油松、刺槐等乔木树种及叉子圆柏、沙棘、花椒、山桃、山杏等灌木树种；阴坡以油松、刺槐为主；平原田旁及河流两岸以杨树、柳树为主。

12.2.3.2 林种的选择

在黄土高原沟壑地带造林，林种选择要因地制宜，并满足市场需求，充分发挥造林地的生产潜力。但必须注意，黄土高原沟壑地带造林应以保持水土和发挥林地防护功能为主，最大可能地发挥林地的生态效益，不宜提倡建设大规模的用材基地。因此，选择林种时应主要以灌木、乔灌结合所形成的水土保持林、水源涵养林、梁峁顶部防护林、护坡林、梯田地埂防护林、塬边防护林、沟头防护林、沟底防冲林等为选择对象。

12.2.3.3 苗木的选择

除选择适宜的树种，把好苗木关是造林成功的一个重要环节，要把好种子关、强调选用良种壮苗；把好苗木管理关，精细管理，适时施肥，保证苗木健壮生长；造林前要炼苗，以增强苗木抵御恶劣环境的能力，提高造林成活率。

造林苗木规格和质量对造林成效关系也很大，以常用的造林树种刺槐为例，在相同的立地条件下，采用同样的栽植规格、整地方式，刺槐Ⅰ级良种壮苗较Ⅲ级苗木造林成活率平均提高66.4 个百分点，当年新梢生长量增加 52 cm（康华 等，2006）。

容器苗和带土球苗之所以在造林中大量应用，就是其具有根系受原基保护、不易失水失肥、不缓苗、造林成活率高等优点。尽可能采用容器苗和带土球苗造林。

一般情况，针叶树苗木选择：侧柏选用 1.5~2 年生容器苗，油松选用 3 年生容器苗，高度25~30 cm，地径 0.3~0.5 cm。针叶树容器钵口径要求在 20 cm 以上。地埂埝畔边选用 3~4 年生带土球侧柏苗，土球直径必须保证在 20 cm 以上，且完整不松散；阔叶树苗木选择：刺槐选用 1 年生截干苗，地径 0.8~1.0 cm。紫穗槐采用 2 年生苗木，苗高 50 cm 以上，地径 0.3 cm 以上。文冠果采用 2 年生苗木。红枣采用 2 年生嫁接苗，花椒采用 1 年生截干苗。

12.2.3.4　适时种植

利用秋冬季、春季、雨季进行全年造林。春季造林关键在于早，一般以土壤解冻后到树木萌芽前为宜，以植苗为主，春季造林，宜早不宜迟，早播、早栽有利于苗木木质化，提高抗高温干旱和越冬，可提高造林成活率；雨季造林以 7~9 月为宜，严格按照"雨不透地不栽，天不连阴不栽，雨过天晴不栽"的原则，密切注意当地天气情况，适时造林，雨季造林适用于针叶树种，特别是松、柏针叶树容器苗造林。对于陡坡地，可在雨季来临之前进行直播或撒播造林；秋冬季造林在树木落叶后到土壤封冻前 1~2 周进行为宜，以植苗为主。

12.2.3.5　造林整地

整地就是通过改进和完善造林地的立地条件的过程，其主要目的就是提高林地地面集水蓄水能力和保持水土能力，创造适宜苗木成活和生长的有利环境条件从而有效提高林木的成活率。干旱区造林，整地是解决"干旱"和"抗旱造林"这对矛盾的有效的基本措施，整地质量的高低，往往成为造林成败的决定性因素。特别是在水土流失严重、气候干旱的黄土高原沟壑区，细致整地有着重大的作用：拦截径流、蓄水保墒；改变光照、调解土壤湿度；提高土壤肥力、增加土壤养分；消灭杂草、防止病虫害、改善林地卫生等（李宝峰，2013）。整地技术的核心就是确定合理的整地时间和整地方式。

（1）提前整地

提前整地是黄土高原沟壑区造林的基础，在干旱缺水地区，提前整地能有效改善造林地立地条件，截留和贮蓄降水，促进土壤风化，增加土壤有机质，减少土壤中的病虫害，是提高造林成活率、改善幼树生长条件的重要环节之一。可以减少栽植时的用工，便于安排造林生产活动，缓和造林季节农业生产与林业生产争夺劳力的问题。整地时间要求在上一年雨季前或提前2~3 个月进行。

（2）整地方式

造林整地要充分考虑保留原生植被带挡风和保持水土的作用，以尽量不破坏原生植被、不造成新的水土流失为原则，最大限度地改善造林立地条件。造林整地方法有多种，在保证造林质量的前提下，从省工和保护天然植被的角度来考虑，黄土高原沟壑地带整地方法主要有鱼鳞坑、水平阶、反坡梯田和穴状等。

鱼鳞坑整地：在坡度较大的造林地上，挖近似半月形的坑穴，坑穴间呈品字形排列，坑的大小要随小地形和栽植树种的不同而变化，一般坑长宽 0.6 m，纵高 0.5 m。挖坑时先把表层熟土堆在坑的上方，生土堆于下方筑埂。按要求规格挖好坑后，把表土回填入坑内，在坑下沿用生土围成高 20~25 cm 的半环状土埂。在鱼鳞坑的上方左右两角各斜开一道小沟，以便引蓄更多的雨水。

水平阶整地：一般用于 30° 以下的坡面，沿等高线将坡面修筑成狭窄的台阶状台面，阶面水平或稍向内倾斜，有较小反坡。台面宽因坡度而异。整地时从坡下开始，先修下边 1 台，然后修第 2 台，修第 2 台时把表土翻到第 1 台，依次类推，最后 1 台可就近取表土盖于台面。

反坡梯田整地：又称三角形水平沟整地，适于坡面比较完整的地段。修筑方法与水平阶整地相似，内侧蓄水，外侧栽树，植苗于距阶边 30~50 cm 处。

漏斗式集流坑整地：以栽植点为中心进行挖土，逐步向外扩大，将挖出的熟土集中堆放，用生土堆成外高中心低的漏斗式集流面，在坑穴中心挖 60 cm×60 cm 的植树坑，坑深 50 cm，将熟土回填植树坑内。最后将集流面夯实拍光以利汇集降水。

穴状整地：在台塬阶地平缓地或缓坡地带采用穴状整地。分小坑穴和大坑穴两种，小坑穴直径 40~50 cm，深 40 cm 左右，多用于一般造林；大坑穴长、宽、深各 80~100 cm，多用于土壤条件较好的果树经济林营造。这种方法虽省工省时，但水土保持效果差（李宝峰，2013）。

12.2.3.6　栽植方法

（1）容器苗造林技术

造林前需提前 3~4 天给苗圃地灌水，便于起苗运输。栽植时，先在坑底回填熟土，然后根据容器材料分情况栽植，对苗根不易穿透的容器栽植时将容器去掉，但要保持根团不散；对根系能穿透的容器可连同容器一起放入穴中（赵红军 等，2010），或划破营养袋底部，然后栽于穴中，分层压实容器与土壤间的空隙，切勿踏破容器。为提高栽植成活率，可在回填土达容器土团上方 2~3 cm 时浇水，待水充分渗透下沉后，再填土距坑沿 20~30 cm 处踩实，然后用地膜覆盖。

（2）裸根苗栽植技术

裸根苗栽植时，要严格按照"三埋二踩一提苗"技术要求。栽前在挖好的坑穴内回填表层熟土，栽时要做到苗正、根舒、根土密接、分层压实。同时适当深栽，覆土稍高于苗木根径 5 cm，栽后浇足定根水。待水下渗后，覆土保墒，保留 15~20 cm 的蓄水坑，以利蓄水和土壤保墒。

（3）抗旱技术措施

集水、灌溉：集水技术是利用水分的重力和土壤蓄水功能对降雨进行就地拦截和储蓄，以实现对降水进行再次分配，延长土壤中水分有效供应的时效技术。灌溉技术是指利用引进水或地下水已解决造林期水量不足方面的技术，主要包括渠道防渗技术、低压管道输水技术、喷灌技术、滴灌技术以及渗灌技术。

蘸磷浆：裸根苗造林前，先将造林苗根用水浸泡 2 天，然后用 2% 的磷肥泥浆蘸根后造林。

ABT 生根粉浸根：应用 ABT3 号或 GGR6 绿色植物生长调节剂 $25×10^{-6}$~$50×10^{-6}$ 溶液浸根，浸根时间 60~90 min。

地膜覆盖：定植后浇足定根水，待水下渗后覆土，然后用塑料薄膜进行覆盖。膜大小，略大于植树坑破土面，铺好后上覆 2~3 cm 厚的细土，防风保墒。

保水剂：是一种吸水能力非常强的高分子化合物，拌土使用可起到节水、节肥的作用，提高造林成活率。保水剂与水按 1∶100~150 的比例配成水溶液蘸根或将保水剂与细土按 1~2∶100 的比例混合充分拌匀后，直接施入栽植穴内，施用后一次性浇足水，让保水剂吸足水分。

截干造林：干旱半干旱地区常用的技术措施。对萌蘖力强的树种，如刺槐、紫穗槐等树种，在造林时进行截干处理，可减少苗木水分损耗，提高造林成活率。刺槐等乔木树种经过截干还可以促其形成通直的主干，提高造林效果。截干造林，切口要求平滑，栽植后地上外露5 cm 左右，减少水分蒸腾。

苗干套袋：红枣等经济林苗木截干栽植后，苗干套塑料袋，减少水分散失，提高栽植成活率。

12.2.3.7　抚育与管护

幼林抚育管护在黄土高原沟壑区，对造林能否成功有直接的影响，开展幼林抚育管护工作十分必要。

秋季成活率检查后，对未达到成活率要求的应及时补植，入冬前，在苗木根部围土堆越冬；幼林抚育管护工作的中心任务就是松土除草、除萌修枝、病虫鼠害防治以及林地管护等。松土除草可以保墒，解决杂草与苗木争水争肥的矛盾，造林结束及时进行松土除草。除萌修枝是为了节约水分保护养分，调节树势，减少不必要的水分和养分消耗，尤其是对一些萌蘖力强的树种，在造林后应及时除萌，对于 2~4 年的幼树要进行一次适度修枝整形，修枝时间应在树木落叶之后至春季发芽之前，修枝强度不能过强，应保证树冠幅度大于树高，对于大面积林地还要加强病虫鼠害的测报及防治工作，对未成林实行隔离保护或完全封禁，杜绝放牧和人为活动，落实林地管护责任人，不留漏洞。

（执笔人：杨凌职业技术学院 吴高潮）

12.3　华北石质山地造林

华北石质山区主要指处于华北中心的晋冀山区，以太行山脉及燕山山脉为主体，往东还包括辽西的医巫闾山区，往南侧一直延伸到伏牛山北坡。该区北与内蒙古高原（河北省坝上草原）为界，东南与华北大平原接壤，西面与西北黄土高原之间的界限带有逐步过渡的性质，越往西受黄土沉积的影响越大，形成不少土石山区，大致上可以汾河谷地为界。此外，辽东半岛丘陵山地、山东省的鲁中山地及山东半岛丘陵山地，在地理上与该区是隔开的，但是在气候、土壤和造林技术等方面与该区有许多相似之处，所以广义的华北石质山区也包括这些地区。这个地区由于开发年代较久，原有森林植被大部分已破坏殆尽而呈荒山景观，仅少数深山地区还保留一部分天然次生林（杨程，2008）。华北石质山地由于生境恶劣及各种原因的破坏，历来造林困难很大，造林成活率、保存率不高。一些林分生长缓慢，稳定性差，林分质量低，不能发挥出较高的效益（贾忠奎 等，2004）。立地条件、灌木树种选择及关键造林技术环节是华北石质山地造林的重要内容。

12.3.1　立地条件特征

华北石质山区属暖温带半湿润地区半干旱落叶阔叶林与森林草原——褐土地带，立地条件差，土壤瘠薄，气候干旱，造林成活率低，其主要特征有以下几个方面。

（1）气候特点

该区的气候特点是冬季温度较东北地区显著提高，暖温期较长，1月平均气温在−12~0 ℃之间，7月平均气温在24~28 ℃之间，无霜期5个半月至7个月，春季增温及秋季降温都比较迅速（杨程，2008）。

（2）降水量不足且分布不均

该区年降水量在400~600 mm以上，有些地区不足400 mm，且存在季节和地域分配不均衡的问题，70%~80%的降水集中在夏季，冬春季的降水特别少。同时，该区干燥度1.0~1.2，降水变率较大，春季的降水变率尤其比较大，再加上此时有强烈干风及增温迅速等因素的影响，因蒸发作用强烈而导致雨季也常出现严重伏旱现象，季节性和周期性干旱十分严重，使得刚栽植或萌出不久木质化程度低的灌木幼苗往往无法度过此时的高温干旱而枯死，已成活植株出现严重枯梢，生长受到极大限制。尤其是在低山阳坡，春旱最严重时，干土层厚度可达30 cm以上，对灌木林的成活生长有显著的不利影响（杨程，2008）。

（3）天然降水利用率低

由于华北石质山地山高坡陡平地少，径流速度大，加之土壤持水量低，降水入渗少而流失多，所以，有限的降水量中能被灌木利用的比例很小，而且被利用部分通常只能起到暂时缓解干旱胁迫维系灌木生存的作用，却远远达不到灌木正常生长所需要的水分。

（4）土壤瘠薄

华北石质山区的海拔高差比较大，在海拔高处（东部及北部1000 m以上，西部及南部1500 m以上）的山区，气温低，湿度大，具有高寒山区的性质，而与低山地带有较大差别。在水分不足的华北石质山地低山区，土壤条件对灌木群落的发展具有决定性作用。在华北石质山地困难立地进行造林所遇到的最大困难之一就是土层浅薄，土壤贫瘠，土地承载力低，极大地限制了灌木林的正常生长发育。

（5）植被发育差且干扰强度大

华北石质山地特殊的气候和土壤条件所孕育的植被，层次简单，覆盖度低，发育差，不仅不能合理有效地利用水资源和区域内丰富的光热资源，而且截持地表径流、保持水土资源和防风抗风能力极有限，导致生态系统脆弱，功能失调，稳定性差。该区广大低山地带的原始植被是以橡栎类为主的半旱生阔叶林及油松橡栎混交林（阴坡）。经破坏后，目前阳坡基本上为覆盖度不大的由荆条、酸枣、菅草、白草等旱生灌草组成的草坡，有些地方已经开成梯田或为撂荒坡地。阴坡基本上为胡枝子、蚂蚱腿子、三丫绣线菊、野古草、大油芒等中生灌草组成的小灌木坡及草坡，一般覆盖度较大。土壤为褐土，粗骨含量较多，土层较薄，表土常有流失现象。中山地带以上植被以中生为主，保存较好，间或有油松、栎类、桦树、山杨、椴树等树种组成的天然次生林，土壤为棕色森林土，土层较厚。高山地带则有以落叶松、云杉为主的天然林，林下形成灰化棕壤（杨程，2008）。

华北石质山地人为因素对环境的干扰和影响具有一定的特殊性，主要表现在两个方面：一是过度放牧、樵采、挖山烧砖等不合理的利用方式；二是陡坡开荒垦殖，这是该区目前对环境破坏最严重的因素，开垦后的陡坡耕地水土流失加剧，造成土壤表层的严重破坏和流失。

12.3.2 造林灌木树种

华北石质山区水资源匮乏，导致植被稀疏低矮，加之人为破坏，生态环境日益恶化，严重影响了当地经济的发展和人们的生活，这就迫切需要进行植被的恢复、重建与保护。然而，在华北石质山地，由于干旱缺水，高大的乔木树种往往较难成活，而灌木树种由于树体较小，耗水量较小，反而容易成活，因此灌木造林越来越受到重视。尽管灌木耗水量小，但水分仍然是其生长的第一限制因子，因此，在华北石质山地造林中，选择干旱节水的灌木树种仍然具有十分重要的意义（杨程，2008；朱跃，2010；刘四围 等，2011）。

在华北石质山区，在海拔 1500 m 以上土石山地宜选择的灌木有沙棘、胡枝子、黄刺玫等；在海拔 1500 m 以下的石质山地可选择的灌木有山桃、山杏、黄栌、连翘、沙棘、荆条、锦鸡儿、狼牙刺、野皂荚、黄刺玫等，土层稍厚处可栽种火炬树等；在海拔 1500 m 以上黄土丘陵地可选择灌木有沙棘、连翘等；在 1500 m 以下黄土丘陵地及川地宜选择的灌木有黄栌、连翘、沙棘、锦鸡儿、紫穗槐等；在 1200 m 以下黄土丘陵地及川地可选择的庭院及道路绿化灌木有月季、玫瑰、丁香、华北珍珠梅、大叶黄杨、紫叶小檗（*Berberis thunbergii* ‘Atropurpurea’）等（杨程，2008；朱跃，2010）。

归纳起来，适宜华北石质山地造林的灌木树种主要有黄栌、紫穗槐、荆条、连翘、胡枝子、三裂绣线菊、绣线菊、牡荆、黄杨、榛子、欧李、枸杞、花木蓝、蚂蚱腿子、孩儿拳头（扁担杆）、丁香（紫丁香）、鼠李、榛、雀儿舌头、溲疏、黄荆、酸枣等（表 12-3）。

表 12-3 华北石质山地主要灌木树种

灌木树种	生物学特性	生境
牡荆	马鞭草科牡荆属。喜光、耐寒、耐旱、耐瘠薄土壤，适应性强	低山山坡灌木丛中、山脚、路旁及村舍附近向阳干燥的地方
荆条	马鞭草科牡荆属。喜光、耐阴、抗旱、耐寒，适应性强，对土壤要求不严，能生长于黄绵土、褐土、红黏土、石质土、石灰岩山地的钙质土以及山地棕壤上	山地阳坡及林缘，为中旱生灌丛的优势种
黄荆	马鞭草科牡荆属。耐干旱、耐瘠薄，对土壤无特殊要求，萌芽能力强，适应性强，多用来荒山绿化	山坡路旁或灌木丛中
绣线菊	蔷薇科绣线菊属。喜光、稍耐阴，喜温暖湿润的气候和深厚肥沃的土壤	河流沿岸、湿草原、空旷地和山沟中
三裂绣线菊	蔷薇科绣线菊属。喜光、稍耐阴、耐寒、耐旱、耐瘠薄、耐盐碱、不耐涝，对土壤要求不严，但在土壤深厚的腐殖质土中生长良好。茎基部的芽萌发力强，耐修剪	海拔 450~2400 m 的多岩石向阳坡地或灌木丛中
欧李	蔷薇科樱属。耐旱、耐严寒、耐瘠薄，保水力强、可蓄积水，喜光照充足且有一定隐蔽度、较湿润的环境，以肥沃的沙质壤土或轻黏壤土为宜	海拔 100~1800 m 的阳坡沙地、山地灌丛中，或庭园栽培
黄杨	黄杨科黄杨属。喜光、耐阴、耐热、耐寒、耐碱、耐旱、较耐湿、忌积水，喜湿润的气候和肥饶松散的壤土，对土壤要求不严，能适应微酸性土、微碱性土或石灰质泥土，以轻松肥沃的沙质壤土为佳。长期荫蔽时叶片可保持翠绿但枝条易徒长或变弱，夏季高温潮湿时应多通风透光，秋季光照充分并进入休眠状态后叶片可转为红色；分蘖性极强，耐修剪，易成型	山谷、溪边、林下，海拔 1200~2600 m 的地方
连翘	木犀科连翘属。喜光、较耐阴、耐寒、耐干旱、耐瘠薄、不耐涝，喜温暖、湿润的气候和深厚、肥沃的土壤，在中性、微酸或碱性土壤、有土石缝、基岩或紫色砂页岩的风化母质上均能正常生长。根系发达，萌发力强、适应性极强	海拔 250~2200 m 的山坡灌丛、林下、草丛中或山谷、山沟疏林中
榛（平榛）	桦木科榛属。较喜光、耐寒性强，喜温暖湿润的气候和沙壤土，对土壤的适应性较强，在轻沙土、壤土、轻黏质土及轻盐碱土上均能生长发育和结实	海拔 200~1000 m 的山地阴坡灌丛中

（续）

灌木树种	生物学特性	生境
胡枝子	豆科胡枝子属。耐寒、耐旱、耐瘠薄、耐酸性、耐盐碱、耐刈割（再生性强），对土壤适应性强，最适于壤土和腐殖土	海拔 150~1000 m 的山坡、林缘、路旁、灌丛及杂木林间
花木蓝	豆科木蓝属。耐贫瘠、耐干旱、较耐水湿，抗病性较强、适应性强，对土壤要求不严	山坡灌丛及疏林内或岩缝中
紫穗槐	豆科紫穗槐属。喜光、耐寒、耐瘠、耐旱、耐水湿、抗逆性强，喜干冷气候（在年均气温 10~16 ℃，年降水量 500~700 mm 的华北地区生长最好），对土壤要求不严，能耐轻度盐碱土，又能固氮	河岸、河堤、沙地、山坡及铁路沿线
枸杞	茄科枸杞属。喜光、抗旱（花果期必须有充足水分）、不耐积水、耐寒，喜冷凉的气候和土层深厚、肥沃的壤土，在碱性土和沙质壤土	山坡、荒地、丘陵地、盐碱地、路旁及村边宅旁
麻梨疙瘩（鼠李）	鼠李科鼠李属。耐寒、耐旱、耐瘠薄，适应性强	海拔 1800 m 以下的山坡林下、灌丛、林缘或沟边阴湿处
酸枣	鼠李科枣属。耐旱、耐寒、耐碱、不耐涝，喜温暖、干燥的气候和沙石土壤，对土壤要求不严，不宜在低洼水涝地栽培	海拔 1700 m 以下的山区、丘陵或平原、野生山坡、旷野或路旁
蚂蚱腿子	菊科蚂蚱腿子属。不耐强光、耐旱、耐寒，喜阴凉湿润的气候和细壤土，对土壤母岩、母质要求不严，石灰岩、花岗岩、片麻岩、黄土母质上均可生长	海拔 1400 m 以下，年降水量 500~600 mm 的阴坡、半阴坡的陡坡、崖边、林缘路旁、迎风面的山脊下部等恶劣地区
孩儿拳头（扁担杆）	椴树科扁担杆属。喜光、稍耐阴、耐旱、耐寒、耐瘠薄，喜温暖湿润的气候和疏松、肥沃、排水良好的土壤，对土壤要求不严，在富有腐殖质的土壤中生长更为旺盛	海拔 300~2500 m 的山坡、沟谷、灌丛、路边及林下
丁香（紫丁香）	木犀科丁香属。喜光、耐寒、稍耐阴、耐旱、忌渍水、较耐瘠薄、抗逆性强，喜温暖、湿润的环境，对土壤条件要求不严，各类土壤均可正常生长（除强酸性土壤之外）	海拔 300~2400 m 的山坡丛林、山沟溪边、山谷路旁及滩地水边
雀儿舌头	大戟科雀舌木属。喜光、耐干旱、耐瘠薄，对土壤要求不高，水分少的石灰岩山地亦能生长	海拔一般为 500~1000 m（西北部达 1500 m，西南部达 3400 m）的山地灌丛、林缘、路旁、岩崖或石缝中
溲疏	虎耳草科溲疏属。喜光、稍耐阴、耐寒、耐旱，喜温暖、湿润的气候和，对土壤的要求不严，以腐殖质 pH 值 6~8 且排水良好的土壤为宜。萌芽力强，耐修剪	山谷、路边、岩缝及丘陵低山灌丛中
黄栌	漆树科黄栌属。喜光、耐半阴、耐寒、耐干旱、耐瘠薄、耐碱土、不耐水湿，对二氧化硫有较强抗性。喜土层深厚、肥沃、排水良好的沙质壤土。根系发达，萌蘖性强	海拔 700~1500 m 的向阳山坡林中

12.3.3　关键造林技术

华北石质山区人口密度大。植被破坏严重，立地条件恶劣，水土流失严重，生态环境极为恶化，有些地方甚至岩石裸露，满目疮痍，造林成活率和保存率很低，形成一种只造林不见林的现象。

针对华北气候春季干旱，雨季多暴雨，雨量集中在 7~8 月和一般石质山区土壤石砾含量较多并干燥瘠薄的特点，在造林方法中，应以植苗造林为主，只有在条件较好的土层深厚肥沃的阴坡，才能进行播种造林（沈国舫，2012）。

水分是华北石质山地造林的主要限制因子。因此，针对解决林地中水分供应的各项抗旱造林技术就应运而生，其关键造林技术主要包括造林工程技术措施、苗木培育技术措施、保护苗木技术措施、抗旱节水技术措施等（封志强，1998；白冰，2000；周平 等，2002；贾忠奎 等，

2004；孙拖焕 等，2009；刘四围 等，2011）。

12.3.3.1　工程技术措施

（1）集水造林技术

集水造林技术是华北石质山地造林中应用最为广泛的关键技术之一，它是以林木生长的最佳水量平衡为基础，通过合理的人工调控措施，在时间和空间上对有限的降水资源进行再分配，为干旱胁迫中的林木成活与生长创造适宜的生存环境，并促使该地区较为丰富的光、热、气、养资源的生产潜力充分发挥出来，从而使林木的生长达到或接近当地立地条件下最大的生产力（彭祚登 等，1996）。近年来，人们更多地用"径流林业"的术语来概括利用天然降水以发展林业的措施（尹祚栋 等，1994）。从 20 世纪 70 年代末开始，开展了集水育苗、抗旱造林的研究工作，成效十分显著（丁学儒 等，1994；王斌瑞 等，1996；王斌瑞 等，1997）。尽管在干旱的华北石质山地采用径流集水造林在实际应用中存在着较多的局限性，但是从生产实践中也能看到，利用径流集水技术造林在石质山地造林已经取得了成效。随着科学技术的发展，这一技术措施也必将石质山地造林中发挥更大的作用。

（2）爆破整地造林技术

所谓爆破造林，就是将爆破技术应用于造林整地的技术。20 世纪 90 年代，北京、河北等地曾尝试爆破整地，取得了丰富的经验（孙拖焕 等，2009）。其技术要点是用炸药在造林地上炸出一定规格的深坑，然后填入客土，种植上苗木的一种造林方法（白冰，2000）。爆破造林能够扩大松土范围、改善土壤物理性质和化学性质、增强土壤蓄水、保土能力、减少水土流失、减轻劳动强度、提高工效、加快造林速度，从而提高造林成活率（封志强，1998），能在短时间内使荒山荒地尽快绿化起来。大面积爆破造林虽有较大的局限性，但在位置重要的景点处，旅游线两侧及名胜古迹周围，游人较多、景观重要处的荒山荒地应用，仍不失为一种较好的造林方法。

（3）秸秆及地膜覆盖造林技术

适宜的水分、温度、养分有利于根系的生长、吸收、转化、积累和越冬。秸秆及地膜覆盖造林，对保水增温、促进幼苗的迅速生长、尽快恢复植被、防止水土流失、改善生态环境等方面，发挥着重要的作用（曹仲福，1998）。秸秆与地膜覆盖可以避免晚霜或春寒、春旱、大风等寒流的侵袭造成的冻害，同时也提高了地温，促进了土壤中微生物的活动，有机质的分解和养分的释放。从而有利于根系的生长、吸收及营养物质的合成和转化，保证苗木的成活和生长；而且可以保持和充分利用地表蒸发的水分，提供了苗木成活后生长所需的水分，防止苗木因干旱造成生理缺水而死亡。秸秆及地膜覆盖，大大提高了造林成活率、越冬率和保存率，是提高干旱脆弱立地条件下造林成效的有效途径之一。

（4）封山育林技术

封山育林是利用树木的自然繁殖能力和森林演替的动态变化规律，通过人们有计划、有步骤地封禁，使疏林、灌丛、残林迹地，以及荒山荒地等恢复和发展为森林、灌丛或草本植被的育林方法（刘呈苓，2001）。封山育林以森林群落演替、森林植物的自然繁殖、森林生态平衡、生物多样性为理论依据。

部分石质山地困难立地岩石裸露程度高，土面零碎，大部分土层浅薄，临时性干旱频繁。这种自然环境下人工造林往往事倍功半，成效不理想，尤其是大面积的人工造林难以奏效。同时，由于人工造林 林分结构简单，在生物多样性和生态功能方面与天然林无法比拟（桂来庭，2001）。而遵循自然规律的封山育林，十多年就可形成结构比较复杂、生态相对稳定的植物群落，其蓄水保土和增加生物多样性的作用很显著，而且投入少。同时，由于封育区的林地得到保护，各类植物生长旺盛，为山区群众的生产和生活提供了更为广阔的发展空间和契机。

（5）压砂保墒造林技术

所谓压砂，就是把鹅卵以下的小石头，以 5~10 cm 厚铺盖在新栽的小树周围，相当于给土壤覆盖一层既渗水又透气的永久性薄膜。它不仅起到保温保湿、减小地表蒸发、蓄水保墒的作用（党金虎，2000），而且就地取材，经济耐用。从土壤学角度看，山地多年不耕，土壤结构简单，孔隙粗直，即使下点雨浇些水，蒸发加上流失，水分很快就消失了。从植物学角度看，树木生长并不需要很多水分，关键是根部土壤要经常保持湿润。这种方法不破坏植被，不受地形限制，不受水源约束，可以最少的投入，换得可观的效益。

（6）坐水返渗造林技术

坐水返渗法是将树苗（裸根苗）根系直接接触到湿土上，靠根系下面湿土返渗的水分滋润苗木根系周围土壤，从而保持有效的水分供给，提高苗木成活率（韩经玉，2000）。具体操作程序是挖坑、回填、浇水、植树、封土。需要注意的是，浇水与植树间隔时间要短。水渗完后，马上植树，保证树苗根系能坐在保含水分的土壤上。与传统植树方法相比，坐水返渗法树坑内土体上虚下实，蓄水量足，透气性好，非常有利根系恢复生长。

12.3.3.2　苗木培育技术措施

（1）苗木全封闭造林技术

苗木全封闭造林技术是从农业（容器育秧，移栽后覆盖瓶、塑料等）的启发和技术引伸中逐步形成的（邓琢人 等，1998）。具体来说，就是在培育、选择具有高活力苗木的基础上，采用苗木叶、芽保护剂（HL 系列抗蒸腾剂、HC 抗蒸腾剂、透气塑料、光分解塑料形成的膜、袋等）、苗木根系保护剂（海藻胶体、高吸水材料形成的胶体液、保苗剂、护根粉等）等新材料、新技术，使整株苗木在造林后完全成活前处于较好的微环境中。其表现为苗木地上部分与外界相对隔离，抑制叶、芽的活动，减少水分、养分的散失；根系处于有较适宜水分、养分供应的微域环境，保持根系的高活力。整株苗木始终处于良好生理平衡之中，直至苗木成活，药剂的保护作用才缓慢失去，进而促进幼树快速生长。该技术为干旱地区造林和生长期苗木移栽提供了一种新的技术选择。

（2）容器育苗造林技术

在干旱半干旱石质山地困难立地常规造林不易成活的地区，可以采用容器苗造林，效果良好（王大名，1995）。容器苗与裸根苗相比，由于其根系在起苗、运输和栽植时很少有机械损伤和风吹日晒。而且由于根系带有原来的土壤，减少了缓苗过程。因此，容器苗造林的成活率高于常规植苗造林。容器苗因容器内是营养土，土壤中的营养极其丰富，比裸根苗具备了良好的生育条件，有利于幼苗生长发育，为石质山地造林成活后幼林生长和提早郁闭成林创造了良好的生存条件；容器苗适应春、夏、秋 3 季造林，因此又为加速石质山地造林绿化速度，创造了有利条件；容器苗造林的成本与常规植苗造林相比较高，但其成活率高、郁闭早、成林快、成效显著，减少了常规造林反复性造林的缺陷，其综合效益要高于常规植苗造林。

（3）菌根菌育苗造林技术

菌根技术的研究已成为 21 世纪生物领域中高新技术应用的热点课题之一。菌根就是高等植物的根系受特殊土壤真菌的侵染而形成的互惠共生体系。菌根形成后可以极大地扩大宿主植物根系对水分及矿质营养的吸收，增强植物的抗逆性，提高植物对土传病害的抗性，尤其在干旱、贫瘠的恶劣环境中菌根作用的发挥更加显著。相关资料证明：在干旱、荒山荒地等地区，一般都需要有相应的菌根才能建立起植被或实现造林（白淑兰 等，2002）。目前在林业中菌根土的应用（赵红明 等，1995），使一些干旱、立地条件较差的造林困难地区，造林获得成功。

（4）飞播造林技术

使用多效复合剂拌种，在石质山地困难立地交通不便、人迹罕至地区进行飞播造林，可以明显提高有苗率和成苗率、降低种子损失率、缩短出苗时间、增加苗木生长期、促进苗木生长、扩大造林有效面积、加快绿化步伐，效果显著（张树杰，2002）。

12.3.3.3　保护苗木技术措施

（1）套袋造林技术

将农用塑膜加工改制成适当尺寸的塑膜袋。苗木栽植后，将塑膜袋套在苗干上，顶部封严，下部埋入土中踩实。待苗木成活后，陆续去掉塑膜套袋（尚玉牛，2000）。套袋技术的应用，可以降低苗木在栽植初期的蒸腾耗水，提高造林成活率。

（2）蜡封造林技术

即栽前对苗干进行蜡封。具体方法是保持温度 80 ℃上下加热融化石蜡，将整理过的苗干在石蜡中速蘸，时间不超过 1 s，然后栽植。为蘸蜡方便，对萌芽力强的树种可先截干留桩适当高度再蘸蜡。此方法既可以防止苗木风干失水，又会减少前期病虫害，一般可提高成活率20%~40%（李志新 等，2000）。

（3）冷藏苗木造林技术

将由于干旱而不能栽植的大量苗条暂时冷藏（1~4 ℃），控制其发芽抽梢，利用低温延长苗木休眠期，待降雨后再进行大面积栽植。苗木经过冷藏，可延长造林时间，形成返季节造林。利用冷冻贮藏方法只限于造林季节内干旱无雨时采用。这种用冷冻贮藏苗木进行错季造林的方法成为在大旱之年干旱半干旱石质山地实现优质、高效抗旱造林的新途径。

12.3.3.4　节水抗旱造林技术措施

在华北石质山地抗旱节水造林进程中，各种节水保水措施相继应用并取得一定成效，固体水、保水剂、抗蒸腾剂等大量应用于抗旱节水造林生产中，已经取得了巨大的生态效益和经济效益。

（1）滴灌造林技术

部分石质山地困难立地处于城市近郊有水源且需要绿化的风景旅游区或名胜古迹区。因自然地势陡峭，立地条件恶劣，坡度大、土壤贫瘠，导致林木生长发育不良，造林成活率和保存率低，形成低劣的生态景观。而滴灌造林技术可以较好地解决这个难题。滴灌较常规灌溉造林具有许多优点，如节水、减少整地费用、排盐、提高造林成活率等。滴灌的基本原理是将水加压、过滤，必要时连同可溶性化肥、农药一起通过管道输送至滴头，以水滴（渗流、小股射流等）形式给林木根系提供水分和养分。由于滴灌仅局部湿润土体，而林木行间保持干燥，又几乎无输水损失，能把株间蒸发、深层渗漏和地表径流降低到最低限度（王燕钧 等，1998；刘康等，2001）。滴灌造林可以根据不同季节、不同土壤墒情及时供水。高质量的水分供应可以促进林木生长发育，利于提高造林成活率和保存率，最终实现改善生态环境的目的。

（2）吸水剂在抗旱节水造林中的应用

20 世纪 70 年代初，美国农业部北部研究中心开发出一种高分子聚合物，称之为高吸水剂（也称高吸水性树脂、吸水胶、保水剂、抗旱宝等）。我国对高吸水剂的研制和生产应用起步较晚，系统地应用研究则从 80 年代初开始，之后发展较快，并取得阶段性成果（王九龄 等，1984，1988；尹国平 等，2001；王三英 等，2001）。吸水剂具有高吸水性、保水性、缓释性、反复吸释性、供水性、选择性、可降解性等特性。在石质山地造林中应用吸水剂，可以提高土壤的最大持水量，增强土壤的贮水和保水性能，减少土壤水分耗散，延长和提高向植物供水的时间和能力，从而提高造林成活率和保存率。

（3）固体水在抗旱节水造林中的应用

固体水种植技术是 20 世纪 90 年代末国际上最新研制成功的一项先进抗旱造林新技术。固体水（solidwater）又称干水（drywater 或 driwater），是一种用高新技术将普通水固化，使水的物理性质发生巨大变化，变成不流动、不挥发的固态物质（周平 等，2002；王海军 等，2001）。这种固态物质在生物降解作用下能够缓慢释放出水分，被植物吸收利用，适于在远离水源、气候干燥、土壤保水性差的荒山中植树造林使用。尤其是在季节性严重缺水的华北石质山地，应用固体水并配合其他集水蓄水保墒技术，既可以保证长时间供给植物水分，维持植物的正常生长，又可以减少水分的无效蒸发及渗漏，达到节约用水、水分高效利用的目的（招礼军 等，2002）。

（4）化学药剂处理在抗旱节水造林中的应用

用于处理苗木来提高造林成活率的化学药剂主要包括有机酸类，如苹果酸、柠檬酸、脯氨酸、反烯丁二酸等；无机化学药剂：磷酸二氢钾、氯化钾等；蒸腾抑制剂：抑蒸剂、叶面抑蒸保温剂和京 2B 保鲜剂，还有橡胶乳剂、十六醇等。这些药剂的应用，可以减少植物体内的水分蒸发，增强苗木的抗旱能力。

（5）ABT 生根粉、根宝等制剂在抗旱节水造林中的应用

ABT 生根粉是中国林业科学研究院王涛研究员研制成功的高效、广谱、复合型生长调节剂；根宝是山西农业大学研制开发的一种营养型植物生长促进剂（徐生旺 等，2001）。2 种制剂所含的多种营养物质和刺激生根的物质能够直接渗入根系，使苗木尽快长出新根，恢复吸收功能，从而提高造林成活率，在荒山造林中取得了良好的效果。

除了以上介绍的节水抗旱造林技术外，抗旱剂、种子复合包衣剂、土壤结构改良剂、土面保墒剂、旱地龙（吕态能，2000）等也开始大量应用于防旱抗旱，并且已经或正在取得巨大的生态效益。

（执笔人：华南农业大学 李吉跃）

12.4　盐碱地造林

12.4.1　我国盐碱地现状及特点

盐碱土是土壤经过盐化和碱化过程形成的盐化土和碱化土。因其含有较多的盐碱成分，导致土壤的物理化学性质发生显著改变，表现为含盐量高、土壤板结、物理结构差、土壤 pH 值增高和有效养分缺乏等现象（牛世全 等，2011）。我国是受土壤盐渍化影响较大的国家，各类盐碱地面积总计约 1 亿 hm^2，其中现代盐渍化土壤面积约 3700 万 hm^2，残余盐渍化土壤约 4500 万 hm^2，潜在盐渍化土壤为 1700 万 hm^2（赵可夫 等，2001；刘小京 等，2002）。

依据盐渍土分布地区生物气候等环境因素的差异，俞仁培（1999）将我国盐渍土分为滨海盐土和滩涂、黄淮海平原盐渍土、东北松嫩平原盐土和碱土、半漠境内陆盐土和青新极端干旱的漠境盐土等五大片。龚洪柱等（1986）则根据盐碱土地区的自然条件以及改良利用特点，将我国盐碱地分为滨海海浸盐渍区、东北苏打碱化盐渍区、黄淮海斑状盐渍区、宁蒙片状盐渍区和甘新青藏内陆高寒盐渍区，两个分类系统的区域划分基本一致。

土壤原生盐碱化是地质、水文、气候、地形和生物等自然因素相互作用的结果；而土壤次生盐碱化则主要是人为因素造成的，如不合理的灌溉制度等。随着盐分的积累，盐碱地土壤理化性质恶化，土壤养分及生物数量减少，对植物生长造成严重影响。由于盐碱地土壤中含有大量可溶性盐，土壤溶液渗透压高，可直接导致植物吸水困难，产生生理干旱；过量盐离子进入植物体内会引发离子毒害，以及氧化胁迫，最终可能导致植物生长受抑，直至死亡。因此，在土地盐碱化严重的地区，存在大面积的荒地荒滩或沙化盐碱地植被稀少、生物多样性低等生态退化现象，生态环境亟待改善，土地利用效率有待提升。

在我国，一方面，经济发展与土地资源之间的矛盾越来越激烈；另一方面，盐碱地面积广大且几乎遍布全国，是重要的土地资源。但因立地条件差，生态环境脆弱，大面积盐碱地不能满足社会经济发展的需要，其生态修复势在必行。利用生物学方法，通过种植耐盐植物和使用微生物方法，结合工程措施、物理措施和化学措施，是盐碱地生态修复的重要途径。灌木树种资源是耐盐碱植物资源的重要组成部分，特别是西北内陆干旱、半干旱区的盐碱地，盐生灌木常常成为当地优势种或建群种形成稳定的植物群落。同时，耐盐碱灌木树种被广泛应用于具备防风固沙、水土保持、水源涵养等功能的生态林、防护林、薪炭林、生物质能源林等的营建中。灌木林在盐碱地土壤改良方面具有重要作用。研究表明，在盐碱地上栽植耐盐碱灌木可以改善土壤物理性状，提高土壤养分，增加土壤微生物数量（高彦花 等，2011；龚佳，2017）。因此，灌木及其构成的植被在盐碱地生态修复和生态环境维护中有着不可替代的作用。

12.4.2　盐碱地灌木林营造技术

12.4.2.1　土壤改良技术

盐碱土壤的高盐度、高黏性、低渗透性等导致土壤物理性质恶劣、供养能力差、植物生长困难。因此，盐碱土壤的改良是盐碱地造林的基础。

（1）土壤水盐控制技术

盐碱土的形成离不开水，"盐随水来，盐随水去"。预防和降低盐碱灾害主要应从控制水着手，一方面控制地下水位在临界水位以下，另一方面减少地下水通过毛细作用升到地面蒸发。水利工程改良技术通过水利工程措施调节土壤中的水盐运动，减少和抑制土壤返盐，降低土壤盐分累积，从而达到控盐、脱盐的目的。

①台田和明沟。台田模式在黄河下游地区分布较多，覆盖山东、河北、河南等省份，特别集中在黄河三角洲及周边区域，东北、宁夏、珠江三角洲等地也有应用（栾博，2007）。传统的农业台田模式有三种类型，分别为一元、二元与三元结构（栾博，2007）。一元结构即条台田模式，由狭长的台田和排碱沟相间排布构成，台上种植植物，台下排水排碱；二元结构是由台田和鱼塘两大要素构成的相互联系的系统，是一种具有良性循环过程的立体种养模式；三元结构是由台田、稻田（或藕田）和鱼塘三大要素构成的相互作用的多层立体种养系统。

台田模式的盐碱治理功能、水文调节功能、生命支持功能十分突出，具有全面的生态系统服务功能（栾博，2007；杨杰，2018）。传统台田从结构到功能不断发展，可推导出更具生态价值的结构，如在立体上增加排水沟渠和台地的数量，构建网格状模式、树状模式等结构，提高净化效率、方便灌溉、利于储存水的多重优势，为景观化提供结构基础（杨杰，2018）。

②暗管技术。暗管排水排盐是一种常用的盐碱地治理方法，在国际上广泛用于解决盐碱地区地下水位高、排水不畅问题。英国、荷兰、埃及等国家暗管排水改碱工程中应用范围已达各国总排水面积的70%以上。我国从20世纪80年代开始采用塑料暗管降渍脱盐技术，在山东、江苏、天津、新疆等地陆续开始实施，经国内20余个省份的试用，取得了显著的效果（彭成山等，2006；姚中英等，2005；刘永等，2011）。

暗管排水排盐技术对盐碱地本身条件也有一定要求。张兰亭（1988）通过6年的试验发现，适用暗管排水排盐技术的地区为自表层以下土质为深厚的粉沙壤土、地下水位高、水质差且不宜用作灌溉水源，采用明沟排水边坡易坍塌淤积导致排水不畅的地区。谭莉梅等（2012）提出利用暗管排水排盐技术改良盐碱地需要满足以下必要条件：一是地形条件，要有较为平坦的地形；二是水文条件，需要有一定降雨量或者灌溉水量，以保证土壤上层盐分被水淋洗至暗管中，然后排出土体，起到改良土壤盐渍化的作用；三是土壤条件，土壤有一定的渗透性才能够保证水分入渗进入暗管，从而发挥暗管的排水排盐作用；四是暗管入渗水的可排性，入渗进入暗管的水分，排出土体才能够起到带走盐分，因此暗管排水排盐技术适宜的区域一般在离海域较近的区域，便于矿化度较高的暗管排水排入大海，并且不破坏周边的生态环境；五是地下水埋深小于临界深度。

通过暗管排出土体的盐水，通过集水管、集水明沟、泵站提水或重力自流排入排水渠或河道，暗管、集水管、明沟、泵站等形成具有一定间距的、平行的、相互联系的排盐碱管网系统，从而有效降低地下水位；同时利用灌溉和降雨对暗管上部的含盐土层进行淋洗脱盐，通过地下暗管排出土体，经过暗管改碱系统长期不断的发挥作用，能从根本上解决土壤的盐碱化问题（彭成山等，2006）。

对于部分沿海和内陆盐碱地区，地下水位高、土壤黏重、渗透性差，单层暗管排水排盐效果不好，可采用"双层暗管排水排盐系统"，即上层暗管浅密式排布用于排出土体内的水盐，下层深疏式排布用于控制地下水位，就能很好地解决这一问题。宁夏引黄灌区黏重型盐渍土采用上层为输水性较好的捆扎玉米秆层，下层为塑料波纹管，上下层交错布置，形成双层排水技术，也能满足淋盐效果(杜历 等，1997)。

③节水灌溉及中水、咸水-微咸水灌溉技术。发展节水灌溉技术是干旱半干旱地区盐碱地改良的重要途径。主要措施是种植耐旱植物并采用滴灌、喷灌、微灌等节水灌溉方式。根据盐碱地区植物水分需求及生产特性进行灌溉制度调整，从而达到节水、控盐的目的(张秀勇，2002)。代表性的盐碱地节水灌溉技术有膜上灌、膜下滴灌、控制灌溉+间歇淋洗、微咸水滴灌/微喷灌等。

中水(reclaimed water)是指各种排水经处理后，达到规定的水质标准，可在生活、市政、环境等范围内重复使用的非饮用水。充分利用中水、盐碱地区地下咸水、微咸水资源，能够提高盐碱土改良的效果和效率。"十一五"国家科技支撑项目"环渤海低平原区咸水安全灌溉技术集成研究与示范"项目研发了咸水补灌制度、冬季咸水结冰灌溉技术、咸水安全直灌技术、咸灌根层盐分淋洗技术等一系列咸水-微咸水利用技术，可适用于渤海湾盐碱地区盐碱土改良。

(2)土壤物理性质改良技术

盐碱地改良的物理措施主要是通过改变土壤物理结构来调控土壤水盐运动，从而达到抑制土壤蒸发、提高入渗淋盐效果的目的。

①"上覆下隔"技术。在地表覆盖稻草、秸秆、地膜、树皮等抑制土壤中水分蒸发引起的盐分在地表的积聚，同时在树穴内铺设隔盐层，如沸石、粗沙、炉灰渣、锯屑、碎树皮、薄膜等隔断土壤毛细管，使土壤中的盐分不能随着水分向地表运动(赵永敢 等，2013；王琳琳 等，2015；代青格乐，2017)。研究表明，在盐碱土壤表面喷洒液态地膜、蒸发抑制剂和铺设塑料地膜都可显著抑制土壤水分蒸发、盐分表聚和促进植物生长。隔盐层铺设方法创新以"节水型盐碱滩地物理-化学-生态综合改良及植被构建技术"(刘太祥 等，2007)为代表，该技术通过开槽平整、设置盲沟、截渗处理、铺设淋层、盐土改良、回填入槽等工艺，实现盐碱地物理改良，起到了理想的水盐调控效果。

②粉垄深旋耕技术。粉垄技术采用粉垄机打破犁底层，深耕的同时进行深松，不打乱主体土层结构，重新构建疏松深厚的耕作层，增强土壤通透性，改善土壤蓄水能力，减少"返盐"现象，改善根系生长环境(韦本辉 等，2017)。

(3)土壤化学性质改良技术

盐碱地的化学改良主要是采用向土壤中加入化学物质，以达到降低土壤碱化度及改善土壤结构的目的。主要的化学改良剂包括石膏、磷石膏、脱硫石膏、硫磺、腐殖酸、糠醛渣、沼渣、沼液等物质。其中，磷石膏和脱硫石膏是最常用的改良剂。随着社会经济发展，城市废弃物的综合利用也在盐碱地改良中得到应用。

通过几十年的研究与实践，研究人员总结出了酸碱中和、增强土壤团粒结构、络合/惰化重金属离子、提高肥力四大化学改良机理，研发了许多盐碱地化学改良剂，如天然矿土资源(沸石、褐煤、泥炭、磷矿粉等)和废弃物(农作物残体、农家肥等)等。天津市利用碱渣、粉煤灰、海湾泥和磷石膏等工业固体废弃物及工农业生产中产生的有机废弃物进行综合利用，生产出了适宜滨海盐碱地区的人造种植基质、盐碱土改良肥、专用有机肥和植物营养肥(黄明勇 等，2009)。

(4)盐碱土生物改良技术

通过生物措施改良的盐碱地具有脱盐持久、稳定且有利于水土保持和生态平衡的效果。盐碱地生物改良的途径主要有种植盐生植物、绿肥植物和施用微生物等。许多盐生植物具有吸收土壤中盐分并在体内聚集的特性，通过刈割盐生植物地上枝叶，对土壤可以起到生物脱盐的作用(史文娟 等，2015)。种植绿肥植物是土壤培肥的传统方式，也适用于盐碱地的培肥改良。盐碱土壤中的微生物缺乏且组成单一，施用微生物肥料能够有效调节根际微生物群落组成，活化土壤养分，促进植物生长。

12.4.2.2 树种选择

由于盐碱地造林一般都需要经过必要的改良措施，造林成本较高，一旦树种选择不当所造成的损失会更大，因此选择适生的优良树种尤为重要。在遵循"适地适树"的原则下，优先选择具有较高价值、耐盐碱能力强的乡土树种；其次要科学应用经过引种驯化的优良外来树种，提高灌木林的物种多样性。

灌木树种的耐盐性直接关系到盐碱地造林成活率与成林率，要根据灌木树种特性和盐碱地的立地条件选择适生的树种，必要时需要先期开展野外试验或室内模拟盐胁迫试验，对耐盐碱灌木种质资源进行筛选后在造林中应用(表12-4)。国内对于耐盐碱树种选择的研究比较多，20世纪80年代，王俊东(1981)研究发现几种灌木树种在内陆盐碱上的抗性比在滨海盐碱地上更高，这些灌木树种在内陆盐碱地上的耐盐上限，枸杞为1.59%，柽柳为2.47%，紫穗槐为0.46%，杜梨为0.45%。凌朝文(1987)则发现紫穗槐在出苗后9~23天内会出现耐盐性降低的"盐反应敏感期"，对盐碱地播种造林具有指导意义。李作民(1991)的研究表明小果白刺具有极强耐盐性，在0.2%~4.0%的滨海盐碱地区均生长良好。张华新等(2008)对11个树种进行耐盐试验发现，日本丁香(*Syringa japonica*)、水牛果(*Shepherdia argentea*)、榆橘(*Ptelea trifoliata*)等灌木树种耐盐能力较强。熊伟等(2010)在黄海滩涂对不同树种进行耐盐试验，在含盐量0.5%的沙性滨海盐土上，柽柳、红叶石楠(*Photinia × fraseri*)生长良好。杨升等(2012)的研究表明，柽柳及白刺属植物(*Nitraria*)耐盐能力强，北沙柳、水蜡(*Ligustrum obtusifolium*)、沙枣、药鼠李(*Rhamnus cathartica*)等具有中度耐盐能力。孙进(2018)针对华北地区盐碱地园林绿化中的耐盐碱植物进行了筛选，认为红叶李(*Prunus cerasifera f. atropurpurea*)、忍冬和大叶黄杨(*Buxus megistophylla*)均具有较好的耐盐能力。

由于我国盐碱地面积广、类型复杂，且常常与其他类型自然灾害耦合发生，因此在选择造林树种时，除注重耐盐碱能力外，还应考虑灌木树种的其他抗逆性能。在东南沿海地区滨海盐碱地造林还要注重造林树种的抗台风能力。林文洪等(2009)认为适宜在珠三角临海区造林的灌木种有夹竹桃类、黄槐(*Cassia surattensis*)等；在江苏沿海地区灌木造林，以木槿(*Hibiscus syriacus*)、杞柳等耐盐耐水湿树种较为适宜；而三北内陆盐碱地区则应选择抗寒、抗旱且耐盐碱的种类，如紫穗槐、沙拐枣、柽柳、白刺、锦鸡儿、四翅滨藜(*Atriplex canescens*)等。

表 12-4 树木耐盐能力分级

盐碱土区分布区	主要盐类	树木的耐盐能力(土壤含盐量,%)		
		弱	中	强
滨海海浸盐渍区	氯化物	0.1~0.2	0.2~0.4	0.4~0.6
东北苏打碱化盐渍区	碳酸盐及碳酸氢盐	0.1~0.2	0.2~0.3	0.3~0.4
黄淮海斑状盐渍区	氯化物、硫酸盐	0.2~0.3	0.3~0.5	0.5~0.7
宁蒙片状盐渍区	硫酸盐、氯化物	0.2~0.4	0.4~0.6	0.6~0.8
甘新青藏内陆高寒盐渍区	硫酸盐	0.3~0.5	0.5~0.7	0.7~1.0

注：引自龚洪柱等(1986)，有改动。

12.4.2.3　整地技术

盐碱地造林整地应遵循保持水土、经济实用的原则，依据所处地势、树种特性、造林方式等要求选取相应的整地方式。

整地一般在深秋或春季前全面深耕晒垡，这样经过风化与雨淋有利于土壤脱盐，造林一个月前复翻。有冻害的地区和土壤质地较好的湿润地区可随整随造。

全面整地：在地势平缓的造林作业面上，可采用机耕，耕深 30 cm 以上。深耕（80 cm 以上）有利于清除杂草杂灌以及造林后植株根系活动，有条件的地区值得提倡。土壤翻耕后起垄，垄高 40~50 cm；低洼地可作畦起垄。

局部整地：造林作业采用水平沟或穴状整地，沟植或穴植，深度在 50~100 cm。

12.4.2.4　造林方法

盐碱地灌木造林多采用植苗造林，条件适宜时也可采用分殖造林和播种造林。

苗木的准备是植苗造林的关键环节。造林用苗质量要符合相关的国家或行业标准，在起苗、运输和栽植的过程中要保护好苗木根系，避免苗木过分失水。如有足够的场地，可以就地育苗以提高苗木的适应性，减少运输过程对苗木的伤害。在栽植前，可以采取带土团、浸水、蘸泥浆、修根、截干等措施降低苗木失水及伤根，提高造林成活率。

盐碱地造林栽植时，为提高苗木成活率，可采用以下技术（马海山 等，2012）：①平埋或浅埋，即树穴覆土与穴面平或低于穴面，以防盐分在苗木根部聚积。②在树穴内增施有机肥、微生物菌肥、土壤盐碱改良剂等，改善苗木根系微环境。③树穴底部铺设隔盐层减少盐分随土壤蒸发上升，促进盐分的淋洗。④采用地面根际覆盖，抑制土壤返盐。

分殖造林适用于水源充足的轻度盐碱地块，多用于低湿盐碱地且造林树种的无性繁殖能力强，如北沙柳、杞柳等。其优点是不需育苗，操作比较简单。

播种造林同样不需要经过育苗，易于机械化作业，节约劳动力。播种造林适用于种子来源充分，种子萌发受盐碱危害小的树种；造林地易受鸟害、地下害虫、鼠害及严重草害的地区不适合采用播种造林。播种造林时间依据种子特性而定，一般细小、生活力保持时间短的种子应随采随播，具有坚实外壳或有后熟现象的种子可在秋季播种，或经过冬季沙藏、翌年春季催芽后播种。

12.4.2.5　造林密度

根据土壤盐碱程度的高低、树种生长特性、造林地区水分承载量、培育目的等来确定造林密度。一般慢生、耐贫瘠的树种可适当增加造林密度，速生、喜光的树种初植密度适当减小；在重度盐碱地可适当密植，在干旱地区造林密度不宜过大。合理密植可使林地尽快郁闭，增加地表覆盖和减少地面蒸发，防止土壤返盐。在不同类型盐碱地区，可参考传统的造林经验和前人造林试验结果确定造林密度，必要时应先期开展田间试验研究。

近年来，杨文斌等（2017）提出了低覆盖度防风固沙体系理论，在极端干旱、干旱及半干旱区，要根据区域水分条件及环境条件，通过调节行带式造林的间距及设置不同的乔灌组合来形成适合区域环境特点的低覆盖度群落分布，以适应相应的水分承载力，旱区盐碱地灌木造林作业可以参照。经过试验研究，任余艳等（2020）认为在典型的温带干旱地区的毛乌素沙地营造文冠果生态经济林时，造林密度应在 840~1665 株/hm² 范围内。在处于暖温带半湿润区的黄河三角洲，张建锋等（2008）在盐碱地上进行西伯利亚白刺造林试验表明，若兼顾造林效果与成本投入，初植密度以 2505 株/hm² 为宜。

12.4.2.6　造林时间

在盐碱地区造林，需要根据土壤水盐季节变化特点以及造林树种、造林方法选择适宜的造林时间，提高造林成活率。大部分盐碱地区，春、夏、秋均可造林。

春季是我国大部分地区的主要造林季节。一般选择树木尚未萌动、即将萌动，土壤开始化冻的时节进行造林。春季造林宜早不宜迟，如果等到气温升高，土壤返盐加重，苗木萌动放叶，往往因为苗木失水过多而吸水不足而造林失败。在福建沿海地区，造林时间应提早到 3 月下旬到 4 月中旬，可以充分利用春季多雨天气，延长生长期(杨运立，1998)。春季造林适用于植苗造林和扦插或分根造林。造林前要注意对苗木进行适当的修剪以减少水分蒸发，避免苗木过度失水死亡。

秋季是盐碱地造林的重要时期。可以选在深秋初冬土壤湿润且含盐量较低的时候开展造林，经过一个冬季土壤的冻融，可以使植物根系与土壤充分密接，春季苗木萌发后便于吸水，有利于苗木成活。我国北方一些地区有秋季造林后打冻水的传统，既可使土壤保持良好的墒情，同时起到压盐的作用。

夏季(雨季)造林也是很好的盐碱地造林时期。雨季降水丰富，有利于土壤盐分的淋洗，土壤盐分迅速下降，此时造林，苗木初期生长可避开盐害，尤其适合灌木树种造林、播种造林。但对于雨季集中的地区，雨季造林时间短，技术性强，需要事先做好充分准备和完善的造林规划。

12.4.2.7　造林初期幼林抚育管理

盐碱地灌木造林后 1~3 年内，幼树耐盐能力较弱，这一阶段加强抚育管理对幼树存活与生长极为重要。主要抚育措施包括除草增肥、松土中耕保墒抑盐、灌溉排盐、病虫害防治等。根据当地条件可以开展林农或林草间作，以耕代抚，既可增加土地覆盖度，抑制土壤返盐和杂草生长，又可增加产出。

(执笔人：国家林业和草原局盐碱地研究中心 杨秀艳、武海雯)

12.5　西南干热河谷地区造林

12.5.1　西南干热河谷及人工造林概况

干热河谷是在特定的地理环境和多变的气候等自然条件下形成的一种具有热量资源的地区，干热河谷是指高温、低湿河谷地带，大多在云南的热带或亚热带地区，区域内光热资源丰富，气候炎热少雨，植被稀少，森林覆盖率不足 5%，水土流失严重，生态十分脆弱，寒、旱、风、虫、草、火等自然灾害特别突出。干热河谷所谓的"干热"，就是水分条件与热量条件的配合，"河谷"指的是地形因素(金振洲 等，2000)，主要分布于 98°49′~103°23′E、23°00′~27°21′N 之间的金沙江、红河、怒江和澜沧江流域。干热河谷具有常年气温高、气候干旱和土壤干燥、森林植被覆盖率低等特点，但其资源丰富，尤其是干热河谷地区灌木种类数量多，灌木资源的类型多样、特有现象多，具有较好的开发前景。干热河谷主要分布于长江、红河、怒江和澜沧江中上游地区，林草植被建设尤其是灌木类生态经济林植被的建设，在整个流域的水土保持、构建生态安全屏障中占有十分重要的位置，对于保证国家西部大开发战略顺利实施和西南水利水电资源的合理开发利用，改善和促进国与国之间的关系（红河、澜沧江、怒江等属涉外河流），促进当地和中下游地区经济社会可持续发展，均具有十分重要的意义。

12.5.1.1　干热河谷分布

金沙江流域干热河谷主要分布区域在云南省鹤庆县中江乡至四川省布拖县对坪镇之间，全长约 850 km，河谷底部海拔 700~1200 m，海拔上限 1600 m。红河流域的干热河谷主要分布区域在云南省新平县嘎洒镇至蒙自县蛮耗乡之间的干流和几个主要支流河段，全长约 260 km，河谷底部海拔 300~400 m，海拔上限 800 m，但在中游的主要支流——绿汁江流域两岸也有少量分布，该地区河谷谷底海拔 550~600 m，海拔上限 800 m，河段全长 40 km。怒江干热河谷主体位于云南省西部的潞江坝（保山市辖区）段，下至新寨子，北抵西亚附近，全长约 110 km，河谷底部海拔 500~700 m，海拔上限约 1000 m（李昆 等，2011）。不过，根据金振洲等（2000；2002）对植被及植物区系研究结果，认为怒江干热河谷的分布区域应该包括怒江州六库县至龙陵县勐兴镇之间的主干流河段海拔 1000 m 以下地区，全长约 220 km。澜沧江流域干热河谷主要分布于大理州南涧县与临沧市凤庆县接壤的澜沧江主干流河段两侧山地，全长约 50 余 km，河谷底部海拔 800~900 m，海拔上限 1300 m。

12.5.1.2　干热河谷主要特点和类型区划

干热河谷地区都具有基本的气候特征，即最冷月平均气温>12 ℃，最暖月平均气温 24~28 ℃，≥10 ℃年平均积温>7000 ℃，持续天数>350 天；年干燥度在 1.50~3.99 之间变动，年平均干燥度>1.5。干热河谷植被称为"热带稀树草原植被"，即萨王纳植被（吴征镒 等，1980），金振洲将其称为"半萨王纳植被"，将元江、金沙江、怒江和澜沧江四大江河干热河谷植被定名为"河谷型萨王纳植被"（金振洲 等，2000）。干热河谷热量资源丰富，大气和土壤干旱严重，自然植被中乔木林发育差，土壤贫瘠，地表板结，变性土分布面积大，保水性能弱，山坡陡峭，地表物质易被搬运且移动快（何毓蓉 等，1995）。

在类型划分上，年平均干燥度为 1.5~2.0，雨季<1.0、旱季>2.0 的时间超过 5~6 个月的地区，为半干旱偏湿亚类型，红河、怒江、澜沧江等干热河谷（包括贵州、海南等地分布的少量干热河谷）均为半干旱偏湿亚类型；年干燥度 2.1~3.4，雨季 1.0~1.4、旱季>2.0 的时间超过 6~7 个月的地区，为半干旱亚类型，金沙江干热河谷为半干旱亚类型（李昆 等，2009；张荣祖，1992）。

12.5.1.3　干热河谷人工造林的成效

根据对干热河谷的认识，尤其是新中国成立以来在干热河谷区域的造林实际经验，干热河谷人工造林大概可分为缺乏认识的盲目恢复、模仿自然的试验探索、系统研究与试验示范、多目标可持续发展四个阶段（李昆 等，2011）。

第一阶段，20 世纪 50~60 年代。单纯从发展林业的角度考虑，试图通过较为简单经济的技术途径，在恢复干热河谷植被的同时培育大量森林资源。如，采用飞机播种或人工撒播的方式，营造云南松和思茅松，开始干热河谷区域的植被恢复实践。这一阶段是干热河谷人工造林的初步尝试阶段，由于对干热河谷水热特征、树种特征、造林技术等认识不够，造林成活率和保存率不到10%，思茅松基本死亡，云南松仅在海拔大于1500 m左右区域少量存在，此阶段的造林尝试和试验基本属于失败，属于缺乏认识的盲目恢复阶段。

第二阶段，20世纪70~80年代中期。仿照当地的自然植被状况以灌木为主，选择车桑子、黄荆、苦刺（*Solanum deflexicarpum*）等乡土植物进行植被恢复，并初步试验造林效果，认为灌草结合是最佳造林模式（魏汉功 等，1991）。此阶段是干热河谷区域造林的模仿自然的试验探索阶段。

第三阶段，20世纪80年代中期到90年代末期。开始气候、土壤、植被和植物区系、树种引种驯化、造林技术等诸多方面的系统研究，筛选出10余种适宜造林树种，提出了"树种筛选、容器育苗、提前预整地和雨季初期造林"的综合配套技术。干热河谷植被恢复与生态建设进入真正认识、了解和有目的规模化实践的新时期。

第四阶段，21世纪初以来至今。以多目标恢复植被为目的，将植被恢复、资源培育和利用相结合，与退化土地改良及保护利用相结合，与乡土树种和传统景观恢复相结合，综合考虑生态、经济和社会三大效益，推动地方经济发展和群众增收致富。最显著的标志，就是高价值多用途树种的引进和培育，依靠自然力的可持续恢复技术，针对环境退化差异的分类恢复、定向培育技术、节水灌溉等高效水资源利用与土地集约经营技术及以往研究成果的普适性试验研究等，此阶段造林属于多目标可持续发展阶段。

12.5.1.4 干热河谷地区人工造林的难点

干热河谷区域历来是各江河上游造林的难点所在。新中国成立以来，国家非常重视金沙江干热河谷荒山的造林，投入了大量的人力、物力，但造林成活率低，成效不大。其主要原因和难点在以下方面：

（1）树种认识方面

对树种认识程度不够，适地适树是干热河谷造林成败的关键所在。干热河谷植被具有热带性质的显著特点，建群种和常见种多数是热带成分，标志种同样也是以热带植物为主。组成群落的植物种类独特而多样，多数为热带性（或热带起源）耐干旱的种类，或耐干热的种类（周跃，1987；欧晓昆，1996；金振州 等，1994；2002）。这一研究成果为干热河谷树种选择提供了科学依据，指出了引种的方向和选择适宜树种的特性。近年来，生态经济类灌木树种余甘子、番石榴、木豆、山毛豆（*Tephrosia candida*）、大叶千斤拔、瓦氏葛藤（*Pueraria wallichii*）、小桐子、车桑子、黄荆等树种近些年发展面积较大，灰金合欢（*Acacia glauca*）、沙漠葳（*Chilopsis linearis*）、银合欢等引进树种也有较大的发展潜力和趋势。银合欢在干热河谷区域半干旱偏湿亚类型个别区域生长为乔木，部分较干旱区域生长为灌木，如在元谋偏干地区生长为灌木。在今后造林实践中，应重视干热河谷乡土灌木类树种的选择和选育工作，也应加强外来生态经济类树种的引进和引种工作（孙永玉 等，2009）。

（2）土壤认识方面

侵蚀泥岩坡地是干热河谷坡地的主要类型，其通透性能差，对降水的入渗能力弱，天然降水入渗浅，主要储存在60 cm以内的浅层土体，容易蒸发损失，干旱季节储水量低于无效储水量，因此造成干热河谷地区的植物群落结构简单，原生植被破坏后发展为稀树草、旱生灌丛或草地，并有荒漠化的倾向，天然林破坏后的迹地或荒地的红壤、燥红壤、变性土（发育于钙质胶结的黏土层或亚黏土层的土壤中，黏粒含量高，黏粒中黏土矿物组成以膨胀性黏土矿物蒙脱石为主，旱季土壤干裂明显，土壤膨胀收缩强烈，其线胀系数远远超过一般的土壤，土壤具有变性特征）等土壤肥力差、保水性弱。以往造成过程中没有认识到土壤特征是干热河谷人工林建设的关键生态因子，在造林过程中应打破泥岩层、疏松土壤结构，使林木根系伸展到深层土壤获取水分，得以度过旱季水分逆境周期。

（3）水分认识方面

水分是干热河谷地区植物生长和存活的限制性生态因子，高蒸腾和低降雨对干热河谷树种存活造成极大的障碍，干热河谷旱季和雨季明显，整体降雨量偏少，旱季长达 8 个月，旱季基本上无降雨现象发生，导致土壤和空气水分缺乏，干、热逆境叠加交织对树木的存活和生长造成极大的困难，应选择抗逆性强、根系发达、能正常度过旱季的乡土树种或引进的生态经济型树种。

（4）造林和管理方面

干热河谷以往多为裸根苗上山造林，且造林技术单一，多为飞播或者小规模穴塘造林，缺乏有效的育苗、造林和抚育措施，许多较为有效的技术手段和管理手段如生根粉、保水剂、反坡储水造林等未得到有效的应用推广。

（5）群众认识方面

由于该地区造林难度大，林木生长缓慢，生产力低，生态经济类或雨养型经济林木品种少，现实中出现了造林效益低，群众缺乏植树造林的积极性，需要从林种选择、效益比较、宣传推广上提高群众造林的积极性。

12.5.2　造林技术

12.5.2.1　金沙江干热河谷造林技术

（1）树种选择

金沙江干热河谷是横断山区分布最广泛最典型的干热河谷。金沙江流域地处长江上游，是其水土流失重点治理区域。本区域光热资源丰富，气候干燥炎热，降水集中在 6～10 月，蒸发量大、水热矛盾非常突出。土壤十分贫瘠，土壤保水能力差，植被主要为稀疏灌草丛，植被覆盖度低。金沙江干热河谷人口较多，基数大，对环境压力大，近些年来由于蔬菜、水果等农业方面扩展较快，人为破坏包括垦林造田现象频发。

金沙江干热河谷气候为干热河谷半干旱亚类型，因此，灌木树种选择时应考虑以下原则：①以乡土灌木树种为主，要充分考虑所选用的灌木树种在干热河谷困难立地条件下的生产力和适应性，适当引进抗性强的灌木树种进行适地适树造林。②尽可能选择符合国民经济和社会发展需求的灌木种类，并预测和顺应未来干热河谷区域林草业生态文明建设发展方向的生态经济型灌木树种。③从灌木树种的生理、生态和植被群落的自然演替角度，充分考虑在干热河谷立地条件下的植被重建与恢复的阶段性，要特别注意灌木类先锋植物的发掘利用，以提高植被的整体覆盖度和创造前期自然更新的良好生态基础。另外，速生、萌发力强、覆盖和郁闭快，能在短期起到保持水土的作用；自我更新和自我繁殖能力强等物种特征也要充分考虑。近年来，余甘子、木豆、新银合欢、小桐子、狭叶山黄麻、异色柿、花椒、马桑、车桑子等耐干热的生态经济类灌木树种，在金沙江干热河谷区域有较大面积的种植和应用。

（2）苗木繁殖

抗逆性较强的车桑子、木豆、新银合欢可以直接在雨季初期直播造林，余甘子、小桐子、花椒等生态经济类树种宜营养袋育苗。选择生长健壮、树冠丰满、果实饱满、无病虫害的优良母树进行采种，在通风处晾干，将种子分离出来待播。

苗圃地宜选择背风向阳、坡度平缓、土壤肥沃、交通方便、灌溉条件好的地块。苗床地需清除前茬附作物等杂物，全面整平，按 1 m 宽的床面开床，用福尔马林、多菌灵等进行土壤消毒。袋苗种子播种前应用清水对种子进行漂选，去除虫粒和烂粒；用 50% 多菌灵 1000 倍液浸种 2 h 进行种子消毒，清水将种子清洗干净备用；将清洗消毒过的种子用 40~50 ℃ 的温水浸种 24 h，吸水膨胀后捞出，用容器盛放，保持相应湿度，待种子大部分萌芽后进行播种。

由于干热河谷气候恶劣，立地条件差，大多造林树种应采用袋苗造林。营养袋苗或育苗盘育苗具有完整的根系和生长健壮的地上部分，对不良环境条件的抵抗力较强、适应性较强、生长稳定，能够比较稳定地达到较高的造林成活率和不间断的生长。营养袋苗培育根据干热河谷气候的特点，应抓好 3 个环节：一是配制好营养土，用当地较好的细土 70%+晒干过筛的农家肥 25%+钙镁磷肥 5%，以及少量防病防虫的农药拌匀装袋；二是加强苗期管理，搭好遮阴棚，按时浇水除草，培育健壮苗木，自播种之日起每日早晚各浇水 1 次；三是充分炼苗，在苗木上山定植前 1~2 个月，减少浇水，逐渐减少遮阴，直至全光照炼苗，让苗木充分木质化，提高植株的抗逆能力。

具体育苗时应根据不同树种选择不同容器，春季播种时，将处理并催芽的种子置入容器育苗袋中或育苗盘中；秋季播种时，则不宜进行催芽处理，直接入袋育苗，每袋 3~5 粒，播后覆土，厚度以不见种子为宜，再用茅草遮阴，浇透水。苗期管理是整个育苗工作中的关键点，应做好苗期的管理：①浇灌：播种后要及时进行灌水，速度不能太快，以完全湿润为止；以后要视土壤的干湿程度适时进行浇灌，5 月前，土壤水分不宜过重，到 5 月下旬，浇水要少量多次，6 月要控制浇水。②遮阴：播种、浇灌完成后，用竹子和塑料薄膜在苗床上搭上 1 m 高的小拱棚进行保温保湿，到苗出齐后撤除小拱棚。③除草：主要采用人工拔除的办法，随见随拔。④间苗或补苗：容器中保留 1 株健壮苗木，多余的间出补到其他空袋中，间苗和移植在傍晚进行，及时浇透水。⑤病虫害防治：要随时观察有无病虫害，如发现及时对症下药。⑥苗木出圃处理：在栽植前 15~30 天内，将穿出容器的苗木根系切除，留主干 30~100 cm，并截去侧枝和叶片。灌木类树种宜采用 ≥30 cm 经断根截干处理后的容器苗，造林时要选择已经炼苗、生长健壮、木质化程度高、无失水和机械损伤的苗木。

（3）整地方式

根据灌木种类和造林设计，应对杂草丛生、堆积有采伐剩余物的林地，采用块状或团状方式进行林地清理，清理面积可根据整地规格确定。

适时、细致进行整地，对提高造林成活率，促进幼林生长都有重要作用。因为干热河谷造林季节一般在雨季，即 6 月中下旬以后，因此最好在造林前 11 月至翌年 3 月，使整地至造林有一段时间的相隔，使杂草等茎叶和根系有较充分腐烂分解时间，增加土壤中的有机质，土壤也可经风化作用改善土壤理化状况。具体方式和规格可视树种特性及山坡具体情况而定，带状整地：对坡度陡、面积相对较大的地段可采取水平带状、水平阶、水平沟、反坡梯田、撩壕等整地方式；块状整地：对坡度陡、面积相对较小的地段可采取穴状、块状、鱼鳞等整地方式，种植容器苗的坑穴规格可适当减小。具体的整地方式：①块状整地：一般按 30 cm×30 cm×30 cm 或 40 cm×40 cm×40 cm 的规格沿等高线打塘；②水平沟整地：一般沟宽 40~50 cm、沟深 30~40 cm，水平沟沿等高线平行方向，根据确定的行距测定水平沟与水平沟之间的距离，按沟的宽度和深度翻挖土壤。整体而言，在条件允许下，干热河谷水平沟整地比块状整地、穴状整地造林效果好。在有条件的情况下，栽种苗木前，在挖好的定植沟或穴内施入基肥，尽量施用熟腐的有机肥，其次是缓释复合肥，并适当回土覆盖基肥。近年来在干热河谷区域范围内，由于劳动力费用快速增加，一般规模化造林大多采用小型挖掘机进行水平阶、水平沟等整地，具体开展时根据地形，平整为 1~1.5 m 宽的水平沟地块，对土壤进行深度 40~60 cm 的挖掘和平整，以打破泥岩层，使土壤较为疏松，雨季降雨能充分收储在土壤不同层次中，灌木的根系也得到充分的伸展，此种造林较其他整地方式取得了较好的效果，造林保存率、林分生长等较以往造林提高了 40%左右。

（4）造林技术

在有水源可以进行浇水的地块，可在 3~4 月或 9~10 月进行造林；没有水源的地块一般于雨季造林（6~9 月）即雨养型造林，造林宜选择在雨后阴天或细雨天，最好以下过 1~2 场透雨，出现连阴天为最佳时机。直播造林时，根据造林设计雨季点播在穴塘中，覆盖细土为种子厚度，乡土灌木树种如车桑子等提倡种子直播造林，直播造林是减少水土流失，节省人力、物力、财力的造林有效措施之一。

积极提倡容器苗造林，确保干热河谷困难立地造林的成活率和保存率。营养袋苗上山造林须在雨季进行，当雨季来临，雨水将土壤湿透后应及时定植，让苗木有一个较长的生长和适应期，以抵抗恶劣的干旱季节。下透雨后 1~3 天内，撕去全部塑料膜，注意不要使营养土碎散，定植在种植穴的中央，踏实，然后覆盖上一小层松土，以阻断毛细管的运行，起到保持土壤水分的效果。

（5）抚育管理

灌木幼林抚育是造林结束后到幼林郁闭前这一阶段所进行的管理措施，是巩固造林成果、加快林木生长的重要手段。进行除草培土、补植、封禁保护等，创造优越的环境条件，满足灌木幼林对水、肥、气、光、热的要求，使其迅速成长，达到较高的成活率和保存率，并尽早郁闭。除草时把锄下的杂草覆盖在穴塘周围，以减少土壤表面水分蒸发，增加土壤有机质和抑制杂草的生长。花椒、余甘子、小桐子等灌木类经济树种按照树种生长发育特性后期进行修枝整形等管理。

造林地块管理应实行管护岗位责任制，定人定岗，把造林地块的管护责任真正落实到人。造林后即开始防火及禁止林内放牧、樵采等常规管护。森林病虫害防治要贯穿于营造林全过程，采用以生物防治为主的综合防治法，协调使用各种防治方法，提高灌木林抵御病虫害的能力。

12.5.2.2　红河干热河谷造林技术

（1）树种选择

红河位于云南省中南部，呈西北东南走向，西侧靠哀牢山和无量山与大江平行，沟谷深切。红河流域属干热河谷区域半干旱偏湿亚类型，雨季降雨较多，热量偏高。树种选择时宜选择番石榴、元江花椒（*Zanthoxylum yuanjiangense*）、扁桃（*Amygdalus communis*）、木豆、银合欢、车桑子、余甘子、小桐子、山毛豆、大叶千斤拔和瓦氏葛藤等生态经济类灌木树种。

（2）苗木繁殖

生态经济类灌木树种育苗宜采用营养袋或育苗盘基质育苗，育苗技术同金沙江河谷区，乡土灌木树种车桑子、山毛豆、大叶千斤拔等可直播育苗。

（3）整地造林

红河干热河谷区域地势相对平缓区域发展番石榴、扁桃等经济树种，可开展机械类规模化整地，水土保持类灌木树种可用穴塘式整地方式。

（4）抚育管理

灌木林地的抚育管理同金沙江干热河谷区，要注意雨季降雨集中，防止林地冲垮现象的发生。

12.5.2.3　怒江和澜沧江干热河谷造林技术

（1）树种选择

怒江和澜沧江干热河谷地处云南西部，南北走向，山高谷深，河谷深陷，东侧为怒江山脉，西侧为高黎贡山山脉，两侧山峰高度均在3000 m左右，属于横断山脉的一部分。澜沧江干热河谷只分布于中游南涧县与凤庆县之间的主流两侧山地，河谷东南走向，河谷深陷。怒江和澜沧江干热河谷属干热河谷区域半干旱偏湿亚类型，雨季降雨和热量条件属干热河谷中间类型。近年来，小粒咖啡（*Coffea arabica*）、'保山1号'余甘子、'保山2号'余甘子等经济类灌木树种在怒江和澜沧江干热河谷区域有较大面积的发展，新银合欢、西南杭子梢、金合欢、山黄麻、木豆、山毛豆等生态防护类灌木树种也可推广种植。

（2）苗木繁殖

生态经济类灌木树种育苗宜采用营养袋育苗，育苗技术同金沙江河谷区。

（3）整地造林

怒江和澜沧江干热河谷区域大多山高地陡，除少量发展经济灌木树种区域地势平缓地块可规模化整地外，大多数区域宜采用穴状、块状、鱼鳞等整地方式，生态树种宜雨季点播造林。

（4）抚育管理

怒江和澜沧江干热河谷区域大多为少数民族区域，有刀耕火种的习惯，抚育管理中一定要注意防火，防止大面积的林地烧毁现象发生。

12.5.3　主要灌木树种造林技术

12.5.3.1　余甘子造林技术

（1）概　况

余甘子（*Phyllanthus emblica*），别名滇橄榄、橄榄、余甘、喉甘子、庵罗果、牛甘果等。大戟科叶下珠属植物。

余甘子为旱季落叶灌木或小乔木（水分充足区域），花期4~5月，果期9~11月。

余甘子耐高温干旱，忌霜冻和风害，喜光，适应能力强，根系发达，穿透能力强，生长迅速，萌芽快，一般生长于海拔200~2300 m山地疏林、灌丛、荒地或山沟向阳处，喜温暖干热气候。在年平均气温大于18 ℃以上、年降水量小于1000 mm的地区生长。对立地条件要求不高，荒山坡地皆可生长，耐瘠薄，对土壤条件要求不高，在地表土层冲刷裸露的山地荒坡、石砾地也能生长，但在钙质土和低湿地区生长不良，在土壤肥沃的酸性和中性土壤上生长良好。

干热河谷区域有大面积的余甘子自然分布。余甘子主要分布在我国云南、广西、福建、海南、台湾、海南、四川、贵州等省份，江西、湖南、浙江等省份部分地区也有分布。菲律宾、马来西亚、印度、斯里兰卡、印度尼西亚、中南半岛、南美洲也有分布。

余甘子果实初食味酸涩，良久乃甘，故名余甘子；果实富含丰富的维生素，供食用，可生津止渴，润肺化痰，治咳嗽、喉痛，解河豚鱼中毒等。树根和叶供药用，能解热清毒，治皮炎、湿疹、风湿痛等。余甘子萌芽力强，根系发达，可保持水土，可作干热河谷地区荒地造林的先锋树种；树姿优美，也可作庭园风景树，可栽培为果树。余甘子叶晒干供枕芯用料；种子含油量 16%，供制肥皂；树皮、叶、幼果可提制栲胶；木材棕红褐色，坚硬，结构细致，有弹性，耐水湿，可作为优良的薪炭柴。综合来看，在干热河谷区域，余甘子是一种适应性广、结实早、产量高、耐干旱瘠薄且适生于荒山荒地的重要经济树种，又是具有广泛医疗价值的药用植物，也可作为荒山绿化、水土保持和涵养水源的生态树种。

江西、福建、台湾、广东、海南、广西、四川、贵州和云南等省份人工种植较多，干热河谷区域尤其是澜沧江、怒江流域近年来发展规模较大，浙江、云南保山等有余甘子新品种和良种的推广应用。目前市场上有余甘子粉、含片、果汁等产品的销售。

（2）育苗技术

①种子处理技术。采种时，应选择 4~6 年的生长迅速、成年健壮、抗性强、无病虫害的优良植株作为采种母树，其种子发芽率高，后代抗逆性强。余甘子一般在 4~5 月开花，10~11 月果实成熟。果实为核果，果实由绿色变为淡黄色或淡绿色而呈半透明时，即已成熟。手工采摘，将采下的果实破开果皮，堆积腐烂后，再将其放入箩筐内，置于水中冲捣，洗干净后捞出果核摊开暴晒，盖上纱布，以防果核爆裂弹掉种子，果核开裂后即得到种子。种子应筛除核壳、杂质。余甘子出籽率为 7%~20%，净度 85%~95%，千粒重约 13.8 g，每千克种子约 7.2 万粒。种子可以干藏，但在常温条件下只能短期存放，即冬季采种，放至翌年的春节播种。种子含水量在 11% 以下，0~5 ℃ 低温环境中密封保存 1 年以内，发芽能力受到的影响较少。余甘子优良性状可以用嫁接方法保存，嫁接接穗选用优良品种的枝条，一般选用已结果的丰产稳产壮年树，采树冠上中部的 1~2 年生枝条作接穗，取枝条中段的芽作接穗嫁接效果较好。接穗应在湿沙中贮藏，最好是随采随接。

②种子育苗技术。余甘子苗圃地应选择坡度较小的半阳坡地或平地，最好在土质疏松、土壤肥沃、透气良好、有灌溉条件、排水良好及交通方便的地方。育苗时应细致整地，做高床，苗床宽 1~1.5 m，长度依地形和管理方便为宜，床面要整平。余甘子种子无休眠特性，发芽温度以 25 ℃ 为宜，一般在 3~4 月播种。种子播种前最好催芽，用 0.5% 的高锰酸钾溶液消毒后，将种子按 1:2 的比例与湿沙混合拌匀后置入容器内，摊平后再盖上一层湿沙，厚度以种子不裸露为宜，上面再覆盖稻草、草席等覆盖物，每天浇少量水保湿，进行催芽处理，至种子露白即可播种。将经过催芽处理的种子均匀撒播在苗床内，播种后覆盖厚度为 0.5 cm 左右的细土，最后盖上稻草等覆盖物，浇透水。播种后应每天浇水 1 次，使苗床保持湿润，10~15 天后，种子开始出芽出土，此时应逐步去掉覆盖物；20~30 天苗木基本出齐后应及时移栽。余甘子也可直接在营养袋内点播，将经过催芽处理后的种子点播于营养袋中，盖土厚度以 1 cm 以内为宜，

再用草席覆盖。点种后，应加强水分管理；20 天后苗木基本出齐；此后，应做好查缺补苗工作。播种后，若天气长期干旱，会影响生根和幼苗的生长，因此要灌足底水，干热河谷育苗一般早晚喷灌一次，使苗床或营养袋保持一定的水分。整个幼苗期应施肥 2~3 次，可采用叶面喷施 0.3% 的尿素和磷酸二氢钾，也可采用 0.6% 的复合肥液进行根外追肥。苗木生长期间主要虫害有食叶昆虫和蚜虫。可用 800~1000 倍液的 90% 敌百虫喷洒防治，也可用 40% 的乐果乳油 1000 倍液喷洒防治。

③嫁接和分株育苗技术。余甘子 6~10 月均可嫁接，以春季芽初芽膨大而未萌发时嫁接最佳，嫁接时主要采用切接法。接后，用塑料带自下而上地将砧穗伤面全包扎紧即可。余甘子含单宁，嫁接时动作要快，避免嫁接刀与伤口接触时间长，以免单宁转化形成隔离层影响嫁接成活。嫁接后 10 天左右即检查成活情况，抓紧补接。要及时抹去砧木萌芽条。当接穗萌芽长 17~20 cm，枝条半木质化时，便可解除薄膜带。余甘子也可以采用分株繁殖，于春季萌芽前，将分株从根蘖基部连根一起切断，与母株分离，即得新的植株。根插繁殖，春季萌芽前，挖直径为 1~1.5 cm 粗的根系，切成 17~20 cm 长段，移入苗床根插，萌芽生根后，即成新植株。

④出圃管理。一般半年左右余甘子苗高可达 30~50 cm，即可出圃造林。起苗时应剪除余甘子苗木部分根系，用 ABT6 号生根粉 200 mg/L 溶液浸根 4 h 然后蘸泥浆（93% 的黄土 + 5% 的牛粪 + 2% 的钙镁磷溶液搅拌均匀）。起苗、包装和运输工程中要保护好根系，以提高苗木成活率、保存率和造林效果。

（3）造林与管理

①造林技术。余甘子在干热河谷造林时间宜选择在 6 月上中旬雨后阴天或细雨天，最好下过 1~2 场透雨再进行造林，当土壤充分湿润后选择阴天种植。对于土壤贫瘠地块，可施用基肥，基肥要采用充分腐熟的有机肥，在栽植前结合整地施于穴底。可采用漏斗底鱼鳞坑整地 80 cm×60 cm×40 cm，穴状整地规格 60 cm×60 cm×60 cm，撩壕整地规格为宽 50~100 cm、深 40~60 cm，土层整理深度越深，造林效果越好。干热河谷余甘子生态经济林种植初植密度稍大，可采用株行距 1.5 m×2 m、亩植 200 株左右效果较好，以经济林为目的的种植密度可采用株行距 2 m×3 m、亩植 110 株为宜；或株行距 2.5 m×3 m、亩植 80 株左右为宜。栽植要求容器苗根部带土，定植时应将容器苗种植在种植穴中间，然后填土压实，种植穴最好做成浅锅底形，以便雨季承接雨水富积植株周围，有利于提高成活率。栽植后苗木根颈部应与地表土壤水平一致，有条件的地方栽植后宜铺干草或地膜覆盖，以利于保湿和防治水分蒸发。

②抚育管理。移栽后 15~20 天，应逐塘检查是否有死亡苗。若有死亡苗应立即进行补苗。补种苗木应用同龄苗补种，补种后仍应灌水和遮阴。除了有浇灌条件的经济林外，干热河谷山上造林一般为雨养型栽培管理。因此，雨季造林的余甘子幼树根系扩展和树冠形成快，茎粗增长快。因此，发展经济林的余甘子林地雨季也应加强抚育管理，抚育管理措施主要是除草、松土、追肥和防治虫害，定植当年需除草 2~3 次，以后视情况而定，除草只除去定植带上对余甘子生长有影响的杂草即可，行间杂草一般可不除，这既可减少用工，能利用行间植被遮挡雨点对地表的直接打击，缓和并分散径流，草根又能固结土壤，改善土壤结构，提高土壤持水量（严俊华 等，2000）。种植苗全部成活后，施复合肥或腐熟的清粪水一次，以促进苗木的扎根和生长健壮，保证移栽苗木在当年正常生长和越冬。种植 2~3 年后根系生长布满定植穴，此阶段

可进行一次深耕翻改土，深度 40~50 cm，可结合增施有机肥改良土壤团粒结构，提高土壤肥力。培育余甘子果林为目的的林分要经常冬季或春季修枝整形，以培养矮干，树冠矮化，主枝、侧枝、分枝紧凑，小枝分布均匀的自然圆头形树形为主。

余甘子抗各种病虫害能力相当强，常见病害有余甘子锈病、叶点霉褐斑病、拟盘多孢叶斑病、炭疽病等。防治方法要加强林分和树体管理，增强余甘子的长势，剪除病枝、病叶，冬季还要清除病叶并销毁；可喷施 70%甲基托布津可湿性粉剂 800 倍液或 50%多菌灵可湿性粉剂 500 倍液或 75%百菌清可湿性粉剂 600~800 倍液进行防治。虫害有介壳虫、蚜虫、象甲、毒蛾、蓑蛾、尺蠖等，宜采用生物防治或喷洒菊酯类无公害药物防治。

12.5.3.2　小桐子造林技术

(1)概　况

小桐子(*Jatropha curcas*)，别名麻疯树、膏桐、臭油桐、黄肿树、假白榄、假花生。大戟科麻疯树属树种。

灌木或小乔木，高 2~5 m，蒴果椭圆状或球形，长 2.5~3 cm，黄色；种子椭圆状，长 1.5~2 cm，黑色。花期 4~6 月，果期 6~9 月。

小桐子主要分布在干热的亚热带和热带区域，可在年平均气温 18.0~28.5 ℃、年降水量 480~2380 mm 的环境下生存；通常生于海拔 700~1600 m 的平地、丘陵坡地及河谷荒山坡地，一般栽培做绿篱，也有半野生状态，多生于平地路边的灌木丛中，以散生或小面积纯林形式分布(林娟 等，2004)。小桐子在干热河谷为较大类型的灌木，喜光热，阳性树种，根系粗壮发达；枝、干、根近肉质，组织松软，含水分、浆汁多、有毒性而又不易燃烧；抗病虫害；生长迅速，生命力强；人工造林容易，天然更新能力强，耐火烧，可以在干旱、贫瘠、退化的土壤上生长，具有很强的耐干旱耐瘠薄能力，对土壤条件要求不严，在石砾质土、粗质土、石灰岩裸露地均能生长，且生长迅速，抗病虫害能力强，结实丰产。

小桐子原产美洲热带，在热带地区各国分布较广。云南是我国小桐子资源分布最多的省份，四川、广东、广西和贵州的局部热量较高的地区也有分布，目前人工栽培面积较大。

小桐子具有较高经济价值，果实含油率高达 60%，可提炼出不含硫、无污染、符合欧四排放标准的生物柴油，经改性的小桐子油可适用于各种柴油发动机，并在闪点、凝固点、硫含量、一氧化碳排放量、颗粒值等关键技术上均优于零号柴油，达到欧洲二号排放标准，是世界公认的生物能源树树种。其种仁是传统的肥皂及润滑油原料，并有泻下和催吐作用，油枯可作农药及肥料；还可作为生物农药、生态治理等用途；小桐子性味涩、微寒、有毒，中药治跌打肿痛、骨折、创伤、皮肤瘙痒、湿疹、急性胃肠炎；小桐子有剧毒，内服时慎用。

近年来尤其"十一五"以来，云南、贵州、四川等省份小桐子种植面积迅猛增加，"十一五"期间人工林发展 200 余万 hm²，且主要在干热河谷区域，已有一些颇具实力的企业和国外大型能源企业，进入小桐子生物柴油这一领域，在各地筹建起有相当规模的生物柴油生产企业，显示了良好的资源开发利用前景。但国内对小桐子资源的利用，大多还停留在野生资源的利用上，今后应注重小桐子品种、优质种苗、原料林建设、抚育管理及加工技术，为生物质能源林建设提供科技支撑。

（2）育苗技术

①种子处理技术。以 5~20 年生小桐子植株为采种母树，在采种时应选择种子大、饱满和油脂含量高、稳定高产的优良林分，或是其他表型良好、种源清楚的林分中进行，优良林分的立地条件中等，林木长势良好，抗逆性强，选优树种比例不低于 50%，果实产量高，总体出油率高，宜以野生林分为选优对象。小桐子果实为蒴果，近球形，径约 2.5 cm，黄色，果实幼时绿色，逐渐变黄，成熟时变为棕色，干时为黑棕色，果皮平滑，成熟时开裂，每个果实通常有 3 粒种子，少数 2 粒，偶见 4 粒、1 粒。种子长圆形或椭圆形，黑色，平滑。种子干时黑色，长 2 cm，径 0.8~1 cm，每千粒种子重 500~700 g。

8~9 月当大部分蒴果呈干燥状且少数已开裂时，用采种刀或高枝剪从树上带果柄采摘，或用手直接采摘。采集的果实不宜在日光下曝晒，应摊放于通风干燥的室内阴干，待果实全部开裂后，剥离种子即可。贮藏时可用麻袋或装入一般容器内，存放在阴凉通风处，种子可保存 6 个月左右。

②育苗技术。小桐子苗圃应设于交通方便的地方，圃地地势应平坦向阳，灌溉方便，排水良好，土壤应是沙壤土、壤土、轻壤土。播种前及时进行翻耕、除杂，施足农家肥等基肥。小桐子一般于春节 2~3 月播种。为保证小桐子幼苗出苗整齐，在播种前需要对其种子进行预处理，即在 25~30 ℃水温下对种子进行浸种 8~24 h，换水 2~3 次，在 25 ℃条件下进行催芽 1~2 天即可播种。春季育苗一般在 2~4 月进行，夏季育苗一般在 7~8 月，秋季育苗一般在 10~11 月。播种沟的深度 3~4 cm，把种子均匀地撒在沟内，播种好后覆土厚度 3~4 cm。播种行的方向以南北向为好。一般每亩播种 20~40 kg 种子。种子播下后要浇透水，保持苗床土壤湿润，最好是在苗床上覆盖稻草、松毛、地膜等覆盖物，覆盖度以隐约能见土为宜，达到保温、保湿的目的。营养袋育苗时，基质用表土、泥炭和蛭石按 2∶1∶1 的比例配制，或用表土和腐熟肥按 8∶1 再加适量尿素、过磷酸钙和黑矾配制而成。每袋播种 2 粒种子，浇透水覆盖稻草保温保湿。播后的小桐子种子 3~5 天即开始萌茅，待大多数种子萌芽后，及时揭去覆盖物，并随时保持苗床或营养袋湿润，以利于苗木生长。待苗出齐后，可用 0.1%~0.3% 的尿素溶液进行叶面喷施 1~5 次，并注意除草防虫。小桐子抗病虫害能力强，但苗期仍有少量病虫害的发生，苗期常见的病虫害有白粉病、蜷类、介壳虫、地老虎、白蚁等，主要危害嫩芽、叶片、根等，出现虫害时喷洒吡虫啉、氯氰菊酯、敌杀死、氧化乐果和速扑杀等农药防治；病害发生可用波尔多液、百菌清、代森锌、多菌灵和甲基托布津等药物防治。当年春播苗一般苗高 80 cm，根径 1 cm 以上，亩产苗 10000 株左右；秋播苗 1 年生苗高 25 cm，根径 0.4 cm 以上，亩产苗 20000 株左右。

小桐子也可以采用扦插育苗，采条母树一定要选生长健壮、无病虫害、产量高、含油率高的成年树，选用 1~2 年生已木质化的枝条，直径 2~3 cm，将枝条截成 12~15cm 的枝段，上端剪成平口，下端剪成斜口，插穗剪切时注意插条的保鲜，可把插穗放入有清水的水桶，或随采随插。扦插前要整理好插床。露地扦插要细致整地，施足基肥，使土壤疏松。采用直插或斜插，以斜插为好，插入枝条的 1/2~2/3，株行距 20 cm×20 cm，扦插后踏实土壤使插条与土紧密接触。插后及时浇水淋透苗床土层或搭设拱棚增温保湿，在插条未生根发芽前，要注意控制湿度防止插穗腐烂（崔永忠 等，2009）。

（3）造林技术

干热河谷小桐子选择造林地主要为荒山荒地或疏林地，清除坑穴周围 50 cm 范围内较高的杂草，按株行距 2 m×2 m 挖种植穴，种植穴规格为 40 cm×40 cm×40 cm，敲碎土块，整平待种。干热河谷雨季直播效果稍差，裸根苗造林成活率较高，容器苗造林成活率最高，但裸根苗在起苗和运输时宜用泥浆蘸根，或用生根粉溶液浸泡保护根系，上山造林时应尽量剪去枝叶或采用截干苗。种子直播深度为 2~3 cm，造林苗木尺寸要求地径 3~4 cm，株高 15~20 cm，可施少量农家肥或复合肥做基肥。

（4）抚育管理措施

造林后的小桐子树苗不用特殊管理，2 年左右可长至 3 m，以后可视生长情况给予相应的施肥与定型修剪。充足的肥料与良好的树形可大大提高小桐子长势，还能提早进入挂果丰产期。同时值得注意的是小桐子的生长地应保证足够的光照强度，在光照不足的树荫下，会出现生长不良现象，也会影响后期的结实率。以获得果实为主要目的小桐子林分，在小桐子种植最初几年，须进行修剪措施；种植 10 个月时植株应修剪至树高 0.50 m 处，以诱导新枝条的萌发。第 2 年对各个方向的枝条进行修剪，修剪位置距上一年度修剪部位 30~50 cm；修剪过的枝条数比不修剪的要多 3 倍。在小桐子盛花期，可引养蜂群众到林地放养蜜蜂，通过人工放蜂等措施，辅助小桐子授粉，以促进雌花授粉率，提高其坐果率和种子产量（罗长维 等，2008）。小桐子成年树木常见的病虫害有白粉病、叶斑病、根腐病、蚧类、介壳虫、潜叶蛾、象甲、蝗虫、白蚁等，主要危害嫩芽、叶片、根和果实等，平常应加强栽培、抚育管理和病虫害的监测，病虫害发生后，可喷施波尔多液、百菌清、多菌灵、菊酯类等环境无公害农药防治。

12.5.3.3　车桑子造林技术

（1）概　况

车桑子（*Dodonaea viscosa*），别名坡柳、明油子。无患子科车桑子属树种。

灌木或小乔木，高 1~3 m 或更高；花期秋末，果期冬末春初。

车桑子具有发达的根系、耐干旱干热、耐瘠薄、萌生力强及丛生性等生长习性，对土壤要求不严，在表土流失、岩石裸露的石砾土壤或石头缝隙都能生长，垂直分布海拔范围 900~2300 m，尤其在海拔 1200~1800 m 的干燥山坡、河谷或稀疏灌木林中生长良好。车桑子适应的气候范围比较广，从热带至亚热带都有生长。中心分布区平均温度 14.7~22.1 ℃，最冷月平均温度 8.4~15.2 ℃，活动积温 5280 ℃以上，极端低温−4.3~0.1 ℃，年降水量 540~755 mm，年平均相对湿度 50%~67%，水热系数 0.6~1.5。以车桑子为优势种组成的稀树灌丛、灌丛或灌草丛是干热河谷地区几种重要的优势乡土植被之一，常成丛成片的生长于干热河谷的山坡上，是一种良好的保水固土植物及造林先锋灌木树种，能在裸露的荒山生长，在干热河谷地区植被恢复方面发挥着重要作用，具有较高的生态价值（卢雪佳 等，2018，2019）。

我国福建、广东、广西、海南、四川省份均有分布，热带非洲、太平洋群岛亦有分布，车桑子在横断山区几大干热河谷地区具有大面积的成片或间断分布。

车桑子耐干旱，萌生力强，根系发达，又有丛生习性，是一种良好的水土保持灌木类树种；种子含油量 15.7%，种子油可供制肥皂，民间还用于点灯；叶研细可治烫伤和咽喉炎；枝干可作燃料、豆架等，根有大毒，可杀虫，全株用于治风湿。车桑子主要作为干热河谷、石漠化等区域的生态防护树种，在上述区域有大面积的人工林和野生资源。

车桑子树体较矮，可用手采种，晒干后搓打将种子从蒴果中脱出，然后除去混杂物即得纯净的种子，种子较小，每千克种子 10 万粒左右，种子放在阴凉处待播。

(2)造林与抚育管理技术

车桑子一般不用营养袋育苗，干热河谷雨季时点播或撒播，用小型鱼鳞坑造林即可，土壤水分充足时种子 3~5 天内很快发芽，生长也比较快。点播种子用量每亩 0.1 kg 左右，覆盖度较小的地方稍微整地撒播，撒播种子用量 0.2 kg/亩，也可以与余甘子、小桐子、金合欢等树种混播，但用种量要相对减少，以免幼苗数量太多影响主要树种生长。穴播造林时株行距均为 0.4~0.5 m，每穴放种 5~10 粒。

造林后严禁开荒、割草、放牧，严防山火，2~4 年即可发挥生态防护功能。车桑子病虫害较少，除少数叶片日灼和少量锈病外，目前未发现在车桑子树种上有大面积的毁灭性病虫害。

(执笔人：中国林业科学研究院资源昆虫研究所 孙永玉、李昆)

12.6　西南石漠化地区造林

12.6.1　石漠化分布及植被恢复现状

12.6.1.1　石漠化概念

20 世纪 80 年代末，我国一些学者在西南喀斯特地区开展水土保持研究过程中，提出了"石化""石山荒漠化"及"石质荒漠化"的概念。石漠化（rocky desertification）的概念最早由袁道先（1997）提出，用来表征植被、土壤覆盖的喀斯特地区转变为岩石裸露喀斯特景观的过程。王世杰等（2002）对石漠化的概念作了进一步定义：在热带、亚热带湿润—半湿润气候条件及岩溶发育的自然背景下，因自然因素和人类活动干扰使得地表植被遭到破坏，造成土壤严重侵蚀，基岩大面积裸露的土地退化的表现形式。

12.6.1.2　石漠化对植被恢复的限制及危害

石漠化地区成土速度缓慢，形成 1 cm 厚土层需要的时间在 2500~8500 年之间，平均约 4000 年（陈晓平，1997）。碳酸盐岩风化成土时的原岩与残积土体积比均大于 10∶1（陈从喜，1999），这导致了在碳酸盐岩地区土壤成土速度慢、土壤总量少。碳酸盐岩风化成土后土壤 Ca^{2+} 含量显著高于非喀斯特地区，这对植物具有显著的选择作用。同时，土壤养分除 Ca、Mg 外矿质养分总量不足，很大程度上限制石漠化地区植被生产力（Zhang et $al.$，2009）。受季风影响，石漠化地区的降雨呈季节性分布，分为明显的干湿两季，干季一般从 9 月至翌年的 5 月中下旬，长周期的干旱导致土壤水分不足以供给。即使在湿季，如果 1~2 周缺乏降雨，由于石漠化地区土壤浅薄、总量少，持水能力差，极易引起临时性干旱。因此，在石漠化地区，由于土壤浅薄、总量少，土壤钙离子含量高但养分总量不足，短周期的临时性干旱和长周期的季节性干旱导致该地区的植被恢复异常困难。

石漠化是喀斯特地区植被退化和水土流失的极端形式，在不同尺度上对水文、土壤和生态条件产生重要影响，结果导致大量旱涝灾害、山体滑坡、地面沉降等地质灾害的频繁发生。在区域尺度上，石漠化能对喀斯特地区的碳平衡和区域气候条件造成重要影响。西南喀斯特地区的土地石漠化已成为构建长江经济带生态屏障和推进滇黔桂特困地区脱贫攻坚的巨大障碍，严重制约区域生态、经济和社会的可持续发展。

12.6.1.3　石漠化的分布

传统意义上，石漠化的分布区域按其面积大小是指贵州、云南、广西、湖南、湖北、重庆、四川、广东等 8 省份。但近年有研究人员提出，在江西、安徽、河南等地的喀斯特地区也存在着石漠化分布，其他省份未见提出。

国家林业局(现国家林业和草原局)开展了 5 年一次的石漠化动态监测，从 2004 年启动工作至 2019 年年底，连续完成了对我国岩溶区石漠化情况的三次动态监测并发布了公告(表 12-5)。①2006 年发布的第一次监测数据显示，截至 2005 年年底，我国石漠化土地总面积为 1296.2 万 hm^2，重度和极重度石漠化土地占 26.8%。其中，贵州省石漠化面积最大，为 331.6 万 hm^2；潜在石漠化土地总面积为 1234 万 hm^2，其中贵州省潜在石漠化面积最大，为 298.4 万 hm^2。②2012 年发布的第二次监测数据显示，截至 2011 年年底，我国石漠化土地总面积为 1200.3 万 hm^2，重度和极重度石漠化土地占 20.9%。其中，贵州省石漠化面积最大，为 302.4 万 hm^2；潜在石漠化土地总面积为 1331.8 万 hm^2，其中贵州省潜在石漠化面积最大，为 325.6 万 hm^2。③2018 年发布的第三次监测数据显示，截至 2016 年年底，我国石漠化土地总面积为 1007 万 hm^2，重度和极重度石漠化土地占 18.2%，其中贵州省石漠化土地面积最大，为 247 万 hm^2；潜在石漠化土地总面积为 1466.9 万 hm^2，其中贵州省潜在石漠化面积最大，为 363.8 万 hm^2。

三次监测结果公报显示，我国石漠化的扩张得到了有效的遏制，岩溶区石漠化土地面积和石漠化程度均持续减少、水土流失等自然灾害逐渐减轻，生态环境不断改善。

表 12-5　我国各省份石漠化土地面积　　　　　　　　　　　　　　　　　万 hm^2

年份	贵州	云南	广西	湖南	湖北	重庆	四川	广东	总面积
2005	331.6	288.1	237.9	147.9	112.5	92.6	77.5	8.1	1296.2
2011	302.4	284.0	192.6	143.1	109.1	89.5	73.2	6.4	1200.3
2016	247.0	235.2	153.3	125.1	96.2	77.3	67.0	5.9	1007.0

12.6.1.4　石漠化地区植被恢复

我国岩溶区石漠化生态问题引起了党中央的高度关注，自 21 世纪初以来出台了一系列石漠化防治方针。2007 年党的十七大报告提出："加强水利、林业、草原建设，加强荒漠化石漠化治理，促进生态修复。"2012 年党的十八大报告指出："要实施重大生态修复工程，增强生态产品生产能力，推进荒漠化、石漠化、水土流失综合治理，扩大森林、湖泊、湿地面积，保护生物多样性。"2017 年党的十九大报告指出："开展国土绿化行动，推进荒漠化、石漠化、水土流失综合治理，强化湿地保护和恢复，加强地质灾害防治。完善天然林保护制度，扩大退耕还林还草。"此外，全国人大将石漠化治理工作列入国家长期发展规划，视为亟需解决的危及国土生态安全和民族生存及发展的重大问题。2001 年党的十五届五中全会通过的《中华人民共和国国民经济和社会发展第十个五年计划纲要》中明确提出："抓好长江上游、黄河上中游等地区的天然林保护工程建设。继续加强东北、华北、西北和长江中下游等重点防护林体系建设。加强天然草原的保护和建设。推进岩溶地区石漠化综合治理。"2005 年党的十六届五中全会通过的《中共中央关于制定国民经济和社会发展第十一个五年规划的建议》指出："继续推进天然林保护、退耕还林、退牧还草、京津风沙源治理、水土流失治理、湿地保护和荒漠化石漠化治理等生态工程，加强自然保护区、重要生态功能区和海岸带的生态保护与管理，有效保护生物多样性，促进自然生态恢复。"2010 年党的十七届五中全会审议通过的《中共中央关于指定国民经济和社会发展第十二个五年规划的建议》指出："实施重大生态修复工程，巩固天然林保护、退耕还林还草、退牧还草等成果，推进荒漠化、石漠化综合治理，保护好草原和湿地。"2015 年党的十八届五中全会通过的《中共中央关于指定国民经济和社会发展第十三个五年规划的建议》指出："开展大规模国土绿化行动，加强林业重点工程建设，完善天然林保护制度，全面停止天然林商业性采伐，增加森林面积和蓄积量。扩大退耕还林还草，加强草原保护。创新产权模式，引导各方面资金投入植树造林。推进荒漠化、石漠化、水土流失综合治理。强化江河源头和水源涵养区生态保护。"

在石漠化防治方针的引导和推动下，2008 年国务院批复了国家发展改革委员会、国家林业局、农业部、水利部共同编制《岩溶地区石漠化综合治理规划大纲(2006—2015)》，标志着石漠化综合治理一期工程建设全面启动实施。大纲规定，针对性地选择 100 个重点县进行试点工作，采取加大专项资金投入和整合其他渠道资金相结合的方式，通过大力实施封山育林育草、人工造林种草、改良草地、加大草食畜牧业发展，促进坡耕地改梯、加强农田和配套水利水保设施建设等植被恢复相关工程或措施，建立以林草植被恢复为主的生态治理体系，有效遏制石漠化扩张，逐步恢复岩溶区退化生态系统。经过"十一五"和"十二五"的努力，截至 2015 年试点综合治理的岩溶区共达 316 个重点县，累计完成中央预算内专项投资 119 亿元，地方投资 20.1 亿元，实现岩溶区土地治理面积 6.6 万 km^2，石漠化治理土地面积 2.25 万 km^2。依靠专项资金的带动，共有 451 个县积极整合中央和相关方面资金 1300 多亿元用于天然林保护、退耕还林、流域防护林和农业综合开发等工程，累计完成石漠化土地治理面积 4.75 万 km^2。

在《岩溶地区石漠化综合治理规划大纲(2006—2015)》结束之际，国家发展改革委员会、国家林业局、农业部、水利部于 2016 年印发了《岩溶地区石漠化综合治理工程"十三五"建设规划》，该规划着重强调："加强林草植被保护与恢复是石漠化治理的核心，是区域生态安全保障的根基"。内容主要包括贯彻实施封山育林育草、退耕还林还草、人工造林和森林抚育等生态修复措施，重点突出困难立地造林技术集成、优良树种繁育、林种配比结构选择、生态经济型修复等综合治理模式的研究、试验、示范与推广；因地制宜开展人工种草和草地改良、依据草畜平衡原则发展草食畜牧业；重点开展坡改梯，建立耕地蓄水保水工程。

目前，我国岩溶区石漠化植被恢复治理模式的研发正处于快速发展阶段，虽然在不同的石漠化区域已经取得了显著的治理效果，但在今后植被恢复治理模式研发、推广和应用中仍需注意以下问题：①单一治理模式中物种多样性配置不足，每个模式平均涉及 2 个乔木树种，极不利于维持稳定的植被群落结构和相关生态服务功能，应着重优化物种配置、丰富植被生活型、合理设计种植密度和空间位置，同时兼顾经济和社会效益；②在石漠化植被恢复过程中，物种选择不能局限于被子植物，要发掘和充分利用苔藓等石生先锋植物在促进碳酸盐岩溶解、改善微环境的作用，同时有效防治外来入侵植物对本土植物群落产生的不利影响；③要充分发掘和利用岩溶区各种异质化岩体小生境进行植被恢复，因为这些小生境往往具有相对优越的气候和土壤条件，更适宜地带性植物快速定植和更新；④对于现存植被，应采取先进技术开展植被结构、功能的调控，增加其生态功能。因此，石漠化植被恢复中模式选择总体上要因地制宜，从植物群落结构功能和生境多要素耦合的角度出发，筛选和培育先锋和特色资源植物，充分发掘和利用岩溶小生境类，构建林灌草空间立体配置结构，实现西南岩溶石漠化区自然生态环境和社会经济和人文的协调可持续发展。

12.6.2　灌木造林技术

石漠化地区灌木造林常分为两种：一种是以具有经济效益的灌木或小乔木为材料开展的经济林营造；另一种是在极端困难条件下以生态效益为目的的生态林营造。经济林一般选择在条件相对较好的潜在石漠化、轻度、中度石漠化地段，其营造技术目前已形成行业标准，具体可按《喀斯特石漠化山地经济林栽培技术规程》(LY/T 2829—2017)执行。生态林一般选择在重度、极重度的石漠化地段以单株、林下混交、植物篱等方式营造。

灌木林的营造主要依据立地条件及营造目的和功能。立地条件是基本条件，应高度重视。

12.6.2.1　中国南方石漠化区划

根据我国石漠化分布特点、地带性气候、大地貌特征及岩溶中地貌特点，将我国南方石漠化区域区划为 4 个一级区划单位和 13 个二级区划单位(但新球，2002)，见表 12-6。

表 12-6　中国南方石漠化区划体系

一级区划	二级区划
Ⅰ 两广热带、南亚热带区	Ⅰ-1 粤西、北岩溶丘陵区
	Ⅰ-2 桂西岩溶丘陵区
	Ⅰ-3 桂中、桂东北岩溶低山区
Ⅱ 云贵高原亚热带区	Ⅱ-1 长江水系乌江流域黔西区
	Ⅱ-2 长江水系黔东、黔中、黔东南区
	Ⅱ-3 长江水系黔西北、东北岩溶区
	Ⅱ-4 珠江水系南北盘江等黔南岩溶区
	Ⅱ-5 滇东、滇东南高原岩溶区
Ⅲ 湘鄂中、低中丘陵中亚热带区	Ⅲ-1 湘西岩溶中、低山区
	Ⅲ-2 湘南、湘中岩溶丘陵区
	Ⅲ-3 鄂西岩溶中低山区
Ⅳ 川渝鄂北亚热带区	Ⅳ-1 东南岩溶山地
	Ⅳ-2 渝东、鄂北山地丘陵区

12.6.2.2　土地分类

喀斯特地区土地分为石漠化土地和未石漠化土地两大类。未石漠化土地分为非石漠化土地和潜在石漠化土地。

(1)石漠化土地

岩石裸露度≥30%，且符合下列条件之一者为石漠化土地。

①植被综合盖度<50%的有林地、灌木林地。

②植被综合盖度<70%的草地。

③未成林造林地、疏林地、无立木林地、宜林地、未利用地。

④非梯土化旱地。

（2）未石漠化土地

①潜在石漠化土地。岩石裸露度≥30%，且符合下列条件之一者为潜在石漠化土地：植被综合盖度≥50%的有林地、灌木林地；植被综合盖度≥70%的牧草地；梯土化旱地。

②非石漠化土地。符合下列条件之一者，为非石漠化土地：岩石裸露度<30%的有林地、灌木林地、疏林地、未成林造林地、无立木林地、宜林地；旱地；草地；未利用地；苗圃地、林业辅助生产用地等林地；水田；建设用地；水域。

③石漠化程度分级。石漠化的程度分为四级：轻度石漠化（Ⅰ）、中度石漠化（Ⅱ）、重度石漠化（Ⅲ）和极重度石漠化（Ⅳ）。

石漠化程度评定因子有岩石裸露度、植被类型、植被综合盖度和土层厚度。

依据石漠化各评定因子之和，确定石漠化程度，评分标准见表12-7。

石漠化程度分为四级：轻度石漠化（Ⅰ）：各指标评分之和≤45；中度石漠化（Ⅱ）：各指标评分之和为46~60；重度石漠化（Ⅲ）：各指标评分之和为61~75；极重度石漠化（Ⅳ）：各指标评分之和>75。

表12-7　石漠化评定因子与因子评分标准

岩石裸露度		植被类型		植被综合盖度*		土层厚度	
程度（%）	评分	程度	评分	程度（%）	评分	程度	评分
30~39	20	乔木型	5	50~69	5	Ⅰ级（40 cm以上）	1
40~49	26	灌木型	8	30~49	8	Ⅱ级（20~39 cm）	3
50~59	32	草丛型	12	20~29	14	Ⅲ级（10~19 cm）	6
60~69	38	旱地作物型	16	10~19	20	Ⅳ级（10 cm以下）	10
≥70	44	无植被型	20	<10	26		

注：＊旱地农作物植被综合盖度按30%~49%计。

12.6.2.3　根据石漠化程度选择相应治理方式

石漠化地区植被恢复原则应坚持以生态效益优先的原则，兼顾经济效益与社会效益。根据石漠化不同程度选择不同植被恢复方式进行分级治理。本着因地制宜、适地适树的原则，开展多树种、常绿树种与落叶树种混交造林，以乡土树种为主，乔、灌、草相结合。

石漠化地区植被恢复方式为人工造林和封山育林。植被恢复方式应根据石漠化程度选择：

①轻度石漠化地段：以人工营造特色生态经济林为主。

②中度石漠化地段：在坡度小于25°的适宜地区，以培育生态经济林为主，坡度大于25°地区以营造水源涵养林、水土保持林等生态林。

③重度、极重度石漠化地段：以封山育林为主，建立水源涵养林、水土保持林等生态林。

12.6.2.4　灌木林营造技术要求

目前关于石漠化地区的灌木造林尚没有形成国家或行业标准。根据具体的立地条件及其营造目的、功能要求，可参照国家标准《造林技术规程》（GB/T 15776—2016）、林业行业标准《喀斯特地区植被恢复技术规程》（LY/T 1840—2020）、《喀斯特石漠化山地经济林栽培技术规程》

(LY/T 2829—2017)、《植物篱营建技术规程》(LY/T 1914—2010)中的相关内容执行。

12.6.3　主要灌木树种造林技术

灌木林营造在不同地区应用程度不同，在南方水热同期且较为充沛，植被恢复多以乔木树种为主，除经济林外，灌木树种应用较少，且多作为伴生混交树种。这里列出了白刺花、无子刺梨(*Rosa sterilis*)、火棘、十大功劳等灌木树种在石漠化主要分布地区(贵州、云南、广西)实际应用造林技术。

12.6.3.1　白刺花

白刺花，豆科槐属，灌木或小乔木，高 1~2 m，有时 3~4 m。分布于华北、陕西、甘肃、河南、江苏、浙江、湖北、湖南、广西、四川、贵州、云南、西藏等地。生于河谷沙丘和山坡路边的灌木丛中，海拔 2500 m 以下。

(1)育苗技术

播种前对种子进行筛选，去除杂质，种子质量要符合国家质量标准。因白刺花种子存在明显的硬实现象，种子外面有一层蜡质，对种子有较强的保护作用，能避开自然环境中的不良因素。播种前需要采取一些措施打破硬实，提高出苗率。一种方法是采用温水浸泡，将 70~80 ℃热水倒入种子中，边倒边搅拌，一般浸种时间不超过 24 h，使种子充分吸水膨胀，待稍阴干后播种。另一种方法是机械处理，把种子放在阳光下晒 4~6 h 后，用碾子或容器磨破或磨毛种皮。

白刺花的出种率为 57%，种子千粒重 13~16.763 g，常温下保存 7 年仍能发芽。在育苗时，需用沸开水浸泡催芽，种子发胀后播种，发芽率 58%~68%，平均为 63.25%。划破种皮破眠法可使白刺花种子发芽率达 72.42%(吴丽芳 等，2018)。98% 的硫酸破除白刺花种子硬实的效果最佳，能使其发芽率提高到 92.30%，处理种子的最佳时间为 30~40 min(赵丽丽 等，2011)。白刺花在造林的当年 3 月育苗，种子处理后播入营养袋中，雨季可出圃造林，造林的成活率和保存率均较高。

白刺花适应性强，适宜于土层较薄的石漠化地区种植，但为了获得种子高产，种子田宜选择地势平坦、地形开阔、通风、排水良好、土层较厚的地区。如果地势不平，种子生产田最好放置于坡度小于 15°的半阳坡或阳坡。

播种前可以使用化学药剂处理杂草，一般在杂草萌发前使用 33%除草通乳油 1.8~3.6 L/hm²或 48% 氟乐灵乳油 1.2~2.4 L/hm²，用水稀释药液喷于地表后，混土镇压。除杂后，用耕作机械将土块整碎、磨细、耙平。在耕作过程中，可以施用基肥，基肥可供给白刺花整个生长期需要的营养，以有机肥为主，也可用硫酸铵、过磷酸钙、钾肥。一般施腐熟厩肥 19.5~30.0 t/hm² 作基肥或磷肥 600~750 kg/hm²、复合肥 300~375 kg/hm²，将其均匀混入土壤中，并用土覆盖 2~5 cm。

春播时间 3~4 月，秋播时间 9~10 月。最好将播种期安排在雨季来临前。采用穴播，常按株距 50~60 cm 开穴播种，以便通风透光和增加个体营养面积，播种深度 2.0~2.5 cm，播后覆土镇压。播种量受植物生物学特性、栽培条件、土壤条件和气候条件及播种材料的种用价值等因素的影响。由于白刺花苗期生长慢，播种量可适当增大，为 75~90 kg/hm²。如成苗率较高，在田间管理时需间苗。

种子出苗前后，如土壤表层出现严重板结时，用缺口耙或锄头翻松破除板结；在有灌溉条件的地方，可以采用轻度灌溉方式润湿土壤以破除板结。如果出现缺苗情况，则应该及时补苗。及时去除杂草可以避免杂草与白刺花争夺养分和空间，有利于白刺花对营养元素的吸收及物质积累，保证种子丰产。一般齐苗后可以进行第 1 次中耕，既能去除杂草，又能松土保墒；在苗高 10~15 cm 时即可进行第 2 次中耕，铲除垄间和植株间的杂草。整个生育期，要观察并手工拔除与白刺花种子颗粒大小相近、成熟期相近、易造成种子清选困难的杂草。

种子田合理追肥很重要，可提高种子产量。白刺花种子田施肥应以磷肥、钾肥为主，施磷肥（P_2O_5）37.5~75.0 kg/hm²，钾肥（K_2O）45~60 kg/hm²，追肥要均匀。

有灌溉条件的地方，一般于播种前、苗期、收割后和越冬前视土壤墒情灌水。

根据白刺花种植面积、生长状况及授粉蜂群强壮程度配置蜂群数量，一般情况下，12 足框/标准箱，1 标准箱蜜蜂可以承担 0.2~0.3 hm² 白刺花种子田的授粉。

当白刺花的绿色荚果有 2/3 变为灰褐色、种皮呈黄色时，可以进行收割。用割草机或人工收获时，为了避免落荚损失，应尽量在晴朗天气的清晨或傍晚凉爽时收割，且避开中午最热时间。收割的白刺花不宜在田间摊放时间过长，应尽快拉运到水泥晾晒场，以免落荚造成损失。整个收获过程应做到轻割、轻放、轻运。翻倒晾晒后，打下白刺花种荚，反复碾压脱粒，过筛除去各种杂质，并按照国家牧草种子包装贮存运输相关标准，进行清选、干燥和质量检验。

（2）造林技术

造林前应进行水平沟、水平阶或鱼鳞坑整地。水平阶营造白刺花林最好，年生长量能提高20%以上，但在坡度较陡、地形破碎的山地采用鱼鳞坑整地较方便易行。整地时应提前在头一年雨季前进行，以充分接纳雨水，增加土壤水分，并使土壤有一定的休闲期进一步熟化，从而提高造林成活率和年生长量。

植苗造林春秋两季均可。春季造林宜早不宜晚，以每年 3 月上中旬为宜，迟则造林成活率迅速下降。截干造林宜秋季进行，不仅可提高成活率，而且发苗也旺，长势好。造林密度宜5000~10000 株/hm²，即行距 2 m，株距 0.5~1 m。

造林后应严禁放牧，幼林期需每年进行松土锄草 2~3 次，必要时追施化肥，成林后如作薪炭林，可在 5~6 年内平茬复壮。

12.6.3.2　无子刺梨

无子刺梨，蔷薇科落叶灌木，是普通刺梨的近缘种，与贵州缫丝花（*Rosa kweichowensis*）形态比较一致，遗传亲缘关系也更近。树高约 2 m，具有攀援性，多分枝，冠幅达 4~5 m。产陕西、甘肃、江西、安徽、浙江、福建、湖南、湖北、四川、云南、贵州、西藏等省份，均有野生或栽培。野生多分布在道路、溪沟、水塘两旁或田坎、土坎、坡脚、山谷等荒野处。目前经过审（认）定的良种主要有'贵农 1 号''贵农 2 号''贵农 5 号'和'贵农 7 号'。

（1）扦插繁殖技术

无子刺梨的枝条易产生不定根，根易形成不定芽，可采用扦插、分株和压条等繁殖育苗，一般采用扦插育苗。扦插春季、夏季、秋季均可进行，以秋插较多。选背风稍阴、土壤肥沃、有浇灌条件的沙壤土作苗床，深翻，施足底肥（每平方米施用 4~5 kg 腐熟农家肥、60~70 g 复混肥），耙平，做宽 1 m、长度不限的苗床，浇足水覆盖地膜待扦插。或者过筛黄壤沙质细土，每平方米施用 4~5 kg 腐熟农家肥、60~70 g 复混肥充分拌匀，铺设于苗床或装入营养袋备用。

秋季全封闭保湿扦插成苗率高，其具体做法：于 10~11 月从已经结果的优良母树上剪取已木质化的当年生发育充实、无病虫害、直径 0.4~0.6 cm 的枝条，剪除顶梢幼嫩部分不用，然后，剪成长 10 cm 的插条，插条保证有 3 个以上芽节，下切口在近节下 0.2 cm 处，切成斜面。每 50 根 1 捆，用生根粉溶液，浸蘸下切口斜面 30 s，取出晾干后扦插。在整好的苗床上，按 7~12 cm×5~7 cm 划线打点扦插或插入营养袋，每亩可扦插 60000~130000 株，可装营养袋 150000 袋左右。插时，先用 1 根小木棒在预先铺好薄膜的苗床上打引孔，再将枝条的 2/3 长度插于孔内，要求有 1 个芽节露出床面或营养袋。插后随即踩紧、压实土壤，浇一次透水，冬季，床面加盖塑料拱棚增温保湿。到春季 3~4 月，气温开始回升，高温天气要注意揭膜通风，开始炼苗，并及时进行人工除草，进行中耕除草和肥水管理。可用 100 kg 水兑 3~5 kg 尿素追施至秋季，追施 2~3 次。同时，注意观察苗床土壤缺水现白及时浇水，出现病虫害及时加强防治。次年秋冬季即可出圃定植。

（2）组织培养

选用优良单株上的茎尖进行培养，将采集来的茎尖用清水冲洗干净，再用 75% 酒精浸泡半分钟，后用 5% 次氯酸钠溶液浸泡 6~10 min，或用 0.1% 的升汞溶液浸泡 3~5 min，最后用无菌水冲洗 3~5 次，然后在超净工作台上，剪去药液接触过的伤口，保留茎尖 0.5~1 cm，插入灭菌后的 MS 培养基上培养。在温度 25±3 ℃、湿度 60%~80%、光照强度 2000~3000 Lux、光照时间 12±2 h 的培养室条件下培养。

茎尖插到培养基中培养 30 天左右开始生根，试管苗的根为 1~14 条，成放射状分布，开始为白色，后逐渐老化变黄，最后变为灰褐色。生根后的茎尖，成为一株完整的试管苗。当试管苗高 1.5~3 cm，根长至 1.5 cm 以上进行第一次移栽。此次移栽是把适合移栽的试管苗假植到装有珍珠岩粉的小钵内，立即浇水后把小钵移入塑料小拱棚内假植 10~15 天。然后再把珍珠岩粉小钵内的组培苗移栽到铺有经过消毒的腐殖土苗床上，浇透水，置于塑料小拱棚内培育 10 天左右，即可去掉小拱棚，此时要注意苗床的水分管理，晴天阳光过强要用遮阳网遮阴。经过 1 个月培养，组培苗就可以移栽到苗圃中去。以 3~6 月和 9~11 月移栽到露地苗圃最好，移栽成活率高。

（3）造林技术

种植以排水良好，土层深厚、肥沃的壤土为好，土质黏重、易积水、多潮湿的地方不宜种植。选择山地或丘陵地作为园地时，应整水平梯带，或者修建排水沟，沿等高线种植，以免水土流失。在整好的土地上，肥力条件较好的园地，按行距 4~4.5 m、株距 3~4 m 挖定植穴，肥力条件一般的按行距 3~4 m、株距 2.5~3 m 挖定植穴。定植穴长、宽均为 80 cm，深 50 cm。挖坑时，表土与心土分开，回填时将表土回填入坑，并与厩肥或土杂肥 20~30 kg、0.5 kg 复混肥拌匀，然后再覆盖 10 cm 厚的细土，继续回填并堆土，堆土高出地面 20 cm，以备定植。一般于 11 下旬至次年 2 月中旬定植，每亩种植 60~90 株，每穴栽入壮苗 1 株。定植时，在回填好的定植坑中心挖 10~15 cm 的浅坑，将苗木置于坑中央，整理根系均匀分布，填入细土，再将苗木略向上提，使其根系伸展开，边填土边踩压紧土壤，栽种完毕，浇透定根水，加强管理，以保成活。

在春季 4~5 月大量抽梢时，新梢吸收大量的营养元素，新梢是此时的主要营养库。在 6 月初至 7 月下旬，营养库向果实转移。这个阶段，果实迅速生长，吸收 N、P、K、Ca、Mg 等大量营养元素。因此，在果实迅速发育期充分保证营养供应，对增加产量和提高果实品质有重要作用。

一般一年施用基肥 1 次，追肥 3 次。基肥在冬季施，一般 11 月施基肥，有利于吸收补充养分和恢复树势，对翌年春季的花芽分化有显著的促进作用。基肥选用腐熟的有机肥，适当配加一定量的复混肥效果更好，每亩果园施用有机肥 1000~1500 kg、复混肥 40~50 kg。在 2 月抽梢前追施一次，亩施用 15~25 kg 尿素；在 4 月花蕾期喷施 0.2%~0.3% 硼砂一次；在 6 月初和 7 月初，各追施一次复混肥，每亩施用 15~30 kg。

提倡果肥间作覆盖，种植绿肥，种养结合。进行坡改梯，修建田间便道、排水沟、蓄水池等基础设施，改善生产条件，以降低夏季的土壤高温和强烈的水分蒸发，增加园地的空气湿度，有利于植株的生长发育。

纺锤形或者近于自然丛生状的圆头形为适宜树形，要求枝梢自下而上斜生，充分布满空间，互相不交错或过密，内部通风透光。定植后第一年冬季，选留 3~4 个不同方向的枝条作为主干枝，其余萌发枝条从基部剪除，第二、三年留中心主干，逐渐去除其余主枝，培育成单主干的纺锤形，在主干上着生 6~12 个主枝。修剪时期以冬剪为主，辅之以生长期的适量疏剪。修剪疏剪枯枝、病虫枝、过密枝和纤弱枝，尽量多留健壮的 1~2 年生枝作为结果母枝；对衰老的多年生枝进行重短截，促使其基部萌发抽生强枝并成为新结果母枝。树冠基部抽生的强旺枝要尽量保留，作为老结果母枝的更新枝，树冠中下部过于衰老的结果母枝要剪除。

(4) 病虫害防治

常见病害有白粉病、灰霉病，可用腈菌唑 1000 倍液或多菌灵 800 倍液防治。虫害有蚜虫、蛾类、黑刺粉虱、食心虫、蔷薇白轮蚧等，蚜虫、粉虱主要危害新梢、嫩叶，宜用吡虫啉 1500 倍液或 25% 抗蚜威 3000 倍液。蛾类幼虫用高效氯氰菊酯 1000 倍液或敌百虫 1000 倍液防治。蔷薇白轮蚧于萌发前喷 5 度石硫合剂防治。病虫害防治应重视秋季清园剪除病虫枯枝、病虫果、翻耕土壤、喷撒药物灭菌杀虫。

12.6.3.3　火　棘

火棘，蔷薇科苹果亚科火棘属常绿野生灌木，又名火把果、救兵粮。全球共 10 个种属，主产亚洲东部至欧洲南部。我国火棘品种主要有 8 种，分布于我国东南、西南和西北部，主要生长在海拔 500~2800 m 的山地、丘陵地阳坡灌丛、草地及河沟路旁。黄河以南露地种植，华北需盆栽，塑料棚或低温温室越冬。其树形优美，花、果、叶都有较高的观赏价值。火棘对土壤要求不高、生命力强，是石漠化治理的一种重要植物。火棘喜强光，耐贫瘠，抗干旱，耐寒(温度可低至 -16 ℃)。

(1) 育苗技术

对土壤要求不严，以排水良好、湿润、疏松的中性或微酸性壤土为好。育苗地应选择在地势平缓、土壤水养条件较好且呈微酸性的区域作为苗圃地，在 2 月全面深翻 25 cm 左右之后平整，施足基肥。床宽 1~1.2 m、床高 20~25 cm，床长根据地形和播种量而定，床埂要经过多次培土踏实，然后将床面细致耧平，清除草根杂物等；步道宽约 40 cm，整好排水沟。

播种前将种子用 0.5% 的高锰酸钾溶液浸种 2 h，捞出后用清水冲洗后在阴凉处风干，然后用干细沙与种子按 3∶1 的比例混沙湿藏，等到种子露白时取出即可播种。在 3 月中旬进行播种，常用的播种方法是撒播和条播。撒播是将经沙藏的种子均匀撒在苗床中，用细土(过筛的黄心土)覆盖，厚度以看不见种子为宜，并适当的洒水，其上再覆盖毛草。条播是在苗床每隔

20 cm 开沟一条, 沟宽 6~8 cm, 沟深 2~3 cm, 播完种子后, 用细表土覆盖种子直到看不见种子, 并洒水湿润苗床, 然后再覆盖上一层草, 以减少水分蒸发和防止雨滴冲击土面。

一般播种 20 天后开始出苗, 当幼苗出土 2/3 后, 在阴天选择逐渐揭去覆盖物, 待幼苗出齐之后, 应及时松土除草。苗圃的杂草要用手小心拔除, 以免损伤苗木, 要做到"除早、除小、除净", 全年进行 3~4 次。施追肥要按照前期以氮肥为主, 后期以磷、钾肥为主, 先淡后浓、多次少量的原则。7 月前追肥 3 次, 施肥以沟施覆土为主, 深度一般为 7~10 cm, 一亩地施 5 kg 尿素, 每 10 天一次。7 月中旬施硫酸钾 1 次, 一亩地施 15 kg, 8 月上旬喷施一次 0.3% 的磷酸二氢钾溶液, 促进苗木提早木质化来增强越冬时的抗逆性。

间苗一般分 3 次进行, 8 月上旬以前做好定苗工作, 保留苗木约 50 株/m², 产苗量每亩可达 2 万~2.35 万株。当年苗高 25 cm, 主根长而粗, 侧根稀少, 最好在苗芽萌动前进行分栽, 一般在 3 月进行, 必须带土以提高苗木的成活率。

(2) 造林技术

果用林选择地势平坦, 富含有机质的沙质壤土, 按 2 m×2 m 株行距, 穴挖 0.4~0.6 m 深的坑, 填入基肥和表土, 栽入穴中, 踏实, 浇足定根水。

火棘自然状态下, 树冠杂乱而不规整, 内膛枝条常因光照不足呈纤细状, 结实力差, 为促进生长和结果, 每年要对徒长枝、细弱枝和过密枝进行修剪, 以利通风透光和促进新梢生长。火棘成枝能力强, 侧枝在干上多呈水平状着生, 可将火刺整成主干分层形, 离地面 40 cm 为第一层, 3~4 个主枝组成, 第三层距第二层 30 cm, 由 2 个主枝组成, 层与层间有小枝着生。

(3) 病虫灾害管理

危害火棘的害虫有梨冠网蝽、舟形毛虫、朱砂叶螨。梨冠网蝽如有发生, 可在发生初期喷洒吡虫啉可湿性粉剂 2000 倍液或 25% 除尽悬浮剂 1000 倍液等内吸药剂防治若虫。舟形毛虫如有发生, 除使用黑光灯诱杀成虫外, 还可在其低龄幼虫期喷 20% 灰幼虫脲悬剂 1000 倍液。树多虫量大, 可喷 500~1000 倍的每毫升含孢子 100 亿以上的 Bt 乳剂杀较高龄幼虫。朱砂叶螨如有发生, 可于早春火棘发芽前喷施 3~5 波美度石硫合剂, 消灭越冬螨体。危害严重时可喷洒 1.8% 爱福丁乳油 3000 倍液。

火棘常见的病害有白粉病、叶斑病和锈病。白粉病、叶斑病和锈病都是半知菌类真菌侵染所致, 如有这三种病危害, 除加强水肥管理、提高植株长势和抗性外, 还应注意修剪, 使植株保持通风透光。另外在植株患病期应停止喷灌, 防止病情加重或继续扩散。如白粉病危害, 可用 75% 百菌清可湿性粉剂 1000 倍液进行喷雾, 每 7 天一次, 连续喷 3~4 次可有效控制住病情。如有叶斑病危害, 可用 70% 代森锰锌可湿性颗粒 400 倍液喷雾, 每 7 天一次, 连续喷 3~4 次可有效控制住病情。如有锈病发生, 可选用 25% 粉锈宁可湿性粉剂 2000 倍液喷雾, 每 10 天一次, 连续喷 2~3 次可有效控制住病情。

12.6.3.4 十大功劳

十大功劳, 别名黄天竹、土黄柏、猫儿刺、土黄连、八角刺、刺黄柏、刺黄芩、功劳木、山黄芩、西风竹、刺黄连, 小檗科十大功劳属植物灌木, 高 0.5~2 m。分布于我国广西、四川、贵州、湖北、江西、浙江; 在日本、印度尼西亚和美国等地也有栽培。生长于海拔 350~2000 m 的山坡林下及灌木丛处或较阴湿处, 喜温暖湿润的气候, 耐阴、忌烈日曝晒, 通过种子繁殖。土壤要求不严, 在疏松肥沃、排水良好的沙质壤土上生长最好。

（1）育苗技术

十大功劳的育苗可以通过种子育苗、扦插育苗、分株等三种方式。

通常在 3 月播种，播后覆土 1~2 cm，浸透水后约 1 个月发芽。也可在种子处理完成后直接进行播种，播在半阴环境下，于苗床条播，覆土 3~5 cm。种子发芽适温为 15~25 ℃，50 天左右可发芽出苗。当年生苗高一般可达 8~10 cm，越冬期间稍加防寒，留床再培育一年，第 2 年方可扩距移栽。实生苗通常要培育 4~5 年方可开花结果。

硬枝扦插宜于 2~3 月进行，剪取 1~2 年生健壮枝条插入沙壤苗床里，保持苗床漫润，5 月开始搭棚遮阴，晴天每天进行喷雾保湿，播后约过 2 个月即可生根。嫩枝扦插可于梅雨季节进行，选择当年生已充实的枝条或用一年生枝条，苗床温度控制在 25~30 ℃，一个月后即可生根，成活率可达 90% 以上。枝条用生根剂处理，生根率可达 90% 以上。

分株可在 10 月中旬至 11 月中旬或 2 月下旬至 3 月下旬进行，也可结合春季换盆进行分株。将地栽丛状植株掘起，或把盆栽大丛植株从花盆中脱出，从根茎结合薄弱处剪开或撕裂，每丛带 2~3 个茎秆和一部分完好的根系，对叶片稍作修剪后，进行地栽或上盆。

（2）造林技术

适时移栽：十大功劳地栽植株管理较为粗放，可在早春萌动前带土球移植，十大功劳的栽植密度为 1500~2000 株/亩，需要一定的遮阴环境。栽植时施足底肥，栽植后压实土，浇透水。1~2 年生苗生长缓慢，第 3 年开始生长加快。

全年中耕锄草 3~5 次，使土壤疏松，增加土壤通透性，利于植株生长和结果。中耕时根际周围宜浅，远处可稍深，切勿伤根，利于植株生长和结果。及时疏花及拔除杂草，每当灌水和雨后都要松土。

在干旱时注意浇水，最好能进行灌溉，可采用沟灌、喷灌、浇灌等方式。每年入冬前浇一次腐熟饼肥或禽畜粪肥，就能健壮生长。生长季节每 20 天施一次腐熟的稀薄液肥，每年追肥 2~3 次即可，早春适量施入饼肥。

（3）病虫防治

十大功劳种植应及时疏沟排水，降低田间湿度，保持通风透光，增强植株抗病力。主要病虫害有枯叶夜蛾、蓑蛾、十大功劳炭疽病、斑点病等，叶夜蛾和大蓑蛾用 90% 敌百虫原药 1000 倍液喷杀，炭疽病可用 70% 甲基托布津可湿性粉剂 1000 倍液喷洒，蚧虫期喷洒敌敌畏、亚安硫磷等药剂。

（执笔人：中国林业科学研究院亚热带林业研究所 李生、薛亮、王佳）

第 13 章
灌木林经营管理

13.1 灌木林更新复壮技术

灌木作为没有明显主干的木本植物，每年都要从近地面萌生出簇生枝条，随着林龄的增大，萌生出的新生枝条变为老龄枝条，最后枯死，这样就形成灌木的"新生枝条—老龄枝条—枯死枝条"生长节律特征。老龄枝条、枯死枝条的留存势必要影响灌木的根、根颈、枝等部位的不定芽萌发，造成新生枝条数量逐渐少于老龄枝条或枯死枝条状态(现象)，致使灌木生长走向衰退或死亡，进而灌木林分结构和功能的稳定性也随之降低，如果加之生存环境的进一步制约，灌木的生长衰退及林分稳定性下降的发展速度就要进一步加快。鉴于灌木树种的这一生长特性，适时适度采取使植物重新生长或恢复物种原有优良特性并提高其生活力的技术即更新复壮技术措施，可以有效地促进灌木树种及林分的健康可持续生长(李光仁，1999；包永平 等，2004；张荔 等，2007；王利兵 等，2011；张瑜 等，2013；海龙 等，2016；魏亚娟 等，2018)。

13.1.1 灌木更新复壮期

灌木更新复壮期是灌木生长过程中生长、结实、观赏性等性状出现显著衰退，需要采取更新复壮技术措施的时期，亦称更新复壮年龄或季节。灌木的更新复壮期的甄别是保证适时适度实施灌木更新复壮技术措施的关键，亦为灌木更新复壮技术的重要指标。确定灌木树种的更新复壮期要综合考虑其生物生态学特性、生长状况、培育目标、立地条件等要素(王丽莉，2013；于凤梅，2014；郭亚君，2016；王秀平，2019)。于凤梅(2014)认为沙棘灌木林的更新抚育期因不同培育目标而不同，其栽培寿命和衰退年限有所不同。在辽东地区，以薪炭为主的沙棘林更新复壮即平茬期为林龄5~8年，1个平茬周期为5~6年；以采收浆果为主的沙棘林，宜在25~30年后果实产量大幅度下降时平茬更新复壮。辽东地区，对于沙棘林平茬季节的选定极其重要，实践证明：沙棘林的平茬季节以其休眠期的冬季为最好，其次可在早春3月树液尚未流动的季节，因为树液伤流后会严重影响沙棘树体的正常生长发育；冬季沙棘树体根部贮存营养物质多，平茬后萌芽力强，当春季沙棘树液萌动后，就会快速生长并萌生枝条。除此之外，冬季及早春平茬加长了萌生枝条的生长期，能使新萌生的枝条在落叶前达到木质化，因此极大地提高了沙棘林的林分质量。生长季节的雨季严禁实施平茬，因为此时沙棘林的营养物质集中于枝叶，沙棘根部所含营养物质不多，平茬后难以萌生新生枝条；再者，雨季空气湿度大，微生物活动旺盛，实施平茬后，其平茬处会因水淋后，容易感染病虫害，从而影响沙棘新生枝条的萌生。胡小龙等（2012）在科尔沁沙地作为防风固沙林的黄柳林造林初期生长迅速，造林5年后未更新的黄柳林开始出现衰退和病虫害，造林11年的黄柳林各项生长指标大幅降低，枯死现象严重，因此可以判断黄柳的更新抚育期为造林5年后，不应超过11年。连翘作为经济林进行经营时，12年生即出现生长缓慢等老龄树体的特征，通过不同季节的平茬复壮试验，认为冬季最适宜平茬，平茬后的伤口在连翘休眠期风干愈合，树冠和枯枝残叶还起到了保温保湿作用。冬季平茬后，春季萌发枝条生长旺盛，当年可形成结果枝，第2年即能开花结果（滕训辉 等，2013）。可以确定连翘的更新抚育期为12年生的冬季。

13.1.2 灌木更新复壮方式

13.1.2.1 补植更新

人工灌木林往往以单一树种且纯林龄结构为主，林分结构单一，随着林木的生长，同龄老龄化灌木林分极为普遍，造成林分生长稳定性差，功能明显降低。因此，需要适时适度进行以补植的方式优化林分林龄结构，增加林分林龄的多样性，使林分能够持续稳定生长。例如，流动沙地飞机播种造林形成的杨柴、小叶锦鸡儿灌木林，由于空间部分的不均匀，林木稠密、稀疏和裸露空间格局特征会极大地影响飞播灌木林的固沙功能，这时就可按照飞播造林小班在裸露的地段（"林窗"）进行补植造林，以使整体灌木林固沙功能的稳定，实现灌木林分尺度的更新复壮。在内蒙古毛乌素沙地飞播杨柴林中过疏的林分（单位面积分株数<1株/m²）或裸露地段进行补植造林，可使用2年生杨柴苗（裸根苗或容器苗）在过疏林分或裸露地段中进行点缀式补植，优先在裸露斑块中进行，以后逐年补植，来优化密度并形成合理的林分林龄结构。

13.1.2.2 嫁接更新

通过嫁接形式来更新改造生长赢弱、经济效益低、观赏性差的灌木树种已成为经济林和绿化树种培育的重要手段。赤峰市林业科学研究院以暴马丁香（Syringa reticulata）为砧木，以紫丁香、辽东丁香为接穗，通过主干高接换种方式，嫁接培育乔木状花灌木，经过2~3年培育，形成悬空球状造型树体，观赏效果得到了极大提升，收到了良好经济效益（程瑞春，2018）。张育苗等（2018）对内蒙古赤峰市巴林左旗的自花授粉不良、晚霜冻害、果仁小、产量低、收益差的低产低效山杏灌木林进行平茬，平茬高度为10~30 cm，在茬桩上以'围选一号'大扁杏为接穗，多头嫁接，树冠恢复快，保持树体上下平衡。嫁接后结实早、产量高，一般嫁接后第2年可以恢复树冠，第3年获得结实产量，第4年后逐渐进入丰产期。在赤峰地区还有如'龙王帽'和'一窝蜂'等适宜的大扁杏品种（张海娜，2020）。通过山杏嫁接大扁杏，在不破坏原有生态环境的基础上，改造了低质低效林，提高了林分质量，将低产小果改造成了优质大果，带动了林副产品加工业的发展，延长了林业产业链条，增加了农民的收入。

13.1.2.3 修枝复壮

修枝复壮技术主要应用于对生长衰弱、功能低下的经济林和景观绿化林进行的复壮作业。

（1）疏 枝

将枝条从基部剪去病虫枝、干枯枝、无用的徒长枝、过密的交叉枝和重叠枝，以及外围搭接的发育枝和过密的辅养枝等。改善树冠通风透光条件，提高叶片光合效能，增加养分积累。

疏枝对全树有削弱生长势力的作用，削弱作用大小，与疏枝量和疏枝粗度相关。去强留弱，疏枝量较多，则削弱作用大，可用于对辅养枝的更新；若疏枝较少，去弱留强，则养分集中，树（枝）还能转强，可用于大枝更新。疏除的枝越大，削弱作用也越大。因此，大枝要分期疏除，一年一次不可疏除过多，并与肥水管理相结合，以期迅速恢复树冠。

（2）回缩（缩剪）复壮

回缩也称缩剪，是山杏等经济型灌木树种另一种有效的更新复壮措施，可以使衰老树复壮，新枝及萌芽量增加，以致产量增加。修剪骨干枝上端干枯、病弱枝，在剪口下要有较粗壮的小分枝或 1 年生枝，要回缩到靠近骨干枝的饱满芽处，不要选留下垂弯曲太大的分枝。树冠内膛或中下部如有 1 年生枝或徒长枝，将其截到饱满芽处，培养成新的树冠结构，填补空间。一株老树要一次完成更新。如果分年度进行，未更新的骨干枝也能萌发新枝，而更新的骨干枝潜伏芽萌发较少，易出现偏冠现象。对一些濒死树或病虫害严重的山杏，不要进行回缩更新。这样的树，回缩更新后潜伏芽不易萌发新枝或只萌发少量新枝，生长也很弱（王利兵 等，2011）。回缩复壮技术的运用应视品种、树龄与树势、枝龄与枝势等灵活掌握。一般树龄或枝龄过大、树势或枝势过弱的复壮作用较差。

13.1.2.4　平茬复壮

平茬是生长衰退灌木及低质低效人工灌木林更新复壮主要的技术措施。对具萌蘖能力的灌木树种，充分利用其生长点具有"顶端优势"的生物学特性，平掉枯老的地上部分枝条，增强萌蘖能力，旺盛生长出健壮枝条。平茬复壮的主要技术包括平茬时间、平茬强度、初次平茬林龄及平茬周期、留茬高度、平茬方式等。

（1）平茬时间

实践表明，平茬作业以林木的休眠期为最佳，即落叶后至第 2 年发芽前进行。过早，不定芽萌发易遭冻害；过晚，由于养分已经向下运输，生长势将大大减弱。因此平茬作业最好在当年 12 月或翌年 1 月进行，北方干旱、半干旱地区可以在 11 月中下旬或翌年 4 月初进行。

（2）平茬强度

平茬强度可以按照个体（单株）和种群（林分）两个尺度进行划分，平茬量（单株按枝条数计；林分按面积计）占整体（单株齐地全部枝条数；林分的总面积）的比例。

从个体来讲，平茬针对灌丛的分枝选择性刈割和全株枝条刈割两种方式，选择性刈割仅将枯老枝条刈割保留幼嫩枝条，全株刈割是将灌丛地上部分全部枝条刈割，考虑到大面积平茬作业效率，生产实践中多采用全株刈割的方式。从两者的成效分析来看，全株与选择性两种方式对灌木林分整体生物量积累没有显著差异，但全株方式平茬周期要长于选择性方式。

从林分来讲，平茬强度着重要考虑的是灌木林防风固沙和水土保持等生态功能因素，平茬强度直接影响林分（林地）的生态功能。从大量的研究结果中可以看出，一次性平茬强度以 1/3~1/2 为宜，即按照完整的一个小班（或林地）计算平茬 30%～50% 面积，对应地留 50%～70% 面积不等进行平茬作业，需要连续 2~3 年才能完成一块小班林地的平茬作业。

（3）平茬林龄及平茬周期

通常灌木或灌木林平茬年龄的确定是其出现生长减退特征之时的林龄，从生产上判断灌木出现生长减退的简易指标是灌木单株（灌木林）出现枯死枝条的程度，一般将一个单株枯死枝条占全株枝条数量的 10%～20%，即确定为此灌木单株生长开始减退，如果发生生长减退单株数占整个林分30%~50%，即确定此灌木林生长减退，这个时候可以判作平茬林龄，此时应该实施平茬作业。平茬周期为同一林地(小班)2次平茬作业的间隔年限，即平茬间隔期。平茬林龄和平茬周期因灌木树种、立地条件、培育目标而异。

(4)留茬高度

灌木平茬作业时留茬高度对灌木平茬后的萌生力、生长量及功能关系密切，按照灌木树种生物学特性来看，在不考虑任何外界因素情况下，最佳的平茬高度为灌木根颈位置即齐地表，但由于受人工或机械平茬方法、地表状况、防护功能的维持等因素的影响，生产性作业时通常的平茬高度保持在地表上5~10 cm，有的甚至更高。留茬过高对平茬灌木前期萌生及生长有一定影响，但随着后期的生长这一生长差异性就不显突出，留茬过高对收获灌木地上生物量产生影响是毋庸置疑的。

(5)平茬方式

平茬方式通常分为带状平茬和块状平茬，生产中以带状平茬为主。为平茬作业不降低灌木林的防风固沙和水土保持功能，带状平茬采取分期隔带平茬方式，平茬一定宽度灌木林保留一定宽度，或平茬若干林带保留若干林带，平茬和保留带宽(林带数)根据灌木树种和所处气候区及地形酌定。在地势平缓地段(坡度≤5°)带状平茬带的走向与主害风向垂直；在坡度>5°的坡面或沙丘迎风面沿等高线进行隔带平茬。在地势平坦的灌木林尤其是经济林平茬可以实施分期块状交替平茬，块状面积5~10 hm²(国家林业局，2016)。

13.1.2.5　切根复壮

根系萌蘖能力强的灌木树种，如沙棘、杨柴可以采用切根复壮，主要采取中耕犁具或专业切根机具等方式进行作业。切根的深度20~40 cm(以切断灌木根系为准)，如果采取中耕作业方式，宜带状中耕作业，隔带保留非作业带，也采取分期隔带中耕方式，中耕带宽10~20 m，保留非作业带宽10~20 m，2年内完成中耕复壮作业。作业带走向在地势平缓地段(坡度≤5°)切根作业带的走向与主害风向垂直；在坡度>5°的坡面或沙丘迎风面沿等高线进行作业。

13.1.2.6　田间管理

针对衰退灌木林分可以进行补水、施肥和除草等措施，田间管理技术措施适用于经济林、用材林的更新复壮。

13.1.3　主要灌木树种的平茬复壮技术

13.1.3.1　柠条锦鸡儿

柠条锦鸡儿是生产中对锦鸡儿属灌木树种的统称，主要包括小叶锦鸡儿、中间锦鸡儿和柠条锦鸡儿等3种，更新抚育技术差异性不大，主要采取平茬复壮技术。

(1)平茬时间

在科尔沁沙地对小叶锦鸡儿不同平茬时间进行的试验表明，从生长指标分析，选择小叶锦鸡儿休眠期进行的平茬效果要优于生长季。即在内蒙古科尔沁地区小叶锦鸡儿适宜的平茬作业时间为12月至翌年3月。同理，柠条锦鸡儿灌木林的适宜平茬时间为其休眠期。

王丽莉(2013)对5、10、15年生的柠条锦鸡儿灌木林的平茬试验的研究认为，对休眠期的柠条锦鸡儿进行平茬最为安全，能显著降低死亡率，林龄越高的柠条锦鸡儿，平茬后死亡率越低，对于度过成长期的10年和15年生的柠条锦鸡儿而言，平茬时间(月份)对其死亡率影响较大，呈现显著差异。

周静静等(2017)在宁夏荒漠草原对柠条锦鸡儿灌木林进行平茬试验表明，柠条锦鸡儿在6月进入旺盛生长期，此时柠条锦鸡儿嫩枝量和叶量大，加工的饲料质量较好。从粗蛋白质量分数考虑，柠条锦鸡儿在开花期为适宜平茬利用时期。

从以上分析可以看出，如果不考虑柠条锦鸡儿的营养价值，平茬时间为柠条锦鸡儿的休眠期；从其饲用的营养价值上考虑，平茬时间可以设到5~6月。

(2)平茬强度

确定平茬强度着重考虑灌木林经过平茬后对其防风固沙、水土保持功能的影响。以科尔沁沙地小叶锦鸡儿灌木林为对象，设计平茬带宽为平茬强度指标，进行不同平茬强度对灌木生长及固沙功能的影响试验。从平茬后一个生长季的调查结果可以看出，不同平茬强度对小叶锦鸡儿生长影响差异不大。

平茬均对林地产生不同程度的风蚀，随平茬强度的增加风蚀量也随之增加，10%平茬强度风蚀最小，但从平茬对衰退灌木林更新复壮整体成效分析，10%平茬强度的更新复壮效率较低，从作业效率来看，选择30%~50%的平茬强度更新复壮生产效率可行，产生的风蚀量较低，与裸露沙丘平均20~30 cm风蚀量相比较风蚀程度很低，经过后期的旺盛生长，固沙成效很快达到未平茬林地(对照)的水平。在风蚀沙区和水土流失区柠条锦鸡儿灌木林平茬强度在30%~50%为宜。

(3)平茬林龄及平茬周期

近年来，一些学者对柠条锦鸡儿平茬更新复壮技术进行研究认为，生长30年的老龄柠条锦鸡儿林平茬后第5年的生物量及生物量的年均增长量均远高于未平茬老龄林，平茬可以有效地促进老龄柠条锦鸡儿林复壮，提高老龄林林地的生产力(张瑜 等，2013；周静静 等，2017)。王丽莉(2013)研究认为5年生左右的柠条锦鸡儿不提倡平茬。因此，仅从对老龄化的柠条锦鸡儿进行更新复壮角度考虑，要因地区确定柠条锦鸡儿生长开始衰退的林龄，即为平茬林龄。

柠条锦鸡儿适宜平茬周期的确定，因利用方式和目的而不同，具体要求也不一样。作为薪炭燃料利用要求燃值高，平茬复壮更新周期不低于5~6年(王丽莉，2013)。王丽莉(2013)在宁夏地区的研究结果：平茬后第3年灌丛高生长、生物量恢复到未平茬柠条锦鸡儿的80%以上；地径恢复到未平茬前的72.6%；粗蛋白质含量比未平茬高12.4%；粗纤维含量比平茬4年以上的低，因此作为饲料则要求木质化程度要低，地径<1 cm，枝条鲜嫩，粗纤维素、粗纤维中木质素含量低，有利于加工和提高利用效率及饲料质量等，需要适当缩短平茬利用周期。根据试验观测结果认为，要获得大量优质加工原料，显著提高平茬、加工功效和柠条锦鸡儿饲料的质量，应将成年柠条锦鸡儿的平茬复壮更新利用周期由5~6年缩短至3~4年，以3年为宜。

(4)留茬高度

在科尔沁沙地对小叶锦鸡儿平茬高度的试验研究，设定留茬高分别为齐地(0 cm)、高出地面(2、5、10 cm)。结果表明，各生长指标基本上均是0 cm留茬高度最优。为了能够综合分析不同留茬高度处理下生长指标，用熵权法确定权重，进行综合打分，对其林分生长状态进行综合评价。结果显示：留茬高度为0 cm时小叶锦鸡儿林分得分最高，生长状态最好，随着留茬高度增加得分减少，说明小叶锦鸡儿平茬时不应留过高的留茬高度，留茬过高会直接影响小叶锦鸡儿萌生能力。

张瑜(2013)在晋西北阴缓坡、阳缓坡、梁峁顶三种立地条件下，对低效柠条锦鸡儿林平茬留茬高度的研究，留茬 2、5、10、15、20 cm 五种处理下，留茬 5 cm 时单株生物量最大。建议平茬作业时，留茬高度控制在 5 cm 左右。王丽莉(2013)研究发现，留茬高时，平茬所留下的枝条绝大部自上而下逐渐抽干至近地表新萌枝部位。芦娟等(2011)在甘肃定西发现离地面 10 cm 平茬效果优于 0 cm 和 5 cm。一些研究者(王世裕 等，2011；周静静 等，2017)认为柠条锦鸡儿林平茬高度 0~3 cm 为宜。

从生产中平茬的方便性以及留茬高度与柠条锦鸡儿再生性的影响综合考虑，柠条锦鸡儿灌木林适宜平茬高度为 0~5 cm。

（5）平茬方式

哈森高娃等(2015)在科尔沁沙地对小叶锦鸡儿不同平茬方式的试验结果表明：带状平茬分枝数和鲜重大于块状，说明带状平茬更助于萌生；株高、地径冠幅等指标块状平茬的较好，说明块状平茬有助于小叶锦鸡儿冠幅舒展，空间竞争压力较小。带状平茬方式风蚀程度小于块状平茬处理，故从固沙角度出发，应选择带状平茬方式。在晋西北阴缓坡、阳缓坡、梁峁顶三种立地条件下，带状平茬的单丛生物量比块状平茬的单丛生物量略高，但二者差异不显著。带状平茬和块状平茬不会对柠条锦鸡儿林分单丛生物量造成影响，也不会对单位面积的总产量造成影响(张瑜，2013)。

从上述试验结果分析，不同平茬方式对于平茬灌木的生长影响不显著，固沙效益上带状平茬优势明显。为更利于机械作业，带状平茬方式要比块状平茬方式更具优势。因此，柠条锦鸡儿灌木林平茬以带状平茬为宜。

13.1.3.2 杨 柴

（1）平茬时间

防风固沙衰退杨柴灌木林平茬时间为休眠期的冬季或春季，最好是在春季土壤未解冻前进行平茬复壮；作为饲料林适宜平茬时间为地上部分营养成分积累最多的季节(国家林业局，2016)。

（2）平茬强度

以毛乌素沙地飞播杨柴灌木林按照平茬强度(90%、80%、70%、60%)4 种不同平茬强度进行平茬试验。不同预留强度均设置 40 m×50 m 样地。内蒙古农业大学建立沙地植被恢复成效评价体系(基于层次分析法)，结合不同平茬强度的实测值和无量纲化的值，得到平茬强度 60% 效果最好。

（3）平茬林龄及平茬周期

张文军等(2016)在科尔沁沙地选取了 1998 年和 2004 年造林的沙障人工灌木林地(记为 11 年林龄和 5 年林龄样地，下同)作为研究样地(之前从未平茬)。杨柴在造林后第 5 年即出现严重退化现象。此时杨柴的活生物量仅占总生物量的 65%，也就是说造林 5 年后就出现了大量的枯死现象。由此可以看出在造林后的第 4 年就应该进行平茬复壮利用，否则由于林分个体的枯死而导致植被退化和生物量的衰减，遇到特殊干旱年份沙丘很有可能会出现活化。

对毛乌素沙地杨柴不同平茬强度的生长特征进行了连年监测，杨柴的地径、株高、株丛分枝数量以及生物量均在第 2 年快速增加，到第 2 年或最迟第 3 年时基本恢复到或优于平茬前水平，这时枯枝率也达到了 25% 以上。基于此，杨柴的平茬周期应为 3 年。

（4）留茬高度

张文军等（2016）在科尔沁沙地杨柴灌木林的平茬留茬高度开展的试验结果表明，无论哪种留茬高度，5 年林龄的杨柴平茬后第 2 年其高度、冠幅和生物量（地上部分，下同）都超过了平茬前，而 11 年林龄的杨柴平茬后第 3 年其各项指标都不及平茬前。也就是说对于杨柴来说，林龄大者平茬后期再生性下降，平茬更新宜早不宜迟。经方差分析，不同留茬高度对杨柴高度、冠幅、生物量的影响无显著差异。

（5）平茬方式

在毛乌素沙地以迎风坡立地条件下未进行过平茬的杨柴飞播灌木林（2002 年飞播）为研究对象，选择带状和块状两种平茬方式进行平茬。每种方式平茬面积为 0.2 hm²。平茬时间选择春季杨柴萌发前进行，齐地刈割。于 9 月生长季末期对其生长指标、生物量进行调查，调查时在林分内部，避免边缘效应的影响。研究发现，杨柴株丛地径生长量块状平茬要略好于带状平茬，二者相差 0.29 mm；杨柴株丛高生长量带状平茬与块状平茬基本一致，二者要略低于未平茬株丛；飞播杨柴灌木林平茬处理后，增加了单位面积内活株丛数量，带状平茬单位面积内活株丛数和活枝总数量均为最好，分别为 14 株/m² 和 35 枝/m²，块状平茬略低于未平茬活枝总数量；同时，平茬处理后单位面积内枯死枝数量减少，降低了飞播杨柴灌木林的枯枝率，带状平茬效果显著，枯枝率仅为 22.9%；带状平茬可以有效促进杨柴株丛的生物量积累，其单位面积活枝总生物量高于未平茬杨柴株丛，达到了 204.8 g/m²，而块状平茬单位面积内活枝总生物量积累量较低。也就说，平茬方式上，带状平茬更优。

13.1.3.3　北沙柳

（1）平茬时间

沙柳灌木林以防风固沙、用材林、能源林功能为主平茬适宜时间为沙柳休眠期，即冬季或早春；沙柳作为饲料林和枝条编制利用时平茬时间为夏季（国家林业局，2016）。

（2）平茬强度

张文军等（2014）对毛乌素沙地沙柳灌木林平茬强度下沙柳的恢复生长试验结果：预留盖度在 10% 的平茬强度下，沙柳的分枝数、冠幅和生物量均显著大于其他强度。调查数据显示，预留盖度以 10% 平茬后，沙柳的分枝数平均比其他留茬高度下的分枝数提高 25.4%~38.8%，生物量提高 42.4%~47.4%，冠幅生长提高 41.7%~65.5%。预留盖度以 10% 平茬后，沙柳的高生长和基径生长方面也表现良好。这是由于平茬强度大时，可以为沙柳提供相应的生长空间，有利于植株生长。也就是说，从沙柳的生长状况来看，沙柳平茬强度按照预留盖度为 10% 平茬为宜。

张文军等（2014）对毛乌素沙地沙柳灌木林平茬强度下沙柳林下草本植被的恢复试验结果：林下草本植被的恢复可以有效增加沙地地表覆盖程度，对于提高防风固沙效益具有十分重要的作用。通过对不同平茬强度下林下草本植被恢复动态效应调查结果来看，林下草本植被的恢复程度与沙柳平茬后形成的林窗面积相关，即平茬强度大小对林下草本植被种类、密度和盖度有一定的影响。这也与受外界干扰和生长季气候因素有关。总体上，沙柳林经平茬后，林下草本植被物种数有所增加，平茬强度大则密度增加较明显。

（3）平茬林龄及平茬周期

对不同林龄且未平茬过的沙柳人工灌木林样地，通过对沙柳的株高、冠幅、枝条总数、枯枝数、当年生枝条数、枝条基径等生长指标进行测量，分析沙柳生长量的动态变化规律，确定林分开始平茬的时间节点。

相同立地条件(流动沙丘迎风坡中、下部)和相同造林密度的沙柳人工林各项生长指标随着林龄的增加而增长，在不同的生长期限内生长量表现不同。2、3、4 年生沙柳每年生长高度为 25 cm 左右，而 4~7 年生之间，3 年时间平均每年增长了 10.7 cm。可知，高生长在造林后第 4 年开始进入缓慢阶段。而地径、冠幅和生物量则进入快速生长阶段。造林后的 3 年内，沙柳生物量平均每年积累 0.06 kg/株，4~7 年内平均每年积累 0.42 kg/株，这与枝条的木质化程度加快有着密切的关系。枝条枯死率和萌生率是反映沙柳生长健康度的主要指示。调查发现，沙柳造林后生长第 7 年开始已有较大量枝条明显枯死，平均枯死率达 14.7%，年平均新生枝数量变化不明显，这与沙柳生物学特性有关。由此可见，沙柳人工林至少在枝条出现枯死的前一年即造林后第 6 年应该进行第一次平茬更新。另外，高生长进入缓慢时点，即造林后第 4 年也是可以考虑的一个时间节点。因此，从沙柳的自然生长规律分析认为，造林后应在第 4~6 年期间进行平茬复壮。平茬周期是指两次平茬之间的间隔时间。平茬周期由沙柳的生物学特性和生产经营性质决定。生物学特性如不同林龄阶段生长量变化、生长繁殖力衰退、枝条枯死等；生产经营性质如在一定的经营期限内如何确定合理的平茬周期才能获得最大量的生物质原料等，这就要通过生物产量分析来确定。本研究结合生产，对立地条件一致的丰产期内不同平茬年限(平茬后林龄)沙柳人工林生长指标进行了抽样调查。沙柳高生长、地径和冠幅等生长指标在平茬后的前 4 年生长迅速，第 5 年开始进入缓慢生长阶段。沙柳枝条在平茬后第 3 年开始出现枯死现象，第 4 年加重，枯死率达 37.1%。对于平茬后新萌生枝条而言，沙柳平茬后 1~2 年内萌生能力很强，第 3 年便开始衰退，这与沙柳自身的生物学特性、林地的水分和营养竞争有关。

从平茬后沙柳总生物量变化趋势来看，从第 4 年开始呈缓慢走势，平茬后前 4 年呈增加趋势，第 5 年开始迅速下降。因此，从沙柳生物学特性来看，平茬周期以 4 年为宜，即平茬后于第 4 年生长季结束后至翌年萌芽前再次进行平茬。

(4)留茬高度

沙柳平茬的留茬高度为 5 cm，有利于促进沙柳的分枝和生物量的形成，在一定平茬周期内所积累的生物量最高。

(5)平茬方式

为了便于生产和操作，在适宜平茬强度水平，以隔带逐年进行平茬，均匀分布为宜，对个别无风蚀沙化危害的小班地块可实行全部平茬。

13.1.3.4 山 杏

(1)平茬时间

山杏的平茬时间为落叶后到发芽前 5 个多月的休眠期中进行，在此期间进行更新，树体养分完全回流到根部，更新后植株一般生长较为旺盛。其中，以发芽前 2 个月(即北方地区 2~3 月)更新为最好。如果更新较早，树体内的养分不能完全回流到根部，去掉的树干或大枝会造成贮藏养分损失，影响更新后的树势；如果更新过晚，树液养分已由根系输送到树体中上部，会造成养分流失，影响新枝生长量以及潜伏芽的萌发。

特别注意在干旱和病虫害严重危害的年份，不要进行更新复壮施工，因为树体受干旱和病虫害严重危害时，贮藏养分很少，更新后植株会生长不旺或者长不出新的植株，甚至出现整株死亡（王利兵 等，2011）。

（2）平茬强度

对生长衰弱或病虫害严重，产量低下，已抽不出新梢的大面积山杏进行平茬，平茬面积一般要小于总面积的 50%（王利兵 等，2011）。

（3）平茬林龄及平茬周期

山杏结实早，生长周期较长，通常黄土高原地区的山杏林在 15 年左右开始呈现衰老势头，随后结实量逐年下降。生长条件较差的山杏幼林，造林后出现衰老现象的时间更短，约为 10 年，之后生长量几乎停止，形成"小老树"。当出现以上情况时需要对山杏林进行平茬复壮，促进植株重新进入生长期（吕世琪，2018）。

（4）留茬高度

平茬的地上部位应越低越好，保持茬桩高度小于 5 cm，以齐地面效果最好，留茬太高不利于萌蘖，容易使枝条生长细弱。平茬后用湿土埋住茬桩，埋土厚度 5~10 cm，以防水分流失。翌年春季茬桩上萌发的新条高 15~20 cm 时及时除萌，选留 1~3 个生长良好的萌条定株，形成新的主干。萌蘖苗要留强去弱，留大去小。平茬后的苗木，一般经过 2~3 年后即可开花结果，十几年后，树体出现衰弱时，再进行平茬处理（刘秀英，2019；王利兵 等，2011）。

（5）平茬方式

树体平茬时，平茬口要平滑，不劈裂。根据坡度、植被等因素，多采用全面平茬和隔带平茬。

全面平茬：就是在平茬更新季节，将小班内的衰老山杏一次性全部平茬。这种平茬方法适用于坡度较小、地势平缓，没有水土流失，且面积较小的衰老山杏林。此法特点是更新后长出的新植株，生长势基本一致，林相较为整齐，但是对林分产量影响较大。

隔带平茬：平茬带和保留带都与山等高线平行，生产中隔株平茬也常见。待平茬带进入结果盛期后再平茬保留带。这种方法适用于坡度较大，地势较陡，平茬后易造成水土流失，且杏林面积较大的衰老山杏林。此法特点是更新小班，不会造成水土流失，更新后产量不会受过重影响。不足之处是更新后长出的新植株林相不整齐，更新施工不太方便。隔带平茬又分为宽带平茬和窄带平茬。宽带平茬：一般平茬带宽为 30~50 m。对于植被较好、杏林密度较大、坡度相对不十分陡峭的衰老山杏林，通常采取宽带平茬方式。窄带平茬：一般带宽 10~20 m。植被较少、杏林密度较小、坡度十分陡峭的衰老山杏林，通常采取窄带平茬方式。注意宽带平茬和窄带平茬的宽度，要根据坡度和植被等情况，灵活掌握确定，以不造成坡面水土流失为标准（赵君祥 等，2010）。

13.1.3.5 沙 棘

（1）平茬时间

张文军等（2014）在内蒙古准格尔旗进行的不同季节沙棘平茬试验表明，春季为沙棘最佳平茬时期。采用不同季节平茬后，第 4 年均出现了枯死现象，春季平茬的枯死率为 6.67%，而秋季和冬季平茬的枯死率均达到了 23%。

（2）平茬强度

平茬强度的确定着重考虑灌木林经过平茬后对其防风固沙、水土保持功能的影响。张文军等（2014）以准格尔旗沙棘人工灌木林为对象，设计平茬带宽为平茬强度指标，进行不同平茬强度对灌木生长影响和抗侵蚀能力的试验。平茬第4年的枯死率在100%的平茬强度下为0，因此采用100%的平茬强度，既有利于病虫害的清除，又可促进沙棘的更新生长。4种平茬强度下其风水蚀的深度均为0 cm。

（3）平茬林龄及平茬周期

包永平（2004）研究认为5~7年林龄沙棘进行平茬更新效果最佳。田涛（2006）在靖边县进行沙棘平茬试验，认为9年林龄的中国沙棘生物量和生长量已经达到上限，适宜平茬，可以获得较高生物产量并及时促进林分更新复壮。张文军等（2014）认为沙棘造林后至少应该在第4年进行利用或平茬抚育，平茬后到下一次平茬的周期应该以4年为宜。

（4）留茬高度

张文军等（2014）在准格尔旗进行了沙棘平茬高度的试验研究，设定留茬高分别为齐地（0 cm）、高出地面（10 cm、20 cm）。

试验表明，沙棘平茬采取0 cm的平茬高度最佳。采用3种留茬高度平茬后，第4年均出现了枯死现象，0 cm平茬高度下枯死率为3.85%，而10 cm和20 cm平茬高度下的枯死率均显著大于0 cm平茬高度下的枯死率。

（5）平茬方式

张文军等（2014）在准格尔旗分别采用机械（割灌机）平茬、人工（镢头）平茬两种方式对沙棘进行了平茬试验，结果表明，平茬方式对沙棘生长的影响差异不大，采用机械平茬方式可以显著提高平茬工作效率，建议采用机械平茬。

13.1.3.6 白刺

（1）平茬时间

白刺平茬时间宜为整个非生长季节（12月至翌年4月）。其优点：非生长季气温低，枝条较脆，平茬成本较低；对春季萌芽影响小，当年有效生长期长，生物量大。

（2）平茬强度

在风蚀较重地区容易发生风蚀危害，在白刺沙丘平茬部位处易形成风蚀现象，造成沙丘活化。因此，不宜采取大面积的全面平茬措施，采用平茬部分与未平茬部分相间的平茬强度，充分利用未平茬植株来实现防风固沙功能（宁宝山 等，2015）。

（3）留茬高度

据宁宝山等（2015）的研究，白刺平茬会推迟植株的萌芽时间。由于枝条组织受到创伤，且去除了顶梢和顶芽，经过一段时间的组织愈合和修复，新生不定芽萌芽时间推迟。经试验，未平茬的白刺萌芽期为5月1日，而平茬后的白刺萌芽期推迟到5月12~16日，平茬比对照平均推迟了13.8天。

不同平茬高度处理其萌芽时间早晚不一致，留茬高度0 cm处理推迟时间为12天，为各处理时间最短时间，2 cm和5 cm处理推迟时间为13天，8 cm处理推迟时间为15天，10 cm处理推迟时间为16天。从平茬影响萌芽期程度来看，平茬高度在0~10 cm范围内，平茬高度越高，其萌芽时间就越晚，0、2和5 cm处理对萌芽期影响相对较低，8 cm和10 cm处理对萌芽期影响相对较大。

从各处理后萌生新枝情况来看，0 cm 处理萌生新枝为 3 条，2 cm 和 10 cm 处理萌生新枝各为 4 条，8 cm 处理萌生新枝为 6 条，5 cm 处理萌生新枝为 7 条，萌生新枝最多。从主枝长增长来情况看，5 cm 高度处理的主枝增长最快，其主枝长达 39.7 cm，增长率达 31.5%，而 0 cm 高度处理的主枝增长最低，其主枝长为 31.5 cm，增长率为 4.3%。从主枝径粗增长来看，5 cm 高度处理的主枝径粗增长最大，其主枝径粗为 5.7 mm，增长率达 14.0%；而 0 cm 高度处理的主枝径粗最低，其主枝径粗为 5.0 mm，增长率为 0。由此得出，平茬处理后，主枝长效果为 5 cm > 8 cm > 10 cm > 2 cm > 0 cm；主枝径粗效果为 5 cm > 8 cm > 2 cm > 10 cm > 0 cm。

13.1.3.7　黄　柳

（1）平茬时间

在秋季树液停止流动后或春季树液开始流动前进行平茬较好，最好为每年 11 月 20 日至翌年 3 月（梅东艳 等，2008）。若以获取新鲜枝条编筐或作饲料用途，宜在黄柳生长季木质化程度较小的 8 月平茬利用；以获取薪柴为利用目的的，宜在冬季土壤封冻后平茬利用（张文军 等，2014）。

（2）平茬强度

平茬强度的确定着重考虑灌木林经过平茬后对其防风固沙、水土保持功能的影响。张文军等（2014）以敖汉旗黄柳人工灌木林为对象，以 90%、80%、70% 和 60% 的平茬强度进行了试验。不同平茬强度对黄柳生长指标的影响程度无显著差异。无论是 5 年林龄还是 11 年林龄的样地，黄柳的高度在不同平茬强度下均于平茬后当年达到 100 cm 以上，而于第 2 年其高度和冠幅接近或超过平茬前的水平，所以无论选择哪种平茬强度，只要平茬当年不导致严重风蚀和活化即可。

无论是 5 年林龄样地还是 11 年林龄样地，其 4 种平茬强度下，自平茬当年风季 3 月至翌年 9 月黄柳高度、盖度均基本恢复到平茬前水平的时段内，无论是风蚀还是风积的量均很小，风蚀深度不超过 1 cm，风积厚度不超过 2.5 cm。

常伟东等（2013）对敖汉旗黄柳平茬强度的试验表明，平茬强度为 30% 时对风速的减弱作用最明显，平茬强度为 90% 可完全实现沙地人工灌木林的生态防护功能。

（3）平茬林龄及平茬周期

梅东艳等（2008）在浑善达克沙地对不同林龄黄柳平茬试验表明，对 3~5 年林龄的黄柳进行平茬效果最佳。试验表明，3~5 年林龄平茬，黄柳萌条数量多，平均新萌条数为原茬数的 18 倍，最高达 25 倍；6~8 年林龄次之，最高为 11 倍；9~15 年林龄平茬黄柳平均萌条数量最少，最高仅为原平茬数的 7 倍。

张文军等（2014）认为黄柳人工灌木林建植第 5 年，即出现大量死亡现象，因此，最迟应在第 4 年（之后每 4 年一个周期）进行平茬利用为宜。

（4）留茬高度

张文军等（2014）在敖汉旗进行了黄柳留茬高度的试验研究，设定留茬高分别为齐地（0 cm）、高出地面（5 cm、10 cm），证明近地面平茬有利于促进黄柳的分枝生长。除 5 年林龄黄柳留茬高度为 0 cm 时的分枝数显著高于 5 cm 和 10 cm 留茬高度，不同留茬高度对不同林龄黄柳其他生长指标的影响均无显著差异。胡小龙等（2012）和梅东艳等（2008）对黄柳留茬高度的实验也证实较低的留茬高度有利于黄柳的更新生长。

（5）平茬方式

为了便于生产和操作，在适宜平茬强度下，以隔带平茬，均匀分布为宜，带的走向与主害风方向垂直，每个平茬带宽 20 m，带间距 40 m（梅东艳 等，2008）。

13.1.3.8 梭 梭

吉小敏等（2016）在新疆奇台县的人工梭梭的平茬复壮试验研究结果表明：冬季处理新枝枝长和枝粗均高于春季处理，枝长增加率为 3%~72.08%，枝粗增加率为 4.12%~173.08%。表明冬季处理的梭梭枝长和枝粗总体上显著高于春季处理的梭梭枝长和枝粗。100%处理强度下新生枝条的高度和粗度均极显著高于 75%和 50%，而 75%和 50%处理下枝条长度和粗度没有显著差异。

梭梭不论作为生态树种还是肉苁蓉寄主的经济林树种，平茬林龄即为生长表现出重度退化（马全林，2004）特征时的林龄。梭梭经过平茬后又表现出中度退化（马全林，2004）特征的年限，可以作为再次实施平茬作业的平茬周期。

不同高度平茬处理的梭梭新生枝条枝长和枝粗的测定结果表明：生长季平茬时，留茬高度为 30、60、90m 和 120 cm 时，90 cm 平茬高度处理下梭梭新枝枝长和枝粗值最小（51.7 cm、0.40 mm），与 30、60、120 cm 处理高度相比较，枝长下降了 36.7%、32.6%、22.5%，枝粗下降了 60%、55.6%、48.1%。

休眠季平茬时，4 种不同留茬高度处理下，梭梭新生枝条的长度无显著差异；90 cm 留茬高度与 30、60、120 cm 处理下比较枝粗分别下降了 16.6%、37.1%、25.4%。除了留茬高度为 30 cm 时，生长季测得梭梭新生枝条枝长大于休眠季外，其他留茬高度，休眠季的枝长和枝粗均高于生长季。

在初冬季节对梭梭片林进行隔带平茬，树干留茬高度以 60 cm 为宜，平茬强度为 100%为宜，平茬后对平茬区域采用封育管理措施。

13.1.3.9 沙拐枣

以蒙古沙拐枣和乔木状沙拐枣（*Calligonum arborescens*）为材料，后统称沙拐枣。

（1）平茬时间

张恒等（2013）对古尔班通古特沙漠渠道沙拐枣防护林平茬试验的结果显示，沙拐枣休眠期平茬处理萌芽时间与对照无明显差异，平茬植株萌芽期比未平茬植株推迟了 10 天左右。平茬当年，沙拐枣无开花结果现象，而未平茬的在 6 月均能正常开花结实。至秋季，全部实验植株枝叶枯落，生长结束，落叶时间没有明显差异。

（2）平茬强度

平茬后沙拐枣植株生长迅速，不同平茬强度沙拐枣植株株高、冠幅从数值上表现为差异不明显，说明不同的平茬强度对平茬沙拐枣植株生长影响较小。但从数据可以看出，78%平茬强度沙拐枣株高、冠幅生长量要稍大于其他强度，长势最好（张恒 等，2013）。

（3）留茬高度

李宇等（2014）平茬当年留茬高度（0、5、10、15 cm）4 处理后生长动态基本一致，但 10 cm 留茬处理萌蘖株生长状况明显高于其他处理。

13.1.3.10　四合木

四合木是亚洲中部荒漠区东阿拉善—西鄂尔多斯特有单属种和中国特有属植物，是荒漠群落的建群种。但因其群落结构简单、生态系统脆弱，加之近年来自然地理环境变迁及人类采矿、烧柴、放牧、土地开发及城市化等活动的干扰，致使其种群数量锐减，自然更新困难，现已被列为国家 I 级重点保护野生植物。

王震等（2013）在内蒙古西鄂尔多斯国家级自然保护区对四合木灌木林平茬复壮试验研究。3 月中旬四合木萌芽期前进行平茬，进行留茬高度为 0、5、10、15 cm 的四种平茬高度处理。四种平茬高度 5 cm 平茬效果最好。

四合木平茬后，株高、冠幅、萌条数量、萌条枝长和基径的年生长量较未平茬植株均显著提高，表明平茬能够促进四合木生长，有助于提高单位面积四合木的生物量。

13.1.4　主要灌木树种的切根复壮技术

13.1.4.1　杨柴切根复壮

不同飞播年限和不同坡位杨柴根系生物量和根茎数量分布比例研究结果显示，杨柴根系绝大部分分布在 0~40 cm，且随着飞播年限的增加和坡位的下降，根茎分布更趋于表层化。因此，萌蘖植物杨柴，可采取 0~40 cm 切根处理，以形成更多的杨柴个体，提高杨柴的种群活力。

（1）中耕除莠复壮基本原理及作业

中耕除莠处理的目的是切断杨柴根系，提高杨柴林的活力，抑制油蒿等"杂类"植物种的生长，油蒿及一二年生草本主要以有性繁殖为主，尤其是油蒿，中耕机械——旋耕机可将其连根拔除，促进杨柴灌木林保持原有结构和功能，提高杨柴灌木林生长的稳定性、饲用价值和生产力。

作业方案包括：

①作业时期。作业实施的时期为在春季杨柴萌芽前 5~10 天进行，即 4 月下旬，这个时期也是这一地区主害风——西北风开始减弱，不易造成由于进行作业后林地的风蚀或沙地的活化。

②作业地形。针对起伏的杨柴林地，作业要求坡度需低于 15° 的低缓林地，以便于机械作业。

③作业强度。以完整的一块杨柴灌木林来核计，主要考虑作业对整个林地造成风蚀的负面影响，丘间低地的杨柴林地作业强度刈割（中耕）面积占丘间低地杨柴林地面积的 60% 范围，预留（不进行作业，保留原有植被）林地面积占丘间低地杨柴林地面积的 40%；其余地形下的杨柴林地作业强度控制在 50% 范围。

④作业平面布局。以带状间隔作业，即作业带和预留带相间布局，丘间低地作业带宽 6 m，预留带宽 4 m；其他地形下作业带和预留带带宽要一致各宽 4 m。带的走向需与主害风向垂直。这方面的调查研究，结果显示，飞播 34 年后的样地（在 5 年前开始中耕），平均地径、单位面积活枝数、平均单位面积地上生物量均最大，而枯枝率却最低，平茬和中耕处理对增加杨柴种群的活性效果显著。

（2）中耕除莠作业周期

杨柴在飞播 10 年后，每 5 年进行一次中耕除莠。

（3）中耕除莠成效

由于1982年样地每5年进行一次旋耕机处理（中耕除莠），因此通过与其他未进行处理的样地进行对比，可分析中耕除莠的效果。据数据统计，1982年样地未出现油蒿，并且除了2011年植苗造林样地由于初期株行距（1 m×5 m）的影响外，平均地径、单位面积活枝数、平均单位面积地上生物量均最大，而枯枝率却最低，中耕除莠（蒿）处理对增加杨柴种群的活性效果显著。

13.1.4.2 山杏切根复壮

对于根系生长力差，不能及时充分供应地上部生长所需营养的衰弱山杏，可以采用断根施入有机肥使树体复壮，具体办法：

（1）在7~8月，杏核采收后，此时又是根系生长的高峰，又值雨季，挖蓄水坑，并且配合断根施混有无机肥的有机肥，可刺激毛细根的生长，扩大根系的吸收面积，增强树体营养，从而可使树体复壮。

（2）对经过断根施肥的树体，冬季结合适当重剪，会在营养充足的条件下，刺激树体抽生旺盛生长的新梢，达到更新复壮的目的。

（执笔人：内蒙古自治区林业科学研究院 王晓江）

13.2 灌木林有害生物防治

13.2.1 灌木林有害生物主要种类

近年来，随着国家对治沙造林和绿化工程的重视，灌木林种植面积的逐年扩大。目前大面积的灌木林主要分布在我国的三北地区和西南等地的半干旱地区，主要灌木有沙棘、沙蒿、枸杞、梭梭、柠条锦鸡儿、怪柳、沙柳等。由于灌木林大多树种单一、缺乏生物多样性，加之气候干旱以及异常变化等因素，灌木林有害生物发生危害日趋严重，在局部地区有害生物的危害已经成为影响灌木林健康的重要因素（陈国发 等，2006；郝俊 等，2006；骆有庆 等，2008；李占文 等，2010；李艳秋 等，2015）。

目前，灌木林中经常成灾的有害生物约有几十种，年发生面积近150万 hm²（陈国发 等，2006）。主要有害生物有大沙鼠（*Rhombomys opimus*）、沙棘木蠹蛾（*Eogystia hippophaecolus*）、怪柳条叶甲（*Diorhabda elongata deserticola*）、柠条锦鸡儿广肩小蜂（*Bruchophagus neocaraganae*）、柠条锦鸡儿绿虎天牛（*Chlorophorus caragana*）、中华芫菁（*Epicauta chinensis*）、柠条锦鸡儿豆象（*Kytorhinus immixtus*）、柠条锦鸡儿尺蠖（*Paleacrita vernata*）、沙柳木蠹蛾（*Holcocerus arencicola*）、沙柳窄吉丁（*Agrilus ratundicollis*）、灰斑古毒蛾（*Orgyia ericae*）、春尺蠖（*Apocheima cinerarius*）、沙蒿木蠹蛾（*Holcocerus artemisiae*）、沙蒿尖翅吉丁（*Sphenoptera* sp.）、枸杞木虱（*Paratrioza sinica*）、枸杞蚜虫（*Aphis* sp.）、枸杞实蝇（*Neoceratitis asiatica*）、红缘天牛（*Asias halodendri*）、柳蝙蛾（*Phassus excrescens*）、柳毒蛾（*Stilprotia salicis*）、蒙古跳甲（*Altica deserticola*）、沙蒿大粒象（*Adosopius* sp.）、花椒凤蝶（*Papilio xuthus*）、沙枣木虱（*Trioza magnisetosa*）、槐绿虎

天牛（*Chlorophorus diadema*）、多斑坡天牛（*Pterolophia multinotata*）、麻疯树柄细蛾（*Stomphastis thraustica*）、杜鹃三节叶蜂（*Arge similes*）、枸杞瘤瘿螨（*Aceria pallida*）、枸杞炭疽病菌（*Colletotrichum gloeosporioides*）、梭梭白粉病菌（*Leveillula saxaouli*）、枣疯病（酸枣）等（刘发邦 等，1991；段立清 等，2002；郝俊 等，2004；贾峰勇 等，2004；陈国发 等，2006；骆有庆 等，2008；呼木吉勒图 等，2019）。

13.2.2　灌木林有害生物发生危害情况

13.2.2.1　沙棘林

沙棘是优良先锋树种，具有很高经济价值，我国沙棘总面积已超过 200 万 hm²。自 1990 年以来，沙棘木蠹蛾在我国辽宁、内蒙古、山西、陕西和青海等地相继暴发成灾，其主要危害树干根基部，导致沙棘林大面积死亡。2004 年，辽宁朝阳市 8.67 万 hm² 沙棘人工林全部遭受沙棘木蠹蛾危害；内蒙古鄂尔多斯市和赤峰市沙棘木蠹蛾的发生面积分别达 5.2 万 hm² 和 1.87 万 hm²，上千公顷沙棘林成片死亡（陈国发 等，2006）。此外，红缘天牛和柳蝙蛾也经常在沙棘林中造成危害（骆有庆 等，2008）。

13.2.2.2　梭梭林

梭梭抗风沙，被誉为沙漠中的"英雄树"。梭梭林中大沙鼠种群泛滥，枝梢树皮被啃食，部分梭梭林被害枯死，梭梭林寄生植物——肉苁蓉产量锐减。据 2003 年调查，内蒙古阿拉善盟梭梭林鼠害发生面积 13.33 万 hm²，其中重度发生 7.33 万 hm²，平均鼠口密度 16~56 只/hm²，被害株率 86.4%，梭梭枯死率 14%~18%。新疆甘家湖林区世界上保存最完整、面积最大的原始状态梭梭林 5.47 万 hm²，由于干旱和鼠害，面积锐减。此外，梭梭尺蠖在新疆石河子天然梭梭林中发生严重，面积达 1.67 万 hm²（陈国发 等，2006）。

13.2.2.3　枸杞林

枸杞木虱、枸杞蚜虫与枸杞瘤瘿螨称为枸杞栽培中的三大害虫。枸杞炭疽病、枸杞白粉病和枸杞根腐病是枸杞园中常见病害。这几种病虫发生普遍，经常成灾，枸杞生产栽培中每年都需要进行多次喷洒化学农药的方法对枸杞病虫进行防治，但滥用化学农药容易使病虫产生抗药性，并在果实残留农药，降低了其作为中草药及保健品的品质和质量（段立清 等，2002；何嘉 等，2016；呼木吉勒图 等，2019）。

13.2.2.4　柽柳林

柽柳条叶甲是柽柳林中最重要的有害生物，曾经在甘肃柽柳林封育区大面积发生，面积达 5.07 万 hm²，成灾面积达 2.07 万 hm²；在内蒙古阿拉善盟发生面积达 2.33 万 hm²，造成大面积的柽柳林在生长季节一片赤红，重灾区柽柳林成片枯死（陈国发 等，2006）。

13.2.2.5　其他灌木林

柠条锦鸡儿种子小蜂、柠条锦鸡儿豆象和春尺蠖在内蒙古柠条锦鸡儿林中危害十分严重，发生面积在 5.67 万 hm² 以上，在新疆天然荒漠林发生 28.33 万 hm²。灰斑古毒蛾在青海柴达木盆地白刺、细枝山竹子、沙冬青、沙拐枣林中发生面积 3.87 万 hm²，成灾面积 2.47 万 hm²（陈国发 等，2006；李占文 等，2010）。沙蒿钻蛀性害虫沙蒿木蠹蛾和沙蒿尖翅吉丁等已在宁夏、内蒙古造成 4 万 hm² 以上的沙蒿大面积枯死（骆有庆 等，2008）。

此外，黄连木种子小蜂、花椒窄吉丁虫（*Agrilus zanthoxylumi*）、花椒蚜虫（*Aphis gossypii*）、

麻疯树柄细蛾、杜鹃三节叶蜂、杜鹃冠网蝽（*Stephanitis pyeioides*）也在局部地区危害较重（李彦东，2004；周静，2010；李国双，2018）

13.2.3 灌木林有害生物综合防治措施

13.2.3.1 监测预报

准确及时了解有害生物发生动态是进行有害生物有效防控的基础和前提。由于灌木林大多分布在人口稀少交通不便地区，因此除采用定期人工踏查方法调查有害生物发生情况外，还可以通过无人机拍照和高分卫星图片相结合，进行灌木林有害生物危害监测调查，及时掌握有害生物发生危害动态。对于沙棘木蠹蛾和沙蒿木蠹蛾等已有商品化性引诱剂的害虫，可采用性信息素诱捕方法进行成虫发生动态监测调查，对于灰斑古毒蛾等具有较强趋光性的害虫可采用黑光灯诱捕方法进行成虫发生动态监测调查，及时掌握成虫羽化时期和发生数量，为及时进行防治提供科学依据。

13.2.3.2 营林防治措施

（1）营造混交林

灌木林树种单一，结构简单，生物多样性低，天敌昆虫资源少，生态系统稳定性差，森林生态系统脆弱，树木长势衰弱，对有害生物自控能力低是灌木林有害生物危害严重的主要因素之一（郝俊 等，2006）。结合人工造林、飞播造林和退耕还林工程，按照适地适树原则，在灌木纯林中补栽补种其他灌木树种，形成多树种混交林，提高灌木林生物多样性和对有害生物的抗性和自控能力，降低有害生物的发生危害风险。

（2）平茬复壮

灌木林具有较强的平茬复壮更新能力。平茬更新可作为控制灌木林枝梢、叶部和干部病虫的有效方法之一，在实际生产中得到了广泛的应用。但该方法对危害根部的钻蛀性害虫效果不佳，并且费时费工（骆有庆 等，2008）。

13.2.3.3 化学防治措施

化学防治是灌木林有害生物防治中常用的方法，常用药剂包括高效氯氰菊酯、辛硫磷、阿维菌素、吡虫啉和磷化铝熏蒸剂等（骆有庆 等，2008）。

（1）叶部害虫防治

主要种类有春尺蛾、灰斑古毒蛾、沙冬青木虱、怪柳条叶甲、柠条锦鸡儿尺蛾、柳毒蛾、蒙古跳甲、枸杞木虱、枸杞蚜虫、麻疯树柄细蛾、杜鹃三节叶蜂等，一般在幼虫期（幼虫孵化期或幼龄幼虫期）采用烟碱·苦参碱或吡虫啉或阿维菌素进行喷雾、喷粉或者喷烟防治（姚艳芳 等，2019）。

（2）钻蛀性害虫

沙棘木蠹蛾、柠条锦鸡儿广肩小蜂、柠条锦鸡儿绿虎天牛、柠条锦鸡儿豆象、沙柳木蠹蛾、沙柳窄吉丁、沙蒿木蠹蛾、沙蒿尖翅吉丁、红缘天牛、柳蝙蛾、沙蒿大粒象、槐绿虎天牛、多斑坡天牛等钻蛀性害虫的防治应在做好监测调查的基础上，准确掌握其成虫发生动态，在成虫羽化始盛期至高峰期，采取氯胺磷乳油或噻虫磷微胶囊剂或森得保可湿性粉剂进行喷雾，防治在外活动的成虫。

（3）病　害

主要是枸杞炭疽病和梭梭白粉病菌，发病初期喷 0.3 度的石硫合剂或者嘧菌酯或者多菌灵防治，每半月喷 1 次，连续喷 2~3 次，效果显著。

（4）鼠　害

主要是大沙鼠，在发生危害严重地方的鼠洞口投药，使用"鼠道难 TM"生物灭鼠剂（20.02%地芬·硫酸钡），每个有效洞口投药量为 8 g。或选用人工投放烟碱 CO 灭鼠烟包。

13.2.3.4　生物防治措施

生物防治在灌木林害虫防治中的实际应用较少，比较多的是防治食叶害虫。如王计等（2002）用杨尺蠖病毒（*Apocheima cinerarius nucleopolyhedro* virus，AcNPV）防治柠条锦鸡儿尺蠖，效果达 85%以上，且有明显的后效作用；祖爱民等（1997）用灰斑古毒蛾核多角体病毒对灰斑古毒蛾幼虫具有较高的侵染力，其防治效果较好。

昆虫性信息素具有高效无毒、专一性强、不污染环境、使用方便等优点，可作为灌木林钻蛀性害虫最为有效的监测和控制措施。如人工合成沙棘木蠹蛾引诱剂野外日诱蛾量最高为 11 头/天，持效期达 26 天，有效诱捕距离 150 m 以上（骆有庆 等，2008）。

（执笔人：华南农业大学 温秀军）

13.3　灌木林改造

13.3.1　灌木林改造对象与意义

在我国南北方广泛地分布着各种类型的灌木林，根据第七次全国森林资源清查结果，我国现有灌木林面积 5365 万 hm²，占全国森林面积的 21.9%。在这些灌木林中，大多为地带性植被，部分灌木林为乔木林皆伐迹地或次生林过度采伐、樵薪退化发生逆行演替形成灌木林，或者是乔木林遭受重大自然灾害干扰后退化形成灌木林。灌木林对分布区域的生态环境改善、生物多样性保护具有十分重要的作用，特别是对年降水量 400 mm 以下的干旱半干旱地区的水土保持、防风固沙、改良土壤等具有重大意义（赵明范，1993；高建利 等 2018；乔建忠，2020；张晓伟，2020）。

灌木林改造主要对象是低效灌木林、乔木林皆伐迹地或乔木林遭受重大自然灾害干扰后形成的灌木林。低效灌木林大多是由于人为活动频繁，反复烧垦、乱砍滥伐或长期放牧等综合因素造成，灌木林中乔木树种稀少，土壤板结，相对于乔木林生产力低下，保持水土和涵养水源的作用较小，生态经济效益较差；乔木林皆伐迹地上形成的灌木林主要是由于采伐活动结束后，没有在皆伐迹地及时进行更新造林，灌木树种、草本植物大量繁殖而形成灌木林群落，是相应立地条件上乔木林演替的早期阶段；人为活动频繁，过度采伐或乔木林遭受重大人为和自然灾害干扰后，群落中乔木树种受到严重破坏，发生逆行演替而形成灌木林，这种灌木林经过长期的自然恢复，可以演替到干扰前的状态。灌木林改造主要是在宜林地上针对以上三类灌木林进行改造，通过采取不同的经营措施来提高林地的利用率，如更换适生的灌木、乔木树种，最大限度地发挥灌木林地的生产力，提高经济和生态效益(商素云 等，2012；邵东玲，2015)。

科学合理地进行灌木林改造不仅可以提高林地的生产力，带来可观的经济效益，而且还可以有效地增加林地植被的多样性，提升林地的生态效益(王兵 等，2011)。有研究表明，带状割灌改造有利于提高林分的树种多样性和混交度，对于恢复当地的地带性植被组成具有重要的意义。灌木林地改造还能够对于林地中的个别稀有种和当地的保护种起到良好的保护作用，其丰富的种子库能够为其他树种的进入提供良好的物质条件。

13.3.2　灌木林改造方法

灌木林改造的方法主要分两大类：一类是全面割除灌木，更换树种，改造为目标林分；一类是带状割除灌木，改造为目标林分。全面割灌改造可根据经营目标可分为两种情况：一种是为发展灌木经济林，对原灌木林地上所有的灌木和杂草进行清理，选择栽植合适的地带性灌木经济树种，如枸杞、山杏、榛、沙棘、杜鹃、花椒、山楂等极具开发价值的经济灌木树种，营造灌木经济林(耿焕忠，2017；刘海金，2012；李高峰 等，2016)；另一种是在人为活动频繁，过度采伐或乔木林遭受重大人为和自然灾害干扰后的灌木林地上，对灌木林地上的灌木与杂草进行全面清理，保留有益的母树、幼树和幼苗，整地后栽植乡土树种或适于当地生长的其他乔木树种，用于木材生产，以达到最大限度地发挥林地生产力的目的(袁士云 等，2010；武玉斌，2017)。全面割灌改造一般适用于立地条件相对较好，地势平坦或植被恢复较快的林地，在坡度较大的林地不宜采用此种方法，易引起水土流失。

带状割除灌木改造是对灌木林地上的灌木、杂草进行带状割除，在割除灌木的过程中，保留有益的母树、幼树和幼苗，整地后栽植乡土乔木树种或用材树种。带状割除灌木一般根据地形情况设置 8~12 m 带宽。带状割除灌木改造的主要目的是通过在割灌带内栽植乡土乔木树种或其他用材树种，加速林地进展演替速度，尽快恢复到干扰前的状态，并提高林地各种功能和效益。带状割灌改造适用于立地相对较好，坡度较大的林地。

13.3.3　灌木林改造案例

我国的灌木林改造具有较长的历史，根据现有文献报道，甘肃省小陇山林区自 20 世纪 60 年代以来，在全局范围内开展了次生林培育技术研究，经过 20 多年的反复实践，总结出了以场定居、以区轮作，以沟系为单位，因林因地制宜地采用抚育、改造、造林、采伐、封育等综合培育次生林的技术，并大面积推广，取得了较好的实效。其中，对于该地区各种灌木林地则采取了带状割灌改造和全面割灌改造(赵中华 等，2008a；2008b)。青海省农林科学院从 1970 年开始结合生产，在大通县东峡林区加麻沟，针对青海省分布在海拔 3000 m 以上的高山灌丛开展了带状割灌造林试验(许重九，1980)。罗云建等(2018)以关帝山退化灌木次生林改造为华北落叶松林分为对象，探究了灌木林改造对生态系统碳储量及其组分的影响，研究对象涉及改造后 10 年、18 年、23 年、27 年和 35 年林分，涵盖幼龄、中龄和近熟 3 个生长阶段，发现改造后的林分林龄从 10 年到 35 年，华北落叶松林生态系统碳储量增加了 1.6 倍，植被及其组成(地上和地下)、凋落物、土壤有机碳及其不同土层(0~10 cm、10~30 cm 和 30~50 cm)的碳储量也随之不断增加，从而使得生态系统碳储量及其组分逐渐达到并全面超过灌木林。黑龙江八五八农场为了提高林分生产力，更好地发挥森林的生态、经济、社会效益，从 1995 年开始了对于低价灌木林改造成落叶松高产林分进行了 3 次试验研究，结果显示，试验林与对照林相比显示出明显优势，其中高生长比对照林快 46.79%，胸径生长比对照林快 40.00%，材积生长比对照林快 81.82%，郁闭进程比对照林大 49.13%。按此生长速度计算，试验林可比对照林快成材 10~15 年（刘龙聚 等，2006）。程彩芳等（2015）报道了我国北亚热带地区由灌木林人工改造而来的 7 年、11 年生木荷-青冈栎混交林幼林期林龄对林分生态系统碳储量的影响，发现灌木林改造为常绿阔叶人工林，林分碳储量在幼林期已有显著增加。赵中华等（2018）针对甘肃小陇山林区 5 种不同灌木林地改造模式，从林分组成、结构特征、树种多样性、更新等方面进行了系统的分析。本节选取甘肃小陇山林区改造时间较长，具有代表性的 5 种灌木林地改造模式，分析其林分组成、结构特征、树种多样性及更新特征等来评价各造林模式的优劣，为合理地进行低产灌木林林地改造及经营提供借鉴。

13.3.3.1　小陇山林区概况

小陇山林区位于甘肃省东南部，地处秦岭西端，我国华中、华北、喜马拉雅、蒙新四大自然植被区系的交汇处（104°23′~106°43′E，33°31′~34°41′N），是暖温带向北亚热带过渡的地带，兼有我国南北气候特点，大多数地域属暖温湿润-中温半湿润大陆性季风气候类型。年平均气温 7~12 ℃，极端最高气温 39.2 ℃，极端最低气温-23.2 ℃，年平均降水量 600~900 mm，林区相对湿度达 78%，年日照时数 1520~2313 h，无霜期 130~220 天，干燥度 0.89~1.29，属湿润和半湿润类型。区内的地带性土壤秦岭以北为灰褐土，以南为黄褐土。土层厚度 30~60 cm，较湿润，有机质含量高，一般氮含量中度，磷、钾含量较低，pH 值 6.5~7.5，土壤质地多属壤土、轻壤土。

由于小陇山林区特殊的地理位置，加上特殊的环境条件，生物的地理成分、区系成分复杂多样，是甘肃生物种质资源最丰富的地区之一。小陇山林区海拔 2200 m 以下主要是以锐齿槲栎和蒙古栎为主的天然林；由于长期破坏和不合理的利用，形成了多代萌生的灌木林，在栎林带内分布华山松、油松、山杨、漆树、冬瓜杨、红皮椴（*Tilia paucicostata* var. *dictyoneura*）、少脉椴（*Tilia paucicostata*）、千金榆、甘肃山楂、刺楸（*Kalopanax septemlobus*）等乔木树种，灌木有美丽胡枝子、光叶粉花绣线菊（*Spiraea japonica* var. *fortunei*）、中华绣线菊、胡颓子、华北绣线菊、连翘、卫矛、绒毛胡枝子等。

13.3.3.2　小陇山林区灌木林改造模式

小陇山灌木林林地改造分为全面割灌改造与带状割灌改造两大类。全面割灌改造是在天然灌木林地上进行全面清理灌木与杂草，保留有益的母树、幼树和幼苗，在山脊两侧各留 5 m 宽的边际隔离带，进行穴状整地，整地规格为 40 cm×40 cm×30 cm，植苗后到郁闭前对幼林进行 3~5 次抚育，成林后每隔 10~15 年进行一次抚育间伐，间伐强度为 20%~40%，主要有全面割灌改造华山松林、油松林和日本落叶松林 3 种造林模式；带状割灌改造是在天然灌木林地上进行带状割草除灌，保留有益的母树、幼树和幼苗，灌木割除带一般宽 8~12 m，保留带为 2~4 m，山脊两侧保留 5m 宽的边际隔离带，穴状整地，规格为 40 cm×40 cm×30 cm，植苗后到郁闭前对幼林进行 3~5 次抚育，至今尚未进行抚育间伐，主要有割灌改造华山松林与油松林两种造林模式。

（1）灌木林全面割灌改造华山松（模式 1）

调查林分位于李子林场舒家坝营林区张家沟 137 林班 33 小班。1971 年灌木林全面改造，

1972 年春季迹地更新，更新树种为华山松。株行距 1.3 m×1.5 m，初植密度 4950 株/hm²。造林后前 2 年每年割草(灌)幼林抚育 2 次，第 3 年幼林抚育 1 次。1985、1990、1996 年各抚育 1 次，累计抚育 3 次。1980 年透光抚育，抚育强度为株数 20%、蓄积量 15%。1994 年间伐抚育，抚育强度为株数 25%、蓄积量 25%；进行全面割灌清林。2004 年生长抚育，抚育强度为株数 26%，蓄积量 30%。林分树种组成 9 华山松 1 油松+阔叶。灌木主要有箭竹、鞘柄菝葜、棣棠花、六道木、绣线梅、栓翅卫矛、盘叶忍冬等，平均高度 1.59 m，平均盖度 26.8%。草本主要有糙苏、蕨、淫羊藿、羊胡子草等，平均高度 0.3 m，平均盖度 5.4%。

(2)灌木林全面割灌改造油松(模式 2)

调查林分位于李子林场舒家坝营林区张家沟 137 林班 33 小班。1971 年灌木林全面改造，1972 年春季迹地更新，更新树种为华山松。株行距 1.3 m×1.5 m，初植密度 4950 株/hm²。1980 年透光抚育，抚育强度为株数 25%、蓄积量 22%；1994 年间伐抚育，抚育强度为株数 30%、蓄积量 32%。2004 年生长抚育，抚育强度为株数 25%、蓄积量 20%。林分树种组成 10 油松+华山松+阔叶。灌木主要有川榛、栓翅卫矛、针刺悬钩子、喜阴悬钩子、苦糖果(*Lonicera fragrantissima* var. *lancifolia*)、鞘柄菝葜、铁线莲、藤山柳(*Clematoclethra sp.*)等，平均高度 2.24 m，平均盖度 54.5%。草本主要有羊胡子草、稗(*Echinochloa crus-galli*)、紫菀、糙苏、东亚唐松草等，平均高度 0.42 m，平均盖度 4.6%。

(3)灌木林全面割灌改造日本落叶松(模式 3)

调查林分是小陇山林区最早引进种的日本落叶松(*Larix kaempferi*)试验林之一，位于李子林场李子营林区廖家湾 65 林班 4 小班。造林苗木来源于中国林业科学研究院 1974 年从原产地日本引进的种子，采用大田方式育苗 2 年(平均高 35 cm、地径 0.48 cm)。1975 年秋采用穴状整地方式造林，株行距 1.5 m×2.0 m，密度 3900 株/hm²。造林后 3 年内，第 1 年割草(灌)幼林抚育 2 次，后两年每年 1 次。引种试验林共进行过 4 次抚育间伐，分别为 1987 年、1992 年、1999 年、2004 年，该林分在 1992—2000 年期间非经营性蓄积量消耗较大。1987 年透光抚育，抚育强度为株数 35%，蓄积量 32%；1992 年抚育间伐，抚育强度为株数 30%、蓄积量 30%；1999 年间伐抚育，抚育强度为株数 25%、蓄积量 32%，前三次抚育中均进行全面割灌清林。2004 年生长抚育，抚育强度为株数 25%、蓄积量 30%。树种组成为 10 日本落叶松+油松+阔叶-华山松。主要灌木有平枝栒子、毛樱桃、绿叶胡枝子、尖叶栒子、截叶胡枝子、榛、美丽胡枝子、多花木蓝、葱皮忍冬、鞘柄菝葜等，平均高度 1.47m，平均盖度 17.2%。主要草本种类有山野豌豆、糙苏、火绒草、艾、前胡、麻花头、辛家山蟹甲草(*Parasenecio xinjiashanensis*)等，平均高度 0.44 m，平均盖度 25.3%。

(4)带状割灌改造更新华山松(模式 4)

调查林分位于李子舒家坝营林区大草坝作业区 122 林班 15 小班。1981 年灌木林带状改造，割 8 m 留 3 m，割灌时保留天然阔叶幼树。1982 年春季迹地更新，更新树种为华山松，带内株行距 1.0 m×1.5 m，带内初植密度 6600 株/hm²；平均初植密度 4820 株/hm²。造林后前 2 年每年割草(灌)幼林抚育 2 次，第 3 年幼林抚育 1 次。再未实施过其他经营措施。林分树种组成 8 华 1 少脉椴 1 阔叶+油松。主要灌木有莼兰绣球(*Hydrangea longipes*)、栓翅卫矛、绣线梅、鞘柄菝葜、石枣子、棣棠、东陵绣球、连翘、盘叶忍冬等，平均高度 1.8m，平均盖度 39%。草本主要有羊胡子、淫羊藿、卵叶韭(*Allium ovalifolium*)、耧斗菜(*Aquilegia viridiflora*)等，平均高度

0.39 m，平均盖度 6.6%。

（5）带状割灌改造更新油松（模式 5）

调查林分位于李子舒家坝营林区大草坝作业区 122 林班 3 小班。1981 年灌木林带状改造，割 8 m 留 3 m，割灌时保留天然阔叶幼树。1982 年春季迹地更新，更新树种为油松，带内株行距 1.0 m×1.5 m，带内初植密度 6600 株/hm²；平均初植密度 4820 株/hm²。造林后前 2 年每年割草（灌）幼林抚育 2 次，第 3 年幼林抚育 1 次。再未实施过其他经营措施。林分树种组成 8 油松 1 华山松 1 阔叶。主要灌木有榛、针刺悬钩子、栓翅卫矛、华中五味子（*Schisandra sphenanthera*）、血色卫矛、苦糖果等，平均高度 1.8 m，平均盖度 14.6%。主要草本有稗、紫菀、鹅绒藤、羊胡子草、贝加尔唐松草等，平均高度 0.7 m，平均盖度 4.7%。

13.3.3.3　小陇山林区灌木林不同改造模式林分状态特征分析

2007 年 6~7 月，对上述 5 种不同改造模式的典型林分进行抽样调查，调查内容包括郁闭度、断面积、坡度、林分平均高、树种、直径及其结构参数。郁闭度调查采用投影法，每个林分至少调查 5 个点，取其均值；断面积调查采用角规在角规点绕测 360°的方法，角规测点数随机选取 5 个以上，当在坡度较大的林分内进行调查时，采用角规点整体改正的方法进行坡度改正；坡度与林分平均高测量用激光判角器进行测量，坡度测量点至少 3 个，取其均值；林分平均高选取 3 株以上中等大小林木测量，取其平均值；树种、直径及空间结构参数调查采用点抽样的方法，即从一个随机点开始，每隔一定距离（以调查的参照树的最近 4 株相邻木不重复为原则）设立一个抽样点，在林分中走蛇形线路，以激光判角器作为辅助设备，调查距抽样点最近 4 株胸径大于 5cm 树的空间结构参数，包括角尺度、大小比数、混交度及其属性（树种名称、胸径大小），同时调查参照树与相邻树构成的结构单元的成层性和树种数，在一个改造模式坡面上设立抽样点为 20 个，每个抽样点调查 4 个参照树的信息，每个参照树涉及 5 株树，共调查 20×4×5＝400 株树木的信息。

在以上调查的基础上，分析了不同灌木林改造模式林分的年龄结构、空间结构、树种多样性以及更新特征。其中，年龄结构以林木大小级结构代替年龄结构，以反映种群个体在各个年龄级的存活状态；树种多样性以乔木层树种的个体数为基础，采用以下几类指数来分析甘肃小陇山 5 种不同灌木林改造模式林分的树种多样性和建群种的特征：

Shannon-Wiener 指数：
$$H' = - \sum_{i=1}^{s} P_i \ln P_i$$

式中：P_i 为第 i 个树种株数在林分树木总株数中所占百分比；S 为林分中树种的数目。

Margalef 丰富度指数：
$$R_1 = (S - 1)/\ln N$$

式中：S 为树种数；N 为所有树种的个体总数。

Pielou 均匀度指数：
$$E = H'/\ln S$$

式中：H' 为 Shannon-Wiener 指数；S 为树种数。

Simpson 多样性指数：
$$\lambda = \sum_{1}^{s} P_i^2$$

式中：S 为树种数；P_i 为第 i 个树种株数在林分树木总株数中所占百分比。

林分空间结构特征分析以空间结构单元分析为基础。结构参数有角尺度、混交度、大小比数。角尺度（W_i）用来描述相邻树木围绕参照树 i 的均匀性。混交度（M_i）用来说明混交林中树种空间隔离程度。它被定义为参照树 i 的 4 株最近相邻木中与参照树非同种个体所占的比例。大小比数（U_i）描述林木大小分化程度。被定义为大于参照树的相邻木数占所考察的4株最近相邻木的比例。乔木天然更新幼树幼苗按照国家林业和草原局森林资源管理司有关幼苗、幼树的更新评价标准中有关幼苗、幼树高度级的分类方法，Ⅰ级：苗高<30 cm，Ⅱ级：30 cm≤苗高<50 cm，Ⅲ级：苗高≥50 cm，胸径<5 cm。乔木天然更新幼树幼苗的多样性采用物种丰富度、Shannon-Wiener多样性指数、Pielou均匀度指数和Simpson多样性指数分析。

（1）不同改造模式林分特征

从表13-1中可以看出：5种灌木林改造模式林分均位于海拔较高、坡度较陡的山坡上，坡度均在33°以上，最大坡度为41°，海拔高度1600~1700 m，各林分的林龄到目前为止最小为25年，最大的为35年；全面割灌改造华山松模式（模式1）的郁闭度和公顷断面积在5种造林模式中最高，其密度较小，只有873株/hm²；全面割灌改造日本落叶松模式（模式3）的郁闭度、公顷断面积都较小，郁闭度只有0.54，密度为546株/hm²，但其林分平均高较高；带状割灌改造华山松（模式4）和油松（模式5）的郁闭度、林分平均高与平均直径都比较小，但其公顷断面积并不是最低的，这与其林龄较小、林分密度较高、没有进行过抚育间伐有关。

表13-1　5种灌木林地改造模式林分特征

造林模式	树种组成	林龄（年）	坡度（°）	坡向	平均海拔（m）	郁闭度	断面积（m²/hm²）	林分平均直径（cm）	林分平均高（m）	密度（株/hm²）	抚育次数（强度/%）
1	9华+1阔	35	41	N	1700	0.86	22.5	18.1	13.9	873	3(15)
2	9油+1阔	35	36	NW	1700	0.76	18.3	19.6	12.6	611	3(15)
3	9日+1阔	32	36	N	1640	0.54	13.3	17.6	13.6	546	4(15)
4	7华+3阔	25	33	N	1700	0.68	15.7	8.9	10.9	2532	0
5	7油+3阔	25	41	NW	1700	0.66	21.0	11.0	9.3	2223	0

（2）不同改造模式的结构特征

对小陇山5种不同林分类型内胸径大于5 cm的针、阔叶树进行了调查。调查表明，模式1的林分直径分布是大径木与小径木占多数，中等大小胸径树木比例较小；模式2与模式3的林分直径分布则是中等大小林木株数占多数，小径木与大径木较少；模式4与模式5小径木占绝大多数，随着径阶的增加，林木株数逐渐减少，表现出一定的异龄林直径分布倒"J"形的特征。灌木林地改造后的林分直径结构并没有表现出纯林直径结构特征，对全面割灌清理改造而言，一方面是由于间伐利用后直接改变了林分的直径结构；另一方面，林分由于间伐而与天然更新起来的阔叶树种形成混交，从而对林分的直径结构也有较大的影响；对带状割灌改造模式林分没有进行过间伐，但由于其原先保留的灌木带中出现了许多阔叶乔木，从而具有一定的异龄混交林的直径分布特征，这两种改造模式对恢复当地自然植被有借鉴意义。

林分内各种大小直径的树木的分配状态，将直接影响树木的树高、干形、材积、材种、树冠等因子的变化。许多研究表明，同龄人工纯林的直径分布遵从正态分布，即林分直径形成一条以林分算术平均直径为峰点、中等大小林木株数占多数、向其两端径阶株数逐渐减少的单峰、左右近似于对称的山状曲线。

林分空间结构特征分析以空间结构单元分析为基础，主要参数有描述相邻树木围绕参照树的均匀性的角尺度，描述树种隔离程度混交度和反映林木大小分化的大小比数。其中，角尺度

W_i 被定义为相邻木与参照树组成的小角大于标准角的个数，其取值有 5 种：0.00、0.25、0.50、0.75 或 1.00，分别表示相邻木在参照树周围分布很均匀、均匀、随机、不均匀和很不均匀 5 种情况；林分平均角尺度($\overline{W}$)落在 [0.475, 0.517] 内，说明林分内林木整体分布格局属随机分布，$\overline{W}>0.517$ 林分内林木的分布为团状，$\overline{W}<0.517$ 时为均匀分布。混交度(M_i) 被定义为参照树的 4 株最近相邻木中与参照树非同种个体所占的比例，M_i 的 5 种取值，即 0.00、0.25、0.50、0.75 和 1.00，对应于通常所讲的混交度的描述即为零度、弱度、中度、强度、极强度混交。大小比数(U_i) 被定义为大于参照树的相邻木数占所考察的 4 株最近相邻木的比例，大小比数的 5 种取值对应于调查单元林木状态的描述，即优势、亚优势、中庸、劣态、绝对劣态，它明确定义了被分析的参照树在该结构块中所处的生态位，且其生态位的高低以中度级为岭脊，生物意义十分明显。

全面割灌改造模式 1、模式 2、模式 3 的角尺度明显小于 0.475，林木分布的均匀性由于间伐而有所降低，但林木分布格局目前仍为均匀分布；带状割灌改造模式(模式 4、5)的角尺度均比全面割灌改造模式的高，这表明带状割灌改造能够减少均匀性而增加随机性，使林分更接近自然。

5 种造林模式的林分平均混交度都不高，处于弱度混交与中度混交的过渡类型；各林分调查单元中林木处于零度混交的比例较高，均达到 30% 以上，模式 3 甚至达到了 52.5%，这也体现了 5 种林分的人工林起源；林分中林木处于弱度混交的比例也较高，模式 1 为 36.3%，模式 5 为 29.5%，其他几个模式也达到了 15% 以上；各模式中林木处于中度、强度和极强度混交的比例总计约占 1/3。

5 种改造模式建群种的大小比数只有模式 4 大于 0.5，模式 5 接近 0.5，处于中庸状态，其他模式的建群种则处于亚优势向中庸过渡状态；分析各林分的建群种大小比数分布表明，模式 1、2、3 的建群种在林分中处于优势、亚优势地位的林木分别为 52.4%、49.2% 和 55.2%，而模式 4 与模式 5 建群种在林分中处于优势、亚优势地位的林木分别为 32.8% 和 41.9%；模式 1、2、3 经过了 2~3 次不同程度的抚育间伐，林内大径木逐渐减少，林下更新增加，使林分造林树种从优势木转变为亚优势；对于带状割灌造林模式来说，至今尚未进行抚育间伐，造林时又保留了一部分灌木和幼苗、幼树，经过一定时期的生长，林内其他树种的大小比数并不亚于造林树种，从而使林分内林木个体大小比数总体上处于中庸状态。

(3)小陇山灌木林不同改造模式研究主要结论

林区由于频繁的人为干扰和破坏，较大面积的灌木林次生林出现了生长缓慢、群落结构失调、生态功能退化等问题。对小陇山改造时间较长，具有代表性的 5 种灌木林地改造模式分析研究认为：甘肃小陇山 5 种灌木林地改造模式中，全面割灌清理改造华山松模式具有最高的郁闭度、公顷断面积以及林分平均高，从木材生产的角度来说是生产力最高的改造模式；5 种改造模式的直径分布结构没有表现出典型人工纯林的直径分布特点，林分直径分布结构复杂，模式 1 的大径木与小径木比例较高，模式 2、3 则是中等大小林木占多数，大径木、小径木比例较小，而模式 4、5 则表现出一定的异龄混交林倒"J"形的特点；5 种灌木林地改造模式中，模式 4、5 的树种多样性较高，除主要造林树种外，林分中还出现了一些地带性植被，带状割灌造林较全面割灌造林更有利于提高林分的树种多样性；林分林木个体分布格局带状割灌模式(模式

4、5)的角尺度均比全面割灌的高，带状割灌能够减少均匀性而增加随机性；5 种林分平均混交度都很低，处于弱度混交向中度混交过渡的状态；模式 1、2、3 的建群种均处于亚优势状态，模式 4、5 的建群种则为中庸状态；带状割灌改造华山松从林分组成、结构特征以及树种多样性方面较其他模式更具优势，更易形成异龄混交林。

小陇山 5 种灌木林地改造模式在林分组成、结构特征、树种多样性等现状已不完全是人工纯林特征，特别是对于全面割灌改造模式来说，经过几次间伐，当地的阔叶树种已成功在林分中更新定居，造林树种改造初期在林分是处于优势状态，成林后则逐渐转变为亚优势状态；对带状割灌改造而言，割灌保留带对树种更新的作用十分突出，有力地促进了林分混交度、树种多样性的提高和林分空间结构的优化。因此，可根据林分的现状和经营要求，通过择伐抚育调整全面割灌改造的 3 种模式(模式 1、2、3)林分的直径结构和林木水平分布格局，并通过补植人工促进更新等措施，增加当地乡土阔叶树种的比例，使林分的结构特征趋向于异龄混交的状态；而对带状割灌改造模式(模式 4、5)，要进一步调整林分的空间结构，使更多的树种进入栽植带，增加林分栽植带内的混交度，提高树种多样性，同时，对栽植带内的优势树种进行抚育择伐，调整直径结构，促进林分向异龄复层混交林方向发展，更接近天然林特征。总之，要从优化林分的树种组成、林木水平分布格局和林木的空间配置结构入手，调整各种改造模式林分的结构特征，促进林分进展演替，使林分更加接近小陇山天然林分的结构和组成，成为近自然森林，产生更大的效益。

(执笔人：中国林业科学研究院林业研究所　赵中华)

第 14 章
灌木林监测

14.1 灌木林资源传统调查方法

我国灌木林资源丰富，根据第九次全国森林资源连续清查，全国灌木林地总面积 7384.96 万 hm²，其中国家特别规定的灌木林地 3192.04 万 hm²，占森林面积的 14.63%。准确、及时地获取灌木林资源的分布数量、种类及动态变化特征，是有效保护、合理利用灌木林资源的前提和基础(张超，2010)。灌木林与乔木林之间的区别不仅是群落高度不同，灌木林多为簇生的灌木生活型；灌木林与草地的区别在于草地是由低矮的非木本物种占优势的植物群落组成(吴征镒，1980；谢宗强 等，2018；Tang *et al.*，2018)。

灌木林生态系统的调查和监测方法有传统的实地调查法或是基于航空/航天遥感技术的遥感调查法。从研究区域的空间尺度看，有对小区域的灌木林资源结构、群落类型的研究，实地调查的要求和技术相对简单；有对全国或省的大范围灌木林生态系统的宏观遥感调查，调查对象包括灌木层、草本层和土壤层，工作量大、调查内容复杂(张超，2009)。本节针对灌木林资源的传统地面调查方法进行梳理和概述。

14.1.1 群落调查的工作流程

灌木林群落调查的工作流程大体分为调查方案设计、调查准备、野外调查、室内分析四个部分。

(1)调查方案设计

调查方案是调查工作实施的依据，应尽量详细。设计方案的合理性和适用性在很大程度上影响调查结果的准确度。因此，在调查方案设计中，需要根据调查区域的基本情况及调查工作的目的，确定明确的调查目标与对象，并制定详细的实施计划。具体包括：明确调查的目标；确定调查的内容和指标；选择和设定调查的技术与方法；划定调查的站位、时间和周期；规范调查记录表格和表达方式，包括报告的文本格式与要求、登记内容的形式、调查结果的表示方法等。

(2)调查准备

准备工作包括调查队伍的组织、调查技术负责人的确定、调查设备与设施(样地设置、取样、测量、样品储藏、记录等其他辅助工具)的配备、保障措施。同时，应提前收集相关文献资料、研究报告和基础数据等，进一步掌握与分析调查区域的灌木林资源情况。

（3）野外调查

外业工作是野外调查的核心，包括确定野外调查工作的基本形式、野外定点、调查对象观测和查询、样地测量与测定、采样、野外记录和拍摄等。为了获得准确的定性/定量数据，野外调查工作中通常采用抽样调查的方式，抽样设计时应选择合适的样地、样方、样带和样点等样本单元。在开展大尺度灌丛生态系统的野外调查中，通常设置片区—样点—样地—样方的野外调查体系(谢宗强 等，2017)。

①片区。片区是根据灌木林生态系统研究的需要，结合野外调查目标和生境特征而划分的地理和核心研究区域。区域的划分需考虑气候条件的相似性和行政区域的完整性。

②样点。样点是根据灌木林生态系统的空间分布特征，采用"分区+分层网格+抽样方法"的方式确定的具有典型代表性的野外调查点。网格划分可参考调查区域的土地利用分布数据和森林资源连续清查数据等。

③样地。样地一般指在样区或样点内选取设置的一定数量和面积的、能代表灌木物种群落的地段。形状多设置为方形、矩形、圆形或带状，为了方便计算，一般采用方形样地。

④样方。样方是在样地内设置的、由测绳或样方框围成一定面积的、能代表样地特征的基本采样单元。样方的选取方法包括随机抽样、系统抽样、分层抽样和整群抽样等，其布局对调查结果的准确性有很大影响(李果 等，2013)。

根据调查方案，使用规定和统一的方法对调查区域开展灌木林资源调查活动，定期收集数据并采集标本与分析样品。在一些调查项目中，可能需要对调查区域开展必要的预调查，掌握目标物种的分布范围、群落类型等情况，并在基础图件上描绘目标生态系统或物种的分布信息，然后根据调查方案的要求，在图上识别出样方、样线或样点的设置地点并编号以开展长期固定监测。

（4）室内工作

主要包括：样本的处理与检测、数据的录入与分析、图纸的绘制、样本数据库的建立、编写调查和监测报告等。

14.1.2 样点布置

（1）样点布设原则及划分

设置一定数量的调查样点，对其进行长期反复调查和观测是灌木林资源监测最常用的方法(陈圣宾 等，2008)。在大尺度灌木林资源调查的样点布设中，应综合考虑以下原则：地带性(纬度地带性、垂直地带性)、代表性(灌木林类型、组成结构、生境与人为影响)和可操作性。在调查时，应根据灌木林植被类型的区划特点，划分不同的物候片区，依据不同群系灌丛的面积分布按比率取样、设置网格。同时，应按各群落类型的面积权重设置样点数，使用合适的抽样方法选取样点开展调查。为保证调查结果的精度，应均衡设定不同物候区的样点数。

（2）特殊问题的处理

①针对不同分枝结构的灌木林类型进行调查和取样。对于分枝明显的灌木部分，按照标准株法与灌木生长参数之间的关系建立估算模型进行计算；对于密集型分枝不明显的灌木部分，

采用收获法进行调查；或二者同时采用。

②土壤剖面砾石含量较高时的土壤测量。对砾石含量较多且分布不均匀的土壤剖面，为使样品能更精确客观地反映土壤中的砾石含量，应尽量使用直径较大的取样工具；如果砾石过大，可在采收工具取样的同时，亦可分层估算各层砾石含量。

③喀斯特地区的土壤采样。喀斯特地区石质较多，土壤瘠薄稀薄、分布不连续，土壤环刀和土钻无法打入深度土层，这时应使用土铲收集土壤并采样，并记录样地内的土壤深度和表面积(用于估算土壤体积)。同时因石质过多，无法使用环刀进行容重测定，则收集足够样品，轻轻填满土壤环刀以获取体积量，测定其总重量，将样本带回室内测定含量，计算土壤干重。

14.1.3 样地设计

(1)样地选择及设置

从设定好的样点网格中，选择合适的位置作为样地开展灌木林生态系统调查。在选择样地时，应充分考虑反映各地区灌木林资源分布的现状，样地所在斑块的面积应至少 1 hm² 以上。实地调查时，部分计划样地可能难以达到，此时可就近选择分布最广的灌木林类型作为代表性灌丛。调查时应区分寒温带、温带、暖温带、热带、亚热带灌木林类型的物候节律，选择适宜的季节进行调查。

①样地选择原则。从网格中选择适当的地点是样地调查的关键，在样地选择时应遵循如下原则：群落内部的物种组成、群落结构和生境相对均匀；群落面积足够，使样地四周能够有 10 m 以上的缓冲区；除依赖于特定生境的群落，一般选择平地或缓坡相对均一的坡面，避免坡顶、沟谷或复杂地形。样地确定后，应对其进行编号。

②样地设置。样地位置确定后，选择有代表性的地段设置样方，坡面面积通常为 5 m × 5 m。每个样地设置 3 个相同的样方，相同样方边缘两两之间的最小距离 5 m，最大距离不超过 50 m。

③复查样地。需要定期复查时，选择调查样地的 30% 即可。使用木桩等工具对样地的四角进行地面标记，木桩地上部分保留约 30 cm(亦可使用金属埋于木桩位置，复查时以金属探测器探测)。

(2)样地调查表及说明

调查的内容和测定项目需通过群落调查信息表体现，故设计完整、合理、可行的群落调查表信息表是完成群落调查的关键。灌木林群落调查信息表通常包括样方基本信息表和灌木林群落调查表，信息包括片区、样区编号、群系类型、调查地点和调查位置具体描述等。

(3)样地调查因子获取

主要包括：①利用 GPS、罗盘仪等工具测量样地的经纬度坐标、海拔、坡度和坡向等信息，进行详细登记；②记录灌木林群落样地概况，包括灌木林群落类型和起源、优势种、人为干扰程度、生长期和样地设置示意图等；③灌木林群落调查信息登记，包括不同类型灌木层、草本层、土壤层高度、厚度和重量等。

(4)群落实地调查照片拍摄

除调查表所记载的项目外，还需对群落进行拍照。应该包括以下对象的照片：群落外貌特征；灌木林群落的垂直结构；土壤剖面；灌木林群落优势种照片。照片要求分辨率尽量在

800 万像素以上。

14.1.4　野外调查和取样

（1）灌木林样地调查分类

灌木林在外貌上介于森林和草地之间，其结构复杂。为了对灌木林群落进行有针对性的调查，根据灌木林枝干的疏密和数量等外貌特征，可将灌木林类型划分为森林型、草地型和荒漠型 3 类，亦有学者将灌木林分为散生型（分枝明确，枝干可数）、密枝型（分枝不明确，枝干不可数）和匍匐型（丛状或贴地生长）灌木林 3 类（杨弦，2017）。

（2）野外群落调查与取样

样品包括植物样品和土壤样品。植物样品包括地上、地下的灌木层、草本层和凋落物。植物、土壤样品根据不同的测定指标，除常规干样品保存外，有的指标还需要采集鲜样（或活体样），如植物分子样品、土壤微生物指标测定所需要的样品等。此外，土壤常规样品的保存，除自封袋外，根据具体情况有时可能需要布袋。植物活体样品需要对器官（根、茎秆、叶、当年生枝干、花果等）分别获取。对样地内灌木层、草本层和凋落物的取样方法有所不同，张蔷（2017）在样方内对灌木进行每木调查，草本层采用收获法，凋落物层采用收集法，研究了我国亚热带山地杜鹃灌木林的生物量和碳密度。

①灌木层调查。

林木型：在每个 5 m×5 m 的样方内，对灌木层进行详细调查。对全部灌木进行每木调查，逐株（丛）、逐枝记录其种名、高度、枝下高、基径、胸径、冠幅，并记录其生长物候期（如花前营养期、花蕾期、开花期、果期、果后营养期、枯死期等）。

草地型：在每个 5 m×5 m 的样方内，对全部灌木进行分种调查。将每种灌木按其最大高度划分高度等级，以实际高度值标记。对于每个灌木种的同一高度级，逐株（丛）记录其种名、最大高度、高度级、枝下高、冠幅和平均基围，并记录其生长物候期（如花前营养期、花蕾期、开花期、果期、果后营养期、枯死期等）。

荒漠型：在每个 10 m×10 m 的样方内，对全部灌木进行分种调查。对每株灌木记录其种名、高度（最大值、算数平均值）、冠幅，并记录其生长物候期（如花前营养期、花蕾期、开花期、果期、果后营养期、枯死期等）。

②草本层调查。对于所有类型的草本层，其整个群落内的调查方式一致。在每个 5 m×5 m 方形样方的四角设置 1 m×1 m 的小样方进行调查，记录草本层总盖度，并记录所有草本植物的种名、平均高和多度等级等信息，并记录其生长物候期（如花前营养期、花蕾期、开花期、果期、果后营养期、枯死期等）。

③凋落物调查。凋落物是指植物枯死后落于地表的植物有机质（包括茎、叶、果、花和种子）。一般在临近样方的地方取 1 m×1 m 的小样方中收集，取样后尽快风干，除去杂质后按枝条、叶片、树皮、花果等进行分类，再分别对其称重。每个植物样品重量尽量保证干重在 100 g 左右。

（3）土壤调查

目的是测量土壤容重和砾石含量及土壤中的有机物，通常采用剖面法或土钻法。剖面法包括环刀取样法和土柱取样法，环刀用于测量土壤容重和砾石含量，土柱取样用于测量土壤有机质、pH 值及土壤营养元素含量。

①土壤剖面取样。每个样地在邻近其中一个样方的位置，选取最具代表性的点，垂直于地面挖取一个土壤剖面，剖面规格为长 1.5 m、宽 0.8 m、深 1.0 m。观察并描述土壤剖面特征，确定土壤层的边界，按深度从上往下依次记录各土壤层的相关信息（包括层深、颜色、质地、湿度、根系分布状况、砾石含量等）并拍照。未分解和半分解凋落物层不计在土壤剖面内，不能分辨形状的有机质层计入土壤剖面，但须记载有机质层的厚度。

环刀取样：首先将土壤剖面按照以下层次进行划分：0 ~10 cm、10 ~20 cm、20 ~30 cm、30 ~50 cm、50 ~70 cm、70 ~100 cm。对每个土壤层次，采用直径为 5.3 cm 的环刀获取环刀样本，环刀取样应在每层的中段。对石质山地或其他砾石含量较高的土壤剖面，可选用较大直径的环刀。每层在土壤剖面的左右侧壁、正面各取 1 个环刀样品。若遇样地坡度较大时，可在土壤剖面的正面左、中、右采取 3 个土壤样品。土壤环刀取样后直接装入标记样本号的塑料自封袋并称取鲜重。为了获取土壤样品净重，应该先对塑料自封袋称重。

土柱取样：土柱样品取样的目的在于测量土壤有机质、pH 值及土壤营养元素含量。在土壤剖面平行于环刀取样的位置，每层采取相当于干重 100 g 的土壤样品装入塑料自封袋，所有分层样品取样时除去大的树根和石砾。取样完毕后，将底土与表土按原层填回至土壤剖面坑中，并在采样示意图上标出采样地点。

②土钻取样。在每个样方，选择合适地段，采取直径不小于 5 cm 的土钻取样。每个样方至少钻取 3 钻，与土壤剖面一致，按 0 ~10 cm、10 ~20 cm、20 ~30 cm、30 ~50 cm、50 ~70 cm、70 ~100 cm 将土柱分割后分层，再将 3 个土钻样本分层混合，每层采取相当于干重约 100 g 的样品装入标记样本编号的自封袋中。

（4）样地定期复查

主要目的在于获得复查期间灌木林生态系统的生长和变化状况。复查时间间隔可根据样地大小等实际情况，以月、季、年为单位设定。

（执笔人：西南林业大学　张超）

14.2　灌木林资源遥感监测方法

21 世纪以来，遥感技术在国内外森林资源监测方面的研究和探讨已取得了较多成果。高分辨率影像已广泛应用于林业遥感领域，利用其在色调、亮度、饱和度和形状、纹理结构等方面的提高，使林业遥感由粗放向精准化方向发展（冯仲科 等，2002）；高光谱遥感的出现，使探测的波段范围不断延伸，波段的分割越来越精细，在森林植被信息的识别、提取和分类精度等方面已取得较大突破（张超 等，2010）；利用雷达遥感技术能够获取森林植被的垂直结构信息，弥补了其他遥感手段在探测森林空间结构方面的不足，在对冠层垂直结构、郁闭度等方面的估测和反演已有深入的探讨和研究（McGlynn *et al.*，2006）。目前，基于灌木林植被光谱特征的遥感分类技术是灌木林植被遥感分类的主要实现手段之一，通过利用灌木林植被所携带的丰富的光谱信息进行灌木林类型/树种的识别和提取。研究和建立灌木林植被典型光谱特征是探索灌木林遥感分类技术中重要和关键的内容。

灌木林植被的典型光谱特征由其反射光谱的特性决定，主要受其组织结构、生物化学成分和形态特征等影响。主要表现：色素吸收决定可见光波段的光谱反射率；细胞结构决定近红外波段的光谱反射率；水汽吸收决定短波红外的光谱反射率。一般情况下，灌木林植被在350～2500 nm范围(可见光/近红外波段)内具有如下典型的反射光谱特征：

350～490 nm谱段：由于400～450 nm谱段为叶绿素的强吸收带，425～490 nm谱段为类胡萝卜素的强吸收带，380 nm波长附近还有大气的弱吸收带，故350～490 nm谱段的平均反射率很低，一般不超过10%，反射光谱曲线的形状也较平缓。

490～600 nm谱段：由于550 nm波长附近是叶绿素的强反射峰区，故灌木林植被在此谱段的反射光谱曲线具有波峰形态和中等反射率数值(8%～28%)。

600～700 nm谱段：650～700 nm谱段是叶绿素的强吸收带，610 nm和660 nm谱段是藻胆素中藻蓝蛋白的主要吸收带，故灌木林植被在600～700 nm的反射光谱曲线具有波谷形态和很低的反射率数值(通常不超过10%)。

700～750 nm谱段：灌木林植被的反射光谱曲线在此谱段急剧上升，具有陡而近于直线上升的形态，其斜率与植物单位面积叶绿素(a + b)含量有关。

750～1300 nm谱段：灌木林植被在此谱段具有强烈反射特性，可理解为植物防灼伤的自卫本能，故具有高反射率数值。此谱段室内测定的平均反射率多在35%～78%之间，野外测试则多在25%～65%之间。由于760 nm、850 nm、910 nm、960 nm和1120 nm等波长附近有水或氧的窄吸收带，因此750～1300 nm谱段灌木林植被反射光谱曲线具有波状起伏特点。

1300～1600 nm谱段：主要与1360～1470 nm谱段是水和二氧化碳的强吸收带有关，灌木林植被在此谱段的反射光谱曲线具有波谷形态和较低的反射率数值(12%～18%)。

1600～1830 nm谱段：与植物及其所含水分的波谱特性有关，灌木林植被在此谱段的反射光谱曲线具有波峰形态和较高的反射率数值(20%～39%)。

1830～2080 nm谱段：是植物所含水分和二氧化碳的强吸收带，故植被在此谱段的反射光谱曲线具有波谷形态和较低的反射率数值(6%～10%)。

2080～2350 nm谱段：与植物及其所含水分的波谱特性有关，灌木林植被在此谱段的反射光谱曲线具有波峰形态和中等反射率数值(10%～23%)。

2350～2500 nm谱段：是植物所含水分和二氧化碳的强吸收带，故灌木林植被在此谱段的反射光谱曲线具有波谷形态和较低的反射率数值(8%～12%)。

根据以上灌木林植被在不同谱段内的典型反射光谱特征，研究并确定大气窗口(工作波段)，进行光谱特征分析、波段选取和分类识别等，是灌木林遥感分类技术的基础和关键(张超，2009)。

14.2.1　技术概况及相关进展

传统的灌木林资源调查和监测一般以地面调查为主，具有工作时间长、劳动强度大、调查成本高等弊端。迄今为止，较少见到利用遥感手段识别不同类型灌木林的相关报道。研究和探讨灌木林遥感分类技术，将大幅度缩短调查时间、降低劳动强度、提高成果质量、减少调查成本，具有重要意义。

（1）遥感图像分类方法不断发展

常规的遥感图像分类方法包含两类，即非监督分类和监督分类。非监督分类法是在没有先验类别（训练样地）作为分类样本的情况下，即事先不知道类别特征，根据像元间亮度值相似度的大小进行归类合并的方法，具体方法有 K-Means 和 ISOData 方法等；监督分类法是根据已知训练样本，通过选择特征参数建立判别函数，据此对样本像元进行分类，依据样本类别的特征判定非样本像元的归属类别，具体分类方法包括最大似然法、最小距离法、多级切割法等。

近年来，随着相邻学科的相关理论不断引入到遥感分类方法中，如决策树、分形理论、小波变换、人工神经网络和专家系统等，使遥感图像分类过程趋于智能化。从最初的利用像元亮度值识别信息发展到基于多特征、面向对象和多尺度分割等分类技术，其分类结果和精度得到了进一步提高（Stow et al.，2008）。

①基于植被指数的分类方法。植被指数对灌木林植被的长势、生物量等具有一定的指示意义，是由若干波段经过数学运算得到的一种简单而有效的光谱信号。近年来，植被指数已广泛用于定性或定量评价灌木林植被覆盖的研究中，国内外已先后发展了几十种植被指数模型，常用的有归一化植被指数、比值植被指数、垂直植被指数和修正型土壤调节植被指数等（仝慧杰等，2007）。

②决策树分类法。决策树分类是一种分层次处理结构模型，其基本思想是逐步从原始影像中分离并掩膜作为一个图层或树枝的每类目标，避免该目标对其他目标提取时造成干扰和影响，最终复合所有图层以实现分类。由于决策树分类具有灵活、直观和运算效率高等特点，已被成功应用于植被遥感分类研究。

③专家系统分类法。专家系统分类是将关于图像分析方法的知识和关于目标地物识别特征的知识分别以"if…then…"的形式输入到计算机，把所有经验性知识综合起来，以知识推理的形式进行图像分类。该方法不但可对遥感数据进行基于光谱特征的分类，还可借助空间关系综合其他辅助分类信息（如海拔、坡度和坡向等），采取综合利用空间运算的能力协同分类，近年来得到了广泛的研究。

④模糊分类法。在通常的集合论中，描述变量 x 是否属于集合 A 一般用 0（不属于）或 1（属于）表示，而在模糊集合论中，可以取 0 和 1 之间的中间值（隶属度）。在遥感图像分类中，明确判定分类类别往往是件很困难的事情，实际中存在着过渡性的类别，计算像元对于所有集合的隶属度，然后根据隶属度的大小，确定其归属，可以解决难以判定类别及类别间边界的问题。

此外，人工神经网络分类法、基于小波分析的分类法、基于纹理分析的分类法和随机森林分类法等均在灌木林植被遥感中得到了较多研究和探讨。

众所周知，遥感图像分类是一个多因素、多环节交织在一起的复杂过程，受到多种因素的影响。目前还没有一种分类方法能实现完全满意的分类结果。因此，针对分类目标的特征，选择多种方法相结合将不失为一种有益的探讨。另外，由于自然界灌木林植被分布的复杂性，仅基于像元亮度值的遥感图像分类技术往往不能解决分类中的所有问题。探讨以灌木林空间分布特征作为辅助决策的识别技术，将有助于提高分类精度，为实现不同类型灌木林的遥感分类创造可能。

（2）对森林类型/树种识别的探讨

自 21 世纪以来，利用遥感手段识别森林类型/树种的研究已有较多尝试。国际上，Thomas（2001）应用高分辨率航空影像的多光谱和多时相信息，进行了温带阔叶林单株水平上的树种识别研究，并且比较了单波段、单时相、多波段、多时相融合的分类精度。Haapanen（2004）采用 TM/ETM+数据，结合地面调查数据作为精度验证，应用最临近距离法聚类，对美国明尼苏达州东北部 6 县的森林类型进行了分类，精度达到了 91%。国内，杨永恬（2004）利用混和分类算法对同一地区多时相复合影像进行森林分类试验，同时与最大似然法作对比，验证该算法在森林分类中具有提高分类精度、改善分类效果的优势。谭炳香（2006）利用高光谱数据 Hyperion、多光谱数据 ALI 和 ETM+进行了森林类型识别的探讨，识别对象包括落叶松、杨树、草地、灌木、未成林造林地、柞木（*Xylosma congesta*）、混交林和白桦，总体分类精度达到 87.04%。截至目前，利用航天遥感信息源识别森林类型/树种，多分辨到较大的类型或类型组合或简单分为针叶林、阔叶林和针阔混交林。这主要由于不同的森林类型/树种经常有相似的光谱特性（"异物同谱"现象）；相同森林类型/树种由于光照条件、地形和长势等的不同，表现出不同的光谱特性（"同物异谱"现象）。

（3）对森林物理参数估测的探讨

利用遥感技术，能提取目标地物的辐射特征参量，使森林植被的诸如叶面积指数、郁闭度、蓄积量、树高和直径等物理参数的定量估测成为可能（童庆禧 等，2006）。Pekkarinen（2002）提出了对于高分辨率遥感影像的基于图像分割提取信息的方法，并结合地面调查数据进行了蓄积量估测。Makela（2004）应用 TM 数据提取目标地物的光谱特征，采用最临近法进行了森林蓄积量的估测。谭炳香（2006）利用 Hyperion 高光谱数据，采用不同的光谱特征空间降维方法，探讨了 Hyperion 数据定量估测森林郁闭度的能力。温兴平（2008）采用基于光谱吸收特征匹配的光谱特征拟合方法从高光谱影像中提取植被覆盖信息，通过将参考光谱与像元光谱连续去除处理后进行匹配，完成了植被覆盖遥感制图。

14.2.2　灌木林遥感分类技术与方法

传统的森林植被遥感分类一般以光谱信息较丰富的遥感数据源为基础。在分类策略上，或通过对植被指数（如 NDVI、PVI 和 RVI 等）进行反演，或通过光谱特征分析，利用各种分类方法相结合直接分类，或利用不同植物的物候学特征差异，分别不同时相进行分类等。由于"同谱异物"和"同物异谱"现象的存在，限制了提取的深度和精度，迄今为止，通常仅能提取到较大的森林类型或组合。

通过了解和掌握不同灌木林资源在不同空间尺度上的空间结构与分布特征，研究环境因子对各主要灌木林类型空间分布的影响，为基于空间分布特征的辅助分类提供了可能。应该注意的是，地区间的环境差异较大，同一类型灌木林在不同地区的空间分布特征不尽相同。利用宏观尺度上的各主要灌木林类型空间分布特征指导特定地区内的灌木林遥感分类是不合适的，其结果必将产生大量噪音和误差，很难识别到具体的灌木林类型/树种。因此，应缩小提取区域的空间尺度，在自然条件相对一致的区域提取不同类型灌木林的空间分布特征。

利用多源、多光谱卫星遥感影像，结合不同灌木林类型的空间分布特征，进行灌木林类型/树种的遥感分类技术流程（张超，2009）如图 14-1 所示。

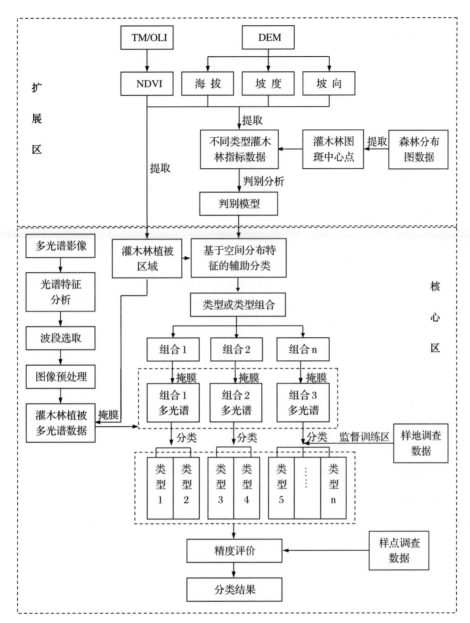

图 14-1　灌木林类型/树种遥感分类技术流程

采取以空间分布特征为主要辅助信息，结合灌木林在影像上的光谱特征，逐级分层、分类提取的分类策略，分类过程主要包括如下步骤。

(1)扩展区不同类型灌木林空间分布特征提取

在遥感手段能够获得和分析的前提下，选取影响扩展区内不同类型灌木林空间分布的主要指标，运用相关数学方法研究各指标对不同类型灌木林分布的影响，提取用于灌木林类型或类型组合识别的辅助决策。

(2)核心区基于空间分布特征的辅助分类

首先利用核心区的 NDVI 确定灌木林植被的分布范围，将非灌木林区域掩膜，以减少非灌木林地物造成的干扰；利用(1)所提取的不同类型灌木林的识别决策对灌木林植被进行分类，得到基于空间分布特征的辅助分类结果；将分类结果中的各类型或类型组合分别掩膜，以减少不同类型或类型组合间的干扰。

（3）核心区基于光谱特征的再分类

以不同类型灌木林在影像中的光谱特征为主要分类依据，对基于空间分布特征的辅助分类结果进行再分类，提取到具体的灌木林类型，得到最终分类结果，并进行精度验证等过程。

14.2.3 灌木林遥感分类典型案例分析

本节以灌木林类型/树种的遥感分类研究（张超，2009）为例，选取西藏拉萨地区小檗、杜鹃、爬地柏、高山柳、狼牙刺、沙棘和红柳等灌木林分布的典型区域，运用判别分析方法建立试验区内各类型灌木林与环境因子的判别模型和判别规则，提取基于空间分布特征的辅助分类决策；结合外业遥感调查，采用逐级分层、分类提取的策略，介绍和分析西藏主要类型灌木林的遥感分类技术。

（1）采用的主要研究方法

①核心区和扩展区的选择。核心区为 40 km×72 km 的矩形区域，位于扩展区的中心；扩展区总面积 279.33 万 hm²，区内灌木林以香柏、小檗、杜鹃、狼牙刺、奇花柳、蔷薇、红柳和沙棘等类型的灌木林为主。

②遥感数据收集。采用 2 景 ASTER L1B 级数据、2 景 Landsat ETM+和 2 景 DEM，计算并生成扩展区 NDVI。

③样地和样线调查。在核心区内开展样地调查，选择不同类型灌木林的典型地块设置 14 个样地，样地为长方形，大小为 5 m×50 m；对核心区的大部和扩展区的部分地区进行了较为详尽的样线调查，共调查 109 个样点。

④灌木植被区域提取。依据地面调查的 14 个样地和 109 个样点，利用 NDVI ≥0.26 为灌木植被区域的规则，最终确定核心区灌木植被范围。

⑤不同类型灌木林空间分布特征提取。运用判别分析方法建立试验区内不同类型灌木林与环境因子的判别模型和判别规则，提取基于空间分布特征的辅助分类决策。

⑥基于光谱特征的灌木林类型/树种分类。结合外业遥感调查，采用逐级分层、分类提取的策略，得出核心区主要灌木林类型的遥感分类结果。

（2）得出的主要研究结果

①基于空间分布特征的辅助分类的总体精度为 86.24%，基本能够满足林业生产的需要，但其分类结果为灌木林类型的组合，未能识别到具体灌木林类型；

②通过基于光谱特征的再分类过程，得到的最终分类总体精度为 70.64%，不同类型灌木林的分类精度分别为杜鹃 58.82%，高山柳 71.43%，红柳 81.82%，狼牙刺 73.33%，爬地柏 72.22%，沙棘 85.71%，小檗 60.00%。

（执笔人：西南林业大学 张超）

14.3　灌木林资源主要监测指标

14.3.1　灌木林生物量

灌木林生物量通常指生态系统中灌木林现有单位面积上有机物质的重量，直接反映生态系统中的灌木林生产量，是生态系统灌木林生产力的重要体现（张峰 等，1993），而灌木林生产力是指单位土地面积上、单位时间内灌木林的净生物量。灌木林的生物量和生产力不仅是反映生态系统基本特征的重要指标，亦是研究森林生态系统物质循环和能量流动，评价森林生态系统生产潜力及进行森林生态系统经营管理必需的基础数据，因此，灌木林生物量的测定是生态系统中生产力研究的一个重要方面（孙良英 等，1999）。灌木林是自然界中广泛存在的一种重要的陆地生态系统类型。在森林生态系统演替过程中，灌木林既可以是一种过渡类型，也可以是一种顶极类型，在乔木树种难以适应的高山、湿地或荒漠地区，灌木林常能形成稳定的群落，具有显著的生态防护效益（曾伟生，2015）。因此，灌木林生物量是植被生态学研究的一个重要内容，是衡量植被生产力的重要指标，对于研究灌木生长发育规律、灌木在生态系统中的作用和地位等均具有重要意义。

国外最早关于灌木林生物量测定的研究可以追溯到 20 世纪 60 年代初（Whittaker *et al.*，1961；1962）。我国在灌木林生物量研究方面起步相对较晚，较早文献见于姜凤歧（1982）对小叶锦鸡儿灌丛地上生物量的研究。在 20 世纪 90 年代之前，国内外对灌木林生物量的研究相对较少，国内研究主要涉及小叶锦鸡儿、虎榛子和荆条等灌木种类（上官铁梁 等，1989；戴晓兵，1989），国外研究主要涉及柳、桤木、桦、榛子等属的灌木种类（Grove *et al.*，1985；Buech *et al.*，1989）。在此之后，国内外关于灌木林生物量及生产力方面的研究逐渐增多，灌木林生物量方面的研究得到快速发展，其主要研究方向集中在以下方面：土壤、海拔、林火干扰等环境因子对灌木林生物量的影响（吴宁，1998；韩忠明 等，2006；陈泓 等，2007；陈峰，2019）、灌木物种多样性与生物量的关系（王勇军 等，2010）、灌木林生物量的测定和空间分布格局及其特征（崔清涛 等，1994；袁素芬 等，2006；黎燕琼 等，2010）、灌木林生物量模型的建立及生物量预测（张峰 等，1993；李钢铁 等，1998；万里强 等，2001；王蕾 等，2004；曾慧卿 等，2006；曾慧卿 等，2007；许崇华 等，2017；崔玲玲，2017）、灌木生物量及生产力（陈遐林 等，2002；管东生，1998）等。

14.3.1.1　灌木林生物量监测技术与方法

研究灌木林地上生物量的方法主要有 3 种：①直接收获法，分别对灌木地上部分和地下部分进行测定，首先刈割全部灌木地上部分称其总鲜重，再按干、枝、叶、花（果）等不同器官，分别称鲜重并取样回实验室测干重；再对地下部分全部根系挖出测定其鲜重，按不同径级大小，分别称鲜重并取样回实验室测干重。这是一种破坏性的测定方法，适合单株灌木生物量的测定，不能在生育期内对同株进行连续测定。②标准地或样地全收获法，首先在需要测量的灌木群落附近设置实测地块，并在其中分别设置小样方若干，先收集样方枯落物和苔藓并称重，再将样方内的灌木刈割称其鲜重，取部分鲜重样品带回实验室，烘干直至恒重，求出样品干鲜重之比，用以推测单位面积或灌木群落的生物量。③数学模拟法，根据灌木地上生物量与一些简便易测因子间存在的密切关系，以易测因子作为自变量，以生物量作为因变量，通过回归分析方法建立这些因子之间的相对生长方程，以此推算、预测单木、单位面积或整体的生物量。灌木林生产力主要指单位面积、单位时间有机物净生产量，目前国内外衡量灌木林生产力的高低，普遍采用净生产量作为衡量指标。灌木林净生产量为一定时间植物生长量、植物凋落物量和枯损物量及被动物啮食的损失量三个分量之和，目前一般将灌木层总生物量(W)与生长年限(a)之商所得视为灌木林净生产量。

(1)样地调查法

①样地设置。用直接收获法野外测定时，每个树种样本处理数量通常为 20~50 株(赵成义，2004)。尽量选择不同生长阶段的样本，增加灌龄较大的大体积样本，同时要选择不同地径、高度、冠幅的样本，以便明确生物量和体积之间的相关关系(曾慧卿 等，2006)。采用标准地或样地全收获法时，需在样地内机械设置 2 m×2 m 小样方 4~5 个，亦可在样地内随机设置 0.5 m×2.0 m 样方 20 个，或根据情况设置样带(刘国华，2003)。

②测树因子调查。测定样本的高度、冠幅、基径、分枝数等测树因子。高度 H(cm)为从地面算起灌木的最大高度；冠幅 C(cm)为灌木丛幅南北方向直径和东西方向直径的均值；分枝数用距地面4cm以上分枝的枝条数计数；地径 D(mm)用卡规测量，测向角 120°，重复 3 次取其均值。

③样本采集。在野外将样本灌木地上部分从距地表 4 cm 处刈割，按 Monsic 分层切割法每 10~50 cm 为一区分段，分新枝、老枝、干、皮、枝、叶、花、果等器官测鲜重 $W_{鲜}$(g)，并取各级器官样品称鲜重 $W_{鲜样}$。将样品带回实验室在 85℃通风干燥箱内烘干至绝对干重，并称重 $W_{干样}$。

④生物量换算。由公式(14-1)计算样品含水率 P，由公式(14-2)换算各级器官的生物量 $W_{干}$(g)，各级器官的生物量相加便得灌木地上部分生物量。

$$P = 1 - (W_{干样} / W_{鲜样}) \tag{14-1}$$

$$W_{干} = W_{鲜}(1 - P) \tag{14-2}$$

(2)预测模型拟合法

①自变量选取。估测灌木林地上生物量自变量形式多样，可采用由 D、H、C 等单一变量，亦可采用 D、D^2、C、C^2、C^2H、D^2H、HC、HD、DC 等多因子相组合的复合变量。与单一变量相比，复合变量与灌木林生物量的相关性更高(王蕾 等，2004；曾慧卿 等，2006)，而地径、冠幅直径与株高的组合能更准确地估算灌木地上生物量，这体现了灌木形态具有近锥体、柱体的特征。从简便性和准确性考虑，采用冠幅直径和植株高度作为易测因子较地径和植株高度好。较有代表性的是 D^2H(曾慧卿 等，2006；管东生，1998)、CH(曾慧卿 等，2006)和 D(黎燕琼，2010)。

②回归方程选取。借鉴乔木生物量预测的相关成果，可选择多种线性、对数、指数、幂函数及多项式等回归模型进行灌木林生物量预测模型的研建，常用回归方程的基本形式如下：

$$Y = a + b_i X_i \tag{14-3}$$

$$Y = a X_i^{bi} \tag{14-4}$$

$$Y = a + b_i X_i^2 \tag{14-5}$$

式中：a、b_i——要求的常系数；

X_i——与生物量 Y 相关的因子，$i = 1$，2，…，n。

采用公式（14-3）拟合的模型具有直观性和简单性，且具有较高精度（孙书存，1999）。公式（14-4）又称相对生长模型，较为通用（曾慧卿 等，2006），该模型较为真实地反映灌木林生物量随高度、地径、冠幅的变化趋势（冯宗炜 等，1999）。公式（14-5）亦能得到比较满意的拟合模型，随多项式回归模型形式复杂程度的增加可以有效提高其 R^2 值。

③预测模型检验。i）模型精度检验。复相关系数 R 是说明自变量 X 与 Y 的密切程度指标，当 R 远大于临界值时，X 与 Y 密切相关，否则相关不显著。F 检验的均方比是说明回归关系显著程度的指标，当大于 F 临界值时，说明回归关系显著或达到极显著程度。相对误差是说明样本的预测值与实测值差异情况的指标，预测模型的相对误差一般在 20% 以下为好。ii）模型适合性检验。由于海拔高程、坡向、坡度、坡位、地貌类型、地层、岩性、裸岩率、土壤类型、土层厚度和土壤 pH 值等主要环境条件限制及在采样过程中灌木的各项易测指标均有较大的采样区间，故拟合的模型具有其适应的区间和适用局限性。若在自然条件相差较大的地区应用时，利用拟合率 P 检验并确定校正值，当拟合率大于 70% 时可以判定该模型适合该地区应用。

14.3.1.2　灌木林生物量监测典型案例分析

目前，国内外相关学者针对灌木林生物量及生产力监测方面已进行了较多研究，具有代表性的典型案例及相关成果如下：

①灌木林生物量受海拔、降水量等环境因子影响较大，与之有密切相关关系并呈现一定的变化趋势，但不同区域的灌木林生物量可能受环境影响的变化趋势不完全一致。例如，在川西北高山地区灌木林生物量会随海拔的增加而降低，而岷江干旱河谷地区阴坡灌木林生物量大于阳坡，但灌木林生物量均会随海拔的增加而增加。陈泓（2007）研究了岷江上游干旱河谷灌木林生物量与坡向及海拔梯度的相关性，结果表明，在阴、阳坡相对应的 3 个海拔梯度上，阴坡灌木林生物量、各层生物量及各器官生物量均大于阳坡。阴坡和阳坡灌木林生物量、各层生物量及各器官生物量均表现为随海拔梯度升高而增加的趋势。灌木层、草本层地下部分与地上部分的比值随海拔的升高均呈下降趋势。在阴坡随海拔梯度的上升，在低海拔灌木林生物量的增加明显快于高海拔，而在阳坡随海拔梯度的上升，在低海拔灌丛生物量的增加慢于高海拔。

②灌木的各形态因子与灌木林生物量存在密切相关关系，可利用其作为自变量，通过回归分析建立灌木林生物量预测模型，且自变量因子的相关度与其代表的器官在生物量分配中占比情况具有一定关联。黎燕琼（2010）的研究结果表明，从川中柏木混交林下灌木黄荆的地上部分生物量分配上看，各器官生物量分配大小表现为干生物量>枝生物量>叶生物量>皮生物量，说明地上部分生物量占比最大的主干部分对灌木林生物量总量贡献较大。而黄荆生物量预测最优模型多以二次曲线和三次曲线为最佳，从建立生物量模型的简单指标上看，以基径（D）作为自变量优于利用株高（H）和 HD^2 对柏木林下黄荆的生物量预测模型建立。这和前人提出的以冠幅（C）和高度（H）的复合因子及采用基径（D）和高度（H）的复合因子 D^2H 为自变量有所不同。

③用于大尺度的灌木林生物量监测模型如何建立，目前尚无统一的标准和规范。郑绍伟（2007）报道了关于灌木群落和灌木生物量的综述，介绍了我国主要灌木群落的类型、分布、灌木林生物量测定的主要方法及常用的生物量模型类型。曾伟生（2015）报道了灌木林生物量模型研究的综述，主要针对灌木林生物量预测模型因子的选择进行了详细讨论，并阐述了灌木林生物量模型建立的方法及精度要求。

④冠幅(C)、基径(D)和树高(H)均是与灌木林生物量有密切相关关系的因子，但由于灌木的特殊性，其外观形态各异，不同灌木物种之间很难找出一个与生物量最相关的共同的自变量因子，既可能是C、H或CH，也可能是D、H或D^2H，应根据实际情况进行自变量因子的选择；不同地区、不同物种的灌木林生物量预测模型均具有一定局限性，并不一定适用于其他灌木物种。而且，不论哪种预测模型，均不能以单一的R^2值作为评判标准，且模型选用的自变量参数不宜过多，以降低测量自变量因子所带来的误差。张峰（1993）研究认为，在建立预测植物群落生物量模型的过程中，回归分析是比较理想且又较简单适用的数学模型，变量的选择是一个至关重要的问题，它直接影响模型的可靠性和精确性。对灌木林来说，建立其预测生物量模型的最佳变量是CH而非D^2H，这是因为对多地面分枝的丛生灌木来说，要依照D^2H对根系生物量进行分解，得到每一地面分枝所对应的根生物量，这不仅对野外工作带来不便，而且由于对每一地面分枝要逐一测量其高度、基径，势必增加测量误差，最终影响模型预测生物量的精度。孙书存（1999）以岷江干旱河谷区为例，开展了刺旋花种群形态参数的通径分析及亚灌木的生物量建模，结果表明通径分析是处理多变量关系的一种有力手段，准确、直观地反映形态参数之间以及与生物量间的直接作用、间接作用的大小和方向，同时说明植物生长过程中形态参数变化协调一致，刺旋花在形态上有对生境的独特适应性，作者认为冠幅是亚灌木生物量建模的一个重要变量，选取CH模拟回归方程较常用变量D^2H为好，综合考虑准确性、简单与直观性和逻辑性，选取线性回归方程为最佳。

⑤利用遥感技术反演通用的预测或估算灌木林生物量的方法是可行的，亦是现在灌木林生物量研究的热点。庞琪伟（2010）以典型黄土丘陵区山西省偏关县柠条锦鸡儿林为研究对象，用CROPSCAN多谱辐射仪实测了柠条锦鸡儿的光谱值，并统计灌丛的地上生物量，以560 nm光谱反射值与柠条锦鸡儿地上干生物量建立回归模型。结果表明，基于多谱辐射仪的灌木林生物量测定方法快速、便捷、准确，可成为灌木生物量研究的重要方法。刘晓亮（2020）利用地基激光雷达TLS法在不破坏植被的情况下有效地对个体尺度的小叶锦鸡儿灌丛生物量进行了估测，在监测草原灌丛化程度、草原生态系统研究和管理等方面具有很好的应用前景，研究中采用的5种方法计算的灌丛体积与灌丛实测地上生物量均有很高的相关性。相对于传统的破坏性采样，使用TLS估测灌丛生物量是省时、省力且对生态系统友好的技术方法。由于模型最优参数的选取均是通过经验法选取的，在今后的研究中将对模型最优参数的自动选取还应进行一定实验和探讨。

⑥灌木林在某些特定区域，其生产力不一定低于乔木林，但因为灌木林多为自然萌发，其年龄不易测，因此针对灌木林生产力的计算不易准确。又因其形态各异，生物量预测模型暂无法找到通用模型，因此针对灌木生产力的预测具有不确定性。陈遐林（2002）研究了山西太岳山典型灌木林生物量及生产力关系，结果表明，在3种灌木林类型中，7个建群种的平均年龄虽仅有6年，但群落的生物量却相当于同一地区的10~20年生的油松林及29年生桦木林和25年生山杨林的生物量。因此，从短周期的生物能源利用角度看，灌木林显然具有较大优点，应当重视灌木林资源的利用。而自然状态下的灌木林中，各树种的起源十分复杂，既有天然实生起源亦有萌生起源，因此灌木群落的年龄结构复杂，准确估计灌木群落的平均年龄十分困难，各建群种的平均年龄是根据样木的年龄按株数加权平均求得；群落木本层地上部分的平均净生产力为各组成树种的平均生产力之和。

综上，近年来国内外针对不同地区、不同物种灌木林生物量监测进行了大量研究，研究方向主要集中在对于灌木林生物量的测定、分配和预测，其中测定灌木林生物量最常见、最直接有效的方法是收获法，同时亦是最具破坏性的。而通过灌木冠幅、基径、树高等易测因子与生物量的关系，进行回归分析，并用实测数据进行检验，建立适合预测或估算灌木林生物量的模型，是一种行之有效且没有破坏性的测量灌木林生物量的方法。现有研究表明，虽然冠幅(C)、基径(D)和树高(H)均是与灌木林生物量存在密切相关关系的因子，但由于灌木的特殊性，应根据实际情况进行自变量因子的选择；且不同地区、不同物种的灌木林生物量预测模型，受海拔、降水量等环境因子的影响，并不一定适用于该地区的其他灌木物种，甚至不适用于不同地区的相同灌木物种。因此，通过遥感技术，以期找到一种通用的预测或估算灌木林生物量方法，是现在灌木林生物量研究的热点，亦将是研究的主要方向。

（执笔人：四川省林业科学研究院　郑绍伟）

14.3.2　灌木林碳储量

灌木林植被生物量是评估其固碳能力的重要指标，是估算灌木林碳储量的基础。准确估算区域灌木林植被生物量对研究陆地生态系统的生产力和碳循环，评估灌木林的碳汇功能意义重大。针对灌木林碳汇的研究涉及不同的时空尺度和生态系统的内部联系，故相关研究仍存在不确定性，处于探索阶段。相关研究结果表明，采用森林资源连续清查成果资料进行区域灌木林生物量和碳储量的估算，数据可靠，尺度统一，是较理想的区域尺度灌木林生物量和碳储量估算研究途径（刘国华 等，2000；李海奎 等，2011）。

长期以来，因灌木林与乔木林生态系统相比所占比例小，处于次要地位而较少受到重视。针对灌木林生态系统的生物量与碳储量的研究国内外报道并不多见。国外相关学者于 20 世纪 60 ~ 80 年代开展了灌木林生物量与碳储量的估算研究（Whittaker et al.，1961；1962；Olson et al.，1981；Connolly et al.，1985）；国内相关研究始于 20 世纪 80 年代，相关学者如姜凤岐（1982）、上官铁梁（1989）、戴晓兵（1989）、金小华（1990）、贺金生（1997）、周泽生（1998）和李钢铁（1998）等分别从灌木林生物量、生产力及碳储量估算等方面开展了研究和探讨。

进入 21 世纪，随着我国天然林资源保护工程的实施，生态建设的需要，灌木林的地位和作用日显重要，对灌木林碳储量估算的研究也越来越受到重视。在全球气候变化的背景下，准确获取区域灌木林的数量、质量和空间分布信息，采用适合的估算模型科学计算区域灌木林资源的碳储量，定量分析区域灌木林碳储量的空间分布及动态变化特征，对正确认识和评价灌木林资源在区域生态系统中的作用具有重要的理论和现实意义。有关灌木林碳储量的研究，胡会峰（2006）、李洪建（2010）、陈伏生（2012）和刘涛（2013）等学者分别从中国主要灌丛植被碳储量、灌木群落的土壤碳通量、生态系统碳库的分配格局及灌木林生态系统碳密度等方面开展了研究。近年来，胡忠良（2009）、吴鹏（2012）、张明阳（2013）、宁晓波（2013）和钟银星（2014）等学者分别报道了喀斯特区灌木林碳储量的空间异质性、土壤有机碳的空间分布、灌木林的碳吸存功能及固碳潜力等方面的相关研究成果。上述研究均为准确评价区域灌木林资源的固碳能力、构建灌木林碳储量估算模型、开展区域灌木林资源碳储量估算与评价提供了重要的理论参考。

14.3.2.1 灌木林碳储量监测技术与方法

针对区域灌木林碳储量的研究是通过灌木林植被平均生物量法实现的。考虑到外业调查的工作量及破坏性取样对灌木林植被的破坏,当前的研究多数仅测量灌木地上部分的生物量,缺乏地下生物量数据。胡会峰(2006)在计算我国主要灌木林植被碳储量时,通过收集文献中某一种灌木类型地上和地下生物量资料,对数据进行回归拟合,利用建立的灌木林碳储量与地上和地下生物量的关系进而推算该灌木林类型的地下生物量。对有限数量样方的生物量进行平均作为样地平均生物量,乘以相应灌木林类型的面积即为总生物量。罗天祥(1998)基于有限样点的数据资料,计算得出青藏高原主要灌木林类型的平均生物量为 $20\sim40$ t/hm^2。然而,以上方法与结果均是粗略估计,建模样本数量和估算样本数量均较少,影响了灌木林碳储量估计的精度。概括起来,区域灌木林资源碳储量的调查与监测的主要工作流程包括基础数据调查、样本采集、灌木林生物量模型的研建、灌木林碳储量模型的研建等内容(图 14-2)。

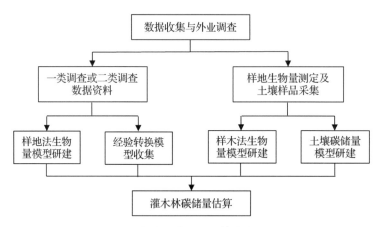

图 14-2 灌木林碳储量估算的主要流程

(1)基础数据调查

根据森林资源连续清查(一类调查)和森林资源规划设计调查(二类调查)的数据资料,综合考虑调查区域灌木林资源的种类、数量和空间分布情况,确定调查线路;采用标准地调查法或样地调查法,调查因子包括基本因子调查(地理位置、海拔、坡度、坡向、坡位、土壤类型、土层厚度和盖度等)及林分因子调查(优势树种、平均年龄、株数或丛数、地径、胸径、高度和冠幅等)。

(2)样本采集

按灌木林群落的建群种确定建模单元,灌木林生物量模型样本原则上按盖度、高度等因子从小到大排列并按照正态分布的规律选取一系列的样地开展调查。灌木林生物量调查及采样方法分样木法和样方法(刘金山 等,2012)。在样地内选择代表性灌木,分别测量其高度、冠幅、平均地径和平均胸径;挖取灌木植株,分别称取根、干、枝和叶的鲜重,并分别采集各部位样品带回实验室;将烘箱温度调至 105 ℃进行 30 min 的杀青处理,然后将温度调至 80 ℃,使样品烘干至恒重,计算各部位的含水率,并结合鲜重测定值换算成干质量。

(3)灌木林生物量模型的研建

通过对采集样本的烘干及测定结果,对生物量与相关生物学因子进行数据处理、统计与曲线拟合,可采用直线、指数、对数、二项式及乘幂等多种回归模型模拟总生物量与各生物因子之间的回归模型，根据决定系数 R^2 评价各估算模型的优劣，优选拟合度好且具有生物学意义的模型建立因变量(灌木林生物量)与自变量之间的相关性方程。

（4）灌木林碳储量模型的研建

利用样木法或样方法实测碳含量，建立林分因子与碳含量的线性/非线性估算模型；或者利用已有的经验转换模型由生物量计算碳储量。

14.3.2.2　灌木林碳储量监测典型案例分析

以灌木林生物量和碳储量估算研究(宁晨 等，2015)为例，采用直接收获法和实测数据，以贵州省贵阳市区天然灌木林内木本和草本植物、凋落物及土壤为研究对象，研究灌木林生态系统的生物量、碳含量及碳储量，介绍并分析灌木林碳储量估算方面的具体案例。

（1）主要研究方法

①生物量测定。采用直接收获法，在设置的两块 1000 m^2 灌木林样地的对角线中心各设置 4 m×4 m 的样方 4 个，分别记载木本植物的种类、株(丛)数、基径、高度和草本植物的种名、丛数，将凋落物分为 3 层(未分解层、半分解层、已分解层)，然后将各样方内的植物全部挖出，将木本植物中的同种植物(含 3 种藤本植物)分为地上部分(茎、叶、枝)和地下部分(根系)、草本植物中的同种植物全株(不分器官)，分别称取植物和死地被物各层的鲜重，再从中分别称取小样本各 1.0 kg，置于鼓风烘箱内保持 80 ℃烘至恒重，求出各类植物及凋落物干物质重。

②土壤样品采集。在灌木林样地内，各随机设置 4 个采样点(尽可能选择土层厚度差异不大的地块)，在每个采样点按 0~15 cm、15~30 cm、30~45 cm、>45 cm 4 个层次分别采集土样 0.5 kg，共采土样 32 个，去除石砾与杂物，风干后过 20 目和 100 目土壤筛备用。在采集土样的同时，用环刀取土测定土壤容重。

③样品分析。植物和土壤中的有机碳含量用重铬酸钾氧化外加热法测定，样品测定重复 4 次。

④数据计算。数据统计采用单因子方差分析，主要计算如公式(14-6)和公式(14-7)所示。

$$植物体碳储量(t/hm^2) = 植物体生物量×植物体含碳量 \tag{14-6}$$

$$土壤有机碳储量(t/hm^2) = 土壤有机碳含量×土壤容重×土层深度 \tag{14-7}$$

（2）主要研究结果

灌木林植被层生物量为 23.16 t/hm^2，其中，木本植物层生物量为 12.46 t/hm^2，草本植物层为 3.74 t/hm^2，凋落物层为 6.96 t/hm^2。木本植物 25 种的碳含量范围为 445.91~603.46 g/kg，草本植物 6 种的碳含量为 408.48~523.04 g/kg，凋落物层碳含量为 341.01~392.81 g/kg，土壤层碳含量为 5.73~26.68 g/kg。生态系统总碳储量为 88.34 t/hm^2，其中，植被层为 8.10 t/hm^2，凋落物层为 2.56 t/hm^2，土壤层为 77.68 t/hm^2。灌木林生态系统碳储量的空间分布格局为土壤层>植被层>凋落物层。其研究结果可为喀斯特城市估算生态系统碳储量和碳平衡提供科学依据。

（执笔人：西南林业大学 张超）

14.3.3　灌木林盖度

在森林资源监测和国土资源调查中，盖度是灌木林资源调查和监测的重要指标之一。灌木林盖度指灌木林地上部分垂直投影的面积占地面的比率。盖度的大小不决定于灌木植株的数目，而决定于灌木植株的生物学特性。

14.3.3.1 相关概念及进展

(1)灌木林盖度标准

从相关国际组织的定义看，1958年联合国粮农组织(FAO)采用了基于土地覆盖的界定标准。在2001年及以后的全球森林资源评估中，FAO则采用了以土地覆盖为主、土地利用为辅的定义方式，联合国生物多样性保护公约(UNCDB)、联合国环境规划署(UNEP)等国际公约或组织均采用这一定义，即林地包括森林和其他林地，其他林地指灌木丛、矮树和树木综合覆盖度超过10%的土地，生长有林木的农地或城市用地除外。除中国外，国际上共有51个国家明确定义了灌木林地、灌木林或灌木植被，其中定义了灌木林地盖度的有17个国家，最低标准低于10%，最高标准为90%。总体上看，少林和荒漠化较严重的国家标准较低，多林国家标准较高。

我国是一个少林国家，荒漠化、沙化土地面积大，对灌木林的作用尤其重视。早在1982年，林业部林资字第10号颁发的《森林资源调查主要技术规定》曾作出规定：灌木林地是"以培育灌木为目的或分布在乔木生长界限以上，以及专为防护用途，覆盖度大于40%的灌木林地"。1984年，全国农业区划委员会在《土地利用现状调查技术规程》中制定的"土地利用现状分类及含义"采纳了这一定义，国土资源部国土资发〔2001〕255号《关于印发试行〈土地分类〉的通知》、2007年颁布的《土地利用现状分类》也一直沿用了这一概念。

20世纪90年代，我国林业实施"以木材生产为主向以生态建设为主"的战略转变，灌木林开始得到高度重视。1994年，林业部在分析历次森林资源连续清查资料，开展大量调查研究并征求各省份意见的基础上，在《国家森林资源连续清查主要技术规定》中明确：灌木林地是附着有灌木树种，或因生境恶劣(包括采取人工措施)矮化成灌木型的乔木树种以及胸径小于2 cm的小杂竹丛，以经营灌木林为主要目的或起防护作用，连续面积大于0.067 hm²、覆盖度在30%以上的林地。将灌木林地的覆盖度标准调整至30%的主要原因：一是灌木林地是维护干旱半干旱地区乔木分布(垂直分布)上限以上，以及热带、亚热带岩溶地区、干热(干旱)河谷地区等生态环境脆弱地区生态环境的重要基础，而这些地区的灌木林盖度主要在30%~39%之间；二是在荒漠化地区以培育灌木林为目标的人工造林，与当地自然条件特别是水分条件相适应的盖度40%以上的情况很少，特别是三北防护林体系建设工程营造的灌木林在成林验收阶段，盖度40%以上的面积仅有6.3%；三是国际上定义了灌木林地盖度的17个国家中，大于40%的仅3个国家，其他国家均在30%以下。2003年，国家林业局在广泛征求各省(自治区、直辖市)及有关单位意见的基础上修订了《国家森林资源连续清查主要技术规定》，将灌木林地细化为国家特别规定的灌木林地和一般灌木林地，其中国家特别规定的灌木林地按照《中华人民共和国森林法实施条例》计入森林覆盖率。2004年，国家林业局颁发了《"国家特别规定的灌木林地"的规定(试行)》，明确规定"国家特别规定的灌木林地"特指分布在年均降水量400 mm以下的干旱(含极干旱、干旱和半干旱)地区，或乔木分布(垂直分布)上限以上，或热带、亚热带岩溶地区、干热(干旱)河谷等生态环境脆弱地带，专为防护用途，且覆盖度大于30%的灌木林地，以及以获取经济效益为目的进行经营的灌木经济林。灌木林盖度标准的修订和"国家特别规定的灌木林地"的划定，极大调动了各地保护和营造灌木林的积极性，全国灌木林面积出现了持续增加的良好势头。但同时，也带来了林业、农业和国土等不同部门灌木林盖度标准长期"打架"，各地出现了大面积灌木林与草原面积重叠、林权证与草原证重复发证等问题。2019 年，自然资源部在《第三次全国国土调查技术规程》(TD/T 1055—2019)和《第三次全国国土调查工作分类》中统一明确："灌木林地指覆盖度≥40%的林地，不包括灌丛沼泽"。

（2）灌木林分类

①按是否计入森林覆盖率，灌木林分为：i）国家特别规定的灌木林：特指分布在年均降水量 400 mm 以下的干旱（含极干旱、干旱和半干旱）地区，或乔木分布（垂直分布）上限以上，或热带亚热带岩溶地区、干热（干旱）河谷等生态环境脆弱地带，专为防护用途，且覆盖度大于 30%的灌木林地，以及以获取经济效益为目的进行经营的灌木经济林。具体包括：年均降水量 400 mm 以下地区（以县为单位，最近连续 30 年平均年降水量值小于 400 mm 的单位确定为年均降水量 400 mm 以下的地区）；乔木分布上限[根据各省（自治区、直辖市）所处的生物气候带和自然条件，以植被垂直分布为主要依据，按山脉/山系确定山地乔木分布上限海拔高度值；热带、亚热带岩溶地区和干热（干旱）河谷区（其具体范围按现地区划确定，各有关省份根据本地的实际情况，先进行摸底调查，制定区划调查方案，报原国家林业局审批]；以获取经济效益为目的进行经营的灌木经济林。ii）一般灌木林：不属于国家特别规定的灌木林地的其他灌木林地。

②按盖度，灌木林分为：i）低盖度灌木林，盖度 30%～39%；ii）中盖度灌木林，盖度 40%～59%；iii）高盖度灌木林，盖度≥60%。

③按高度，灌木林分为：i）小灌木，高度小于 0.5 m；ii）中灌木，高度 0.5～2.0 m；iii）大灌木，高度大于 2.0 m。

（3）灌木林与森林覆盖率的关系

自 2020 年 7 月 1 日起施行的《中华人民共和国森林法》第八十三条规定：森林，包括乔木林、竹林和国家特别规定的灌木林。结合《第三次全国国土调查技术规程》(TD/T 1055—2019)和《第三次全国国土调查工作分类》的规定，盖度≥40%的国家特别规定的灌木林地应当纳入森林覆盖率的计算范围。即：森林覆盖率%=(乔木林地面积+竹林地面积+国家特别规定的灌木林地面积)/土地总面积×100%。在生产实践特别是国家森林城市建设中，其他灌木林包括在林木覆盖率计算中，即：林木绿化率%=(乔木林地面积+竹林地面积+灌木林地面积+四旁树占地面积)/土地总面积×100%。

14.3.3.2　灌木林盖度监测技术与方法

灌木林盖度监测方法主要有三种：现地目测法、样地调查法和遥感调查法。

（1）现地目测法

现地目测是森林资源调查中最常用的方法，野外调查中现地到达灌木林小班后，根据调查人员的经验，以小班为单元目估灌木林盖度。该方法的优点：灌木林盖度获取手段简洁快速，可最大限度地减轻调查人员野外作业的劳动强度。同时，现地目测法也存在以下缺点：①根据以往经验目估灌木林盖度，准确度与调查员的工作经验是否丰富有很大关系；②调查人员站在灌木林小班的一侧目估灌木盖度（即"侧面感观"），往往高于投影水平面的盖度；③灌木林盖度受降水量和人为因素影响大，例如某年风调雨顺灌木长势好，某年干旱灌木林盖度低，调查时往往采用盖度"就低不就高"，有时出于保护生态环境的目的"就高不就低"。

（2）样地调查法

样地调查法是森林资源调查中最基本的方法。野外调查中现地到达灌木林小班后，现地调绘灌木林小班边界，在有代表性的地段选1个典型点，拉50 m对角线，测量对角线上的灌木冠幅，用累计灌木冠幅与对角线全长的比例计算灌木林盖度。该方法的优点是调查准确度较高，主要缺点：①灌木林地小班内选择的"典型点"是否具有典型性、代表性，将直接影响精度；②当小班面积较大时，1~2个"典型点"很难代表小班全貌，需加大布点的密度和数量以准确计算灌木小班盖度，其布点密度和数量与精度成正比。

（3）遥感调查法

遥感估算是获取灌木林盖度的一个重要手段，具体方法包括遥感目视解译法和遥感定量估算法（程红芳 等，2008）。

①遥感目视解译法。遥感目视解译法是当前灌木林盖度监测的重要方法之一。其主要的技术步骤包括：以遥感影像景幅为单位，选择若干条色调齐全且有代表性的勘察线路进行实地踏察，将遥感影像特征与实地进行对照，记录各盖度等级在遥感影像上的色调、纹理、大小、几何形状、地形地貌及地理位置（包括地名）等因素，拍摄地面实况照片，形成遥感特征与现地关联的感性认识，建立判读类型与现地的对应关系，即建立判读标志；利用上述目视判读标志，2人1组，采取"背对背"的方法在遥感影像上判读灌木林盖度等级，当2人判读结果一致时确认判读结果，当2人判读结果不一致时，经会审形成判读结果。遥感目视解译法的优点是效率较高，且能够将盖度落实到小班单元。但存在如下方面的问题：灌木树种不同，则判度难度不同；精度受经验的影响大；草本和灌木混交区很难判读灌木林盖度。

②遥感定量估测法。基于植被指数的灌木林盖度遥感估算方法主要有经验模型法、植被指数法、像元分解模型法及FCD模型制图法等；同时，基于决策树分类法和人工神经网络分类法的灌木林盖度遥感估算亦取得了较大进展。

植被指数法：该方法是通过对遥感影像中灌木植被类型及分布特征的分析，直接用植被指数分级统计结果近似估算灌木林盖度。该方法不需要建立回归模型，所用的植被指数一般均通过验证与盖度具有良好的相关关系。其优点是对实测数据依赖较小；缺点是估算精度较低。

经验模型法：即首先根据样点建立地表实测灌木林盖度与遥感信息之间的估算模型，然后将该模型推广至整个监测区域，计算灌木林盖度。根据回归方法的不同，经验模型法又可细分为线性回归模型和非线性回归模型。该方法的特点是对特定区域的地表实测数据具有依赖性，当监测区域较小时，其测量结果精度较高，而当研究区面积较大时，精度显著降低。

像元分解模型法：遥感影像中混合像元普遍存在。尤其是在地物分布比较复杂的区域。像元分解模型法认为图像中的一个像元实际上可能由多个组分构成，每个组分对遥感传感器所观测到的信息都有贡献，因此可建立像元分解模型，并以此模型估算灌木林盖度。混合像元分解模型按原理不同又可分为有线性模型、概率模型、几何光学模型、随机几何模型和模糊分析模型5种。该方法的优点是不依赖实测数据；缺点是精度受影像分辨率影响大。

FCD模型制图法：是通过FCD值大小划分灌木林盖度等级，从而做出灌木林盖度等级图。该方法对灌木林状态进行了定量分析，并以百分位数表示结果，其优点是能够表明灌木林的生长现象，同时也表明了灌木林满足恢复要求的强度，能够用来监测灌木林盖度的动态变化；其缺点是计算繁琐。

决策树分类法：首先由部分样本数据（包括灌木林盖度和对应的其他相关波段、植被指数等信息）建立决策树，然后用另外的样本数据对所建立的决策树进行修剪和验证，形成最终用于估算灌木林盖度的决策树结构，最后根据建立的决策树进行灌木林盖度估算。该方法的优点是可避免数据冗余，减少数据维数，更充分地挖掘数据的潜力；缺点是需要大量样本数据，有阈值要求。

人工神经网络法：在进行知识获取时，由研究者提供样本和相应解，通过特定的学习算法对样本进行训练，通过网络内部自适应算法不断修改权值分布以达到要求，最终将其应用于监测区域。目前人工神经网络法在灌木林盖度估算方面仍处于探索阶段。该方法的优点是能容忍数据的噪声；缺点是需要大量样本数据，有阈值要求。

（执笔人：国家林业和草原局西北调查规划设计院 何铁祥）

14.3.4　灌木林土壤水分

森林以其林地表面富集的枯落物层和深厚的土壤层截留和储蓄大气降水，从而发挥着森林生态系统的涵养水源、净化水质、保持水土和减少旱涝灾害等水文生态功能。灌木林与针叶林、阔叶林、竹林等共同组成我国的森林资源，具有森林资源特殊的生态功能，尤其在土壤结构不良、肥力低，干旱季节土壤含水量低，乔木树种成林慢、生长差、生态和经济效益低，植被覆盖度低的地区，灌木林尤其重要。在上述地方栽植耗水量小、耐瘠薄、耐风蚀、抗干旱能力强、根系发达并具有很强的复壮更新和自然修复能力的灌木，3~5 年即能形成强大的灌丛，地上枝条茂密，地下根系盘根错节，能够发挥很强的固沙保土和涵养水源的作用（孔亮 等，2005a）。灌木林在干旱地区和森林演替初期的灌丛阶段，在维系区域水量平衡中发挥着重要作用。对灌木林土壤含水量动态变化和蓄水能力进行监测研究，不仅可以提高人们对灌木林生态功能的全面认识，更能为灌木林的科学经营与保护提供参考。

14.3.4.1　相关概念及进展

森林土壤含水量动态变化是研究林木、林分及流域森林植被水分关系和水量平衡的基础。目前的研究主要集中在三个方面：土壤含水量的季节变化、土壤含水量的垂直变化、土壤水分的有效性评价。土壤含水量的季节变化与气候、植被、地质地貌和土壤性质密切相关。根据土壤含水量的季节变化，可将土壤划分不同水分时期，如土壤水分消耗期、土壤水分积累期、土壤水分消退期和土壤水分稳定期，结合降水量可以进一步分析土壤持水能力和时效性。研究不同区域范围内、不同植被条件下的土壤含水量动态特征，对水源涵养林的树种选择、结构调控、提升林地的水源涵养功能具有重要参考意义（孔亮 等，2005b）。

林地土壤水分的物理性质是林地土壤的基本特征，表现在土壤的疏松性、结构性、吸收性、持水性、透水性和水分移动状况等方面。林地土壤的持水性能是评价森林水源涵养能力的主要指标之一，常以非毛管空隙度计算一定厚度土壤的持水能力（t/hm²）作为其水源涵养能力评价的重要指标。非毛管空隙度的增加对增强林地的水源涵养功能具有重要意义。众多研究表明，森林土壤对水分的涵蓄能力的高低主要取决于土壤厚度和土壤有效持水量。土壤渗透性能亦是土壤的重要水分物理性质之一，是评价林分水源涵养功能的重要指标，与土壤质地、结构、孔隙度(非毛管空隙度)、有机质和土壤湿度有关。渗透性能良好的土壤,在一定降水强度下,水分可以充分地进入土壤贮存起来或转变为地下径流,不易形成地表径流,使林地水土流失得以有效控制并起到保持水土的作用(孔亮 等,2005b)。

14.3.4.2 灌木林土壤水分监测技术与方法

(1)土壤样品采样的基本原则

灌木林采集的土壤样品必须具有代表性,即所采土壤样品应能最大限度地反映其所代表的灌木林的实际情况。土壤采样分为两种:一是单点采样,即每个样品只采 1 个点,又可分为原状土采样(如环刀法测定土壤容重)和扰动土采样;二是混合样品采样,即每个样品是由若干个相邻样点的土壤混合而成,样点混合数目可为 10~20 个点。诸多自然和人为因素(如地形、侵蚀、植物空间分布格局和采伐干扰等)均会导致灌木林土壤的空间变异。采集灌木林多点组成的土壤混合样品时,应沿着一定的路线,按照均匀、随机、等量和多点混合的原则进行:均匀采集土壤可起到控制采样范围的作用;随机定点可避免主观误差,提高土样的代表性;等量是要求每 1 点所采集的土样深度和采样量要一致;多点混合是将采样分区内各点所采的土样均匀混合构成一个混合样品(潘贤章 等,2009)。

(2)土壤样品的采集类型

①剖面样。灌木林土壤采样因常涉及主要根系区而不能准确区分发生层。为了减少人为判断剖面发生层次深度的误差,采样可按照固定剖面深度(0~10 cm、10~20 cm、20~40 cm、40~60 cm、60~100 cm),在各层的中部位置进行多点取样。当固定剖面深度范围内出现明显的发生层次,并导致土壤含水量产生变化时,可将所在固定深度层次进一步根据发生层进行划分(潘贤章 等,2009)。由于传统的挖掘土壤剖面对林地破坏大(土壤剖面的规格一般为长 1.5 m、宽 0.8 m、深 1.2 m;深度由是否到达母质层或地下水层确定),而且挖取位置具有较大随机性。为了获得更具代表性的灌木林土样剖面样品,可采用土钻法采样,采集 6~8 钻土,以多点对应深度层次的土壤混合,形成相应层次的混合样。剖面样重复数不少于 3 个,一般为 6 个(潘贤章 等,2009)。

②表层混合样。为了得到代表性的土样,可采用容积为 100 cm³ 的环刀,采集 20~30 个点的表层土壤混合样。其前提是灌木林土壤比较均一,地形地貌一致,且采的是"扰动型"土样。表层混合样的单次采样量较多时,混合后利用四分法获取规定数量的土壤混合样,操作过程中应保证样品的充分混匀。

(3)土壤采样布点方法

①随机布点法。将灌木林样地划分成规则网格,网格大小依据样地大小灵活设置,对每个网格进行编号;确定采样点后,在所有的编号中随机抽取规定样点数的网格编号,即为采样点所在的网格,每个采样网格为 1 个重复。采样网格的设计需要在随机化与专业上所需要的合理分散中取得一定平衡。这是由于完全随机法可能产生一些极端的空间分布格局,如相对集中在某一边(角),这在试验排列上是不合理的。对于这种特殊的情况,最简单、最常用的方法是拒绝聚集式格局,然后重新随机化处理(潘贤章 等,2009)。如果灌木林样地面积不大,且土壤均匀,可改用"之"字形布点法,10~30 个样点混合成一个土壤样品,以相似的路线在灌木林重复样地内取样,或者在同一样地内再采样(潘贤章 等,2009)。

②分区随机布点法。如果灌木林样地的微地形复杂,可以根据地形地貌分区,按照坡上、

坡中、坡下不同的地形部位分别采样，每个部位划分 3 个采样分区，分区内为相对平缓的地形。每个分区随机采集 10~20 个样点，混合后按四分法取样（潘贤章 等，2009）。

③系统布点法。系统布点法的典型代表是网格法，即将灌木林样地分成大小相等的方格，网格线的交叉点即为采样点。该方法易于阐明地形、土壤和植物群落等不同因子之间的关系。网格大小依据灌木高、微地形复杂程度和通视高度内下层植物的繁茂程度决定。在每个采样点的周围采集 8~10 个土壤样品构成混合土样。系统布点法不仅可以得到土壤水分的平均值，而且可以了解其空间变异规律和界限。如果土壤含水量变化较大且无法分区，系统布点比随机布点所采样品的代表性更好（潘贤章 等，2009）。

④非系统布点法。非系统布点法是按"W"形、"N"形或"X"形的路线布置采样点，然后混合组成土壤混合样。使用该方法的前提是灌木林土壤性质分布大体均匀，当存在较大差异时，可先分区，然后采用非系统布点法进行采样。采样时的采样点应是等距的，不同样点的间距不应人为改变（潘贤章 等，2009）。

（4）土壤含水量测定方法

土壤含水量是指单位体积或者单位质量土壤中水分的含量，包括土壤体积含水量和土壤重量含水量。土壤体积含水量是土壤中水分体积和土壤总体积的比值。土壤重量含水量，又称土壤质量含水量，是水分的重量与相应固相物质重量的比值，又称干土质量含水量；还有一种土壤重量含水量是湿土质量含水量，指水的重量在总的土壤样品中的比例，包含水本身的重量。土壤含水量一般以百分比来表示。

①烘干法。烘干法是最经典，亦是观测土壤含水量最准确的方法，该法测定的是土壤质量含水量。将野外获得的各土层土壤样品迅速留取 40~60 g，放入盛土铝盒，并随即盖好盒盖；装箱带回实验室，擦净盛土铝盒外表泥土，用天平（精度至少 0.1 g）逐个称铝盒和湿土的总重量；打开盒盖，盒盖套在盒底，放入 100~105 ℃ 的鼓风干燥箱中烘烤，烘烤时间以土壤完全烘干、土样重量不再变化为准（沙土和沙壤土一般 6~7 h、壤土 7~8 h、黏土 10~12 h）（袁国富 等，2009）。烘烤完毕后，待烘箱稍冷却后取出土样并迅速盖好盒盖称重，计算土壤重量含水量。通过烘干法获得的干土质量含水量与相应土层的土壤容重相乘，能够计算土壤体积含水量。

②TDR 土壤水分测定仪法。又称 TDR 法或时域反射仪法，是一种间接测定土壤体积含水量的方法。该法通过测定土壤的介电常数（该常数与土壤含水量密切相关），以此测定土壤含水量。TDR 土壤水分测定仪包括探头、连接电缆和主机，将探头插入欲测定土壤部位进行土壤含水量实时观测，可在每个土层均安装探头，连续自动监测。具体的操作程序按照仪器使用说明的要求，以及相应软件的操作说明即可，无繁杂的多步骤的具体操作程序要求（袁国富 等，2009）。

（5）剖面土壤水分含量估测

土壤水分含量是指土壤中实际的水量。在描述灌木林水量平衡和水文循环中的水量多少时，通常用毫米（mm）作为单位。对土壤水分的含量，一般也是使用毫米（mm）作为描述其多少的单位（袁国富 等，2009）。一个土壤剖面的土壤水分含量是整个剖面不同层次的所有土壤水分含量之和。土壤水分在整个土壤剖面不同层次的含量存在差异。若要获得一个土壤剖面总的土壤水分含量，需要同时获得剖面不同深度（层次）的土壤体积含水率，然后求得剖面土壤水分含量。剖面土壤水分含量是各土层的土壤体积含水率与相应层次的土层厚度相乘后，对各土层的获得值累加求和，即：

$$剖面土壤水分含量 = \sum（各土层的土壤体积含水率 \times 相应层次的土层厚度）\quad （14-8）$$

（6）土壤水分特征参数测定

①土壤容重。又称土壤密度，指自然状态下单位体积的干土质量，单位为克/立方厘米（g/cm³），是土壤水分特征参数中的重要参数。测定土壤容重通常采用环刀法，该法适合土壤石砾含量较少的矿质土壤。对富含有机质、根系或石砾较多的灌木林根区土壤，难以使用环刀取土，可采用挖坑法，在腐殖质层或矿质土层挖坑取出土样，烘干称重，测量土坑容积，计算单位容积的烘干土质量，即为土壤容重。

环刀法测定土壤容重：在代表性地段，先在采土处用铁铲铲平，将已称过质量的环刀（100 cm³）垂直压入土内(保持环刀内土壤结构不受破坏)，然后取出环刀，用小刀削去环刀两端外露土壤。擦去环刀外面土壤后，加盖。表层土壤采 5 个重复样品。测定下层土壤容重时，需先挖好剖面。按照固定深度采样时，取该层的中间部分，每层采 3 个重复样品；如发生层次明显或土壤质地结构有明显的层次变化时，需调整采样深度，以不跨越层次为宜。将取回的环刀土样放入烘箱中，在 105 ℃下烘干至恒重。利用环刀内烘干土的质量和环刀容积相除，即可计算土壤容重。

挖坑法测定灌木林腐殖质层土壤容重：在代表性地段选 3~5 个适当位置，去除植被，土壤剖面刀或其他辅助工具垂直向下至矿质土层切出一个四面体状的小土坑，将切出的土样放入塑料袋内，记录坑的长、宽和高，计算总体积；将塑料袋中的土样取出，放入烘箱，在 70~75 ℃下连续烘干 24 h 至恒重，再拣出土样内所含的石砾并称重，随后计算：

$$腐殖质层土壤容重=（总质量-石砾质量）/（总体积-石砾质量/2.65）\quad （14-9）$$

挖坑法测定灌木林矿质土层土壤容重：在代表性地段选 3~5 个适当位置，去除表层腐殖质层，用土壤剖面刀或其他辅助工具垂直向下挖一个小土坑，土坑深度一般在 20 cm 左右，直径尽可能小。将挖出的土壤、石砾和根系放入塑料袋内。另取一塑料袋放入小土坑，灌水入塑料袋中，灌至与土面相平为止，然后将塑料袋与袋中水一起取出，并将水倒入量筒内，记录水容积。将塑料袋中的土样取出，放入烘箱，在 70~75 ℃下连续烘干 24 h 至恒重。再用 10 号筛分出粒径≥2 mm 的石砾和粗大根系，分别记录、称重，计算：

$$矿质土层土壤容重=（总质量-石砾质量-根质量）/（总体积-石砾质量/2.65-根质量/1.5）$$

$$（14-10）$$

②土壤总孔隙度。土壤孔隙度是指单位体积土壤中孔隙体积所占的比例。一般将孔径小于 0.1 mm 的土壤孔隙称为毛管孔隙，大于 0.1 mm 的土壤孔隙称为非毛管孔隙。根据土壤孔隙度和土壤容重之间的数量关系可计算：

$$土壤总孔隙度=1-土壤容重/土粒密度=1-土壤容重/2.65 \quad （14-11）$$

③田间持水量。土壤田间持水量是在排水良好的情况下(毛管水不与地下水相连)，单位体积土壤所能保持的最大毛管悬着水量，即将土壤中的自由重力水完全排除后的土壤含水量，可视为土壤有效水的上限。室内测定土壤田间持水量的方法又称为威尔科克斯法，即将原状土壤充分浸泡，饱和后置于风干土上，使风干土吸取土样中的重力水，然后测定土样的含水量。具体测定方法是先用环刀取测定土层的原状土样，将其浸泡在水中，水面应比环刀上缘低 1~

2 mm，浸泡 24 h，使环刀内土样水分达到饱和。在与测定土样相同的土层处另取一些土样，将其风干、磨碎，过 1 mm 筛，装入环刀，轻拍结实，并使之稍微高出环刀口缘。然后将移去底盖(有孔的)的环刀连同滤纸一起放在装有风干土的环刀上，装原状土样的环刀土盖应盖严实，以防止土壤蒸发；经过吸水 8 h 后，取环刀中的原状土 15~20 g，放入铝盒中立即称重并烘干测定其含水量，即为测定土壤的田间持水量(用重量含水量表达)。该结果乘以该土样的容重即可得到用体积含水量表达的田间持水量(袁国富 等，2009)。

④饱和含水量。土壤饱和含水量是土壤中所有孔隙均充满水时的含水量，表征土壤最大的含水能力。土壤饱和含水量与土壤总孔隙度的含义一致。土壤总孔隙度可作为土壤饱和含水量的大小，应注意此时的土壤饱和含水量的单位是立方厘米/立方厘米(cm^3/cm^3)，是用体积含水量表达的土壤饱和含水量。将其与容重相除，即能将用体积含水量表达的土壤饱和含水量换算成用重量含水量表达的土壤饱和含水量。土壤饱和含水量亦可通过烘干法测定，首先用环刀采回原状土样，置入冷水中浸泡 2 天后，用烘干法测定土样的含水量，即为土壤饱和含水量。

⑤土壤水分-物理性质测定。灌木林土壤水分-物理性质测定应使用土壤结构不破坏的原状土壤。首先称重空环刀重量(带孔盖，垫有滤纸)；在各土层的代表性测点，用环刀采取土样(保持环刀内土壤结构不受破坏)，用土壤刀削平环刀表面，盖好；称出环刀内湿土重；将装有湿土的环刀揭去上、下底盖，仅留有滤纸的带网眼的底盖，放入盆中，注入并保持盆中水层的高度至环刀上沿为止，使其吸水达 12 h 以上，直至土壤中所有非毛细管孔隙及毛细管孔隙均充满水分，盖上上、下底盖，水平取出立即称重，即可计算最大持水量(%，mm)；将称量后的环刀去掉底盖，将其放置在铺有干沙的盘中达 2 h，此时环刀土壤中的非毛细管水分全部流出，但环刀中土壤的毛细管中仍充满水分，盖上底盖，立即称重，即可计算毛管持水量(%，mm)；再将称量后的环刀，揭去上、下底盖，继续放置于干沙上一定时间(沙土 1 天、壤土 2~8 天、黏土 4~5 天)，此时环刀土壤中保持的水分为毛管悬着水，盖上上、下底盖立即称重，即可计算最小持水量(田间持水量)(%，mm)；将称量后环刀中的土壤取出有代表性水分含量的一部分土样(10~40 g)放入铝盒中，测定水分换算系数，用其将环刀中的湿土重量换算成烘干土重量，即可计算土壤容重等指标。

⑥土壤渗透性能测定。采用环刀法获取灌木林各土层原状土后及早将环刀取出，去掉上盖，套上一个空环刀，接口处用胶布封好，严防从接口处漏水，然后将黏合的环刀放到瓷漏斗(或玻璃漏斗)上，漏斗下有烧杯。用量筒向空环刀中注水，水面比环刀口低 1 mm。注水后从环刀中的水开始下渗计时，至前后 2 次渗透完 50 mm 所需时间一致时为止。记录水温、渗透时间、渗透水量，重复 3 次以上，根据下式计算土壤的渗透性能(孔亮，2005)：

$$渗透速率(mm/min)=10×每次渗入量(mL)/环刀横断面积(cm^2)/时间间隔(min)$$

$$\tag{14-12}$$

$$渗透系数(mm/min)=渗透速率×土层厚度(cm)/(土层厚度+水层厚度) \tag{14-13}$$

$$10\ ℃时的渗透系数\ K_{10}(mm/min)=渗透系数/(0.7+0.3×时间间隔) \tag{14-14}$$

除上述方法外，还有利用入渗仪器在原地测定入渗速率的方法，如：圆盘入渗仪、双环入渗仪、Mini Disk 小型盘式入渗仪等。

(执笔人：东北林业大学 陈祥伟)

14.3.5 灌木林枯落物

枯落物层作为森林生态系统中独有的层次，主要由植物枝、叶、皮等凋落物沉积组成，与林冠层及根系同属林地垂直结构的关键组成部分，是土壤与大气进行能量和物质交换的重要界面，亦是影响土壤功能最重要的一层。灌木林枯落物独特的结构和水文特性，具有截持降水、改良土壤、抑制蒸发、防止溅蚀、改善土体结构和延缓地表径流等作用，是形成水源涵养作用的重要环节，对流域的水源涵养及防洪安全发挥着重要影响。此外，灌木林枯落物分解可增加土壤有机质，为土壤生物提供养分和能量，促进生态系统物质循环、维持养分储存、固碳等生态功能。

14.3.5.1 相关概念及进展

国外学者于 19 世纪开始出现对枯落物的研究，至 20 世纪中叶获得了较为全面系统的研究成果。我国关于灌木林枯落物的研究起步较晚，自 20 世纪 80 年代以来陆续出现。目前，对灌木林枯落物的研究主要集中于枯落物基本特性、枯落物分解和枯落物水文研究等方面，在枯落物储量、凋落动态、分解速率、截持降水、对土壤结构的改变、降雨和径流的再分配作用及土壤侵蚀机理的影响等方面已取得了一定研究成果。

(1)枯落物的基本特性及分解特征

在枯落物土壤分层研究中，我国学者将枯落物层一般分为 3 层：上层为未分解的凋落物，指仍具有原来形状和质地的枯落物；中层为半分解层，指只有部分植物组织还保持原来形态的枯落物；下层为完全分解层，指植物组织已经完全分解腐烂，用肉眼无法辨别的污黑的有机质。在美国和加拿大的土壤分类中，一般将土壤 O 层细分为 L 层、F 层和 H 层，分别代表枯枝落叶层、发酵层和腐殖质层(Keith et al., 2010)，虽然分类名称有所不同，但分类方式类似。

枯落物层的基本特性还包括凋落物的产量和凋落物的积累量、基本理化性质。凋落物的产量和凋落物的积累量通常以年为时间单位，亦有关于凋落物季节变化的研究。自 20 世纪 60 年代以来，Bray(1964)、王凤友(1989)及林波(2001)等学者先后对世界范围内森林凋落量的研究结果进行了综述性报道，就不同气候区而言，森林凋落量存在一定的变化幅度，但平均说来，全球森林年凋落量变化为 1600~9200 kg/hm²，枯叶年凋落量变化为 1400~5800 kg/hm²，其他组分变化为 600~3800 kg/hm²。枯落物的基本理化性质是其固有特性，主要取决于枯落物所处生态系统的生境条件及林分组成树种的生物学特性。

枯落物分解是物质循环和能量流动的重要环节(张晓鹏 等，2011)，通过改变土壤的 C、N、P 等元素含量而改善土壤肥力及林地生产力(Melillo et al., 1982)。自然枯落物多为不同物种或不同器官的混合物，因各组分的质地、结构及比例等差异及其交互作用而使分解过程复杂，难以采用各组分的分解速率直接推算整体分解速率(郭晋平 等，2009)。混合枯落物的分解速率通常高于或低于各单一组分分解速率的质量加权平均值，表现为枯落物混合的非加和效应(熊勇 等，2012)，其大小可能随分解阶段而变(Marco et al., 2011)，对这一问题的理解有利于准确量化凋落物分解动态。目前，对枯落物分解的效应研究多聚焦于不同物种组成或不同分解阶段枯落物的质量损失、营养物质转移和微生物丰富度等方面，综合考虑分解时间、物种或器官混合比例等影响的研究仍鲜有报道。

（2）枯落物的水文特性方面

枯落物层在森林生态系统中通过吸滞透过植被冠层的降水改变降水的分配过程，使一部分降水通过枯落物缓慢下渗到土壤中，由地表径流变为地下径流。同时，由于枯落物增加了地表层粗糙度，减缓坡面产流、汇流速度，从而起到调水蓄水作用。20 世纪 80 年代末，我国学者率先针对全球范围内的森林枯落物进行了综述性探讨。有学者认为森林枯落物有比林地土壤更大的孔隙，降水更容易被其截持，降水强度越大，降水历时越长，其截持降水的能力越强。正因为受到野外降水量、降水历时、降水强度、地面形状和林分特性等因素的影响，阻碍了枯落物持水特性定量研究工作的开展，为此，国内学者针对枯落物持水量、持水率及持水动态过程的研究，大多采用室内浸泡法进行测定（刘世荣 等，2001；张振明 等，2005），亦有学者采用人工模拟降雨的方法实现枯落物持水量的测定，并将浸泡法和模拟降雨法的持水过程进行了对比分析，研究指出两种试验方法对水分的吸持过程基本一致。

目前，多数研究将枯落物浸水 24 h 后的持水率作为枯落物最大持水率。枯落物吸水能力和分解速度与树种有较大关系。林地枯落物在吸持水后，其最大持水量为吸水前自身干重的 2~4 倍，故最大持水量常被用于作为评价枯落物水文功能好坏的重要指标。不同林分条件下，枯落物的质和量有显著不同，导致其持水量也不同，而其分解程度会对其持水能力产生影响。多数研究结果表明，枯落物半分解层持水能力较未分解层强，但根据各地区具体条件差异，各林分枯落物的持水能力亦不相同。

（3）枯落物的水文模型研究方面

关于枯落物持水的水文模型，诸多学者常将"土壤-枯落物-大气"作为一个整体研究其水汽和热量的传输特点。此外，森林枯落物层的含水量始终与其蒸发能力息息相关，从枯落物蒸发特点入手的研究较多。还有学者将充分饱和的枯落物层的水分变化做成干燥曲线，曲线往往呈指数函数规律。关于灌木林枯落物截留降雨的数学模拟研究较少，根据成熟的林冠截留模型衍生了枯落物截留模型。目前已有的枯落物截留模型多属于统计模型，且没有考虑气候和生物等因素。自 20 世纪末期以来，我国诸多学者开始对枯落物层的水文特征开展统计模型的研建工作。刘向东（1991）认为油松枯落物截留量与林外降雨量的关系满足幂函数关系；赵鸿雁（2001）根据枯落物层的生物特性对黄土高原油松林的枯落物层的截留过程进行研究，建立动态截留模型；王佑民（1994）曾提出林地一年内不同时期凋落量及凋落速率的数学模型；莫菲借鉴王彦辉（1998）构建的林冠层截持降雨模型，结合室内及野外观测数据，提出了枯落物截持降雨模型。

14.3.5.2　灌木林枯落物监测技术与方法

（1）样地及采样点设置

在典型区域的灌木林内设置观测样地，样地大小一般为 20 m×20 m（或 5 m×5 m）；样地要求生境条件、群落结构、群落种类组成、利用方式和强度等具有相对一致性。样地应设置在垂直带谱的中部，且坡度、坡向和坡位应相对一致。在每个样地内沿对角线选择 5 个小样方（0.2 m×0.2 m），设置 3~5 个采样点。

（2）灌木林枯落物收集

①枯落物调查与测定：用样线法调查灌木林枯枝落叶层对地表的覆盖度，分别在标准地的上部、中部和下部选择 3~5 个代表性的小样方（20 cm ×20 cm），测定枯落物未分解层、半分解层和已分解层的厚度及总厚度，区分未分解层、半分解层和已分解层。收集小样方内所有枯落

物，装入尼龙网袋内，然后放入塑料袋内带回实验室称取鲜重，再将其在水中浸泡 24 h 后称重，计算最大持水量。在外业调查时取约 50 g 样品放入自封袋，带回实验室称鲜重，85 ℃烘干后称取干重，计算水分换算系数，测算枯落物干重，得到单位面积的枯落物蓄积量。

②凋落物的收集：在样地内按照线性等间距原则布设凋落物收集器，收集器由孔径为 0.5 mm、大小 1 m×1 m×0.25 m 的方形尼龙网制成，逐月收集框内的凋落物，每种灌木林样地设置 10 个重复，逐月收集枯落物，分类测定其鲜重和干重，计算年、月枯落物累积量；同时收集灌木林原状枯落物，分装若干尼龙网袋，置于灌木枯枝落叶层内，测定枯枝落叶的分解率和分解量。此方法一般用于测定年、月枯落物累积量，枯枝落叶的分解率和分解量。

（3）枯落物层持水指标测定

灌木林枯落物采取现场测量与室内浸泡的方法进行测定，枯落物按照分解程度分为未分解层、半分解层和已分解层，测量完厚度后要尽快并保持原状地将枯落物带回实验室进行称重，采用室内浸泡法测量计算枯落物各项指标。枯枝落叶层的含水量用干燥重量法测定，即采取枯枝落叶层试料称其鲜重，然后在 80 ℃下烘干 8 h 以上，至重量不变为止称其干重，计算含水量。将烘干后的样品装入网眼为 0.5 mm 的尼龙网袋中，放置于盛有清水的白盒中浸泡，分别在浸泡 0.5 h、1 h、2 h、4 h、6 h、8 h、10 h、24 h 取出，静置至不滴水时立即称重，计算持水量、吸水速率和拦蓄量等指标。有效拦蓄量的计算公式：

$$W = (0.85R_m - R_0)M \qquad (14-15)$$

式中：W——有效拦蓄量（t/hm²）；

R_m——最大持水率（%）；

R_0——自然含水率（%）；

M——枯落物储量（t/hm²）。

（4）枯落物土壤层持水指标测定

采用剖面法，在各个样地的四角和中间分别选取 5 个剖面，用环刀（100 cm³）在每个剖面上按照 0~10 cm、10~20 cm、20~30 cm 分层垂直采样，每层取一个样品，同时用铝盒取土样，用烘干法测定土壤含水量；采用双环刀方法分别对土壤容重、土壤孔隙度、持水能力指标进行测定。土壤持水量的计算公式：

$$W = 1000P \cdot h \qquad (14-16)$$

式中：W——土壤持水量（t/hm²）；

P——土壤孔隙度（%）；

h——土壤厚度（m）。

（执笔人：甘肃省祁连山水源涵养林研究院 金铭）

14.3.6 灌木林物候

随着气候和其他环境因子的季节性变化，植物的生长发育出现以年为周期的规律性变化的自然现象，称为植物的物候现象（陆佩玲 等，2006）。与之相对应的植物器官生长发育的动态时期称为物候期。物候现象能够反映气候变化对生物物理系统的影响（Zwiers *et al.*，2008），是全球变化的诊断指纹(Root et al.，2003)；而且，物候监测资料是综合反映环境变化的独立证据(王焕炯 等，2012)。因此，进行灌木林的长期物候监测和研究不仅有利于灌木生态适应对策的理论研究，而且对理解气候变化背景下陆地生态系统的变化特征具有重要意义(李新荣，1999b；方修琦 等，2015)。

14.3.6.1　相关概念及进展

灌木林的物候监测主要采用固定样地人工监测的方式，即选择位于气象监测场或长期监测站附近植被特征具有代表性的地点作为固定样地，对每个样地中的优势灌木种的物候期进行监测和记录。

灌木的主要物候期包括：树液流动开始日期、芽膨大开始日期、芽开放期、展叶期、花蕾或花序出现期、开花期、果实或种子成熟期、果实或种子脱落期、新梢生长期、秋季叶变色期和落叶期。物候的监测可以很全面，亦可挑选部分物候期进行重点监测(宛敏渭 等，1979)，例如，考虑到工作量，中国生态系统研究网络(CERN)只要求监测灌木的芽开放期、展叶期、开花始期、开花盛期、果实或种子成熟期、秋季叶变色期和落叶期(吴冬秀 等，2019)。

14.3.6.2　灌木林物候监测技术与方法

(1)物候的人工监测

①监测点和监测对象的选择。监测点应选择在附近有长期监测站和气象监测点附近，以便于监测人员到达和进行长期监测。监测点的地形、土壤和植被应具有代表性；如无特殊地形限制，尽可能设在平坦、开阔的地方，山丘、沟谷地带均不适宜作为监测点。监测点选定后，将地点名称、植被类型、海拔、地形、位置和土壤等生态环境信息做详细记录并长期保存。灌木的物候监测主要采用定株观测法。根据监测点样地群落调查数据，确定优势种/气候指示种作为监测对象，每个植物种选 5~8 株生长健康的中龄植株作为观测目标。对选定的植株挂牌编号，做好标记，但不要伤害，保持其正常生长和发育，以便进行长期监测。对于雌雄异株的树木，观测开花期以记录雄株为宜，结果现象应当以雌株为准。监测点最好进行多年长期监测，没有特殊原因不要随意更换物候监测的地点及固定的监测对象。

②监测方法。对选定的监测植株每年进行连续监测。需在选定的相关物候期开始最早和结束最晚的日期期间进行观测，每天或隔天一次，或根据选定的监测项目减少观测次数，但必须以不失时机为原则。由于一天之内 13:00~14:00 时气温最高，而植物的物候现象常在高温后出现，因此，监测时间以下午为宜；但有些植物在早晨开花，下午隐花不见，则须在上午观测。观测的时间需随季节和观测对象而灵活掌握。

植株个体用于全年物候观测的冠层部位必须一致，且长期保持不变。观测时应靠近植株。如果选择的同一植物种分布于不同观测点或不同地形区域，则须分别进行目测并记载其各个物候期，不可所有植株计算平均日期记录。如在同一监测点的同一植物种的若干株，则只需将所有观测植株作总的估计，超过一半以上的植株达到某一发育期即为该物候期的日期。需注意的是，南向枝条的发育现象常出现较早，为不错过记录，宜注意观察南向枝条(吴冬秀 等，2019)。此外，物候监测还需注意如下几点：①应随看随记，不可凭记忆补记；②禁止从用于物候观测的植株中采集枝叶样本，更不能人为伤害；③物候观测须有固定人员或专人负责，以保证数据的可靠性和连续性。

（2）灌木物候期的判别特征

灌木的主要物候期依照《中国物候观测方法》中描述的各物候期特征进行判别（宛敏渭，1979）。

①树液流动开始和终止日期。在冬天即将结束、白天庇荫处的温度升高至 0 ℃时，在植株主干的南向表皮上用刀划开小缝（或钻小孔）时有树液流出的日期。树液流动指示春季来临，树木开始生长。需要注意的是，树液流动观察之后宜用油灰之类的物质将树皮缝隙补塞，以免发生病虫害。在生长季末期用同样的方法确定树液流动终止日期。

②芽膨大开始日期。具有鳞片的木本植物的芽开始分开，侧面显露淡色的线形或角形，即为芽膨大开始日期，裸芽不记芽膨大期。对于芽较大的植物种，可在被观察的芽上涂上小墨点，随芽的生长小墨点会移动，露出开始分开的绿色鳞片，以便于观测。对于芽小或绒毛状鳞芽的植物种，可用放大镜观察。绒毛状芽的膨大可根据其顶端出现比较透明的银色毛茸辨认。此外，花芽和叶芽需分别记明膨大日期。

③芽开放期。芽的鳞片裂开，芽上部露出绿色尖端，果树类则可见花蕾顶端。如芽膨大与芽开放不易分辨，可只记录"芽开放期"。

④展叶期。阔叶类第一批（约 10%）新叶开始伸展的日期，针叶类出现幼针叶的日期，即为其展叶期。阔叶类植株上有一半枝条的小叶完全展开时，针叶类当新针叶长出的长度达到老针叶长度的一半时，即为其展叶盛期。

⑤花蕾或花序出现期。叶腋或花芽中，开始出现花蕾或花序的日期。

⑥开花期。第一批花的花瓣开始完全开放时为开花始期；所观测的植株上有一半枝条上的花均展开花瓣或花序散出花粉时为开花盛期；所观测的植株上大部分的花脱落，残留部分不足开花盛期的 10% 时为开花末期。有时植物在夏天和初秋有第二次开花或多次开花现象，应分别予以记录。记录项目包括：二次或多次开花日期；二次开花是个别植株还是多数植株；二次开花和没有二次开花的植株在地势上有何不同；二次开花的植株有无机械损伤、病虫害等。

⑦果实或种子成熟。果实或种子有一半以上数目由绿色变为黄色时为成熟期。有些灌木种的果实或种子翌年成熟时也应记录。球果类果实成熟时，球果变黄褐色或黄绿色，有的灌木种球果变色同时表面出现白粉。蒴果类果实成熟时出现黄绿色，少数尖端开裂，露出白絮。坚果类种子成熟时果实外壳变硬并出现褐色。核果、浆果成熟时果实变软，并呈现该品种的标准颜色，仁果成熟时呈现该品种的特有颜色和口味。荚果类种子成熟时荚果变为褐色。翅果类种子成熟时，翅果绿色消失变为黄色或黄褐色。柑果类呈现可采摘果实时的颜色即为成熟。

⑧果实或种子脱落期。不同植物种的果实及种子脱落形式各异。松属为种子散布，柏属为果实脱落，杨属和柳属为飞絮，榆属和麻栎属为果实或种子脱落等。需要观测并记录果实和种子的开始脱落期和脱落末期。如果果实或种子当年绝大多数不脱落应记为"宿存"，第二年再记录脱落日期。

⑨新梢生长期。当年发出的枝条叫做新梢，按其发生的时期可分为春梢、夏梢、秋梢 3 种。目前按照气象学对四季的划分：12 月、1 月、2 月为冬季，3 月、4 月、5 月为春季，6 月、7 月、8 月为夏季，9 月、10 月、11 月为秋季。可视新梢发生在哪个月份内分别记为春梢、夏梢或秋梢。春梢开始生长期不记，只记停止生长期，其余分别记录开始生长期和停止生长期。

⑩秋季叶变色期。秋季随着气温下降，植物叶子的颜色发生改变，呈现秋季正常叶色的时

期称为秋季叶变色期。当被观测的植株有约 10% 的叶变为秋季叶颜色时记录为秋季叶变色始期，完全变色时为秋季叶全部变色期。需要注意的是，秋季叶变色是指正常的季节性变化，植株上出现变色的叶子颜色不再消失，并且有新变色的叶子在增多，不能将因干燥、炎热或其他原因引起的叶变色混同于秋季叶变色。

⑪落叶期。秋季当观测的植物开始落叶为落叶始期；观测植株的叶子约 50% 脱落为落叶盛期；几乎全部脱落为落叶末期。正常落叶开始的象征是当轻轻摇动枝条，即落下 3~5 片叶子，或者在无风时叶子一片一片落下。观测时需注意，不可和因干燥、炎热或其他非自然胁迫(如昆虫、病原体)引起的落叶混淆。此外，如果气温降至 0 ℃ 或以下时叶子仍未脱落，应进行记录；叶子在夏季发黄散落时，亦应记录。

(3)物候的自动监测

传统的灌木林物候监测完全依靠人工观测进行，难以实现每日观测，而且由于观测人员的主观判断因素，容易造成误差。随着数码相机、数据自动采集与储存、无线传输和云端计算等技术的发展，使灌木林物候现象的长期自动观测成为可能(Sonnentag *et al.*, 2012)。基于数码相机的物候自动观测系统，不仅可以进行高频、连续的图片采集，避免了关键物候期的遗漏，还便于采用统一的监测标准和数据管理模式进行监测和数据处理，保证数据质量的同时减少了人工成本以及人工观测带来的环境破坏与干扰(周磊 等，2012)。此外，基于地面相机物候网络获取的物候数据与遥感物候数据相比，还能够减少环境条件的影响，提供更为良好的地面验证数据(Coops *et al.*, 2012)。下面以植物生长节律在线自动观测系统为例，对植物物候的自动观测予以说明。

①观测系统的组成。包括硬件和软件两部分组成。硬件包括图像获取设备、图像存储和传输设备、野外供电及安装支架等辅助设备。图像获取设备为高精度数码网络相机和多光谱相机，用于获取高质量植物群落和个体的图像数据；图像存储和传输设备，包括 CR6 数据采集器和 4G/5G 远程无线传输模块，将采集到的图像数据进行存储并远程传输至中心服务器；辅助设备则主要用于仪器的供电、架设以及防雨、避雷等安全防护。软件主要包括图像管理软件和设备监控软件。图像管理软件主要完成图像数据的自动入库、存储、处理，图像无线传输，图像展示，数据计算和显示，图像检索等功能。设备监控软件主要完成系统的远程控制和参数修改，出现问题自动报警，断电后来电自动重启等功能。

②观测方法。首先，在观测区内按要求安装并调试好仪器(监测点和监测对象的选择方法与人工观测相同)。多光谱相机拍摄对象一般为植物群落，高精度数码网络相机观测对象为优势灌木种个体。仪器设定为多光谱相机每天在同一时间获取观测对象的多个光谱通道图像各 1 张，高精度数码网络照相机每天获取观测对象图像 2 张。拍摄的照片通过数据采集器以 JPG 或 TIFF 格式自动储存。然后，图像数据通过 4G/5G 无线传输模块实现远距离传输，到达中心服务器。中心服务器所获取的图像数据通过软件系统管理。除可通过人工方法辨识植物群落或个体的物候，根据所获图像的时间计算不同的物候期及其持续时间外，亦可借助计算机软件提取和处理图像数据信息，利用数学模型等手段估算灌木林的物候期(周磊 等，2012)。

(执笔人：中国科学院西北生态环境资源研究院 冯丽)

第 15 章
灌木林资源资产价值

15.1　灌木林资源资产特点及价值形式

灌木林及各种草类所组成的沙地生物群落也是森林资源的重要组成部分，它对广大的干旱、半干旱地区的生态环境和人类社会也具有重要的影响和作用。一方面，灌木林同样具有一般意义上森林的功能，如固碳释氧、涵养水源、减少水土流失、降低风沙危害、丰富生物多样性等，因此，它对干旱、半干旱地区的生态环境、人类的生存和生活都具有巨大的生态价值；另一方面，灌木也是一种经济资源，可作为工业原料、牲畜饲料、燃料等，对人类具有重要的经济价值和社会价值。

为鼓励植树造林、扩大森林覆盖率等，国家林业部门于 2003 年 8 月在内蒙古鄂尔多斯市召开了全国灌木林建设现场会，并由时任国家林业局副局长祝列克作出明确表示，今后我国将在东北、西北、华北等广大干旱半干旱地区大力种植灌木林，发展灌木林，并将其纳入森林资源管理，计入森林覆盖率计算范围。

15.1.1　灌木林资源资产的确认

15.1.1.1　自然资源

在《经济学解说》中，将"资源"定义为"生产过程中所使用的投入"，该定义深刻地反映出其经济学的内涵，"资源"在本质上就是生产要素的代名词。同时，在该书中，按照较常见的划分，将资源分为自然资源、人力资源与加工资源。但资源有广义和狭义之分，从狭义的角度来看，它只包括自然资源。联合国环境规划署在 1972 年对自然资源的定义为："在一定的时间和地点条件下，能够产生经济价值的，并以提高人类当前和将来的福利的自然环境因素及条件的总和"。在我国《辞海》中，对自然资源的定义为："指天然存在的自然物（不包括人类加工制造的原材料）如土地资源、矿产资源、水利资源、生物资源、气候资源等，是生产的原料来源及布局场所。"可见其共性都具有：一是不但具有自然属性，还具有社会经济属性；二是对人类的生产发展具有重要作用和价值。

15.1.1.2　森林资源资产

关于森林资源资产的定义，林业部财务司在 1997 年提出："森林资源资产是以货币表现的森林物质财产、环境资产及无形资源，森林物质资产包含森林、林木及林地、林内动植物和微生物；环境资产主要为森林生态环境、森林景观；无形资产包括经森林经营权、采伐权等。"这一定义范围较为宽泛。相比之下，姜文来（2002）给出的定义较为简洁，他认为森林资源资产就是指能为人类带来效益的森林资源，其中包括的效益有经济效益，同时也包括森林资源所能够带来的生态效益与社会效益。

森林资源与森林资产存在着紧密的联系，但又存在着本质的区别。作为森林资产，首先它必须是森林资源，即森林资源是森林资产的物质基础，二者的物质内涵具有一致性。但因为森林资源与森林资产它们分别属于不同的管理范畴，所以也具有显著的区别。一是森林资源主要强调森林财富的物质属性，而森林资产则更加注重森林财富的经济属性及法律属性；二是森林资产是在价值量和所有权基础上的森林资源的存量（李金昌，1995）；三是从森林资源到森林资产的转变，与人类社会的发展、与人类认识并开发利用森林的水平具有密切关系，只有从森林资源中获取未来经济收益，才能将其转变为森林资产。

15.1.1.3　灌木林资源

灌木林是指由多年生的灌木或灌木占优势所组成的植物群落，它是以灌木为主体的植被类型。在植被分类学和林学著作中常把灌木林称作为灌丛，仅仅将由常见的高大灌木所组成的群落称之为灌木林。但是，在实际上，这种高度上的差异很不容易确定其界限，因此，可以将灌木林与灌丛视为同一植被类型的不同称谓（《中国森林》编委会，2000）。灌木林分布范围常常比乔木林大，在气候干燥或寒冷、不适宜乔木生长的地方，常有其分布。灌木具有特殊的生态功能，它的根系发达，自我繁殖与更新迅速，适应性好，具有非常强的自然修复与复壮更新能力，从而起到很好的水土保持、防风固沙、水源涵养等生态效益。同时，灌木林不但在生态方面具有重要价值，而且它还在经济方面具有较高的价值。灌木可以代替木材生产多种木质商品，可以营造薪炭林、饲料林、工业原料林，同时一部分也可以作为药材或经济作物等（刘玉波 等，2010）。近几年，随着我国生态文明建设的推进，国家为了促进林业更好更快的高质量发展，同时，为了切实保护林农和农民的利益，开展集体林权制度改革，给农民确权颁发林权证，从而保证大量灌木林成为农民的资产。

15.1.1.4　灌木林资源资产

灌木林资源作为一种资产，它应具备资产的特性，是以其资源为物质财富内涵的财产。具体来讲，灌木林资源必须有明确的产权关系，为特定的法律经济主体所占有并实施有效的控制，即作为资产的灌木林资源，其所有权、使用权必须是清楚的，而且是能够有效控制的。同时，作为资产的灌木林资源必须能够进入市场，用货币计量，并进行货币交换。也就是说，作为资产的灌木林资源，企业或个人对其进行经营可获得经济效益，产生利润，并且其价值是可以通过货币进行计量和交换的。灌木林资源是森林资源的重要组成部分之一，因此，它具备了森林资源的种种特性。同时，通过分析资产的定义，通过比较辨析森林资源与森林资产的关系，发现灌木林资源具有稀缺性、由过去交易或事项形成、产权明确、能带来未来经济收益等资产的特征，它也具备了成为资产的条件。

灌木林资源资产，即指在人类现有的科技发展水平下，合理地开发利用灌木林，以能给产权主体带来未来经济收益的灌木林资源。也有一些特殊区域的灌木林资源，如重点区域的防风固沙林和高山陡坡上的水土保持林，因这些地方立地条件差、交通不便、经营无效益、无人愿意经营等原因，不能列入资产范围。此外，一些受到国家法律法规制约的灌木林资源，如国家公园、自然保护区的核心区，不能进行经营，不产生经济效益，不能进入市场，仅作为人类的共同财富，通常也不能列入灌木林资产。

15.1.1.5 灌木林资源资产评估

灌木林资源资产评估不仅仅是灌木林木及其林产品的价值评估，还因其具有自然属性和公共物品属性，它还包括灌木林生态价值、社会价值等其他方面的价值，因此，它是资产评估中较为特殊的一个分支。由于灌木林具有生老病死等生物学特性、生长环境对其具有极为重大的影响及提供的社会服务功能能够产生外部效应等，所以对其进行较为准确的价值评估存在很大的困难和不确定性。可以说，它是资产评估研究中较为困难的组成部分。

15.1.2 灌木林资源资产的特点

15.1.2.1 森林资源资产的特点

森林资源资产是资产的一类，但它又不同于一般资产。它具有一些独自的特点：

①它的生长既离不开自然环境、自然条件的影响，又在不断受到人类活动的影响。

②它具有生长的长期性和可再生性，属于多年生资源，从几年到几十年，甚至几百年上千年，同时它在受到破坏后，只要具备必要的生存条件，就可以实现再生。

③它的系统是庞大而又复杂的，整个森林系统中的各个部分是相互影响、相互制约的。

④它的分布是极其广泛的，遍布于各种地质条件下的众多地区。

⑤它具有功能的多样性，包括经济效益、生态效益、社会效益等。

15.1.2.2 灌木林资源资产

灌木林资源资产是森林资源资产的一部分，其物质属性与森林资源资产相近，也有诸多独特的特点：

①灌木林的自然生长受自然界和人类双重影响，既受到阳光、空气、水、温度等自然条件影响，又受到人类种植、管护、砍伐等人为因素影响。

②灌木林的生长周期较长，达到几年到几十年，但与乔木相比，其生长期较短。

③灌木林的资产构成较为多样，既可制成板材、饲料、纸张、薪材等作为消耗性资产，也可以合理种植起到防风固沙、保持水土等作为生物性资产。

④灌木林分布的广泛性。由于灌木林自身的生理特性，使其能够适应较乔木更为恶劣的自然环境，所以它的分布较乔木林更为广泛。

⑤灌木林可以作为灌木林景观资产，既可提供人与动物的林地休憩场所，也可成为人类教育、科研的重要基地。

⑥灌木林管理困难重重。因为灌木林生长在较为偏远、环境较为恶劣的地区，所以其病虫害、火灾、鼠害、人为破坏等方面的管理较之乔木更加困难。

15.1.3 灌木林资源资产的价值形式

灌木林资源资产拥有与森林资源资产同样的价值表现形式：经济价值、生态价值和社会价值。

在经济方面，灌木林资源与森林资源一样，都身兼林业再生产的劳动对象和生产资料两重身份，是林业生产的物质基础，为社会提供如木材、薪材等木质产品和药材、种子、果实等林副产品，也可提供如森林旅游等服务性收入，总之满足工业生产、建筑建设及消费者的日常生活、休闲娱乐等多种需求，是国民经济的基础之一。

在生态方面，森林是陆地生态系统的主宰，作为其中重要成员的灌木林，也充当着保护国土生态安全和改善环境的主体，具有其他的物质所无法替代和比拟的作用。其主要的生态价值表现为净化空气、美化环境、防治荒漠化、缓解地球"温室效应"、涵养水源、保持水土、维护生物多样性、防灾减灾等方面。由于人类对自然界的过度干预和影响，全球环境及自然资源问题正日趋恶化，人类为实现自身的持久发展，世界范围内的保护环境的意识正日益浓厚。由于森林是生态系统的主体，所以，保护森林资源，保护灌木林资源，充分发挥其生态效益，成为当今时代的主题。

在社会方面，森林是旅游休养的最佳场所，是非常重要的教学、科研基地，也是文艺创作的源泉。它可以满足人们的精神需求，陶冶情操，提高健康水平，是构建精神文明的重要组成部分。同时，林业建设也为社会提供大量的就业岗位。伴随林业的发展也能增加山区、林区、农区的农民收入，是农民发家致富的重要途径之一。

15.2　灌木林资源资产评价方法及应用

15.2.1　灌木林资源资产的经济效益评价方法

15.2.1.1　灌木林资源资产的林木价值估价

广义的灌木林资源资产价值包括灌木、灌木林地资源的直接经济价值和生态服务功能价值。因此，计算灌木林资源资产的经济效益，实际上，就是主要对其灌木林的林木价值和林地价值进行估价。在森林资源资产评估中，林木资产的评估要根据不同的林种，选择适用的评估方法和林分质量调整系数进行评定估算，评估方法主要有以下几种：①市价法（包括市场价格倒算法、现行市价法）；②收益现值法（包括收益净现值法、收获现值法、年金资本化法）；③成本法（包括序列需工数法、重置成本法）；④清算价格法。

根据灌木林的性质和特点，下面对其中的几种计算方法进行介绍并分析其优缺点。

（1）市场价倒算法

市场价倒算法是用被评估灌木采伐后取得灌木木材的市场销售总收入，扣除经营灌木林所消耗的成本（含有关税费）及应得的利润后，剩余的部分作为林木资产评估价值。其公式：

$$En = W - C - F \tag{15-1}$$

式中：En——灌木资产的评估值；

W——灌木销售的总收入；

C——灌木林经营成本（包括维护成本、采运成本、销售费用、管理费用、财务费用及其他相关税费）；

F——灌木林经营的合理利润。

市场价倒算对于成熟、过熟的林木资源资产评估较为常用。该方法最贴近市场，对所需技术经济资料较易获得，木材的价格、利润、成本税费都较易收集。对于灌木林而言，一些灌木种类如柠条锦鸡儿、沙柳、中间锦鸡儿、小叶锦鸡儿等，需要每隔3~5年就进行平茬，以促进其生长。同时，一部分灌木如柠条锦鸡儿、小叶锦鸡儿等，其灌木整体都可以作为牲畜饲料。因此，可以将这些灌木的平茬期作为其成熟、过熟的时间点，在其平茬时依据灌木的林木规格或收获的重量，用市场价倒算法对其灌木的林木价值进行估价。

（2）现行市价法

现行市价法是以相同或类似灌木林木资产的现行市价作为比较基础，估算被评估灌木林木资产评估价值的方法。其公式：

$$En = K \cdot K_b \cdot G \cdot M \tag{15-2}$$

式中：En——灌木资产的评估值；

K——灌木林林分质量调整系数；

K_b——物价指数调整系数；

G——参照物灌木的交易价格（元$/\mathrm{m}^3$）；

M——被评估灌木林资产的蓄积量。

现行市价法是在一般资产评估中最为常用的方法，它评估结果可信度高，具有较强说服力，且计算简单。它在理论上可以用于任何树龄阶段、任何形式的森林资源的林木价值评估。但它最主要的一个决定因素是必须具备一个公开的、发育充分的森林资源市场，从而收集可靠的参照案例成交价。这对于刚刚起步发展还不是太成熟的灌木林资源交易市场来说，还很难找到各种类型的灌木林资源资产评估的参照案例。另外，灌木属无主干多枝的植物，其灌木林木资产的规格更加难以确定，如何正确确定其林分质量调整系数，也具有较大困难。所以，用这种方法计算灌木林木的价值有较大的难度。

（3）收益净现值法

收益净现值法是将被评估灌木林木资产在未来经营期内各年的净收益按一定的折现率折为现值，然后累计求和得出灌木林木资产评估价值的方法。其公式：

$$En = \sum_{i=1}^{u} \frac{A_i - C_i}{(1 + P)^{i-n+1}} \tag{15-3}$$

式中：En——灌木资产的评估值；

A_i——第i年的灌木收入；

C_i——第i年的灌木营林成本支出；

u——经营期；

P——折现率（根据当地营林平均投资收益状况具体确定）；

n——灌木林分年龄。

收益净现值法通常可以用于具有经常性收益的同时具有经济寿命的经济性的灌木林木资产，如枸杞、沙棘、白刺等，像这样的灌木在成熟结果后每年都具有一定的收益，同时每年要支付一定的成本，并具有一定的经济寿命期。但该法需要预测在灌木经营期内未来各个年度的经济收入与各项成本支出，这就需要考虑种种可能因素，其预测较为繁琐。同时，由于这种方法中的折现率对评估结果具有重要影响，所以必须确定好折现率，通常灌木林木的收益与成本费用都采用按基准日的价格水平进行预测，并剔除通货膨胀因素。一般情况下，因为收益净现值法中的不确定因素过多，从而在其他方法无法进行预测时才用此方法。

（4）收获现值法

收获现值法是利用灌木的收获表预测被评估灌木林木资产在主伐时期的纯收益的折现值，并扣除评估后到其主伐期间所支出的营林生产成本（评估后第二年起所指出的成本）的折现值的差额，作为被评估灌木林木资产价值的方法。其公式：

$$En = K \times \frac{Au + D_a(1+i)^{u-a} + D_b(1+i)^{u-b} + \cdots}{(1+i)^{u-n}} - \sum_{t=n+1}^{u} \frac{C_t}{(1+i)^{t-n}} \qquad (15\text{-}4)$$

式中：En——灌木资产的评估值；

　　　Au——参照灌木林分 u 年时的纯收益（即灌木林木销售收入扣除采运成本、销售费用、管理费用、财务费用及其他相关税费和合理利润后的部分），即主伐时的灌木林木资产价值；

　　　D_a、D_b——参照灌木林分第 a、b 年的间伐纯收入（$n>a$，b 时，D_a，$D_b=0$）；

　　　i——投资收益率；

　　　C_t——评估后到主伐期间的灌木林管护成本等；

　　　K——灌木林林分质量调整系数。

收获现值法主要是根据同龄林的生长特点而用在中龄林及近熟林的林木资产的测算评估方法。该种方法公式较为复杂，需确定的因素较多，计算较为繁琐。它是针对乔木林中中龄林和近熟林造林年代较为久远，但离主伐尚早，不可用市场价倒算法，又用重置成本法易产生偏差，从而根据其特点提出来的。灌木中的大部分种类，与乔木相比较，其生长期都要短得多。因此，这种方法对于一部分生长期较长或平茬期较长的具有较大经济利用价值的灌木具有一定的适用性。同时，用该种方法的关键是获取灌木主伐时的纯收入预测值，这要通过收获表、生长模型等方法测算其灌木的林木蓄积量，再用林木的市场价倒算法取得。

（5）重置成本法

重置成本法是按现时工价及生产水平，重新营造一块与被评估灌木林木资产相类似的林分所需的成本费用，作为被评估林木资产评估价值的方法。其公式：

$$En = K \cdot \sum_{i=1}^{n} C_i \cdot (1+P)^{n-i+1} \qquad (15\text{-}5)$$

式中：En——灌木资产的评估值；

　　　K——灌木林林分质量调整系数；

　　　C_i——第 i 年以现时工价及生产水平为标准计算的生产成本，主要包括各年投入的工资、物质消耗等；

　　　n——灌木林分年龄；

　　　P——利率。

重置成本法主要适用于幼龄林阶段的林木资产评估。在用材林的经营过程之中，造林成本在短期内无法收回，同时要不断投入营林成本，所经营的林分在不断生长，林分蓄积量在不断增加，林木价值也在不断上升。直到木材成熟时一次收回投入。该种算法，对于一些生长期较长或平茬期较长的用材型灌木或具有经济林性质的灌木较为适用。但经济林性质的灌木在使用重置成本法进行林木价值评估时，必须要扣除从产生效益后的每年度的收益及必须确定灌木的重置年限和考虑灌木林的实体性贬值与功能性贬值（林业部，1996）。

对于会计核算基础较好、账面资料比较齐全的灌木林区，可采用历史成本调整法。历史成本调整法是以投入时的成本为基础，根据投入时与评估时的物价指数变化情况确定被评估林木资产评估价值的方法。其公式：

$$En = K \cdot \sum_{i=1}^{n} C_i \cdot \frac{B}{B_i} \cdot (1 + P)^{n-i+1} \tag{15-6}$$

式中：En——灌木资产的评估值；

　　　K——灌木林林分质量调整系数；

　　　C_i——第 i 年投入的实际成本；

　　　B——评估时的物价指数；

　　　B_i——投入时的物价指数；

　　　P——利率；

　　　n——灌木林分年龄。

15.2.1.2　灌木林资源资产的林地价值估价

灌木林地资源资产是灌木林资源资产的重要构成之一，也是其基础性成分。没有灌木林地，也就不会有灌木林，灌木林资源资产也就无从谈起。在我国，林地资源资产的所有权是禁止买卖的，但其经营权是可以有偿转让的。长期以来，由于政策及工作的失误，导致我国在很长一段时间内未将林地作为资产进行管理，从而出现所有权与使用权混淆，无视林地价格，肆意占用林地并长期无偿使用林地。直到 20 世纪 80 年代，随着《中华人民共和国森林法》和《中华人民共和国土地管理法》出台后，才有了林地的正式管理，林地的有偿使用及林地的资产价值评估。特别是集体林权制度改革之后，给农民赋予林权，更加强化了林地的价值性。目前，关于林地资产评估的主要方法有现行市价法、收益现值法（林地期望价法、地租资本化法、林地期望价修正法）、林地费用价法等。

根据灌木林的性质和特点，对其中几种方法作下简单介绍并分析其优缺点：

（1）现行市价法

现行市价法就是在同一灌木林区内选取 3 块或 3 块以上的与被评估灌木林地条件类似的其他灌木林地的实际交易案例的价格进行比较并调整，以确定其灌木林地的价值的评估方法。其公式：

$$Bu = K_1 \cdot K_2 \cdot K_3 \cdot K_4 \cdot G \cdot S \tag{15-7}$$

式中：Bu——灌木林地资源资产价值；

　　　G——参照案例的单位面积灌木林地的交易价格；

　　　S——被评估灌木林地面积；

　　　K_1——立地质量调整系数；

　　　K_2——地利等级调整系数；

　　　K_3——物价指数调整系数；

　　　K_4——其他各因子的综合调整系数。

现行市价法的应用，最主要的是要找到与被评估灌木林地较类似的交易案例，并且必须保证其交易案例价值的可靠、合理、真实。到目前为止，我国森林资源资产交易市场得到较大发展，但依旧比较混乱，易发生腐败行为，造成林地资源真实价值的偏离。另外，对交易案例价值的修正需获得大量的自然条件资料及社会经济资料，并在此基础上对其综合分析、判断。该方法的种种要求，对于发展更为滞后、更为不健全的灌木林资源资产的交易市场来说，困难和问题更多，不太适用于灌木林地的资产价值评估。

（2）林地期望价法

林地期望价法就是以实行永续皆伐为前提，将无数个轮伐期的纯收益折为现值以累加求和将其作为灌木林地的资产价值。其公式：

$$Bu = \frac{Au + D_a(1+i)^{u-a} + D_b(1+i)^{u-b} + \cdots - \sum_{t=1}^{n} C_t(1+i)^{u-t+1}}{(1+i)^u - 1} - \frac{V}{i} \qquad (15\text{-}8)$$

式中：Bu——灌木林地资源资产价值；

　　　　Au——主伐时纯收入；

　　　　D_a、D_b——分别为第 a 与第 b 年的间伐纯收入；

　　　　C_t——各年度的营林直接投资；

　　　　V——年度的各种管护费用；

　　　　i——投资收益率；

　　　　n——造林及幼林抚育所需的年数；

　　　　u——轮伐期年数。

林地期望价法是测估同龄林地价值最直接的方法，其假设就是在一块林地上，种上树木，形成林分，直至成熟并采伐，同时获取收入、支出成本，然后再重新开始这一过程。但由于其不同时期的收入与成本不同，所以必须利用投资收益率来将其折到一个时点上，按复利计算直到轮伐期。这种方法计算虽然较为复杂，但较为实用。一般对于各种类型的灌木林地，如经济林类型的灌木林地、用材型的灌木林地等的资产价值评估都具有参考性和适用性。

（3）林地的费用价法

林地的费用价法也叫成本价法，就是将取得灌木林地所需的费用及把灌木林地维持到现在状态所需的费用，在评估时用其本利和来进行表示。其公式：

$$Bu = Au(1+i)^u + \sum_{t=1}^{u} M_t(1+i)^{u-t+1} \qquad (15\text{-}9)$$

式中：Bu——灌木林地资源资产价值；

　　　　Au——灌木林地购置费；

　　　　M_t——灌木林地购置后，第 t 年的林地改良费；

　　　　u——灌木林地购置年数；

　　　　i——投资收益率。

该种方法对于近年购入的灌木林地及各项投资于灌木林所花费的费用都较为明确的灌木林地的资产价值估算较为适宜，但这种算法对灌木林经营的会计资料的完整性要求较高。

15.2.2　灌木林资源资产的生态效益评价方法

森林资源资产是一个组成复杂且又功能多样的陆地生态系统。它不仅提供林木而且发挥着多种生态效益。若仅从经济价值的角度考虑，这种效益若换算成货币，其价值要远远大于森林所提供的林木及林产品的价值。因此，做好森林资源资产的生态效益的价值评估是极其重要的。它的生态价值主要要包括涵养水源、土壤保育、固碳固氧、防风固沙、净化空气等。

对于灌木林资源资产的生态价值，通过分析其所特有的特点，将其主要生态功能的计算方法进行说明。

15.2.2.1　灌木林资源资产的固碳供氧的价值估价

生物量就是指在生态系统的单位面积上的生物有机干物质的重量（张灵，2007）。它是生态系统从自然界获取能量能力的主要表现，森林生物量碳库主要体现为林木或森林生态系统通过光合作用吸收大气中的 CO_2，并将其转化为有机碳存储在植物体内（宇万太 等，2001）。灌木作为森林生态系统中的一个重要部分，在生态保护、恢复及再建中具有重要的作用，灌木林的生物量研究不但是其进行物质循环与能量转化研究的基础，而且也是灌木林群落及生态系统研究的重要组成内容之一（刘存琦，1994）。因此，做好沙地灌木的生物量测量工作对其进行固碳供氧价值的估价具有重要意义。

针对灌木林而言，通过哪种方法测定的生物量及建立的生物量预测模型效果比较好，目前仍没有统一的标准。但随着对灌木生物量研究的深入，更多的研究趋向于使用回归模型及数量化的方法。当前灌木生物量研究中较为常用的生物量测定方法主要有 5 种：样方法、平均木法、相对生长法、数量化法和非破坏性方法（卢振龙 等，2009）。

样方法即对灌木林木设置一定面积的样方，用 Monsi 方法进行层割，获取地上和地下相应的生物量并用"全根量收获法"进行测量的方法。用该方法所获取的生物量的数据较为客观准确，但费时费力（冯宗炜 等，1999）。同时，刘存琦等（1994）通过对梭梭、柠条锦鸡儿、毛条和细枝山竹子等灌木的生物量测定研究发现，由于其灌木本身的生物学特性，传统的适宜于乔木的样方收获法测定这几种灌木的生物量不具备实际的可行性。

相对生长法也叫微量分析法，就是先测量灌木样木的地径、高和冠幅，对树高用标杆测量，对地径用卡规测量，测向角度为 120°，并重复 3 次测量获取平均值的方法。用该方法对灌木生物量进行测定，在国际上较为认同，因此它是目前生态学文献及测定森林生物量应用最多的方法。

平均木法，根据样地中灌木调查的资料先将全部样地中的植株，根据高、地径、高茎之和等这 3 种指标分别将其分为 3 个等级，每级选取平均木 3 株，测量其生物量，以作为其参考指标的方法。但是一些学者认为，由于只有人工栽植的乔木或灌木在高度及基部直径上，具有较中等离散度的正态分布的规律，所以，这种方法一般只适用于人工所栽植的乔木及灌木林。同时，国内外许多学者认为某一指标测定的平均木不等同于其他指标测定的平均木。

数量化方法就是对影响灌木生物量的各因子进行数量化的处理，自变量 X 影响因变量 Y，当 X 为数量指标时读其具体值（包括地径、树高、冠幅和林龄等），当 X 为定性指标（例如疏密度、生长情况等）时，可把它分成若干类别，并将这些数量化因子及类别统一称为类目 Ck，对其进行评分，最后使用期望值对其求偏导数的方法。刘存奇（1994）、姜凤岐（1982）、陈继平（1990）等分别用数量化方法对灌木进行生物量测定的研究，认为该方法效果较好，测量精度和相关系数都较高。

非破坏性的方法主要是依靠评分数量化方法和目测的方法，该种方法适用于较大范围的估测，这种方法是基于大量经验基础上的，所以精度很低，结果不太稳定。Etienne（1989）曾经使用植物的非破坏性的方法，对全球灌木的生物量进行了估测。姜峻等（1997）对非破坏性进行改进，设计出专门用于灌木生物量的非破坏性的测量板，并用它对柠条锦鸡儿的生物量进行了测定。但总体上，非破坏性的方法测定较为粗糙，需要进一步改进。

通过测定灌木林生物量及净生长量后，就需要依据其不同灌木生物量的碳储量转换系数（即碳密度）计算灌木所固定的碳的含量，或依据光合作用的化学公式确定其固碳量。最后根据固碳供氧方法，依据我国治理 1 t 二氧化碳成本及化工生产 1 t 氧气的售价计算固碳供氧的效益（张坤，2007）；或依据碳税法的碳税收率确定其经济价值；或运用造林成本法，将森林固定的二氧化碳的经济价值作为造林的费用来计算其经济效益等。在此值得说明的是，灌木土层中也含有大量的碳，但受研究所限，在此忽略不计。

15.2.2.2　灌木林资源资产的土壤保育的价值估价

森林利用其庞大的根系改良、固持及土壤的作用叫做土壤保育。森林的林冠层与枯枝落叶层能有效减少地表水土遭受侵蚀、拦截滞留地表径流，从而稳定土壤结构，降低如 N、P、K 等营养物质的流失，保持土壤肥力（张颖，2004）。因此，为更好地做好灌木林资源资产的评估，就必须将沙地灌木的土壤保育的价值估价作为其价值评估的组成部分之一。

一般来讲，土壤保育的价值主要包括两方面：一是固土保肥价值；二是改良土壤价值。根据森林土壤保育价值的估价方法，对其进行适当变换，可归纳出类似的沙地灌木的土壤保育的价值估价公式，但是否适用，需要进一步探索验证。

（1）灌木林资源资产的固土保肥的价值估价

由于森林的存在，使得森林中的凋落物层与活地被物层将降水层层进行拦截，从而消除地表径流对表层土壤的冲蚀作用，保证了土壤的固定，使其肥力得以保存。根据森林固土保肥效益的计算公式，可作如下估算：

灌木林固土效益的价值估价公式：

$$Vg = k \cdot s \cdot d \tag{15-10}$$

式中：Vg——灌木林固土效益的估价值（元）；

$\quad k$——挖 1t 泥沙的费用（元/t）；

$\quad s$——灌木林总面积（hm^2）；

$\quad d$——有林地比无林地所减少的年侵蚀量（t/hm^2）。

灌木林保肥效益的价值估价公式：

$$Vf = d \cdot s \cdot \sum_{i=1}^{3} p_{1i} \cdot p_{2i} \cdot p_{3i} \tag{15-11}$$

式中：Vf——灌木林保肥效益估价值（元）；

$\quad d$——有林地比无林地减少的年侵蚀量（t/hm^2）；

$\quad s$——灌木林总面积（hm^2）；

$\quad p_{1i}$——灌木林土壤中 N、P、K 含量（%）；

$\quad p_{2i}$——纯 N、P、K 所折算成化肥的比例，即 79/14、506/62、174/78；

$\quad p_{3i}$——各种化肥的市场售价（元/t）。

（2）灌木林资源资产的改良土壤的价值估值

森林的保肥效益主要是计算其土壤中 N、P、K 的损失量。与保肥效益不同，森林改良土壤的效益主要是计算土壤中因凋落物的增加而相应的 N、P、K 的增加量。对于这方面的研究，主要依据 N、P、K 的年养分归还量来计算。根据长期的实验研究，相关部门和研究者根据不同气候带不同森林类型给出不同的年养分归还量参考标准，但这主要针对的乔木林，对于灌木林改良土壤价值的估价并不适用。同时，周米京、高城雄等（2009）通过对榆林沙区的固沙灌木林地的土壤养分进行实验测定，测出细枝山竹子、柠条锦鸡儿、沙柳等几种灌木的 N、P、K 土壤含量，但比重很低。其分析结果是灌木固沙林具有非常明显的改良沙地的作用，该区域内的沙地防风固沙林地的土壤有机质得到明显增加，但同时指出，榆林地区沙地土壤养分含量极低，总体上仍旧呈现出贫瘠状态，沙地土壤的改良将是一个极其缓慢的过程（周米京 等，2009）。因此，在灌木林资源资产的评估中，灌木林改善土壤的价值效益相对较低。

15.2.2.3 灌木林资源资产的涵养水源的价值估价

沙地灌木更多的生长于年降水量低于 450 mm 以下的半干旱、干旱地区。因此，水资源显得较为珍贵，灌木涵养水源的价值将是重要的。

沙地灌木的树干茎流是指在降雨的过程中，沿着其叶片、枝条和茎干向下运动，最后到达植物根部的水量（Lorens et al.，2007）。它作为林冠层降雨截留再分配的过程中的主要组成部分，对土壤—植物—大气这一循环体中的水分与养分循环的速度与方向有着较大的影响，对半干旱、干旱地区的灌木生存、生长具有深远的影响（杨志鹏 等，2010）。根据相关研究发现，沙地灌木通过树干茎流可收集 5%～10%（甚至可达到 20%～45%）的降水并将其直接运送到植物的根部，并依靠土壤中的根系管道及土壤孔隙将下渗的雨水，贮存到较深的土层中供植物在干旱缺水时利用（Nulsen et al.，1986）。

所以，沙地灌木涵养水源的价值主要就是灌木林增加水资源的效益。因此，对沙地灌木的涵养水源的研究必将以灌木树干茎流为主要研究对象之一。对于如何收集树干茎流量而言，与现有比较常规的乔木树种的茎流观测手段相比，对于灌木的树干茎流收集的方法较多（Levia et al.，2003），较常使用的是在灌木的树干接近其根部的位置安装上漏斗，或使用侧面剖开的聚乙烯管和金属箔片制作的导水槽，呈现螺旋状环绕在树干的下部，并使用硅胶来固定和密封。但该方法只适用于具有明显主干，并且其主干较粗的灌木。而对于接近地面、分枝较多的灌木树种不适宜。

Carlyle-Moses（2004）在墨西哥某地区对某一灌木群落内的降雨再分配过程进行研究。该实验在样地内随机测定 4 株灌木的树干茎流量，并假设其树干茎流量和灌木的基部面积成正比例关系，则可通过下面的公式来估算灌木群落内木本层的树干茎流量（Carlyle-Moses et al.，2004）：

$$SF_{wp} = aPgBA_{mean}n_{stem} \qquad (15-12)$$

式中：SF_{wp}——灌木树干茎流量（L）；

Pg——同期的林外降雨量（mm）；

BA_{mean}——样方内基部面积的均值（m^2）；

n_{stem}——样方内灌木的树干数目（个）；

a——回归方程的斜率。

其中，a 通过下式可得：

$$FR = \frac{SF_{vol}}{BAPg} \tag{15-13}$$

式中：SF_{vol}——实测得到的灌木树干茎流量(L)；

　　　　BA——对应的基部面积(m^2)；

　　　　Pg——同期降雨量(mm)。

最终，灌木群落内单位面积上的树干茎流深度(mm)SF 通过下式得到：

$$SF = \frac{SF_{plot}}{A_{plot}} = \frac{SF_{wp}}{A_{wp}} + \frac{SF_{Agave}}{A_{Agave}} \tag{15-14}$$

式中：SF_{plot}——灌木群落的树干茎流量(L)；

　　　　SF_{wp}——灌木木本层的树干茎流量(L)；

　　　　SF_{Agave}——灌木草本层的树干茎流量(L)；

　　　　A_{plot}——灌木群落对应的面积(m^2)；

　　　　A_{wp}——灌木木本层对应的面积(m^2)；

　　　　A_{Agave}——灌木草本层对应的面积(m^2)。

在目前植被降雨截留及树干茎流的相关模型中，通常主要考虑降雨量(P)、穿透雨量(TF)、截流量(IC)，其树干茎流量(SF)与三者关系(Owens *et al.*, 2006)：

$$SF = P - TF - IC \tag{15-15}$$

在获取灌木树干茎流量后，便需要对其增加水资源的效益进行估算，根据森林增加水资源的效益公式，可以尝试性的得到灌木林增加水资源的效益公式：

$$V = M \cdot p_1 \cdot u_1 + M \cdot p_2 \cdot u_2 \tag{15-16}$$

式中：V——灌木林增加水资源效益经济评估价值(元)；

　　　　M——灌木林增加水资源总量(m^3)；

　　　　p_1——农田灌溉单位水价格(元/m^3)；

　　　　p_2——工业供水单位水价格(元/m^3)；

　　　　u_1——农田灌溉水利用系数(%)；

　　　　u_2——工业供水利用系数(%)。

由于灌木林不同于一般意义上的森林，其水增加量相对于森林小得多，但灌木林区往往地处干旱、半干旱地区，水源稀少，因此，灌木涵养的水分显得格外珍贵，所以不能简单地利用农田灌溉单位水价格、工业供水单位水价格作为参照系数，可根据当地获取水源的成本进行定价。否则，将会严重低估其生态效益。

15.2.2.4　灌木林资源资产的防风固沙的价值估价

灌木林大多生长在干旱、半干旱地区，这种地区地表植被较少，降水稀少，风沙长年不断，而由于灌木林的存在将对风沙起到非常好的抑制作用，对沙漠、沙地的治理具有重要的作用(陈建成 等，2004)。所以，防风固沙的价值估价是灌木林资源资产价值评估的重要组成部分。

目前，对于灌木林的防风固沙价值的核算方法主要是两类：一类是以物理影响的市场评价法；另一类则是在对灌木林的环境影响的研究基础上，将防护费用作为测算灌木林的防风固沙价值(张颖，2004)。

在灌木林防风固沙价值估价的市场评价法方面，具体的方法：

①灌木林的防风固沙价值可根据风沙对生产、生活造成的损失及林地与沙漠化土地的价格差来进行测算。公式如下：

$$V = V_1 + (V_2 - V_3) \tag{15-17}$$

式中：V——灌木林防风固沙的价值；

V_1——灌木林减少风沙灾害的损失价值；

V_2——林地的价格；

V_3——沙漠化土地的价格。

其中，灌木林减少风沙灾害的损失价值的公式如下：

$$V = \frac{V_1 - V_2}{(S_2 - S_1) \cdot S_2} \tag{15-18}$$

式中：V——灌木林减少风沙灾害的损失价值；

V_1——灌木林减少后的灾害损失价值；

V_2——灌木林减少前的灾害损失价值；

S_2——原有灌木林面积；

S_1——减少后的灌木林面积。

②灌木林的防风固沙价值分为两部分计算：

可根据相关历史统计数据求得风沙灾害的价值损失与灌木林覆盖面积 S 间的函数关系 $f(s)$，进而通过积分求其减少风沙灾害的损失价值。公式如下：

$$V_1 = \int_0^s f(s)\,\mathrm{d}s \tag{15-19}$$

式中：V_1——灌木林减少风沙灾害的损失价值；

$f(s)$——风沙灾害的损失价值与森林覆盖面积的函数关系。

灌木林的治沙价值公式如下：

$$V_2 = V_3 - V_4 \tag{15-20}$$

式中：V_2——灌木林治沙的价值；

V_3——没有灌木林时的风沙灾害带来的损失；

V_4——有灌木林时的风沙灾害带来的损失。

所以，求得灌木林的防风固沙价值：$V = V_1 + V_2$

在灌木林防风固沙价值估价的防护费用法方面，其具体步骤：①识别其环境危害；②界定受到风沙影响的人群；③收集所需要的数据；④根据前三步，计算灌木林的防风固沙的价值。

15.2.3 灌木林资源资产的社会效益评价方法

生态效益与经济效益的提高是社会的物质与精神文明提高的自然物质基础，所以社会效益是目标（范大陆，2001）。因此，社会效益评估是森林资源资产评估的重要组成部分。尽管森林资源的社会效益评价出现较早，但到今天为止，对于它的社会效益的评价研究依旧较少。

关于森林资源资产的社会效益的认识，最早起源于 18 世纪德国的森林美学的研究，但直到 20 世纪 40 年代，才开始出现正式的森林资源的社会效益分析与评价，并到了 20 世纪 70 年代才迅速地发展起来。对森林资源资产的社会效益的评价,美国、苏联、德国、日本研究较多。而它们所采用的研究方法,主要包括两个方面:消耗评价法与效果评价法。消耗评价法是通过评价因森林发挥其社会效益所要投入的劳动量与附加的消耗费用来间接的反映森林资源资产的社会效益的大小的方法;消耗评价法是从考虑森林效能的利用效果的角度出发,以其效能所带来的本地级差收入与劳动节约作为依据来对森林社会效益进行评价的方法。

我国的森林资源资产的社会效益的研究开始于 20 世纪 70 年代末,其发展搭上了国际森林社会效益发展的顺风车,因而发展较为迅速(陈应发 等,1995)。李周、徐智等(1984)针对我国森林资源资产的具体情况,对森林资源资产的社会效益评价的理论基础进行了较系统的总结:①其方法要建立在马克思主义政治经济学基础之上;②其理论基础应是最佳效能理论;③其应该将边际效用理论作为理论基础;④其应将效用论作为理论基础。张建国(2005)、吴楚材等(2003)、葛守中(1999)、张颖(2004)通过相关研究理论与计算方法,对一些地区的森林资源资产的社会效益进行了估算。但大体而言,我国在森林资源资产的社会效益评价的研究方面还处于起步阶段。

关于森林资源的社会效益的定义目前依旧没有定论,所以其内容的研究就存在较多的困难。但根据国内一些学者对森林资源的社会效益内容的界定来看,其主要包括两方面:一方面是林业的生产能够吸纳一部分劳动力,解决人类的就业问题;另一方面是森林对于人类的身心健康、精神面貌、文化素质等方面的发展具有重要影响。

所以,依据森林资源社会效益的这些特征,可以大体归纳出灌木林资源资产的社会效益的两方面内容:一是灌木林产业给社会所带来的就业机会,从而解决部分劳动力就业所换算的货币价值及因解决这一部分劳动力所减少的各种社会问题需要支出的费用的价值;二是由于灌木林资源资产的存在,而使人类在精神的各个层面得到提升所换算的货币价值。

通过借鉴森林社会效益评价的方法,依据灌木林资源资产的社会效益的内容特征,将其价值核算方法归纳为三个方面:一是灌木林产业所提供的社会就业机会,其方法为投入产出法与指数法(陈锡康,1992);二是灌木林的科学、文化与历史价值,其方法为指标评价法、综合模型评价法与条件价值法(农业部发展计划司,1992);三是灌木林的游憩价值,其方法为旅行费用法(胡明形,2001)。对其部分方法介绍如下:

15.2.3.1　投入产出法

投入产出法就是将整个国民经济的各个部门的投入与产出的来源与去向排成一张表,并将表分成四个象限,其灌木林提供的就业机会表现在第三象限上,公式如下:

$$\sum_{i=1}^{t} Y_i = \sum_{j=1}^{t} (R_j + V_j + M_j) \tag{15-21}$$

式中:Y_i——各部门最终的产品;

$\quad R_j$——固定资产折旧;

$\quad V_j$——劳动报酬;

$\quad M_j$——社会纯收入;

$\quad i,j$——分别代表其投入产出表中的横行、纵列部门。

其中,灌木林所提供的就业机会的价值就是从事灌木林产业劳动的劳动报酬价值。

15.2.3.2　综合模型评价法

综合模型评价法就是对灌木林社会效益的对比分析与综合评判。该方法主要是分析灌木林对周边的社会发展的各个目标的贡献与影响。包括经济、政治、教育、文化、环境等诸多方面。其评价方法分为五个部分：①提出目标；②构造问题；③构造评价模型；④分析评价；⑤完成评价结果。

15.2.3.3 旅行费用法

旅行费用法是西方评估游憩价值的主要方法，它是以"游憩商品"的消费者剩余作为其灌木游憩区的经济价值。由于商品可以在市场上交换，所以，可以根据相关的市场价格资料来明确其消费者剩余与支付意愿，进而通过相关计算求其价值。旅行费用法的一般表达公式：

$$V_i = f(C_i，T_i，A_i，S_i，Y_i) \tag{15-22}$$

式中：V_i——不收取入园费时的千人游园率；

$\quad\quad C_i$——地带 i 与灌木公园间的往返旅行费用；

$\quad\quad T_i$——往返的全部时间；

$\quad\quad A_i$——偏好；

$\quad\quad S_i$——可供地带 i 居民所能够替代的场所；

$\quad\quad Y_i$——地带 i 的居民人均收入；

$\quad\quad i$——环绕灌木公园的地带。

15.3　灌木林资源资产价值量

灌木具有丰富的生态和经济价值，灌木加工业市场前景看好。灌木虽不能生产木材，但用途相当广泛，可以做饲料、肥料、工业原料等。如 1000 kg 柠条锦鸡儿的枝叶所含的 N、P、K 相当于 4000 kg 羊粪的肥力，同时柠条锦鸡儿开花初期粗蛋白含量高达 19.08%，是优质饲料。

15.3.1　灌木林资源资产的价值量

早在 1981 年内蒙古自治区就提出在沙区、山区造林要坚持以灌木为主、灌木林与相关产业相互促进的生态建设思路。2020 年，灌木林已占到全区当年造林面积的 70%，全区灌木林面积共计 1.2 亿亩，已建有与灌木相关的食品、药品、饲料等加工厂。

灌木林生物质资源总量估算可采用两种方式进行：一种是对已经有研究成果的灌木树种，其地上地下生物量可以直接使用研究提供的数据，比如沙棘、梭梭、柽柳、柠条锦鸡儿、白刺、白花刺、沙冬青等；二是因地区差异或者缺少研究成果支持的灌木树种可以通过样本调查的方式测定。

一个区域内灌木林生物质资源总量可依据下式进行估算（巩文 等，2014）。

$$TB = \sum AB_i \times (1 + Brb_i) \times A_i \tag{15-23}$$

式中：TB——灌木林总生物量；

$\quad\quad AB_i$——第 i 类灌木林种地上生物量；

$\quad\quad Brb_i$——第 i 类灌木林种的地上生物量与地下生物量的比；

$\quad\quad AB_i \times (1 + Brb_i)$——第 i 类灌木林种的单位面积生产力；

$\quad\quad A_i$——第 i 类灌木林种面积。

灌木作为森林资源的重要组成部分，在干旱半干旱地区生态环境建设和保障农牧业发展中发挥着巨大作用。据测定，每公顷灌木林鲜叶量为 3000~6000 kg，此外嫩枝也可以做饲料，灌木林的鲜叶、嫩枝的产量高，而且营养丰富，可以和优质草本牧草相提并论。

15.3.2　灌木林地生产力测算

根据灌木林地生产力(以灌木林地生物产量表示)与其影响因子之间存在着的必然的、稳定的相关关系，运用科学的统计方法取得有关数据资料，建立各影响指标与林地生物产量之间的回归方程，然后应用于林地生产力评价。

回归分析根据自变量的个数分为一元回归和多元回归，根据因变量与自变量之间是否呈线性相关关系分为线性回归和非线性回归。一般情况下，利用回归分析评价林地生产力常采用多元线性回归。其函数模型：

$$Y = b_0 + b_1 x_1 + b_2 x_2 + \cdots + b_i x_i = b_0 + \sum_{i=1}^{n} b_i x_i \tag{15-24}$$

式中：Y——灌木林地生产力，以林地生物产出量表示(一般地上生物量和地下生物量)；

X_i——影响林地生产力的第 i 项因子($i = 1, 2, \cdots, n$)；

b_i——偏回归系数，b_i 表示第 i 个因子变化一个单位后，对整个林地生物产量的影响值；

i——影响林地生产的因子个数。

15.3.3　灌木林资源价值量与林价

林价的概念有广义和狭义之分。所谓狭义的林价，是指林地上立木价值的货币表现，即立木价格。广义的林价，是指森林资源价值的货币表现，它包括：①森林主产品———木材的价值；②森林的非木产品———由于森林群落的存在而产生的各种动、植物及微生物产品的价值；③森林多种生态防护功能和社会效益的价值。各种价值总和的货币表现就是林价。目前，广义的林价概念已被大多数国家和林业科学界所承认，但其计量原理与计量方法比较复杂。因此，在计算林价的实践中，仍以立木价格作为依据，以狭义林价应用更为广泛。

灌木林的林价同样也有广义和狭义之分，广义的灌木林林价，是指灌木林资源价值的货币表现，既包括灌木丛的叶、嫩枝、果实、枝干等部分，也包括因灌木丛的存在而产生的各种动、植物及微生物产品的价值，还包括灌木丛多种生态防护功能和社会效益。狭义的灌木林林价，是指灌木林林地上灌木丛价值的货币表现，即灌木林价格。

灌木林与一般意义的森林资源不同，它主要作用是生态保护，干旱地区、荒漠地区自然生态环境治理，因此，在林价上更侧重于广义林价。

灌木林林价在灌木林的营林生产活动中具有重要作用，表现在：

①灌木林林价能真实地反映出灌木林价值。集体林权制度改革之后，农民拥有林权证，干旱地区、荒漠地区的特殊的灌木林都是公益林，过去，人们不太关注灌木林价值，因而，在解决公益林生态效益补偿以及诸如征用林地、解除灌木林用地使用权的补偿、灌木林灾害损失核定、担保价值核定、灌木林森林保险等诸多法律性质的经济价值计算问题时，灌木林林价就成为重要的依据。同时，灌木林林价还可用于林业企业资产核定与评估、经济效益评估、规划设计中的效益分析等活动。

②灌木林林价的确定，可以促使灌木林集约经营和精细化管理，提高灌木林叶、嫩枝、果

实、枝干的利用率，提高经营效率，缩短营林生产周期，降低投资风险。

③灌木林林价还具有标尺作用，它使人们了解营林生产活动到底有无经济效益。利用林价计算出的产值可反映营林和经营投入状况及立地条件状况。

④实施灌木林林价，能使灌木林林产品价格趋于合理，价格背离价值过大的现象得以克服。

（执笔人：内蒙古农业大学 包庆丰、召那）

第16章
灌木林生态系统服务功能*

16.1 灌丛生态系统服务功能评估方法

以 2015 年全国生态系统评估结果为基础，根据生态系统分类结果、遥感参量如地上生物量、植被覆盖度等为主要数据源，结合地面调查数据与农业统计资料等，评估全国灌丛水源涵养、土壤保持、防风固沙、碳固定等生态系统调节服务功能的物质量和价值量，并明确其空间分布状况。

16.1.1 水源涵养评估

16.1.1.1 物质量核算

（1）指标内涵

水源涵养服务是生态系统通过拦截滞蓄降水，增强土壤下渗、蓄积，涵养土壤水分、调节暴雨径流和补充地下水，增加可利用水资源的功能。水源涵养量大的地区不仅满足核算区内生产生活的水源需求，还持续地向区域外提供水资源。

选用水源涵养量，作为生态系统水源涵养物质量的评价指标。

（2）核算方法

水源涵养量采用水量平衡法，通过水量平衡方程计算。水量平衡方程是指在一定的时空内，水分在生态系统中保持质量守恒，即生态系统水源涵养量是降水输入与暴雨径流和生态系统自身水分消耗量的差值。

$$Q_{wr} = \sum_{i=1}^{n} A_i(P_i - R_i - ET_i) \times 10^{-2} \tag{16-1}$$

式中：Q_{wr}——水源涵养量（m^3/年）；

A_i——i 类生态系统的面积（m^2）；

P_i——产流降雨量（mm/年）；

R_i——地表径流量（mm/年）；

ET_i——蒸散发量（mm/年）；

---

* 注：本章数据来源于"全国生态环境变化（2010 — 2015 年）调查评估"项目，内容主要从灌丛角度讨论生态系统服务功能。

i——核算区第 i 类生态系统类型，$i=1$，2，3，…，n；

n——核算区生态系统类型总数。

（3）核算参数及数据来源

核算区域的产流降雨量、地表径流量、蒸散发量等数据通过气象部门、核算区域的相关文献或实测获取。

16.1.1.2　价值量核算方法

（1）定价思路

水源涵养价值主要表现在蓄水保水的经济价值。可运用影子工程法，即模拟建设蓄水量与生态系统水源涵养量相当的水利设施，以建设该水利设施所需要的成本核算水源涵养价值。

（2）价值量核算模型

$$V_{wr} = Q_{wr} \cdot C_{we} \tag{16-2}$$

式中：V_{wr}——水源涵养价值（元/年）；

Q_{wr}——核算区内总的水源涵养量（m^3/年）；

C_{we}——水库单位库容的工程造价及维护成本（元/m^3）。

（3）定价参数与数据来源

生态系统水源涵养量由物质量核算得到。水库单位库容的工程造价及维护成本等数据来自国家发展改革委、水利等部门发布的工程预算依据，或公开发表的参考文献，并根据价格指数折算得到核算年份的价格。

16.1.2　土壤保持评估

16.1.2.1　物质量核算方法

（1）指标内涵

土壤保持功能是生态系统通过林冠层、枯落物、根系等各个层次保护土壤、消减降雨侵蚀力，增加土壤抗蚀性、减少土壤流失、保持土壤的功能。

选用土壤保持量，即生态系统减少的土壤侵蚀量（用潜在土壤侵蚀量与实际土壤侵蚀量的差值测度）作为生态系统土壤保持功能的评价指标。其中，实际土壤侵蚀是指当前地表植被覆盖情形下的土壤侵蚀量，潜在土壤侵蚀则是指没有地表植被覆盖情形下可能发生的土壤侵蚀量。

（2）核算方法

土壤保持量估算主要基于修正的通用水土流失方程（RUSLE）计算。

$$Q_{sr} = R \cdot K \cdot L \cdot S \cdot (1 - C \cdot P) \tag{16-3}$$

式中：Q_{sr}——土壤保持量（t/年）；

R——降雨侵蚀力因子，用多年平均年降雨侵蚀力指数表示；

K——土壤可蚀性因子，通常用标准样方上单位降雨侵蚀力所引起的土壤流失量来表示；

L——坡长因子（无量纲）；

S——坡度因子（无量纲）；

C——植被覆盖因子（无量纲）；

P——水土保持措施因子（无量纲）。

（3）核算参数及数据来源

降雨侵蚀力因子 R、土壤可蚀性因子 K、坡长坡度因子 L、S 的算法以及覆盖和管理因子 C

以及水土保持措施因子 P 来自实测数据或者相关文献。

16.1.2.2　价值量核算方法

（1）定价思路

生态系统土壤保持价值主要包括减少面源污染和减少泥沙淤积两个方面的价值。

生态系统通过保持土壤，减少氮、磷等土壤营养物质进入下游水体（包括河流、湖泊、水库和海湾等），可降低下游水体的面源污染。根据土壤保持量和土壤中氮、磷的含量，运用替代成本法（即污染物处理的成本）核算减少面源污染的价值。

生态系统通过保持土壤，减少水库、河流、湖泊的泥沙淤积，有利于降低干旱、洪涝灾害发生的风险。根据土壤保持量和淤积量，运用替代成本法（即水库清淤工程的费用）核算减少泥沙淤积价值。

（2）价值量核算模型

价值量核算模型公式如下：

$$V_{sr} = V_{sd} + V_{dpd} \tag{16-4}$$

$$V_{sd} = \lambda(Q_{sr}/\rho) \cdot c \tag{16-5}$$

$$V_{dpd} = \sum_{i=1}^{n} Q_{sr} \cdot c_i \cdot p_i \tag{16-6}$$

式中：V_{sr}——生态系统土壤保持价值（元/年）；

　　　　V_{sd}——减少泥沙淤积价值（元/年）；

　　　　V_{dpd}——减少面源污染价值（元/年）；

　　　　λ——泥沙淤积系数；

　　　　Q_{sr}——土壤保持量（t/年）；

　　　　ρ——土壤容重（t/m³）；

　　　　c——单位水库清淤工程费用（元/m³）；

　　　　c_i——土壤中污染物（如氮、磷）的纯含量（%）；

　　　　p_i——单位污染物处理成本（元/t）；

　　　　i——土壤中污染物种类数量，$i = 1, 2, \cdots, n$；

　　　　n——土壤中污染物种类总数。

（3）定价参数与数据来源

土壤保持量由物质量核算得到。土壤容重、氮、磷含量、单位水库清淤工程费、单位污染物处理成本等数据来源于当地土壤调查、文献、专项调查以及发展改革委等部门。

16.1.3　防风固沙评估

16.1.3.1　物质量核算方法

（1）指标内涵

防风固沙功能是指生态系统减少因大风导致的土壤流失和风沙危害的功能。在风蚀过程中，植被减少土壤裸露，对土壤形成保护，减少风蚀输沙量，还可以通过根系固定表层土壤，改良土壤结构，提高土壤抗风蚀的能力，植被还可以通过增加地表粗糙度、阻截等方式降低风速、降低大风风力侵蚀和风沙危害。

选用防风固沙量,即通过生态系统减少的风蚀量(潜在风蚀量与实际风蚀量的差值),作为生态系统防风固沙功能的评价指标。

(2)核算方法

防风固沙量公式如下:

$$Q_{sf} = 0.1699(WF \cdot EF \cdot SCF \cdot K')^{1.3711}(1 - C^{1.3711}) \tag{16-7}$$

式中:Q_{sf}——防风固沙量(t/年);

WF——气候侵蚀因子(kg/m);

EF——土壤侵蚀因子;

SCF——土壤结皮因子;

K'——地表糙度因子;

C——植被覆盖因子。

(3)核算参数及数据来源

气候侵蚀因子、地表糙度因子、土壤侵蚀因子、土壤结皮因子、植被覆盖因子来自实测数据或者参考文献。

16.1.3.2 价值量核算方法

(1)定价思路

根据防风固沙量和土壤沙化盖沙厚度,核算出减少的沙化土地面积;运用恢复成本法,根据单位面积沙化土地治理费用或单位植被恢复成本核算生态系统防风固沙功能的价值。

(2)价值量核算模型

公式如下:

$$V_{sf} = \frac{Q_{sf}}{\rho \cdot h} \times c \tag{16-8}$$

式中:V_{sf}——防风固沙价值(元/t);

Q_{sf}——防风固沙量(t/年);

ρ——土壤容重(t/m³);

h——土壤沙化覆沙厚度(m);

c——单位治沙工程的成本或单位植被恢复成本(元/m²)。

(3)定价参数与数据来源

防风固沙量由物质量核算得到,土壤容重来自土壤调查或文献资料,单位治沙工程成本或单位植被恢复成本来自物价部门。

16.1.4 碳固定评估

16.1.4.1 物质量核算方法

(1)指标内涵

固碳功能是指自然生态系统吸收大气中的二氧化碳(CO_2)合成有机质,将碳固定在植物或土壤中的功能。该功能有利于降低大气中二氧化碳浓度,减缓温室效应。生态系统的固碳功能,对降低减排压力具有重要意义。

选用固定二氧化碳量作为生态系统固碳功能的评价指标。

生态系统固碳量为陆地生态系统固碳和岩溶固碳总量。

$$Q_{CO_2} = Q_{tCO_2} + Q_{kCO_2} \qquad (16\text{-}9)$$

（2）核算方法

采用固碳速率法评估灌丛的固碳功能。

固碳速率法：

$$Q_{tCO_2} = M_{CO_2}/M_C \cdot FCSR \cdot SF \cdot (1 + \beta) \qquad (16\text{-}10)$$

式中：Q_{tCO_2}——陆地生态系统二氧化碳总固定量（tCO_2/年）；

$M_{CO_2}/M_C = 44/12$ 为 C 转化为 CO_2 的系数；

$FCSR$——灌丛的固碳速率［$tC/(hm^2 \cdot 年)$］；

SF——灌丛面积（hm^2）；

β——灌丛土壤固碳系数。

（3）核算参数及数据来源

灌丛固碳速率、灌丛土壤固碳系数、各省份土壤容重、无机化学肥料和有机肥料施用的情况下我国农田土壤有机碳的变化、土壤厚度、各省份土壤容重来自于实测数据或者参考文献。

16.1.4.2 价值量核算方法

（1）定价思路

生态系统固碳价值可以采用替代成本法（造林成本法）核算生态系统固碳的价值。

（2）价值量核算模型

公式如下：

$$V_{Cf} = Q_{CO_2} \cdot C_{CO_2} \qquad (16\text{-}11)$$

式中：V_{Cf}——生态系统固碳价值（元/年）；

Q_{CO_2}——生态系统固碳总量（tCO_2/年）；

C_{CO_2}——碳价格（元/t）。

（3）定价参数与数据来源

固碳量由物质量核算得到。单位造林固碳成本来自物价部门或参考相关文献。

16.2 灌丛生态系统服务功能物质量

16.2.1 水源涵养

16.2.1.1 全国总体情况

2015 年，全国灌丛生态系统水源涵养总量为 1652.90 亿 m^3，单位面积水源涵养量为 24.49 万 $m^3/(km^2 \cdot 年)$，大体上呈现西南高、东北低的分布格局。水源涵养量较高的区域主要位于太行山脉、黄土高原、秦岭山脉、横断山脉、藏东南和云贵高原等地。

灌丛中，落叶阔叶林灌丛生态系统水源涵养量最高，为 859.64 亿 m^3；其次是常绿阔叶灌丛生态系统，为 731.20 亿 m^3。水源涵养量最少的为常绿针叶灌丛生态系统，为 26.29 亿 m^3。从单位面积水源涵养量来看，常绿阔叶灌丛生态系统的调节能力最好，为 44.27 万 $m^3/(km^2 \cdot 年)$（表 16-1）。

表 16-1 灌丛生态系统水源涵养功能状况

生态系统	水源涵养总量		单位面积水源涵养量 [万 m³/(km²·年)]
	总量(亿 m³)	比例(%)	
常绿阔叶灌丛	731.20	44.24	44.27
落叶阔叶灌丛	859.64	52.01	19.34
常绿针叶灌丛	26.29	1.59	30.09
稀疏灌丛	35.77	2.16	6.32
合计	1652.90	100.00	24.49

16.2.1.2 分区域分析

（1）各地理区的水源涵养状况

我国七大自然地理区中，西南地区的灌丛生态系统水源涵养量总量最高，为 729.44 亿 m³，约占全国总量的 44.13%；其次是华中、西北、华南，分别为 320.99、189.04、188.96 亿 m³，分别占全国总量的 19.42%、11.44%、11.43%；东北地区最低，为 18.67 亿 m³，仅占全国总量的 1.13%（表 16-2）。

从单位面积水源涵养量来看，华东地区最高，高达 67.27 万 m³/(km²·年)；其次是华南和华中地区，分别为 57.77 万 m³/(km²·年)和 41.63 万 m³/(km²·年)（表 16-2）。

表 16-2 各地理区灌丛生态系统水源涵养功能状况

地理区	总量(亿 m³)	总量占全国比例(%)	单位面积水源涵养量 [万 m³/(km²·年)]
东北	18.67	1.13	12.94
华北	48.89	2.96	7.27
西北	189.04	11.44	9.79
华东	156.91	9.49	67.27
华中	320.99	19.42	41.63
西南	729.44	44.13	27.35
华南	188.96	11.43	57.77

（2）各流域的水源涵养状况

2015 年十大江河流域中，长江流域的灌丛生态系统水源涵养总量最高，为 900.79 亿 m³，约占全国总量的 54.50%；珠江流域次之，水源涵养量为 302.76 亿 m³，约占全国总量的 18.32%；其次是西南诸河流域和黄河流域，分别为 180.25 亿 m³ 和 83.31 亿 m³，各占全国总量 10.91%和 5.04%（表 16-3）。

从单位面积水源涵养量来看，水源涵养能力最强的是东南诸河地区，为 70.48 万 m³/(km²·年)；其次是珠江流域和长江流域，分别为 51.21 万 m³/(km²·年)和 35.36 万 m³/(km²·年)（表 16-3）。

（3）各省份的水源涵养状况

2015 年，从全国 31 个省份灌丛生态系统水源涵养功能的空间格局分析，四川的水源涵养量最高，为 274.14 亿 m³，约占全国总量的 16.59%；其次是湖南和云南，分别为 208.50 亿 m³ 和

表 16-3　各流域灌丛生态系统水源涵养功能状况

流域	总量（亿 m³）	总量占全国比例（%）	单位面积水源涵养量 [万 m³/（km²·年）]
松花江	4.72	0.29	13.57
辽河	14.20	0.86	11.99
西北诸河	50.98	3.08	4.88
海河	27.07	1.64	7.12
黄河	83.31	5.04	8.96
长江	900.79	54.50	35.36
淮河	9.53	0.58	20.95
东南诸河	79.25	4.79	70.48
西南诸河	180.25	10.91	19.15
珠江	302.76	18.32	51.21

167.98 亿 m³，各占全国总量 12.62% 和 10.17%，广西、贵州、西藏等省份的水源涵养量也较高。水源涵养较差的省份包括天津、山东、江苏和黑龙江，水源涵养量均小于 1 亿 m³（表 16-4）。

从单位面积水源涵养量来看，水源涵养能力最强的是江西省，为 71.56 万 m³/（km²·年）；其次是浙江和福建，分别为 70.57 万 m³/（km²·年）和 69.38 万 m³/（km²·年）。

表 16-4　各省份灌丛生态系统水源涵养功能状况

省份	总量（亿 m³）	总量占全国比例（%）	单位面积水源涵养量 [万 m³/（km²·年）]
北京	2.48	0.15	7.24
天津	0.13	0.01	14.32
河北	15.01	0.91	6.27
山西	19.75	1.20	8.81
内蒙古	21.09	1.28	7.31
辽宁	9.32	0.56	16.35
吉林	2.42	0.15	14.18
黑龙江	0.88	0.05	11.05
上海	0.00	0.00	0.00
江苏	0.82	0.05	33.30
浙江	18.05	1.09	70.57
安徽	5.86	0.35	46.67
福建	71.18	4.31	69.38
江西	61.81	3.74	71.56
山东	0.60	0.04	15.62
河南	17.28	1.05	11.97
湖北	95.81	5.80	37.83
湖南	208.50	12.62	55.39
广东	20.34	1.23	62.55

（续）

省份	总量（亿 m³）	总量占全国比例（%）	单位面积水源涵养量 [万 m³/（km²·年）]
广西	165.65	10.02	57.29
海南	2.79	0.17	63.53
重庆	45.11	2.73	40.87
四川	274.14	16.59	31.10
贵州	130.59	7.90	41.57
云南	167.98	10.17	33.81
西藏	108.87	6.59	12.73
陕西	88.59	5.36	18.18
甘肃	33.60	2.03	9.28
青海	29.60	1.79	11.32
宁夏	1.42	0.09	4.37
新疆	32.76	1.98	4.46

16.2.2　土壤保持

16.2.2.1　全国总体情况

2015 年，全国灌丛生态系统土壤保持总量为 267.32 亿 t，单位面积土壤保持量为 396.05 t/（hm²·年），大体上呈现西南高、东北低的分布格局。土壤保持量较高的区域主要位于燕山—太行山脉、黄土高原、秦岭山脉、横断山脉和藏东南等地。

其中，落叶阔叶林灌丛生态系统土壤保持量最高，为 165.26 亿 t；其次是常绿阔叶灌丛生态系统，为 96.79 亿 t。水源涵养量最少的为稀疏灌丛生态系统，为 1.29 亿 t。从单位面积土壤保持量来看，常绿阔叶灌丛生态系统的调节能力最好，为 585.97 t/（hm²·年）（表 16-5）。

表 16-5　灌丛生态系统土壤保持功能状况

生态系统	土壤保持总量		单位面积土壤保持量 [t/（hm²·年）]
	总量（亿 t）	比例（%）	
常绿阔叶灌丛	96.79	36.21	585.97
落叶阔叶灌丛	165.26	61.82	371.80
常绿针叶灌丛	3.98	1.49	455.95
稀疏灌丛	1.29	0.48	22.81
合计	267.32	100.00	396.05

16.2.2.2　分区域分析

（1）各地理区的土壤保持状况

我国七大自然地理区中，西南地区的灌丛生态系统土壤保持总量最高，为 104.23 亿 t，约占全国总量的 38.99%；其次是西北和华中地区，分别为 56.53 亿 t 和 35.55 亿 t，分别占全国总量的 21.15% 和 13.30%；东北地区最低，为 3.12 亿 m³，仅占全国总量的 1.17%（表 16-6）。

从单位面积土壤保持量来看，华东地区最高，高达 898.86 t/（hm²·年）；其次是华南和华中地区，分别为 720.12 t/（hm²·年）和 461.11 t/（hm²·年）（表 16-6）。

表 16-6 各地理区灌丛生态系统土壤保持功能状况

地理区	总量（亿 t）	总量占全国比例（%）	单位面积土壤保持量 [t/(hm²·年)]
东北	3.12	1.17	216.17
华北	23.37	8.74	347.32
西北	56.53	21.15	292.66
华东	20.97	7.84	898.86
华中	35.55	13.30	461.11
西南	104.23	38.99	390.75
华南	23.56	8.81	720.12

（2）各流域的土壤保持状况

2015 年十大江河流域中，长江流域的灌丛生态系统土壤保持总量最高，为 130.37 亿 t，约占全国总量的 48.77%；黄河流域次之，土壤保持量为 38.09 亿 t，约占全国总量的 14.25%；其次是西南诸河流域和珠江流域，分别为 32.57 亿 t 和 32.27 亿 t，各占全国总量 12.19% 和 12.07%；西北诸河和松花江流域的土壤保持能力较差，为 0.95 亿 t 和 0.39 亿 t，仅占全国总量的 0.36% 和 0.15%（表 16-7）。

从单位面积土壤保持量来看，东南诸河流域的土壤保持能力最强，为 1138.17 t/(hm²·年)；其次是珠江流域和长江流域，分别为 545.79 t/(hm²·年) 和 511.80 t/(hm²·年)（表 16-7）。

表 16-7 各流域灌丛生态系统土壤保持功能状况

流域	总量（亿 t）	总量占全国比例（%）	单位面积土壤保持量 [t/(hm²·年)]
松花江	0.39	0.15	111.44
辽河	2.89	1.08	244.13
西北诸河	0.95	0.36	9.11
海河	14.84	5.55	390.45
黄河	38.09	14.25	409.75
长江	130.37	48.77	511.80
淮河	2.15	0.80	472.33
东南诸河	12.80	4.79	1138.17
西南诸河	32.57	12.19	346.01
珠江	32.27	12.07	545.79

（3）各省份的土壤保持状况

2015 年，从全国 31 个省份灌丛生态系统土壤保持功能的空间格局分析，四川的土壤保持量最高，为 42.44 亿 t，约占全国总量的 15.88%；其次是陕西和云南，分别为 37.64 亿 t 和 24.74 亿 t，各占全国总量 14.08% 和 9.26%，广西、西藏、湖南等省份的土壤保持量也较高。土壤保持较差的省份包括天津、江苏、黑龙江和新疆，土壤保持量均小于 0.1 亿 t（表 16-8）。

从单位面积土壤保持量来看，土壤保持能力最强的是海南省，为 1671.30 t/(hm²·年)；其次是浙江和福建，分别为 1170.30 t/(hm²·年) 和 1091.78 t/(hm²·年)（表 16-8）。

表 16-8 各省份灌丛生态系统土壤保持功能状况

省份	总量(亿 t)	总量占全国比例(%)	单位面积土壤保持量 [t/(hm²·年)]
北京	1.00	0.37	292.99
天津	0.03	0.01	290.20
河北	6.60	2.47	275.68
山西	14.71	5.51	656.18
内蒙古	1.37	0.51	47.38
辽宁	2.41	0.90	423.30
吉林	0.27	0.10	159.06
黑龙江	0.07	0.03	88.75
上海	0.00	0.00	0.00
江苏	0.05	0.02	207.03
浙江	2.99	1.12	1170.30
安徽	0.67	0.25	535.26
福建	11.20	4.19	1091.78
江西	6.11	2.29	707.76
山东	0.18	0.07	457.34
河南	7.34	2.75	508.15
湖北	11.54	4.32	455.44
湖南	17.01	6.37	451.96
广东	2.01	0.75	616.93
广西	20.79	7.78	718.89
海南	0.73	0.27	1671.30
重庆	6.80	2.55	616.43
四川	42.44	15.88	481.51
贵州	11.40	4.27	362.94
云南	24.74	9.26	498.07
西藏	18.55	6.94	217.04
陕西	37.64	14.08	772.31
甘肃	13.50	5.05	372.83
青海	4.24	1.59	162.24
宁夏	0.77	0.29	237.90
新疆	0.09	0.03	1.22

16.2.3 防风固沙

16.2.3.1 全国总体情况

2015 年，全国灌丛生态系统防风固沙总量为 22.10 亿 t，单位面积固沙量为 4437.82 t/(km²·年)，集中分布在浑善达克沙地、吕梁山和太行山所处山西高原、鄂尔多斯高原、河西走廊、准噶尔盆地和塔里木盆地四周的天山—昆仑山山脉等区域。

灌丛其中，落叶阔叶林灌丛生态系统固沙量最高，为 12.48 亿 t，占比高达 56.50%；其次是稀疏灌丛生态系统，为 9.60 亿 t，占比为 43.42%。常绿阔叶灌丛和常绿针叶灌丛的固沙量很少，占比仅为 0.03% 和 0.04%。从单位面积固沙量来看，稀疏灌丛生态系统的调节能力最好，为 16957.85 t/(km²·年)（表 16-9）。

表 16-9　灌丛生态系统防风固沙功能状况

生态系统	固沙总量		单位面积固沙量 [t/(km²·年)]
	总量(亿 t)	比例(%)	
常绿阔叶灌丛	0.01	0.03	4.59
落叶阔叶灌丛	12.48	56.50	2808.80
常绿针叶灌丛	0.01	0.04	109.97
稀疏灌丛	9.60	43.42	16957.85
合计	22.10	100.00	3273.81

16.2.3.2　分区域分析

2015 年,从全国 31 个省(自治区、直辖市)灌丛生态系统防风固沙功能的空间格局分析,新疆和内蒙古的固沙量最高,分别为 14.92 亿 t 和 5.02 亿 t,约占全国总量的 67.53% 和 22.72%;其次是陕西、甘肃、河北、山西和宁夏分别为 0.54、0.39、0.34、0.24、0.22 亿 t;其余省份防风固沙量较低,低于全国总量的 1%(表 16-10)。

从单位面积固沙量来看,防风固沙最强的是新疆,为 20317.54 t/(km²·年);其次是内蒙古和宁夏,分别为 17388.27 t/(km²·年)和 6870.74 t/(km²·年)(表 16-10)。

表 16-10　各省份灌丛生态系统防风固沙功能状况

省份	总量(亿 t)	总量占全国比例(%)	单位面积固沙量 [t/(km²·年)]
北京	0.09	0.39	2505.27
河北	0.34	1.55	1429.00
山西	0.24	1.09	1076.51
内蒙古	5.02	22.72	17388.27
辽宁	0.13	0.59	2270.32
吉林	0.01	0.03	360.01
黑龙江	0.01	0.03	692.44
四川	0.00	0.01	3.15
云南	0.00	0.00	0.46
西藏	0.14	0.63	162.84
陕西	0.54	2.47	1117.79
甘肃	0.39	1.77	1080.82
青海	0.04	0.19	164.83
宁夏	0.22	1.01	6870.74
新疆	14.92	67.53	20317.54

16.2.4　碳固定

16.2.4.1　全国总体情况

2015 年,全国灌丛生态系统固碳总量为 1289.97 Tg,固碳能力为 1911.06 g C/(m²·年)。灌丛生态系统固碳能力在空间上表现出明显区域差异,秦岭山脉、大巴山脉、武当山脉、横断山脉、藏东南和云贵高原生态系统的固碳能力较高,而东北平原、华北平原的固碳能力较低。

灌丛其中,落叶阔叶林灌丛生态系统固碳量最高,为 791.25 Tg,占比高达 61.34%;其次是常绿阔叶灌丛生态系统，为 465.36 Tg，占比为 36.08%；稀疏灌丛的固碳量很少，为 10.23 Tg，占比仅为 0.79%。从固碳能力来看，常绿阔叶灌丛的调节能力最好，为 2817.22 g C/(m² · 年)(表16-11)。

表 16-11　灌丛生态系统碳固定功能状况

生态系统	固碳总量		固碳能力 [g C/(m² · 年)]
	总量(Tg)	比例(%)	
常绿阔叶灌丛	465.36	36.08	2817.22
落叶阔叶灌丛	791.25	61.34	1780.11
常绿针叶灌丛	23.13	1.79	2647.38
稀疏灌丛	10.23	0.79	180.85
合计	1289.97	100.00	1911.06

16.2.4.2　分区域分析

(1)各地理区的碳固定状况

我国七大自然地理区中，西南地区的灌丛生态系统固碳量最高，为 626.69 Tg，约占全国总量的 48.59%，是我国灌丛生态系统固碳的主要地区；其次是华中和西北地区，分别为 206.50 Tg 和 179.61 Tg，分别占全国总量的 16.01% 和 13.93%；东北地区最低，为 20.90 Tg，仅占全国总量的 1.62%(表16-12)。

从固碳能力来看，华南地区最高，高达 3309.52 g C/(m² · 年)；其次是华东地区，为 3162.63 g C/(m² · 年)；华北和西北地区固碳能力较弱，分别为 1100.66 g C/(m² · 年)和 929.92 g C/(m² · 年)(表16-12)。

表 16-12　各地理区灌丛生态系统碳固定功能状况

地理区	总量(Tg)	总量占全国比例(%)	固碳能力 [g C/(m² · 年)]
东北	20.90	1.62	1448.82
华北	74.05	5.74	1100.66
西北	179.61	13.93	929.92
华东	73.77	5.72	3162.63
华中	206.50	16.01	2678.33
西南	626.69	48.59	2349.47
华南	108.25	8.39	3309.52

(2)各流域的碳固定状况

2015 年十大江河流域中，长江流域的灌丛生态系统年固碳量最高，为 687.68 Tg，约占全国总量的 53.33%；其次是西南诸河流域和珠江流域，分别为 199.53 Tg 和 177.99 Tg，各占全国总量 15.47% 和 13.80%；松花江和淮河流域的碳固定能力较差，年固碳量为 7.24 Tg 和 10.18 Tg，仅占全国总量的 0.56% 和 0.79%(表16-13)。

从固碳能力来看，东南诸河流域最高，从固碳能力来看，高达 3330.19 g C/(m² · 年)；其次是珠江流域，为 3010.41 g C/(m² · 年)；再次为长江、淮河、西南诸河和松花江流域，固碳能力均大于 2000 g C/(m² · 年)(表16-13)。

表 16-13　各流域灌丛生态系统碳固定功能状况

流域	总量(Tg)	总量占全国比例(%)	固碳能力 [g C/(m²·年)]
松花江	7.24	0.56	2080.15
辽河	14.59	1.13	1232.81
西北诸河	15.26	1.18	146.10
海河	56.63	4.39	1490.37
黄河	83.03	6.44	893.12
长江	687.68	53.33	2699.56
淮河	10.18	0.79	2237.32
东南诸河	37.44	2.90	3330.19
西南诸河	199.53	15.47	2119.46
珠江	177.99	13.80	3010.41

（3）各省份碳固定状况

2015 年，对全国 31 个省份灌丛生态系统碳固定的空间格局进行分析，四川的年碳固定量最高，为 229.29 Tg，占全国总量的 17.80%；其次是西藏和云南，分别为 151.52 Tg 和 129.97 Tg，各占全国总量 11.76% 和 10.09%。年碳固定量较低的省份包括天津、山东、江苏和宁夏，年碳固定量均小于 1 Tg（表 16-14）。

从固碳能力来看，碳固定能力最强的是浙江省，为 3465.34 g C/(m²·年)；固碳能力超过 3000 g C/(m²·年)的还有广西、江西、福建和湖北（表 16-14）。

表 16-14　各省份灌丛生态系统碳固定功能状况

省份	总量(Tg)	总量占全国比例(%)	固碳能力 [g C/(m²·年)]
北京	6.84	0.53	2002.40
天津	0.10	0.01	1096.43
河北	35.69	2.77	1491.16
山西	27.93	2.17	1245.65
内蒙古	7.59	0.59	262.89
辽宁	11.58	0.90	2032.86
吉林	3.33	0.26	1948.74
黑龙江	1.89	0.15	2372.72
上海	0.00	0.00	0.00
江苏	0.36	0.03	1469.09
浙江	8.86	0.69	3465.34
安徽	3.16	0.24	2513.33
福建	33.30	2.59	3246.40
江西	28.23	2.19	3268.49
山东	0.32	0.03	842.60
河南	30.98	2.40	2145.01
湖北	78.69	6.11	3106.82
湖南	98.04	7.61	2604.47
广东	7.98	0.62	2455.10

(续)

省份	总量(Tg)	总量占全国比例(%)	固碳能力 [g C/(m²·年)]
广西	98.53	7.65	3407.67
海南	1.31	0.10	2976.63
重庆	29.37	2.28	2660.48
四川	229.29	17.80	2601.37
贵州	84.32	6.55	2683.99
云南	129.97	10.09	2616.14
西藏	151.52	11.76	1772.42
陕西	106.22	8.25	2179.13
甘肃	49.40	3.83	1364.19
青海	15.91	1.24	608.82
宁夏	0.93	0.07	287.41
新疆	6.53	0.51	88.93

16.3 灌丛生态系统服务功能价值量

16.3.1 全国总体情况

2015 年，全国灌丛生态系统服务功能价值量总量为 22388.15 亿元。其中，水源涵养功能的价值量最高，为 13388.37 亿元，占比高达 59.80%；其次是碳固定功能，价值量为 4979.26 亿元，占比为 22.24%；再次为土壤保持功能，为 3386.00 亿元，占比为 15.12%；防风固沙功能的价值量最低，为 634.52 亿元，占比仅为 2.83%(表 16-15)。

表 16-15 全国灌丛生态系统服务价值量及占比

服务功能	核算指标	功能量	单位	价值量(亿元)	总价值(亿元)	比例(%)
水源涵养	水源涵养量	1652.89	亿 m³	13388.37	13388.37	59.80
土壤保持	减少泥沙淤积	267.33	亿 t	846.62	3386.00	15.12
	减少面源污染——氮	267.33	亿 t	1730.97		
	减少面源污染——磷	267.33	亿 t	808.41		
防风固沙	防风固沙量	22.10	亿 t	634.52	634.52	2.83
碳固定	固碳量	1289.96	Tg	4979.26	4979.26	22.24
小计					22388.15	100.00

16.3.2 各省份的价值量状况

2015 年，从全国 31 个省份灌丛生态系统服务功能价值量的空间格局分析，总价值量最高的是四川省，为 3643.27 亿元，占比达 16.28%；总价值量高于 2000 亿元的还有湖南省和云南省，分别为 2282.78 亿元和 2175.73 亿元，占比分别为 10.20% 和 9.72%；除上海市外，总价值量较低的省份还有天津、山东和江苏，均低于 10 亿元，占比不足 0.05%(表 16-16)。

从单一功能的价值量分析，水源涵养价值量较高省份的是四川、湖南、云南、广西和贵州，价值量分别为 2220.55、1688.83、1360.63、1341.80、1057.81 亿元；较低的是天津、山东、江苏和黑龙江，价值量分别为 1.08、4.86、6.66、7.15 亿元。土壤保持价值量较高的省份是四川、陕西和云南，价值量分别为 537.57、476.80、313.41 亿元；较低的是天津、江苏和黑龙江，价值量分别为 0.34、0.65、0.90 亿元。防风固沙服务仅分布在 15 个省份，其中价值量较高的是新疆和内蒙古，价值量分别为 428.46 亿元和 144.16 亿元；较低的是云南和四川，价值量分别为 0.01 亿元和 0.08 亿元。碳固定价值量较高的省份是四川、西藏和云南，价值量分别为 885.08、584.87、501.69 亿元；较低的是天津、山东和江苏，价值量分别为 1.81、8.34、8.71 亿元(表 16-16)。

表 16-16 各省份灌丛生态系统服务价值量及占比

省份	价值量(亿元)				总价值 (亿元)	占比 (%)
	水源涵养	土壤保持	防风固沙	碳固定		
北京	20.05	12.68	2.46	26.42	61.61	0.28
天津	1.08	0.34	0.00	0.39	1.81	0.01
河北	121.61	83.56	9.82	137.75	352.74	1.58
山西	160.01	186.38	6.93	107.82	461.14	2.06
内蒙古	170.87	17.33	144.16	29.30	361.65	1.62
辽宁	75.48	30.55	3.71	44.71	154.45	0.69
吉林	19.60	3.44	0.18	12.84	36.05	0.16
黑龙江	7.15	0.90	0.16	7.31	15.52	0.07
上海	0.00	0.00	0.00	0.00	0.00	0.00
江苏	6.66	0.65	0.00	1.40	8.71	0.04
浙江	146.22	37.92	0.00	34.22	218.36	0.98
安徽	47.47	8.51	0.00	12.18	68.16	0.30
福建	576.53	141.86	0.00	128.55	846.95	3.78
江西	500.68	77.44	0.00	108.98	687.10	3.07
山东	4.86	2.23	0.00	1.25	8.34	0.04
河南	139.99	92.96	0.00	119.58	352.53	1.58
湖北	776.10	146.11	0.00	303.74	1225.95	5.48
湖南	1688.83	215.50	0.00	378.45	2282.78	10.20
广东	164.73	25.41	0.00	30.81	220.95	0.99
广西	1341.80	263.28	0.00	380.33	1985.41	8.87
海南	22.63	9.31	0.00	5.05	36.99	0.17
重庆	365.42	86.18	0.00	113.35	564.95	2.52
四川	2220.55	537.57	0.08	885.08	3643.27	16.28
贵州	1057.81	144.41	0.00	325.46	1527.69	6.83
云南	1360.63	313.41	0.01	501.69	2175.73	9.72
西藏	881.81	235.01	4.00	584.87	1705.68	7.62
陕西	717.60	476.80	15.64	409.99	1620.03	7.24
甘肃	272.12	171.01	11.24	190.69	645.06	2.88
青海	239.77	53.71	1.24	61.43	356.15	1.59
宁夏	11.50	9.80	6.42	3.61	31.33	0.14
新疆	265.36	1.13	428.46	25.21	720.17	3.22

(执笔人：中国科学院生态环境研究中心 徐卫华、范馨悦、胡雄蛟)

第 17 章
灌木林对生态环境的影响

17.1 灌木林对森林形成的作用

灌木群落在群落演替与乔木树种更新过程中，影响着生态系统的能量流动和物质循环，对森林群落的稳定过程起着重要作用。在演替过程中，草本植物阶段发展的后期，往往逐渐演化到灌木植物阶段，形成灌木林。灌木林生态系统中的灌木植物，往往具有种类组成丰富、萌生能力强、增加土壤肥力和厚度、改造能力强的特点，使植物生长的环境进一步得到改善，为森林的形成和演替奠定基础。在森林形成的历史过程中，灌木林常是森林的初期阶段，而当环境条件不宜于乔木生长时，以灌木为主的阶段常能在较长的时间维持相对稳定状态，这也是森林形成和发展历史的一般自然规律。

从时间的演进和空间的消长上看，森林是以木本植物为主体的生物群体及环境的综合体，而这个综合体在其发生发展的运动过程中，灌木林总是处于先驱阶段，也是森林中木本植物群体的主要组成部分（熊跃军 等，2011）。灌木林在土地上定居、生长和繁育的过程中，对环境有相应的影响，尤其是在木本植物群体的生态临界条件的边缘上出现某一灌木个体时就开始影响环境条件，将以自己的体躯改变附近光和热的再分配，抑制草本植物的生长和扩展，持续不断壮大的根系，抑制了走茎性草本植物侵入，同时通过灌木种类的更新和世代更替扩大范围，一方面在灌木及其枯落物遮阴等因素的影响下，土壤生境条件、微生物和土壤动物发生相应的改变；另一方面某一种属的灌木在同一块土地上繁育和世代更替，如一些灌木是豆科植物，含氮量、枯落叶量大，能有效增加土壤厚度和肥力、改善环境条件，同时由于营养的偏枯和病虫害等自然敌对条件的增长，常逐步不利于这一种属灌木生长繁育，并为其他木本植物的侵入和定居创造了条件。

17.1.1 灌木为森林形成准备了适宜环境

灌木林可以改善和调节环境中的光照、水分、温度和湿度、土壤理化性质、土壤微生物等因素，从而使整个林地环境条件得到改善，为森林植物群落的形成创造了基础。

17.1.1.1 灌木林为森林形成提供环境条件

（1）光照条件

草本植物群落形成过程中，为木本植物创造了适宜的生活环境。首先是一些喜光的阳性灌木出现，常与高草混生形成高草灌木群落。之后灌木大量增加，逐渐形成优势灌木群落，随后阳性的乔木树种开始单株出现，继而会不断排挤无力争夺阳光的矮小灌木，阳性乔木数量逐渐增加并逐渐成片，形成森林。林下形成郁闭环境，为耐阴树种的生存提供环境条件。耐阴树种增加，阳性树种不能更新而逐渐消失。林下的阳性草本和灌木物种同时消失，仅留下一些耐阴的种类。于是形成乔灌草相结合的多层次、复杂的、稳定的顶极群落。

灌木林通过一定的郁闭，可有效减少阳光直射林地，为林地水分的保持以及土壤环境的改善提供必要条件。灌木吸收光能，进行有机质的生产与积累，是生态系统的第一要素，也是稳定和改善生态环境的基础，同时也是系统整体生态功能的表征。从表 17-1 可以看出，沙地种植的灌木林光合作用利用的太阳能极低，平均光能利用率只有 0.02%～0.05%，这是因为固沙灌木受生境条件，特别是水分亏缺的制约，降低了原生质特别是叶绿体的水合程度，引起胶体结构的变化和酶活性的降低，抑制了光合速率，故其光能利用率低，仅为传统意义上的森林植被光能利用率（一般约 1%～2%）的 2%～5%。但是，正是这种物质和能量的超常消耗，才使固沙植物具有较强的抗逆性（周米京，2008），得以生在环境恶劣的沙壤环境，为沙地环境条件的改善提供前提。

表 17-1 人工灌木植物的光能利用率

优势植物种	太阳总辐射 （kcal/hm^2）	丘间地		迎风坡		平均植物光能利用率 （%）
		植物储能 （kcal/hm^2）	植物光能利用率（%）	植物储能 （kcal/hm^2）	植物光能利用率（%）	
北沙柳	$6.26×10^9$	$3.19×10^6$	0.0509	$2.05×10^6$	0.0328	0.0419
细枝山竹子	$6.26×10^9$	$1.28×10^6$	0.0204	$1.14×10^6$	0.0199	0.0202
山竹子	$6.26×10^9$	$2.28×10^6$	0.0364	$2.67×10^6$	0.0427	0.0369
紫穗槐	$6.26×10^9$	$4.98×10^6$	0.0796	$1.90×10^6$	0.0303	0.0550
柠条锦鸡儿	$6.26×10^9$	$2.55×10^6$	0.0408	$1.92×10^6$	0.0307	0.0358

注：引自周米京（2008）。

（2）水分条件

在干旱荒漠地区，天然降水通常是唯一的土壤水分补给源，地下水也许存在，但因埋藏太深无法被植物利用。掌握自然降水条件下土壤水分的运移和分配规律，是有效提高植物生产力的关键。很多种类的灌木具有发达的根系，根系盘结层和枯枝落叶层具有持水能力，促进雨水下渗，降低土壤水分蒸发，从而灌木林有一定的水土保持及水源涵养作用。此外，灌木林的林冠、枯枝落叶以及根系能将雨水和冰川融化水吸收起来，减少地表径流和水土的流失，从而增加地下水，保持河流径流量的稳定性（林萍 等，2001），即使遭遇暴雨，也不会引起洪水，还能在干旱期间增加河流水库的水量。

在干旱的沙坡头荒漠地区，荒漠灌木冠层截留容量在合理的范围内变化，油蒿植株冠层对降水的截留容量比柠条锦鸡儿植株冠层高 2 倍多，油蒿群落比柠条锦鸡儿群落截留更多降水。在相同降水条件下，植被盖度分别为 34% 和 30% 的油蒿与柠条锦鸡儿群落，对降水的截留率相差高达 2 倍（分别为 57% 与 27.2%）（王新平 等，2004）。灌木林截留降水，存储地下水，为土壤水分条件的改善作出贡献。杨志荣等（2001）通过设置径流小区对 5 种灌木林的蓄水保土效应进行观测得到表 17-2 结果，7 年生灌木林地的径流量和冲刷量明显小于对照区，葛藤林地、桑林地、胡枝子林地、花椒林地和李树（*Prunus salicina*）林地的径流量分别比对照区减少 92.6%、92.4%、90.5%、88.8%、85.2%，冲刷量分别比对照区减少 100%、99.6%、99.4%、99.3%、99.1%。研究表明，灌木林具有良好的蓄水保土作用，为森林进一步演替提供基础。

表 17-2　不同灌木小区的径流量和冲刷量的测定结果

类型	径流深（mm）	径流量（m³/km²）	冲刷深（mm）	冲刷量（t/km²）
葛藤	19.7	19725	0	0
胡枝子	20.2	20243	0.21	250.2
桑树	25.2	25319	0.27	325.2
花椒	29.9	29874	0.32	389.0
李树	39.5	39487	0.43	538.7
对照	267.1	267086	42.6	59001

注：引自杨志荣等（2001）。

（3）温度条件

一般来说灌木林地的白天气温比流沙或旷野低 1~5 ℃，而夜晚林地的气温又要比旷野高，在冬季这种作用更为明显。干热的夏季，树冠叶面的水分蒸腾又使林内空气的湿度增加，所以灌木林具有调节气候、消减灾害的功能（俞海生 等，2003），这种功能随着灌木盖度的增加和郁闭度升高而越来越强，从而为乔木树种的入侵和定居创造了条件，减少了林地温度变化过大产生的影响。

许多人对沙地栽植的灌木林小气候效益进行了研究，发现灌木林具有明显的降低风速、提高空气湿度、缓和气温和地温的作用。杨文斌（1989）在甘肃临泽的测定结果表明，乔灌结合固沙林建立后，7 月中旬林内近地层气温有所降低，但不超过 1.0 ℃；而地面温度逐年降低，12 龄林内地面平均温度比对照（裸地）约低 3℃，春秋季林内气温比对照约高 0.5~3.0 ℃；林中空气相对湿度明显增大，3 龄林日平均相对湿度提高 1.0%~2.0%，6 龄林提高 3.0%~4.5%；8~12 龄林内蒸发力比对照减少 43%~60%（周米京，2008）。

空气温湿度是影响植物生长发育的主要环境因子，由于受灌木林类型的影响，小气候特征明显不同，表 17-3 显示了不同灌木群落类型对林内温度的影响。一般认为，灌木林在春秋季具有增温作用，而在夏季具有降温作用，带来的对地温的影响也有其一致性。由于使相对湿度增加，在其控制区的蒸散发要比旷野减少。通常灌木林类型改变空气湿度和地温的作用并不显著，林龄 20 年，盖度在 50% 以上的（灌木）固沙林，虽能在炎热的夏季降温，但降温幅度不超

表 17-3　固沙灌木林小气候观测

序号	优势植物	气温（℃）			地温（℃）			湿度（%）		
		林内	林外	差值	林内	林外	差值	林内	林外	差值
1	北沙柳	17.99	18.36	-0.37	17.66	18.36	-0.70	60.27	56.52	+3.75
2	细枝山竹子	17.96	18.36	-0.40	17.55	18.36	-0.81	58.40	56.52	+1.88
3	山竹子	17.48	18.36	-0.88	18.05	18.36	-0.31	58.27	56.52	+1.75
4	紫穗槐	17.80	18.36	-0.56	16.86	18.36	-1.50	58.82	56.52	+2.30
5	柠条锦鸡儿	18.09	18.36	-0.27	17.57	18.36	-0.79	58.23	56.52	+1.71

注：引自周米京（2008）。

过 1 ℃；局部空气相对湿度固然有所增加，但是幅度也不超过 5%。

不同季节灌木林地对温度的影响有较大差别，从表 17-4 可看出林地 6~9 月气温平均比对照低 0.1~0.3 ℃，这主要是由于林冠的反射和遮挡，使林地内接受的太阳辐射减少，林内空气增温慢，因此林地气温相对要低。

表 17-4　灌木固沙林地小气候效应的季节变化

季节	空气温度差 $\triangle t$(℃)	地面温度差 $\triangle t$(℃)	相对湿度差 $\triangle D$(%)	蒸发量差 $\triangle M$(mm)
4 月	+0.3	+1.1	−5	−148.5
5 月	+0.3	+1.0	−1	−64.0
6 月	−0.1	+0.5	+2	−79.1
7 月	0	−0.7	+1	−104.5
8 月	−0.1	−0.7	+3	−105.4
9 月	−0.3	0	+3	−73.0
10 月	+0.2	+1.1	+3	−63.0
11 月	+0.8	+0.9	—	—
12 月	+0.1	+0.2	—	—
1 月	+0.8	+0.4	—	—

注：+表示林地高于流沙对照地；−表示林地低于流沙对照地。
引自周米京（2008）。

10 月至翌年 5 月林地平均气温一般要比林外对照区高 0.3~0.8 ℃，这主要是由于灌木林减小了林地风速，空气流动小，热量散失慢，使得林内气温相对较高，而空旷地则因风速大，空气流动性大，地表接受的太阳辐射热量传递到上部时很快散失，下部温度对上部影响不大。同样，由于林木对近地层气流的影响，使林地的地表温度在高温季节比空旷地降低 0~0.7 ℃，在寒冷季节提高了 0.2~1.1 ℃，起到调节地温的作用。同时，蒸发减少了 63~148 mm，而相对湿度提高了约 3%，对灌木林自身生长及其稳定性也是有一定作用的。由此看出灌木林地对空气温湿度的调节作用随季节变化而不同，温度与湿度之间有良好的相关性。灌木林地为土壤表面温度的调节起到了一定作用，为先锋乔木树种种子的萌发提供环境条件（周米京，2008）。

17.1.1.2　灌木林为森林形成积累了营养物质

在土壤—植物系统中，研究植物引起的土壤变化，对了解系统养分动态、植物的种间竞争和植被的管理等有着重要的作用，灌木林增加土壤肥力和有机物质在根际的沉积是灌木植物适应贫瘠环境的主要机制和有效利用养分的主要对策，同时灌木林下养分聚积的程度和根际的营养动态可以反映出不同灌木种类对养分利用的状况和对土壤肥力的保护效应。

灌木植被不仅影响土壤的物理性质，而且对土壤养分状况及化学性质也有影响。在植物—土壤物质转化和循环过程中，植物吸收土壤元素合成有机质，同时植物又将其枯落物回归大地，在微生物的作用下，分解释放养分，进入土壤。此外，由于植物根系的物理化学作用，使土壤中许多必要元素处于可利用状态，土壤肥力逐步得到改善。土壤有机质含量直接影响着土壤的保墒性、缓冲性、耕性、通气状况和土壤温度，是土壤肥力高低的重要指标之一。从表 17-5 可见，沙地土壤有机质含量普遍很低，一般不超过 1%，最高者仅为 0.325%。即使如此，和裸地相比，灌木林地也有 2~20 倍的增加。

表 17-5 土壤有机质测定

序号	优势植物种	有机质含量(%)			比对照增加倍数
		0~10 cm	10~20 cm	平均	
1	北沙柳	0.264	0.045	0.155	9.33
2	细枝山竹子	0.067	0.030	0.049	2.27
3	山竹子	0.092	0.040	0.066	3.40
4	紫穗槐	0.163	0.083	0.126	7.40
5	柠条锦鸡儿	0.346	0.302	0.325	20.67
对照	流沙	0.025	0.004	0.015	

注：引自周米京(2008)。

氮素是植物生命活动过程中必须的大量营养元素之一，土壤及微团聚体中氮素的储量、存在形式及其调节释供的能力，与植物产量关系密切。林地全氮应作为生态效益重要指标之一。由表 17-6 可见，沙地土壤氮素含量是极低的，几种灌木林地全氮含量测定结果均低于 0.02%。但灌木林地与裸地相比，则要高 3~22 倍。

表 17-6 土壤全氮测定

序号	优势植物种	全氮含量(%)			比对照增加倍数
		0~10 cm	10~20 cm	平均	
1	北沙柳	0.002	0.001	0.0015	3
2	细枝山竹子	0.004	0.009	0.0065	13
3	山竹子	0.001	0.001	0.001	20
4	紫穗槐	0.006	0.006	0.006	12
5	柠条锦鸡儿	0.017	0.005	0.011	22
对照	流沙	0.001	0.000	0.0005	

注：引自周米京(2008)。

植物生长必须的磷，几乎全部由土壤供给，而磷在土壤中的移动性和挥发性小，土壤中的磷大部分是以迟效性状态存在，而只有速效磷的供应和存在状态才是土壤磷素供应能力的表征。测定表明，防风固沙灌木林地土壤速效磷的含量也是相当低的，平均仅有 0.01%~0.026%（表 17-7），低于土壤有效磷正常指标。而且灌木林地与裸地速效磷含量差别不大，灌木对土壤速效磷的改善并不显著。

表 17-7 土壤速效磷测定

序号	优势植物种	速效磷(%)			增量
		0~10 cm	10~20 cm	平均	
1	北沙柳	0.020	0.031	0.026	1.6
2	细枝山竹子	0.016	0.008	0.012	0.2
3	山竹子	0.033	0.013	0.023	1.3
4	紫穗槐	0.006	0.022	0.014	0.4
5	柠条锦鸡儿	0.014	0.006	0.010	0
对照	流沙	0.008	0.012	0.010	

注：引自周米京(2008)。

由表 17-8 可见，沙地土壤中钾素含量是比较高的，灌木林地钾素平均含量可达 90.45 mg/kg，即使裸地钾素含量也可以达到 64.13 mg/kg。而 pH 值平均在 8.5 左右，为弱碱性，且灌木林地与裸地差别不大，基本接近。这是由该区的土壤成土母质和干旱的气候所决定的，尽管植被可以通过枯枝落叶改变土壤结构和肥力，调节土壤酸碱度，但由于沙地植被和环境的特点，这种作用是微弱的。

表 17-8　土壤速效钾和 pH 含量测定

序号	优势植物种	土层（cm）	速效钾（mg/kg）	pH 值
1	北沙柳	0~20	121.30	8.5
2	细枝山竹子	0~20	84.59	8.6
3	山竹子	0~20	92.70	8.7
4	紫穗槐	0~20	70.48	8.6
5	柠条锦鸡儿	0~20	83.16	8.7
对照	流沙	0~20	64.13	8.6

注：引自周米京（2008）。

据研究表明，林下土壤的质量，与周边灌木林对土壤的保护有着紧密联系。由于树木对林下土壤和植被的保护作用，既能防止风蚀和水蚀，其腐烂的植被落叶还可增加土壤的有机质。辽宁章古台的固沙林使沙地土壤表层的黏粒含量和有机质有所提高，物理黏粒增加 2.0%~2.7%（A_1）和 2.0%~40%（A_0），有机质提高 6.5~20.9 倍（A_1）和 1.4~5.6 倍（A_0），其他营养成分亦有相应提高，土壤腐殖质组成性质改善，C/N 比值提高，容重降低，孔隙度增加，土壤微生物含量也明显增加。在林木和植物不断地生长、演替、发展过程中，土壤的质地变细、容重降低、孔隙度加大、持水量变大、有机质以及土壤养分含量提高、碳酸钙积累增加、易溶盐含量增加等现象，都充分说明了土壤的形成过程，所以，灌木林的生长可以促进土壤的形成和土壤改良。

灌木适应性强、生长快、枝叶茂密，每年大量的枯枝落叶覆盖地表能有效地改善土壤结构，减小土壤容重，增加土壤孔隙度。杨志荣等（2001）通过设置径流小区对 5 种灌木林的蓄水保土效应进行观测得到表 17-9 结果，土壤物理性质为葛藤林地最好，以对照区（种植花生的小区）最差。在干旱瘠薄山地营造灌木林，均能显著的改善土壤结构，提高土壤渗透速度和贮水能力。

表 17-9　10 年生灌木林地土壤物理性状、土壤贮水量和土壤渗透速度的测定结果

小区	土壤容重（g/m³）	孔隙度（%）			土壤含水量（%）	毛管最大持水量（%）	土壤饱和含水量（%）	现有土壤贮水量（t/hm²）	土壤饱和贮水量（t/hm²）	渗透深度（cm）	渗透速度（mm/min）	渗透系数
		总孔隙度	非毛管孔隙度	毛管孔隙度								
葛藤	1.169	55.4	13.1	42.3	13.4	38.6	47.4	298.3	1972.3	23.1	6.67	9.64
胡枝子	1.218	53.7	11.9	41.8	12.5	37.1	43.2	291.1	1964.1	19.1	6.45	6.60
桑树	1.186	54.8	12.4	42.4	12.8	37.6	44.5	295.6	1968.5	20.2	6.58	6.35
花椒	1.235	52.6	11.3	41.3	11.9	35.9	41.6	281.7	1873.6	17.6	5.15	5.36
李树	1.247	52.4	11.2	41.2	11.6	35.4	41.4	279.5	1868.1	17.2	5.03	5.34
对照	1.385	47.7	7.8	39.9	7.5	29.7	33.9	148.7	1259.7	14.5	3.02	2.74

注：引自杨志荣等（2001）。

灌木作为肥料，能有效改良土壤。一些灌木是豆科植物，含氮量、枯落叶量大，能有效增加土壤肥力。如沙棘是非豆科固氮植物的佼佼者，1 hm² 沙棘林每年可固定氮素 180 kg，相当于 375 kg 尿素；紫穗槐有"铁杆绿肥"之称，与沙棘、紫穗槐混交的乔木树林，林地肥力相当高，生长量成倍增加，易形成林分结构稳定的复层林；1000 kg 柠条锦鸡儿枝叶所含的氮、磷、钾相当于 4000 kg 羊粪的肥力；乌柳叶中含氮、磷、钾分别为 2.14%、0.19% 和 1.59%（王生军 等，2006）。

苏永中等（2002）研究几种灌木和半灌木的"肥岛"和根际效应表明，在风蚀作用极为强烈的科尔沁地区，灌木林下土壤养分的积累主要是其自身凋落物及对周围风蚀物质的截获、沉积和分解以及根系的活动（表 17-10）。在半干旱的科尔沁沙地，几种沙丘灌木和半灌木对土壤碳、氮、磷有明显的富集，表现出干旱半干旱地区典型的灌木林"肥岛"现象。灌木植物有非常发达的根系，光合作用的部分产物通过根际沉积输入土壤，对土壤碳、氮产生明显的截存效应。分析结果表明有大量根系分泌物或溢泌产物以及根组织的脱落物沉积于根际微域环境。沙地生境下的灌木表现出更为明显的根际效应，可能是因为在荒漠生境下多年生灌木往往需要花费更多的碳用于根系生长，以抵御长时期的环境胁迫，因而有较多的根际沉积。碳、氮在灌木根际的沉积不仅为根际微生物提供了丰富的碳源，而且改变了根际微区的物理化学环境，从而对根际土壤养分产生重大影响。灌木林对土壤风蚀物质、降尘和凋落物等的截获，形成灌木林"肥岛"，并通过发达的根系以根际沉积的形式向土壤输入大量的有机物质，从而使周围土壤的肥力性状得以改善。

表 17-10　科尔沁沙地不同灌木种灌木林下(E_A)和根际(E_R)土壤养分的富集率(E)($n=6$)

变量	冷蒿		盐蒿		小叶锦鸡儿		黄柳		方差分析	
	E_A	E_R	E_A	E_R	E_A	E_R	E_A	E_R	$P(E_A)$	$P(E_R)$
有机	1.33	1.86	1.86	1.95	1.31	1.61	1.84	1.62	0.122	0.586
全氮	1.38	1.73	1.50	1.44	1.57	1.80	1.61	1.19	0.422	0.122
全磷	1.18	1.40	1.54	1.11	1.33	0.91	1.45	0.92	0.430	0.039
pH 值	1.00	0.98	0.98	0.97	1.00	0.96	0.99	0.98	0.832	0.879
电导率	1.31	2.67	1.58	3.33	1.93	3.26	1.41	2.78	0.61	40.773

注：引自苏永中等（2002）。

17.1.1.3　灌木林为森林形成创造了微生物条件

土壤酶在生态恢复过程中发挥着不可或缺的作用，研究其演变规律可以探索土壤质量变化及土壤各类物质循环与转化的强度，是一种重要的土壤肥力指标。赵燕娜（2014）研究发现，流沙地在种植灌木后，除脲酶增加幅度不明显外，蔗糖酶、碱性磷酸酶、过氧化氢酶活性均显著上升，这说明土壤酶活性水平向较高的方向演变（表 17-11）。

细菌在植物生长过程中，对氮的转化过程具有重要的作用，且细菌能够产生胞外代谢物，比如多糖、蛋白质和脂类等，具有胶结作用以稳定土壤团聚体。放线菌能耐干旱、高温和高盐分的土壤环境，同时也适宜生活在中性、偏碱性土壤，其可以分泌抗生素等生物活性物质，与土壤的腐殖质含量有关，能同化无机氮、分解碳水化合物及脂类单宁等难分解的物质，并且对物质转化也起一定作用，对土壤微环境的适应性极强。真菌主要参与了土壤有机质的分解、动植物的残体分解过程，对土壤碳循环具有重要的作用。

表 17-11　不同灌木林地的土壤酶活性

样地	蔗糖酶（mL/g）	碱性磷酸酶（mg/g）	过氧化氢酶（mL/g）	脲酶（mg/g）
柠条锦鸡儿	3.57±0.90a	11.81±0.10a	0.93±0.17a	0.0366±0.0001a
北沙柳	2.88±0.25a	8.51±1.54b	0.83±0.33ab	0.0296±0.0001b
沙蒿	2.85±0.52a	5.39±0.81c	0.73±0.06ab	0.0271±0.0001b
叉子圆柏	1.08±0.41b	3.72±0.79cd	0.53±0.18b	0.0248±0.0001b
流沙	0.65±0.13b	1.98±1.03d	0.47±0.04b	0.0236±0.0001b

注：同列数据后标不同小写字母者表示显著差异（$P<0.05$），标相同小写字母者表示差异不显著（$P<0.05$）。
引自赵燕娜（2014）。

　　对榆林地区栽植灌木固沙林 0~40 cm 层土壤微生物数量研究（表 17-12）表明，裸沙地造林后，土壤微生物数量显著增加，整体表现为细菌数量最多，占微生物总数的 99.2%，其次为放线菌，真菌数量最少。不同灌木固沙林土壤微生物数量均较流沙地显著增加；真菌数量在不同灌木固沙林变化趋势与细菌、放线菌数量表现出相似变化规律，且各灌木林土壤真菌数量均较流沙地显著增加。土壤微生物数量与养分含量变化规律基本一致，进一步证实了柠条锦鸡儿的改土作用要强于其他灌木，这也进一步说明，土壤微生物在风沙土成土过程中扮演重要角色（赵燕娜，2014）。

表 17-12　不同灌木林土壤微生物数量

样地	细菌(10^8 个/g)	放线菌(10^4 个/g)	真菌(10^2 个/g)
柠条锦鸡儿	63.46±3.87a	35.09±0.74a	57.24±3.54a
北沙柳	54.77±2.13a	24.49±5.58b	45.13±3.72b
沙蒿	39.69±8.04ab	18.34±3.43b	28.72±5.94c
叉子圆柏	11.08±4.12b	17.39±7.52b	23.45±4.83cd
流沙	8.98±4.91b	8.01±1.20c	16.25±3.14d

注：不同小写字母表示不同固沙灌木林地间差异显著（$P<0.05$）。
引自赵燕娜（2014）。

　　由于不同的植物根系自然土壤 pH 值、含水率、通气状况、有机质等微环境条件的差异，微生物的生长繁殖也存在差异（表 17-13），总的来说，柠条锦鸡儿、北沙柳对土壤有机质的分解，氨化作用要强于其他植物，能够极大地提供氮素供植物利用，释放较多的多糖利于土壤团聚体的形成，极大改善了土壤理化性状，为固沙植物生长提供了良好的环境，土壤微环境得到改善为微生物的生长繁殖提供优良的环境（赵燕娜，2014）。

表 17-13　不同固沙灌木根际与非根际土壤微生物数量

灌木种	细菌(10^8 个/g)		放线菌(10^4 个/g)		真菌(10^2 个/g)	
	R	S	R	S	R	S
柠条锦鸡儿	79.03±16.65	54.49±20.98	6.93±1.20 *	3.77±0.21	14.34±5.83	8.85±1.33
北沙柳	34.74±7.23	26.87±0.93	82.75±19.38	75.72±1.29	9.88±1.22	7.94±1.53
沙蒿	28.97±10.95	21.67±4.70	9.74±0.87 *	5.99±0.77	3.21±0.12 *	1.63±0.05
叉子圆柏	4.85±1.24	3.69±1.85	17.21±1.06 *	9.02±0.00	4.35±1.02 *	2.61±0.11

注："*"表示同一植物根际与非根际差异显著（$P<0.05$）。
引自赵燕娜（2014）。

许多沙漠土壤微生物丰富，固氮菌和硝化菌在荒漠土壤中往往占优势。在沙丘上，根际与有益微生物相结合的植物其生物量占有优势，而且对土壤的改良作用强，如在甘肃临泽研究表明，豆科灌木对土壤的改良作用最优。柠条锦鸡儿属于豆科灌木，根部大量的根瘤菌可以固定空气中的游离态氮，增加土壤含氮量，充足的氮源促进细菌的滋长，进而使土壤细菌数量有所增加，而土壤微生物可参与土壤养分的循环转化，进而使得土壤肥力也增加，加之柠条锦鸡儿枝叶茂盛，枯落物多，可以增加土壤有机质和全氮，起到培肥地力的作用（孙文艳 等，2013），故沙区植被重建可考虑优先选择柠条锦鸡儿等具有固氮能力的植物。

17.1.2 不同演替阶段灌木林的定居与演替关系

灌木是某些乔木的先期植物和伴生植物，通过改良土壤等立地条件为乔木树种提供适宜的生存条件。在环境条件受到外界限制时，灌木种群本身也可以形成本地的顶极群落，或根据其灌木群落所处演替阶段和特征，为植被的恢复和重建提供过渡阶段。

17.1.2.1 旱生演替中的灌木林阶段

旱生演替的灌木林多分布于温带荒漠和裸地类型为岩石的地区，多位于大陆性干燥气团控制下的中纬度地带的内陆盆地与低山以及人为干扰强烈的地带，日照强烈，夏季酷热，年降水量少于 300 mm，蒸发量大大超过降水量，冬季严寒，昼夜温差大，物理风化强烈，或受风蚀，或为积沙，土壤发育不良，土壤薄，质地粗略，缺乏有机质，富含碳酸钙与石膏。旱生灌木林以其稀疏性，有大面积裸露的地面为其显著的外貌特征，旱生灌木林的组成种类是具有特别耐旱的超旱生灌木，物种更替速率较快，随着发育的进程，逐渐被适应性强、相对稳定的灌木植物种类所替代。在热带、亚热带先锋灌木阶段是稀疏的有刺灌木林；在温带则基本上是超旱生、中温、叶退化或特化的落叶（或落枝）半灌木、灌木或小乔木所构成的稀疏灌木林。

以梭梭灌木为例，起源于实生种子，是荒漠生境严酷条件下最稳定的植物群落，梭梭灌木生长在中国西北部生态条件最为严酷的干旱、风多、风力强的荒漠，在这个地域内没有其他乔灌木树种可以取代它的作用，它的存在让这一带地域的沙漠逐渐趋于半固定、固定状态，对农牧业起着极大的积极作用，是中国三北防护林体系建设最重要的组成部分。灌木林可以从裸地上发生，也可以从其他植物群落演替而来，从裸地上发生的梭梭灌木，主要是在砾质戈壁和沙丘、沙地，经过沙生植物的繁衍，梭梭侵入而占据优势，所以只要是流沙地上，初春水分条件好，风力小，种子即可发芽生长，耐盐的柽柳、白刺群落通过阻沙、聚沙改变了土壤理化性质，为梭梭生长创造了条件，种子侵入形成柽柳或白刺、梭梭灌木，最后完全被梭梭灌木代替（《中国森林》编辑委员会，2000）。

干旱荒漠地区，植物的生存决定于水分条件，如果超旱生的梭梭因缺水不能生存，无其他植物能够代替，可以说它是一种旱生的边缘植物；反之，如在其他旱生植物可以生存繁衍的生境，如梭梭侵入则可得到繁衍，但梭梭灌木也会因地下水位的上升而衰退。如发生于沙地的梭梭灌木，由于地下水升高，土壤盐分不断加重，可能为白刺灌木林代替；生长于土质的梭梭灌木，如果地下水位升高，土壤含水量大，盐渍化加重，就可能为柽柳或其他盐柴类植物，或者芦苇所代替（《中国森林》编辑委员会，2000）。

旱生灌木林特别是荒漠地区的灌木林处于水热条件极不平衡的生态地位（水分收入极少而消耗极大，夏季热量过剩而冬季严寒），生存的生态环境中植物、动物、微生物既单纯又贫乏，其结构与营养级较少，食物链简单，在严酷的生境下，经常处于极限因素的边缘，它们要依靠减少密度和生物量来维持与生境的脆弱平衡。因而荒漠生态系统是比较单薄和易于破坏的，需要严加维护，一旦遭到破坏，会造成植被的毁坏，因风蚀或流沙而成为不毛之地，再想恢复是很困难的。

17.1.2.2　中生演替系列的灌木林阶段

中生灌木林是由中生灌木组成的类型。在温带、亚热带的部分山地等气候湿润地区都有分布。中生灌木林，除少数为原生稳定的灌木林外，多数为森林遭受破坏后而形成的次生类型，实质上是森林演替中的一个阶段，在适宜的条件下，这些次生的灌木即可进展演替为森林（封山育林）。中生灌木林既有常绿类型也有落叶类型，因其分布地理位置不同而不同。中生灌木林在温润气候条件下演替的最终结果一般是稳定的森林群落，但是在半干旱地区，演替只能停留在灌木林或者草本植物群落阶段，中生灌木林即为此地的顶极群落（李俊清，2010）。

中生灌木林的榛灌木林多属萌生，天然更新良好。在低山区有两种榛丛：一种是低山山麓的榛丛，俗称"榛子岗"；一种是浅山丘的榛丛，俗称"榛子包"。这两种榛丛继续被破坏（特别是垦荒种地）则退化为草地，如封山造林则有可能经过混入阔叶乔木的进展演替，恢复为阔叶林，榛子灌木林在一定的条件下属于比较稳定的群落。

白桦灌木林是人为干预下森林植被逆向演替系列中的一个阶段，表现为生物量下降、层次结构简单的一种不稳定的次生森林植物类型。此类型如果继续反复砍伐，无休止地樵采破坏，将会进一步逆向演替为只含少量灌木的灌木草丛或荒地草坡。然而，值得重视的是，白桦萌芽力强，且此类灌木林又往往混生有一定数量的乔木树种的幼苗，倘若加以保护，停止破坏和樵采，进行封山育林和必要的树种改造、调整，其中大部分仍可能顺向演替，逐步恢复成为落叶阔叶林，甚至继续发展为落叶常绿阔叶林以及亚热带地带性的常绿阔叶林。

中生灌木林一般根系发达，适宜生存在土层较薄、土壤贫瘠的山麓。对待中生灌木林，在保护现有灌木林的原则下，合理地开发利用，严禁乱砍乱挖、毁林开荒等破坏生境的行为。对于立地条件较好的地段以及可以进一步演替的群落，积极进行封山育山，并及时进行抚育管理和树种调整、改造，使得中生灌木林尽快恢复或者发展成葱郁浓密的阔叶林。

17.1.2.3　湿生演替系列中的灌木林阶段

在大兴安岭平坦低洼地形的兴安落叶松遭强度采伐或森林火灾干扰后，由于失去林冠对于辐射的屏障作用，近地表永冻层的融化加强了林地的沼泽化。同时滋生大量杂草也不利于兴安落叶松的天然更新，因而导致柴桦灌木丛更替兴安落叶松林的现象时常发生。群落中常伴有较多的经济植物笃斯越橘，同时柴桦也是很好的薪炭材，特别是柴桦对于林地水分调节和兴安落叶松之间的相互关系，在具有相当经济意义的同时也足够引起人们的重视（《中国森林》编辑委员会，2000）。

17.1.2.4　水生演替系列和高寒地区灌木林阶段

水生演替在湿生草本阶段后，伴随着先锋灌木种类的逐渐侵入和阶段性稳定的灌木种类逐渐定居，灌木植物群落所特有的结构和组成逐渐形成，环境的水分随着灌木植物蒸发蒸腾的加强而逐渐向中生环境发展，这样为耐湿阳性树种的存活和生长创造了条件，并进一步形成顶极森林群落。高寒地区也一样，山生柳灌木林在自然条件下群落稳定，其分布既高又广，耐高寒，群落密集，根系发达，多处在水源地带，对水土保持和水源涵养起着很大作用。高山灌木林通常由草甸演替而来，也可由于火灾而逆向演替为草甸群落，经演替后形成灌木植物群落。高山圆柏灌木林是原生植被类型，属于相对稳定的"顶极群落"。由于其更新十分困难，被破坏后难以修复，该灌木林的水土保持性能良好，特别是他有极其耐寒、耐贫瘠、抗风的适应性，通常生活在森林线边缘，对防止森林线下降和草原扩张有良好的防护效益（《中国森林》编辑委员会，2000）。

17.1.3 次生演替过程中灌木群落阶段对森林群落形成的影响

对草本植物来说，如果火烧不是太频繁、太严重或火烧时间不长，其生产力一般会增加，在荒漠的草本-灌木林地区，如果过度放牧而缺少火烧，则会由草本为优势而迅速变为以灌木为优势。有研究指出，在某些地区火烧能减少多年生植物生产力，而提高1年生植物生产力。火烧后草本的生产力主要受火烧强度、火烧频度、火烈度等火行为因素及火烧后气象条件、火烧地区温度、火烧时间等因素的影响。

对于某些木本植物来说，采伐和火烧会引起一些植物的死亡，特别是林冠火。但是火烧后对某些野生动物的生存条件会有很大改善。火烧的季节是值得研究的，对萌芽力不强的植物种类，火烧可在春天或秋天进行，因为此时土壤潮湿，火烧温度对根的破坏力较小。火烧后对木本植物生产力常常有大幅度提高。有些灌木的种子成熟后不迅速下落，而在植物上寄存2~3年或者更长的时间，成为食种子动物的食物，火烧后可以加速种子下落，减少动物的取食，使更多种子能够萌芽。

沙棘灌木林多属于过渡类型，火灾、滥伐常是导致沙棘林演替的重要因素。在山西关帝山，沙棘常与云杉、白桦、山杨和华北落叶松林相互演替；在青海，沙棘林常被垂柳、山柳、冬瓜杨更替；在新疆和田河下游和塔里木河上游地区，沙棘与灰胡杨有相互更替关系。但是由于沙棘林所处的立地条件较差，土层薄，地下水位高，或者坡度大，较为干旱，沙棘的根系又十分密集，其他物种发展困难，因而各地常有大片相对稳定的沙棘林出现。沙棘林与其他灌木之间一般无演替关系，只有乌柳、车桑子等由于树干高大，树冠常居于沙棘之上，有可能更替沙棘，在澜沧江上游沟谷中的乌柳密林中，曾发现有枯死的沙棘。沙棘灌木林林属于比较稳定的林分，其他灌木由于适应性和繁殖能力多逊于沙棘，因而难以抗争，一般处于伴生地位。沙棘灌木林的顺、逆向演替均有，通过天然林下种，可以在适生的无林地上定居并发展成林，当其他乔木树种侵入并形成林冠后，喜光的沙棘则逐渐死亡，少数占据着林窗地段。

荆条的生长与坡向的土壤含水量有关。干旱阳坡土壤含水量低，生长低矮，阴坡土壤含水量多，生长较高。荆条和黄荆灌木林都是原始林遭到采伐、放牧等反复破坏而形成的。如果停止破坏，将逐渐恢复原生乔木林，灌木林逐渐消失。所以荆条和黄荆在演替中是一个不稳定的过渡类型。若靠自然恢复乔木林，需时漫长。

猴头杜鹃林作为一个森林生态系统，是相对稳定的整体。林分各物种之间已建立密不可分的关系。在整个亚热带森林生态系统这个大范围内，猴头杜鹃林又和周围的森林发生着不可分割的关系，在整个生态系统的无形链条中，本类型是一个绝非可有可无的阶段，它的状况或动态，往往直接或间接地影响着其周围森林的存亡与兴衰。山顶猴头杜鹃林的区系组成，并不能反映群落演替方向的可能性，并不存在直接的演替关系，而是处于一个单独演替系列中（叶居新，1982）。可以由于火灾逆向演替为亚热带山顶灌草丛，进而演替为山顶灌草群落，若继续干扰，由亚热带水热条件所决定，必然水土流失而成为不毛之地的"童山"；在干扰小、破坏轻微的情况下，也可在本系列中产生顺向演替而最终恢复为山顶猴头杜鹃矮林。珍珠花、云南杨梅灌木林多为半湿性常绿阔叶林以及云南松和云南油杉（*Keteleeria evelyniana*）林经反复破坏后的产物，并具有一定的稳定性，但若反复火烧，喜光耐旱的禾本科植物将占据林地，导致林地向草坡发展（《中国森林》编辑委员会，2000）。

细穗高山桦（*Betula delavayi* var. *microstachya*）根系发达，繁殖力强，是森林演替的先锋树种，在高海拔地区，具有重要的护岸保土、水源涵养的作用。具有种子和根蘖两种繁殖能力，由它组成的灌木林大部分是次生性质的，由于本身喜光，难以在乔木林冠下生长，所以多生长于林缘。当乔木[主要是川西云杉（*Picea likiangensis* var. *rubescens*）林]遭到火烧、采伐或破坏后，细穗高山桦便侵入其中；当乔木林恢复后，再退至林缘。

（执笔人：北华大学 郭忠玲）

17.2 灌木对环境的影响

17.2.1 灌木对环境影响特征

草本植物类早期生长快，具有快速封闭地面、改良土壤和防止水土流失的功能，但其地上部分年年秋冬季死亡，第二年又重新生长。草本植物所需营养物质比木本植物相对较多，抗污染净化能力又比木本植物小，立体结构差，层次单一，虽然种类繁多，但目前有用途的较少，持续生存的性能差，尤其是能固氮改良土壤的豆科植物易退化，如红豆草（*Onobrychis viciifolia*）种植 3 年左右退化，斜茎黄耆种植 5 年左右退化。乔木植物类树体高大，立体层次结构明显，易与工程建筑物融为一体，易与自然景物相协调，改善环境效果显著，但植株耗水量大，一般认为乔木树种的耗水量要比灌木、草本植物大 2~3 倍，在一些半干旱地区，宜采用径流林业技术来栽植，或者栽植在坡麓有积水的地方，或者栽植在有灌溉条件的地方，否则易形成小叶杨"小老头"样的生长状况或死亡。如之前在建设三北防护林时，由于在很多半干旱地区大量建造乔木树种，忽视了不同地区的生态演变规律，在种植树种几年后就出现了树木衰败枯死的现象，乔木树种变成了"小老头"树，也无法靠其起到防护林的作用了。所以干旱半干旱地区、盐碱地、矿山废弃地、退化石质山地等困难立地复杂的自然条件在很大程度上限制了乔木的生长。

灌木具有适生范围广、适应性强、耐干旱、耐盐碱、耐瘠薄、耐高寒、萌生能力强、易成活等特性，其对水分、养分条件要求不高，灰分少。相对于乔木来说，灌木虽植株矮小但根系发达、抗旱能力强、繁殖速度快，在 3~5 年就可形成较大面积的灌木林，且地上枝条茂密，地下根系盘根错节，能够有效地固沙保土、涵养水源、调节气候。灌木的丛生结构、适应极端环境的生态习性、广阔的分布范围等对环境的作用是乔木、草本不可替代的。对干旱半干旱地区、盐碱地、矿山废弃地、退化石质山地土壤环境的作用尤为突出。许多地方通过发展灌木林明显改善了生态环境。

灌木对环境的影响兼有乔木和草本对环境影响的共性特征，同时也有乔木和草本不具备的特殊性。在温带以及亚热带地区，优势树种一般都是以乔木为主，相关研究人员也对乔木对环境的生态恢复作用做了很多研究，然而在一些干旱半干旱地区、高寒地区以及生态系统脆弱的地区，大部分乔木会因为其恶劣的生存环境而无法存活，在这些瘠薄地区中，灌木树种便成为了先锋树种。我国西部地区，灌木林因其种类繁多、耐瘠薄且具有较高的抗旱性，对当地环境产生了重要影响，是当地抵御自然灾害、防止土地退化的重要生物屏障。

17.2.2　灌木对土壤结构的影响

17.2.2.1　灌木对土壤颗粒组成的影响

灌木对土壤颗粒组成的作用在干旱半干旱地区尤为突出。干旱半干旱地区是我国土地退化严重地区，强烈风蚀作用导致土壤中细粒物质损失，而灌木植被的恢复能有效降低近地表风速，拦截风沙流，使风沙流中所携带的细粒物质在灌木周围的土壤表层集聚，同原来土壤颗粒相互混合，弥补了因风蚀而损失的土壤颗粒，而不同粒径土壤颗粒的分布状况可改变土壤结构，从而有效减缓土地沙化程度及土地退化趋势。在科尔沁沙地沙丘固定和植被恢复过程中通过对盐蒿、小叶锦鸡儿、冷蒿、小红柳灌木林内外土壤的颗粒组成进行分析比对，发现灌木林内土壤中的粗、中沙粒（>0.25 mm）含量波动减少，细沙粒（0.10~0.05 mm）及黏粉粒（<0.05 mm）的含量有所增加。盐蒿、小叶锦鸡儿和冷蒿灌木林内的极细沙含量分别是灌木林外的 1.17、1.50 和 1.63 倍，黏粉粒分别是灌木林外 1.34、1.92 和 3.04 倍，这些结果都表明随着灌木林的形成和发育，灌木林内土壤颗粒呈现细粒化的趋势（左小安 等，2009）。灌木的恢复会降低土壤粗颗粒（细沙粒、粗沙粒）含量，土壤团聚体和黏粉粒含量也均有明显的增加，灌木样地粗沙粒含量降幅大且灌木更有利于黏粉粒和团聚体有机碳的积累。粗、中沙粒物减少，细颗粒物增加，土壤团聚体和粉黏粒含量增加，有利于土壤结构的稳定（王丽梅 等，2020）。沙生灌木具有对细沙、极细沙和粉沙等细小土壤颗粒的截留作用，且冠幅越大，截留作用越强（王利兵 等，2006），在半干旱地区以梭梭、柽柳、沙拐枣为主体的灌木防护林可通过降低风速拦截风沙流中的外来细小土壤颗粒并固持原位土壤，改善土壤质地、促进流沙固定及土壤细粒化（贾萌萌 等，2015），代豫杰（2018）则进一步指出不同沙生灌木对于黏粒、粉粒等细小土壤颗粒的拦截及沉降效果不尽相同。

17.2.2.2　灌木对土壤孔隙度的影响

研究表明，当土壤总孔隙度在50%左右，其中非毛管孔隙度占总孔隙度的 10%~20% 时为好，这种情况使得土壤的通气、透水性和保水能力比较协调，若土壤的非毛管孔隙度小于10%，便不能保证通气良好，小于6%时，许多植物不能正常生长（Roques et al.，1986）。浅层土壤孔隙状况往往好于深层的土壤，通过对各植被类型土壤孔隙状况差异的分析表明，根系是植被影响土壤孔隙状况的主要因子，根系总量的 70% 以上多分布于 0~20 cm 深的土层中，由于根系在土壤中的分布具有层次性，因而造成对土壤孔隙状况改良的层次性差异，而这种孔隙状况的差异与根系分布状况相吻合。李仁敏等（1998）通过对灌木林地 0~20 cm 深土层中的总孔隙度、非毛管孔隙度与根数作相关性检验得出各土层中灌木的根数大于乔木，而孔隙状况的改良主要取决于根数。退化土壤结构松散、保水蓄肥能力差，是许多乔木植物生长的限制因子。因此在立地条件较恶劣的区域，灌木对土壤孔隙度的影响和改良状况更显著。在人工柠条锦鸡儿灌木林营造对退化沙地改良效果的评价中也表明，柠条锦鸡儿林地的非毛管孔隙度远高于天然草地的非毛管孔隙度，且柠条锦鸡儿林地土壤非毛管孔隙度随密度的变小而呈现增加的趋势，表明柠条锦鸡儿灌木林地土壤透气性较退化沙地有明显改善，反映出灌木通过影响土壤孔隙度而进一步改善退化沙地土壤通气性、透水性和持水能力，而且营造适宜密度的人工柠条锦鸡儿林（1665 丛/hm²、2490 丛/hm²），可增大植被盖度，全面改善退化沙地的土壤理化性质、土壤水分状况及植被群落的稳定性（蒋齐 等，1998）。

17.2.2.3　灌木根系对土壤抗剪强度的影响

多种灌木根系与土壤相互作用的研究已比较广泛，提供了必要的借鉴作用。通过对灌木根系进行研究得出根土间摩擦力主要由主根根系提供，侧根主要是增大根土间摩擦力及对应的根系位移（刘亚斌 等，2017），又通过进一步定量研究灌木根系夹角与拉拔力的关系，得到夹角越大拉拔力越大，原因为根系夹角越大，需要破坏的根土共同面积越大（常婧美 等，2018），为根系拉拔模型的研究提供了借鉴作用。有研究把柠条锦鸡儿和霸王（*Zygophyllum xanthoxylon*）这两种须根以及侧根发达的灌木的根-土复合体与素土进行比较，结果表明，对于相同坡度的素土和根-土复合体，根-土复合体的抗剪力和抗剪强度均明显大于素土，即灌木植物根系可显著提高边坡土体的抗剪能力。在剪切过程中，霸王根-土复合体抗剪力和抗剪强度主要体现在断裂根系的抗拉或抗剪作用、拔出根系的根-土摩擦力及滑移根系的锚固、摩擦作用；柠条锦鸡儿根-土复合体主要体现在根系的锚固和根-土摩擦作用。此外，对于同种类型的边坡来讲，素土和灌木根-土复合体的抗剪力和抗剪强度随着坡度的增加而呈逐渐减小趋势（余芹芹 等，2013）。

17.2.3　灌木对土壤养分的影响

17.2.3.1　灌木对土壤有机碳含量及其组分的影响

土地退化会导致土壤有机碳含量的减少，灌木植被的恢复会使大量的凋落物积累在土壤表层，枯枝落叶、土壤动植物残体、微生物体以及根系分泌物等有机质的输入，都进一步地影响土壤结构，同时由于灌木根系发达，根系可通过穿透土壤等作用方式改善土壤孔隙度，调节土壤水分，提高土壤表层生物活性，提高微生物对凋落物等的分解作用，从而可以增加土壤中有机碳的含量。有机碳含量会随土壤深度的增加而减少，植物残体主要积累在土壤表层，可供微生物维系生命活动的能量充足，从而促进土壤表层的生物活性，包括真菌生长、根和土壤动物区系，从而在表层更有助于各粒径团聚体内部结合形成微粒有机质（李鉴霖 等，2014）。在 0～40 cm 土层剖面中，各粒级团聚体有机碳含量均随着土层深度的增加而降低，表现出表层富集现象；团聚体有机碳以<0.25 mm 粒级含量最高，>5 mm 粒级最低。这是由于大团聚体内颗粒有机质的分解，而使大团聚体分解成为微团聚体，而有机碳在微团聚体中更能受到很好的物理保护，因此，<0.25 mm 粒级的有机碳含量最高（王进 等，2019）。

17.2.3.2　灌木对土壤养分的影响

灌木对其周围土壤结构、养分、微生物生物量、土壤湿度和小气候产生影响，并将养分集中于其冠层下，从而对养分的空间分布和循环产生影响，形成灌木肥岛效应。灌木肥岛的形成是植物与土壤间物理和生物学过程共同作用的结果，对周围土壤的肥力有明显的保护作用（程广生 等，2003），同时肥岛的形成和有机物质在根部的沉积也是灌木植物适应贫瘠环境的主要机制和有效利用养分的主要对策(郭丁 等,2009)。通过研究0~20 cm土层有机碳、全氮在不同群落类型之间形成显著的差异,发现不同灌木种类,由于植株形态结构、凋落物和根分泌物的不同,造成土壤养分含量存在明显的差异,灌木林在形成后对周围土壤的肥力亦有明显的富集和保护作用,而通过对碳、氮、磷含量的相关性分析可知三者间呈显著正相关,碳、氮、磷这3个元素关系紧密,互相作用形成了一定的耦合关系,其中碳、氮元素含量变化几乎同步,但磷元素含量变化滞后于二者。各灌木类型表层(0~20 cm)土壤碳、氮、磷含量均较高,各灌木类型土壤有机碳、全氮含量随着土壤深度的增加呈现下降趋势,而不同灌木类型土壤全磷含量从上至下分布规律不同,且土层对磷含量无显著差异(董雪 等,2020)。不同灌木不但枯落物的数量、质量不同,而且其生长过程中所吸收土壤养分的种类、数量各异,特别是豆科植物的固氮作用,能有效地提高土壤氮素的含量,因而形成了不同灌木及其不同发育阶段土壤养分含量的复杂变化规律。胡枝子具有稳定的固氮作用,不论年龄大小,在其根系生长范围内均有明显的固氮效果,随着灌木的生长发育,根系伸展范围不断扩大,对土壤的改良面积逐渐扩大(奥小平 等,1997)。因此在一些山区先行种植以胡枝子等豆科植物为主的灌木群落,不但能有效改善土壤结构,提高土壤肥力,而且对促进林木生长具有重要意义。

灌木会使得土壤养分和群落组成发生高度空间异质化,同时也会引起生态系统中的碳、氮循环及其储量发生变化。灌木属于根系发达的植物,大量的根系分泌物以及根部组织脱落物会在土壤内部沉积,这样会增加根际土壤碳、氮、磷等的含量。以内蒙古不同发展阶段的灌丛化草地为对象,研究发现在相同土层的狭叶锦鸡儿灌丛群落中,灌丛内的土壤养分均高于灌丛外,而且随着灌木群落的扩大,这种趋势越来越明显(关林婧 等,2016)。同时还有研究发现灌木丛对全氮、全磷等含量增加效应集中于表层以下,以土层0~10 cm的养分增加效应最为明显,灌丛的生长影响了土壤中养分含量(杨阳 等,2014)。但随着灌丛范围的不断扩大,土壤全氮和有机质含量呈现逐渐增大的趋势,但土壤中有效磷和速效钾则呈逐渐下降的趋势,土壤的肥力出现不同程度的下降(张强,2011)。随着灌丛化的发展,灌丛斑块面积逐渐扩大,土壤中的主要营养元素氮、磷、钾、钙和镁等均呈现从灌丛边缘向周围递减的趋势,这会显著影响灌丛周围土壤的养分状况,容易出现裸地现象,可能成为土壤侵蚀频发的地区,最终可能会引起生态系统的退化。

17.2.4 灌木对盐碱土壤环境的改善

灌木是盐碱地改良的主力军。灌木可以增加植被覆盖度,降低土壤的蒸发作用,使土壤中的盐分积累在土壤深层,或积累在盐生植物中。有些灌木是稀盐植物,通常茎或叶肉质化。叶片或茎部的薄壁细胞组织大量增生,细胞数量增多,体积增大,可以积存大量水分,克服在盐渍生境中由于吸水不足而造成的水分亏缺。更重要的是能将从生境中吸收到细胞中的盐分稀释。据研究(龚佳,2017),黑果枸杞、沙棘、水牛果、柽柳具有对盐碱土盐分的主动吸收、运移的作用,对土壤化学性质、微生物功能多样性的改善和提升作用。紫穗槐和柽柳林可改善滨海盐碱土的土壤结构,降低土壤容重,提高土壤肥力,降低土壤盐渍化程度(王合云,2016)。

17.2.5　灌木对污染土壤环境的净化

17.2.5.1　灌木对重金属污染土地的净化

灌木对重金属污染的治理也有一定作用。有研究指出,土壤中重金属的迁移过程明显受植被影响,在重金属胁迫下,植物可通过根际分泌物改变根际土壤微环境的物理、化学和生物特性,从而影响根际重金属的贮存形态、生物有效性、溶解度和根际化学行为(罗有发 等,2016);植物在生长过程中,由根系产生的低分子量有机及无机酸,可使根际土壤 pH 值明显降低或自身直接与重金属络合,从而显著活化重金属,使其更易被根系吸收、转运(杨仁斌 等,2000)。植被所能直接吸收的土壤重金属为可溶于土壤溶液的部分,即水溶性重金属,该部分重金属浓度低、含量少,且与剩余部分重金属处于动态平衡之中,当植物直接吸收、转运水溶性重金属后,动态平衡被打破,吸附于黏土及腐殖质中的重金属便被释放,经土壤微生物及酶的作用后,又成为水溶性重金属,不断被植物吸收,这一过程的反复即植物通过自身生长改变土壤理化性质并利用自身转运作用减轻重金属污染的体现。

17.2.5.2　灌木对油污土壤的净化

石油在开采、存放和运输过程中发生的泄漏会对附近土壤产生严重的污染,残留在土壤中的石油类化学物质也会对土壤性质产生严重的破坏。所以,对油污土壤的修复除了要消除或减少石油烃类物质在土壤中的残留量之外,还必须对因石油烃类物质残留而已经破坏的土壤进行改良和修复。目前,国内外有关油污土壤修复的研究多集中在石油烃的降解方面,很少有人关注石油污染后土壤生物化学性质的改良,利用植物残体类天然有机物来改善油污土壤性质方面的研究更鲜有报道。然而植物残体类有机物作为一种潜在的固定化载体材料不仅富含有效碳、氮等养分,对土壤微生物和土壤酶都具有很强的亲和性,同时其腐殖化过程还会向土壤中释放大量溶解性有机质,其中大部分是微生物降解 PAHS 的共代谢底物,因而可以对土壤中多环芳烃类持久性有机污染物有较强的生物去除能力。陕北石油区分布的大量灌木种类,就在保持水土、增加地面覆盖和改善生态环境等方面发挥着非常重要的作用。通过采集石油污染区典型荒地土壤,与石油混合培养后施入常见灌木的枯落叶粉碎样品进行分解培养试验。结果表明,油污水平为轻度时,踏榔和紫穗槐枯落叶均可明显改善油污土壤的微生物环境,提高土壤酶活性和土壤养分的有效性,并且柠条锦鸡儿改良效果最好,踏榔和紫穗槐次之;油污水平为中度时,柠条锦鸡儿、踏榔和小叶女贞枯落叶可以明显促进油污土壤的生物学性质和化学性质的改良,其中柠条锦鸡儿改良效果最明显,小叶女贞和踏榔次之;油污水平为重度时,柠条锦鸡儿、踏榔、柽柳和紫穗槐枯落叶均可明显改善油污土壤的微环境,提高土壤酶活性和养分的有效性,其中柽柳改良效果最明显,柠条锦鸡儿、踏榔和紫穗槐次之(王保国 等,2014)。

17.2.6　灌木对降水的截留作用

灌木对降水的截留作用及其水土保持功能的研究很多,特别是国内学者对黄土高原、风沙区、太行山等地区灌木进行了大量研究。在对腾格里沙漠东南缘沙坡头地区的两种主要固沙(半)灌木油蒿、柠条锦鸡儿单株换算成植物群落的降水截留特性的研究表明:不同灌木类型的群落之间截留损失水量、冠层截留容量以及截留率与降水属性存在显著差别(王新平 等,2004)。

在我国的黄土高原等水土流失严重地区，灌木具有很强的保持水土功能。灌木枝叶茂盛，枯落物丰富，根系发达，可以有效地拦截降水，吸收大量地表径流。灌木林冠对降水的截留作用，可使林内降水总历时延长、降水强度减弱。据内蒙古自治区水利科学研究所测定，对于一次降雨，北沙柳林内林冠截留使径流历时平均增加了 23.4 min、柠条锦鸡儿林平均增加 35 min，北沙柳成林、柠条锦鸡儿成林内雨强分别较林外减小 60%、70%（赵金荣 等，1994）。另据黄土高原灌木研究协作组对 39 种灌木林冠截留量进行测定，有 24 种灌木的最大截留量均在 0.33 mm 以上，尽管其值远远小于一次降雨总量，但其减弱雨滴击溅地表的功能及滞后地表径流发生等作用，是非常重要的（Frank et al.，2004）。另外，在黄土高原水土流失严重的坡耕地上配置合理的等高灌木带具有较强的保持水土效益，其径流削减率在 30% 以上，泥沙削减率在 50% 以上，可增加坡耕地植被覆盖度 15%～20%，而且不同结构和模式的灌木林发挥出不同的水土保持效果（陈云明 等，2002）。

17.2.7 灌木对大气环境的影响

灌木林通过吸附空气当中的大量有害气体，进而改善空气质量状况。野生灌木能吸收一氧化氮、一氧化碳、二氧化硫等有害气体，还能吸附飘尘。有些野生灌木的分泌物还能杀死细菌，使大气中的细菌数量减少，谢慧玲等（1999）通过对植物挥发性分泌物对空气微生物杀灭作用的研究，发现杀菌作用较强的有木槿等树种。灌木和其他绿色植物一样，在进行同化作用和蒸腾作用的过程中，消耗大量的光和热，吸收大量的地下水，散发水汽，这就改善了其周围的干热环境，削弱地面增温，增加空气中的水蒸气，在天气越热、空气越干旱的时候，这种作用就越大。灌木林地比没有灌木的裸露地，温度要低，空气较湿润，对于缓和干旱、冰雹、霜冻等灾害，都有一定的作用。再者，植物叶片在进行光合作用时，叶片气孔打开，在吸收二氧化碳进行光合作用的同时，会部分地吸收空气中的病菌、有害物质等，起到净化大气环境的作用（刘胜涛，2019）。

（1）灌木对大气颗粒物 PM2.5 的影响

随着我国城市化和工业化的发展，城市环境污染问题日益严重，许多城市出现雾霾天气，雾霾的主要成分是二氧化硫、氮氧化物和可吸入颗粒物，其中，可吸入颗粒物是造成空气污染的主要因素。植物可以截取和固定大气颗粒物从而有效阻滞灰尘，是目前改善城市环境的有效手段。

植物不同个体之间滞尘能力差异较大，研究表明，不同植物的滞尘量可相差 5 倍以上。灌木树种个体间单位面积滞尘量差异较大，其中大叶黄杨、火棘、金银忍冬、珍珠梅等都是滞尘效益较好的树种。植物的单位体积滞尘量受单位体积内总叶面积影响较大，单位叶面积滞尘量较大且总叶面积也较大的植物，其单位体积植物滞尘能力更强，如金银忍冬、大叶黄杨的单位体积滞尘能力较高，而小蜡（Ligustrum sinense）、棣棠的单位体积滞尘能力较低，滞尘量最大值可达到最小值的近 1.5 倍。植物滞留大气颗粒物的能力也与植物的叶表面结构密切相关，通过比较分析得出：有蜡质结构、叶片粗糙、气孔开口较大的植物叶表面能滞留更多的颗粒物，如大叶黄杨、金银忍冬；而叶表面光滑植物滞尘能力较差，如紫荆（Cercis chinensis）。另外，影响植物滞尘能力的因素较多，叶片沟状结构的宽窄程度等也成为一些学者的探究方向，具体哪种结构对其影响最大还有待进一步深入探究。植物叶表面滞留的大气颗粒物 80% 以上都是 PM10，其中 PM2.5 的含量占到 60% 以上，说明灌木对大气颗粒物尤其是细颗粒物具有较好的滞留作用，能够有效提高空气质量，改善雾霾天气（孙晓丹 等，2017）。

大叶黄杨、小叶黄杨（*Buxus sinica* var. *parvifolia*）和矮紫杉（*Taxus cuspidate*'Nana'）是北京市典型绿化灌木树种中的常绿树种，在北京市冬季景观绿地建设中有重要作用。通过对北京市 6 种针叶树叶面附着颗粒物的理化特性进行研究，结果表明，由于受地面扬尘影响，低矮叶片比高处叶片的颗粒物附着密度大，这说明灌木植物对 PM2.5 阻滞吸收有一定的位置优势（王蕾 等，2007）。高大的乔木主要阻滞吸附空气中的降尘和飘尘，而灌木主要阻滞吸附地面扬尘。在北京冬季，燃煤取暖导致 PM2.5 排放量增多，且由于温度较低，空气混合层高度下降，PM2.5 浓度增加，而阔叶树种都已落叶，其叶片滞尘能力变为零，只有针叶树种和常绿灌木树种起到主要的滞尘作用，季静等（2013）提出常绿植物在冬季能持续发挥吸附 PM2.5 的作用。因此，大叶黄杨、小叶黄杨、矮紫杉等常绿灌木树种在冬季发挥着很大的阻滞吸附 PM2.5 的作用。

（2）灌木对二氧化氮的影响

氮作为植物体内蛋白质、核酸等的重要组成元素，对植物的生长活动起着非常重要的作用，同时也是植物生理活动需求量最多的元素之一，所以植物需要获取较多的氮元素以保障自身正常的代谢活动。植物叶片含氮量随污染区污染物浓度的变化规律与大气 NO_2 浓度变化一致。研究表明，净化能力较强的植物有月季、紫叶矮樱（*Prunus* × *cistena*）、侧柏、木槿、小叶黄杨、紫丁香（何靖，2020）。

（3）灌木对二氧化硫的影响

二氧化硫在城市中多产生于汽车尾气中，是目前亟待解决的污染物，对生态环境会产生极大的破坏，灌木可以吸收二氧化硫来改善空气，海桐、金叶女贞（*Ligustrum* × *vicaryi*）、法国冬青（*Viburnum odoratissimum* var. *awabuki*）等都对二氧化硫有吸收作用。

（4）灌木对氟化物的影响

植物对大气中的氟化物具有一定的净化作用，并且植物叶片中的氟化物浓度与污染源之间的距离呈负相关，据研究表明，中华常春藤（*Hedera nepalensis* var. *sinensis*）、石楠（*Photinia serratifolia*）以及小叶榕（*Ficus concinna*）对大气中氟化物的净化效益较高（聂蕾，2017）。

（5）灌木对大气汞的影响

汞是一种参与全球生物地球化学循环的元素，城市作为人为汞源的主要产生、驻留地点，大气汞污染研究正日益受到重视。武靖轩（2018）从个体水平研究植物从大气中汇集—转运—贮存的过程。在上海市内选择了六个地点，通过野外采集大气、土壤、干沉降、植物样品，测量胸径、叶片表面积、叶片厚度等形态学指标，分析所有样品中的汞含量，结果表明，物种间叶片汞吸附能力差异明显（$P<0.05$），其中十大功劳叶片吸附汞的能力显著高于其他物种，其次是黄杨和夹竹桃（*Nerium oleander*）。

（6）灌木对水汽蒸发的影响

灌木林具有减小水分蒸发的效应，原因是树林中，由于树体使风速和乱流强度减弱，水汽不易向上扩散，空气饱和差小，且白天又具有降温效应，从而下垫面树木林草可以减少林地水分蒸发，这对降低土壤水分消耗、保障林木对水分的需求具有重要意义。据连续 7 天对混交林和人工灌木林内水分蒸发测试结果表明：这两种退耕模式林草配置的水分蒸发量均低于对照裸地。对照裸地的水分日蒸发量最大，混交林次之，人工灌木林的水分日蒸发量最小（徐丽萍，2008）。

17.2.8 灌木对生态系统的影响

（1）涵养水源

灌木林对降水的截留、吸收和贮存有明显作用，对雨水的蓄积作用削弱了降水的侵蚀力，同时延长了径流的形成时间，减少了地表径流量，削减了洪峰流量，增加了枯水期流量，控制和调节了土壤内渗流的速度和性质，从而达到了涵养水源、保持水土的目的。灌木最适应坡陡沟深、沟壑纵横、植被稀疏地的造林，可改善飞沙走石、水土流失严重的恶劣环境。

（2）保育土壤

保育土壤功能又分为固土功能和保肥功能两个部分。灌木林地可固持土体，防止土壤崩塌泻溜。保肥能力又分为保氮能力、保磷能力、保钾能力和保持有机碳的能力。风蚀是土壤流失的一种灾害。风力可以吹失表土中的肥土和细粒，使土壤转移。在流动沙地上，当草和灌木覆盖度达到30%以上时，流沙就基本上被固定；在干旱光秃的山坡，水平带状密植灌木占40%以上时，风蚀就可以被控制（王晓辉，2020）。

（3）固碳释氧

灌木林固定大气中的 CO_2 和释放增加大气中的 O_2，可有效减少温室效益，维护大气中 CO_2 和 O_2 的动态平衡，提供人类生存的基础。天山地区灌木林研究表明，灌木植被年固碳量为0.85万 t/年，价值为0.71亿元/年；年释氧量为2.25万 t/年，价值为2.06亿元/年（宋成程 等，2017）。

（4）积累营养物质

林木营养积累是生态系统中物质循环不可或缺的环节。灌木生态系统在其生长过程中不断地从周围环境中吸收氮、磷、钾等营养元素，固定在植物体中，有效促进了灌木群落有机物质与土壤间的养分循环，这些营养元素一部分通过生物地球化学循环以枯枝落叶的形式渗入土壤；一部分以树干淋洗和地表径流的形式流入江河湖泊；另一部分以林产品的形式输出生态系统，再以不同形式释放到生境中。森林植被积累营养物质的功能对降低下游水源污染及水体富营养化有重要作用。

（5）保护生物多样性

灌木林生物多样性保护功能是指灌木林生态系统为其他生物物种提供生存与繁衍的场所，从而对其起到保育作用的功能。灌木群落以其群落覆盖为其他植物创造了生存的环境，主要受立地、土壤、水分等多种影响。这里的生物多样性包括物种多样性和遗传多样性（张永利 等，2010）。灌木群落以其群落覆盖为其他植物创造了生存的立地环境，主要受立地、土壤、水分等多种影响。任何生态系统或群落类型都有其物种多样性特征，而这种特征是该生态系统功能维持的生物基础，也是生物群落的重要特征。

（6）防御灾害

灌木林内温度低、湿度大，地表枯枝落叶层湿度大，可降低其易燃性，既可减缓森林中地表火的蔓延速度，又可阻碍地表火发展成林冠火，起防火隔离作用。

灌木林内温度变幅小，湿度大，食物来源多样，有利于寄生性昆虫和菌类繁殖，也有利于鸟类栖息，生物种类丰富多样，呈现出一种自然和谐的生物链关系，使得林内即便有一些病虫，也受其"天敌"益虫、益鸟的制约。

灌乔混交林对风倒、雪压、凌害、雹灾等气象灾害也有较强的抗御能力（王晓辉，2010）。

（执笔人：河北农业大学　李玉灵）

17.3　灌木对地面形态的作用

灌木作为森林的重要组成部分，在生态系统中发挥着重要的作用。在干旱地区，灌木林甚至是当地的优势建群种。而地表形态变化的能量来源不外乎内力作用和外力作用。其中内力作用主要来源于地球自身的地壳运动、岩浆活动等地质运动；而外力作用则来源于风化、侵蚀、搬运与堆积等陆地发生的自然现象。灌木作为陆地生态系统中关键的植被系统，除了具备其他植物种特性外，还通过独特的生物学特征，参与陆地表面形态的变化，因而灌木的生长无疑对陆地地面形态的塑造产生一定影响。灌木植株对地面形态的作用主要表现为植被覆盖对地表形态的作用，植株根系的固持土体的能力、植株聚集土体改良土壤造成肥岛效应、土壤微生物效应、植物的涵养水源与调节径流的功能对地表的塑造作用等。

首先，灌木作为一种具有木质化茎干但没有发展成明显主干的植物（李清河 等，2006），通常通过灌丛化形态覆盖地表，而灌丛化的植被覆盖明显改变陆地地貌形态。近几十年来，由于全球气候变化与人类土地利用方式的改变，灌木植物在全球草地分布区大面积扩张。随着灌木植物的逐渐增多，原本大面积连片生长的草原被分割成形状不同的斑块，进而在全球草原分布区形成一种新的植被景观，即灌丛—草原连续体，这种自然景观是由灌木斑块与灌草间隙处草地斑块组成（陈蕾伊 等，2014）。灌丛化草原已经成为干旱半干旱地区的一种重要植被类型。据统计，全球干旱半干旱区域约占陆地总面积的41%，其中有10%~20%的地区发生了灌丛化。灌丛化现象目前在北美洲、亚洲、地中海、非洲、澳大利亚甚至人为干扰较少的北极地区均有发现。草地灌丛化通常会导致生态系统结构和功能的改变，草地灌丛化在我国草地生态系统中广泛发生，如宁夏贺兰山，内蒙古锡林河流域、锡林郭勒西部、鄂尔多斯等。

灌丛化不仅导致土壤结构发生改变，植物群落中有毒有害物质比例相对增加，同时会导致草地结构和功能的根本变化（蔡文涛 等，2016）。在我国，小叶锦鸡儿是灌丛化草原中最常见的灌木植物。此外，其他锦鸡儿属植物，如狭叶锦鸡儿、毛刺锦鸡儿和中间锦鸡儿等，以及长梗扁桃、油蒿、珍珠猪毛菜等灌木植物也都是我国草原灌丛化过程中的主要物种（陈蕾伊 等，2014）。在灌丛化草原的灌木斑块内外草本植物高度、多样性和生物量都有明显差别（Chen et al.，2015），相比而言，灌木内的草本植物高度更高，但种类和数量都较小。

草地灌丛化是伴随着草本植物生物量的降低，而加强灌木植物的定居及稳定发展（蔡文涛 等，2016）。从另一个方面来说，在退化的灌木林荒漠生态系统中，一旦灌丛外部环境适宜草本群落生长，灌丛内部的草本植物就会迅速向外扩张定居，改善外部环境，促进退化植被的恢复（Maestre et al.，2009）。由此可见，不论是草地灌丛化还是灌木林地退化，灌木对地面的覆盖生长或衰退，都将促使原有植被地面形态的变化。

另外，灌木植物根系直接与土壤相互作用，对生物措施治理沙漠与水土流失、防止土体滑坡起着至关重要的作用。民乐县北部沙漠地带造林实践表明，当灌木覆盖度达到30%以上时，流沙就基本被固定。山区小流域范围造林表明，当灌木覆盖度达到40%以上时，面蚀就可以控制。

其次，灌木根系固持土体的作用在地面形态形成过程中，作为外营力的一部分，与风、水的抵抗，对原始地形起到相应的塑造作用。一旦表土体被植物根系固定之后，在增加土体的抗风蚀、水蚀能力的同时也削弱了风和水的破坏力。将在原有土体表面滤积细粒物质，在流沙地将向沙土、沙壤土方向发展，在山区的粗骨土则将滤积细土层。

植物的根系具有很大的可塑性，其固持土体的作用不尽相同。在华北山区一部分固土灌木的根系可以深入花岗岩石和基岩的裂隙和节理，如小叶椴、荛花、鼠李、荆条、黄栌等。此外，如固定流沙的圆头蒿和北沙柳，固定黄土陡坡的多枝怪柳、柠条锦鸡儿、山杏等，都是可取的（熊跃军 等，2011）。

植物根系作为植物吸取养分的主要器官，在植被护坡中起着至关重要的作用。近些年来，随着传统护坡技术的缺点日益凸显，关于植物根系固土效应的研究受到越来越多学者的重视，而当前生态护坡技术的实践应用远远走在理论研究的前面，大量灌木植物用于生态护坡的植物材料。灌木根系的护坡能力主要得益于其根系的固持土体能力，两种典型的护坡灌木——多花木蓝和紫穗槐根系的室内抗拉试验和室外剪切试验研究表明，两种灌木根系的抗拉力随直径的增大而增大，且呈幂函数关系，其中表皮对根系的抗拉力贡献比木质部大；其抗拉强度随直径的增大而减小，其中去皮根系抗拉强度均比相同直径带皮根系抗拉强度小。

植被护坡的机理主要体现在两个方面，即植物根叶的水文效应与植物根的力学效应。植物根系对土体的缠绕与加固，不仅起到稳固土壤的作用，而且起到防治土壤沙漠化的作用。根系的无规律缠绕作用提高了土体强度，土体颗粒不易被坡面径流带走。根土复合体的抗冲强度与根系的分布形态、环绕及固结作用息息相关；根系的力学效应和水文效应增持效果远高于其改善土壤物理性质的增持效果。一般认为根系的直接作用是增加了表层土体稳固性，间接作用是增加根土复合体渗透性。

植物根系护坡模式主要有三种，即须状根系的加筋、主直根系的锚固和水平根系的牵引。在滑坡裂隙带，主直根系一端锚固于深层土体中，犹如锚杆；水平根系一端扎根于稳固带，一端扎根于滑动带，对滑动带土体起到显著的牵引作用；浅层须状根系交错分布，数量多，直径小，在土中形成网状结构，形成根土复合体并起到加筋作用。边坡土体在土压力作用下挤密并产生侧向位移，边坡土体与边坡上的植物根系相互摩擦咬合，根系表面逐渐形成摩擦黏聚力，当土体受到预滑动应力作用时，根周土体将受到的力转移给植物根系，根系将产生一个轴向力限制土体侧向变形，这种根土间黏聚摩擦作用有助于提高复合体抗剪强度（胡圣辉，2018）。

另外，对于地面形态突变的地质灾害，如滑坡泥石流，灌木根系同样可以起到很好的预防作用，植物根系主要通过加筋、锚固两个作用实现防治浅层滑坡（Anderson et al.，1989；Clarke et al.，1999）。毛须根主要起加筋作用，根径较大的粗根主要起锚固作用（Bischetti et al.，2005）。甘肃省陇南市地处浅层滑坡多发区，李佳等（2019）通过单根抗拉试验和重塑土直接剪切试验对该区域四种典型灌木杠柳、胡枝子、酸枣和石榴（*Punica granatum*）的土壤及根系进行研究，探讨灌木根系对土壤物理性质和浅层滑坡的改善效应。结果表明，灌木根系能显著提高土壤含水率，改善孔隙结构；抗拉强度与根径间存在显著幂函数关系（$P<0.01$），根径<1 mm 的毛细根抗拉强度最强，单根抗拉强度依次为胡枝子>石榴>酸枣>杠柳；重塑土抗剪强度随土壤含水率升高而降低，土壤黏聚力和内摩擦角均随含水率增加而减小，在 10% 的最优含水率下，抗剪强度依次为石榴>酸枣>杠柳>胡枝子；随根系密度增加，杠柳和胡枝子的根土复合体抗剪强度减小，酸枣和石榴在 1.5 倍天然根系密度下对土壤抗剪强度增强效果最强。

第三，灌木根系对于改良土壤具有极大的促进作用，有些灌木还会围绕根系产生肥岛效应，从而对地面形态变化产生影响。灌木根系对土壤的改良主要表现在对土壤理化性质的影响，集中反映在灌木林对气流通过林地时所携带的细微粒物质拦截沉降与林内每年凋落的大量枯枝落叶在微生物作用下的逐步分解，从而使得林内沙层的理化物质发生变化。

不同灌木植物种的改土作用不同。从表 17-14 可看出，不同植物种都有明显的改土作用。在 0~10 cm 的沙层内，林地的细沙成分明显增加，小于 0.1 mm 的细沙含量，林地是流沙地的 1.2~4.7 倍，有机质含量林地是流沙地的 1.6~2.4 倍，且细枝山竹子林地 > 踏郎 > 沙蒿 > 紫穗槐 > 沙柳林地。不仅如此，随着林龄的增加，地面枯落物的积累，固沙林的改土作用将愈加显著（麻保林 等，1994）。

表 17-14 固沙林地的土壤理化性质

测定项目	深度（cm）	对照区（流沙）	细枝山竹子（6 年生）	踏郎（6 年生）	紫穗槐（6 年生）	沙蒿（6 年生）	沙柳（6 年生）
<0.1mm 颗粒(%)	0~10	4.50	15.22	12.17	9.48	21.104	5.221
有机质(%)	0~60	0.03	0.075	0.071	0.054	0.047	0.04
速效氮(mg/100g)	0~60	0.07	0.169	0.148	0.129	0.133	0.115
速效磷(mg/100g)	0~60	0.90	0.65	0.59	0.69	0.57	0.93
pH 值	0~60	8.60	8.7	8.65	8.6	8.7	8.5

注：引自麻保林等（1994）。

还有些沙生灌木除了通过拦截沙尘沉降细微颗粒物以外，其植株根部还具有菌根。例如，沙冬青根部具有 V_A 内生菌根，V_A 菌根和植物根系共同建立互惠共生体系，并从土壤中吸收更多的水分和磷及其他矿质营养，维持土壤生物化学平衡，促进根系发育，改善植物体内的营养状况，加速土壤形成过程，从而有利于保持土壤物理结构，提高土壤的肥力，并为其他荒漠植物的正常生长发育起到了极大的促进作用。此外，菌根还能产生一些植物生长激素物质，诱触植物产生抗病性，防止其根部病原菌的侵袭，增强植物的抗病抗旱及耐高温能力（蒋志荣，1994）。

灌木植株由于冠幅较大，在灌木拦截沙尘沉降细微颗粒物的同时，灌木枝条基部被沙埋以后生长更好，具有很强的萌发力，这一方面发挥其固沙保土、防风蚀能力，另一方面也使灌木植株由于沙粒等细微颗粒物的堆积而形成特殊的灌丛沙堆，形成地面形态的自然景观。典型代表是干旱荒漠区的白刺灌丛沙堆，大面积的白刺沙堆固定沙地是荒漠地带特殊的自然景观。单个的白刺沙堆一般高 1~3 m，在个别地段可达 5 m 高，成椭圆形，其长轴与当地主风向平行。由于白刺灌丛的存在，由白刺沙堆所构成的固定和半固定沙地是沙漠的主要类型之一，植被总覆盖度可达 40%~60%（李清河 等，2011）。在干旱荒漠区，灌丛沙堆的肥岛效应显著，灌丛"肥岛"被认为是荒漠植被与生态环境信息交流的"枢纽"，对维持荒漠生态系统的健康稳定十分重要(李雪华 等, 2010)。干旱半干旱区, 荒漠灌丛"肥岛"的形成, 不仅能够引起土壤养分的空间异质性分布, 还对其周围草本群落产生重要影响。灌木通过减少草食动物的接近, 给生长在灌木树冠下的植物提供一定的保护作用, 从而灌木下草本植物的土壤种子库密度、植株密度、株高都大于灌丛间地(裴世芳 等, 2004; 裴世芳, 2007)。另外, 在草地生态系统中, 草本植物分布的均一性使得土壤水分、养分较为均一。灌木入侵会改变土壤资源的空间分布格局(魏楠 等, 2019)。土壤微生物和土壤动物在灌丛下的活动较为强烈, 进一步促进了灌丛下养分循环。因此, 灌丛沙堆和草地灌丛化的肥岛效应, 不仅使灌木林地和原有草地的土壤理化性质发生变化, 而且使该地区的地面形态产生变化。

第四, 灌木林具有森林资源特殊的生态功能, 以其林地上富集的枯落物层以及深厚的土壤层截留和储蓄大气降水, 发挥着涵养水源、调节径流的水文生态功能, 从而可以根治滑坡、泥石流的发生, 这在一些水土流失严重的地区, 对地面形态变化起到重要的保护作用。尤其是在一些土壤结构不良、肥力低、干旱季节土壤含水量低及乔木树种成林慢、生长差、生态和经济效益低, 难以有很好发展的地区。

其中枯落物层具有良好的持水能力, 从表17-15可以看出, 所研究的5种灌木林分中, 枯落物最大持水率均为自身重量的2~3倍, 最大持水率变化幅度为280.12%~335.66%, 与当地阔叶红松林枯落物的324.89%较为一致; 而有效持水率的变化幅度为171.94%~244.08%, 也较接近于阔叶红松林。可见, 在枯落物的持水性能方面灌木林并不是都落后于乔木林的。各灌木林枯落物持水性能综合比较结果依次为珍珠梅灌丛、胡枝子灌丛、接骨木灌丛、榛子灌丛和绣线菊灌丛(孔亮 等, 2005a)。

表17-15 不同灌木林林分枯落物层的持水能力

林分类型	厚度 (cm)	现存量 (t/hm²)	自然含水率 (%)	最大持水率 (%)	有效持水量 (t/hm²)	有效持水率 (%)	有效持水量 (t/hm²)
绣线菊灌丛	1.2	7.46	66.16	280.12	20.90	171.94	12.83
胡枝子灌丛	1.5	8.90	41.23	335.66	29.87	244.08	21.72
接骨木灌丛	1.0	9.42	45.54	318.13	29.97	224.87	21.18
珍珠梅灌丛	2.0	11.84	28.57	282.76	33.48	211.78	25.07
榛子灌丛	2.0	10.59	55.50	283.81	30.06	185.74	19.67
阔叶红松林(对照)	3.4	12.28	50.26	324.89	39.90	225.89	27.73

注: 引自孔亮等(2005a)。

另外对于灌木林地土壤层持水能力, 从表17-16可以看出, 5种灌木林土壤容重、总孔隙度和最大含水率与阔叶红松林的差距并不是很明显, 而非毛管孔隙度和非毛管含水率却要略高于阔叶红松林(孔亮 等, 2005a), 另外由表17-17可知, 灌木枝叶茂密, 枯枝落叶量大, 有效地减少了水分蒸发, 改善了土壤结构, 使土壤贮水能力明显增强, 同时也提高了土壤渗透速度。因此, 灌木林在改善土壤物理性质方面与乔木林相比也是有不错效果的。

表17-16 不同林分土壤物理性质

林分类型	土壤容重(g/cm³)	总孔隙度(%)	非毛管孔隙度(%)	最大含水率(%)	非毛管含水率(%)
绣线菊灌丛	0.99	51.96	9.61	56.47	9.71
胡枝子灌丛	1.03	49.26	16.53	51.91	16.05
接骨木灌丛	1.02	51.21	13.86	56.78	13.59

（续）

林分类型	土壤容重(g/cm³)	总孔隙度(%)	非毛管孔隙度(%)	最大含水率(%)	非毛管含水率(%)
珍珠梅灌丛	1.09	46.77	13.32	44.35	12.22
榛子灌丛	1.03	37.06	12.04	36.65	11.69
阔叶红松林(对照)	0.96	57.61	11.81	58.49	11.37

注：引自孔亮和陈祥伟(2005)。

表 17-17　10 年生灌木林地土壤物理性状

林地	土壤容重(g/m³)	总孔隙度(%)	非毛管孔隙度(%)	毛管孔隙度(%)	土壤含水量(%)	毛管最大持水量(%)	土壤饱和含水量(%)	现有土壤贮水量(t/hm²)	土壤饱和贮水量(t/hm²)	渗透深度(cm)	渗透速度(mm/min)	渗透系数
葛藤	1.169	55.4	13.1	42.3	13.4	38.6	47.7	298.3	1972.3	23.1	6.67	9.64
胡枝子	1.218	53.7	11.9	41.8	12.5	37.1	43.2	291.1	1964.1	19.1	6.45	6.60
桑树	1.186	54.8	12.4	42.4	12.8	37.6	44.5	295.6	1968.5	20.2	6.58	6.35
花椒	1.235	52.6	11.3	41.3	11.9	35.9	41.6	281.7	1873.6	17.66	5.15	5.36
李树	1.247	52.4	11.2	41.2	11.6	35.4	41.4	279.5	1868.1	17.2	5.03	5.34
对照	1.385	47.7	7.8	39.9	7.5	29.7	33.9	148.7	1259.7	14.5	3.02	2.74

注：引自杨志荣等(2001)。

在北京西山砂页岩区，通过封山恢复起来的天然次生灌木林植被，不仅水土保持作用明显，而且具有良好的水源涵养功能和减少地表径流量的趋势。次径流系数不超过 0.1。天然次生灌木林植被在涵养水源、调节径流方面，主要表现为消减洪峰、延长洪峰滞时和增加地下径流的功能上，在森林植被覆盖率达 40% 以上时，瞬时单位线峰值可降低 4.6%，洪峰滞时可延长 9.3%(杨立文 等，1994)。由此，灌木通过径流调节和水源涵养实现保水保土的生态功能，从而避免了灌木林地地面形态的变化，特别是在水土流失严重的地区。

灌木对地面形态的塑造作用针对不同种属特性的灌木根系具有很大的可塑性。首先是根系固土作用不尽相同，如固定流沙的沙蒿、沙柳、白刺等，固定陡坡的柠条锦鸡儿、沙棘、山杏等，其根系可深入土层表现为固土作用。

而另一些灌木如金缕梅、胡枝子、绣线菊等，根系分布主要在土壤表层，须根量大，串根萌蘗能力强，枯枝落叶量大，从土壤吸收的营养物质多，本身消耗的少而返还给土壤表层的多。所以成土作用大，提高土壤肥力迅速。例如，沙棘也具有形成肥沃土壤的能力。但并不是所有的灌木都具有改土作用。喜盐灌木红柳的长期生长，在地表常积累过多的盐分和密丛草类，引起土壤沼泽化，它降低甚至破坏了土壤肥力。此类灌木对土壤的塑造作用表现为改土作用。

总之，灌木在森林生态系统中占有重要的位置，对地面形态的塑造作用表现为多种形式，因此，将灌木林及其地面因子，如地形、地貌、土壤等综合考虑，实现灌木林-地环境的综合整体，才能揭示灌木的生态功能。

（执笔人：中国林业科学研究院林业研究所 李清河）

第 18 章
灌木林资源利用

18.1 防护林

我国三北地区干旱少雨多风沙，因此，适宜乔木生长的范围是有限的，而当地许多灌木树种对干旱环境有较强的适应性，适宜造林的范围广，且灌木在防风固沙、水土保持、改善生态环境方面有突出作用。

18.1.1 防风固沙林

防风固沙林是指在沙漠、戈壁的边缘或临近流动沙丘地带，为防止风沙等灾害对耕地、牧区、居民点、道路及渠系等的侵袭和危害而营造的以防止风沙危害、固定流沙为目的的人工防护林（西北林学院，1980）。

18.1.1.1 防风固沙林概述

防风固沙林的结构一般有通风型、紧密型和稀疏型三种。紧密结构的防风固沙林带树种以灌木为主，如沙柳、梭梭等，林带宽度在 30 m 以上，栽植密度 2 m×4 m。造林方法一般从沙丘迎风坡脚开始，沿沙丘等高线由下而上栽植植物，同时设置机械沙障。稀疏结构的防风固沙林带树种采用乔、灌木和草结合，带状混交的种植方式，如旱柳、沙柳和沙蒿等交替定植方式（杭树亮，1998）。

防风固沙林的基本功能是对局部和近地层小气候起到调节和改善作用，促进生物能量的转化和物质循环，达到维护绿洲生态平衡；把大风、高温等有害的能量加以削弱以保护农田、牧场等；把过剩的光、热等能量转化为有效的生物量，增加植物干物质积累；把土壤、水面蒸发等无益的水分消耗变成生物蒸腾并合成有机质，改善小气候，调节大气干旱，缓和土壤盐分循环（高尚武，1984）；

防风固沙林效益主要指的是防风效应、热力效成（温度效应）和水文效应等，其中防风效应是防风固沙林的基本效应之一（赵宗哲，1993）。防风固沙林能显著降低风速、减少输沙率，防风固沙作用明显。以防风固沙林防风效能和林地输沙量为指标，进行逐步回归分析表明，树高与冠幅在防风效能中起主要作用，造林密度、地表分枝数和草本植物盖度与固沙作用密切相关（吴卿 等，2010）。防风固沙林对空气温度、地温的影响比较显著。研究表明：防风固沙林地内的温度显著低于林地外的；林地外地面最高温度与最低温度的差值为 49.50 ℃，而防护林内只有 24.70 ℃，二者温度相差过半。形成这种温度特征的原因，主要是太阳辐射和风速，防风固沙林内日间土壤表面吸收的太阳能辐射量小于无林地；而在夜间和冬季，由于林冠和地被物的保温作用，而使温度略高于无林地(郜超 等，2008)。不同林带结构对地下水位的影响是不同的。一般来说，同一树种的树龄、生长状况、栽植密度、分布范围等指标的数值增大，植物蒸腾耗水量也多，但是防护林涵养水源的作用也与这些因素有关。两者相互作用，达到自我调节地下水位的目的，以适应其自身发育(哈伦 等，1998)。

防风固沙林是防风固沙林体系的重要组成部分，其实质是通过营造具有一定走向、配置结构和宽度的防护林带，来影响气流的运动速度、方向及其流场，进而控制流沙，以达到理想的防风固沙效果(马义娟 等，1996)。防风固沙林体系一般由天然植被封育带、防风固沙林带及绿洲内部农田防护林网组成(雷加富 等，2000)。天然植被封育带是建立在绿洲最外围的第一道防线，它外接沙漠或戈壁，地表疏松，风蚀风积现象严重，是侵害绿洲的风沙流要冲。为制止就地起沙并阻挡拦截外来流沙，须采用封育措施建立足够宽度的、有一定高度和盖度的抗风沙、耐干旱的自然灌草带。防风固沙林带位于天然植被封育带和农田林网之间，以机械固沙措施与生物固沙措施相结合，形成绿洲防护林体系的第二道防线，作用在于继续削弱越过封育带的风沙流前进速度，沉降其剩余沙粒，进一步减轻风沙危害。农林网以防风为主，目的在于控制土壤风蚀、调节和改善农田小气候、创造适宜作物生长发育的条件，获得稳产高产(王辉 等，1998)。

我国风沙灾害严重的三北地区，通常先由人工栽植沙生灌木及草本植物来营建防风固沙林，并在此基础上栽植乔木树种，营建农田防护林体系，设置封育带和阻沙带，逐步建成"三带一体"或"四带一体"的防护林体系，达到防风固沙、改造沙地、保护沙区生态环境的目的。如我国西北甘肃河西沙区，人们先在沙漠沿线的流动沙丘上设置草方格、黏土和各种生物沙障，栽植梭梭、细枝山竹子、柠条锦鸡儿、沙木蓼、乌柳、圆头蒿、沙蓬等各种固沙灌木和草本，来阻止沙粒随风移动，并增加沙地下层水分含量，增加有机质，保护农田不受风沙危害，使沙区自然生态环境得到改善。

18.1.1.2　我国防风固沙林建设历程

我国荒漠化地区的劳动人民，自古以来就非常重视生态环境建设。据《民勤县志》记载："清嘉庆十一年(公元 1806 年)，县令齐正训率民工七百为沿河植树五百余株，柳条一万三千多株。"说明清代以来我国就非常重视沙漠地区的防风固沙林建设。

新中国成立以后，国家对防风固沙林营建和科学研究非常重视，1950 年至 1951 年，先后组织群众在我国三北地区开展了防风固沙造林活动，总结推广沙漠沿线老百姓数千年来总结的"插风墙""护柴湾"和"土埋沙丘"等治沙经验，并发动群众在地下水位较高的丘间低地、沙漠前沿的荒漠、戈壁和河流两岸，采用插条、插杆等方法营建防风固沙林，这对荒漠区风沙沿线抵御风沙危害起到了一定的作用(高明寿 等，1987)。

我国防风固沙林大规模、大面积建设始于 20 世纪 50~60 年代初。1959 年 4 月，我国第一次防沙治沙大会在甘肃民勤县政府礼堂召开，标志着我国防风固沙林研究工作的正式启动。之后，在中国科学院治沙队的牵头下，我国先后开展了多次大规模沙漠考察，在全国建立了 6 个治沙试验站，对干旱荒漠区的地形地貌、水资源和植物资源的特性和分布情况开展了摸底调查和研究，正式启动了京津风沙源治理、三北防护林体系建设、退耕还林、退牧还草、小流域综合治理等一系列防护和改造工程，取得了一大批科研成果（刘拓，2009）。成功开发利用了一大批防风固沙和生态环境建设树种，如梭梭、柽柳、沙拐枣、细枝山竹子、锦鸡儿、紫穗槐、芨芨草、沙冬青、盐豆木、沙柳、沙棘、苦豆子、罗布麻、麻黄、红砂、唐古特白刺、小果白刺、泡泡刺、沙枣等，为着力推进国家生态安全屏障综合试验区建设，促进产业结构调整和发展方式转变，推进三北地区经济社会可持续发展做出了巨大贡献。

20世纪70~80年代，围绕人类活动和工农业生产的沙漠、戈壁边缘或沙漠、戈壁包围的绿洲区，结合沙区治沙经验，依靠农林业科技进步，在我国三北地区开展了大规模的防风固沙林营建和造林技术研究，创建了黏土+灌木沙障、立式草沙障、高立式灌木沙障等机械沙障，并通过草方格沙障等，在一些降水量大、地下水位浅的沙漠区进行飞播造林活动，建立了许多机械和生物措施相结合的防风固沙林体系，取得了非常辉煌的防风固沙成果。仅甘肃河西走廊1600 km的风沙线上，在此期间就建成了长达1200 km、面积达26.7万 hm² 的防风固沙林带，治理风沙危害严重的风沙口450多处，使1400多个沙漠边缘村镇得以保护，恢复绿洲边缘耕地4万 hm²，极大地保护了当地生态环境和地方经济的可持续发展（廖空太，2005）。

近20多年来，我国在防风治沙过程中开展了大量的研究，应用沙漠植物，特别是沙旱生灌木和草本植物，对适应生长于固定、半固定沙地上的沙漠植物开展了研究，很好地降低沙漠地区的风速，固定流沙，保护沙漠区的生物资源和生态环境（黄晶 等，2020）。我国三北地区有着极其丰富的防风固沙林灌木和草本植物资源，这些资源在干旱、半干旱和荒漠生态系统中，不仅是维护系统结构和功能的护卫者，同时又是显示系统演替进程和环境变化状况最敏感的直接标示者，对维系荒漠化区域的生态安全和环境保持具有十分重要的意义（李先魁，2000）。沙生灌木和草本植物长期生活在沙漠环境条件下，多数是抗旱或抗盐碱植物。有些灌木和草本植物的根、茎、叶里存水，有些具有庞大的根茎系统，可以达到地下水层，拦住土壤，防止水土流失；有些有较大的茎叶，可以减低风速，保存沙土（张景光 等，2005）。这些灌木和草本植物资源不仅可以作防风固沙林的生物材料，而且相当一部分可作为水果、干果、油料、药材、纤维、香料、颜料、饲料、花卉等资源进行栽培并开发利用，具有很高的生态、经济和开发利用价值（秦学军 等，2007）。这些灌木和草本植物资源的开发利用，不仅能给人类带来丰厚的物质财富，而且能为人类生态环境建设提供丰富的生物材料，为人类生态文明做出贡献。

我国用于营建防风固沙林的沙旱生植物集中分布在西北干旱荒漠区，这些荒漠植物资源共82科484属1704种，占全国植物总科数的24.34%，其中裸子植物共3科4属17种，包括麻黄科、松科和柏科；双子叶植物63科384属1349种，单子叶植物16科96属338种（党荣理，2002）。这些植物资源中，除了松科（2属3种）、柏科（3属5种）、杨柳科（2属26种）、豆科（1属3种）、榆科 Ulmaceae（1属1种）、胡颓子科（1属1种）和鼠李科（1属1种）等高大乔木植物外，其余90%以上的均为灌木和草本植物。这些灌木和草本植物资源按类型、用途和属性可分为食用类、药用类、工业原料类和改造环境类四种类型（刘胜祥，1994）。

18.1.1.3 我国防风固沙林资源的开发利用及存在问题

我国干旱荒漠区用于营建防风固沙林的野生植物资源有500多种，种类多，分布广泛。这些植物有些含有人体必需的多种营养成分及钙、锌、铁等微量元素，是不可多得的绿色保健食品，长期食用具有延年益寿的作用，有极高的开发利用价值（秦嘉海，2005）。但截至目前，开发利用状况还处于较低水平，开发较好的，如淀粉类植物有野燕麦、沙米、锁阳等；油脂类植物有文冠果、亚麻等；饮品类植物有唐古特白刺、沙棘等；甜味剂植物有甘草、洋甘草、胀果甘草、粗毛甘草、马鞭草等；饲用植物有野燕麦、芦苇、灰绿藜等；野生蔬菜类有苦苣菜、蒙古韭、蒲公英、车前、沙芥、黄花菜等；蛋白质植物类有草木犀等豆科植物以及酸模叶蓼、西伯利亚蓼、猪毛菜、野燕麦等；维生素植物类有盐角草、沙枣、小果白刺等。总计利用的灌木和草本资源不超过 100 种，绝大多数资源尚处于人工利用初始状态，没有真正做到规模化生产、产业化加工、商品化销售、工业化发展，还没有真正形成"产—供—销"一体的产业开发利用模式。有些具有非常高的药用价值，如甘草、麻黄、黄芪、蒿属、红花、紫草、肉苁蓉等，虽然有一定规模的种植、加工和销售体系，开发利用情况较好，但从资源的综合利用和总体水平来看，药用植物资源的利用率还不到 20%，绝大多数药用植物都直接用作中药，缺乏对药用植物属性、药用有效成分提炼及相关药品的深入研发，存在资源开发水平较低、利用状态原始的问题。目前，工业类原料植物的开发利用也不理想，开发利用比较好的是有毒植物和食用色素类。

防护和改造环境类植物资源的开发利用是我国干旱荒漠植物资源开发利用做得最好的部分。但仍存在不少问题：

首先，对防风固沙林资源的基本情况掌握不清。我国在 20 世纪 60 年代初对全国的野生植物资源及利用情况作过科学考察，以后又陆续对植物资源进行过区域性调查，但截至目前，对植物资源的种类、分布、特别对其数量情况仍不够清楚。譬如黄大桑（1997）在《甘肃植被》中记录河西走廊内荒漠植物有 65 科 146 属 250 余种；刘有军等（2008）研究认为河西走廊仅种子植物就有 543 种（含变种），隶属于 55 科 228 属，其中裸子植物 3 科 5 属 13 种（含变种），双子叶植物 46 科 180 属 449 种（含变种）；单子叶植物 6 科 43 属 81 种；而秦嘉海（2005）则认为河西走廊荒漠区有荒漠植物 23 科 81 属 131 种，其中双子叶植物 20 科 63 属 109 种，单子叶植物 3 科 18 属 22 种。同一区域植物资源，不同的学者给出不同的结论，说明是对甘肃干旱荒漠区植物资源的种类、分布，特别对其数量情况摸得不清，没有一个统一的权威数据。此外，许多荒漠植物资源数据还是 20 世纪 60 年代的，现在一些植物的分布已经发生了变化，譬如国家级珍稀濒危植物裸果木、四合木、半日花、蒙古扁桃、绵刺、沙冬青等，过去在甘肃民勤沙区均有分布，现在已很少看见这些植物，说明有些良好的资源未能充分利用，任其自生自灭，没有对这些植物资源进行保护性研究。

其次，缺乏对防风固沙林资源的高效合理利用。荒漠化是全球性气候变暖和人为过度破坏自然而产生的恶果。防风固沙林植物资源的开发利用，能给人类带来丰厚的物质财富，但若违反自然规律滥采滥用，则会破坏资源，毁灭资源，给人类生存造成威胁。如野生甘草资源，过去西北河西走廊的野生甘草资源被人们无节制地滥采滥挖，现在野生资源也几乎枯竭了；还有肉苁蓉、锁阳、沙葱等资源，近年来，被分布区周边的农民视为珍宝，农民采挖时毫不顾忌，既破坏了植物资源的再生利用，又破坏了荒漠区生境脆弱的植被。对防风固沙林资源的利用手段和技术条件落后。目前，我国干旱荒漠区防风固沙林资源有 500 多种，除对一些经济价值高的药用植物（如麻黄、甘草等）、食用植物（胡萝卜、洋芋、番茄、辣椒等）、工业原料植物资源（亚麻、生物碱、染色剂、植物油脂等）采取一些工业化手段进行高效开发利用外，绝大多数的荒漠植物资源的利用都处于颇为落后和粗放水平。如甘肃河西地区，人们为了获取黄连素的药用原料小檗碱，将灌木林带中生长的小檗连根樵采，并就地土法加工。另对肉苁蓉、锁阳也是如此。这样不仅产品质量低劣，而且损失了大部分有效成分，开发利用的手段和技术十分落后。

再次，防风固沙林资源的科研工作滞后、成果转化缓慢。甘肃干旱荒漠区防风固沙林植物资源有 500 多种，对一些重要的、有发展前途的、经济效益好，且具地方特色的植物，政府部门应重视资源的保护工作，加大科研投入，加强科研队伍建设，对荒漠区防风固沙林植物资源的特性、分布、种类、有效成分、加工处理、商品研发和生产进行广泛深入的研究。首先是在防风固沙林植物资源开发利用这方面进行研究课题立项，开展实用性开发利用方面的重点应是研究，这样的科研成果就很容易被生产所采用。其次是要对一些开发利用价值高、分布集中、面积大、利用前景广阔的防风固沙林资源进行重点研究与开发利用，这类植物资源的利用被广泛推广后，会获得巨大的效益。最后，要充分挖掘过去已有的研究成果，以减少科研过程的重复，探讨防风固沙林资源对实际生产的价值和作用。我国干旱荒漠化地区野生灌木和草本资源非常丰富，开发利用率低，究其原因就是物质资源太分散，形不成规模，作为商品经济发展的资源，客观上就要求资源要有一定的生产规模和稳定的生产基地，这样方能获得相应的经济效益。由此仅靠零散的野生资源是很难形成持久性商品的，必须要依赖于科学技术(丁启夏 等，2004)。

总之，21 世纪是生物科学的世纪，谁拥有先进的生物技术，并充分占有和有效利用生物遗传资源，谁就能取得生存和发展的主动权(高影奇，2014)。目前，我国干旱荒漠区除对一些经济价值高的防风固沙林药用植物(如麻黄、甘草等)、食用植物(胡萝卜、洋芋、番茄、辣椒等)、工业原料植物资源(亚麻、生物碱、染色剂、植物油脂等)采取一些工业化手段进行开发利用外，绝大多数荒漠植物资源的利用都处于颇为落后和粗放水平。防风固沙林资源的开发利用潜力巨大，前景广阔。

(执笔人：甘肃省治沙研究所 严子柱)

18.1.2　水土保持林

水土保持林是在水土流失地区以调节地表径流、防治土壤侵蚀、减少河流和水库泥沙淤积等为主要目的，并提供一定林副产品的森林(关君蔚，1962；1964)，是防护林的一种类型(沈慧 等，1999)，包括灌木林。灌木林的群落枝条密度大，根系结构复杂，利用空间充分，适应干旱、水湿、高寒能力强，其水土保持能力与效应可能远远被低估。因而，本节在灌木林的综合评价基础上，按区域介绍了水土保持主要灌木林的类型。

18.1.2.1　水土保持灌木林的综合评价

早期的水土保持林综合效益评价，包括直接经济效益评价和间接效益评价。间接效益评价又可分为生态功能的效果评价、生态效果的经济评价和社会效益的计量评价(沈慧 等，1999；2000a)。随着生态系统服务学说的提出(Costanza et al.，1997)，将其评价扩展到生态系统服务的物质量(赵景柱 等，2000)与功能(欧阳志云 等，2017)的评价。生态系统服务功能的内涵可以包括有机质的合成与生产、生物多样性的产生与维持、调节气候、营养物质贮存与循环、土壤肥力的更新与维持、环境净化与有害有毒物质的降解、植物花粉的传播与种子的扩散、有害生物的控制、减轻自然灾害等诸多方面(Costanza *et al.*，1997)。生态系统健康(ecosystem health)是指生态系统在时间上具有维持其组织结构、自我调节和对胁迫的恢复能力，生态系统具有稳定性和可持续性。生态系统健康概念(Rapport，1989)及其度量(Schaeffer *et al.*，1988)提出后，生态评价又包含了生态系统健康评价(马克明 等，2001)。生态安全概念 (IIASA，1989)提出后，生态评价又包含了生态安全评价(关文彬 等，2003)。

这些生态评价的研究，推动了中国公益林的生态补偿制度建设，推动了《全国生态功能区划(修编版)》的制定，为中国生态安全国家战略的实施奠定了重要理论基础，促进了生态制度建设。

生态系统服务评价可包括物质量评价法和价值量评价法。物质量评价法主要是从物质量的角度对生态系统提供的服务进行整体评价，而价值量评价法主要是从价值量的角度对生态系统提供的服务进行评价(赵景柱 等，2000)。评估方法由行业标准《森林生态系统服务功能评估规范(LY/T 1721—2008)》上升到国家标准《森林生态系统服务功能评估规范(GB/T 38582—2020)》。

在构建评价指标体系的基础上。传统评价方法采用德尔菲法(Delphi method)(Dalkey *et al.*，1963)和 AHP(analytic hierarchy process)层次分析法(Thomas *et al.*，1997)，随后与模糊数学方法 (Akira *et al.*，1993)、灰色理论方法结合，现在进一步与神经网络 ANP (analytic network proces)分析法结合(Saaty *et al.*，2000)。

水土保持林土壤改良效益评价指标体系的总目标层为效益评价综合指数；准则层为土壤肥力、抗蚀性能和抗冲性能；指标层为土壤酶活性、有机质含量、水稳性团粒含量和平均重量、直径、pH 值、硬度、渗透系数、分散率和团聚度(沈慧 等，2000a)。以辽宁西部朝阳地区的油松纯林、樟子松纯林、刺槐纯林、紫穗槐纯林、沙棘纯林、刺槐–油松、元宝槭–油松、蒙古栎–油松为对象，并以沙棘–油松、黄栌–油松、锦鸡儿–油松、山杏–油松、大扁杏–油松、樟子松–沙棘和刺槐–紫穗槐等作为各种不同类型水土保持林的代表，对水土保持林土壤改良效益进行的综合评价研究表明，灌木林、乔灌混交林在水土保持方面发挥了重要作用，特别是具有根瘤菌的灌木对土壤改良效益明显(沈慧 等，2000a；2000b)。因而，灌木林在水土保持作用方面具有以下优点：

①灌木林根系发达，固土、抗冲刷能力强。灌木林常由多种灌木与多年生草本植物组成，能形成复杂的根系结构，互相连接，密集成网状，根系水平分布广，垂直分布深，对保持水土、固结土壤和母质、防治水土流失起着重要的作用。

②灌木林枝条密度大，缓冲降水冲击能力强。灌木为丛枝状，与乔木相比，构成的灌木林群落单位体积内枝条密度非常高，缓冲降水冲击力强，从而发挥了很好的水土保持作用。

③灌木林的"岛状"分布，截留径流养分与枯落物，有利于提高草本植物多样性。多丛枝群团式的"岛状"分布，利于拦截地表径流，并阻滞了群落的枯落物与土壤养分，形成养分分布的"岛屿效应"，为草本植物提供了分布条件，增强了草本植物多样性，形成土壤养分的良性循环。

18.1.2.2　主要区域灌木林的水土保持效果

我国灌木林类型非常丰富，根据中国植被分类(吴征镒 等，1980)，灌木林属于灌丛，灌丛包括一切以灌木占优势所组成的植被类型。群落高度一般均在 5 m 以下，盖度大于 30%～40%。

它和森林的区别不仅在于高度不同,更主要的是灌丛建群种多簇生的灌木生活型。根据灌丛的群落结构特征、种类组成、外貌特点以及生态地理分布的特点,划分为常绿针叶灌丛、常绿草叶灌丛、落叶阔叶灌丛、常绿阔叶灌丛和灌草丛等五个植被型。组成灌丛的建群种的主要属,如柳属、绣线菊属、锦鸡儿属、杜鹃属、蔷薇属、枸子属、鼠李属、胡枝子属等,其物种从北向南、从湿润到干旱、从风沙土到黏重土质等,具有明显的"替代分布"规律。这里根据多年的植被调查(关文彬 等,2004)与国内相关研究,分四个区域对灌木林的水土保持效果加以阐述。

(1)栗钙土-黑土区灌木林的水土保持效果

①栗钙土区灌木林的水土保持效果。辽宁省西部的朝阳地区,选取油松纯林、樟子松纯林、刺槐纯林、紫穗槐纯林、沙棘纯林、刺槐-油松、元宝槭-油松、蒙古栎-油松、沙棘-油松、黄栌-油松、锦鸡儿-油松、山杏-油松、大扁杏-油松、樟子松-沙棘和刺槐-紫穗槐等作为不同类型水土保持林的代表,测定土壤硬度(硬度计法)、初渗速度(环刀法)、脲酶活性(比色法)、蔗糖酶活性(比色法)、磷酸酶活性(比色法)、土壤结构(Yoder法)、机械组成(吸管法)、微团聚体(吸管法)、有机质含量(油浴加热重铬酸钾容量法)和pH值(电位法)等,采用专家打分法,对不同水土保持林土壤改良效益进行的综合评价(沈慧 等,2000b),根据其研究结果再分析证实:紫穗槐灌木林的土壤肥力显著高于沙棘灌木林、油松混交林、48年油松纯林;抗蚀性和抗冲性高于沙棘油松混交林、28年油松纯林,低于48年油松纯林,抗冲性与沙棘油松混交林持平,抗蚀性略低于沙棘油松混交林,而抗蚀性略高于沙棘灌木林,抗冲性略低于沙棘灌木林;土壤改良效益综合指数紫穗槐灌木林略高于锦鸡儿油松混交林、沙棘灌木林,显著高于沙棘油松混交林、28年油松纯林,显著低于48年油松纯林,沙棘灌木林高于沙棘油松混交林、28年油松纯林,各项指数都显著高于无林地(表18-1)。

表18-1 不同水土保持林土壤改良效益评价

林分类型	土壤准效益			土壤改良效益			
	土壤肥力指数	抗蚀性指数	抗冲性指数	土壤肥力指数	抗蚀性指数	抗冲性指数	综合指数
沙棘油松林	0.5650	0.6349	0.3554	0.0887	0.3771	0.0885	0.5543
锦鸡油松林	0.5732	0.7007	0.4795	0.0900	0.4162	0.1194	0.6256
28年油松林	0.4455	0.5525	0.3807	0.0699	0.3282	0.0948	0.4929
48年油松林	0.6579	0.8759	0.5108	0.1033	0.5203	0.1272	0.7508
沙棘灌木林	0.6460	0.6153	0.4981	0.1014	0.3655	0.1240	0.5909
紫穗槐林	0.8662	0.7007	0.4263	0.1360	0.4162	0.1061	0.6584
无林地	0.2567	0.2336	0.5683	0.0403	0.1388	0.1415	0.3206

注:引自沈慧等(2020b)。

②黑土区灌木林的水土保持效果。胡枝子属植物根系发达,具固定有利氮素的能力,大多具有耐干旱、耐瘠薄、耐刈割等优良特性,适应性强,是荒山绿化、水土保持和土壤改良的先锋树种。多种胡枝子在不同区域能够发育成天然的胡枝子灌木林。在黑龙江省拜泉县(黑土区)通双小流域(土层厚度在30~40 cm,年土壤侵蚀模数4000 t/km²)内,1990年春在试验场的12个径流观测小区内种植了胡枝子防冲带、胡枝子防冲埂带、胡枝子纯林等,同时设对照,主要观测径流、土壤流失量、土壤水分、土壤肥分的动态变化以及胡枝子对作物生长及产量的影响(刘修圣 等,2000;张桂川 等,2002)。结果如下:

拦蓄地表径流，减少水土流失。在 1990—1999 年的一次降雨 49.3 mm 的情况下，4°~5° 的坡耕地胡枝子防冲带比垄作时减少地表径流量 89.1%，减少土壤冲刷量 95.7%；在一次降雨 32.8 mm 的情况下，胡枝子纯林较对照荒坡年径流量减少 22.8%，年土壤冲刷量减少 74.5%；胡枝子与落叶松混交林比落叶松纯林年径流量减少 12.3%，年土壤冲刷量减少 7.0%（刘修圣 等，2000）。

固土防冲、提高抗蚀能力。胡枝子枝种植 4 年后盖度可达 90%，冠层承雨率达 11%~25%，可有效防止雨滴直接打击地表，起到保护水保工程的作用；胡枝子发达的根系相互交错、盘结，又大大提高表层土壤的抗蚀能力。1986 年 7 月 27 日拜泉县境内一场 69.2 mm 的暴雨，胡枝子防冲（埂）带，雨后调查发现田埂均保持完好无损，而邻近小流域未种胡枝子田埂，暴雨中溃埂毁田现象非常严重（刘修圣 等，2000）。

降低风速，增加农田积雪，改善田间小气候。在风蚀季节，平均高为 15~20 m 的胡枝子防冲（埂）带，其有效防护范围可达 32~36 m；有胡枝子防冲（埂）带时，田间 1.0 m 高处的平均风速与未种胡枝子防冲（埂）带的坡耕地的相应风速相比减少 1.1 m/s，可免受 7~8 级大风的危害；冬季积雪量要比未有胡枝子防冲（埂）带的坡耕地多 3~4 倍，这对缓解春季旱情非常有利（张桂川 等，2002）。

增加土壤有机质，提高土壤肥力。胡枝子落叶易于腐烂，其根系上的根瘤能固定游离的氮素，提高土壤肥力。4 年生胡枝子防冲（埂）带，可产生枯枝落叶 1400~1500 kg/(hm² · 年)，增加了土壤有机质。6 年生的胡枝子防冲（埂）带的坡耕地与种植前相比，其 0~30 cm 土层中的有机质含量净增 1.42%，全氮含量净增 0.06%，全磷含量净增 0.014%，速效氮含量净增 7.3 mg/kg，速效磷含量净增 2.6 mg/kg（张桂川 等，2002）。

提高土壤入渗能力，增加和调节土壤水分。在干旱季节胡枝子纯林地和有胡枝子防冲（埂）带的土壤含水量均高于相同条件下的垄作耕地。有胡枝子防冲（埂）带的地块，其土壤（0~30 cm）含水量比相同条件的垄作坡耕地每公顷多 17.4 m³，相当于 261 mm 降雨的蓄水；雨季过多的土壤水分可通过胡枝子叶面蒸腾，也可沿着胡枝子根系渗到深层土壤，从而保证胡枝子防冲（埂）带附近没有积水现象（张桂川 等，2002）。

促进作物增产。胡枝子防冲（埂）带为作物生长发育创造了良好的条件，有利于作物增产。近 5 年来在一般年景下，有胡枝子防冲（埂）带的梯田的粮豆平均单产比种胡枝子前提高 5%，受灾（指水、旱、风灾）年份其平均单产可提高 10%（张桂川 等，2002）。

（2）黄土高原区灌木林的水土保持效果

据西北农林科技大学在渭北旱塬黄土丘陵沟壑区的陕西省千阳县冉家沟流域设立 3 个径流场，选取 8 种不同植被恢复模式来研究退耕还林还草的水土保持效果及土壤水肥生态效应（胡江波，2007），选取天然次生荆条灌木林与人工中龄侧柏林、3 种不同林龄刺槐林比较可知：

在土壤结构方面，从土壤容重、孔隙度、各级团聚体含量指标（表 18-2）看，人工中龄侧柏林、幼龄刺槐林都达不到天然次生荆条灌木林水平；水稳性团聚体的含量能够改善土壤结构，被作为评价土壤可蚀性的重要指标，含量越高土壤的抗蚀能力越强（Cammeraat et al.，1998；张笑培 等，2008）。

表 18-2 不同群落类型土壤各级团聚体含量

项目	各级团聚体含量(%)					
	>5 mm	5~2 mm	2~1 mm	1~0.5 mm	0.5~0.25 mm	>0.25 mm
荆条灌木林	31.56	32.93	14.81	8.73	2.55	90.58
侧柏林	4.23	28.81	18.42	14.43	4.61	90.50
4年刺槐林	6.36	7.84	9.31	22.03	3.86	49.40
18年刺槐林	35.42	16.43	10.45	12.06	6.05	80.41

注:引自胡江波(2007)。

在中国科学院安塞水土保持实验站纸坊沟流域,采用土壤有机质含量、水稳性团聚体含量、水稳性团粒平均质量直径、团聚度和分散系数等指标,对5种30年的不同植被恢复模式土壤抗蚀性研究结果,大小顺序为:油松林、刺槐林、柠条锦鸡儿灌木林、油松-紫穗槐混交林和刺槐-紫穗槐混交林(薛萐 等,2009)。为了评价土壤质量,分析了植被恢复过程中土壤脲酶、磷酸酶、蔗糖酶、纤维素酶、淀粉酶、过氧化氢酶、多酚氧化酶及理化性质的演变特征,脲酶的活性由高到低依次为:柠条锦鸡儿林、刺槐林、油松-紫穗槐混交林和油松林;磷酸酶活性,柠条锦鸡儿灌木林高于刺槐与油松纯林;蔗糖酶、纤维素酶活性,柠条锦鸡儿灌木林高于油松纯林;多酚氧化酶活性,柠条锦鸡儿灌木林高于刺槐混交林、油松混交林、油松纯林(戴全厚 等,2008a)。磷酸酶、蔗糖酶、纤维素酶和多酚氧化酶与其他因子相关性相对较强,可以作为评价土壤质量的生物学指标。土壤碳库各组分有机碳、活性有机碳和非活性有机碳含量显著改善,碳库指数和碳库管理指数明显增加,柠条灌木林好于乔木纯林(戴全厚 等,2008b)。

0~20 cm、21~40 cm层土壤有机质,荆条灌木林(20.87 g/kg)>刺槐林(20.55 g/kg)>侧柏林(17.71 g/kg)(胡江波 等,2007),荆条灌木林显著高于刺槐幼林与侧柏林。0~60 cm的分层速效氮、磷、钾,人工中龄侧柏林达不到天然次生荆条灌木林水平;速效磷、钾,30年刺槐林才与天然次生荆条灌木林接近(表18-3);0~60 cm的分层全氮、磷、钾,人工中龄侧柏林、刺槐林与天然次生荆条灌木林没有显著差异(表18-4)。

表 18-3 不同群落类型各层土壤的速效养分

林分类型	速效氮(mg/kg)			速效磷(mg/kg)			速效钾(mg/kg)		
	20 cm	40 cm	60 cm	20 cm	40 cm	60 cm	20 cm	40 cm	60 cm
荆条灌木林	10.18	6.36	5.65	7.06	5.22	5.24	138.09	75.52	74.92
侧柏林	3.88	3.21	2.06	2.77	3.94	5.47	109.58	70.20	55.37
4年刺槐林	17.56	12.19	13.56	2.55	2.66	3.77	113.83	101.30	100.37
30年刺槐林	17.30	9.14	5.68	7.39	5.77	5.81	103.06	94.17	90.03

注:引自胡江波(2007)。

表 18-4 不同群落类型各层土壤的全量养分

林分类型	全氮(g/kg)			全磷(g/kg)			全钾(g/kg)		
	20 cm	40 cm	60 cm	20 cm	40 cm	60 cm	20 cm	40 cm	60 cm
荆条灌木林	0.86	0.42	0.67	0.49	0.43	0.39	12.04	13.04	14.22
侧柏林	0.84	0.32	0.34	0.38	0.36	0.35	12.97	14.20	13.57
4年刺槐林	0.77	0.49	0.36	0.25	0.23	0.21	13.14	13.10	11.96
30年刺槐林	1.02	0.63	0.52	0.58	0.47	0.35	14.76	15.12	14.74

注:引自胡江波(2007)。

（3）山地森林区灌木林的水土保持效果

在北京市怀柔区白河支流琉璃河河段，采用"柳灌木林"生态护岸模拟实验，通过人工模拟降雨方法对扦插、篱墙和灌丛垫等 3 种不同措施下"柳灌木林"表层根系的截流效果和减沙效果进行的研究（李倩 等，2019）表明：表层根系能够有效减轻坡面侵蚀，具有很好的水土保持效果。在不同的雨强作用下，与裸露岸坡相比 3 种生物工程措施的表层根系对于拦截降雨径流具有很好的作用，扦插措施、篱墙措施和灌丛垫措施坡面累积径流量分别为裸露岸坡的30.62%、17.11%和13.32%。其中灌丛垫措施对径流的拦蓄能力最强。在坡面产沙过程中，与裸露岸坡相比，扦插措施坡面产沙总量为裸露岸坡 33.90%，篱墙措施和灌丛垫措施坡面的产沙总量分别为裸露岸坡的 25.80%和20.60%，在雨强较小的条件下，3 种措施表层根系水土保持效果很好。

对安徽省池州地区秋浦河两岸的灌木林地，选择紫穗槐、杜鹃、黄荆灌木林，采用白栎林、裸地为对照，对土壤容重、总孔隙度的物理性状与土壤贮水量等进行了测定，对根系水平、垂直分布进行观测（表 18-5），研究分析结果表明：3 种灌木林与白栎林的土壤容重、总孔隙度、非毛管孔隙度、细管孔隙度、非毛管孔隙度与总孔隙度之比，差异不显著，但都显著高于裸地；毛管最大持水量、土壤饱和含水量、土壤贮水量 3 种灌木林差异不显著，但显著高于白栎林，4 种类型森林都高于裸地。土壤渗透系数依次为：紫穗槐灌木林、白栎林、黄荆灌木林、杜鹃灌木林、裸地；根系水平分布幅度依次为紫穗槐灌木林、黄荆灌木林、杜鹃灌木林、白栎林；根系水平分布深度为紫穗槐灌木林、黄荆灌木林、白栎林、杜鹃灌木林。

表 18-5　不同类型灌木林地土壤物理性状与贮水量（土层厚 20 cm）

林分类型	土壤容重（g/cm³）	总孔隙度（%）	非毛管孔隙度（%）	细管孔隙度（%）	非毛管/总孔隙度（%）	毛管最大持水量（%）	土壤饱和含水量（%）	土壤贮水量（t/hm²）
白栎林	1.124	56.94	11.74	45.20	20.61	35.77	40.10	208.4
紫穗槐林	1.120	56.63	12.34	44.29	21.79	40.75	47.91	245.0
杜鹃林	1.290	52.14	9.85	42.29	20.29	40.19	46.38	227.8
黄荆林	1.169	55.38	11.02	44.36	18.89	39.01	45.17	212.6
裸　地	1.360	48.14	7.12	41.02	14.83	31.02	34.21	148.0

注：引自杨海涛等（1999）。

根据岷江上游山地森林/干旱河谷交错带 4 种不同群落恢复模式的根际与非根际土壤为研究对象，对土壤微生物生物量碳、氮和土壤固氮菌群落结构的影响进行研究，结果表明（钟熙敏 等，2011）：不同群落类型之间土壤的微生物生物量碳、氮含量无论根际土壤还是非根际土壤均存在显著差异。各种群落根际土壤的微生物生物量碳含量为次生林 QG>次生灌木林 GM>人工幼林 YL>退耕地 ZK。其中次生林含量最高为 447.07 mg/kg，退耕地 ZK 含量最低为 354.49 mg/kg。非根际土壤的微生物生物量碳含量为 GM>QG>YL>ZK，其中 GM 含量最高，为 325.06 mg/kg，ZK 的含量最低，为 249.53 mg/kg；各种群落的根际土壤微生物生物量碳含量均大于非根际土壤。各种群落类型根际土壤固氮菌多样性指数为 GM>QG>ZK>YL，丰富度指数为 GM>ZK>QG>YL；非根际土壤固氮菌多样性指数为 GM>ZK>QG>YL，丰富度指数为 GM>ZK>QG>YL；GM 的多样性和丰富度高，YL 多样性最低（表 18-6）。

表 18-6　不同群落类型土壤固氮菌群落基因多样性指数

项目	群落类型	多样性指数	丰富度	均匀度
根际 （R）	次生林 QG	2.34 ± 0.04^b	9.00 ± 1.00^c	1.021 ± 0.055^a
	灌木林 GM	2.88 ± 0.04^a	18.00 ± 1.00^a	0.997 ± 0.009^{ab}
	人工幼林 YL	2.03 ± 0.08^d	8.33 ± 0.58^{cd}	1.00 ± 0.010^{ab}
	退耕地 ZK	2.29 ± 0.07^{bc}	12.00 ± 1.00^b	0.996 ± 0.004^{ab}
非根际 （S）	次生林 QG	1.99 ± 0.05^{bc}	8.00 ± 1.00^{cd}	0.961 ± 0.041^{ab}
	灌木林 GM	2.74 ± 0.10^a	17.33 ± 0.58^a	0.959 ± 0.036^{ab}
	人工幼林 YL	1.88 ± 0.04^{cd}	7.67 ± 0.58^{cd}	0.925 ± 0.057^c
	退耕地 ZK	2.09 ± 0.03^b	8.67 ± 1.15^{bc}	0.972 ± 0.042^a

注：不同小写字母表示同一群落类型土壤固氮菌群落在 0.05 水平上差异显著。

引自钟熙敏等（2011）。

（4）干旱河谷区灌木林的水土保持效果

四川省阿坝州的中国科学院茂县山地生态系统定位研究站，以 4 种典型 28 年生人工乔木林（连香树、兴安落叶松、油松及华山松）为研究对象与次生落叶灌木林的比较研究表明：

①有机质及全量养分在 0~10 cm 土层（$P<0.05$）：灌丛样地 2013 年有机质含量显著大于油松和华山松人工林，2015 年显著大于各人工林；灌丛样地土壤全氮密度均显著大于各人工林；2013年灌丛样地可溶性有机氮（DON）含量显著大于油松和落叶松人工林，且与连香树及华山松样地差异不显著，而各人工林样地间差异不显著。2015 年，灌丛样地可溶性有机氮可溶性有机氮（DON）含量显著大于人工林各样地；2013 年土壤铵态氮（NH_4^+-N）含量灌丛、华山松样地显著大于其他人工林，其余人工林样地间差异不显著；2015 年表现为灌丛样地显著大于各人工林样地；在 11~20 cm 土层，2013 年的硝态氮（NO_3^--N）含量呈现灌丛显著大于所有人工林样地（陈文静 等，2017）。

②有机质及养分与凋落物、细根生物量的相关关系：土壤养分有机质含量、全氮密度、NH_4^+-N、NO_3^--N 含量，与凋落物贮量呈显著负相关关系，其中全氮密度、NO_3^--N 含量与其呈极显著相关关系，而有机质、全氮密度、可溶性有机碳（DOC）含量与细根生物量、最大持水量、毛管持水量、容重呈现极显著的相关关系，各养分指标与容重呈极显著负相关外，与细根生物量、最大持水量、毛管持水量呈极显著正相关关系（陈文静 等，2017）。

③土壤碳、氮、磷与对土壤酶活性的影响：土壤 C/P 和 N/P，次生灌丛明显高于 4 个人工乔木林；土壤酸性磷酸酶、β-葡萄糖苷酶、脱氢酶和过氧化氢酶活性，次生灌丛明显高于 4 个人工乔木林。这些土壤酶活性部分与土壤理化性质有显著相关关系（舒媛媛 等，2016）。

灌木林人工植物群落恢复与重建，物种选择是一个关键问题。具有根瘤菌搭配，可以改善土壤肥力和土壤结构；增加灌木多样性能有效发挥水土保持的生态作用；参考本地天然次生灌木林的优势种与主要伴生种筛选是一条重要可行途径。如干旱河谷地区主要灌木林有川榛灌丛（Form. *Corylus heterophylla* var. *sutchuenensis*）、绣线菊灌丛（Form. *Spiraea* sp.）、黄花亚菊灌丛（Form. *Ajania breviloba*）、驼绒藜灌丛（Form. *Ceratoides arborescens*）、鞍叶羊蹄甲+白刺花灌丛（Form. *Bauhinia brachycarpa*，*Sorphora vrcifolia*）、瑞香灌丛（Form. *Daphne* sp.）、莸灌丛（Form. *Caryopteris* sp.）、小花滇紫草灌丛（Form. *Onosma farrerii*）、西南野丁香灌丛（Form. *Leptodermis purdomii*）、金花小檗、忍冬灌丛（Form. *Berberis wilsonae*，*Lonicera japonica*）、华帚菊+小黄素馨灌丛（Form. *Pertya sinensis*，*Jasminum humile*）等。

（执笔人：北京林业大学 关文彬）

18.1.3　水源涵养林

18.1.3.1　水源涵养功能概述

生态系统不仅为人类提供了粮食、木材、药材及其他工业用品，更重要的是支撑与维持了地球的生命支持系统（Daisy *et al.*，2005）。但由于过去人们对于自然界生态系统的重要性还不够了解，人类的生产生活中在一定程度上破坏了生态环境，同时也损害了生态系统功能。而生态系统服务功能是生态系统在一些生态过程中，对外部环境所表现的重要作用，维持人类赖以生存和发展的生命保障系统。

生态系统水源涵养功能一直都是生态学与水文学研究的热点，目前已有较为丰富的研究成果。由于水是自然界中重要的一个载体，水源涵养在各项生态系统中处于中心地位，对系统生产力、养分循环等其他功能都会产生影响。同时，水源涵养作为陆地生态系统重要生态服务功能之一，包含了大气、水分、植被和土壤等自然过程，其变化将直接影响区域气候水文、植被和土壤等状况，是区域生态系统状况的重要指示器（龚诗涵 等，2017）。水源涵养的生态重要性在于为森林生态系统提供水资源保障和洪水的调节作用，可根据生态系统对水资源保障的贡献与地理位置来进行评价（王升堂 等，2019）。

随着人们对生态系统与水关系认识不断深入，生态系统水源涵养功能的内涵也在不断发生改变。早期对水源涵养的研究是指生态系统对河流水量的影响，主要涉及径流调节部分（片冈顺，1990）。后来的生态系统拦蓄降水和土壤含水功能逐渐受到重视（孙立达，1995），并展开了一系列相关研究。

水源涵养功能作为森林、湿地与草地等生态系统的重要功能之一，对天然降水进行蓄存与涵养，减缓河流水流失，对河流湖泊进行调洪续枯，实现对大气水、河流水的循环调控（环境保护部，2017；余文昌，2018；何晓岩，2018），减缓河流与湖泊水位的季节性波动，缓减洪水压力，提升枯水期水位，缓解干旱，维持与净化水质（傅斌 等，2013；王晓学 等，2013；张彪 等，2009；余新晓 等，2012）。水源涵养能力与植被类型和盖度、枯落物组成和现存量、土层厚度及土壤物理性质等密切相关，是植被和土壤共同作用的结果。生态系统涵养水分功能主要表现为：截留降水、增强土壤下渗、抑制蒸发、缓和地表径流和增加降水等功能（穆长龙 等，2001；邓坤枚 等，2002），这些功能主要以"时空"的形式直接影响河流的水位变化。在时间上，它可以延长径流时间，或者在枯水位时补充河流的水量，在洪水时减缓洪水的流量，起到调节河流水位的作用；在空间上，生态系统能够将降雨产生的地表径流转化为土壤径流和地下径流，或者通过蒸发蒸腾的方式将水分返回大气中，进行大范围的水分循环，对大气降水在陆地进行再分配（王春菊 等，2008）。

不同生态系统的水源涵养具有差异性，包括不同森林、草地的种类之间及各种群内部的水源涵养能力的差异。特别是森林水源涵养功能，研究者从各种角度进行研究和阐释，并且根据各自对水源涵养功能的理解，提出了不同的见解（龚诗涵 等，2017）。总的来看，研究者对森林水源涵养功能的普遍定义是：降水被森林的林冠层、枯落物层和地下土壤层等拦截、吸收和积蓄，从而使降水充分积蓄和重新分配（李文华 等，2008；李凌浩 等，1997；周光益 等，1995）；也有学者从更广义的角度，将森林净化水质、调节径流和影响雨量等也包含在森林的水源涵养功能内(Zhang *et al.*，2008)。

18.1.3.2 不同植被对水源涵养功能的作用

生长良好的植被群落具有乔木层、灌木层、草本层等生长于地表的植物层，以及枯枝落叶层，这些植被与水源涵养功能存在互相关关系。一方面植被影响着生态系统水源涵养服务情况(枯落物储水、土壤储水及岩溶裂隙储水等)，而水源涵养服务情况反过来又会影响着植被的物种组成、群落结构、生物多样性及根系特征等。植被发挥涵养水源的作用主要表现在以下几个方面：对降水的截留与再分配，调节河川径流，调节小气候，减小地表蒸发，改善土壤结构，减少地表侵蚀等(李昌兰，2020)。植物的根系和枯枝落叶可以提高土壤孔隙度，尤其是非毛管孔隙度，并为雨水的下渗和储存提供了通道和贮存空间，具有良好的水文效应。不同植被类型的水源涵养功能也存在着一定的差异(Wang *et al.*，2003；Zhang *et al.*，1997；Liu *et al.*，1995；Liu *et al.*，2004)。对于植被的水源涵养功能，国内已有大量研究，如森林林冠的截留及再分配，枯落物及苔藓层的截留及持水能力，土壤的物理性质与持水能力等。这些都是针对某一特定层指标的定性研究，在整体评价植被水土保持功能时显得很片面，为此很多学者开展了对植被拦蓄降水和保土功能的综合评价方法的研究。根据评价指标的选择原则，在分析森林涵养水源机理的基础上，选取了影响森林涵养水源能力的 3 个方面共 7 项指标，并建立综合评价指标体系。主要从林冠截留率、树干流率、土壤持水量、土壤稳渗率、凋落物饱和持水量、土壤饱和持水量、土壤侵蚀量 7 项指标进行评分并综合评价森林各植被类型的水源涵养能力。

森林生态系统中的枯枝落叶层主要是由森林植物凋落物集聚在土壤表面所形成的一个重要覆盖面和保护膜，它不仅是森林生态系统的物质组成，而且对水源涵养、林地土壤的理化性质、结构及养分状况等方面有显著的影响，因此在大量森林水文作用研究中都将其作为一个重要的水文层次予以关注(邱丽霞 等，2020；顾洁，2017；徐娟，2010；魏文俊 等，2016；常月梅 等，2014；牟雪 等，2014；温亚飞 等，2016)。枯落层除了本身的水分蓄持能力外，还具有改良其下层土壤物理性能、增加土壤孔隙度、抑制林地土壤水分蒸发、促进土壤水分入渗等重要功能(张永旺，2017)。此外，由于林地枯落物的存在，增加了地表的粗糙度，在阻延地表径流方面起着重要的作用。森林枯落物层作为森林水文效应的第二活动层，具有截持降水、防止土壤溅蚀、拦蓄地表径流、减少林地表层土壤水分蒸发以及增强土壤抗蚀性的功能，同时，枯落物分解成的土壤腐殖质，还能改善土壤结构，提高土壤的渗透性(孙浩 等，2017；赵艳云等，2007；孙一荣 等，2009)。

大气垂直降水落到森林表面受到林冠截留引起降水的第一次分配，最初到达林冠的降水湿润枝叶透过林冠的很少，随着降水量的增加，林冠充分湿润后，才有水分透过林冠到达林地。林冠截留的降水，一部分直接蒸发到大气中；一部分浸润枝叶形成一层水膜并逐渐在叶缘形成水滴，当重力超过附着于叶面的表面张力时，即下落到林地；还有一部分顺着枝条、树干流到林地，形成树干径流或称树干截流。不同地区、不同类型、不同生长发育阶段的森林生态系统冠层对不同类型和不同强度的降雨再分配差异较大。我国主要森林生态系统林冠截留量由东南沿海向西北内陆、由南向北逐渐递减，而林冠截留率则与之相反，呈逐渐递增趋势(鲁绍伟，2005)。

灌木主要是群落演替过程中形成的次生林，多分布在基带荒漠带及中山带阳坡。以新疆托木尔峰灌木层水源涵养功能研究为例：不同生态系统水源涵养能力主要与林冠层的截留层、枯枝落叶层以及土壤层等三个作用层密切相关，总持水量的大小即代表其涵养水分能力的强弱。各生态系统单位面积的综合林冠层截留量为 317.28 t/hm²；枯枝落叶层的综合持水量为 309.05 t/hm²；土壤层则高达 5623.63 t/hm²，在各生态系统的综合水源涵养量中占比达到 89.98%。而不同生态系统单位面积的综合水源涵养能力大小顺序为云杉林（2370.12 t/hm²）>灌木林（2069.25 t/hm²）>草地（1810.59 t/hm²）。三种生态系统受植被类型及其生长环境和其他因素的影响，其水源涵养能力各不相同。土壤层在三种生态系统各水源涵养作用层中的涵养水源能力最强，其单位面积的水源涵养贡献率在草地的综合水源涵养能力中占比为 100%，灌木林为 90.61%，云杉林为 81.77%。就其综合水源涵养量与综合水源涵养价值而言，云杉林综合水源涵养量最小，为 7.96×10⁶ m³，综合水源涵养价值为 0.67 亿元；草地的综合水源涵养量最大（7.96×10⁶ m³），其综合水源价值为 18.14 亿元，约为云杉林综合水源涵养价值的 27 倍，这主要是由于研究区森林（云杉林）覆盖面积不足，导致其发挥水源涵养功能的作用也有限。

　　不同生态系统总持水量的大小虽能在一定程度上反映其水源涵养能力的强弱，但是与实际有效蓄水量之间仍有一定的差异。考虑到不同生态系统分布海拔、地形、降水量的差异，林冠层的有效截留量采用实测单次降雨的数据来计算；枯枝落叶层的有效拦蓄量采用的是 85% 的最大持水量与自然持水量之间的差值；土壤的有效蓄水量采用土壤非毛管持水量来计算。研究发现，云杉林的林冠层有效截留量（170.15 t/hm²）略大于灌木林（147.13 t/hm²）；枯枝落叶层有效拦蓄量云杉林为 189.29 t/hm²，远大于灌木林（35.22 t/hm²），约为灌木林的 5.37 倍；各生态系统中 30 cm 厚度土壤层的单位面积有效拦蓄量大小依次为云杉林（269.88 t/hm²）>灌木林（220.03 t/hm²）>草地（177.13 t/hm²）；而单位面积的总有效蓄水量方面，不同生态系统之间存在较大差异，云杉林最大，达 629.32 t/hm²，草地最小，仅约为灌木林的 44.02%，更不及云杉林的 1/3。三者的总有效蓄水量远小于总蓄水量，云杉林、灌木林、草地总有效蓄水量分别占其总蓄水量的 26.55%、19.45%、9.78%。不同生态系统的有效水源涵养量差异显著，草地最大，为 21.02×10⁶ m³，约为云杉林有效水源涵养量的 9.96 倍（赵景啟 等，2020）。

18.1.3.3　灌木林水源涵养研究进展

　　自 1997 年 Assesement 等（2005）对全球生态系统服务价值进行定量评价以来，生态系统服务功能价值逐渐被人们认识并被日益关注。比如在新疆天山山脉，灌木林是森林生态系统的重要组成部分，蕴藏着丰富的物种，在涵养水源、保育土壤、固碳释氧、积累营养物质、保护生物多样性等方面，对新疆脆弱的生态系统发挥着极为重要的作用（穆叶赛尔·吐地，2013；熊黑钢 等，2006）。然而，长期以来对于面积巨大、功能突出的天山山区灌木林生态作用的认识并不充分，对天山灌木林生态系统服务功能的评估确有现实需要。对于山地生态系统而言，该系统并不是由单一的植被所组成，由于海拔高度的不同，导致降水、热量分布不均，使整个山地系统涵盖两个或两个以上的植被类型，如草地、灌木、森林等。草地在植被类型中分布最广，不但在截留降水中起作用，而且具有较高的渗透性和保水能力，在水源涵养、水土保持及改良土壤等方面具有重要意义。灌木林是陆地生态系统中的一个重要生态类型，也是水源涵养林重要的组成成分，在区域生态环境保护和替代能源方面起着非常重要的作用（关文彬 等，2002；黄继红 等，2015）。森林生态系统水源涵养功能是森林生态系统服务的重要组成部分，是森林与水的相互作用在生态系统服务领域的集中体现。

　　水源涵养功能是生态系统服务功能中重要的组成部分，存在调节河川径流量和蓄留水源的功能，水源涵养功能下降常常表现为水资源的枯竭，对水源涵养的研究往往以水源涵养功能的评价为主(周佳雯 等，2018)，主要的评价方法有土壤蓄水法、区域水量平衡法、降水储存量法和地下径流增长法等。

生态系统服务功能是生态系统在一些生态过程中，对外部环境所表现的重要作用，维持着人类的生命保障系统(傅伯杰 等，2009)。其中，水源涵养作为陆地生态系统的一种重要生态服务，其功能表现形式主要包括调节径流、净化水质、供给淡水等(张彪 等，2009)，但这些服务功能因受多种因素(气候、植被等)的影响而具有复杂性和动态性(靳芳 等，2005)。并且不同陆地生态系统由于群落生物特性与结构的不同，其水源涵养效应也存在较大差异(王晓学 等，2013)。自水源涵养服务功能量化成为可能以来，有关水源涵养功能的研究呈指数型增长，初期研究内容主要集中于森林生态系统和水的相互作用(调节河川径流、拦蓄降水)；随着社会的发展和研究的深入，水源涵养的社会经济价值和影响机制受到更多关注。目前，灌木与水的相互作用关系在生态系统服务中集中体现为对土壤的研究(李杨 等，2012)，土壤作为灌木发挥水文效应的主要场所，能调节90%的大气降水，是灌木生态系统水源涵养功能的重要组成部分。

灌木枯落物层作为森林涵养水源的主体，在森林发挥水文生态功能中起到了重要的作用。灌木植被的水文作用主要有调节气候、涵养水源、防风固沙、固土保肥以及环境保护，主要以枯落物现存量及持水量来确定植被枯落物的水源涵养能力。涵养水源是灌木生态系统的重要功能之一，主要体现在灌木植被层、枯枝落叶层及土壤层等对水分的调蓄与再分配等过程(鲁绍伟，2005)。灌木林枯落物层的水源涵养能力一般低于林地；荆条灌丛、胡枝子灌丛与绣线菊灌丛枯落物水源涵养能力有一定差异，从大到小依次为荆条灌丛、胡枝子灌丛、绣线菊灌丛。另外，在残垣沟壑区总孔隙度是影响土壤水源涵养功能的主要决策因素，容重是影响土壤水源涵养功能的主要限制因子(李军 等，2011；孙浩 等，2017)。在我国黄河流域内的水源涵养功能对黄河的水量和水质起到至关重要的作用(袁丽华 等，2013；唐芳芳 等，2012)。而灌木草地作为生态系统的一个重要组成部分，灌木草地植被的逆行演替加快会直接引发土壤侵蚀严重、水土流失加剧等一系列生态问题，从而导致生态系统功能的衰退和恢复能力减弱(刘兴元 等，2012)。流域内草地生态环境健康状况关系到整个黄河流域的生态安全与地区经济的可持续发展，灌木草地退化的后果是引起草地生产能力下降、植物群落多样性减少、水源涵养量减小、生态服务能力减弱。

灌木水源涵养效应评价是水文学、生态学等学科的重点研究内容(乔雪 等，2018)。灌木通过冠层、枯落物层及土壤层达到消减洪峰、调节径流、拦蓄降水等水源涵养效应(龚诗涵 等，2017；邓楚雄 等，2020)。土壤自身的物理性质及有效滞留、蓄水能力反映了土壤对水文过程调节的能力，土壤中毛管水常被植物吸收利用，重力水贮存于非毛管孔隙，能有效地减少地面径流，具有较高的水文涵养效应(王正安 等，2019)。已有研究表明，枯落物层和土壤层的持水量可占灌木总持水量的85%(庞梦丽 等，2017)。雨水在落到灌木表面时，一部分降雨会被枯落物层吸持、拦蓄，一部分水分蒸发，剩余部分则渗入到土壤中，枯落物长期浸水的条件不会存在，因而拦蓄能力主要是由有效拦蓄量和最大拦蓄量来量化。

总而言之，水源涵养功能是区域生态功能的重要组成部分，对改善水文状况、调节区域水分循环发挥着关键作用。灌木水源涵养功能对明晰拦蓄降水、涵养土壤水分、补充地下水、调节河流流量、防治区域洪涝旱灾和水土流失等自然灾害具有重要意义(冉凤维，2019)，相关学者基于不同尺度对不同类型区域水源涵养功能的水文过程、时空变化以及影响因素等方面进行了探讨。随着传统方法在小尺度区域研究的不断成熟，模型模拟的手段广泛应用于秦岭灌木区的水源涵养研究，主要集中于对区域水源涵养功能的动态特征模拟及大尺度区域水源涵养的空间格局变化(王川 等，2019)。由于水源涵养能力与区域生态环境、气象条件、人为活动等因素相关，使得区域水源涵养功能具有复杂性和动态变化性(卓静 等，2017)。随着科学技术的不断发展和完善，对于灌木的水源涵养功能将不断进行新的研究和探索。

(执笔人：新疆师范大学 王勇辉)

18.2 工业原料林

18.2.1 人造板

为了缓解我国木材供需矛盾，20 世纪 90 年代以来科技工作者紧紧围绕西北干旱和半干旱地区沙生灌木资源的现状，大力开展以沙生灌木为主要原料的人造板生产工艺和技术研究，包括沙生灌木刨花板、沙生灌木混合料刨花板、沙生灌木纤维板等，并在此研究基础上设计建设了数条沙生灌木人造板生产线，这些项目的建成有力地拉动了当地的经济建设、生态建设，为当地就业开拓了新的出路，成为了西北地区的林业支柱产业。

18.2.1.1 沙生灌木刨花板

刨花板(particle board)是以木材或其他植物纤维为原料，通过专门的工艺过程加工成刨花，加入一定量的胶粘剂，在一定的条件下压制而成的板材。这种板材最大限度地利用木材加工剩余物、小径材、枝丫材、灌木、农业剩余物等植物纤维原料，有效缓解对于木材的供需矛盾。刨花板源于德国和瑞士，1887 年德国用锯屑加入胶制成板材。1930 年，德国的帕夫尼获得了以酚醛树脂胶压制的木质刨花板的第一个专利。1942 年，瑞士确立了三层结构刨花板的生产方法(刘忠传，1988)。1949—1950 年西德建立了世界上第一条刨花板生产工艺流水线。我国刨花板生产也始于 20 世纪 50 年代后期，1958 年从瑞士引进了第一套卧式挤压法刨花板生产线，从此刨花板得以在国内得以蓬勃发展。

20 世纪 90 年代开始，西北地区开始大力发展沙生灌木刨花板。科技工作者先后对沙柳、柠条锦鸡儿、细枝山竹子和怪柳等多种沙生灌木的微观构造、纤维形态、化学成分以及物理力学性能进行了系统的测试研究(冯利群 等，1996)，为沙生灌木刨花板开发研究奠定了基础。在此基础上，开展了沙柳刨花板、柠条锦鸡儿刨花板、混合料刨花板等人造板的生产工艺、关键技术和性能改良。

高志悦等(1996；1998)研究了沙柳和柠条锦鸡儿的材性对刨花板生产工艺和产品质量的影响，并根据分析结果探讨沙柳刨花板的生产工艺，针对物理力学测试结果提出改善刨花板性能的措施。试验证明沙柳和柠条锦鸡儿的树皮含量高，密度类似于硬阔叶材，灰分和 1%NaOH 含量较木材的要高，这不利于刨花板的生产，故需改进生产工艺。如尽量在原料采伐地削片以解决刨花贮存时发霉的问题，去皮在刨花筛选过程中完成以增加原料利用率；一般表、芯层应分开施胶，表层为12%，芯层为8%；适量加入石蜡以降低吸湿性；参考热压工艺条件为，热压温度为170~180℃，热压压力为1.8~2.5 MPa，热压时间为0.4 min/mm。同时提出改善沙柳刨花板的性能的建议，如增加施胶量到10%以上，沙柳刨花板密度可增加到0.56~0.75 g/cm³，柠条锦鸡儿刨花板密度可控制在0.8 g/cm³以下。王喜明（1997）研究了沙柳的显微构造特征、化学成分和胶合性能，并试制了一种低毒脲醛树脂胶，可降低板材的甲醛释放量，同时研究了该沙柳刨花板的制板工艺特点和技术改进措施。牛耕芜等（1997）以沙柳、柠条锦鸡儿混合料为原料，采用L8（2⁷）正交试验法，研究了柠条锦鸡儿、沙柳混合料的制备工艺，考察热压温度、热压时间、热压压力、密度、施胶量、防水剂施加量、混合料配比对刨花板的影响。试验表明，柠条锦鸡儿、沙柳的性质与木材相当，只要工艺合理，可制造出合格的刨花板；柠条锦鸡儿加入比例大可以改善刨花板的耐水性，沙柳对提高板的强度有利；且随着混合原料中柠条锦鸡儿量的增加，板的耐水性提高；沙柳量的增加，板的强度增加，当沙柳：柠条锦鸡儿为1：2时，板的性能可达到国家标准；密度对刨花板的性能影响较大，密度在0.7 g/cm³，刨花板性能较好；柠条锦鸡儿、沙柳刨花板的耐水性较差，生产时应适当增加防水剂的用量，或研制效果更好的防水剂；热压温度不宜太高，建议采用低温热压。高志悦等（1998）研究了沙生灌木纤维复合刨花板，以沙柳刨花为心材，柠条锦鸡儿纤维为表层制造板材，通过正交试验考察热压温度、热压时间和混合料比例对于复合刨花板的性能的影响。结果表明：利用沙生灌木制造纤维复合刨花板在工艺上是可行的，其生产工艺基本上与刨花板和干法中密度纤维板的生产工艺相似。此研究中，最佳工艺条件为：热压温度180℃，热压时间6 min，纤维与刨花的重量比4：6，板材的物理力学性能完全能够达到刨花板 GB 4897—1992 一级品的要求。纤维与刨花的配比对复合刨花板的物理力学性能有显著影响，随着表层纤维的增多，静曲强度明显增大，吸水厚度膨胀率明显减小，但平面抗拉强度有所下降。

自2003年开始，研究者们开始研制改良沙生灌木刨花板。于晓芳（2010）研制了阻燃性的沙柳刨花板，试验以沙柳为原材料，脲醛树脂胶(UF)和环保阻燃胶(KF)为粘合剂。结果表明：环保阻燃胶和脲醛树脂胶在一定的热压工艺下压制的成板，成板的力学性能不但不降低，而且在一定程度上有所提高。施胶量和胶液配比(KF/UF)是影响板材的游离甲醛含量、静曲强度、内结合强度的两个主要因素，随着施胶量的降低，胶液配比(KF/UF)的增加，板的游离甲醛含量、静曲强度、内结合强度均降低。加入环保阻燃胶的成板，胶液配比(KF/UF)值越大，板的阻燃性能越好。生产 E_1 级板最佳热压工艺条件为施胶量9%，胶液配比(KF/UF)为2：10，热压压力1.5 MPa，热压温度180℃，热压时间300 s(于晓芳等，2010)。姜妍（2004）进一步研究了阻燃性的混合料刨花板，试验以沙柳、沙棘、柠条锦鸡儿为原材料，脲醛树脂(UF)和三聚氰胺粉末为粘合剂，通过正交试验优化工艺参数，制取沙生灌木防水刨花板。结果表明：单一原料刨花板中，柠条锦鸡儿的防水性能最好，沙柳的较差，沙棘居中；热压温度、热压时间在一定范围内适当提高，板材的吸水厚度膨胀率减少，且改善其他物理力学性能。脲醛树脂中三聚氰胺粉末的量增加，可减少板材的吸水厚度膨胀率，增加板材的静曲强度、内结合强度、弹性模量；试验得出生产沙生灌木防水刨花板最佳的工艺条件：原料配比（沙棘、柠条锦鸡儿、沙柳）4：4：2、三聚氰胺粉末的加入量8%、热压温度160℃、热压时间300 s、热压压力2.5 MPa。

针对沙柳刨花板存在的握钉力和耐拆装次数差的问题，段海燕（2003）研究了沙生灌木人造板局部增强技术。首先研制出局部浸渍装置，同时优选 4 种常用浸渍用树脂，确定了最佳浸渍工艺条件，并同时探索沙柳中密度纤维板的工艺条件。试验结果表明：经局部树脂浸渍强化处理后的刨花板握钉力提高 22.5%，内结合强度提高 14.7%，耐拆装次数提高 2.3 倍；中纤板的握钉力提高 16%。确定出刨花板最佳浸渍工艺为：浸渍压力 0.7 MPa，浸渍时间 3 min，氯丁胶的固含量 20%。

沙柳树皮对刨花板性能影响很大，为探明其影响规律，2006 年贺勤等研究对比了沙柳树皮和沙柳材的纤维形态、化学成分，以及沙柳树皮含量对刨花板物理力学性质的影响。结果表明：沙柳树皮的纤维长度较沙柳材要长，宽度相同；沙柳树皮的抽出物含量比沙柳材的高；树皮量对刨花板性能有不利影响，随沙柳树皮含量的增加，沙柳刨花板的抗弯强度、内结合强度、握钉力等力学性能下降，而吸水厚度膨胀率增大。

在沙柳刨花板和柠条锦鸡儿刨花板的研究基础上，学者们进一步拓宽原材料范围。张桂兰（2013）测定乌柳材、黄柳材的密度、干缩率、顺纹抗压强度、抗弯强度等物理力学性能，并用其削片后的刨花直接试制板材，测定其物理力学性能。结果表明：采用脲醛树脂胶胶合的乌柳和黄柳刨花板的静曲强度和内结合强度均能达到国标一级品的要求；在此次试验条件下，板材的抗弯强度和内结合强度随着施胶量增加、温度升高而提高，随着热压时间的延长而下降。2013 年，沈源等研究了内蒙古大兴安岭林区 4 种林下灌木的构造、纤维形态和化学特性，分析其作为人造板原料的可能性，并开展林下灌木的削片试验，刨花板制备试验。研究结果表明：4 种林下灌木可以作为生产人造板的原料；削片作业需对 BX 系列削片机进行参数调整和部分机构改装；利用柴桦和兴安柳 1∶1 混合料制备刨花板，当热压温度 170 ℃，热压时间 3.5 min，压力 2.0 MPa 条件下，板材密度 0.68 g/cm³ 时，制得刨花板的弹性模量为 2099 MPa、静曲强度为 13.51 MPa、内结合强为 0.42 MPa、2 h 吸水厚度膨胀率为 1.5%，板材的物理力学性能指标达到国家标准 GB/T 4897.1—2003。2016 年吴向文等测定了 3 年生竹柳材基本物理化学性能，研究了竹柳材刨花的长度、宽度和厚度值的分布规律，探讨热压压力、热压温度、热压时间、施胶量和防水剂添加量对刨花板质量的影响。结果表明：3 年生竹柳气干密度为 0.46 g/cm³，体积干缩率为 12.9%，pH 值为 3.75，纤维素含量为 43.86%，综纤维素为 72.31%，酸不溶木素为 18.68%；通过正交试验得出竹柳刨花板的最优生产工艺条件为热压压力 3.0 MPa、热压温度 175 ℃、热压时间 440 s、施胶量 10% 和防水剂添加量 1%，最优工艺下的板材性能为：弹性模量 2950 MPa、静曲强度 16.1 MPa、内结合强度 1.02 MPa 和 2 h 吸水厚度膨胀率 6.5%，板材的各项性能均达到了国家标准要求。

18.2.1.2 沙生灌木纤维板

纤维板（fiberboard）是以木材或其他植物纤维为原料，通过专门的工艺过程加工成纤维，加入一定量的胶粘剂，在一定的条件下压制而成的板材。纤维板制造脱胎于造纸工业中的纸板生产技术，开始生产的是软质纤维板，20 世纪初在美国等国家成为一种工业。1926 年应用 Masn 爆破法开始生产硬质纤维板，1931 年发明了 Asplund 连续式木片热磨机后促进了湿法硬质纤维板的发展，并成为主要的生产方法（华毓坤，2002）。1952 年美国开始生产干法硬质纤维板；1965 年开始正式建厂生产中密度纤维板。我国在 1958 年开始生产湿法硬质纤维板，80 年代开始发展干法中密度纤维板。由于湿法生产的废水处理技术和成本等问题，致使干法生产成为纤维板发展的趋势。

沙生灌木纤维板的研究较刨花板起步稍晚些。1999 年，张恭获得"以沙柳为原料干法生产中密度纤维板的工艺"的专利，该发明改进了削片机，采用平底筛筛选，增大振动频率，将筛选后的削片置于水洗器中水洗，用圆筒形平底料仓暂存水洗后的沙柳削片，热磨时增大原料压缩比，降低蒸汽压力，减少蒸煮时间，控制热磨机的主电机电流和轴向压力，控制沙柳纤维干燥时的入口、出口温度和时间、热压温度、压力、时间。此生产工艺解决了沙柳纤维板的关键技术。

从 2000 年起，研究者相继对沙柳纤维板的工艺和关键技术进行了研究探索。2000 年，杨一飞等研究了沙柳的材性对纤维板的影响，主要的影响因素包括树皮、密度、含水率、抽出物和纤维形态，同时提出了生产沙柳中密度纤维板对生产设备和工艺的要求。结果证明制备的沙柳的纤维形态良好，是制造沙柳中密度纤维板的优质原料。对于加工设备需要改进削片机的齿辊，宜用直齿辊；必须配备筛选机，中层网筛孔应减小，还需要配备再碎机；刨花运输时应避免气力运输；需用改进后的进料小料斗以防止沙柳木片热磨时搭桥。在加工工艺方面沙柳原料直径应大于 8 mm，含水率控制在 40%~60%；木片蒸煮时应加入一定量 NaOH 以去除抽出物；施胶时固化剂应少加，防水剂应多加；铺装高度应降低。2001 年安珍等也对沙柳中密度纤维板的生产关键工艺进行了改进，试验利用 LB 型摩擦滚筒式剥皮机进行剥皮，削片剥皮后沙柳材气干到含水率 40%~60%，然后削片，热磨、施胶、铺装和热压与传统生产工艺相近。李奇（2012）研究使用改性脲醛树脂胶制备沙柳材中密度纤维板，在预备试验基础上，采用正交试验及单因素试验方法研究沙柳材中密度纤维板的制备工艺。结果表明：在热压温度 180 ℃，热压时间 0.6 min/mm，施胶量 12%，固化剂氯化铵加入量 1%或硫酸铵加入量 2%的条件下，沙柳材中密度纤维板各项性能较好，但与潮湿状态下使用的纤维板防水性能要求还有一定差距。由俊杰（2013）研制了一种蒙脱土改性脲醛树脂胶，并研究其对沙柳中密度纤维板性能的影响。结果表明：改性脲醛树脂胶压制的板材各项性能均优于未改性脲醛树脂胶压制的板材，且随第二批尿素添加有机钠基蒙脱土的胶粘剂压制成的板材性能最佳，静曲强度提高了 31.3%，弹性模量提高了 34.4%，内结合强度提高了 129.3%，24 h 吸水厚度膨胀率降低了 27.8%。

2003 年，研究者们开始研究开发柠条锦鸡儿纤维板。喻乐飞（2003）研究了柠条锦鸡儿的化学成分和纤维形态，探讨其对柠条锦鸡儿纤维板的影响，同时探讨了生产工艺和设备。结果表明与木材制造中密度纤维板生产设备相比，主要差别是从切断到热磨的设备选择。采用改进后BX216 削片机的切断合格率优于切草机；滚筒筛更适合于柠条锦鸡儿的筛选；热磨机进料螺旋的压缩比要大于普通热磨机的压缩比。

2006 年开始，为提高沙生灌木纤维板的物理力学强度，人们着力开始研究混合料沙生灌木纤维板。焦德凤等（2006）采用柠条锦鸡儿和速生杨混合料进行试验，采用正交试验法研究原料配比、密度和含水率对纤维板的抗弯强度、内结合强度、吸水厚度膨胀率的影响，并进行了生产性试验。结果表明：原料配比对吸水厚度膨胀率影响较大；胶粘剂用量为 170 kg/m³，板材密度 0.75 g/m³，热压时间 330 s，毛板厚度 17.2 mm，板坯含水率 11%，防水剂用量 7 kg/m³ 时，100%柠条锦鸡儿纤维板的吸水厚度膨胀率略低于国标外，其余指标均超过国标 A 类板，而 60%柠条锦鸡儿和 40%杨木的混合料中密度纤维板可达到国标 A 类板的要求。

2012 年，李奇还对杨柳木材纤维增强沙柳材中密度纤维板进行了系统的研究。在对杨木、沙柳和柠条锦鸡儿木材原料的纤维形态、化学成分、酸碱性、相对结晶度、表面官能团等特性研究基础上，采用电子自旋共振波谱仪(ESR)和傅立叶变换红外光谱仪(FTIR)技术分析了木纤维与 UF 树脂的胶合机理，采用差示扫描量热法(DSC)和动态热机械分析仪(DMA)技术探讨了固化剂、防水剂等对脲醛树脂固化过程吸放热现象及热机械性能的影响，并对杨柳木材纤维增强沙柳材中密度纤维板的制备关键技术进行了优化。研究结果表明，杨柳木材纤维增强沙柳材中密度纤维板各项性能明显优于沙柳材中密度纤维板；利用 DSC、DMA 等手段研究脲醛树脂固化历程及机械性能，能够预测工艺参数对纤维板性能影响，可作为纤维板工艺参数选择的有效辅助手段。吴登如等(2012)以沙柳原料为中密度纤维板主体，搭配不同比例的杨木纤维或者柳木纤维，通过测定板材力学性能，发现杨木能明显提高沙柳纤维板的强度，确定最佳的原料配比为杨木纤维和沙柳纤维为 1∶1。

18.2.1.3 展　望

经过十几年的研究历程，科研工作者在利用沙生灌木刨花板和纤维板的基础研究、工艺研究、关键技术研究方面有了长足发展，取得了诸多有价值的研究成果，并且已建立几十条生产线，有效地拉动了当地经济建设和生态建设。虽然一些领域的研究还没有聚焦，但这为后续进一步科学利用沙生灌木资源，研发高附加值沙生灌木人造板奠定了坚实基础。今后可从以下几方面进行：

①拓宽沙生灌木树种的研究范围，增加产品的品种。目前的研究多以沙柳和柠条锦鸡儿为原料，其他产量丰富的灌木材树种的开发利用还较少。应对上述树种开展针对性研究，探究各树种纤维形态、化学成分等原料基础条件对人造板的影响机制及其相互协调影响机制，通过材料增强的方式实现人造结构与性能的最优化设计。同时开发新型板材和墙体材料，扩大其应用范围。

②加强沙生灌木人造板基础机理研究。目前的研究多以工艺探究为主。应针对不同人造板的关键技术问题，结合先进的材料理论以及仪器分析技术手段，着力加强沙生灌木人造板的增强机制、混合料人造板的复合机理等方面的研究。

③深化沙生灌木人造板功能化改良。沙生灌木具有天然的环境友好性，在此基础上，应注重人造板功能化改良，在尺寸稳定、电磁屏蔽、光致变色、缓释、能量储存等方面的新产品和新技术的研发，提升沙生灌木人造板的附加值，满足多方面的应用需求。

④推进沙生灌木人造板制造技术产学研结合。沙生灌木人造板制造技术在 20 世纪初已实现产业应用，应扩大规模，发展高新技术，结合生态文明建设，继续进行深入研究。

（执笔人：内蒙古农业大学　王喜明、贺勤）

18.2.2　复合材料

随着沙生灌木资源科学利用技术的不断发展，灌木材的应用领域从最初的种条、饲料、薪炭材、编织用材及传统人造板原料逐渐拓展到新型重组木、木塑复合材、轻质木质工程材以及纳米增强复合材等木质复合材料的原料，极大地拓宽了灌木材的科学利用途径。

18.2.2.1 沙生灌木基重组木

从 20 世纪 90 年代开始，科技工作者先后对沙柳材、柠条锦鸡儿材、细枝山竹子材和柽柳材等多种沙生灌木的微观构造、细胞形态、化学成分以及物理化学性能进行了系统的测试研究（冯利群 等，1996），并实现了以沙生灌木为原料的人造板制造技术的产业化推广。多年来，沙生灌木人造板产业已经成为沙区林产支柱产业之一，在一定程度上缓解了我国木材短缺的现状并为当地农民增收开辟了新的途径。2012 年，王喜明结合 20 余年的研究经历，对沙生灌木人造板生产技术产业化现状与发展进行了系统的总结概述。

1975 年，澳大利亚 Coleman 博士提出一种新型人造板材料的研究思路——木材重组。重组木是指不打乱木材纤维的天然排列顺序，保留木材的基本特性，通过辗压形成木束，再经施胶、干燥、铺装成型、热压、后期处理等工序，将木束重新组合成型，产品具有木桁梁的强度（Coleman et al.，1980）。此外，日本学者提供的将小径木辗压成木束然后再截断成碎木束进一步加工的新思路解决了重组木横向翘曲的问题（阿伦，2004）。研究者通过对沙柳的细胞构造、纤维形态和化学成分的研究发现，沙柳材直径较小、木纤维含量高、纤维强度高于枝丫材，是制造重组木的优质材料。

国内重组木的研究工作开展也较早，主要由中国林业科学研究院木材工业研究所、东北林业大学和内蒙古农业大学三家研究单位开展，主要研究对象包括马尾松、沙柳、落叶松和桦木等树种。

1976 年，首先由中国农林科学院木材工业研究所和江西木材厂合作研究，选取国产马尾松小径木和枝丫材为原料。1989 年，肖亦华、何永锵发表的《新型重组木的研制》《重组木——木材综合加工新技术》两篇研究报告得出重组木试验的工艺参数和力学性能参数，是我国第一代马尾松重组木试验。20 世纪 90 年代后期，东北林业大学的研究者对重组木的辗压力学机理和强度准则进行了深度探讨，从理论上分析了辗压、扭搓的力学机理。一系列的研究开创了重组木力学的研究领域，也使国内对重组木开展更广泛的研究成为可能（阿伦 等，2006）。

2003 年，高志悦、阿伦率先在我国开展了沙生灌木材（沙柳）重组木的研究，先后对沙柳重组木的主要加工工艺、产品用途及经济性进行了分析论证，通过单因子实验法进行实验，探讨分析施胶量、热压时间、木束形态等因子对沙柳重组木物理学性能的影响规律及组坯方式对沙柳重组木物理力学性能的影响，在此基础上进一步验证得出沙柳材重组木制造工艺的一般规律（阿伦，2004）。首先，以沙柳为原料，脲醛树脂胶为胶粘剂，获得沙柳重组木的制造工艺为 3 层垂直铺装、木束碾压 3 次，热压温度 140 ℃、热压压力 10 MPa、热压时间 1.0 min/mm、施胶量 9%，产品静曲强度 91.255 MPa、内结合强度 0.871 MPa、2 h 吸水厚度膨胀率为 8.355%、吸水率为 6.215%，各项性能均达到或超过了我国主要树种（落叶松、桦木、杨木等）的重组木性能指标（阿伦 等，2006）。随后，该团队还重点探讨了木束形态、施胶量和端面结构（阿伦 等，2007）对沙柳重组木性能的影响，结果表明，由碾压 3~4 次获得的木束压制的重组木的物理力学性能较好；当木束层平行组坯时，其横纤维方向的干缩率是顺纤维方向的 2.27 倍；而木束层垂直组坯时干缩率较小且长宽方向上相近。

2009 年，李奇在沙柳材重组木的研究基础上，设计三层结构沙柳重组木作为建筑模板基材，探讨沙柳木束表芯层质量配比、施胶方式以及浸胶工艺参数的影响规律，得出施胶量 12%、热压温度 160 ℃、热压时间 0.9 min/mm 时基材的力学性能较好。此外，为提高建筑模板的防水性能及纵横向强度和刚度的差异性，分别在重组木表面覆以单板-酚醛树脂浸渍纸和酚醛树脂浸渍硬质纤维板，优化得出两种增强方式的工艺参数。饰面后的板材达到了混凝土模板施工要求，证实了以沙柳材为原料制造饰面沙柳重组混凝土模板在工艺上的可行性（何建伟，2011）。

2011 年，何建伟以沙柳为原料，水性高分子异氰酸酯胶（API）为胶粘剂制造出无甲醛释放的环保型沙柳重组木，在改进木束碾压分离设备的基础上优化得出，在气干沙柳材冷水浸泡 48 h、含水率 53.8%、辊压 10 次条件下可实现沙柳木束的有效分离，最终确定环保型沙柳重组木的优化工艺为施胶量 8%、热压温度 130 ℃、热压时间 0.8 min/mm，重组木各项性能均达到了中密度纤维板内饰板国家标准。

2013 年，李艳芳等在探讨沙柳重组木制造工艺的基础上，首次开展了玻璃纤维和椰壳纤维增强处理沙柳重组木的研究，结果表明：玻璃纤维束的添加比例为 7% 时，重组木的力学性能与耐水性均有提高；椰壳纤维添加 5% 时的力学性能除内结合强度外均有提高，但耐水性较椰纤维增强前有所减低，不过材料各项性能均满足《定向刨花板（LY/T 1580—2010）》标准规定的范围要求。此外，李艳芳首次采用无损检测技术对沙柳重组木的动态力学性能进行检测，确立了动态力学性能与静态力学性能的相关性，最终确定弯曲振动法为沙柳重组木力学性能的可靠预测方法。

18.2.2.2　沙生灌木基木塑复合材料

木塑复合材料（WPC）是新兴起的一类复合材料，以木材、农作物秸秆等植物纤维为主要原料，同时添加一定量的热塑性材料（聚乙烯、聚丙烯和聚氯乙烯等），经过模压、挤出、注塑等工艺生产出的板材或型材。木塑复合材料具有塑料和木材的双重性能，具有良好的紫外线光稳定性和着色性、优良的加工性能和可调整性，应用领域广泛。利用沙生灌木资源制造木塑复合材，可为沙生灌木资源的开发利用开辟新的途径。

2011 年，李奇率先在我国开展了沙柳基木塑复合材料的研究，以沙柳木粉和聚丙烯（PP）为原料，采用热压法制备沙柳—聚丙烯复合材料，对其力学性能进行相关研究，结果表明，硅烷偶联剂 KH550 和玻璃纤维的加入使复合材料的整体力学性能明显提高，当木粉加入量为 40%、木粉目数为 60 目、偶联剂和玻璃纤维加入量分别为 5% 和 15% 时，材料最优力学性能达到静曲强度为 55.93 MPa，弹性模量为 3400 MPa，拉伸强度为 24.83 MPa。此外，李奇（2016）以沙柳木粉和废旧高密度聚乙烯（HDPE）为原料，采用模压法制备了木塑复合材料，考察了沙柳木粉、硅烷偶联剂 KH550 和抗氧化剂对材料力学性能、热稳定性能和动态热力学性能的影响，研究表明：沙柳木粉的增加对复合材料的动态热机械性能有积极的影响，抗热氧老化性能显著增强，阻燃性能小幅提升，但对热稳定性有负面影响；硅烷偶联剂 KH550 的引入使材料的抗热氧老化性能降低；抗氧化剂 1010 的加入导致力学性能先上升后下降，抗热氧老化性能显著增强，阻燃性能则略有下降，抗氧化剂用量在 0.2%~0.3% 时，动态热机械性能较高。

2014 年，高峰以沙柳刨花和聚乙烯（PE）为原料，采用热压法制备木塑复合材，利用扫描电镜观察复合材料界面微观结构，重点探讨了三种偶联剂种类和偶联剂用量对沙柳材塑料复合板界面相容性的影响，结果表明，在试验研究范围内，偶联剂用量由 0 增加至 6% 的过程中，板材的内结合强度明显增大，其中 KH550 偶联剂的效果最好，制成的沙柳/聚乙烯刨花板的各项物理性能均有明显提高。

2017年，李伏雨以沙柳木粉和高密度聚乙烯（HDPE）为原料，采用模压法制备木塑复合材，重点研究了抗氧化剂和阻燃剂对材料抗热氧化性和阻燃性能的影响，结果表明，材料抗热氧化性能和阻燃性能均有所提高，在木粉用量45%、抗氧化剂用量0.2%、阻燃剂APP加入量10%的工艺参数时，复合材料在220℃条件下加热4 h未发生氧化诱导现象，氧指数为25.2%，接触角为92.5°，复合材料的抗老化作用显著增强。

2017年，桐城市钰锦塑料包装有限公司申报的发明专利"一种沙柳—聚酰胺木塑复合材料"提供的木塑复合材料可以持续散发出幽香，板材具有较好的强度，更具有防水、防腐、防霉的特点，室内、户外均可使用，抗老化，不会开裂变形。

2018年，李伏雨等以再生高密度聚乙烯（PE-HD）沙柳木粉为原料，采用模压法制备木塑复合材料（WPC）。研究表明，当老化时间为0~100 h时，随老化时间的延长，WPC的力学性能呈下降趋势，动态热力学性能呈先下降后上升的趋势，润湿性能明显增强。且随木粉加入量的增加，WPC的力学性能与动态热力学性能呈下降趋势，润湿性能的增强趋势变得更为显著，接触角下降了6.5%~31.4%。经FTIR分析可知，随老化时间的延长，木塑复合材料的羰基吸收峰强度增强，羟基指数明显增加，同时WPC表面出现了明显的裂纹和孔洞。在此基础上，李伏雨等（2018）对制备所得的WPC进行了热老化试验。研究了抗氧剂种类及添加量对该WPC力学性能及润湿性能的影响，利用红外光谱分析了该材料的老化机理，并通过扫描电镜观察其表面微观形貌。结果表明，经热老化试验后，WPC的力学性能下降，润湿性能增强。与抗氧剂添加前相比，加入了抗氧剂的WPC试样，其热老化试验后的力学性能下降趋势明显减缓，而润湿性能有所减弱。其中当抗氧剂添加量为0.2%时，WPC的抗老化效果显著。

2019年，美丽等以沙柳和再生聚丙烯（PP）为原料，采用模压法制备木塑复合材料（WPC），研究了沙柳木粉和硅烷偶联剂KH550对WPC成型及力学性能的影响。结果表明，随着沙柳木粉用量的增加，WPC的熔体流动速率（MFR）显著下降，成型性能变差，弹性模量呈上升趋势，静曲强度、拉伸强度和冲击强度随之降低；随着KH550用量的增加，WPC的MFR小幅上升，静曲强度和拉伸强度逐渐提高，弹性模量呈先升后降趋势，冲击强度变化不明显；沙柳木粉用量50份，KH550用量3份时，WPC的成型和力学性能相对较佳。

18.2.2.3 沙生灌木基轻质工程材料

植物纤维发泡材料是借助胶粘剂使植物纤维联接成交联结构基体，利用一定的发泡成型工艺制备的轻质工程材料。其原料来源广泛，包括木材、竹材、废纸、作物秸秆等。因其具有密度低、抗冲击性、保温隔热性及吸音降噪防震等特性，可用于缓冲包装、墙体保温和吸音降噪等领域。近年来，制造环境友好型的植物纤维轻质工程材料用于替代泡沫塑料的研究受到研究者的广泛关注。

2009年，韩望以沙柳纤维和废旧聚丙烯为主要原料，在对沙柳纤维表面进行改性预处理后，添加发泡剂，通过聚合物发泡工艺、人造板热压工艺和无纺织工艺相结合的方式，制造密度为0.3 g/cm^{3}的沙柳基发泡复合材料，结果表明，在最佳制造工艺条件下，复合材料2 h吸水厚度膨胀率为5.32%，静曲强度为2.53 MPa，均优于JIS A5905—2003（日本纤维板标准）保温隔热墙板要求；复合材料导热系数均小于0.25 W/(m·K)，平均吸声系数达到0.5以上，具有良好的保温隔热及吸声性能。

2010年，张桂兰等以沙柳刨花和聚丙烯塑料（PE）为主要原料，采用聚合物发泡技术与人造板工艺技术相结合的方法，制备具有良好吸声性能的超轻质木基复合材料，以吸声系数为主要指标对复合材料进行声学性能评价，考察各工艺因子对材料吸声系数的影响。研究结果表明，最佳工艺条件为复合温度 170 ℃，发泡剂加入量 6%，复合时间 1 min/mm，塑料加入量 30%；复合材料在 125~2000 HZ 频带下的平均吸声系数均达 0.4 以上，达到较好的吸声性能。

2012 年，贺勤以沙柳木粉为原料，采用溶液聚合法接枝丙烯酸和丙烯酰胺制造高吸水性树脂工程材料，研究丙烯酸和丙烯酰胺单体质量比（丙烯酰胺以 1 g 计）、丙烯酸中和度、交联剂用量、引发剂用量以及反应温度对材料吸水倍率的影响，结果表明，高吸水树脂的最佳工艺条件为丙烯酸和丙烯酰胺单体质量比为 10 g/g，丙烯酸中和度 60%，交联剂用量 0.03%，引发剂用量 0.3%，反应温度 60 ℃，树脂材料对蒸馏水的最大吸水倍率为 573.8 g/g。

2015 年，王虎军以沙柳纤维为主要原料，基于溶胶凝胶原理并结合机械发泡工艺制备沙柳纤维基轻质工程材料。以密度和压缩应力为指标，获得了材料的最优制备工艺。此外，王虎军以三聚氰胺为增强体，研究了三聚氰胺添加量对沙柳纤维轻质工程材料的密度、压缩应力、化学基团以及热稳定性的影响，结果表明，三聚氰胺的加入能够提高材料的密度、压缩应力和氧指数，同时提高了材料在 310 ℃ 之后的热稳定性以及阻燃性。王海珍（2015）以废纸纤维为原料，沙柳纤维为增强体，制造了纤维基轻质工程材料，研究沙柳纤维在 0~100% 添加量范围内对材料的密度、力学及燃烧性能的影响，结果表明，沙柳纤维的加入提高了材料的机械加工能力，材料密度降低 50% 左右，抗压强度提高 100% 以上，氧指数增加 10.8%；当沙柳纤维掺入量在 40%~60% 时，材料的结构和性能达到最优。

2019 年，赵凯燕以沙柳为原材料制备了多孔发泡材料，分别探讨了含水率、厚度、木粉目数、胶粘剂比例、密度和发泡剂用量 6 个因素对沙柳多孔材料的吸声与吸附性能的影响。结果表明：沙柳多孔材料在吸收声波时，在含水率为 0%，厚度为 1.00 cm，目数为 60 目，胶粘剂比例为 1∶2，密度为 0.25 g/cm³，发泡剂用量为 4% 时，具有较好的吸声降噪性能，平均吸声系数为 0.74，降噪系数为 0.69，最大吸声系数可达 0.99；沙柳多孔材料的孔隙率最高达到 65.1%，平均孔径最小达到 0.265 mm。在厚度为 1.25 cm，胶粘剂比例为 3∶1，木粉目数为 80 目，密度为 0.20 g/cm³，发泡剂用量为 8% 时沙柳多孔材料的吸附性能较好，最大吸附量为 532 μg/m³，去除率为 65.3%。

18.2.2.4　纳米材料增强沙生灌木材

纳米材料是指一维处于 1~100 nm 的材料，具有电阻大、强度高、密度小、传热快等特殊性能。纳米材料可广泛用于制备超微复合材料、催化剂、高力学性能环境、烧结助剂、润滑剂等。此外，沙生灌木中含有丰富的纤维素组分，而纤维素是由微纳尺度的微纳纤丝组成，可制造出高比强度、高比弹性模量的纳米纤维素材料，具有广阔的应用前景。近年来，研究者将沙柳材与纳米材料进行复合制备功能型沙生灌木基纳米复合材料。

2011 年，张莹以沙柳木粉为原料，与纳米蒙脱土复合制备了插层型沙柳材/蒙脱土纳米复合材料，重点研究了制备工艺及阻燃性能，结果表明，纳米蒙脱土与沙柳材之间以氢键作用或其他化学键结合。当加入纳米蒙脱土的分散浓度范围在 3%~5% 时，材料为缓慢燃烧材料，纳米蒙脱土在材料中形成一种致密的阻隔炭层，抑制挥发物产生的速度，延缓材料燃烧，具有良好的阻燃效果。目前，该领域的研究还比较少。

18.2.2.5 展 望

纵观近十几年的研究历程，科研工作者在利用沙生灌木资源制造木质复合材料领域有了长足发展，取得了诸多有价值的研究成果。虽然一些领域的研究刚刚起步以及一些领域的技术水平不够先进，但这为后续进一步科学利用沙生灌木资源，研发高附加值沙生灌木基木质复合材料奠定了坚实的研究基础。建议在今后的研究中围绕以下几个方面展开：

①拓宽沙生灌木树种的应用范围。目前的研究多以沙柳为原料，对于柠条锦鸡儿、杨柴等产量丰富的灌木材树种的开发利用还较少。应对上述树种开展针对性研究，探究各树种纤维形态、化学组分对木质复合材料产品性能的影响机制及其相互协调影响机制，通过相互增强的方式实现木质复合材料结构与性能的最优化设计。

②加强沙生灌木基木质复合材料合成机制的研究。目前的研究多以工艺探究为主。应针对各类木质复合材料自身的关键技术问题，结合先进的复合材料理论以及仪器分析技术手段，着力加强重组木重组及增强机制、木塑复合材界面结合机制、轻质工程材料发泡（空间空隙结构）机制、纳米材料增强机制以及木质纳米纤维素合成机制等方面的研究。

③深化沙生灌木基木质复合材料功能多元化的研究。木质复合材料具有天然的环境友好性，在此基础上，应注重木质复合材料在防腐、阻燃、耐水、吸声降噪、保温隔热、尺寸稳定、生物降解、电磁屏蔽、光致变色、光催化、吸附、缓释、能量储存等方面的新产品和新技术的研发，提升沙生灌木基木质复合材料的附加值，满足多方面的应用需求。

④推进沙生灌木基木质复合材料制造技术的产业化应用。沙生灌木基传统人造板制造技术在 20 世纪初已实现产业应用，并为地方经济发展做出重大贡献。在新型沙生灌木基木质复合材料制造技术方面，应将先进的科学技术与实际生产相结合，充分考虑工艺、设备的可操作性及成本的合理性，积极研发满足实际生产的工艺技术。

⑤创新沙生灌木资源精细化工产品的研发。沙生灌木资源富含纤维素、半纤维素和木质素等高分子化学组分，是生物质纳米纤维素、生物质活性炭、生物质热解炭以及生物质液化物等精细化工产品的天然原材料。在积极研发沙生灌木基木质复合材料的同时，应结合先进的科学技术手段，加大沙生灌木资源精细化工产品的创新研发力度，进一步拓宽沙生灌木资源的应用领域。

（执笔人：内蒙古农业大学 胡建鹏、姚利宏）

18.2.3 制浆造纸

我国制浆造纸工业长期面临原料短缺的严峻形势，当前大量使用桉木、杨木等人工速生材，开发利用灌木资源具有重要意义。研究发现，柠条锦鸡儿、沙柳和细枝山竹子满足制浆造纸对原料解剖形态和化学成分的要求。木材微观形态分析发现，上述三种灌木均为阔叶散孔材，由导管、木纤维、木射线薄壁细胞及轴向薄壁组织组成。柠条锦鸡儿木纤维含量65.5%，木纤维长宽比45，壁腔比0.27，综纤维素含量73.74%，灰分含量2.58%，适用于造纸（郭爱龙等，1998）；与乔木类的针叶木、阔叶木相比，原料综纤维素和木素含量偏低，苯醇抽出物和热水抽出物偏高；原料灰分含量偏高，制浆过程中要注意工艺控制。沙柳木纤维占68%，导管占 27%，导管平均长度 0.22 mm，木纤维平均长度 0.5 mm，壁厚 2~4 μm，木薄壁细胞较少，综纤维素含量 78.96%，木素含量 18.20%，但灰分含量达 3.2%，远大于一般乔木（1%）。总体而言，沙柳是良好的造纸原料（冯利群 等，1996；许凤 等，2004）。细枝山竹子导管占 20.4%，木纤维占 64.9%，木射线薄壁细胞占 12.8%，导管平均长度 0.039 m，木纤维平均长度 0.9384 mm，纤维长宽比 85，性能优于秸秆、红松、毛白杨；其壁腔比 0.72，小于 1，是优质的造纸原料；细枝山竹子综纤维素含量达 84.10%，木素含量 14.39%，制浆中碱耗低且成浆得率高（郑宏奎 等，1998）。

一些灌木一般生长 3 年后进行平茬，由于灌木枝条直径小（一般 10~30 mm），粗细不均，皮含量高，制浆中不能用普通的剥皮设备，需要采用特制的皮杆分离装置去皮。开发的一种皮杆分离机主要由喂料部、破碎剥离部、皮杆分离部和机架组成，其工作原理如下：在破碎剥离部，物料受到剪切、挤压和摩擦作用从而破碎；在皮杆分离部，物料受到撕裂作用而形成料块，外皮与杆分离；在出料部，受到离心力作用，密度大的料块排出，密度小的韧皮吸在吸鼓表面，随转动带到达出料箱，轻杂质送去除尘处理。设备皮杆分离率 ≥98%，皮去除率 ≥95%（陈安江 等，2007）。

灌木主要采用化学法和高得率法制浆，可生产大部分常见的纸和纸板。沙柳采用碱性亚硫酸盐—蒽醌法制浆，总用碱量 15.5%（氢氧化钠计），液比 1:2.8~3.0，浆得率 53.3%，K 值 22.1，制得的化学浆可用于抄造强韧箱纸板（许凤 等，2004）。沙柳采用硫酸盐法制浆，用碱量 23%，硫化度 25%，液比 1:4.5，最高温度 170 ℃，保温时间 2 h，所得未漂浆白度 27.94% ISO，卡伯值 14.1，采用木聚糖酶预漂有利于后续漂白（袁来全，2012）。柠条锦鸡儿采用烧碱—蒽醌法制浆，用碱量 16%（氧化钠计），最高温度 170 ℃，时间 220 min，细浆得率 36.3%，浆卡伯值 12.8，漂白后白度达 65.6% ISO，打浆后可抄造凸版纸（许凤，2004）。沙柳采用烧碱半化学法制浆，用碱量 6%，所得浆裂断长达 4.58 km，可用于抄造高强瓦楞原纸（袁来全，2012）。柠条锦鸡儿采用化学机械法制浆，使用亚硫酸钠和氢氧化钠常温浸渍，90 ℃汽蒸后搓丝，采用高浓盘磨机制得化学机械浆，得率达 73%，纤维解离较好。所得化学机械浆环压强度指数和松厚度高，抗张强度低，适合配抄瓦楞原纸，漂白后可配抄新闻纸（毕淑英 等，2020）。柠条锦鸡儿采用碱性过氧化氢预浸渍，之后进行热磨制浆，温度 105 ℃，浆浓 15%，粗浆得率 75%，打浆后可抄造强韧箱纸板（许凤 等，2004）。沙柳采用一段盘磨机前后进行化学处理的碱性过氧化氢机械法制浆，所得浆白度达 74.16% ISO，机械性能良好（袁来全，2012）。在相同化学药品用量条件下，采用一段与两段盘磨机前后进行化学处理的碱性过氧化氢机械法对沙柳制浆所得浆的性能有明显差异（Qu et al.，2013）。与一段浆相比，两段浆的白度、裂断长和耐破指数分别提高 8.34% ISO、45.50% 和 24.83%，不透明度、光散射系数和撕裂指数分别降低 3.56%、3.57% 和 9.82%。一段浆的纤维表面较粗糙，两段浆纤维素的结晶度提高 3.57%。与原料相比，一段浆木素含量降低 8.55%，两段浆木素含量降低 18.14%。柠条锦鸡儿采用氢氧化钠高温预处理后，纤维的洁净度提高，之后用双螺杆进行碱性过氧化氢机械法制浆，再经两段过氧化氢（每段用量 2%）漂白，浆白度达 70.1% ISO，适合制造新闻纸、文化用纸、白纸板芯层（刘雁超 等，2020）。

（执笔人：北京林业大学 李明飞）

18.2.4 精细林产化工

近年来，在林业工程领域，对于沙生灌木资源的开发利用主要集中在沙生灌木基人造板和木质复合材料等方面(王喜明，2012；阿伦 等，2011；李奇 等，2011a)。随着木材科学领域的技术不断创新和发展以及相关学科间的相互交叉渗透，加强对生物质资源的探索开发，深入挖掘生物质资源的应用潜力，创新研发高精细生物质化工材料，是拓宽生物质资源应用领域的必然趋势。

18.2.4.1 沙生灌木基纳米纤维素材料

纤维素材料来源丰富、可再生，广泛分布在竹、麻、棉、木等各类陆地植物以及藻类等海洋植物与少量细菌中。纳米纤维素通过其直径大小进行定义，将直径 1~100 nm 的纤维素归为纳米纤维素(杨陈 等，2020)。纳米纤维素通常也称为纳米纤维晶体、纳米纤丝纤维素、纤维素纳米晶须或纤维素纳米颗粒。纳米纤维素材料具有高结晶、高强度、高比表面积、高吸附和吸湿等特性，化学稳定性好，无毒，在复合材料、生物医药、安全食品、精密仪器等领域显示了巨大的应用前景(程庆正 等，2007)。

目前，沙生灌木基纳米纤维素材料的研究重点主要集中在纳米纤丝(或微晶纤维丝)的制备工艺以及纳米纤维素增强无机或有机材料制备功能型纳米复合材料等方面。

2014 年，张彬以沙柳木粉为原料，通过硝酸—乙醇法水解获得沙柳纤维素，随后采用超声波法、干磨法/超声波联合法、湿磨法/超声波联合法制备出了直径不超过 65 nm 的纳米纤丝。黄明星(2014)主要研究了沙柳微晶纤维素的制备工艺，通过探讨沙柳酸催化乙醇法预处理工艺、沙柳粗纤维素精制工艺以及沙柳精制纤维素水解工艺，优化了微晶纤维素的制备过程。

2015 年，盛卫(2015)以脱胶后的沙柳纤维为原料获得微晶纤维素，将其溶解在浓度 64%的硫酸中，在 45 ℃水浴条件下高速搅拌 1 h 后，获得平均长度 300 nm，平均直径几十纳米，晶度为 89.1%的纤维素纳米晶须。张克勤等(2015)将沙柳皮置于酸溶液中处理，浴比为 1∶20~25，温度 80~110 ℃，搅拌 1 h，处理后制得沙柳微晶纤维素；然后置于浓度为 55%~65%的酸溶液中处理，浴比为 1∶10~20，在 40~60 ℃温度下搅拌 30~90 min，处理完毕后将溶液稀释 10 倍，经过离心、透析和超声处理得到沙柳纳米纤维素。贺仕飞(2015)以沙柳为原料，将生物酶处理后的纤维素进行超声波处理，制备出了直径在 32~64 nm，长度在 200~900 nm 的微纳纤丝，而后将微纳纤丝与聚乙烯醇(PVA)复合制备 PVA 纳米复合膜，微纳纤丝添加量为 3%时，PVA 纳米复合膜具有较好的热稳定性、耐吸湿性以及拉伸性能。李亚斌(2015)在获得纳米级微晶纤维素的基础上，以微晶纤维素为模板，制备介孔二氧化钛纳米材料，对复合材料的微观形貌、化学基团、聚集态结构、热稳定性以及光催化性进行了表征，结果表明，在 180 min 的酸性条件下，介孔二氧化钛纳米材料对甲基橙催化降解率比羧酸基纤维素高 62.9%，比粉状商品二氧化钛的高 36.4%，说明该复合材料具有极强的光催化性能。

2016 年，薛振华以沙柳枝条为原料，应用硫酸水解法制备了沙柳纳米纤维素，研究发现经硫酸水解处理后，沙柳纤维素不再成纤维簇而是分散成许多纤维单丝，其分子链被打断，分解温度较处理前降低，化学成分基本保持不变，纳米纤维素晶体的结晶度较原纤维有一定程度的提高。

2018 年，黄金田等以沙柳纤维素为原材料，用氢氧化钠/尿素体系溶解再生的方法制备沙柳纳米纤维素，研究发现制得的沙柳纳米纤维素为类球状，平均粒径 110 nm，沙柳纳米纤维素为纤维素 II 型结构，结晶度 53.9%，表面存在大量的羟基。钱景（2018）将沙柳去皮、粉碎、过筛、烘干、冷却、提纯后得到沙柳纤维素；使用高碘酸钠改性沙柳纤维素；使用树枝状聚酰胺-胺（PAMAM）改性魔芋；将高碘酸钠改性沙柳纤维素和 PAMAM 改性魔芋混合均匀后，缓慢滴入三价铁盐水溶液，使用液氮冷冻干燥处理后得到基于沙柳纤维素/魔芋的磁性纳米复合材料。

18.2.4.2　沙生灌木基活性炭材料

活性炭是一种黑色多孔的固体炭质，由煤通过粉碎、成型或用均匀的煤粒经炭化、活化生产。主要成分为碳，并含少量氧、氢、硫、氮、氯等元素。普通活性炭的比表面积在 500~1700 m^2/g。活性炭具有吸附性强、耐酸碱、耐高温、易再生等优点，是一种环境友好型吸附剂，广泛应用于环境保护、化学工业、食品加工、药物精制等各个领域。沙生灌木中所含有大量纤维素和半纤维素均是制备生物活性炭的良好原料。目前，沙生灌木基活性炭材料的研究重点主要集中在活性炭的活化工艺、吸附效率以及产品应用等领域。

2012 年，鲍咏泽分别以氯化锌（$ZnCl$）、磷酸（H_3PO_4）和氢氧化钾（KOH）为活化剂制备出三种沙柳活性炭。三种沙柳活性炭对亚甲基蓝溶液的吸附行为符合二级反应速率方程所描述的规律和 Langmuir 吸附等温式；三种活性炭的比表面积分别为 323.0119、1251.428、1780.296 m^2/g；亚甲基蓝的吸附量分别为 323.45、347.13 和 519.63 mg/g。

2013 年，王雅梅等采用活化法制备柠条锦鸡儿活性炭，选用氯化锌和磷酸两种活化剂，以亚甲基蓝吸附量为评价指标，用正交试验法确定了浸渍比、活化剂浓度、活化温度、活化时间四个影响因素下的较优制备工艺。

2014 年，张桂兰等采用化学活化法，使用三种不同的活化剂制备沙柳活性炭，并研究其对亚甲基蓝溶液的吸附性能，探讨了活化温度、时间和 pH 值对亚甲基蓝吸附的影响，同时重点研究了不同活化剂制备沙柳活性炭的工艺条件以及沙柳活性炭吸附亚甲基蓝溶液的吸附等温线和吸附动力学曲线。研究结果显示出不同活化剂制备的活性炭其对亚甲基蓝的吸附量不同，其中氢氧化钾为活化剂时吸附量最大（519.63 mg/g），磷酸次之（347.13 mg/g），氯化锌最小（323.45 mg/g）。

2015 年，朱铭强等将沙柳枝木去杂后粉碎炭化；炭化后通入气体活化剂进行活化；然后将活性炭从回转炉中取出，经漂洗、筛选、检测后，进行包装，即得活性炭成品。朱亚红等（2015）选取 KOH 为活化剂并且采用微波法制备沙柳枝木活性炭，研究了活化剂辐射时间、质量浓度、液料比、辐射功率、浸渍时间等因素对活性炭吸附性能的影响，通过对单因素试验结果的正交优化，得出活性炭制备的最佳方法。即 KOH 活化法制备沙柳枝木活性炭的最佳工艺条件为：液料比 4 : 1、浸渍时间 18 h、辐照功率 560 W、辐照时间 20 min，该工艺条件下所制备的活性炭成品碘吸附值为 1011.01 mg/g，达到了《木质净水用活性炭》（GB/T 13803.2—1999）中一级品标准。

2016 年，张晓雪以磷酸氢二铵 $[(NH_4)_2HPO_4]$ 为活化剂制备了沙柳纤维状活性炭，在优化工艺条件下制备的沙柳纤维状活性炭平均得率为 43.97%，亚甲基蓝平均吸附值为 9.1 mL/0.1 g，碘平均吸附值为 1580.3106 mg/g，沙柳纤维状活性炭对重金属离子的吸附效果较好。

2017 年，刘静萱以磷酸二氢铵（$NH_4H_2PO_4$）为活化剂，采用活化-热解一步法制备沙柳基活性炭。重点研究了活性炭对水溶液中 2,4-二氯苯酚（2,4-DPC）的静态吸附行为及其作用机理，结果表明：活化剂活化效果良好，改性后吸附量提高了 3.5 倍，吸附过程遵循 Freundlich 等温吸附模型和准二级动力学模型；整个吸附过程的速率控制步骤为膜扩散，不同初始浓度的有效扩散系数的数量级均大于 10^{-6} cm^2/s。曹志伟（2017）以氢氧化钾（KOH）为活化剂制备纤维活性炭，在优化工艺条件下，活性炭纤维得率为 45.6%，亚甲基蓝吸附值 9.5 mL/0.1g，BET 比表面积为 672 m^2/g，平均孔径为 2.08 nm；活性炭纤维对钙离子的吸附量为 12.3 mg/g，去除率为 36.9%。张静（2017）通过 550 ℃高温烧制法制得沙柳生物炭，并将其作为矿区生态修复材料，探究沙柳生物炭对水溶液中 Cu^{2+} 的吸附性能。结果表明，生物炭对铜离子具有较好的吸附作用，沙柳生物炭的最大 Cu^{2+} 吸附量为 19.13 mg/g，16 h 可达到吸附量和吸附率的平衡。随后，以冰草为研究对象，探究不同添加量的沙柳生物炭，对不同污染的土壤理化性质、冰草生长状况及铜的迁移过程的影响。结果表明，随着生物炭添加量的增加，铜在冰草根系、土壤和冰草茎叶中的富集浓度随之减少，生物炭添加量在 0.8%~1.0%时，生物炭对土壤和冰草的表现最优。

2018 年，李严的结果表明，升高温度、延长吸附时间、增加活性炭用量、提高溶液 pH 与初始溶液浓度在一定范围内可以促进沙柳纤维状活性炭对镁离子吸附；沙柳纤维状活性炭经过硝酸改性后对镁离子的吸附性能得到了提升，且改性前后对甲醛都具有一定的吸附性能，但活性炭经改性后对甲醛的吸附量提高。主要是由于活性炭改性后表面含氧官能团增多，表面极性增强导致对极性分子甲醛的吸附性能提高。

2019 年，温俊峰采用不同的化学试剂活化制备沙柳活性炭，比较沙柳活性炭碘吸附性能，研究制备工艺条件。通过单因素试验考察了料液比、活化剂浓度、活化时间和活化温度对活化结果的影响。研究发现相较于氢氧化钾与高锰酸钾，磷酸活化法制备的活性炭得率与碘吸附效果均最好，沙柳活性炭较好的制备工艺条件为：料液比 1:20，磷酸质量分数 70%，活化温度 500 ℃，活化时间 30 min。在此条件下，沙柳活性炭得率为 95.7%，碘吸附值为 1163.32 mg/g。制备的活性炭主要为无定型结构，颗粒结构疏松，粒径大小不等。刘晓等（2019）以沙柳为原料，采用磷酸活化法制备活性炭。以磺胺二甲嘧啶钠（SMS）的吸附量为响应结果，采用 Box-Behnken Design（BBD）响应面法对磷酸浓度、活化温度和活化时间三个因素进行优化，得到活性炭的最佳制备条件为：磷酸质量分数为 68.75%，活化温度 577 ℃，活化时间 48 min。刘鹏磊（2019）以沙柳为原料，氯化锌为活化剂，氯化铁为磁化剂，通过一步热解法制备了磁性生物质活性炭。单因素实验优化后得到的最优条件为：沙柳、活化剂和磁化剂的质量比为 4:4:1，活化温度 700 ℃，活化时间 1 h。

18.2.4.3 沙生灌木基液化产物

木材液化技术是指在一定条件下将木材转变为液体，木材中的纤维素、半纤维素、木质素大分子降解为具有一定反应活性的液态小分子，成为具有多种用途的化学中间体，可用于制备胶粘剂、聚氨酯泡沫塑料、酚醛模塑产品、碳纤维等新型高分子材料。

2006 年，张晨霞以苯酚为液化剂、稀硫酸为催化剂，对沙柳、柠条锦鸡儿进行液化处理。在温度 150 ℃、催化剂用量 7%、液比 4、液化时间 120 min 的液化工艺下，沙柳和柠条锦鸡儿的残渣率分别为 4.08% 和 11.21%。将沙柳、柠条锦鸡儿液化产物与甲醛反应制备共缩聚型树脂，产品的各项性能满足木材工业用酚醛树脂的国家标准要求。

2010 年，杨爱荣分别以苯酚、乙二醇为液化剂，稀硫酸为催化剂，对沙柳进行液化处理，获得两种沙柳液化产物纺丝液，采用纺丝工艺获得初始纤维，研究得出收丝辊转速、固化时间以及固化升温速率均对初始纤维的力学性质有显著影响。杨爱荣等（2010）采用红外光谱分析方法测定了以硫酸为催化剂、温度为 150 ℃、液比为 4、反应时间为 2 h 的条件下，分别用苯酚、乙二醇对沙柳木粉进行液化的产物结构，研究发现液化产物结构复杂，主要含有苯基、羟基、羧基、甲基、醚类、酚类以及芳烃取代物等。

2013 年，赵岩以聚乙二醇–丙三醇混合液为液化剂、稀硫酸为催化剂，对沙柳进行液化处理，并将该液化产物与异氰酸酯合成聚氨酯发泡材料，在异氰酸酯 40%、催化剂 12%、成核剂 5%、表面活性剂 10% 的工艺条件下，制备的 2 cm 厚聚氨酯发泡材料的平均吸声系数为 0.272（>0.2），适合做吸声材料。夏丹（2013）采用酸、碱、盐与微波复合的方式对沙柳进行预处理，借此来提高沙柳的液化效果。当采用 1% 硫酸溶液微波处理 7 min 后，沙柳在液比 2、液化温度 170 ℃、催化剂 3% 作用下，30 min 内的残渣率接近于零，利用液化产物与异氰酸酯合成的聚氨酯泡沫材料的抗压强度和密度均满足墙体保温材料的要求。张晓红（2013）以聚乙二醇 400 和丙三醇为液化剂，浓硫酸为催化剂，对沙柳木粉进行液化试验，结果表明：当液固比 5∶1，聚乙二醇 400 用量为液化剂用量的 75%，催化剂用量为液化剂用量的 4%，液化时间 110 min，液化温度 170 ℃ 时，可得到液化残渣率为 1.32% 的液化产物；液化产物的羟值 389~334 mg/g，能满足制备聚氨酯纤维对原料的要求。苗雅文等（2013）为进一步研究沙柳木材苯酚液化的最佳制备工艺，以苯酚为液化剂、稀硫酸为催化剂，对沙柳木材进行液化试验，研究反应温度、催化剂用量、液比和反应时间对液化率的影响，并借助 FTIR 技术分析了沙柳木材及其液化产物的成分。结果表明，对沙柳木材苯酚液化影响最大的因素是液比，其次是反应温度、催化剂用量、反应时间；沙柳木材苯酚液化较适宜的试验条件是：液比 7∶1，反应温度 160 ℃，催化剂加量 10%，反应时间 120 min。

2014 年，任慧敏采用硝酸–乙醇法提取了沙柳中的纤维素，然后以乙二醇为液化剂、硫酸为催化剂，对沙柳纤维素进行液化处理。液化产物在最优工艺条件下制备出的原丝，其平均直径为 0.314 mm，拉伸强度 97.45 MPa，断裂伸长率为 3.69%，力学性能良好且粗细均匀。张路等（2014）以碳酸乙烯酯为液化剂、硫酸为催化剂，对沙柳木材进行液化试验。探讨了温度、液固比以及催化剂用量等因素对液化工艺的影响，并对液化产物进行了表征分析。结果表明，最佳液化条件为反应温度 150 ℃、反应时间 20 min、液固比 4∶1，催化剂用量 4%，在此条件下，残渣率可降到 8.45%。张秀芳等（2014）以硫酸为催化剂、乙醇为溶剂，对沙柳进行醇解液化。结果表明，当溶剂为无水乙醇、液料比（mL∶g）为 60∶1、反应温度为 170 ℃、硫酸浓度为 0.06 mol/L、反应时间为 2 h 时，沙柳的液化效果最好，液化率达 90.94%。

2015 年，周宇等以多元醇[m（聚乙二醇）∶m（丙三醇）= 4∶1]为液化剂、浓硫酸为催化剂，对沙柳材进行液化试验。通过响应面法优化了沙柳木材的液化工艺，并采用核磁共振仪测试液化产物的结构。研究表明，沙柳木粉液化的最优工艺为：[m（液化剂）∶m（木粉）= 4∶1]、反应时间 140 min、反应温度 170 ℃、催化剂用量 5%，在此条件下的液化率为 97.84%。液化产物的核磁共振谱分析得出，液化过程同时进行着降解和缩聚反应，产物主要生成了糠醛类化合物、愈创木基型木质素结构以及脂类化合物。王克冰等（2015）采用单因素和正交实验考察了沙生灌木沙柳在苯酚和四氢萘混合供氢溶剂中液化的反应时间、反应温度、催化剂用量、苯酚用量和四氢萘用量等工艺参数对液化产物残渣率的影响，得到沙柳在混合溶剂中的最优化工艺是：反应温度 120 ℃，反应时间 2 h，催化剂（98%浓硫酸）1 mL，苯酚 15 g，四氢萘 5 mL，此条件下的液化率可达 97.51%。

2016 年，赵丽青以离子液体（［AMIM］Cl）为液化剂处理沙柳，液化产物与异氰酸酯合成聚氨酯泡沫材料，在聚氨酯材料中加入 6%的有机蒙脱土，可使复合材料的压缩性能和抗压性能分别比普通材料提高 31.2 kPa 和 62 kPa，同时材料的吸声与阻燃性能高于普通聚氨酯材料。周宇（2015）以沙柳材为原料，在常温、常压和适当的溶剂中将其液化分解成液体，由于液化产物保留了植物纤维原料的大分子结构特性，可以作为基体材料进行聚氨酯发泡，制备高强度、轻质、阻燃、保温、隔音的新型聚氨酯泡沫材料。试验结果表明，沙柳木粉液化的最优工艺为：液固比（液化剂：木粉）4∶1、反应时间 140 min、反应温度 170 ℃、催化剂用量 5%。在此条件下，液化率为 97.84%。

2017 年，袁大伟以聚乙二醇/丙三醇为液化剂、98%浓硫酸为催化剂处理沙柳材，所得沙柳木粉液化产物的羟值为 328.6 mg KOH/g，酸值为 1.7 mg KOH，黏度为 672.9 m²/s，并以此液化产物制备了聚氨酯/环氧树脂互穿网络硬质泡沫材料。邵婷婷等（2017）在亚/超临界乙二醇体系中，以碳酸钠作为催化剂，对沙柳进行了液化实验，并采用红外光谱、热重等手段分析了随着反应时间的增加，液化产物成分和液化残渣的变化。结果表明，反应温度对液化有显著的影响，反应时间、催化剂用量、液固比以及沙柳粒度也有不同的影响；红外分析可以看出液化过程中沙柳组分中的半纤维素和木质素首先发生降解，并且残渣中仍存有纤维素，产物成分不会随着反应时间的延长而改变，且液化产物结构复杂，主要含有醇、醛、酯、酚类、芳烃等；热重分析结果表明，半纤维素在反应时间为 15 min 时达到全部降解。纤维素的含量随着反应时间的延长有降低的趋势，说明延长反应时间会促进纤维素的降解。

2018 年，靳丽萍提取沙柳综纤维素，利用常压液化技术制备液化产物，将液化产物与异氰酸酯合成的聚氨酯通过溶液静电纺丝技术制备微纳米纤维；将液化产物与热塑性聚氨酯共混静电纺丝制备微纳米纤维。随着沙柳综纤维素液化产物在纺丝液中质量分数的增加，复合微纳米纤维膜的宏观与微观形貌发生变化，纤维直径增加，纤维间孔洞减小，纤维膜内部结晶状况发生改变，纤维膜的热稳定性能降低，力学性能降低。

2019 年，韩望等以沙柳多元醇液化产物（LP）和异氰酸酯为主原料，以辛酸亚锡为催化剂、水为发泡剂，添加阻燃剂制备沙柳液化产物/异氰酸酯泡沫（LP-PU）。采用驻波管法测定硬质 LP-PU 泡沫在低频区域（125~2000 Hz）的声学性能，以平均吸声系数、降噪系数和峰值吸声系数为指标考察阻燃剂种类、含量、异氰酸酯用量对 LP-PU 泡沫吸声性能的影响，结果表明，合理选择阻燃剂添加量和种类，在获得阻燃型硬质 PU 泡沫材料的同时可提高其吸声性能。

崔晓晓等（2020）将沙柳木粉在浓硫酸催化条件下进行多元醇液化，通过改变液化处理条件（反应时间、反应温度和催化剂用量）制备具有不同流变性能的沙柳液化产物。结果表明，影响沙柳液化产物黏度的主要因素是反应时间，其次是反应温度和催化剂用量，最佳工艺条件为反应时间 70 min、反应温度 170 ℃、催化剂用量 5%。红外光谱（FTIR）分析结果表明液化物中纤维素被大量降解，半纤维素和木质素部分降解，羟基增加，生成更多的反应活性官能团，此条件下液化反应更加充分，流体黏度较大。

18.2.4.4 沙生灌木基生物质能源材料

生物质能源的合理开发利用不仅可以为我们提供丰富的清洁能源，而且可以保护环境、减少我国对化石燃料的长期依赖，为我国能源问题的解决提供了有效方法。生物质焙烧炭（简称"生物碳"）是指在 200~300 ℃下对生物质进行温和热解获得的产物，使其水分蒸发，CO 和 CO_2 气体释放，能量密度增加。生物炭不仅能提高生物质能量密度和储存性能，而且还降低生物质运输储存成本，能够供生活或工业生产使用。目前沙生灌木基生物质能源材料的研究主要以生物炭为主。

2013 年，李长军以沙柳为原料，以间歇式磁力反应釜为反应器，以水为溶剂，研究了沙柳的水热转化，考察了不同工艺条件对液化产率的影响，采用多种检测方法对水热转化产物生物油和生物碳进行了分析，结果表明，温度、反应时间和液固比例能显著影响沙柳水热转化的液化产率，沙柳水热转化得到的生物碳的热值达到 21~27 MJ/kg，经过物理活化后比表面积达到 288 m^2/g，说明生物碳有很好的作为固体燃料和吸附材料的潜力。

2014 年，梁宇飞以沙柳为原料，采用生物质焙烧技术制造沙柳生物质焙烧炭，系统研究了沙柳材焙烧前后的结构演变、焙烧炭的吸湿性以及焙烧炭的热解及燃烧特性。从经济性和可行性的角度分析获得实验室条件下生物质焙烧炭的优化工艺为焙烧温度 260 ℃、焙烧时间 30 min。在此优化工艺条件下，沙柳焙烧炭的各项性能均有不同程度的改善。首先，焙烧炭比表面积为 2.84 m^2/g，固体产物孔隙比较发达，有利于燃烧、气化过程中热量与质量的传递，可促进热化学转化过程；其次，焙烧炭单位能量密度显著提高，焙烧炭能量得率 84.5%，质量得率 75%；第三，焙烧炭热值达到 6046 kcal，可达到蒙精煤标准；第四，焙烧炭的平衡吸水率较沙柳原样降低 38%，憎水性表现明显；第五，焙烧炭燃点明显降低，烘焙后的高温段的放热量明显高于低温段的放热量。上述研究表明，沙柳经过低温烘焙后，有利于反应的快速热解、迅速燃烧，沙柳的固体产物性能改善了很多，在沙柳高质转化利用、规模化应用方面起到重要的作用。薛振华（2016）采用低温烘焙预处理的方法来探索沙柳生物质材料制备焙烧炭的工艺。探讨了不同焙烧温度、时间对沙柳焙烧炭的影响，分析了沙柳在不同温度、时间下对质量变化、能量得率及热值的影响。研究显示出随着热解时间延长，热解温度升高，生物质的热值显著升高，与常规热解法相比，在 280 ℃以下对生物质进行焙烧，能量转化率变高，热值可以达到蒙精煤的标准，可以替代木柴、煤炭作生活生产用能。

2016 年，周丽萍等提供一种沙柳秸秆生物质炭基肥的制备方法，在氮气保护下，将沙柳秸秆进行炭化裂解，生成沙柳秸秆生物质炭，将 10~20 重量份沙柳秸秆生物质炭、60~80 重量份肥料、5~10 重量份土壤改良剂、5~10 重量份的膨润土混合，加入水分后调匀，得到混合后的物料；将混合后的物料进行挤压造粒、抛圆、烘干、冷却和过筛，得到沙柳秸秆生物质炭基肥。

武彦伟等（2016）采用先混合原沙柳和煤粉再制焦的次序，利用热重分析法研究了 4 种煤半焦和沙柳炭混合物的恒温共热解作用。从胜利煤的变温热解中，选定恒温共热解的温度 400 ℃、500 ℃和 600 ℃来研究温度对沙柳炭和胜利煤半焦混合物共热解作用的影响，结果显示，400 ℃和 600 ℃表现为协同作用，500 ℃表现为抑制作用，通过分析选择 600 ℃作为恒温共热解温度。在 600 ℃时，研究了沙柳炭与不同种类煤半焦在不同掺混比例下的恒温共热解，显示沙柳炭对挥发逸出能力较强或较低的煤半焦（霍林河煤和准格尔煤）均表现为抑制作用，对挥发逸出能力中等的煤半焦)(胜利煤和宝日希勒褐煤)表现为协同作用。

2017年,雷艳秋以可再生农业剩余物玉米秸秆和林业生物质沙柳为起始原料,采用成本低、简单、环保的水热碳化及功能化、石墨化和高温活化技术制备碳基材料,研究了碳材料在环境与能源领域中的应用。

2018年,宫聚辉等利用综合热分析仪分别对胜利褐煤、生物质(沙柳)以及二者以不同比例(1:4、5:5、4:1)混合后的试样在不同的 CO_2/N_2(1:4、5:5、4:1)气氛条件下的热解失重行为进行研究,并观察褐煤与沙柳在共热解反应过程中的相互作用,应用 Coats-Redfern 方法分析热解反应。实验结果表明,褐煤与沙柳主要热解温度段有相互重叠的部分,且存在相互作用,当 $V(CO_2):V(N_2)=5:5$ 时,褐煤与沙柳混合物在热解高温段全部表现为促进作用,且促进作用随沙柳含量的增加越来越弱。

2020年,李震等应用离散元软件 EDEM 创建了长径比为5:1的模具,对沙柳生物质燃料的成型进行了仿真研究,并对其成型特性进行了4因素3水平的正交分析,研究了颗粒形状、粒度、压缩速度及保压时间对颗粒致密成型的影响,以成型颗粒的粘结性、成型密度及成型能耗为评价指标,分别得出了各因素对其影响的主次关系;同时采用综合分析法对成型条件进行了综合评价。

(执笔人:内蒙古农业大学 胡建鹏、姚利宏)

18.3 经济林

18.3.1 油 料

油料既是人们食物的重要组成部分,又是食品、医药、皮革、纺织、化妆和油漆等工业的重要原料。据报道,世界上植物油脂产量占油脂总产量的70%左右,其中食用油占80%左右,非食用油约占20%。我国人多地少、人增地减,耕地资源与粮食生产安全对油料发展构成严重制约。因此,无论是从满足人民日益增长的食油需要,还是从发展农业生产战略上看,积极开发利用木本油料对我国具有十分重要的现实意义和广阔的发展前景(张华新 等,2006)。本节从食用油料、工业油料、药用油料三方面进行阐述,能源油料在18.4节介绍。

18.3.1.1 食用油料

(1)我国食用油料形势

随着我国经济形势稳定并持续增长,人民生活水平不断提高,我国食用植物油消费量持续增长,但受多种因素影响,国内食用植物油产需缺口不断扩大,约60%需要进口。如此大的供需缺口,严重地威胁着我国食用植物油供应的安全性(何东平 等,2020)。我国颁布的《国家粮食安全中长期规划纲要(2008—2020年)》中明确指出"需要合理利用山区资源,大力发展木本粮油产业,建设一批名、特、优、新木本粮油生产基地"。木本油料植物是指以采收植物果实或种子为原料榨取或提取油脂为主要目的的植物。木本油料普遍具有营养丰富、不饱和脂肪酸含量高、保健及疾病预防功能突出等优势,逐渐引起人们的重视。其中灌木油料植物耐性更强，适应性更广，可因地制宜发展适宜的灌木食用油料产业(陈佳卓，2017)。

(2)食用油料灌木资源

我国食用油料灌木资源丰富，种子含油量达20%以上的有300多种(任小娜 等，2018)。灌木食用油料常被称为特种油脂，富含油酸、亚油酸、亚麻酸等不饱和脂肪酸，且氨基酸、维生素、矿物质等微量元素含量高，还含有黄酮类、酚类、甾醇类等多种药理活性成分，具有极高的保健价值，大多是公认的高端食用油。我国主要的食用油料灌木资源主要包括油茶、核桃、油用牡丹[主要为凤丹(*Paeonia ostii*)和紫斑牡丹(*Paeonia rockii*)]、长梗扁桃、油橄榄(*Olea europaea*)、光皮梾木(*Cornus wilsoniana*)、元宝槭、翅果油树、杜仲(*Eucommia ulmoides*)、盐肤木、文冠果等。我国地域广阔，各地地理环境、气候等差异明显，食用油料灌木资源不尽相同。

西北地区。新疆由于特殊的地理气候条件，食用油料灌木资源丰富，主要有核桃、长梗扁桃、扁桃、巴西栗(*Bertholletia excelsa*)等，其中巴旦杏油和核桃油是新疆天山以北地区传统油料。陕西食用油料灌木资源分布范围广泛，推广种植、经济效益较好的树种主要有核桃、油用牡丹、花椒、长柄扁桃、油茶、仁用杏、沙棘等，野生灌木海州常山(*Clerodendrum trichotomum*)、猫儿屎(*Decaisnea insignis*)、酸枣、山胡椒的种子含油量>30%；毛乌素沙地有油料植物31种，其中灌木资源主要有文冠果、巴旦杏、东北木蓼等(任小娜 等，2018；王霄煜，2020；薛帅 等，2012)。甘肃天水地区食用油料灌木树种共64种，其中以蔷薇科最多，山茱萸科和卫矛科次之(赵密蓉，2020)；白龙江林区有油料灌木24种，以榛科、卫矛科、芸香科为主(曹秀文 等，2007)。

东北地区。黑龙江省油料灌木资源主要有榛、毛榛、桑、山杏等(白慧敏，2017)。吉林省有木本油料27科83种，其中有18种为可食用油料，目前已经开发的灌木树种有山杏、榛、文冠果、毛榛、接骨木及元宝槭等(王金玲 等，2020)。辽宁省海岸带油料植物资源有16种，其中食用油料灌木资源有榛、山杏等(白慧敏，2017)。

华北地区。内蒙古非粮油料灌木(含油量≥10%)共45种，产油潜能较高的有山杏、大果榆、毛樱桃、长梗扁桃、茶条枫等(刘慧娟，2013)。河北省油料植物近200种，其中灌木资源约60种，具有开发潜力的有扁担杆、胡桃楸、接骨木等22种(韩保强，2014)。山西省野生木本油料植物共168种，其中灌木资源49种，如榛子、毛榛、虎榛子、沙棘、大叶铁线莲、东北茶藨子等，其中开发利用较多的主要有翅果油树、沙棘、文冠果等(郝向春，2008；蒙秋霞 等，2018)。

华东地区。山东省林木种质资源中心组织开展的野生资源调查分析发现，山东省具有较为丰富的油料植物资源，原生及引种的高含油量(>30%)木本植物有31科72种。目前规模化栽培的食用油料灌木树种主要有核桃、油用牡丹、榛、元宝槭、文冠果、扁桃、花椒等8种(王磊 等，2020)。安徽省气候条件适宜大量食用油料灌木的生长，如大别山区盛产茶籽，铜陵地区盛产油用牡丹，宁国山核桃产业资源丰富(徐浩 等，2017)。江西省蕴藏着大量的油料灌木，其中油茶类就有20余种，也是油茶的主产区之一。江西伊山自然保护区共有油料植物107种，最丰富的油料植物为红山茶和油茶，含油量都很高(金明霞 等，2014)。福建省分布的油料植物有320种，其中木本植物有63科153属225种，含油率40%以上的木本植物有55种(马祥庆等，2007)。浙江省主要油料灌木资源有油茶、山核桃、山鸡椒(*Litsea cubeba*)、香叶树、算盘子等，其中油茶、山核桃推广种植面积最大，已成为浙江省山区经济发展的重要产业和现代林业建设的突出亮点(虞温妮 等，2009；姚应松 等，2009；项宗友 等，2009)。江苏省无锡市木本油料植物有 50 多种，其中美国山核桃(*Carya illinoinensis*)、油茶和油用牡丹有少量种植。

华中地区。河南伏牛山国家级自然保护区油料植物有较高的多样性，具开发价值的有 185 种。其中胡桃、胡桃楸、榛、虎榛子等灌木资源丰富，含油量高，具开发前景(王勇 等，2019)。湖北省富含油脂的木本植物有 253 种，代表性灌木资源有桑、山胡椒、山鸡椒、竹叶花椒、算盘子、盐肤木、卫矛、山茶(*Camellia japonica*)、黄荆等(王晓光 等，2006)。湖南是木本油料大省，衡山地区拥有油料灌木 65 种，其中细叶短柱油茶(*Camellia brevistyla var. microphylla*)、短柱茶(*Camellia brevistyla*)、油茶、小叶石楠(*Photinia parvifolia*)、山桃、大青、胡桃楸等油品质较高(赵丛笑 等，2013)。多年来，湖南油茶种植面积稳居全国首位，茶油年产量占全国总产量的一半左右(张尚武，2018)。

西南地区。云南的食用油料灌木树种极为丰富，主要有油茶、胡桃、花椒、扁核木、滇牡丹等。西双版纳热带植物园搜集了 300 余种含油率高的油料植物，完成了"万种植物园"重大项目。云南各市县还建设了一批胡桃、红花油茶、青花椒(*Zanthoxylum schinifolium*)、美国山核桃等食用油料灌木种质资源库(王红娟 等，2017)。贵州江口县地区食用油料灌木树种有 21 种，主要为胡桃楸、胡桃等(郑涛 等，2019)。西南喀斯特石漠化地区具有产业化开发潜力的食用油料灌木树种可优先考虑牡丹、油茶、花椒、盐肤木、接骨木、掌叶木、火棘等树种(傅籍锋 等，2019；傅籍锋，2019)。四川省地形复杂，气候多样，含有油料植物资源 235 种，含油量在 20%以上的植物就有 150 余种。主要灌木资源有油茶、花椒、竹叶花椒、扁核木、沙针、车桑子等。

华南地区。广东南岭国家级自然保护区有非粮油料植物 471 种，占全国油料植物总量的 57%，其中含油量较高的灌木资源有山檀、野花椒、绒毛山胡椒、油茶、茶、毛叶石楠、檀梨等(叶心芬 等，2014)。广西石灰岩山区的木本油料植物共 87 种，其中灌木 20 种，可食用的有掌叶木(*Handeliodendron bodinieri*)、柞木、瓜馥木(*Fissistigma oldhamii*)、盐肤木、凹叶女贞(*Ligustrum retusum*)等(陈作雄，2004)。海南优越的气候条件、多样的地形地貌孕育了丰富的植物资源，主要含油部位含油量在 30%以上的非粮油料植物(包括引种栽培)有 192 种，其中灌木资源了哥王、茶、薄叶红厚壳(*Calophyllum membranaceum*)、鸦胆子等综合价值较高(宁阳阳等，2016)。现已经具备一定的产业基础的主要有油茶、辣木(*Moringa oleifera*)等为代表的热带油料作物，且发展潜力巨大(涂行浩 等，2019)。

(3)食用油料灌木价值

2015 年 11 月 24 日，国家林业局、财政部、国务院扶贫办、国家开发银行联合提出《关于整合和统筹资金支持贫困地区油茶核桃等木本油料产业发展的意见》指出，油茶、核桃等木本油料在山区种植面积广、经济效益高、收益期长、品质优良，是推动山区经济发展的重要产业。充分利用贫困地区的林地资源，大力发展油茶、核桃等木本油料产业，是加快山区经济发展、破解贫困人口脱贫难题的重要途径。

油茶是我国特有的灌木或小乔木状油料树种，世界四大木本油料之一，栽培总面积超过 400 万 hm²，占我国木本油料面积的 80%以上。茶油色清味香，富含蛋白质和多种维生素，尤其是不饱和脂肪酸高达 85%～97%，为各种食用油之冠；茶油中还含特定生理活性物质茶多酚和山茶甙，被联合国粮农组织列为重点推广的健康型食用油。预计 2020 年我国油茶种植面积将达 7000 万亩，年产茶油 250 万 t，总产量有望占国产食用油总量的 20%，产业总产值 1000 多亿元。油茶是我国最具发展潜力的食用油料灌木，为维护国家粮油安全和巩固脱贫攻坚战起到举足轻重的作用(木沐，2019)。

核桃为胡桃科胡桃属乔木或灌木，也是我国重要的经济树种之一。核桃油中不饱和脂肪酸总量高达 90%，特别是亚油酸含量高达 60%，核桃油还富含多种人体必需的矿物质、维生素、氨基酸和卵磷脂等生物活性成分，在预防糖尿病、防治动脉粥样硬化和防治心血管疾病等方面有重要作用。2017 年我国核桃种植面积近亿亩，产量达 417 万 t，为全球第一。我国油用牡丹发展迅速，2017 年末其种植面积近千万亩，牡丹籽产量达 17 万 t。

18.3.1.2　工业油料

工业油料是指用于生产化工、能源和材料等产品的工业植物油料。进入新世纪以来，植物油脂用途的拓展加速，被广泛用于油脂基能源产品(生物柴油、生物航空燃料油和生物润滑油)、油脂基化工产品(表面活性剂、油漆、涂料)和油脂基材料产品。在植物油脂市场巨大需求拉动下，以生产工业油脂、芳香油或类似烷烃类原料为主的工业油料植物产业成为相对独立的门类迅速发展壮大(李昌珠，2015)。

(1)油漆和涂料

油漆包括清漆和其他保护性涂料，由于能形成干性膜，借以保护物体或器件表面。由于植物油作干性油用，具有空气干燥、柔软、粘合等优点，目前以石油为原料的合成漆尚不能完全代替，特别在我国，植物油仍然是许多油漆工厂的主要原料。桑种子油、山核桃种仁油、清香木的籽油等都可作为制油漆的原料。

(2)表面活性剂

阴离子表面活性剂按其亲水基团的结构分为磺酸盐和硫酸酯盐，月桂醇磺酸钠等是牙膏、洗发香波等日用品不可缺少的发泡原料，它对皮肤刺激性小，有高泡沫和良好的去污能力。我国樟科植物的脂肪油含月桂酸较高，用此作原料可以代替尚需进口的椰子油作为合成脂肪醇磺酸钠的原料，如葵酸和月桂酸含量占脂肪酸总量 70%以上的山胡椒等树种是生产月桂酸或月桂酸脂的较理想的制香精原料，而且具有多泡沫的特点和去污能力，是生产牙膏和洗发香波及多种洗涤剂等日用品不可缺少的原料。

(3)增塑剂

以植物油为原料生产的增塑剂有各种壬酸酯、月桂酸酯、肉豆蔻酸酯、棕榈酸酯、硬脂酸酯、油酸酯、蓖麻酸酯、癸二酸酯等。花生烯酸含量高的无患子科植物，如栾树(*Koelreuteria paniculata*)、茶条木等灌木可用作生产增塑剂的原料。

(4)润滑剂

以植物油脂为基础的润滑剂，仍占有相当数量。如茶油除了食用外，还广泛作为化妆品、肥皂、人造奶油、生发油、凡士林、机械润滑油和机件防锈油等的原料。可作为机械润滑油的还有粗糠柴、圆叶乌桕、茶条木、栾树、山杏、三桠乌药(*Lindera obtusiloba*)、山核桃、鼠李、油蜡树(*Simmondsia chinensis*)等灌木的籽油。

18.3.1.3　药用油料

植物油料自古以来多作为食用或工业原料，作为药用的并不多。长期以来，在植物化学研究中，总是把生物碱、苷类、肽类、氨基酸、挥发油作为生理活性物质加以研究，而对于广泛分布于植物种子、根茎花叶中的油脂药用价值重视不够。随着近年来脂质化学研究的进展和分子药理学的研究，发现油脂与冠心病、抗菌消炎、肿瘤的抑制与诱发以及生育等都有密切关系（刘应泉，1983）。

大部分食用油脂具有一定的药用价值，亦可用于医疗药品。《纲目拾遗》《中国医药宝典》均记载茶油可解毒、杀菌；《中国药典》将茶油列为药用油脂，医治外伤、烫伤、消炎生肌，防治头癣、湿疹、皮肤瘙痒、预防皮肤癌变等。民间亦有用核桃油治疗化脓性中耳炎、木槿油用于治疗皮肤病等的案例。《中国药典》（2020 版）将油茶、小叶油茶、牡荆、兴安杜鹃、广藿香（*Pogostemon cablin*）等灌木或半灌木产出的油脂列为药用油脂。

虽然我国油料灌木资源非常丰富，但广泛栽培的仅有 30 多种，还有大量野生资源有待进一步开发利用。优良品种的推广面积和产量均较少，适合加工的优良品种更少。低产、低质、低效面积占总面积 50% 以上，名特优新品种的栽培面积不到总面积的 30%，多数油料林长期处于半野生状态，管理薄弱、广种薄收、品种选育进程不快（王磊 等，2020）。我国灌木油料的工业研究普遍着眼于提高油脂得率，忽略了化学组成的影响；还面临加工手段落后、综合利用程度低、资源浪费和破坏严重等问题。需在对木本油料资源的特性、数量、经济价值、开发利用途径全面调查研究的基础上，加强对其形态结构、生态生物学特性、生理活性物质、营养成分及其与人体健康的关系和经济评价等方面的基础研究；需全面了解油脂的组成特性，明确种类、品种产地和加工方式对其化学组成的影响，为实际生产提供理论支持（何东平 等，2020）。

（执笔人：华南农业大学 刘明骞）

18.3.2 饲　料

18.3.2.1　我国饲料灌木资源

我国饲料灌木资源丰富，从温带到热带，从平地到海拔 5000 m 以下的高山均有分布，尤其是在干旱、半干旱地区的山地、丘陵、沙漠以及荒漠地带有大量可作饲料的灌木。饲料灌木在干旱、半干旱地区及荒漠地区是家畜获得营养的重要饲料来源，在年降水量少于 400 mm 的地区，灌木的幼嫩枝叶更是家畜生产环节中不可缺少的饲料。由于各地地理环境、气候条件不同，灌木、半灌木类饲料植物资源不尽相同（李满双 等，2015）。

我国西北干旱地区饲料灌木种类丰富。例如，内蒙古灌木、半灌木饲用植物中适口性较好的种类有 112 种，占饲用灌木、半灌木的 43.6%，其中种类最多的为豆科灌木和半灌木（41种），其他依次为菊科（14 种）、藜科（12 种）和蓼科（11 种）（李志勇 等，2004），主要的灌丛类型有：锦鸡儿、柽柳、乌柳、黄柳、白刺、杨柴、细枝山竹子、沙拐枣、叉子圆柏、虎榛子、榛、沙棘、山杏、山荆子、扁桃、柴桦和越橘柳等。从树种面积构成看，锦鸡儿占绝对优势（刘永军 等，2005）。截至 2001 年，宁夏有灌木林超过 27.9 万 hm²，含灌木 384 种，其中 20 余种是非常有价值的饲用灌木（周全良 等，2004）。品质优良的饲用灌木有豆科的胡枝子、尖叶铁扫帚、多花胡枝子、狭叶锦鸡儿、中间锦鸡儿、小叶锦鸡儿、柠条锦鸡儿、紫穗槐和驼绒藜等（李景斌 等，2007）；青海饲用灌木、半灌木植物 23 科 50 属 189 种，其中蔷薇科有 8 属 34

种(孙海松, 2004); 新疆品质较好的灌木类饲料植物有驼绒藜、新疆绢蒿、锦鸡儿属和蔷薇属植物等(屠焰 等, 2012)。

在中部地区, 河南省灌木资源极其丰富, 是我国灌木最为集中的地区, 灌木植被占全省植被的 3/4 以上, 灌木资源约占全国的 1/4。其中, 灌木豆科植物 21 种, 代表种有杭子梢、紫穗槐、绿叶胡枝子、短梗胡枝子、苦豆子; 半灌木豆科 23 种, 代表种有中华胡枝子(*Lespedeza chinensis*)、达乌里胡枝子、河北木蓝和山扁豆等; 半灌木蒿类 11 种, 主要种有茵陈蒿、碱菀、毛莲蒿等; 阔叶灌木 65 种, 优势种有黄荆、黄栌、连翘、盐肤木、杜鹃、杠柳、牛皮消等; 小叶灌木 48 种, 代表种有粉花绣线菊(*Spiraea japonica*)、华北绣线菊、迎春花、枸杞等树种(郭孝, 2001; 李明 等, 2006)。

在云贵地区, 叶粗蛋白含量大于 20%的豆科灌木有槐兰属、合欢属、苦参属(*Sophora*)、紫穗槐属、桑科构属和小构树(*Broussonetia kazinoki*)等; 粗蛋白与粗纤维比小于 1, 适口性较好的灌木为桑科蒙桑、鸡桑(*Morus australis*)等; 属优良矿质饲料的灌木有豆科山蚂蝗属、羊蹄甲属和槐兰属, 蔷薇科悬钩子属、枸子属和桑科桑属; 属优良氨基酸饲料的灌木有豆科槐属; 富含黄酮类、鞣质类等生物活性物质及抗菌、抗氧化等药用价值的灌木有马钱科的醉鱼草属、蔷薇科悬钩子属、蔷薇属和火棘属及藤黄科的金丝桃属(胡廷花 等, 2019)。贵州省饲用灌木资源丰富, 天然草地饲用灌木植物约有 32 科 164 属 406 种, 主要优质饲用灌木有 12 科 32 属 60 种, 广泛分布于干旱、半干旱地区的山坡、灌丛, 海拔 150～2900 m 均有灌木树种(陈超 等, 2014), 全省各地均有多个品种交叉分布。贵州最常见的半灌木、灌木有豆科、桑科、蔷薇科、蓼科、藜科、荨麻科等 25 科, 主要优质饲用灌木有豆科、桑科、蔷薇科等, 较重要的属有槐属、胡枝子属、山蚂蝗属和锦鸡儿属等(孙建昌 等, 2006)。云南省天然草地灌木植物约有 42 科 184 属 456 种, 其中优质饲用灌木有 7 科 27 属 60 种, 其中主要豆科饲用灌木有 17 属 47 种, 大多适口性好、抗逆性强、营养价值高, 有些品种营养成分含量可与野生的优良牧草相媲美(唐一国 等, 2003)。

18.3.2.2　灌木饲料的价值

灌木、半灌木富含营养物质, 且含量较高。例如, 沙棘叶蛋白质含量 11%～23%, 嫩枝叶粗蛋白含量与紫花苜蓿相当, 粗脂肪含量 3%～10%, 且含多种必需脂肪酸, 粗纤维含量 14%～20%, 还含丰富的矿物质; 粗蛋白、无氮浸出物、磷、钙含量范围分别为 17.229%～26.281%、29.450%～55.648%、0.130%～0.220%、0.825%～1.332%; 粗纤维和粗灰分的含量范围分别为 10.027%～29.769% 和 3.244%～7.374%; 粗脂肪含量为 1.963%～9.143%(邵辰光 等, 2018)。胡枝子是优良的饲用灌木。据孙启忠(2007)的测定, 尖叶铁扫帚叶含粗蛋白 11.12%～15.08%、粗脂肪 1.69%～2.48%、粗纤维 22.83%～33.87%、无氮浸出物 37.61%～49.13%、钙 1.61%～1.98%、磷 0.88%～1.22%, 茎叶比为 1∶1.53～1∶2.48。据弓剑等(2008)分析, 柠条锦鸡儿叶粉的总体营养价值优于国家标准一级苜蓿草粉; 对羊的消化能为 10.45 MJ/kg; 可消化蛋白质(DCP)含量为 178.8 g/kg, 干物质和蛋白质的有效降解率分别为 57.89% 和 72.67%, 每千克干物质可提供过瘤胃蛋白(UDP)43.5 g。

此外, 灌木枝叶含有独特的植物多糖、黄酮、生物碱、有机酸、多酚、萜类和挥发油类等有效活性成分, 具有促生长、提高免疫力、抗菌防病、抗病毒、驱虫、抗氧化、抗应激、促进生殖等功效, 特别是能替代原全价饲料中的抗生素, 减少畜禽的病菌感染, 净化畜禽体内环境，增强动物自身的抗病力和免疫力。

灌木、半灌木具有极强的抗逆性能，一年的青绿期比草本长，且生物产量高，同等面积上饲料林的产量比草本高 3~4 倍。多年生，一经种植，经过 1~3 年就进入盛产期，只要经营得当，每年都有较高而稳定的收获，可以长期利用。当草本饲料植物进入成熟期以后，其作为饲料的价值便会降低，而木本饲料有较长的青绿期，在草本饲料缺乏时仍可以维持较高的蛋白质与矿质元素含量。

灌木，根系发达、耐寒、耐旱、耐土壤，具有保持水土的作用。例如胡枝子，主根可深达土壤 1 m 左右，侧根在 10~25 cm 的表土层内密集分布，相互交错，盘结土壤，能提高土壤的抗蚀能力。强度侵蚀的坡耕地退耕种植胡枝子，年径流量减少 53.7%~70.1%，年土壤冲刷量减少 92.9%~96.2%（吴景才 等，1996）。灌木饲料植物多为豆科植物，具有根瘤菌，通过固氮，能改良土壤。据报道，豆科树种的固氮上限［43~581 kg N/（hm² · 年）］比豆科谷物的固氮上限［80~210 kg N/（hm² · 年）］高，且固氮期长（陈文峰 等，2004）。可见，发展灌木饲料既有经济效益，也有生态效应。

18.3.2.3 原料加工处理的方法

植物原料饲料加工处理的方法大致可分物理、化学和生物学方法及其组合方法。这些处理技术各有优点，并得到了一定程度的推广应用。

（1）物理处理

主要包括切短、粉碎、揉搓、浸泡、球磨、压扁、超声波、微波辐射等。柠条锦鸡儿揉碎加工后饲喂动物采食量最大，采食动物每日质量增加效果明显，可能是由于柠条锦鸡儿中营养价值高但较难消化的部分经揉碎变得质地松软，口感好、易于采食（张平 等，2004）。柠条锦鸡儿经过机械粉碎混合其他原料制成颗粒后，其利用率可提高 10%~20%（温学飞 等，2005）。直接粉碎制粒后饲喂家畜，其利用率提高 50%，家畜采食量增加 20%~30%，质量增加提高 15% 左右（王峰 等，2004）。蒸汽爆破技术（简称"汽爆"），是指在特定耐高温高压密闭装置中通入饱和水蒸气加热物料，达到设定压强和温度并维持一定时间（几十秒到几十分钟不等），然后出料阀门瞬间打开使物料喷爆而出的生物质预处理方法。和立文等研究发现，压强 1.5 MPa、汽爆处理 20 min 后沙棘木质纤维素组分发生显著变化，超过 75% 半纤维素降解，添加 2% 氧化钙厌氧保存可进一步改变（汽爆）沙棘木质纤维素结构，降低木质纤维素组分含量，使沙棘的酶解糖产率提高 5 倍以上（He et al.，2019a）。

（2）化学处理

常见的有酸、碱、氨化处理和氧化水解或其他溶剂处理。通常，酸处理所用试剂有硫酸、硝酸、甲酸、乙酸、乳酸等，主要破坏半纤维素结构，降低半纤维素含量。常用的碱化试剂有氢氧化钠、生石灰（氢氧化钙）、氢氧化钾。相比较而言，生石灰成本低且来源广泛，呈弱碱性，操作安全，易回收，可作为重要的钙源，是一种比较理想的碱化试剂。氨化处理是利用液氨、铵盐或尿素等对物料发挥氨解和碱化双重作用，即一方面利用氢氧根离子发挥碱化作用，另一方面铵离子结合到打开的酯键上形成铵盐，为微生物的生长提供氮源，提高原料的营养价值。

（3）微生物处理

包括酶解和微生物（细菌、真菌、甲烷菌等）处理，其基本原理都是通过在原料中添加活性成分(酶或微生物),创造适宜的环境条件,利用添加的酶或微生物产生的酶或酸降解木质纤维素,破坏木质纤维素结构,提高原料的可利用性。当前应用最为普遍的是青贮或者微贮。青贮是将青饲料埋起来发酵。青贮的饲料与空气隔绝,产生有机酸,经久不坏,并可减少养分的损失。经青贮后的饲料粗蛋白和粗脂肪比对照组分别提高 7.84% 和 28.13%,纤维素、木质素和粗灰分比对照组分别降低 14.76%、13.85% 和 29.80%,能够长期保持青绿饲料和多汁饲料的新鲜状态,从而提高家畜的适口性和消化率(任余艳 等,2015)。青贮后柠条锦鸡儿喂羊,能保持体重并略有增膘,且羊群喜食青贮柠条锦鸡儿并食欲良好(田晋梅 等,2000)。

(执笔人:华南农业大学 陈晓阳)

18.3.3　果　品

18.3.3.1　果品灌木资源

我国领土辽阔,地理环境及气候复杂,孕育了极为丰富的植物资源。我国是世界上最著名的果树起源中心之一,果品资源极为丰富(王建中 等,2015)。已发现并报道的可归入果品范畴的植物有 1282 种,161 个亚种、变种和变型,隶属于 81 科 223 属,其中大部分为灌木。尚未规模化商品栽培的野生果品植物资源有 1076 种,81 个亚种、变种和变型,隶属于 73 科 173 属(张福平 等,2003)。由于各区域地理环境、气候条件等不同,灌木、半灌木类果品植物资源亦不尽相同。

东北地区。黑龙江省幅员辽阔,境内大兴安岭、小兴安岭、张广才岭重叠相连,生境条件独特,林中、林缘和低温草地上生长着种类繁多的果品植物,其中灌木资源主要为笃斯越橘、越橘、毛樱桃、玫瑰、大叶蔷薇、长白蔷薇、尖刺蔷薇(*Rosa oxyacantha*)、蓝果忍冬、刺五加、无梗五加(*Eleutherococcus sessiliflorus*)和种类繁多的悬钩子属、茶藨子属等植物(宋德禄,2006)。

华北地区。内蒙古自治区面积大,涵盖高原、山地、丘陵、平原、沙漠等地貌,果品资源丰富。东北部大兴安岭林区及附近次生林区主要的果品灌木资源有笃斯越橘、越橘、偃松、榛、山杏、地梢瓜、草麻黄、辽宁山楂、稠李、锐齿鼠李(*Rhamnus arguta*)、小叶鼠李、欧李、东方草莓、山刺玫、大叶蔷薇、库页悬钩子、石生悬钩子和茶藨子属植物等(萨日娜,2019;韩苏雅,2011;苏雅拉,2014;武玉栓,2009);锡林郭勒典型草原地区果品资源较少,最为普遍采食的灌木或半灌木资源为草麻黄、地梢瓜等;沙地草原区的阿鲁科尔沁自然保护区内的果品灌木资源主要为沙棘、蒙桑、欧李、山杏、楔叶茶藨子等树种(晔莳罕,2009;苏亚拉图 等,1999);贺兰山国家级自然保护区内可食用的野生果品灌木植物主要有小果白刺、毛樱桃、蒙古荚蒾、酸枣、花叶海棠、山刺玫、红北极果、宁夏枸杞、圆叶茶藨子、糖茶藨子、库页悬钩子等;鄂尔多斯高原区民间采集食用的果品植物共有 21 种,皆以灌木为主(额尔德木图,2007;张保红 等,2010);荒漠植物区阿拉善盟蒙古族牧民食用果品灌木植物有沙枣、黑果枸杞、小果白刺、白刺、白麻等(苏亚拉图 等,1999)。塞罕坝的果品灌木资源主要有沙棘、榛、毛榛、虎榛子等 18 种(刘海莹 等,1999)。山西省主要果品灌木树种有缫丝花、长白茶藨子(*Ribes komarovii*)、秀丽莓等 52 种(郝向春,2008)。河北燕山地区有野生果品种质资源 87 种,其中灌木 49 种，主要有茶藨子属、忍冬属、荚蒾属、小檗属、枸杞属、悬钩子属、蔷薇属、桑属植物等(赵宗宝，2014)。

西北地区。新疆的地理环境及生态条件的复杂多样，孕育了丰富而独特的野生植物资源，有果品植物 103 种。毛乌素沙区果品资源共 44 种，其中灌木类 10 种，主要有西府海棠(*Malus × micromalus*)、枣(*Ziziphus jujuba*)、沙棘、蒙古扁桃等，营养丰富、口味独特，经济价值很高，除可鲜食或用作食品原料外，还可用在生态环境建设及城市园林绿化中(贺学林 等，2009)。

华东地区。浙江中西部的武义县常见果品灌木树种有赤楠、金樱子、山莓、鸡桑、胡颓子、金柑(*Citrus japonica*)、米面蓊(*Buckleya lanceolata*)、杨桐等(刘鹏 等，1996)；金华市共有野生果品资源 82 种，其中灌木 39 种，悬钩子类、茅栗(*Castanea seguinii*)、雀梅、乌饭树等分布广泛(刘忠良 等，2005)。闽西地区较有开发价值的有金樱子、枳椇(*Hovenia acerba*)、乌饭、桃金娘和酸枣。皖南山区为典型的亚热带季风气候，果品资源有 103 种，主要以灌木为主，如山核桃、川榛、茅莓、胡颓子等(王在明 等，1992；秦卫华 等，2003)。

西南地区。四川省果品资源极为丰富，仅野生果品就有 137 种，其中刺梨(*Ribes burejense*)、火棘、峨眉蔷薇、番石榴等灌木资源比较常见(罗强 等，2009)。云南复杂多样的地理气候条件孕育了丰富的植物资源，素有"植物王国"的美誉，仅西双版纳地区就有果品资源 124 种，其中尤以桑科、无患子科、芸香科、蔷薇科、漆树科、桃金娘科、山毛榉科的果树类型最为丰富(徐为山，1988)。

中南地区。地处我国中部的河南鸡公山国家级自然保护区拥有的 88 种野生水果中，藤灌类(含灌木、披散或攀援灌木、藤本)46 种，该自然保护区野生水果种类呈现出北温带向亚热带的过渡性质(陈淮安，2016)。地处我国南部的广东堪称"水果之乡"，水果品种繁多，仅野生果品植物有 234 种，约占全国果树种类的 1/3，其中灌木 35 种，披散灌木 102 种，分布范围广、数量最多的有瓜馥木、紫玉盘、桃金娘、赤楠、台湾林檎(*Malus doumeri*)等(吴志敏 等，1996)。

18.3.3.2 果品灌木的价值

灌木果品多为野生，尚待开发，具有很高的营养价值，且多数生长在高原、山区、河谷等远离城市和工业污染少的地区，具有很高的食用价值和保健价值，被誉为"第三代水果"(罗强 等，2009)。随着生活水平的不断提高，人们越来越重视绿色食品，野生果品及其相关产品以其口味独特、纯天然且富含各种维生素和氨基酸等而深受国内外消费者青睐，有着广阔的潜在开发市场。目前，国际市场对第三代水果的需求量日趋增长，尤其在发达国家受到特别的重视，如法国、美国、日本、德国、瑞士等国家销量都很大，且呈上升趋势。我国与其他发展中国家对第三代水果的需求量也在逐渐增长。而且合理开发利用野生水果资源无疑是山区人民脱贫致富的途径之一(李镇魁 等，2001)。

经检测，许多野生灌木果品的营养价值(蛋白质、脂肪、糖类、维生素和各种矿质元素等营养素)高于栽培种，且不同品种各有特色。栽培的大枣维生素的含量为每 100 g 纯果肉含 300~600 mg，而野生酸枣的维生素含量为每 100 g 果肉含 800~1700 mg。野蔷薇每 100 g 鲜果维生素 C 含量是猕猴桃的 2~3 倍、山楂的 20 倍、柑橘的 30 倍。欧李果实色艳、风味独特、营养丰富，果实中的钙含量极高，其中果肉的钙含量高达 524 mg/kg，鲜种仁中钙含量达 3743 mg/kg，且其钙质营养元素主要为水溶钙和磷酸钙，易于吸收，因此又被称为"钙果"（范苏仪，2020）。沙棘果实内维生素 C、维生素 E、维生素 A 和钾、磷含量居果菜类前列，且含有多种氨基酸、微量元素、不饱和脂肪酸、植物甾醇、类胡萝卜素、黄酮类化合物和有机酸等，是高级饮料、食品和医药业的重要原料（朱佳满 等，2003；丁健，2016）。每 100 g 刺梨果肉中，维生素 C 的含量可高达 2500~3000 mg，具有"维 C 之王"的美誉。刺梨果实内还富含维生素 P、维生素 A、维生素 B、有机酸、必需氨基酸和矿物质元素等营养成分（陈青 等，2014）。

许多灌木果品还含有多种对人体有益的生理活性物质，具有重要的药用和保健价值。如沙棘内含有多种植物甾醇、类胡萝卜素、黄酮类化合物和有机酸等，是高级饮料、食品和医药业的重要原料。用野蔷薇制成的冲剂、糖浆、片剂，可广泛用于治疗维生素缺乏症及肝炎等。越橘果实具有预防脑神经衰老、强心脏功能、明目及抗癌等独特功效。山杏杏仁中的苦杏仁苷具有防癌、抗癌的作用。酸枣仁是酸枣中重要的药用部位，含酸枣仁皂苷等三萜类化合物、黄酮类化合物、脂肪酸、生物碱以及其他化合物，有宁心安神、养肝、敛汗之功效，常用来治疗焦虑失眠、心肝血虚之心悸等病症。覆盆子果实还含有丰富的花青素、黄酮、鞣花酸和超氧化物歧化酶等功能性成分，既可作水果用，又可入药，有明目、补肾作用（尹蓉 等，2020；姚静阳，2020）。

果品灌木根系强大，须根较多，生命力强，自我繁殖快，易形成灌丛；果品灌木耐干旱、耐瘠薄，具有较强的抗寒力和抗病虫能力；果品灌木由于树体矮小，便于整形修剪，易采摘，经营管理十分方便。因此，果品灌木不仅具有较好的经济效益，还具有突出的生态效益，尤其在我国干旱半干旱地区与乔木果树相比更具有保护生态的独特作用。如沙棘根系发达、耐寒、耐旱，具有旺盛的营养繁殖能力和强大而复杂的根瘤固氮系统，可适应各种极端的恶劣环境，因此被广泛用于沙漠绿化和水土保持。欧李具有抗寒、耐旱、耐瘠薄、适应性强等特性，集食用、药用、园林等综合开发利用于一身，生态效益与经济效益完美结合的开发模式前景广阔。

18.3.4　果品灌木资源的保护与利用

果品灌木是极其珍贵的自然资源，一般都具有抗性优良、适应性强、食药兼用、经济价值和生态价值俱佳的特性。然而，长期以来，由于人们对野生果品灌木的重要意义和遗传资源价值认识不足，资源保护意识淡薄，许多被作为杂木杂灌对待，资源遭到不同程度的破坏。近些年，随着人们生活水平和对野果健康价值认识水平的提高，对于野生果品的需求量逐年上升，而由于野生果树资源权属不清，又缺乏合理的保护措施，因此面对市场需求和经济利益诱惑，常常出现争相抢收、掠青的局面，如云贵川地区的刺梨和黑龙江伊春地区的笃斯越橘等，导致资源逐步衰竭（张福平 等，2003）。

我国果品灌木的研究和开发利用从整体上看还是比较落后的，主要表现在以下几方面：一是资源家底不清、性状评价严重滞后。以往的资源调查大多偏重于栽培果树，野生果树通常只涉及到种，至多到变种，有关其种群生产能力、分布式样及种下变异等与其自身生产紧密相关项目的详细调查至今仍很薄弱；在性状评价方面，过去多侧重于与作栽培果树砧木有关的抗性、矮化、嫁接亲合性等方面，而对其开花结果习性、早实性、丰产性、贮藏加工特性等缺乏足够的重视，这种现状严重影响着野生果树自身开发利用和栽培化的进程。二是综合利用程度低，资源浪费现象严重。受认识和技术水平以及交通状况等限制，目前我国已规模开发的野生果树种类尚不足10%，而且开发工作大多局限于少数地区和个别有用器官，开发的产品中高新技术含量还普遍较低。从整体上看，我国野生果树资源的综合利用率只有1%左右。三是重开发轻保护，资源破坏严重。除了沙漠化和发展工农业造成的野生果树资源减少外，一些企业和个人为了现得利益，常采取砍枝、砍树，竭泽而渔的掠夺式采收和开发方式，有些地区则大量砍伐用做篱笆或烧柴，造成资源的严重破坏。四是科研落后于生产。我国野生果树的研究工作一直集中于分类、植物化学、生物学特性等基础理论方面，而对与产业化紧密相关的丰产栽培和深加工等实用技术的研究与推广工作则非常薄弱，远不能适应当前野生果树商品化和产业化开发的需要(刘孟军 等，1998)。

现今，人们已经逐步意识到果品灌木资源的重要性，对部分物种的种类、数量、生物学特性、资源分布现状、品质鉴定、评价利用和栽培技术等方面进行了调查研究，为合理开发利用提供了科学依据。整体来讲，我国野生果品灌木类的开发利用正向更多的树种、更广的地域、更深的层次、更高的水平迈进，欧李、沙棘、刺梨、越橘、山杏、酸枣、树莓等一批重要灌木果树正在发展成为新兴果树，并开始进入品种化、栽培化和综合开发的崭新阶段。

（执笔人：华南农业大学 刘明骞）

18.3.5 药 材

18.3.5.1 我国灌木类药用植物资源

我国灌木类(灌木或半灌木)药用植物资源丰富。相伴于我国地理和气候鲜明的地区差异和多样性特点，从我国南部热带到广大的温带地区，自东南沿海的低地、丘陵到内陆的平原、山地、高原，甚至部分沙漠地带，均有着与其相适应的不同种类构成的灌木类药用植物的分布生长。在我国历代本草和现今文献记载的药用植物(总涵盖了383科2309属约11146种)中，灌木和半灌木类药用植物涉及有其中的126科508属1390余种(叶华谷 等，2014—2020)，占到我国药用植物资源种类总数的约12.47%，这其中有70余种灌木类药用植物已开发应用作为成熟的植物药材收载于2020版的《中华人民共和国药典》。

据《中国药用植物》(叶华谷 等，2014—2020)对我国灌木类药用植物的记载，蔷薇科为包含种类数最多的科，涉及有27属157种。此外有超50种以上灌木类药用植物的有蝶形花科(31属83种)、大戟科(28属61种)、茜草科(28属53种)和忍冬科(7属52种)；介于30~50种的有马鞭草科(有10属47种)、紫金牛科(有8属42种)、木犀科(7属35种)、杜鹃花科(11属35种)、卫矛科(5属30种)以及鼠李科(7属30种)；介于20~30种的有桑科(6属29种)、五加科(12属28种)、夹竹桃科(16属27种)、小檗科(3属22种)、芸香科(13属22种)、野牡丹科(6属21种)、桑寄生科(7属21种)、茄科(6属20种)以及樟科(6属20种)。以上20个科共包含了835种灌木类药用植物种类，占据了灌木类药用植物种类总数的约60%；而另106个科共包含约555种，约占到全国总数的40%，这其中包含灌木类药用植物种类数少于10种的有约90个科。

按我国的大行政区划，不同地区在地理环境和气候条件方面差异性明显，灌木类药用植物资源的分布也呈现出明显的地区差异性特点。

西南地区。我国西南地区由于地理位置和自然环境条件的优越独特性，野生药用植物资源蕴藏极为丰富，是我国分布灌木类药用植物种类数最多的地区，有多达 996 种灌木类药用植物分布，其中云南(785 种)、四川(640 种)和贵州(583 种)均是分布灌木类药用植物种类资源种数排名全国靠前的资源大省。本地区是我国楝、使君子(*Quisqualis indica*)、栀子(*Gardenia jasminoides*)、朱砂根、吴茱萸等灌木类药材的道地产区，区域内灌木类药用植物吴茱萸(*Tetradium ruticarpum*)、忍冬、白前等野生资源蕴藏量占到了各自全国蕴藏量的八成或一半以上(周宜君 等，2005)。此外区域内常见主要和具代表性的灌木类药用植物还有金花小檗、越南槐(*Sophora tonkinensis*)、老虎刺、塞纳决明(*Senna alexandrina*)、贴梗海棠(*Chaenomeles speciosa*)、牡荆、盐肤木、香橼(*Citrus medica*)、月季、刺梨、长叶大青(*Clerodendrum longilimbum*)、萝芙木、滇南美登木(*Maytenus austroyunnanensis*)、马缨杜鹃、清香木、毛果杜鹃(*Rhododendron seniavinii*)、宽果算盘子(*Glochidion oblatum*)、华西蔷薇、霸王鞭、黄木巴戟(*Morinda angustifolia*)、狭叶五加、假鹰爪、鞍叶羊蹄甲、雀舌黄杨(*Buxus bodinieri*)、走马胎(*Ardisia gigantifolia*)等(吴静 等，2020；张留代 等，2020；钱均祥 等，2015；任明波 等，2012；康平德 等，2019；李京润 等，2015)。

华南地区。我国华南地区地处热带和温带交界区，水、热、光资源十分充足，是我国药用植物资源极为丰富的地区之一，分布有灌木类药用植物多达约 890 种。本地区分布的主要具代表性的灌木类药用植物有秤星树、一叶萩、使君子、两面针、三桠苦(*Melicope pteleifolia*)、乌药、巴豆(*Croton tiglium*)、鸦胆子、山鸡椒、菝葜、桃金娘、芫花、九里香、大叶紫珠、巴戟天(*Morinda officinalis*)、锐尖山香圆(*Turpinia arguta*)、单花山竹子(*Garcinia oligantha*)、佛手(*Citrus medica* 'Fingered')等(赖富丽 等，2009；廖建良 等，2020；武艳芳 等，张宏伟 等，2005；2008；李虹 等，2010；卢家仕 等，2007；谭业华 等，2006；翁春雨 等，2013；王伟平 等，2009)。

华中地区。我国华中地区也是灌木类药用植物资源较丰富的地区，具有明显的温带地理气候特点，分布有多达 684 种灌木类药用植物，其中在湖南(487 种)和湖北(431 种)均有超 400 种以上的灌木类药用植物分布。湖北恩施地区是中国具有东亚特色的植物多样性最丰富的地区之一，分布着丰富的灌木类药用植物资源，主要具代表性的灌木类药用植物有八月瓜(*Holboellia latifolia*)、鹰爪枫(*Holboellia coriacea*)、云实(*Caesalpinia decapetala*)、飞龙掌血(*Toddalia asiatica*)、长毛远志(*Polygala wattersii*)、野鸦椿(*Euscaphis japonica*)、三裂叶蛇葡萄(*Ampelopsis delavayana*)、刺黑珠(*Berberis sargentiana*)、朱砂根(*Ardisia crenata*)、大叶蛇葡萄(*Ampelopsis megalophylla*)、马桑(*Coriaria nepalensis*)、异叶榕(*Ficus heteromorpha*)等(由金文 等，2008)。河南云台山是我国怀药的主产地之一，蕴含大量的药用植物种质资源，主要的灌木类药用植物有八角枫(*Alangium chinense*)、瓜木(*Alangium platanifolium*)、美丽胡枝子(*Lespedeza thunbergii*)、鸡树条(*Viburnum opulus* subsp. *calvescens*)、卫矛(*Euonymus alatus*)、胡颓子(*Elaeagnus pungens*)、三桠乌药(*Lindera obtusiloba*)、华中五味子(*Schisandra sphenanthera*)、罗布麻(*Apocynum venetum*)、杠柳(*Periploca sepium*)、荆条(*Vitex negundo var. heterophylla*)等(毛丹 等，2013)。另湖南的衡山地区分布有野生灌木类药用植物 78 种，河南鸡公山报道有野生木本药用植物 138 种，其中超三分之一为灌木类药用植物，主要灌木类药用植物有苏木蓝(*Indigofera carlesii*)、木半夏(*Elaeagnus multiflora*)、豆腐柴(*Premna microphylla*)、羊踯躅(*Rhododendron molle*)、小果蔷

薇(*Rosa cymosa*)、鸡桑(*Morus australis*)、野花椒(*Zanthoxylum simulans*)、山胡椒(*Lindera glauca*)、糙叶五加(*Acanthopanax henryi*)、木槿(*Hibiscus syriacus*)、木防己(*Cocculus orbiculatus*)等(赵丛笑 等，2014；哈登龙 等，2010)。此外，华中地区分布的其他具代表性灌木类药用植物还有山银花(*Lonicera hypoglauca*)、女贞、中国旌节花、龙脷叶(*Sauropus spatulifolius*)、地枫皮(*Illicium difengpi*)、紫金牛(*Ardisia japonica*)、闹羊花(*Rhododendron molle*)、金樱子、吴茱萸、木芙蓉(*Hibiscus mutabilis*)、栀子、菝葜、樟叶木防己(*Cocculus laurifolius*)、中华胡枝子、夹竹桃、鱼藤、玉叶金花(*Mussaenda pubescens*)等(李艳艳，2019；周明全，1994；马元俊，1985)。

华东地区。我国华东地区地理上跨越了我国传统的南北气候分界带，具有广阔的平原低地和丘陵以及典型的山地，也是我国药用植物资源分布较丰富的地区，《中国药用植物》共记载该地区分布有灌木类药用植物 420 余种，其中在江西和浙江分别分布有达 395 种和 328 种灌木类药用植物。另本地区福建分布有灌木类药用植物涉及 26 科 48 属共 283 种，占到福建药用植物种类总数的约 23.3%，主要灌木类药用植物有草珊瑚(*Sarcandra glabra*)、竹节蓼(*Homalocladium platycladum*)、野牡丹、龙吐珠(*Clerodendrum thomsoniae*)、接骨木等(李珍 等，2009)。江苏分布有木本药用植物 266 种，超三分之一为灌木类药用植物，主要灌木类药用植物有山茱萸(*Cornus officinalis*)、连翘、栀子、单叶蔓荆(*Vitex rotundifolia*)、细柱五加(*Acanthopanax gracilistylus*)等(惠秋娣 等，2013)。地处江浙交界区的三清山是我国"浙药"道地药材的主产地之一，有木本药用植物 319 种，其中主要灌木类药用植物有栀子、野山楂(*Crataegus cuneata*)、阔叶十大功劳(*Mahonia bealei*)、石楠、卫矛、粗叶木(*Lasianthus chinensis*)、南天竺、女贞、牡荆、钩藤(*Uncaria rhynchophylla*)等(臧敏等，2015)。江西武夷山分布有上千种药用植物资源，主要的灌木类药用植物有锐尖山香园、野木瓜(*Stauntonia chinensis*)、小木通(*Clematis armandii*)、吴茱萸、忍冬等(刘勇 等，2016)。泰山及周边是山东药用植物资源较集中分布的地区之一，有野生药用植物 431 种，主要灌木类药用植物有直立百部(*Stemona sessilifolia*)、杠柳、白首乌(*Cynanchum bungei*)、女贞、酸枣、连翘等(苏钺凯 等，2018)。

西北地区。我国西北地区气候总体偏干旱和少雨，但地域广阔，也有多达 383 种灌木类药用植物资源分布生长，其中陕西分布有达 310 种的灌木类药用植物。在该地区分布的主要和典型具代表性灌木类药用植物有沙棘、枸杞、骆驼刺、短叶锦鸡儿、沙冬青、黄蔷薇、马甲子、卫矛、库页悬钩子、疏花蔷薇、木贼麻黄、无花果(*Ficus carica*)、准噶尔铁线莲等(高峰 等，2015；周勇辉 等，2015；王慧 等，2016；古孙阿依 等，2015；王恩军 等，2020；朱强 等，2008)。

华北地区。在我国华北地区分布的灌木类药用植物种类数略少，有 228 种，该地区分布的主要灌木类药用植物有十大功劳、常山、广寄生(*Taxillus chinensis*)、金银忍冬、密蒙花、覆盆子、紫藤(*Wisteria sinensis*)、红花锦鸡儿、黄荆、越橘、雪柳(*Fontanesia phillyreoides* subsp. *fortunei*)、紫丁香、全缘火棘、黄刺玫、接骨木、粗榧(*Cephalotaxus sinensis*)、南蛇藤、青荚叶、细叶小檗、酸枣等(王浩 等，2015；王冼章 等，2015；王玲 等，2015)。

东北地区。在我国东北地区分布有 170 种灌木类药用植物，大小兴安岭和长白山等地是东北分布野生药用植物资源较丰富的地区，主要分布的具代表性灌木类药用植物有连翘、郁李(*Cerasus japonica*)、刺五加、满山红(*Rhododendron mariesii*)、蕤核、兴安杜鹃、鸡树条、扁担杆、东北茶藨子、虎棒子(*Reynoutria japonica*)、小丛红景天(*Rhodiola dumulosa*)、柽柳、朝鲜铁线莲（*Clematis koreana*）、鼠李、小叶巧玲花、山刺玫、南蛇藤、金露梅、绣线菊等（陈福春，2011；周繇 等，2007）。

18.3.5.2　灌木类药用植物的价值功能

灌木类药用植物最主要的应用价值功能是其所含功能成分赋予的药用潜质价值。丰富的灌木类药用植物能产生多样的功能活性成分，并具有明显的科别和种属差异性特征。基于所含功能活性成分的不同和差异，不同灌木类药用植物在用于疾病治疗、创新药物或农药研发以及相关功能添加剂开发利用等方面均有着差异和不同。自新中国成立以来，对灌木类药用植物功能成分的研究在推进我国中医药事业前进发展的过程中发挥了重要的作用。比如，我国科学家在20世纪50年代研究发现，在云南等地分布生长的灌木类药用植物萝芙木中富含降压活性成分利血平（马清温，2015），这促使了我国依托国内萝芙木资源在研制开发利血平降压药方面得以摆脱对印度产蛇根木（*Rauvolfia serpentina*）资源的依赖；另外，20世纪60年代，科学家揭示国产大戟科灌木类药用植物一叶萩中含有神经兴奋类功效活性成分一叶萩碱（刘毅 等，2009；王英 等，2006），这促使我国依托国内一叶萩植物资源对一叶萩碱的有效开发利用，为我国在小儿麻痹及其后遗症和面神经麻痹等相关神经科类疾患的治疗提供了对应有效的常备治疗药物等。

目前就我国分布的千余种灌木类药用植物，针对性开展了较系统的功能成分研究分析的物种还仅占很少的部分，对大部分物种当前还较缺乏研究。不过针对部分物种的已有研究已能体现灌木类药用植物功能成分丰富的结构多样性和显著的科属差异性特点。比如目前除了有上述自大戟科灌木类药用植物一叶萩中揭示出特征药效成分一叶萩碱，具代表性的还有自大戟科灌木类药用植物美登木中揭示出抗癌生物碱类特征成分美登木素（和静萍 等，2013）；以及由卫矛科藤本灌木类药用植物雷公藤中揭示出了雷公藤碱类倍半萜大环生物碱和二萜类雷公藤内酯等特征性抗炎和抗肿瘤活性成分（刘莉 等，2019）；木樨科灌木类药材连翘中揭示出连翘苷类、连翘酯苷类以及熊果酸和齐墩果酸等三萜类功能化合物（夏伟 等，2016）；小檗科细叶小檗等灌木类药用植物中揭示出具广谱抗菌活性的奎宁生物碱型特征功能成分小檗碱（陈巍 等，2012）；豆科灌木药材番泻叶（*Folium sennae*）中发现丰富的蒽醌类、二蒽酮苷类等功能活性化合物（孙森凤 等，2017）；五加科灌木药材细柱五加中揭示出具抗炎、提高免疫或抗癌等作用的贝壳杉稀酸、紫丁香苷、异秦皮定苷等功能活性成分（张静岩 等，2013）；茜草科灌木药材栀子花中揭示出栀子苷等特征环稀醚萜类（徐娟 等，2005）和钩藤中揭示出具降压和抗血栓作用的钩藤碱特征生物碱类成分；芸香科灌木药材两面针中揭示出特征性的呋喃喹啉类、吡喃喹啉类和吖啶酮类功能活性化合物（刘延成，2012）；木通科灌木药材野木瓜中揭示出系列功能活性三萜（蒋纬 等，2018）；自杜鹃花科灌木药用植物中揭示出了具四环结构的系列二萜类杜鹃花毒素等功能活性化合物（钟国华 等，2000），等等。这些具种属特征性的功能成分为相关灌木类药用植物的利用开发提供了物质基础。

灌木类药用植物除了基于其功能活性成分赋予的药用潜质价值，其本身也是自然生态系统中的重要组成部分，在促进和维持生态系统平衡和维护生物物种多样性等方面也有着重要的生态学价值功能。此外，诸如牡丹、朱砂根、月季、杜鹃、玫瑰、栀子花等灌木类药用植物还具有重要的园林观赏等潜在价值。

18.3.5.3　灌木类药用植物资源的利用与保护

灌木类药用植物依据所含功能成分赋予的潜在价值功能，可相应在药品、保健品、功能食品、功能化妆品、功能添加剂以及植物源农药等相关适合的领域推进其开发利用。传统上，已作为成熟中药材收载于中药文献或药典的灌木类药用植物，其可作为原药材或加工成饮片等形式直接入药利用，这些成熟的药材物种已多有人工种植栽培，特别是其中一些兼具可食用特性的诸如枸杞、忍冬等灌木类药用植物，因其在药品、保健品和食品饮料生产或直接用于药膳等诸多领域均具显著价值用途而已形成较大的产业。比如藤本灌木类的忍冬（金银花）已有广泛种植并形成了每年超 2000 万 kg 以上的市场需求，枸杞的栽培生产则已在我国宁夏及新疆等西北地区形成巨大产业，而秤星树、缫丝花、粗叶榕（*Ficus hirta*）等灌木类药用植物的栽培生产也正形成较显著的规模。

就目前趋势而言，灌木类药用植物开发利用的主要途径，将会是在建立相关功效活性成分提取分离实用化技术的基础上，通过利用相关技术有效提取获得对应灌木类药用植物的主要功能活性成分或活性部位，并基于活性成分或活性部位对应开发用于疾病治疗的药物或其他功能产品。不过当前已明确主要功能成分的灌木类药用植物仅占种类资源数较小的比例，大部分灌木类药用植物的主要功能活性成分多还不甚明确，这已成为了当前推进灌木类药用植物有效开发利用的主要限制因素。

就大多数灌木类药用植物而言，当前对其潜在价值的认知更多还仅局限于医药文献典籍中的记载，然而已有研究显示，一些灌木类药用植物的潜在价值或远超其在文献典籍中的记载范围。比如近年来对灌木类药用植物桃金娘的现代研究发现，该植物含有能显著抗耐药病原菌活性的桃金娘酮等特色间苯三酚类高价值成分（Limsuwan *et al.*，2009），此发现正更新着人们对植物桃金娘药用潜在价值和药用部位的认知，并为推进特色间苯三酚类抗耐药菌新药的创制带来希望。另比如针对灌木类药用植物米碎花（*Eurya chinensis*）的现代研究揭示，该植物含有丰富的具明显抗癌活性特征的白桦酸类三萜类活性化合物，由此推进的对植物米碎花药用潜在价值的新认识为推进基于白桦酸的新抗癌药物的研发提供了基础。可见，加强对灌木类药用植物功能成分的研究不仅对于验证文献记载的价值功能具有必要性，而且对于推进灌木类药用植物资源更高价值的综合开发利用具有特殊重要的意义。

灌木类药用植物的生长"成材"周期大多要长于草本类药用植物，一定程度上，目前对多数灌木类药用植物的开发与利用来说，采集收集野生植物资源还是获得原料来源的主要方式。然而这种原材料的获取方式很容易会因片面追求经济价值而造成对野生资源的过度采收利用，进而使相关野生灌木药材种群资源会因来不及自身的自然修复而逐步衰退或面临枯竭。对此，需要在开发利用过程中关注和兼顾对野生资源的保护和促进野生资源的自然恢复与重建，并推进野生种的引种驯化培育、良种选育和规范化栽培，以促使形成灌木类药用植物资源开发利用的健康可持续发展。

（执笔人：华南农业大学　谭建文）

18.4　能源林

生物质能源以其资源量大、可再生，CO_2 零排放，SOx、NOx 和灰尘排放量比化石燃料小，能源转化途径丰富等特点而被国际社会作为可再生能源的重要组成部分，被称为"绿色银行"。林业生物质能源的发展和利用在国内外得到广泛重视，2020 年"能源林"已经代替"薪炭林"正式进入我国新版《中华人民共和国森林法》。灌木能源林是林业生物质能源中的重要类型，因其适应能力强、分布广泛、生物量大、热值高、利用便捷等在国内外均有悠久的发展和利用历史，成为边远农村、沙区等发展中地区（特别是干旱半干旱地区）的重要能源来源（尹伟伦 等，2006；陈晓阳 等，2006）。2012 年，国家林业局发布的《灌木能源林培育利用指南》中明确了灌木能源林的定义：指以能源化利用为培育目标的灌木林，其中包括为能源化利用新营造的灌木林及现有林中划为能源林的灌木林。我国境内灌木树种有 6000 种，可用于能源（主要为木质和油料）的树种约 1000 种以上，重点包括柠条锦鸡儿、沙棘、乌柳、梭梭、细枝山竹子、柽柳、小桐子等（彭祚登 等，2015）。我国灌木林地总面积 7384.96 万 hm^2，近 80% 分布在西部地区，占全国林地总面积 22.82%，面积大、资源丰富，而且不与农业争地。在内蒙古等省份，灌木林营造面积已占总造林面积的 70% 以上。灌木林大多存在不合理经营利用就会导致老化和退化的问题，平茬利用是保持其旺盛生长的关键。因此，灌木林能源化培育与利用有着广阔的前景。

国际上能源林培育，无论是乔木还是灌木，大多采取短轮伐期或超短轮伐期矮林作业方式，但本节所指的灌木能源林培育利用不包括乔木树种灌木化培育方式。

18.4.1　灌木能源树种资源及特性

我国灌木能源树种资源非常丰富，包括油料、淀粉和木质能源等三类。多年来，各地科研机构对灌木能源树种进行了广泛研究，形成了许多有价值的科研成果。2017 年，北京林业大学国家能源非粮生物质原料研发中心配合国家林业局造林绿化管理司能源办对成果进行了总结，发布了《林业生物质能源主要树种目录（第一批）》，其中主要灌木树种及其能源特性总结如下。

（1）油料灌木能源树种

我国的主要油料灌木能源树种资源及其能源特性如表 18-7。小桐子是备受国内研究机构和产业部门关注的油料灌木树种。中国工程院在"中国可再生能源发展规划咨询项目"中对其进行了系统的研究，四川省林业科学研究院、中国林业科学研究院资源昆虫研究所等单位对其进行了多年系统的研究。其适合在云南、四川等省干热河谷等困难立地上生长，果实产量大，种仁含油量高达 35% ~ 50%。其脂肪酸成分为 2-丙基癸醇、2-辛基十二烷醇、邻苯二甲酸、棕榈酸、2-羟基环十五酮、棕榈油酸、油酸、亚油酸、甲基蒽和硬脂酸等，经加工可制成生物柴油，通过改进可达到欧洲柴油 0 号标准和航空燃油标准。绿玉树为大戟科灌木树种，其茎干乳汁富含多种烃、烯、萜、甾醇等类似石油成分的碳氢化合物，可以直接或与其他物质混合作为燃料油替代石油。欧李、扁桃、长梗扁桃、榆叶梅（*Amygdalus Triloba*）、盐肤木和红瑞木等的种子中富含脂肪酸，而且果实产量大，是有着重要价值的油料灌木能源树种资源。

表 18-7　中国主要油料灌木能源树种及能源特性

序号	树种	学名	科属	分布	能源特性	主要利用方式
1	小桐子	Jatropha curcas	大戟科 麻疯树属	福建、台湾、广东、海南、广西、贵州、四川、云南等地	种仁含油 35%～50%，化学成分为：2-丙基癸醇、2-辛基十二烷醇、邻苯二甲酸、棕榈酸、2-羟基环十五酮、棕榈油酸、油酸、亚油酸、甲基蒽、硬脂酸。经过加工可制成生物柴油。通过改进，可达到欧洲柴油 0 号标准。每亩最高可产果 500 kg，可提炼柴油 150～180 kg	生物柴油、生物化工基础材料等
2	绿玉树	Euphorbia tirucalli	大戟科 大戟属	我国长江以南各地	茎干乳汁链烷、正链烷和烯烃等含量 5%～15%，甾醇含量 11%～65%	生物柴油、生物化工基础材料等
3	扁桃	Amygdalus communis	蔷薇科 桃属	新疆、内蒙古、陕西、甘肃、西藏等地	种仁含油率 38%～44%	生物柴油、生物化工基础材料等
4	长梗扁桃	Amygdalus pedunculata	蔷薇科 桃属	陕西、内蒙古、甘肃等地	种仁含油率 55%以上	生物柴油、生物化工基础材料等
5	榆叶梅	Amygdalus Triloba	蔷薇科 桃属	黑龙江、吉林、辽宁、内蒙古、北京、河北、山西、山西、甘肃、山东、江西、江苏、浙江等地，全国均有栽植	种子含油率 33%，种仁含油率 43%～49%	生物柴油、生物化工基础材料等
6	欧李	Cerasus humilis	蔷薇科 樱属	黑龙江、吉林、辽宁、宁夏、甘肃、山西、陕西、内蒙古、河北、北京、天津、河南、山东等地	种仁含油率 40%；平茬枝条热值高，生物量大，可兼用木质纤维	生物柴油、生物化工基础材料等；纤维素乙醇，合成液体燃料，固、气、电燃料等
7	盐肤木	Rhus chinensis	漆树科 盐肤木属	除东北、内蒙古和新疆外，其余省份均有分布	种子含油率约 14%	生物柴油、生物化工基础材料等
8	漆树	Toxicodendron vernicifluum	漆树科 漆树属	除黑龙江、吉林、内蒙古和新疆外，其余各地均有分布	果实含油率约 29%，果肉含油率 25%～46%	生物柴油、生物化工基础材料等
9	接骨木	Sambucus williamsii	忍冬科 接骨木属	黑龙江、吉林、辽宁、内蒙古等地	果实含油率 35%～44%	生物柴油、生物化工基础材料等
10	乌药	Lindera aggregata	樟科 山胡椒属	浙江、江西、福建、安徽、湖南、广东、广西、台湾等地	种子含油率约 53%	生物柴油、生物化工基础材料等
11	香叶树	Lindera communis	樟科 山胡椒属	陕西、甘肃、湖南、湖北、江西、浙江、福建、台湾、广东、广西、云南、贵州、重庆、四川等地	种子含油率 47%～56%，果实含油率 41%～47%，果肉含油率约 50%	生物柴油、生物化工基础材料等
12	山胡椒	Lindera glauca	樟科 山胡椒属	山东、河南、陕西、甘肃、山西、江苏、安徽、浙江、江西、福建、台湾、广东、广西、湖北、湖南、四川、重庆等地	种子含油率约 38%	生物柴油、生物化工基础材料等
13	山鸡椒	Litsea cubeba	樟科 木姜子属	广东、广西、湖南、江西、四川、重庆、云南、福建、台湾等地	果实含油率 41%～52%	生物柴油、生物化工基础材料等

(续)

序号	树种	学名	科属	分布	能源特性	主要利用方式
14	木姜子（山苍子）	*Litsea pungens*	樟科木姜子属	湖北、湖南、广东、广西、四川、重庆、云南、贵州、西藏、甘肃、陕西、河南、山西、浙江、安徽等地	种仁含油率约55%	生物柴油、生物化工基础材料等
15	卫矛	*Euonymus alatus*	卫矛科卫矛属	除黑龙江、吉林、辽宁、新疆、青海、西藏、广东及海南外，全国各地均有分布	种子含油率约44%	生物柴油、生物化工基础材料等
16	红瑞木	*Swida alba*	山茱萸科梾木属	黑龙江、吉林、辽宁、内蒙古、河北、北京、陕西、甘肃、青海、山东、江苏、江西等地	种子含油率约30%	生物柴油、生物化工基础材料等

引自国家林业局《林业生物质能源主要树种目录(第一批)》，2017。

（2）淀粉灌木能源树种

我国的淀粉灌木能源树种资源较少，主要的两个物种和能源特性如表18-8。木薯（*Manihot esculenta*）的根含有 25%~30%的淀粉，桂热 6 号品种一般亩产 2500~3500 kg，集约栽培可达亩产 4000~5000 kg。木薯淀粉转化乙醇技术并不复杂，但目前主要还是用作粮食。

表 18-8　中国主要淀粉灌木能源树种及能源特性

序号	树种	学名	科属	分布	能源特性	主要利用方式
1	木薯	*Manihot esculenta*	大戟科木薯属	广西、广东、海南、福建、云南、贵州等地	产量高，块根淀粉含量 25%~30%	燃料乙醇、生物化工基础材料等
2	土茯苓	*Smilax glabra*	百合科菝葜属	甘肃南部和长江流域以南各省份，直到台湾、海南、云南等地	产量高，块茎淀粉含量约35%	燃料乙醇、生物化工基础材料等

（3）木质灌木能源树种

我国木质灌木能源树种资源非常丰富，也是构成我国灌木能源林的主要树种，表 18-9 为主要的 16 种(类)。锦鸡儿(含柠条锦鸡儿、小叶锦鸡儿和树锦鸡儿 *Caragana arborescens* 等锦鸡儿属栽培种)作为我国西北地区主要的防风固沙树种，在甘肃、宁夏、内蒙古、山西、陕西等省份广泛栽培，面积达上千万亩，柠条锦鸡儿枝条热值达 18.5~20.2 kJ/g，是区域重要的能源树种，而且也是重要的饲能两用生态树种。沙棘林总面积在 3000 万亩左右，是区域重要的防沙治沙经济林树种，但存在林分老化、退化和病虫害危害问题，需要定期平茬复壮，枝条热值 18.5~19.2 kJ/g，是重要的能源树种。蒿柳等灌木柳（*Salix* spp. ）是欧洲许多国家主要栽培的能源林树种，林地生产力超过 10 t/（hm² · 年）。我国也有着悠久的灌木柳能源利用历史，但人工栽培的能源林还较少。柽柳、细枝山竹子、杨柴、沙枣等都是我国西北干旱半干旱地区水土保持和防沙治沙的主要树种，抗性强、生物量大、热值高，特别是其需要通过平茬复壮的特点，使得能源利用前景广阔。

表 18-9　中国主要木质灌木能源树种及能源特性

序号	树种	学名	科属	分布	能源特性	主要利用方式
1	树锦鸡儿	*Caragana arborescens*	豆科锦鸡儿属	黑龙江、内蒙古(东北部)、河北、山西、陕西、甘肃(东部)、新疆(北部)	生物量大、耐平茬;热值18.5~18.8 kJ/g	纤维素乙醇, 合成液体燃料, 固、气、电燃料等
2	柠条锦鸡儿	*Caragana korshinskii*	豆科锦鸡儿属	宁夏、甘肃、内蒙古、山西等地	生物量大、耐平茬;热值18.5~18.8 kJ/g	纤维素乙醇, 合成液体燃料, 固、气、电燃料等
3	小叶锦鸡儿	*Caragana microphylla*	豆科锦鸡儿属	宁夏、陕西、甘肃、内蒙古、山西等地	生物量大、耐平茬;热值约 19.8~20.2 kJ/g	纤维素乙醇, 合成液体燃料, 固、气、电燃料等
4	沙棘(包括中国沙棘、中亚沙棘、大果沙棘等)	*Hippophae* spp.	胡颓子科沙棘属	河北、内蒙古、山西、陕西、甘肃、青海、四川等地	生物量大、耐平茬;热值18.5~19.2 kJ/g	纤维素乙醇, 合成液体燃料, 固、气、电燃料等
5	胡枝子	*Lespedeza bicolor*	豆科胡枝子属	黑龙江、吉林、辽宁、河北、北京、内蒙古、山西、陕西、甘肃、山东、江苏、安徽、浙江、福建、台湾、河南、湖南、广东、广西等地	生物量大、耐平茬;热值约 19.3 kJ/g	纤维素乙醇, 合成液体燃料, 固、气、电燃料等
6	紫穗槐	*Amorpha fruticosa*	豆科紫穗槐属	山东、北京、河北、安徽、江苏、河南、湖北、广西、四川等地	生物量大、耐平茬;热值18.1~18.8 kJ/g	纤维素乙醇, 合成液体燃料, 固、气、电燃料等
7	杨柴	*Corethrodendron fruticosum* var. *mongolicum*	豆科岩黄蓍属	陕西、宁夏、内蒙古、甘肃等地	生物量大、耐平茬;热值约 16.5 kJ/g	纤维素乙醇, 合成液体燃料, 固、气、电燃料等
8	细枝山竹子	*Corethrodendron scoparium*	豆科岩黄蓍属	内蒙古、宁夏、甘肃、新疆、青海等地	生物量大、耐平茬;热值约 18.9 kJ/g	纤维素乙醇, 合成液体燃料, 固、气、电燃料等
9	黄栌	*Cotinus coggygria*	漆树科黄栌属	河北、北京、山东、河南、湖北、四川等地	生物量大;热值约 19 kJ/g	纤维素乙醇, 合成液体燃料, 固、气、电燃料等
10	柽柳	*Tamarix chinensis*	柽柳科柽柳属	辽宁、河北、北京、河南、山东、江苏、安徽、内蒙古等地	生物量大、耐平茬;热值约 17.9 kJ/g	纤维素乙醇, 合成液体燃料, 固、气、电燃料等
11	沙枣	*Elaeagnus angustifolia*	胡颓子科胡颓子属	宁夏、新疆、甘肃、青海、内蒙古、河北、辽宁、山西、河南、陕西等地	生物量大、耐平茬;热值约 18.6 kJ/g	纤维素乙醇, 合成液体燃料, 固、气、电燃料等
12	欧李	*Cerasus humilis*	蔷薇科樱属	黑龙江、吉林、辽宁、宁夏、甘肃、山西、陕西、内蒙古、河北、北京、天津、河南、山东等地	种仁含油率40%;平茬枝条热值高,生物量大,可兼用木质纤维	生物柴油、生物化工基础材料等;纤维素乙醇,合成液体燃料,固、气、电燃料等
13	柳树类(灌木,包括沙柳、黄柳、蒿柳、细枝柳、卷叶柳等)	*Salix* spp.	杨柳科柳属	内蒙古、陕西、安徽、甘肃、青海、四川、辽宁、山东、江苏、宁夏、新疆、云南、西藏等地	生物量大、耐平茬;热值约 18.0 kJ/g	纤维素乙醇, 合成液体燃料, 固、气、电燃料等
14	榛	*Corylus heterophylla*	桦木科榛属	黑龙江、吉林、辽宁、山西、北京、河北等地	生物量大、耐平茬;热值约 18.0 kJ/g	纤维素乙醇, 合成液体燃料, 固、气、电燃料等

（续）

序号	树种	学名	科属	分布	能源特性	主要利用方式
15	黄荆	*Vitex negundo*	马鞭草科牡荆属	长江以南各地，北达秦岭淮河	生物量大、耐平茬；热值约 16.4 kJ/g	纤维素乙醇，合成液体燃料，固、气、电燃料等
16	荆条	*Vitex negundo* var. *heterophyl-la*	马鞭草科牡荆属	辽宁、河北、山西、北京、山东、河南、陕西、甘肃、山东、江苏、安徽、江西、湖南、贵州、重庆、四川等地	生物量大、耐平茬；热值约 19.2 kJ/g	纤维素乙醇，合成液体燃料，固、气、电燃料等

引自国家林业局《林业生物质能源主要树种目录（第一批）》，2017。

18.4.2　灌木能源林培育

灌木能源林高能效可持续培育技术体系涉及良种选育、苗木培育、造林营林、收获利用等，目前小桐子油料能源林和木质灌木能源林培育技术研究较为系统和深入。前者以四川大学、中国林业科学研究院等单位研究较为深入，已形成较为系统的培育技术体系；后者以北京林业大学团队研究较为深入，出版了专著《燃料型灌木能源林培育研究》，并协助国家林业局完成了《灌木能源林培育利用指南》。

（1）小桐子能源林培育

小桐子在我国西南干热河谷和海南等地广泛栽培。适宜在热带、南亚热带气候区，一般要求年均气温 16 ℃ 以上，≥10 ℃ 积温在 5000 ℃ 以上，最低气温 ≥5 ℃，年平均降水量 700 mm 以上，年日照时数 2200 h 以上；适宜海拔 ≤1800 m，以阳坡、半阳坡的缓坡地段或坡改梯为好；宜土层深厚、质地疏松、石砾少、排水性良好的立地，一般要求土壤厚度 30 cm 以上。应采用良种和优良无性系育苗，选用母树林、种子园和采穗圃繁育出的优质苗木。整地一般在头年 10~12 月进行，一般采用穴状整地和沿水平带的穴状整地。造林前应施底肥，一般选择在雨季造林。在缓坡、土层厚度 >60 cm 的立地上株行距宜为 2 m×3 m 或 2.5 m×2.5 m；土层厚度在 40~60 cm 的立地上株行距宜为 2.5 m×3 m 或 3 m×3 m。幼林和成林每年需抚育 2 次，6 月底至 7 月中旬一次，8 月底至 9 月初一次，主要是松土除草。一般在 5~6 月施氮肥或复合肥 20~40 g/株，适量施用硼、锰等微量元素；在果实膨大期施肥，以磷（纯磷 50 g）、钾肥（纯钾 50 g）为主；采果后施三元复合肥，施肥量每株 100 g。在干旱季节，宜利用蓄水池，适时适当灌溉。小桐子春季萌芽前、花后 5~6 周和休眠前各灌水 1 次，同时可结合施肥进行灌溉。前三年是确定树形发展的重要时期，幼树于 30~50 cm 高处定干，并选择 3~5 个萌条培养成主枝，诱导生成二级枝；二级枝在 40~60 cm 处进行截枝，诱导生成三级枝 4 个以上；三级枝在 40~60 cm 处进行截枝，诱导生成结果枝。修剪在休眠期进行。小桐子边开花边结实，果实应及时采收。

（2）柠条锦鸡儿能源林培育

柠条锦鸡儿仅在三北地区自然分布和人工栽培就有数百万公顷，且其具有水土保持、防风固沙、能源、饲用、绿肥、蜜源、入药、木质纤维等多种利用价值。柠条锦鸡儿对土壤要求不严，在石质山地、黄土丘陵、沙地、沙漠均能生长，但以黄土丘陵和沙地为好。笔者研究表明，在晋西北黄土丘陵沟壑区，阴向陡坡、平沙地、阳向陡坡、阴向缓坡、阳向缓坡、梁峁顶 6 种立地均可培育柠条锦鸡儿能源林，但以前两种立地为最好。降水较好地区多播种造林，干旱地区常植苗造林，干旱地区也可冬季顶雪飞播造林或雨季播种造林。阴向陡坡、阴向缓坡、平沙地、梁峁顶适合栽培密度为 3301~5000 丛/hm²，阳向缓坡为 2501~3300 丛/hm²。新造林约在 6 年生时应开始第一次平茬，以后 5~6 年平茬一次，年均生物量可达 0.4 ~1.3 t/(hm²·年)。老龄柠条锦鸡儿林应开展平茬复壮工作，平茬后以 5 年为轮伐期。如 30 年的老龄林，平茬后 5 年生物量可达 10.1~11.6 t/hm²，显著超过老龄林的 8.1~9.2 t/hm²。平茬后，大幅提高柠条锦鸡儿林细根生物量是老龄林生长和生产力恢复的关键。平茬作业应在休眠季进行，留茬高度尽量控制在 2~5 cm 的范围内。无论是老林复壮，还是正常轮伐，要采取带状或块状平茬方式，以防止平茬作业造成水土流失和再次形成风沙危害。以偏关县二类清查数据为基础，利用实地调查数据估算整个地区的柠条锦鸡儿生物量。整个晋北地区柠条锦鸡儿资源约为 71.44万 t(占山西省总量的 72.5%)，饲用资源约为 18.82 万 t，能源用资源约为 52.62 万 t，折合为32.28 万 t 标准煤。柠条锦鸡儿的开发利用方面，应该饲能两用结合，以能源利用为主，兼顾柠条锦鸡儿的其他功能(庞琪伟，2010；彭祚登 等，1996)。

(3)沙枣能源林培育

沙枣为小乔木或灌木，短轮伐期能源林培育采取灌木状矮林作业。沙枣主要适生区在甘肃、新疆、宁夏和内蒙古等地，栽培面积也很大，山西、陕西、北京等地也有栽培。沙枣耐盐碱，氯化钠为主盐土含盐量 0.5%以下、硫酸盐盐土含盐量 1.3%以下时生长良好，土壤类型以壤土和沙壤土为好。从造林 3 年来看，能源林营造密植(10000 株/hm²、6667 株/hm²、4444 株/hm²)的林分单位面积生物量及热能分别达到约 20.8~21.7 t/hm² 和 3.89~4.06 MJ/hm²，高于疏植(3333 株/hm²、2500 株/hm²)27%~57%。所以对于以获得生物质能为目的短轮伐期经营的燃料型沙枣灌木能源林培育来说，密植要好于疏植。但是在实际生产中还要考虑生产成本问题，在10000 株/hm²、6667 株/hm²、4444 株/hm² 三种密度生物量和热能无差异前提下，以密度 4444株/hm² 生产成本最小，该密度提高土壤含氮量作用也非常明显。沙枣能源林进行采伐作业时，平茬在冬春休眠季进行，留茬高度应尽量保持在 5 cm(彭祚登 等，1996)。

(4)沙棘能源林培育

沙棘适生范围广，对气候和土壤适应性强，在石质山地、丘陵，以及黄土高原的塬峁、阳坡、阴坡、阶地、沙地和平原、河岸、沟谷、低湿地、河漫地、洪积扇和低盐渍土地生长良好。山西右玉各立地类型初始栽植密度为 40000 株/hm²(50 cm×50 cm)，保留密度为 52632 株/hm² 的 5 年生沙棘林分，平均树高、平均地径和单位面积林地生物量的大小顺序为阴坡下部、阳坡下部、阴坡上部、阳坡上部(彭祚登 等，2015)。不同品种沙棘热值和灰分存在差异。两年生地上部热值的大小顺序为辽阜一号、雄株、实优一号、状元黄、楚伊，其中最大值为 19.732MJ/kg，最小值为 19.357 MJ/kg；灰分含量大小顺序为楚伊、雄株、状元黄、辽阜一号、实优一号，其中最大值为 4.88%，最小值为 2.683%(彭祚登 等，1996)。青海大通，株行距为 2 m×2 m 不同林龄(2~7 年)中国沙棘随着林龄增加，单位面积能源用部分(主干和枝条)生物量由0.21 t/hm² 增加到 4.38 t/hm²(彭祚登 等，2015)。许多研究结果表明，沙棘能源林适宜栽培密度为 1665~2502 株/hm²(对应株行距 2 m×3 m、2 m×2 m)，平茬周期一般为 5~7 年，水分条件较好地区可 3 年或 4 年。陕西、甘肃、宁夏、内蒙古和辽宁等地的研究表明，沙棘林平茬周期在 4~7 年，薪材产量可达 4.9~15 t/hm²。

(5)胡枝子能源林培育

胡枝子是优良的灌木能源树种。在北京平原苗圃地的研究表明，从密度为 111111 株/hm²

（株行距 30 cm×30 cm）3 年生胡枝子林生长来看，短梗胡枝子 1 号、2 号种源平茬一次时的单株枝生物量最高，达到了 0.49 kg。胡枝子 7 号种源（引自美国乔治亚州），单株枝生物量较高，达到了 0.24 kg。胡枝子的 1 年生栽植密度试验表明，最低密度 20408 株/hm² 林分单位面积干与枝生物量最高，达到了 31227.80 kg，比 111111 株/hm²、40000 株/hm² 分别提高了 2.17 倍、2.38 倍，密度对胡枝子的热值几乎没有影响（彭祚登 等，1996）。

（6）紫穗槐能源林培育

山东单县沙质土壤上，紫穗槐一年生截干造林密度试验林分中，株行距 1.0 m×0.5 m 每穴两株的单穴生物量最高（达到了 0.16 kg），分别比密度 0.5 m×0.5 m、1.0 m×1.0 m 林分提高了 6%、33%；0.5 m×1.0 m 每穴一株的单穴生物量最高（达到了 0.09 kg），比其他每穴一株的提高了19%、27%。株行距 0.5 m×0.5 m 每穴两株的每公顷生物量最高，达到了 4958.86 kg，分别比其他每穴两株的提高了 51%、2.19 倍。空间配置 0.5 m×1.0 m 的每穴两株的每公顷生物量也较高，达到了 3291.22 kg（彭祚登 等，1996）。

18.4.3　灌木能源林利用

灌木能源林利用有薪材、颗粒燃料、发电、生物液体燃料等方式。

（1）薪　材

灌木薪材利用的历史悠久，曾是我国西北地区农村重要的能源来源，直燃是其主要的利用方式。常用树种有沙棘、柠条锦鸡儿、沙柳、紫穗槐、柽柳、梭梭等。但是随着农村能源结构的改变，灌木薪材直燃利用在减少。

（2）颗粒燃料

木质能源材料粉碎压缩为固体颗粒燃料是目前产业化水平较高的利用方式，有的经过热裂解碳化处理能质和利用效率更高。灌木能源林平茬后的收获物制作固体颗粒燃料前景广阔，但目前由于人力采收成本过高、机械化采收设备缺乏、原料运输距离过远等问题，以灌木为主要原料的固体颗粒燃料企业还较少。

（3）生物发电

利用灌木能源林就地开展生物发电，是前景较好的利用方式。内蒙古毛乌素生物质热电有限公司自 2006 年冬开始实施"60 万亩生态能源林基地"建设项目，建设范围包含乌审旗、杭锦旗、鄂托克旗等，主要栽植的灌木有沙柳和柠条锦鸡儿等，作为工厂的发电原料。热电厂建设规模为 2 台 75 t/h 次高温次高压链条炉排生物质锅炉，2 台 12 MW 次高压抽凝式汽轮机，2 台 15 MW 发电机，总装机容量 30 MW，2008 年年底并网发电。截至 2016 年年底，累计发电 8 亿多度。公司积极探索治沙造林（碳吸收）→生物质发电（碳减排）→螺旋藻生产（碳捕集）的"三碳经济"沙产业链，在治理沙地 60 万亩的同时，每年可为当地农牧民提供 7000 个就业机会，年供电 1.5 亿度，年产螺旋藻 150 t，综合减排 CO_2 总量达 75 万 t/年。2012 年，此项目被国家发展改革委列为参加联合国环境治理展示项目，并于当年参加联合国在巴西里约热内卢举办的联合国可持续发展大会，受到国际社会广泛认可。

（4）生物液体燃料

利用灌木资源生产生物液体燃料代表先进的生物质能源利用方式。云南神宇新能源有限公司在发展小桐子生物柴油基础上，开发了小桐子航空燃油。主要工艺为对小桐子生物原油和精油进行氢化裂解处理，最终得到生物航空燃油，并按照 1∶1 的比例加载航空生物燃料与传统航空燃料。该燃料 2011 年 10 月 28 日用于波音 747-400 飞机试飞取得成功，燃烧了 13.1 t 生物燃油，并通过了多项测试，将小桐子油的应用领域从生物柴油拓展到航空生物燃油。我国灌木资源木质液体燃料技术创新也取得积极进展。金骄集团（现"新木集团"）创新"木质纤维多级高效利用绿色清洁工艺"，包括木质素合成气、木质纤维合成油、木质纤维塑料、飞轮电池关键零部件合成、木质纤维基纤维合成等核心技术，实现了利用木质纤维生产低凝生物柴油、异构烷烃（生物航煤）、木质素乙醇、高端生物基增塑剂、生物润滑油、生物基工程材料等高值化多联产产品。该项目已经在内蒙古包头投产，其原料主要是柠条锦鸡儿、沙柳和紫穗槐等灌木能源林平茬收获物。

（执笔人：北京林业大学 贾黎明、彭祚登）

18.5 生态景观林

18.5.1 灌木在园林绿化中的作用

城市园林绿化不仅是实现城市生态安全的屏障，提升城市竞争力的手段，也是实现城市可持续发展的必然要求。城市园林绿化不仅美化市容，也造就了丰富多彩的人与自然和谐共处的自然景观。园林灌木是景观建设和美化环境的重要材料，从古典园林到现代的公园、住区或道路绿地，它们都是应用频率和应用数量最多的一类，其中以具有艳丽清香之花冠或果实的灌木和藤状灌木等花灌木应用更为广泛（翁殊斐，2010）。园林灌木有的花朵形态优美，颜色鲜艳夺目，香味浓淡相宜，如绣球（*Hydrangea macrophylla*）、紫荆、玫瑰等；有的果实颜色丰富，有红色、黄色、粉白色、蓝紫色等，形态奇异有趣，玲珑剔透，美丽可爱，如石榴、佛手、红果仔（*Eugenia uniflora*）等；它们叶片大小、质地、色彩及枝叶的形态千差万别，且叶色多具有季相变化，如红瑞木、南天竹等。园林灌木不仅具有花大色艳、芳香馥郁、硕果累累等观赏特性，还具有生长迅速、适应性强、抗性强、萌芽力强、耐修剪、耐瘠薄、耐盐碱等生态特点，如夹竹桃、毛刺槐（*Robinia pseudoacacia* f. *decaisneana*）、柽柳等，在园林中选择具有这些特性的植物，很好地契合了近年来国家所提倡的建设节约型园林的发展方向，因而推广应用园林灌木具有广阔的前景。

园林灌木在人工植物群落中处于中间层，是乔木与地被、建筑物与地面之间的过渡和纽带，在造景中直接影响植物所形成的空间及景观效果（龚冰苓 等，2009）。绝大部分的观花灌木喜充足阳光，不少观叶灌木则耐半阴；它们对于温湿度的要求则因其起源的不同，差异很大，从喜高温、高湿到喜冷凉、干爽气候的种类都有。园林灌木应用形式多样，可孤植、列植、丛植、片植或与其他造景要素一起，配置于公园、庭园、住区、道路绿地、工矿厂区等地，作孤植树、花篱、花坛、地被或专类园等，形成多层次、色彩丰富的园林空间；也可修剪成盆景或作盆栽装饰室内环境（杭夏子 等，2014a；马英姿，2006）。在栽培管理方面，大多数园林灌木对于土壤和水分的要求不高；它们常采用播种法、扦插法或高压法繁殖。

18.5.2 各区域主要园林灌木种类

在北方地区的园林中，园林灌木以蔷薇科、木犀科、忍冬科等科的植物占优势，如梅花（*Armeniaca mume*）、月季、绣线菊、紫丁香等，它们以落叶树为主，冬春季开花；在南方地区的园林中，则常以大戟科、茜草科、锦葵科、夹竹桃科、马鞭草科等科的植物占优势，如琴叶珊瑚（*Jatropha integerrima*）、红纸扇（*Mussaenda erythrophylla*）、朱槿（*Hibiscus rosa-sinensis*）、狗牙花（*Tabernaemontana divaricata*）、赪桐（*Clerodendrum japonicum*）等，它们以常绿树为主，种下的品种比较多，常见一年多次开花，花期很长，一般都有 2~3 个月，有些种类甚至可以达到半年及以上，如龙船花（*Ixora chinensis*）、黄蝉（*Allamanda schottii*）等。

我国从北到南、从东向西的常用园林灌木种类既有交叉重叠的，也有能反映鲜明地带性特色的。我国七大地理分区的常用灌木如下：

东北地区。紫叶小檗、美国红栌（*Cotinus obovatus*）、丰花月季、红瑞木、椤木石楠（*Photinia bodinieri*）、石楠、棣棠花、黄刺玫、小叶女贞、金叶女贞、小叶黄杨、火棘、野蔷薇、光叶蔷薇（*Rosa luciae*）、紫丁香、金银忍冬、洒金柏（*Juniperus chinensis* 'Aurea'）、刺柏（*Juniperus formosana*）、铺地柏（*Juniperus procumbens*）、龙柏（*Juniperus chinensis* 'Kaizuca'）、胡枝子等。

华北地区。贴梗海棠、平枝栒子、水栒子、溲疏、结香（*Edgeworthia chrysantha*）、连翘、金钟花（*Forsythia viridissima*）、绣球、棣棠、猬实（*Kolkwitzia amabilis*）、石榴、金露梅、月季、梅花、榆叶梅、鸡麻（*Rhodotypos scandens*）、毛刺槐、黄刺玫、西府海棠、粉花绣线菊、多花蔷薇、紫丁香、金银忍冬、凤尾丝兰（*Yucca gloriosa*）、木槿、冬青卫矛（*Euonymus japonicus*）、黄杨、鸡树条等。

华中地区。小叶女贞、金叶女贞、杜鹃、红瑞木、火棘、迎春花、四季桂（*Osmanthus fragrans* var. *semperflorens*）、海桐、紫薇（*Lagerstroemia indica*）、蜡梅（*Chimonanthus praecox*）、雀舌黄杨、黄杨、山茶、茶梅（*Camellia sasanqua*）、枸骨（*Ilex cornuta*）、栀子、月季、茉莉花（*Jasminum sambac*）、石榴、洒金桃叶珊瑚（*Aucuba japonica* var. *variegata*）、鸡爪槭（*Acer palmatum*）、红枫（*Acer palmatum* 'Atropurpureum'）、牡丹、紫荆等。

华东地区。瓜子黄杨、大叶黄杨、红叶李、石楠、紫荆、海桐、金丝桃、十大功劳、金叶女贞、紫叶小檗、杜鹃、红花檵木（*Loropetalum chinense* var. *rubrum*）、八角金盘（*Fatsia japonica*）、紫薇、木槿、桂花（*Osmanthus fragrans*）、木芙蓉、南天竹、梅花、樱花（*Cerasus serrulata*）、琼花（*Viburnum macrocephalum* f. *keteleeri*）、锦带花、木绣球（*Viburnum macrocephalum*）、牡丹等。

华南地区。含笑（*Michelia figo*）、假鹰爪、灰莉（*Fagraea ceilanica*）、黄蝉、软枝黄蝉（*Allamanda cathartica*）、狗牙花、龙船花、栀子、萼距花（*Cuphea hookeriana*）、花叶鹅掌藤（*Schefflera arboricola* 'Variegata'）、朱槿、金叶假连翘（*Duranta erecta* 'Golden Leaves'）、黄金榕（*Ficus microcarpa* 'Golden Leaves'）、变叶木（*Codiaeum variegatum*）、朱蕉（*Cordyline fruticosa*）、红背桂（*Excoecaria cochinchinensis*）、翅荚决明（*Senna alata*）、朱缨花（*Calliandra haematocephala*）、双荚决明（*Senna bicapsularis*）、石斑木（*Rhaphiolepis indica*）、桃金娘、野牡丹、叶子花（*Bougainvillea spectabilis*）、四季米仔兰（*Aglaia duperreana*）、琴叶珊瑚、马缨丹、蔓马缨丹（*Lantana montevidensis*）、九里香、基及树、金脉爵床（*Sanchezia nobilis*）等。

西南地区。红叶石楠、夹竹桃、海桐、大叶黄杨、雀舌黄杨、金边黄杨（*Euonymus japonicus* var. *aurea-marginatus*）、小叶女贞、红枫、迎春花、十大功劳、火棘、栀子、叶子花、山茶、西洋杜鹃（*Rhododendron hybrida*）、南天竹、石榴、龟甲冬青（*Ilex crenata* var. *convexa*）、红花檵木、蜡梅、双荚决明等。

西北地区。红花檵木、红叶石楠、卫矛、大叶黄杨、金森女贞（*Ligustrum japonicum* var. *howardii*）、小叶女贞、十大功劳、黄刺玫、野蔷薇、红瑞木、金银忍冬、贴梗海棠、叉子圆柏、油蒿、锦鸡儿、小叶锦鸡儿、狭叶锦鸡儿、柠条锦鸡儿、胡枝子、酸枣、石榴、紫穗槐、木槿、水蜡等。

18.5.3 园林灌木特性研究

北京、广州、庐山地区等地的研究人员都陆续对野生灌木资源进行调查（傅茜 等，2013；陈红锋 等，2012；秦仲 等，2012；张乐华 等，2002），构建评价体系开展园林应用评价（刘瑞宁 等，2008；刘海荣 等，2017），以及引种驯化研究，取得了不少成果，为增加城市园林物种多样性和植被景观多样性奠定了良好的基础。通过对园林灌木的叶形态和叶性状的测定（周鹏 等，2015；杭夏子 等，2014；王俊炜 等，2005），以及园林灌木在水分、盐碱、污染等逆境下各种生理、生态指标的响应研究，为城市园林生态效益和特殊立地的植物选择特供了科学数据和技术支撑。在众多研究成果中，比较集中在园林灌木的抗旱性（范志霞 等，2019；蔡静如 等，2015；柴春荣 等，2010；张文婷 等，2009；陈娟 等，2007）、耐涝性（李灿 等，2020；梁行行 等，2020）、耐盐碱性（史滟滪 等，2015；赵红洋 等，2012）、滞尘抗污染（杨帆 等，2020；唐敏 等，2019；段嵩岚 等，2017；孙晓丹 等，2017；汪有良，2010）等抗逆性研究，在抗旱节水的量化研究方面取得不少成果（赵云阁 等，2017；李丽萍 等，2007）。此外，在园林灌木的修剪方法和造景应用等方面，也有不少实践成果。

研究结果显示，耗水量较小的节水灌木有小叶黄杨、柽柳、花椒等，耗水量较大的灌木有木槿、枸杞，而且不同种类的灌木，耗水类型不一样，如大叶黄杨为春季和秋季耗水型，金叶女贞为夏季耗水型。抗旱性较强的灌木有金叶女贞、连翘、紫薇、胡颓子、火棘、十大功劳、红瑞木、红王子锦带花（*Weigela florida* 'Red Prince'）、麦李（*Cerasus glandulosa*）、辽东水蜡树（*Ligustrum obtusifolium* subsp. *suave*）、檵木、石斑木、米碎花、希茉莉（*Hamelia patens*）、紫薇、黄蝉、叉子圆柏、红叶石楠、西洋杜鹃、朱缨花、灰莉、斑叶鹅掌藤、狗牙花、栀子、红花檵木、海桐、山茶等，而杞柳、忍冬、野牡丹、金边黄杨、雀舌黄杨等则属于抗旱性较弱的灌木。耐涝性较强的灌木有栀子、钟花蒲桃（*Syzygium campanulatum*）、黄蝉、红花檵木、红叶石楠、卫矛、大叶黄杨、金森女贞等，而十大功劳、小叶女贞、斑叶鹅掌藤等耐涝性较弱。

对道路绿地园林灌木积累重金属元素进行测定和分析，研究结果显示锦绣杜鹃、桂花、海桐、珊瑚树、圆柏对镉或铅的吸收积累能力较强，彩叶灌木中红花檵木对环境中镉的积累能力较强，而红叶石楠对环境中铅的积累能力相对较强。紫丁香、榆叶梅、红瑞木、月季对镉、铅、锌、铜等4种重金属的综合富集作用较强，适合修复重金属镉-铅-锌-铜复合污染场地。而紫荆、棣棠、金边黄杨、连翘对环境镉的积累能力较弱，紫薇和锦带花对镉、铅、锌、铜等4种重金属的综合富集作用较弱。

在滞尘方面，大叶黄杨、火棘、金银忍冬、红花檵木、洒金桃叶珊瑚、基及树、黄金榕、红背桂、琴叶珊瑚、灰莉、法国冬青、红叶石楠、红花檵木、凤尾丝兰、叉子圆柏等具有较强的能力，而金边黄杨的滞尘能力较弱。在耐盐碱方面，滨柃（*Eurya emarginata*）、大花六道木（*Abelia* × *grandiflora*）、迷迭香（*Rosmarinus officinalis*）、红宝石海棠（*Malus* ×*micromalus* 'Ruby'）、紫叶矮樱、紫叶李、忍冬、西府海棠、美人梅（*Prunus* × *blireana* 'Meiren'）等能力较强，而伞房决明（*Senna corymbosa*）、金银忍冬、丁香、榆叶梅、石榴、酸枣的耐盐能力较弱。

（执笔人：华南农业大学 翁殊斐）

参考文献

阿尔曼德，1992. 景观科学[M]. 李世芬，译. 北京：商务印书馆.

阿伦，2004. 沙柳材重组木的制造工艺研究[D]. 呼和浩特：内蒙古农业大学.

阿伦，高志悦，2003. 沙柳材重组木：沙生灌木的又一有效利用途径[J]. 内蒙古林业科技(S1)：74-75.

阿伦，高志悦，等，2006. 沙柳材重组木的研制[J]. 林业科技，31(6)：35-37.

阿伦，高志悦，等，2007a. 施胶量和断面结构对沙柳材重组木性能的影响[J]. 林业科技，32(2)：42-43.

阿伦，马岩，等，2007b. 木束形态对沙柳材重组木性能的影响[J]. 林业科技，32(1)：53-55.

安徽植被协作组，1980. 安徽植被[M]. 合肥：安徽科学技术出版社.

安旭军，李小燕，等，2013. 内蒙古欧李的种植及利用[J]. 内蒙古农业科技(6)：113.

安珍，高志悦，等，2001. 改进沙柳材中纤板生产工艺的研究[J]. 人造板通讯(12)：11-13.

敖建华，蔺雨阳，2010. 川西南攀西大裂谷地盘松种群的空间格局特征研究[J]. 四川林勘设计(2)：7-10.

奥小平，郝向春，等，2007. 山西森林植被恢复与重建技术[M]. 北京：中国林业出版社.

奥小平，吕皎，等，1997. 太行山阴坡灌木群落对土壤结构及肥力的影响[J]. 山西林业科技(1)：6-9，24.

巴哈尔古丽，王志军，等，2005. 珍稀濒危植物裸果木地理分布与资源现状[J]. 中国野生植物资源，24(4)：39-40.

白冰，2000. 爆破造林技术简介[J]. 云南林业科技(2)：73-74.

白慧敏，2017. 辽宁省海岸带植被资源的开发利用与保护[J]. 防护林科技(5)：108-110.

白淑兰，阎伟，等，2002. 菌根生物技术在西部生态环境建设中的应用前景[J]. 内蒙古农业大学学报（自然科学版），23(1)：115-118.

白晓永，王世杰，等，2009. 贵州土地石漠化类型时空演变过程及其评价[J]. 地理学报，64(5)：609-618.

白云鹏，韩大勇，等，2008. 科尔沁沙地刺榆群落的结构特征[J]. 应用生态学报，19(2)：257-260.

包哈森高娃，阿拉坦花，等，2015. 科尔沁沙地不同林龄小叶锦鸡儿(*Caragana microphylla*)人工林群落特征及平茬抚育后状况[J]. 中国沙漠，35(6)：1527-1531.

包哈森高娃，吴志萍，等，2018. 刺榆天然林和天然草地土壤理化性质特征分析[J]. 防护林科技(11)：1-3，9.

包永平，王景余，等，2004. 沙棘平茬复壮更新技术研究[J]. 防护林科技(3)：14，20.

鲍咏泽，2012. 沙柳活性炭的制备及吸附性能研究［D］. 呼和浩特：内蒙古农业大学.

贝格尔，1964. 景观概念和景观学的一般问题［M］. 北京：商务印书馆.

贝科夫，1957. 地植物学［M］. 傅子祯，译. 北京：科学出版社.

本书编委会，2012. 一个矢志不渝的育林人：沈国舫［M］. 北京：中国林业出版社.

毕淑英，刘雁超，等，2020. 柠条的纤维特性及其双螺杆 CMP 制浆性能研究［J］. 生物质化学工程，54（1）：37-42.

布仁仓，王宪礼，等，1999. 景观尺度变换分析：以黄河三角洲为例［G］//肖笃宁. 景观生态学研究进展［M］. 长沙：湖南科学技术出版社.

蔡凡隆，张军，等，2009. 四川干旱河谷的分布与面积调查［J］. 四川林业科技，30(4)：82-85.

蔡静如，钱瑭璜，等，2015. 华南地区 5 种野生灌木的抗旱性评价［J］. 生态科学，34(2)：94-103.

蔡文涛，来利明，等，2016. 草地灌丛化研究进展［J］. 应用与环境生物学报，22(4)：531-537.

曹敏，金振洲，1989. 云南巧家金沙江干热河谷的植被分类［J］. 云南植物研究(3)：324-336.

曹秀文，邱祖青，2007. 白龙江林区野生木本油脂植物资源的多样性［J］. 经济林研究(4)：60-63.

曹永恒，金振洲，1993. 云南潞江坝怒江干热河谷植被研究［J］. 广西植物(2)：132-138.

曹志伟，王欣，等，2017. 利用沙柳制备活性炭纤维吸附材料的研究［J］. 内蒙古农业大学学报（自然科学版），38(1)：82-88.

曹仲福，1998. 干旱脆弱立地条件下地膜覆盖造林技术初探［J］. 甘肃科技，6：3-5.

柴春荣，马立华，等，2010. 北方 6 种园林绿化灌木水分参数对干旱胁迫的响应［J］. 东北林业大学学报，38(2)：6-8.

柴永福，许金石，等，2019. 华北地区主要灌丛群落物种组成及系统发育结构特征［J］. 植物生态学报，43(9)：793-805.

柴宗新，范建容，2001. 金沙江干热河谷植被恢复的思考［J］. 山地学报(4)：381-384.

常宏志，2008. 陕西药用植物资源的开发与利用［J］. 林业实用技术(4)：36-37.

常婧美，王桂尧，等，2018. 灌木根系几何特性对拉拔力影响的试验研究［J］. 水土保持通报，38(6)：67-73.

常伟东，李雨涛，等，2013. 敖汉旗黄柳林平茬技术［J］. 内蒙古林业，459(11)：22-23.

常月梅，王春风，等，2014. 滦河上游水源涵养林枯落物层水文效应研究［J］. 河北林果研究，29(4)：359-363.

常兆丰，2007. 甘肃民勤半个世纪治沙技术总结分析［J］. 科技创新导报(36)：85-86，88.

常兆丰，赵明，2006. 民勤荒漠生态研究［M］. 兰州：甘肃科学技术出版社.

陈安江，李春梅，2007. 灌木用皮杆分离机［J］. 中华纸业(S1)：36-37.

陈宝儿，陈丙銮，等，2002. 林区药用植物资源的综合开发利用及保护［J］. 基层中药杂志(6)：44-45.

陈超，朱欣，等，2014. 贵州饲用灌木资源评价及其开发利用现状［J］. 贵州农业科学(9)：167-171.

陈从喜，1999. 我国西南岩溶石山地区地质生态环境与治理［J］. 中国地质(4)：11-13.

陈芳，纪永福，等，2010. 民勤梭梭人工林天然更新的生态条件［J］. 生态学杂志，29(9)：1691-1695.

陈峰，2019. 林火干扰对落叶松林物种多样性和地上生物量的影响研究［D］. 北京：北京林业大学.

陈伏生，张园敏，等，2012. 丘陵陡坡荒山灌木草丛及其造林地生态系统碳库的分配格局［J］. 水土保持学报，26(1)：151-155.

陈福春，常志刚，2011. 大兴安岭北部山地野生灌木花卉资源［J］. 中国园艺文摘，27(2)：51-52.

陈广生，曾德慧，等，2003. 干旱和半干旱地区灌木下土壤"肥岛"研究进展［J］. 应用生态学报，14

（12）：2295-2300.

陈桂琛，彭敏，等，1994a. 祁连山地区植被特征及其分布规律[J]. 植物学报，36（1）：63-72.

陈桂琛，周立华，等，1994b. 青海省隆务河流域森林、灌丛植被遥感分析[J]. 植物生态学报，18（4）：385-391.

陈桂琛，周立华，等，2001. 青海湟水地区森林灌丛植被遥感分析及其主要特征[J]. 西北植物学报，21（4）：719-725，828.

陈国发，盛茂领，等，2006. 灌木林有害生物发生危害现状与治理对策[J]. 辽宁林业科技（5）：34-35，39.

陈国富，牟兆军，等，2019. 大兴安岭东部林区湿地植被类型与分布[J]. 林业勘查设计（3）：51-56.

陈红锋，张荣京，等，2005. 广州科学城灌丛群落特征与景观改造[J]. 中山大学学报（自然科学版）（S1）：226-231.

陈红锋，周劲松，等，2012. 广州园林植物资源调查及其评价[J]. 中国园林，28（2）：11-14.

陈泓，黎燕琼，等，2007. 岷江上游干旱河谷灌丛生物量与坡向及海拔梯度相关性研究[J]. 成都大学学报（自然科学版），26（1）：14-18.

陈鸿洋，2014. 荒漠区红砂灌丛"肥岛"效应及其固碳特征[D]. 兰州：兰州大学.

陈继平，陈昌利，1990. 灌木生物量与立地条件关系的研究[J]. 四川林业科技，11（4）：41-44.

陈佳卓，2017. 木本油料市场缺口大 投资面临3大挑战[J]. 中国林业产业（12）：106-107.

陈建成，胡明形，2004. 可持续发展下的森林资源统计核算[M]. 北京：中国林业出版社.

陈洁，2010. 怒江河谷潞江段土壤特征与生态地质环境研究[D]. 北京：中国地质大学.

陈娟，陈其兵，等，2007. 6种野生灌木的抗旱性研究[J]. 四川林业科技，28（5）：50-54.

陈蕾伊，沈海花，等，2014. 灌丛化草原：一种新的植被景观[J]. 自然杂志，36（6）：391-396.

陈灵芝，孙航，等，2014. 中国植物区系与植被地理[M]. 北京：科学出版社.

陈龙，2016. 阴山山脉植被及其分布格局[D]. 呼和浩特：内蒙古大学.

陈青，陈琳，等，2014. 刺梨籽油脂肪酸的提取及其成分测定[J]. 甘肃农业大学学报，49（2）：147-149，154.

陈圣宾，蒋高明，等，2008. 生物多样性监测指标体系构建研究进展[J]. 生态学报，28（10）：5123-5132.

陈烁，2019. 小兴安岭地区植被空间分布及其影响因子研究[D]. 哈尔滨：东北林业大学.

陈巍，武洲，等，2012. 细叶小檗果实的化学成分研究[J]. 亚太传统医药，8（3）：23-24.

陈文静，祁凯斌，等，2017. 川西次生灌丛和不同类型人工林对土壤养分的影响[J]. 应用与环境生物学报，23（6）：1081-1088.

陈锡康，1992. 中国城乡经济基础投入占用产出分析[M]. 北京：科学出版社.

陈曦，2010. 中国干旱区自然地理[M]. 北京：科学出版社.

陈遐林，马钦彦，等，2002. 山西太岳山典型灌木林生物量及生产力研究[J]. 林业科学研究，15（3）：304-309.

陈晓德，刘志林，2008. 人工栽培灌丛对牧草生长及水土保持效果的研究[J]. 现代畜牧兽医（1）：19-20.

陈晓平，1997. 喀斯特山区环境土壤侵蚀特性的分析研究[J]. 土壤侵蚀与水土保持学报，13（4）：31-36.

陈新云，刘承芳，2019. 内蒙古自治区灌木林资源现状与保护发展对策[J]. 内蒙古林业调查设计（5）：

1-3.

陈学林，1996. 甘南合作和肃南马蹄中国沙棘群落的特征与类型[J]. 西北师范大学学报（自然科学版），23（3）：51-56.

陈亚宁，李稚，等，2014. 西北干旱区气候变化对水文水资源影响研究进展[J]. 地理学报，69（9）：1295-1304.

陈应发，陈放鸣，1995. 国外森林资源环境效益的经济价值及其评估[J]. 林业经济（4）：65-74.

陈有君，关世英，等，2000. 内蒙古浑善达克沙地土壤水分状况的分析[J]. 干旱区资源与环境，14（1）：80-85.

陈玉福，于飞海，等，2000. 毛乌素沙地沙生半灌木群落的空间异质性[J]. 生态学报，20（4）：568-572.

陈云浩，李晓兵，等，2004. 地表覆被格局优化对流域土壤侵蚀影响的模拟试验[J]. 自然科学进展，14（11）：1244-1248.

陈云明，刘国彬，等，2002. 黄土丘陵半干旱区人工沙棘林水土保持和土壤水分生态效益分析[J]. 应用生态学报，13（11）：1389-1393.

陈作雄，2004. 广西石灰岩山区木本油脂植物资源及其合理利用[J]. 广西师范学院学报（自然科学版），21（1）：33-35.

程彩芳，李正才，等，2015. 北亚热带地区退化灌木林改造为人工阔叶林后土壤活性碳库的变化[J]. 林业科学研究，28（1）：101-108.

程红芳，章文波，等，2008. 植被覆盖度遥感估算方法研究进展[J]. 国土资源遥感（1）：13-18.

程积民，等，1989. 六盘山自然保护区综合科学考察报告[M]. 银川：宁夏人民出版社.

程庆正，王思群，2007. 天然木质微/纳纤丝增强纳米复合材料的研究现状[J]. 林产工业（3）：3-7.

程瑞春，2018. 丁香属树状花木嫁接育苗技术[J]. 内蒙古林业调查设计，41（6）：22-23.

程瑞梅，肖文发，2000. 三峡库区灌丛群落多样性的研究[J]. 林业科学研究，13（2）：129-133.

崔清涛，阚丽梅，等，1994. 荒漠草原灌木与草本植物年度生物量测定分析[J]. 内蒙古林业科技，1994（3）：30-32.

崔石林，2015. 柄扁桃灌丛化荒漠草原群落组成特征及其分布机理研究[D]. 呼和浩特：内蒙古大学.

崔晓晓，何林韩，等，2020. 沙柳多元醇液化产物流变性能的研究[J]. 林业工程学报，5（2）：90-96.

崔永忠，李昆，等，2009. 麻疯树扦插繁殖研究[J]. 西北林学院学报，24（4）：101-104.

代青格乐，2017. 树坑内隔离层和填埋材料对盐碱地土壤改良研究[D]. 北京：北京林业大学.

代豫杰，2018. 沙生灌木林对土壤颗粒多重分形与元素特征的影响[D]. 泰安：山东农业大学.

戴全厚，刘国彬，等，2008a. 黄土丘陵区不同植被恢复模式对土壤酶活性的影响[J]. 中国农学通报（9）：429-434.

戴全厚，刘国彬，等，2008b. 不同植被恢复模式对黄土丘陵区土壤碳库及其管理指数的影响[J]. 水土保持研究（3）：61-64.

戴晓兵，1989. 怀柔山区荆条灌丛生物量的季节动态[J]. 植物学报，31（4）：307-315.

但新球，2002. 我国石漠化区域划分及造林树种选择探讨[J]. 中南林业调查规划，23（4）：20-23.

党金虎，2000. 压砂保墒植树法[J]. 中国林业（3）：44.

党婧文，2020. 柴达木森林资源保护与管理对策[J]. 安徽农学通报，26（12）：39-42.

党荣理，潘晓玲，2020. 西北干旱荒漠区种子植物科的区系分析[J]. 西北植物学报，22（1）：24-32.

邓楚雄，朱大美，等，2020. 生态系统服务权衡最新研究进展[J]. 中国生态农业学报（中英文），28

（10）：1509-1522.

邓迪，赵泽斌，等，2020. 基于 GIS 的柠条锦鸡儿（*Caragana korshinskii*）分布模型[J]. 中国沙漠，40（5）：74-80.

邓聚龙，1982. 灰色系统理论教程[M]. 武汉：华中理工大学出版社.

邓坤枚，石培礼，等，2002. 长江上游森林生态系统水源涵养量与价值的研究[J]. 资源科学，24（6）：68-73.

邓晓红，毕坤，2004. 贵州省喀斯特地貌分布面积及分布特征分析[J]. 贵州地质，21（3）：191-193，177.

邓琢人，宋明坤，等，1998. 苗木全封闭造林技术[J]. 林业科技开发（1）：21-22.

第宝锋，崔鹏，等，2006. 近 50 年金沙江干热河谷区泥沙变化及影响因素分析：以云南省元谋县为例[J]. 中国水土保持科学（5）：20-24，34.

丁安伟，王振月，2018. 中药资源综合利用与产品开发[M]. 北京：中国中医药出版社.

丁峰，王继和，等，1999. 甘肃科技治沙 50 年[J]. 干旱区研究，16（3）：44-52.

丁健，2016. 沙棘果肉和种子油脂合成积累及转录表达差异研究[D]. 哈尔滨：东北林业大学.

丁启夏，魏群，等，2004. 甘肃省野生植物资源评价及合理开发对策研究[J]. 甘肃环境研究与监测，28（4）：4-6.

丁新辉，刘孝盈，等，2019. 我国沙障固沙技术研究进展及展望[J]. 中国水土保持（1）：35-38.

丁学儒，等，1994. 径流集水造林[M]. 兰州：甘肃科学技术出版社.

董厚德，2011. 辽宁植被与植被区划[M]. 沈阳：辽宁大学出版社.

董建林，2000. 浑善达克沙地（局部）沙化土地动态变化分析[J]. 林业资源管理（5）：25-29.

董帅伟，吴琳杰，等，2018. 太行山地区典型森林类型空气细菌含量变化研究[J]. 气象与环境科学，41（1）：62-68.

董雪，高永，等，2015. 平茬措施对天然沙冬青生理特性的影响[J]. 植物科学学报，33（3）：388-395.

董雪，郝玉光，等，2019. 科尔沁沙地 4 种典型灌木灌丛下土壤碳、氮、磷化学计量特征[J]. 西北植物学报，39（1）：164-172.

董雪，辛智鸣，等，2019. 乌兰布和沙漠典型灌木群落土壤化学计量特征[J]. 生态学报，39（17）：6247-6256.

董雪，辛智鸣，等，2020. 乌兰布和沙漠典型灌木群落多样性及其生态位[J]. 干旱区研究，37（4）：1009-1017.

董雪，杨永华，等，2013. 西鄂尔多斯沙冬青（*Ammopiptanthus mongolicus*）平茬效应初探[J]. 中国沙漠，33（6）：1723-1730.

董雪，虞毅，等，2014. 天然沙冬青平茬复壮技术研究[J]. 科技导报，32（23）：55-61.

杜建会，严平，等，2010. 干旱地区灌丛沙堆研究现状与展望[J]. 地理学报，65（3）：339-350.

杜历，周华，1997. 双层暗管排水技术改造盐碱荒地试验[J]. 中国农村水利水电（10）：33-34.

杜庆，孙世州，1990. 柴达木地区植被及其利用[M]. 北京：科学出版社.

段海燕，2003. 沙生灌木人造板家具零部件局部浸渍强化处理的研究[D]. 呼和浩特：内蒙古农业大学.

段立清，邹晓林，等，2002. 枸杞上的主要害虫、天敌及其综合管理[J]. 内蒙古农业大学学报（自然科学版），23（4）：51-54.

段嵩岚，闫淑君，等，2017. 福州市 11 种绿化灌木春季滞留颗粒物效应研究[J]. 西南林业大学学报（自然科学），37（4）：47-53.

额尔德木图, 2007. 鄂尔多斯高原地区蒙古族民间野生食用植物的调查研究[D]. 呼和浩特：内蒙古师范大学.

鄂斌泉, 1985. 发展灌木林是扩大内蒙古草原森林资源的重要途径[J]. 干旱地区农业研究(4)：15-21.

鄂尔多斯市亿鼎生态农业开发有限公司, 2016-08-17. 一种沙柳秸秆生物质炭基肥及其制备方法：201610199531.7[P].

范大陆, 2001. 生态农业投资项目外部效益评估研究[M]. 成都：西南财经大学出版社.

范建容, 杨超, 等, 2020. 西南地区干旱河谷分布范围及分区统计分析[J]. 山地学报, 38(2)：303-313.

范苏仪, 2020. 欧李果肉饮料的研制及稳定性研究[D]. 泰安：山东农业大学.

范志霞, 陈越悦, 等, 2019. 成都地区10种园林灌木叶片结构与抗旱性关系研究[J]. 植物科学学报, 37(1)：70-78.

方修琦, 陈发虎, 等, 2015. 植物物候与气候变化[J]. 中国科学：地球科学, 45(5)：707-708.

封志强, 1998. 石质山地爆破整地技术[J]. 河北林业科技(S1)：3-5.

冯达, 谢屹, 等, 2010. 荒漠化牧区生态公益林管理制度研究：以内蒙古自治区阿拉善盟巴音敖包嘎查为例[J]. 干旱区资源与环境, 24(9)：192-196.

冯建森, 邹佳辉, 等, 2013. 甘肃马鬃山地区梭梭林分布特征及植被恢复技术初探[J]. 林业实用技术(9)：44-45.

冯利群, 高晓霞, 等, 1996. 沙柳木材显微构造及其化学成份分析[J]. 内蒙古林学院学报, 18(1)：38-42.

冯仲科, 孟宪宇, 等, 2002. 建立我国多级分辨率的森林调查技术体系[J]. 北京林业大学学报, 24(5)：156-159.

冯宗炜, 王效科, 等, 1999. 中国森林生态系统的生物量和生产力[M]. 北京：科学出版社.

符国瑗, 1995. 儋州市雅星林场植被调查报告[J]. 热带林业, 23(2)：89-94.

傅斌, 徐佩, 等, 2013. 都江堰市水源涵养功能空间格局[J]. 生态学报, 33(3)：789-797.

傅伯杰, 周国逸, 等, 2009. 中国主要陆地生态系统服务功能与生态安全[J]. 地球科学进展, 24(6)：571-576.

傅籍锋, 2019. 石漠化治理木本食用油料产业发展对策及其产业上游提取工艺研究[D]. 贵阳：贵州师范大学.

傅籍锋, 王霖娇, 等, 2019. 西南喀斯特岩生木本食用油料资源及其开发利用[J]. 中国油脂, 44(5)：149-155.

傅立国, 1989. 中国珍稀濒危植物[M]. 上海：上海教育出版社.

傅茜, 宁祖林, 等, 2013. 广州地区夏季观赏植物资源及园林应用调查研究[J]. 热带亚热带植物学报, 21(4)：365-380.

甘青梅, 骆桂法, 等, 1997. 藏药黑果枸杞开发利用的研究[J]. 青海科技, 4(1)：17-19.

《甘肃森林》编辑委员会, 1998. 甘肃森林(内部发行)[M]. 兰州：甘肃林业厅.

高峰, 王昌利, 等, 2015. 秦岭太白山地区药用植物资源考察报告[J]. 中国民族民间医药, 24(13)：154-158.

高峰, 张桂兰, 2014. 沙柳材塑料复合板界面相容性的研究[J]. 内蒙古农业大学学报(自然科学版), 35(6)：123-128.

高贵龙, 邓自民, 等, 2003. 喀斯特的呼唤与希望[M]. 贵阳：贵州科技出版社.

高建利，张小刚，2018. 对三北防护林体系工程灌木林发展的思考[J]. 林业资源管理，8(4)：1-5.

高明寿，钱彧镜，1987. 中国林业年鉴(1949—1986)[M]. 北京：中国林业出版社.

高尚武，陆鼎煌，1984. 京津廊坊地区风沙污染及防治对策研究[J]. 环境科学，5(5)：47-50.

高晓霞，1998. 内蒙多枝柽柳的构造及纤维形态研究[J]. 四川农业大学学报，16(1)：163-168.

高彦花，张华新，等，2011. 耐盐碱植物对滨海盐碱地的改良效果[J]. 东北林业大学学报，39(8)：43-46.

高影奇，2014. 我国野生植物资源开发利用研究现状与展望[J]. 农家科技(6)：46.

高志悦，郭爱龙，1997. 沙柳的材性对刨花板生产工艺的影响[J]. 林产工业，24(5)：17-20.

高志悦，郭爱龙，等，1998a. 柠条特性与刨花板生产工艺的关系[J]. 木材加工机械(4)：5-7.

高志悦，王喜明，等，1998b. 沙生灌木纤维复合刨花板制造工艺技术的研究[J]. 内蒙古林学院学报（自然科学版），20(3)：88-94.

高志悦，杨文岭，等，2001. 沙生灌木人造板的生产现状与发展趋势[J]. 林产工业，28(6)：3-6.

郜超，施智宝，等，2008. 榆靖沙漠高速公路防风固沙林小气候效益的研究[J]. 陕西林业科技 (2)：34-36.

葛守中，1999. 森林总经济价值核算研究[J]. 统计研究，3(7)：10-15.

耿焕忠，2017. 关帝山林区沙棘林改造培育技术探讨[J]. 山西林业(5)：34-35.

弓剑，曹社会，2008. 柠条饲料的营养价值评定研究[J]. 饲料博览(1)：53-55.

宫聚辉，邵婷婷，等，2018. CO_2/N_2 气氛下的褐煤和沙柳共热解特性及动力学研究[J]. 林产化学与工业，38(4)：95-102.

龚冰苓，汤晓敏，等，2009. 城市公园中的灌木造景研究[J]. 上海交通大学学报(农业科学版)，27(3)：253-258，266.

龚洪柱，魏庆莒，等，1986. 盐碱地造林学[M]. 北京：中国林业出版社.

龚佳，2017. 四种灌木对盐碱胁迫的生理响应及其对土壤主要肥力指标的影响[D]. 银川：宁夏大学.

龚佳，倪细炉，等，2017. $NaHCO_3$ 胁迫对宁夏4种灌木生长及光合特性的影响[J]. 西北林学院学报，32(2)：8-15.

龚诗涵，肖洋，等，2017. 中国生态系统水源涵养空间特征及其影响因素[J]. 生态学报，37(7)：2455-2462.

巩文，巩垠熙，2014. 甘肃省未来灌木林资源估算与分析[J]. 甘肃林业科技(3)：45-50.

古格·其美多吉，赵金涛，等，2013. 西藏地理[M]. 北京：北京师范大学出版社.

古孙阿依·吐尔孙，努尔巴依·阿布都沙力克，2015. 新疆阿勒泰地区药用植物资源调查与分析[J]. 黑龙江农业科学(1)：124-127.

顾洁，2017. 紫金山次生栎林、马尾松林枯落物与表层土壤的交互作用研究[D]. 南京：南京林业大学.

关君蔚，1962. 甘肃黄土丘陵地区水土保持林林种的调查研究[J]. 林业科学(4)：268-282.

关君蔚，1964. 有关水土保持林的几个问题：在黄河流域水土保持科学研究工作会议上的发言[J]. 黄河建设(2)：19-21.

关林婧，梅续芳，等，2016. 狭叶锦鸡儿灌丛沙堆土壤水分和肥力的时空分布[J]. 干旱区研究，33(2)：253-259.

关文彬，王自力，等，2002. 贡嘎山地区森林生态系统服务功能价值评估[J]. 北京林业大学学报，22(4)：80-84.

关文彬，谢春华，等，2003. 景观生态恢复与重建是区域生态安全格局构建的关键途径[J]. 生态学报

（1）：64-73.

关文彬，冶民生，等，2004. 岷江干旱河谷植被分类及其主要类型[J]. 山地学报（6）：679-686.

管东生，1998. 香港桃金娘灌木群落植物生物量和净第一性生产量[J]. 植物生态学报，22（4）：356-363.

管中天，1982. 四川松杉植物地理[M]. 成都：四川人民出版社.

贵州省地方志编纂委员会，1997. 贵州省志·水利志[M]. 北京：方志出版社.

桂来庭，2001. 论石灰岩地区封山育林[J]. 中南林业调查规划，20（3）：9-12.

郭爱龙，张海升，等，1998. 4种锦鸡儿灌木材微观构造、纤维形态和化学成份的分析研究[J]. 内蒙古林学院学报（1）：3-5.

郭丁，裴世芳，等，2009. 阿拉善荒漠草地几种灌木对土壤有效态养分的影响[J]. 中国沙漠，29（1）：95-100.

郭金海，2006. 乌拉山植被及植物区系组成特征[J]. 内蒙古林业调查设计，29（3）：27-30.

郭晋平，丁颖秀，等，2009. 关帝山华北落叶松林凋落物分解过程及其养分动态[J]. 生态学报，29（10）：5684-5695.

郭萍，田云龙，等，2011. 新疆药用植物资源及其生态环境保护对策[J]. 现代农业科技（21）：151-153.

郭普，王镜泉，等，1993. 荒漠灌木白刺开发利用研究[J]. 甘肃农业大学学报，28（2）：205-207.

郭起荣，2011. 南方主要树种育苗关键技术[M]. 北京：中国林业出版社.

郭晓燕，2013. 晋西北柠条林资源的利用途径[J]. 山西林业科技，42（2）：63-64.

郭孝，2001. 河南省灌木资源的饲用价值与生态意义[J]. 家畜生态（3）：31-34.

郭孝，王桂林，2002. 灌木资源饲用价值分析与利用研究[J]. 中国饲料（15）：31-32.

郭亚君，2016. 平茬高度对沙棘更新复壮的影响[J]. 内蒙古林业调查设计，39（5）：35-36，56.

郭跃，2011. 毛乌素沙地沙木蓼和花棒耗水特性研究[D]. 北京：北京林业大学.

国家国有资产管理局，国家林业部. 关于发布《森林资源资产评估技术规范（试行）》的通知[EB/OL]. （1996-12-16）. http：//www. law-lib. com/law/law_ view. asp? id=12976.

国家林业和草原局，2018. 第三次石漠化监测报告[R].

国家林业和草原局，2019. 中国森林资源报告（2014—2018）[M]. 北京：中国林业出版社.

国家林业局，2006. 第一次石漠化监测报告[R].

国家林业局，2009. 林地分类 LY/T 1812—2009 [S].

国家林业局，2012. 第二次石漠化监测报告[R].

国家林业局，2016. 半干旱地区灌木林平茬与复壮技术规范：LY/T 2627—2016[S]. 北京：中国标准出版社.

国家林业局，国家农业部，1999. 国家重点保护野生植物名录（第一批）[DB/OL]. http：//sts. mep. gov. cn/swwzzybh/199908/t19990804_ 81955. shtml.

国家市场监督管理总局，中国国家标准化管理委员会，2018. 飞播造林技术规程：GB/T 15162—2018 [S]. 北京：中国标准出版社.

国家药典委员会，2020. 中华人民共和国药典[M]. 北京：中国医药科技出版社.

哈登龙，石冠红，2010. 鸡公山野生木本药用植物资源调查[J]. 青海农林科技（2）：69-71.

哈伦，冯学平，1988. 几种防风固沙林对地下水位影响的初探[J]. 内蒙古林业科技（1）：33，44.

海龙，王晓江，等，2016. 毛乌素沙地人工沙柳（*Salix psammophila*）林平茬复壮技术[J]. 中国沙漠，36

（1）：131-136.

海鹰，张立运，等，2003.《新疆植被及其利用》专著中未曾记载的植物群落类型[J]. 干旱区地理，26
　　（4）：413-419.

韩保强，2014. 河北省生物柴油能源植物种质资源研究[D]. 秦皇岛：河北科技师范学院.

韩刚，2010. 六种旱生灌木抗旱生理基础研究[D]. 咸阳：西北农林科技大学.

韩经玉，2000. 坐水返渗法植树效果好[J]. 中国林业（3）：44.

韩思远，2008. 内蒙古大兴安岭北部林区偃松林的经营利用[J]. 内蒙古林业调查设计（4）：57-58.

韩苏雅，2011. 内蒙古扎鲁特旗植物区系及其民族植物学研究[D]. 呼和浩特：内蒙古师范大学.

韩望，2011. 沙柳纤维/聚丙烯（PP）发泡复合材料的制备工艺及性能研究[D]. 呼和浩特：内蒙古农业
　　大学.

韩望，奥亚茹，等，2019. 阻燃型沙柳液化产物/异氰酸酯泡沫声学性能研究[J]. 木材加工机械，30（6）：
　　28-31，35.

韩也良，陈仁钧，等，1963. 安徽徽州地区的灌丛植被[M]. 北京：科学出版社.

韩忠明，韩梅，等，2006. 不同生境下刺五加种群构件生物量结构与生长规律[J]. 应用生态学报，17
　　（7）：1164-1168.

杭树亮，1988. 防风固沙林带对沙丘形态结构的影响[J]. 内蒙古林业科技（1）：42-44.

杭夏子，翁殊斐，等，2014a. 华南5种园林灌木叶性状特征及其对环境响应的研究[J]. 西北林学院学
　　报，29（2）：243-247.

杭夏子，袁喆，等，2014b. 广州市公园园林灌木资源及其景观特色调查与分析[J]. 中国园林，30（4）：
　　104-107.

郝俊，高建国，等，2004. 荒漠梭梭林鼠害防治试验[J]. 干旱区资源与环境（6）：174-176.

郝俊，梁军，等，2006. 阿拉善地区荒漠灌木林有害生物发生及控制[J]. 中国森林病虫，25（4）：
　　18-21.

郝士举，于鹏飞，等，2019. 分析干旱半干旱地区植被治沙造林技术措施[J]. 农业与技术，39（5）：
　　69-70.

郝向春，2008. 山西省乡土灌木树种资源与开发利用[J]. 山西林业科技（3）：1-3.

何斌，李青，等，2019. 草海国家级自然保护区森林群落结构及物种多样性研究[J]. 福建农业学报，
　　34（11）：1332-1341.

何东平，罗质，等，2020. 我国食用植物油市场的挑战及机遇[J]. 粮油食品科技，28（1）：1-5.

何嘉，王芳，等，2016. 枸杞主要病害综合防治技术[J]. 宁夏农林科技，57（10）：39-41.

何建伟，2011. 环保型沙生灌木型材制备工艺研究[D]. 呼和浩特：内蒙古农业大学.

何健，邓洪守，2012. 浅析人工造林地的立地条件[J]. 科学与财富（8）：132-132.

何靖，2020. 兰州市20种园林植物叶功能性状对不同大气污染物的响应及净化效应[D]. 兰州：甘肃农
　　业大学.

何维明，张新时，2001. 沙地柏叶型变化的生态意义[J]. 云南植物研究，23（4）：433-438.

何晓岩，2018. 大连市生态功能分区研究[D]. 沈阳：沈阳建筑大学.

何毓蓉，黄成敏，1995. 云南省元谋干热河谷的土壤系统分类[J]. 山地研究，13（2）：73-78.

和静萍，顾健，等，2013. 云南美登木的研究进展[J]. 中华中医药学刊（4）：721-724.

河湟地区生态环境保护与可持续发展课题组，2012. 河湟地区生态环境保护与可持续发展[M]. 西宁：
　　青海人民出版社.

贺东北，柯善新，等，2014. 西藏森林资源特点与林业发展思考[J]. 中南林业调查规划，33(3)：1-4.

贺金生，王其兵，等，1997. 长江三峡地区典型灌丛的生物量及其再生能力[J]. 植物生态学报，21(6)：512-520.

贺勤，2006. 沙柳树皮特性及其对刨花板性能的影响[D]. 呼和浩特：内蒙古农业大学.

贺勤，万娇娇，等，2012. 沙柳木粉接枝改性制备高吸水性树脂的研究[J]. 林产工业，39(4)：54-55，59.

贺勤，王喜明，2013. 沙柳树皮纤维形态及化学成分变异性的研究[J]. 内蒙古农业大学学报(自然科学版)，34(4)：131-135.

贺仕飞，2015. 酶处理沙柳微纳纤丝性能与应用研究[D]. 呼和浩特：内蒙古农业大学.

贺学林，史海莉，等，2009. 毛乌素沙地食用植物资源开发利用研究[J]. 干旱地区农业研究，27(4)：249-253.

红雨，邹林林，等，2010. 珍稀濒危植物蒙古扁桃群落结构特征[J]. 生态学杂志，29(10)：1907-1911.

洪光宇，吴建新，等，2019. 毛乌素沙地退耕还林工程灌木林生态系统服务功能评价[J]. 内蒙古林业科技，45(4)：22-28.

侯健，2010. 内蒙古乌珠穆沁盆地伏沙地的成因及其分布范围的研究[D]. 呼和浩特：内蒙古大学.

侯娜，吕世杰，等，2018. 天然梭梭林主要物种基本数量特征及其种间关联研究[J]. 草原与草业，30(2)：56-61.

侯学煜，1982. 中国植被地理及优势植物化学成分[M]. 北京：科学出版社.

呼木吉勒图，吴秀花，等，2019. 枸杞蚜虫与枸杞木虱发生规律及药剂防治效果调查[J]. 林业调查规划，44(6)：61-64.

胡会峰，王志恒，等，2006. 中国主要灌丛植被碳储量[J]. 植物生态学报，30(4)：539-544.

胡江波，2007. 不同植被恢复模式的水土保持效果及土壤水肥生态效应研究[D]. 咸阳：西北农林科技大学.

胡江波，杨改河，等，2007. 不同植被恢复模式对土壤肥力的影响[J]. 河南农业科学(3)：69-72.

胡俊，2001. 根宝：造林绿化的好帮手[J]. 绿化与生活(1)：21.

胡明形，2001. 森林游憩价值核算的几种主要方法评述[R]. 森林环境价值核算国际研讨会.

胡生新，李进军，等，2012. 石羊河下游霸王群落和种群结构特征[J]. 甘肃科技，28(23)：157-159.

胡圣辉，2018. 乔灌木根系固土作用的拉拔试验研究[D]. 长沙：长沙理工大学.

胡廷花，于应文，等，2019. 云贵地区饲用灌木营养价值及生物活性物质[J]. 草业科学(9)：2351-2364.

胡文杰，潘磊，等，2019. 三峡库区马尾松(*Pinus massoniana*)林林分结构特征对灌木层物种多样性的影响[J]. 生态环境学报，28(7)：1332-1340.

胡小龙，薛博，等，2012. 科尔沁沙地人工黄柳林平茬复壮技术研究[J]. 干旱区资源与环境，26(5)：135-139.

胡艳莉，牟高峰，等，2015. 不同年限百里香群系植被数量特征变化分析研究[J]. 宁夏农林科技，56(10)：65-67.

胡忠良，潘根兴，等，2009. 贵州喀斯特山区不同植被下土壤 C、N、P 含量和空间异质性[J]. 生态学报，29(8)：4187-4195.

华毓坤，2002. 人造板工艺学[M]. 北京：中国林业出版社.

环境保护部，国家发展和改革委员会. 生态保护红线划定指南［EB/OL］.［2017-7-20］. http：//www. mee. gov. cn/gkml/hbb/bgt/201707/t20170728_ 418679. htm.

环境保护部自然生态保护司，2012. 全国自然保护区名录［M］. 北京：中国环境科学出版社.

黄成敏，何毓蓉，1995. 云南省元谋干热河谷的土壤抗旱力评价［J］. 山地学报（2）：79-84.

黄大桑，1997. 甘肃植被［M］. 兰州：甘肃科学技术出版社.

黄继红，路兴慧，等，2015. 新疆布尔津县天然林生态系统服务功能评估［J］. 北京林业大学学报，37（1）：62-69.

黄晶，张翼，2020. 主要防风固沙植物及其应用价值初探［J］. 现代农业研究（3）：145-146.

黄明星，2014. 沙柳制备微晶纤维素的工艺研究［D］. 郑州：郑州大学.

黄明勇，张民胜，等，2009. 滨海盐碱地区城市绿化技术途径研究：天津开发区盐滩绿化 20 年回顾［J］. 中国园林，25（9）：7-10.

黄清麟，张超，2011. 西藏灌木林研究［M］. 北京：中国林业出版社.

黄清麟，张超，等，2010. 西藏灌木林群落结构特征［J］. 山地学报，28（5）：566-571.

黄威廉，1988. 贵州植被［M］. 贵阳：贵州人民出版社.

黄伟华，卫智军，等，2007. 科尔沁沙地榆树疏林灌丛草地灌木可食部位生物量估测模型［J］. 内蒙古草业（1）：43-45，54.

黄雅茹，辛智鸣，等，2015. 乌兰布和沙漠降水量对典型灌木群落结构及多样性的影响［J］. 水土保持通报，35（4）：79-84.

黄雅茹，辛智鸣，等，2018. 乌兰布和沙漠东北缘典型灌木群落多样性与土壤养分相关性研究［J］. 中国农业科技导报，20（9）：95-105.

惠秋娣，王久粉，2013. 江苏省主要木本药用植物资源［J］. 中国野生植物资源，31（1）：59-61.

吉小敏，宁虎森，等，2016. 典型荒漠与绿洲过渡带人工梭梭林平茬复壮试验研究［J］. 中南林业科技大学学报，36（12）：37-43.

季淮，张鸽香，等，2017. 淮安市滨河绿地乔灌木植物群落特征与多样性分析［J］. 江苏林业科技，44（2）：16-21.

季静，王罡，等，2013. 京津冀地区植物对灰霾空气中 PM2.5 等细颗粒物吸附能力分析［J］. 中国科学：生命科学，43（8）：694-699.

贾宝全，蔡体久，等，2002. 白刺灌丛沙包生物量的预测模型［J］. 干旱区资源与环境，16（1）：96-99.

贾峰勇，许志春，等，2004. 沙棘木蠹蛾幼虫化学防治的研究［J］. 中国森林病虫，23（6）：16-19.

贾健成，2009. 中国北方生态交错带大尺度植被格局研究［D］. 北京：华北电力大学.

贾萌萌，张忠良，等，2015. 塔里木沙漠公路防护林地土壤粒径分布的分形特征［J］. 干旱区研究，32（4）：674-679.

贾薇，2017-09-29. 探访内蒙古阿拉善生态治理［N］. 北京日报.

贾志清，吉小敏，等，2008. 人工梭梭林的生态功能评价［J］. 水土保持通报，28（4）：66-69.

贾忠奎，徐程扬，等，2004. 干旱半干旱石质山地困难立地植被恢复技术［J］. 江西农业大学学报，26（4）：559-565.

姜凤歧，卢凤勇，1982. 小叶锦鸡儿灌丛地上生物量的预测模型［J］. 生态学报，2（2）：103-110.

姜凤歧，杨瑞英，等，1988. 灌丛在"三北"防护林体系中的效益评价［J］. 生态学杂志，7（3）：7-11.

姜凤歧，杨瑞英，等，1989. "三北"地区天然灌丛改造利用途径的研究［J］. 生态学杂志，8（4）：16-19.

姜文来，2002. 森林涵养水源价值核算的理论与方法[M]. 北京：中国科学技术出版社.

蒋黎明，1993. 广西植被地理特点及其开发利用[J]. 广西师范大学学报(自然科学版)，11(4)：71-75.

蒋齐，李生宝，等，1998. 我国的固沙型灌木林及其研究进展[J]. 干旱区资源与环境，12(2)：87-95.

蒋齐，李生宝，等，2006. 人工柠条灌木林营造对退化沙地改良效果的评价[J]. 水土保持学报，20(4)：23-27.

蒋卫国，谢志仁，等，2002. 基于3s技术的安徽省景观生态分类系统研究[J]. 水土保持学报，9(3)：236-240.

蒋纬，胡颖，2018. 野木瓜活性成分及应用研究进展[J]. 食品工程(3)：4-6.

蒋延玲，周广胜，1999. 中国主要森林生态系统公益的评估[J]. 植物生态学报，23(5)：427-431.

蒋志荣，1994. 沙区常绿灌木沙冬青的防风固沙改土效能研究[J]. 甘肃农业大学学报，29(2)：83-86.

焦德凤，吕悦孝，2006. 柠条、木材混合原料中密度纤维板生产工艺研究[J]. 内蒙古林业科技(1)：23-24.

金红宇，徐文娣，等，2018. 花棒生理生态研究及其展望[J]. 西北农业学报，27(1)：1563-1577.

金明霞，赖雨欢，等，2014. 江西伊山自然保护区植物资源调查分析[J]. 安徽林业科技，40(5)：64-67.

金山，胡天华，等，2009. 宁夏贺兰山自然保护区蒙古扁桃群落物种多样性[J]. 干旱区资源与环境，23(7)：142-147.

金小华，刘宏刚，等，1990. 安徽黟县次生灌丛和灌草丛生产力的研究[J]. 植物生态学与地植物学学报，14(3)：267-273.

金振洲，1999. 滇川干热河谷种子植物区系成分研究[J]. 广西植物，19(1)：1-14.

金振洲，2002. 滇川干热河谷与干暖河谷植物区系特征[M]. 昆明：云南科技出版社.

金振洲，2005. 云南植被生态学与植物地理学研究[M]. 昆明：云南大学出版社.

金振洲，欧晓昆，1998. 滇川干热河谷植被布朗布朗喀群落分类单位的植物群落学分类[J]. 云南植物研究，20(3)：279-294.

金振洲，欧晓昆，2000. 元江、怒江、金沙江、澜沧江干热河谷植被[M]. 昆明：云南大学出版社.

金振洲，彭鉴，1994. 昆明植被[M]. 昆明：云南科技出版社.

金自学，2001. 河西走廊灌丛植被的生态学研究[J]. 农村生态环境，17(2)：17-21.

靳芳，鲁绍伟，等，2005. 中国森林生态系统服务功能及其价值评价[J]. 应用生态学报(8)：1531-1536.

靳丽萍，2018. 沙柳综纤维素液化产物的制备及其纤维化研究[D]. 呼和浩特：内蒙古农业大学.

靖德兵，李培军，等，2003. 木本饲用植物资源的开发及生产应用研究[J]. 草业学报(2)：7-13.

康华，艾晓琴，等，2006. 陕西渭北旱塬黄土高原沟壑区营造林抗旱综合技术研究[J]. 防护林科技，72(3)：49-51.

康慕谊，1988. 铜川地区次生落叶灌丛植被的数量分析[J]. 西北大学学报，18(1)：107-113.

康平德，程远辉，等，2019. 玉龙纳西族自治县药用植物资源调查与分析[J]. 贵州农业科学，47(2)：112-117.

孔亮，陈祥伟，2005a. 黑龙江省东部山地灌木林地的静态持水能力[J]. 山地学报，23(5)：626-630.

孔亮，蒙宽宏，等，2005b. 黑龙江省东部山地灌木林土壤水分动态变化[J]. 东北林业大学学报，33(5)：44-46.

赖富丽，王祝年，2009. 我国热带药用植物种质资源[J]. 安徽农业科学，37(12)：5479-5481.

郎涛，夏建新，等，2017. 干旱荒漠区濒危药用植物资源保育模式研究[J]. 中国农业科技导报，19(6)：97-105.

雷家富，2001. 西北地区林业生态建设与治理模式[M]. 北京：中国林业出版社.

雷明德，等，1999. 陕西植被[M]. 北京：科学出版社.

雷明德，等，2011. 陕西省植被志[M]. 西安：西安地图出版社.

雷艳秋，2017. 生物质基碳材料的制备及在环境与能源中的应用[D]. 呼和浩特：内蒙古大学.

雷玉红，梁志勇，等，2018. 柴达木黑枸杞生长发育的气象适宜性及灾害影响分析[J]. 青海农林科技(2)：21-25.

黎燕琼，郑绍伟，等，2010. 不同年龄柏木混交林下主要灌木黄荆生物量及分配格局[J]. 生态学报，30(11)：2809-2818.

李宝峰，2013. 渭北黄土高原沟壑区困难立地生态防护林恢复营建综合造林技术[J]. 陕西林业科技(4)：44-47.

李保国，何鹏举，2007. 陕西周至国家级自然保护区生物多样性[M]. 西安：陕西科学技术出版社.

李灿，翁殊斐，等，2020. 5种热带花灌木对旱涝胁迫的生理和形态响应及园林应用[J]. 云南农业大学学报(自然科学)，35(2)：318-323.

李昌兰，2020. 石漠化山区森林植被退化与水源涵养服务的关系研究进展[J]. 林业世界，9(2)：49-55.

李昌龙，李茂哉，等，2005. 绿洲边缘白刺林退化植被恢复与重建技术研究[J]. 干旱区资源与环境，19(1)：167-171.

李昌珠，2015. 发展工业油料植物产业 实现绿色增长[J]. 林业与生态(6)：16-17.

李长军，2013. 沙柳水热转化制备生物油和生物碳的研究[D]. 上海：复旦大学.

李德禄，王辉，等，2013. 民勤霸王群落结构和物种多样性特征研究[J]. 水土保持研究，20(3)：196-205.

李佃勇，1982. 浑善达克沙地小红柳林更新复壮的研究[J]. 林业科技(4)：9-11.

李佃勇，1983. 营造小黄柳林和更新小红柳林是治理浑善达克沙地的有效途径[J]. 中国沙漠，3(3)：44-48.

李东，曹广民，等，2005a. 高寒灌丛草甸生态系统 CO_2 释放的初步研究[J]. 草地学报，13(2)：144-148.

李东，曹广民，等，2005b. 海北高寒灌丛草甸生态系统 CO_2 释放速率的季节变化规律[J]. 草业科学，22(5)：4-9.

李东，曹广民，等，2010. 青藏高原高寒灌丛草甸生态系统碳平衡研究[J]. 草业科学，27(1)：37-41.

李伏雨，2017. 再生 PE-HD/沙柳复合材料的制备及性能研究[D]. 呼和浩特：内蒙古农业大学.

李伏雨，李奇，等，2018a. 抗氧剂对木塑复合材料老化性能的影响[J]. 塑料科技，46(7)：55-61.

李伏雨，魏丽，等，2018b. 沙柳木粉对木塑复合材料老化性能的影响[J]. 塑料，47(6)：48-52.

李钢铁，秦富仓，等，1998. 旱生灌木生物量预测模型的研究[J]. 内蒙古林学院学报(自然科学版)，20(2)：25-31.

李高峰，张奋红，等，2016. 兴和县低效林现状成因及改造模式探讨[J]. 内蒙古林业调查设计，39(1)：58-59.

李庚堂，郜超，等，2011. 榆林沙区飞播造林治沙应用技术措施[J]. 安徽农学通报，17(21)：101-102.

李光仁，1999. 干旱区天然白刺平茬效应初探[J]. 甘肃林业科技，24(3)：40-41.

李广，2005. 甘肃省灌木林资源现状及开发利用研究[J]. 甘肃林业科技，30(1)：42-45.

李国庆，黄菁华，等，2020. 基于Landsat8卫星影像土地利用景观破碎化研究：以陕西省延安麻塔流域为例[J]. 国土资源遥感，32(2)：121-128.

李国庆，王孝安，等，2008. 陕西子午岭生态因素对植物群落的影响[J]. 生态学报，28(6)：2463-2470.

李国双，2018. 文冠果的病虫害防治技术[J]. 绿色科技(23)：88-89.

李果，李俊生，等，2013. 生物多样性监测技术手册[M]. 北京：中国环境出版社.

李海奎，雷渊才，等，2011. 基于森林清查资料的中国森林植被碳储量[J]. 林业科学，47(7)：7-12.

李含英，1989. 青海森林[M]. 北京：中国林业出版社.

李虹，蒋水元，等，2010. 桂林野生药用植物资源特征[J]. 福建林业科技，37(4)：156-158.

李洪建，严俊霞，等，2010. 黄土高原东部山区两种灌木群落的土壤碳通量研究[J]. 环境科学学报，30(9)：1895-1904.

李华，周立奎，2005. 浅谈沙棘在水土流失治理中的积极作用[J]. 水利天地(7)：27-27.

李会科，邹厚远，2000. 榆林沙区主要人工固沙灌丛营养成分及对放牧羊只生育影响的研究[J]. 草业科学(4)：17-20.

李佳，汪霞，等，2019. 浅层滑坡多发区典型灌木根系对边坡土体抗剪强度的影响[J]. 生态学报，39(14)：5117-5126.

李家骏，齐矗华，等，1989. 太白山自然保护区综合考察论文集[M]. 西安：陕西师范大学出版社.

李嘉珏，葛凌华，1999. 甘肃林业科技50年[J]. 甘肃林业科技，24(4)：6-15.

李建东，2000. 吉林植被[M]. 长春：吉林科学技术出版社.

李鉴霖，江长胜，等，2014. 土地利用方式对缙云山土壤团聚体稳定性及其有机碳的影响[J]. 环境科学，35(12)：4695-4704.

李金昌，1995. 资源经济新论[M]. 重庆：重庆大学出版社.

李京润，吴菲菲，等，2015. 贵州省玉屏侗族自治县木本药用植物种质资源调查研究[J]. 山地农业生物学报，34(1)：62-65.

李景斌，任伟，等，2007. 宁夏野生灌木资源的饲用价值与生态意义[J]. 草业科学(3)：28-30.

李军，田超，等，2011. 河北省木兰林管局典型森林类型枯落物水文效应研究[J]. 水土保持研究，18(4)：192-196.

李军玲，张金屯，等，2003. 关帝山亚高山灌丛草甸群落优势种群的生态位研究[J]. 西北植物学报(12)：2081-2088.

李军玲，张金屯，等，2004. 关帝山亚高山灌丛群落和草甸群落优势种的种间关系[J]. 草地学报，12(2)：113-119.

李俊清，2010. 森林生态学[M]. 北京：高等教育出版社.

李矿明，汤晓珍，2003. 江西官山长柄双花木灌丛的群落特征与多样性[J]. 南京林业大学学报(自然科学版)，27(3)：73-75.

李昆，陈玉德，等，1994. 云南野生余甘子果实类群及其分布特点研究[J]. 林业科学研究，7(6)：606-611.

李昆，刘方炎，等，2011a. 中国西南干热河谷植被恢复研究现状与发展趋势[J]. 世界林业研究，24(4)：55-60.

李昆，孙永玉，2011b. 干热河谷植被恢复技术[M]. 昆明：云南科技出版社.

李昆，曾觉民，1999. 金沙江干热河谷主要造林树种蒸腾作用研究[J]. 林业科学研究(3)：3-50.

李丽萍，马履一，等，2007. 北京市 3 种园林绿化灌木树种的耗水特性[J]. 中南林业科技大学学报，27（2）：44-47.

李联地，任启文，等，2015. 柠条开发利用及栽培管理[J]. 河北林业科技（3）：88-91.

李林，申红艳，等，2015. 柴达木盆地气候变化的区域显著性及其成因研究[J]. 自然资源学报，30（3）：641-650.

李凌浩，林鹏，等，1997. 武夷山甜储林水文学效应的研究[J]. 植物生态学报，21（5）：393-402.

李满双，金海，2015. 灌木、半灌木饲料资源及其开发利用[J]. 黑龙江畜牧兽医（4）：120-123.

李明，郭孝，等，2006. 河南省灌木饲料资源开发与利用的研究[J]. 家畜生态学报，27（6）：210-212.

李奇，2005. 沙柳材混凝土模板的研究[D]. 呼和浩特：内蒙古农业大学.

李奇，2012. 杨柳木材纤维增强沙柳材中密度纤维板基础理论与关键技术研究[D]. 呼和浩特：内蒙古农业大学.

李奇，高峰，等，2009. 板坯结构、施胶方式对沙柳重组复合板性能的影响[J]. 内蒙古农业大学学报（自然科学版），30（4）：204-207.

李奇，沈源，等，2012. 沙柳材中密度纤维板制备工艺及性能研究[J]. 林产工业，39（6）：45-49.

李奇，王伟东，等，2016a. 废旧 HDPE/沙柳木粉复合材料抗热氧老化和阻燃性能研究[J]. 塑料科技，44（10）：53-56.

李奇，赵雪松，等，2011a. 沙柳/聚丙烯复合材料的制备及力学性能研究[J]. 内蒙古农业大学学报（自然科学版），32（1）：227-230.

李奇，赵雪松，等，2011b. 混凝土模板用沙柳重组复合板的制备工艺[J]. 木材工业，25（3）：19-22.

李奇，赵雪松，等，2016b. 木粉和抗氧剂对废旧 PE-HD/沙柳复合材料性能的影响[J]. 中国塑料，30（12）：97-102.

李倩，高甲荣，等，2019. 护岸柳树表层根系水土保持效果[J]. 水土保持学报，29（6）：90-95.

李清河，江泽平，2011. 白刺研究[M]. 北京：中国林业出版社.

李清河，江泽平，等，2006. 灌木的生态特性与生态效能的研究与进展[J]. 干旱区资源与环境，20（2）：159-164.

李全基，2014. 内蒙古大青山国家级自然保护区综合科考集[M]. 北京：中国林业出版社.

李任敏，常建国，等，1998. 太行山主要植被类型根系分布及对土壤结构的影响[J]. 山西林业科技（1）：3-5.

李生宇，唐清亮，等，2013. 新疆非常规水资源的生物防沙利用技术研究进展[C]. 第十届海峡两岸沙尘与环境治理学术研讨会（文集），209-216.

李文华，韩裕丰，等，1985. 西藏森林[M]. 北京：科学出版社.

李文华，刘向华，等，2008. 生态系统服务功能价值评估的理论、方法与应用[M]. 北京：中国人民大学出版社.

李霞，程皓，等，2006. 塔里木河下游柽柳防风固沙功能野外观测研究[J]. 新疆农业大学学报，17（6：955-960.

李先魁，2000. 浅论沙湾县荒漠生态区荒漠植被的保护与开发利用[J]. 新疆环境保护，22（4）：209-211.

李想，赵阳，等，2014. 浅谈沙地飞播造林关键技术[J]. 农家致富顾问，100（20）：42-43.

李芯妍，2017. 遮荫对两种茶藨子属植物表型可塑性及光合生理特性的影响[D]. 哈尔滨：东北林业大学.

李新荣，2000. 试论鄂尔多斯高原灌木多样性的若干特点[J]. 资源科学，22（3）：54-59.

李新荣，2021. 守望大漠：中国科学院沙坡头站为沙区生态屏障护航[J]. 人与生物圈，127（1）：25-27.

李新荣，何明珠，等，2008. 黑河中下游荒漠区植物多样性分布对土壤水分变化的响应[J]. 地球科学进展，23（7）：685-691.

李新荣，张景光，等，1999b. 我国北方荒漠化地区主要灌木种的物候学研究[J]. 自然资源学报，14（2）：128-134.

李新荣，张新时，1999a. 鄂尔多斯高原荒漠化草原与草原化荒漠灌木类群生物多样性的研究[J]. 应用生态学报. 10（6）：665-669.

李新荣，张志山，等，2016. 中国沙区生态重建与恢复的生态水文学原理[M]. 北京：科学出版社.

李新荣，赵雨兴，等，1999c. 毛乌素沙地飞播植被与生境演变的研究[J]. 植物生态学报（2）：3-5.

李雪华，蒋德明，等，2010. 小叶锦鸡儿固沙灌丛的肥岛效应及对植被影响[J]. 辽宁工程技术大学学报（自然科学版），29（2）：336-339.

李亚斌，2015. 沙柳纤维素/二氧化钛复合材料的制备及性能研究[D]. 呼和浩特：内蒙古农业大学.

李严，2018. 沙柳纤维状活性炭的改性及其吸附性能研究[D]. 呼和浩特：内蒙古农业大学.

李严，王欣，等，2017. 沙柳活性炭纤维的制备与表征[J]. 环境工程学报，11（8）：4888-4892.

李衍青，张铜会，等，2010. 科尔沁沙地小叶锦鸡儿灌丛降雨截留特征研究[J]. 草业学报，19（5）：267-272.

李彦东，2004. 花椒树主要害虫的发生规律及综合防治[J]. 河北林业科技（6）：39-40.

李艳芳，2013. 纤维增强沙柳重组木的性能研究[D]. 哈尔滨：东北林业大学.

李艳秋，管刚，等，2015. 呼伦贝尔沙地灌木林有害生物危害现状与防治对策[J]. 中国野生植物资源，34（6）：61-62.

李艳艳，王俊青，等，2019. 河南常见药用植物资源及其多样性研究[J]. 时珍国医国药，30（3）：692-694.

李焱，袁雅丽，等，2018. 高寒地区不同气温和土温对乌柳生长的相关性分析[J]. 西部林业科学，2018，47（2）：70-74，80.

李燕南，2012. 沙棘硬枝扦插繁殖技术研究[D]. 呼和浩特：内蒙古农业大学.

李阳，万福绪，2019. 黄浦江中游5种典型林分枯落物和土壤水源涵养能力研究[J]. 水土保持学报，33（2）：264-271.

李杨，王百田，等，2012. 重庆缙云山典型林分水源涵养功能研究[J]. 安徽农业科学，40（3）：1660-1664.

李毅，王志泰，等，2002. 东祁连山高寒地区山生柳种群分布格局研究[J]. 草业学报，11（3）：48-54.

李宇，徐新文，等，2014. 塔里木沙漠公路防护林乔木状沙拐枣平茬复壮技术的研究[J]. 干旱区资源与环境，28（2）：103-108.

李玉霞，周华荣，2011. 干旱区湿地景观植物群落与环境因子的关系[J]. 生态与农村环境学报，27（6）：43-49.

李裕红，2000. 重庆四面山次生灌丛的物种多样性特征[J]. 泉州师专学报（自然科学版），18（2）：49-53.

李裕红，2001. 四面山次生灌丛主要种群间的联结性研究[J]. 泉州师范学院学报，19（2）：63-67.

李园园，2014. 红砂对荒漠化盐化土壤的适应特征研究[D]. 呼和浩特：内蒙古农业大学.

李愿会，路秋玲，2020. 我国旱区造林绿化的战略思考[J]. 林业资源管理（4）：1-6.

李占文，王东菊，等，2010. 灰斑古毒蛾对宁夏东部干旱山沙区灌木林危害和气候关系及其综合防控技术研究[J]. 植物检疫(9)：55-57.

李珍，罗德超，等，2009. 福建省野生药用植物资源初步研究[J]. 福建热作科技，34(3)：3-4.

李珍存，张峰，2015. 崆峒山灌木种质资源调查及群落演替过程[J]. 中国水土保持科学，13(6)：133-140.

李震，王宏强，等，2020. 沙柳生物质颗粒致密成型特性的离散元仿真[J]. 锻压技术，45(3)：152-158.

李镇魁，黄辉宁，等，2001. 南岭国家级自然保护区野生水果资源研究[J]. 华南农业大学学报(1)：18-22.

李镇清，富兰克，2008. 中国西南岩溶地区的植被资源[J]. 草业科学，25(9)：51-53.

李志熙，2005. 毛乌素沙地高等植被调查与研究[D]. 咸阳：西北农林科技大学.

李志新，付福林，等，2000. 冷藏苗木抗旱造林技术[J]. 中国水土保持(5)：29.

李志勇，师文贵，等，2004. 内蒙古灌木、半灌木饲用植物资源[J]. 畜牧与饲料科学(4)：16-17.

李志忠，武胜利，等，2007. 新疆和田河流域柽柳沙堆的生物地貌发育过程[J]. 地理学报，62(5)：462-470.

李周，徐智，1984. 森林社会效益计量研究综述[J]. 北京林学院学报(4)：61-70.

李作民，1991. 盐碱滩的珍果：西伯利亚白刺[J]. 落叶果(3)：32-34.

连俊强，张桂萍，等，2008. 太行山南端野皂荚群落物种多样性[J]. 山地学报，26(5)：620-626.

梁行行，陈爽，等，2020. 7种灌木幼苗耐淹性比较研究[J]. 西北林学院学报，35(3)：61-67.

梁雪琼，周华荣，等，2010. 新疆灌木植物地理成分分析[J]. 西北植物学报，30(3)：593-600.

梁宇飞，2014. 沙柳焙烧炭的工艺与性能研究[D]. 呼和浩特：内蒙古农业大学.

梁宇飞，薛振华，2014. 沙柳的低温热解特性研究[J]. 木材加工机械，25(4)：48-50，58.

廖宝文，李玫，等，2017. 广州南沙湿地-红树林篇[M]. 广州：南方日报出版社.

廖建良，周莹楹，2020. 罗浮山特色药用植物调查与研究[J]. 惠州学院学报，40(3)：23-30.

廖静娟，邵芸，等，2002. 成像雷达干涉测量数据相关性与干旱—半干旱地区地表类型特征的关系[J]. 地球科学进展，17(5)：648-652

廖空太，2005. 河西走廊防风固沙林体系结构配置及生态效益研究[D]. 兰州：甘肃农业大学.

林波，刘庆，2001. 中国西部亚高山针叶林凋落物的生态功能[J]. 世界科技研究与发展，23(5)：49-54.

林美珍，陈郑镔，2009. 闽南药用植物资源状况[J]. 漳州师范学院学报(自然科学版)，22(4)：99-103.

林鹏，1986. 植物群落学[M]. 上海：上海科技出版社.

林鹏，1997. 中国红树林生态系[M]. 北京：科学出版社.

林萍，刘世忠，等，2001. 山丘区灌木保持水土及综合开发效益的研究[J]. 水土保持研究(3)：12-13，25.

林文洪，刘文，等，2009. 珠三角滨海区抗耐盐碱园林绿化树种的选择[J]. 中国园艺文摘(4)：63-64.

凌朝文，徐显盈，1981. 紫穗槐的耐盐性及在盐碱地上的栽培技术[J]. 林业科技通讯(1)：15-18.

刘波，颜长征，等，2013. 青藏高原典型区生态状况时空变化及气候变化响应研究[M]. 北京：中国环境出版社.

刘呈苓，2001. 封山育林的理论依据与实施措施[J]. 山东林业科技(3)：4-7.

刘诚，2014. 榆林市沙地灌木截干造林试验研究[J]. 现代农业科技(4)：150，154.

刘创民，李昌哲，等，1994. 北京九龙山天然次生灌木林与生态环境因子的多元分析[J]. 辽宁林业科技（1）：20-25.

刘存琦，1994. 灌木植物量测定技术的研究[J]. 草业学报，3(4)：61-65.

刘东波，1995. 精河县梭梭飞播造林的成效初探[J]. 当代生态农业(S1)：101-102，113.

刘发邦，赵吉星，等，1991. 沙棘叶部新害虫-灰斑古毒蛾[J]. 森林病虫通讯(3)：34-35.

刘方炎，李昆，等，2010. 横断山区干热河谷气候及其对植被恢复的影响[J]. 长江流域资源与环境，19（12）：1386-1391.

刘冠志，2017. 浑善达克沙地黄柳异速生长与生态适应性研究[D]. 呼和浩特：内蒙古农业大学.

刘桂英，祁银燕，等，2016. 柴达木盆地野生黑果枸杞的表型多样性[J]. 经济林研究，34(4)：57-62.

刘国华，傅伯杰，等，2000. 中国森林碳动态及其对全球碳平衡的贡献[J]. 生态学报，20(5)：733-740.

刘国华，马克明，等，2003a. 岷江干旱河谷主要灌丛类型地上生物量研究[J]. 生态学报，23(9)：1757-1764

刘国华，张育新，等，2003b. 岷江干旱河谷三种主要灌丛地上生物量的分布规律[J]. 山地学报，21（1）：24-32.

刘国荣，松树奇，等，2005. 禁牧与放牧管理下灌丛草地植被变化[J]. 内蒙古草业，17(2)：41-45.

刘海江，2004. 浑善达克沙地植被的生态适应及植物资源特征[D]. 昆明：中国科学院研究生院（植物研究所）.

刘海金，2012. 浅谈围场灌木林现状及其经营措施[J]. 国土绿化(6)：41-42.

刘海荣，高一丹，等，2017. 天津市5种常绿灌木的综合评价[J]. 江苏农业科学，45(18)：119-122.

刘海莹，吴秀霞，1999. 塞罕坝野果植物资源及保护利用[J]. 河北林果研究(2)：3-5.

刘红民，高英旭，等，2010. 固体水在我国干旱半干旱地区植被恢复中的应用研究进展[J]. 防护林科技(3)：39-41.

刘慧，2016. 浑善达克沙地东缘榆树疏林群落结构特征的研究[D]. 呼和浩特：内蒙古农业大学.

刘慧娟，2013. 内蒙古非粮油脂植物资源调查及五种植物油脂理化性质分析[D]. 呼和浩特：内蒙古农业大学.

刘江华，徐学选，等，2003. 黄土丘陵区小流域次生灌丛群落生物量研究[J]. 西北植物学报，23(8)：1362-1366.

刘金山，杨传金，等，2012. 林业活动碳库监测方法[J]. 中南林业调查规划，31(2)：60-64.

刘晋，2006. 准噶尔盆地荒漠区梭梭灌木林的自我修复能力研究[J]. 中国水土保持(3)：25-26.

刘静萱，邹卫华，2017. 沙柳基活性炭对2,4-二氯苯酚的吸附研究[J]. 化工新型材料，45(6)：204-206，213.

刘康，刘钰华，等，2001. 滴灌造林技术要点[J]. 新疆林业(5)：22-24.

刘莉，闫君，等，2019. 雷公藤生物碱类成分及其药理活性研究进展[J]. 天然产物研究与开发(12)：2170-2181.

刘黎君，2013. 对陇东黄土高原区优良水土保持灌木茅莓的研究[J]. 甘肃农业，30(6)：29-31.

刘龙聚，石兰生，等，2006. 低价灌木林改造落叶松高产林分初探[J]. 现代化农业(5)：44-45.

刘璐，曾馥平，等，2010. 喀斯特木论自然保护区土壤养分的空间变异特征[J]. 应用生态学报，21（7）：1667-1673.

刘伦辉，1989. 横断山区干旱河谷植被类型[J]. 山地学报，7(3)：175-182.

刘孟军，商训生，等，1998. 中国的野生果树种质资源[J]. 河北农业大学学报(1)：102-109.

刘鹏，吕洪飞，等，1996. 浙江武义野生果树资源的研究[J]. 国土与自然资源研究(3)：59-62.

刘鹏磊，2019. 磁性生物质活性炭的制备及其对水体中抗生素的吸附研究[D]. 郑州：郑州大学.

刘瑞宁，张文辉，等，2008. 天津市32种常见灌木的观赏性及适应性综合评价[J]. 西北农业学报，17(1)：296-301.

刘胜涛，牛香，等，2019. 宁夏贺兰山自然保护区森林生态系统净化大气环境功能[J]. 生态学杂志，38(2)：420-426.

刘诗峰，张坚，等，2003. 佛坪自然保护区生物多样性研究与保护[M]. 西安：陕西科学技术出版社.

刘世荣，孙鹏森，等，2001. 长江上游森林植被水文功能研究[J]. 自然资源学报，16(5)：451-456.

刘世增，蔡宗良，1997. 荒漠化地区活沙障建植技术研究[J]. 防护林科技，32(3)：1-6.

刘四围，马长明，等，2011. 华北石质山区2种典型灌木耗水特征[J]. 河北林业科技(1)：1-5.

刘太祥，马履一，等，2000. 天津滨海新区土壤盐渍化及节水型盐碱滩地物理-化学-生态综合改良与植被构建技术[C]. 全国土壤污染监测与控制修复(盐渍化利用)技术交流研讨会论文集，北京：中国环境科学学会.

刘棠瑞，1979. 树木学(上册)[M]. 台北：台湾商务印书馆.

刘涛，党小虎，等，2013. 黄土丘陵区3种退耕灌木林生态系统碳密度的对比研究[J]. 西北农林科技大学学报(自然科学版)，41(9)：68-72.

刘拓，2009. 我国荒漠化防治现状及对策[J]. 发展研究(3)：65-68.

刘文胜，曹敏，等，2003. 岷江上游毛榛、辽东栎灌丛及3种人工幼林土壤种子库的比较[J]. 山地学报，21(2)：162-168.

刘向东，吴钦孝，等，1991. 黄土高原油松人工林枯枝落叶层水文生态功能研究[J]. 水土保持学报，5(4)：87-92.

刘小京，刘孟雨，2002. 盐生植物利用与区域农业可持续发展[C]. 北京：气象出版社.

刘晓，万怡贝，等，2019. 响应面法优化沙柳基活性炭的制备及其对磺胺类抗生素的吸附研究[J]. 化工新型材料，47(5)：240-243，248.

刘晓亮，隋立春，白永飞，等. 地基激光雷达灌丛化草原小叶锦鸡儿生物量估算[J]. 遥感学报，2020，24(7)：894-903.

刘新红，黄日明，等，2013. 米碎花茎枝的化学成分研究[J]. 热带亚热带植物学报(6)：572-576.

刘兴元，牟月亭，2012. 草地生态系统服务功能及其价值评估研究进展[J]. 草业学报，21(6)：286-295.

刘修圣，吕鹏怀，等，2000. 胡枝子对水土保持作用的研究[J]. 黑龙江水专学报(2)：40-42.

刘秀英，2019. 山杏复壮平茬更新试验初报[J]. 农业与技术，39(8)：52-54.

刘绪军，李喜云，等，2002. 寒地水土保持经济灌木开发利用现状及其对策[J]. 防护林科技(2)：69-70.

刘亚斌，余冬梅，等，2017. 黄土区灌木柠条锦鸡儿根-土间摩擦力学机制试验研究[J]. 农业工程学报，33(10)：198-205.

刘延成，程风杰，等，2012. 两面针化学成分、药理活性及抗肿瘤机制研究进展[J]. 天然产物研究与开发(4)：550-555.

刘延泽，李海霞，等，2013. 药食兼用余甘子的现代研究概述及应用前景分析[J]. 中草药，44(12)：1700-1706.

刘雁超，毕淑英，等，2020. 柠条全杆碱预处理双螺杆 APMP 制浆特性的研究[J]. 中国造纸，39(2)：9-14.

刘毅，岳志华，等，2009. 一叶萩碱的研究进展[J]. 中国药事(8)：817-818.

刘应泉，1983. 植物油脂药用研究概况[J]. 油脂科(5)：16-23.

刘媖心，1985. 中国沙漠植物志：第一卷[M]. 北京：科学出版社.

刘媖心，1987. 中国沙漠植物志：第二卷[M]. 北京：科学出版社.

刘媖心，1992. 中国沙漠植物志：第三卷[M]. 北京：科学出版社.

刘永军，武智双，等，2005. 内蒙古灌木资源与效益评价[J]. 内蒙古林业科技(4)：28-29.

刘勇，张琪，等，2016. 江西武夷山自然保护区药用植物资源调查[J]. 福建林业科技，43(1)：134-138.

刘有军，王继和，等，2008. 甘肃省荒漠种子植物区系[J]. 生态学杂志，26(10)：1521-1527.

刘玉波，王继志，2010. 长白山区灌木资源开发利用现状与展望[J]. 中国林副特产，2(1)：81-82.

刘耘华，2009. 新疆三种荒漠植被"肥岛"的土壤颗粒空间异质性研究[D]. 乌鲁木齐：新疆农业大学.

刘泽铭，苏光荣，等，2008. 云南省麻疯树资源调查分析[J]. 林业科技开发(1)：37-40.

刘忠传，1988. 刨花板在家具生产中的应用：刨花板生产发展简史及其在国内外家具生产中应用的概况和今后的趋势[J]. 家具，2(42)：18-19.

刘忠良，钱东南，2005. 金华市野生果树资源调查及分析[J]. 现代园艺(6)：9-10.

卢家仕，黄敏，2007. 广西十万大山自然保护区药用植物资源研究[J]. 江西中医学院学报，19(1)：68-69.

卢雪佳，刘方炎，等，2018. 金沙江干热河谷车桑子生殖枝生物量分配的性别差异[J]. 西北植物学报，38(9)：1733-1739.

卢雪佳，刘方炎，等，2019. 车桑子小孢子发生与雄配子体发育[J]. 热带亚热带植物学报，27(2)：181-186.

卢振龙，龚孝生，2009. 灌木生物量测定的研究进展[J]. 林业调查规划，8(4)：37-45.

卢志跃，潘果平，2002. 旱柳高杆造林技术[J]. 内蒙古农业科技(S1)：67.

芦娟，柴春山，等，2011. 不同留茬高度处理对柠条更新能力的影响[J]. 防护林科技(4)：45-47.

鲁绍伟，毛富玲，等，2005. 中国森林生态系统水源涵养功能[J]. 水土保持研究，12(4)：223-226.

陆佩玲，于强，等，2006. 植物物候对气候变化的响应[J]. 生态学报，26(3)：923-929.

陆佩毅，2011. 陇中黄土丘陵沟壑区植被恢复建设与对策探讨[J]. 甘肃水利水电技术，47(3)：62-63.

路端正，1995. 和田河沿岸的中亚沙棘群落[J]. 沙棘，8(1)：8-9.

吕荣，李志忠，等，2005. 内蒙古鄂尔多斯市锦鸡儿属植物资源研究[J]. 干旱区资源与环境(S1)：188-192.

吕世琪，2018. 山杏育苗与造林技术[J]. 山西林业(3)：26-27.

吕态能，2000. 东川严重水土流失区植被恢复对策[J]. 水土保持研究，7(3)：134-137.

吕妍，张黎，等，2018. 中国西南喀斯特地区植被变化时空特征及其成因[J]. 生态学报，38(24)：8774-8786.

栾博，2007. 台田景观研究：形态、功能及应用价值的探讨[J]. 城市环境设计(6)：26-30.

罗 J S，1986. 加拿大生态土地分类的理论[J]. 林超，译. 地理译报(1)：17-22.

罗长伟，李昆，等，2008. 干热河谷麻疯树访花昆虫及主要传粉昆虫[J]. 昆虫知识，45(1)：121-127.

罗强，刘建林，2009. 攀西地区野生水果资源研究[J]. 西昌学院学报(自然科学版)，23(3)：6-12.

罗天祥，李文华，等，1998. 青藏高原自然植被总生物量的估算与净初级生产量的潜在分布[J]. 地理研究，17(6)：338-344.

罗勇，陈富强，等，2014. 广东省森林群落灌木层物种多样性研究[J]. 广东林业科技，30(2)：8-14.

罗有发，吴永贵，等，2016. 类芦植被对煤矸石堆场特征金属的富集特征及生物有效性的影响[J]. 地球与环境，44(3)：329-335.

罗云建，张小全，等，2018. 关帝山林区退化灌木林转变为华北落叶松林对生态系统碳储量的影响[J]. 生态学报，38(23)：8354-8362.

骆有庆，宗世祥，2008. 三北地区灌木林重大害虫与治理对策[J]. 昆虫知识，45(4)：509-512.

麻保林，漆建忠，1994. 几种灌木固沙林的效益研究[J]. 水土保持通报，14(7)：22-28.

麻浩，张桦，等，2014. 无灌溉管件防护梭梭荒漠造林新技术及其示范推广[J]. 中国科学：生命科学，44(3)：248-256.

马保林，1998. 榆林沙区飞播造林种草主要技术[J]. 陕西林业(5)：32-33.

马长乐，李靖，等，2009. 滇东轿子山自然保护区杜鹃花资源开发探讨[J]. 安徽农业科学，37(27)：13058-13059.

马海山. 2012. 盐碱地造林技术[J]. 现代农业科技(20)：171.

马红燕，格日乐，等，2013. 2 种水土保持灌木的根系数量特征研究[J]. 水土保持通报，33(2)：165-168.

马婕，杨爱霞，等，2012. 甘家湖梭梭林国家级自然保护区退化梭梭的光合特性研究[J]. 干旱环境监测，26(1)：22-27.

马静荣，1995. 我国沙区飞播造林展望[J]. 防护林科技，22(1)：20-22，38.

马克明，孔红梅，等，2001. 生态系统健康评价：方法与方向[J]. 生态学报(12)：2106-2116.

马克平，1993. 试论生物多样性的概念[J]. 生物多样性，1(1)：20-22.

马沛龙，2019. 论灌木林是维护高寒地区生态安全的重要森林群落[J]. 甘肃林业(1)：44.

马清温，2015. 天然降压药：萝芙木属植物[J]. 生命世界(3)：74-81.

马全林，2004. 退化人工梭梭林的群落特征及其恢复研究[D]. 兰州：西北师范大学.

马全林，王继和，等，2006. 退化人工梭梭林的恢复技术研究[J]. 林业科学研究，19(2)：151-157.

马全林，张锦春，等，2020. 腾格里沙漠南缘花棒(Hedysarum scoparium)人工固沙林演替规律与机制[J]. 中国沙漠(4)：206-215.

马松梅，聂迎彬，等，2015. 蒙古扁桃植物的潜在地理分布及居群保护优先性[J]. 生态学报，35(9)：2960-2966.

马祥庆，王平，等，2007. 福建油脂植物资源现状分析[J]. 西南林学院学报，27(5)：1-4，7.

马彦军，曹致中，等，2009. 甘肃胡枝子属植物资源调查与开发利用[J]. 中国水土保持，29(6)：13-15.

马义娟，陈满荣，1996. 森林在防风固沙、防止沙化和土壤改良中的作用[J]. 雁北师范学报(文科版)(2)：26.

马英姿. 2006. 灌木在湖南园林植物造景中的应用研究[J]. 湖南林业科技，33(1)：49-51.

马毓泉，1989. 内蒙古植物志(第二版)(第三卷)[M]. 呼和浩特：内蒙古人民出版社.

马毓泉，1990. 内蒙古植物志(第二版)(第二卷)[M]. 呼和浩特：内蒙古人民出版社.

马毓泉，1993. 内蒙古植物志(第二版)(第四卷)[M]. 呼和浩特：内蒙古人民出版社.

马毓泉，1998. 内蒙古植物志(第二版)(第一卷)[M]. 呼和浩特：内蒙古人民出版社.

马元俊，万定荣，1985. 湖北省药用植物资源调查研究[J]. 武汉植物学研究，3(3)：289-296.

马子清，上官铁梁，等，2001. 山西植被[M]. 北京：中国科学技术出版社.

满多清，吴春荣，等，2005. 腾格里沙漠东南缘荒漠植被盖度月变化特征及生态恢复[J]. 中国沙漠，25(1)：140-144.

毛丹，马学文，等，2013. 河南云台山药用植物种质资源研究[J]. 国土与自然资源研究，2013(5)：80-82.

毛学文，郑宝军，等，2005. 小陇山森林与灌丛植被的主要类型及特征研究[J]. 天水师范学院学报，25(5)：76-79.

梅东艳，周生，等，2008. 试论黄柳的平茬复壮及其利用[J]. 内蒙古林业，395(7)：32-33.

美丽，李奇，等，2019. 再生PP/沙柳复合材料成型及力学性能研究[J]. 塑料科技，47(2)：1-4.

蒙秋霞，赵悠悠，等，2018. 山西野生木本油脂植物资源现状分析[J]. 中国油脂，43(6)：95-103.

孟华，2013. 额济纳胡杨林国家级自然保护区森林资源现状及特点[J]. 林业实用技术，36(1)：31-33，54.

苗雅文，张桂兰，2013. 沙柳木材苯酚液化工艺及其结构表征[J]. 西北林学院学报，28(4)：162-165.

牟洪香，2006. 木本能源植物文冠果(*Xanthoceras sorbifolia* Bunge)的调查与研究[D]. 北京：中国林业科学研究院.

牟雪，姜鹏，等，2014. 北沟林场两种不同林分林下枯落物现存量及持水能力的研究[J]. 河北林果研究，29(1)：1-4.

木沐，2019. 世界四大木本油料发展现状[J]. 中国林业产业(11)：28-31.

穆长龙，龚固堂，2001. 长江中上游防护林体系综合效益的计量与评价[J]. 四川林业科技，22(1)：15-23.

穆叶赛尔·吐地，吉力力·阿不都外力，等，2013. 天山北坡东西段林沿土壤有机质含量特征对比分析[J]. 水土保持研究，20(1)：70-75.

《内蒙古草地资源》编委会，1990. 内蒙古草地资源[M]. 呼和浩特：内蒙古人民出版社.

倪健，郭柯，等，2005. 中国西北干旱区生态区划[J]. 植物生态学报，29(2)：175-184.

倪绍祥，蒋建军，等，1995. 基于卫星影像解译的华中地区自然景观分类与制图[J]. 长江流域资源与环境，4(4)：337-343.

聂蕾，陈奇伯，等，2017. 昆明市常见植物对大气中氟化物的净化效应[J]. 中南林业科技大学学报，37(3)：123-128.

宁宝军，1995. 中国科尔沁草地草麻黄资源的分布及其合理利用[J]. 自然资源，55(4)：12-19.

宁宝山，闫好原，等，2015. 石羊河流域下游白刺平茬复壮试验研究[J]. 甘肃林业科技，40(1)：38-41.

宁晨，闫文德，等，2015. 贵阳市区灌木林生态系统生物量及碳储量[J]. 生态学报，2015，35(8)：2555-2563.

宁虎森，何苗，等，2019. 新疆柽柳林生态服务功能及其价值评估分析[J]. 生态科学，38(4)：111-118.

宁虎森，罗青红，等，2017. 新疆梭梭林生态系统服务价值评估[J]. 生态科学，36(3)：74-81.

宁夏农业勘查设计院，1988. 宁夏植被[M]. 银川：宁夏人民出版社.

《宁夏森林》编辑委员会，1990. 宁夏森林[M]. 北京：中国林业出版社.

宁夏通志编纂委员会，2008. 宁夏通志·地理环境卷[M]. 北京：方志出版社.

宁晓波，刘隆德，等，2013. 喀斯特城市主要森林生物量及碳吸存功能[J]. 中南林业科技大学学报，33(11)：109-114.

宁阳阳，李许文，等，2016. 海南非粮油脂植物资源调查与筛选[J]. 广东农业科学，43(1)：56-62.

牛耕芜，冯利群，等，1997. 柠条、沙柳制造刨花板生产工艺研究[J]. 内蒙古林学院学报(自然科学版)，19(4)：66-71.

牛世全，杨婷婷，等，2011. 盐碱土微生物功能群季节动态与土壤理化因子的关系[J]. 干旱区研究，28(2)：328-334.

牛西午，1999. 关于在我国西北地区大力发展柠条林的建议[J]. 内蒙古畜牧科学，1999(1)：3-5.

农业部发展计划司，农业部规划设计研究院，等，1999. 农业项目经济评价实用手册[M]. 北京：中国农业出版社.

欧晓昆，1994a. 金沙江干热河谷的资源植物及其生态特征[J]. 植物资源与环境(1)：42-46.

欧晓昆，1994b. 云南省干热河谷地区的生态现状与生态建设[J]. 长江流域资源与环境，3(3)：271-276.

欧阳克蕙，王堃，2006. 中国南方草地开发现状及发展战略[J]. 草业科学，23(4)：17-22.

欧阳志云，王如松，等，1990. 生态系统服务功能及其生态经济价值评价[J]. 应用生态学报，1999(5)：635-640.

欧阳志云，徐卫华，等，2017. 中国生态系统评估：格局、质量、问题与服务[M]. 北京：科学出版社.

潘贤章，郭志英，等，2009. 陆地生态系统土壤观测指标与规范[M]. 北京：中国环境出版集团.

庞梦丽，朱辰光，等，2017. 河北省太行山区3种人工水土保持林枯落物及土壤水文效应[J]. 水土保持通报，37(1)：51-56.

庞琪伟，贾黎明，等，2010. 基于多谱辐射仪的柠条地上干生物量估算模型研究[J]. 北京林业大学学报，32(4)：81-85.

庞学勇，包维楷，等，2008. 岷江上游干旱河谷气候特征及成因[J]. 长江流域资源与环境，17(S1)：47-53.

裴红宾，高凤琴，2006. 连翘在山西的立地范围及其开发利用价值[J]. 北方园艺(2)：98-99.

裴世芳，2007. 放牧和围封对阿拉善荒漠草地土壤和植被的影响[D]. 兰州：兰州大学.

裴世芳，傅华，等，2004. 放牧和围封下霸王灌丛对土壤肥力的影响[J]. 中国沙漠，24(6)：763-767.

彭成山，杨玉珍，等，2006. 黄河三角洲暗管改碱工程技术实验与研究[M]. 郑州：黄河水利出版社.

彭鉴，1984. 昆明地区地盘松群落的研究[J]. 云南大学学报(自然科学版)(1)：149-150.

彭敏，赵京，等，1989. 青海省东部地区的自然植被[J]. 植物生态学与地植物学报，13(3)：250-257.

彭祚登，马履一，等，2015. 燃料型灌木能源林培育研究[M]. 北京：中国林业出版社.

彭祚登，宋廷茂，等，1996. 世界干旱半干旱地区集水造林技术研究应用的现状及其发展动向[J]. 世界林业研究，9(3)：29-36.

片冈顺，王丽，1990. 水源林研究述评[J]. 水土保持科技情报(4)：44-46，55.

蒲小鹏，徐长林，等，2004，放牧利用对金露梅灌丛土壤理化性质的影响[J]. 甘肃农业大学学报，39(1)：39-41.

普建明，2004. 澜沧江、金沙江云南德钦段干暖河谷区生态建设探讨[J]. 林业调查规划，29(4)：51-54.

漆建忠，1998. 中国飞播治沙[M]. 北京：中国林业出版社.

祁承经，汤庚国，1994. 树木学[M]. 北京：中国林业出版社.

钱景，2018-01-05. 一种基于沙柳纤维素/魔芋的磁性纳米复合材料：201710836596.2[P].

钱均祥，刘莉，等，2015. 云南彝良药用植物资源调查研究[J]. 西南农业学报，28(1)：56-66.

乔建忠，2020. 浅谈灌木林生态效益[J]. 农村实用技术，220(3)：154-154.

乔雪，李硕，等，2018. 侵蚀环境下植被恢复的水文效应分析：以江西兴国潋水流域为例[J]. 水土保持研究，25(5)：136-142.

秦嘉海，2005. 河西走廊干旱荒漠区植物资源的开发利用[J]. 干旱地区农业研究，23(1)：201-203.

秦卫华，周守标，等，2003. 皖南山区野生可食植物资源的开发利用[J]. 安庆师范学院学报（自然科学版），9(2)：41-43.

秦学军，钟志岩，等，2007. 植物资源与开发利用途径[J]. 中国林副特产，89(4)：83-85.

秦仲，李湛东，2012. 北京市小龙门地区野生观赏花灌木资源及其园林应用[J]. 湖北农业科学，51(4)：765-769.

邱丽霞，李淑芬，等，2020. 不同植被类型枯落物水源涵养功能的研究[J]. 河北林业科技(2)：1-4.

曲瑞芳，刘佃林，等，2013. 大青山小井沟百里香的生态群落特征[J]. 贵州农业科学，41(4)：29-31.

《全国中草药汇编》编写组，1996. 全国中草药汇编（上、下册)[M]. 北京：人民卫生出版社.

冉凤维，2019. 鄱阳湖地区生态系统服务权衡与协同研究[D]. 南昌：江西农业大学.

任海，简曙光，等，2017. 中国南海诸岛的植物和植被现状[J]. 生态环境学报，26(10)：1639-1648.

任慧敏，2014. 沙柳纤维素液化产物合成聚氨酯纺丝工艺研究[D]. 呼和浩特：内蒙古农业大学，2014.

任金旺，2005. 山西省沙棘灌丛的地理生态特征及其可持续开发利用[J]. 林业实用技术(2)：8-10

任明波，刘翔，等，2012. 乌蒙山山脉药用植物资源调查研究[J]. 资源开发与市场，28(2)：141-143.

任天忠，马宏亮，等，2012. 流动沙丘沙柳造林技术研究[J]. 内蒙古林业科技，38(4)：30-34.

任小娜，曾俊，等，2018. 新疆4种典型木本油料油脂脂肪酸和甘三酯组成分析[J]. 中国油脂，43(12)：119-121.

任雪，2008. 北疆绿洲—荒漠过渡带灌木"肥岛"效应特征及其环境学意义研究[D]. 石河子：石河子大学.

任毅，刘明时，等，2006. 太白山自然保护区生物多样性研究与管理[M]. 北京：中国林业出版社.

任余艳，高崇华，等，2015. 饲用柠条的营养特点及青贮技术研究[J]. 饲料研究(5)：1-2，4.

任余艳，刘朝霞，等，2020. 毛乌素沙地文冠果植苗造林试验[J]. 防护林科技，199(4)：4-6，13.

茹文明，渠晓霞，等，2004. 太岳林区连翘灌丛群落特征的研究[J]. 西北植物学报，(8)：1462-1467.

萨日娜，2019. 特金罕山自然保护区野生食用植物资源及其传统知识调查[D]. 呼和浩特：内蒙古师范大学.

《山西森林》编辑委员会，1992. 山西森林[M]. 北京：中国林业出版社.

商素云，李永夫，等，2012. 天然灌木林改造成板栗林对土壤碳库和氮库的影响[J]. 应用生态学报，23(3)：659-665.

上官铁梁，李晶，等，2004. 山西北部地区沙棘群落的数量分类和排序研究[J]. 西北植物学报，24(8)：1452-1456.

上官铁梁，张峰，1989. 云顶山虎榛子灌丛群落学特性及生物量[J]. 山西大学学报（自然科学版），12(3)：361-364.

上官铁梁，张峰，等，1996. 沙棘灌丛的群落特征及其合理利用[J]. 武汉植物学研究，14(2)：153-160.

尚玉牛，2000. 两种抗旱造林技术[J]. 中国林业(6)：40.

邵辰光，丁西朋，等，2018．银合欢种质资源产量潜力和营养价值分析[J]．云南农业大学学报：自然科学版(1)：132-139．

邵东玲，2015．板栗萌蘖灌木林改造技术探究[J]．山东林业科技，45(1)：74-76．

邵婷婷，于昊，等，2017．亚/超临界乙二醇中沙柳的液化工艺研究[J]．科学技术与工程，17(09)：15-21．

邵永久，刘立成，等，1999．半干旱地区沙地麻黄人工栽培技术研究[J]．中国沙漠，19(S1)：3-5．

绍麟惠，2007．柴达木盆地六种灌木抗旱性综合评价研究[D]．兰州：甘肃农业大学．

佘道平，向丽，等，2013．高山柳种子萌发特性[J]．西北农业学报，22(8)：148-151．

佘雕，2010．黄土高原水土保持型灌木林地土壤质量特征及评价[D]．咸阳：西北农林科技大学．

佘维维，2018．毛乌素沙地油蒿群落对水分和氮素添加的响应[D]．北京：北京林业大学．

沈慧，姜凤岐，1999．水土保持林效益评价研究综述[J]．应用生态学报，(4)：3-5．

沈慧，姜凤岐，2000a．水土保持林土壤改良效益评价指标体系的研究[J]．北京林业大学学报(5)：96-99．

沈慧，姜凤岐，等，2000b．水土保持林土壤改良效益评价研究[J]．生态学报(5)：753-758．

沈茂才，2010．中国秦岭生物多样性的研究和保护[M]．北京：科学出版社．

沈源，贺勤，2013．4种灌木材性及其刨花板制备的研究[J]．内蒙古农业大学学报，20(4)：10-12．

沈泽昊，张志明，等，2016．西南干旱河谷植物多样性资源的保护与利用[J]．生物多样性，24(4)：475-488．

盛卫，2015．沙柳纳米纤维素的制备及表征[D]．苏州：苏州大学．

史密斯 R H，1988．生态学原理和野外生物学[M]．李建东，等，译．北京：科学出版社．

史文娟，杨军强，等，2015．旱区盐碱地盐生植物改良研究动态与分析[J]．水资源与水工程学报，26(5)：229-234．

史晓晓，2015．黄土高原百里香种群生态特性研究[D]．咸阳：西北农林科技大学．

史滟洒，杨静慧，等，2015．九种常见绿化花灌木和小乔木在盐碱地上的生长比较[J]．北方园艺(22)：61-63．

舒媛媛，黄俊胜，等，2016．青藏高原东缘不同树种人工林对土壤酶活性及养分的影响[J]．生态学报，36(2)：394-402．

术洪磊，毛赞猷，1997．GIS辅助下的基于知识的遥感影像分类方法研究：以土地覆盖/土地利用类型为例[J]．测绘学报，26(4)：328-336．

《四川植被》协作组，1980．四川植被[M]．成都：四川人民出版社．

宋成程，常顺利，等，2017．天山灌木林生态系统服务功能评估[J]．安徽农业科学，45(21)：70-74，79．

宋德禄，2006．黑龙江省野生浆果资源[J]．特种经济动植物(8)：32-33．

宋福春，2005．胡枝子群落结构及刈割对其营养成分影响研究[D]．北京：北京林业大学．

宋学峰，邓晓东，等，2000．降水和围封对荒漠灌丛变化监测模式的建立[J]．内蒙古气象(4)：31-34．

宋永昌，张绅，等，1965．关于亚热带山地次生灌丛和幼年林的取样问题[J]．植物生态学报，3(2)：247-263．

苏爱玲，徐广平，等，2010．祁连山金露梅灌丛草甸群落结构及主要种群的点格局分析[J]．西北植物学报，30(6)：1231-1239．

苏雅拉，2014．内蒙古高格斯台罕乌拉国家级自然保护区野生食用植物资源的调查与评价[D]．呼和浩特：内蒙古师范大学.

苏亚拉图，哈斯巴根，等，1999. 内蒙古阿拉善盟蒙古族牧民食用野果植物的民族植物学研究[J]. 内
　蒙古师大学报(自然科学汉文版)(4)：321-324.

苏永中，赵哈林，等，2002. 几种灌木、半灌木对沙地土壤肥力影响机制的研究[J]. 应用生态学报
　(7)：802-806.

苏钺凯，李景宇，等，2018. 泰山地区药用植物资源现状调查与分析[J]. 中国野生植物资源，37(5)：
　61-76.

苏州贝彩纳米科技有限公司，2015-10-21. 沙柳纳米纤维素的制备方法及其应用：201510289609.X
　[P].

孙斌，王炳煜，等，2016. 河西荒漠盐爪爪草地生物量动态研究[J]. 中国草食动物科学，36(5)：
　42-44.

孙海松，2004. 青海省饲用灌木半灌木植物及其利用评价[J]. 当代畜牧(7)：28-30.

孙浩，刘晓勇，何等，2017. 修河上游流域4种森林类型的水源涵养功能评价[J]. 水土保持研究，24
　(4)：337-341，348.

孙建昌，杨艳，等，2006. 贵州木本饲料植物资源及开发利用研究[J]. 贵州林业科技，34(3)：1-5.

孙进，2018. 华北地区盐碱地城市园林绿化中植物的筛选方法研究[J]. 绿色科技(15)：80-81

孙立达，朱金兆，1995. 水土保持林体系综合效益研究与评价[M]. 北京：中国科学技术出版社.

孙良英，张世彪，1999. 荒漠化土地土壤生产潜力监测方法[J]. 中国沙漠，19(3)：261-264.

孙启忠，赵淑芬，等，2007. 尖叶胡枝子营养成分研究[J]. 草地学报(4)：335-338.

孙森凤，张颖颖，2017. 番泻叶成分及药理作用研究进展[J]. 山东化工(13)：44-45.

孙书存，钱能斌，1999. 刺旋花种群形态参数的通径分析与亚灌木个体生物量建模[J]. 应用生态学报，
　10(2)：155-158.

孙涛，王继和，等，2011. 仿真固沙灌木防风积沙效应的风洞模拟研究[J]. 水土保持学报，25(6)：
　49-54.

孙拖焕，郑智礼，等，2009. 爆破整地是石质困难立地造林的有效途径[J]. 林业科技(1)：20-21.

孙文艳，廖超英，等，2013. 毛乌素沙地东南部人工林土壤生物学特性[J]. 西北林学院学报，28(3)：
　28-33.

孙显科，郭志中，1999. 沙障固沙原理的研究[J]. 甘肃林业科技，24(2)：7-12.

孙晓丹，李海梅，等，2017. 10种灌木树种滞留大气颗粒物的能力[J]. 环境工程学报，11(2)：
　1047-1054.

孙岩，何明珠，等，2018. 降水控制对荒漠植物群落物种多样性和生物量的影响[J]. 生态学报，38
　(7)：2425-2433.

孙一荣，朱教君，等，2009. 森林枯落物的水源涵养功能[C]. 中国环境科学学会2009年学术年会论文
　(第三卷)，北京：中国环境科学学会.

孙永玉，李昆，等，2009. 干热河谷引种沙漠葳的抗旱生理特征[J]. 南京林业大学学报，33(6)：
　83-86.

孙元发，2005. 保护植物东北茶藨子的生殖生态学研究[D]. 哈尔滨：东北林业大学.

孙兆军，2017. 中国北方典型盐碱地生态修复[M]. 北京：科学出版社.

索爱民，聂奔，等，2004. 内蒙古乌兰察布盟干旱、半干旱地区旱作人工灌丛草地生态效益初探[J].
　畜牧与饲料科学，25(1)：24-26.

谭炳香，李增元，等，2006. Hyperion 高光谱数据森林郁闭度定量估测研究[J]. 北京林业大学学报，28（3）：95-102.

谭莉梅，刘金铜，等，2012. 河北省近滨海区暗管排水排盐技术适宜性及潜在效果研究[J]. 中国生态农业学报，20(12)：1673-1679.

谭业华，陈珍，2006. 海南万宁市药用植物资源及开发利用[J]. 现代中药研究与实践，20(6)：27-30.

唐芳芳，徐宗学，等，2012. 黄河上游流域气候变化对径流的影响[J]. 资源科学，34(6)：1079-1088.

唐丽丽，杨彤，等，2019. 华北地区荆条灌丛分布及物种多样性空间分异规律[J]. 植物生态学报，43（9）：825-833.

唐敏，张欣，等，2019. 北京道路绿地十种花灌木对四种重金属的富集能力评价[J]. 北方园艺(13)：87-93.

唐一国，龙瑞军，等，2003. 云南省草地饲用灌木资源及其开发利用[J]. 四川草原(3)：39-42.

陶小工，张红霞，2002. 山西沙棘产品及其生产技术的现状分析[J]. 沙棘，15(4)：21-24.

陶雪松，2003. 甘肃省沙棘资源现状及开发利用调查研究[J]. 甘肃林业科技，28(4)：42-44.

滕训辉，李杨胜，等，2013. 野生连翘经济林人工抚育技术研究[J]. 亚太传统医药，9(9)：22-25.

田晋梅，谢海军，2000. 豆科植物沙打旺、柠条、草木犀单独青贮及饲喂反刍家畜的试验研究[J]. 黑龙江畜牧兽医(6)：14-15.

田栢，高润宏，2018. 内蒙古自然生态概论[M]. 呼和浩特：内蒙古人民出版社.

田涛，2006. 毛乌素沙地中国沙棘平茬萌蘖种群动态研究[D]. 咸阳：西北农林科技大学.

田永祯，司建华，等，2010. 阿拉善沙区飞播造林试验研究初探[J]. 干旱区资源与环境，24(7)：149-153.

仝慧杰，冯仲科，等，2007. 树种在遥感信息上的差异分析[J]. 北京林业大学学报，29(S2)：160-163.

童庆禧，张兵，等，2006. 高光谱遥感的多学科应用[M]. 北京：电子工业出版社.

涂行浩，杜丽清，等，2019. 我国 7 种典型热带木本油料加工研究现状[J]. 热带农业科学，39(4)：114-122.

屠焰，刁其玉，等，2009. 杂交构树营养成分瘤胃降解特点的研究[J]. 中国畜牧杂志，45(11)：38-41.

屠玉麟，杨军，1995. 贵州喀斯特灌丛群落类型研究[J]. 贵州师范大学(自然科学版)，13(3)：27-43.

土小宁，2012. 完善沙棘标准化体系推进沙棘资源建设和产业开发[J]. 中国水土保持，(11)：10-12.

宛敏渭，刘秀珍，1979. 中国物候监测方法[M]. 北京：科学出版社.

万里强，李向林，2001a. 长江三峡地区灌木生物量及产量估测模型[J]. 草业科学，18(5)：5-10，15.

万里强，李向林，等，2001b. 不同放牧强度对三峡地区灌丛草地灌木重要值变化的影响[J]. 中国草地，23(1)：11-16，51.

万里强，李向林，等，2002. 不同放牧强度对三峡地区灌丛草地植物产量的影响[J]. 草业学报，11（2）：51-58.

万里强，李向林，等，2003. 灌丛草地山羊放牧利用研究进展[J]. 中国草地，25(6)：45-50.

万群芳，2010. 文冠果种群生殖生态学及生存策略研究[D]. 咸阳：西北农林科技大学.

汪潇，2017-12-15. 一种沙柳聚酰胺木塑复合材料：CN201710725851.6[P].

汪松，解炎，2004. 中国物种红色名录(第 1 卷)[M]. 北京：高等教育出版社.

汪有良，2010. 园林灌木对城市环境中镉和铅吸收积累作用研究[J]. 北方园艺(10)：103-106.

汪愚，1983. 灌木、灌木林在"三北"防护林体系建设中的重要性及发展意见[J]. 农业现代化研究(5)：19-23.

王斌瑞，罗彩霞，等，1997. 国内外土壤蓄水保墒技术研究动态[J]. 世界林业研究(2)：37-43.

王斌瑞，王百田，等，1996. 黄土高原径流林业技术研究[J]. 林业科技通讯(9)：13-15, 21.

王兵，魏江生，等，2011. 中国灌木林—经济林—竹林的生态系统服务功能评估[J]. 生态学报，31(7)：1936-1945.

王伯孙，廖宝文，等，2002. 深圳湾红树林生态系统及其持续发展[M]. 北京：科学出版社.

王伯荪，余世孝，等，1996. 植物群落学实验手册[M]. 广州：广东高等教育出版社.

王川，刘春芳，等，2019. 黄土丘陵区生态系统服务空间格局及权衡与协同关系：以榆中县为例[J]. 生态学杂志，38(2)：521-531.

王春菊，汤小华，2008. GIS 支持下的水源涵养功能评价研究[J]. 水土保持研究，15(2)：215-216, 219.

王大名，1995. 容器苗造林是石质山地造林成功的重要途径[J]. 辽宁林业科技(2)：18-19, 37.

王德炉，朱守谦，等，2003. 贵州喀斯特区石漠化过程种植被特征的变化[J]. 南京林业大学学报(自然科学版)，27(3)：26-30.

王多泽，袁宏波，等，2014. 仿真固沙灌木林与塑料网方格沙障防风固沙效能比较[J]. 防护林科技(11)：6-10.

王恩军，高海宁，等，2020. 河西走廊药用植物资源调查研究[J]. 河西学院学报，36(5)：1-9.

王发国，邢福武，等，2005. 澳门路环岛灌丛群落的特征[J]. 植物研究，25(2)：236-241.

王凤友，1989. 森林凋落物研究综述[J]. 生态学进展，6(2)：82-89.

王根绪，程国栋，1999. 西北干旱区土壤资源特征与可持续发展[J]. 地球科学进展，14(5)：492-497.

王国保，刘增文，等，2014. 陕北采油区灌木枯落叶对油污土壤环境的改良效应[J]. 中国环境科学，34(3)：688-696.

王海军，顾振瑜，等，2001. 固体水释放规律及其对植物水分生理的影响[J]. 西北林学院学报，16(3)：11-13.

王海珍，2015. 沙柳废纸混合纤维超轻质材料的制备[D]. 呼和浩特：内蒙古农业大学.

王海珍，郝一男，等，2015. 沙柳纤维对废纸纤维基轻质材料性能的影响[J]. 包装工程，36(5)：43-47.

王浩，张晟，等，2015. 河北平山县药用植物资源调查研究与评价[J]. 中国现代中药，17(10)：1051-1056.

王合云，李红丽，董智，等，2016. 滨海盐碱地不同造林树种改良土壤效果研究[J]. 水土保持研究，23(2)：161-165.

王荷生，1964. 新疆主要盐生植物群落的分布及其与土壤、地下水的关系[J]. 植物生态学与地植物学丛刊，2(1)：57-69.

王荷生，1999. 华北植物区系的演变和来源[J]. 地理学报，54(3)：23-33.

王红娟，范林元，等，2017. 云南木本油料树种良种选育进展、问题及对策[J]. 种子，36(5)：91-95.

王虎军，2015. 沙柳纤维基轻质工程材料制备工艺的研究[D]. 呼和浩特：内蒙古农业大学.

王虎军，郝一男，等，2015. 三聚氰胺树脂增强沙柳纤维基轻质工程材料的研究[J]. 化工新型材料，43(11)：163-165, 169.

王焕炯，戴君虎，等，2012. 1952-2007 年中国白蜡树春季物候时空变化分析[J]. 中国科学：地球科学，42（5）：701-710.

王辉，刘千枝，汪杰，1998. 土地荒漠化综合防治技术[M]. 北京：中国林业出版社：144.

王惠，邵国凡，等，2007. 采伐干扰下长白山阔叶红松林主要灌木种群生态位动态特征[J]. 东北林业大学学报，35（11）：27-31.

王慧，2019. 内蒙古高原等地湖泊表层沉积物有机质来源及古环境意义[D]. 呼和浩特：内蒙古大学.

王慧，杨淑萍，等，2016. 新疆西昆仑山地区药用植物资源调查研究[J]. 时珍国医国药，27（11）：2750-2752.

王计，杨树林，2002. 杨尺蠖病毒防治柠条尺蠖的试验研究[J]. 内蒙古林业科技（S1）：13-14.

王继和，马全林，2003. 民勤绿洲人工梭梭林退化现状、特征与恢复对策[J]. 西北植物学报，23（2）：2107-2112.

王继和，徐先英，等，2002. 甘肃治沙研究工作的主要进展[J]. 中国沙漠，22（1）：93-100.

王建中，刘忠华，2015. 中国野生果树物种资源调查与研究[M]. 北京：中国环境出版社.

王金兰，曹文侠，等，2019. 东祁连山高寒杜鹃灌丛群落结构和物种多样性对海拔梯度的响应[J]. 草原与草坪，39（5）：1-9.

王金玲，张永鑫，等，2020. 吉林省木本油料植物资源开发利用[J]. 温带林业研究，3（2）：27-30.

王进，刘子琦，等，2019. 喀斯特石漠化区林草恢复对土壤团聚体及其有机碳含量的影响[J]. 水土保持学报，33（5）：249-256.

王晋堂，2004. 黄龙山林区主要灌丛群落类型及其生态作用[J]. 陕西林业科技（1）：73-76.

王镜泉，1978. 甘肃天祝山地灌丛研究：种类、分布及经济意义[J]. 西北师范大学学报（自然科学版）（5）：5-9.

王九龄，孙健，1984. 华北石质低山阳坡应用高吸水剂抗旱造林试验初报[J]. 林业科技通讯（11）：16-20.

王九龄，王志明，等，1988. 高吸水剂抗旱造林操作技术要点[J]. 林业科技通讯（4）：21-22.

王俊东，1981. 河北省内陆盐碱地常用造林树种抗盐能力的研究[J]. 河北林业科技（4）：40-44.

王俊丽，张忠华，等，2020. 基于文献计量分析的喀斯特植被生态学研究态势[J]. 生态学报，40（3）：1113-1124.

王俊炜，李海燕，等，2005. 温带地区4种园林灌木叶片的生长规律[J]. 东北师大学报（自然科学版），37（1）：95-98.

王科鑫，2019. 宁夏荒漠草原不同内蒙古西乌珠穆沁旗伏沙地植被和土壤特征研究植物群落土壤生物学特性及呼吸特征研究[D]. 银川：宁夏大学.

王克冰，武彦伟，2015. 沙柳在混合供氢溶剂中的液化工艺及产物特性[J]. 科技导报，33（9）：25-30.

王磊，李文清，等，2020. 山东省木本油料树种资源利用及产业化发展探讨[J]. 安徽农业科学，48（17）：146-151.

王蕾，哈斯，等，2007. 北京市六种针叶树叶面附着颗粒物的理化特征[J]. 应用生态学报18（3）：487-492.

王蕾，张宏，等，2004. 基于冠幅直径和植株高度的灌木地上生物量估测方法研究[J]. 北京师范大学学报（自然科学版），40（5）：700-704.

王立，1999. 甘肃河西沙区野生观赏植物资源的研究[J]. 甘肃林业科技，24（2）：24-26.

王丽莉，2013. 柠条平茬复壮更新技术研究[J]. 现代农业科技（8）：156-157.

王丽梅，张谦，等，2020. 毛乌素沙地3种人工植被类型对土壤颗粒组成和固碳的影响[J]. 水土保持研究，27（1）：88-94.

王丽霞，2013. 阔叶红松混交林林隙大小、土壤水分以及光照对植物的影响[D]. 哈尔滨：东北林业大学.

王利兵，侯彦飞，等，2011. 山杏林更新复壮技术[J]. 林业实用技术（12）：17-18.

王利兵，胡小龙，等，2006. 沙粒粒径组成的空间异质性及其与灌丛大小和土壤风蚀相关性分析[J]. 干旱区地理，29（5）：688-693.

王琳琳，李素艳，等，2015. 不同隔盐材料对滨海盐渍土水盐动态和树木生长的影响[J]. 水土保持通报（4）：141-147.

王玲，张玉钧，等，2015. 北京八达岭林场野生药用植物多样性特征分析[J]. 西北农林科技大学学报（自然科学版），43（8）：202-210.

王乃江，令志哲，等，2002. 河朔荛花灌丛特性及其毒性的初步研究[J]. 陕西林业科技（3）：1-5.

王青，2019. 基于保护生物学的中国特有树种文冠果保护策略研究[D]. 北京：北京林业大学.

王三英，周映梅，等，2001. 吸水保水剂在抗旱造林中的应用研究[J]. 甘肃林业科技，26（4）：64-67.

王少朴，2008. 新疆艾比湖周边灌丛沙堆地貌形态特征相关分析[J]. 咸阳师范学院学报，23（6）：58-62.

王升堂，孙贤斌，等，2019. 生态系统水源涵养功能的重要性评价：以皖西大别山森林为例[J]. 资源开发与市场，35（10）：1252-1257.

王生军，刘果厚，2006. 内蒙古灌木资源[M]. 呼和浩特：内蒙古大学出版社.

王世杰，李阳兵，等，2003. 喀斯特石漠化的形成背景、演化与治理[J]. 第四纪研究，23（6）：657-666.

王世裕，王世昌，等，2011. 晋西北地区柠条林更新复壮技术研究[J]. 现代农业科技（1）：223-224.

王树力，梁晓娇，等，2017. 基于结构方程模型的羊柴灌丛与沙地土壤间耦合关系[J]. 北京林业大学学报，39（1）：1-8.

王伟平，唐昌亮，等，2009. 广东野生灌木植物资源研究[J]. 安徽农业科学，37（26）：12509-12510.

王文卿，陈琼，2013. 南方滨海耐盐植物资源（一）[M]. 厦门：厦门大学出版社.

王兮之，王刚，2002. SPOT4遥感数据在荒漠—绿洲景观分类研究中的初步应[J]. 应用生态学报，13（9）：1113-1116.

王喜明，2012. 沙生灌木人造板生产技术产业化现状与发展[J]. 林产工业，39（1）：53-55.

王喜明，高志悦，2003. 沙生灌木人造板的生产工艺和关键技术[J]. 木材工业，17（1）：11-13，20.

王喜明，高志悦，等，1997. 沙柳刨花板及低毒脲醛树脂胶研究[J]. 林产工业，24（5）：27-30.

王喜明，薛振华，等，2020. 沙生灌木资源利用[M]. 1版. 北京：中国林业出版社.

王冼章，赵家依，等，2015. 内蒙古主要药用植物资源及应用进展[J]. 内蒙古林业科技，41（2）：65-68.

王献溥，郭柯，等，2014. 广西植被志要（下）[M]. 北京：高等教育出版社.

王霄煜，2020. 新疆木本油料产业市场前景分析[J]. 现代农业科技（18）：238-239.

王小庆，刘方炎，等，2011. 元谋干热河谷滇榄仁群落林下物种多样性与幼苗更新特征[J]. 浙江农林大学学报，28（2）：241-247.

王晓峰，2008. 荒漠绿洲过渡带灌丛沙堆土壤养分研究进展[J]. 安徽农业科学，36（5）：1949-1951.

王晓光，雷小华，等，2006. 湖北省富含油脂林木资源调查初报[J]. 生物质化学工程，（S1）：348-352.

王晓辉，2010. 论发展灌木林在林业生态建设中的作用[J]. 科技信息(25)：818.

王晓江，等，2016-07-19. 一种飞播杨柴灌木林更新复壮方法：201610577345.2[P].

王晓娟，杨鼎，等，2015. 盐生植物盐爪爪的资源特点及研究进展[J]. 畜牧与饲料科学，36(5)：64-67.

王晓莉，2008. 浑善达克沙地植物资源及其沙生植物区系分析[D]. 兰州：甘肃农业大学.

王晓林，2012. 柴达木盆地植被空间分布特征[D]. 北京：中国地质大学.

王晓学，沈会涛，等，2013. 森林水源涵养功能的多尺度内涵、过程及计量方法[J]. 生态学报，33(4)：1019-1030.

王孝康，侯晓巍，2014. 我国的特殊灌木林资源[J]. 林业资源管理(S0)：13-16.

王新平，康尔泗，等，2004. 荒漠地区主要固沙灌木的降水截留特征[J]. 冰川冻土，26(1)：89-94.

王秀平，2019. 论柠条灌木林平茬复壮[J]. 农业开发与装备(5)：222-223.

王雅梅，李振威，2013. 柠条材活性炭的制备工艺研究[C]. 第三届中国林业学术大会论文集，北京：中国林学会.

王亚林，丁忆，等，2019. 中国灌木生态系统的干旱化趋势及其对植被生长的影响[J]. 生态学报，39(6)：2054-2062.

王岩松，沈波，2001. 松辽流域景观分类研究[J]. 水土保持科技情报(60)：36-38.

王彦辉，于澎涛，等，1998. 林冠截留降雨模型转化和参数规律的初步研究[J]. 北京林业大学学报，19(6)：29-34.

王彦武，罗玲，等，2019. 河西绿洲荒漠过渡带梭梭林土壤保育效应[J]. 土壤学报，56(3)：749-762.

王艳兵，2020. 山杏产业化发展前景分析[J]. 山西林业(S1)：16-17.

王燕钧，缪祥辉，等，1998. 西宁市北山林场节水滴灌造林技术试验初报[J]. 青海农林科技(3)：14-16.

王烨，尹林克，1991. 两种沙冬青耐盐性测定[J]. 干旱区研究(2)：20-22.

王英，李茜，等，2006. 一叶萩的化学成分[J]. 中国天然药物(4)：260-263.

王勇，廉红义，等，2019. 河南伏牛山国家级自然保护区黑烟镇林区植物资源现状及保护、利用对策[J]. 河南林业科技，39(3)：33-35.

王勇军，黄从德，等，2010. 岷江干旱河谷灌丛物种多样性、生物量及其关系[J]. 干旱区研究，27(4)：567-572.

王佑民，1994. 黄土高原防护林生态特征[M]. 北京：中国林业出版社.

王宇超，2012. 秦岭大熊猫主要栖息地植物群落特征及与生境对应关系分析[D]. 咸阳：西北农林科技大学.

王玉龙，李志格，等，2004. 柽柳林下土壤剖面调查研究[J]. 内蒙古林业调查设计，27(S1)：76-77.

王玉霞，2018. 兰州地区锦鸡儿属植物资源利用与柠条人工林发展及生态适应性评价[J]. 林业科技，22(9)：72-77.

王月海，姜福成，等，2015. 黄河三角洲盐碱地造林绿化关键技术[J]. 水土保持通报，35(3)：203-213.

王在明，石小琼，等，1992. 闽西主要野生水果的开发利用初探[J]. 福建果树(2)：41-43.

王占军，徐昊，等，2019. 干旱风沙区沙柳灌木生物量可加性动态模型构建[J]. 东北林业大学学报，47(9)：52-57.

王占林，2014. 青海高原高山灌木林植被特点及主要类型[J]. 防护林科技(12)：34-37.

王占林，时保国，2018. 青海高原灌木树种造林技术[M]. 西宁：青海民族出版社.

王振亭，郑晓静，2002. 草方格沙障尺寸分析的简单模型[J]. 中国沙漠，22(3)：229-232.

王震，张利文，等，2013. 平茬高度对四合木生长及生理特性的影响[J]. 生态学报，33(22)：7078-7087.

王正安，邸利，等，2019. 白桦纯林和华北落叶松纯林枯落物层的水文效应：以六盘山叠叠沟小流域为例[J]. 甘肃农业大学学报，54(3)：93-98，107.

王志强，刘宝元，等，2005. 黄土高原半干旱区天然锦鸡儿灌丛对土壤水分的影响[J]. 地理研究，24(1)：113-120.

王志泰，2005. 东祁连山柳灌丛群落物种多样性及干扰分析[J]. 山地农业生物学报，24(1)：22-28.

韦本辉，申章佑，等，2017. 粉垄改造利用盐碱地效果初探[J]. 中国农业科技导报，19(10)：107-112.

韦毅刚，2004. 桂林漓江沿岸植物区系特点及其与景观的关系[J]. 广西植物，24(6)：508-514.

卫书平，贾静华，等，2000. 石灰岩山地天然灌木植被的定向培育[J]. 山西林业科技(3)：26-31.

卫智军，韩国栋，等，2013. 中国荒漠草原生态系统研究[M]. 北京：科学出版社.

魏汉功，叶厚源，1991. 金沙江干热河谷旱季土壤含水率评价立地质量的研究[J]. 云南林业科技(2)：48-51.

魏楠，赵凌平，等，2019. 草地灌丛化研究进展[J]. 生态科学，38(6)：208-216.

魏文俊，尤文忠，等，2016. 退化柞蚕林封育对枯落物和表层土壤持水效能的影响[J]. 生态学报，36(3)：721-728.

魏亚娟，汪季，等，2018. 吉兰泰盐湖周边白刺平茬效应初探[J]. 西南农业学报，31(9)：1898-1902.

温敦，崔东娟，等，2004. 内蒙古贺兰山国家级自然保护区灌木林资源分布及特点[J]. 内蒙古林业调查设计，27(S1)：154-156.

温浩江，邓卫华. 西部地区成为我国飞播造林重点[EB/OL]. (2006-06-02) http://news.sohu.com/20060602/n243528986.shtml.

温俊峰，2019. 不同活化剂制备沙柳活性炭的工艺研究[J]. 榆林学院学报，29(6)：9-14.

温兴平，胡光道，等，2008. 基于光谱特征拟合的高光谱遥感影像植被覆盖度提取[J]. 地理与地理信息科学，24(1)：27-31.

温学飞，李明，等，2005. 柠条微贮处理及饲喂试验[J]. 中国草食动物，25(1)：56-57.

温亚飞，杨新兵，等，2016. 冀北山地不同树种组成桦木林枯落物及土壤水文效应[J]. 河北林果研究，31(4)：337-344.

翁春雨，任军方，等，2013. 海南药用植物资源概述[J]. 安徽农学通报，19(17)：87-88.

翁殊斐，2010. 青年风景园林师植物应用图鉴：花木类[M]. 武汉：华中科技大学出版社.

沃尔特 H，1984. 世界植被：陆地生物圈的生态系统[M]. 中国科学院植物研究所生态室，译. 北京：科学出版社.

吴波，2000. 沙质荒漠化土地景观分类与制图：以毛乌素沙地为例[J]. 植物生态学报，24(1)：52-57.

吴楚材，孙灿明，等，2003. 森林旅游资源资产评估[J]. 中南林学院学报，23(6)：6-10.

吴大通，龚洁，等，2002. 侵蚀劣地胡枝子栽培技术及水土保持效应[J]. 福建水土保持(2)：27-29.

吴登如，尤俊杰，等，2012. 杨柳木材增强沙柳材 MDF 力学性能的研究[J]. 林产工业，39(6)：47-49.

吴冬秀，张琳，等，2019. 陆地生态系统生物监测指标与规范[M]. 北京：中国环境出版集团.

吴景才，程润柏，等，1996. 关于胡枝子开发利用的研究[J]. 水土保持科技情报(3)：52-53.

吴静，盛茂银，2020. 我国西南喀斯特地区主要药用植物资源及生态产业发展策略[J]. 世界林业研究，33(1)：66-74.

吴丽芳，魏晓梅，等，2018. 白刺花硬实种子的休眠机制及休眠解除[J]. 南方农业学报. 49(5)：944-949.

吴宁，1998. 川西北窄叶鲜卑花灌丛的类型和生物量及其与环境因子的关系[J]. 植物学报，40(9)：860-870.

吴鹏，陈骏，等，2012. 茂兰喀斯特植被主要演替群落土壤有机碳研究[J]. 中南林业科技大学学报，32(12)：181-186.

吴卿，杨莉，李文忠，等，2010. 榆林沙区防风固沙林结构与效益研究[J]. 人民黄河，32(7)：89-90，94.

吴向文，王喜明，等，2016. 竹柳材基本物理化学性能及其刨花板生产工艺的优化研究[J]. 西北林学院学报，31(4)：259-264.

吴新宏，2003. 沙地植被快速恢复[M]. 呼和浩特：内蒙古大学出版社.

吴征镒，1995. 中国植被[M]. 北京：科学出版社.

吴征镒，1997. 论中国植物区系的分区问题[J]. 云南植物研究，1(1)：1-20.

吴征镒，关克俭，等，1985. 西藏植物志[M]. 北京：科学出版社.

吴志敏，李镇魁，等，1996. 广东省野生水果植物资源[J]. 广西植物(4)：308-316.

吴中伦，王战，等，2000. 中国森林[M]. 北京：中国林业出版社.

武婧轩，2018. 城市绿地植物对大气汞的吸收与吸附作用研究[D]. 上海：华东师范大学.

武胜利，2008. 新疆和田流域柽柳沙堆表面沙物质粒度特征[J]. 干旱区研究，25(5)：745-751.

武胜利，李志忠，等，2006. 灌丛沙堆的研究进展与意义[J]. 中国沙漠(5)：734-738.

武彦伟，高学艺，等，2016. 煤半焦和沙柳炭混合物恒温共热解作用的研究[J]. 生物质化学工程，50(1)：35-40.

武艳芳，张琳，等，2008. 粤北山区重点药用植物资源调查[J]. 安徽农业科学，36(29)：12731-12733.

武玉斌，2017. 浅析太行林区灌木林改造[J]. 山西林业科技，46(3)：65-66.

武玉栓，2009. 内蒙古大兴安岭林区主要的野生食用植物[J]. 内蒙古林业调查设计，32(4)：117-118.

西北林学院，1980. 简明林学词典[M]. 北京：中国林业出版社：224.

西北农林科技大学，2015-08-19. 沙柳枝木热解生产活性炭的方法：201310164737.2[P].

席跃翔，张金屯，等，2004. 关帝山亚高山灌丛草甸群落的数量分类与排序研究[J]. 草业学报，13(1)：15-20.

夏丹，2013. 沙柳液化预处理及其产物制备保温材料研究[D]. 呼和浩特：内蒙古农业大学.

夏伟，董诚明，等，2016. 连翘化学成分及其药理学研究进展[J]. 中国现代中药(12)：1670-1674.

向琳，陈芳清，等，2019. 井冈山鹿角杜鹃群落灌木层功能多样性及其随海拔梯度的变化[J]. 生态学报，39(21)：8144-8155.

项宗友，叶佳宽，2009. 云和县野生植物资源及其开发利用[J]. 现代农业科技，2009(3)：87-88.

肖生春，肖洪浪，等，2004. 近百年来西居延海湖泊水位变化的湖岸林树轮记录[J]. 冰川冻土，26(5)，557-562.

谢慧玲，李树人，等，1999. 植物挥发性分泌物对空气微生物杀灭作用的研究[J]. 河南农业大学学报，

33(2)：127-133.

谢晋阳，陈灵芝，1997. 中国暖温带若干灌丛群落多样性问题的研究[J]. 植物生态学报，21(3)：197-207.

谢静，何冠谛，等，2015. 贵州气候因素对土壤类型及分布的影响[J]. 浙江农业科学，56(4)：510-514.

谢双喜，丁贵杰，等，2001. 贵州贞丰县兴北喀斯特森林植被的调查分析[J]. 浙江农业科技，21(5)：64-66.

谢双喜，彭贵，2002. 贵州喀斯特山地灌丛香叶树群落及种群结构的初步研究[J]. 中南林业调查规划，21(1)：56-57，62.

谢嗣荣，吴帅，等，2015. 内蒙古不同种群沙棘种子性状变异及其稳定性分析[J]. 林业科技开发，29(6)：55-58.

谢宗强，唐志尧，2017. 中国灌丛生态系统碳储量的研究[J]. 植物生态学报，41(1)：1-4.

谢宗强，王杨，等，2018. 中国常见灌木生物量模型手册[M]. 北京：科学出版社.

辛智鸣，黄雅茹，等，2015. 乌兰布和沙漠白刺与沙蒿群落多样性及其对降水的响应[J]. 河南农业科学，41(1)：117-120，142.

邢福武，邓双文，等，2019. 中国南海诸岛植物志[M]. 中国林业出版社.

邢福武，吴德邻，等，1994. 我国南沙群岛的植物与植被概况[J]. 广西植物，14(2)：151-156.

熊黑钢，秦珊，2006. 新疆森林生态系统服务功能经济价值估算[J]. 干旱区资源与环境，20(6)：146-149.

熊伟，吴建妹，2010. 不同树种耐盐性试验初报[J]. 上海农业科技(4)：77，79

熊小刚，2003. 生态学中的新领域：沃岛效应与草原灌丛化[J]. 植物杂志(2)：45-46

熊小刚，韩兴国，2005. 内蒙古半干旱草原灌丛化过程中小叶锦鸡儿引起的土壤碳、氮资源空间异质性分布[J]. 生态学报，25(7)：1678-1683.

熊小刚，韩兴国，2006. 资源岛在草原灌丛化和灌丛化草原中的作用[J]. 草业学报，15(1)：9-14.

熊小刚，韩兴国，等，2003. 锡林河流域草原小叶锦鸡儿分布增加的趋势、原因和结局[J]. 草业学报，12(3)：57-62.

熊勇，许光勤，等，2012. 混合凋落物分解非加和性效应研究进展[J]. 环境科学与技术，35(9)：56-60，120.

熊跃军，姜惠武，2011. 小议灌木林的重要性[J]. 黑龙江生态工程职业学院学报，24(4)：24-25.

胥彦，2018. 青海高原高山灌木林植被特点及主要类型[J]. 防护林科技(10)：84-86.

徐浩，朱昌保，等，2017. 安徽省木本油料产业发展前景[J]. 安徽科技(8)：43-45.

徐恒刚，2004. 中国盐生植被及盐渍化生态[M]. 北京：中国农业科学技术出版社.

徐化成，秦勇，等，1998. 生态土地分类及其在林业上的应用前景[J]. 林业科学，34(1)：1-8.

徐娟，2010. 山区典型森林枯落物层生态功能研究[D]. 北京：北京林业大学.

徐娟，涂炳坤，等，2005. 栀子成分开发利用研究进展[J]. 湖北林业科技(6)：42-46.

徐丽萍，2008. 黄土高原地区植被恢复对气候的影响及其互动效应[D]. 咸阳：西北农林科技大学.

徐荣，2004. 宁夏河东沙地不同密度柠条灌丛草地水分与群落特征的研究[D]. 北京：中国农业科学院.

徐尚辉，2009. 青海东部地区水土保持型灌木调查及甘蒙锦鸡儿灌丛效益研究[D]. 西北农林科技大学.

徐生旺，铁汝才，1995. "根宝"在云杉等苗木移栽中应用试验初报[J]. 青海农林科技(4)：62-63，68.

徐世晓，赵新全，等，2004. 青藏高原高寒灌丛生长季和非生长季 CO2 通量分析[J]. 中国科学(D 辑：

地球科学），34（S2）：118-124.

徐为山，1988. 西双版纳野生水果资源的保护与利用[J]. 云南林业科技（3）：26-27，29.

徐燕，卢鹏，等，2011. 山西翅果油树群落特征及多样性研究[J]. 山西师范大学学报（自然科学版），25（2）：95-99.

徐振，2007. 四川卧龙自然保护区川滇高山栎灌丛生态水文过程研究：稳定同位素技术的应用[D]. 南京：南京大学.

许崇华，樊伟，等，2017. 北亚热带常绿阔叶林林下灌木生物量模型的建立[J]. 西北农林科技大学学报（自然科学版），45（7）：49-56.

许凤，孙润仓，等，2004. 防沙治沙灌木生物资源的综合利用[J]. 造纸科学与技术，23（1）：17-20.

许鸿川，2000. 福建海岛亚热带灌丛的极点排序[J]. 福建农业大学学报，29（2）：254-257.

许庆方，董宽虎，等，2004. 放牧利用白羊草灌丛草地的植被特征[J]. 草地学报，12（2）：136-139，157.

许世龙，任弘洋，等，2015. 西北地区土壤沙化防治对策探讨[J]. 科技视野，14（6）：7+47.

许玥，李鹏，等，2016. 怒江河谷入侵植物与乡土植物丰富度的分布格局与影响因子[J]. 生物多样性，24（4）：389-398.

许再富，陶国达，等，1985. 元江干热河谷山地五百年来植被变迁探讨[J]. 云南植物研究，7（4）：403-412.

许重九，1980. 高山灌丛改造试验简报[J]. 青海农林科技（2）：15-18.

旭日，2020. 毛乌素沙地柳湾林群落特征及其动态演替机制研究[D]. 呼和浩特：内蒙古大学.

薛萐，李占斌，等，2009. 不同植被恢复模式对黄土丘陵区土壤抗蚀性的影响[J]. 农业工程学报，25（S1）：69-72.

薛帅，王继师，等，2012. 陕西省非粮柴油植物资源的调查与筛选[J]. 中国农业大学学报，17（6）：215-224.

薛振华，2016. 沙柳纤维素纳米化及其结构测定[J]. 植物学研究，5（3）：83-92.

闫宝龙，赵清格，张等，2017. 不同植被类型对土壤理化性质和土壤呼吸的影响[J]. 生态环境学报，26（2）：189-195.

闫明，毕润成，等，2003. 山西霍山植物资源的开发利用与保护对策[J]. 山西师范大学学报（自然科学版），17（3）：48-56.

严子柱，满多清，等，2017. Groasis Waterboxx 造林技术在沙丘的造林效果[J]. 水土保持通报，37（2）：222-227.

阎传海，1998. 山东南部地区景观生态的分类与评价[J]. 农村生态环境，14（2）：15-19.

阎传海，1999. 淮河下游地区景观生态评价[J]. 生态科学，18（2）：46-52.

杨爱荣，2010. 沙柳液化产物合成纺丝液及成丝的研究[D]. 呼和浩特：内蒙古农业大学.

杨爱荣，黄金田，2010. 沙柳木粉苯酚、乙二醇液化产物的结构分析[J]. 内蒙古农业大学学报（自然科学版），31（2）：236-239.

杨陈，林燕萍，等，2020. 纳米纤维素材料研究进展[J]. 化工新型材料，48（10）：234-235.

杨成华，王进，等，2007. 贵州喀斯特石漠化地段的植被类型[J]. 贵州林业科技，35（4）：8-12.

杨程，2008. 华北石质山区植被恢复途径的探讨[J]. 长春大学学报（3）：95-99.

杨东华，2010. 科尔沁沙地防风固沙林稳定性研究[D]. 哈尔滨：东北林业大学.

杨发相，2011. 新疆地貌及其环境效应[M]. 北京：地质出版社.

杨帆，唐文莉，等，2020. 合肥市几种常绿灌木春季叶片滞尘量的测定[J]. 长春师范大学学报，39（8）：74-77.

杨济达，张志明，等，2016. 云南干热河谷植被与环境研究进展[J]. 生物多样性，24(4)：462-474.

杨杰，2018. 黄河三角洲地区台田景观化应用研究[D]. 济南：山东建筑大学.

杨立文，石清峰，等，1994. 北京西山灌木林小流域暴雨径流研究[J]. 林业科学研究，7(5)：506-511.

杨钦周，2007. 岷江上游干旱河谷灌丛研究[J]. 山地学报，25(1)：1-32.

杨青珍，王锋，等，2006. 翅果油树及其发展前景[J]. 山西果树(6)：40-41.

杨仁斌，曾清如，等，2000. 植物根系分泌物对铅锌尾矿污染土壤中重金属的活化效应[J]. 农业环境保护，19(3)：152-155.

杨升，张华新，等，2012. 16个树种盐胁迫下的生长表现和生理特性[J]. 浙江农林大学学报，29(5)：744-754.

杨万勤，宫阿都，等，2001. 金沙江干热河谷生态环境退化成因与治理途径探讨(以元谋段为例)[J]. 世界科技研究与发展(3)：37-40.

杨文斌，1989. 临泽北部乔灌结合固沙林的生态效益和经济效益评价[J]. 生态学杂志，(6)：27-30.

杨文斌，王涛，等，2017. 低覆盖度治沙理论及其在干旱半干旱区的应用[J]. 干旱区资源与环境，31(1)：1-5

杨弦，郭焱培，等，2017. 中国北方温带灌丛生物量的分布及其与环境的关系[J]. 植物生态学报，41(1)：22-30.

杨秀海，卓嘎，等，2011. 藏北高原气候变化与植被生长状况[J]. 草业科学，28(4)：626-630.

杨阳，刘秉儒，等，2014. 人工柠条灌丛密度对荒漠草原土壤养分空间分布的影响[J]. 草业学报，23(5)：107-115.

杨一飞，李绍昆，等，2000. 沙柳中密度纤维板的研制和开发[J]. 林产工业，27(3)：29-31.

杨永恬，田昕，等，2004. 遥感混和分类算法及其在森林分类中的应用[J]. 测绘科学，29(4)：55-56.

杨云，1980. 贵州省土壤分布特点与农业利用的关系[J]. 贵州农业科学(4)：1-4.

杨运立，1998. 海滩盐土木麻黄造林技术探讨[J]. 林业科技通讯(6)：3-5.

杨兆平，常禹，等. 2007. 岷江上游干旱河谷景观变化及驱动力分析[J]. 生态学杂志，26(6)：869-874.

杨志鹏，李小雁，等，2010. 荒漠灌木树干茎流及其生态水文效应研究进展[J]. 中国沙漠，30(2)：303-311.

杨志荣，王明刚，等，2001. 灌木径流小区试验研究[J]. 水土保持研究，8(3)：28-30.

杨忠，张信宝，等，1999. 金沙江干热河谷植被恢复技术[J]. 山地学报，17(2)：152-156.

姚静阳，2020. 树莓籽中脂肪酸组成和酚类物质的研究[D]. 太原：中北大学.

姚艳芳，巴依尔，等，2019. 阿拉善左旗灌木林主要林业有害生物危害及防治研究[J]. 内蒙古林业调查设计，42(5)：42-45.

姚应松，李学明，2009. 浙江庆元县野生维管植物资源调查研究[J]. 安徽农学通报(下半月刊)，15(4)：34-56.

姚中英，赵正玲，等，2005. 暗管排水在干旱地区的应用[J]. 塔里木大学学报，17(2)：76-78.

叶华谷，邹滨，等，2014-2020. 中国药用植物(一)-(三十)[M]. 北京：化学工业出版社.

叶居新，1982. 江西荒山灌木草丛的群落学特征及其开发利用[J]. 生态学报(4)：319-326.

叶心芬，邢福武，等，2014. 广东南岭国家级自然保护区非粮油脂植物资源调查[J]. 中国油脂，39（5）：71-76.

晔蕎罕，2009. 内蒙古锡林郭勒盟典型草原地区蒙古族传统植物学知识的研究[D]. 呼和浩特：内蒙古师范大学.

殷显森，2018. 青海省东部中高位山地旱作造林技术探讨[J]. 南方农业，23(8)：73-77.

尹传华，2007. 塔克拉玛干沙漠边缘柽柳对土壤水盐分布的影响[J]. 中国环境科学，27(5)：670-675.

尹国平，农韧钢，等，2001. 高吸水剂在我国林业上的应用研究进展[J]. 世界林业研究，14(2)：50-54.

尹航，朴顺姬，等，2006. 科尔沁沙地差巴嘎蒿群落及种群生态特征[J]. 应用生态学报，17(7)：1169-1173.

尹蓉，霍辰思，等，2020. 树莓的功能性成分及其影响因素[J]. 中国果菜，40(5)：65-70.

尹思，梁明霞，等，2020. 我国百里香属植物资源研究[J]. 中国野生植物资源，39(10)：78-84.

尹祚栋，郭省吾，1994. 径流林业：旱塬曙光[J]. 国土绿化(3)：33-34.

由金文，方志先，等，2008. 湖北恩施药用植物资源分布概况[J]. 亚太传统医药，4(3)：39-42.

由俊杰，2013. 杨柳木材纤维增强沙柳中密度纤维板工艺和性能研究[D]. 呼和浩特：内蒙古农业大学.

于大炮，2001. 辽西地区生态经济型水土保持林效益评价及模式研究[D]. 沈阳：沈阳农业大学.

于凤梅，2014. 辽东地区沙棘平茬更新复壮综合技术[J]. 辽宁林业科技(1)：61-62.

于晓芳，2003. 环保阻燃沙柳材刨花板及其性能的研究[D]. 呼和浩特：内蒙古农业大学.

于晓芳，王喜明，2010. E1级沙柳材刨花板研制及效益分析[J]. 内蒙古农业大学学报(自然科学版)，31(3)：236-240.

余芹芹，胡夏嵩，等，2013. 寒旱环境灌木植物根—土复合体强度模型试验研究[J]. 岩石力学与工程学报，32(5)：1020-1031.

余文昌，2018. 湖北省生态保护红线与生态空间管治研究[D]. 武汉：华中师范大学.

余新晓，周彬，等，2012. 基于InVEST模型的北京山区森林水源涵养功能评估[J]. 林业科学，48（10）：1-5.

俞海生，李宝军，等，2003. 灌木林主要生态作用的探讨[J]. 内蒙古林业科技(4)：15-18.

俞仁培，1999. 我国盐渍土资源及其开发利用[J]. 土壤通报，30(4)：158-159，177.

虞温妮，钟园园，等，2009. 浙江瑞安红双林场植物资源及其利用前景[J]. 亚热带植物科学，38(3)：53-58.

虞泽荪，1980. 初论金沙江、雅砻江、大渡河谷干旱河谷灌丛特点[J]. 南充师院学报(自然科学版)(1)：69-76.

宇万太，于永强，2001. 植物地下生物量研究进展[J]. 应用生态学报，12(6)：927-932.

喻乐飞，2003. 柠条中密度纤维板生产备料工艺的探讨[J]. 林产工业，30(2)：30-32，18.

袁大伟，2017. 沙柳液化产物制备聚氨酯/环氧树脂互穿网络聚合物泡沫的研究[D]. 呼和浩特：内蒙古农业大学，.

袁道先，1994. 中国岩溶学[M]. 北京：地质出版社.

袁道先，1997. 现代岩溶学和全球变化研究[J]. 地学前缘，4(Z1)：21-29.

袁道先，1999. "岩溶作用与碳循环"研究进展[J]. 地球科学进展，14(5)：425-432.

袁道先，2008. 岩溶石漠化问题的全球视野和我国的治理对策与经验[J]. 草业科学，25(9)：19-25.

袁凤莲，2009. 发展饲料灌木林，实现林牧业共赢[J]. 新疆林业(6)：17-18.

袁国富, 朱治林, 等. 陆地生态系统水环境观测指标与规范[M]. 北京: 中国环境出版集团.

袁来全, 2012. 沙柳化学浆生物漂白工艺及机理的研究[D]. 济南: 齐鲁工业大学.

袁蕾, 周华荣, 等, 2014. 乌鲁木齐地区典型灌木群落结构特征及其多样性研究[J]. 西北植物学报, 34(3): 595-603.

袁丽华, 蒋卫国, 等, 2013. 2000—2010 年黄河流域植被覆盖的时空变化[J]. 生态学报, 33(24): 7798-7806.

袁士云, 赵中华, 等, 2010. 甘肃小陇山灌木林不同改造模式天然更新研究[J]. 林业科学研究, 23(6): 828-832.

袁素芬, 陈亚宁, 李卫红, 等. 新疆塔里木河下游灌丛地上生物量及其空间分布[J]. 生态学报, 2006, 26(6): 1818-1824.

苑涛, 贾亚男, 2011. 中国西南岩溶生态系统脆弱性研究进展[J]. 中国农学通报, 27(32): 175-180.

岳明, 党高弟, 等, 1999a. 陕西佛坪国家级自然保护区植被基本特征[J]. 武汉植物学研究, 17(1): 22-28.

岳明, 任毅, 等, 1999b. 佛坪国家级自然保护区植物群落物种多样性特征[J]. 生物多样性, 7(4): 263-269.

岳兴玲, 哈斯, 等, 2005. 沙质草原灌丛沙堆研究综述[J]. 中国沙漠, 25(5): 738-743.

岳秀贤, 2011. 蒙古高原种子植物区系研究[D]. 呼和浩特: 内蒙古农业大学.

云南森林编写委员会, 1986. 云南森林[M]. 昆明: 云南科技出版社.

云南植被编写组, 1987, 云南植被[M]. 北京: 科学出版社.

臧敏, 邱筱兰, 等, 2015. 江西三清山野生药用植物资源分析[J]. 江苏农业科学, 43(2): 358-361.

曾慧卿, 刘琪, 等, 2006. 基于冠幅及植株高度的檵木生物量回归模型[J]. 南京林业大学学报(自然科学版), 30(4): 101-104.

曾慧卿, 刘琪璟, 等, 2007. 红壤丘陵区林下灌木生物量估算模型的建立及其应用[J]. 应用生态学报, 18(10): 2185-2190.

曾绮微, 李海生, 等, 2007. 香港灌丛植被的数量分类与环境关系分析[J]. 环境科学研究, 20(5): 45-49.

曾伟生, 2015. 国内外灌木生物量模型研究综述[J]. 世界林业研究, 28(1): 31-36.

张保红, 赵登海, 等, 2010. 内蒙古贺兰山国家级自然保护区野生水果资源及其保护[J]. 内蒙古师范大学学报(自然科学汉文版), 39(2): 176-181.

张彪, 李文华, 等, 2009. 森林生态系统的水源涵养功能及其计量方法[J]. 生态学杂志, 28(3): 529-534.

张彬, 2014. 沙柳微/纳纤丝的制备工艺研究[D]. 呼和浩特: 内蒙古农业大学.

张超, 2009. 西藏灌木林评价与遥感分类技术研究[D]. 北京: 中国林业科学研究院.

张超, 黄清麟, 等, 2010. 西藏灌木林遥感分类方法对比研究[J]. 山地学报, 28(5): 572-578.

张超, 黄清麟, 等, 2011a. 基于 ETM+和 DEM 的西藏灌木林遥感分类技术[J]. 林业科学, 47(1): 15-21.

张超, 黄清麟, 等, 2011b. 西藏灌木林空间分布影响因素分析[J]. 林业科学研究, 24(1): 21-27.

张超, 黄清麟, 等, 2011c. 西藏灌木林种群分布格局[J]. 山地学报, 29(1): 123-128.

张晨霞, 2006. 沙柳、柠条和杨木苯酚液化及其产物的树脂化研究[D]. 呼和浩特: 内蒙古农业大学.

张春梅, 秦嘉海, 等, 2013. 河西走廊沙生灌木林对风沙土理化性质的影响[J]. 水土保持通报, 33

（2）：49-52.

张春霞，2007. 水土保持灌木：荆条的生物生态学特性初步研究[D]. 北京：北京林业大学.

张存厚，2004. 浑善达克沙地种子植物区系研究[D]. 呼和浩特：内蒙古农业大学.

张大彪，吴春荣，等，2016. 活植物沙障树种选择与应用效果分析[J]. 农业灾害研究，6（1）：45-47.

张德罡，胡自治，2003a. 东祁连山杜鹃灌丛草地灌木受损恢复生长的研究[J]. 草业学报，12（3）：28-33.

张德罡，胡自治，2003b. 东祁连山杜鹃灌丛草地灌木种群分布格局研究[J]. 草地学报，12（3）：234-239.

张德罡，2002. 砍伐与滑坡对东祁连山杜鹃灌丛草地土壤肥力的影响[J]. 草业学报，11（3）：72-75.

张菲然，黄金田，2018. 沙柳纳米纤维素的制备及表征[J]. 应用化工，47（12）：2599-2601.

张风春，蔡宗良，1997. 活沙障适宜树种选择研究[J]. 中国沙漠，17（3）：304-308.

张峰，上官铁梁，等，1993. 关于灌木生物量建模方法的改进[J]. 生态学报，12（6）：67-69.

张锋锋，2008. 秦岭大熊猫栖息地生态环境特征研究[D]. 咸阳：西北农林科技大学.

张福平，张秋燕，等，2003. 野生水果资源的利用与保护[J]. 中国食物与营养（5）：28-29.

张恭，1999-08-09. 以沙柳为原料干法生产中密度纤维板的工艺：CN99115071.6[P].

张光富，2000. 浙江天童山区灌丛群落的物种多样性及其与演替的关系[J]. 生物多样性，8（3）：271-276.

张光富，宋永昌，2001a. 浙江天童苦槠+白栎灌丛群落的生物量研究[J]. 武汉植物学研究，19（2）：101-106.

张光富，宋永昌，2001b. 浙江天童灌丛群落的种类组成、结构及外貌特征[J]. 广西植物，21（3）：201-207.

张光富，宋永昌，2002，不同处理措施下浙江天童灌丛群落组成结构的变化[J]. 应用生态学报，13（1）：16-20

张桂川，张春山，等，2002. 胡枝子营造技术及其水土保持效益[J]. 东北水利水电（5）：51-52.

张桂兰，鲍咏泽，等，2014. 沙柳活性炭对亚甲基蓝的吸附动力学和吸附等温线研究[J]. 林产化学与工业，34（6）：129-134.

张桂兰，杜媛媛，2010. 沙柳刨花/塑料轻质复合材料声学性能研究[C]. 中国林学会木材科学分会第十二次学术研讨会论文集，北京：中国林学会.

张桂兰，高志悦，等，2013. 3种沙生灌木材材性及削片刨花制板工艺研究[J]. 木材工业，20（4）：10-12.

张国盛，2004. 毛乌素沙地臭柏生态生理特性及其群落稳定性[D]. 北京：北京林业大学.

张海娜，2020. 低效山杏林改接大扁杏技术应用[J]. 内蒙古林业调查设计，43（5）：12-13.

张昊，陈世璜，等，2001. 白莲蒿的特性和生态地理分布的研究[J]. 内蒙古农业大学学报（自然科学版），22（1）：74-78.

张和钰，周华荣，等，2016. 新疆额尔齐斯河流域典型地区灌木群落多样性[J]. 生态学杂志，35（5）：1188-1196.

张恒，蒋进，等，2013. 防护林沙拐枣人工平茬更新复壮效果分析[J]. 干旱区研究，30（5）：850-855.

张宏，史培军，等，2001. 半干旱地区天然草地灌丛化与土壤异质性关系研究进展[J]. 植物生态学报，25（3）：366-370.

张宏伟，马骥，2005. 鼎湖山药用植物资源调查分析[J]. 广西植物，25（6）：539-543.

张华新，庞小慧，等，2006. 我国木本油料植物资源及其开发利用现状[J]. 生物质化学工程(S1)：291-302.

张华新，宋丹，等，2008. 盐胁迫下 11 个树种生理特性及其耐盐性研究[J]. 林业科学研究，21(2)：168-175.

张建锋，2008. 盐碱地生态修复原理与技术[M]. 北京：中国林业出版社.

张建国，2005. 森林生态经济生产力与林业生产发展[J]. 林业经济问题，25(2)：65-68.

张建华，马成仓，等，2011. 干旱荒漠区狭叶锦鸡儿灌丛扩展对策[J]. 生态学报，31(8)：2132-2138.

张建宇，王文杰，等，2018. 大兴安岭呼中地区 3 种林分的群落特征、物种多样性差异及其耦合关系[J]. 生态学报，38(13)：4684-4693.

张金屯，1985. 模糊聚类在荆条灌丛(Scrub. *Vitex negundo* var. *heterophylla*)分类中的应用[J]. 植物生态学与地植物学丛刊，9(4)：306-314.

张景光，王新平，等，2005. 荒漠植物生活史对策研究进展与展望[J]. 中国沙漠，25(3)：306-314.

张静，2017. 沙柳生物炭对铜污染改良作用研究[D]. 呼和浩特：内蒙古农业大学.

张静岩，武智聪，等，2013. 细柱五加的研究进展[J]. 河北化工(2)：17-19.

张克勤，盛卫，2015-06-01. 沙柳纳米纤维素的制备方法及其应用 CN201510289609.X[P].

张坤，2007. 森林碳汇计量和核查方法研究[D]. 北京：北京林业大学.

张兰亭，1988. 暗管排水改良滨海盐土的效果及其适宜条件[J]. 土壤学报，25(4)：356-365.

张浪，刘振文，等，2011. 西沙群岛植被生态调查[J]. 中国农学通报，27(14)：181-186.

张乐华，王江林，等，2002. 庐山地区野生观赏灌木资源现状与园林应用[J]. 江西农业大学学报，24(1)：73-77.

张蕾，2007. 中国林业分类经营改革研究[D]. 北京：北京林业大学.

张立运，海鹰，2002.《新疆植被及其利用》专著中未曾记载的植物群落类型Ⅰ. 荒漠植物群落类型[J]. 干旱区地理，25(1)：84-89.

张荔，姜维新，2007. 小红柳平茬复壮更新及利用技术研究[J]. 内蒙古林业科技，33(1)：29-31.

张灵，2007. 兰州南北两山人工林生物量及生态系统服务功能价值化研究[D]. 兰州：兰州大学.

张留代，樊玉青，等，2020. 四川省犍为县药用植物资源调查研究[J]. 中国野生植物资源，39(7)，63-68.

张龙生，程小云，等，2020. 甘肃省森林资源现状及动态变化分析[J]. 林业与环境科学，36(3)：73-79.

张路，郝一男，等，2014. 碳酸乙烯酯液化沙柳材的工艺研究[J]. 木材加工机械，25(4)：45-47，44.

张明阳，王克林，等，2013. 基于遥感影像的桂西北喀斯特区植被碳储量及密度时空分异[J]. 中国生态农业学报，21(12)：1545-1553.

张佩，袁嘉组，等，1996. 中国林业生态环境评价，区划与建设[M]. 北京：中国经济出版社.

张平，黄应祥，等，2004. 采用不同方法加工的柠条饲喂育肥羊效果的研究[J]. 中国畜牧兽医，31(11)：7-9.

张璞进，2011. 鄂尔多斯高原藏锦鸡儿(*Caragana tibetica*)的生态适应性[D]. 呼和浩特：内蒙古大学.

张强，2011. 晋西北小叶锦鸡儿(*Caragaa microphylla*)人工灌丛营养特征与土壤肥力状况研究[D]. 太原：山西大学.

张蔷，李家湘，等，2017. 中国亚热带山地杜鹃灌丛生物量分配及其碳密度估算[J]. 植物生态学报，41(1)：43-52.

张荣，余飞燕，等，2020. 坡向和坡位对四川夹金山灌丛群落结构与物种多样性特征的影响[J]. 应用生态学报，31(8)：2507-2514.

张荣京，秦新生，等，2007. 海南俄贤岭石灰岩山地海南大戟灌丛群落研究[J]. 广西植物，27(5)：725-729.

张荣祖，1992. 横断山区干旱河谷[M]. 北京：科学出版社.

张瑞，2010. GIS 支持下的晋西黄土区水土保持林生态效益评价[D]. 北京：北京林业大学.

张尚武，2018. 湖南加快打造木本油料千亿产业集群[J]. 林业与生态(2)：47.

张树杰，2002. 石质山地飞播造林药剂拌种效果分析[J]. 辽宁林业科技(S1)：12-23.

张伟娜，2015. 不同年限禁牧对藏北高寒草甸植被及土壤特征的影响[D]. 北京：中国农业科学院.

张文辉，康永祥，等，2000. 西北地区生物多样性特点及其研究思路[J]. 生物多样性，8(4)：422-428.

张文军，王晓江，等，2014. 内蒙古干旱半干旱区植被恢复与可持续经营研究[M]. 呼和浩特：内蒙古人民出版社.

张文婷，谢福春，等. 2009. 3 种园林灌木幼苗对干旱胁迫的生理响应[J]. 浙江林学院学报，26(2)：182-187.

张晓红，2013. 沙柳液化产物合成自交联型聚氨酯薄膜工艺研究[D]. 呼和浩特：内蒙古农业大学.

张晓磊，王继和，等，2012. 石羊河下游天然与人工柠条种群分布格局和数量特征研究[J]. 甘肃农业大学学报，47(3)：90-95.

张晓鹏，潘开文，等，2011. 桦-木荷林凋落叶混合分解对土壤有机碳的影响[J]. 生态学报，31(6)：1582-1593.

张晓芹，2018. 西北旱区典型生态经济树种地理分布与气候适宜性研究[D]. 咸阳：西北农林科技大学.

张晓伟，2020. 三北防护林工程建设中灌木林的发展状况分析[J]. 防护林科技，197(2)：59-61.

张晓雪，2016. 沙柳纤维状活性炭的制备及吸附性能的研究[D]. 呼和浩特：内蒙古农业大学.

张笑培，杨改河，等，2008. 不同植被恢复模式对黄土高原丘陵沟壑区土壤水分生态效应的影响[J]. 自然资源学报(4)：635-642.

张新时，1990. 青藏高原的生态地理边缘效应[C]. 中国青藏高原研究会成立大会暨学术研讨会论文集，北京：科学出版社.

张新时，1994. 毛乌素沙地的生态背景及其草地建设的原则与优化模式[J]. 植物生态学报，18(1)：1-16.

张秀芳，王克冰，等，2014. 沙柳醇解液化工艺研究[J]. 科技导报，32(31)：37-40.

张秀勇，2002. 盐碱耕地水稻控制灌溉技术研究[D]. 南京：河海大学.

张亚玲，苏惠敏，等，2014. 1998—2012 年黄河流域植被覆盖变化时空分析[J]. 中国沙漠，34(2)：597-602.

张亚妮，2019. 达乌里胡枝子种衣剂的研究[D]. 晋中：山西农业大学.

张一弓. 灌丛植物对阿拉善荒漠草地土壤微量元素的影响[R/OL]. (2007)http：//www. paper. edu. cn/downloadpaper. php？ serial_ number＝200708-190&type＝1.

张殷波，张峰，2012. 翅果油树群落结构多样性[J]. 生态学杂志，31(8)：1936-1941.

张莹，2011. 沙柳材/蒙脱土复合材料的制备与阻燃性能的研究[D]. 呼和浩特：内蒙古农业大学.

张颖，2004. 绿色 GDP 核算的理论与方法[M]. 北京：中国林业出版社.

张永利，杨锋伟，等，2010. 中国森林生态系统服务功能研究[M]. 北京：科学出版社.

张永旺，2017. 黄土丘陵区不同恢复植被下土壤蓄持水分能力及其调控[D]. 北京：中国科学院教育部水土保持与生态环境研究中心.

张瑜，郑士光，等，2013. 晋西北低效柠条林老龄复壮技术及能源化利用[J]. 水土保持研究，20(2)：160-164.

张玉斌，王慧萍，等，2005. 干旱荒漠区抗旱节水造林技术应用效果探析[J]. 防护林科技(S1)：118-119.

张育苗，张建军，等，2018. 浅析山杏嫁接大扁杏技术在巴林左旗林业生态建设的推广应用[J]. 内蒙古林业调查设计，41(4)：20-21，35.

张源润，王双贵，等，2000. 宁夏六盘山林区野生灌木资源现状及开发利用前景[J]. 甘肃林业科技，25(3)：35-37.

张振明，余新晓，等，2005. 不同林分枯落物层的水文生态功能[J]. 水土保持学报，19(3)：139-143.

张芝萍，刘世增，等，2015. 荷兰 Groasis 保水节水造林技术在民勤荒漠区的应用[J]. 水土保持通报，35(5)：180-182.

张志杰，张清平，1992. 忻州地区水土保持灌木资源及其开发利用[J]. 山西水土保持科技(3)：38-40.

招礼军，李吉跃，等，2002. 固体水野外造林试验初报[J]. 北京林业大学学报，24(4)：56-59.

赵成义，宋郁东，等，2004. 几种荒漠植物地上生物量估算的初步研究[J]. 应用生态学报，15(1)：49-52.

赵丛笑，夏江林，等，2013. 南岳衡山野生油料植物资源及其特征[J]. 湖南林业科技，40(4)：48-52.

赵丛笑，周春桃，等，2014. 南岳衡山野生药用植物资源组成及药用特点[J]. 湖南林业科技，41(3)：54-58.

赵红军，杜长安，2010. 关于困难地造林技术措施的探讨[J]. 河南林业科技(4)：67-70.

赵红明，曾龄英，等，1995. 松树菌根土育苗造林技术推广[J]. 云南林业科技(4)：8-16.

赵红洋，陈莉，2012. 盐分胁迫对 5 种园林灌木生理生化指标的影响[J]. 草原与草坪，32(2)：7-14.

赵鸿雁，吴钦孝，等，2001. 黄土高原人工油松林枯枝落叶截留动态研究[J]. 自然资源学报，16(4)：381-385.

赵金荣，1995. 黄土高原主要造林树种应为灌木[J]. 人民黄河(3)：21-24.

赵金荣，孙立达，等，1994. 黄土高原水土保持灌木[M]. 北京：中国林业出版社.

赵景啟，满苏尔·沙比提，等，2020. 托木尔峰自然保护区不同生态系统水源涵养价值评估[J]. 新疆师范大学学报(自然科学版)，39(1)：42-48.

赵景柱，肖寒，等，2000. 生态系统服务的物质量与价值量评价方法的比较分析[J]. 应用生态学报(2)：290-292.

赵君祥，韩树文，2010. 冀北衰老山杏林平茬更新配套系列技术[J]. 河北林业科技(3)：74.

赵凯燕，2019. 沙柳多孔材料吸声与吸附性能的研究[D]. 呼和浩特：内蒙古农业大学.

赵可夫，范海，等. 2001a. 中国盐生植物的种类、类型、植被及其经济潜势[C]. 盐生植物利用与区域农业可持续发展国际学术研讨会.

赵可夫，冯立田，2001b. 中国盐生植物资源[M]. 北京：科学出版社.

赵可夫，周三，等，2002. 中国盐生植物种类补遗[J]. 植物学通报，19(5)：611-613.

赵丽丽，王普昶，等，2011. 白刺花种子硬实破除方法研究[J]. 山地农业生物学报，30(4)：319-322.

赵丽青，2016. 离子液体液化沙柳的动力学及液化产物的应用研究[D]. 呼和浩特：内蒙古农业大学.

赵良平，2015. 旱区造林绿化技术指南[M]. 北京：中国林业出版社.

赵琳，郎南军，等，2006. 云南干热河谷生态环境特性研究[J]. 林业调查规划(3)：117-120.

赵密蓉，2020. 天水木本油料树种资源调查[J]. 中国林副特产(1)：77-78.

赵明范，1993. 论灌木林在"三北"防护林建设中的作用[J]. 中国沙漠，13(3)：53-57.

赵求东，赵传成，等，2020. 中国西北干旱区降雪和极端降雪变化特征及未来趋势[J]. 冰川冻土，42（1）：81-90.

赵熙贵，2006. 浅议贵州草业发展的潜力与对策[J]. 草业科学，23(5)：33-35.

赵晓彬，2017. 我国飞播造林技术研究概述[J]. 陕西林业科技，45(5)：90-94.

赵岩. 沙柳液化产物制备发泡材料的工艺与性能的研究[D]. 内蒙古农业大学，2013.

赵艳云，程积民，等，2005. 半干旱区环境因子对柠条灌木林结构的影响[J]. 水土保持通报，25(3)：10-14.

赵艳云，程积民，等，2007. 林地枯落物层水文特征研究进展[J]. 中国水土保持科学，5(2)：130-134.

赵燕娜，2014. 榆林沙区灌木固沙林土壤生物学特性及土壤肥力研究[D]. 咸阳：西北农林科技大学.

赵一之，2005. 小叶、中间和柠条三种锦鸡儿的分布式样及其生态适应[J]. 生态学报，25(12)：3411-3414.

赵一之，2012. 内蒙古维管植物分类及其区系生态地理分布[M]. 呼和浩特：内蒙古大学出版社.

赵永敢，逄焕成，等，2013. 秸秆隔层对盐碱土水盐运移及食葵光合特性的影响[J]. 生态学报，33（17）：5153-5161.

赵云阁，李少宁，等，2017. 北京市园林灌木植物蒸腾耗水特性比较[J]. 江苏农业科学，45(15)：110-114.

赵振勇，王让会，等，2006. 天山南麓山前平原柽柳灌丛地上生物量[J]. 应用生态学报，17(9)：1557-1562.

赵中华，倪建伟，等，2018. 小陇山林区典型森林经营模式状态特征评价[J]. 林业经济，40(12)：112-116.

赵中华，袁士云，等，2008a. 甘肃小陇山5种不同灌木林改造模式对比分析[J]. 林业科学研究，21（2）：262-267.

赵中华，袁士云，等，2008b. 小陇山不同灌木林地改造模式林分树种多样性研究[J]. 林业资源管理（1）：53-57.

赵宗宝，2014. 河北省燕山地区果品资源调查及利用研究[D]. 秦皇岛：河北科技师范学院.

赵宗哲，1993. 农业防护林学[M]. 北京：中国林业出版社.

浙江省市场监督管理局，2020. DB33/T 2274—2020 生态系统生产总值(GEP)核算技术规范陆域生态系统[S].

郑宏奎，高晓霞，等，1998. 花棒材的构造、纤维形态及化学成分研究[J]. 四川农业大学学报，16（1）：158-162.

郑绍伟，唐敏，等，2007. 灌木群落及生物量研究综述[J]. 成都大学学报(自然科学版)，26(3)：1189-1192.

郑涛，苟光前，等，2019. 贵州江口县野生木本油料植物资源调查与分析[J]. 中国油脂，44(6)：106-110.

郑夏明，李星苇，等，2019. 荒漠地区不同种植年限梭梭林接种肉苁蓉的效益比较[J]. 江苏农业科学，47(13)：143-148.

郑元润，1998. 大青沟森林植物群落物种多样性研究[J]. 生物多样性，6(3)：191-196.

中国科学院《中国自然地理》编辑委员会，1983. 中国自然地理：植物地理(上册)[M]. 北京：科学出版社.

中国科学院《中国自然地理》编辑委员会，1988. 中国自然地理：植物地理(下册)(中国植被地理)[M]. 北京：科学出版社.

中国科学院内蒙古宁夏综合考察队，1985. 内蒙古植被[M]. 北京：科学出版社.

中国科学院青藏高原综合科学考察队，1988. 西藏植被[M]. 北京：科学出版社.

中国科学院青藏高原综合科学考察队，2000. 横断山区土壤[M]. 北京：科学出版社.

中国科学院新疆综合考察队，中国科学院植物研究所，1978. 新疆植被及其利用[M]. 北京：科学出版社.

中国科学院中国植被图编辑委员会，2007. 中国植被及其地理格局：中华人民共和国植被图(1：1000000)说明书[M]. 北京：地质出版社.

中国科学院中国植物志编辑委员会，1959—2004. 中国植物志[M]. 北京：科学出版社.

中国林学会，1990. 造林论文集[M]. 北京：中国林业出版社.

《中国森林》编辑委员会，2000. 中国森林[M]. 北京：中国林业出版社.

中国生命营养. 纳米纤维素[EB/OL]. (2019-08-16)[2020-11-10]http：//www.360doc.com/content/19/0816/14/11238584_855291137.shtml.

中国植被编辑委员会，1980. 中国植被[M]. 北京：科学出版社.

中华人民共和国国家质量监督检验检疫总局，中国国家标准化管理委员会，2003. GB/T 4897.1—2003 刨花板第1部分：对所有板型的共同要求[S]. 北京：中国标准出版社.

中华人民共和国国家质量监督检验检疫总局，中国国家标准化管理委员会，2017. GB/T 21010—2017 土地利用现状分类[S]. 北京：中国标准出版社.

钟国华，胡美英，2000. 杜鹃花科植物活性成分及作用机制研究进展[J]. 武汉植物学研究(6)：509-514.

钟熙敏，宫渊波，等，2011. 岷江上游山地森林/干旱河谷交错带不同植被恢复模式对根际土壤微生物量碳氮及固氮菌群落结构的影响[J]. 水土保持学报，25(1)：208-213.

钟银星，周运超，等，2014. 印江槽谷型喀斯特地区植被碳储量及固碳潜力研究[J]. 地球与环境，42(1)：82-89.

钟泽兵，周国英，等，2014. 柴达木盆地几种荒漠灌丛植被的生物量分配格局[J]. 中国沙漠，34(4)：1042-1048.

周春梅，刘琳，等，2019. 青藏高原东部高寒沙化草地中高山柳凋落叶分解特征的空间异质性[J]. 应用与环境生物学报，25(4)：808-816.

周光益，曾庆波，等，1995. 热带山地雨林林冠对降雨的影响分析[J]. 植物生态学报，19(3)：201-207.

周海，赵文智，等，2017. 两种荒漠生境条件下泡泡刺水分来源及其对降水的响应[J]. 应用生态学报，28(7)：2083-2092.

周华坤，赵新全，等，2004a. 长期放牧对青藏高原高寒灌丛植被的影响[J]. 中国草地，26(6)：1-11.

周华坤，周立，等，2004b. 围栏封育对轻牧与重牧金露梅灌丛的影响[J]. 草地学报，12(2)：140-144.

周华荣，1991. 旬河流域灌丛植被的特点及其改造利用途径[J]. 西北植物学报，11(5)：45-49.

周华荣, 1995. 秦岭南坡旬河流域灌丛植被资源植物: 兼谈资源植物的品位问题[J]. 国土与自然资源研究(3): 64-68.

周华荣, 1998. 旬河流域灌丛植被垂直分异规律的研究[J]. 西北植物学报, 18(4): 629-636.

周华荣, 1999. 新疆北疆地区景观生态类型分类初探[J]. 生态学杂志, 18(4): 69-72.

周佳雯, 高吉喜, 等, 2018. 森林生态系统水源涵养服务功能解析[J]. 生态学报, 38(5): 1679-1686.

周杰, 等, 2019. 秦岭重要水源涵养区生物多样性变化与水环境安全[M]. 北京: 科学出版社.

周静, 2010. 杜鹃主要害虫的综合防治技术[J]. 黑龙江农业科学(6): 175-176.

周静静, 马红彬, 等, 2017. 平茬时期与留茬高度对宁夏荒漠草原柠条营养成分和再生的影响[J]. 西北农业学报, 26(2): 287-293.

周磊, 何洪林, 等, 2012. 基于数字相机图像的西藏当雄高寒草地群落物候模拟[J]. 植物生态学报, 36(11): 1125-1135.

周立江, 管中天, 1985. 金沙江河谷苏铁天然植物群落的研究[J]. 云南植物研究, 7(2): 153-168.

周林, 杨思源, 等, 1981. 在四川发现两种新苏铁[J]. 植物分类学报, 19(3): 335-338.

周米京, 2008. 榆林沙地人工灌木固沙林生态效益研究[D]. 咸阳: 西北农林科技大学.

周米京, 高城雄, 等, 2009. 灌木固沙林改良土壤效益分析[J]. 水土保持通报, 2(1): 138-141.

周明全, 邓友平, 等, 1994. 湖北省药用植物资源分布与开发利用[J]. 耕作与栽培, 14(2): 23-25.

周鹏, 翁殊斐, 等, 2015. 六种花灌木叶片性状与其抗旱性的相关性研究[J]. 中国园林, 31(5): 102-105.

周平, 李吉跃, 等, 2002. 固体水对苗木作用效应的研究[J]. 北京林业大学学报, 24(1): 16-21.

周启龙, 王立, 等, 2015. 北砬山沙冬青种群分布格局与群落特征[J]. 水土保持通报, 35(2): 302-305.

周全良, 楼晓钦, 等, 2004. 宁夏野生灌木资源及开发利用前景[J]. 宁夏农学院学报(4): 15-21.

周繇, 于俊林, 等, 2007. 长白山区药用植物资源及其多样性研究[J]. 北京林业大学学报(3): 52-59.

周宜君, 石莎, 等, 2005. 我国西南地区自然环境与药用植物多样性[J]. 中央民族大学学报(自然科学版), 2005, 14(1): 44-48.

周以良, 1991. 中国大兴安岭植被[M]. 北京: 科学出版社.

周以良, 1994. 中国小兴安岭植被[M]. 北京: 科学出版社.

周英虎, 韦成国, 2006. 广西喀斯特资源问题研究[J]. 广西大学学报(哲学社会科学版), 28(6): 35-38.

周勇辉, 刘玉萍, 等, 2015. 青海湖流域药用植物资源调查[J]. 青海师范大学学报(自然科学版)(4): 48-52.

周宇, 2016. 沙柳材液化及液化产物制备聚氨酯泡沫材料的研究[D]. 呼和浩特: 内蒙古农业大学.

周宇, 安珍, 2015. 沙柳材液化的工艺优化及产物分析[J]. 东北林业大学学报, 43(10): 109-113.

周跃, 1987. 元谋干热河谷植被的生态及其成因[J]. 生态学杂志(5): 41-45.

周跃, 金振洲, 1987. 元谋干热河谷植被的类型研究: Ⅱ. 群丛以下单位[J]. 云南植物研究, 9(4): 417-426.

周泽生, 王晗生, 等, 1998. 灌木林的生长和生产力[J]. 水土保持研究, 5(3): 103-106.

周政贤, 1992. 贵州森林[M]. 贵阳: 贵州科技出版社.

朱宏, 2008. 柽柳林地土壤微生物碳及相关因素的分布特征[J]. 土壤学报, 45(2): 375-379.

朱佳满, 姜淑苓, 2003. 可加工果汁的珍稀果品[J]. 中国农村科技(10): 17-18.

朱建军，赵国平，等，2017-06-17. 敢教荒漠改容颜[N]. 黄河报.

朱乐，2020. 中国大针茅(*Stipa grandis*)草原群落特征及其地理分布[D]. 呼和浩特：内蒙古大学.

朱强，王俊，等，2008. 宁夏六盘山地区药用植物资源及其多样性研究[J]. 西北林学院学报，23(1)：23-27.

朱仁斌，2016. 中国特有植物文冠果(*Xanthoceras sorbifolium* Bunge)的谱系地理研究与应用[D]. 咸阳：西北农林科技大学.

朱守谦，2003. 喀斯特森林生态系统研(Ⅲ)[M]. 贵阳：贵州科技出版社.

朱晓昱，2020. 呼伦贝尔草原区土地利用时空变化及驱动力研究[D]. 北京：中国农业科学院.

朱雪林，黄清麟，等，2010. 西藏灌木林景观格局特征[J]. 山地学报，2010，28(5)：586-592.

朱雪林，黄清麟，等，2011. 西藏乌柳群落特征[J]. 山地学报，29(1)：116-122.

朱亚红，杜巍，等，2015. KOH 活化法制备沙柳枝木活性炭的研究[J]. 中国农学通报，31(22)：26-31.

朱跃，2010. 北方地区混交林建设主要模式[J]. 林业科技(2)：25-27.

朱志诚，1979a. 秦岭太白山顶植被的起源和发展[J]. 西北大学学报(1)：156-169.

朱志诚，1979b. 秦岭高山区冰蚀原生裸地植被演替初步探讨[J]. 科学通报，24(22)：1041-1043.

朱志诚，1981. 秦岭灌木林主要类型及其基本特征[J]. 陕西林业科技(2)：42-53.

朱志诚，1991. 秦岭及其以北黄土区植被地带性特征[J]. 地理科学，11(5)：157-16.

祝延成，钟章成，等，1988. 植物生态学[M]. 北京：高等教育出版社.

卓静，何慧娟，等，2017. 近15年秦岭林区水源涵养量变化特征[J]. 干旱区研究，34(3)：604-612.

宗召磊，2013. 新疆灌木地景观生态分类研究[D]. 北京：中国科学院大学.

宗召磊，周华荣，等，2015. 新疆灌木地景观生态分类初探[J]. 干旱区研究，32(1)：168-175.

邹厚远，梁一民，等，1980. 陕北黄土区灌丛植被及其在畜牧业上的意见[J]. 中国草原(2)：13-18.

祖爱民，戴美学，1997. 灰斑古毒蛾核型多角体病毒毒力的生物测定及田间防治[J]. 中国生物防治，13(2)：57-60.

左小安，赵学勇，等，2009. 沙地退化植被恢复过程中灌木发育对草本植物和土壤的影响[J]. 生态环境学报，18(2)：643-647.

Erika Z，何永涛，2000. 控制柽柳灌丛入侵的经济价值[J]. AMBIO-人类环境杂志，29(8)：462-467，476，530.

Afinowicz J D，Munster C L，Wilcox B P，2005. Modeling effects of brush management on the rangeland water budget：Edwards Plateau，Texas [J]. Journal of the American Water Resources Association，41 (1)：181-193.

Akira I，Michio A，Tetsuo S，et al.，1993. The max-min Delphi method and fuzzy Delphi method via fuzzy integration [J]. Fuzzy Sets and Systems，55(3)：241-253.

Alados C L，Pueyo Y，Barrantes O，et al.，2004. Variations in landscape patterns and vegetation cover between 1957 and 1994 in a semiarid Mediterranean ecosystem [J]. Landscape Ecology，19(5)：543-559.

AlaieE，2016. Salt marsh and salt deserts of SWIran [J]. Pakistan Journal of Botany，33(1)：77-91.

Alldredge M W，Peeka J M，Wall W A，2001. Shrub community development and annual productivity trends over a 100-year period on an industrial forest of Northern Idaho [J]. Forest Ecology and Management，152(1-3)：259-273.

Anderson C J，Coutts M P，Ritchie R M，et al.，1989. Root Extraction Force Measurements for Sitka Spruce [J].

Forestry: An International Journal of Forest Research, 62(2): 127-137.

Barbier N, Couteron P, Lejoly J, et al. , 2006. Self-organized vegetation patterning as a fingerprint of climate and human impact on semi-arid ecosystems [J]. Journal of Ecology, 94(3): 537-547.

Bastian O, 2000. Landscape classification in Saxony (Germany) - a tool for holistic regional planning [J]. Landscape and Urban Planning, 50(11): 145 - 155.

Bischetti G B, Chiaradia E A, Simonato T, et al. , 2005. Root Strength and Root Area Ratio of Forest Species in Lombardy (Northern Italy) [J]. Plant and Soil, 278(1): 11-22.

Bray JR, Gorham E, 1964. Litter production in forests of the world [J]. Advances in Ecological Research, 2: 101-157.

Browning D M, Archer S R, 2011. Protection from livestock fails to deter shrub proliferation in a desert landscape with a history of heavy grazing [J]. Ecological Applications, 21(5): 1629-1642.

Buech R R, Rugg D J, 1989. Biomass relations of shrub components and their generality [J]. Forest Ecology and Management, 26(4): 257-264.

Burrough P A, 1983. Multiscale sources of spatial variation in soil: I. Application of fractal concept to nested levels of soil variations [J]. Journal of Soil Sciences, 34: 577-597.

Burrough P A, Gaan P F M, MacMillan R A, 2000. High-resolution landform classification using fuzzyk-means [J]. Fuzzy Sets and System, 113(1): 37-52.

Cammeraat, L H, Imeson A C, 1998. Deriving indicators of soil degradation from soil aggregation studies in southeastern Spain and southern France [J]. Geomorphology, 23(2-4): 307-321.

Campagne P, Roche P, Tatoni T, 2006. Factors explaining shrub species distribution in hedgerows of a mountain landscape [J]. Agriculture, Ecosystems & Environment, 116(3): 244-250.

Carlyle—Moses D E, 2004. Throughfall, stemflow and canopy interception loss fluxes in a semiarid Sierra Madre Oriental matorral community [J]. Journal of Arid Environments, 58(2): 180-201.

Chen L Y, Li H, Zhang P J, ey al. , 2015. Climate and native grassland vegetation as drivers of the community structures of shrub - encroached grasslands in Inner Mongolia, China [J]. Landscape Ecology, 30 (9): 1627-1641.

Clarke M F, Williams M A J, Stokes T, 1999. Soil creep: problems raised by a 23 year study in Australia [J]. Earth Surface Processes and Landforms, 24(2): 151-175.

Coleman J D, Surrey H, 1980. Reconsolidated wood product: United States of America, 4232067[P].

Connolly-McCarthy B J, Grigal D F, 1985. Biomass of shrub-dominated wetlands in Minnesota [J]. Forest Science, 31(4): 1011-1017.

Coops N C, Hilker T, Bater C W, et al. , 2012. Linking ground-based to satellite-derived phenological metrics in support of habitat assessment [J]. Remote Sensing Letters, 3(3): 191-200.

Costanza R, Arge R D, Groot R D, et al. , 1997. The value of the world's ecosystem services and natural capital [J]. Nature, 387: 253-260.

Dalkey N, Helmer O, 1963. An Experimental Application of the Delphi Method to the Use of Experts [J]. Management Science, 9(3), 458-467.

Dzwonko Z, Loster S, 2007. A functional analysis of vegetation dynamics in abandoned and restored limestone grasslands [J]. Journal of Vegetation Science, 18(2): 203-212.

Etienne M, 1989. Non destructive methods for evaluating shrub biomass: A review [J]. Acta Oecologica Oecologia Applicata, 10(2): 115-128.

FORD-ROBERTSON F C, 1971. Terminclogy of forest science, technology, practice, and products [M]. Washington, DC: Society of American Foresters.

Forman R T T, 1995. Land Mosaies: The eology of landsca peandregion [M]. Newyork: Cambridge University Press.

Forman R T T, Godron M. 1986. Landsea Peeeology [M]. NewYork: John Wiley & Sons.

Foroughbakhch R, Reges G, Alvarado-Vazquez M A, et al., 2005. Use of quantitative methods to determine leaf biomass on 15 woody shrub species in northeastern Mexico [J]. Forest Ecology and Management, 216: 359-366.

Francis J K, 2004. Wildland shrubs of the United States and its Territories: thamnic descriptions: Volume 1 [R]. Unite State Department of Agriculture, Forest Service, Rocky Mountain Research Station

Frank M S, Oliver B, Suzanne J M, et al., 2004. Spatial pattern formation in semi-arid shrubland: A priori predicted ver-sus observed pattern characteristics [J]. Plant Ecology, 73(2): 271-282.

Goslee S C, Havstad K M, Peters D P C, et al., 2003. High-resolution images reveal rate and pattern of shrub encroachment over six decades in New Mexico, U.S.A. [J]. Journal of Arid Environments, 54(4): 755-767.

Grove T S, Malajczuk N. Biomass production by trees and under story shrubs in an age-series of Eucalyptus diversicolor F. Muell. stands [J]. Forest Ecology and Management, 1985, 11 (1-2): 59-74.

Haapanen R, Ek A R, Bauer M E, et al., 2004. Delineation of forest/nonforest land use classes using nearest neighbor methods [J]. Remote Sensing of Environment, 89(3): 265-271.

He L W, W C, Shi H H, et al., 2019. Combination of steam explosion pretreatment and anaerobic alkalization treatment to improve enzymatic hydrolysis of Hippophae rhamnoides [J]. Bioresource Technology, 289: 121693.

Holland G J, Bennett A F, 2007. Occurrence of small mammals in a fragmented landscape: The role of vegetation heterogeneity [J]. Wildlife Research, 34(5): 387-397.

Ichikawa M, 2007. Degradation and loss of forest land and land-use changes in Sarawak, East Malaysia: A study of native land use by the Iban [J]. Ecological Research, 22(3): 403-413.

Jiang Z C, Lian Y Q, Qin X Q, 2014. Rocky desertification in Southwest China: Impacts, causes, and restoration [J]. Earth-Science Reviews, 132: 1-12.

Keith D M, Johnson E A, Valeo C, 2010. Moisture cycles of the forest floor organic layer (F and H layers) during drying [J]. Water Resources Research, 46(7): 227-235.

Key T, Warner T A, Mcgraw J B, 2001. A Comparison of Multispectral and Multitemporal Information in High Spatial Resolution Imagery for Classification of Individual Tree Species in a Temperate Hardwood Forest [J]. Remote Sensing of Environment, 75(1): 100-112.

Kirkland T, Hunter L M, Twine W, 2007. "The bush is no more": Insights on institutional change and natural resource availability in rural South Africa [J]. Society & Natural Resources, 20(4): 337-350.

KlijinF, 1994. Eeosystem classification for environment almanagement [M]. Netherlands: Kluwer Aeedemie Publishers.

Lesny J, Juszczak R, Olejnik J, et al., 2007. Proceedings of the International Conference Wetlands: Monitoring, Moselling and Management, September 22-25, 2005 [C]. Wierzba: Taylor & Francis L. T. D. .

Levia D F Jr, Frost E E, 2003. A review and evaluation of stem flow literature in the hydrologic and biogeochemical cycles of forested and agricultural ecosystems [J]. Journal of Hydrology, 274: 1-29.

Lewis H G, Brown M, Tatnall A R L, 2000. Incorporating uncertainty in landcover classification from remote sensing imagery [J]. Advances in Space Research, 26(7): 1123-1126.

Li S, Ren H D, Xue L, et al., 2014. Influence of bare rocks on surrounding soil moisture in the karst rocky desertification regions under drought conditions [J]. Catena, 116: 157-162.

Li X R, 2001. Study on shrub community diversity of Ordos Plateau, Inner Mongolia, Northern China [J]. Journal of Arid Environments, 47: 271-279.

Li X R, Kong D. S, Tan H J, et al., 2007. Changes in soil and vegetation following stabilisation of dunes in the southeastern fringe of the Tengger Desert, China [J]. Plant Soil, 300: 221-231.

Li X R, Tan H J, He M Z, et al., 2009. Patterns of shrub species richness and abundance in relation to environmental factors on the Alxa Plateau: Prerequisites for conserving shrub diversity in extreme arid desert regions [J]. Science in China Series D: Earth Sciences, 52(5): 669-680.

Li X R, Xiao H L, Zhang J G. et al., 2004b. Long-Term Ecosystem Effects of Sand-Binding Vegetation in the Tengger Desert, Northern China [J]. Restoration Ecology, 12(3): 376-390.

Li X R, Zhang Z S, Zhang J G, et al., 2004a. Association between vegetation patterns and soil properties in the Southeastern Tengger Desert, China [J]. Arid Land Research Management, 18(4): 369-383.

Lim B K, Engstrom M D, 2001. Species diversity of bats (Mammalia: Chiroptera) in Iwokrama forest, Guyana, and the Guianan sub region: Implications for conservation [J]. Biodiversity and Conservation, 10(4): 613-657.

Limsuwan S, Trip E N, Kouwen T R, et al., 2009. Rhodomyrtone: A new candidate as natural antibacterial drug from Rhodomyrtus tomentosa [J]. Phytomedicine, 16: 645-651.

Liu R G, wang W, 2009. Analysis on relation between gmundwater level changes and precipitation [J]. Ground Water, 31(5): 42-44.

Liu Y H, Ma Y X, Liu W J, et al., 1999. Study on nlnoff of man-made plant community in xishuangbannan [J]. Joumal of Soil Water Conservation, 5(2): 30-34.

Lomolino M V, 2001. Elevation gradients of species-density: Historical and prospective views [J]. Global Ecology and Biogeography, 10(1): 3-13.

Lorens P, Domingo F, 2007. Rainfall partitioning by vegetation under Mediterranean conditions. A review of studies in Europe [J]. Journal of Hydrology, 335: 37-54.

MACFARLANE D W, COUTROS C, DUNN J, 2000. Landscape classification for the Hudson Valley seetion of New Jersey [M]. New Jersey: New Jersey Forest Service.

Maestre F T, Bowker M A, Puche M D, et al., 2009. Shrub encroachment can reverse desertification in semi-arid Mediterranean grasslands [J]. Ecology Letters, 12(9): 930-941.

Maestre F T, Cortina J, 2005. Remnant shrubs in Mediterranean semi-arid steppes: Effects of shrub size, abiotic factors and species identity on understorey richness and occurrence [J]. Acta oecologica, 27: 161-169.

MAGURRAN A E, 1988. Ecological Diversity and Its Measurement Princeton [M]. New Jersey: Princeton University Press.

Makela H, Pekkarinen A, 2004. Estimation of forest stand volumes by Landsat TM imagery and stand-level field-inventory data [J]. Forest Ecology and Management, 196: 245-255.

Marco A D, Meola A, Maisto G, et al., 2011. Non-additive effects of litter mixtures on decomposition of leaf litters in a Mediterranean maquis [J]. Plant and Soil, 344(1-2): 305-317.

McArthur E D, Kitchen S G, 2007. Proceedings of the Conference on Shrubland Dynamics-Fire and Water, August 10-12, 2004 [C]. Lubbock: TX.

McGlynn I O, Okin G S, 2006. Characterization of shrub distribution using high spatial resolution remote sensing: Ecosystem implications for former Chihuahuan Desert grassland [J]. Remote Sensing of Environment, 101(4): 554-566.

MckellC M, Blaisdell J P, Goodin J R., 1972. Wildland shrubs-their biology and utilization [J]. An International Symposium Utah University, 13(2): 48-53.

Melillo J M, Aber J D, Muratore J F, 1982. Nitrogen and lignin control of hardwood leaf litter decomposition dynamics [J]. Ecology, 6 (3): 621-626.

Mico E, Verdu J R, Galante E, 1998. Diversity of dung beetles in Mediterranean wetlands and bordering brushwood [J]. Annals of the Entomological Society of America, 91(3): 298-302.

MILLENNIUM ECOSYSTEM ASSESSMENT, 2005. Ecosystems and Human well-being [M]. Washington D C: Island Press.

Müschen B, Flüge W A, Hochschild V, et al., 2001. Spectral and spatial classification methods in the Arsgisip Project [J]. Physics and Chemistry of the Earth, Part B: Hydrology, Oceans and Atmosphere, 26(7-8): 613-616.

Naveh Z, Liberman A S. 1983. Landscape ecology: Theory and application[M]. New York: Springer-Verlag, 198-217.

Nellis M D, Briggs J M, 1989. The effect of spatial scale on Konza landscape classification using textural analysis [J]. Landscape Ecology, 2(2): 93-100.

Nowak D J, Crane D E, Stevens J C, 2006. Air pollution removal by urban trees and shrubs in the United States [J]. Urban Forestry & Urban Greening, 4(3): 115-123.

Nulsen R A, Bligh K J, Baxter I N, et al., 1986. The fate of rainfall in a mallee and heath vegetated catchment in southern Western Australia [J]. Australian Journal of Ecology, 11(4): 361-371.

Núñez D, Nahuelhual L, Oyarzún C, 2005. Forests and water: The value of native temperate forests in supplying water for human consumption [J]. Ecological Economics, 58(3): 606-616.

Okin G S, Murray B, Schlesinger W H, 2001. Degradation of sandy arid shrubland environments: Observations, processmodeling, and management implications [J]. Journal of Arid Environments, 47(2): 123-144.

Olenick K L, Wilkins R N, Conner J R, 2004. Increasing off-site water yield and grassland bird habitat in Texas through brush treatment practices [J]. Ecological Economics, 49(4): 469-484.

Olson C M, Martin R E, 1981. Estimating biomass of shrubs and forbs in central Washington Douglas-fir stands: Research Note [R].

Owens M K, Lyons R K, Alejandro C L, 2006. Rainfall partitioning within semiarid juniper communities: Effects of event size and canopy cover [J]. Hydrological Processes, 20(15): 3179-3189.

Pekkarinen A, 2002. Image segment-based spectral features in the estimation of timber volume [J]. Remote Sensing of Environment, 82(2-3): 349-359.

Qu L, Chen J C, Yang G H, et al., 2013. Effect of different process on the pulping properties of Salix Psammophila P-RC APMP [J]. Advanced Materials Research, 610-613: 581-585.

Rapport D J, 1989. What constitute ecosystem health? [J]. Perspectives in Biology and Medicine, 1989, 33:

120-132.

Root T L, Price J T, Hall K R, et al. , 2003. Fingerprints of global warming on wild animals and plants [J]. Nature, 421: 57-60.

Roques A, Lofstedt C, 1986. Proceedings of 2nd conference of the cone and seed insects working party S2, September 3-5, 1986[C]. Briancon.

Ruiz-Benito P, Gomez-Aparicio L, Paquette A, et al. , 2014. Diversity increases carbon storage and tree productivity in Spanish forests [J]. Global Ecology and Biogeography, 23(3): 311-322.

Saaty T L, 2000. The Brain, Unraveling the Mystery of How it Works [M]. Pittsburgh: The Neural Network Process.

SaatyT L, 1977. A scaling method for priorities in hierarchical structures [J]. Journal of Mathematical Psychology, 15(3): 234-281.

Schaeffer D J, Henricks E E, Kerster H W, 1988. Ecosystem health: 1. Measuring ecosystem health [J]. Environmental Management, 12: 445-455.

Shrestha D P, Zinck A, 2001. Landuse of image knowledge classification in Mountainous areas: integration proeessing, digitalele vationdata and field (application to NePal) [J]. Intemational Joumal of Applied Earth Observation and Geoinformation, 3(1): 78-85.

Sonnentag O, Hufkens K, Teshera-sterne C, et al. , 2012. Digital repeat photography for phenological research in forest ecosystems [J]. Agricultural and Forest Meteorology, 152(15): 159-177.

Sosebee R E, Wester D B, Britton C M, et al. , 2007. Proceedings of the Shrubland Dynamics-Fire and Water, August 10-12, 2004 [C]. US Department of Agriculture, Forest Service: Fort Collins, CO, USA.

Stow D, Hamada Y, Coulter L, 2008. Monitoring shrubland habitat changes through object-based change identification with airborne multispectral imagery [J]. Remote Sensing of Environment, 112(3): 1051-1061.

Tang X L, Zhao X, Bai Y F, et al. , 2018. Carbon pools in China's terrestrial ecosystems: New estimates based on an intensive field survey [J]. Proceedings of the National Academy of Sciences of the United States of America, 115(16): 4021-4026.

Urquiza-Haas T, Dolman P M, Peres C A, 2007. Regional scale variation in forest structure and biomass in the Yucatan Peninsula, Mexico: Effects of forest disturbance [J]. Forest Ecology and Management, 247(1-3): 80-90.

Victor W, 1997. Analysis of a Russian landscape map and landscape classification for use in computer-aided forestry research. Working Papers ir97054, International Institute for Applied Systems Analysis.

Wang Q, Zhang Z Y, Xu X N, 2003. Soil properties and water consenration function of difkrent forest types in Dabieshan district, Anhui [J]. Joumal of Soil and Water Conservation, 17(3): 59-62.

Wang S J, Liu Q M, Zhang D F, 2004. Karst rocky desertification in southwestern China: Geomorphology, landuse, impact and rehabilitation [J]. Land Degradation & Development, 15(2): 115-121.

Wang Y S D, Yang D, Wu H D, et al. , 2020. Overlapping water and nutrient use efficiencies and carbon assimilation between coexisting simple - and compound - leaved trees from a valley savanna [J]. Water, 12 (11): 3037.

Whittaker R H, 1961. Estimation of net primary production of forest and shrub communities [J]. Ecology, 42 (1): 177-180.

Whittaker R H, 1962. Net production relations of shrubs in the Great Smoky Mountains [J]. Ecology, 43(3):

357-377.

Wiens J A, Stenseth N C, Horne B, et al. , 1993. Ecological mechanisms and landscape ecology [J]. Oikos, 66: 369-380.

Zhang B, Li W, Xie G D, et al. , 2008. Water conservation of forest ecosystem in Beijing and its value [J]. Ecological Economics, 69(7): 1416-1426.

Zhang M Y, Wang K L, Liu H Y, et al. , 2016. Spatio-temporal variation and impact factors for vegetation carbon sequestration and oxygen production based on rocky desertification control in the karst region of southwest China [J]. Remote Sensing, 8(2): 102.

Zhang X B, Wang K L, 2009. Ponderation on the shortage of mineral nutrients in the soil-vegetation ecosystem in carbonate rock-distributed mountain regions in Southwest China [J]. Earth and Environment, 37(4): 337-341.

Zhang Y P, Zhang K Y, Ma Y X, et al. , 1997. Runoff characteristics of different vegetation covers in tropical region of Xishuangbanna, Yunnan [J]. Joumal of Soil Emsion and Soil and Water Conservation, 3(4): 25-30.

Zhu H, Tan Y H, Yan L C, et al. , 2020. Flora of the savanna-like vegetation in hot dry valleys, southwestern China with implications to their origin and evolution [J]. The Botanical Review, 86: 281-297.

Zwiers F, Hegerl G, 2008. Climate change: Attributing cause and effect [J]. Nature, 453: 296-297.

附　录

中国主要灌木名录*

Abelia 糯米条属

Abelia chinensis R. Br. 糯米条

Abelia forrestii（Diels）W. W. Smith 细瘦六道木

Abelia uniflora R. Brown 蓪梗花

Abutilo 苘麻属

Abutilon megapotamicum（Spreng.）A. St. -Hil. & Naudin 红萼苘麻

Abutilon pictum（Gillies ex Hook.）Walp. 金铃花

Acacia 相思树属

Acacia farnesiana（L.）Willd. 金合欢

Acacia podalyriifolia G. Don 珍珠金合欢

Acalypha 铁苋菜属

Acalypha acmophylla Hemsl. 尾叶铁苋菜

Acalypha pendula C. Wright ex Griseb. 红尾铁苋

Acalypha wilkesiana Muell. Arg. 红桑

Acanthus 老鼠簕属

Acanthus ebracteatus Vahl 小花老鼠簕

Acanthus ilicifolius L. Sp. 老鼠簕

Adina 水团花属

Adina pilulifera（Lam.）Franch. ex Drake 水团花

Adina rubella Hance 细叶水团花

Adinandra 杨桐属

Adinandra bockiana Pritzel ex Diels 川杨桐

Adinandra elegans How et Ko ex H. T. Chang 长梗杨桐

Adinandra formosana Hayata 台湾杨桐

Adinandra glischroloma Hand. -Mazz. 两广杨桐

---

* 本名录共96科412属1241种。

Adinandra millettii（Hook. et Arn.）Benth. et Hook. f. ex Hance 杨桐

Adinandra nitida Merr. ex Li 亮叶杨桐

Aegiceras 蜡烛果属

Aegiceras corniculatum（L.）Blanco 桐花树

Agapetes 树萝卜属

Agapetes lacei Craib 灯笼花

Aglaia 米仔兰属

Aglaia odorata Lour. 米仔兰

Aglaia rimosa（Blanco）Merrill 椭圆叶米仔兰

Aidia 茜树属

Aidia canthioides（Champ. ex Benth.）Masam. 香楠

Aidia cochinchinensis Lour. 茜树

Ajania 亚菊属

Ajania fruticulosa（Ledeb.）Poljak. 灌木亚菊

Ajania potaninii（Krasch.）Poljak. 川甘亚菊

Ajania tibetica（Hook. f. et Thoms. ex C. B. Clarke）Tzvel. 西藏亚菊

Albizia 合欢属

Albizia kalkora（Roxb.）Prain 山槐

Alchornea 山麻秆属

Alchornea davidii Franch. 山麻杆

Alchornea kelungensis Hayata 厚柱山麻杆

Alchornea mollis（Benth.）Muell. Arg. 毛果山麻杆

Alchornea rugosa（Lour.）Muell. Arg. 羽脉山麻杆

Alchornea trewioides（Benth.）Muell. Arg. 红背山麻杆

Allamanda 黄蝉属

Allamanda cathartica L. 软枝黄蝉

Allamanda schottii Pohl 黄蝉

Alnus 桤木属

Alnus mandshurica（Callier ex C. K. Schneider）Hand. -Mazz. 东北桤木

Alstonia 鸡骨常山属

Alstonia yunnanensis Diels 鸡骨常山

Alyxia 链珠藤属

Alyxia sinensis Champ. ex Benth. 链珠藤

Ammodendron 银砂槐属

Ammodendron bifolium（Pall.）Yakovl. 银砂槐

Ammopiptanthus 沙冬青属

Ammopiptanthus mongolicus（Maxim. ex Kom.）Cheng f. 沙冬青

Amygdalus 桃属

Amygdalus mongolica（Maxim.）Ricker 蒙古扁桃

Amygdalus nana L. 矮扁桃

Amygdalus pedunculata Pall. 长梗扁桃

Amygdalus triloba（Lindl.）Ricker 榆叶梅

***Anabasis* 假木贼属**

Anabasis aphylla L. 无叶假木贼

Anabasis salsa（C. A. Mey.）Benth. ex Volkens 盐生假木贼

***Ancistrocladus* 钩枝藤属**

Ancistrocladus tectorius（Lour.）Merr. 钩枝藤

***Antidesma* 五月茶属**

Antidesma montanum var. *Microphyllum*（Hemsley）Petra Hoffmann 小叶五月茶

***Antirhea* 毛茶属**

Antirhea chinensis（Champ. ex Benth.）Forbes et Hemsl. 毛茶

***Aphelandra* 单药花属**

Aphelandra lutea Nees 金苞花

***Aporosa* 银柴属**

Aporosa planchoniana Baill. ex Muell. Arg. 全缘叶银柴

Aporosa villosa（L.）Baillon 毛银柴

***Aralia* 楤木属**

Aralia armata（Wall.）Seem. 虎刺楤木

Aralia chinensis L. 楤木

Aralia decaisneana Hance 黄毛楤木

Aralia spinifolia Merr. 长刺楤木

Aralia thomsonii Seem. 云南楤木

***Arctous* 北极果属**

Arctous alpines（L.）Niedenzu 北极果

***Ardisia* 紫金牛属**

Ardisia aberrans（Walker）C. Y. Wu et C. Chen 狗骨头

Ardisia crenata Sims 朱砂根

Ardisia crispa（Thunb.）A. DC. 百两金

Ardisia elliptica Thunberg 东方紫金牛

Ardisia garrettii H. R. Fletcher 小乔木紫金牛

Ardisia humilis Vahl 矮紫金牛

Ardisia japonica（Thunberg）Blume 紫金牛

Ardisia mamillata Hance 虎舌红

Ardisia obtusa Mez 铜盆花

***Areca* 槟榔属**

Areca triandra Roxb. 三药槟榔

***Argyreia* 银背藤属**

Argyreia mastersii（Prain）Raizada 叶苞银背藤

Armeniaca 杏属

Armeniaca sibirica（L.）Lam. 山杏

Artabotrys 鹰爪花属

Artabotrys hexapetalus（L. f.）Bhandari 鹰爪花

Arytera 滨木患属

Arytera littoralis Bl. 滨木患

Atalantia 酒饼簕属

Atalantia buxifolia（Poir.）Oliv. 酒饼簕

Artemisia 蒿属

Artemisia wudanica Liou et W. Wang 乌丹蒿

Artemisia ordosica Krasch. 黑沙蒿(油蒿)

Atraphaxis 木蓼属

Atraphaxis bracteata（L.）Ewersm. 沙木蓼

Atraphaxis compacta Ledeb. 拳木蓼

Atraphaxis virgata（Regel）Krassnov 帚枝木蓼

Atraphaxis frutescens（L.）Ewersm. 木蓼

Atraphaxis laetevirens（Ledeb.）Jaub. et Spach 绿叶木蓼

Atraphaxis manshurica Kitag. 东北木蓼

Aucuba 桃叶珊瑚属

Aucuba albopunctifolia F. T. Wang 斑叶珊瑚

Aucuba chinensis Benth. 桃叶珊瑚

Aucuba obcordata（Rehd.）Fu 倒心叶珊瑚

Aucuba robusta Fang et Soong 粗梗桃叶珊瑚

Avicennia 海榄雌属

Avicennia marina（Forsk.）Vierh. 海榄雌

Barleria 假杜鹃属

Barleria cristata L. 假杜鹃

Bauhinia 羊蹄甲属

Bauhinia brachycarpa Wall. ex Benth. 鞍叶羊蹄甲

Bauhinia galpinii N. E. Br. 橙花羊蹄甲

Bauhinia tomentosa L. 黄花羊蹄甲

Berberis 小檗属

Berberis alpicola Schneid 高山小檗

Berberis amoena Dunn 美丽小檗

Berberis amurensis Rupr. 黄芦木

Berberis brachypoda Maxim. 短柄小檗

Berberis cavaleriei Levl. 贵州小檗

Berberis circumserrata（Schneid.）Schneid. 秦岭小檗

Berberis diaphana Maxim. 鲜黄小檗

Berberis dictyophylla var. *epruinosa* Schneid. 无粉刺红珠

Berberis fallax Schneid. 假小檗

Berberis francisci-ferdinandi Schneid. 大黄檗

Berberis graminea Ahrendt 狭叶小檗

Berberis hemsleyana Ahrendt 拉萨小檗

Berberis henryana Schneid. 川鄂小檗

Berberis julianae Schneid. 豪猪刺

Berberis kansuensis Schneid. 甘肃小檗

Berberis morrisonensis Hayata 玉山小檗

Berberis paraspecta Ahrendt 鸡脚连

Berberis poiretii Schneid. 细叶小檗

Berberis pruinosa Franch 粉叶小檗

Berberis sargentiana Schneid. 刺黑珠

Berberis sibirica Pall. 西伯利亚小檗

Berberis sikkimensis （Schneid.） Ahrendt 锡金小檗

Berberis thunbergii DC. 日本小檗

Berberis vernae Schneid. 匙叶小檗

Berberis vernalis （Schneid.） Chamberlain et C. M. Hu 春小檗

Berberis virescens Hook. F. et Thoms 变绿小檗

Berberis wilsoniae var. *guhtzunica* （Ahrendt） Ahrendt 古宗金花小檗

Berchemia 勾儿茶属

Berchemia hirtella var. *glabrescens* C. Y. Wu ex Y. L. Chen 大老鼠耳

Berchemia sinica Schneid. 勾儿茶

Betula 桦木属

Betula fruticosa Pall. 柴桦

Betula middendorfii Trautu. et Meyer 扇叶桦

Betula ovalifolia Ruprecht 油桦

Betula rotundifolia Spach 圆叶桦

Bixa 红木属

Bixa Orellana L. 红木

Blastus 柏拉木属

Blastus brevissimus C. Chen 短柄柏拉木

Blastus cochinchinensis Lour. 柏拉木

Blastus tsaii H. L. Li 云南柏拉木

Bougainvillea 叶子花属

Bougainvillea glabra Choisy 光叶子花

Bougainvillea spectabilis Willd. 叶子花

Brandisia 来江藤属

Brandisia kwangsiensis H. L. Li 广西来江藤

Bredia 野海棠属

Bredia hirsute var. *scandens* Ito et Matsum. 野海棠

Breynia 黑面神属

Breynia fruticosa（L.）Hook. f. 黑面神

Breynia nivosa（W. G. Smith.）Small 彩叶山漆茎

Breynia retusa（Dennst.）Alston 钝叶黑面神

Breynia vitis-idaea（Burm. F.）C. E. C. Fischer 小叶黑面神

Bridelia 土蜜树属

Bridelia tomentosa Bl. 土蜜树

Broussonetia 构属

Broussonetia kazinoki Sieb. 楮

Brucea 鸦胆子属

Brucea javanica（L.）Merr. 鸦胆子

Brugmansia 木曼陀罗属

Brugmansia arborea（L.）Lagerh. 木本曼陀罗

Bruguiera 木榄属

Bruguiera sexangular（Lour.）Poir. 海莲

Brunfelsia 鸳鸯茉莉属

Brunfelsia brasiliensis（Spreng.）L. B. Smith et Downs 鸳鸯茉莉

Buckleya 米面蓊属

Buckleya graebneriana Diels 秦岭米面蓊

Buckleya lanceolate（Sieb. et Zucc.）Miq. 米面蓊

Buddleja 醉鱼草属

Buddleja asiatica Lour. 白背枫

Buddleja brachystachya Diels 短序醉鱼草

Buddleja colvilei J. D. Hooker et Thomson 大花醉鱼草

Buddleja lindleyana Fort. 醉鱼草

Buddleja officinalis Maxim. 密蒙花

Buxus 黄杨属

Buxus bodinieri Levl. 雀舌黄杨

Buxus megistophylla Levl. 大叶黄杨

Buxus rugulosa Hatusima 皱叶黄杨

Buxus sinica（Rehd. et Wils.）Cheng 黄杨

Caesalpinia 云实属

Caesalpinia pulcherrima（L.）Sw. 洋金凤

Cajanus 木豆属

Cajanus cajan（L.）Millsp. 木豆

Callerya 鸡血藤属

Callerya eurybotrya（Drake）Schot 宽序鸡血藤

Calliandra 朱缨花属

Calliandra haematocephala Hassk. 朱缨花

Calligonum 沙拐枣属

Calligonum alashanicum Losinskaja 阿拉善沙拐枣

Calligonum arborescens Litv. 乔木状沙拐枣

Calligonum aphyllum（Pall.）Gurke 无叶沙拐枣

Calligonum densum Borszcz. 密刺沙拐枣

Calligonum junceum（Fisch. et Mey.）Litv. 泡果沙拐枣

Calligonum leucocladum（Schrenk）Bge. 淡枝沙拐枣

Calligonum mongolicum Turcz. 沙拐枣

Calligonum rubicundum Bge. 红皮沙拐枣

Calligonum zaidamense A. Los. 柴达木沙拐枣

Callistemon 红千层属

Callistemon viminalis（Sol. ex Gaertn.）G. Don 垂枝红千层

Calotropis 牛角瓜属

Calotropis gigantean（L.）W. T. Aiton 牛角瓜

Calycanthus 夏蜡梅属

Calycanthus chinensis Cheng et S. Y. Chang 夏蜡梅

Camellia 山茶属

Camellia azalea C. F. Wei 杜鹃叶山茶

Camellia chekiangoleosa Hu 浙江红山茶

Camellia furfuracea（Merr.）Coh. St. 糙果茶

Camellia japonica L. 山茶

Camellia oleifera Abel. 油茶

Camellia petelotii（Merrill）Sealy 金花茶

Camellia pitardii Coh. St. 西南红山茶

Camellia pubifurfuracea Zhong 毛糙果茶

Camellia sasanqua Thunb. 茶梅

Camellia sinensis（L.）O. Ktze. 茶

Camellia subintegra Huang ex Chang 全缘红山茶

Camellia tuberculate Chien 瘤果茶

Campylotropis 杭子梢属

Campylotropis delavayi（Franch.）Schindl. 西南杭子梢

Campylotropis hirtella（Franch.）Schindl. 毛杭子梢

Campylotropis macrocarpa（Bge.）Rehd. 杭子梢

Campylotropis polyantha（Franch.）Schindl. 小雀花

Campylotropis wilsonii Schindl. 小叶杭子梢

Canthium 猪肚木属

Canthium horridum Bl. Bijdr. 猪肚木

Canthium simile Merr. 大叶鱼骨木

Capparis 山柑属

Capparis acutifolia Sweet 独行千里

Caragana 锦鸡儿属

Caragana aurantiaca Koehne 镰叶锦鸡儿

Caragana bicolor Kom. 二色锦鸡儿

Caragana brachypoda Pojark 短脚锦鸡儿

Caragana brevifolia Kom. 短叶锦鸡儿

Caragana erinacea Kom. 川西锦鸡儿

Caragana frutex（L.）C. Koch 黄刺条

Caragana gerardiana Royle 印度锦鸡儿

Caragana kansuensis Pojark. 甘肃锦鸡儿

Caragana korshinskii Kom. 柠条锦鸡儿

Caragana leucophloea Pojark. 白皮锦鸡儿

Caragana licentiana Hand.-Mazz. 白毛锦鸡儿

Caragana liouana Zhao Y. Chang & Yakovlev 中间锦鸡儿

Caragana microphylla Lam. 小叶锦鸡儿

Caragana opulens Kom. 甘蒙锦鸡儿

Caragana pleiophylla（Regel）Pojark. 多叶锦鸡儿

Caragana pygmaea（L.）DC. Prodr. 矮锦鸡儿

Caragana roborovskyi Kom. 荒漠锦鸡儿

Caragana sinica（Buc'hoz）Rehd. 锦鸡儿

aragana spinosa（L.）DC. 多刺锦鸡儿

Caragana stenophylla Pojark. 狭叶锦鸡儿

Caragana tangutica Maxim. ex Kom. 甘青锦鸡儿

Caragana tibetica Kom. 毛刺锦鸡儿

Caragana turkestanica Kom. 新疆锦鸡儿

Caragana versicolor Benth. 变色锦鸡儿

Carissa 假虎刺属

Carissa spinarum L. 假虎刺

Carmona 基及树属

Carmona microphylla（lam.）G. Don 基及树

Caryota 鱼尾葵属

Caryota monostachya Becc. 单穗鱼尾葵

Caryopteris 莸属

Caryopteris forrestii Diels 灰毛莸

Caryopteris forrestii var. *minor* P'ei et S. L. Chen et C. Y. Wu 小叶灰毛莸

Caryopteris glutinosa Rehd. 粘叶莸

Cassiope 岩须属

Cassiope fastigiata（Wall.）D. Don 扫帚岩须

Catunaregam 山石榴属

Catunaregam spinosa（Thunb.）Tirveng. 山石榴

Cephalanthus 风箱树属

Cephalanthus tetrandrus（Roxb.）Ridsd. et Badh. F. 风箱树

Cerasus 樱属

Cerasus clarofolia（Schneid.）Yü et Li 微毛樱桃

Cerasus humilis（Bge.）Sok. 欧李

Cerasus tianshanica Pojark. 天山樱桃

Cerasus tomentosa（Thunb.）Wall. 毛樱桃

Cercis 紫荆属

Cercis chinensis Bunge 紫荆

Ceriops 角果木属

Ceriops tagal（Perr.）C. B. Rob. 角果木

Ceriscoides 木瓜榄属

Ceriscoides howii Lo 木瓜榄

Cestrum 夜香树属

Cestrum aurantiacum Lindley 黄花夜香树

Cestrum nocturnum L. 夜香树

Chaenomeles 木瓜海棠属

Chaenomeles japonica（Thunb.）Lindl. ex Spach 日本木瓜

Chaenomeles sinensis（Thouin）Koehne 木瓜

Chaenomeles speciosa（Sweet）Nakai 皱皮木瓜

Chamaedaphne 地桂属

Chamaedaphne calyculata（L.）Moench 地桂

Chimonanthus 蜡梅属

Chimonanthus praecox（L.）Link 蜡梅

Chrysalidocarpus 散尾葵属

Chrysalidocarpus lutescens H. Wendl. 散尾葵

Cinchona 金鸡纳属

Cinchona officinalis L. 正鸡纳树

Cipadessa 浆果楝属

Cipadessa baccifera（Roth.）Miq. 浆果楝

Citrus 柑橘属

Citrus cavaleriei H. Lév. ex Cavalier 宜昌橙

Citrus japonica Thunb. 金柑

Citrus medica L. 香橼

Clausena 黄皮属

Clausena excavata Burm. F. 假黄皮

Clausena hainanensis Huang et Xing 海南黄皮

Clausena lenis Drake 光滑黄皮

Clausena odorata Huang 香花黄皮

Cleistanthus 闭花木属

Cleistanthus tonkinensis Jabl. 馒头果

Clerodendrum 大青属

Clerodendrum bungei Steud. 臭牡丹

Clerodendrum cyrtophyllum Turcz. 大青

Clerodendrum inerme（L.）Gaertn. 苦朗树

Clerodendrum japonicum（Thunb.）Sweet 赪桐

Clerodendrum quadriloculare（Blanco）Merr. 烟火树

Clerodendrum trichotomum Thunb. 海州常山

Codiaeum 变叶木属

Codiaeum variegatum（L.）A. Juss. 变叶木

Codoriocalyx 舞草属

Codoriocalyx motorius（Houttuyn）H. Ohashi 舞草

Coffea 咖啡属

Coffea arabica L. 小粒咖啡

Coffea canephora Pierre ex Froehn. 中粒咖啡

Coffea liberica Bull ex Hiern 大粒咖啡

Callicarpa 紫珠属

Callicarpa bodinieri Levl. 紫珠

Callicarpa macrophylla Vahl 大叶紫珠

Callicarpa nudiflora Hook. et Arn. 裸花紫珠

Callicarpa randaiensis Hayata 峦大紫珠

Colubrina 蛇藤属

Colubrina asiatica（L.）Brongn. 蛇藤

Convolvulus 旋花属

Convolvulus fruticosus Pall. 灌木旋花

Cordia 破布木属

Cordia cochinchinensis Gagnep. 越南破布木

Cordia myxa L. 毛叶破布木

Cordyline 朱蕉属

Cordyline fruticosa（L.）A. Chevalier 朱蕉

Corethrodendron 羊柴属

Corethrodendron fruticosum（Pallas）B. H. Choi & H. Ohashi 山竹子

Corethrodendron fruticosum var. *mongolicum*（Turczaninow）Turczaninow ex Kitagawa 杨柴

Corethrodendron lignosum L. R. Xu & B. H. Choi 木山竹子

Corethrodendron lignosum var. *laeve* L. R. Xu & B. H. Choi 塔落山竹子

Corethrodendron scoparium Fisch. et Basiner 细枝山竹子

Coriaria 马桑属

Coriaria intermedia Matsumura 台湾马桑

Coriaria nepalensis Wall. 马桑

Cornus 山茱萸属

Cornus alba L. 红瑞木

Cornus bretschneideri L. Henry 沙梾

Cornus hongkongensis Hemsley 香港四照花

Cornus officinalis Sieb. et Zucc. 山茱萸

Corylus 榛属

Corylus mandshurica Maxim. 毛榛

Corylus yunnanensis (Franchet) A. Camus 滇榛

Cotinus 黄栌属

Cotinus coggygria Scop. 黄栌

Cotinus coggygria var. *pubescens* Engl. 毛黄栌

Cotinus szechuanensis A. Penzes 四川黄栌

Cotoneaster 栒子属

Cotoneaster acuminatus Lindl. 尖叶栒子

Cotoneaster acutifolius Turcz. 灰栒子

Cotoneaster adpressus Bois 匍匐栒子

Cotoneaster dammeri Schneid. 矮生栒子

Cotoneaster dielsianus Pritz. 木帚栒子

Cotoneaster divaricatus Rehd. et Wils. 散生栒子

Cotoneaster franchetii Bois 西南栒子

Cotoneaster glaucophyllus Franch. 粉叶栒子

Cotoneaster hebephyllus Diels 钝叶栒子

Cotoneaster horizontalis Dcne. 平枝栒子

Cotoneaster melanocarpus Lodd. 黑果栒子

Cotoneaster microphyllus Wall. ex Lindl. 小叶栒子

Cotoneaster mongolicus Pojark. 蒙古栒子

Cotoneaster morrisonensis Hayata 台湾栒子

Cotoneaster multiflorus Bge. 水栒子

Cotoneaster rubens W. W. Smith 红花栒子

Cotoneaster submultiflorus Popov 毛叶水栒子

Cotoneaster uniflorus Bge. 单花栒子

Crataegus 山楂属

Crataegus kansuensis Wils. 甘肃山楂

Crataegus sanguinea Pall. 辽宁山楂

Cratoxylum 黄牛木属

Cratoxylum cochinchinense (Lour.) Bl. 黄牛木

Croton 巴豆属

Croton cascarilloides Raeusch. 银叶巴豆

Croton kongensis Gagnep. 越南巴豆

Croton lachnocarpus Benth. 毛果巴豆

Croton tiglium var. *xiaopadou* Y. T. Chang et S. Z. Huang 小巴豆

Cuphea 萼距花属

Cuphea hookeriana Walp. 萼距花

Cuphea hyssopifolia Kunth 细叶萼距花

Cuphea micropetala H. B. K. 小瓣萼距花

Cuphea platycentra Lem. 火红萼距花

Cyathostemma 杯冠木属

Cyathostemma yunnanense Hu 杯冠木

Cyphomandra 树番茄属

Cyphomandra betacea Sendt. 树番茄

Damnacanthus 虎刺属

Damnacanthus angustifolius Hayata 台湾虎刺

Damnacanthus giganteus (Mak.) Nakai 短刺虎刺

Damnacanthus indicus (L.) Gaertn. F. 虎刺

Damnacanthus macrophyllus Sieb. ex Miq. 浙皖虎刺

Damnacanthus tsaii Hu 西南虎刺

Daphne 瑞香属

Daphne feddei Levl. 滇瑞香

Daphne genkwa Sieb. et Zucc. 芫花

Daphne giraldii Nitsche 黄瑞香

Daphne kiusiana var. *atrocaulis* (Rehd.) F. Maekawa 毛瑞香

Daphne laciniata Lecomte 翼柄瑞香

Daphne limprichtii H. Winkl. 铁牛皮

Daphne odora Thunb. 瑞香

Daphne papyracea Wall. ex Steud. 白瑞香

Daphne rosmarinifolia Rehd. 华瑞香

Dasymaschalon 皂帽花属

Dasymaschalon trichophorum Merr. 皂帽花

Decaisnea 猫儿屎属

Decaisnea insignis (Griffith) J. D. Hooker et Thomson 猫儿屎

Decaspermum 子楝树属

Decaspermum gracilentum (Hance) Merr. et Perry 子楝树

Decaspermum parviflorum (Lamarck) A. J. Scott 五瓣子楝树

Delavaya 茶条木属

Delavaya toxocarpa Franch. 茶条木

Dendrolobium 假木豆属

Dendrolobium triangulare（Retz.）Schindl. 假木豆

Dendropanax 树参属

Dendropanax burmanicus Merrill 缅甸树参

Dendropanax dentiger（Harms）Merr. 树参

Derris 鱼藤属

Derris cavaleriei Gagnep. 黔桂鱼藤

Desmodium 山蚂蝗属

Desmodium elegans DC. 圆锥山蚂蝗

Desmodium gangeticum（L.）DC. 大叶山蚂蝗

Desmodium heterocarpon（L.）DC. 假地豆

Desmodium sequax Wall. 长波叶山蚂蝗

Desmodium yunnanense Franch. 云南山蚂蝗

Desmos 假鹰爪属

Desmos chinensis Lour. 假鹰爪

Deutzia 溲疏属

Deutzia grandiflora Bunge 大花溲疏

Deutzia longifolia Franch. 长叶溲疏

Deutzia parviflora Bge. 小花溲疏

Deutzia scabra Thunb. 溲疏

Dichotomanthes 牛筋条属

Dichotomanthes tristaniicarpa Kurz 牛筋条

Dipelta 双盾木属

Dipelta floribunda Maxim. 双盾木

Diplospora 狗骨柴属

Diplospora dubia（Lindl.）Masam. 狗骨柴

Diplospora fruticosa Hemsl. 毛狗骨柴

Diplospora mollissima Hutchins 云南狗骨柴

Diospyros 柿属

Diospyros chunii Metc. et L. Chen 崖柿

Diospyros strigosa Hemsl. 毛柿

Distylium 蚊母树属

Distylium buxifolium（Hance）Merr. 小叶蚊母树

Distylium chinense（Fr.）Diels 中华蚊母树

Distylium dunnianum Levl. 窄叶蚊母树

Distylium racemosum Sieb. et Zucc. 蚊母树

Dodonaea 车桑子属

Dodonaea viscosa（L.）Jacq. 车桑子

Dombeya 非洲芙蓉属

Dombeya burgessiae Gerr. ex Harv. & Sond. 吊芙蓉

Dracaena 龙血树属

Dracaena angustifolia Roxb. 长花龙血树

Dracaena marginata Lam. 千年木

Duranta 假连翘属

Duranta erecta L. 假连翘

Edgeworthia 结香属

Edgeworthia albiflora Nakai 白结香

Edgeworthia chrysantha Lindl. 结香

Ehretia 厚壳树属

Ehretia Asperula Zool. et Mor. 宿苞厚壳树

Ehretia resinosa Hance 台湾厚壳树

Elaeagnus 胡颓子属

Elaeagnus angustifolia L. 沙枣

Elaeagnus bockii Diels 长叶胡颓子

Elaeagnus cinnamomifolia W. K. Hu et H. F. Chow 樟叶胡颓子

Elaeagnus conferta Roxb. 密花胡颓子

Elaeagnus delavayi Lecomte 长柄胡颓子

Elaeagnus glabra Thunb. 蔓胡颓子

Elaeagnus macrantha Rehd. 大花胡颓子

Elaeagnus macrophylla Thunb. 大叶胡颓子

Elaeagnus micrantha C. Y. Chang 小花羊奶子

Elaeagnus mollis Diels 翅果油树

Elaeagnus multiflora Thunb. 木半夏

Elaeagnus pallidiflora C. Y. Chang 白花胡颓子

Elaeagnus pungens Thunb. 胡颓子

Elaeagnus schlechtendalii Serv. 小胡颓子

Elaeagnus thunbergii Serv. 薄叶胡颓子

Elaeagnus umbellate Thunb. 牛奶子

Eleutherococcus 五加属

Eleutherococcus senticosus（Ruprecht & Maximowicz）Maximowicz 刺五加

Eleutherococcus verticillatus（G. Hoo）H. Ohashi 轮伞五加

Eleutherococcus wilsonii（Harms）Nakai 狭叶五加

Elsholtzia 香薷属

Elsholtzia fruticosa（D. Don）Rehd. 鸡骨柴

Embelia 酸藤子属

Embelia carnosisperma C. Y. Wu et C. Chen 肉果酸藤子

Embelia gamblei Kurz ex C. B. Clarke 皱叶酸藤子

Embelia henryi E. Walker 毛果酸藤子

Embelia laeta（L.）Mez 酸藤子

Embelia parviflora Wall. ex A. DC. 当归藤

Embelia pauciflora Diels 疏花酸藤子

Embelia ribes Burm. F. 白花酸藤果

Embelia vestita Roxb. 密齿酸藤子

Empetrum 岩高兰属

Empetrum nigrum L. 岩高兰

Enkianthus 吊钟花属

Enkianthus chinensis Franch. 灯笼树

Enkianthus perulatus C. K. Schneider 台湾吊钟花

Enkianthus quinqueflorus Lour. 吊钟花

Enkianthus serotinus Chun et Fang 晚花吊钟花

Enkianthus serrulatus（Wils.）Schneid. 齿缘吊钟花

Ephedra 麻黄属

Ephedra equisetina Bunge 木贼麻黄

Ephedra gerardiana Wall. 山岭麻黄

Ephedra intermedia Schrenk ex Mey. 中麻黄

Ephedra przewalskii Stapf 膜果麻黄

Ephedra saxatilis Royle ex Florin 藏麻黄

Epiphyllum 昙花属

Epiphyllum oxypetalum（DC.）Haw. 昙花

Eranthemum 喜花草属

Eranthemum pulchellum Andrews 喜花草

Eriosolena 毛花瑞香属

Eriosolena composita（L. f.）Van Tiegh. 毛管花

Euaraliopsis 掌叶树属

Euaraliopsis ciliata（Dunn）Hutch. 假通草

Eugenia 番樱桃属

Eugenia uniflora L. 红果仔

Euonymus 卫矛属

Euonymus acanthocarpus Franch. 刺果卫矛

Euonymus alatus（Thunb.）Sieb. 卫矛

Euonymus echinatus Wall. 棘刺卫矛

Euonymus japonicus Thunb. 冬青卫矛

Euonymus phellomanus Loesener 栓翅卫矛

Euphorbia 大戟属

Euphorbia milii Ch. Des Moulins 铁海棠

Euphorbia pulcherrima Willd. ex Klotzsch 一品红

Euphorbia royleana Boiss. 霸王鞭

Eurya 柃属

Eurya alata Kobuski 翅柃

Eurya auriformis H. T. Chang 耳叶柃

Eurya chinensis R. Br. 米碎花

Eurya ciliata Merr. 华南毛柃

Eurya fangii Rehd. 川柃

Eurya groffii Merr. 岗柃

Eurya japonica Thunb. 柃木

Eurya nitida Korthals 细齿叶柃

Eurya pyracanthifolia Hsu 火棘叶柃

Eurya Saxicola H. T. Chang 岩柃

Eustigma 秀柱花属

Eustigma oblongifolium Gardn. et Champ. 秀柱花

Excoecaria 海漆属

Excoecaria acerifolia Didr. 云南土沉香

Excoecaria cochinchinensis Lour. 红背桂

Exochorda 白鹃梅属

Exochorda racemosa（Lindl.）Rehd. 白鹃梅

Exochorda serratifolia S. Moore 齿叶白鹃梅

Fagraea 灰莉属

Fagraea ceilanica Thunb. 灰莉

Fatsia 八角金盘属

Fatsia japonica（Thunb.）Decne. et Planch. 八角金盘

Fatsia polycarpa Hay. 多室八角金盘

Ficus 榕属

Ficus carica L. 无花果

Ficus cyrtophylla Wall. ex Miq. 歪叶榕

Ficus erecta Thunb. 矮小天仙果

Ficus formosana Maxim. 台湾榕

Ficus heteromorpha Hemsl. 异叶榕

Ficus heteropleura Bl. 尾叶榕

Ficus hirta Vahl 粗叶榕

Ficus ischnopoda Miq. 壶托榕

Ficus pumila L. 薜荔

Ficus sarmentosa var. *duclouxii*（Levl. et Vant.）Corner 大果爬藤榕

Ficus sarmentosa var. *henryi*（King et Oliv.）Corner 珍珠莲

Ficus stenophylla Hemsl. 竹叶榕

Ficus trivia Corner 楔叶榕

Fissistigma 瓜馥木属

Fissistigma glaucescens（Hance）Merr. 白叶瓜馥木

Fissistigma oldhamii（Hemsl.）Merr. 瓜馥木

Fissistigma polyanthum（Hook. f. et Thoms.）Merr. 黑风藤

Flacourtia 刺篱木属

Flacourtia indica（Burm. F.）Merr. 刺篱木

Flemingia 千斤拔属

Flemingia macrophylla（Willd.）Prain 大叶千斤拔

Flemingia strobilifera（L.）Ait. 球穗千斤拔

Flueggea 白饭树属

Flueggea suffruticosa（Pall.）Baill. 一叶萩

Flueggea virosa（Roxb. ex Willd.）Voigt 白饭树

Forsythia 连翘属

Forsythia mandschurica Uyeki 东北连翘

Forsythia mira M. C. Chang 奇异连翘

Forsythia suspensa（Thunb.）Vahl 连翘

Forsythia viridissima Lindl. 金钟花

Fraxinus 梣属

Fraxinus bungeana DC. 小叶梣

Fraxinus punctata S. Y. Hu 斑叶梣

Fraxinus trifoliolata W. W. Smith 三叶梣

Gardenia 栀子属

Gardenia angkorensis Pitard 匙叶栀子

Gardenia jasminoides Ellis 栀子

Gardenia stenophylla Merr. 狭叶栀子

Gaultheria 白珠属

Gaultheria borneensis Stapf 高山白珠

Gaultheria leucocarpa var. *cumingiana*（Vidal）T. Z. Hsu 白珠树

Gleditsia 皂荚属

Gleditsia microphylla Gordon ex Y. T. Lee 野皂荚

Glochidion 算盘子属

Glochidion coccineum（Buch. -Ham.）Muell. Arg. 红算盘子

Glochidion daltonii（Muell. Arg.）Kurz 革叶算盘子

Glochidion eriocarpum Champ. ex Benth. 毛果算盘子

Glochidion lanceolarium（Roxb.）Voigt 艾胶算盘子

Glochidion puberum（L.）Hutch. 算盘子

Glochidion wilsonii Hutch. 湖北算盘子

Glochidion wrightii Benth. 白背算盘子

Glochidion zeylanicum（Gaerthn.）A. Juss. 香港算盘子

Glycosmis 山小橘属

Glycosmis cochinchinensis（Lour.）Pierre ex Engl. 山橘树

Glycosmis montana Pierre 海南山小橘

Goniothalamus 哥纳香属

Goniothalamus amuyon（Bl.）Merr. 台湾哥纳香

Goniothalamus chinensis Merr. et Chun 哥纳香

Gossypium 棉属

Gossypium arboretum L. 树棉

Gossypium barbadense L. 海岛棉

Gossypium herbaceum L. 草棉

Gossypium hirsutum L. 陆地棉

Grewia 扁担杆属

Grewia abutilifolia Vent ex Juss. 苘麻叶扁担杆

Grewia biloba G. Don 扁担杆

Grewia biloba var. *parviflora*（Bunge）Hand. -Mazz. 小花扁担杆

Grewia eriocarpa Juss. 毛果扁担杆

Grewia henryi Burret 黄麻叶扁担杆

Grewia sessiliflora Gagnep. 无柄扁担杆

Guihaiothamnus 桂海木属

Guihaiothamnus acaulis Lo 桂海木

Gymnosporia 裸实属

Gymnosporia diversifolia Maxim. 变叶裸实

Gymnosporia jinyangensis（C. Y. Cheng）Q. R. Liu & Funston 金阳美登木

Gymnosporia variabilis（Hemsl.）Loes. 刺茶裸实

Halostachys 盐穗木属

Halostachys caspica C. A. Mey. ex Schrenk 盐穗木

Haloxylon 梭梭属

Haloxylon ammodendron（C. A. Mey.）Bunge 梭梭

Haloxylon persicum Bunge ex Boiss. et Buhse 白梭梭

Hamamelis 金缕梅属

Hamamelis mollis Oliver 金缕梅

Hamelia 长隔木属

Hamelia patens Jacq. 长隔木

Haplophyllum 拟芸香属

Haplophyllum tragacanthoides Diels 针枝芸香

Harrisonia 牛筋果属

Harrisonia perforate（Blanco）Merr. 牛筋果

Hedera 常春藤属

Hedera rhombea（Miq.）Bean 菱叶常春藤

Helianthemum 半日花属

Helianthemum songaricum Schrenk 半日花

Helicteres 山芝麻属

Helicteres angustifolia L. 山芝麻

Helicteres glabriuscula Wall. 细齿山芝麻

Helicteres hirsute Lour. 雁婆麻

Helicteres isora L. 火索麻

Helicteres lanceolate DC. 剑叶山芝麻

Heteropanax 幌伞枫属

Heteropanax chinensis（Dunn）Li 华幌伞枫

Heynea 鹧鸪花属

Heynea velutina F. C. How & T. C. Chen 茸果鹧鸪花

Hibiscus 木槿属

Hibiscus indicus（Burm. f.）Hochr. 美丽芙蓉

Hibiscus moscheutos L. 芙蓉葵

Hibiscus mutabilis L. 木芙蓉

Hibiscus rosa-sinensis L. 朱槿

Hibiscus sabdariffa L. 玫瑰茄

Hibiscus schizopetalus（Mast.）Hook. F 吊灯扶桑

Hibiscus sinosyriacus Bailey 华木槿

Hibiscus surattensis L. 刺芙蓉

Hibiscus syriacus L. 木槿

Hibiscus tiliaceus L. 黄槿

Himalrandia 须弥茜树属

Himalrandia lichiangensis（W. W. Smith）Tirveng. 须弥茜树

Hippophae 沙棘属

Hippophae neurocarpa S. W. Liu et T. N. He 肋果沙棘

Hippophae rhamnoides L. 沙棘

Hippophae rhamnoides subsp. Sinensi Rousi 中国沙棘

Hippophae rhamnoides subsp. Turkestanica Rousi 中亚沙棘

Hippophae salicifolia D. Don 柳叶沙棘

Hippophae tibetana Schlechtendal 西藏沙棘

Holmskioldia 冬红属

Holmskioldia sanguinea Retz. 冬红

Homalium 天料木属

Homalium cochinchinense（Lour.）Druce 天料木

Homonoia 水柳属

Homonoia riparia Lour. 水柳

Huodendron 山茉莉属

Huodendron biaristatum（W. W. Smith）Rehd. 双齿山茉莉

Hydrangea 绣球属

Hydrangea integrifolia Hayta 全缘绣球

Hydrangea macrophylla（Thunb.）Ser. 绣球

Hylocereus 量天尺属

Hylocereus undatus（Haw.）Britt. et Rose 量天尺

***Hypericum* 金丝桃属**

Hypericum androsaemum L. 浆果金丝桃

Hypericum beanie N. Robson 栽秧花

Hypericum bellum Li 美丽金丝桃

Hypericum choisianum Wallich ex N. Robson 多蕊金丝桃

Hypericum monogynum L. 金丝桃

Hypericum patulum Thunb. ex Murray 金丝梅

Hypericum prattii Hemsl. 大叶金丝桃

***Ilex* 冬青属**

Ilex asprella（Hook. et Arn.）Champ. ex Benth. 秤星树

Ilex austrosinensis C. J. Tseng 两广冬青

Ilex bioritsensis Hayata 刺叶冬青

Ilex chinensis Sims 冬青

Ilex cornuta Lindl. et Paxt. 枸骨

Ilex pernyi Franch. 猫儿刺

Ilex pubescens Hook. et Arn. 毛冬青

Ilex rotunda Thunb. 铁冬青

Ilex yunnanensis Franch. 云南冬青

***Indigofera* 木蓝属**

Indigofera amblyantha Craib 多花木蓝

Indigofera cassioides Rottler ex Candolle 椭圆叶木蓝

Indigofera franchetii X. F. Gao & Schrire 灰色木蓝

Indigofera kirilowii Maxim. ex Palibin 花木蓝

Indigofera lenticellata Craib 岷谷木蓝

Indigofera pampaniniana Craib 昆明木蓝

Indigofera tinctoria L. 木蓝

***Itea* 鼠刺属**

Itea chinensis Hook. et Arn. 鼠刺

***Ixora* 龙船花属**

Ixora auricularis How ex Ko 耳叶龙船花

Ixora cephalophora Merr. 团花龙船花

Ixora chinensis Lam. 龙船花

Ixora effusa Chun et How ex Ko 散花龙船花

Ixora finlaysoniana Wall. 薄叶龙船花

Ixora fulgens Roxb. 亮叶龙船花

Ixora hainanensis Merr. 海南龙船花

Ixora henryi Levl. 白花龙船花

Ixora nienkui Merr. et Chun 泡叶龙船花

Ixora yunnanensis Hutchins. 云南龙船花

***Jasminum* 素馨属**

Jasminum dispermum Wallich 双子素馨

Jasminum elongatum（Bergius）Willdenow 扭肚藤

Jasminum floridum Bunge 探春花

Jasminum grandiflorum L. 素馨花

Jasminum humile L. 矮探春

Jasminum lanceolarium Roxb. 清香藤

Jasminum ligustrioides Chia 海南素馨

Jasminum multiflorum（N. L. Burman）Andrews 毛茉莉

Jasminum nervosum Lour. 青藤仔

Jasminum nudiflorum Lindl. 迎春花

Jasminum sambac（L.）Aiton 茉莉花

Jasminum subhumile W. W. Smith 滇素馨

Jasminum urophyllum Hemsley 川素馨

Jasminum yuanjiangense P. Y. Bai 元江素馨

***Jatropha* 麻疯树属**

Jatropha curcas L. 麻疯树

Jatropha integerrima Jacq. 琴叶珊瑚

Jatropha podagrica Hook. 佛肚树

***Juniperus* 刺柏属**

Juniperus davurica Pall. 兴安圆柏

Juniperus indica Bertoloni 滇藏方枝柏

Juniperus pingii var. *wilsonii*（Rehder）Silba 香柏

Juniperus procumbens（Endlicher）Siebold ex Miquel 铺地柏

Juniperus pseudosabina Fischer & C. A. Meyer 新疆方枝柏

Juniperus rigida Sieb. et Zucc. 杜松

Juniperus Sabina L. 叉子圆柏

Juniperus sibirica Burgsd. 西伯利亚刺柏

Juniperus squamata Buchanan-Hamilton ex D. Don 高山柏

***Justicia* 爵床属**

Justicia adhatoda L. 鸭嘴花

***Kalidium* 盐爪爪属**

Kalidium capsicum（L.）Ung. -Sternb. 里海盐爪爪

Kalidium cuspidatum（Ung. -Sternb.）Grub. 尖叶盐爪爪

Kalidium cuspidatum var. *sinicum* A. J. Li 黄毛头

Kalidium foliatum（Pall.）Moq. 盐爪爪

Kalidium gracile Fenzl 细枝盐爪爪

***Kandelia* 秋茄树属**

Kandelia obovate Sheue et al. 秋茄树

Kerria 棣棠花属

Kerria japonica（L.）DC. 棣棠花

Kolkwitzia 猬实属

Kolkwitzia amabilis Graebn. 猬实

Kopsia 蕊木属

Kopsia fruticosa（Ker）A. DC. 红花蕊木

Krascheninnikovia 驼绒藜属

Krascheninnikovia ceratoides（L.）Gueldenstaedt 驼绒藜

Krascheninnikovia compacta（Losinsk.）Grubov 垫状驼绒藜

Lagerstroemia 紫薇属

Lagerstroemia indica L. 紫薇

Lagerstroemia micrantha Merr. 小花紫薇

Lantana 马缨丹属

Lantana camara L. 马缨丹

Lantana montevidensis Briq. 蔓马缨丹

Lasianthus 粗叶木属

Lasianthus austrosinensis H. S. Lo 华南粗叶木

Lasianthus chinensis（Champ.）Benth. 粗叶木

Lasianthus hirsutus（Roxb.）Merr. 鸡屎树

Laurocerasus 桂樱属

Laurocerasus fordiana（Dunn）Yu et Lu 华南桂樱

Ledum 杜香属

Ledum palustre L. 杜香

Leea 火筒树属

Leea macrophylla Roxb. ex Hornem. 大叶火筒树

Leea indica（Burm. F.）Merr. 火筒树

Leea setuligera C. B. Clarke 糙毛火筒树

Lepisanthes 鳞花木属

Lepisanthes oligophylla（Merrill & Chun）N. H. Xia & Gadek 赛木患

Lepisanthes rubiginosa（Roxburgh）Leenhouts 赤才

Leptodermis 野丁香属

Leptodermis oblonga Bunge 薄皮木

Leptodermis ordosica H. C. Fu et E. W. Ma 内蒙野丁香

Leptodermis pilosa Diels 川滇野丁香

Leptodermis potaninii Batalin 野丁香

Leptopus 雀舌木属

Leptopus chinensis（Bunge）Pojark. 雀儿舌头

Leptospermum 鱼柳梅属

Leptospermum scoparium J. R. Forst. et G. Forst. 松红梅

Lespedeza 胡枝子属

Lespedeza bicolor Turcz. 胡枝子

Lespedeza buergeri Miq. 绿叶胡枝子

Lespedeza cuneata (Dum. -Cours.) G. Don 截叶铁扫帚

Lespedeza cyrtobotrya Miq. 短梗胡枝子

Lespedeza davurica (Laxmann) Schindler 兴安胡枝子

Lespedeza floribunda Bunge 多花胡枝子

Lespedeza juncea (L. f.) Pers. 尖叶铁扫帚

Lespedeza thunbergii subsp. *Formosa* (Vogel) H. Ohashi 美丽胡枝子

Lespedeza tomentosa (Thunb.) Sieb. 绒毛胡枝子

Lespedeza virgate (Thunb.) DC. 细梗胡枝子

Leucaena 银合欢属

Leucaena leucocephala (Lam.) de Wit 银合欢

Ligustrum 女贞属

Ligustrum amamianum Koidzumi 台湾女贞

Ligustrum delavayanum Hariot 紫药女贞

Ligustrum japonicum Thunb. 日本女贞

Ligustrum lianum P. S. Hsu 华女贞

Ligustrum lucidum Ait. 女贞

Ligustrum obtusifolium Sieb. et Zucc. 水蜡

Ligustrum quihoui Carr. 日本女贞

Ligustrum sinense Lour. 小蜡

Ligustrum tenuipes M. C. Chang 细梗女贞

Lindera 山胡椒属

Lindera glauca (Sieb. et Zucc.) Bl. 山胡椒

Lindera obtusiloba Bl. 三桠乌药

Linnaea 北极花属

Linnaea borealis L. 北极花

Lirianthe 长喙木兰属

Lirianthe coco (Loureiro) N. H. Xia & C. Y. Wu 夜香木兰

Litsea 木姜子属

Litsea cubeba (Lour.) Pers. 山鸡椒

Lonicera 忍冬属

Lonicera angustifolia var. *myrtillus* (J. D. Hooker & Thomson) Q. E. Yang 越橘叶忍冬

Lonicera caerulea L. 蓝果忍冬

Lonicera chrysantha Turcz. 金花忍冬

Lonicera fragrantissima Lindl. et Paxt. 郁香忍冬

Lonicera fragrantissima var. *lancifolia* (Rehder) Q. E. Yang 苦糖果

Lonicera hispida Pall. ex Roem. et Schult. 刚毛忍冬

Lonicera humilis Kar. et kir. 矮小忍冬

Lonicera japonica Thunb. 忍冬

Lonicera kawakamii（Hayata）Masam. 玉山忍冬

Lonicera maackii（Rupr.）Maxim. 金银忍冬

Lonicera maximowiczii（Rupr.）Regel 紫花忍冬

Lonicera microphylla Willd. ex Roem. et Schult. 小叶忍冬

Lonicera praeflorens Batal. 早花忍冬

Lonicera rupicola Hook. f. et Thoms. 岩生忍冬

Lonicera rupicola var. *minuta*（Batalin）Q. E. Yang 矮生忍冬

Lonicera rupicola var. *syringantha*（Maxim.）Zabel 红花岩生忍冬

Lonicera ruprechtiana Regel 长白忍冬

Lonicera spinosa Jacq. ex Walp. 棘枝忍冬

Lonicera tangutica Maxim. 唐古特忍冬

Lonicera tatarica L. 新疆忍冬

Lonicera tatarinowii Maxim. 华北忍冬

Lonicera webbiana Wall. ex DC. 华西忍冬

Loropetalum 檵木属

Loropetalum chinense（R. Br.）Oliver 檵木

Loropetalum chinense var. *rubrum* Yieh 红花檵木

Luculia 滇丁香属

Luculia gratissima（Wall.）Sweet 馥郁滇丁香

Luculia pinceana Hooker 滇丁香

Lumnitzera 榄李属

Lumnitzera racemosa Willd. 榄李

Lycium 枸杞属

Lycium barbarum L. 宁夏枸杞

Lycium chinense Miller 枸杞

Lycium chinese var. *potaninii*（Pojarkova）A. M. Lu 北方枸杞

Lycium dasystemum Pojarkova 新疆枸杞

Lycium flexicaule Pojark. 柔茎枸杞

Lycium ruthenicum Murray 黑果枸杞

Lycium truncatum Y. C. Wang 截萼枸杞

Lycium yunnanense Kuang et A. M. Lu 云南枸杞

Lycianthes 红丝线属

Lycianthes biflora（Loureiro）Bitter 红丝线

Lyonia 珍珠花属

Lyonia compta（W. W. Smith et Jeffr.）Hand. -Mazz. 秀丽珍珠花

Lyonia doyonensis（Hand. -Mazz.）Hand. -Mazz. 圆叶珍珠花

Lyonia macrocalyx（Anth.）Airy-Shaw 大萼珍珠花

Lyonia ovalifolia（Wall.）Drude 珍珠花

Lythrum 千屈菜属

Lythrum virgatum L. 帚枝千屈菜

Maackia 马鞍树属

Maackia taiwanensis Hoshi & H. Ohashi 多花马鞍树

Macaranga 血桐属

Macaranga sampsonii Hance 鼎湖血桐

Maclura 橙桑属

Maclura tricuspidata Carriere 柘

Maesa 杜茎山属

Maesa indica（Roxb.）A. DC. 包疮叶

Maesa japonica（Thunb.）Moritzi. ex Zoll. 杜茎山

Maesa parvifolia A. DC. 小叶杜茎山

Maesa perlarius（Lour.）Merr. 鲫鱼胆

Maesa ramentacea（Roxb.）A. DC. 称杆树

Mahonia 十大功劳属

Mahonia bealei（Fort.）Carr. 阔叶十大功劳

Mahonia bodinieri Gagnep. 小果十大功劳

Mahonia conferta Takeda 密叶十大功劳

Mahonia fortunei（Lindl.）Fedde 十大功劳

Mahonia gracilipes（Oliv.）Fedde 细柄十大功劳

Mahonia hypoleuca Takeda 白背十大功劳

Mahonia leptodonta Gagnep. 细齿十大功劳

Mahonia longibracteata Takeda 长苞十大功劳

Mahonia microphylla Ying et G. R. Long 小叶十大功劳

Mahonia nitens Schneid. 亮叶十大功劳

Mahonia retinervis Hsiao et Y. S. Wang 网脉十大功劳

Mahonia setosa Gagnepain 刺齿十大功劳

Mallotus 野桐属

Mallotus anomalus Merr et Chun 锈毛野桐

Mallotus apelta（Lour.）Muell. Arg. 白背叶

Malus 苹果属

Malus doumeri 台湾林檎

Malus transitoria（Batal.）Schneid. 花叶海棠

Malvaviscus 悬铃花属

Malvaviscus arboreus Cav. 悬铃花

Mammillaria 乳突球属

Mammillaria elongata DC. 金手指

Manihot 木薯属

Manihot esculenta Crantz 木薯

Manilkara 铁线子属

Manilkara hexandra（Roxb.）Dubard 铁线子

Maytenus 美登木属

Maytenus confertiflora J. Y. Luo & X. X. Chen 密花美登木

Maytenus hookeri Loes. 美登木

Maytenus orbiculatus C. Y. Wu 圆叶美登木

Medinilla 酸脚杆属

Medinilla lanceata（Nayar）C. Chen 酸脚杆

Melaleuca 白千层属

Melaleuca bracteata F. Muell. 黄金串钱柳

Melastoma 野牡丹属

Melastoma dodecandrum Lour. 地菍

Melastoma imbricatum Wall. ex C. B. Clarke 大野牡丹

Melastoma intermedium Dunn 细叶野牡丹

Melastoma malabathricum L. 野牡丹

Melastoma penicillatum Naud. 紫毛野牡丹

Melastoma sanguineum Sims. 毛菍

Melicope 蜜茱萸属

Melicope triphylla（Lam.）Merr. 三叶蜜茱萸

Melicope patulinervia（Merr. et Chun）Huang 蜜茱萸

Melodinus 山橙属

Melodinus tenuicaudatus Tsiang et P. T. Li 薄叶山橙

Memecylon 谷木属

Memecylon scutellatum（Lour.）Hook. et Arn. 细叶谷木

Merrilliopanax 常春木属

Merrilliopanax listeri（King.）Li 常春木

Metapanax 梁王茶属

Metapanax delavayi（Franchet）J. Wen & Frodin 梁王茶

Michelia 含笑属

Michelia crassipes Y. W. Law 紫花含笑

Michelia figo（Lour.）Spreng. 含笑花

Microcos 破布叶属

Microcos paniculata L. 破布叶

Miliusa 野独活属

Miliusa balansae Finet & Gagnepain 野独活

Mimosa 含羞草属

Mimosa bimucronata（Candolle）O. Kuntze 光荚含羞草

Monstera 龟背竹属

Monstera deliciosa Liebm. 龟背竹

Morinda 巴戟天属

Morinda persicifolia Buchanan-Hamilton 短梗木巴戟

Morinda rosiflora Y. Z. Ruan 红木巴戟

Morus 桑属

Morus alba L. 桑

Morus mongolica（Bur.）Schneid. 蒙桑

Munronia 地黄连属

Munronia pinnata（Wallich）W. Theobald 羽状地黄连

Murraya 九里香属

Murraya alata Drake 翼叶九里香

Murraya koenigii（L.）Spreng. 调料九里香

Murraya kwangsiensis（Huang）Huang 广西九里香

Murraya microphylla（Merr. et Chun）Swingle 小叶九里香

Mussaenda 玉叶金花属

Mussaenda antiloga Chun et Ko 壮丽玉叶金花

Mussaenda densiflora Li 密花玉叶金花

Mussaenda elliptica Hutchins. 椭圆玉叶金花

Mussaenda erythrophylla Schumach. et Thom. 红纸扇

Mussaenda laxiflora Hutchins. 疏花玉叶金花

Mussaenda macrophylla Wall. 大叶玉叶金花

Mussaenda multinervis C. Y. Wu ex Hsue et . H. Wu 多脉玉叶金花

Mussaenda pubescens Ait. F. Hort. Kew. Ed. 玉叶金花

Mussaenda shikokiana Makino 大叶白纸扇

Mycetia 腺萼木属

Mycetia coriacea（Dunn）Merr. 革叶腺萼木

Mycetia glandulosa Craib 腺萼木

Mycetia nepalensis Hara 垂花腺萼木

Myrica 香杨梅属

Myrica nana A. Cheval. 云南杨梅

Myricaria 水柏枝属

Myricaria elegans Royle 秀丽水柏枝

Myricaria rosea W. W. Sm. 卧生水柏枝

Myricaria squamosa Desv. 具鳞水柏枝

Myripnois 蚂蚱腿子属

Myripnois dioica Bunge 蚂蚱腿子

Myrsine 铁仔属

Myrsine Africana L. 铁仔

Myrsine linearis（Loureiro）Poiret 打铁树

Myrsine seguinii H. Leveille 密花树

***Nandina* 南天竹属**

Nandina domestica Thunb. 南天竹

***Neillia* 绣线梅属**

Neillia thyrsiflora D. Don 绣线梅

***Neohymenopogon* 石丁香属**

Neohymenopogon parasiticus（Wall.）S. S. R. Bennet 石丁香

***Nerium* 夹竹桃属**

Nerium oleander L. 夹竹桃

***Nitraria* 白刺属**

Nitraria roborowskii Kom. 大白刺

Nitraria sibirica Pall. 小果白刺

Nitraria sphaerocarpa Maxim. 泡泡刺

Nitraria tangutorum Bobr. 白刺

***Nouelia* 栌菊木属**

Nouelia insignis Franch. 栌菊木

***Olea* 木樨榄属**

Olea laxiflora H. L. Li 疏花木犀榄

Olea neriifolia H. L. Li 狭叶木犀榄

Olea tetragonoclada L. C. Chia 方枝木犀榄

***Oplopanax* 刺人参属**

Oplopanax elatus Nakai 刺参

***Opuntia* 仙人掌属**

Opuntia cochenillifera（L.）Miller 胭脂掌

Opuntia dilleniid（Ker Gawl.）Haw. 仙人掌

Opuntia monacantha（Willd.）Haw. 单刺仙人掌

Opuntia stricta（Haw.）Haw. 缩刺仙人掌

***Oreocnide* 紫麻属**

Oreocnide kwangsiensis Hand. -Mazz. 广西紫麻

***Orixa* 臭常山属**

Orixa japonica Thunb. 臭常山

***Osmanthus* 木犀属**

Osmanthus armatus Diels 红柄木犀

Osmanthus attenuates P. S. Green 狭叶木犀

Osmanthus delavayi Franchet 管花木犀

Osmanthus fragrans（Thunb.）Loureiro 木犀

Osmanthus hainanensis P. S. Green 显脉木犀

Osmanthus minor P. S. Green 小叶月桂

Osmanthus suavis King ex C. B. Clarke 香花木犀

Osmanthus yunnanensis（Franchet）P. S. Green 野桂花

Osteomeles 小石积属

Osteomeles schwerinae Schneid. 华西小石积

Ostryopsis 虎榛子属

Ostryopsis davidiana Decaisne 虎榛子

Ostryopsis nobilis I. B. Balfour et W. W. Smith 滇虎榛

Osyris 沙针属

Osyris quadripartita Salzmann ex Decaisne 沙针

Oxyceros 钩簕茜属

Oxyceros griffithii（Hook. f.）W. C. Chen 琼滇鸡爪簕

Oxytropis 棘豆属

Oxytropis aciphylla Ledeb. 猫头刺

Paederia 鸡矢藤属

Paederia foetida L. 鸡矢藤

Paederia yunnanensis（Levl.）Rehd. 云南鸡矢藤

Paeonia 芍药属

Paeonia decomposita Handel-Mazzetti 四川牡丹

Paeonia suffruticosa Andr. 牡丹

Pandanus 露兜树属

Pandanus tectorius Sol. 露兜树

Pandanus utilis Borg. 扇叶露兜树

Pauldopi 翅叶木属

Pauldopia ghorta（Buch.-Ham. ex G. Don）Steenis 翅叶木

Pavetta 大沙叶属

Pavetta arenosa Lour. 大沙叶

Pemphis 水芫花属

Pemphis acidula J. R. et G. Forst. 水芫花

Pentapanax 羽叶参属

Pentapanax henryi Harms 锈毛五叶参

Pentapanax wilsonii（Harms）C. B. Shang 西南羽叶参

Pentaphylax 五列木属

Pentaphylax euryoides Gardn. et Champ. 五列木

Pereskia 木麒麟属

Pereskia aculeata Mill. 木麒麟

Periploca 杠柳属

Periploca sepium Bunge 杠柳

Phellodendron 黄檗属

Phellodendron chinense var. *glabriusculum* Schneid. 秃叶黄檗

Philadelphus 山梅花属

Philadelphus incanus Koehne 山梅花

Philadelphus schrenkii Rupr. 东北山梅花

Philadelphus tenuifolius Rupr. ex Maxim. 薄叶山梅花

Phoenix 海枣属

Phoenix roebelenii O'Brien 江边刺葵

Photinia 石楠属

Photinia beauverdiana Schneid. 中华石楠

Photinia loriformis W. W. Smith 带叶石楠

Photinia parvifolia (Pritz.) Schneid. 小叶石楠

Photinia serratifolia (Desfontaines) Kalkman 石楠

Photinia stenophylla Hand. -Mazz. 窄叶石楠

Phyllanthus 叶下珠属

Phyllanthus reticulatus Poir. 小果叶下珠

Phyllanthus rheophyticus M. G. Gilbert & P. T. Li 水油甘

Phyllodoce 松毛翠属

Phyllodoce caerulea Babington 松毛翠

Pieris 马醉木属

Pieris Formosa (Wall.) D. Don 美丽马醉木

Pieris japonica (Thunb.) D. Don ex G. Don 马醉木

Pieris swinhoei Hemsl. 长萼马醉木

Pinus 松属

Pinus pumila (Pall.) Regel 偃松 Pisonia 避霜花属

Pisonia aculeata L. 腺果藤

Pistacia 黄连木属

Pistacia weinmanniifolia J. Poisson ex Franchet 清香木

Pittosporum 海桐属

Pittosporum brevicalyx (Oliv.) Gagnep. 短萼海桐

Pittosporum daphniphylloides Hayata 牛耳枫叶海桐

Pittosporum glabratum Lindl. 光叶海桐

Pittosporum glabratum var. *neriifolium* Rehd. et Wils. 狭叶海桐

Pittosporum kwangsiense Chang et Yan 广西海桐

Pittosporum planilobum Chang et Yan 扁片海桐

Pittosporum subulisepalum Hu et Wang 尖萼海桐

Pittosporum tobira (Thunb.) Ait. 海桐

Pittosporum viburnifolium Hayata 荚蒾叶海桐

Pluchea 阔苞菊属

Pluchea indica (L.) Less. 阔苞菊

Podranea 非洲凌霄属

Podranea ricasoliana (Tanf.) Sprague 非洲凌霄

Polyalthia 暗罗属

Polyalthia florulenta C. Y. Wu ex P. T. Li 小花暗罗

Polyalthia littoralis（Blume）Boerlage 陵水暗罗

Portulacaria 树马齿苋属

Portulacaria afra Jacq. 树马齿苋

Potaninia 绵刺属

Potaninia mongolica Maxim. 绵刺

Potentilla 委陵菜属

Potentilla fruticosa L. 金露梅

Potentilla fruticosa var. *arbuscula*（D. Don）Maxim 伏毛金露梅

Potentilla glabra Lodd. 银露梅

Potentilla glabra var. *mandshurica*（Maxim.）Hand. -Mazz. 白毛银露梅

Potentilla parvifolia Fisch. 小叶金露梅

Premna 豆腐柴属

Premna interrupta Wall. ex Schauer 间序豆腐柴

Premna serratifolia L. 伞序臭黄荆

Premna yunnanensis W. W. Sm. 云南豆腐柴

Prinsepia 扁核木属

Prinsepia uniflora Batal. 蕤核

Prinsepia utilis Royle 扁核木

Prunus 李属

Prunus cerasifera f. *atropurpurea*（Jacq.）Rehd. 紫叶李

Psychotria 九节属

Psychotria asiatica Wall. 九节

Psychotria cephalophora Merr. 兰屿九节木

Psychotria densa W. C. Chen 密脉九节

Psychotria fluviatilis Chun ex W. C. Chen 溪边九节

Psychotria hainanensis Li 海南九节

Psychotria laui Merr. et F. P. Metcalf 头九节

Psychotria morindoides Hutchins. 聚果九节

Psychotria pilifera Hutchinson 毛九节

Psychotria prainii Levl. 驳骨九节

Psychotria straminea Hutchins. 黄脉九节

Psychotria symplocifolia Kurz 山矾叶九节

Psychotria tutcheri Dunn 假九节

Psychotria yunnanensis Hutchins. 云南九节

Ptelea 榆橘属

Ptelea trifoliata L. 榆橘

Punica 石榴属

Punica granatum L. 石榴

Pyracantha 火棘属

Pyracantha densiflora Yu 密花火棘

Pyracantha fortuneana（Maxim.）Li 火棘

Pyrus 梨属

Pyrus calleryana Dcne. 豆梨

Quercus 栎属

Quercus aliena var. *acutiserrata* Maximowicz ex Wenzig 锐齿槲栎

Quercus guyavifolia H. Leveille 帽斗栎

Quisqualis 使君子属

Quisqualis indica L. 使君子

Rauvolfia 萝芙木属

Rauvolfia tiaolushanensis Tsiang 吊罗山萝芙木

Rauvolfia verticillata（Lour.）Baill. 萝芙木

Rauvolfia vomitoria Afzel. 催吐萝芙木

Reaumuria 琵琶柴属

Reaumuria soongarica（Pallas）Maximowicz 红砂

Reaumuria kaschgarica Rupr. 五柱红砂

Reaumuria trigyna Maxim. 黄花红砂

Reinwardtia 石海椒属

Reinwardtia indica Dum. 石海椒

Rhamnella 猫乳属

Rhamnella rubrinervis（H. Leveille）Rehder 苞叶木

Rhamnoneuron 鼠皮树属

Rhamnoneuron balansae（Drake）Gilg 鼠皮树

Rhamnus 鼠李属

Rhamnus cathartica L. 药鼠李

Rhamnus davurica Pall. 鼠李

Rhamnus erythroxylum Pallas 柳叶鼠李

Rhamnus globosa Bunge 圆叶鼠李

Rhamnus heterophylla Oliv. 异叶鼠李

Rhamnus kwangsiensis Y. L. Chen et P. K. Chou 广西鼠李

Rhamnus leptophylla Schneid. 薄叶鼠李

Rhamnus nakaharae（Hayata）Hayata 台中鼠李

Rhamnus napalensis（Wall.）Laws. 尼泊尔鼠李

Rhamnus parvifolia Bunge 小叶鼠李

Rhamnus tangutica J. Vass. 甘青鼠李

Rhamnus utilis Decne. 冻绿

Rhamnus virgate Roxb. 帚枝鼠李

Rhaphiolepis 石斑木属

Rhaphiolepis indica（Linnaeus）Lindley 石斑木

Rhaphiolepis umbellata（Thunberg）Makino 厚叶石斑木

***Rhapis* 棕竹属**

Rhapis excelsa（Thunb.）Henry ex Rehd. 棕竹

Rhapis humilis Bl. 矮棕竹

Rhapis multifida Burret 多裂棕竹

***Rhizophora* 红树属**

Rhizophora apiculata Bl. 红树

Rhizophora stylosa Griff. 红海兰

***Rhododendron* 杜鹃花属**

Rhododendron aganniphum Balf. F. et K. Ward 雪山杜鹃

Rhododendron anthopogon D. Don 髯花杜鹃

Rhododendron anthopogonoides Maxim. 烈香杜鹃

Rhododendron arboretum Smith 树形杜鹃

Rhododendron aureum Georgi 牛皮杜鹃

Rhododendron beesianum Diels 宽钟杜鹃

Rhododendron calophytum Franch. 美容杜鹃

Rhododendron campanulatum D. Don 钟花杜鹃

Rhododendron campylogynum Franch. 弯柱杜鹃

Rhododendron capitatum Maxim. 头花杜鹃

Rhododendron cavaleriei Levl. 多花杜鹃

Rhododendron cephalanthum Franch. 毛喉杜鹃

Rhododendron championiae Hooker 刺毛杜鹃

Rhododendron concinnum Hemsley 秀雅杜鹃

Rhododendron dauricum L. 兴安杜鹃

Rhododendron decorum Franch. 大白花杜鹃

Rhododendron delavayi Franch. 马缨杜鹃

Rhododendron dichroanthum Diels 两色杜鹃

Rhododendron dumicola Tagg et Forrest 灌丛杜鹃

Rhododendron faithiae Chun 大云锦杜鹃

Rhododendron fastigiatum Franch. 密枝杜鹃

Rhododendron flavidum Franch. 川西淡黄杜鹃

Rhododendron fortunei Lindl. 云锦杜鹃

Rhododendron fragariiflorum Kingdon-Ward 草莓花杜鹃

Rhododendron habrotrichum Balf. F. et W. W. Smith 粗毛杜鹃

Rhododendron hybrida Hort. 杂种杜鹃

Rhododendron hypenanthum Balf. F. 毛花杜鹃

Rhododendron impeditum Balf. F. et W. W. Smith 粉紫杜鹃

Rhododendron intricatum Franch. 隐蕊杜鹃

Rhododendron kawakamii var. *flaviflorum* Liu et Chuang 黄色着生杜鹃

Rhododendron laudandum Cowan 毛冠杜鹃

Rhododendron lepidotum Wall. ex G. Don 鳞腺杜鹃

Rhododendron mackenzianum Forrest 长蒴杜鹃

Rhododendron micranthum Turcz. 照山白

Rhododendron molle（Blum）G. Don 羊踯躅

Rhododendron morii Hayata 玉山杜鹃

Rhododendron mucronatum（Blume）G. Don 白花杜鹃

Rhododendron mucronulatum Turcz. 迎红杜鹃

Rhododendron nivale Hook. f. 雪层杜鹃

Rhododendron phaeochrysum var. *agglutinatum*（Balf. f. et Forrest）Chamb. ex Cullen et Chamb 凝毛杜鹃

Rhododendron polycladum Franch. 多枝杜鹃

Rhododendron primuliflorum Bur. et Franch. 樱草杜鹃

Rhododendron primuliflorum var. *cephalanthoides*（I. B. Balfour & W. W. Smith）Cowan & Davidian 微毛樱草杜鹃

Rhododendron przewalskii Maxim. 陇蜀杜鹃

Rhododendron pseudochrysanthum Hayata 阿里山杜鹃

Rhododendron qinghaiense Ching et W. Y. Wang 青海杜鹃

Rhododendron racemosum Franch. 腋花杜鹃

Rhododendron redowskianum Maxim. 叶状苞杜鹃

Rhododendron rufum Batalin 黄毛杜鹃

Rhododendron seniavinii Maxim. 毛果杜鹃

Rhododendron setosum D. Don 刚毛杜鹃

Rhododendron simsii Planch. 杜鹃

Rhododendron spiciferum Franch. 碎米花

Rhododendron spinuliferum Franch. 爆杖花

Rhododendron telmateium Balf. F. et W. W. Smith 豆叶杜鹃

Rhododendron thymifolium Maxim. 千里香杜鹃

Rhododendron traillianum Forrest et W. W. Smith. 川滇杜鹃

Rhododendron trichocladum Franch. 糙毛杜鹃

Rhododendron trichostomum Franch. 毛嘴杜鹃

Rhododendron tsoi Merr. 两广杜鹃

Rhododendron tubulosum Ching ex W. Y. Wang 长管杜鹃

Rhododendron vernicosum Franch. 亮叶杜鹃

Rhododendron viridescens Hutch. 显绿杜鹃

Rhododendron websterianum Rehd. et Wils. 毛蕊杜鹃

Rhododendron wightii Hook. f. 宏钟杜鹃

Rhododendron × *pulchrum* Sweet 锦绣杜鹃

Rhododendron zheguense Ching et H. P. Yang 鹧鸪杜鹃

Rhodomyrtus 桃金娘属

Rhodomyrtus tomentosa（Ait.）Hassk. 桃金娘

Rhus 盐肤木属

Rhus chinensis Mill. 盐肤木

Ribes 茶藨子属

Ribes diacantha Pall. 楔叶茶藨

Ribes diacanthum Pall. 双刺茶藨子

Ribes formosanum Hayata 台湾茶藨子

Ribes heterotrichum Meyer 圆叶茶茶藨

Ribes mandshuricum (Maxim.) Kom. 东北茶藨子

Ribes meyeri Maxim. 天山茶藨子

Ribes orientale Desfontaines 东方茶藨子

Ribes pulchellum Turcz. 美丽茶藨子

Rondeletia 郎德木属

Rondeletia odorata Jacq. 郎德木

Rosa 蔷薇属

Rosa acicularis Lindl. 刺蔷薇

Rosa beggeriana Schrenk 弯刺蔷薇

Rosa bella Rehd. et Wils. 美蔷薇

Rosa caudata Baker 尾萼蔷薇

Rosa chinensis Jacq. 月季花

Rosa cymosa Tratt. 小果蔷薇

Rosa davurica Pall. 山刺玫

Rosa helenae Rehd. et Wils. 卵果蔷薇

Rosa hugonis Hemsl. 黄蔷薇

Rosa koreana Kom. 长白蔷薇

Rosa kweichowensis Yu et Ku 贵州缫丝花

Rosa laevigata Michx. 金樱子

Rosa laxa Retz. 疏花蔷薇

Rosa longicuspis Bertol. 长尖叶蔷薇

Rosa lucidissima Levl. 亮叶月季

Rosa macrophylla Lindl. 大叶蔷薇

Rosa mairei Levl. 毛叶蔷薇

Rosa multibracteata Hemsl. et Wils. 多苞蔷薇

Rosa multiflora Thunb. 野蔷薇

Rosa odorata (Andr.) Sweet. 香水月季

Rosa omeiensis Rolfe 峨眉蔷薇

Rosa roxburghii Tratt. 缫丝花

Rosa rugosa Thunb. 玫瑰

Rosa saturata Baker 大红蔷薇

Rosa sericea Lindl. 绢毛蔷薇

Rosa sikangensis Yu et Ku 川西蔷薇

Rosa tsinglingensis Pax. et Hoffm. 秦岭蔷薇

Rosa webbiana Wall. ex Royle 藏边蔷薇

Rosa xanthina Lindl. 黄刺玫

Rotula 轮冠木属

Rotula aquatica Lour. 轮冠木

Rubus 悬钩子属

Rubus alceifolius Poiret 粗叶悬钩子

Rubus calycacanthus H. Leveille 猬莓

Rubus corchorifolius L. f. 山莓

Rubus crataegifolius Bge. 牛叠肚

Rubus feddei Levl. et Vant. 黔桂悬钩子

Rubus flagelliflorus Focke ex Diels 攀枝莓

Rubus flosculosus Focke 弓茎悬钩子

Rubus lambertianus Ser. 高粱泡

Rubus mesogaeus Focke 喜阴悬钩子

Rubus parkeri Hance 乌泡子

Rubus parvifolius L. 茅莓

Rubus piluliferus Focke 陕西悬钩子

Rubus pluribracteatus L. T. Lu & Boufford 大乌泡

Rubus sachalinensis Levl. 库页悬钩子

Rubus swinhoei Hance 木莓

Rubus taiwanicola Koidz. et Ohwi 小叶悬钩子

Rubus wardii Merr. 大花悬钩子

Rumex 酸模属

Rumex hastatus D. Don 戟叶酸模

Suaeda 碱蓬属

Suaeda australis（R. Br.）Moq. 南方碱蓬

Sageretia 雀梅藤属

Sageretia hamosa（Wall.）Brongn. 钩刺雀梅藤

Sageretia rugosa Hance 皱叶雀梅藤

Sageretia paucicostata Maxim. 少脉雀梅藤

Salix 柳属

Salix arctica Pall. 北极柳

Salix atopantha C. K. Schneid. 奇花柳

Salix caprea L. 黄花柳

Salix cheilophila Schneid. 乌柳

Salix cinerea L. 灰柳

Salix cupularis Rehd. 杯腺柳

Salix floderusii Nakai 崖柳

Salix glauca L. 灰蓝柳

Salix gordejevii Y. L. Chang et Skv. 黄柳

Salix gracilistyla Miq. 细柱柳

Salix hsinganica Y. L. Chang et Skvortzov 兴安柳

Salix integra Thunb. 杞柳

Salix linearistipularis（Franch.）K. S. Hao 筐柳

Salix morrisonicola Kimura 玉山柳

Salix myrtillacea Anderss. 坡柳

Salix myrtilloides L. 越橘柳

Salix nipponica Franchet & Savatier 三蕊柳

Salix oritrepha Schneid. 山生柳

Salix oritrepha var. *amnematchinensis*（Hao ex Fang & Skvortsov）G. Zhu 青山生柳

Salix pentandra L. 五蕊柳

Salix psammophila C. Wang et Chang Y. Yang 北沙柳

Salix pseudotangii C. Wang et C. Y. Yu 山柳

Salix pycnostachya var. *oxycarpa*（Anderss.）Y. L. Chou et C. F. Fang 坚果密穗柳

Salix raddeana Laksch. 大黄柳

Salix rosmarinifolia L. 细叶沼柳

Salix rosmarinifolia var. *brachypoda*（Trautv. et Mey.）Y. L. Chou 沼柳

Salix sclerophylla Anderss. 硬叶柳

Salix schwerinii E. L. Wolf 蒿柳

Salix siuzevii Seemen 卷边柳

Salix skvortzovii Y. L. Chang et Y. L. Chou 司氏柳

Salix soulici Seemen 黄花垫柳

Salix suchowensis W. C. Cheng ex G. Zhu 簸箕柳

Salix taraikensis Kimura 谷柳

Salix turczaninowii Laksch. 蔓柳

Salix vestita Pursch. 皱纹柳

Salsola 猪毛菜属

Salsola arbuscula Pall. 木本猪毛菜

Salsola laricifolia Turcz. ex Litv. 松叶猪毛菜

Salweenia 冬麻豆属

Salweenia wardii Baker f. 冬麻豆

Sambucus 接骨木属

Sambucus nigra L. 西洋接骨木

Sambucus sibirica Nakai 西伯利亚接骨木

Sambucus williamsii Hance 接骨木

Sanchezia 黄脉爵床属

Sanchezia nobilis Hook. f. 黄脉爵床

Saurauia 水东哥属

Saurauia tristyla DC. 水东哥

Scaevola 草海桐属

Scaevola taccada（Gaertner）Roxburgh 草海桐

Schefflera 南鹅掌柴属

Schefflera arboricola Hay. 鹅掌藤

Schefflera metcalfiana Merr. ex Li 多叶鹅掌柴

Schefflera minutistellata Merr. ex Li 星毛鸭脚木

Schefflera parvifoliolata Tseng et Hoo 小叶鹅掌柴

Scolopia 箣柊属

Scolopia buxifolia Gagnep. 黄杨叶箣柊

Scolopia chinensis（Lour.）Clos 箣柊

Scyphiphora 瓶花木属

Scyphiphora hydrophyllacea Gaertn. F. 瓶花木

Senna 决明属

Senna alata（L.）Roxburgh 翅荚决明

Senna bicapsularis（L.）Roxb. 双荚决明

Senna surattensis（N. L. Burman）H. S. Irwin & Barneby 黄槐决明

Senna tora（L.）Roxburgh 决明

Serissa 白马骨属

Serissa japonica（Thunb.）Thunb. Nov. Gen. 六月雪

Serissa serissoides（DC.）Druce 白马骨

Shepherdia 野牛果属

Shepherdia argentea（Pursh）Nutt. 水牛果

Sibiraea 鲜卑花属

Sibiraea angustata（Rehd.）Hand. -Mazz. 窄叶鲜卑花

Sibiraea laevigata（L.）Maxim. 鲜卑花

Sibiraea tomentosa Diels 毛叶鲜卑花

Sinopanax 华参属

Sinopanax formosanus（Hay.）Li 华参

Skimmia 茵芋属

Skimmia reevesiana Fort. 茵芋

Solanum 茄属

Solanum pseudocapsicum L. 珊瑚樱

Solanum wrightii Bentham 大花茄

Sophora 苦参属

Sophora moorcroftiana（Benth.）Baker 砂生槐

Sophora davidii（Franch.）Skeels 白刺花

Sorbaria 珍珠梅属

Sorbaria kirilowii（Regel）Maxim. 华北珍珠梅

Sorbaria sorbifolia（L.）A. Br. 珍珠梅

Sorbus 花楸属

Sorbus koehneana Schneid. 陕甘花楸

***Spiraea* 绣线菊属**

Spiraea alpina Pall. 高山绣线菊

Spiraea aquilegiifolia Pallas 耧斗菜叶绣线菊

Spiraea arcuata Hook. f. 拱枝绣线菊

Spiraea chamaedryfolia L. 石蚕叶绣线菊

Spiraea chinensis Maxim. 中华绣线菊

Spiraea dasyantha Bunge 毛花绣线菊

Spiraea fritschiana Schneid. 华北绣线菊

Spiraea hypericifolia L. 金丝桃叶绣线菊

Spiraea longigemmis Maxim 长芽绣线菊

Spiraea media Schmidt 欧亚绣线菊

Spiraea mollifolia Rehd. 毛叶绣线菊

Spiraea mongolica Maxim. 蒙古绣线菊

Spiraea prunifolia Sieb. et Zucc. 李叶绣线菊

Spiraea salicifolia L. 绣线菊

Spiraea sericea Turcz. 绢毛绣线菊

Spiraea thunbergii Sieb. ex Blume. 珍珠绣线菊

Spiraea trilobata L. 三裂绣线菊

Spiraea velutina Franch. 绒毛绣线菊

Spiraea wilsonii Duthie 陕西绣线菊

Spiraea yunnanensis Franch. 云南绣线菊

***Stellera* 狼毒属**

Stellera formosana Hayata ex Li 台湾狼毒

***Stewartia* 紫茎属**

Stewartia micrantha（Chun）Sealy 小花紫茎

Stewartia sichuanensis（S. Z. Yan）J. Li & T. L. Ming 四川紫茎

***Stranvaesia* 红果树属**

Stranvaesia davidiana Dcne. 红果树

***Streblus* 鹊肾树属**

Streblus asper Lour. 鹊肾树

Streblus ilicifolius（Vidal）Corner 刺桑

Streblus taxoides（Heyne）Kurz 叶被木

***Strophanthus* 羊角拗属**

Strophanthus divaricatus（Lour.）Hook. et Arn. 羊角拗

***Strophioblachia* 宿萼木属**

Strophioblachia fimbricalyx Boerl. 宿萼木

Sympegma 合头草属

Sympegma regelii Bunge 合头草

***Symplocos* 山矾属**

Symplocos paniculata（Thunb.）Miq. 白檀

Synsepalum 神秘果属

Synsepalum dulcificum Daniell 神秘果

Syringa 丁香属

Syringa meyeri Schneid. 蓝丁香

Syringa oblata Lindl. 紫丁香

Syringa pinnatifolia Hemsley 羽叶丁香

Syringa protolaciniata P. S. Green et M. C. Chang 华丁香

Syringa pubescens Turcz. 巧玲花

Syringa reticulata subsp. Pekinensis (Ruprecht) P. S. Green & M. C. Chang 北京丁香

Syringa tomentella Bureau et Franchet 毛丁香

Syringa villosa Vahl 红丁香

Syringa villosa subsp. Wolfii (C. K. Schneider) J. Y. Chen & D. Y. Hong 辽东丁香

Syringa persica L. 花叶丁香

Syzygium 蒲桃属

Syzygium boisianum (Gagnep.) Merr. et Perry 无柄蒲桃

Syzygium bullockii (Hance) Merr. et Perry 黑嘴蒲桃

Syzygium buxifolium Hook. et Arn. 赤楠

Syzygium claviflorum (Roxb.) Wall. 棒花蒲桃

Syzygium fluviatile (Hemsl.) Merr. et Perry 水竹蒲桃

Syzygium grijsii (Hance) Merr. et Perry 轮叶蒲桃

Syzygium myrsinifolium (Hance) Merr. et Perry 竹叶蒲桃

Syzygium rehderianum Merr. et Perry 红枝蒲桃

Syzygium tsoongii (Merr.) Merr. et Perry 狭叶蒲桃

Tabernaemontana 山辣椒属

Tabernaemontana divaricata (L.) R. Brown ex Roemer & Schultes 狗牙花

Tabernaemontana macrocarpa Korth. ex Blume 大果狗牙花

Tamarix 柽柳属

Tamarix arceuthoides Bunge 密花柽柳

Tamarix austromongolica Nakai 甘蒙柽柳

Tamarix chinensis Lour. 柽柳

Tamarix elongata Ledeb. 长穗柽柳

Tamarix hohenackeri Bunge 多花柽柳

Tamarix leptostachya Bunge 细穗柽柳

Tamarix ramosissima Ledeb. 多枝柽柳

Tarenna 乌口树属

Tarenna depauperate Hutch. 白皮乌口树

Tarenna mollissima (Hook. et Arn.) Robins. 白花苦灯笼

Tecoma 黄钟花属

Tecoma capensis (Thunb.) Lindl. 硬骨凌霄

Tephrosia 灰毛豆属

Tephrosia purpurea（L.）Pers. 灰毛豆

Terminthia 三叶漆属

Terminthia paniculata（Wall. ex G. Don）C. Y. Wu et T. L. Ming 三叶漆

Ternstroemia 厚皮香属

Ternstroemia gymnanthera（Wight et Arn.）Beddome 厚皮香

Ternstroemia yunnanensis L. K. Ling 云南厚皮香

Tetraena 四合木属

Tetraena mongolica Maxim. 四合木

Tetradium 吴茱萸属

Tetradium ruticarpum（A. Juss.）T. G. Hartley 吴茱萸

Tetradium trichotomum Loureiro 牛科吴萸

Thevetia 黄花夹竹桃属

Thevetia ahouai（L.）A. DC. 阔叶竹桃

Thryallis 绒金英属

Thryallis gracilis Kuntze 金英

Thuja 崖柏属

Thuja sutchuenensis Franch. 崖柏

Thunbergia 山牵牛属

Thunbergia erecta（Benth.）T. Anders 直立山牵牛

Tibouchina 蒂牡花属

Tibouchina semidecandra（Mart. et Schrank ex DC.）Cogn. 巴西野牡丹

Tirpitzia 青篱柴属

Tirpitzia sinensis（Hemsl.）Hall. 青篱柴

Triadica 乌桕属

Triadica cochinchinensis Loureiro 山乌桕

Triadica rotundifolia（Hemsley）Esser 圆叶乌桕

Trema 山黄麻属

Trema angustifolia（Planch.）Bl. 狭叶山黄麻

Trema cannabina Lour. 光叶山黄麻

Ulmus 榆属

Ulmus glaucescens Franch. 旱榆

Urena 梵天花属

Urena procumbens L. 梵天花

Urophyllum 尖叶木属

Urophyllum chinense Merr. et Chun 尖叶木

Urophyllum tsaianum How ex Lo 滇南尖叶木

Uvaria 紫玉盘属

Uvaria boniana Finet et Gagnep. 光叶紫玉盘

Uvaria grandiflora Roxb. 山椒子

Uvaria macrophylla Roxburgh 紫玉盘

Uvaria rufa Bl. 小花紫玉盘

Vaccinium 越橘属

Vaccinium bracteatum Thunb. 南烛

Vaccinium emarginatum Hayata 凹顶越橘

Vaccinium fragile Franch. 乌鸦果

Vaccinium japonicum var. *lasiostemon* Hayata 台湾扁枝越橘

Vaccinium microcarpum（Turcz. ex Rupr.）Schmalh. 小果红莓苔子

Vaccinium uliginosum L. 笃斯越橘

Vaccinium vitis-idaea L. 越橘

Viburnum 荚蒾属

Viburnum amplifolium Rehd. 广叶荚蒾

Viburnum betulifolium Batal. 桦叶荚蒾

Viburnum brachybotryum Hemsl. 短序荚蒾

Viburnum burejaeticum Regel et Herd. 修枝荚蒾

Viburnum chinshanense Graebn. 金山荚蒾

Viburnum corymbiflorum Hsu et S. C. Hsu 伞房荚蒾

Viburnum cylindricum Buch.-Ham. ex D. Don 水红木

Viburnum dalzielii W. W. Smith 粤赣荚蒾

Viburnum dilatatum Thunb. 荚蒾

Viburnum erubescens Wall. 红荚蒾

Viburnum farreri W. T. Stearn 香荚蒾

Viburnum foetidum Wall. 臭荚蒾

Viburnum fordiae Hance 南方荚蒾

Viburnum grandiflorum Wall. ex DC. 大花荚蒾

Viburnum inopinatum Craib 厚绒荚蒾

Viburnum leiocarpum Hsu 光果荚蒾

Viburnum macrocephalum Fort. 绣球荚蒾

Viburnum mongolicum（Pall.）Rehd. 蒙古荚蒾

Viburnum odoratissimum Ker-Gawl. 珊瑚树

Viburnum opulus subsp. *calvescens*（Rehder）Sugimoto 鸡树条

Viburnum parvifolium Hayata 小叶荚蒾

Viburnum propinquum Hemsl. 球核荚蒾

Viburnum punctatum Buch.-Ham. ex D. Don 鳞斑荚蒾

Viburnum pyramidatum Rehd. 锥序荚蒾

Viburnum rhytidophyllum Hemsl. 皱叶荚蒾

Viburnum schensianum Maxim. 陕西荚蒾

Viburnum sempervirens K. Koch 常绿荚蒾

Viburnum ternatum Rehd. 三叶荚蒾

Viburnum utile Hemsl. 烟管荚蒾

Vitex 牡荆属

Vitex negundo L. 黄荆

Vitex negundo var. *heterophylla* (Franch.) Rehd. 荆条

Vitex negundo var. *microphylla* Hand.－Mazz. 小叶荆

Weigela 锦带花属

Weigela florida (Bunge) A. DC. 锦带花

Wendlandia 水锦树属

Wendlandia brevituba Chun et How ex W. C. Chen 短筒水锦树

Wendlandia cavaleriei Levl. 贵州水锦树

Wendlandia longidens (Hance) Hutchins. 水晶棵子

Wendlandia myriantha How 密花水锦树

Wendlandia pendula (Wall.) DC. Prodr. 垂枝水锦树

Wendlandia pubigera W. C. Chen 大叶木莲红

Wendlandia uvariifolia Hance 水锦树

Wendlandia uvariifolia subsp. *chinensis* (Merr.) Cowan 中华水锦树

Wikstroemia 荛花属

Wikstroemia chamaedaphne Meisn. 河朔荛花

Wikstroemia dolichantha Diels 一把香

Wikstroemia liangii Merr. et Chun 大叶荛花

Wikstroemia micrantha Hemsl. 小黄构

Wikstroemia pampaninii Rehd. 鄂北荛花

Wikstroemia scytophylla Diels 革叶荛花

Wikstroemia ligustrina Rehd. 白蜡叶荛花

Woodfordia 虾子花属

Woodfordia fruticosa (L.) Kurz 虾子花

Xanthoceras 文冠果属

Xanthoceras sorbifolium Bunge 文冠果

Ximenia 海檀木属

Ximenia Americana L. 海檀木

Xylocarpus 木果楝属

Xylocarpus granatum Koenig 木果楝

Yucca 丝兰属

Yucca gloriosa L. 凤尾丝兰

Yulania 玉兰属

Yulania liliiflora (Desrousseaux) D. L. Fu 紫玉兰

Zabelia 六道木属

Zabelia biflora (Turcz.) Makino 六道木

Zabelia dielsii (Graebn.) Makino 南方六道木

Zanthoxylum 花椒属

Zanthoxylum calcicole Huang 石山花椒

Zanthoxylum nitidum（Roxb.）DC. 两面针

Zanthoxylum piasezkii Maxim. 川陕花椒

Zanthoxylum pilosulum Rehd. et Wils. 微柔毛花椒

Zanthoxylum scandens Bl. 花椒簕

Zanthoxylum schinifolium Sieb. et Zucc. 青花椒

Zanthoxylum simulans Hance 野花椒

Zanthoxylum stenophyllum Hemsl. 狭叶花椒

Ziziphus 枣属

Ziziphus jujube Mill. 枣

Ziziphus jujube var. *spinosa*（Bunge）Hu ex H. F. Chow. 酸枣

Ziziphus mauritiana Lam. 滇刺枣

Zygophyllum 驼蹄瓣属

Zygophyllum xanthoxylon（Bunge）Maximowicz 霸王

（执笔人：华南农业大学 欧阳昆唏）

杜加依灌丛（新疆干旱、半干旱荒漠化地区，荒漠河岸，曹秋梅 摄）

红山咀圆叶桦群系（新疆干旱、半干旱荒漠化地区，克拉玛依市红山咀，曹秋梅 摄）

金丝桃叶绣线菊（兔儿条）群系（新疆干旱、半干旱荒漠化地区，裕民山地，曹秋梅 摄）

宽刺蔷薇（新疆干旱、半干旱荒漠化地区，王喜勇 摄）

山柑群落（新疆干旱、半干旱荒漠化地区，吐鲁番盆地，侯翼国 摄）

梭梭砾漠（新疆干旱、半干旱荒漠化地区，艾比湖，曹秋梅 摄）

塔里木沙拐枣群落（新疆干旱、半干旱荒漠化地区，塔里木盆地，曹秋梅 摄）

驼绒藜群系（新疆干旱、半干旱荒漠化地区，古尔班通古特沙漠，曹秋梅 摄）

新疆方枝柏（新疆干旱、半干旱荒漠化地区，侯翼国 摄）

牛皮杜鹃灌丛（长白山，曲波 摄）　　　　　迎红杜鹃灌丛（长白山，杨光宇 摄）

偃松灌丛（阿尔山，曲波 摄）

白刺花灌丛（秦巴山区，寻路路 摄）

杯腺柳灌丛（秦巴山区，岳明 摄）

高粱泡灌丛（秦巴山区，王宇超 摄）

高山绣线菊灌丛（秦巴山区，岳明 摄）

杭子梢灌丛（秦巴山区，寻路路 摄）

峨眉蔷薇灌丛（秦巴山区，寻路路 摄）

黄栌灌丛（秦巴山区，岳明 摄）

唐古特忍冬灌丛（秦巴山区，寻路路 摄）

火棘灌丛（秦巴山区，岳明 摄）

连翘灌丛（秦巴山区，岳明 摄）

陇蜀杜鹃灌丛（秦巴山区，岳明 摄）

秦岭小檗（秦巴山区，寻路路 摄）

水枸子（秦巴山区，寻路路 摄）

6

陕甘花楸（秦巴山区，寻路路 摄）

酸枣灌丛（秦巴山区，岳明 摄）

太白山杜鹃灌丛（秦巴山区，寻路路 摄）

三裂绣线菊灌丛（华北石质山区。A.张钢民 摄；B.汪远 摄）

鬼见愁锦鸡儿（华北石质山区，张钢民 摄）

金露梅灌丛（华北石质山区。A.北京百花山，汪远 摄；B.张钢民 摄）

荆条灌丛（华北石质山区，北京花园村。A.张鑫 摄；B.张钢民 摄）

山杏灌丛（华北石质山区，张钢民 摄）

野皂角灌丛（华北石质山区，北京小龙门，张志翔 摄）

榛灌丛（华北石质山区。A.北京延庆，张鑫摄 摄；B.北京密云不老屯，张钢民 摄）

沙针（云南石漠化地区，黄春良 摄）

铁仔（云南石漠化地区，黄春良 摄）

车桑子灌丛（云南石漠化地区，刘玉国 摄）

华西小石积（A、B.云南石漠化地区，黄春良 摄；C.怒江、澜沧江干热河谷地区，王文礼 摄）

小桐子灌丛（金沙江干热河谷地区，刘方炎 摄）

余甘子灌丛（A.金沙江干热河谷地区，刘方炎 摄；B.怒江、澜沧江干热河谷地区，王文礼 摄）

霸王鞭灌丛（A.红水河干热河谷地区，晴隆县长流乡牂牁江旁，杨焱冰 摄；B.怒江、澜沧江干热河谷地区，朱章明 摄）

刺叶石楠（怒江、澜沧江干热河谷地区，王崇云 摄）

清香木灌木丛（A.怒江、澜沧江干热河谷地区，王崇云 摄；B.红水河干热河谷地区，贵州省六盘水市水城区都格镇，袁丛军 摄；C.云南石漠化地区，黄春良 摄；D.红水河干热河谷地区，板贵北盘江，杨焱冰 摄；E.怒江、澜沧江干热河谷地区，王文礼 摄）

17

云南土沉香（怒江、澜沧江干热河谷地区，王文礼 摄）

小鞍叶羊蹄甲灌木丛（怒江、澜沧江干热河谷地区，王文礼 摄）

疏序黄荆灌丛（怒江、澜沧江干热河谷地区，王崇云 摄）

虾子花（怒江、澜沧江干热河谷地区，周新茂 摄）

假苹婆（红水河干热河谷地区，杨焱冰 摄）

灰毛浆果楝（A.红水河干热河谷地区，板贵北盘江，杨焱冰 摄；B.怒江、澜沧江干热河谷地区，王文礼 摄）

白刺花灌丛（A.怒江、澜沧江干热河谷地区，王文礼 摄；B.岷江干旱河谷，何飞 摄）

仙人掌灌丛（怒江、澜沧江干热河谷地区，王文礼 摄）

川甘亚菊灌丛（岷江干旱河谷，郑绍伟 摄）

光果莸（岷江干旱河谷，何飞 摄）

小蓝雪花（岷江干旱河谷，何飞 摄）

灌木造林

霸王林（辛智鸣 摄）

白刺林（A.辛智鸣 摄；B.郭浩 摄）

柽柳（A、B.郭浩 摄；C.刘国军 摄）

黑枸杞（郭浩 摄）

红枸杞林（郭浩 摄）

红砂（A.辛智鸣 摄；B.郭浩 摄）

花棒（郭浩 摄）　　　　　　　火棘造林结果（王佳 摄）

骆驼刺林（A.李生宇 摄；B.辛智鸣 摄）

柠条灌木林（莫索湾沙漠研究站，宋春武 摄）

戈壁藜（克拉玛依，宋春武 摄）

罗布麻（刘国军 摄）

木本猪毛菜（A.刘国军 摄；B.吉小敏 摄）

沙拐枣（A.塔克拉玛干沙漠，刘国军 摄；B.郭浩 摄）

26

沙冬青（A.西鄂尔多斯地区，董雪 摄；B.郭浩 摄；C.辛智鸣 摄）

沙柳林（郭浩 摄）

山杏林（王占龙 摄）

沙棘林（A.阿克苏地区，郭浩 摄；B.李国旗 摄；C.郭浩 摄；D.张文臣 摄）

梭梭林（A.郭浩 摄；B.刘国军 摄）

小蓬（A、C.吉小敏 摄；B.古尔班通古特沙漠，宋春武 摄）

驼绒藜林（辛智鸣 摄）

文冠果林（新疆 150 团，宋春武 摄）

十大功劳林下造林（李生 摄）

无籽刺梨（张显松 摄）

A.小桐子规模化育苗（孙永玉 摄）；B.小桐子干热河谷造林 3 年后生长情况（孙永玉 摄）

盐穗木（A.刘国军 摄；B.辛智鸣 摄）

盐节木（刘国军 摄）

盐爪爪林（辛智鸣 摄）

A. 余甘子容器育苗，出苗 80 天苗木生长情况（孙永玉 摄）；B. 余甘子干热河谷荒山造林后 2 年生长情况（孙永玉 摄）